W0258186

MECHANIK·AKUSTIK UND WÄRMELEHRE

VON

ROBERT WICHARD POHL

EM. PROFESSOR DER PHYSIK
AN DER UNIVERSITÄT GÖTTINGEN

16. VERBESSERTE UND ERGÄNZTE AUFLAGE

MIT 591 ABBILDUNGEN
DARUNTER 15 ENTLEHNTEN

SPRINGER-VERLAG BERLIN HEIDELBERG GMBH
1964

ISBN 978-3-662-23305-4   ISBN 978-3-662-25338-0 (eBook)
DOI 10.1007/978-3-662-25338-0

Library of Congress Catalog Card Number 64-25424

Aus dem Vorwort zur ersten Auflage.

(1930)

Dies Buch enthält den ersten Teil meiner Vorlesung über Experimentalphysik. Die Darstellung befleißigt sich großer Einfachheit. Diese Einfachheit soll das Buch außer für Studierende und Lehrer auch für weitere physikalisch interessierte Kreise brauchbar machen.

Die grundlegenden Experimente stehen im Vordergrund der Darstellung. Sie sollen vor allem der Klärung der Begriffe dienen und einen Überblick über die Größenordnungen vermitteln. Quantitative Einzelheiten treten zurück.

Eine ganze Reihe von Versuchen erfordert einen größeren Platz. Im Göttinger Hörsaal steht eine glatte Parkettfläche von 12×5 m^2 zur Verfügung. Das lästige Hindernis in älteren Hörsälen, der große, unbeweglich eingebaute Experimentiertisch, ist schon seit Jahren beseitigt. Statt seiner werden je nach Bedarf kleine Tische aufgestellt, aber ebensowenig wie die Möbel eines Wohnraumes in den Fußboden eingemauert. Durch diese handlichen Tische gewinnt die Übersichtlichkeit und Zugänglichkeit der einzelnen Versuchsanordnungen erheblich. Die meisten Tische sind um ihre vertikale Achse schwenkbar und rasch in der Höhe verstellbar. Man kann so die störenden perspektivischen Überschneidungen verschiedener Anordnungen verhindern. Man kann die jeweils benutzte Anordnung hervorheben und sie durch Schwenken für jeden Hörer in bequemer Aufsicht sichtbar machen.

Die benutzten Apparate sind einfach und wenig zahlreich. Manche von ihnen werden hier zum ersten Male beschrieben. Sie können, ebenso wie die übrigen Hilfsmittel der Vorlesung, von der Firma Spindler & Hoyer, G.m.b.H. in Göttingen, bezogen werden.

Der Mehrzahl der Abbildungen liegen photographische Aufnahmen zugrunde. Viele Bilder sind als Schattenrisse gebracht. Diese Bildform eignet sich gut für den Buchdruck, ferner gibt sie meist Anhaltspunkte für die benutzten Abmessungen. Endlich erweist ein Schattenriß die Brauchbarkeit eines Versuches auch in großen Sälen. Denn diese verlangen in erster Linie klare Umrisse, nirgends unterbrochen durch nebensächliches Beiwerk, wie Stativmaterial u. dgl.

Aus dem Vorwort zur fünfzehnten Auflage.

An der Grundtendenz des Buches ist festgehalten worden: Einfache Hilfsmittel und die wichtigsten Versuche mit überschaubarem, möglichst langsamem Ablauf. Wer einen solchen Ablauf (z.B. den in Abb. 100 oder 228 dargestellten) verstanden hat, dem wird später eine Steigerung der Geschwindigkeit keine Schwierigkeit bereiten. Er wird an den Taschenspieler denken: „Geschwindigkeit ist keine Hexerei".

Nicht benutzt werden entbehrliche Fachausdrücke und Einheiten aus den Gebieten technischer Anwendungen. Es ist heute ja ein weitverbreitetes Streben, irgendwelche Arbeitsgebiete durch Schaffung einer neuen Nomenklatur als „Autonome Wissenschaft" herauszustellen. Die großartigen technischen Anwendungen der Physik brauchen sich nicht in dieser Weise um Anerkennung zu bemühen.

Göttingen, Mai 1962.

R. W. Pohl.

Vorwort zur sechzehnten Auflage.

Neben einer ganzen Anzahl kleiner Verbesserungen finden sich Änderungen und Zusätze in den §§ 21a, 99, 109, 114 und 168a. Der Umfang des Buches ist ungeändert geblieben.

Für freundliche Hilfe habe ich den Privatdozenten Dr. F. Fischer und Dr. W. Sander sehr zu danken.

Göttingen, Juli 1964.

R. W. Pohl.

Inhaltsverzeichnis.

A. Mechanik.

Über die Schreibweise der Gleichungen.

Alle Gleichungen der Mechanik sind als *Größengleichungen* für drei Grundgrößen geschrieben, die der Wärmelehre ebenso für vier Grundgrößen. — Für jeden Buchstaben sind also Zahlenwert *und* Einheit einzusetzen. Damit wird die früher notwendige Unterscheidung eines physikalischen und eines technischen Maßsystems gegenstandslos. Die Wahl der Einheiten steht frei. Die unter manchen Gleichungen genannten sind nur als Beispiele zu betrachten.

Bei der Anwendung von Größengleichungen wird nur noch die Einsicht erwartet, daß man z. B. Kilopondmeter und Kalorie ebensowenig addieren und in Zähler und Nenner eines Bruches gegeneinander wegheben kann, wie etwa Deutsche Mark und Dollar.

Viele physikalischen Größen sind ihrer Natur nach Vektoren. Der Vektorcharakter soll oft besonders betont werden: Dann wenden wir für die Größen sowohl in den Zeichnungen als auch in den Gleichungen Frakturbuchstaben an. Das geschieht z. B. immer bei der Kraft und bei den Feldvektoren der Elektrizitätslehre, gelegentlich bei Geschwindigkeit, Beschleunigung usw.

Trotz des häufigen Gebrauches von Frakturbuchstaben sollen die Gleichungen dieses Buches, und zwar aller drei Bände, normalerweise als Betragsgleichungen gelesen werden. Dabei sind nur zwei Punkte zu beachten: $+$- oder $-$-Zeichen zwischen Frakturbuchstaben bedeuten die geometrische Summe gemäß S. 12; auf entgegengesetzte Richtungen von Vektoren wird auch in Betragsgleichungen durch $-$-Zeichen verwiesen. Als Beispiel sei genannt die Gleichung für die zum Kreismittelpunkt hin gerichtete Radialbeschleunigung $b_r = -u^2/r$. Sie ist zur Einführung weniger bedenklich als die Vektorgleichung mit dem Betrage des Radius im Nenner und seinem Einheitsvektor im Zähler.

Manche Gleichungen werden auch den an die Vektorschreibweise gewöhnten fortgeschrittenen Leser zufriedenstellen. So ist z. B. das äußere Vektorprodukt stillschweigend durch ein schräges Kreuz eingeführt worden. Dadurch umfassen die Gleichungen mehr als nur die im Text behandelten Sonderfälle. Der mit der Vektorschreibweise noch nicht Vertraute wird das Kreuz nur als „Malzeichen" lesen und nicht weiter beachten.

Jede das Gesamtgebiet der Physik umfassende Darstellung hat mit einer äußeren Schwierigkeit zu kämpfen, nämlich der geringen Zahl der verfügbaren Buchstaben. In den drei Bänden dieser Einführung ist der Bedeutungswechsel der einzelnen Buchstaben weitgehend eingeschränkt. Das ließ sich aber nur durch einen Verzicht erreichen: es konnte nicht der Betrag jedes Vektors einheitlich durch einen Antiquabuchstaben wiedergegeben werden. Doch ist das kein Unglück. Jede allzu weit getriebene Einheitlichkeit erschwert die Übersicht: man denke an die Anwendung eines Frakturbuchstabens für die Erdbeschleunigung oder die Winkelgeschwindigkeit.

Hinweise auf die beiden anderen Bände beziehen sich auf die 19. Auflage der „Elektrik" und auf die 11. Auflage der „Optik und Atomphysik".

A. Mechanik.

I. Einführung, Längen- und Zeitmessung.

§ 1. **Einführung.** Die Physik ist eine Erfahrungswissenschaft. Sie beruht auf experimentell gefundenen Tatsachen. Die Tatsachen bleiben, die Deutungen wechseln im Laufe des historischen Fortschritts. Tatsachen werden durch Beobachtungen gefunden, und zwar gelegentlich durch zufällige, meist aber durch planvoll angestellte. — Beobachten will gelernt sein, der Ungeübte kann leicht getäuscht werden. Wir geben zwei Beispiele:

a) *Die farbigen Schatten.* In Abb. 1 sehen wir eine weiße Wand W, eine Gasglühlichtlampe und eine elektrische Glühlampe. P ist ein beliebiger undurchsichtiger Körper, etwa eine Papptafel. — Zunächst wird nur die elektrische Lampe eingeschaltet. Sie beleuchtet die weiße Wand *mit Ausnahme* des Schattenbereiches S_1. Dieser wird irgendwie markiert, etwa mit einem angehefteten Papierschnitzel. — Darauf wird allein die Gaslampe angezündet. Wieder erscheint die Wand weiß, diesmal *einschließlich* des markierten Bereiches S_1. Ein

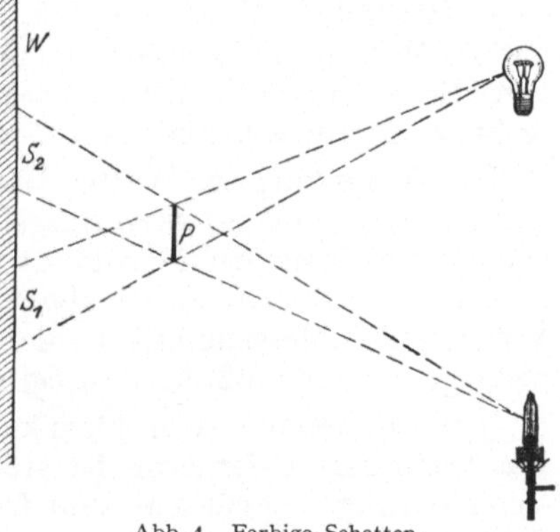

Abb. 1. Farbige Schatten.

schwarzer Schatten der Papptafel liegt jetzt bei S_2. — Nun kommt der eigentliche Versuch: Während die Gaslampe brennt, wird die elektrische Lampe eingeschaltet. Dadurch ändert sich im Bereiche S_1 physikalisch oder objektiv nicht das geringste. Trotzdem hat sich für unser Auge das Bild von Grund auf gewandelt. Wir sehen bei S_1 einen lebhaft *olivgrünen* Schatten. Er unterscheidet sich stark von dem (jetzt rotbraunen) Schatten S_2. Dabei gelangt von S_1 nach wie vor nur Licht der Gaslampe in unser Auge. Der Bereich S_1 ist lediglich durch einen hellen *Rahmen* eingefaßt worden, herrührend vom Lichte der elektrischen Lampe. Dieser Rahmen allein vermag die Farbe des Bereiches S_1 so auffallend zu ändern.

Der Versuch ist für jeden Anfänger lehrreich: *Farben* sind kein Gegenstand der Physik, sondern der Psychologie und der Physiologie! Nichtbeachtung dieser Tatsache hat vielerlei unnütze Arbeit verursacht.

Abb. 2. Spiraltäuschung.

b) *Die Spiraltäuschung.* Jedermann sieht in Abb. 2 ein System von Spiralen mit gemeinsamem Mittelpunkt. Trotzdem handelt es sich in Wirklichkeit um konzentrische Kreise. Davon kann man sich sofort durch Umfahren einer Kreisbahn mit einer Bleistiftspitze überzeugen.

Solche und vielerlei andere durch unsere Sinnesorgane bedingte Erscheinungen bereiten geübten Beobachtern nur selten Schwierigkeiten. Aber sie mahnen doch zur Vorsicht. Wie mancher andere uns heute noch unbekannte subjektive Einfluß mag noch in unserer physikalischen Naturbeobachtung stecken! Verdächtig sind vor allem die allgemeinsten, im Laufe uralter Erfahrung gebildeten Begriffe, wie Raum, Zeit, Kraft usw. Die Physik wird hier noch mit manchem Vorurteil und mancher Fehldeutung aufzuräumen haben.

§ 2. Messung von Längen. Echte Längenmessung. Ohne Zweifel haben Experiment und Beobachtung auch bei nur *qualitativer* Ausführung neue Erkenntnisse, oft sogar von großer Tragweite, erschlossen. Trotzdem erreichen Experiment und Beobachtung erst dann ihren vollen Wert, wenn sie Größen in Zahl und Maß erfassen. Messungen spielen in der Physik eine wichtige Rolle. Die physikalische Meßkunst ist hoch entwickelt, die Zahl ihrer Verfahren groß und Gegenstand eines umfangreichen Sonderschrifttums.

Unter der Mannigfaltigkeit physikalischer Messungen finden sich mit besonderer Häufigkeit Messungen von Längen und Zeiten, oft allein, oft zusammen mit der Messung anderer Größen. Man beginnt daher zweckmäßig mit der Messung von Längen und Zeiten, und zwar einer Klarlegung ihrer Grundlagen, nicht der technischen Einzelheiten ihrer Ausführung.

Die Benutzung des Wortes Länge lernen wir als Kinder. *Jede echte Messung einer Länge beruht auf dem Anlegen und Abtragen eines Maßstabes.* Man zählt ab, wie oft die Länge des Maßstabes in einer anderen Länge enthalten ist. Das erscheint zwar als trivial, ist aber oft nicht genügend beachtet worden. Mit dem Vorgang der Messung selbst, hier also mit dem Abtragen des Maßstabes, ist es nicht getan. Es muß die Festlegung einer Einheit hinzukommen. —

Jede Festlegung von physikalischen Einheiten ist vollständig willkürlich. Das wichtigste Erfordernis ist stets eine möglichst weitreichende internationale Vereinbarung. Erwünscht sind ferner leichte Reproduzierbarkeit und bequeme Zahlengrößen bei den häufigsten Messungen des täglichen Lebens.

In der Elektrizitätslehre sind die beiden Einheiten Ampere und Volt in allen Ländern gebräuchlich. Bei den Einheiten der Längenmessung aber findet sich ein trostloses Durcheinander vieler verschiedener Längeneinheiten. Hier macht das physikalische Schrifttum eine rühmliche Ausnahme. Die Physik legt ihren Längenmessungen mit großer Mehrheit ein- und dieselbe Längeneinheit zugrunde, das *Meter*.

Das Meter war bis 1960 eine *verkörperte* Einheit. Es war durch einen bei Paris im „Bureau des Poids et Mesures" aufbewahrten Metallstab, einen „Normalmeterstab" festgelegt. Die heutige Definition des Meters wird in § 3 folgen.

Für Eichzwecke werden Längen-Normale in den Handel gebracht. Sie werden als „*Endmaßstäbe*" ausgeführt: Das sind kistenförmige Stahlklötze mit planparallelen, auf Hochglanz polierten Endflächen. Zusammengesetzt haften sie aneinander (vgl. Abb. 225). Mit ihnen kann man Längen innerhalb 10^{-3} mm $= 1\,\mu$, sprich 1 Mikron, reproduzieren (vgl. S. 345 oben).

Zur praktischen Längenmessung dienen *geteilte* Maßstäbe und mancherlei Meßgeräte. Bei den Maßstäben soll die Länge der Teilstriche gleich dem $2^{1}/_{2}$fachen ihres Abstandes sein. Dann schätzt man die Bruchteile am sichersten.

Bei den Längen-Meßgeräten wird das Ablesen der Bruchteile durch mechanische oder optische Hilfseinrichtungen erleichtert. Die mechanischen benutzen irgendwelche Übersetzungen mit Hebeln, mit Schrauben („Schraubenmikrometer"), mit Zahnrädern („Meßuhren") oder mit Spiralen.

Unter den optischen Hilfseinrichtungen steht die Beobachtung mit dem Mikroskop an erster Stelle. Dabei handelt es sich noch durchaus um echte Längenmessungen. Als Beispiel messen wir vor einem großen Hörerkreis die Dicke eines Haares.

Mittels eines einfachen Mikroskopes wird ein Bild des Haares auf einen Schirm geworfen. Auf diesem Bild wird die Dicke des Haares durch zwei Pfeilspitzen eingegrenzt, Abb. 3. Dann wird das Haar entfernt und durch einen kleinen auf Glas geritzten Maßstab (Objektmikrometer) ersetzt, etwa ein Millimeter geteilt in 100 Teile. Das Gesichtsfeld zeigt jetzt das Bild der Abb. 4. Wir lesen zwischen den Pfeilspitzen 4 Skalenteile ab. Die Dicke des Haares beträgt also $4 \cdot 10^{-2}$ mm oder $40\,\mu$.

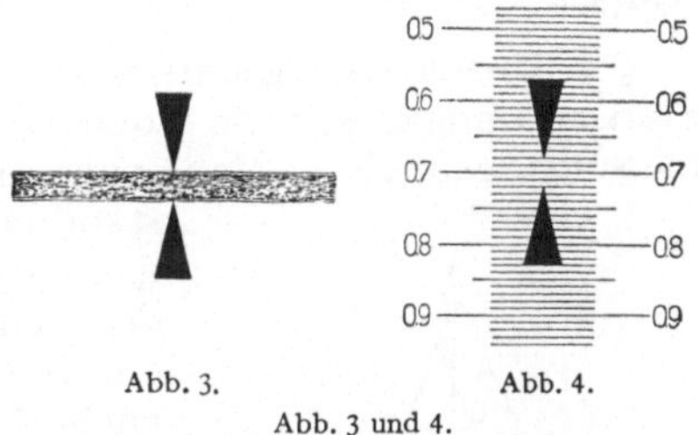

Abb. 3. Abb. 4.
Abb. 3 und 4.
Längenmessung unter dem Mikroskop.

Die Fehlergrenze der Längenmessung kann mit optischen Hilfsmitteln bis auf etwa $\pm 0,1\,\mu$ herabgesetzt werden. Mechanische Hilfsmittel führen bis auf $\pm 1\,\mu$. Das unbewaffnete Auge muß sich mit ± 50 bis $30\,\mu$ (d. h. Haaresbreite!) begnügen.

§ 3. Die Längeneinheit Meter. Für echte Längenmessungen kann man Maßstäbe mit äußerst feiner, selbst für das bewaffnete Auge nicht mehr erkennbarer Teilung benutzen. Das soll mit Abb. 5 erläutert werden. — An dem festen und an dem verschiebbaren Teile einer „Schublehre" ist je ein Maßstab befestigt. Beide Maßstäbe bestehen aus gitterförmig geteilten Glasplatten. Sie sind, vom Beschauer aus gesehen, hintereinander angeordnet, und daher überdecken sie sich in einem großen Bereich. Die schwarzen Striche und die klaren Lücken sind gleich breit (in Wirklichkeit z. B. je $^1/_{20}$ mm).

In der Nullstellung mögen die Striche des einen Maßstabes auf die Lücken des anderen fallen. Dann ist

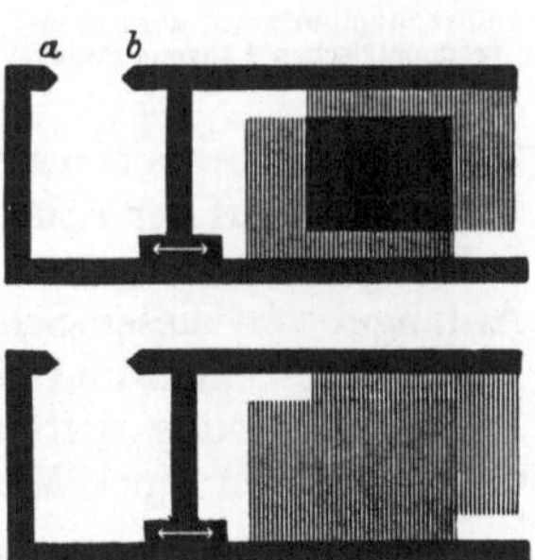

Abb. 5. Für Schauversuche vergrößertes Interferenzmikrometer.

der Überdeckungsbereich undurchsichtig, er erscheint dunkel. Darauf wird der Taster b mit seinem Maßstab langsam nach rechts gezogen: Währenddessen wird der Überdeckungsbereich periodisch aufgehellt und wieder verdunkelt. Jede neue Verdunkelung bedeutet eine Vergrößerung des Abstandes $a—b$ um einen Teilstrichabstand (im Beispiel also $^1/_{10}$ mm). Folglich kann man durch Abzählen der Verdunkelungen mit der unsichtbaren feinen Teilung eine echte Längenmessung ausführen. Es handelt sich, kurz gesagt, um eine Längenmessung mit geometrischer *„Interferenz"*.

Zu dieser Interferenz-Längenmessung gibt es ein optisches Analogon: In der Optik kann man die von Menschenhand hergestellten Teilungen durch eine von der Natur gegebene ersetzen. Als solche benutzt man die Wellen einer bestimmten vom leuchtenden Krypton-Isotop $^{86}_{36}$Kr ausgesandten Spektrallinie. Ihre Wellenlänge im Vakuum („Teilung") hat man mit dem Pariser Normalmeterstab verglichen und auf Grund dieses Vergleiches international vereinbart, daß fortan das $1\,650\,763{,}73$fache dieser Wellenlänge als Meter definiert wird. Damit ist das Meter aus der Gruppe der verkörperten Einheiten ausgeschieden.

Auf diese Weise hofft man, den Sinn des Wortes Meter späteren Geschlechtern sicherer als mit einer verkörperten Einheit erhalten zu können. Ein Normalmeterstab ist trotz aller erdenklichen Sorgfalt bei seiner Behandlung ein unbeständiges Gebilde. Im Laufe langer Zeiten ändern sich alle Maßstäbe. Das ist eine Folge innerer Umwandlungen im mikrokristallinen Gefüge aller festen Körper.

§ 4. Unechte Längenmessung bei sehr großen Längen. Standlinienverfahren, Stereogrammetrie. Sehr große Strecken sind oft nicht mehr der *echten* Längenmessung zugänglich. Man denke an den Abstand zweier Berggipfel oder den Abstand eines Himmelskörpers von der Erde. Man muß dann zu einer unechten Längenmessung greifen, z. B. dem bekannten, in Abb. 6 angedeuteten Verfahren der Standlinie. Die Länge BC der Standlinie wird nach Möglichkeit in echter Längenmessung ermittelt. Dann werden die Winkel β und γ gemessen. Aus Standlinienlänge und Winkeln läßt sich der gesuchte Abstand x durch Zeichnung oder Rechnung ermitteln.

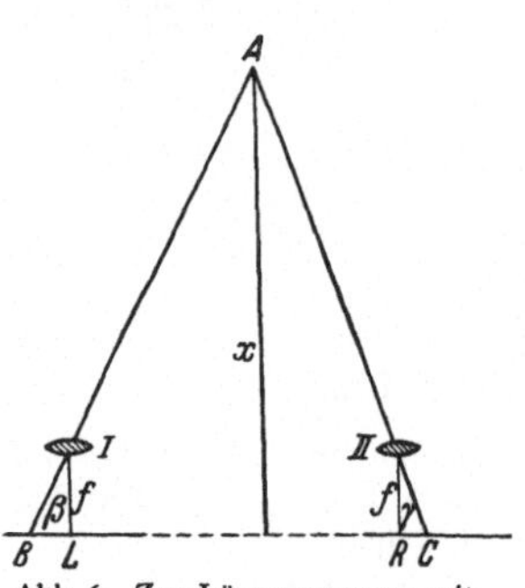

Abb. 6. Zur Längenmessung mit einer Standlinie und zur stereogrammetrischen Längenmessung.

Dies aus dem Schulunterricht geläufige Verfahren ist nicht frei von grundsätzlichen Bedenken. Es identifiziert die bei der Winkelmessung benutzten Lichtstrahlen ohne weiteres mit den geraden Linien der Euklidischen Geometrie. Das ist aber eine Voraussetzung, und über die Zulässigkeit dieser Voraussetzung kann letzten Endes nur die Erfahrung entscheiden. — Zum Glück brauchen uns derartige Bedenken bei den normalen physikalischen Messungen auf der Erde nicht zu beschweren. Sie entstehen erst in Sonderfällen, z. B. bei den Riesenentfernungen der Astronomie. Trotzdem muß schon der Anfänger von diesen Schwierigkeiten hören. Denn er sieht in der Längenmessung keinerlei Problem und hält sie für die einfachste aller physikalischen Messungen. Diese Auffassung trifft aber nur für die echte Längenmessung zu, das Anlegen und Abtragen eines Maßstabes.

Zum Abschluß der knappen Darlegungen über Längenmessungen sei noch eine elegante technische Ausführungsform der Standlinien-Längenmessung erwähnt, die sogenannte *Stereogrammetrie*. Sie dient in der Praxis vorzugsweise der Geländevermessung, insbesondere in Gebirgen. In der Physik braucht man sie u. a. zur Ermittlung verwickelter räumlicher Bahnen, z. B. von Blitzen.

In Abb. 6 wurden die Winkel β und γ mit irgendeinem Winkelmesser (z. B. Fernrohr auf Teilkreis) bestimmt. Die Stereogrammetrie ersetzt die beiden Winkelmesser an den Enden der Standlinie durch zwei photographische Apparate. Ihre Objektive sind mit I und II angedeutet. Die Bilder B und C desselben Gegenstandes A sind gegen die Plattenmitten um die Abstände BL bzw. CR verschoben. Aus BL oder CR einerseits und dem Gesamtabstand BC andererseits läßt sich die gesuchte Entfernung x des Gegenstandes A berechnen. Das ist geometrisch einfach zu übersehen. Für eine gegebene Standlinie $I-II$ und gegebenen Linsenabstand f läßt sich eine Eichtabelle zusammenstellen.

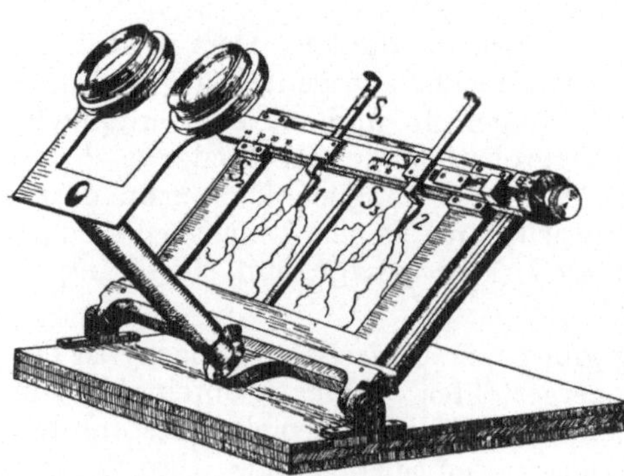

Abb. 7. Stereoskop mit wandernder Marke. Auf den Bildern verästelte Blitzbahnen.

So weit böte das Verfahren nichts irgendwie Bemerkenswertes. Erst jetzt kommt eine ernstliche Schwierigkeit: Es wäre zeitraubend und oft unmöglich, beispielsweise für den verschlungenen Weg eines Blitzes die einander entsprechenden Bilder B und C der einzelnen Wegabschnitte herauszufinden. Diese Schwierigkeit läßt sich vermeiden. Man vereinigt die beiden photographischen Aufnahmen in bekannter Weise in einem Stereoskop zu *einem* räumlich erscheinenden Gesichtsfeld. Man sieht in Abb. 7 die beiden einzelnen photographischen Aufnahmen in ein Stereoskop eingesetzt. Und nun kommt der entscheidende Kunstgriff, die Anwendung einer „wandernden Marke".

Die wandernde Marke erhält man mit Hilfe zweier gleichartiger Zeiger *1* und *2*. Sie können in Höhe und Breite gemeinsam über die Bildflächen hin verschoben werden. Die Beträge dieser Verschiebungen werden an den Skalen S_1 und S_2 abgelesen. Außerdem läßt sich der gegenseitige Abstand der beiden Zeiger in meßbarer Weise (S_3 mit Skalentrommel) verändern.

Ins Stereoskop blickend, sehen wir diese beiden Zeiger, zu *einem* vereinigt, frei im Gesichtsraume schweben. Verändern wir den Abstand der beiden Zeiger (S_3), so wandert die Marke im Gesichtsraum auf uns zu oder von uns fort. Man kann die Marke bei Benutzung aller drei Verschiebungsmöglichkeiten (S_1, S_2, S_3) auf jeden beliebigen Punkt im Gesichtsraum einstellen, also auf eine Bergspitze, auf eine beliebige Stelle einer verschlungenen Blitzbahn usw. Es ist ein außerordentlich eindrucksvoller Versuch. Aus den Skalenablesungen liefert uns dann eine Eichtabelle bequem die den Punkt festlegenden Längen in Tiefe, Breite und Höhe. (Seine drei Koordinaten.)

§ 5. Winkelmessung. An die Messung der Längen schließt sich die Messung von Flächen, Rauminhalten und Winkeln an. Zu bemerken ist nur etwas zur Messung von Winkeln.

Ebene Winkel (Abb. 8) werden durch das Verhältnis $\dfrac{\text{Bogenlänge } b}{\text{Radius } r}$ gemessen, *räumliche* Winkel (Abb. 9) durch das Verhältnis $\dfrac{\text{Kugelflächenstück } f}{(\text{Radius } r)^2}$. Somit werden alle Winkel durch reine *Zahlen* gemessen.

Das mit dem Zeichen ° geschriebene Wort *Grad* ist nur eine dem Dutzend entsprechende Zähleinheit, definiert durch die Gleichung

$$° = \frac{^1/_{360}\,\text{Kreisumfang}}{\text{Radius}} = \frac{2\,r\,\pi/360}{r} = \frac{\pi}{180} = 0{,}01745\ldots \tag{1}$$

π ist eine Kürzung für die Zahl 3,1415 … Entsprechend ist ° eine Kürzung für die Zahl 0,01745 … Daher ist z.B. $\alpha = 100°$ identisch mit $\alpha = 100 \cdot 0{,}0175 = 1{,}75$.

Die Einheit aller Winkel ist die Zahl 1. Als Einheit eines ebenen Winkels nennt man die Zahl 1 oft zweckmäßig *Radiant* (gekürzt rad, englisch radian), als Einheit des räumlichen Winkels Steradiant (gekürzt sr). Treten diese Namen der Zahl 1 in irgendwelchen Einheiten auf, so erkennt man, daß in dem benutzten Meßverfahren die Messung eines Winkels enthalten ist.

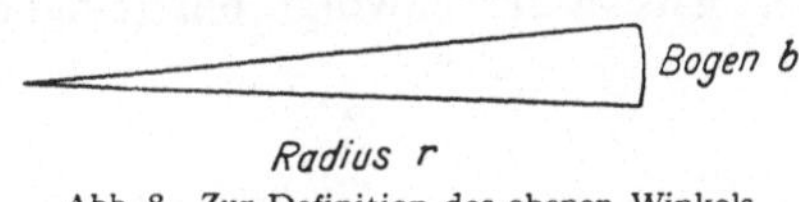

Abb. 8. Zur Definition des ebenen Winkels.

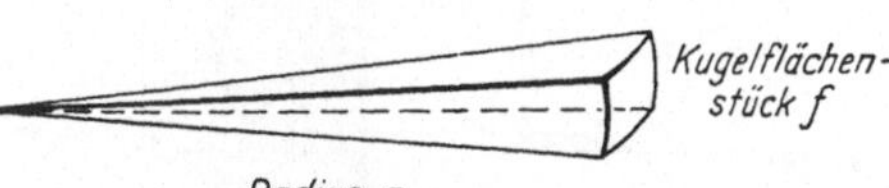

Abb. 9. Zur Definition des räumlichen Winkels.

Beispiel: Für die Strahlungsdichte der Sonnenoberfläche S^* gilt

$$S^* = \frac{\text{Strahlungsleistung}}{\text{Raumwinkel}} \Big/ \text{strahlende Fläche} = 1{,}95 \cdot 10^4\,\frac{\text{Kilowatt}}{\text{Steradiant}}\Big/\text{m}^2.$$

Die Gleichung 1 Radiant $= 57{,}3°$ formuliert die Identität

$$1 \text{ Radiant} = 57{,}3 \cdot 0{,}0175 = 1.$$

Ein Kegel mit dem Öffnungswinkel u schneidet aus einer um seine Spitze beschriebenen Kugel das Flächenstück $f = 2r^2\pi\,(1 - \cos u)$ heraus.

Für $u = 32{,}8°$ wird der räumliche Winkel $\varphi = 1 = $ Steradiant. Er schneidet aus der Kugel das Flächenstück $f = r^2$, also den Bruchteil $r^2/4\pi\,r^2 = 1/4\pi = 7{,}96\%$ heraus.

Der Einheit Grad für den ebenen Winkel entspricht für den räumlichen Winkel die Einheit Quadratgrad. Es ist

$$1\,\square° = (\pi/180)^2 = 3{,}05 \cdot 10^{-4}. \tag{2}$$

§ 6. Zeitmessung. Echte Zeitmessung. Registrierung. Das Wort Zeit hat zwei Bedeutungen, entweder Zeitdauer oder Zeitpunkt. Wie eine Länge durch zwei Punkte, so wird eine Zeit durch zwei Zeitpunkte eingegrenzt. Wie jede echte Längenmessung an die Anwendung eines *Maßstabes*, so ist jede echte Zeitmessung an die Anwendung einer *Uhr* gebunden. Die wichtigsten Uhren beruhen auf einem Abzählen gleichförmig wiederkehrender Vorgänge (meistens Umläufe oder Schwingungen). Dabei läßt sich „gleichförmig" nicht begrifflich definieren, sondern nur experimentell: Man vergleicht viele Uhren möglichst verschiedener Bauart unter sich und mit periodischen Vorgängen der Astronomie. Dieser Vergleich führt zu einem „Kampf ums Dasein": Uhren, deren Verhalten von dem der Mehrheit abweicht, werden ausgemerzt, dem Gang der Überlebenden gibt man das Prädikat „gleichförmig".

Ebenso wie die Festlegung einer Einheit der Länge ist auch die Festlegung einer Einheit der Zeitdauer Sache internationaler Vereinbarung. Früher definierte man die Sekunde genannte Einheit der Zeit durch die *Rotation* der Erdkugel. Seit 1956 hingegen wird die Sekunde durch die *Revolution* der Erde, d. h. ihren Umlauf um die Sonne definiert. Als Sekunde gilt heute der Bruchteil 1/31 556 925,975 des tropischen Jahres am 31. Dezember 1899 mittags 12.00 Uhr nach mittlerer Sonnenzeit in Greenwich[1].

Dieser Wechsel der Definition ist durch eine unzureichende Konstanz der Erdrotation notwendig geworden. Die mit Ebbe und Flut verbundene Reibung vergrößert[2] die Rotationsdauer der Erde im Laufe eines Jahrhunderts um rund $1{,}5 \cdot 10^{-3}$ Sekunden[3]. Außerdem ändert sich die Rotationsdauer innerhalb eines Jahres: Aus noch nicht sicher geklärten Gründen ist sie im März rund $2 \cdot 10^{-3}$ sec länger als im Juli. Schließlich hat man neuerdings auch ganz regellos auftretende Ungleichförmigkeiten der Dauer der Erdrotation festgestellt.

§ 7. Uhren, Registrierung. Die zur praktischen Zeitmessung benutzten Uhren können als bekannt gelten. Sie benutzen mechanische Schwingungsvorgänge. Entweder schwingt ein hängendes Pendel im Schwerefeld (z. B. Wanduhren) oder ein Drehpendel an einer elastischen Schneckenfeder (z. B. „Unruh" unserer Taschenuhren). Es bleibt zu zeigen, daß sich die Schwingungen dieser Pendel auf gleichförmige Drehung zurückführen lassen.

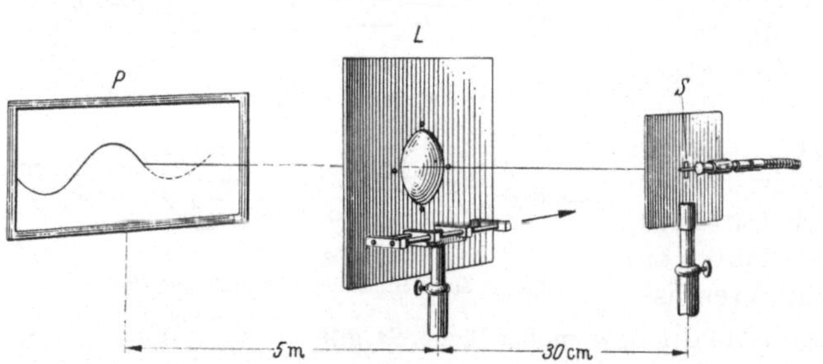

Abb. 10. Zusammenhang von Kreisbewegung und Sinuslinie. Vor dem vertikalen Spalt *S* sitzt ein horizontaler Stift am Rande eines horizontal gelagerten Zylinders. Dieser rotiert, von einer biegsamen Welle angetrieben, um eine horizontale, der Spaltebene parallele Achse.

Eine Pendelbewegung verläuft, kurz gesagt, *wie eine von der Seite betrachtete Kreisbewegung*. In der Ebene der Kreisbahn blickend, sehen wir einen umlaufenden Körper nur Hin- und Herbewegungen ausführen. Ihr zeitlicher Ablauf ist genau der gleiche wie der der Pendelbewegungen. Das zeigt besonders anschaulich eine optische Registrierung. Sie verwandelt das zeitliche Nacheinander in ein räumliches Nebeneinander und stellt uns die Bewegung durch einen Kurvenzug dar.

---

[1] Ein tropisches Jahr ist die Zeit zwischen zwei aufeinanderfolgenden Durchgängen der Sonne durch den Frühlingspunkt. Im übrigen soll der Text nur zeigen, daß die heutige Definition der Sekunde nicht ohne Eingehen auf astronomische Vorgänge gegeben werden kann.

[2] Mit einer Leistung von etwa 10^9 Kilowatt!

[3] Jedes Jahrhundert dauert also rund 1 Minute länger als das vorhergehende.

Zur Registrierung dieses Kurvenzuges dient die in Abb. 10 erläuterte Anordnung: Ein Spalt S wird mittels der Linse L auf dem Schirm P abgebildet. Die den Spalt beleuchtende Lichtquelle (Bogenlampe) ist nicht mitgezeichnet worden. Die Linse L wird auf einem Schlitten gleichförmig in Richtung des Pfeiles bewegt. Dadurch läuft das Bild des Spaltes über den Schirm P hinweg. Der Schirm ist mit einem phosphoreszierenden Kristallpulver überzogen. Ein solches Pulver vermag nach kurzer Lichteinstrahlung längere Zeit nachzuleuchten (Optik § 252). Vor den vertikalen Spalt S setzen wir nacheinander

1. einen Metallstift, der eine Kreiszylinderfläche mit einer horizontalen, der Spaltebene parallelen Achse umfährt (Abb. 10), und

2. einen seitlich an einem Schwerependel befestigten Draht (vgl. Abb. 11, Metronompendel). Seine Schwingungsweite vor dem Spalt wird gleich dem Durchmesser des Kreiszylinders gemacht, auf dem sich der Metallstift im ersten Versuch bewegte.

In beiden Fällen erhalten wir tiefschwarz auf hellgrün leuchtendem Grunde den *gleichen* Kurvenzug: eine Sinuslinie, Abb. 12.

Dieser innige Zusammenhang von Kreisbewegung, Pendelbewegung und Sinuslinie spielt in den verschiedensten Gebieten der Physik eine wichtige Rolle. Fortsetzung in § 25.

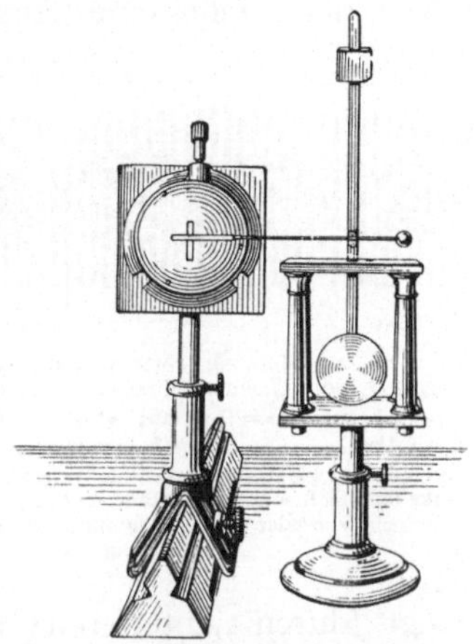

Abb. 11. Ein mit einem Metronompendel verbundener Metallstift vor einem Spalt. Diese Anordnung wird an Stelle von S in Abb. 10 eingesetzt.

Registrierungen sind bei vielen rasch ablaufenden Vorgängen erwünscht und zuweilen unentbehrlich. Für Registrierungen ist das BRAUNsche Rohr (Elektrik § 11) ein äußerst bequemes, von der Industrie gut durchkonstruiertes Hilfsmittel. — Manche technische Museen großer Städte haben Sonderabteilungen für Kinder eingerichtet. In ihnen können schon Kinder mit dem BRAUNschen Rohr experimentieren. Es kann daher bald als ebenso bekannt vorausgesetzt werden, wie Taschenuhr und Kinokamera.

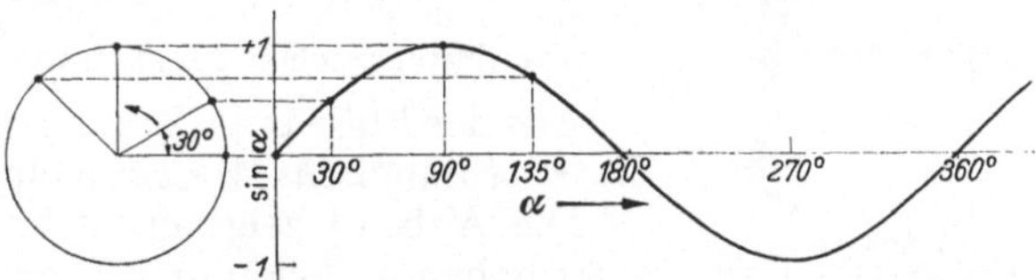

Abb. 12. Eine Sinuslinie zeigt die Winkelfunktion sin α in ihrer Abhängigkeit von α.

BRAUNsche Rohre lassen sich mit einfachen elektrischen Schaltungen in Uhren für die Messung kurzer Zeiten umwandeln. Man kann mit ihnen Zeitdauern bis herab zu 10^{-8} sec messen.

Zur Eichung der Uhren in Technik und Wissenschaft dienen heute funkentelegraphische Signale, die von Normaluhren gesteuert ausgestrahlt werden. Die heute bedeutsamsten Normaluhren beruhen auf mechanischen Schwingungen von Kristallen (z.B. in den Quarzuhren § 106) oder auf optischen Schwingungen von Molekülen, z.B. in den Ammoniakuhren). In beiden werden sehr kleine Schwingungsdauern zunächst nicht mit Zahnrädern, sondern mit Methoden der Wechselstromtechnik auf große bekannte Vielfache heraufgesetzt.

§ 8. Messung periodischer Folgen gleicher Zeiten und Längen. Es mögen in einer t genannten Zeit n gleiche Vorgänge periodisch aufeinander folgen, deren jeder eine Zeit T dauert, z.B. Schwingungen oder Umläufe. Dann definiert man allgemein

$$t/n = T \quad \text{als } Periode \tag{3}$$

und (nach frequentia = Häufigkeit)

$$n/t = 1/T = v \quad \text{als } Frequenz. \tag{4}$$

Es mögen in einer l genannten Länge n gleiche Gebilde periodisch aufeinander folgen, deren jedes eine Länge D besitzt. Dann wollen wir definieren[1]

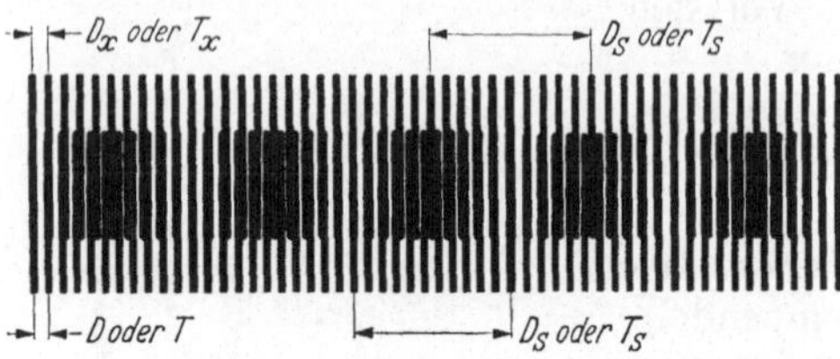

Abb. 13. Zur Messung einer periodischen Folge gleicher Längen D_x oder gleicher Zeiten T_x. Im Bilde ist $D = 0{,}11$ cm; $D_S = 1{,}2$ cm; $D_x = 0{,}12$ cm; $v^* = 9{,}1/$cm; $v_S^* = 0{,}83/$cm; $v_x^* = 8{,}3/$cm. — Die Länge D denke man sich als Teilstrichabstände eines Maßstabes oder als Wellenlängen. Die Zeiten T denke man sich z. B. als Abstand irgendwie registrierter Zeitmarken oder als Schwingungsdauern beliebiger Schwingungen.

$$l/n = D \quad \text{als Längenperiode}, \tag{3a}$$

$$n/l = 1/D = v^* \quad \text{als Längenfrequenz}. \tag{4a}$$

Eine periodische Folge gleicher Längen D_x oder gleicher Zeiten T_x läßt sich nach demselben in Abb. 13 erläuterten Schema messen. Oben im Bilde sieht man die periodische Folge von D_x oder T_x. Ihr überlagert man eine zweite periodische Folge bekannter Längen D oder bekannter Zeiten T, die sich von D_x oder von T_x nur wenig unterscheiden. Die Überlagerung erzeugt (durch „Interferenz") eine dritte periodische Folge „vergrößerter" Längen D_S oder „gedehnter" Zeiten T_S, die man leicht abzählen und messen kann[2]. Quantitativ gilt für die Messung von Längen

$$1/D_x = 1/D \pm 1/D_S \quad \text{oder} \quad v_x^* = v^* \pm v_S^* \tag{4b}$$

und für die Messung von Zeiten

$$1/T_x = 1/T \pm 1/T_S \quad \text{oder} \quad v_x = v \pm v_S. \tag{3b}$$

(Das Minuszeichen ist anzuwenden, wenn $D < D_x$ oder $T < T_x$ ist.)

Aus der Fülle praktischer Beispiele bringen wir hier nur eins, die *stroboskopische Messung* einer Frequenz v_x oder Periode T_x. Die Abb. 14 zeigt uns eine Blattfeder, wir lassen sie mit einer hohen, unbekannten Frequenz v_x schwingen, die Abb. 367 auf S. 190 gibt uns ihr Bild. Dies Bild wird mit intermittierendem Licht, einer gleichmäßigen Folge einzelner Lichtblitze, an die Wand geworfen. Eine solche Beleuchtung erzielt man am einfachsten mit einer Drehscheibe mit beispielsweise 20 Schlitzöffnungen. Sie wird an geeigneter Stelle in den Strahlengang des Lichtes eingeschaltet.

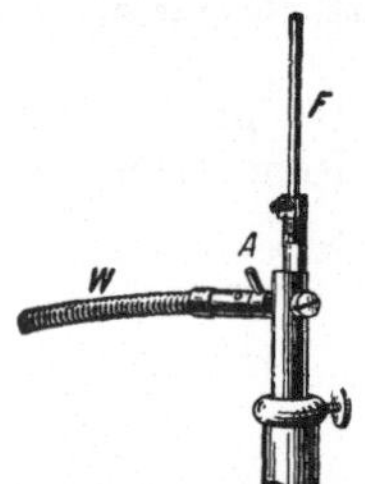

Abb. 14. Eine Blattfeder F zur Vorführung der stroboskopischen Zeitmessung. Schwingungsbild dieser Blattfeder in Abb. 358. Zum Antrieb dient eine biegsame Welle und eine durch den Stift A einseitig belastete Achse. Näheres in § 112 unter „erzwungene Schwingungen".

Die Beleuchtungsfrequenz v erhält man aus der Rotationsfrequenz v_D der Scheibe. Man benutzt eine Taschen- oder Stoppuhr und zählt ab, wie groß die Anzahl n der Scheiben-Rotationen innerhalb der Zeit t ist. Dann ist $n/t = v_D$ die Frequenz der Scheibe und $v = 20\,v_D$ die Frequenz der Beleuchtung.

Wir beginnen mit *großer* Beleuchtungs-Frequenz v und verkleinern sie allmählich. Das *Bild* der Blattfeder vollführt Schwingungen, die Frequenz dieser

---

[1] Bisher fehlen allgemein gebräuchliche Bezeichnungen. Für D werden Worte wie Wellenlänge und Gitterkonstante benutzt. $1/D$ nennt man in der Optik *Wellenzahl*. Dies Wort ist aber ebenso schlecht gewählt, wie in der Technik das Wort *Drehzahl*. Ein Elektromotor hat beispielsweise eine Drehfrequenz $v = 3000/$min $= 50/$sec. Reziproke Längen und reziproke Zeiten sind keine Zahlen, sondern dimensionierte Größen.

[2] Der Index S soll an das Wort „*Schwebung*" erinnern, z. B. später im Text zu Abb. 319 und in § 118.

Schwingungen wird mit abnehmender Beleuchtungsfrequenz kleiner und kleiner (stroboskopische Zeitdehnung). Schließlich kann man ν_S bequem bestimmen, beispielsweise $\nu_S = 1,5/\text{sec}$. Man setzt ν_S und ν in die Gl. (3 b) ein und findet im Beispiel $\nu_x = 50/\text{sec}$. — Im Grenzfall $\nu_S = 0$ steht das Bild der Blattfeder still und die Gl. (3 b) liefert $\nu_x = \nu$.

§ 9. Unechte Zeitmessung. Statt der heutigen „echten", d.h. auf dem Abzählen periodischer Bewegungen beruhenden Zeitmessung benutzte man früher zur Zeitmessung Bewegungen mit unperiodischem Ablauf, z.B. in den Sand- und Wasseruhren. Diese Uhren haben in der Frühgeschichte der Mechanik (z.B. bei GALILEI, § 13) eine große Rolle gespielt. Heute sind sie nur in der Kümmerform der „Eieruhren" erhalten. Doch gewinnt eine moderne Variante, die den radioaktiven Zerfall benutzt, für historische Altersbestimmungen ständig an Bedeutung. Auch beachte man später den § 208. — Zum Schluß noch eine Bemerkung:

Wir haben für Länge und Zeit nur Meßverfahren angegeben, aber nicht versucht, die beiden Begriffe zuvor qualitativ mit Sätzen zu definieren. Beide Begriffe haben sich auf Grund uralter und äußerst mannigfacher Erfahrungen und Erlebnisse entwickelt. Der Physiker stützt sich nur auf eine enge Auswahl. Für die Zeit beispielsweise vermag er folgendes zu sagen:

Jede physikalische Messung verlangt mindestens zwei „Ablesungen"; bei der Längenmessung muß Anfang und Ende „abgelesen" werden, bei elektrischen Meßinstrumenten Nullpunkt und Ausschlag usw. Zwischen der ersten und zweiten Ablesung schlägt unser Herz oder tickt eine Uhr. Alle Beobachtungen lassen sich einer von zwei Gruppen zuteilen. In der ersten Gruppe ist das Meßergebnis davon abhängig, wie oft zwischen der ersten und der zweiten Ablesung das Herz geschlagen oder die Uhr getickt hat, in der zweiten Gruppe hingegen ist das für das Meßergebnis gleichgültig. Dann heißt es: Die zur ersten Gruppe gehörigen Vorgänge hängen von einer Größe ab, die wir Zeit nennen und durch Abzählen der Schläge oder des Tickens messen. Damit ist ja gewiß nicht der Begriff Zeit erschöpfend erfaßt, aber es ist wenigstens kein leerer Wortkram.

II. Darstellung von Bewegungen, Kinematik.

§ 10. Definition von Bewegung. Bezugssystem. Als Bewegung bezeichnet man die Änderung des Ortes mit der Zeit, beurteilt von einem festen, starren Körper („Bezugssystem") aus. Der Zusatz ist durchaus wesentlich. Das zeigt ein beliebig herausgegriffenes Beispiel: Der Radfahrer sieht vom Sattel seines Fahrrades aus seine Fußspitzen Kreisbahnen beschreiben. Der auf dem Bürgersteig stehende Beobachter sieht ein ganz anderes Bild. Für ihn durchlaufen die Fußspitzen des Radfahrers eine wellenartige Bahn, nämlich die in Abb. 16 skizzierte Trochoide.

Abb. 16. Bahn eines Fahrradpedales für einen ruhenden Beobachter.

Der feste starre Körper, von dem aus wir die Bewegungsvorgänge in Zukunft betrachten wollen, ist die Erde oder der Fußboden unseres Hörsaales. Dabei lassen wir die tägliche Umdrehung der Erde bewußt außer acht. (In Wirklichkeit treiben wir Physik auf einem großen Karussell. Auch ist die Erde nicht starr, sondern verformbar.)

Später werden wir gelegentlich unseren Beobachtungsstandpunkt, unser Bezugssystem, wechseln. Wir werden in manchen Zusammenhängen die Erdumdrehung berücksichtigen, auch gelegentlich Verformungen der Erde. Das wird dann aber jedesmal ganz ausdrücklich betont werden. Sonst gibt es, insbesondere bei den Drehbewegungen, eine heillose Verwirrung.

Zur Darstellung aller Bewegungen dienen die Begriffe *Geschwindigkeit* und *Beschleunigung*. Mit ihnen beginnen wir.

§ 11. Definition von Geschwindigkeit. Beispiel einer Geschwindigkeitsmessung. Ein Körper rücke innerhalb des Zeitabschnittes Δt um die Wegstrecke Δs vor. Dann definiert man

$$u_m = \frac{\text{Wegzuwachs } \Delta s}{\text{Zeitzuwachs } \Delta t} \tag{5}$$

als *mittlere* Geschwindigkeit längs des Wegzuwachses Δs. Dieser Quotient *ändert* sich im allgemeinen, wenn man den Wegzuwachs Δs mehr und mehr verkleinert. Allmählich aber sinken die Änderungen unter die Grenze der Meßgenauigkeit. Den dann gemessenen, nur noch vom Ausgangspunkt abhängigen Wert von u_m bezeichnet man als Geschwindigkeit u im Ausgangspunkt. Mathematisch erhält man also die Geschwindigkeit u als Grenzwert von u_m durch den Grenzübergang $\Delta t \rightarrow 0$. Man ersetzt das Symbol Δ durch ein d und erhält so als Geschwindigkeit

$$\boxed{u = \frac{ds}{dt}} \tag{6}$$

d. h. den Differentialquotienten des Weges nach der Zeit.

Diese Definition verlangt in vielen Fällen die Messung recht kleiner Zeiten. Als Beispiel soll die *Mündungsgeschwindigkeit* einer Pistolenkugel gemessen werden.

Die Abb. 17 zeigt eine geeignete Meßanordnung. Der Wegabschnitt Δs wird durch zwei dünne Pappscheiben begrenzt, seine Länge beträgt beispielsweise 22,5 cm. Die Zeitmessung wird in durchsichtiger Weise auf die Grundlage aller

Zeitmessung, auf gleichförmige Rotation, zurückgeführt. Die Zeitmarken werden automatisch aufgezeichnet („Chronograph"). Zu diesem Zweck versetzt ein Elektromotor die Pappscheiben auf gemeinsamer Achse in gleichförmige, rasche Umdrehung. Ihre Frequenz ν, also der Quotient Anzahl n der Drehungen/Zeit t, wird an einem Drehfrequenzmesser[1] abgelesen, z. B. zu $\nu = 50/\mathrm{sec}$.

Die Kugel durchschlägt erst die linke Scheibe, das Schußloch ist unsere erste Zeitmarke. Während sie

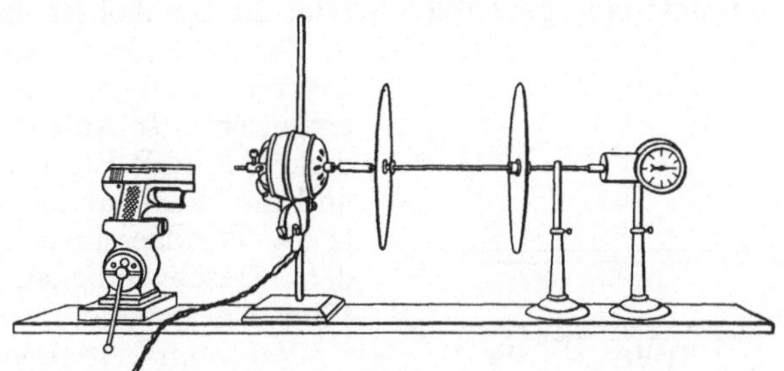

Abb. 17. Messung der Geschwindigkeit einer Pistolenkugel mit einem einfachen „Zeitschreiber" („Chronographen"). Rechts ein Drehfrequenzmesser (Tachometer).

den 22,5 cm langen Weg zur zweiten Pappscheibe durchfliegt, rückt die „Uhr" oder der „Chronograph" weiter. Das Schußloch oder die Zeitmarke auf der zweiten Scheibe ist gegen das der ersten um einen gewissen Winkel versetzt. Wir messen ihn nach Anhalten der Scheibe zu etwa 18 Grad oder $^1/_{20}$ Kreisumfang.

Durch Einstecken eines Stabes durch beide Schußlöcher machen wir die Winkelversetzung im Schattenbild weithin sichtbar.

Die Flugzeit Δt hat also $\frac{1}{20} \cdot \frac{1}{50}$ sec $= 10^{-3}$ sec betragen. So ergibt sich die Geschwindigkeit

$$u = \frac{22,5\,\mathrm{cm}}{10^{-3}\,\mathrm{sec}} = \frac{0,225\,\mathrm{m}}{10^{-3}\,\mathrm{sec}} = 225\,\frac{\mathrm{m}}{\mathrm{sec}}.$$

Der Versuch wird mit einem kleineren Flugweg Δs von nur 15 cm Länge wiederholt. Das Endergebnis wird dasselbe. Also war schon der erste Flugweg klein genug gewählt. Schon er hat uns die gesuchte Mündungsgeschwindigkeit geliefert und nicht einen kleineren Mittelwert über eine längere Flugbahn.

Nur bei Bewegungen mit konstanter oder gleichförmiger Geschwindigkeit darf man sich die Größen von Δs (Meßweg) und Δt (Meßzeit) allein nach Maßgabe meßtechnischer Bequemlichkeit aussuchen. Man schreibt dann kurz $u = s/t$.

Man gewöhne sich rechtzeitig daran, bei Messungen hinter den Zahlenwerten stets auch die Einheiten mitzuschreiben. Das gehört zur guten physikalischen Kinderstube! Man erspart dann dem Leser die Mühe, sich die benutzten Einheiten aus dem Zusammenhang heraussuchen zu müssen. Man erspart sich selbst häufige Rechenfehler. Beim Wechsel der Einheiten ändern sich die *Zahlenwerte* der Meßergebnisse. Die Umrechnung erfolgt mit automatischer Sicherheit, falls die Meßergebnisse durch Zahlenwerte *und* Einheiten angegeben werden.

Beispiel. Die Geschwindigkeit $u = 225$ m/sec soll auf Kilometer und Stunde umgerechnet werden. Es ist 1 m $= 10^{-3}$ km und 1 sec $= (1/3600)$ Stunde, folglich

$$u = 225\,\frac{10^{-3}\,\mathrm{km}}{(1/3600)\,\mathrm{Stunde}} = 810\,\mathrm{km/Stunde}.$$

Gut geschriebene Einheiten kann man nicht selten als kurzgefaßte Meßvorschriften betrachten. — Das wird sich an vielen Stellen des Buches zeigen.

Im täglichen Leben begnügt man sich zur Kennzeichnung einer Geschwindigkeit mit der Angabe ihres *Betrages*, z. B. 10 m/sec. In der Physik ist dieser Betrag

---

[1] Fehlt ein solcher, so hilft man sich mit einer einfachen Untersetzung. Man setzt auf die Achse des Motors eine Schnurscheibe vom Umfange l. Über sie und eine zweite einige Meter entfernte Scheibe legt man einen endlosen Faden; seine Länge sei L, sein Knoten diene als Marke. Mit ihrer Hilfe zählt man die Anzahl n der Umläufe, die der Faden in der Zeit t macht. Dann ist $\nu = \frac{n}{t} \cdot \frac{L}{l}$ die gesuchte Drehfrequenz.

aber nur *eines* der beiden Bestimmungsstücke einer Geschwindigkeit. Als zweites muß die Angabe der *Richtung* hinzukommen. In der Physik ist die Geschwindigkeit stets eine gerichtete Größe, ihr Symbol ist der *Vektor* oder der *Pfeil*. Das zeigt sich am deutlichsten in der auch dem Laien geläufigen *Addition zweier Geschwindigkeiten* oder „der Zusammensetzung einer Geschwindigkeit aus 2 Komponenten". In Abb. 18a werden die große Geschwindigkeit u_1 (z.B. Eigengeschwindigkeit des Flugzeuges) und die kleine, anders gerichtete Geschwindigkeit u_2 (z. B. Windgeschwindigkeit) zu einer „resultierenden" Geschwindigkeit u_3 (Reisegeschwindigkeit des Flugzeuges) zusammengesetzt.

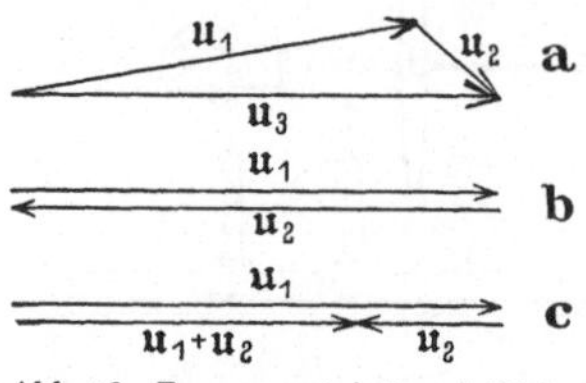

Abb. 18. Zur geometrischen Addition von Vektoren, z.B. von Geschwindigkeiten.

Vektoren entgegengesetzter Richtung unterscheidet man durch ihre Vorzeichen; z. B. beschreibt man die Abb. 18b durch die Gleichung $u_1 = -u_2$ oder $u_1 + u_2 = 0$. — Demgemäß bedeutet $u_1 + u_2$ in Abb. 18c die geometrische Addition oder Zusammensetzung der beiden einander entgegengesetzten Vektoren u_1 und u_2. Der resultierende Vektor hat den Betrag (Pfeillänge) $|u_1 + u_2| = |u_1| - |u_2|$. Man bezeichnet also hier die Beträge durch seitliche Striche.

§ 12. Definition von Beschleunigung. Die beiden Grenzfälle. Bewegungen mit konstanter Geschwindigkeit sind selten. Im allgemeinen ändert sich längs der Bahn Größe und Richtung der Geschwindigkeit.

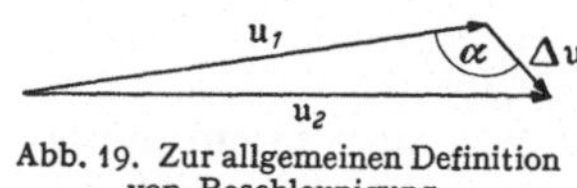

Abb. 19. Zur allgemeinen Definition von Beschleunigung.

In Abb. 19 bedeutet der Pfeil u_1 die Geschwindigkeit eines Körpers *zu Beginn* eines Zeitabschnittes Δt. *Während* des Zeitabschnittes erhalte der Körper eine Zusatzgeschwindigkeit Δu beliebiger Richtung, dargestellt durch den kurzen zweiten Pfeil. *Am Schluß* des Zeitabschnittes Δt hat der Körper die Geschwindigkeit u_2. Sie wird in Abb. 19 zeichnerisch als Pfeil u_2 ermittelt.

Dann definiert man

$$b_m = \frac{\text{Geschwindigkeitszuwachs } \Delta u}{\text{Zeitzuwachs } \Delta t}$$

als *mittlere* Beschleunigung. Der Zeitabschnitt Δt wird so gewählt, daß sich der Quotient bei weiterer Verkleinerung von Δt nicht mehr meßbar ändert. Man vollzieht mathematisch den Grenzübergang $\Delta t \to 0$, ersetzt das Symbol Δ durch d und erhält so als Beschleunigung

$$b = \frac{du}{dt} \qquad (7)$$

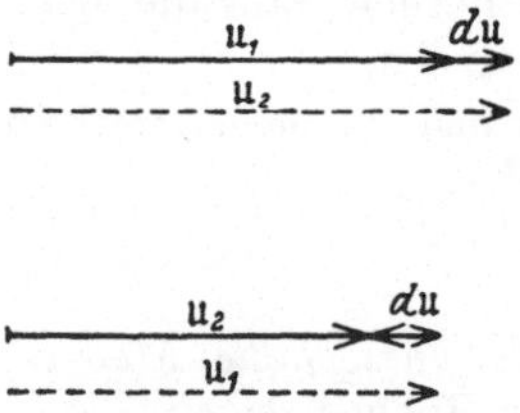

Ebenso wie die Geschwindigkeit ist auch die Beschleunigung ein Vektor. Die *Richtung* dieses Vektors fällt mit der des Geschwindigkeitszuwachses Δu zusammen (Abb. 19).

In Abb. 19 war der Winkel α zwischen Geschwindigkeitszuwachs Δu und Ausgangsgeschwindigkeit u_1 beliebig. Wir unterscheiden *zwei Grenzfälle:*

Abb. 20 a und b. Zur Definition der Bahnbeschleunigung.

1. $\alpha = 0$ und $= 180°$, Abb. 20a u. b. Der Geschwindigkeitszuwachs liegt in der Richtung der ursprünglichen Geschwindigkeit. Es wird nur der Betrag, nicht aber die Richtung der Geschwindigkeit geändert. In diesem Falle nennt man die Beschleunigung die *Bahnbeschleunigung b*, also

$$b = \frac{du}{dt} = \frac{d^2 s}{dt^2}. \qquad (8)$$

2. $\alpha = 90°$, Abb. 21. Der Geschwindigkeitszuwachs steht senkrecht zur ursprünglichen Geschwindigkeit u. Es wird nicht der Betrag, sondern nur die Richtung der Geschwindigkeit geändert, und zwar im Zeitabschnitt dt um den kleinen Winkel $d\beta$. In diesem Falle nennt man du/dt die *Radialbeschleunigung* b_r. Man entnimmt der Abb. 21 sogleich die Beziehung[1]

$$d\beta = \frac{du}{u} \quad \text{oder} \quad du = u \cdot d\beta.$$

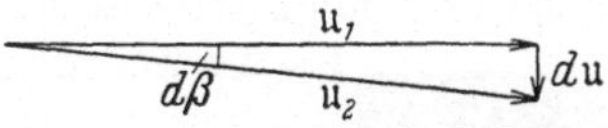

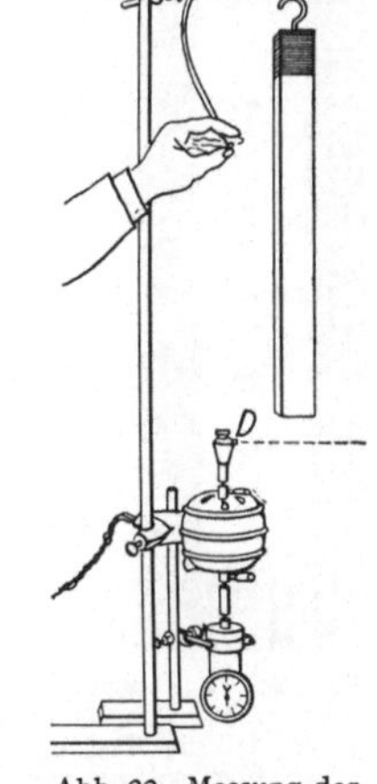

Abb. 21. Zur Definition der Radialbeschleunigung.

Der Quotient

$$\frac{d\beta}{dt} = \omega \tag{9}$$

wird als Winkelgeschwindigkeit bezeichnet, also wird die Radialbeschleunigung

$$\boxed{b_r = \omega \cdot u} \tag{10}$$

Das Wort Beschleunigung wird nach obigen Definitionen in der Physik in ganz anderem Sinn gebraucht als in der Gemeinsprache. Erstens versteht man im täglichen Leben unter beschleunigter Bewegung meist nur eine Bewegung mit hoher Geschwindigkeit, z. B. beschleunigter Umlauf eines Aktenstückes. — Zweitens läßt das Wort Beschleunigung der Gemeinsprache Richtungsänderungen völlig außer acht.

Bei der Mehrzahl aller Bewegungen sind Bahnbeschleunigungen b und Radialbeschleunigungen b_r gleichzeitig vorhanden, längs der Bahn wechseln sowohl Betrag wie Richtung der Geschwindigkeit. Trotzdem beschränken wir uns bis auf weiteres auf die Grenzfälle reiner Bahnbeschleunigung (gerade Bahn) und reiner Radialbeschleunigung (Kreisbahn).

§ 13. Bahnbeschleunigung, gerade Bahn. (G. GALILEI, 1564—1642.) Die Bahnbeschleunigung ändert nur den Betrag, nicht die Richtung der Geschwindigkeit. Infolgedessen erfolgt die Bewegung auf gerader Bahn.

Eine Bahnbeschleunigung ist im Prinzip einfach zu messen. Man ermittelt in zwei im Abstand Δt aufeinanderfolgenden Zeitabschnitten die Geschwindigkeiten u_1 und u_2; man berechnet $\Delta u = (u_2 - u_1)$ (positiv oder negativ) und bildet den Quotienten $\Delta u/\Delta t = b$.

Δt muß, wie schon bekannt, hinreichend klein gewählt werden. Das Meßergebnis darf sich bei einer weiteren Verkleinerung von Δt nicht mehr ändern. Praktisch bedeutet diese Forderung meist die Anwendung recht kleiner Zeitabschnitte Δt. Diese mißt man mit irgendeinem *„Registrierverfahren"*. Das heißt, man läßt den Verlauf der Bewegung zunächst einmal automatisch aufzeichnen und wertet die Aufzeichnungen dann hinterher in Ruhe aus. *Bequem ist ein Kinematograph (Zeitlupe).* Aber es geht auch viel einfacher. Man kann z. B. von einer Uhr Zeitmarken auf den bewegten Körper drucken lassen. Nur darf selbstverständlich der Druckvorgang die Bewegung des Körpers nicht stören. Wir geben ein praktisches Beispiel. Es soll die Beschleunigung eines frei fallenden Holzstabes ermittelt werden. Die Abb. 22 zeigt eine

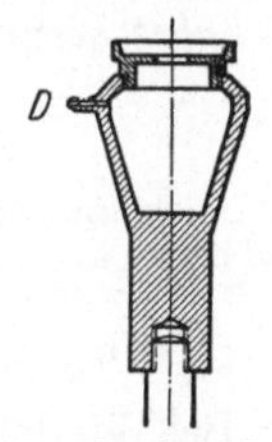

Abb. 22. Messung der Beschleunigung eines frei fallenden Körpers. Prinzip einer heute benutzten Präzisionsmethode.

Abb. 23. Der in Abb. 22 benutzte Tintenspritzer in halber natürlicher Größe.

---

[1] *Beispiel:* $d\beta = 4{,}5°$; ° $= 0{,}0175$; $dt = 0{,}1$ sec; $\omega = \dfrac{d\beta}{dt} = \dfrac{4{,}5 \cdot 0{,}0175}{0{,}1 \text{ sec}} = 0{,}79/\text{sec}$.

geeignete Anordnung. Sie läßt sich sinngemäß auf zahlreiche andere Beschleunigungsmessungen übertragen.

Der wesentliche Teil ist ein feiner, in einer waagerechten Ebene kreisender Tintenstrahl. Der Strahl spritzt aus der seitlichen Düse D eines sich drehenden Tintenfasses heraus (Elektromotor, Achse vertikal). Die Frequenz, z.B. $v = 50/\mathrm{sec}$, wird mit einem technischen Frequenzmesser ermittelt. Auch hier ist wiederum die Zeitmessung auf gleichförmige Rotation zurückgeführt.

Geschwindigkeit $u = \dfrac{\varDelta s}{\varDelta t}$	Geschwindigkeitszuwachs $\varDelta u$ in $\varDelta t = \frac{1}{50}$ sec	Beschleunigung $b = \dfrac{\varDelta u}{\varDelta t}$
cm/sec	cm/sec	m/sec²
285,50		
	22,50	11,25
263,00		
	17,50	8,75
245,50		
	18,00	9,00
227,50		
	21,25	10,63
206,25		
	21,25	10,63
185,00		
	18,50	9,25
166,50		
	19,00	9,50
147,50		
	18,00	9,00
129,50		
	19,50	9,75
110,00		
Mittel:	19,50 cm/sec	9,8 m/sec²

Abb. 24. Fallkörper mit Zeitmarken und deren Auswertung mit den üblichen Versuchs- und Ablesungsfehlern. Dieser Versuch soll vor allem zeigen, daß die Messung eines zweiten Differentialquotienten eine mißliche Sache ist, solange man keine photographische Registrierung anwendet.

Der Stab wird mit einem Mantel aus weißem Papier umkleidet und bei a aufgehängt. Ein Drahtauslöser gibt ihn zu passender Zeit frei. Der Stab fällt dann durch den kreisenden Tintenstrahl zu Boden. — Abb. 24 zeigt den Erfolg, eine saubere Folge einzelner Zeitmarken in je $1/_{50}$ Sekunde Abstand.

Der Körper fällt weiter, während der Tintenstrahl vorbeihuscht. Daher rührt die Krümmung der Zeitmarken.

Schon der Augenschein läßt die Bewegung als beschleunigt erkennen: Der Abstand der Zeitmarken, d. h. der in je $\varDelta t = \frac{1}{50}$ Sekunde durchfallene Weg $\varDelta s$, nimmt dauernd zu. Die ausgerechneten Werte der Geschwindigkeit $u = \varDelta s/\varDelta t$ sind jeweils daneben geschrieben. Die Geschwindigkeit wächst in je $1/_{50}$ Sekunde um den gleichen Betrag, nämlich um $\varDelta u = 19{,}5$ cm/sec. Dabei lassen wir die unvermeidlichen Fehler der Einzelwerte außer acht. Wir haben hier beim *freien Fall eines der seltenen Beispiele einer konstanten oder gleichförmigen Bahnbeschleunigung.* Als Größe dieser konstanten Beschleunigung berechnen wir

$$b = 9{,}8 \ \mathrm{m/sec^2}.$$

Auch hier soll an einem Beispiel die Umrechnung auf andere Einheiten gezeigt werden, und zwar auf engl. Fuß und Minuten. Es ist 1 m = 3,28 Fuß, 1 sec = $\frac{1}{60}$ min. Also

$$b = 9{,}8 \cdot \frac{3{,}28 \ \text{Fuß}}{(1/_{60} \ \text{min})^2} = 1{,}16 \cdot 10^5 \ \text{Fuß/min}^2.$$

Bei Wiederholung des Versuches mit einem Körper aus anderem Stoff, etwa einem Messingrohr statt des Holzstabes, ergibt sich der gleiche Wert. *Die konstante Beschleunigung b beim freien Fall ist für alle Körper die gleiche. Man bezeichnet sie fast durchweg mit dem schräg gedruckten*[1] *Buchstaben g, also g = 9,81 m/sec²,*

---

[1] Zur Unterscheidung von g = Gramm.

und nennt sie die „*Fallbeschleunigung*"[1]. Das ist eine hier beiläufig gewonnene experimentelle Tatsache. Ihre große Bedeutung wird späterhin ersichtlich werden.

Unser praktisches Meßbeispiel führte auf den Sonderfall einer *konstanten* Bahnbeschleunigung. Dieser Sonderfall ist wichtig.

Konstante Beschleunigung heißt gleiche Geschwindigkeitszunahme $\varDelta u$ in gleichen Zeitabschnitten $\varDelta t$. Die Geschwindigkeit u steigt gemäß Abb. 25 linear mit der Zeit t. In jedem Zeitabschnitt $\varDelta t$ legt der Körper den Wegabschnitt $\varDelta s$ zurück. Daher gilt $\varDelta s = u \varDelta t$. Dabei ist u der Mittelwert der Geschwindigkeit im jeweiligen Zeitabschnitt $\varDelta t$. Ein solcher

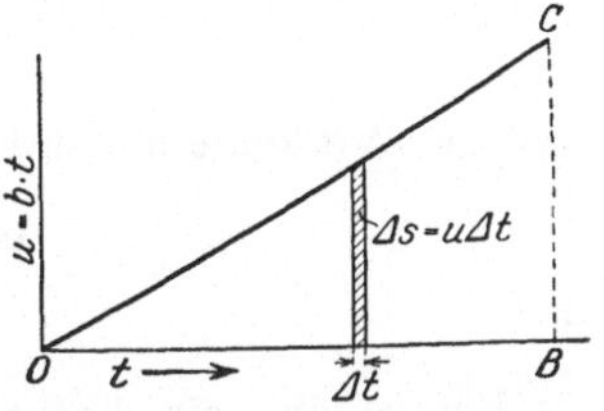

Abb. 25. Geschwindigkeit u und Weg s bei konstanter Bahnbeschleunigung.

Wegabschnitt wird in Abb. 25 durch die schraffierte Fläche dargestellt. Die ganze Dreiecksfläche OBC ist die Summe aller in der Zeit t durchlaufenen Wegabschnitte $\varDelta s$. Also gilt für den bei konstanter Bahnbeschleunigung in der Zeit t durchlaufenen Weg s die Gleichung

$$s = \tfrac{1}{2} b t^2, \tag{11}$$

d. h. der Weg wächst mit dem Quadrat der Beschleunigungsdauer.

Hatte der Körper vor Beginn der Beschleunigung bereits eine Anfangsgeschwindigkeit u_0, so tritt an die Stelle der Gl. (11) die Gleichung

$$s = u_0 t + \tfrac{1}{2} b t^2. \tag{12}$$

Der Ursprung der konstanten Bahnbeschleunigung ist völlig gleichgültig. Er kann z.B. statt mechanischer elektrischer Natur sein.

Meist benutzt man zur Prüfung der Gl. (11) die konstante Beschleunigung b während des freien Falles. Als Beispiel erwähnen wir die bekannte Fallschnur.

Sie besteht aus einer senkrecht aufgehängten dünnen Schnur mit aufgereihten Bleikugeln, Abb. 26. Die unterste Kugel berührt fast den Boden. Die Abstände der anderen von ihr verhalten sich wie die Quadrate der ganzen Zahlen. Nach Loslassen des oberen Schnurendes schlagen die Kugeln nacheinander auf den Boden. Man hört die Aufschläge in gleichen Zeitabständen aufeinanderfolgen.

Strenggenommen sind Beobachtungen des freien Falles im luftleeren Raume auszuführen. Nur dadurch können Störungen durch den Luftwiderstand ausgeschaltet werden. In einem hochevakuierten Glasrohr fallen wirklich alle Körper gleich schnell. Eine Bleikugel und eine Flaumfeder kommen zu gleicher Zeit unten an. In Zimmerluft bleibt die Feder bekanntlich weit zurück. Doch werden Fallversuche mit schweren Körpern von relativ kleiner Oberfläche durch den Luftwiderstand wenig beeinträchtigt (vgl. Abb. 107 auf S. 56).

§ 14. Konstante Radialbeschleunigung, Kreisbahn. (CHR. HUYGHENS 1629 bis 1695.) Die Radialbeschleunigung b_r ändert nicht die Größe, sondern nur die Richtung einer Geschwindigkeit u. Die Radialbeschleunigung b_r sei konstant und außer ihr keine weitere Beschleunigung vorhanden. Dann ändert sich die Richtung von u in gleichen Zeitabschnitten dt um den gleichen Winkel $d\beta$. Die Bahn ist eine Kreisbahn. Sie wird mit der konstanten Winkelgeschwindigkeit $\omega = d\beta/dt$ durchlaufen.

---

[1] Der Zahlenwert gilt in der Nähe der Erdoberfläche und g kann für die meisten Zwecke als Konstante betrachtet werden. Bei verfeinerter Beobachtung erweist sich g ein wenig von der geographischen Breite des Beobachtungsortes abhängig (§ 64). Ferner auch abhängig von lokalen Eigenheiten der Bodenbeschaffenheit (z. B. Erzlager in der Tiefe) und, wenn auch nur sehr wenig, von der Meereshöhe des Beobachtungsortes.

Die Zeit eines vollen Umlaufes wurde in § 8 die Periode T genannt und ihr Kehrwert die Frequenz v, also $v = 1/T$. Daher ist die Bahngeschwindigkeit

$$u = \frac{\text{Kreisumfang}}{\text{Periode}} = \frac{2r\pi}{T} = 2r\pi v$$

und die Winkelgeschwindigkeit

$$\omega = \frac{\text{Winkel } 2\pi}{\text{Periode}} = 2\pi v$$

(13)

und

$$u = \omega r. \tag{14}$$

Bei einer mit konstanter Geschwindigkeit durchlaufenen Kreisbahn ist demnach die Winkelgeschwindigkeit ω das 2π-fache der Frequenz v, also $\omega = 2\pi v$; daher wird ω oft *Kreisfrequenz* genannt. (Einheit z. B. 1/sec = Hertz.) Diese Definition und Beziehungen gelten ganz allgemein für periodische Vorgänge (z. B. die Rotation eines Elektromotors). Man muß sie sich einprägen.

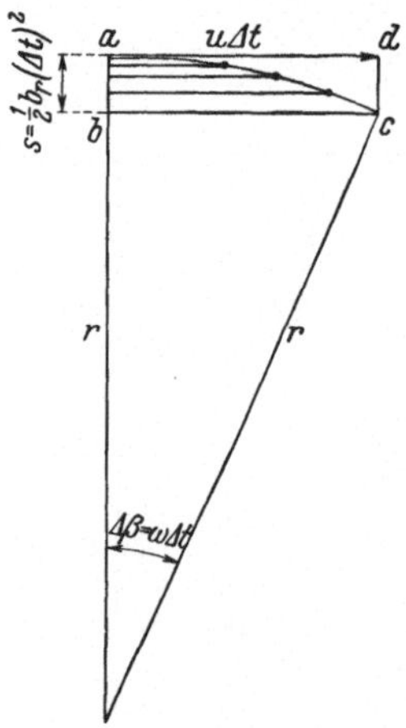

Abb. 27. Zur Erläuterung der Radialbeschleunigung.

Wir fassen die Gl. (10) und (14) zusammen und berücksichtigen die Richtungen: *Der Radius r wird vom Kreiszentrum fort positiv gezählt.* Die Beschleunigung ist zum Kreiszentrum hin gerichtet. Das wollen wir durch ein negatives Vorzeichen andeuten. Somit schreiben wir:

$$\boxed{b = -\omega^2 r = -u^2/r} \tag{15}$$

Diese Radialbeschleunigung b_r muß vorhanden sein, damit ein Körper eine Kreisbahn vom Radius r mit der konstanten Winkelgeschwindigkeit (Kreisfrequenz) ω oder der konstanten Bahngeschwindigkeit u durchlaufen kann.

Anschaulich hat die für die Kreisbahn erforderliche konstante Radialbeschleunigung folgenden Sinn (Abb. 27):

Ein Körper durchlaufe im Zeitabschnitt Δt den Kreisabschnitt ac. Diese Bahn denkt man sich nacheinander aus zwei Schritten zusammengesetzt, nämlich

1. aus einer zum Radius *senkrechten*, mit konstanter Geschwindigkeit u durchlaufenen Bahn $ad = u\Delta t$;

2. aus einer in Richtung des Radius beschleunigt durchlaufenen Bahn $s = \frac{1}{2}b_r(\Delta t)^2$. Die dünnen waagerechten Hilfslinien (Zeitmarken) lassen die Bewegung längs s als beschleunigt und Gl. (11) als anwendbar erkennen (vgl. Abb. 27).

Ein Zahlenbeispiel kann nützlich sein. Unser *Mond* rückt innerhalb der Zeit $\Delta t = 1$ Sekunde in Richtung ad, also *senkrecht* zum Bahnradius, um 1 km vor, sich ein wenig von der Erde „entfernend". Gleichzeitig „nähert" er sich im Bahnradius der Erde beschleunigt um den Weg $s = \frac{1}{2}b_r(1 \text{ sec})^2 = 1{,}35$ mm. So bleibt der Radius ungeändert, die Bahn ein Kreis. Die Radialbeschleunigung des Mondes berechnet sich zu $b_r = 2{,}70$ mm/sec².

§ 15. Die Unterscheidung physikalischer Größen und ihrer Zahlenwerte. Im Handel ist der Preis jedes Gegenstandes eine „Größe", d.h. ein Produkt aus einem *Zahlenwert* und einer *Einheit*. Zum Beispiel kostet ein Hut 10 DM, ein Bleistift 10 Pfennig. Niemand wird beide Preise als gleich betrachten. Das Verhältnis beider Preise ist vielmehr

$$\frac{10 \text{ DM}}{10 \text{ Pf}} = \frac{10 \cdot 100 \text{ Pf}}{10 \text{ Pf}} = 100.$$

Das gleiche gilt in der Physik: Weg s, Zeit t, Geschwindigkeit u, Beschleunigung b, Frequenz v usw. werden als *Größen* gemessen, d.h. als Produkte aus einem *Zahlenwert* und einer *Einheit*. Eine Geschwindigkeit $u = 7$ ist sinnlos. Sinn hat erst eine Angabe wie etwa $u = 7$ m/sec. Durch Verwechselung physikalischer *Größen* (z. B. Weg $s = 5$ km und Geschwindigkeit $u = 5$ km/Stunde) mit ihren *Zahlenwerten* (im Beispiel Zahlenwert des Weges $= 5$ und Zahlenwert der Geschwindigkeit $= 5$) entstehen weitverbreitete, aber *falsche Definitionen*, wie z. B. „die Geschwindigkeit ist der in der Zeiteinheit zurückgelegte Weg". Die Geschwindigkeit ist kein *Weg*, sondern ein Quotient Weg/Zeit. — Oder noch schlimmer: „Frequenz ist die Anzahl der Schwingungen in einer Sekunde". Erstens ist die Frequenz keine Anzahl, sondern ein Quotient Anzahl/Zeit, etwa Pulsfrequenz eines Menschen $= 70$/Minute; zweitens kann man eine physikalische Größe, die *allgemein* anwendbar sein soll, nicht mit einer speziellen *Einheit*, wie der Sekunde, definieren.

§ 16. Grundgrößen und abgeleitete Größen. Einige wenige physikalische Größen werden als Grundgrößen eingeführt und mit eigens für sie geschaffenen Einheiten, den Grundeinheiten, gemessen, z. B. die Zeit mit einer Sekunde oder Stunde, die Temperatur mit einem Grad. Will man eine Größe als Grundgröße einführen, so kann man sie nur mit Sätzen, die auf umfangreichen Erfahrungen beruhen, und nicht mit Gleichungen definieren. Dasselbe gilt für jede zugehörige Grundeinheit. Dabei spielt es keine Rolle, ob in den Sätzen, mit denen man eine Grundeinheit definiert, andere physikalische Größen und Einheiten vorkommen oder nicht. Ebenso ist es grundsätzlich gleichgültig, ob eine Einheit durch ein Prototyp (Urmaß) verkörpert wird[1] oder nicht. Doch haben nicht verkörperte Einheiten den praktischen Vorteil, allen militärischen Einwirkungen widerstehen zu können.

Die meisten physikalischen Größen werden als abgeleitete definiert. Das heißt, man kann sie selbst und ihre Einheiten nicht nur mit Sätzen, sondern auch mit Gleichungen definieren, die andere Größen und deren Einheiten enthalten. Man denke an das Beispiel Geschwindigkeit $u = ds/dt$ und seine ebenfalls nur als Beispiel gewählten Einheiten Meter/Sekunde, Kilometer/Stunde usf. —

In der Physik hat die *Definition* einer Größe durch eine *Gleichung* nur eine eng umgrenzte Aufgabe: Sie soll lediglich für einen Vorgang oder einen Zustand ein Meßverfahren liefern. Die Gleichung braucht also durchaus nicht immer den ganzen mit der Größe erfaßten Erfahrungsinhalt kenntlich zu machen.

Die Möglichkeit, für die Definition der Größen und ihrer Einheiten auch Gleichungen anwenden zu können, ist der einzige Punkt, in dem sich abgeleitete Größen von den jeweils benutzten Grundgrößen unterscheiden.

Manche physikalische Größen, vor allem die Kraft, werden sowohl als Grundgrößen wie als abgeleitete Größen eingeführt. Die früher Wärmemenge genannte, mit Hilfe einer Temperaturdifferenz zugeführte Energie wurde im Experimentalunterricht anfänglich als Grundgröße eingeführt und erst später, wie alle anderen Energien, als abgeleitete Größe. In gleicher Weise kann man im Experimentalunterricht mit der elektrischen Spannung verfahren.

Keine physikalische Größe *ist* ihrem Wesen nach eine Grundgröße, man kann sehr verschiedene Größen als Grundgrößen einführen. Anzahl und Art der Grundgrößen soll man nach Möglichkeit so wählen, daß nicht mehrere abgeleitete Größen die gleiche Definitionsgleichung erhalten. — In der Unterscheidung von Grundgrößen und abgeleiteten Größen darf man keinesfalls eine Rangfolge sehen; man darf nicht Grundgrößen mit einem besonderen Nimbus umgeben und ihre Beschränkung auf eine bestimmte Anzahl (z. B. Drei) zum Dogma erheben.

---

[1] Wie bis 1960 das Meter, vgl. Schluß von § 3.

In manchen Fällen erfaßt man den gleichen physikalischen Vorgang oder Zustand quantitativ mit verschiedenen Größen. Oder anders gesagt: Man verwendet für den gleichen qualitativen Begriff verschiedene Meßverfahren und macht dadurch aus dem gleichen qualitativen Begriff verschiedene Größen. Dabei verwendet man zuweilen für verschiedene Größen den gleichen Namen. Das ist unbedenklich, solange man für die verschiedenen Größen verschiedene Buchstaben oder Buchstaben mit Indizes anwendet und bei quantitativen Angaben die Einheiten sauber schreibt. — Es ströme z. B. durch einen Querschnitt in der Zeit Δt eine Flüssigkeitsmenge mit dem Volumen ΔV und der Masse Δm. Dann benutzt man den gleichen Namen Stromstärke sowohl für die abgeleitete Größe $i = \Delta V/\Delta t$ als auch für die abgeleitete Größe $I = \Delta m/\Delta t$.

Zwischen beiden besteht die Beziehung $I/i = \Delta m/\Delta V = $ Massendichte ϱ der Flüssigkeit. — Beispiel für einen Luftstrom: $i = 1\ \mathrm{m^3/sec}$; $\varrho = 1{,}3\ \mathrm{kg/m^3}$; $I = 1{,}3\ \mathrm{kg/sec}$.

Trotz des gleichen Namens Stromstärke darf man weder i und I noch ihre Einheiten mit Gleichheitszeichen verbinden, das gäbe den Unsinn „Masse = Volumen". Zulässig ist nur das Entsprichtzeichen, also $i \mathrel{\widehat{=}} I$.

Erstaunlicherweise wird dieser einfache Tatbestand heute noch immer in manchen Lehrbüchern der Elektrik übersehen. In ihnen verwendet man den gleichen Namen „elektrische Ladung" für zwei verschiedene abgeleitete Größen, nämlich sowohl für die Größe $Q_s = $ Länge $\sqrt{\text{Kraft}}$ als auch für die Größe $Q_m = $ Zeit $\sqrt{\text{Kraft}}$. Auch das ist unbedenklich, wenngleich nicht mehr zeitgemäß. Nur darf man nicht, wie es meist geschieht, die Indizes fortlassen[1] und die beiden verschiedenen Größen oder ihre Einheiten mit Gleichheitszeichen verbinden. Denn dann wird dem Leser zugemutet, eine Länge als Vielfaches einer Zeit hinzunehmen. Mit dem Entsprichtzeichen kann man auch hier einwandfrei schreiben

$$\text{Einheit von } Q_s \text{ ist } 1\,\mathrm{cm}\,\sqrt{\text{dyn}} \mathrel{\widehat{=}} 3{,}3 \cdot 10^{-10} \text{ Amperesekunden}$$

$$\text{Einheit von } Q_m \text{ ist } 1\,\mathrm{sec}\,\sqrt{\text{dyn}} \mathrel{\widehat{=}} 10 \text{ Amperesekunden}$$

---

[1] Bei den Schöpfern der cgs-Systeme war noch alles korrekt. Sie benutzten zur Unterscheidung der beiden verschiedenen abgeleiteten Größen, die beide elektrische Ladung genannt wurden, zwei verschiedene Buchstaben. Auch war bei ihnen das Wort *absolut* lediglich der Gegensatz zu *relativ* und nicht, wie leider heute so oft, ein Synonym für cgs. Vgl. Reports of the 33th meeting of the British association for advancement of Science. London 1864. z. B. S. 143 u. S. 149.

III. Grundlagen der Dynamik.

§ 17. Übersicht. Kraft und Masse. Für die Kinematik sind die Begriffe „Geschwindigkeit" und „Beschleunigung" kennzeichnend, für die Dynamik die Hinzunahme der Begriffe „Kraft" und „Masse". Diese beiden in der Gemeinsprache vieldeutigen Worte müssen als physikalische *Fachausdrücke* definiert werden.

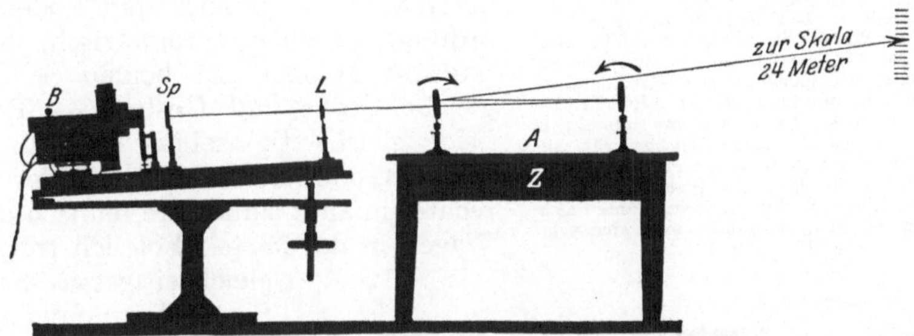

Abb. 28. Optischer Nachweis der Verformung einer Tischplatte durch kleine Kräfte, z. B. einen bei *A* drückenden Finger.

Der Begriff „*Kraft*" geht auf unser Muskelgefühl zurück. Eine Kraft ist qualitativ durch zwei Kennzeichen bestimmt: Sie kann festgehaltene feste Körper *verformen* und bewegliche Körper *beschleunigen*.

Für die *Verformung* geben wir ein sinnfälliges Beispiel: Die Abb. 28 zeigt einen Eichentisch mit dicker Zarge *Z*. Auf diesen Tisch sind zwei Spiegel gestellt. Zwischen ihnen durchläuft ein Lichtbündel den skizzierten Weg. Es entwirft auf der Wand ein Bild der Lichtquelle, eines beleuchteten Spaltes *Sp*. Jede Durchbiegung der Tischplatte kippt die Spiegel in Richtung der kleinen Pfeile. Der „Lichthebel" bedingt dank seiner großen Länge (etwa 20 m) eine große Empfindlichkeit der Anordnung. — Wir setzen bei *A* einen Metallklotz auf, etwa einen kg-Klotz. Der Tisch wird verformt. Physik und Technik sagen: An dem Klotz greift eine **Kraft** an, genannt sein **Gewicht**; *der verformte Tisch verhindert die Beschleunigung des Klotzes*. Dann drücken wir mit dem kleinen Finger auf den Klotz, die Durchbiegung steigt. Es heißt: Jetzt greift an dem Klotz zusätzlich noch eine zweite Kraft an, genannt Muskelkraft. Endlich ersetzen wir den Klotz durch einen längeren Stab und fahren mit der Hand von oben nach unten an ihm entlang (Abb. 29). Wieder wird der Tisch verformt und wir sagen: Am Stab greift außer der Gewicht des Stabes genannten Kraft zusätzlich noch eine andere Kraft an, genannt die äußere Reibung[1]; sie entsteht hier durch eine gleitende Bewegung.

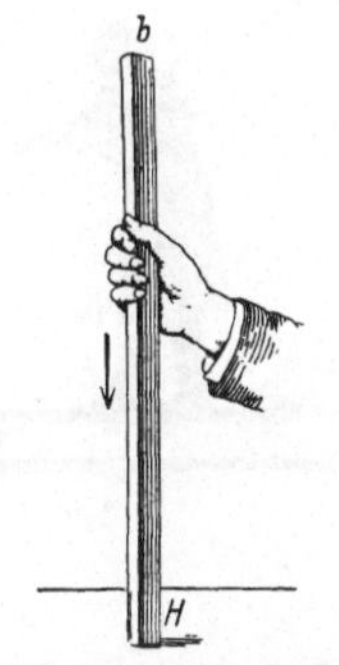

Abb. 29. Die äußere Reibung genannte Kraft ist am Stab angreifend nach unten, an der Hand angreifend nach oben gerichtet. Pfeil gleich Gleitrichtung.

---

[1] Innere Reibung § 88.

Kräfte sind Vektoren.   Sie lassen sich in Komponenten zerlegen. Die Abb. 30 gibt ein Beispiel.

Kräfte treten stets nur paarweise auf: Die beiden Kräfte greifen an zwei verschiedenen Körpern an, sind einander entgegengerichtet und gleich groß. In NEWTONS Fassung heißt es: actio = reactio, oder heute Kraft = Gegenkraft. Wir geben drei Beispiele:

1. In Abb. 31 befindet sich links eine gedehnte Bügelfeder zwischen zwei Händen. An beiden Händen greifen Kräfte an. Wird die Feder nur mit einer Hand gehalten, treten keine Verformung und keine Kraft auf, Abb. 32.

2. In Abb. 33 sehen wir zwei flache, recht reibungsfreie Wagen auf waagerechtem, die Gewichte ausschaltendem Boden. Die Anordnung ist völlig symmetrisch, die Wagen und die Männer auf beiden Seiten haben gleiche Größe und Gestalt. — Es können beide gleichzeitig ziehen, d. h. als „Motor" arbeiten, oder allein der linke oder allein der rechte; in allen Fällen treffen sich die beiden Wagen in der Mitte. Folglich treten immer gleichzeitig *zwei* Kräfte auf. Sie sind einander entgegengerichtet und gleich groß. Das wird durch Größe und Richtung der Pfeile dargestellt.

3. Bei der als Gewicht bezeichneten Kraft scheint eine Gegenkraft zu fehlen. Das liegt aber nur an der Wahl unseres Bezugssystems. Die Abb. 34 zeigt uns die Erde und einen Stein. Von Sonne oder Mond aus beschrieben, muß auch dieses Bild mit *zwei* Pfeilen gezeichnet werden. Die Erde zieht den Stein an, der Stein die Erde. Beide

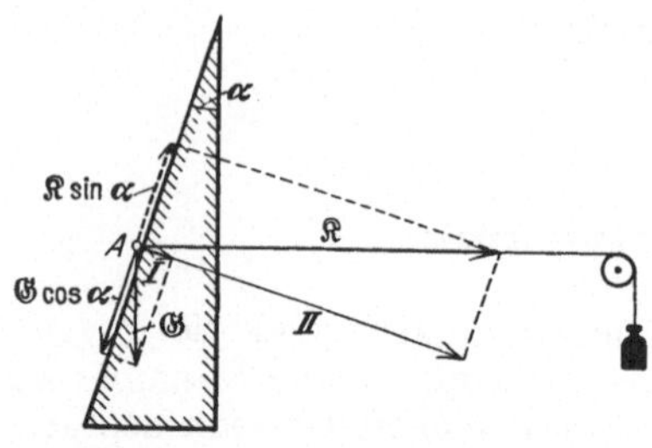

Abb. 30. Zerlegung von Kraftpfeilen in Komponenten. Eine Rolle A soll von einer horizontalen Kraft $\mathfrak{K}$ auf einer steilen Rampe festgehalten werden. Der Pfeil $\mathfrak{G}$ bedeutet das Gewicht der Rolle. Wir zerlegen sowohl $\mathfrak{K}$ wie $\mathfrak{G}$ in je eine der Rampe parallele und eine zu ihr senkrechte Komponente. Den letzteren, dargestellt durch die Pfeile I und II, hält die elastische Kraft der wenn auch nur unmerklich verformten Rampenfläche das Gleichgewicht. Die ersteren, $\mathfrak{G}\cos\alpha$ und $\mathfrak{K}\sin\alpha$, ziehen die Rolle nach unten und oben. Im Gleichgewicht ist $\mathfrak{K} = \mathfrak{G}/\mathrm{tg}\,\alpha$. Für sehr steile Rampen nähern sich α und $\mathrm{tg}\,\alpha$ der 0, also braucht man eine sehr große Kraft $\mathfrak{K}$.

Abb. 31 und 32. Zur Verformung einer Bügelfeder. In der Mitte eine Führungsstange. Dieser einfache Apparat kann später bei Schauversuchen als ungeeichter Kraftmesser benutzt werden.

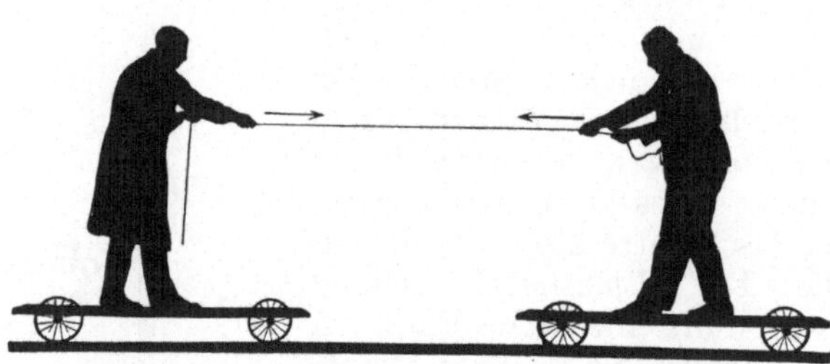

Abb. 33.   Kraft = Gegenkraft, actio = reactio.

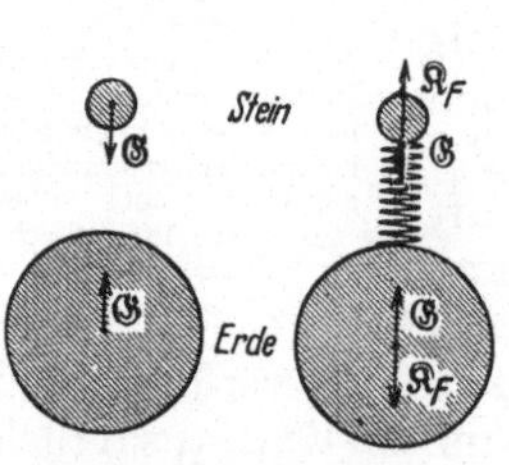

Abb. 34 und 35.   Zum paarweisen Auftreten der Kräfte, Kraft = Gegenkraft.

Körper nähern sich einander beschleunigt. In Abb. 35 wird die Annäherung durch Zwischenschaltung einer Feder verhindert. Dabei entstehen *zwei* neue, mit $\mathfrak{K}_F$ bezeichnete Kräfte. Jetzt greifen an beiden Körpern je zwei entgegengesetzt gleiche Kräfte an. Die Summe der beiden ist Null, und daher bleiben die Körper gegeneinander in Ruhe. —

Der Begriff *Masse* ist in der Umgangssprache noch vieldeutiger als das Wort Gewicht. Beispiele: Der Kuchenbrei ist eine knetbare Masse; die Presse wendet sich an die breite Masse des Volkes, sie verbraucht dabei eine Masse Papier, usw.

In der Physik aber bedeutet der Begriff Masse zwei Eigenschaften jeden Körpers, nämlich „schwer" und „träge" zu sein. „Schwer" heißt: Jeder Körper wird von der Erde angezogen, und zwar mit einer Kraft, die man sein „Gewicht" nennt. — „Träge" bedeutet: Kein Körper verändert seine Geschwindigkeit (Betrag und Richtung!) von selbst, für jede Änderung der Geschwindigkeit ist die Einwirkung einer Kraft erforderlich.

§ 18. Meßverfahren für Kraft und Masse. Die Grundgleichung der Mechanik.

(ISAAC NEWTON 1643—1727.) Zur Messung der Masse und zur Messung der Kraft benutzt man dieselben Hilfsmittel, nämlich einen *Wägesatz* (Abb. 36, oben) *und* eine beliebige *Waage* (z. B. Balkenwaage oder Federwaage).

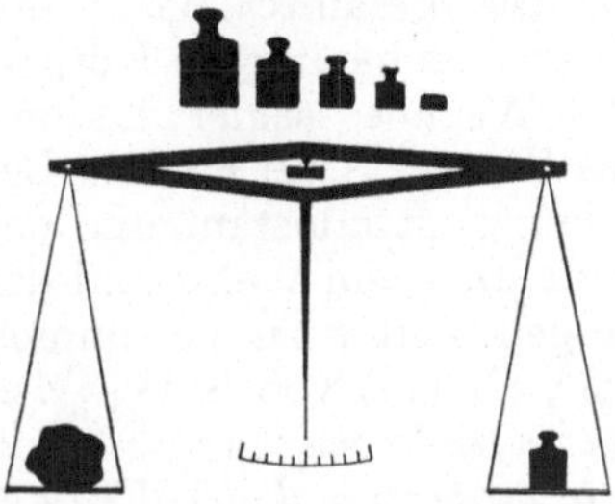

Die Messung der Masse wird durch die Abb. 36 erläutert: Man definiert die Massen zweier Körper als gleich, wenn sie sich auf einer Waage gegenseitig vertreten können. Die *Masseneinheit* wird durch einen Normalklotz aus Edelmetall[1] verkörpert und international *Kilogramm* genannt.

Wie alle Körper, werden auch die Klötze des Wägesatzes von der Erde mit Kräften angezogen. Diese an den Klötzen angreifenden *Kräfte* nennt man kurz die *Gewichte der Klötze*[2]. Diese Gewichte, also *Kräfte*, lassen sich zur Messung von Kräften benutzen. Das wird durch die Abb. 37 veranschaulicht. In ihr wird eine Federkraft mit einer anderen Kraft, nämlich dem Gewicht eines Wägeklotzes verglichen. Als *Krafteinheit* dient nach Vereinbarung das Gewicht eines Kilogrammklotzes an einem Ort („Normort"), an dem die Fallbeschleunigung $g = 9{,}80665$ m/sec² ist (abgerundet 9,81 m/sec²). Man nennt diese Krafteinheit *Kilopond*. Man definiert also mit Hilfe desselben Metallklotzes sowohl die Masseneinheit Kilogramm wie die Krafteinheit Kilopond. *Die Fallbeschleunigung weicht an keinem Punkt der Erdoberfläche um mehr als $\pm 0{,}3\%$ von dem zur Definition des Kiloponds vorgeschriebenen Werte ab.*

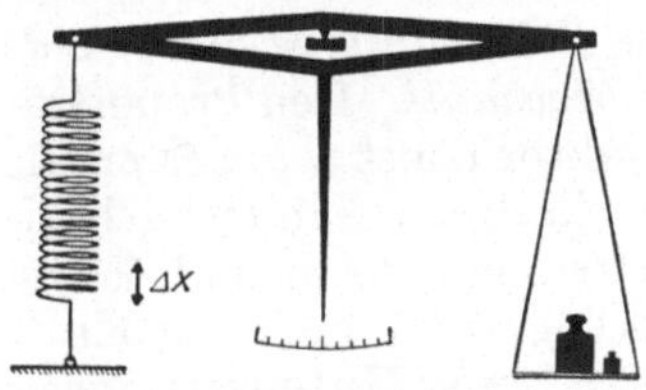

Abb. 36. Messung einer Masse mit Hilfe eines Wägesatzes (oben) und einer Balkenwaage. Die Massen zweier Körper sind gleich, wenn die Körper am gleichen Ort gleiche Gewichte haben, d. h. von der Erde mit gleichen *Kräften* angezogen werden.

Abb. 37. Messung einer Kraft mit Hilfe eines Wägesatzes und einer Balkenwaage. Die Kraft einer um die Strecke $\varDelta x$ gedehnten Feder wird mit der an dem Metallklotz angreifenden, kurz *Gewicht* des Klotzes genannten *Kraft* verglichen. (Das Gewicht der ungedehnten Feder ist durch das Gewicht des kleinen Metallklotzes ausgeglichen.) Für den praktischen Gebrauch ist meist eine Federwaage als Kraftmesser handlicher als eine Balkenwaage; man vgl. Abb. 38.

Innerhalb dieser Grenzen kann man die Krafteinheit Kilopond an jedem Punkt der Erdoberfläche sehr bequem reproduzieren. Darin liegt ihr eminenter praktischer Nutzen, nicht nur für die Technik, sondern auch für die Physik und die übrigen Naturwissenschaften. Man beachte Abb. 38.

Warum kann man die gleichen Hilfsmittel, nämlich einen Wägesatz und eine beliebige Waage, benutzen, um sowohl die Masse wie die Kraft zu messen? Die Antwort ist an Hand der Abb. 36 zu geben: Die Massen

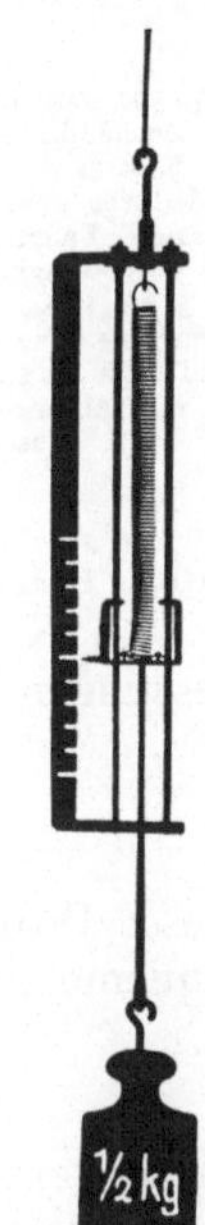

Abb. 38. Eichung einer Federwaage als Kraftmesser. Als bekannte Kraft wird in diesem Beispiel diejenige benutzt, die an einem Metallklotz der Masse ½ kg angreift. Sie ist innerhalb einer Fehlergrenze von $\pm 0{,}3\%$ (vgl. § 64) an allen Punkten der Erdoberfläche = ½ Kilopond.

---

[1] Er besteht aus 90% Pt und 10% Ir und wird in Paris aufbewahrt.

[2] Beim Worte Gewicht denkt der physikalisch Ungeübte unwillkürlich an eine *Eigenschaft* des Körpers, statt an eine an ihm angreifende Kraft. Das erschwert die Einsicht, daß diese Kraft unter Mitwirkung der Erde (oder z. B. auf der Mondoberfläche unter Mitwirkung des Mondes) zustande kommt.

zweier Körper werden als gleich definiert, wenn die Körper am gleichen Ort gleiche *Gewichte* haben, d. h. von der Erde mit gleichen *Kräften* angezogen werden. Das an einem Körper angreifende Gewicht hängt erstens von einer Eigenschaft des Körpers ab, genannt Masse und zweitens von der Erde: Die Gewicht genannten Kräfte sind ja stets vertikal zur Erdmitte hingerichtet. Der Einfluß der Erde ist auf beiden Seiten der Waage gleich und daher hebt er sich fort (weiter in § 29).

Der Zusammenhang von Kraft und Masse wird experimentell hergeleitet, indem man die beiden Größen unabhängig voneinander variiert und die Massen in Kilogramm, die Kräfte in Kilopond mißt. Die einfachste Versuchsanordnung ist in Abb. 39 dargestellt. Als bekannte Kraft dient die an dem kleinen Klotz A angreifende Kraft $\mathfrak{K}$, die man das Gewicht des Klotzes nennt. Sie beschleunigt mittels eines Schnurzuges einen beladenen Wagen. Die gesamte Masse der gemeinsam beschleunigten Körper, also des Wagens, seiner Ladung und des Klotzes A sei m. Die Beschleunigung ist konstant und daher leicht aus dem Weg s und der zugehörigen Zeit t zu bestimmen [$b = 2s/t^2$, Gl. (11) von S. 15]. *Auf diese Weise findet man die Beschleunigung b proportional der Kraft $\mathfrak{K}$ und umgekehrt proportional der Masse m*, also

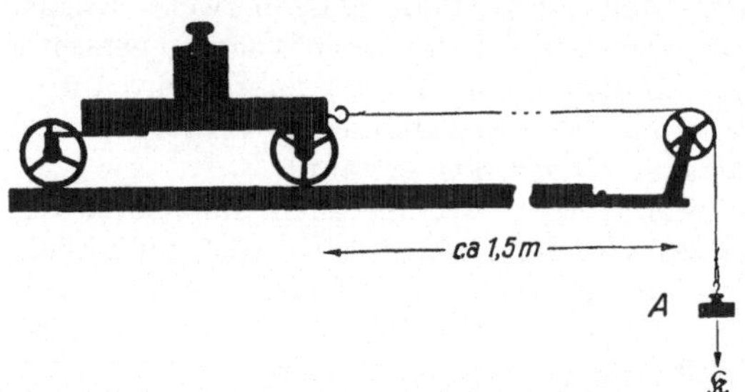

Abb. 39. Zur experimentellen Herleitung der Grundgleichung der Mechanik. Als beschleunigende Kraft dient das Gewicht $\mathfrak{K}$ des Klotzes A. Das Gewicht des Wagens und seiner Ladung wird durch eine unmerklich kleine Verformung der ebenen horizontalen Fahrbahn (Spiegelglas) ausgeschaltet. — Reibung und Dreh-Trägheit der Räder verkleinern die Beschleunigungen um 5 bis 10%. Zur Ausschaltung dieser Fehlerquellen genügt schon eine schwache Neigung der Fahrbahn (um einige Zehntel Grad). Sie ist so einzustellen, daß der Wagen, ohne den Schnurzug einmal angestoßen, seinen Weg mit praktisch konstanter Geschwindigkeit durchläuft. Vgl. § 21 a.

$$b = \frac{\mathfrak{K}}{m} \cdot \text{const.} \qquad (16)$$

Diese Erkenntnis ist die Grundlage der Mechanik. Den Proportionalitätsfaktor const $= b\,m/\mathfrak{K}$ erhält man aus je drei zusammengehörigen Werten von b, m und $\mathfrak{K}$. So findet man beispielsweise mit der Masse $m = 1{,}75$ Kilogramm und der Kraft $\mathfrak{K} = 0{,}1$ Kilopond die Beschleunigung $b = 0{,}555$ m/sec². Als Mittelwert vieler Messungen dieser Art ergibt sich der Proportionalitätsfaktor

$$\text{const} = \frac{m\,b}{\mathfrak{K}} = 9{,}81 \ \frac{\text{kg m/sec}^2}{\text{Kilopond}} \cdot \qquad (17)$$

Dieser Proportionalitätsfaktor hat einen unbequemen Zahlenwert und eine unbequeme Einheit. Man macht ihn $= 1$, indem man schreibt

$$1 \ \text{Kilopond} = 9{,}81 \ \text{kg m/sec}^2. \qquad (18)$$

Damit verzichtet man darauf, die Masse und die Kraft *unabhängig* voneinander zu messen; oder positiv gesagt: Man benutzt die eine Größe bei der Messung der anderen.

Die Physik benutzt die Masse bei der Messung der Kraft. Sie sagt: 1 Kilopond ist die Einheit einer Kraft, folglich steht auch rechts eine Kraft, und die Größe kg m/sec² ist eine neue *abgeleitete Krafteinheit*. Sie erhält den Namen Newton (früher Großdyn); also

$$1 \ \text{Newton} = 1 \ \text{kg m/sec}^2. \qquad (19)$$

So wird 1 Kilopond in der Physik nur ein kurzer Name für 9,81 kg m/sec² oder für 9,81 Newton.

Mit const $= 1$ erhält die experimentell gewonnene Gl. (16) die bequeme einfache Form[1]

$$b = \frac{\mathfrak{K}}{m}. \tag{21}$$

Die Gleichung enthält die große Entdeckung Isaac Newtons, die Verknüpfung von Kraft und Beschleunigung. Die Gl. (21) wird in den späteren Paragraphen schärfsten experimentellen Prüfungen standhalten. Das ist höchst verwunderlich: Die Gl. (21) betrifft die allen Körpern gemeinsame Eigenschaft „*träge*" (§ 17) und die ihretwegen zur *Beschleunigung* erforderlichen Kräfte. Die in ihr vorkommenden Massen m der Körper aber sind mit der *anderen* allen Körpern gemeinsamen Eigenschaft, nämlich „schwer", gemessen worden, und noch dazu im Zustande der *Ruhe*! — Diesen fundamentalen Tatbestand beschreibt man zuweilen mit dem kurzen, aber oft mißverstandenen Satz: „Schwere Masse $=$ träge Masse."

Wichtige Anwendungen der Gleichung $b = \mathfrak{K}/m$ werden in den nächsten Kapiteln behandelt. Der Schluß dieses Kapitels bringt erst einmal die Klärung einiger im folgenden oft erforderlicher Begriffe.

§ 19. Einheiten von Kraft und Masse. Größengleichungen. Wir wollen zunächst mit der Gl. (21) zwei Aussagen machen, die uns die Einheiten von Kraft und Masse näher bringen. Dabei benutzen wir „*Größengleichungen*"; d.h. wir setzen für jeden Buchstaben einen Zahlenwert *und* eine Einheit.

1. Wir setzen in Gl. (21) die Kraft $\mathfrak{K} = 1$ Newton $= 1$ kg m/sec², die Masse $m = 1$ kg. Ergebnis:

$$b = \frac{1 \text{ kg m/sec}^2}{\text{kg}} = 1 \frac{\text{m}}{\text{sec}^2}.$$

Oder in Worten: 1 Newton ist die Kraft, die einem Körper der Masse 1 Kilogramm eine Beschleunigung von 1 m/sec² zu erteilen vermag, wenn diese Kraft *allein* auf den Körper einwirkt.

2. Wir setzen in Gl. (21) die Kraft $\mathfrak{K} = 1$ Kilopond, die Masse $m = 1$ kg. Ergebnis:

$$b = \frac{1 \text{ Kilopond}}{1 \text{ kg}} = \frac{9{,}81 \text{ kg m/sec}^2}{\text{kg}} = 9{,}81 \frac{\text{m}}{\text{sec}^2}.$$

In Worten: Wirkt auf einen Körper der Masse 1 kg allein sein Gewicht 1 Kilopond, so erfährt der Körper die Beschleunigung $b = 9{,}81$ m/sec² (freier Fall!).

§ 20. Körper und Menge. In der Physik entstehen viele unnötige Schwierigkeiten durch unzulängliche Verständigung über die benutzten Worte. Deswegen der folgende Hinweis: Das Wort Körper entnimmt die Physik ohne Definition der Sprache des täglichen Lebens. Das gleiche tut sie mit dem Wort *Menge*. — Wirtschaft und Technik verwenden dieses Wort für Körper, die aus vielen Einzelteilen bestehen und nicht durch Zusammenwirken der Teile eine gemeinsame Gestalt bewahren. Beispiele: Feste Körper in Brocken- oder Pulverform, Breie, Flüssigkeiten, Gase. Man spricht von einer Menge Koks, einer Menge Schlamm, einer Wasser*menge*, aber nicht von einem Wasser*körper* in einer Schüssel, einer Luft*menge*, aber nicht einem Luft*körper* im Zimmer usw. Eine Menge *ist* nicht, sondern *hat* eine Masse, *hat* ein Volumen, *hat* eine Stückzahl. Diese ihr zugehörigen

---

[1] Die Technik benutzt die gleiche Form, mißt aber die Masse mit Hilfe der Kraft. Sie benutzt 1 Kilopond sec²/m als eine neue, zuweilen Hyl genannte, technische Masseneinheit. Nach Gl. (18) ist in der Technik 1 kg nur ein kurzer Name für 0,102 Kilopond sec²/m. — Greift z. B. an einem Menschen die sein Gewicht genannte Kraft $\mathfrak{K} = 70$ Kilopond an, so ist in der Technik seine Masse $m = 70$ Kilopond/9,81 m sec⁻² $= 7{,}15$ Kilopond sec²/m.

Größen benutzt man im täglichen Leben zum „Abmessen" einer Menge, wenn die Frage „*wieviel*"? quantitativ beantwortet werden soll. Man sagt dann z. B. 5 kg Mehl, 10 m³ Leuchtgas, 12 Eier. Die *Masse* steht beim Abmessen von Körpern und Mengen an erster Stelle. Das gleiche gilt in Physik und Chemie. Auch sie benutzen am häufigsten die *Masse*. Dabei spricht man, wie im täglichen Leben, z. B. kurz von 1 kg Salz, statt in unnötiger Strenge von einer Salzmenge mit der Masse 1 kg. — Leider findet man in den meisten Lehrbüchern ein wirres Durcheinander von Menge = Masse und (wie in der Mathematik) Menge = Anzahl. Das ist ebenso zu beanstanden, wie die anscheinend unausrottbare Verwendung des Wortes Masse an Stelle von Körper. Immer wieder findet man z. B. statt eines Körpers eine Masse an einem Bindfaden aufgehängt, also statt des Dinges eine seiner Eigenschaften!

§ 21. **Massendichte** ϱ, **Anzahldichte** N_v, **spezifisches Volumen** V_s **und spezifische Molekülzahl** N. Bei sehr großen, unhandlichen und bei sehr kleinen Körpern ist die Masse oft nicht direkt mit einer Waage zu messen, jedoch das Volumen V aus den Abmessungen des Körpers bekannt. In diesen Fällen berechnet man die Masse mit dem nützlichen Hilfsbegriff Massendichte oder kürzer Dichte. Ein Körper oder eine Menge mit der Masse M habe das Volumen V. Dann definiert man

$$\boxed{\text{Massendichte } \varrho = \frac{\text{Masse } M}{\text{Volumen } V}} \tag{22}$$

Diese Größe ist bei festgelegten Nebenbedingungen (Druck, Temperatur) eine für den Stoff kennzeichnende Konstante. Die Tab. 1 gibt einige Beispiele.

Oft verwendet man statt der Massendichte ϱ auch ihren Kehrwert, das

$$\boxed{\text{spezifische Volumen } V_s = \frac{\text{Volumen } V}{\text{Masse } M}} \tag{23}$$

Tabelle 1.

Stoff	Massendichte ϱ	
	$\dfrac{\text{Gramm}}{\text{cm}^3}$	$\dfrac{\text{Kilogramm}}{(\text{Meter})^3}$
Aluminium	2,70	2 700
Stahl . . .	7,70	7 700
Blei	11,34	11 340
Platin . . .	21,50	21 500
NaCl . . .	2,15	2 150
Diamant . . .	3,51	3 510
Graphit . . .	2,25	2 250

„*Spezifisch*" oder „*reduziert*" nennt man eine physikalische Größe allgemein dann, wenn nicht sie selbst, sondern ein Quotient aus ihr und einer anderen (etwa Volumen, Dichte oder Konzentration) angegeben werden soll, ohne daß für diesen Quotienten ein besonderer Name eingeführt wird. So wird z. B. die Dichte ϱ im Französischen als spezifische Masse bezeichnet.

Bei atomistischen Betrachtungen braucht man neben der Massendichte ϱ oft die Anzahldichte N_v der Moleküle und die spezifische Molekülzahl N. — Ein Körper oder eine Menge mit dem Volumen V und der Masse M enthalte eine Anzahl n Moleküle. Dann definiert man

$$\boxed{\text{Anzahldichte } N_v = \frac{\text{Anzahl } n \text{ der Moleküle im Volumen } V}{\text{Volumen } V}} \tag{24}$$

und

$$\boxed{\text{spezifische Molekülzahl } N = \frac{\text{Anzahl } n \text{ der Moleküle}}{\text{Masse } M}} \tag{24a}$$

Zwischen Anzahldichte N_v der Moleküle und Massendichte ϱ besteht die Beziehung

$$\boxed{N_v = \varrho\, N} \tag{25}$$

Man braucht also die spezifische Molekülzahl N, um von der Massendichte ϱ zur Anzahldichte N_v der Moleküle zu gelangen. Weiteres über die spezifische Molekülzahl findet man in § 144.

Aus Gl. (24a) folgt: $1/N = M/n = m =$ Masse eines einzelnen Moleküls. Aus Gl. (24) folgt: $1/N_v = V/n = v$. Dies Volumen v ist nicht etwa das Volumen v' eines einzelnen Moleküls, sondern das Volumen, innerhalb dessen sich ein Molekül aufhalten kann. — Das Verhältnis v'/v wird *Raumerfüllung* genannt (vgl. Elektrik § 116).

$$1/\sqrt[3]{N_v} = d \tag{25a}$$

ist ein Mittelwert für den Abstand benachbarter Moleküle.

§ 21a. Zur Ausschaltung der äußeren Reibung, insbesondere für Modellatome.

Bei der experimentellen Vorführung wichtiger Bewegungsvorgänge muß man Störungen durch äußere Reibung, also Reibung zwischen festen Körpern, möglichst weitgehend ausschalten. Die Anwendung glatter, ebener Unterlagen und

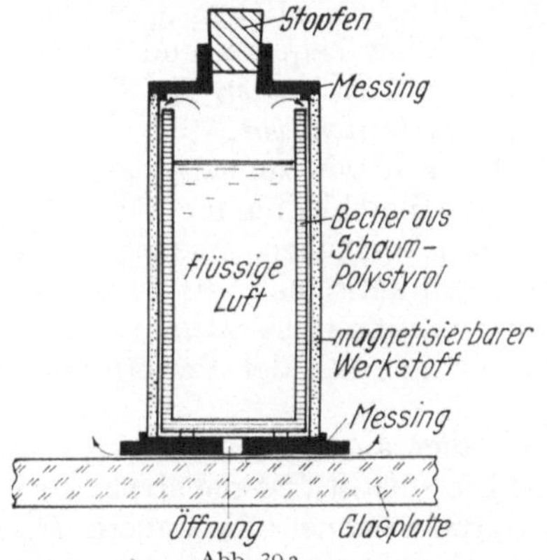

Abb. 39a.

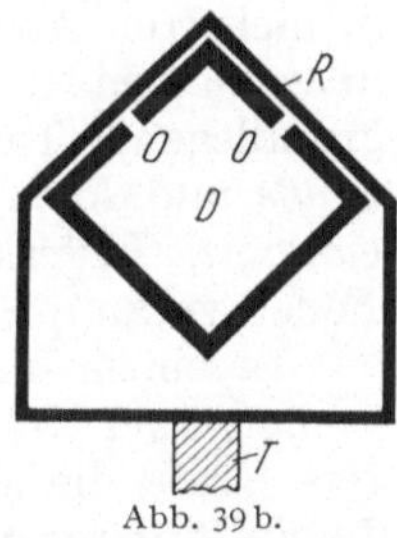

Abb. 39b.

Abb. 39a. Ausschaltung der äußeren Reibung für einen Metallzylinder, der von einer Glasplatte durch ein dünnes Luftpolster getrennt ist. Das Polster mußte im Bilde viel zu dick gezeichnet werden. — Die verdampfende Luft (Vorrat für etwa 15 Minuten) gelangt durch den engen Zwischenraum zwischen dem Metallzylinder und dem lose auf seinen Boden gestellten Kunststoffbecher zur Öffnung im Boden des Zylinders. — Der Zylindermantel besteht aus einem Material (z.B. Magnetoflex), das für spätere Zwecke (z.B. § 41a) magnetisiert werden kann. R. HILSCH und G. v. MINNIGERODE (1960).

Abb. 39b. Eine für geradlinige Bewegungen ausreichende Variante von Abb. 39a. Querschnitt. Senkrecht zur Papierebene beträgt die Länge der Rohrschiene ca. $^3/_4$ m, die des Reiters ca. 8 cm. Austrittsöffnungen der Druckluft 1 mm weit in je 1 cm Abstand.

guter Kugellager genügt im allgemeinen. Das gilt vor allem für die Experimente, an denen der Körper des Ausführenden beteiligt wird, um die wichtigsten Tatsachen „ins Gefühl zu bekommen" (z.B. in den Abb. 98, 129, 158).

Noch wirkungsvoller schaltet man die äußere Reibung mit einem anderen Verfahren aus. Es eignet sich vor allem für die modellmäßige Vorführung atomarer Vorgänge. Man trennt den bewegten Körper von seiner Unterlage durch ein Luftpolster winziger Dicke; man ersetzt also die „äußere" Reibung durch die „innere" einer dünnen Gasschicht. Die Abb. 39a zeigt eine bewährte Anordnung.

Es ist eine Anwendung des altbekannten nach J. G. LEIDENFROST[1] benannten Phänomens: Wassertropfen laufen durch Reibung ungehemmt auf einer heißen oder gar glühenden Herdplatte, weil auf der Unterseite des Tropfens ein dünnes Dampfpolster entsteht.

Für nur geradlinige Bewegungen genügt eine noch einfachere Anordnung, Abb. 39b. Sie besteht aus einer genau horizontalen Rohrschiene D mit Vierkantprofil. Auf ihr sitzt ein Reiter R als Träger des Versuchskörpers. Zwischen Reiter und Schiene befindet sich ein Luftkissen, erzeugt von Druckluft, die aus kleinen Öffnungen O entweicht.

---

[1] 1715—1794, Professor der Medizin an der damaligen Universität Duisburg.

IV. Anwendungen der Grundgleichung.

§ 22. Anwendung der Grundgleichung auf konstante Beschleunigungen in gerader Bahn. Wir beginnen mit einer zweckmäßigen Vereinbarung: Wir betrachten die Kraft $\Re$ als Ursache der Beschleunigung $\mathfrak{b}$ und schreiben die Grundgleichung in der Form

$$\mathfrak{b} = \frac{\Re}{m}. \tag{21}$$

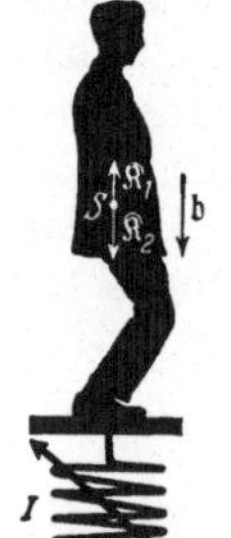

Abb. 40. Abwärtsbeschleunigung $\mathfrak{b}$ eines in Kniebeuge gehenden Mannes.

Unsere Vereinbarung ist völlig willkürlich: Beim Sprechen sind zwar die Begriffe Ursache und Wirkung bequem und beliebt, — und manchmal sogar nützlich. *In den Gleichungen der Physik aber kommen Ursache und Wirkung überhaupt nicht vor.*

Als Anwendung der Gl. (21) bringen wir zunächst ein Beispiel in mehreren Abarten. Es betrifft die Beschleunigung eines Körpers in vertikaler Richtung. Bei all diesen Versuchen beherzige man eine grundlegende Tatsache: Für jede Kraft kann man nur *Angriffspunkt, Größe* und *Richtung* angeben, aber nie ihren *Ursprungs-* oder *Ausgangsort.* Federkraft heißt z. B. nur „die mit der Verformung einer Feder verknüpfte Kraft".

An einem Versuchskörper (genauer an seinem Schwerpunkt S) greifen zwei Kräfte an (Abb. 40): Die eine, $\Re_2$, ist die abwärts gerichtete Kraft, die wir Gewicht des Körpers nennen; die andere, $\Re_1$, entsteht durch die Verformung eines Kraftmessers. Diese Kraft ist aufwärts gerichtet, ihre Größe in Kilopond kann an der Skala des Kraftmessers abgelesen werden.

Man beobachtet nur Beschleunigungen, während $\Re_1$ und $\Re_2$ verschiedene Beträge haben. Die Richtung der Beschleunigung (aufwärts oder abwärts) hängt davon ab, ob die Kraft $\Re_1$ oder $\Re_2$ die größere ist.

Als Versuchskörper dient zunächst, wie gezeichnet, ein Mann; als Kraftmesser eine handelsübliche Personenfederwaage. $\Re_2$ ist das abwärts gerichtete, *Gewicht* des Mannes genannte Kraft, z. B. 70 Kilopond. $\Re_1$ ist die dem Gewicht entgegengesetzte, an der Federwaage abgelesene, aufwärts gerichtete Kraft. Wir machen nacheinander drei Beobachtungen:

a) Der Mann steht ruhig. Die Federwaage zeigt 70 Kilopond. Das Gewicht $\Re_2$ und die an der Federwaage abgelesene Kraft $\Re_1$ sind einander entgegengesetzt gleich, ihre Resultierende ist Null.

b) Der Mann geht beschleunigt in die Kniebeugestellung. Während seiner Abwärtsbeschleunigung ist die an der Waage abgelesene aufwärts gerichtete Kraft $\Re_1$ kleiner als das abwärts gerichtete Gewicht $\Re_2$. Folglich ist die resultierende Kraft ebenso wie die Beschleunigung nach *unten* gerichtet.

c) Der Mann geht beschleunigt in die Streckstellung zurück. Währenddessen ist die an der Waage abgelesene aufwärts gerichtete Kraft $\Re_1$ größer als das abwärts gerichtete Gewicht $\Re_2$. Folglich ist die resultierende Kraft ebenso wie die Beschleunigung nach *oben* gerichtet.

Eine Abart dieses Versuches begegnet uns nicht selten in einer Scherzfrage: Gegeben diesmal statt der groben Personenwaage in Abb. 40 eine empfindliche Federwaage, auf ihrer Waagschale eine verschlossene Flasche, in der eine Fliege fliegt. Zeigt die Waage das Gewicht $\Re_2$ der Fliege an?

Die Antwort lautet: Bei Flug in *konstanter* Höhe oder bei *konstanter* Steig- oder Sinkgeschwindigkeit entspricht der Ausschlag der Waage dem Gewicht der Fliege, Fall a. (Die Fliege ist einfach als ein etwas zu dick geratenes Luftmolekül aufzufassen.) Während einer *beschleunigten* Abwärtsbewegung („die Fliege läßt sich fallen") zeigt die Waage einen zu kleinen Ausschlag, Fall b. Während *beschleunigter* Aufwärtsbewegung ist der Waagenausschlag zu groß, Fall c.

Eine weitere Abart: Ein Experimentator hält den uns schon bekannten Kraftmesser mit der Bügelfeder senkrecht in der Hand (Abb. 41). Am oberen Ende des Kraftmessers sitzt ein Körper M, an dem die sein Gewicht genannte Kraft $\mathfrak{K}_2$ angreift. Bei konstanter Geschwindigkeit der Hand ist der Ausschlag (die Stauchung) der Bügelfeder derselbe wie bei Ruhe der Hand. Bei Beschleunigung der Hand nach unten bzw. oben wird die Bügelfeder weniger bzw. mehr gestaucht, d. h. die aufwärts gerichtete Kraft $\mathfrak{K}_1$ ist kleiner bzw. größer als das abwärts gerichtete Gewicht $\mathfrak{K}_2$.

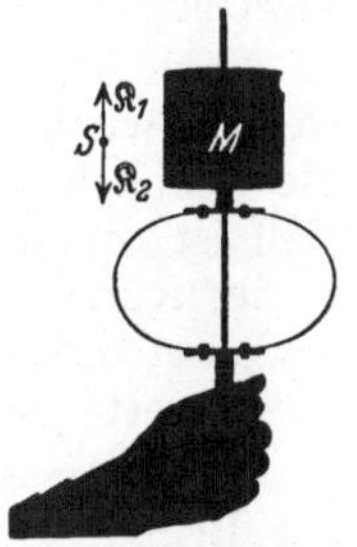

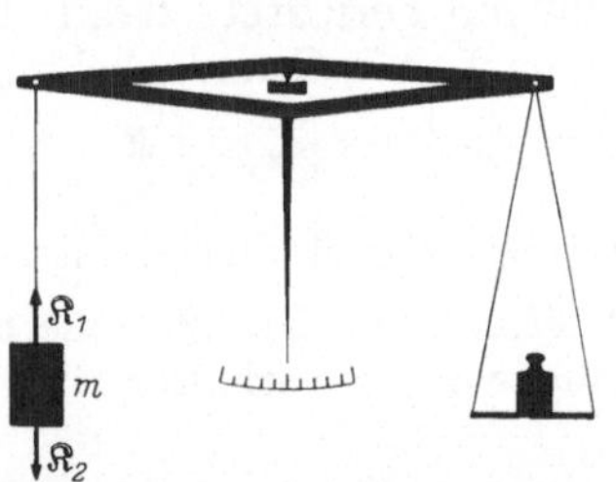

Abb. 41. Zur Entstehung des Fahrstuhlgefühls.

Diese Versuchsanordnung spielt in unserem Leben oft eine fatale Rolle. Die Hand bedeute die Plattform eines Fahrstuhles. Die Bügelfeder betrachten wir in etwas kühn vereinfachter Anatomie als unsere Därme, den Körper M als unsern Magen. Bei Abwärtsbeschleunigung wird die Bügelfeder gegenüber ihrer normalen Ruhelage entspannt. Die Entspannung ist eine physikalische Grundlage für das verhaßte Fahrstuhlgefühl und bei periodischer Wiederholung für die Seekrankheit.

Endlich der gleiche Versuch in quantitativer Form. Zunächst das Prinzip: wir hängen einen Körper der Masse m an eine Balkenwaage (Abb. 42) und messen die Kraft $\mathfrak{K}_2$, die man Gewicht des Körpers nennt. Dann läßt eine unsichtbare Vorrichtung den Körper mit kleiner Beschleunigung abwärts laufen. Dabei schlägt die Waage im Uhrzeigersinne aus, ihr Schwerpunkt wird etwas nach links oben angehoben. In dieser Stellung der Waage ist die den Körper aufwärts ziehende Kraft $\mathfrak{K}_1$ kleiner als das Gewicht der rechtsstehenden Wägeklötze. Man muß also rechts einige kleine Wägeklötze fortnehmen, bis die Waage auch während der Abwärtsbeschleunigung des Körpers keinen Ausschlag zeigt. Dann ist die aufwärtsziehende Kraft $\mathfrak{K}_1$ gleich dem Gewicht der rechts noch verbliebenen Klötze. Während der Abwärtsbeschleunigung ist also $\mathfrak{K}_2 > \mathfrak{K}_1$, d. h. die

Abb. 42. An einer Waage hängt h.„r in Ruhe ein Körper mit der Masse *m*. Der Schwerpunkt des Waagebalkens liegt unter dem Unterstützungspunkt (Schneide). Wenn sich der Körper hinterher beschleunigt abwärts bewegt, macht der Waagebalken einen Ausschlag im Uhrzeigersinne.

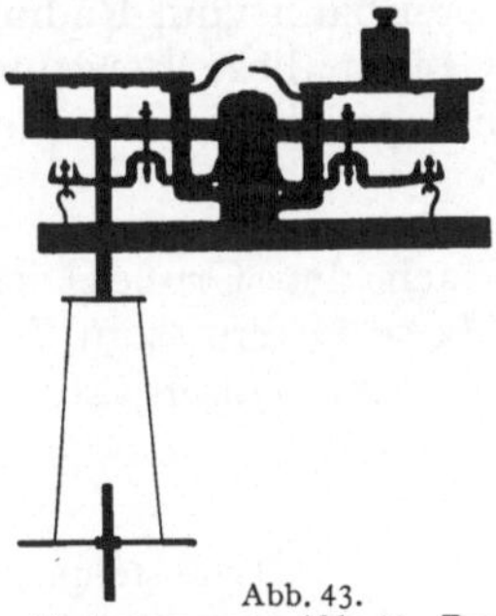

Abb. 43. Fortsetzung von Abb. 42. Der konstant abwärts beschleunigte Körper hat die Gestalt eines Schwungrades („MAXWELLsche Scheibe"). Die Waage hat eine unsichtbare Öldämpfung. Im tiefsten Punkt wechselt die Scheibe die Richtung ihrer Geschwindigkeit. Dabei entsteht ein abwärts gerichteter Kraftstoß. Man fängt ihn ab, indem man die Zeiger der Waage mit den Fingern festhält.

geometrische Summe $\mathfrak{K}_2 + \mathfrak{K}_1$ abwärts gerichtet; nach Seite 26 ist ihr Betrag $= |\mathfrak{K}_2| - |\mathfrak{K}_1|$. Diese abwärts gerichtete Kraft erteilt dem Körper die beobachtete abwärts gerichtete Beschleunigung

$$b = \frac{(|\mathfrak{K}_2| - |\mathfrak{K}_1|)}{m}.$$

Praktische Ausführung (Abb. 43): Als Kraftmesser dient eine Küchenwaage Der Körper ist ein Schwungrad mit dünner Welle. Er hängt an zwei auf der Welle aufgespulten Fäden. Losgelassen bewegt er sich beschleunigt abwärts. Man mißt die Beschleunigung mit der Gleichung $s = \tfrac{1}{2}bt^2$ durch Abstoppen der Zeit t für den Weg s.

Zahlenbeispiel. $m = 539{,}0$ g, $\mathfrak{K}_2 = 539{,}0$ pond. $- b = 0{,}048$ m/sec², berechnet aus $s = 0{,}83$ m und $t = 5{,}9$ sec. Dabei $\mathfrak{K}_1 = 536{,}4$ pond, also $\mathfrak{K}_2 - \mathfrak{K}_1 = 2{,}6$ pond $= 2{,}6 \cdot 10^{-2}$ Newton.

Nach Abrollen der Fäden rotiert das Schwungrad „träge" weiter. Die Fäden werden wieder aufgespult. Der Körper steigt nach oben. Man versäume nicht, die Beobachtung bei dieser Bewegungsrichtung zu wiederholen. Auch in diesem Fall ist die Angabe des Kraftmessers während der Beschleunigung *kleiner* als in der Ruhe. Der Beschleunigungspfeil des Körpers ist nach wie vor nach *unten* gerichtet, denn der Körper bewegt sich mit sinkender Steiggeschwindigkeit oder „verzögert" nach oben. Dieser Versuch überrascht oft selbst physikalisch Geübte.

§ 23. Anwendung der Grundgleichung auf die Kreisbahn. Radialkraft. (Ruhender Beobachter!) Zunächst als Vorbemerkung ein guter Rat: Man lasse sich nie auf irgendwelche Erörterungen über Kreis- oder Drehbewegungen ein, bevor man sich mit seinem Partner (evtl. dem Autor eines Lehrbuches!) über das Bezugssystem verständigt hat. Unser Bezugssystem ist auf S. 10 vereinbart worden. Es ist der Erd- oder Hörsaalboden. —

Wir haben die Grundgleichung bisher nur auf den Grenzfall der reinen *Bahn*beschleunigung angewandt. Jetzt soll das gleiche für den andern Grenzfall geschehen, also den der reinen *Radial*beschleunigung.

Ein Körper der Masse m soll mit konstanter Winkelgeschwindigkeit ω eine Kreisbahn vom Radius r durchlaufen. Nach der kinematischen Betrachtung des § 14 ist diese Bewegung *beschleunigt*. Die radiale, zum Zentrum der Kreisbahn hin gerichtete Beschleunigung ist

$$b_r = -\omega^2 r. \qquad (15)\ (\text{v. S. 16})$$

Nach der Grundgleichung erfordert diese Beschleunigung eines Körpers der Masse m eine zum Zentrum hin gerichtete Kraft $\mathfrak{K}$, wir wollen sie *Radialkraft* nennen. Quantitativ muß nach der Grundgleichung gelten

$$-\omega^2 r = \frac{\mathfrak{K}}{m} \qquad (26)$$

(Kreisfrequenz oder Winkelgeschwindigkeit $\omega = 2\pi\nu$; $\nu = $ Frequenz).

Zur experimentellen Prüfung der Gl. (26) ersetzen wir die Winkelgeschwindigkeit ω durch die Frequenz ν und erhalten

$$-4\pi^2\nu^2 r = \frac{\mathfrak{K}}{m} \qquad (27)$$

(Frequenz $\nu = $ Anzahl der Drehungen/Zeit).

Die Radialkraft $\mathfrak{K}$ soll durch Verformung von Federn erzeugt werden oder, kurz gesagt, eine elastische Kraft sein. Wir bringen drei Beispiele.

Fall I. Eine Blattfeder soll die Radialkraft für eine Kugel am Rande eines kleinen Karussells

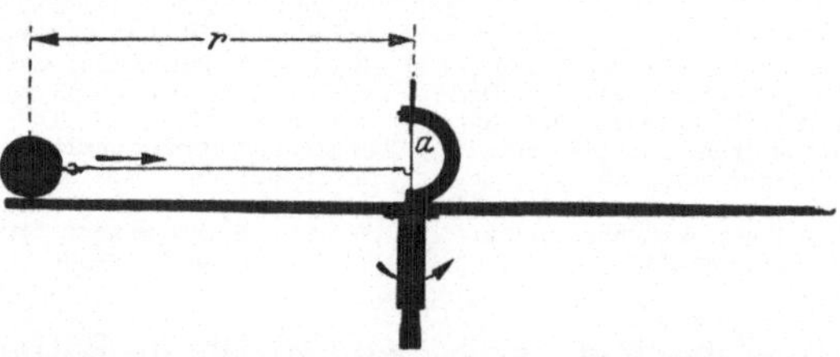

Abb. 44. Eine Kugel auf einem Karussell, gehalten von der links von *a* befindlichen Blattfeder. Die an der Kugel angreifende, vertikal nach unten gerichtete Kraft, die man ihr Gewicht nennt, ist durch eine unmerkliche Verformung der Karussellplatte ausgeschaltet.

erzeugen (Abb. 44). Sie soll zur Drehachse hin gerichtet sein und einen *Höchstwert* $-\mathfrak{K}_{\max}$ nicht überschreiten können, also in Gl. (27) $\mathfrak{K} = -\mathfrak{K}_{\max}$.

Zu diesem Zweck ist die Blattfeder unten drehbar gelagert, ihr oberes Ende liegt hinter dem Anschlag *a*. Beim Überschreiten einer bestimmten Durchbiegung schnappt die Feder aus. Die dazugehörige von der Drehachse fortgerichtete Kraft $- \Re_{max}$ bestimmen wir mit einem Schnurzug und Wägeklötzen.

Diese Feder genügt nur bis zu einem Höchstwert ν_{max} der Frequenz, man berechnet diese „*kritische*" Frequenz aus Gl. (27) und erhält

$$\nu_{max} = \frac{1}{2\pi} \sqrt{\frac{\Re_{max}}{m\,r}}. \tag{28}$$

Zahlenbeispiel. $\Re_{max} = 0{,}18$ Kilopond; $m = 0{,}27$ Kilogramm; $r = 0{,}22$ m; also

$$\nu_{max} = \frac{1}{2\pi} \sqrt{\frac{0{,}18 \text{ Kilopond}}{0{,}27 \text{ kg} \cdot 0{,}22 \text{ m}}} = \frac{1}{2\pi} \sqrt{\frac{0{,}18 \cdot 9{,}8 \text{ kg m/sec}^2}{0{,}27 \text{ kg} \cdot 0{,}22 \text{ m}}} = 0{,}87/\text{sec},$$

$$T_{min} = \frac{1}{\nu_{max}} = 1{,}14 \text{ sec}.$$

Statt im Zähler 1 Kilopond $= 9{,}8$ Newton $= 9{,}8$ kg m/sec² zu setzen, hätte man im Nenner 1 kg $= 0{,}102$ Kilopond sec²/m setzen dürfen.

Beim Überschreiten dieses Grenzwertes fliegt die Kugel ab. Sie verläßt die Scheibe *tangential*. Nach Wegfall der Radialbeschleunigung fliegt sie auf *gerader* Bahn mit konstanter Geschwindigkeit weiter. Leider stört im allgemeinen das Gewicht diese Beobachtung. Das Gewicht verwandelt die ursprünglich gerade Bahn in eine Fallparabel. Doch tritt diese Stö-

Abb. 45. Sprühender Schleifstein. Schauversuch! Beim Schleifen muß die Umfangsgeschwindigkeit dem Werkstück entgegengerichtet sein.

rung bei höheren Bahngeschwindigkeiten zurück. Ein gutes Beispiel dieser Art bietet ein sprühender Schleifstein. Er zeigt uns aufs deutlichste das *tangentiale* Abfliegen. Die glühenden Stahlspäne fliegen *keineswegs zentrifugal*, das Drehzentrum fliehend, von dannen (Abb. 45).

Fall II. Lineares Kraftgesetz.

Die mit der Schraubenfeder F herstellbare Kraft soll dem Bahnradius proportional und zum Kreismittelpunkt hin gerichtet sein, also

$$\Re = - D\,r \tag{29}$$

($D =$ Federkonstante).

Einsetzen dieser Bedingung in die allgemeine Gl. (27) gibt als Frequenz

$$\nu = \frac{1}{2\pi} \sqrt{\frac{D}{m}}. \tag{30}$$

Das bedeutet: *Der Körper läuft nur bei einer einzigen Frequenz ν auf einer Kreisbahn.* Dabei ist die Größe des Bahnradius völlig gleichgültig. Bei Innehaltung dieser „*kritischen*" Frequenz ν läuft der Körper auf jedem beliebigen, einmal von uns eingestellten Kreise um.

Das lineare Kraftgesetz läßt sich in mannigfacher Weise verwirklichen. In Abb. 46 ist der Körper symmetrisch unterteilt und mit mög-

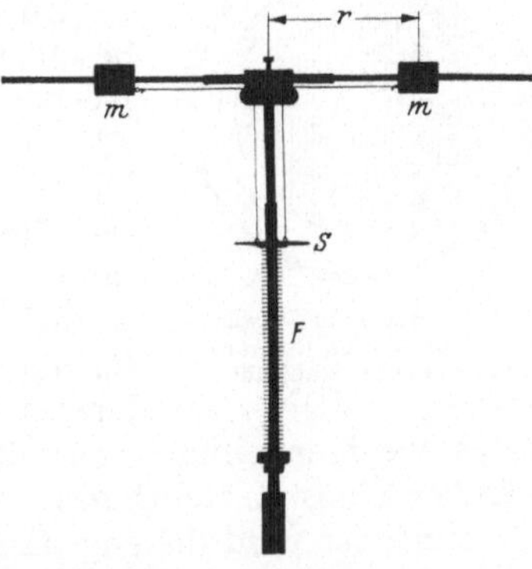

Abb. 46. Kreisbewegung mit linearem Kraftgesetz. Zugleich Schema eines „astatischen" Frequenzreglers für Motoren aller Art. Bei Abweichungen von der kritischen Drehfrequenz bewegen sich die beiden Körper entweder ganz nach außen oder ganz nach innen. Dabei kann die Scheibe S ein Regelorgan der Maschine betätigen und so die kritische Drehfrequenz wiederherstellen.

lichst geringer Reibung auf zwei Führungsstangen angebracht. Diese Stangen sollen die Kräfte, die wir Gewichte der Klötze nennen, ausschalten. Die Anordnung der Schraubenfeder F läßt die Größe ihrer Dehnung auch während der Rotation erkennen.

Die Schraubenfeder F muß bereits in der Ruhestellung bis zum Betrage $\Re = -D r_0$ gespannt sein. r_0 = Abstand der Kugelschwerpunkte von der Drehachse in der Ruhestellung.

Der Versuch bestätigt die Voraussage. Bei richtig eingestellter Frequenz können wir durch Auftippen mit dem Finger auf das scheibenförmige Ende S der Schraubenfeder F den Abstand r der Körper m beliebig vergrößern oder verkleinern. Sie durchlaufen bei *jedem* Radius ihre Kreisbahn. Bei dieser kritischen Frequenz ν befinden sich die Körper im „*indifferenten* Gleichgewicht", ähnlich einer auf einer waagerechten Tischplatte ruhenden Kugel.

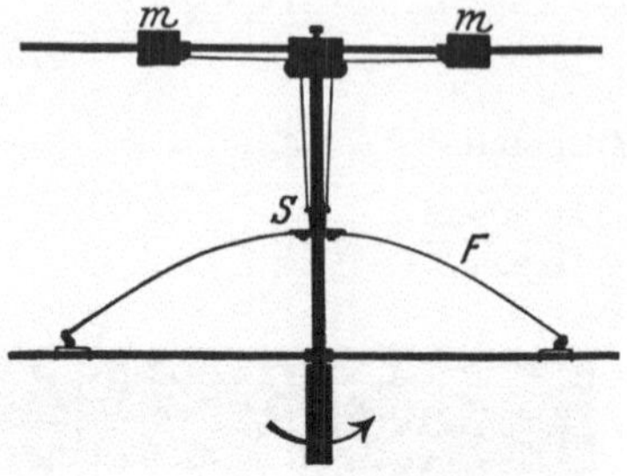

Abb. 47. Kreisbewegung bei nichtlinearem Kraftgesetz. Zugleich Schema eines Drehfrequenzmessers oder Tachometers. Zu jeder Frequenz gehört ein bestimmter Wert des Radius r. Die zugehörige Stellung der Scheibe S läßt sich mit einem Zeiger an einer Skala ablesen, vgl. Abb. 17.

Fall III. Nichtlineares Kraftgesetz.

Die zum Kreismittelpunkt hin gerichtete Federkraft steigt beispielsweise mit r^2, also $\Re = -D r^2$. Einsetzen dieser Bedingungen in die allgemeine Gl. (27) der Radialkraft gibt die Frequenz

$$\nu = \frac{1}{2\pi} \sqrt{\frac{D}{m} r}. \tag{31}$$

Die Frequenz ν wird vom Radius r abhängig. Zu jeder Frequenz gehört nur *ein* möglicher Bahnradius r. In dieser Bahn befindet sich der Körper im „*stabilen Gleichgewicht*", ähnlich einer auf dem Boden einer gewölbten Schale ruhenden Kugel.

Experimentell verwirklicht man ein solches nichtlineares Kraftgesetz beispielsweise mit einer Bügelfeder, wie in Abb. 47. Man kann während des Umlaufes leicht eine Störung herstellen, man braucht nur auf die Scheibe S zu tippen. Nach Schluß der Störung stellt sich sofort der richtige Wert von r wieder ein.

Unsere bisherigen Schauversuche über die Radialbeschleunigung durch die Radialkraft betrafen umlaufende Körper sehr einfacher Gestalt. Sie waren „kleine" Kugeln oder Klötze. Wir durften ihren Durchmesser ohne nennenswerten Fehler neben dem Bahnradius r vernachlässigen. Sie waren, kurz gesagt, „punktförmig" (Massenpunkte). Unser letztes Beispiel soll den Umlauf eines weniger einfach gestalteten Körpers erläutern, nämlich eines Kettenringes.

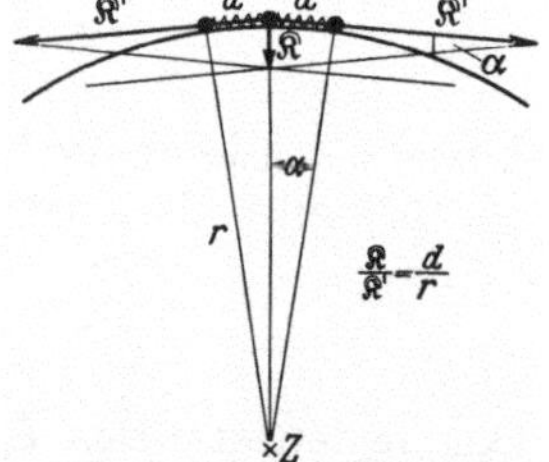

Abb. 49. Zur Entstehung der Radialkraft in einem gespannten Kettenring. — Man denke sich auf eine *ruhende* Kreisscheibe eine Kette aufgezogen, die aus Kugeln im Abstand d und gespannten Schraubenfedern besteht. Gezeichnet sind nur 3 Kugeln und 2 Federn. Die langen Pfeile beginnen bei der mittleren Kugel und stellen die beiden von den Federn auf sie ausgeübten Kräfte $\Re'$ dar. Eine Parallelogrammkonstruktion liefert die zum Kreismittelpunkt gerichtete Kraft $\Re$. Der quantitative Zusammenhang von $\Re'$ und $\Re$ ergibt sich aus der Ähnlichkeit der spitzen gleichschenkligen Dreiecke mit dem Winkel α.

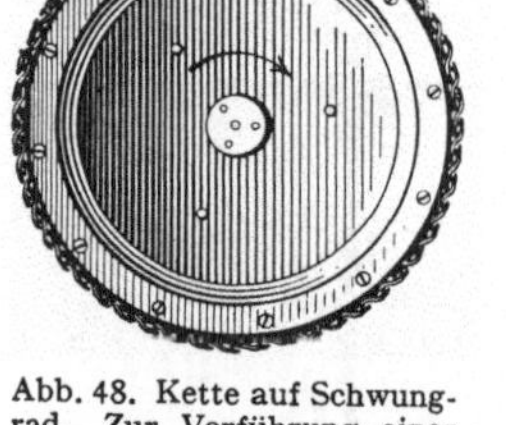

Abb. 48. Kette auf Schwungrad. Zur Vorführung einer dynamischen Stabilität.

Zunächst wird die eng passende Kette in einem Vorversuch auf das Schwungrad aufgezogen (Abb. 48). Ohne Zusammenhalt würden die einzelnen Kettenglieder nach Ingangsetzen des Schwungrades wie die Funken eines Schleifsteines tangential davonfliegen.

So aber wirken alle im gleichen Sinne, nämlich einer Dehnung der Kette. Durch diese Verformung entsteht eine Kraft. Ihre radiale Komponente $\Re$ (Abb. 49) beschleunigt jedes einzelne Kettenglied in Richtung auf den Kettenmittelpunkt. Bei hoher Frequenz des Schwungrades wirft man die Kette durch einen seitlichen Stoß herunter. Sie sinkt dann keineswegs schlaff zusammen, sondern läuft wie ein steifer Ring über den Tisch. Sie überspringt sogar Hindernisse auf ihrem Wege. In dieser Form zeigt uns der Versuch qualitativ ein gutes Beispiel einer „dynamischen Stabilität".

§ 24. Das D'ALEMBERTsche Prinzip. In vielen Fällen kann ein Körper sich nicht frei in beliebigen Richtungen bewegen; seine Bahn ist durch irgendwelche Führungen, z. B. Schienen oder Gelenke, vorgeschrieben. Als einfachstes Beispiel zeigt die Abb. 51 eine längs einer starren Stange verschiebbare durchbohrte Kugel. In solchen Fällen kann eine auf den Körper wirkende oder „eingeprägte" Kraft $\Re_2$ den Körper nur mit einer Komponente $\Re = m\,\mathfrak{b}$ beschleunigen; der Rest, die Komponente $\Re_2 - \Re = \Re_2 - m\,\mathfrak{b}$, geht verloren: die „verlorene" Kraft dient nur zu einer unmerklich kleinen elastischen Verformung der Führungs-

stange. Durch sie entsteht die „Zwangs-kraft" $\Re_1$, die der verlorenen Kraft das Gleichgewicht hält. Die Aussage: „*Zwangskraft und verlorene Kraft halten sich das Gleichgewicht*" nennt man das D'ALEMBERTsche Prinzip. Es gilt ganz allgemein für beliebig viele Körper, die unter sich mit Stangen, Hebeln, Fäden usw. verbunden sind. Es ist für die Lösung technischer Probleme unentbehrlich. Bei der Berech-

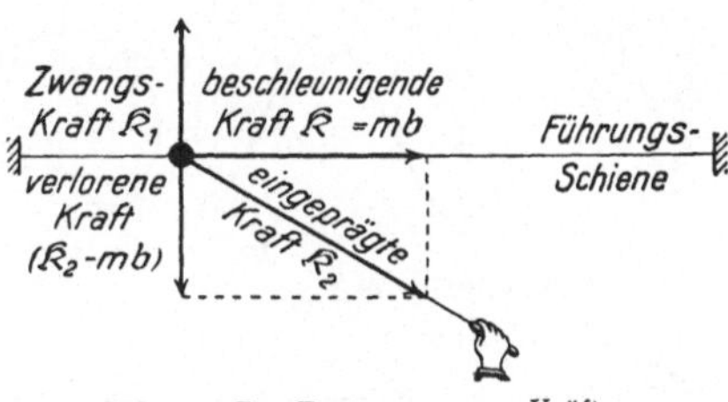

Abb. 51. Zur Benennung von Kräften.

nung der verlorenen Kräfte hat man die beschleunigenden Kräfte $\Re = m\,\mathfrak{b}$ vektoriell von den eingeprägten Kräften abzuziehen, oder $(-m\,\mathfrak{b})$ der eingeprägten Kraft vektoriell zu addieren. Aus diesem Grunde benutzt man für die Größen $(-m\,\mathfrak{b})$ häufig besondere Namen, z. B. Massenkraft, Trägheitswiderstand oder die D'ALEMBERTsche Kraft.

Bei frei beweglichen Körpern fehlen die Zwangskräfte und damit auch die verlorenen Kräfte; das D'ALEMBERTsche Prinzip bekommt dann die einfache Form der Grundgleichung der Mechanik $\Re - m\,\mathfrak{b} = 0$.

Bei Benutzung der Worte D'ALEMBERTsche Kraft, Massenkraft oder Trägheitswiderstand für das Produkt $(-m\,\mathfrak{b})$ besagt diese Gleichung dann z. B. beim freien Fall: Die Beschleunigung erfolgt so, daß in jedem Augenblick das Gewicht des Körpers und die D'ALEMBERTsche Kraft einander entgegengesetzt gleich sind, ihre Summe also während der Beschleunigung gleich Null bleibt.

Dieser Sprachgebrauch bedeutet also eine wesentliche Erweiterung des Kraftbegriffes: man verzichtet auf das zweckmäßige, in diesem Buch konsequent durchgeführte Übereinkommen, die Kraft als *Ursache* der Beschleunigung zu betrachten, also z. B. beim frei fallenden Körper sein Gewicht.

§ 25. Sinusförmige Schwingungen. Schwerependel als Sonderfall. Im zweiten Kapitel haben wir die kinematischen, in diesem die dynamischen Darlegungen auf die einfachsten Bahnen beschränkt, nämlich die gerade Bahn und die Kreisbahn. Bei der geraden Bahn gab es nur eine Bahnbeschleunigung, bei der Kreisbewegung nur eine Radialbeschleunigung. Die §§ 25—32 sollen die linearen Pendelschwingungen und einige Zentralbewegungen behandeln. Die Körper sollen mit genügender Näherung als „*punktförmig*" gelten dürfen. Wir werden die einzelnen Bewegungen zunächst kinematisch beschreiben und dann ihre Verwirklichung durch Kräfte.

Die einfachste aller periodisch wiederkehrenden Bewegungen erfolgt auf gerader Bahn. Die Registrierung oder die graphische Darstellung ihres zeitlichen Ablaufes ergibt ein *Schwingungsbild*, das sich unter Benutzung einer einzigen

Sinuslinie (Abb. 12) beschreiben läßt. Solche Schwingungen und ihre Schwingungsbilder nennen wir fortan *sinusförmig*.

Wir erinnern an § 8: Erfolgen n Schwingungen innerhalb einer Zeit t, so heißt $n/t = v$ die *Frequenz* und $t/n = T$ die *Periode* oder Schwingungsdauer. — Die Abszisse der Sinuslinie (Abb. 12) ist ein Winkel α, dessen Bedeutung in den Abb. 52—54 ersichtlich ist. — Im Schwingungsbild wird α *Phasenwinkel* oder kurz *Phase* genannt. α wächst proportional zur Zeit, also $\alpha = \omega t$. Die Bedeutung des Proportionalitätsfaktors ω ist leicht ersichtlich: Für $t = T$ wird $\alpha = 360° = 2\pi$ (vgl. § 5). Für beliebige Phasenwinkel gilt $\alpha = t \cdot 2\pi/T = \omega t$. Also ist $\omega = 2\pi/T = 2\pi v$ die *Kreisfrequenz*, d.h. das 2π-fache der Frequenz v.

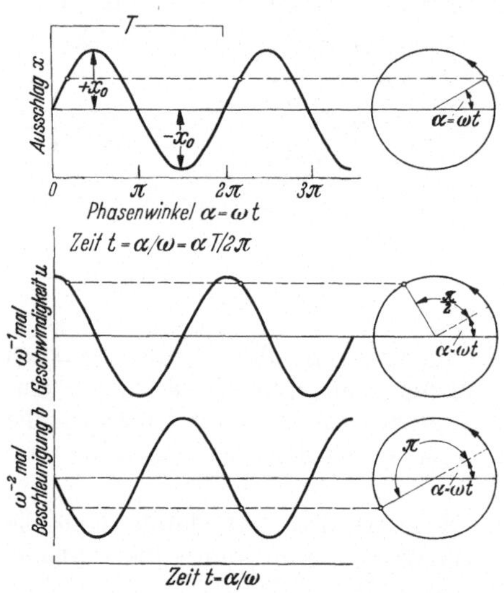

Abb. 52 bis 54. Zeitlicher Verlauf von Ausschlag, Geschwindigkeit und Beschleunigung bei einer Sinusschwingung. Die Periode T ist allgemein der zeitliche Abstand zweier gleicher Phasen.

Wegen der Proportionalität von Phasenwinkel und Zeit kann man in Schwingungsbildern als Abszisse nach Belieben den Phasenwinkel α oder die Zeit $t = \alpha/\omega$ auftragen. Beides ist unter den Abb. 52—54 geschehen.

Als Ordinate eines Schwingungsbildes wird nicht die Winkelfunktion $\sin\alpha$ allein benutzt, sondern eine ihr proportionale, *Ausschlag* x genannte Größe, also

$$x = x_0 \cdot \sin\alpha = x_0 \cdot \sin\omega t. \qquad (33)$$

x ist der Ausschlag oder Augenblickswert zur Zeit t, x_0 sein Höchstwert. x_0 wird oft Schwingungsweite, Scheitelwert oder *Amplitude* genannt. (Statt x_0 ist der Buchstabe A zweckmäßiger, wenn man mehrere Amplituden durch Indizes zu unterscheiden hat.)

Bei sinusförmigen Schwingungen lassen sich nicht nur die Ausschläge x, sondern auch die Geschwindigkeiten $u = dx/dt$ und die Beschleunigungen $b = d^2x/dt^2$ mit sinusförmigen Schwingungsbildern darstellen. Man findet durch ein- und zweimaliges Differenzieren

$$u = \frac{dx}{dt} = \omega x_0 \cos\omega t = \omega x_0 \sin\left(\omega t + \frac{\pi}{2}\right), \qquad (34)$$

$$b = \frac{d^2x}{dt^2} = -\omega^2 x_0 \sin\omega t = \omega^2 x_0 \sin(\omega t + \pi). \qquad (35)$$

In Abb. 53 ist u/ω, in Abb. 54 b/ω^2 für verschiedene Werte von t graphisch dargestellt.

Das sinusförmige Schwingungsbild der Geschwindigkeit läuft der des Ausschlages mit einer „Phasenverschiebung" um $\pi/2 = 90°$ voraus; d.h. die positiven, aufwärts gerichteten Werte beginnen um eine Viertelperiode ($T/4$) früher als die von x. Zur Zeit $t = 0$, $t = T/2$, $t = T$ usw. passiert der schwingende Körper seine Ruhelage. Dann wird in Gl. (34) der Sinus $= 1$, und die Geschwindigkeit erreicht ihren Höchstwert

$$u_0 = \omega x_0. \qquad (36)$$

Das sinusförmige Schwingungsbild der Beschleunigung hat gegen das des Ausschlages x eine Phasenverschiebung von $\pi = 180°$. Das heißt in Worten: Die Richtung der Beschleunigung ist in jedem Augenblick der Richtung des Ausschlages entgegengesetzt. Infolgedessen ergeben die Gl. (33) und (35) zusammengefaßt

$$b = -\,\omega^2 x. \tag{37}$$

Soweit die kinematische Beschreibung. Zur dynamischen Verwirklichung der Sinusschwingung müssen wir die Grundgleichung $b = \Re/m$ hinzunehmen. So erhalten wir

$$\Re_1 = -\,m\,\omega^2 x$$

oder mit der Kürzung

$$D = m\,\omega^2, \tag{38}$$

$$\Re_1 = -\,Dx. \tag{39}$$

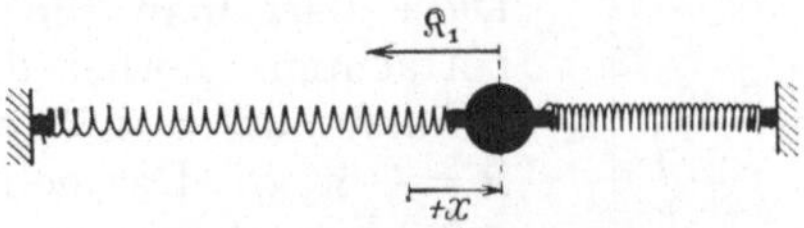

Abb. 55. Verwirklichung einer geradlinigen oder „linear polarisierten" Sinusschwingung durch ein einfaches Federpendel.

In Worten: Zur Herstellung einer Sinusschwingung braucht man ein *lineares* Kraftgesetz. Die den Körper beschleunigende Kraft muß der Größe des Ausschlages proportional und seiner Richtung entgegengesetzt sein.

Das lineare Kraftgesetz läßt sich auf mannigfache Weise verwirklichen. Am einfachsten stellt man die Kraft durch Verformung einer Feder her („elastische Kraft"). So gelangt man z. B. zu der in Abb. 55 skizzierten Anordnung: Ein Körper der Masse m befindet sich zwischen zwei Schraubenfedern. D, der Proportionalitätsfaktor zwischen Kraft und Ausschlag, ist die uns schon bekannte Federkonstante oder allgemein „*Richtgröße*".

In Gl. (38) ist $\omega = 2\pi\nu$, also kann man statt (38) schreiben

$$\boxed{\text{Frequenz } \nu = \frac{1}{2\pi}\sqrt{\frac{D}{m}}} \tag{40} = (30)$$

Diese Gleichung ist uns nicht neu. Wir fanden sie schon bei der Kreisbahn im Sonderfall des linearen Kraftgesetzes (S. 29). Dort war die Frequenz unabhängig vom Radius der Bahn, hier ist sie unabhängig von der Amplitude der Schwingung. Die Frequenz wird in beiden Fällen nur von dem Quotienten Federkonstante D/Masse m bestimmt.

Schon bei qualitativen Versuchen (Holz- und Eisenkugeln von gleicher Größe) sieht man den entscheidenden Einfluß der Masse des schwingenden Körpers auf seine Frequenz oder ihren Kehrwert, die Schwingungsdauer. Man kann den Einfluß einer Massenvergrößerung durch eine Vergrößerung der Federkonstante kompensieren usw. Die Gl. (40) gehört zu den wichtigsten der ganzen Physik. Daher bilden Messungen der Frequenz ν bei verschiedenen Werten von m und D eine der nützlichsten Praktikumsaufgaben. — Die Anordnung kann dabei mannigfach abgewandelt werden. Es genügt, einen Körper an einer Schraubenfeder aufzuhängen (Abb. 56). In der Ruhestellung gibt der Quotient Gewicht/Federverlängerung die Federkonstante D. Bei den Schwingungen hat das Gewicht als zusätzliche konstante Kraft keinen Einfluß auf die Frequenz.

Abb. 56. Lotrecht schwingendes Federpendel zur Prüfung der Gl. (40.)

Das lineare Kraftgesetz ist nur ein Sonderfall. Trotzdem ist es von größter Bedeutung. Denn man kann bei jedem schwingungsfähigen Körper das Kraftgesetz, und sei es noch so verwickelt, durch das lineare Kraftgesetz ersetzen; nur muß man sich dann auf hinreichend *kleine* Schwingungsweiten beschränken.

Mathematisch heißt das: Man kann jedes Kraftgesetz $\Re = -f(x)$ in eine Reihe entwickeln:

$$f(x) = D_0 + D_1 x + D_2 x^2 + \cdots$$

Die Konstante D_0 muß Null sein. Denn die Kraft muß für $x = 0$ verschwinden. Für hinreichend kleine Werte von x darf man die Reihe nach dem ersten Glied abbrechen, erhält also $\Re = - D_1 x$.

Ein Beispiel dieser Art bietet das allbekannte *Schwerependel*. Bei kleinen Amplituden gilt die in Abb. 57 skizzierte Konstruktion. Sie zeigt die an der Pendelkugel angreifende Kraft, das Gewicht $\Re_2$, in zwei Komponenten zerlegt. Die eine, $\Re_2 \cos \alpha$, dient zur Spannung des Fadens. Die andere, $\Re = - \Re_2 \sin \alpha$, beschleunigt die Kugel in Richtung der Bahn. Diese darf man für kleine Winkelausschläge noch als geradlinig betrachten. Ferner darf man $\sin \alpha = x/l$ setzen. Damit bleibt bei Winkeln unter $4{,}5°$ der Fehler kleiner als 10^{-3}. Wir haben also $\Re = - \Re_2 x/l$. Das heißt die Kraft $\Re$ ist dem Ausschlag x proportional. Der Proportionalitätsfaktor $\Re_2/l$ ist die Richtgröße D (vgl. Abb. 104). — Zwischen der Masse m des Pendelkörpers, seinem Gewicht $\Re_2$ und der Fallbeschleunigung $g = 9{,}81$ m/sec² besteht die Beziehung $\Re_2 = mg$. Daher ist $D = mg/l$. Einsetzen von D in die allgemeine Schwingungsgleichung (40) ergibt

$$\frac{1}{\nu} = T = 2\pi \sqrt{\frac{l}{g}}. \tag{40a}$$

Zahlenbeispiel. $l = 1$ m; $T = 2$ sec; eine Halbschwingung in 1 sec, sogenanntes Sekundenpendel. $-l = 10$ m, das längste Schwerependel im Göttinger Hörsaal, $T = 6{,}3$ sec.

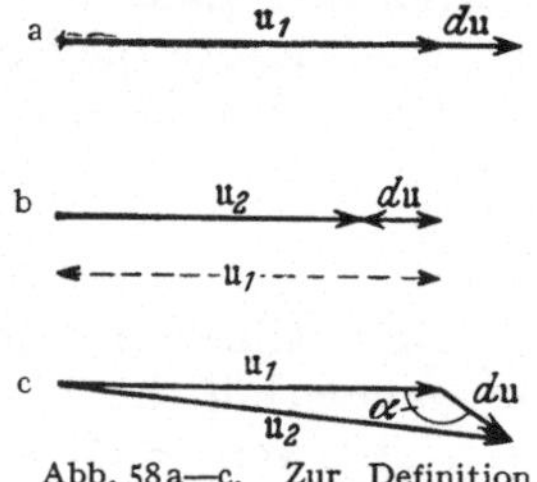
Abb. 58 a—c. Zur Definition der Gesamtbeschleunigung.

Abb. 57. Schwerependel.

Frequenz und Schwingungsdauer des Schwerependels sind also von der Masse des Pendelkörpers unabhängig[1]. Dadurch erhält das Schwerependel eine Sonderstellung. Man muß es daher auch als Sonderfall behandeln und darf es bei der Darstellung der Sinusschwingungen nicht an den Anfang stellen.

Die Gl. (40) ist meßtechnisch wichtig. Die *periodische Wiederholung* erlaubt es, die Schwingungsdauer T eines Pendels sehr genau zu messen. Daher eignet sich die Gl. (40a) für die Aufgabe, zuverlässige Werte für die *Fallbeschleunigung* (S. 15) zu berechnen. Voraussetzung ist eine möglichst gute Annäherung an einen „punktförmigen" Körper an einem „masselosen" Faden.

§ 26. Zentralbewegungen, Definition.

Bei der Sinusschwingung war die Beschleunigung zwar zeitlich *nicht* mehr *konstant*, aber die Bahn noch eine Gerade. Die im Zeitabschnitt dt geschaffene Zusatzgeschwindigkeit du lag dauernd in Richtung der zuvor vorhandenen Geschwindigkeit u, diese entweder vergrößernd (Abb. 58a) oder verkleinernd (Abb. 58b). Es lag lediglich *Bahn*beschleunigung vor. Im allgemeinen Fall der Bewegung schließt jedoch der Pfeil du mit dem Pfeil u einen beliebigen Winkel α ein (Abb. 58c). Dann sind Bahn- und Radialbeschleunigung gleichzeitig vorhanden. Beide sind Komponenten einer *Gesamtbeschleunigung* b_g (Abb. 59). Die

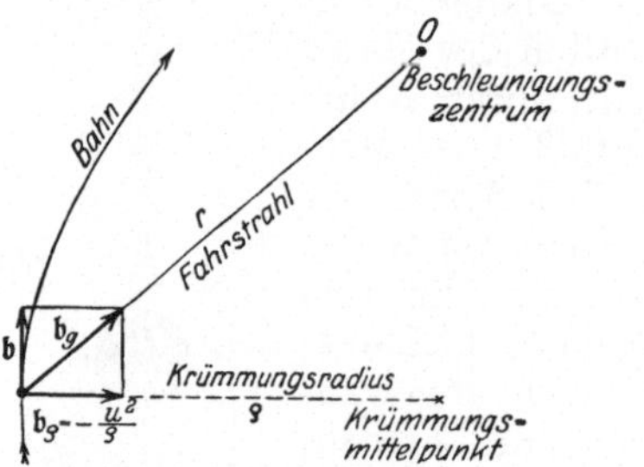
Abb. 59. Zerlegung einer Zentralbeschleunigung b_g in zwei Komponenten b und b_ϱ.

---

[1] Der Einfluß der Amplitude α auf die Schwingungsdauer T ist klein. Man mißt T zu groß bei $\alpha = 5°$ um $0{,}48\,°/_{00}$, bei $\alpha = 10°$ um $1{,}9\,°/_{00}$, bei $\alpha = 15°$ um $4{,}3\,°/_{00}$, bei $\alpha = 20°$ um $7{,}6\,°/_{00}$.

Bahnbeschleunigung b ändert die *Größe* der Geschwindigkeit in Richtung der Bahn. Die Radialbeschleunigung b_ϱ sorgt für die *Krümmung* der Bahn. Ihre Größe ist nach Gl. (15) $b_\varrho = -u^2/\varrho$. Dabei ist ϱ der „*Krümmungsradius*", der zum jeweiligen „*Krümmungsmittelpunkt*" geht. Das ist der Mittelpunkt des Kreises, mit dem man das jeweils betrachtete Stück der Bahnkurve mit guter Annäherung wiedergeben kann. Aus der schier unübersehbaren Mannigfaltigkeit derartiger Bewegungen (man denke nur an unsere Gliedmaßen!) greifen wir zunächst eine einzelne Gruppe heraus, die der *Zentralbewegungen*.

Eine Zentralbewegung ist die Bewegung eines Körpers (Massenpunktes) auf beliebiger ebener Bahn, bei der eine Beschleunigung wechselnder Größe und Richtung dauernd auf einen Punkt, das Zentrum, hin gerichtet bleibt. Die Verbindungslinie des Körpers mit dem Zentrum heißt der „Fahrstrahl". Nach dieser Definition sind offensichtlich Kreisbahn und linear polarisierte Pendelschwingung Grenzfälle der Zentralbewegung. Bei der ersteren fehlt die Bahnbeschleunigung, bei der letzteren die Radialbeschleunigung. Für die allgemeinen Zentralbewegungen gelten zwei einfache Sätze. Erstens: Die Bewegungen erfolgen in einer Ebene, zweitens: Der Fahrstrahl überstreicht in gleichen Zeiten gleiche Flächen („Flächensatz"). — Beide Sätze gehören durchaus der Kinematik an. Sie sind geometrische Folgerungen aus der Voraussetzung einer beliebigen, aber stets auf das gleiche Zentrum hin gerichteten Beschleunigung.

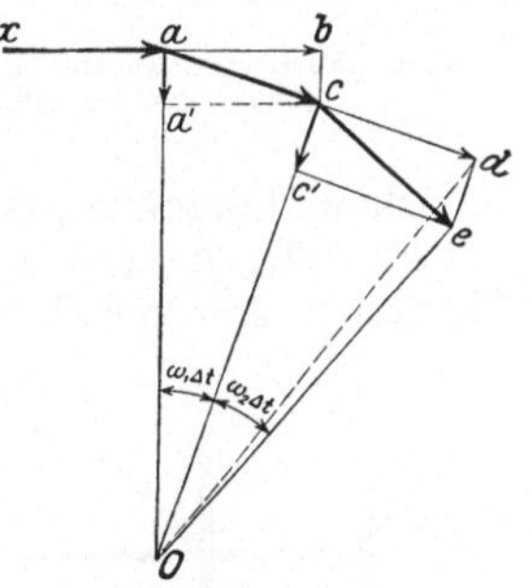

Abb. 60. Zum Flächensatz.

Das sieht man aus der Abb. 60. Diese ist in Anlehnung an die Abb. 27 entstanden. Drei Kurvenstücke einer Zentralbewegung sind durch die drei Pfeile xa, ac, ce angenähert. Die Zentralbeschleunigung nimmt von links nach rechts zu. Die dünnen Pfeile ab und cd setzen die Bewegung des jeweils vorangegangenen Zeitabschnittes mit gleicher Geschwindigkeit in Richtung der Bahntangente fort. Die Pfeile aa' und cc' sind die in den gleichen Zeitabschnitten $\varDelta t$ auf das Zentrum O hin gerichteten, *beschleunigt* zurückgelegten Wege. Alle Pfeile liegen in der Papierebene, folglich bleiben die Bahnen eben. Der Fahrstrahl Oa, Oc, Oe usw. überstreicht in gleichen Zeiten $\varDelta t$ Flächen gleicher Größe.

$$\text{Fläche} \begin{cases} \varDelta Oac = \varDelta Ocd, \text{ da voraussetzungsgemäß } ac = cd, \\ \varDelta Ocd = \varDelta Oce, \text{ weil die Dreieckshöhen } cd = c'e \text{ sind,} \\ \overline{\varDelta Oce = \varDelta Oac.} \end{cases}$$

Schauversuch: Die Schnur eines kreisenden Schleudersteines ist durch einen kurzen, glatten Rohrstutzen in der linken Hand geführt. Die rechte Hand verkürzt durch Ziehen des Fadens die Fahrstrahllänge r. Die Winkelgeschwindigkeit ω steigt an, und zwar proportional $1/r^2$.

§ 27. Ellipsenbahnen, elliptisch polarisierte Schwingungen. Zentralbewegungen brauchen keineswegs auf geschlossener Bahn zu erfolgen, man denke etwa an eine Spiralbahn. Doch ist unter diesen Zentralbewegungen auf geschlossener Bahn eine Gruppe durch besondere Wichtigkeit ausgezeichnet. Es sind die Ellipsenbahnen. Man hat zwei Fälle zu unterscheiden:

1. *Elliptisch polarisierte Schwingungen.* („Polarisiert" bedeutet bei Schwingungen das gleiche wie „gestaltet".) Das Beschleunigungszentrum des umlaufenden Körpers liegt im *Mittelpunkt* der Ellipse, im Schnittpunkt der beiden Hauptachsen.

2. *Die Kepler-Ellipsen.* Das Beschleunigungszentrum des umlaufenden Körpers liegt in einem der beiden *Brennpunkte.*

Wir behandeln in diesem Paragraphen die elliptisch polarisierten Schwingungen. Sie entstehen kinematisch durch die Überlagerung zweier zueinander senkrecht stehender geradlinig polarisierter Sinusschwingungen gleicher Frequenz. Die Gestalt der Ellipse wird bestimmt durch das Verhältnis der beiden

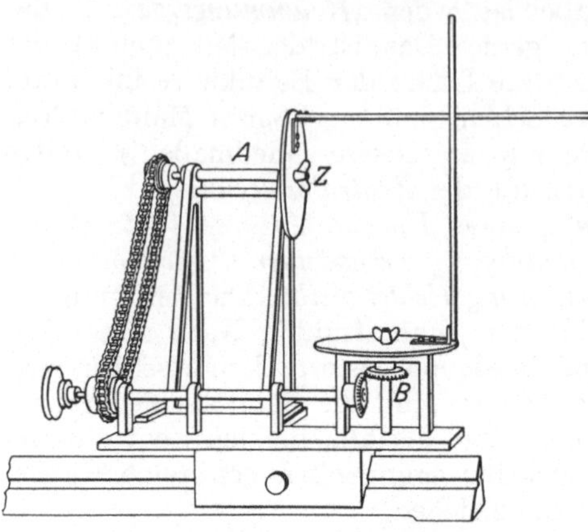

Amplituden und durch die Phasendifferenz $\Delta\varphi$ zwischen den beiden Schwingungen. Dabei ist die Phasendifferenz das wichtigere der beiden Bestimmungsstücke. *Bei der Auswahl experimenteller Vorführungen muß entscheidend sein, daß die Phasendifferenz klar erkennbar wird.* Diese Forderung wird bei dem einfachen, in Abb. 61 skizzierten Verfahren erfüllt. Es benutzt den uns schon geläufigen engen Zusammenhang von Sinusschwingung und Kreisbewegung (§ 7). Man erzeugt die beiden Sinusschwingungen durch zwei zueinander senkrechte Stäbe, die mit gleicher Frequenz kreisen (Abb. 61). Eine hinreichend weit entfernte Bogenlampe projiziert beide

Abb. 61. Vorführungsapparat für elliptische Schwingungen und Lissajous-Bahnen.

Kreisbewegungen in praktisch vollkommener *Seiten*ansicht auf den Beobachtungsschirm. Die Achsen A und B sind durch Kettenräder miteinander gekuppelt. Sie lassen sich gemeinsam von einem beliebigen Motor antreiben.

Die Schatten der beiden Stäbe bilden in der Ruhelage ein schwarzes Kreuz (Abb. 62). Während der Bewegung ist der Kreuzungspunkt Gegenstand unserer Beobachtung. Er zeichnet uns — nun kommt etwas Überraschendes — beim Hinundherschwingen der Schatten eine *weiße* Bahn auf grauem Grunde. Deutung: Während jedes halben Umlaufes wird jeder Punkt der Bildebene zweimal abgeschattet, die vom Schnittpunkt der Stäbe überstrichene Bahn jedoch nur einmal.

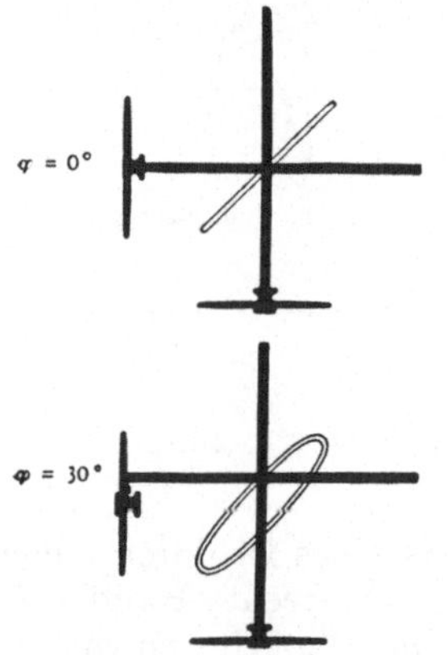

Der jeweilige Abstand des Kreuzungspunktes von der Ruhelage ist der Ausschlag der resultierenden Schwingung. Wir beginnen die Versuche mit zwei Grenzfällen:

1. In der Abb. 62 sehen wir beide Stäbe in der Mittelstellung. Von ihr aus beginnen beide Schwingungen gleichzeitig. Die „Phasendifferenz" beider Sinusschwingungen ist Null. Der Kreuzungspunkt der dunklen Stabschatten vollführt eine schräg liegende linear polarisierte Schwingung (Abb. 62).

2. Wir versetzen den scheibenförmigen Träger des horizontalen Stabes um 90°. Dazu brauchen wir

Abb. 62 bis 64. Zusammensetzung von zwei zueinander senkrechten linear polarisierten Schwingungen bei gleichen Amplituden und verschiedenen Phasendifferenzen.

nur vorübergehend die Kordelschraube Z zu lösen. Der vertikale Stab verläßt gerade die Ruhelage, wenn der horizontale am Ort des maximalen Ausschlages umkehrt. „Die Phasendifferenz beträgt 90°", wir sehen eine weiße Kreisbahn (Abb. 64). Die Amplitude bleibt konstant. Sie kreist wie der Zeiger einer Uhr. (Bei einer Phasendifferenz von 270° kreist die Amplitude gegen den Uhrzeigersinn.)

Dann gehen wir zum allgemeinen Fall über:

3. Als Winkelversetzung der beiden Stäbe wird 30° gewählt. Diese Phasendifferenz von 30° läßt die in Abb. 63 dargestellte Ellipse entstehen.

4. Beliebige andere Winkelversetzungen der beiden Stäbe geben ebenfalls schräg liegende Ellipsen.

5. Bei all diesen Ellipsen liegen die beiden Hauptachsen unter einem Winkel von 45° zur Vertikalen. Die Lage dieser Achsen ändert sich erst, wenn man die Amplituden der beiden Einzelschwingungen ungleich macht. Praktisch hat man dazu nur den Abstand eines Stabes von seiner Drehachse zu verändern. Für diesen Zweck ist der Fuß der Stäbe mit Schlitz und Schraube auf der Trägerscheibe verschiebbar angebracht (vgl. Abb. 65).

6. Einfache technische Kunstgriffe erlauben, die Phasendifferenz *während* des Umlaufes der Stäbe beliebig zwischen 0° und 360° zu verändern.

Zum Beispiel der in Abb. 66 skizzierte „*Phasenschieber*". Er wird in Abb. 61 in die untere waagerechte Antriebsachse zwischen den beiden mittleren Lagerböcken eingeschaltet. Die Achse des mittleren Zahnrades ist in einer zur Papierebene senkrechten Ebene schwenkbar. Jede Winkelverstellung dieser schwenkbaren Achse erzeugt zwischen den beiden waagerechten Achsen auch während ihrer Rotation eine Phasendifferenz des doppelten Winkelbetrages.

Dann kann man in beliebigem raschen Wechsel die in den Abb. 62 bis 64 veranschaulichten Fälle und jede beliebige Zwischenform einstellen. Die Gesamtheit aller auftretenden Bahnen wird durch ein Quadrat umhüllt (Abb. 67). Bei Ungleichheit der beiden Amplituden entartet es zu einem Rechteck (Abb. 68).

Wir fassen zusammen: Zur kinematischen Darstellung einer elliptisch polarisierten Schwingung beliebiger Gestalt genügen zwei zueinander senkrecht stehende, geradlinig polarisierte Sinusschwingungen gleicher Frequenz, jedoch

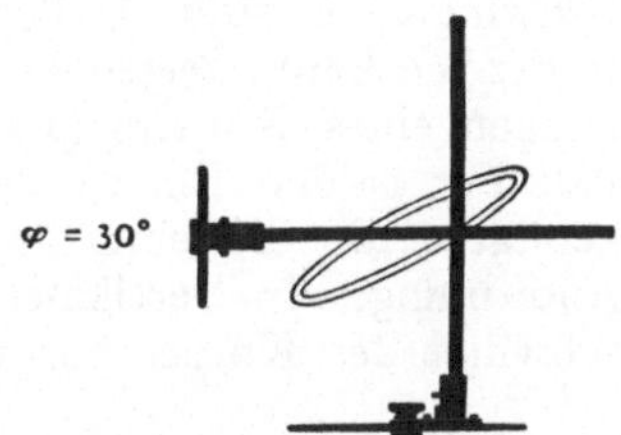

Abb. 65. Zusammensetzung zweier zueinander senkrechter linear polarisierter Schwingungen bei ungleichen Amplituden und einer Phasendifferenz von rund 30°.

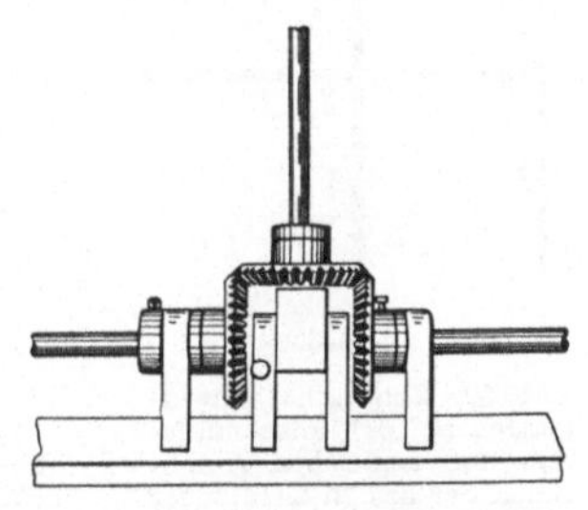

Abb. 66. Mechanischer Phasenschieber, siehe Kleindruck-Text.

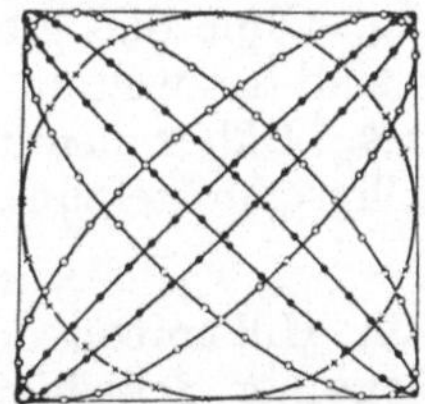

Abb. 67. Umhüllende der elliptischen Schwingungen bei gleichen Amplituden der beiden zueinander senkrechten Teilschwingungen.

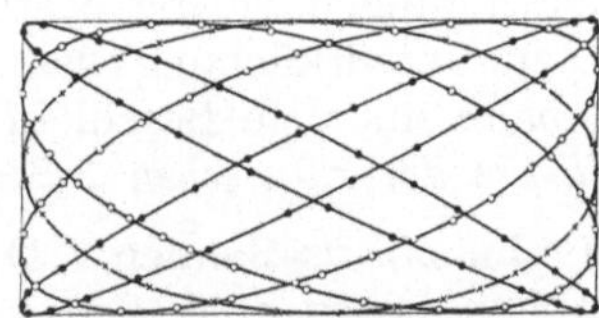

Abb. 68. Umhüllende der elliptischen Schwingungen bei ungleichen Amplituden der beiden zueinander senkrechten Teilschwingungen.

einstellbarer Phasendifferenz. Bei der Phasendifferenz 0° bzw. 180° entartet die Ellipse in eine Gerade. Bei der Phasendifferenz 90° bzw. 270° kann eine zirkular polarisierte Schwingung, d. h. eine Kreisbahn entstehen. Dazu müssen die beiden Einzelamplituden gleich groß sein.

Außer der eben genannten gibt es noch eine *zweite kinematische Darstellung* einer elliptisch polarisierten Schwingung. Sie ist ebenfalls bequem mit der Anordnung der Abb. 61 vorzuführen. Man stellt die Phasendifferenz zwischen beiden Einzelschwingungen ein für allemal fest auf 90° ein, verändert jedoch die Amplituden der Einzelschwingungen. Bei dieser kinematischen Darstellung der Ellipse liegen die Achsen horizontal und vertikal, wir bekommen Bilder der in Abb. 69 und 70 skizzierten Art.

Diese beiden kinematischen Beschreibungen der elliptisch polarisierten Schwingungen sind in allen Gebieten der Physik von großer Wichtigkeit. Hier in der Mechanik zeigen sie uns ohne weiteres, wie elliptisch polarisierte Schwingungen eines Körpers (Massenpunktes) dynamisch zu verwirklichen sind: Für jede der beiden Einzelschwingungen gilt das *lineare Kraftgesetz* [Gl. (39)]. Es genügt z. B. die einfache, in Abb. 71 skizzierte Anordnung. In vertikaler Richtung angestoßen, schwingt der Körper nur vertikal, in horizontaler

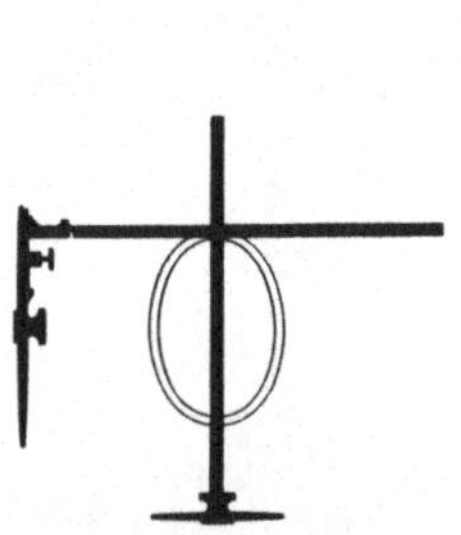

Abb. 69. Elliptische Schwingungen bei 90° Phasendifferenz und ungleichen Amplituden der beiden zueinander senkrechten Einzelschwingungen.

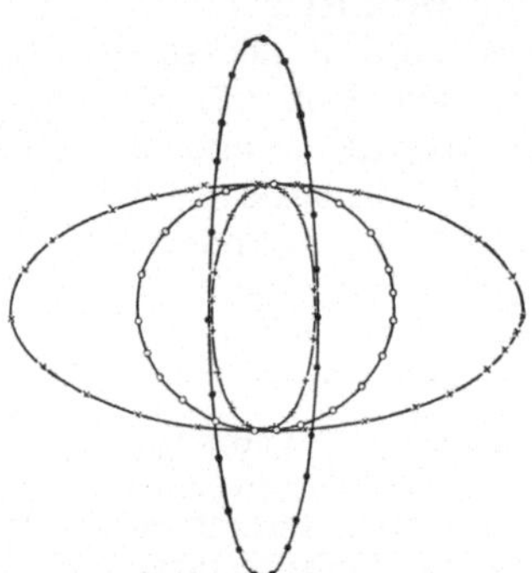

Abb. 70. Bei 90° Phasendifferenz verändert man die Gestalt der Ellipse mit den Amplituden der beiden Einzelschwingungen.

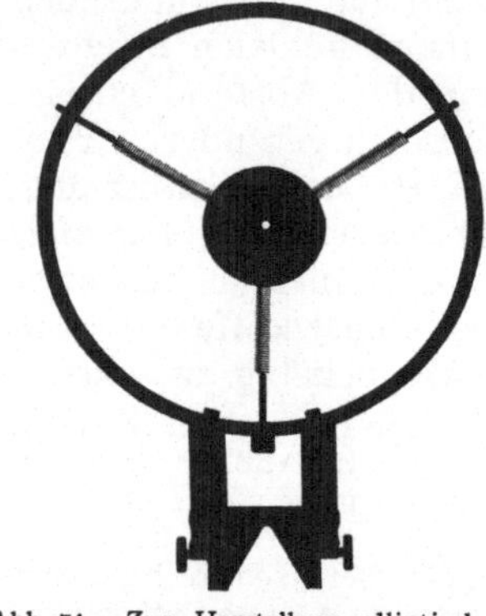

Abb. 71. Zur Herstellung elliptischer Schwingungen befindet sich ein flacher zylindrischer Körper zwischen 3 Schraubenfedern. Auf der Vorderfläche ist eine kreisrunde Scheibe aufgesetzt. Das Loch in der Mitte wird optisch auf den Wandschirm abgebildet, und sein Bild durchläuft die Ellipsenbahnen.

Richtung angestoßen, nur horizontal. In beiden Fällen ist die Frequenz die gleiche (Stoppuhr). In dieser Anordnung kann man mit dem schwingenden Körper jede der in den Abb. 62 bis 64 dargestellten Bahnen erhalten. Es kommt lediglich auf die Richtung des anfänglichen, in der Zeichenebene erfolgenden Anstoßes an.

Das Wesentliche der in Abb. 71 gezeigten Versuchsanordnung ist das lineare Kraftgesetz für die beiden Einzelschwingungen. Ohne dies gibt es keine Sinusschwingungen. Die benutzten elastischen Federn sind das weitaus wichtigste Mittel zur Verwirklichung des linearen Kraftgesetzes. Daher nennt man die Ellipsenbahn mit dem Beschleunigungszentrum im Ellipsenmittelpunkt oft kurz die „*Ellipse der elastischen Schwingung*".

§ 28. LISSAJOUS-Bahnen. Die Ergebnisse und die Hilfsmittel des vorigen Paragraphen lassen auch den allgemeinsten Fall elastischer Schwingungen unschwer behandeln. Wir beschränken uns auf einen summarischen Überblick.

1. Bei der experimentellen Durchführung des in Abb. 71 erläuterten Versuches ist die Frequenz beider Einzelschwingungen nie in aller Strenge gleich groß zu treffen. Infolgedessen ist die Phasendifferenz beider Schwingungen gleichförmigen zeitlichen Änderungen unterworfen. Die eine Schwingung „überholt" in periodischer Folge die andere. Infolge dieses ständigen Wechsels der Phasendifferenz sehen wir einen stetigen Wechsel der Ellipsengestalt. Im Falle der Amplitudengleichheit gibt es beispielsweise die in Abb. 67 gezeigte Bilderfolge mit allen Zwischengliedern.

2. Bei größeren Frequenzunterschieden der beiden Einzelschwingungen macht sich der Wechsel der Phasendifferenz schon während jedes einzelnen

Umlaufes bemerkbar. Die „Ellipse" wird verzerrt. Es entsteht das charakteristische Bild einer ebenen „*Lissajous-Bahn*". Die Abb. 72 und 73 zeigen etliche Beispiele derartiger LISSAJOUSscher Bahnen. Ihre Gestalt hängt von zweierlei ab:

1. dem Verhältnis der Frequenz beider Einzelschwingungen,

2. der Phasendifferenz, mit der beide Schwingungen zu Beginn des Versuches ihre Ruhelage verlassen.

Beide Größen kann man in ganz durchsichtiger Weise mit dem aus Abb. 61 bekannten Apparat verändern. Zu 1. hat man die Kettenräder auszuwechseln und die Anzahl der Zähne im Verhältnis kleiner ganzer Zahlen zu wählen, etwa 20:40 oder 20:30 usf. Zu 2. versetzt man den scheibenförmigen Träger der kleineren Drehfrequenz gegen seine Nullstellung um Winkel von 30°, 90° usw. So sind die in Abb. 72 und 73 dargestellten LISSAJOUS-Bahnen entstanden.

Der aus Abb. 66 bekannte Phasenschieber erlaubt auch hier eine Änderung des Phasenunterschiedes *während* des Umlaufs der Stäbe. Dadurch lassen sich die Bildfolgen in Abb. 72 und 73 in raschem Wechsel vorführen. Gleichzeitig kann man die Umhüllende der Bildfolgen gut beobachten. Bei den abgebildeten Bildfolgen hatten die beiden zueinander senkrechten Einzelschwingungen *gleiche Amplituden*. Daher ist die Umhüllende der Bildfolgen ein *Quadrat*. Im allgemeinen Fall ungleicher Amplituden ist sie ein *Rechteck* (Abb. 74).

3. *Dynamisch*, als elastische Schwingungen eines „punktförmigen" Körpers, erhält man die LISSAJOUSschen Bildfolgen beispielsweise mit der Anordnung der Abb. 75. Die Frequenzen der horizontalen und vertikalen Einzelschwingungen verhalten sich etwa wie 2:3. Man kann sie leicht nach horizontalem bzw. vertikalem Anstoß beobachten. — Die LISSAJOUSsche Bildfolge ist die aus Abb. 73 bekannte.

§ 29. Die KEPLER-Ellipse und das Gravitationsgesetz. Bei der KEPLER-Ellipse befindet sich das Beschleunigungszentrum in einem der beiden Brennpunkte der Ellipse. Sie entsteht, wenn ein Körper eine Anfangsgeschwindigkeit besitzt, die nicht gerade zum Zentrum hin gerichtet ist, und die Beschleunigung in jedem Punkt dem Quadrat des Abstandes (Fahrstrahllänge r) umgekehrt proportional ist, also

$$b = \frac{\text{const}}{r^2}. \tag{41}$$

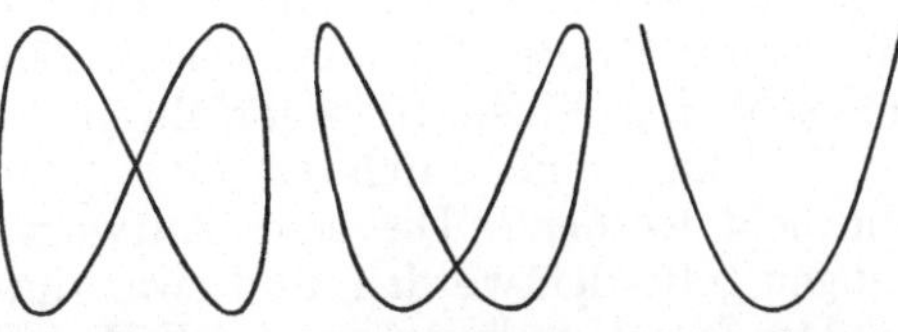

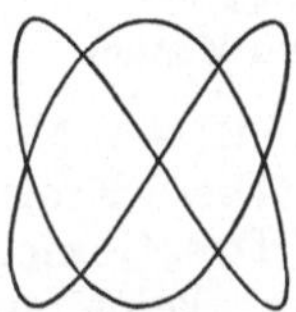

Beide Schwingungen beginnen gleichzeitig.

Die horizontale Schwingung fängt um 30° später an.

Die horizontale Schwingung fängt um 45° später an.

Abb. 72. LISSAJOUS-Bahnen beim Frequenzverhältnis 2:1 der zueinander senkrechten Einzelschwingungen. Die Bahn des Schnittpunktes beider Stäbe ist bei langsamer Bewegung auf der Wandtafel gezeichnet worden. Die vertikale Schwingung hat die höhere Frequenz. (J. LISSAJOUS, 1822—1880.)

Beide Schwingungen beginnen gleichzeitig.

Die horizontale Schwingung läuft um etwa 20° voraus.

Die horizontale Schwingung läuft rund 30° voraus.

Abb. 73. LISSAJOUS-Bahnen beim Frequenzverhältnis 3:2 der zueinander senkrechten Einzelschwingungen. Die vertikale Schwingung hat die höhere Frequenz.

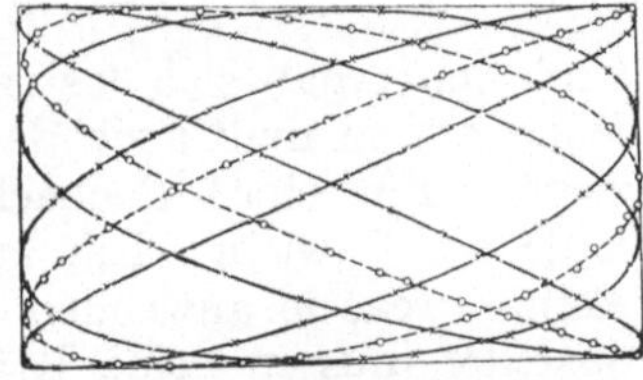

Abb. 74. Umhüllendes Rechteck von LISSAJOUS-Bahnen bei Änderung des Phasenunterschiedes.

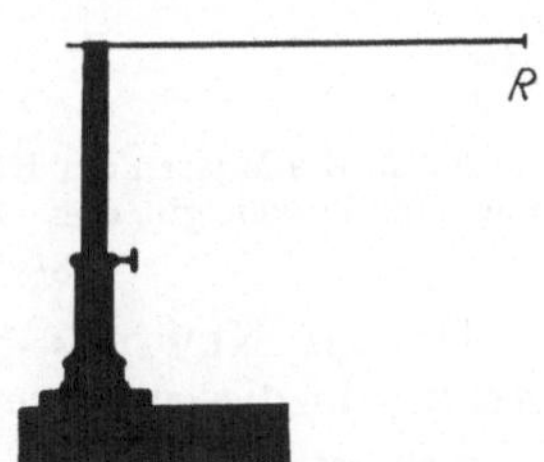

Abb. 75. Herstellung von LISSAJOUS-Bahnen mit Hilfe von Biegeschwingungen eines Stabes mit rechteckigem Querschnitt (2×3 mm). Der kleine Spiegel R reflektiert das Bild einer punktförmigen Lichtquelle auf die zum Stab senkrechte Projektionswand.

Die Herleitung dieser Gleichung findet man in jedem Lehrbuch der theoretischen Physik.

Die KEPLER-Ellipse hat in der Geschichte der Physik zweimal eine fundamentale Bedeutung gewonnen. Für den experimentellen Unterricht bildet sie ein wahres Kreuz. Sie läßt sich im Schauversuch nicht mit einfachen und rasch übersehbaren Hilfsmitteln vorführen[1].

Wie kann die durch Gl. (41) geforderte Beschleunigung physikalisch verwirklicht werden? Die erste Antwort ist auf Grund astronomischer Beobachtungen gefunden worden, und zwar durch NEWTON.

Der Mond umkreist unsere Erde. Seine Bahn fällt nahezu mit einer Kreisbahn zusammen. Ihr Radius ist — man merke sich diese Zahl — gleich 60 Erdradien. Kinematisch haben wir die Mondbahn in § 14 beschrieben: Der Mond hat eine Bahngeschwindigkeit von 1 km/sec und erfährt eine Radialbeschleunigung $b_r = 2,7$ mm/sec$^2 = 2,7 \cdot 10^{-3}$ m/sec^2. Demnach ist das Verhältnis

$$\frac{\text{Fallbeschleunigung } g}{\text{Radialbeschleunigung des Mondes}} = \frac{9,8 \text{ m/sec}^2}{2,7 \cdot 10^{-3} \text{ m/sec}^2} = 3600 = 60^2.$$

Daraus zog NEWTON den Schluß: Am Mond greift wie an jedem Stein nahe der Erdoberfläche eine Kraft an. Diese Kraft ist zum Erdmittelpunkt hin gerichtet und wird Gewicht genannt. Das Gewicht eines Körpers aber ist, allen landläufigen Vorurteilen entgegen, keine an dem Körper angreifende *konstante* Kraft. Sie ändert sich vielmehr mit dem Abstand r des Körpers vom Erdmittelpunkt, und zwar proportional mit r^{-2}. — Daher schrieb NEWTON für das Gewicht des Mondes nicht $\mathfrak{K} = mg$, sondern

$$\mathfrak{K} = \text{const } \frac{m}{r^2}. \tag{42}$$

Und nun ergab sich fast zwangsläufig der letzte Schluß: Zieht die Erde den Mond an, so muß auch das Umgekehrte gelten: Der Mond muß die Erde anziehen. Für einen Beobachter auf dem Mond (Standpunktswechsel!) hat die Erde ein Gewicht. Ein auf der Sonne gedachter Beobachter darf den Satz Actio = reactio anwenden (abermaliger Standpunktswechsel!). Für diesen Beobachter müssen beide Kräfte oder Gewichte bis auf ihre Richtung identisch sein. So tritt allgemein an die Stelle des Gewichtes die wechselseitige Anziehung zweier Körper mit der Kraft

$$\boxed{\mathfrak{K} = \gamma \, \frac{m\,M}{r^2}} \tag{43}$$

(m und M die Massen der Körper, r der Abstand ihrer Schwerpunkte. Bei homogenen Kugeln oder Hohlkugeln gilt dies Gesetz für alle Werte von r. Bei Körpern beliebiger Gestalt muß r groß gegen die Dimensionen der Körper sein.)

Das ist NEWTONs berühmtes *„Gravitationsgesetz"*. Der Proportionalitätsfaktor γ in diesem Gesetz heißt die *Gravitationskonstante*.

§ 30. Die Konstante des Gravitationsgesetzes kann nicht aus astronomischen Beobachtungen entnommen werden. Man muß sie im Laboratorium messen. — Prinzip: Man ahmt die astronomischen Verhältnisse im kleinen nach. Als „Erde" dient eine große Bleikugel (Masse M einige kg), als „Mond" oder „Stein" eine kleine Kugel m aus beliebigem Stoff. Die große Kugel steht fest, die kleine wird möglichst frei beweglich gemacht. Man mißt die Beschleunigung b

---

[1] Leider fehlt hier der Platz für einige Seiten, um ein sehr elegantes von R. HILSCH und G. v. MINNIGERODE ausgearbeitetes Verfahren darzustellen. [Naturwissenschaften **47**, 505 (1960).]

der kleinen Kugel und berechnet die Gravitationskonstante γ aus der Gleichung

$$b = \gamma\,\frac{M}{r^2}. \tag{44}$$

Ausführung. Man benutzt eine symmetrische Anordnung (Abb. 76). Die beiden kleinen Kugeln m werden an den Enden eines Trägers befestigt und dieser an einem feinen Metallband drehbar aufgehängt. Die Abb. 77 zeigt den Schattenriß eines bewährten Apparates (Drehwaage) ohne die großen Kugeln. Zur Durchführung des Versuches schwenkt man die großen Kugeln aus der in Abb. 76 stark gezeichneten Ausgangsstellung in die schwach gezeichnete Endstellung. — Unmittelbar danach setzen sich die kleinen Kugeln beschleunigt in Bewegung. Ein Spiegel S und ein langer Lichtzeiger lassen die zurückgelegten Wege s in etwa 1600facher Linearvergrößerung verfolgen. Man beobachtet sie etwa eine Minute hindurch mit der Stoppuhr und berechnet die Beschleunigung $b = 2s/t^2$.

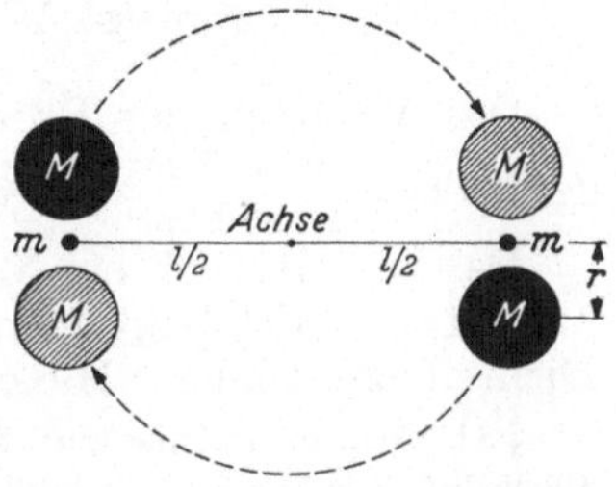

Abb. 76. Zur Messung der Gravitationskonstanten. HENRY CAVENDISH, Chemiker 1798.

Zu Beginn des Versuches bleibt der Abstand r der Kugel-Mittelpunkte und die Verdrillung des Aufhängefadens praktisch ungeändert und daher die Beschleunigung konstant.

Doch war das Aufhängeband bereits zu Beginn des Versuches bis zum Höchstausschlag verdrillt: In der Ruhestellung hatten sich ja die Anziehungskräfte zwischen den Kugeln mit den Kräften der Bandverdrillung das Gleichgewicht gehalten. Infolgedessen ist nach dem Umschwenken der großen Kugeln die Beschleunigung b genau doppelt so groß wie in dem Fall, in dem man die großen Kugeln aus weitem Abstand an die kleinen Kugeln heranbringt.

Zahlenbeispiel.
$M = 1{,}5$ kg. $r = 4{,}75$ cm. Trägerlänge $l = 10$ cm. Lichtzeigerlänge $A = 40$ m, also Linearvergrößerung der Wege $V = 2A/(l/2)$. Begründung für den Faktor 2: Eine Drehung des Spiegels um einen Winkel α dreht das reflektierte Lichtbündel um den Winkel 2α. Auf dem Wandschirm gemessene Beschleunigung der Lichtmarke $b = 1{,}28 \cdot 10^{-2}$ cm/sec². Daraus
$\gamma = 6 \cdot 10^{-11}$ m³/kg sec².

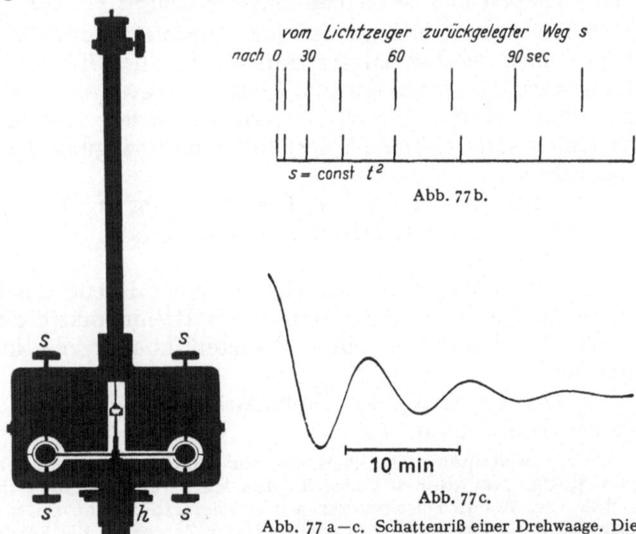

Abb. 77 b.

10 min

Abb. 77 c.

15 cm

Abb. 77 a.

Abb. 77 a—c. Schattenriß einer Drehwaage. Die großen Kugeln sind von ihrem schwenkbaren Träger h heruntergenommen. Der Träger der kleinen Kugeln befindet sich in einem flachen vorn und hinten mit Glasplatten überdeckten Metallklotz (guter Wärmeausgleich, Bauart SCHÜRHOLZ). Die Schrauben s dienen zur Arretierung. Sie können vier halbkreisförmige Bleche gegen die kleinen Kugeln pressen. Das Aufhängeband ist der besseren Sichtbarkeit halber dick nachgezeichnet. An seinem Ende der Spiegel. Die Schwingungsdauer T beträgt rund 9 Minuten. Das untere Teilbild zeigt das gedämpfte Abklingen der Schwingungen. Das obere Teilbild bringt die Messung einer Beschleunigung b. Die Stellung des Lichtzeigers ist nach je 15 sec mit nur 108facher Vergrößerung photographisch registriert worden.

Präzisionsmessungen ergeben für die Gravitationskonstante

$$\gamma = 6{,}68 \cdot 10^{-11}\,\frac{\text{m}^3}{\text{kg sec}^2}. \tag{45}$$

Durch die experimentelle Bestimmung der Gravitationskonstanten γ ist ein großer Fortschritt erzielt worden: Mit ihrer Hilfe kann man die Masse der Erde bestimmen. — Die Erdoberfläche ist um $r = 6400$ km $= 6,4 \cdot 10^6$ m vom Erdmittelpunkt entfernt. An der Erdoberfläche hat die vom Gewicht erzeugte Beschleunigung den Wert $b = g = 9,81$ m/sec^2. Diese Größen setzen wir zugleich mit γ in die Gl. (44) ein und erhalten

$$\text{Erdmasse } M = \frac{9,81 \text{ m sec}^{-2} \, (6,4 \cdot 10^6)^2 \text{ m}^2}{6,68 \cdot 10^{-11} \text{ kg}^{-1} \text{ m}^3 \text{ sec}^{-2}} = 6 \cdot 10^{24} \text{ kg}.$$

Das Volumen der Erde beträgt rund $1,1 \cdot 10^{21}$ m^3. Folglich ist die Dichte der Erde $= \dfrac{6 \cdot 10^{24} \text{ kg}}{1,1 \cdot 10^{21} \text{ m}^3} = 5\,500$ kg/m$^3 = 5,5$ g/cm^3.

Das ist natürlich ein Mittelwert. Die Dichte der Gesteine in der Erdkruste beträgt im Mittel 2,5 g/cm^3. Folglich hat man im Erdinnern Stoffe größerer Dichte anzunehmen. Manches spricht für einen stark eisenhaltigen Erdkern.

§ 31. Grundsätzliches zur Messung der Masse. Man kann in Gl. (43) die Gravitationskonstante $\gamma = 1$ setzen. Dann wird die Masse $M = b \cdot r^2$, also eine abgeleitete Größe mit der Einheit m^3/sec^2. Die Festsetzung $\gamma = 1$ macht aus Gl. (45)

$$1 \text{ kg} = 6,68 \cdot 10^{-11} \text{ m}^3/\text{sec}^2$$

d. h. 1 kg wird lediglich eine sprachliche Kürzung für $6,68 \cdot 10^{-11}$ m^3/sec^2. Mit dieser Einheit müßte man also statt eines kg Zucker $6,7 \cdot 10^{-11}$ m^3/sec^2 Zucker einkaufen. Das klänge gelehrt, wäre aber unzweckmäßig. Deswegen mißt die Physik die Masse als Grundgröße und verkörpert ihre Kilogramm genannte Einheit zur Zeit noch durch einen Metallklotz.

§ 32. Gravitationsgesetz und Himmelsmechanik. Die Entdeckung einer allgemeinen wechselseitigen Anziehung aller Körper zählt mit Recht zu den Großtaten des menschlichen Geistes. NEWTONs Gravitationsgesetz gibt nicht nur die Bewegung unseres Erdmondes wieder. Sie beherrscht weit darüber hinaus die gesamte Himmelsmechanik, die Bewegung der Planeten, Kometen und Doppelsterne.

Die Beobachtungen der Planetenbewegung hat JOHANNES KEPLER (1571 bis 1630) in drei Gesetzen zusammengefaßt. Diese „KEPLERschen Gesetze" lauten:

1. Jeder Planet bewegt sich in einer Ebene um die Sonne herum. Seine Bahn ist eine Ellipse, in deren einem Brennpunkt die Sonne steht.

2. Der Fahrstrahl eines Planeten überstreicht in gleichen Zeiten gleiche Flächen.

3. Die Quadrate der Umlaufszeiten T verhalten sich wie die Kuben der großen Halbachsen.

Die Abweichung zwischen Kreis- und Ellipsenbahnen ist für die Hauptplaneten nur sehr geringfügig. Am größten ist sie für den Mars. Zeichnet man die Marsbahn mit einer großen Achse von 20 cm Durchmesser auf Papier, so weicht sie von dem umhüllenden Kreise nirgends ganz 1 mm ab. Angesichts dieser Zahlen ist die Leistung KEPLERs besser zu würdigen.

Diese drei Sätze seines großen Vorgängers konnte NEWTON einheitlich mit seinem Gravitationsgesetz deuten[1]:

1. Jede Ellipsenbahn verlangt eine Zentralbeschleunigung. Bei den von KEPLER beobachteten Ellipsen war der eine Brennpunkt vor dem anderen ausgezeichnet. Folglich müßten nach § 29 die Beschleunigungen zu $1/r^2$ proportional sein. Das aber ist nach Gl. (43) für wechselseitige Anziehung zweier Körper der Fall.

---

[1] KEPLER selbst ist nicht über qualitative Deutungsversuche hinausgekommen. So schrieb er z. B. 1605: Setzte man neben die an irgendeinem Ort ruhend gedachte Erde eine andere größere Erde, so würde diese von jener angezogen, genau wie unsere Erde die Steine anzieht.

2. KEPLERs zweiter Satz ist der für jede Zentralbewegung gültige Flächensatz (§ 26).

3. KEPLERs dritter Satz folgt ebenfalls aus Gl. (43). Das übersieht man einfach in einem Sonderfall. Man läßt die KEPLER-Ellipse in einen Kreis entarten. Für die Kreisbahn gilt

$$\mathfrak{K} = 4\,m\,\pi^2\,v^2\,r = \frac{4\,\pi^2 m\,r}{T^2}. \qquad (27) \text{ v. S. 28}$$

Für $\mathfrak{K}$ setzen wir den aus dem Gravitationsgesetz (Gl. 43) folgenden Wert. Dann erhalten wir

$$\text{const}\,\frac{m}{r^2} = \frac{m\,4\,\pi^2 r}{T^2}, \quad T^2 = \text{const}\,r^3. \qquad (46)$$

Kometen zeigen im Gegensatz zu den Planeten oft außerordentlich langgestreckte Ellipsen. Die große Achse der Ellipse kann das 100fache der kleinen werden. Doch läßt sich KEPLERs dritter Satz auch für diesen allgemeinen Fall beliebig gestreckter Ellipsen als Folge des NEWTONschen Gravitationsgesetzes herleiten. Allerdings erfordert das eine umfangreichere Rechnung.

Zur Einprägung der wichtigsten Tatsachen der Himmelsmechanik soll zum Schluß ein einfaches Beispiel dienen.

Wir denken uns nahe der Erdoberfläche ein Geschoß in horizontaler Richtung abgefeuert. Die Atmosphäre (und mit ihr der Luftwiderstand) sei nicht vorhanden. Wie groß muß die Geschoßgeschwindigkeit u sein, damit das Geschoß die Erde als kleiner Mond in stets gleichbleibendem Abstand von der Erdoberfläche umkreist?

Eine Kreisbahn mit der Bahngeschwindigkeit u verlangt nach Gl. (15) eine radiale Beschleunigung $b = u^2/r$. Diese Radialbeschleunigung wird vom Gewicht des Geschosses geliefert. Das Gewicht erteilt dem Geschoß zum Erdzentrum hin die Beschleunigung $b = g = 9{,}81$ m/sec². Andererseits ist der Abstand der Erdoberfläche vom Erdzentrum gleich dem Erdradius r, gleich rund $6{,}4 \cdot 10^6$ m. Also erhalten wir

$$9{,}8\,\frac{\text{m}}{\text{sec}^2} = \frac{u^2}{6{,}4 \cdot 10^6\,\text{m}},$$

$$u = 8000 \text{ m/sec} = 8 \text{ km/sec}.$$

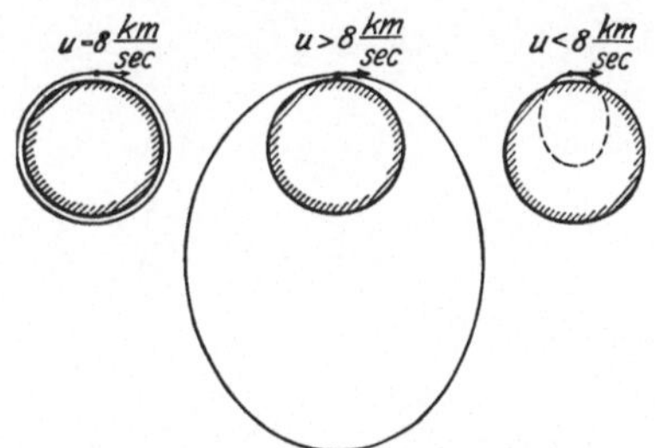

Abb. 78 bis 80. Ellipsenbahn um das Erdzentrum bei verschiedenen Anfangsgeschwindigkeiten.

Bei 8 km/sec Mündungsgeschwindigkeit in horizontaler Richtung haben wir also den Fall der Abb. 78, das Geschoß umkreist die Erde dicht an ihrer Oberfläche als kleiner Mond.

Bei Über- oder Unterschreitung dieser Anfangsgeschwindigkeit erhalten wir Ellipsenbahnen nach Art der Abb. 79 und 80. Für Geschwindigkeiten $u > 8$ km/sec umkreist das Geschoß die Erde als Planet oder Komet in einer Ellipse. Dabei steht das Erdzentrum in dem dem Geschütz *näheren* Brennpunkt. Bei Geschoßgeschwindigkeiten $> 11{,}2$ km/sec entartet die Ellipse zur Hyperbel. Das Geschoß verläßt die Erde auf Nimmerwiedersehn[1].

Die Fälle a und b werden durch die künstlichen Erdsatelliten verwirklicht, die in etwa 400 km Höhe in eine zum Erdradius senkrechte Richtung gebracht werden.

Für Geschwindigkeiten $u < 8$ km/sec gibt es ebenfalls eine Ellipse, Abb. 80. Doch ist von ihr nur das nichtpunktierte Stück zu verwirklichen. Diesmal befindet sich das Erdzentrum in dem dem Geschütz ferneren Brennpunkt der

---

[1] Für die Sonne ist die entsprechende Geschwindigkeit 618 km/sec.

Ellipse (die Erdanziehung erfolgt also ebenso, als ob die Erde mit unveränderter Masse zu einem kleinen Körper im Erdmittelpunkt zusammengeschrumpft sei).

Je kleiner die Anfangsgeschwindigkeit u, desto gestreckter wird die Ellipse. Man kommt schließlich zum Grenzfall der Abb. 81. Das Beschleunigungszentrum, der Erdmittelpunkt, erscheint praktisch unendlich weit entfernt. Die zu ihm weisenden Fahrstrahlen sind praktisch parallel. Man kann den über der Erdoberfläche verbleibenden Rest der Ellipsenbahn in guter Annäherung als *Parabel* bezeichnen. Es ist die bekannte Parabel des horizontalen Wurfes. — Diese Überlegungen sind nützlich, obwohl der Luftwiderstand ihre praktische Nachprüfung unmöglich

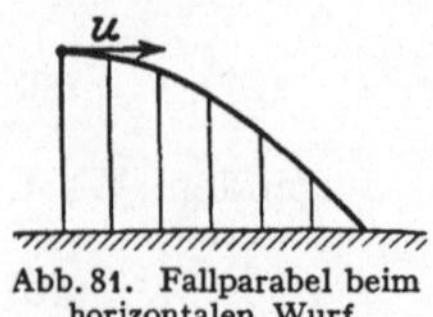
Abb. 81. Fallparabel beim horizontalen Wurf.

macht. Selbst bei normalen Geschwindigkeiten von einigen 100 m/sec ist die Bremsung durch den Luftwiderstand sehr erheblich. Die Parabel kann nur als eine ganz grobe Annäherung an die wirkliche Flugbahn, die sogenannte ballistische Kurve gelten.

V. Hilfsbegriffe, Arbeit, Energie, Impuls.

§ 33. Vorbemerkung. Mit Hilfe der Grundgleichung und des Satzes „Actio gleich reactio" kann man sämtliche Bewegungen quantitativ behandeln. Viele Bewegungen sind sehr verwickelt. Man denke an die Bewegungen von Maschinen und an die Bewegungen unseres Körpers und seiner Gliedmaßen. In solchen Fällen kommt man nur mit einem großen Aufwand an Rechenarbeit zum Ziel. Dieser läßt sich oft durch einige geschickt gebildete Hilfsbegriffe erheblich vermindern. Es sind dies Arbeit, Energie und Impuls. Diese Hilfsbegriffe werden nicht etwa auf Grund bisher nicht berücksichtigter Erfahrungstatsachen hergeleitet, sondern mit Hilfe der Grundgleichung geschaffen. Wir beginnen mit dem Begriff Arbeit.

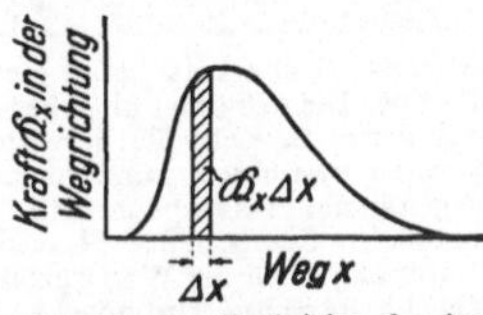

Abb. 82. Zur Definition der Arbeit als Wegsumme der Kraft.

§ 34. Arbeit und Leistung. Es wird dreierlei festgesetzt:

1. Das Produkt „Kraft in Richtung des Weges mal Weg" bekommt den Namen *Arbeit*.

2. $+\Re x$ soll bedeuten: Kraft $\Re$ und x haben die gleiche Richtung. „*Die Kraft $\Re$ verrichtet*[1] *Arbeit*".

3. $-\Re x$ soll bedeuten: Kraft $\Re$ und Weg x haben einander entgegengesetzte Richtungen. „*Es wird gegen die Kraft $\Re$ Arbeit verrichtet*".

Im allgemeinen ist die Kraft weder längs des Weges konstant, noch fällt sie überall in die Richtung des Weges. Dann nennen wir die Komponenten in Richtung der m Wegabschnitte Δx $\Re_1$, $\Re_2$, ... $\Re_m$ und definieren als Arbeit A die Summe

$$\Re_1 \Delta x_1 + \Re_2 \Delta x_2 + \cdots + \Re_m \Delta x_m = \sum \Re_i \Delta x$$
$$(i = 1, 2, 3, \ldots, m)$$

oder im Grenzübergang

$$\boxed{A = \int \Re_x \, dx} \tag{47}$$

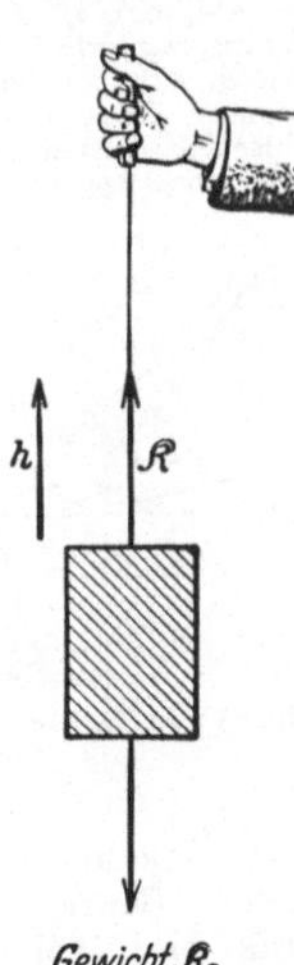

Abb. 83. Zur Definition der Hubarbeit (= potentielle Energie des gehobenen Körpers oder Potential der Gewicht genannten Kraft).

In Abb. 82 ist eine solche Kraft-Weg-Summe graphisch dargestellt.

Mit dieser Definition der Arbeit sind auch ihre Einheiten gegeben, diese müssen ein Produkt aus einer Krafteinheit und einer Wegeinheit sein. Wir nennen

1 Newtonmeter   = 1 Wattsekunde = 1 kg m²/sec²,

1 Kilopondmeter = 9,8 Wattsekunden,

1 Kilowattstunde = 3,6·10⁶ Wattsekunden = 3,67·10⁵ Kilopondmeter.

Wir wollen die Arbeit für drei verschiedene Fälle berechnen.

---

[1] Man vermeide zu sagen: „Die Kraft *leistet* Arbeit".

I. *Hubarbeit.* In Abb. 83 hebt ein Muskel *ganz langsam* mit der Kraft $\Re$ einen Körper senkrecht in die Höhe. Dabei verrichtet die Kraft $\Re$ längs des Weges dh die Arbeit

$$dA = \Re \cdot dh. \tag{48}$$

Bei ganz langsamem Heben bleibt die Geschwindigkeit des Körpers praktisch gleich Null. Folglich ist mit beliebiger Näherung $\Re = -\Re_2$. Somit wird

$$dA = -\Re_2\, dh. \tag{49}$$

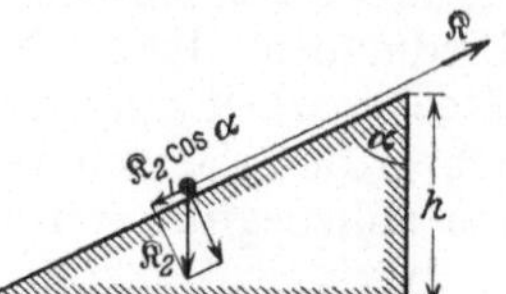

Abb. 84. Hubarbeit längs einer Rampe. Die Arbeit ist nicht gegen das ganze Gewicht $\Re_2$ des Körpers zu verrichten, sondern nur gegen seine zur Rampenoberfläche parallele Komponente $\Re_2 \cos \alpha$. Dafür ist jedoch der Weg x größer als die lotrechte Hubhöhe h, er ist $= h/\cos \alpha$. Längs der ganzen Rampe ist daher die Hubarbeit $= -\Re_2 \cos \alpha\, h/\cos \alpha = -\Re_2 h$. — Entsprechende Betrachtungen lassen sich für beliebig gekrümmte Rampen oder andere Hebemaschinen, wie etwa Flaschenzüge, durchführen.

Diese Arbeit wird *gegen* das Gewicht verrichtet. Das Gewicht $\Re_2$ ist für alle in der Nähe des Erdbodens vorkommenden Höhen h praktisch konstant. Also wird die Kraft-Weg-Summe ein *Rechteck* mit dem Flächeninhalt $\Re_2 h$. Somit bekommen wir längs der Hubhöhe h als gegen das Gewicht $\Re_2$ verrichtete

$$\text{Hubarbeit} = -\Re_2\, h. \tag{50}$$

Durch Hebemaschinen aller Art, z. B. die einfache Rampe in Abb. 84, kann an der Größe des Produktes $-\Re_2 h$ nichts geändert werden. Es kommt stets nur auf die lotrechte Hubhöhe h an.

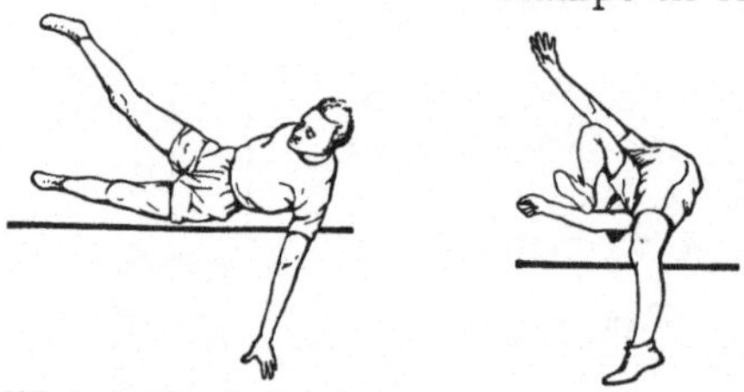

Zahlenbeispiel. Ein Mensch mit 70 Kilopond Gewicht klettere an einem Tage auf einen 7000 Meter (!) hohen Berg. Dabei verrichtet die Kraft seiner Muskeln die Hubarbeit 70 kp · 7000 m = $4,9 \cdot 10^5$ Kilopondmeter = rund 1,5 Kilowattstunden. Diese ,,Tagesarbeit'' hat einen Großhandelswert von etwa 2 Pfennig! — Beim Springen hat man als Hubhöhe h nur die vom Schwerpunkt des Körpers zurückgelegte Höhendifferenz zu berücksich-

Abb. 85 und 86. Geübte Springer wälzen sich über das Sprungseil hinweg.

tigen. Beim stehenden Menschen befindet sich der Schwerpunkt etwa 1 m über dem Boden. Beim Überspringen eines 1,7 m hohen Seiles (vgl. Abb. 85 u. 86) erreicht der Schwerpunkt eine Höhe von etwa 2 m. Die Hubhöhe beträgt also nur 2 m − 1 m = 1 m. Also verrichtet die Muskelkraft des Springers eine Hubarbeit von 70 Kilopond · 1 Meter = 70 Kilopondmeter oder rund 700 Wattsekunden.

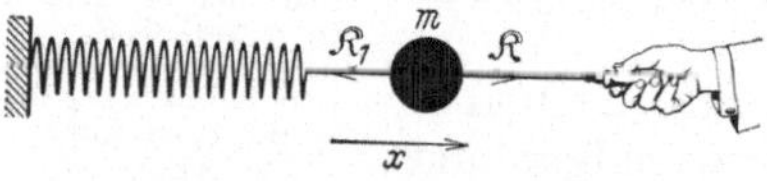

Abb. 87. Zur Definition der Spannarbeit (= potentielle Energie einer Feder = Potential einer elastischen oder Federkraft).

II. *Spannarbeit.* In Abb. 87 wird ein Körper von einer Feder gehalten. Ein Muskel dehnt *ganz langsam* die Feder in Richtung x. Die Kraft $\Re$ des Muskels verrichtet längs des Wegabschnittes dx die Arbeit

$$dA = \Re\, dx. \tag{51}$$

Bei genügend langsamem Spannen bleibt die Geschwindigkeit des Körpers praktisch gleich Null. Folglich ist mit beliebig guter Näherung die durch die Verformung entstandene Federkraft $\Re_1 = -\Re$ und

$$dA = -\Re_1\, dx. \tag{52}$$

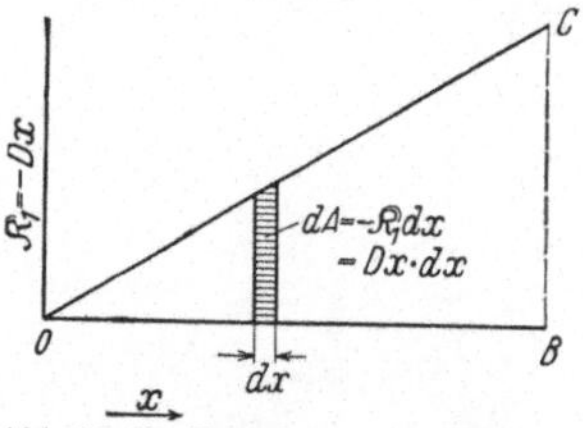

Abb. 88. Zur Berechnung der Spannarbeit. $\int dA$ = Summe der schraffierten Vierecksflächen = Fläche des Dreiecks COB.

Diese Arbeit wird *gegen* die Federkraft verrichtet. Für die Federkraft gilt das lineare Kraftgesetz (Abb. 88)

$$\Re_1 = -Dx. \tag{39} \text{ v. S. 33}$$

Einsetzen von (39) in (52) ergibt

$$dA = Dx\, dx. \tag{53}$$

Längs des Weges x wird die Kraft-Weg-Summe gleich der *Dreiecksfläche CO B* mit dem Flächeninhalt $\frac{1}{2} x D x$. Also ist die

$$\text{Spannarbeit} = \tfrac{1}{2} D x^2 = \tfrac{1}{2} \Re_{max} x. \tag{54}$$

Zahlenbeispiel. Ein Flitzbogen für Sportzwecke wird mit einer Muskelkraft $\Re_{max} = D x = 20$ Kilopond um 0,4 m verspannt. Dazu muß die Muskelkraft eine Spannarbeit von $0,5 \cdot 20$ kp $\cdot 0,4$ m $= 4$ Kilopondmeter ≈ 40 Wattsekunden verrichten.

III. *Beschleunigungsarbeit.* Die Abb. 89 schließt an Abb. 87 an. Die Hand hat den Körper gerade losgelassen, dann entspannt sich die Feder, sie zieht sich zusammen. Dabei beschleunigt sie den zuvor ruhenden Körper nach links, und die Federkraft $\Re_1$ verrichtet die Beschleunigungsarbeit

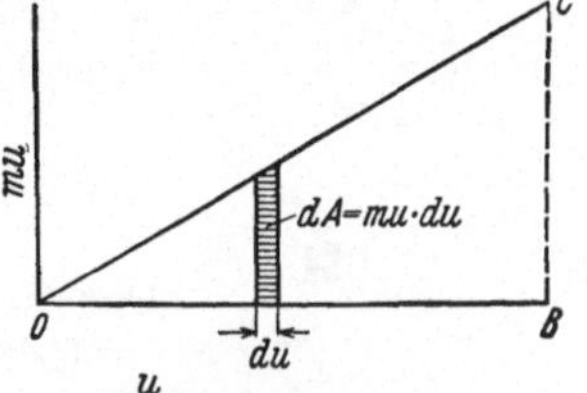

Abb. 89. Zur Definition der Beschleunigungsarbeit (= kinetische Energie)

$$d A = \Re_1 d x. \tag{55}$$

Nach der Grundgleichung ist

$$\Re_1 = m \frac{d u}{d t} \tag{56}$$

und laut Definition der Geschwindigkeit

$$d x = u \, d t. \tag{57}$$

(55) bis (57) zusammen ergeben

$$d A = m u \, d u. \tag{58}$$

Die Summierung (Abb. 90) liefert die

$$\text{Beschleunigungsarbeit} = \tfrac{1}{2} m u^2. \tag{59}$$

Abb. 90. Zur Berechnung der Beschleunigungsarbeit.
$\int d A =$ Summe der schraffierten Vierecksflächen $=$ Fläche des Dreiecks $CO B$.

Tabelle 2. *Beispiele für Beschleunigungsarbeiten.*

	Masse in kg	Geschwindigkeit in m/sec	Beschleunigungsarbeit	
			Wattsekunden	Kilowattstunden
D-Zug (Lokomotive + 8 Wagen)	$1,5 \cdot 10^5 + 8 \cdot 4,5 \cdot 10^4$	20	10^8	28
38 cm-Granate	750	800	$2,4 \cdot 10^8$	67
Schnelldampfer	$3 \cdot 10^7$ ($= 3 \cdot 10^4$ Tonnen)	13 ($= 25$ Knoten)	$2,5 \cdot 10^9$	700
Pistolenkugel von S. 11 . .	$3,26 \cdot 10^{-3}$	225	82	—

Den Quotienten Arbeit/Zeit oder das Produkt Kraft mal Geschwindigkeit bezeichnet man als *Leistung*. Die gebräuchlichsten *Einheiten* der Leistung sind

$$1 \text{ Watt} = 1 \text{ Newtonmeter/sec} = 0,102 \text{ Kilopondmeter/sec} \tag{60}$$

und

$$1 \text{ Kilowatt} = 102 \text{ Kilopondmeter/sec.} \tag{61}$$

Veraltet ist die Einheit Pferdestärke $= 75$ Kilopondmeter/sec $= 0,735$ Kilowatt. Sie sollte endlich aus der Literatur verschwinden.

Bei stundenlanger Arbeit (Kurbelantrieb, Tretmühle usw.) leistet ein Mensch rund 0,1 Kilowatt. Während etlicher Sekunden kann seine Leistung 1 Kilowatt übersteigen: Man kann z. B. in 3 sec eine 6 m hohe Treppe heraufspringen. Dabei ist die Leistung 70 kp $\cdot 6$ m/3 sec $= 140$ Kilopondmeter/sec $= 1,37$ Kilowatt. Weiteres in § 43.

§ 35. **Energie und Energiesatz.** In § 34 haben wir die Kraft $\cdot$ Weg-Summe, also $\int \Re d x$, gebildet und Arbeit genannt. Diese Arbeit haben wir für drei Fälle berechnet und Zahlenbeispiele für ihre Größe gegeben.

In allen drei Fällen wird durch die Arbeit eine *„Arbeitsfähigkeit"* geschaffen oder, anders ausgedrückt, eine Arbeit in eine Arbeitsfähigkeit *„umgewandelt"*:

Ein gehobener Körper und eine gespannte Feder können ihrerseits Arbeit verrichten. Sie können z. B. einen Körper anheben (Abb. 91 und 92) oder beschleunigen (z. B. Abb. 89). Man nennt die in Arbeitsfähigkeit umgewandelte

$$\begin{array}{l}
\text{Hubarbeit} - \mathfrak{K}_2 h \ \Big\} \ \text{die potentielle} \ \Big\{ \ \text{des gehobenen Körpers} \\
\text{Spannarbeit} \ \tfrac{1}{2} D x^2 \ \Big\} \ \text{Energie } W_{\text{pot}} \ \Big\{ \ \text{der gespannten Feder.}
\end{array} \qquad \begin{array}{l} (50) \\ (54) \end{array}$$

Ebenso bekommt ein Körper durch eine Beschleunigung außer einer Geschwindigkeit eine Arbeitsfähigkeit, er kann z. B. einen Körper verformen und dabei Spannarbeit verrichten. Man nennt die in Arbeitsfähigkeit umgewandelte

$$\text{Beschleunigungsarbeit} \ \tfrac{1}{2} m u^2 \ \text{die kinetische Energie } W_{\text{kin}} \text{ des Körpers.} \qquad (59)$$

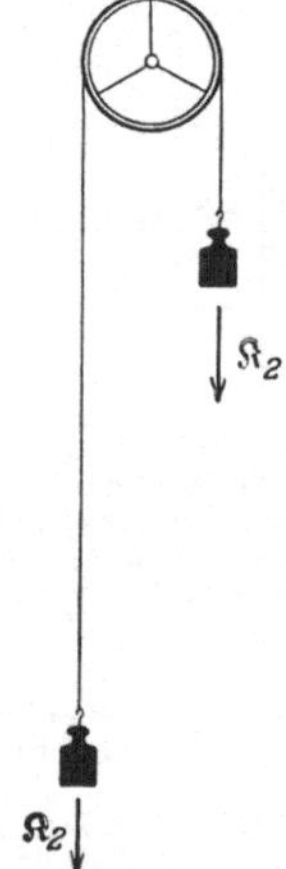

Abb. 91. Ein angehobener Körper kann Arbeit verrichten: Er vermag mit beliebig guter Näherung einen Körper von gleicher Masse in die Höhe zu heben, ohne ihn dabei zu beschleunigen.

In den eben genannten Beispielen ist die Summe beider Energieformen eine unveränderliche Größe, also

$$W_{\text{pot}} + W_{\text{kin}} = \text{const.} \qquad (62)$$

Das ist der fundamentale *Energiesatz* der Mechanik.

Erläuterung: In Abb. 89 möge sich die Feder um den Weg dx entspannen. Dabei verrichtet die Federkraft $\mathfrak{K}_1$ eine Arbeit dA. Diese Arbeit kann in zweierlei Weise beschrieben werden: Erstens als eine die kinetische Energie W_{kin} *vergrößernde* Beschleunigungsarbeit, also

$$dA = + dW_{\text{kin}}. \qquad (63)$$

Zweitens als eine die potentielle Energie der Feder *verkleinernde* Spannarbeit, also

$$dA = - dW_{\text{pot}}. \qquad (64)$$

(63) und (64) zusammen ergeben

$$dW_{\text{pot}} + dW_{\text{kin}} = 0$$

oder

$$W_{\text{pot}} + W_{\text{kin}} = \text{const.} \qquad (62)$$

Ebenso heißt es beim freien Fall eines Körpers: Das Gewicht $\mathfrak{K}_2$ verrichtet längs des Weges dh die Arbeit $dA = + \mathfrak{K}_2 dh$. Diese ist $= + dW_{\text{kin}}$ und $= - dW_{\text{pot}}$. Also auch hier $dW_{\text{pot}} + dW_{\text{kin}} = 0$ und $W_{\text{pot}} + W_{\text{kin}} = \text{const.}$

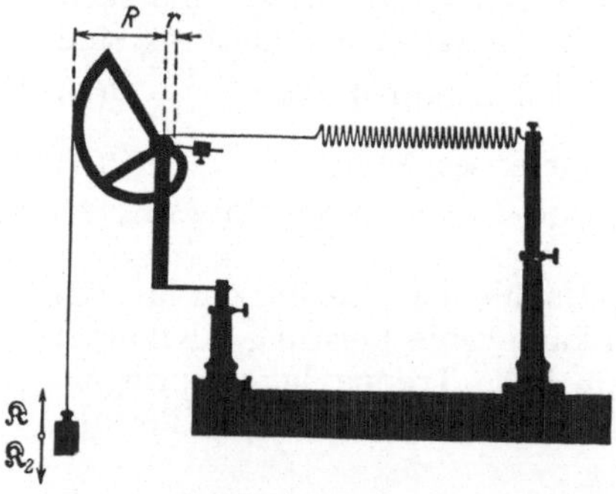

Somit haben wir den Energiesatz in der Mechanik nur für zwei Sorten von Kräften behandelt, nämlich für die Federkraft und für das Gewicht. Diese Kräfte werden *konservativ* genannt. Bei ihnen wird die Energie „konserviert". Die Reibung und Muskelkraft genannten Kräfte sind *nichtkonservativ*. Für sie gilt der mechanische Energiesatz, also Gl. (62) nicht. Sie werden erst später durch eine großartige Erweiterung des Energiesatzes einbezogen.

Abb. 92. Eine gespannte Feder kann einen Körper anheben und dabei ausschließlich Hubarbeit, also keine Beschleunigungsarbeit, verrichten. Durch eine stetig veränderliche Hebelübersetzung hält in jedem Augenblick die Hubkraft $\mathfrak{K}$ dem Gewicht $\mathfrak{K}_2$ das Gleichgewicht. r ist der konstante, R der während der Drehung veränderliche Hebelarm.

§ 36. Erste Anwendungen des mechanischen Energiesatzes. I. *Sinusschwingungen* (§ 25) bestehen in einer periodischen Umwandlung beider mechanischer Energieformen ineinander. Für jeden Ausschlag x gilt

$$\tfrac{1}{2} D x^2 + \tfrac{1}{2} m u^2 = \text{const.} \tag{65}$$

Beim Passieren der Ruhelage ist die gesamte Energie in kinetische Energie verwandelt, es gilt

$$\tfrac{1}{2} m u_0^2 = \text{const} = W_{\text{kin}}. \tag{66}$$

In den Umkehrpunkten ist die gesamte Energie potentiell, es gilt

$$\tfrac{1}{2} D x_0^2 = \text{const} = W_{\text{pot}}. \tag{67}$$

In Worten: *Die Energie einer Sinusschwingung ist proportional dem Quadrat ihrer Amplitude x_0.*

Gleichsetzen von (66) und (67) führt auf die wichtige, uns schon bekannte Gleichung

$$u_0 = \omega x_0. \tag{36 v. S. 32}$$

Siehe später S. 54.

II. *Schwingungen mit stark amplituden-abhängiger Frequenz.* Beim freien Fall verrichtet das Gewicht $\Re_2 = mg$ eines Körpers die Beschleunigungsarbeit $\tfrac{1}{2} m u^2 = \Re_2 h = mgh$. Also ist die Endgeschwindigkeit eines Körpers nach Durchfallen der senkrechten Höhe h

$$u = \sqrt{2gh}. \tag{68}$$

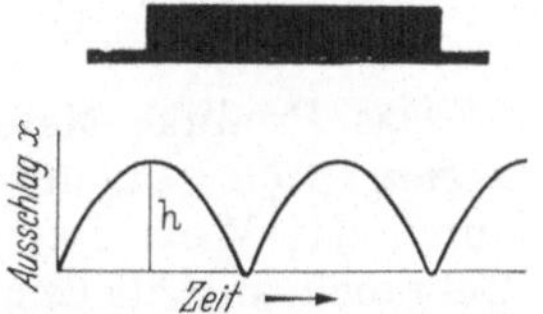

Abb. 93. Zum Energiesatz. Eine Stahlkugel tanzt über einer Stahlplatte. Man kann die Stahlplatte durch eine berußte Glasplatte ersetzen. Dann läßt sich die Abplattung der Kugel beim Aufprall gut erkennen. Unten zeitlicher Verlauf des Kugeltanzes: „Schwingungsbild".

Mit der zugehörigen kinetischen Energie vermag der Körper beim Aufprall auf eine Unterlage (z. B. Abb. 93) sich selbst und die Unterlage elastisch zu verformen und seine kinetische in potentielle Energie zu verwandeln. Diese wird durch Entspannen der verformten Körper in kinetische zurückverwandelt. Der Körper steigt, bekommt abermals potentielle Energie und so fort. So entsteht der *Kugeltanz*: Ein gutes Beispiel für einen Schwingungsvorgang mit einem *nichtlinearen* Kraftgesetz: der Ausschlag hängt nicht sinusförmig von der Zeit ab; seine Amplituden sinken stark mit wachsender Frequenz (wie bei den dem Kugeltanz verwandten Wackelschwingungen, § 114).

III. Definition von *elastisch*. Man nennt Verformungen dann elastisch, wenn der mechanische Energiesatz erfüllt ist. Praktisch ist das nur als Grenzfall zu verwirklichen. Stets wird ein Bruchteil der sichtbaren mechanischen Energie in die Energie unsichtbarer Bewegungsvorgänge der Moleküle, d. h. in *Wärme* verwandelt. Beim Kugeltanz erreicht die Kugel nie ganz die Ausgangshöhe.

§ 37. Kraftstoß und Impuls. Die Kraft · Weg-Summe, also die Arbeit $\int \Re\, dx$, führte uns auf einen grundlegend wichtigen Begriff, nämlich den der Energie. Das Entsprechende tut die Kraft · Zeit-Summe, also $\int \Re\, dt$. Sie wird Kraftstoß genannt und führt zum Begriff Impuls.

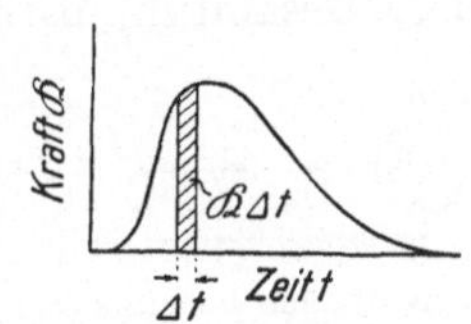

Abb. 94. Zeitsumme der Kraft oder Kraftstoß.

Sehr viele Bewegungen verlaufen ruck- oder stoßartig. Es sind Kräfte rasch wechselnder Größe am Werk. Die Abb. 94 möge den zeitlichen Verlauf einer solchen Kraft veranschaulichen. — Von derartigen Vorgängen ausgehend, hat man den Begriff des Kraftstoßes $\int \Re\, dt$ geschaffen. Man bildet die Summe

$$\Re_1 \varDelta t_1 + \Re_2 \varDelta t_2 + \cdots + \Re_m \varDelta t_m = \sum \Re_i \varDelta t_i$$
$$(i = 1, 2, 3, \ldots, m)$$

oder im Grenzübergang

$$\boxed{\text{Kraftstoß} = \int \Re\, dt} \qquad (69)$$

Als Einheit des Kraftstoßes benutzt man z. B. die Newtonsekunde oder die Kilopondsekunde[1].

Durch Arbeit wird einem Körper eine Energie erteilt. Was ist das Ergebnis eines Kraftstoßes? Die Antwort gibt uns die Anwendung der Grundgleichung. Vor Beginn des Kraftstoßes habe der Körper die Geschwindigkeit $\mathfrak{u}_1$. Während jedes Zeitabschnittes dt_i hat die Beschleunigung die Größe $\mathfrak{b}_i = \Re_i/m$. Sie erzeugt innerhalb eines Zeitabschnittes dt_i einen Geschwindigkeitszuwachs

$$d\mathfrak{u}_i = \mathfrak{b}_i\, dt_i = \frac{1}{m}\, \Re_i\, dt_i \qquad (70)$$

oder

$$m\, d\mathfrak{u}_i = \Re_i\, dt_i$$

und nach Summierung über alle Zeitabschnitte dt_i

$$\boxed{m\, (\mathfrak{u}_2 - \mathfrak{u}_1) = \int \Re\, dt} \qquad (71)$$

Das Produkt Masse mal Geschwindigkeit, also $m\mathfrak{u}$, ist von NEWTON *Bewegungsgröße* genannt worden. In den letzten Jahrzehnten ist dieser gute Name durch das Wort *Impuls* verdrängt worden, und auch wir müssen uns diesem Gebrauch anschließen. So heißt also Gl. (71) in Worten: *Ein Kraftstoß $\int \Re\, dt$ ändert den Impuls eines Körpers vom Anfangswert $m\,\mathfrak{u}_1$ auf den Endwert $m\,\mathfrak{u}_2$.*

§ 38. Der Impulssatz. Die in § 37 gegebenen Definitionen fassen wir mit dem Erfahrungssatz „Actio = reactio" zusammen: Kräfte treten stets paarweise auf; sie greifen stets in gleicher Größe, aber entgegengesetzter Richtung an

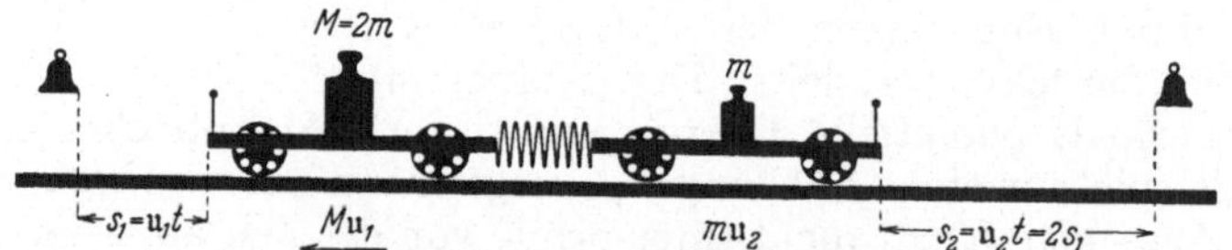

Abb. 95. Zum Impulssatz. Zwei Wagen mit den Massen $2\,m$ und m legen in gleichen Zeiten Wege zurück, die sich wie 1:2 verhalten. Folglich verhalten sich die Geschwindigkeiten wie 1:2.

zwei Körpern an. Die Abb. 95 gibt das einfachste Beispiel: Zwischen zwei ruhenden Wagen mit den Massen M und m befindet sich eine gespannte Feder. Der Gesamtimpuls dieses „Systems" ist gleich Null. Dann gibt eine Auslösevorrichtung die Feder frei. Beide Wagen erhalten Kraftstöße gleicher Größe, aber entgegengesetzter Richtung. Infolgedessen erhalten auch beide Wagen Impulse gleicher Größe, aber entgegengesetzter Richtung. Oder in Formelsprache:

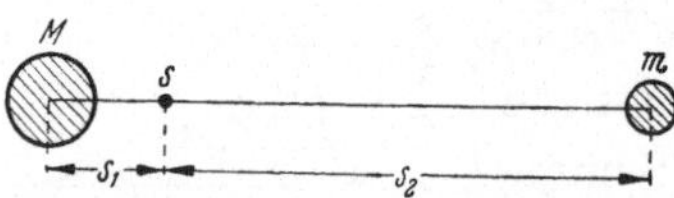

Abb. 96. Zur Definition des Massenmittelpunktes oder Schwerpunktes S.

$$M\,\mathfrak{u}_1 = -\, m\,\mathfrak{u}_2; \quad M\,\mathfrak{u}_1 + m\,\mathfrak{u}_2 = 0. \qquad (72)$$

Die Summe beider Impulse ist Null geblieben. Das heißt in sinngemäßer Verallgemeinerung: *Ohne Einwirkung „äußerer" Kräfte bleibt in irgendeinem System*

---

[1] Entsprechend in der Elektrizitätslehre: Stromstoß $\int I\, dt$, gemessen in Amperesekunden, Spannungsstoß $\int U\, dt$, gemessen in Voltsekunden.

beliebig bewegter Körper die Summe aller Impulse konstant. Das ist der Satz von der Erhaltung des Impulses. Dieser Impulssatz ist nicht minder wichtig als der Energiesatz.

Der Impulssatz wird oft „Satz von der Erhaltung des Schwerpunktes" genannt. Der Grund geht aus Abb. 95 hervor. Es gilt für die in gleichen Zeiten zurückgelegten Wege

$$M s_1 = m s_2.$$

Mit derselben Gleichung definiert man bei ruhenden Körpern (Abb. 96) den Massenmittelpunkt oder Schwerpunkt.

§ 39. Erste Anwendungen des Impulssatzes.

Ebenso wie der Energiesatz soll auch der Impulssatz durch ein paar einfache Beispiele erläutert werden.

1. Gegeben ein flacher, etwa 2 m langer, stillstehender Wagen. An seinem rechten Ende steht ein Mann (Abb. 97). Wagen und Mann bilden ein System. Der Mann beginnt nach links zu laufen. Dadurch erhält er einen nach links gerichteten

Abb. 97. Zum Impulssatz. Ein Mann beschleunigt sich auf einem Wagen und erteilt dabei dem Wagen einen Impuls entgegengesetzter Richtung.

Impuls. Gleichzeitig läuft der Wagen nach rechts. Der Wagen hat nach dem Impulssatz einen Impuls gleicher Größe, aber entgegengesetzter Richtung erhalten. — Der Mann setzt seinen Lauf fort und verläßt den Wagen am linken Ende. Dabei nimmt er seinen Impuls mit. Der Wagen rollt mit konstanter Geschwindigkeit nach rechts. Denn er besitzt, vom Vorzeichen abgesehen, einen ebenso großen Impuls wie der Mann.

2. Zum Beleg dieser quantitativen Aussage lassen wir den leer laufenden Wagen einem zweiten laufenden Mann begegnen (Abb. 98). Masse und Geschwindigkeit dieses zweiten Mannes waren gleich der des ersten gewählt. Der zweite Mann betritt den Wagen und bleibt auf ihm stehen. Sofort steht auch der Wagen still. Der vom Mann mitgebrachte und abgelieferte Impuls war entgegengesetzt gleich dem des leer heranrollenden Wagens.

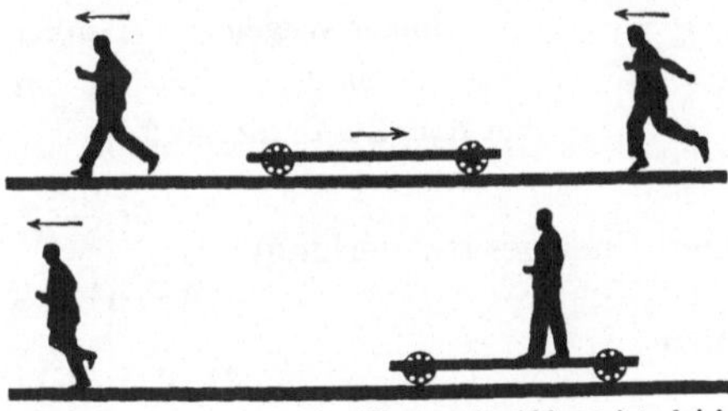

Abb. 98. Der Impuls des Wagens in Abb. 97 ist gleich dem Impuls des Mannes.

3. Der flache Wagen steht ruhig da. Von rechts kommt im Laufschritt konstanter Geschwindigkeit ein Mann. Er betritt den Wagen rechts und verläßt ihn links (Abb. 99). Der Wagen bleibt ruhig stehen. Der Mann hatte seinen ganzen Impulsvorrat mitgebracht und ihn auf dem Wagen nicht merklich geändert. Infolgedessen kann auch der Impuls des Wagens nicht gegenüber seinem Anfangswert Null geändert sein.

Abb. 99. Zum Impulssatz. Der Läufer hat seinen Impuls beim Passieren des Wagens nicht in merklichem Betrage geändert.

4. Der flache Wagen hat Gummiräder. Quer zu seiner Längsrichtung ist er praktisch unverschiebbar. Er kann nur in seiner Längsrichtung rollen. Infolgedessen erlaubt er, die Vektornatur des Impulses $\mathfrak{G}$ zu zeigen: Der Mann laufe unter einem Winkel α schräg auf den Wagen herauf und stoppe auf dem Wagen ab.

Dann fällt in die Längsrichtung des Wagens nur die Impulskomponente $\mathfrak{G} \cos \alpha$. Bei $\alpha = 60°$ reagiert der Wagen nur noch mit halber Geschwindigkeit ($\cos \alpha = 0{,}5$); bei $\alpha = 90°$ bleibt die Geschwindigkeit des Wagens Null ($\cos 90° = 0$).

§ 40. Impuls und Energiesatz beim elastischen Zusammenstoß von Körpern.

Die Abb. 100 zeigt zwei belastete Wagen mit weichen Federpuffern. Beide Wagen haben die gleiche Masse. Der rechte ruht, der linke kommt mit der Geschwindigkeit u heran. Beim Zusammenprall tauschen die Wagen ihre Geschwindigkeit aus. Der rechte fährt mit der Geschwindigkeit u davon, der linke bleibt genau in dem Augenblick stehen, in dem die Pufferfedern wieder

Abb. 100. Zur Vorführung eines langsam ablaufenden elastischen Zusammenstoßes. Die Schraubenfedern F sind bei a mit den Wagen, bei b mit den Stielen der Puffer fest verbunden. Sie werden daher beim Zusammenstoß der Puffer gedehnt. Dabei greift am linken Wagen eine nach links, am rechten Wagen eine nach rechts gerichtete Kraft an. Beide Kräfte sind bei der Dehnung der Federn in jedem Augenblick gleich groß. Sie bremsen den linken und beschleunigen den rechten Wagen.

entspannt sind. — Zur Deutung dieses Vorganges braucht man sowohl den Impuls- wie den Energiesatz. Das wollen wir gleich für den Fall ungleicher Massen zeigen.

Der Impulssatz verlangt

linker Wagen   linker Wagen   rechter Wagen

$$m\,\mathfrak{u} = m\,\mathfrak{u}_x + M\,\mathfrak{u}_y$$

vor dem Zusammenstoß   nach dem Zusammenstoß

oder

$$m\,(\mathfrak{u} - \mathfrak{u}_x) = M\,\mathfrak{u}_y. \tag{73}$$

Der Energiesatz verlangt

$$\tfrac{1}{2}\,m\,\mathfrak{u}^2 = \tfrac{1}{2}\,m\,\mathfrak{u}_x^2 + \tfrac{1}{2}\,M\,\mathfrak{u}_y^2$$

oder

$$m\,(\mathfrak{u} + \mathfrak{u}_x)\,(\mathfrak{u} - \mathfrak{u}_x) = M\,\mathfrak{u}_y^2. \tag{74}$$

(73) und (74) zusammen ergeben

$$\mathfrak{u}_y = (\mathfrak{u} + \mathfrak{u}_x). \tag{75}$$

Mit Hilfe von (75) kann man aus (73) entweder $\mathfrak{u}_x$ oder $\mathfrak{u}_y$ entfernen. Man bekommt als Geschwindigkeit

des stoßenden Körpers $\mathfrak{u}_x = \mathfrak{u}\,\dfrac{m - M}{M + m}$,   (76)
(mit der Masse m)

des gestoßenen Körpers $\mathfrak{u}_y = \mathfrak{u}\,\dfrac{2\,m}{M + m}$.   (77)
(mit der Masse M)

Im Sonderfall $M = m$ folgt also für die Geschwindigkeit nach dem Zusammenprall: $\mathfrak{u}_x$ (stoßender Wagen) $= 0$; $\mathfrak{u}_y$ (gestoßener Wagen) $= \mathfrak{u}$. Für $M > m$ wird $\mathfrak{u}_x$ negativ, d. h. der Geschwindigkeit $\mathfrak{u}$ entgegengerichtet.

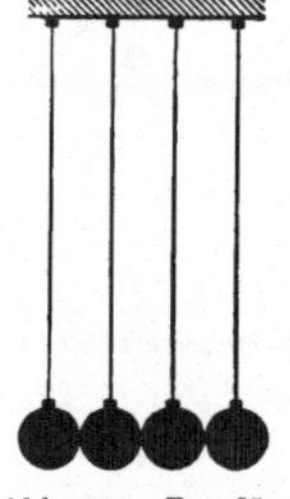

Abb. 101. Zur Vorführung von Folgen elastischer Stöße zwischen Körpern gleicher Masse. Die Kugeln sind, wie z. B. in Abb. 104 und 372a ersichtlich, bifilar aufgehängt.

Der in Abb. 100 skizzierte Versuch läßt sich mit einer größeren Anzahl von Wagen fortführen. Man sieht ihn gelegentlich auf einem Rangierbahnhof. Im Hörsaal ersetzt man die Wagen meist durch eine Reihe gleicher, als Pendel aufgehängter Stahlkugeln, Abb. 101. Die links befindliche wird angehoben und stößt gegen ihre Nachbarin. Dann übernimmt diese und jede folgende nacheinander in winzigem zeitlichen Abstand die Rolle einer gestoßenen und einer stoßenden Kugel. Erst die ganz rechts befindliche Kugel fliegt ab.

§ 41. Der Impulssatz beim unelastischen Zusammenstoß zweier Körper und das Stoßpendel.

Beim unelastischen Zusammenstoß gilt der mechanische Energiesatz *nicht*. Man darf daher allein den Impulssatz anwenden. Nach dem Zusammenstoß laufen die beiden Körper mit einer gemeinsamen Geschwindigkeit u_y in der Richtung u des stoßenden Körpers davon. Die beiden Körper scheinen aneinander zu „kleben". Zur Vorführung ersetzt man die Federpuffer in Abb. 100 durch Blei oder einen noch mehr „bildsamen" Stoff. — Der Impulssatz verlangt

$$\underset{\text{vor dem Zusammenstoß}}{\underset{\text{linker Wagen}}{m\,u}} = \underset{\text{nach dem Zusammenstoß}}{\underset{\text{beide Wagen zusammen}}{u_y\,(m + M)}} \tag{78}$$

oder

$$u_y = u\,\frac{m}{M + m}. \tag{79}$$

Die Geschwindigkeit u_y des gestoßenen Körpers ist also nur halb so groß wie beim elastischen Stoß, Gl. (77). Das bedeutet, daß beim elastischen Stoß doppelt soviel Impuls übertragen wird, wie beim unelastischen.

Als Anwendungsbeispiel bringen wir die Messung der Mündungsgeschwindigkeit einer Pistolenkugel. In Abb. 102 fliegt das Geschoß mit seiner Geschwindigkeit u in einen Klotz der Masse M hinein und bleibt in ihm stecken. Beide zusammen fliegen mit der Geschwindigkeit u_y nach rechts. Diese mißt man und berechnet u nach Gl. (79).

Die Messung von u_y läßt sich mit Hilfe einer einfachen Taschenuhr durchführen. Zu diesem Zweck verfertigt man sich ein „*Stoßpendel*". Das heißt, man ordnet den Körper M irgendwie schwingungsfähig an, z. B. zwischen zwei Federn oder als Körper eines Schwerependels aufgehängt (Abb. 102). In beiden Fällen sorgt man für ein lineares Kraftgesetz: Man macht die Feder oder den Pendelfaden lang genug. Beim linearen Kraftgesetz gilt die wichtige Gleichung

$$\boxed{u_y = \omega x_0} \qquad \text{(36) v. S. 32}$$

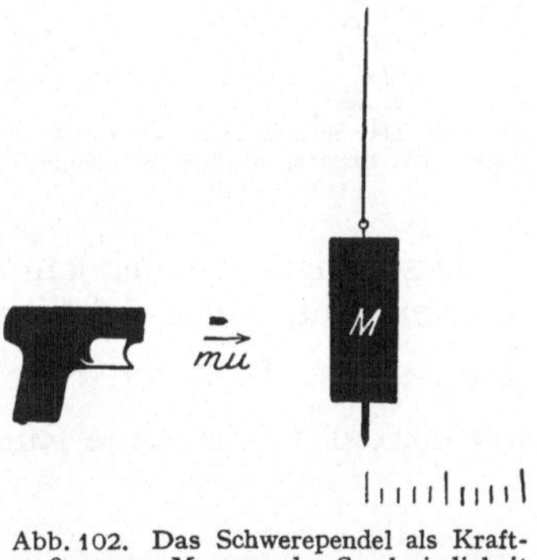

Abb. 102. Das Schwerependel als Kraftstoßmesser. Messung der Geschwindigkeit einer Pistolenkugel (Bifilar-Aufhängung, Fadenlänge etwa 4,3 m, Schwingungsdauer $T = 4{,}09$ sec). Skala in Zehntelmeterteilung.

In Worten: Die Geschwindigkeit u_y, mit der ein schwingungsfähiger Körper seine Ruhelage verläßt, ergibt sich in einfacher Weise aus dem Stoßausschlag x_0: Man braucht diesen nur mit der Kreisfrequenz $\omega = 2\pi/T$ zu multiplizieren ($T = $ Schwingungsdauer des Pendels).

Zahlenbeispiel. In Abb. 102 messen wir $\omega = 2\pi/T = 1{,}5$/sec und $x_0 = 0{,}25$ m. Folglich ist nach Gl. (36) $u_y = 0{,}375$ m/sec. Die Masse M des Pendelkörpers ist gleich 2 kg, die der Kugel $m = 3{,}3$ g $= 3{,}3\cdot10^{-3}$ kg. Einsetzen dieser Größen in Gl. (79) ergibt $u = 227$ m/sec, in guter Übereinstimmung mit unserer früheren Messung auf S. 11.

Welche Vereinfachung hat uns der Impulsbegriff gebracht! Früher brauchten wir einen Chronographen mit Zeitmarkendruck, einen Elektromotor, Regelwiderstand und Drehfrequenzmesser und überdies einen Kugelfang. Im Besitz des Impulssatzes benötigen wir für die gleiche Messung nur noch eine sandgefüllte Zigarrenkiste, etwas Bindfaden, eine Waage und eine Taschenuhr.

Anfänger versuchen gelegentlich bei der Messung der Geschoßgeschwindigkeit mit dem Stoßpendel den Energiesatz zu benutzen. Sie setzen die kinetische Energie $\frac{1}{2}m u^2$ des Geschosses gleich der kinetischen Energie $\frac{1}{2}M(\omega x_0)^2$ des Stoßpendels. Das ist völlig unzulässig. Der Aufprall des Geschosses erfolgt ja nicht elastisch (§ 36). Vielmehr wird die kinetische Energie des Geschosses während des Einschlages bis auf etwa 0,16% in Wärme verwandelt.

§ 41a. Schiefer Stoß. Nähern sich zwei Körper einander nicht längs der Verbindungslinie ihrer Schwerpunkte, so gibt es statt eines „zentralen" einen „schiefen" Stoß. Er führt zu Winkelablenkungen zwischen 0° und 180°. Zur Vorführung benutzen wir zwei auf einer horizontalen Glasplatte „reibungsfrei" bewegliche zylindrische Körper, wie sie in Abb. 39a beschrieben worden sind. Ihr Zylindermantel wird magnetisiert, z.B. Nordpol oben, Südpol unten. *Durch die Abstoßung der gleichnamigen Magnetpole kann ein Stoß erfolgen, ohne daß es zu einer mechanischen Berührung der Körper kommt.* Man kann die Bahnen des stoßenden und des gestoßenen Körpers bequem verfolgen. Man variiert dabei die Massen der beiden Stoßpartner und (nach Größe und Richtung) die Geschwindigkeit des stoßenden Körpers. So zeigt man im groben die Stoßvorgänge, wie sie in der Atom- und in der Kern-Physik eine so überragende Rolle spielen.

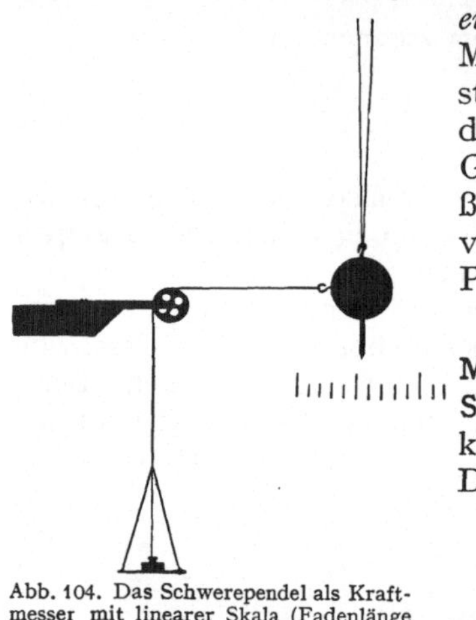

Abb. 104. Das Schwerependel als Kraftmesser mit linearer Skala (Fadenlänge etwa 3¹/₂ m).

§ 42. Das Stoßpendel als Urbild der ballistischen Meßinstrumente. Stoßgalvanometer, Messung einer Stoßdauer. Jedes Pendel mit linearem Kraftgesetz kann als Waage oder Kraftmesser benutzt werden. Die Abb. 104 zeigt ein Beispiel. Der Quotient

$$D = \frac{\text{Kraft } \mathfrak{K}}{\text{Ausschlag } x} \qquad (80)$$

wird in diesem Fall nicht Richtgröße, sondern *statischer Eichfaktor* des Kraftmessers genannt.

Das gleiche Pendel kann, wie wir sahen, als Stoßpendel benutzt werden. Man muß nur seine Schwingungsdauer groß machen gegenüber der Dauer des Kraftstoßes. Dann ist $u = \dfrac{\int \mathfrak{K}\, dt}{m}$ noch praktisch gleich der Geschwindigkeit u_0, mit der das Pendel seine Ruhelage verläßt. Für diese gilt

$$u_0 = \omega x_0, \qquad (36)\ \text{v. S. 32}$$

also

$$\int \mathfrak{K}\, dt = m u_0 = m \omega x_0$$

oder

$$\frac{\text{Kraftstoß } \int \mathfrak{K}\, dt}{\text{Stoßausschlag } x_0} = m \omega = B. \qquad (81)$$

Dieser Quotient wird *ballistischer Eichfaktor* des Kraftmessers genannt. Für seine Messung braucht man nur die Masse m des Pendelkörpers mit der Kreisfrequenz ω des Pendels zu multiplizieren. Man kann auch m mit Hilfe der Gleichung

$$\frac{m}{D} = \omega^{-2} \qquad (38)\ \text{v. S. 33}$$

ersetzen. Dann erhalten wir

$$B = \frac{D}{\omega}. \qquad (82)$$

In Worten: Dividiert man den statischen Eichfaktor D durch die Kreisfrequenz ω, so erhält man den ballistischen Eichfaktor B des Meßinstrumentes[1].

---

[1] Gilt nur bei kleiner Dämpfung (s. § 108).

Der obige Gedankengang ist ohne weiteres auf elektrische Meßinstrumente zu übertragen. Wir wählen als Beispiel einen Strommesser, auch Galvanometer oder Amperemeter genannt. Die von einem elektrischen Strom erzeugten Kräfte sind dem Strom I (Einheit Ampere) proportional. Man kann daher Strommesser mit linearer Skala bauen, z. B. die bekannten Drehspulgalvanometer. Bei ihnen gilt statt

$$\frac{\mathfrak{K}}{x} = D \quad \text{und} \quad \frac{\int \mathfrak{K}\,dt}{x_0} = B$$

$$\frac{I}{x} = D_I \quad \text{und} \quad \frac{\int I\,dt}{x_0} = B_I.$$

Dabei bezeichnet D_I den statischen Eichfaktor des Galvanometers, gemessen in Ampere/Skalenteil, und B_I den ballistischen Eichfaktor, gemessen in Amperesekunden/Skalenteil. Man mißt also mit Dauerausschlägen eines Galvanometers Ströme in Ampere, mit Stoßausschlägen Stromstöße in Amperesekunden.

Wir bringen eine Anwendung eines Stoßgalvanometers: Es soll die Stoßdauer beim Aufprall einer Stahlkugel auf eine Stahlwand gemessen werden.

Wir sehen in Abb. 105 eine dicke Stahlplatte als Wand. Vor ihr hängt in einigen Millimetern Abstand eine Stahlkugel an einem Draht. Wand und Kugel sind als „Schalter" in einen Stromkreis eingeschaltet. Dieser Stromkreis enthält eine Stromquelle von 100 Volt Spannung (Radiobatterie) und ein Spiegelgalvanometer von etwa 30 Sekunden Schwingungsdauer. — Wir lassen die Stahlkugel aus etwa 30 cm Abstand gegen die Wand anpendeln und an ihr zurückprallen. Dann fangen wir sie wieder auf. Während der Berührungszeit von Kugel und Wand fließt ein Strom I. Seine Größe interessiert uns nicht. Der Strom erzeugt einen Stoßausschlag x_0, es gilt

$$I\,t_x = B_I\,x_0. \tag{83}$$

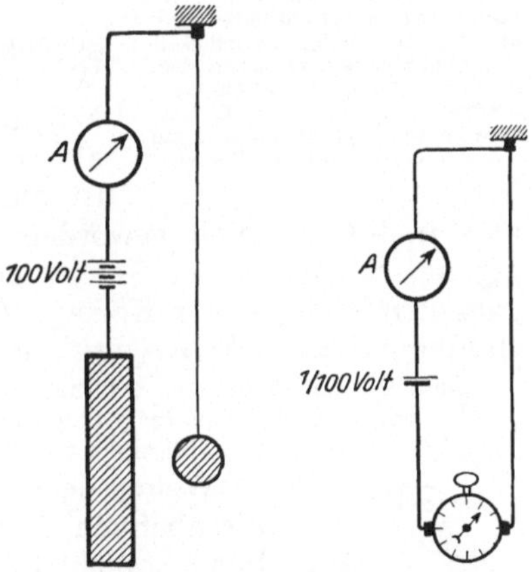

Abb. 105.   Abb. 106.

Abb. 105 und 106. Zur Messung der Stoßdauer bei elastischem Stoß.

Dann schalten wir statt Kugel und Platte einen „Stoppuhrschalter" in den Stromkreis ein und ersetzen die Stromquelle durch eine solche von nur $^1/_{100}$ Volt Spannung (Abb. 106). Der Strom fließt nur, solange die Stoppuhr läuft. Er ist 10000 mal kleiner als zuvor bei 100 Volt Spannung.

Bei 1,30 Sekunden Flußzeit erzeugt dieser schwache Strom den gleichen Stoßausschlag x_0 wie oben. Also

$$10^{-4}\,I\,1{,}30\,\text{sec} = B_I\,x_0. \tag{84}$$

Aus dem Vergleich der Gl. (83) und (84) folgt t_x, die Dauer des elastischen Stoßes zwischen Kugel und Platte, $= 1{,}30 \cdot 10^{-4}$ sec. In dieser winzigen Zeit erfolgt also in unserem Beispiel das ganze Spiel der elastischen Kräfte, der Verformungen und der Beschleunigungen! Ohne das Stoßgalvanometer, also in letzter Linie ohne den Impulsbegriff, hätte diese Zeitmessung schon erheblichen Aufwand erfordert. Eine Registrierung, z. B. mit einem BRAUNschen Rohr (§ 7), wäre kaum zu umgehen gewesen.

§ 43. Bewegungen gegen energieverzehrende Widerstände. Der unelastische Stoß fiel aus dem Rahmen der sonst von uns behandelten Bewegungen heraus: Zu ihm gehört *grundsätzlich* ein „Verlust" an mechanischer Energie; so bezeichnen wir kurz ihre Umwandlung in Wärme, oder besser gesagt, in innere Energie. Bei allen übrigen Bewegungen war ein derartiger Verlust eine unwesentliche Nebenerscheinung. Sie wurde bei den Experimenten durch geschickt gewählte Versuchsanordnungen weitgehend ausgeschaltet und bei den Überlegungen und Rechnungen überhaupt vernachlässigt.

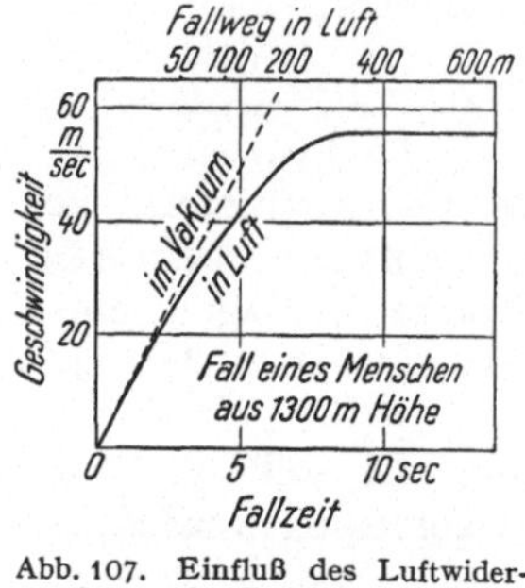

Abb. 107. Einfluß des Luftwiderstandes auf den Fall eines Menschen, nach Registrierbeobachtungen. Um die konstante Sinkgeschwindigkeit von rund 60 m/sec für einen Menschen mit 70 kg Masse aufrechtzuerhalten, muß sein Gewicht rund 40 Kilowatt (!) leisten, und zwar auf Kosten der potentiellen Energie.

Nun aber spielen auch viele Bewegungen mit ständigem, unvermeidlichem Energieverlust eine wichtige Rolle. So zeigt uns zunächst die Abb. 107 den Fall eines Menschen aus großer Höhe: Anfänglich verläuft die Bewegung *beschleunigt*: Nach einer Sekunde hat die Geschwindigkeit fast den Wert 9,8 m/sec erreicht. Bald aber steigt sie merklich langsamer als im luftleeren Raum, schließlich erreicht sie einen *konstanten Wert* $u \approx 55$ m/sec. — Deutung: Während der Beschleunigung entsteht eine der Bewegung entgegengerichtete Kraft, genannt *Widerstand*. Dieser Widerstand wächst mit zunehmender Geschwindigkeit, und schließlich wird sein Höchstwert $\Re_2 = -\Re_1$, also dem Gewicht $\Re_1$ entgegengesetzt gleich. Dann ist die Summe der am Körper angreifenden Kräfte, also $\Re_1 + \Re_2$, = Null geworden. Infolgedessen kann keine weitere Beschleunigung stattfinden, die Geschwindigkeit hat ihren konstanten *Grenz- oder Sättigungswert* erreicht: der Körper „*fällt*" nicht mehr, sondern „*sinkt*" mit der konstanten „*Sinkgeschwindigkeit*" u.

Das Wesentliche, den Anstieg der Geschwindigkeit bis zu einer konstanten Sinkgeschwindigkeit u, kann man bequem im Schauversuch vorführen, z. B. beim Fall kleiner Kugeln in einer zähen Flüssigkeit (Abb. 108). Näheres in § 89.

Abb. 108. Konstante Sinkgeschwindigkeit von Kugeln in Flüssigkeiten. Näheres in § 89.

Weiter denke man an unsere sämtlichen Verkehrsmittel, an Eisenbahnen, Dampfer und Flugzeuge. Selbst auf waagerechter Bahn braucht man nicht nur zur *Beschleunigung* des Fahrzeuges eine Kraft, sondern auch zur Aufrechterhaltung einer *konstanten* Geschwindigkeit! — In Abb. 109 sehen wir einen Wagen mit etwa 50 kg Masse auf dem waagerechten Hörsaalboden. Er wird mit Hilfe eines Schnurzuges von einer Kraft $\Re_1 = 1$ Kilopond gezogen. Nach etwa 1 m Fahrstrecke erreicht seine Geschwindigkeit einen *konstanten* Wert von etwa 0,5 m/sec; seine Beschleunigung wird Null. Folglich muß sich auch hier während des Beschleunigungsvorganges eine zweite, der Bewegung entgegengerichtete und mit der Geschwindigkeit dx/dt zunehmende Kraft herausbilden, also ein Widerstand mit dem Höchstwert $\Re_2 = -\Re_1$. — Der Widerstand kann also auf sehr verschiedene Weise zustande kommen, z. B. durch Lagerreibung oder durch Verdrängung und Verwirbelung des umgebenden Mittels, also meist Luft oder Wasser.

Deswegen läßt sich auch kein allgemein gültiger Zusammenhang zwischen Widerstand und Geschwindigkeit angeben. Im einfachsten Falle, so z. B. in Abb. 108, steigt der Widerstand proportional mit der Geschwindigkeit. Für Schiffe und Flugzeuge steigt der Widerstand in roher Näherung proportional dem Quadrat der Geschwindigkeit usw.

Wie auch immer der Widerstand $\Re_2$ zustande kommt, stets muß die Antriebskraft $\Re_1$ gegen den Widerstand $\Re_2$ eine Arbeit verrichten, nämlich längs des

Weges x die Arbeit $\Re_1 x$. Der Quotient (Arbeit A/Zeit t) gibt die *Leistung* $\dot{W}$, also $\dot{W} = \Re_1 \dfrac{x}{t} = \Re_1 \mathfrak{u}$. Folglich muß irgendein Motor zur Aufrechterhaltung einer konstanten Fahrgeschwindigkeit $\mathfrak{u}$ die Leistung

$$\dot{W} = \Re_1 \mathfrak{u} \tag{85}$$

zur Verfügung stellen.

Beispiele. Automobilmotoren etwa 10 bis 200 Kilowatt, Lokomotiven und Flugzeugmotoren meist einige 10^3 Kilowatt, Maschinen von Schnelldampfern und Kriegsschiffen bis über 10^5 Kilowatt. Sehr bescheiden sind daneben die Leistungen bei der üblichsten Fortbewegungsart des Menschen, beim Gehen. Bei normalem Gang mit 5 km/Stunde = 1,4 m/sec braucht man auf horizontaler Bahn eine Leistung von etwa 60 Watt; bei hetzendem Gang mit 7 km/Stunde aber sind es bereits 200 Watt. — Die Geharbeit setzt sich in der Hauptsache aus zwei Anteilen zusammen: 1. Einem periodischen Anheben des Schwerpunktes (man gehe, ein Stück Kreide gegen die Flanke haltend, an einer Wand entlang und beobachte die entstehende Wellenlinie!), und 2. aus der Arbeit zur Beschleunigung unserer Beine. Beim unelastischen Stoß der Füße gegen den Boden gehen große Teile dieser Energie als Wärme verloren. — Beim Radfahren ist der Anhub des Schwerpunktes geringer, auch die Hubarbeit der Beine kleiner. Man braucht bei einer Fahrgeschwindigkeit von 9 km/Stunde nur eine Leistung von etwa 30 Watt und bei 18 km/Stunde erst 120 Watt. — An Hand derartiger Zahlen kann man die Leistungsangaben der Technik besser bewerten.

Abb. 109. Infolge eines energievernichtenden Widerstandes $\Re_2$ erfordert schon eine *konstante* Fahrgeschwindigkeit $\mathfrak{u}$ eine Antriebskraft $\Re_1$. Die Antriebskraft $\Re_1$ verrichtet Arbeit, gegen die Kraft $\Re_2$ (Widerstand) wird Arbeit verrichtet.

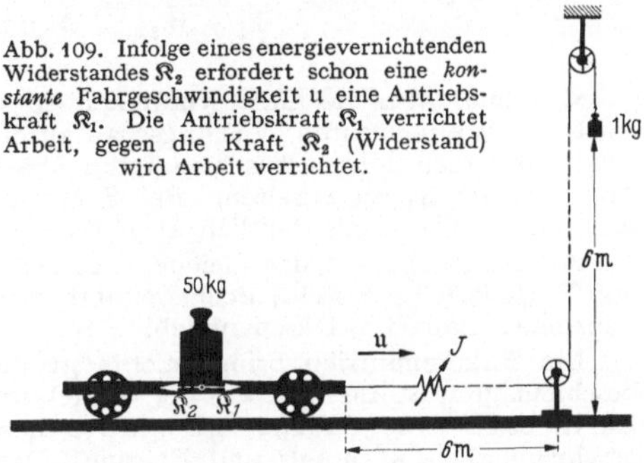

Abb. 110. Zur Erzeugung der Antriebskraft für Wasser- und Luftfahrzeuge.

Beim Menschen, bei Zugtieren, bei der Lokomotive und dem Automobil kommt die Antriebskraft $\Re_1$ unter entscheidender Mitwirkung der Haftreibung zustande[1] (§ 73). Wie aber entsteht die Antriebskraft für Luft- und Wasserfahrzeuge mit Motorantrieb? Antwort: Der Motor packt mit Propellern, Schaufelrädern oder anderen gleichwertigen Einrichtungen einen Teil des umgebenden Mediums (Wasser oder Luft) und beschleunigt ihn nach hinten. Dabei wirkt auf das Fahrzeug eine vorwärts gerichtete Kraft $\Re_1$.

Als Beispiel ist in Abb. 110 ein Boot dargestellt, es fährt gegenüber dem Ufer mit der konstanten Geschwindigkeit $\mathfrak{u}$ nach rechts. Als Motor dient ein Mann. Er beschleunigt mit einer Paddel Wasser nach links und erteilt dem Wasser damit gegenüber dem Ufer die Geschwindigkeit $\mathfrak{u}'$ nach links. In der Zeit t soll eine Wassermenge mit der gesamten Masse M beschleunigt werden. Es führt den Impuls $M\mathfrak{u}'$ nach links. In der gleichen Zeit bekommt das Boot in der Fahrtrichtung, also nach rechts, den Kraftstoß

$$\Re_1 t = M \mathfrak{u}'. \tag{86}$$

Die Kraft

$$\Re_1 = \frac{M \mathfrak{u}'}{t} \tag{87}$$

---

[1] Will man den Impulssatz auf den Gang des Menschen anwenden, so nehme man Abb. 97 zur Hand und denke sich den Wagen durch den Erdkörper mit seiner ungeheuren Masse ersetzt.

ist die Antriebskraft. Sie wird gebraucht, um die Fahrgeschwindigkeit trotz der Widerstände konstant zu erhalten. Dabei verrichtet die Kraft $\mathfrak{K}_1$ in der Zeit t längs des Weges $t\mathfrak{u}$ die Arbeit $W_1 = \mathfrak{K}_1 t\mathfrak{u}$ oder nach Gl. (87)

$$W_1 = M\,\mathfrak{u}\,\mathfrak{u}'. \tag{88}$$

Gleichzeitig bekommt das nach links beschleunigte Wasser die kinetische Energie $W_2 = \frac{1}{2} M\,\mathfrak{u}'^2$. Der Motor muß die Summe beider Energien, also W_1 und W_2, liefern, als Nutzarbeit aber wird nur der Posten W_1 verwertet. Damit ergibt sich als Wirkungsgrad

$$\eta = \frac{W_1}{W_1 + W_2} = \frac{M\,\mathfrak{u}\,\mathfrak{u}'}{M\,\mathfrak{u}\,\mathfrak{u}' + \frac{1}{2} M\,\mathfrak{u}'^2} = \frac{1}{1 + \frac{1}{2}\frac{\mathfrak{u}'}{\mathfrak{u}}}. \tag{89}$$

Man muß also die Geschwindigkeit $\mathfrak{u}'$ des nach hinten abströmenden Wassers klein machen, um einen guten Wirkungsgrad zu erreichen. Dann aber muß nach Gl. (87) M, die Masse der nach hinten beschleunigten Wassermenge, groß werden, um die erforderliche Antriebskraft $\mathfrak{K}_1$ zu erhalten. Bei Schrauben- und Raddampfern ist das rückwärts beschleunigte Wasser als deutlich abgegrenzter, quirlender Strahl gut zu sehen.

Für Flugzeuge gilt das gleiche. Früher wurde der rückwärts gerichtete Luftstrahl nur mit Propellern hergestellt, doch benutzt man neuerdings für diesen Zweck oft Gebläse verschiedener Bauart („Düsenantrieb").

Ein Raketenantrieb bringt nichts grundsätzlich Neues, nur werden die nach hinten beschleunigten Stoffe nicht aus der Umgebung geschöpft, sondern als Ladung mitgeschleppt. Daher besitzt die Ladung für einen ruhenden Beobachter schon bei konstanter Fluggeschwindigkeit $\mathfrak{u}$ Impuls und Energie. Das muß man bei der quantitativen Behandlung berücksichtigen. Man findet dann als Wirkungsgrad

$$\eta = \frac{\mathfrak{u}\,(\mathfrak{u} + 2\,\mathfrak{u}')}{(\mathfrak{u} + \mathfrak{u}')^2} \tag{90}$$

($\mathfrak{u}$ in der Fahrtrichtung, $\mathfrak{u}'$ ihr entgegen positiv gezählt).

§ 44. Erzeugung von Kräften ohne und mit Leistungsaufwand. Wir haben soeben in § 43 die Bewegung von Fahrzeugen auf waagerechter Bahn betrachtet. Dabei mußte das Gewicht des Fahrzeuges auf irgendeine Weise durch eine *aufwärts* gerichtete Kraft ausgeglichen werden. Bei Straßen- und Schienenfahrzeugen entsteht diese Kraft durch eine elastische Verformung der Fahrbahn, bei Schiffen und Luftschiffen durch den statischen Auftrieb (§ 84). Für Flugzeuge hingegen muß die aufwärts gerichtete Kraft auf dynamischem Wege erzeugt werden, und zwar mit Tragflächen oder Flügeln. Dieser dynamische Auftrieb ersetzt lediglich eine Aufhängung des Flugzeuges nach dem Schema der Schwebebahn. Er bewirkt letzten Endes nichts anderes als ein Haken in der Zimmerdecke. Ein solcher Haken oder auch ein permanenter Stahlmagnet kann jahrein, jahraus ohne jede Leistungszufuhr eine aufwärts gerichtete Kraft erzeugen. Anders die Tragfläche: sie erfordert eine dauernde Leistungszufuhr. Es liegt also bei der Krafterzeugung mit Tragflächen grundsätzlich ebenso wie bei der Krafterzeugung mit einem Elektromagneten oder mit einem Muskel: Ein Elektromagnet erschöpft seine Stromquelle, ein Muskel erfordert Zufuhr chemischer Energie in den Nährstoffen, er ermüdet schon bei reiner „*Haltebetätigung*", d. h. ohne Arbeit im physikalischen oder technischen Sinne zu verrichten. Denn *Arbeit verlangt stets nicht nur eine Kraft, sondern auch einen Weg in Richtung der Kraft.* — Allen Arten einer Leistung erfordernden Krafterzeugung ist ein Merkmal gemeinsam: Sie gelingen nicht ohne „Verlust" mechanischer, chemischer oder elektrischer Energie, d. h. es wird stets ein Teil dieser Energie in Wärme (besser gesagt: innere Energie) umgewandelt. Stromwärme und Muskelwärme sind allgemein bekannt. Bei den Tragflächen entsteht die Wärme durch verschiedene Ursachen, eine von ihnen ist die Wirbelbildung an den seitlichen Enden der Flügel. — Der Physiker ist leicht geneigt, bei wirtschaftlichen Überlegungen nur Arbeit verrichtende Kräfte zu berücksichtigen. Das ist verfehlt. Oft erfordert schon die Erzeugung von Kräften, die keine Arbeit verrichten, einen fatalen wirtschaftlichen Aufwand.

Beispiel. Ein Fahrzeug darf ein zweites nur mit kurzem Seil schleppen. Sonst bekommt man bei Krümmungen des Weges erhebliche, quer zur Schlepprichtung gerichtete Kraftkomponenten. Diese verrichten keine Arbeit, erfordern aber trotzdem Aufwand an Treibstoff oder Futter.

§ 45. Schlußbemerkung. Unser Weg führte uns von der Grundgleichung (21) zur Impulsgleichung (71). Selbstverständlich ist der umgekehrte Weg genau so berechtigt (und in der Tat zuerst von NEWTON begangen). Man stellt die Definition des Impulses $m\mathfrak{u}$ an den Anfang und sagt: *„Die zeitliche Änderung des Impulses ist proportional der wirkenden Kraft"*, oder in Formelsprache

$$\frac{d}{dt}(m\mathfrak{u}) = \frac{d\mathfrak{G}}{dt} = \mathfrak{K}. \tag{91}$$

Für konstante Masse m darf man dann schreiben im Grenzfall der Bahnbeschleunigung

$$m\frac{d\mathfrak{u}}{dt} = \mathfrak{K} \quad \text{oder} \quad \mathfrak{b} = \frac{\mathfrak{K}}{m} \tag{21}$$

und im Grenzfall der Radialbeschleunigung

$$m\mathfrak{u}\frac{d\beta}{dt} = m\omega \times \mathfrak{u} = \mathfrak{K} \quad \text{oder} \quad \mathfrak{b}_r = \frac{\mathfrak{K}}{m} = \omega \times \mathfrak{u}. \qquad \text{(10) v. S. 13}$$

Für *konstante* Masse sind beide Wege gleichberechtigt. Der von uns begangene paßt sich besser den Bedürfnissen des *experimentellen* Unterrichts an.

Nach der physikalischen Entwicklung der letzten Jahrzehnte ist die Annahme einer *konstanten* Masse m jedoch nur eine, wenn auch in weitesten Grenzen bewährte *Näherung*. Ihre Zulässigkeit begrenzt den Bereich der „klassischen Mechanik". In der nächstfolgenden Näherung (Relativitätsprinzip, vgl. Elektr.-Lehre, Kap. 21) hat man statt m zu schreiben

$$m_0/\sqrt{1 - \mathfrak{u}^2/c^2}. \tag{92}$$

Dabei bedeutet c die Lichtgeschwindigkeit $= 3 \cdot 10^8$ m/sec. Bei Berücksichtigung dieser Korrektion bleibt die Impulsgleichung (91) richtig, nicht aber die Grundgleichung (21). Im Gebiet extrem hoher Geschwindigkeiten $\mathfrak{u}$ erreicht die so überaus einfache Grundgleichung die Grenze ihrer Gültigkeit.

VI. Drehbewegungen fester Körper.

§ 46. Vorbemerkung. Bei einem beliebig bewegten Körper sehen wir im allgemeinen zwei Bewegungen überlagert, nämlich eine *fortschreitende* und eine *drehende*. Unsere ganze bisherige Darstellung hat sich auf fortschreitende Bewegungen beschränkt. *Formal* haben wir die Körper als punktförmig oder kurz als Massenpunkte behandelt. *Experimentell* haben wir die Drehbewegungen durch zwei Kunstgriffe ausgeschaltet: Bei Bewegung auf gerader Bahn ließen wir die beschleunigende Kraft in einer durch den *Schwerpunkt* des Körpers gehenden Richtung angreifen. Bei Bewegungen auf gekrümmter Bahn wählten wir alle Abmessungen des Körpers klein gegen den Krümmungsradius seiner Bahn. Gewiß macht auch dann beispielsweise ein Schleuderstein während eines vollen Kreisbahnumlaufes noch eine volle *Drehung* um seinen Schwerpunkt. Aber die kinetische Energie dieser Drehbewegung (§ 49) ist klein gegen die kinetische Energie der fortschreitenden Bewegung. Deswegen dürfen wir die Drehbewegung neben der fortschreitenden Bewegung vernachlässigen. — In diesem Kapitel betrachten wir jetzt den anderen Grenzfall: ein Körper schreitet als Ganzes nicht fort, seine Bewegung beschränkt sich ausschließlich auf Drehungen. *Die Achse dieser Drehbewegungen soll zunächst durch feste Lager gegeben sein.*

§ 47. Drehmoment und Arbeit. Auf S. 62 zeigt die Abb. 115 eine *Drillachse*, einen unscheinbaren, aber vielseitig anwendbaren Apparat. Er besteht aus einer gelagerten Achse mit angefügter Schneckenfeder. Die oben aufgesetzte Kugel wird erst auf S. 66 gebraucht. Einstweilen denkt man sie sich durch einen zeigerförmigen Stab ersetzt und die Achse senkrecht zur Papierebene gestellt. Das ist in Abb. 116 (ebenfalls auf S. 62!) geschehen.

In der Ruhelage lag der Zeiger bei entspannter Feder in der gestrichelten Horizontalen. Eine Kraft $\Re$, die in der Papierebene senkrecht am Zeiger im Abstand $\mathfrak{r}$ von der Drehachse angreift, hat die Feder um den Winkel α gespannt. Dabei ist in der Feder potentielle Energie W_{pot} gespeichert worden, weil die Kraft $\Re$ eine Arbeit verrichtet hat. Für einen kleinen Winkel $d\alpha$ ist die Arbeit

$$dA = \Re\, dx = \Re\, \mathfrak{r}\, d\alpha. \tag{93}$$

Dem hier auftauchenden Produkt aus Kraft $\Re$ und „Hebelarm" $\mathfrak{r}$ gibt man den Namen *Drehmoment* $\mathfrak{M}$. Man definiert also

$$\mathfrak{M} = \mathfrak{r} \times \Re. \tag{93a}$$

Dann folgt aus Gl. (93)

$$\mathfrak{M} = dA/d\alpha \tag{93b}$$

mit der Einheit „Arbeitseinheit/Winkeleinheit", z. B. Newtonmeter/rad. Die Winkeleinheit rad ist aber nichts anderes als die Zahl 1 (§ 5), und darum wird sie meist fortgelassen. Aus diesem Grunde benutzt man für das Drehmoment die gleiche Einheit wie für die Arbeit, also z. B. Newtonmeter = Wattsekunde, Kilopondmeter usw.

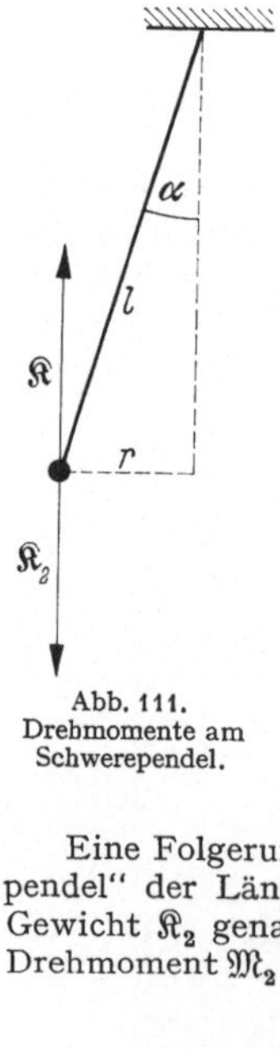

Abb. 111.
Drehmomente am
Schwerependel.

Eine Folgerung aus Gl. (93): Die Abb. 111 zeigt einen aufgehängten Körper, ein „Fadenpendel" der Länge l. Am Körper greift eine Kraft *gleichbleibender* Richtung an, sie wird Gewicht $\Re_2$ genannt. Sie erzeugt ein mit α anwachsendes, gegen den Uhrzeiger gerichtetes Drehmoment $\mathfrak{M}_2 = \Re_2\, l \sin\alpha$. Um das Pendel trotzdem unter dem Winkel α zu halten, muß ein gleich großes Drehmoment $\mathfrak{M}$ *im* Uhrzeigersinne auf das Pendel wirken. Es entsteht durch die aufwärts gerichtete Kraft $\mathfrak{K} = -\mathfrak{K}_2$. Dies Drehmoment hat, nur unmerklich größer als $\mathfrak{M}_2$, zuvor das Pendel ganz langsam bis zum Winkel α gedreht. Dabei hat es nach Gl. (93) die Arbeit

$$A = \int\limits_0^\alpha \mathfrak{K}\, l \sin\alpha\, d\alpha = \mathfrak{M}\,(1 - \cos\alpha) \tag{93c}$$

verrichtet, wenn $\mathfrak{M}$ das bei $\alpha = 90°$ vorhandene maximale Drehmoment $\mathfrak{K}\, l$ bezeichnet. Die Arbeit A ist als potentielle Energie gespeichert worden.

Auch das Drehmoment $\mathfrak{M}$ ist ein Vektor. Sein Pfeil steht sowohl zur Richtung von $\mathfrak{K}$ als auch von $\mathfrak{r}$ senkrecht. Er steht also in Abb. 116 der Drehachse parallel senkrecht zur Papierebene. In Richtung des Pfeiles blickend, sollen wir einen Drehsinn mit dem Uhrzeiger sehen.

Drehmomente können auch durch andere, der Drehebene nicht parallele Kräfte erzeugt werden. Der Vektor eines solchen Drehmoments ist dann nicht mehr der Drehachse parallel. Wirksam für die Drehachse ist dann nur die der Drehachse parallele Komponente des Drehmoments.

Meist wirken auf einen drehbaren Körper gleichzeitig viele Kräfte mit ganz verschiedenen Drehmomenten. Alle Drehmomente setzen sich zu einem resultierenden zusammen. Das gilt z. B. für einen *Elektromotor*. Um dies Drehmoment des

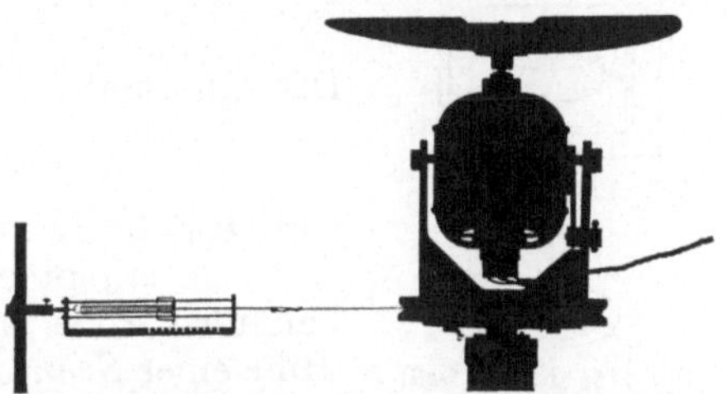

Abb. 112. Messung des Drehmomentes eines Elektromotors, *während* er mit einer Leistung $\dot{W} \approx 0,5$ Kilowatt einen vertikalen Luftstrom erzeugt. Der Kraftmesser (Abb. 38) greift mit einer Schnur tangential an der Peripherie eines kreisrunden Tisches an ($2r = 0,25$ m), und dieser Tisch ist in Kugellagern um eine vertikale Achse drehbar gelagert. Das Stativ des Drehtisches ist das gleiche wie in Abb. 128. Das Produkt aus dem Drehmoment $\mathfrak{M}$ und der Winkelgeschwindigkeit ω des Motors (§ 14) gibt die Leistung $\dot{W}$, z. B. in Newtonmeter/sec = Watt.

Motors auch während des Betriebes messen zu können, bestimmen wir das entgegengesetzt gleiche, das am Motorgehäuse angreift. Näheres in Abb. 112.

In Abb. 113 ist ein beliebig gestalteter Körper um eine horizontale zur Papierebene senkrechte Achse drehbar gelagert. Hier liefert die an jedem Teilchen der Masse Δm angreifende, Gewicht genannte Kraft ein *der Achse paralleles*, also wirksames

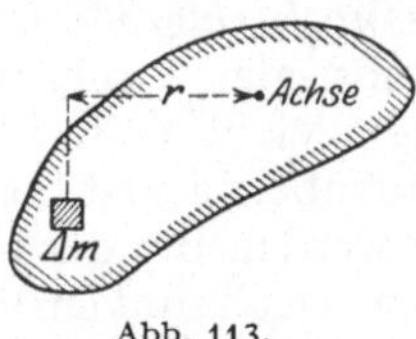

Abb. 113.
Zum Schwerpunkt.

Drehmoment proportional zu $r\,\Delta m$. Der Körper wird im allgemeinen aus einer beliebigen Anfangsstellung herausgedreht. Nur in einem Sonderfall bleibt er in jeder Stellung in Ruhe. In diesem Sonderfall geht die Achse durch seinen Schwerpunkt. Also muß für eine Achse im Schwerpunkt das resultierende Drehmoment und folglich auch die Summe $\sum r\,\Delta m$ gleich Null sein. Diese Gleichung enthält eine Definition des Schwerpunktes. Wir werden sie späterhin benutzen. Im übrigen betrachten wir nach wie vor den Schwerpunkt eines Körpers und seine Bestimmung als bekannt. Er wird ja im Zusammenhang mit Hebeln, Waagen und einfachen Maschinen im Schulunterricht ausgiebig behandelt.

Bei einer durch *feste Lager* gegebenen Achse wird über Richtung, Größe und Drehsinn eines Drehmoments kaum je Unklarheit herrschen. In andern Fällen stößt der Anfänger gelegentlich auf Schwierigkeiten. Dahin gehört z. B. der Kinderscherz von der „folgsamen" und der „unfolgsamen" Garnrolle. Eine Garnrolle ist auf den Boden gefallen und unter das Sofa gerollt. Man versucht, sie durch Zug am Faden zurückzuholen. Einige Rollen kommen folgsam hervor, andere verkriechen sich weiter in ihren Schlupfwinkel. Die Abb. 114

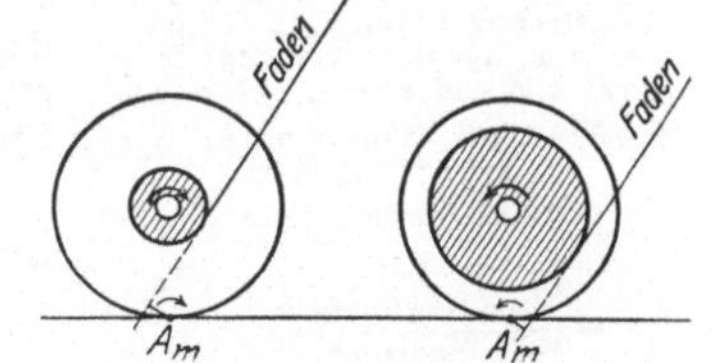

Abb. 114. Drehmoment bei Garnrollen.

gibt die Deutung. Als Drehachse ist nicht die Symmetrieachse der Rolle zu betrachten, sondern ihre jeweilige Berührungslinie mit dem Fußboden. Sie ist in Abb. 114 mit Δm

angedeutet („Momentanachse"). Durch hinreichend „flache" Fadenhaltung läßt sich auch die widerspenstigste Rolle zur Folgsamkeit zwingen. Wie so manchmal im Leben, hilft auch hier ein wenig Physik weiter als lebhafte Temperamentausbrüche.

§ 48. Herstellung bekannter Drehmomente. Die Winkelrichtgröße D^*. Die Winkelgeschwindigkeit ω als Vektor.

Kräfte bekannter Größe und Richtung stellt man sich besonders übersichtlich mit Hilfe von *Schrauben*federn her. Bei geeigneten Abmessungen (hinreichender Federlänge) sind die Kräfte dem Ausschlag x des Federendes proportional. Es gilt das lineare Kraftgesetz

$$\mathfrak{K} = - Dx. \qquad (39)\ \text{v. S. } 33$$

Der Quotient

$$D = \frac{\text{Kraft } \mathfrak{K}}{\text{Ausschlag } x}$$

wird Richtgröße oder Federkonstante genannt.

Ganz entsprechend stellt man sich *Drehmomente* $\mathfrak{M}$ bekannter Größe und Richtung besonders übersichtlich mit Hilfe einer *Schnecken*feder an einer Achse her. Abb. 115 zeigt eine solche „*Drillachse*". Bei geeigneten Abmessungen (hinreichender Federlänge) sind die Drehmomente dem Drehwinkel proportional. Es gilt wieder eine lineare Beziehung

$$\mathfrak{M} = - D^*\alpha. \qquad (94)$$

Der Quotient

$$D^* = \frac{\text{Drehmoment } \mathfrak{M}}{\text{Drehwinkel } \alpha} \qquad (95)$$

soll „Winkelrichtgröße" genannt werden.

Zahlenbeispiele unter den Abb. 115 und 116. Radiant ist dabei ein anderer Name für die Zahl 1, die Einheit jedes Winkels (siehe § 5).

Genau wie Schraubenfedern bekannter *Richtgröße* D werden wir in Zukunft häufig eine Schneckenfeder (plus Achse) mit bekannter *Winkelrichtgröße* D^* benötigen. Deswegen *eichen* wir uns gleich die in Abb. 115 skizzierte Drillachse nach dem leichtverständlichen Schema der Abb. 116. Ein Zahlenbeispiel ist beigefügt. Achse und Schneckenfeder werden oft durch einen verdrillbaren Metalldraht ersetzt. Doch sind Drillachsen mit Schneckenfedern besonders übersichtlich.

Anfänger unterschätzen leicht die Verdrillungsfähigkeit selbst dicker Stahlstäbe. Die Abb. 117 zeigt einen Stahlstab von 1 cm Dicke und nur 10 cm Länge in einen Schraubstock eingeklemmt. Diesen anscheinend so starren Körper vermögen wir schon mit den Fingerspitzen in sichtbarer Weise zu verdrillen. Zum Nachweis hat man lediglich einen Lichtzeiger von etwa 10 m Länge zu benutzen. Man läßt ihn zwischen den Spiegeln a und b reflektieren (vgl. S. 19).

Die Winkelgeschwindigkeit haben wir schon früher definiert durch die Gleichung

$$\omega = \frac{\text{Winkelzuwachs } \Delta\beta}{\text{Zeitzuwachs } \Delta t} \qquad (9)\ \text{v. S. } 13$$

Die Bahngeschwindigkeit u ist erst durch Angabe ihrer Größe *und* ihrer Richtung vollständig bestimmt, sie ist ein Vektor. Das gleiche gilt von der Winkelgeschwindigkeit ω. Der Vektorpfeil der Winkelgeschwindigkeit ist in Richtung

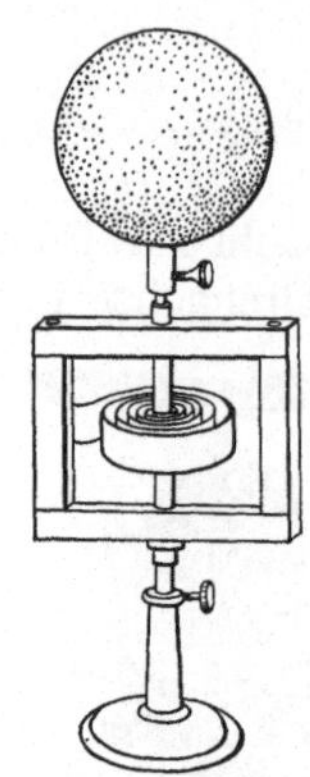

Abb. 115. Kleine Drillachse, vertikal gestellt, mit aufgesetzter Kugel. Drehpendel. Die Drillachse benutzt die Biegungselastizität einer Schneckenfeder. Ihre Winkelrichtgröße
$D^* = 0{,}0056$ Kilopondmeter/Radiant
$= 0{,}055$ Newtonmeter/Radiant

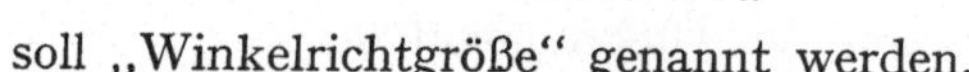

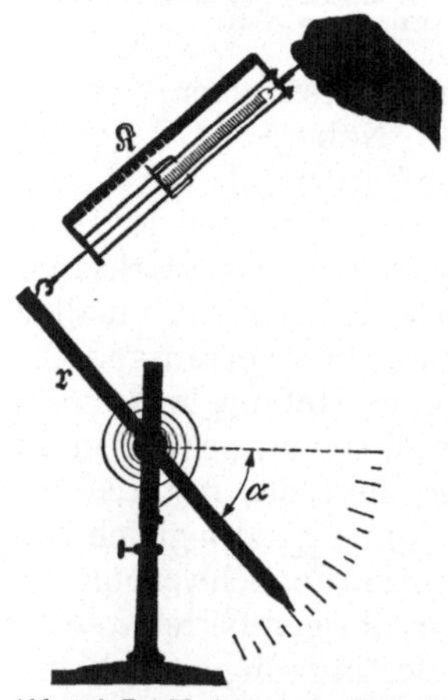

Abb 116. Zur Herleitung der Gl. (93) auf S. 60 und zur Eichung der aus Abb. 115 bekannten Drillachse in waagerechter Lage. Zum Beispiel:
$r = 0{,}1$ m, $\alpha = 180° = \pi = 3{,}14$; $\mathfrak{K} = 0{,}175$ Kilopond oder $1{,}71$ Newton;
$r \times \mathfrak{K} = 0{,}0175$ Kilopondmeter
$= 0{,}171$ Newtonmeter;
$$D^* = \frac{0{,}171\ \text{Newtonmeter}}{3{,}14}$$
$$= \frac{0{,}055\ \text{Newtonmeter}}{\text{Radiant}}$$

der Drehachse zu zeichnen. Zur Erläuterung dient die Abb. 118. Ein Punkt P umkreist gleichzeitig die Achse I mit der Winkelgschwindigkeit ω_1 und die Achse II mit der Winkelgeschwindigkeit ω_2. Innerhalb eines hinreichend kleinen Zeitabschnittes Δt legt der Punkt die praktisch geradlinige Bahn $\Delta s = P \dots 3$ zurück. Diese Bahn Δs können wir als die Resultierende der beiden Einzelbahnen

$$\Delta s_1 = \omega_1 r \Delta t \quad \text{und} \quad \Delta s_2 = \omega_2 r \Delta t$$

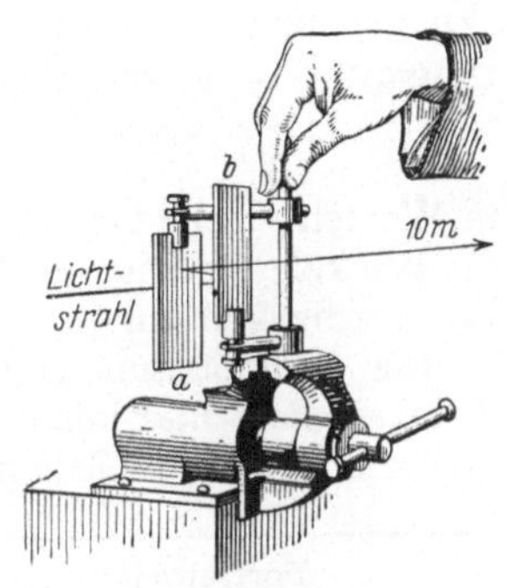

Abb. 117. Zwei Finger verdrillen einen kurzen, dicken Stahlstab.

konstruieren. Auf die Bahn $P \dots 3$ führt uns aber noch ein zweiter Weg. Wir zeichnen in den Achsen I und II je einen Vektorpfeil von der Größe der Winkelgeschwindigkeit ω_1 bzw. ω_2. Diese beiden Vektoren setzen wir zeichnerisch zu der resultierenden Winkelgeschwindigkeit ω zusammen. Sie bestimmt eine neue Achse III, und um diese lassen wir den Körper sich mit der Winkelgeschwindigkeit ω drehen. Er legt dann in der Zeit Δt die Bahn $\Delta s = \omega r \Delta t$ zurück. Die Vektoraddition zweier Winkelgeschwindigkeiten ist so ohne weiteres zu übersehen. Man braucht nur die Ähnlichkeit der bei der Konstruktion entstandenen Dreiecke zu beachten.

§ 49. Trägheitsmoment, Drehschwingungen.

Im Besitze der Begriffe Drehmoment $\mathfrak{M}$ und Winkelrichtgröße D^* ist der Übergang von der fortschreitenden zur Drehbewegung leicht zu vollziehen. Wir bedienen uns dabei der Tabelle auf S. 64. Ihre beiden oberen Querzeilen enthalten die beiden kinematischen Begriffe Geschwindigkeit und Beschleunigung. Daran anschließend haben wir in der *linken* Längsspalte die uns bekannten Definitionen und Sätze für *fortschreitende* Bewegungen eingetragen, und zwar in der zeitlichen Reihenfolge ihrer Einführung.

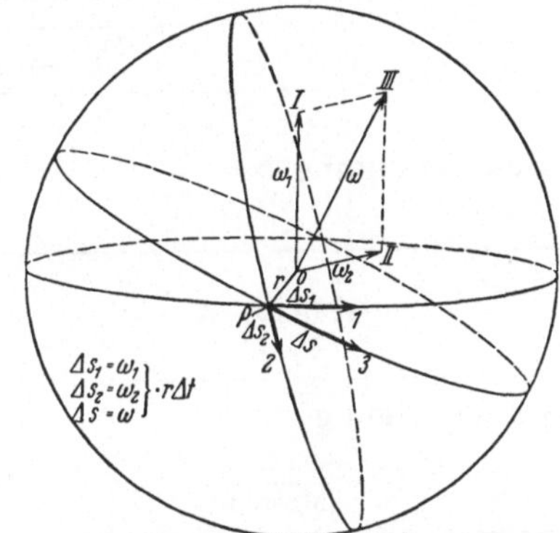

Abb. 118. Die Winkelgeschwindigkeit als Vektor. In der Pfeilrichtung blickend, sieht man eine Drehung im Uhrzeigersinne (vgl. Abb. 143).

Alsdann berechnen wir die *kinetische Energie* eines seine Achse umkreisenden Körpers. Diese Energie muß sich additiv aus den kinetischen Energien aller einzelnen, den Körper aufbauenden Teilchen mit den Massen Δm zusammensetzen. Ein beliebiges dieser Teilchen bewege sich im Abstand r_i von der Drehachse mit der Bahngeschwindigkeit u_i. Dann ist die kinetische Energie dieses Teilchens

$$\Delta (W_{\mathrm{kin}})_i = \tfrac{1}{2} \Delta m_i u_i^2.$$

An Hand der gleich folgenden Skizze neben der Gl. (14) führen wir die für alle Teilchen gleiche Winkelgeschwindigkeit $\omega = u/r$ ein und erhalten

$$\Delta (W_{\mathrm{kin}})_i = \tfrac{1}{2} \Delta m_i r_i^2 \omega^2.$$

Eine Summenbildung über alle Teilchen ergibt die kinetische Energie des ganzen die Achse umkreisenden Körpers, also

$$W_{\mathrm{kin}} = \tfrac{1}{2} \sum (\Delta m_i r_i^2)\, \omega^2.$$

Die rechts vor ω^2 stehende Summe erhält einen besonderen Namen, nämlich

$$\textit{Trägheitsmoment} \quad \boxed{\Theta = \sum (\Delta m_i r_i^2) = \int dm\, r^2} \tag{97}$$

Mit dieser Kürzung ist *die kinetische Energie eines mit der Winkelgeschwindigkeit ω kreisenden Körpers*

$$W_{\mathrm{kin}} = \tfrac{1}{2}\,\Theta\,\omega^2. \tag{98}$$

Wir gelangen in der Tabelle rechts zur siebenten Zeile. Für die fortschreitende Bewegung hieß die entsprechende Gleichung links

$$W_{\mathrm{kin}} = \tfrac{1}{2}\,m\,u^2, \tag{59}$$

in Worten: Bei Drehbewegungen tritt an die Stelle der Bahngeschwindigkeit u die Winkelgeschwindigkeit ω, an die Stelle der Masse m das Trägheitsmoment Θ. Das vermerken wir in der dritten Zeile unserer Tabelle rechts.

Bei geometrisch einfach gebauten Körpern bereitet die *Berechnung des Trägheitsmomentes* keine Schwierigkeiten. Die erforderliche Summenbildung ist meist mit wenigen Zeilen durchführbar. Beispiele:

Fortschreitende Bewegung			Drehbewegung	
Geschwindigkeit $u = \dfrac{dx}{dt}$	(6)	1	Winkelgeschwindigkeit oder Kreisfrequenz $\omega = \dfrac{d\beta}{dt}$	(9)
			$d\beta = \omega dt \qquad dx = u dt \qquad u = \omega r$	(14)
Beschleunigung $b = \dfrac{du}{dt}$	(8)	2	Winkelbeschleunigung $\dot\omega = \dfrac{d\omega}{dt}$	(9a)
Masse m		3	Trägheitsmoment (Drehmasse) $\Theta = \sum \Delta m r^2$	(97)
Beschleunigung $b = \dfrac{\text{Kraft }\Re}{\text{Masse }m}$	(21)	4	Winkelbeschleunigung $\omega = \dfrac{\text{Drehmoment }\mathfrak{M}}{\text{Trägheitsmoment }\Theta}$	(96)
$\dfrac{\text{Kraft }\Re}{\text{Ausschlag }x} = \text{Richtgröße } D$	(39)	5	$\dfrac{\text{Drehmoment }\mathfrak{M}}{\text{Winkel }\alpha} = \text{Winkelrichtgröße } D*$	(95)
Schwingungsfrequenz $\nu = \dfrac{1}{2\pi}\sqrt{\dfrac{D}{m}}$	(40)	6	Schwingungsfrequenz $\nu = \dfrac{1}{2\pi}\sqrt{\dfrac{D*}{\Theta}}$	(104)
Kinetische Energie $W_{\mathrm{kin}} = \tfrac{1}{2} m u^2$	(59)	7	Kinetische Energie $W_{\mathrm{kin}} = \tfrac{1}{2}\,\Theta\,\omega^2$	(98)
Impuls $\mathfrak{G} = m u$	(71)	8	Drehimpuls $\mathfrak{G}* = \Theta\,\omega$	(105)
Kraft $\Re = \dfrac{d\mathfrak{G}}{dt}$	(91)	9	Drehmoment $\mathfrak{M} = \dfrac{d\mathfrak{G}*}{dt}$	(106)
Arbeit $A = \int \Re\,dx$	(47)	10	Arbeit $A = \int \mathfrak{M}\,d\beta$	(107)
Leistung $\dot W = \Re\,u$	(85)	11	Leistung $\dot W = \mathfrak{M}\,\omega$	(108)

I. *Flacher homogener Kreisring.* Masse m, Radien R und r, Dicke d, Dichte ϱ, Achse im Mittelpunkt

$$\text{senkrecht zur Fläche} \quad \Theta = \frac{\pi}{2}\, \varrho\, d\, (R^4 - r^4) \tag{99}$$

$$\text{als ein Durchmesser} \quad \Theta = \frac{m}{12}\, d^2 + \frac{\pi}{4}\, d\, \varrho\, (R^4 - r^4). \tag{100}$$

II. *Homogene Kugel*, Achse den Mittelpunkt durchsetzend.

$$\Theta = \tfrac{8}{15}\, \pi\, \varrho\, R^5 = \tfrac{2}{5}\, m\, R^2. \tag{101}$$

III. *Homogener Stab* mit der Länge l und beliebigem Profil der Fläche F. Achse senkrecht zur Längsrichtung durch den Schwerpunkt gelegt.

$$\Theta = \tfrac{1}{12}\, \varrho\, F\, l^3 = \tfrac{1}{12}\, m\, l^2. \tag{102}$$

IV. *Steinerscher Satz.* Man kennt das Trägheitsmoment Θ_s eines beliebigen Körpers der Masse m für eine durch seinen *Schwerpunkt S* gehende Achse. Wie groß ist das Trägheitsmoment Θ_A für eine beliebige andere, in einem Punkte A der ersten im Abstande a parallel verlaufende Achse? Antwort:

$$\Theta_A = \Theta_s + m\, a^2. \tag{103}$$

Herleitung. Bei einer Rotation um die S-Achse enthält der Körper die kinetische Energie $\tfrac{1}{2}\Theta_s\omega^2$. — In Abb. 119 ist eine Rotation um die A-Achse skizziert; dabei ist, vom Schwerpunkt S ausgehend, ein kleiner Pfeilzeiger auf dem Körper gezeichnet. Vollführt der Körper um die A-Achse eine volle Drehung, so vollführen auch der Zeiger und somit der ganze Körper eine volle Drehung um die S-Achse. Folglich bleibt der oben genannte Energieposten $\tfrac{1}{2}\Theta_s\omega^2$ erhalten. Gleichzeitig durchläuft aber der Schwerpunkt S die gestrichelte *Kreis*bahn. Wir können die Masse m des Körpers im Schwerpunkt lokalisieren und erhalten dann für die kinetische Energie dieser Kreisbewegung $\tfrac{1}{2}m u^2 = \tfrac{1}{2}m\,(\omega a)^2$. Dieser zweite Energieposten addiert sich dem ersten. Somit liefert die Rotation des Körpers um die A-Achse insgesamt die kinetische Energie

$$\tfrac{1}{2}\,\Theta_A\,\omega^2 = \tfrac{1}{2}\,\Theta_S\,\omega^2 + \tfrac{1}{2}\,m\,\omega^2\,a^2.$$

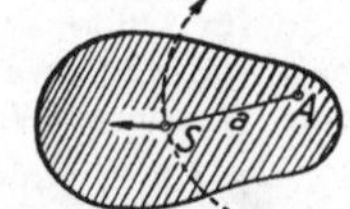

Abb. 119. Zur anschaulichen Herleitung des STEINERSCHEN Satzes. S = Schwerpunkt.

Division mit $\tfrac{1}{2}\,\omega^2$ ergibt die Gl. (103).

Viel wichtiger jedoch als die Berechnung von Trägheitsmomenten ist ihre Messung. Denn bei komplizierter Gestalt des Körpers macht die Summierung unnütze Schwierigkeiten.

Zur Messung von Trägheitsmomenten benutzt man allgemein Drehschwingungen. Wir müssen in Zeile 6 unserer Tabelle nur die Masse m durch das Trägheitsmoment Θ und die Richtgröße D einer Schraubenfeder durch die Winkelrichtgröße D^* einer Schneckenfeder ersetzen. Unsere aus Abb. 115 bekannte *Drillachse* liefert uns ein bekanntes D^*. Am oberen Ende dieser Drillachse befestigen wir den zu untersuchenden Körper (vgl. Abb. 115). Dabei muß die Drehachse dieses Körpers mit der Verlängerung der Drillachse zusammenfallen. Wir drehen den Körper um etwa 90° aus seiner Ruhelage heraus und beobachten die Schwingungsdauer T mit der Stoppuhr. Dann gilt

$$\Theta = \frac{T^2}{4\,\pi^2}\, D^*. \tag{104}$$

Die Winkelrichtgröße D^* unserer kleinen Drillachse war schon auf S. 62 zu $5{,}5 \cdot 10^{-2}$ Newtonmeter ermittelt worden. Also haben wir

$$\Theta = 1{,}4 \cdot 10^{-3}\, \frac{T^2}{\sec^2}\, \text{kg m}^2.$$

Beispiele.

I. *Nachprüfung eines berechneten Trägheitsmomentes.* Für eine Kreisscheibe aus Holz von $m = 0{,}8$ kg und von 0,2 m Radius berechnen wir aus Gl. (99) mit $r = 0$ ein Trägheitsmoment Θ_s von $1{,}6 \cdot 10^{-2}$ kg m² für eine im Mittelpunkt senkrechte Achse. Wir beobachten $T = 3{,}37$ Sekunden, also $\Theta_s = 1{,}58 \cdot 10^{-2}$ kg m².

II. *Scheibe und Kugel von gleichem Trägheitsmoment.* Die Abb. 120 zeigt uns im gleichen Maßstab eine Scheibe und eine Kugel aus gleichem Baustoff. Ihre Massen verhalten sich wie 1:2,9. Ihre Trägheitsmomente sollen nach den Gl. (99) und (101) gleich sein. In der Tat zeigen beide auf der Drillachse die gleiche Schwingungsdauer.

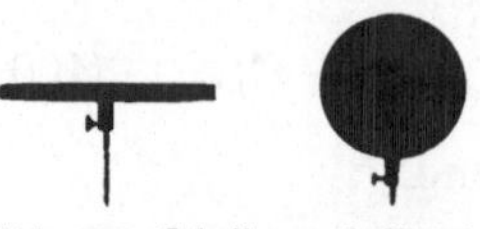

Abb. 120. Scheibe und Kugel von gleichem Trägheitsmoment.

III. *Trägheitsmomente von Hohl- und Vollwalze gleicher Masse.* Die Abb. 121 zeigt uns eine hohle Metallwalze und eine volle Holzwalze von gleicher Masse m, gleichem Durchmesser und gleicher Länge. Auf der Drillachse finden wir für die Hohlwalze ein erheblich größeres Trägheitsmoment.

Das erklärt eine oft überraschende Beobachtung: Wir legen beide Walzen nebeneinander auf eine Rampe, etwa ein geneigtes Brett. Die Achsen beider Walzen sollen auf einer Geraden liegen. Dann lassen wir beide Walzen zu gleicher Zeit los. Die massive Holzwalze kommt viel früher als die hohle Metallwalze unten an. — Deutung: Zum Abrollen werden

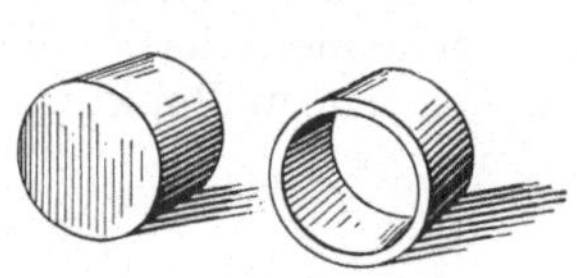

Abb. 121. Voll- und Hohlwalze von gleicher Masse (Holz und Metall), aber ungleichem Trägheitsmoment.

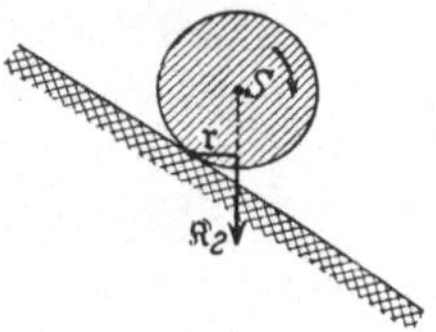

Abb. 122. Drehmoment $\mathfrak{M} = \mathfrak{r} \times \mathfrak{K}_2$ bei einer Walze auf einer Rampe.

Abb. 123. Große Drillachse zur Messung der Trägheitsmomente eines Menschen in verschiedenen Stellungen. F eine kräftige Schneckenfeder. Ihre Winkelrichtgröße D^* beträgt rund $2{,}5\ \dfrac{\text{Newtonmeter}}{\text{Radiant}}$. Das Trägheitsmoment Θ des liegenden Mannes rund $= 17$ kg m².

beide Walzen durch gleich große Drehmomente $\mathfrak{r} \times \mathfrak{K}_2$ beschleunigt (Abb. 122). Denn die Massen und Radien sind für beide Walzen die gleichen. Infolgedessen erhält die Hohlwalze mit größerem Trägheitsmoment eine kleinere Winkelbeschleunigung $\dot{\omega}$ und Winkelgeschwindigkeit ω (Zeile 4 der Tabelle). — (Warum ist hier der STEINERsche Satz zu beachten?)

IV. *Trägheitsmomente des menschlichen Körpers.* Wir bestimmen das Trägheitsmoment des menschlichen Körpers für einige verschiedene Körperstellungen und Achsenlagen. Dazu benutzen wir eine große Drillachse gemäß Abb. 123. Einige Meßergebnisse sind in den Abb. 124 bis 126 zusammengestellt. Sie werden uns späterhin nützlich werden.

Abb. 124. $\Theta = 1{,}2$ kg m²

Abb. 125. $\Theta = 8$ kg m²

Abb. 126. $\Theta = 2{,}3$ kg m²

Abb. 124 bis 126. Trägheitsmomente eines Menschen in drei verschiedenen Stellungen. Die Pfeile markieren die Drehachsenrichtung.

§ 50. Das physikalische Pendel und die Balkenwaage.

Das im § 25 behandelte Schwerependel heißt das „mathematische". Es ist der Idealfall eines punktförmigen Körpers mit der Masse m an einem masselosen Faden.

Die wirklichen oder „physikalischen" Pendel weichen oft weit von dieser Idealform ab. Für jedes physikalische Pendel läßt sich eine „reduzierte" Pendellänge angeben: So nennt man die Länge l eines mathematischen Pendels, das die gleiche Schwingungsdauer hat wie das physikalische.

Als Beispiel zeigt die Abb. 127 ein Brett beliebiger Gestalt als Schwerependel aufgehängt. O bezeichnet die Achse, S den Schwerpunkt, s den Abstand beider. Für die Schwingungsdauer dieses physikalischen Pendels gilt die für jede Drehschwingung gültige Formel

$$T = 2\pi \sqrt{\dfrac{\Theta_0}{D^*}} \qquad\qquad (104)\ \text{v. S. 65}$$

Θ_0 ist das für die Drehachse O geltende Trägheitsmoment. D^* ist wieder die Winkelrichtgröße, also $D^* = \mathfrak{M}/\alpha$ (S. 62). Die Größe des Drehmomentes $\mathfrak{M}$ entnimmt man der Abb. 127:

$$\mathfrak{M} = m\, g\, s \sin \alpha. \qquad\qquad (93\,\text{a})$$

Für kleine Winkel α dürfen wir wieder $\sin \alpha = \alpha$ setzen; wir erhalten also

$$D^* = \mathfrak{M}/\alpha = mgs \qquad \text{(95) v. S. 62}$$

und aus (104)

$$T = 2\pi \sqrt{\frac{\Theta_0}{msg}}.$$

Für ein „mathematisches" Schwerependel, d. h. einen punktförmigen Körper an einem masselosen Faden, fanden wir auf S. 34

$$T = 2\pi \sqrt{\frac{l}{g}}. \qquad \text{(40a)}$$

Beim physikalischen Pendel tritt an die Stelle der Pendellänge l des mathematischen Pendels die Größe Θ_0/ms. Das ist die reduzierte Pendellänge. Sie ist als Länge $l = \Theta_0/ms$ in Abb. 127 eingezeichnet. Ihr unterer Endpunkt heißt Schwingungsmittelpunkt M. In ihm könnten wir die gesamte Masse m vereinigen, ohne die Schwingungsdauer des Pendels zu verändern.

Die Schwingungsdauer eines beliebigen Pendels bleibt unverändert, wenn man die Achse in den Schwingungsmittelpunkt M verlegt. Darauf gründet sich ein beliebtes experimentelles Verfahren zur Messung der reduzierten Pendellänge (Reversionspendel).

Auch eines unserer allerwichtigsten Meßinstrumente, die *Balkenwaage*, ist ein physikalisches Pendel. — Wir betrachten zunächst die beiden Waagschalen als nicht

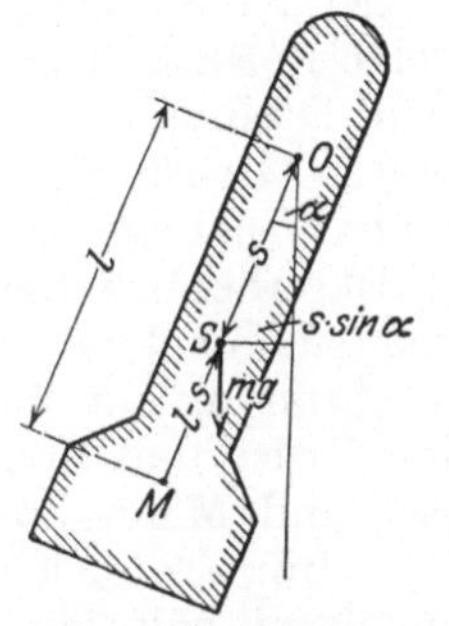

Abb. 127. Das physikalische Schwerependel. Achsen in O oder M senkrecht zur Papierebene.

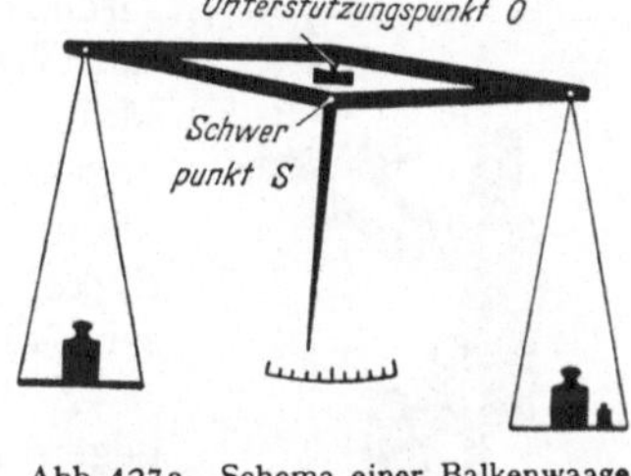

Abb. 127a. Schema einer Balkenwaage als physikalisches Pendel. Der Übersichtlichkeit halber ist der Abstand des Schwerepunkts S von der Drehachse O (Schneide) viel zu groß gezeichnet. Bis zu Winkelausschlägen von wenigen Graden sind die Ausschläge der Differenz der Belastungen der Waagschalen proportional (vgl. Abb. 104).

vorhanden. Dann weicht ihr Schema in Abb. 127a nur in seiner äußeren Form von dem Schema in Abb. 127 ab.

Die Schwingungsdauer einer Präzisionswaage ohne Schalen sei beispielsweise 12 sec, entsprechend einer reduzierten Pendellänge von 36 m.

Durch Anfügung der Waagschalen und ihrer Last bleibt das Trägheitsmoment des Waagbalkens unverändert. Die Waagschalen bewegen sich ja nur auf und nieder, nehmen aber nicht an der Drehbewegung teil. Trotzdem vergrößert die Anfügung der Schalen die Schwingungsdauer auf 18 sec. Eine beiderseitige Belastung mit 100 g erhöht sie sogar auf etwa 24 sec. Der Grund ist leicht ersichtlich: Die Waagschalen selbst und ihre Lasten müssen bei jeder Pendelschwingung vertikal mit wechselndem Vorzeichen beschleunigt werden.

§ 51. Der Drehimpuls (Drall). Bei der fortschreitenden Bewegung war der Impuls als $\mathfrak{G} = mu$ definiert. Der Impuls war ein Vektor, und für den Impuls eines „Systems" galt ein Erhaltungssatz.

Bei der Drehbewegung tritt an die Stelle der Masse m ein Trägheitsmoment Θ, an die Stelle der Bahngeschwindigkeit u die Winkelgeschwindigkeit ω. Also ist der Impuls einer Drehbewegung, der Drehimpuls,

$$\boxed{\mathfrak{G}^* = \Theta\,\omega} \qquad \text{(105)}$$

Auch der Drehimpuls ist ein Vektor, auch für ihn gilt ein Erhaltungssatz. Wir bringen, genau wie seinerzeit bei der fortschreitenden Bewegung, einige experimentelle Beispiele zur Einprägung dieser Tatsachen. Als Hilfsmittel tritt an die Stelle des flachen *Wagens* bei der fortschreitenden Bewegung (Abb. 97) ein *Drehstuhl* (Abb. 128). Er kann sich um eine genau vertikale Achse mit winziger Reibung drehen (Kugellager). Er reagiert also nur auf Impulse mit vertikal stehendem Vektorpfeil. Von Impulsen mit schräg liegendem Pfeil nimmt er nur die vertikale *Komponente* auf.

Wir haben uns noch über den Drehsinn der Impulse zu einigen. In den Skizzen soll ein Blick vom Pfeilschwanz zur Spitze eine Drehung im Uhrzeigersinne zeigen. *Im Text gelten die Drehsinnangaben für einen von oben blickenden Beobachter.*

1. Ein Mann sitzt auf dem ruhenden Drehstuhl. In der linken Hand hält er etwa in Augenhöhe einen ruhenden Kreisel mit vertikaler Achse (Fahrradfelge mit Bleieinlage). Der Drehimpuls ist anfänglich Null. Der Mann greift mit der rechten Hand von unten in die Speichen und versetzt den Kreisel in Drehung. Der Kreisel erhält einen Drehimpuls $\Theta_1\omega_1$ gegen den Uhrzeiger. Nach dem Impulserhaltungssatz muß der Mann einen Drehimpuls $\Theta_2\omega_2$ gleicher Größe, aber entgegengesetzten Drehsinnes erhalten. In der Tat beginnt der Mann mit dem Uhrzeiger zu kreisen. Seine Winkelgeschwindigkeit ω_2 ist erheblich kleiner als die des Kreisels, denn sein Trägheitsmoment ist viel größer als das des Kreisels.

Abb. 128. Zur Erhaltung des Drehimpulses. (Bei *kleinen* Beschleunigungen wird man durch Reibung gestört.)

2. Der Mann drückt die Felge des laufenden Kreisels gegen seine Brust und bremst den Kreisel. Die Drehung von Kreisel und Mann hört gleichzeitig auf. Es werden wieder beide Impulse gleichzeitig Null.

3. Der Mann hält auf dem ruhenden Drehstuhl den ruhenden Kreisel mit horizontaler Achse. Er versetzt den Kreisel in Drehung, der Impulspfeil des Kreisels liegt horizontal. Drehstuhl und Mann bleiben in Ruhe. Denn sie reagieren nicht auf einen Impuls mit horizontalem Pfeil.

4. Der anfänglich ruhende Kreisel wird mit seiner Achse unter 60° gegen die Vertikale geneigt und dann in Gang gesetzt. Mann und Stuhl beginnen sich zu drehen, jedoch nur mit kleiner Winkelgeschwindigkeit. Sie erhalten nur einen Impuls gleich der vertikalen Komponente des Kreiselimpulses.

5. Wir geben dem ruhenden Mann den laufenden Kreisel in die Hand. Der Kreisel läuft im Uhrzeigersinn. Der Mann bleibt in Ruhe. Wir haben ihm ja den Kreisel mit seinem Drehimpuls geliefert. Nunmehr kippt der Mann die Kreiselachse um 180°. Er nimmt ihr unteres Ende nach oben. Damit ändert er den Drehimpuls von $+\mathfrak{G}^*$ auf $-\mathfrak{G}^*$, insgesamt also um $2\mathfrak{G}^*$. Der Mann selbst dreht sich mit dem Drehimpuls $2\mathfrak{G}^*$ mit dem Uhrzeiger. Dann kippt der Mann den Kreisel wieder in die Ausgangsstellung und gibt ihn uns zurück. Drehstuhl und Mann sind wieder in Ruhe. — Man kann also eine Zeitlang mit einem geliehenen Impuls spielen und ihn dann wieder abliefern.

Abb. 129. Mit einem Holzklotz an einem langen Stiel lassen sich Drehimpulse mit verschiedenen Achsenrichtungen erzeugen.

6. Der Mann sitzt auf dem ruhenden Drehstuhl. In der Hand hält er einen Hammer (Abb. 129). Der Mann soll sich durch Schwingbewegungen des Hammers in horizontaler Richtung einmal ganz um die vertikale Achse herumdrehen. — Während des Schwunges dreht sich der Mann, wenn auch mit kleinerer Winkelgeschwindigkeit als die von Arm und Hammer. Hammer und Arm können nur um etwa 180° geschwenkt werden. Gleichzeitig mit der Hammerbewegung

kommt auch die Körperdrehung zur Ruhe, denn Mann und Hammer können nur zu gleicher Zeit einen Drehimpuls haben. Für einen zweiten Schwung muß der Mann den Hammer in die Ausgangsstellung zurückbringen. Das kann er auf dem gleichen Wege tun. Aber dann verliert er seinen ganzen vorherigen Winkelgewinn. Daher muß er zur Wiederholung der Schwingbewegung einen *anderen Rückweg* wählen. Er muß den Hammer aus der Endstellung in der *vertikalen* Ebene nach oben führen und dann abermals in einer *vertikalen* Ebene in die Ausgangsstellung zurückbringen. Auf die Impulse dieser Drehbewegung reagiert der vertikal gelagerte Körper nicht. Von der Ausgangsstellung aus kann der Versuch wiederholt werden, der Winkelgewinn verdoppelt sich usf. Selbstverständlich lassen sich die drei einzelnen Bewegungen zu einer einzigen Bewegung vereinigen. Man läßt Arm und Hammer einen Kegelmantel umfahren, dessen Achse möglichst wenig gegen die Vertikale geneigt ist.

7. Die Vektornatur des Drehimpulses läßt sich gut mit einem um eine vertikale Achse drehbaren Ventilator vorführen (Abb. 130). Propeller und Luftstrahl bekommen einen Drehimpuls $\mathfrak{G}^*$. Dabei bekommt der Ventilator den gleichen Impuls mit umgekehrtem Drehsinn. Die vertikale Komponente, also $\mathfrak{G}^* \cos \alpha$, läßt den Ventilator um die vertikale Achse rotieren.

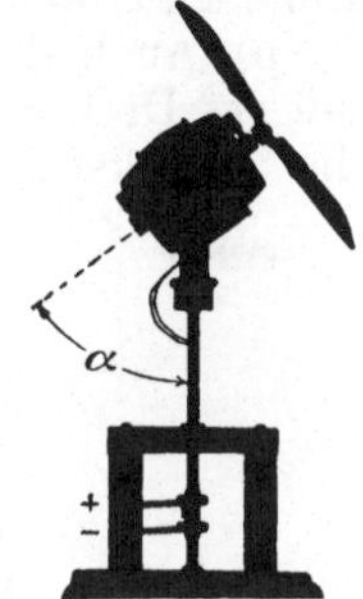

Abb. 130. Zur Vektornatur des Drehimpulses. α zwischen 30° und 150° verstellbar.

Beispiele. Die Flügel des Ventilators sollen im Uhrzeigersinne kreisen, dabei sei unser Blick durch die Flügel auf das Gehäuse des Motors gerichtet. — Zunächst blase der Ventilator in horizontaler Richtung, es sei also $\alpha = 90°$: Die Stativachse bleibt in Ruhe, denn cos 90° ist gleich Null.

Dann blase der Ventilator flach schräg aufwärts, z. B. mit $\alpha = 80°$: Die Stativachse rotiert, von oben gesehen, langsam gegen den Uhrzeiger. Grund: Es ist cos 80° $\approx 0,17$; cos α hat also einen kleinen positiven Wert. (Die Reibungsverluste in den Lagern der Stativachse stören nicht, weil Motor und Propeller der zuströmenden Luft dauernd neuen Drehimpuls zuführen.)

8. Nach Abschalten des Stromes verschwindet diese Rotation zunächst, und dann beginnt sie von neuem mit dem Drehsinn des Propellers. Grund: Motorläufer und Propeller werden durch *Lagerreibung* abgebremst. Ihr Drehimpuls wird an das Gehäuse abgegeben, und seine vertikale Komponente wird beobachtet.

9. Wir ersetzen den Drehstuhl durch die große, aus Abb. 123 bekannte *Drillachse*. Auf ihr liegt in gestreckter Stellung ein Mann, sich beiderseits an zwei Handgriffen haltend (Abb. 131). Der Mann wird angestoßen und vollführt Drehschwingungen kleiner Amplitude. *Aufgabe:* Der Mann soll ohne Hilfe von außen seine Schwingungsamplitude bis zu vollen Kreisschwingungen von 360° aufschaukeln. *Lösung:* Der Mann hat in peri-

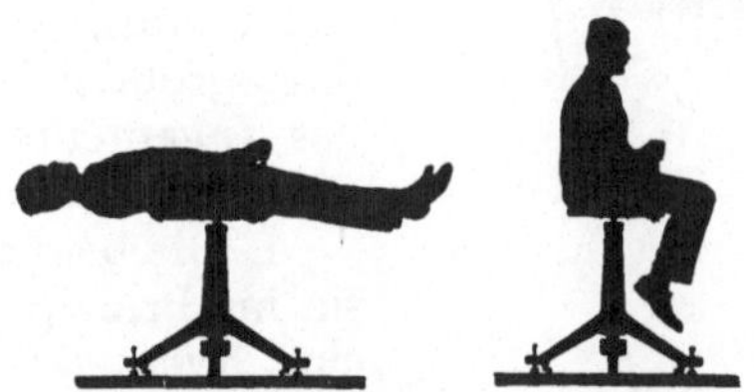

Abb. 131. Zur Technik des Turnens mit Schwüngen.

odischer Folge sein Trägheitsmoment um die vertikale Achse zu ändern. Beim Durchlaufen der Nullage zieht er die Beine an und richtet den Oberkörper auf. Dadurch verkleinert er sein Trägheitsmoment Θ und vergrößert seine Winkelgeschwindigkeit ω [1]. In der Umkehrstellung streckt er sich wieder und kehrt zum großen Trägheitsmoment zurück. Beim Durchlaufen der Ruhelage wiederholt er das Spiel. In kurzer Zeit vollführt er Drehschwingungen mit 360° Amplitude. — Dieser Versuch erläutert vorzüglich die ganze *Technik des Reckturnens*. Nur ist die Achse der horizontalen Reckstange durch die vertikale Drillachse ersetzt und das Drehmoment wird nicht, wie beim Reck, durch das Gewicht, sondern durch die

---

[1] Der Energiezuwachs entstammt der Arbeit der Muskeln gegen Trägheitskräfte (§ 61).

Schneckenfeder an der Drillachse erzeugt. Dadurch erreichen wir den Vorteil eines langsameren zeitlichen Verlaufs und daher leichterer Beobachtung. Der eben gezeigte Versuch war, in die Sprache des Reckturners übersetzt, der *Riesenschwung*.

Der Turner am Reck weiß sein Trägheitsmoment im richtigen Augenblick auf mancherlei Weise zu verkleinern. Zum Beispiel beim Riesenschwung durch Einknicken der Arme oder Einknicken der Beine oder Spreizen der Beine.

10. Auch der Flächensatz bei Zentralbewegungen (§ 26) ist nur ein Sonderfall des Drehimpuls-Erhaltungssatzes. An allen Stellen der Bahn ist in Abb. 60 die Dreiecksfläche $O\,a\,c = O\,c\,e = r^2\omega/2 = \text{Ⓖ}*/2m$ konstant.

§ 52. Freie Achsen. Bei allen bisher betrachteten Drehbewegungen war die Drehachse des Körpers durch eine wirkliche Achse in Zylinder- oder Schneidenform in Lagern *festgelegt*. Diese Beschränkung lassen wir jetzt fallen. So gelangen wir zu den Drehbewegungen der Körper um *freie* Achsen. Zur Erläuterung dieses Wortes bringen wir etliche experimentelle Beispiele.

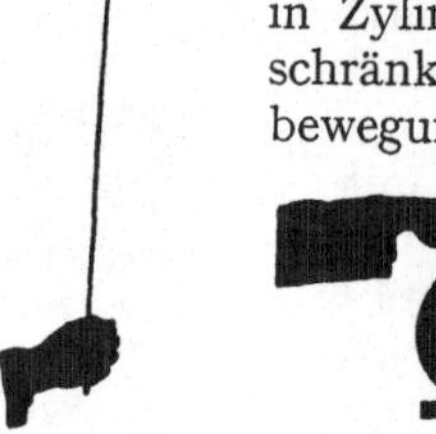

Abb. 132. Die Figurenachse eines Tellers als freie Achse.

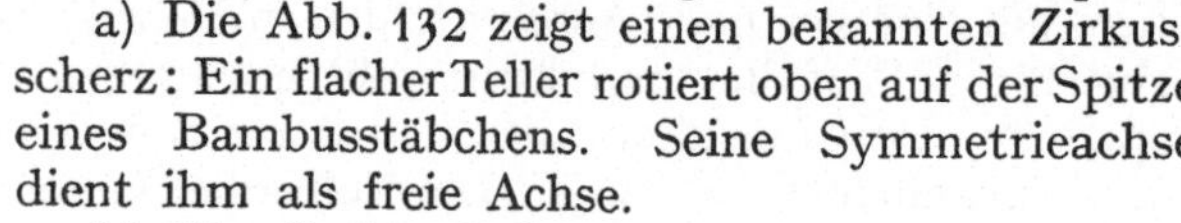

Abb. 133. Tellerdurchmesser als freie Achse.

a) Die Abb. 132 zeigt einen bekannten Zirkusscherz: Ein flacher Teller rotiert oben auf der Spitze eines Bambusstäbchens. Seine Symmetrieachse dient ihm als freie Achse.

b) Ein flacher Teller kann, geschickt in Gang gesetzt, auch um einen Durchmesser als freie Achse rotieren (Abb. 133).

c) Wir bringen eine kleine Abart dieser beiden Versuche. Wir hängen an die vertikale Achse eines schnell laufenden Elektromotors einen zylindrischen Stab an seinem einen Ende auf. Als freie Achse kann entweder seine Längsachse dienen oder aber wie in Abb. 134 seine Querachse.

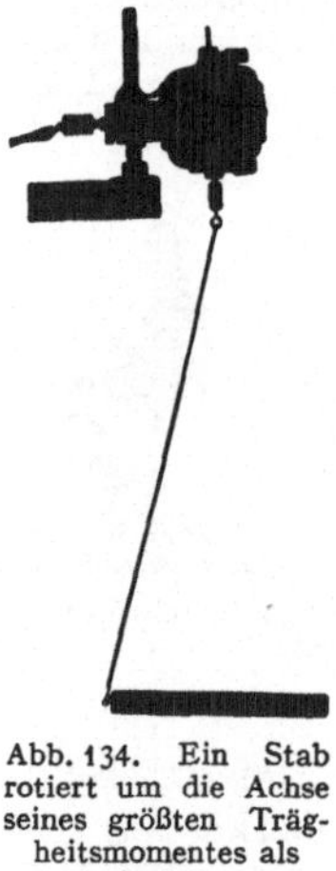

d) Technisch verwertet man freie Achsen als „schwanke" Achsen. In Abb. 135 wird eine Schmirgelscheibe von einem Elektromotor in Drehung versetzt ($v \approx 50/\text{sec}$). Die Scheibe sitzt am Ende eines etwa 20 cm langen und nur wenige Millimeter starken Drahtes. Sie dreht sich stabil um die Achse ihres größten Trägheitsmomentes und legt sich federnd gegen das angepreßte Werkstück.

Allen diesen Beispielen war zweierlei gemeinsam:

1. Die benutzten Körper hatten *Drehsymmetrie*. Alle waren sie im Prinzip auf einer *Drehbank* herstellbar. Bei allen war eine *Symmetrie- oder Figurenachse* ausgezeichnet.

2. Die eine freie Achse fiel mit der Figurenachse zusammen, die andere stand stets zu ihr senkrecht.

Abb. 134. Ein Stab rotiert um die Achse seines größten Trägheitsmomentes als freie Achse.

In den jetzt folgenden Versuchen fehlt eine Drehsymmetrie der Körper. Wir nehmen als Beispiel eine flache Zigarrenkiste (vgl. Abb. 136). Ihre drei Flächenpaare sind durch je eine Farbe gekennzeichnet.

e) In die Mittelpunkte der Seiten werden Ösen eingesetzt. An einer dieser Ösen wird der Kasten mittels eines Drahtes ebenso an der Motorachse aufgehängt wie in Abb. 134 der zylindrische Stab. Der Versuch zeigt folgendes: Die Mittellinien A und C können als „freie" Achsen dienen, um sie vermag sich der Körper stabil zu drehen. Beide freie Achsen stehen

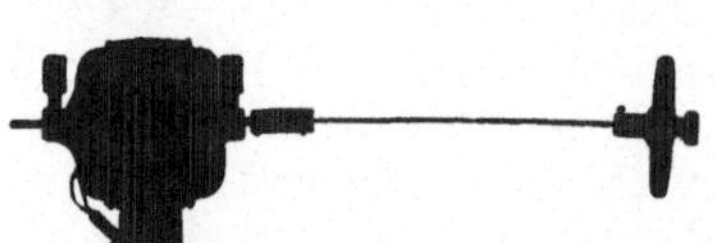

Abb. 135. Schwanke Achse einer Schmirgelscheibe. Achse für praktische Zwecke etwas zu dünn.

wieder senkrecht zueinander. — Anders die dritte Mittellinie B, die senkrecht zu A und C ebenfalls durch den Schwerpunkt geht. Sie läßt sich in keiner Weise als freie Achse verwenden. Der Körper kehrt stets in eine der beiden stabilen Lagen zurück.

f) Mit dem gleichen Ergebnis wiederholen wir den Versuch in einer Abart. Wir schleudern die Kiste in die Luft, ihr durch geeignete Fingerhaltung (Abb. 137) eine Drehung erteilend. Wieder können A und C als freie Achsen dienen. Dem Beschauer bleibt ein und dieselbe Kistenfläche zugewandt, kenntlich an ihrer Farbe. Drehversuche um die Achse B führen stets zu Torkelbewegungen, der Beschauer sieht wechselnde Farben.

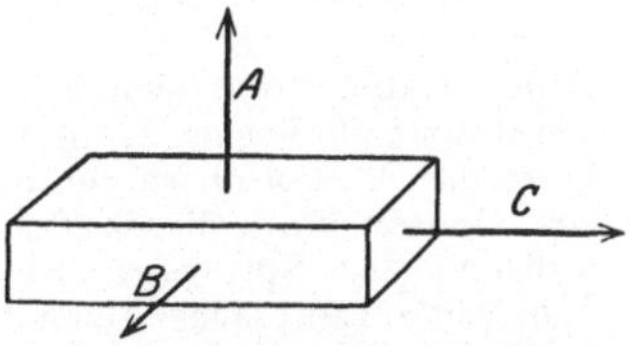

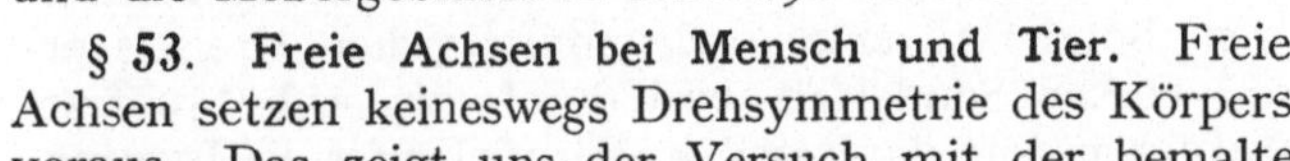

Abb. 136. Die Achse A des größten, B des mittleren und C des kleinsten Trägheitsmomentes einer Kiste.

$$\left.\begin{array}{l} \Theta_A = 6,5 \\ \Theta_B = 5,6 \\ \Theta_C = 1,4 \end{array}\right\} \cdot 10^{-3} \ \text{kg m}^2$$

Mit diesen oder ähnlichen Versuchen gelangt man zu dem Ergebnis: *Als freie Achse eines Körpers kann die Achse seines größten oder kleinsten Trägheitsmomentes dienen.*

Bei den einfach gewählten Beispielen a) bis f) ist das wohl in jedem Einzelfall rein geometrisch ersichtlich. In anderen Fällen kann man jederzeit die Drillachse (Abb. 115 und 123) zu Hilfe nehmen und die Trägheitsmomente für die verschiedenen Achsenrichtungen *messen*. Der Sicherheit halber haben wir derartige Messungen für unsere flache Zigarrenkiste ausgeführt und die Meßergebnisse in Abb. 136 vermerkt.

§ 53. **Freie Achsen bei Mensch und Tier.** Freie Achsen setzen keineswegs Drehsymmetrie des Körpers voraus. Das zeigt uns der Versuch mit der bemalten, flachen Zigarrenkiste. Noch besser zeigt es uns aber die Anwendung der freien Achsen durch Mensch und Tier. *Beispiele:*

Abb. 137. Abschleudern einer Kiste zur Drehung um ihre freie Achse A mit größtem Trägheitsmoment.

a) *Ein Springer macht einen Salto.* Leicht vornübergekrümmt, meist mit erhobenen Händen, erteilt er sich einen Drehimpuls. Die zugehörige Achse ist in Abb. 138a angedeutet. Es ist nahezu eine freie Achse *größten* Trägheitsmomentes. Die Winkelgeschwindigkeit ist noch klein. Einen Augenblick später reißt der Springer seinen Körper in die Kauerstellung der Abb. 138b zusammen. Auch für diese Körperstellung bleibt die Achse die seines *größten* Trägheitsmomentes. Aber dies selbst ist rund dreimal kleiner. Folglich ist die Winkelgeschwindigkeit nach dem Impulserhaltungsgesetz auf das Dreifache erhöht. Mit dieser großen Winkelgeschwindigkeit werden ein oder zwei, ja gelegentlich sogar drei ganze Drehungen ausgeführt. Dann vergrößert der Springer im gegebenen Augenblick wieder sein Trägheitsmoment durch Streckung des Körpers. Er landet mit wieder kleiner Winkelgeschwindigkeit auf dem Boden. Die Sprungtechnik guter Zirkuskünstler ist

b   a

Abb. 138. Veränderung des Trägheitsmomentes beim Salto.

physikalisch recht lehrreich. Zum Springen gehört in erster Linie Mut. Springen ist Nervensache. Für die nötigen Drehungen sorgt schon automatisch der Erhaltungssatz des Drehimpulses.

b) *Eine Balletteuse macht eine Pirouette* auf einer Fußspitze. Sie dreht sich dabei um ihre Körperlängsachse. Sie benutzt die Achse ihres *kleinsten* Trägheitsmomentes als *freie* Achse. Um diese dreht sie sich mit großer Winkelgeschwindigkeit ω und dem Drehimpuls $\Theta\omega$.

Zum Abstoppen vergrößert sie im gegebenen Augenblick ihr Trägheitsmoment durch Übergang in die Körperstellung unserer Abb. 125. Dies neue Trägheitsmoment ist rund siebenmal größer als das vorangegangene. Folglich ist ihre Drehgeschwindigkeit auf den siebenten Teil verkleinert. Die Fußsohle wird auf den Boden gesetzt, die Drehung gebremst und der Unterstützungspunkt unter den Schwerpunkt gebracht.

c) Eine an den Füßen aufgehängte und dann losgelassene Katze fällt stets auf ihre Füße. Dabei dreht sich das Tier um seine freie Achse kleinsten Trägheitsmomentes. Es benutzt sie als Ersatz für die durch Lager gehaltene Achse unseres Drehschemels in Abb. 129. Statt des *Hammers* werden die *hinteren Extremitäten* und der Schwanz herumgeschwungen. Der Mensch kann diesen Trick der Katze in *seiner* Art leicht nachmachen. Auch er kann während des Springens Drehbewegungen um seine Achse kleinsten Trägheitsmomentes, d. h. seine Längsachse, einleiten.

§ 54. Definition des Kreisels und seiner drei Achsen. Bei den zuerst von uns betrachteten Drehungen lag die Drehachse im Körper fest, und außerdem wurde sie außerhalb des Körpers von Lagern gehalten. Bei den dann folgenden

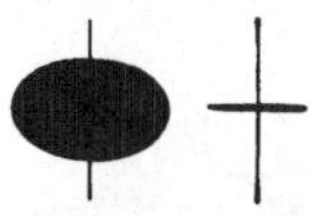

Abb. 139. Zwei „abgeplattete" Kreisel. Die Figurenachse ist die Achse des größten Trägheitsmomentes.

Drehungen um freie Achsen lag die Drehachse noch immer im Körper fest, doch fehlten die Lager. Im allgemeinsten Fall der Drehung fehlen sowohl die Lager wie eine feste Lage der Drehachse im Körper. Die Drehachse geht im Körper zwar dauernd durch dessen Schwerpunkt, doch wechselt sie ständig ihre Richtung im Körper. Die letztgenannte allgemeine Drehung heißt „*Kreiselbewegung*". Drehungen um freie Achsen oder um gelagerte Achsen sind Sonderfälle dieser allgemeinen Kreiselbewegung.

In ihrer allgemeinsten Form bieten die Kreiselbewegungen die schwierigsten Aufgaben der ganzen Mechanik. Man gelangt selbst mit großem mathematischen Rüstzeug nur zu Näherungslösungen. Doch lassen sich alle wesentlichen Kreiselerscheinungen bereits an dem Sonderfall eines drehsymmetrischen Kreisels erläutern. Dieser Sonderfall wird durch die Abb. 139 festgelegt. In den dort dargestellten Beispielen ist die Figurenachse stets die Achse des *größten* Trägheitsmomentes. Es handelt sich im physikalischen Sinne um „*abgeplattete*" Kreisel oder einfach um „*Kreisel*" im Sinne des täglichen Sprachgebrauchs.

Entscheidend für die Darstellung und das Verständnis aller Kreiselerscheinungen ist die strenge Unterscheidung dreier verschiedener, durch den Kreiselschwerpunkt gehender Achsen. Es sind

1. die Figurenachse, also in unseren Kreiseln die Achse des größten Trägheitsmomentes;

2. die momentane Drehachse, die Achse, um die in einem bestimmten Augenblick die Drehung erfolgt;

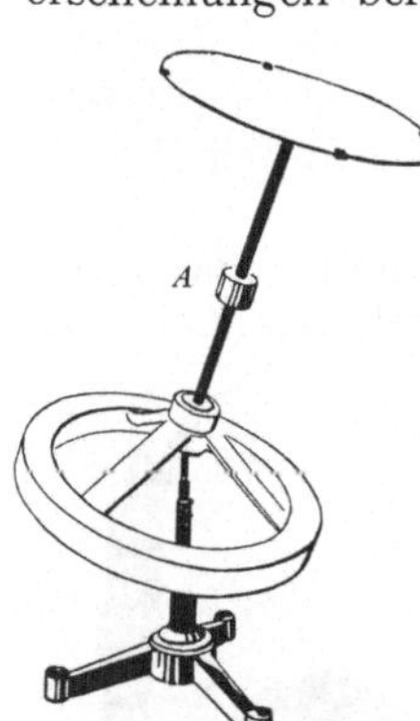

Abb. 140. Kreisel zur Vorführung der drei Achsen. Um ihn in Gang zu setzen, klemmt man die Figurenachse zwischen die flachen Handflächen und bewegt die Hände, wie beim Quirlen in der Küche, in einander entgegengesetzter Richtung.

3. die Impulsachse. Sie liegt zwischen Figuren- und Drehachse in der durch beide festgelegten Ebene.

Die Figurenachse ist ohne weiteres an jedem unserer Kreisel erkennbar, zur Sichtbarmachung der beiden anderen Achsen bedarf es besonderer Kunstgriffe. Für ihre Anwendung eignet sich der in Abb. 140 dargestellte Kreisel. Er ist in seinem Schwerpunkt mit Pfanne und Spitze kräftefrei gelagert, also in jeder Stellung seiner Figurenachse im Gleichgewicht. — Die Figurenachse trägt oben einen leichten Tisch. Auf ihm können Papierblätter mit verschiedenen Mustern befestigt werden.

Zunächst soll die momentane Drehachse vorgeführt werden. Zu diesem Zweck wählen wir ein Papierblatt mit gedrucktem Text, setzen den Kreisel in

Gang und geben der Figurenachse einen seitlichen Stoß. Durch ihn gerät der Kreisel in eine torkelnde Bewegung, und dabei beobachtet man folgendes: Durch die Rotation verschwimmt der Text zu einem einheitlichen Grau. Nur in einem engen, ständig wandernden Fleck bleibt der Text kurz in Ruhe und als Druckschrift erkennbar. Der Mittelpunkt dieses Fleckes ist die *momentane Drehachse*. Diese momentane Drehachse und die Figurenachse umfahren mit derselben Winkelgeschwindigkeit ω_N je einen Kegel, und diese beiden Kegel haben eine gemeinsame raumfeste Achse. Diese zunächst noch unsichtbare Achse ist die *Drehimpulsachse*.

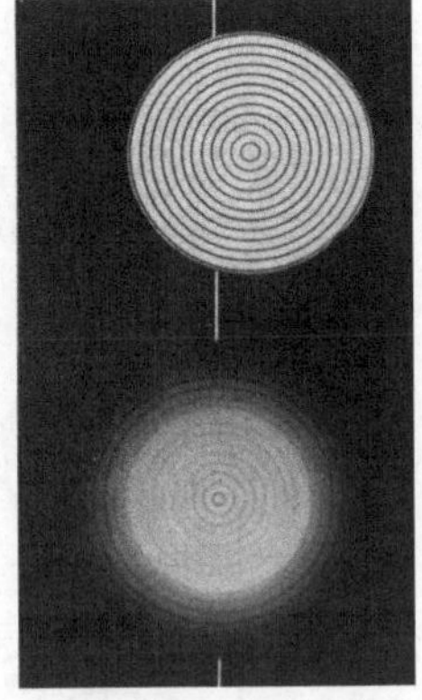

Um die Drehimpulsachse sichtbar zu machen, beginnen wir mit einem Vorversuch. Wir befestigen ein Papierblatt mit konzentrischen Kreisen auf einer rotierenden Scheibe, und zwar das Zentrum der Kreise auf der Drehachse. Wir sehen die rotierende Scheibe ebenso wie die ruhende, Abb. 141. — Alsdann verschieben wir das Zentrum der Kreise seitlich gegen die Drehachse der Scheibe, lassen also während der Rotation das Zentrum der Kreise um die Drehachse der Scheibe herumlaufen. Dabei ergibt sich Abb. 142, also wieder ein System konzentrischer Kreise. Der Abstand zwischen den einzelnen Kreisen ist der gleiche

Abb. 141 und 142. Zur Sichtbarmachung der Drehimpulsachse. Etwa $^1/_{10}$ natürl. Größe.

wie zuvor, ihre Konturen sind verwaschen, das gemeinsame Zentrum dieser verwaschenen Kreise liegt über der Drehachse und zeigt uns deren Lage. — Soweit der Vorversuch.

Im Hauptversuch legen wir die Scheibe mit den konzentrischen Kreisen auf den Tisch des Kreisels (Abb. 140), das gemeinsame Zentrum in der Figurenachse. Durch einen seitlichen Stoß trennen wir wieder die drei Kreiselachsen voneinander: Die Figurenachse, also auch das Zentrum der konzentrischen Kreise, läuft um die Drehimpulsachse herum; dabei wird die Drehimpulsachse genau so sichtbar wie die Achse in Abb. 142.

Der ganze Vorgang, der gemeinsame Umlauf der Figurenachse und der momentanen Drehachse um die Drehimpulsachse herum, heißt *Nutation*.

Näheres über die Nutation bringt der folgende Paragraph. — Hier entnehmen wir dem Experiment lediglich noch eine für später nützliche Feststellung: Die Nutationen klingen in einiger Zeit ab. Das ist eine Folge der unvermeidlichen Lagerreibung, in unserem Beispiel also zwischen Spitze und Pfanne.

§ 55. **Die Nutation des kräftefreien Kreisels und sein raumfester Drehimpuls.** Die soeben experimentell beobachtete *Nutation ist eine unmittelbare Folge des Impulserhaltungssatzes.* Man denke sich in Abb. 143 die Zeichenebene durch die Figurenachse A des Kreisels und durch seine momentane Drehachse Ω hindurch-

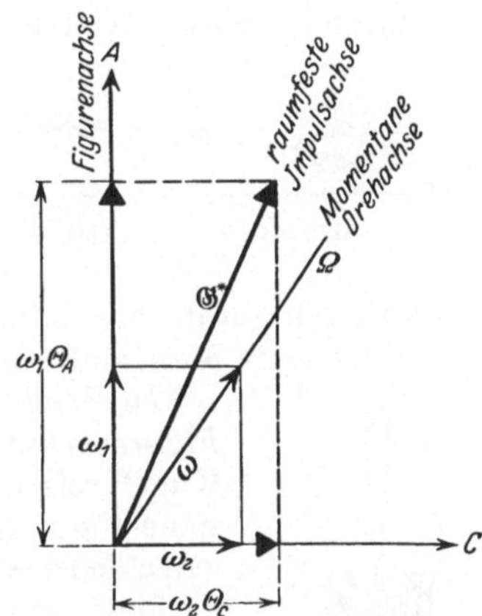

Abb. 143. Die drei Kreiselachsen.

gelegt. Um diese momentane Drehachse dreht sich der Kreisel mit der Winkelgeschwindigkeit ω, dargestellt durch die Länge des Pfeiles in Richtung der Drehachse Ω. Diese Drehgeschwindigkeit ω können wir in zwei Komponenten ω_1 und ω_2 zerlegen. ω_1 ist die Winkelgeschwindigkeit um die Achse A des größten Trägheitsmomentes Θ_A. — ω_2 ist die Winkelgeschwindigkeit um eine zu ihr senkrechte Achse C mit dem Trägheitsmoment Θ_C. Der Drehimpuls beträgt demnach $\mathfrak{G}_A^* = \Theta_A \omega_1$ in Richtung der Figurenachse A, $\mathfrak{G}_C^* = \Theta_C \omega_2$ in Richtung der zur Figurenachse senkrechten Achse C.

Diese beiden Drehimpulse sind durch Pfeile mit dicken Spitzen eingezeichnet. Sie setzen sich zu einem resultierenden Drehimpuls, dem Pfeil $\mathfrak{G}^*$, zusammen. Die Richtung dieses Drehimpulses, die Impulsachse, liegt also zwischen der Figurenachse A und der augenblicklichen Drehachse Ω in der beiden gemeinsamen Ebene.

Jetzt ist der Kreisel voraussetzungsgemäß „kräftefrei". Er ist in seinem Schwerpunkt auf einer Spitze gelagert. Es wirken keinerlei Drehmomente auf ihn ein. Infolgedessen muß sein Drehimpuls nach Größe und Richtung erhalten bleiben. Die Impulsachse muß dauernd ein und dieselbe feste Richtung im Raume behalten. Sowohl die Figurenachse A wie die augenblickliche Drehachse Ω müssen die raumfeste Impulsachse umkreisen. Zur Veranschaulichung bilden wir die drei Achsen in Abb. 143 aus starren Drähten nach und lassen sie gemeinsam um den mittleren Draht, also die Impulsachse, rotieren. Dann sehen wir um die Impulsachse herum zwei Kegel entstehen. Der eine entsteht durch den Draht der Figurenachse: Es ist der uns schon bekannte Nutationskegel. Der andere Kegel entsteht durch den Draht der momentanen Drehachse: Man nennt ihn den Rastpolkegel („Herpolhodie"). Der Zusammenhang dieser beiden ersten Kegel läßt sich nun in Abb. 144 mit einem dritten Kegel, dem Gangpolkegel („Polhodie") darstellen. Dieser ist starr mit der Figurenachse verbunden, er umfaßt als Hohlkegel den raumfesten Rastpolkegel und rollt („perizykloidisch") auf diesem ab. Die jeweilige Berührungslinie dieser Kegel mit gemeinsamer Spitze ergibt die Richtung der momentanen Drehachse Ω.

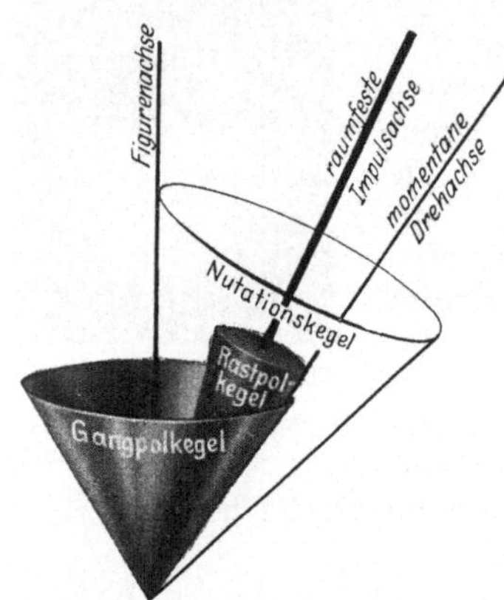

Abb. 144. Der Nutationskegel.

Auf den Inhalt dieses Paragraphen muß man etwas Mühe verwenden. Es lohnt aber. Das Wort Nutation kommt sehr häufig in neuzeitlichen physikalischen und technischen Arbeiten vor. Man muß mit ihm einen Sinn verbinden können.

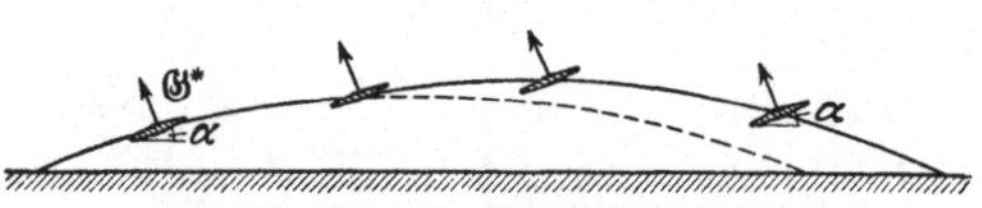

Abb. 145. Flugbahn eines Diskuskreisels.

In Sonderfällen kann die Impulsachse eines Kreisels mit seiner Figurenachse zusammenfallen: Der flache Kreisel entartet zu einem Kugelkreisel, oder die Drehachse eines flachen Kreisels wird in seine Figurenachse gelegt. — Diesen zweiten Fall können wir auf verschiedene Weise verwirklichen, z.B. mit dem Kreisel aus Abb. 140.

Man setzt den laufenden Kreisel recht behutsam auf sein Spitzenlager im Schwerpunkt. Man vermeidet beim Aufsetzen jeden seitlichen Stoß gegen die Figurenachse. Dann bleibt die Kreiselachse raumfest stehen. Das ist eine bereits vielen Laien geläufige Erscheinung. — Abarten:

Abb. 146. Diabolo-Spielkreisel.

a) Man schleudert eine Diskusscheibe, sie durch die bekannte Handbewegung als Kreisel in Drehung versetzend. Die Richtung der Figurenachse bleibt als Impulsachse $\mathfrak{G}^*$ raumfest (Abb. 145). Der Diskus fliegt auf dem *absteigenden Ast* seiner Bahnkurve wie die Tragfläche eines Flugzeuges mit festem Anstellwinkel α durch die Luft. Dabei erfährt der Diskus den Auftrieb eines Flügels (§ 96). Er sinkt langsamer zu Boden als ein Stein und fliegt daher weiter, als der punktierten Wurfparabel entspricht. — Selbstverständlich ist das Wort „kräftefrei" in diesem Fall nur im Sinne einer Näherung anwendbar. Denn die anströmende Luft läßt in Wirklichkeit ein kleines Drehmoment auf den Kreisel wirken.

b) Der Diabolokreisel gemäß Abb. 146. Er behält auch bei großer Wurfhöhe eine feste Richtung seiner Figurenachse bei.

§ 56. Kreisel unter Einwirkung von Drehmomenten; die Präzession der Drehimpulsachse. Nach Einführung des Impulses $\mathfrak{G} = m\mathfrak{u}$ haben wir die Grundgleichung in die Form gebracht:

$$\mathfrak{K} = \frac{d}{dt}(m\mathfrak{u}) = \frac{d\mathfrak{G}}{dt}. \qquad \text{(91) v. S. 59}$$

Ferner hatten wir bei der fortschreitenden Bewegung zwei Grenzfälle zu unterscheiden. Im ersten Grenzfall lag die Richtung der Kraft $\mathfrak{K}$ parallel dem schon vorhandenen Impuls $\mathfrak{G}$: Es wurde nur die *Größe*, nicht die Richtung des Impulses geändert (gerade Bahn). — Im zweiten Grenzfall stand die Richtung der Kraft in jedem Augenblick senkrecht zu der des schon vorhandenen Impulses: Es wurde nur die *Richtung* des Impulses geändert (Kreisbahn).

In entsprechender Weise wollen wir jetzt die Einwirkung eines Drehmomentes $\mathfrak{M}$ auf einen *Kreisel* behandeln. Wir verwenden die Grundgleichung in der Form

$$\boxed{\;\mathfrak{M} = \frac{d}{dt}(\Theta\,\omega) = \frac{d\mathfrak{G}^{*}}{dt}\;} \qquad \text{(106) v. S. 64}$$

und unterscheiden wieder zwei Grenzfälle. Im ersten Grenzfall liegt die Richtung des Drehmomentvektors *parallel* zur Richtung des Drehimpulses: Dann erfährt der Kreisel eine Winkelbeschleunigung $\dot{\omega}$; es wird nur die *Größe* seines Drehimpulses $\mathfrak{G}^{*}$ geändert, nicht aber dessen Richtung.

Eine für Messungen brauchbare Anordnung findet sich in Abb. 43, S. 27. Das wirksame Drehmoment $\mathfrak{M}$ ist gleich $(-\mathfrak{K}_{1})$ mal dem Radius der Kreiselachse.

Im zweiten Grenzfall steht der Vektor des Drehmomentes $\mathfrak{M}$ *senkrecht* zur Richtung des schon vorhandenen Kreiseldrehimpulses $\mathfrak{G}^{*}$. Dann bleibt die Größe des Drehimpulses ungeändert, geändert wird nur seine *Richtung*.

Das zur Drehimpulsachse senkrechte *Drehmoment* veranlaßt eine *Präzessionsbewegung der Drehimpulsachse*. Die Drehimpulsachse bleibt nicht mehr raumfest. *Sie beginnt ihrerseits einen im Raum festen Präzessionskegel zu umfahren.* Dabei bleibt die Drehimpulsachse nach wie vor die Mittellinie des Nutationskegels. Der Kreisel ist nunmehr durch drei Kreisfrequenzen oder Winkelgeschwindigkeiten gekennzeichnet:

1. seine Winkelgeschwindigkeit ω um die Figurenachse;

2. die Winkelgeschwindigkeit ω_{N} der Figurenachse beim Umfahren der Drehimpulsachse auf dem *Nutationskegel*;

3. die Winkelgeschwindigkeit ω_{P} der Impulsachse beim Umfahren des raumfesten *Präzessions*kegels.

Kreiselbewegungen mit gleichzeitiger Nutation und Präzession zeigen recht verwickelte Bilder. Darum muß man für Vorführungszwecke eine möglichst weitgehende Trennung von Nutation und Präzession erstreben. Zu diesem Zweck beginnt man in der Regel mit einem möglichst *nutationsfreien* Kreisel. Man nimmt also einen Kreisel, bei dem ausnahmsweise Impuls- und Figurenachse praktisch zusammenfallen.

Es genügt der in Abb. 140 gezeigte Kreisel. Man braucht nur seinen Schwerpunkt durch Verschieben des Klotzes A über oder unter den Unterstützungspunkt zu verlegen. Übersichtlicher aber ist die in Abb. 147 gezeigte Anordnung. Sie enthält einen Kreisel mit horizontaler Achse ($\alpha = 90°$). Der Kreiselträger ist im Schwerpunkt des ganzen Systems mit Spitze und Pfanne gelagert. Um senkrecht zum Drehimpuls $\mathfrak{G}^*$ ein Drehmoment $\mathfrak{K}l \sin \alpha$ herzustellen, hängen wir einen kleinen Wägeklotz an den Kreiselträger. Dies Drehmoment hat für $\alpha = 90°$ seinen größten Wert $\mathfrak{M} = \mathfrak{K}l$. Es bewirkt zweierlei, nämlich erstens eine geringfügige Nutation und zweitens eine sehr auffällige *Präzession:* Die Drehimpulsachse umfährt einen, hier sehr stumpfen *Präzessionskegel* mit vertikaler Achse.

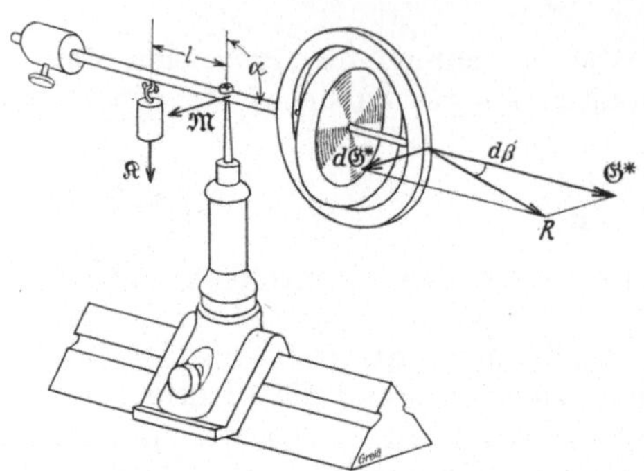

Abb. 147. Präzession eines rotierenden Kreisels unter Einwirkung eines konstanten Drehmomentes.

Die geringfügigen Nutationen lassen wir außer acht und erklären nur das Zustandekommen der Präzession: Das konstante Drehmoment $\mathfrak{M}$ erzeugt jeweils innerhalb der Zeit dt einen zusätzlichen Drehimpuls $d\,\mathfrak{G}^*$, Abb. 147. Er steht senkrecht zum ursprünglichen Drehimpuls $\mathfrak{G}^*$ und setzt sich mit diesem zu einem resultierenden mit der Richtung R zusammen.

Die Drehimpulsachse durchfährt in der Zeit dt den Winkel $d\beta$ in der durch $\mathfrak{M}$ und $\mathfrak{G}^*$ bestimmten Ebene. Dabei gilt nach S. 75

$$\mathfrak{M} = \frac{d\,\mathfrak{G}^*}{dt} \tag{106}$$

und nach Abb. 147 $d\,\mathfrak{G}^* = \mathfrak{G}^* d\beta$. So erhalten wir

$$\mathfrak{M} = \mathfrak{G}^* \frac{d\beta}{dt}, \qquad \mathfrak{M} = \omega_p \mathfrak{G}^*, \qquad |\omega_p| = \frac{|\mathfrak{M}|}{|\Theta\,\omega|} \tag{109}$$

($\mathfrak{M}$, also Höchstwert $\mathfrak{K}l$ des Drehmomentes für $\alpha = 90°$, in Newtonmeter, Θ in kg · m²).

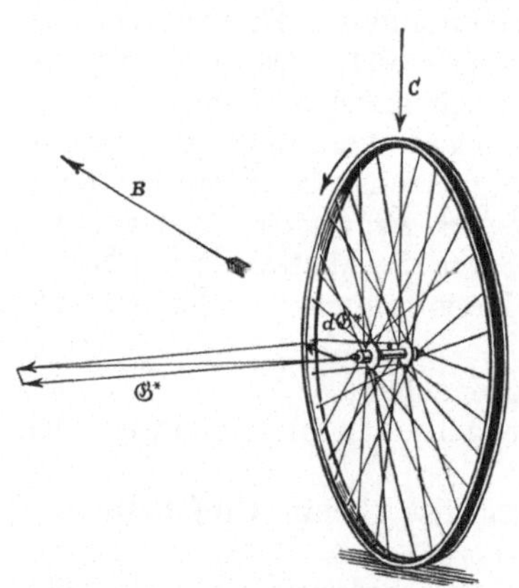

Abb. 148. Zum Freihändigfahren mit dem Fahrrad. Vgl. § 111 (Kybernetik).

Diese Gleichung wird vom Experiment bestätigt: Eine Vergrößerung des Drehmomentes in Abb. 147 (größerer Wägeklotz) erhöht die Winkelgeschwindigkeit ω_p der Präzession.

Ist $\alpha < 90°$, so wirkt das Drehmoment $\mathfrak{K}l \sin \alpha = \mathfrak{M} \sin \alpha$ auf die horizontale Komponente $\Theta \omega \sin \alpha$ des Drehimpulses. Die Gl. (109) ist also unabhängig von α, weil $\mathfrak{M}$ das Drehmoment $\mathfrak{K}l$ für $\alpha = 90°$ bezeichnet.

Diese primitive Darstellung der Präzession hat, wie betont, die Nutation außer acht gelassen. Sie genügt aber schon zum Verständnis mancher praktischer Anwendungen der Präzession. Wir beschränken uns auf drei Beispiele.

a) *Das Freihändigfahren mit dem Fahrrad.* Die Abb. 148 zeigt uns das Vorderrad eines Fahrrades. Der Fahrer kippe ein wenig nach rechts. Dadurch erfährt die Achse des Vorderrades ein Drehmoment um die waagerechte Fahrtrichtung B. Gleichzeitig macht das Vorderrad als Kreisel eine Präzessionsbewegung um die Vertikale C und läuft in einer Rechtskurve. Die Verbindungslinie zwischen den Berührungspunkten von Vorder- und Hinterrad mit dem Boden gelangt wieder unter den Schwerpunkt des Fahrers. Somit ist der Unterstützungspunkt wieder unter den Schwerpunkt gebracht. — Die Vorzeichen aller Drehungen und Impulse sind in die Abb. 148 eingezeichnet.

Sehr anschaulich ist ein Vorführungsversuch mit einem kleinen Fahrradmodell. Man bringt seine Räder durch kurzes Andrücken gegen eine laufende Kreisscheibe (Abb. 149) auf hohe Drehfrequenz und stellt dann die Fahrradlängsachse frei in der Luft waagerecht. Um diese Längsachse kippt man das Fahrrad vorsichtig. Eine Rechtskippung läßt das Vorderrad sofort in eine Rechtskurvenstellung übergehen und umgekehrt. Auf den Boden gesetzt, läuft das kleine Modell einwandfrei auf gerader Bahn davon. Der Fahrer ist ganz entbehrlich. Seine Leistung beim Freihändigfahren ist recht bescheiden: Er hat nur zu lernen, die automatisch erfolgenden Präzessionsbewegungen des Vorderrades nicht zu stören. — Der Spielreifen der Kinder benutzt ersichtlich die gleichen physikalischen Vorgänge.

Abb. 149. Ein Fahrradmodell wird durch Anpressen an eine Scheibe auf der Achse eines Elektromotors in Gang gesetzt.

b) *Der Bierfilz als Diskus.* Man schleudere einen fast waagerecht gehaltenen Bierfilz mit der rechten Hand etwas schräg nach oben. Dann fliegt der Bierfilz nur anfänglich wie ein guter Diskus als „Tragfläche" dahin (Abb. 145). Bald vergrößert sich der Anstellwinkel seiner Scheibe: Die zunächst nur flach ansteigende Flugbahn geht steil in die Höhe. Gleichzeitig bäumt sich der Bierfilz mit seiner rechten Seite auf, er fliegt etwas nach links und verliert beim starken Steigen seine ganze Bahngeschwindigkeit. Vom Gipfel der Bahn fällt er jäh herab.

Deutung: Der Drehimpuls des Bierfilzes ist viel kleiner als der der schweren Diskusscheibe mit hohem Trägheitsmoment. Das von der anströmenden Luft auf die Kreiselscheibe ausgeübte Drehmoment ruft eine große Präzession der Kreiselachse hervor, und durch sie wird der Anstellwinkel vergrößert und verdreht.

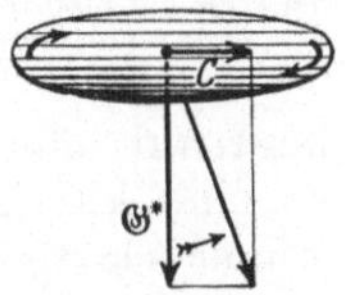

Abb. 150. Bierfilz als Diskus. Mit der rechten Hand geworfen.

Eine nichtrotierende Scheibe würde durch das Drehmoment mit dem Vorderende hochgekippt (vgl. S. 147). Die anströmende Luft erteilt der Scheibe also einen Drehimpuls in Richtung der Achse C quer zur Flugbahn. Beim rotierenden Bierfilz ist schon vorher der Drehimpuls $\mathfrak{G}^*$ vorhanden. Beide Impulse addieren sich, und die Figurenachse des Bierfilzes macht die durch den krummen gefiederten Pfeil angedeutete Präzessionsbewegung.

c) *Der Bumerang* (Rückkehrkeule). Man kann das Trägheitsmoment des Bierfilzes vergrößern und die störende Präzession vermindern, ohne das Gewicht des Bierfilzes und seinen Tragflächenauftrieb zu verändern. Man braucht nur den Rand des Bierfilzes auf Kosten der Mitte zu verstärken.

Man nehme einen Pappring von etwa 20 cm Durchmesser und 4×20 mm Profil und überklebe die Oberfläche mit einem Blatt Schreibpapier.

Solch ein Bierfilz mit vergrößertem Trägheitsmoment vollführt nach Gl. (109) nur noch eine kleine Kreiselpräzession. Auch er steigt mit zunehmendem Anstellwinkel und verliert dabei seine Bahngeschwindigkeit, hat aber am Gipfel der Bahn noch einen brauchbaren Anstellwinkel. Mit diesem kehrt er, ständig weiter rotierend, im Gleitflug zum Werfenden zurück. Er zeigt die typische Eigenschaft des als *Bumerang* bekannten Sportgerätes. *Die herkömmliche Hakenform dieses Wurfgeschosses ist also für die Rückkehr durchaus nicht wesentlich.*

Allerdings ist eine Kreisscheibe keine gute Tragfläche. Eine längliche rechteckige Scheibe mit schwacher Rückenwölbung ist eine erheblich bessere Tragfläche und ein schon recht guter Bumerang (dabei ein nicht drehsymmetrischer Kreisel). Für Vorführungszwecke nehme man einen Kartonstreifen von etwa $2{,}5 \times 12$ cm Größe und $0{,}5$ mm Dicke.

Kleine Bumerange schleudert man nicht aus freier Hand. Man legt sie auf ein etwas schräg gehaltenes Buch, läßt ein Ende überstehen und schlägt gegen dies Ende parallel der Buchkante mit einem Stab. Durch kleine Seitenkippungen dieser Abflugrampe kann man nach Belieben links oder rechts durchlaufene Bahnen erzeugen oder auch den Hin- und Rückweg praktisch in die gleiche vertikale Ebene verlegen. Man kann das Geschoß mehrfach um die Lotrechte des Ausgangspunktes hin und her pendeln lassen usf. Durch Übergang zur Hakenform und propellerartiges Verdrillen der Schenkel kann man die Flugbahn noch weiter umgestalten („Schraubenflug") und die Zahl der netten Spielereien erheblich vergrößern.

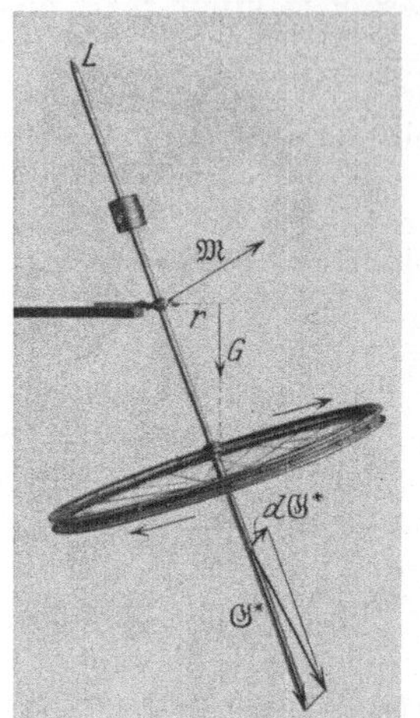

Abb. 151. Pendelnd aufgehängter Kreisel (3 Freiheitsgrade). Am oberen Ende ein kleines Glühlämpchen zur photographischen Aufnahme der in Abb. 152 bis 154 folgenden Bilder.

§ 57. Präzessionskegel mit Nutationen.

Unter geeigneten Versuchsbedingungen führt die Präzession der Kreiselimpulsachse, die durch Einwirkung eines Drehmomentes entsteht, zu einem wohl ausgebildeten Präzessionskegel. Wir geben einige Beispiele.

1. Das Kreiselpendel. Ein Kreisel ist gemäß Abb. 151 stabil, aber allseitig schwenkbar aufgehängt („Kardan-Gelenk"). Er ist aus einer Fahrradfelge (evtl. mit Bleieinlage) hergestellt. Außerhalb der Lotrechten wirkt auf ihn das Moment $\mathfrak{M}$, herrührend von dem Gewicht mg, angreifend an dem Hebelarm r. Sein Vektor ist eingezeichnet, ebenfalls der durch das Drehmoment erzeugte Zusatzimpuls $d\,\mathfrak{G}^*$. In der gezeichneten Stellung losgelassen, beginnt der Kreisel einen wohl ausgebildeten Präzessionskegel mit einer kleinen Winkelgeschwindigkeit zu umfahren. Gleichzeitig zeigt er eine kleine Nutation: Die untere Spitze der Kreiselfigurenachse zeichnet keinen glatten Kreis, sondern einen Kreis mit Wellenlinien (Abb. 152). Je größer der Drehimpuls des Kreisels, desto kleiner die Nutation. Die Nutation kann praktisch unmerklich werden. Dann nennt man die Präzession *pseudoregulär.* Der Gegensatz der pseudoregulären Präzession ist die echte reguläre Präzession. Bei dieser letzteren unterdrückt man die kleine vom äußeren Drehmoment ausgelöste Nutation. Das geschieht durch bestimmte Anfangsbedingungen. Man erteilt dem Kreisel im Augenblick des Loslassens durch einen Stoß eine Nutation gerade entgegengesetzt gleicher Größe, wie sie das Drehmoment allein erzeugen würde. Der Stoß muß in Richtung des Pfeiles $d\,\mathfrak{G}^*$ erfolgen. Seine richtige Größe findet man leicht durch Probieren. Eine Berechnung führt hier zu weit.

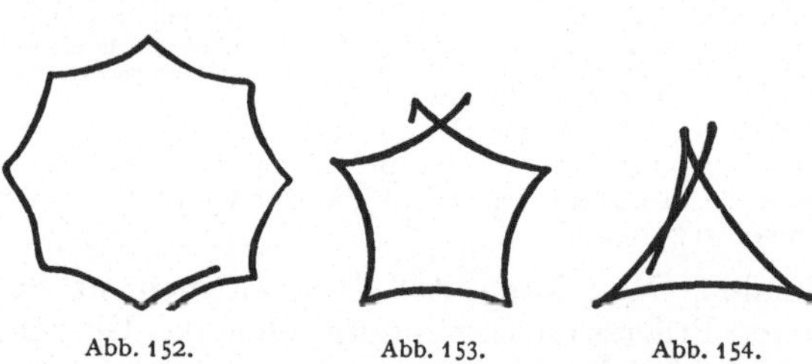

Abb. 152.   Abb. 153.   Abb. 154.

Abb. 152. Kleine Nutation eines aufgehängten Kreisels. Annäherung an die pseudoreguläre Präzession. Abb. 153 und 154 Zunahme der Nutation mit abnehmendem Drehimpuls des Kreisels. Photographische Negative.

Statt dessen wollen wir durch Verkleinerungen des Drehimpulses, d. h. praktisch Verminderung der Winkelgeschwindigkeit um die Figurenachse, die Nutation mehr und mehr hervortreten lassen. Die Spitze der Figurenachse beschreibt Bahnen, wie sie in Abb. 153 und 154 photographiert sind. — Durch geeignete Anfangsbedingungen läßt sich sogar die Präzession ganz unterdrücken. Dann verbleiben trotz des Drehmomentes nur Nutationen, aber auch das führt im einzelnen zu weit.

2. *Die Erde als Kreisel.* Ein sehr berühmtes Beispiel einer Präzessionsbewegung bietet unsere Erde. Die Erde ist keine Kugel, sondern ein wenig abgeplattet. Der Durchmesser des Äquators ist um etwa $1/_{300}$ größer als die Figurenachse der Erde, die Verbindungslinie von Nord- und Südpol. Man kann sich im groben Bilde auf die streng kugelförmige Erde längs des Äquators einen Wulst aufgesetzt denken. Die Anziehung dieses Wulstes durch Sonne und Mond erzeugt ein Drehmoment auf den Erdkreisel. Die Figurenachse NS beschreibt einen Präzessionskegel von $23^1/_2°$ halber Öffnung. Er wird in etwa 26000 Jahren einmal umfahren. Gleichzeitig erzeugt das Drehmoment winzige Nutationen. Infolgedessen weicht in jedem Augenblick die Drehachse ein wenig von der Figurenachse NS der Erde ab. Doch sind die Durchstoßpunkte beider Achsen an der Erdoberfläche nur um etwa 10 m voneinander entfernt.

Diesen winzigen Nutationen im physikalischen und technischen Sinne überlagern sich *Nutationen im Sinne der Astronomen.* Das sind im physikalischen und technischen Sinne *erzwungene* Schwingungen der Drehachse der Erde (§ 108). Sie rühren von den periodischen Schwankungen des wirksamen Drehmomentes her. Denn dies muß je nach der wechselnden Stellung von Mond und Sonne am Himmel relativ zur Erde verschieden sein.

3. *Drall der Geschosse.* Abb. 155. Langgeschosse können bei gleichem Kaliber größere Massen haben als die früheren Kugelgeschosse. Doch verlangen Langgeschosse besondere Vorsichtsmaßnahmen gegen Überschlagen. Man muß die Längsachse des Geschosses nach Möglichkeit der jeweiligen Bahntangente parallel und dadurch den Luftwiderstand klein halten. Für diesen Zweck gibt man dem Geschoß entweder Pfeilform und große Länge (z. B. Minenwerfer) oder erteilt dem Geschoß eine Rotation um seine Längsachse („gezogener Lauf"). Das rotierende Geschoß ist ein Kreisel, und als solcher vollführt es unter dem Einfluß des Luftwiderstandes eine Prä-

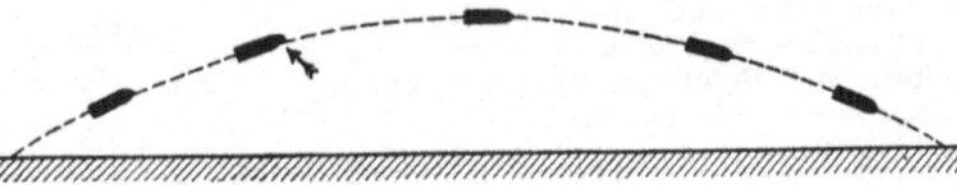

Abb. 155. Langsame Kreiselpräzession einer Granate.

zessionsbewegung. Die Präzession beginnt etwa in dem durch den Pfeil markierten Punkte. Dort trifft der Luftwiderstand das Geschoß ein wenig unterhalb seiner Spitze. Dadurch entsteht ein Drehmoment. Sein Pfeil steht senkrecht zur Papierebene. Das Drehmoment ist nicht konstant, denn die Bahntangente ändert ständig ihre Neigung. Infolgedessen entsteht kein einfacher Präzessionskegel, die Geschoßspitze durchläuft keinen Kreis, sondern Zykloidenbogen. Bei Rechtsdrall liegt die Geschoßspitze der Reihe nach rechts und oberhalb, rechts und seitlich, rechts und unterhalb der Bahntangente, und endlich wiederum in der Tangente. Bei einem deutschen Feldgeschütz wiederholt sich das Spiel von neuem nach je etwa 1 Sekunde, also in einer gegen die Flugdauer (etwa 20 Sekunden) kleinen Zeit. Die Geschoßspitze entfernt sich nie erheblich von der Bahntangente, und das Geschoß erreicht sein Ziel mit der Spitze voran. Allerdings ist eine Seitenabweichung mit in den Kauf zu nehmen. Bei Rechtsdrall ist es eine Abweichung nach rechts. Denn das in Präzession begriffene Geschoß wird auf dem absteigenden Bahnast dauernd auf seiner linken Flanke vom Luftwiderstand getroffen.

§ 58. Kreisel mit nur zwei Freiheitsgraden[1]. Zur Drehimpulsachse senkrechte Drehmomente $\mathfrak{M}$ ändern die Richtung des Drehimpulses (Präzession).

---

[1] *Freiheitsgrad* gleich Zahl der räumlichen Dimensionen, nach denen die Bewegung eines Körpers erfolgen kann. Beispiele: Ein punktförmiger Körper (Massenpunkt) kann im allgemeinen Fall eine geradlinige Bewegung in beliebiger Richtung ausführen. Seine Geschwindigkeit läßt sich in einem rechtwinkligen Koordinatensystem in drei Komponenten zerlegen. Der Massenpunkt hat dann drei Freiheitsgrade. — Ein an eine ebene Bahn gebundener Massenpunkt hat nur zwei Freiheitsgrade, ein an eine gerade Schiene gebundener nur einen Freiheitsgrad. — Ein Körper endlicher Ausdehnung kann außer fortschreitenden Bewegungen auch Drehungen ausführen. Seine Winkelgeschwindigkeit kann im allgemeinen Fall eine beliebige Richtung haben, sie läßt sich dann in drei zueinander senkrecht stehende Komponenten zerlegen: Zu den drei Freiheitsgraden der fortschreitenden Bewegung (Translation) sind drei Freiheitsgrade der Rotation hinzugekommen. Ist die Drehachse an eine Ebene gebunden, so sind nur noch zwei Freiheitsgrade der Drehung vorhanden. Ein gelagertes Schwungrad hat für seine Drehung nur noch einen Freiheitsgrad. — Der fort-

Umgekehrt erzeugen Richtungsänderungen des Drehimpulses Drehmomente $\mathfrak{M}_p$ senkrecht zur Drehimpulsachse und senkrecht zu der Richtung, um die die Drehimpulsachse gedreht wird. $\mathfrak{M}_p$ und $\mathfrak{M}$ unterscheiden sich nur durch das Vorzeichen, und somit gilt

$$\mathfrak{M}_p = \mathfrak{G}^* \times \omega_p. \tag{110}$$

Die durch erzwungene Präzessionen entstehenden Drehmomente spielen in der Technik eine große Rolle. Als erstes Beispiel nennen wir den Kollergang, eine schon den Römern bekannte Form der Mühle (Abb. 157). Während des Umlaufes bilden beide Mühlsteine einen Kreisel mit erzwungener Präzession. Das durch sie erzeugte Drehmoment ist in diesem Fall dem vom Gewicht herrührenden *gleich*gerichtet. Es preßt die Mahlsteine fester auf die Mahlfläche und erhöht den Mahldruck. Im Modell kann das mit einer Schraubenfeder unter dem Mahltisch und einem Zeiger weithin sichtbar gemacht werden. Wichtiger ist das jetzt folgende Beispiel.

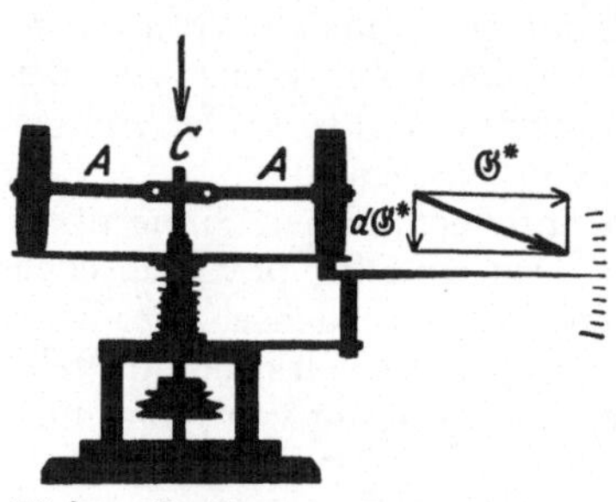

Abb. 157. Vorführungsmodell eines Kollerganges. Pfeil über $C =$ Winkelgeschwindigkeit ω_p der erzwungenen Präzession, $d\mathfrak{G}^*$ der durch sie innerhalb der Zeit dt entstehende Zusatzdrehimpuls. Ohne die Behinderung durch den Mahltisch müßte sich die Achse A in der Richtung des dicken Pfeiles einstellen. Es muß also ein Drehmoment auftreten, dessen Pfeil senkrecht zur Papierebene vom Beschauer fort gerichtet ist.

Die Abb. 158 zeigt uns eine in Kugellagern KK gelagerte Reckstange. Sie trägt oben einen Motorkreisel und einen Sitz. Der Kreisel kann in einem u-förmigen Rahmen R in der Längsrichtung dieser Stange pendeln. Die Lager sind durch einen weißen Kreis markiert, und der Rahmen ist starr mit der Reckstange verbunden.

Auf den Sitz setzt sich ein Mann. Der Schwerpunkt des ganzen Systems (Stange, Kreisel, Mann) liegt weit oberhalb der Stange, das System ist völlig labil. Es kippt beispielsweise nach rechts. Diese Kippung übt ein Drehmoment auf die Kreiselachse aus. Der Kreisel antwortet mit einer Präzession: Gesetzt, er läuft von oben betrachtet gegen den Uhrzeiger. In diesem Fall entfernt sich das obere Ende des Kreisels vom Mann. Jetzt kommt der wesentliche Punkt: Der Mann drückt das obere Kreiselende noch etwas weiter von sich weg. Dabei spürt er praktisch nicht mehr als beim ruhenden Kreisel. Trotzdem tritt durch diese erzwungene Präzession ein großes Drehmoment auf. Es wirkt auf die Pendellager und somit auf die Stange. Die Stange kehrt in ihre Ausgangslage zurück. Bei einer anfänglichen Linkskippung verläuft alles ebenso mit umgekehrtem Drehsinn. Die obere Kreiselachse nähert sich dem Mann. Der Mann zieht sie

Abb. 158. Stabilisierung mittels negativ gedämpfter Kreiselpräzessionsschwingungen (Einschienenbahn). Zwischen Kreisel und Brust ein Schutzblech, rechts unterhalb des Kreisels ein Ausgleichkörper.

noch ein wenig mehr an sich heran usf. Auf diese Weise kann man mühelos balancieren. Der Kreisel pendelt mit kleinen Amplituden in seiner durch die Lager vorgeschriebenen Pendelebene. Der Mann hat lediglich für „*negative Dämpfung*" oder „*Anfachung*" dieser Kreiselpräzessionsschwingungen zu sorgen. Das heißt, er hat die jeweils vorhandene Amplitude zu vergrößern.

---

schreitende und sich dabei drehende Körper kann überdies mit seinen einzelnen Teilen gegeneinander schwingen. Bei einem hantelförmigen Körper können z. B. die beiden Teilstücke während der Bewegung längs ihrer Verbindungslinie hin und her schwingen. Dann kommt zu den sechs Freiheitsgraden noch ein siebenter hinzu, usw.

Erstaunlich rasch lernt unser Organismus diese „negative Dämpfung" rein reflektorisch auszuüben. Bei geeigneter Wahl der Kreiselabmessungen bleibt zum Nachdenken keine Zeit. Aber das Muskelgefühl erfaßt die physikalische Situation sehr rasch. Nach wenigen Minuten fühlt man sich auf dieser kopflastigen Reckstange ebenso sicher wie ein gewandter Radfahrer auf seinem Rade (vgl. § 111).

Chinesische Seiltänzerinnen haben dies Hilfsmittel negativ gedämpfter Kreiselschwingungen schon seit langem empirisch herausgefunden. Sie benutzen als Kreisel einen von den Fingern in lebhafte Drehung versetzten Schirm. Sie halten die Schirmstange angenähert parallel dem Seil und balancieren durch kleine Kippungen der Kreiselachse. — Meist allerdings arbeiten die Seiltänzer nur mit der Fallschirmwirkung ruhender Schirme.

In großem Maßstab hat man den Pendelkreisel mit zwei Freiheitsgraden und negativer Dämpfung zur Konstruktion einer „*Einschienenbahn*" zu benutzen versucht. Die Bewegung des Armmuskels wird durch eine geeignete Hilfsmaschine ersetzt, die mit der Kippung des Wagens nach links oder rechts ihre Bewegungsrichtung wechselt.

Kreisel mit nur einem Freiheitsgrad lassen sich bequemer nach den Methoden der folgenden Kapitel behandeln.

§ 58a. **Schlußbemerkung.** In den ersten Paragraphen dieses Kapitels wurde die Grundgleichung $b = \Re/m$ nicht benutzt. Das kann zu dem Mißverständnis führen, daß für Drehbewegungen die Grundgleichung nicht anwendbar und neue Erfahrungstatsachen erforderlich seien. Das ist durchaus nicht der Fall. Man kann auch bei der Behandlung der Drehbewegungen direkt an die Grundgleichung anknüpfen.

Zu diesem Zweck denke man sich den starren Körper aus kleinen Teilchen mit den Massen Δm_i zusammengesetzt, jedes Teilchen in einem Abstande r_i von der Drehachse. Dann sind bei einer beschleunigten Drehung die *Bahn*beschleunigungen b_i der einzelnen Teilchen *verschieden* groß, *gleich groß* hingegen die Winkelbeschleunigungen $\dot\omega = b_i/r_i$.

Nach dem Grundgesetz verlangt die Bahnbeschleunigung b_i jedes Teilchens eine in der *Bahn*richtung angreifende Kraft

$$\Re = b_i \Delta m_i = \dot\omega \, r_i \Delta m_i.$$

Erweiterung mit r_i ergibt

$$r_i \Re_i = \dot\omega \, r_i^2 \Delta m_i$$

oder in Vektorschreibweise (da r_i und $\Re_i$ senkrecht zueinander stehen)

$$\mathfrak{r}_i \times \Re_i = \dot\omega \, r_i^2 \Delta m_i$$

und nach Summierung über alle Teilchen

$$\sum [\mathfrak{r}_i \times \Re_i] = \dot\omega \sum r_i^2 \Delta m_i.$$

Die beiden Summen definieren die beiden neuen abgeleiteten Größen, das Drehmoment $\mathfrak{M}$ und das Trägheitsmoment Θ. Zur experimentellen Herstellung des links stehenden Drehmomentes genügt bereits eine einzige Kraft $\Re$, die an dem starren Körper in einem bekannten Abstand $\mathfrak{r}$ von der Drehachse angreift [Abb. 112 u. Gl. (93a)]. Die entstehende Winkelbeschleunigung ist dem Drehmoment $\mathfrak{M}$ direkt, dem Trägheitsmoment Θ umgekehrt proportional, also

$$\dot\omega = \frac{\mathfrak{M}}{\Theta}. \qquad\qquad (96) \text{ v. S. } 64$$

Diese Gl. (96), also lediglich eine Umformung der Grundgleichung, liefert ein bequemes Verfahren, um mit einem bekannten Drehmoment $\mathfrak{M}$ ein unbekanntes Trägheitsmoment Θ zu messen (vgl. den ersten Kleindruck in § 56).

VII. Beschleunigte Bezugssysteme.

§ 59. Vorbemerkung. Trägheitskräfte. Bislang haben wir die physikalischen Vorgänge vom Standpunkt des festen Erd- oder Hörsaalbodens aus betrachtet. Unser Bezugssystem war die als starr und ruhend angenommene Erde. Gelegentliche Ausnahmen sind wohl stets deutlich als solche gekennzeichnet worden.

Der Übergang zu einem anderen Bezugssystem kann in Sonderfällen belanglos sein. In diesen Sonderfällen muß sich das neue Bezugssystem gegenüber dem Erdboden mit *konstanter* Geschwindigkeit bewegen. Seine Geschwindigkeit darf sich weder nach Größe noch nach Richtung ändern. Experimentell finden wir diese Bedingung gelegentlich bei einem sehr „ruhig‟ fahrenden Fahrzeug verwirklicht, etwa einem Dampfer oder einem Eisenbahnwagen. In diesen Fällen „spüren‟ wir im Innern des Fahrzeuges nichts von der Bewegung unseres Bezugssystems. Alle Vorgänge spielen sich im Fahrzeug genau so ab wie im ruhenden Hörsaal. Aber das sind ganz selten verwirklichte Ausnahmefälle.

Im allgemeinen sind Fahrzeuge aller Art „*beschleunigte*‟ Bezugssysteme: Ihre Geschwindigkeit ändert sich nach Größe und Richtung. Diese Beschleunigung des Bezugssystems führt zu tiefgreifenden Änderungen im Ablauf unserer physikalischen Beobachtungen. Unser Beobachtungsstandpunkt im beschleunigten Bezugssystem verlangt zur einfachen Darstellung des physikalischen Geschehens neue Begriffe. Für den beschleunigten Beobachter treten neue Kräfte auf. Ihr Sammelname ist „Trägheitskräfte‟. Einzelne von ihnen haben außerdem noch Sondernamen (Zentrifugalkraft, Corioliskraft) erhalten. Die Darstellung dieser Trägheitskräfte bildet den Inhalt dieses Kapitels.

Wir haben in unserer Darstellung durchweg zwei Grenzfälle der Beschleunigung auseinandergehalten: reine Bahnbeschleunigung und reine Radialbeschleunigung. Änderung der Geschwindigkeit nur nach *Größe* oder nach *Richtung*. In entsprechender Weise wollen wir auch jetzt beschleunigte Bezugssysteme mit reiner Bahnbeschleunigung und beschleunigte Bezugssysteme mit reiner Radialbeschleunigung getrennt als zwei Grenzfälle behandeln.

Bezugssysteme mit reiner *Bahnbeschleunigung* begegnen uns zwar häufig. Man denke an Fahrzeuge aller Art beim *Anfahren* und *Bremsen* auf gerader Bahn. Aber die Zeitdauer dieser Beschleunigung ist im allgemeinen gering, die Größe der Beschleunigung höchstens für wenige Sekunden konstant. Wir können diesen Grenzfall daher verhältnismäßig kurz abtun. Das geschieht in § 60.

Ganz anders die Bezugssysteme mit reiner *Radialbeschleunigung*. Jedes Karussell mit konstanter Winkelgeschwindigkeit ω läßt die Radialbeschleunigung beliebig lange Zeit konstant erhalten. Vor allem aber ist unsere Erde selbst ein großes Karussell. Daher haben wir das *Karussellsystem* mit Gründlichkeit zu studieren. Das geschieht in allen übrigen Paragraphen dieses Kapitels.

Zur Erleichterung der Darstellung werden wir uns im folgenden eines Kunstgriffes bedienen: Wir werden den Text in zwei senkrechte Parallelspalten teilen. In der linken Spalte wird der Vorgang kurz in unserer bisherigen Weise vom ruhenden Bezugssystem des Erd- oder Hörsaalbodens aus dargestellt. In der rechten Spalte steht daneben die Darstellung vom Standpunkt des beschleunigten Beobachters. *Beide Beobachter stellen die Grundgleichung* $\mathfrak{b} = \mathfrak{K}/m$ *an die Spitze ihrer Darstellung* und betrachten Kräfte als Ursache der beobachteten Beschleunigungen.

§ 60. Bezugssystem mit reiner Bahnbeschleunigung. Wir bringen Beispiele:
1. Der eine Beobachter sitzt fest auf einem Wagen, und vor ihm liegt eine Kugel auf einer reibungsfreien Tischplatte (Abb. 159). Durch diese soll das Gewicht der Kugel ausgeschaltet werden. Tisch und Stuhl sind auf den Wagen aufgeschraubt. Der Wagen wird in seiner Längsrichtung nach links beschleunigt (Fußtritt!). Dabei nähern sich die Kugel und der Mann auf dem Wagen einander. — Jetzt ergeben sich folgende zwei Darstellungsmöglichkeiten.

Abb. 159.

Ruhender Beobachter:

Die Kugel bleibt in Ruhe. Es greift keine Kraft an ihr an, denn sie ist reibungslos gelagert. Hingegen werden der Wagen und der auf ihm sitzende Mann nach links beschleunigt. Der Mann nähert sich der Kugel.

Beschleunigter Beobachter:

Die Kugel bewegt sich beschleunigt nach rechts. Folglich greift an ihr eine nach rechts gerichtete Kraft $\mathfrak{K} = -m\mathfrak{b}$ an. Sie erhält den Namen „*Trägheitskraft*".

Bei der Wahl dieses Namens wird ein Wissen des Beobachters um die eigene Beschleunigung vorausgesetzt. Ein farbloserer Name oder eine eigene Wortbildung, entsprechend dem Wort „Gewicht", wäre zweckmäßiger gewesen.

2. Der Beobachter auf dem Wagen hält die Kugel unter Zwischenschaltung eines Kraftmessers fest (Abb. 160). Der Wagen wird wieder nach links beschleunigt. Während der Beschleunigung spürt der Beobachter auf dem Wagen in seinen Hand- und Armmuskeln ein Kraftgefühl. Der Kraftmesser zeigt den Ausschlag $\mathfrak{K}$.

Abb. 160.

Die Kugel wird nach links beschleunigt. Es greift an ihr eine nach links drückende Kraft $\mathfrak{K}$ an. Für die Größe der Beschleunigung gilt $\mathfrak{b} = \mathfrak{K}/m$.

Die Kugel bleibt in Ruhe. Sie wird nicht beschleunigt. Also ist die Summe der beiden an ihr angreifenden Kräfte gleich Null. Die nach rechts ziehende Trägheitskraft $\mathfrak{K} = -m\mathfrak{b}$ und die nach links drückende Muskelkraft sind einander entgegengesetzt gleich. Ihr Betrag ist am Kraftmesser abzulesen.

3. Der Wagen wird nach links beschleunigt. Der auf dem Wagen stehende Beobachter muß während des Anfahrens die aus Abb. 161 ersichtliche Schrägstellung einnehmen. Andernfalls fällt er hintenüber. — Nun folgen beide Darstellungen.

Abb. 161.

Ruhender Beobachter:

Der Schwerpunkt des Mannes muß in gleicher Größe und Richtung wie der Wagen *beschleunigt* werden. Den zur Beschleunigung des Schwerpunktes erforderlichen, nach links gerichteten Kraftpfeil $\mathfrak{K}$ erzeugt der Mann mit Hilfe seines Gewichtes $\mathfrak{K}_2$ und einer elastischen Verformung des Wagens (Kraft $\mathfrak{K}_3$). Zu diesem Zweck neigt er sich schräg vornüber.

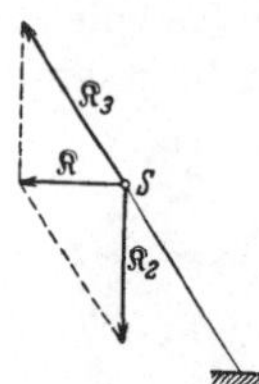

Abb. 162.

Beschleunigter Beobachter:

Der Schwerpunkt S des Mannes bleibt in *Ruhe*. Die Summe der an ihm angreifenden Kräfte (Abb. 163) ist Null. Nach unten zieht das Gewicht $\mathfrak{K}_2$, nach hinten rechts die Trägheitskraft $\mathfrak{K} = -m\mathfrak{b}$. Beide setzen sich zu der Resultierenden $\mathfrak{K}_3$ zusammen. Diese verformt den Wagen unter den Füßen des Mannes und erzeugt dadurch die der Kraft $\mathfrak{K}_3$ entgegengesetzt gleiche $\mathfrak{K}_1$.

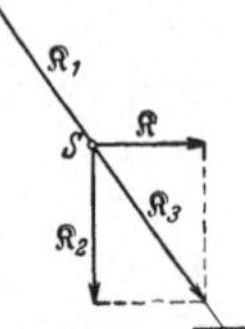

Abb. 163.

4. Der eine Beobachter befindet sich in einem Fahrstuhl. Vor ihm steht auf einem Tisch eine Federwaage und auf dieser ein Körper mit der Masse m. Der Ausschlag der Waage zeigt eine dem Gewicht $\mathfrak{K}_2$ entgegengesetzt gleiche Kraft $\mathfrak{K}_0$. Dann beginnt der Fahrstuhl eine beschleunigte *Abwärts*bewegung. Die Waage zeigt nunmehr den kleineren Ausschlag $\mathfrak{K}_1$.

Der Körper wird abwärts beschleunigt. Es wirken zwei Kräfte ungleicher Größe und entgegengesetzter Richtung auf ihn ein. Das Gewicht $\mathfrak{K}_2$ zieht den Körper nach unten, die kleinere Federkraft $\mathfrak{K}_1$ drückt ihn nach oben. Die Resultierende mit dem Betrage $|\mathfrak{K}_2| - |\mathfrak{K}_1|$ erteilt dem Körper die abwärts gerichtete Beschleunigung $|\mathfrak{b}| = (|\mathfrak{K}_2| - |\mathfrak{K}_1|)/m$.

Der Körper ruht, die Summe der an ihm angreifenden Kräfte ist Null. Die aufwärts gerichtete Federkraft $\mathfrak{K}_1$ der Waage ist kleiner als das Gewicht $\mathfrak{K}_2$ des Körpers. Folglich ist noch eine zweite aufwärts gerichtete Kraft vorhanden, nämlich die Trägheitskraft mit dem Betrage

$$|\mathfrak{K}_2| - |\mathfrak{K}_1| = m\,|\mathfrak{b}|.$$

Abb. 164.

5. Der eine Beobachter springt mit der Federwaage in der Hand von einem hohen Tisch zur Erde. Oben auf der Federwaage steht ein Wägeklotz mit der Masse m. Unmittelbar nach dem Absprung geht der Ausschlag der Waage vom Werte $\mathfrak{K}_2$ auf Null zurück (Abb. 164). Die Waage zeigt also für den Klotz kein Gewicht an.

Leider sind für diesen Versuch nur Bruchteile einer Sekunde verfügbar. Diesen Übelstand wird man aber in naher Zukunft beheben können (§ 61, 4).

Ruhender Beobachter:

Der Klotz wird beschleunigt. Er fällt ebenso wie der Mann mit der Fallbeschleunigung g. Als einzige Kraft greift am Klotz nur noch die nach unten ziehende Kraft $\mathfrak{K}_2$ an, die wir sein Gewicht nennen. Weder Muskel- noch Federkraft drücken nach oben.

Beschleunigter Beobachter:

Der Klotz ruht, die Summe der an ihm angreifenden Kräfte ist Null. Das nach unten ziehende Gewicht $\mathfrak{K}_2$ ist durch die nach oben ziehende Trägheitskraft aufgehoben. Beide Kräfte sind einander entgegengesetzt gleich, ihr Betrag ist $m\,g$.

Mit diesen Beispielen dürfte der Sinn des Wortes Trägheitskraft zur Genüge erläutert sein. *Die Trägheitskraft existiert nur für einen beschleunigten Beobachter.* Der Beobachter muß — zum mindesten in Gedanken! — an der Beschleunigung seines Bezugssystems teilnehmen. Eine Hand, die eine Kegelkugel beschleunigt, ist ein beschleunigtes Bezugssystem. Daher spürt die Hand eine Trägheitskraft.

§ 61. Bezugssystem mit reiner Radialbeschleunigung. Zentrifugal- und Corioliskraft.

1. Der eine Beobachter sitzt auf einem rotierenden Drehstuhl mit vertikaler Achse und großem Trägheitsmoment (Abb. 165, vgl. auch Abb. 175). Vorn trägt der Drehstuhl eine horizontale glatte Tischplatte. Auf diese legt der auf dem Stuhl sitzende Beobachter eine Kugel (Abb. 165). Sie fliegt ihm von der Platte nach außen herunter.

Abb. 165.

Ruhender Beobachter:

Die Kugel wird nicht beschleunigt. Es wirkt auf sie keine Kraft. Folglich kann sie nicht an der Kreisbahn teilnehmen. Sie fliegt tangential mit der konstanten Geschwindigkeit $u = \omega r$ ab ($\omega =$ Winkelgeschwindigkeit des Drehstuhls, $r =$ Abstand der Kugel von der Drehachse im Moment des Hinlegens).

Beschleunigter Beobachter:

Die hingelegte Kugel entfernt sich beschleunigt aus ihrer Ruhelage. Sie entfernt sich dabei vom Drehzentrum der Tischfläche. Folglich greift an der *ruhig* daliegenden Kugel eine *Trägheitskraft* an. Sie erhält den Sondernamen *Zentrifugalkraft.* Ihre Größe ist $\Re = m \omega^2 r$.

2. Der Beobachter auf dem Drehstuhl schaltet zwischen die Kugel und seine Handmuskeln einen Kraftmesser ein. Die horizontale Längsachse dieses Kraftmessers ist auf die Achse des Drehstuhles hin gerichtet. Der Kraftmesser zeigt während der Drehung des Stuhles eine Kraft $\Re = m \omega^2 r$ an.

Die Kugel bewegt sich auf einer Kreisbahn vom Radius r, sie wird *beschleunigt.* Das verlangt eine radial auf die Drehachse hin gerichtete, an der Kugel angreifende Kraft $\Re = -m \omega^2 r$ („Radialkraft"), Gl. (26) v. S. 28.

Die Kugel bleibt in Ruhe. Sie wird nicht beschleunigt. Folglich ist die Summe der beiden an ihr angreifenden Kräfte Null. Die radial nach außen ziehende Zentrifugalkraft und die radial nach innen ziehende Muskelkraft sind einander entgegengesetzt gleich. Die Beträge beider Kräfte sind $m \omega^2 r$.

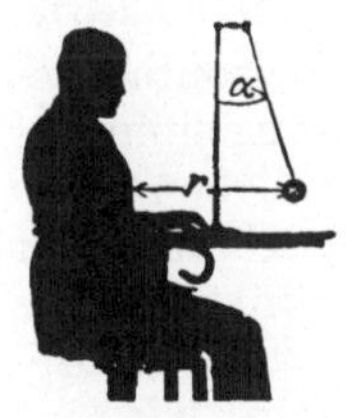

Abb. 166.

3. Der Beobachter auf dem Drehstuhl hängt vor sich über seinem Tisch ein Schwerependel auf, etwa eine Kugel an einem Faden. Dies Pendel stellt sich nicht lotrecht ein (Abb. 166). Es weicht in der durch Radius und Drehachse festgelegten Ebene um den Winkel α nach außen hin von der Vertikalen ab. Der Winkel α wächst mit steigender Drehfrequenz des Stuhles.

Ruhender Beobachter:

Die Pendelkugel bewegt sich auf einer Kreisbahn vom Radius r, *sie wird beschleunigt.* Dazu ist eine horizontal zur Drehachse hin gerichtete Radialkraft $\Re = -m \omega^2 r$ erforderlich. Sie wird vom Gewicht $\Re_2$ und einer elastischen Verspannung des Fadens (Kraft $\Re_3$) erzeugt.

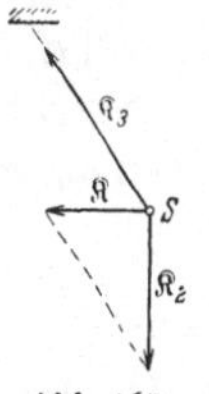

Abb. 167.

Beschleunigter Beobachter:

Die Pendelkugel ruht, die Summe der an ihrem Schwerpunkt S angreifenden Kräfte (Abb. 168) ist Null. Nach unten zieht das Gewicht $\Re_2$, nach außen rechts die Zentrifugalkraft $\Re = m \omega^2 r$. Beide setzen sich zu der Resultierenden $\Re_3$ zusammen. Diese spannt den Faden und erzeugt dadurch die der Kraft $\Re_3$ entgegengesetzt gleiche Kraft $\Re_1$.

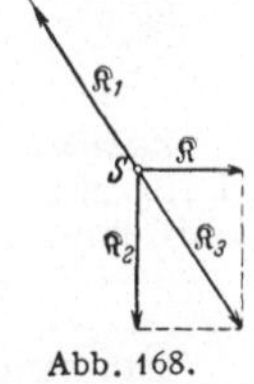

Abb. 168.

4. Ein künstlicher Satellit, z. B. in Gestalt einer Hohlkugel, umfahre die Erde in einigen 100 km Höhe auf einer Kreisbahn (Abb. 78). Im Inneren des Satelliten fehlen alle Erscheinungen, die normalerweise von den Gewichte genannten Kräften herrühren. Dabei hat man (im Gegensatz zur Bahnbeschleunigung in Abb. 164) beliebig viel Zeit, um das Fehlen der Gewichte genannten Kräfte zu beobachten. Man könnte z. B. einen Reisegefährten mit einem kleinen Finger anheben und frei unter der Decke des Satelliten schweben lassen. — Oder ein anderes Beispiel: Stellt man einen Metallklotz auf eine Federwaage, so zeigt die Waage keinen Ausschlag. — Dafür die beiden Möglichkeiten der Beschreibung:

Ruhender Beobachter:

Wie der Satellit selbst werden alle Körper in seinem Inneren dauernd zum Erdmittelpunkt hin, also in Richtung des Bahnradius, *beschleunigt.* Sonst könnten sie nicht an der Kreisbewegung teilnehmen. Zur Beschleunigung des Klotzes dient sein Gewicht $\Re_2 = mg$. Dies Gewicht muß als einzige Kraft am Klotz angreifen, sie darf nicht durch die entgegengerichtete Kraft einer verformten Feder aufgehoben werden.

Beschleunigter Beobachter:

Wie alle übrigen Körper im Innern des Satelliten befindet sich auch der Metallklotz *in Ruhe.* Folglich ist die Summe der am Klotz angreifenden Kräfte gleich Null. Die den Klotz zum Erdmittelpunkt hinziehende, Gewicht genannte Kraft wird durch die vom Erdmittelpunkt fortziehende Zentrifugalkraft aufgehoben. Beide Kräfte sind einander entgegengerichtet, beide haben den gleichen Betrag $m\,g$.

(g in 300 km Höhe $= 8{,}9$ m/sec².)

5. In den bisherigen Versuchen galt die Beobachtung einem auf dem Drehstuhl *ruhenden* Körper. Es kam nur darauf an, ob der Körper aus dieser Ruhelage fortbeschleunigt wurde oder nicht. Jetzt soll ein auf dem Drehstuhl *bewegter* Körper Gegenstand der Beobachtung werden. Dabei beschränken wir uns auf einen Grenzfall, nämlich einen Körper hoher Geschwindigkeit, und zwar ein Geschoß. Dann können wir die Zentrifugalkraft als unerheblich vernachlässigen.

Bei kleinen Geschwindigkeiten müßten wir die Zentrifugalkraft durch einen Kunstgriff ausschalten. Wir müßten der Karussellfläche eine parabolisch ausgehöhlte Oberfläche geben.

Wir befestigen auf dem Tisch des Drehstuhles ein kleines horizontal gerichtetes Geschütz. Seine Längsrichtung kann mit seiner Verbindungslinie zur Drehachse einen beliebigen Winkel α einschließen. Das Geschütz ist auf eine Scheibe im Abstand A vor seiner Mündung gerichtet und zielt auf einen Punkt a. Die Scheibe nimmt, durch Stangen gehalten, an der Drehung des Drehstuhls teil (Abb. 169). Zunächst wird bei ruhendem Drehstuhl ein Geschoß abgefeuert und seine Einschlagstelle a, also das Ziel, bestimmt. Alsdann wird der Drehstuhl mit der Winkelgeschwindigkeit ω in Drehung versetzt. *Der Drehstuhl soll von nun an immer von oben gesehen gegen den Uhrzeiger kreisen.* Nunmehr wird der zweite Schuß abgefeuert. Seine Einschlagstelle b ist gegen das Ziel um die Strecke s nach rechts versetzt.

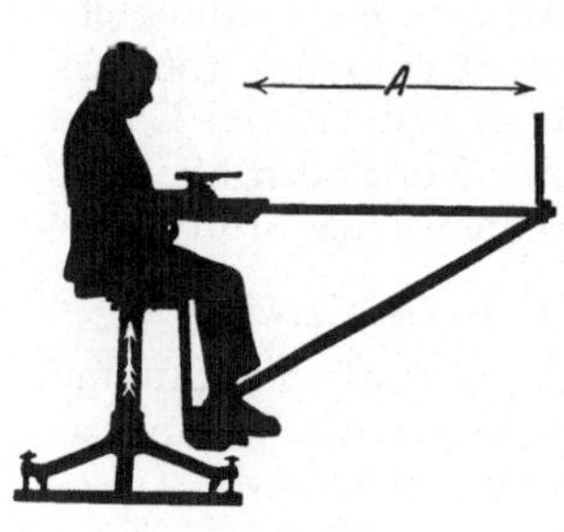

Abb. 169.

Zahlenbeispiel. Eine Drehung in 2 Sekunden. Geschoßgeschwindigkeit $u = 60$ m/sec (Luftpistole). Scheibenabstand $A = 1{,}2$ m, Rechtsabweichung $s = 0{,}075$ m $= 7{,}5$ cm (vgl. Abb. 170).

Ruhender Beobachter:

Bei ruhendem Drehstuhl trifft das Geschoß das anvisierte Ziel a. Beim Anhalten des Drehstuhls unmittelbar

Beschleunigter Beobachter:

Während des Fluges wird das Geschoß quer zu seiner Bahn beschleunigt. Seine Bahn wird nach rechts gekrümmt.

[*Ruhender Beobachter:*]

nach dem Abschuß liegt die Einschlagstelle b links vom Ziel. Denn in diesem Fall hat sich die Geschwindigkeit v der Geschützmündung zur Geschwindigkeit u des Geschosses addiert. Infolgedessen ist das Geschoß in Richtung w durch den Hörsaal geflogen.

Im tatsächlich vorgeführten Versuch dreht sich der Drehstuhl auch nach dem Abschuß weiter. Das Geschoß hingegen fliegt nach Verlassen der Mündung kräftefrei auf gerader Bahn in Richtung w durch den Hörsaal. *Folglich dreht sich die Visierlinie gegenüber der Flugbahn.* Am Schluß der Flugzeit Δt liegt das anvisierte Ziel bei a'. Also ist die Einschlagstelle b auf der Scheibe jetzt gegenüber dem Ziel um die Strecke s nach rechts versetzt. Wir entnehmen der Abb. 170 die Beziehung

$$s = A\,\omega\,\Delta t.$$

Für beide Flugwege (also in Richtung u und w) ist die Flugzeit des Geschosses bis zur Scheibe die gleiche, nämlich

$$\Delta t = A/u.$$

Folglich

$$s = u\omega\,(\Delta t)^2.$$

[*Beschleunigter Beobachter:*]

Innerhalb der Flugzeit Δt wird das Geschoß um den Weg $s = \frac{1}{2}b\,(\Delta t)^2$ nach rechts abgelenkt. s ist nach der nebenstehenden Angabe des ruhenden Beobachters $= u\omega\,(\Delta t)^2$. Daraus folgt für die beobachtete Beschleunigung $b = 2\,[u \times \omega]$. Sie soll nach ihrem Entdecker *Coriolisbeschleunigung* heißen. Keine Beschleunigung b ohne Kraft $\Re = m\,b$. Folglich wirkt auf das bewegte Geschoß quer zu seiner Bahn eine Corioliskraft

$$\boxed{\Re = 2\,m\,[u \times \omega]} \qquad (111)$$

Oder allgemein: *Ein Bezugssystem drehe sich mit der Winkelgeschwindigkeit ω. Innerhalb dieses Systems bewege sich ein Körper mit einer zur Drehachse senkrechten Bahngeschwindigkeit u. Dann wirkt auf den bewegten Körper quer zu seiner Bahn eine Corioliskraft* $\Re = 2m\,[u \times \omega]$. Die Corioliskraft ist also eine auf einen *bewegten* Körper wirkende *Trägheitskraft*. Sie steht senkrecht auf den Pfeilen der Winkelgeschwindigkeit und der Bahngeschwindigkeit.

Die von beiden Beobachtern anerkannte Gleichung $s = A\omega\Delta t = A^2\,\omega/u$ gibt eine sehr einfache Methode zur Messung einer Geschoßgeschwindigkeit u.

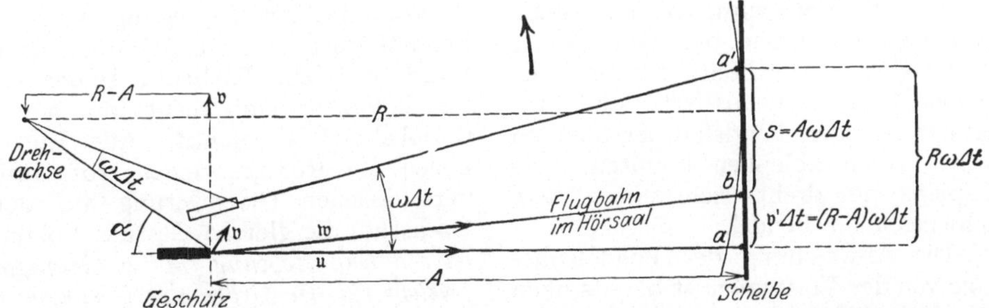

Abb. 170. v' ist die der Scheibe parallele Komponente der Geschoßgeschwindigkeit w. v ist die Geschwindigkeit der Geschützmündung. Der Deutlichkeit halber ist der Winkel $\omega\Delta t$ zu groß gezeichnet worden. Dadurch entsteht ein Schönheitsfehler. Die Visierlinie scheint bei a' nicht mehr senkrecht auf die Scheibe zu treffen.

6. Das vorige Beispiel hat uns die seitliche Ablenkung eines im beschleunigten Bezugssystem *bewegten* Körpers nur für eine einzige Anfangsrichtung seiner Bahn gezeigt. Der Betrag der Ablenkung sollte von der gewählten Anfangsrichtung (Geschützrichtung) unabhängig sein. Aber das wurde absichtlich nicht vorgeführt. Denn es läßt sich mit einer kleinen experimentellen Abänderung viel schneller und einfacher machen: Man ersetzt das Geschoß durch den

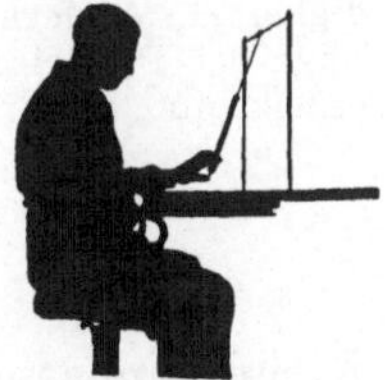

Abb. 171.

Körper eines Schwerependels. Das Pendel ist in der uns geläufigen Weise über dem Tisch des Drehstuhles aufgehängt. Zur Erleichterung der Beobachtung soll der bewegte Pendelkörper selbst seine Bahn aufzeichnen. Zu diesem Zweck wird in den Pendelkörper ein kleines Tintenfaß eingebaut. Es hat am Boden eine feine Ausflußdüse. Auf dem Tisch des Drehstuhls wird ein Bogen weißen Fließpapiers ausgespannt. Der Beobachter auf dem Drehstuhl hält zunächst den Pendelkörper fest und die Düse zu (Abb. 171). Dabei ist der Pendelfaden in einer beliebigen vertikalen Ebene aus seiner Ruhelage herausgekippt. Losgelassen schwingt das Pendel mit langsam abnehmender Amplitude

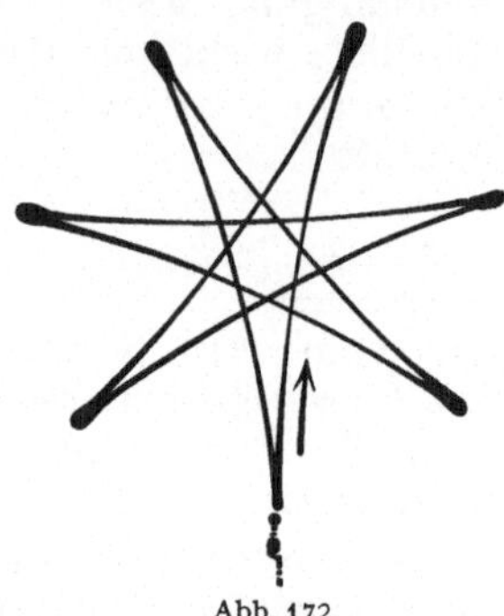

Abb. 172.   Abb. 173.

Abb. 172 u. 173. Rosettenbahnen eines Pendels auf einem Karussell. In Abb. 172 ist das Pendel oberhalb der Tintenkleckse in der Stellung seines Maximalausschlages losgelassen worden und zunächst nach rechts gelaufen. Der Endpunkt der Rosette fällt zufällig mit der Ausgangsstellung zusammen. In Abb. 173 ist das Pendel aus seiner Ruhestellung herausgestoßen worden.

um seine *nicht* vertikale Ruhelage (Abb. 166!). Dabei zeichnet es in fortlaufendem Kurvenzug die in Abb. 172 wiedergegebene Rosettenbahn.

Nunmehr kommen die beiden Beobachter zu Worte:

Ruhender Beobachter:

Das Pendel schwingt um seine Ruhelage andauernd parallel zu einer raumfesten lotrechten Ebene. Es schwingt „linear polarisiert". Es fehlen Kräfte, die den Pendelkörper quer zu seiner Bahn ablenken könnten. Die Papierebene dreht sich unter dem schwingenden Pendel.

Die Abweichung der Pendelruhelage von der Vertikalen ist bereits oben unter 3 erklärt worden.

(Bei der Vorführung gebe man dem Drehstuhl nur eine kleine Winkelgeschwindigkeit ω. Andernfalls vermag das Auge die Lage der Pendelschwingungsebene nicht zu erkennen.)

Beschleunigter Beobachter:

Während der Bewegung wird der Pendelkörper in jedem Punkt seiner Bahn quer zur Richtung seiner Geschwindigkeit nach rechts durch eine Corioliskraft abgelenkt. Alle Einzelbogen der Rosette zeigen trotz ihrer verschiedenen Orientierung auf dem Drehstuhl die gleiche Gestalt. Folglich *ist die Bahnrichtung im beschleunigten System für die Größe der Corioliskraft ohne Belang.*

Die *Abweichung* der Pendelruhelage von der Vertikalen ist eine Folge der Zentrifugalkraft (siehe 3!). *Auf einen bewegten Körper wirken also in einem beschleunigten Bezugssystem sowohl Coriolis- wie Zentrifugalkraft.*

7. **Ein Kreisel im beschleunigten Bezugssystem** (zugleich Modell eines Kreiselkompasses auf einem Globus). Die Abb. 174 zeigt uns auf dem Drehstuhl einen Kreisel in einem Rahmen. Kurzer Ausdrucksweise halber wollen

wir den Drehstuhl als einen „*Globus*" bezeichnen. Er soll, von oben gesehen, sich gegen den Uhrzeiger drehen. Der Rahmen des Kreisels ist seinerseits um die zur Kreiselfigurenachse F senkrechte Achse A drehbar. Die Achse A liegt in einer Meridianebene des Drehstuhls oder Globus. Außerdem läßt sich die Achse A auf verschiedene Breiten einstellen. Sie kann also mit der Dreh-

ebene des Drehstuhles einen beliebigen Winkel φ zwischen 0° (Äquator) und 90° (Pol) einnehmen. Den Horizont des Kreiselstandortes hat man sich senkrecht zur A-Achse zu denken. Der Beobachter auf dem sich drehenden Drehstuhl setzt den Kreisel durch einige Griffe in seine Speichen in Gang. Dann überläßt er den Kreisel sich selbst: Die Figurenachse des Kreisels stellt sich nach einigen Drehschwingungen um die Achse A wie eine Kompaßnadel in die Meridianebene ein (Abb. 174 rechts).

Abb. 174.

Beide Beobachter nehmen der Einfachheit halber die gleiche Ausgangsstellung der Kreiselfigurenachse an: Sie soll einem „*Breitenkreis*" parallel liegen.

Ruhender Beobachter:

Die Drehung um die Stuhl- oder Globusachse $N\,S$ läßt auf die Figurenachse des Kreisels das Drehmoment $\mathfrak{M}$ wirken. Dies hat eine zur A-Achse senkrechte Komponente $\mathfrak{M}_1$. Dies Drehmoment $\mathfrak{M}_1$ ruft eine Präzessionsbewegung der Kreiselfigurenachse F um die Rahmenachse A hervor. Dabei pendelt die Figurenachse F zunächst über den Meridian hinaus. Doch läßt die Lagerreibung der Achse A diese Pendelschwingungen rasch gedämpft abklingen. Die Kreiselachse bleibt im Meridian stehen. Dann fällt die M_1-Komponente des Drehmomentes in die Längsrichtung der Kreisel-Figurenachse F, so daß sie keine weitere Präzession erzeugen kann.

Beschleunigter Beobachter:

Corioliskräfte lenken die bei β befindlichen Teile der Kreiselradfelge in ihrer Bahn im Sinne einer Rechtsabweichung ab. Die für den Leser rechts befindliche Kreiselhälfte tritt aus der Papierebene heraus auf den Leser zu. Dadurch gelangt die Kreiselachse in die Meridianebene. Dann wirken zwar weiterhin Corioliskräfte auf die bewegte Radfelge ein. Aber sie liefern für die A-Achse kein Drehmoment mehr.

So weit die Versuche zur Definition der Begriffe *Zentrifugalkraft und Corioliskraft. Beide Kräfte existieren nur für einen radial beschleunigten Beobachter.* Der Beobachter muß, zum mindesten in Gedanken, an der Rotation seines Bezugssystems teilnehmen. Mit den neuen Kräften kann er auch im radial beschleunigten Bezugssystem an der Gleichung $\mathfrak{b} = \mathfrak{K}/m$ festhalten.

Das Auftreten oder Verschwinden von Kräften wird also durch die jeweilige Wahl des Bezugssystems bestimmt. Die „Realität" von Kräften und die Unterscheidung „wirklicher" und „scheinbarer" Kräfte kann nicht Gegenstand einer physikalischen Fragestellung sein.

Wie steht es für den beschleunigten Beobachter mit dem Satz „Actio = reactio"? — Antwort: Es ergeht ihm ebenso wie dem Beobachter auf der Erde mit der Gegenkraft zum Gewicht. Der Beobachter kann während der freien *Bewegung* von Körpern im beschleunigten Bezugssystem keine den Trägheitskräften entsprechenden Gegenkräfte nachweisen. Oder anders ausgedrückt: Für eine Gewicht genannte Kraft ist die Erde kein „Inertialsystem". In einem solchen müssen sowohl die Grundgleichung wie actio = reactio erfüllt sein.

§ 62. Unsere Fahrzeuge als beschleunigte Bezugssysteme. Die Wahl zwischen unbeschleunigtem und beschleunigtem Bezugssystem ist in manchen Fällen lediglich Geschmacksache, z. B. bei Kreisbewegungen von Körpern um gelagerte Achsen. Wesentlich ist nur eine klare Angabe des benutzten Bezugssystems (vgl. § 23, Anfang). — In anderen Fällen ist jedoch unzweifelhaft das beschleunigte Bezugssystem vorzuziehen. Dahin gehört meistens die Physik in unseren technischen Fahrzeugen. Die Beschleunigung dieser Bezugssysteme ist oft recht verwickelt, weil sich Bahnbeschleunigung (Anfahren und Bremsen) und Radialbeschleunigung (Kurvenfahren) überlagern.

Abb. 175. Ein Drehstuhl mit hohem Trägheitsmoment zur Vorführung von Corioliskräften. Die seitlich angehängten Klötze großer Masse benutzt man zweckmäßig auch bei den in den Abb. 165, 169, 171, 174 dargestellten Versuchen.

Unsere alltäglichen Erfahrungen über die Trägheitskräfte in Fahrzeugen waren bereits alle in den Beispielen der §§ 60 und 61 enthalten. Zum Beispiel:

a) Schrägstellung im Zuge beim Anfahren und Bremsen sowie in jeder Kurve. Andernfalls Umkippen.

b) Schrägstellung von Rad und Fahrer, Reiter und Pferd, Flugzeug und Pilot in jeder Kurve.

c) Die seitliche Ablenkung durch Corioliskräfte an Deck eines kursändernden Dampfers. Nur mit „Übersetzen" der Füße erreicht man sein Ziel auf gerader Bahn.

d) Besonders sinnfällig „fühlt" man die Corioliskräfte auf einem Drehstuhl von hohem Trägheitsmoment und daher gut konstanter Winkelgeschwindigkeit. Man versucht einen Wägeklotz (z. B. 2 kg) *rasch* auf einer beliebigen geraden Bahn zu bewegen (Abb. 175). Der Erfolg ist verblüffend. Man glaubt mit dem Arm in einen Strom einer zähen Flüssigkeit geraten zu sein. Es ist ein ganz besonders wichtiger Versuch.

Zahlenbeispiel. Eine Umdrehung in 2 Sekunden, also $\nu = 0{,}5\ \text{sec}^{-1}$; $\omega = 2\pi\nu = 3{,}14\ \text{sec}^{-1}$; Metallklotz Masse $m = 2$ kg; $u = 2$ m/sec; Corioliskraft $= 2\,m\,[\mathfrak{u} \times \omega] = 2 \cdot 2$ kg $\cdot 2$ m/sec $\cdot 3{,}14\ \text{sec}^{-1} = 25$ kg m/sec$^2 = 25$ Newton $= 2\frac{1}{2}$ Kilopond, also größer als das Gewicht des bewegten Metallklotzes!

Die Zahl derartiger qualitativer Beispiele läßt sich erheblich vermehren. Lehrreicher ist jedoch die quantitative Behandlung eines zunächst seltsam anmutenden Sonderfalles. Er betrifft *ein horizontales Drehpendel auf einem Karussell.* Die Abb. 176 zeigt in Seitenansicht ein Karussell. Auf ihm steht ein Drehpendel mit stabförmigem Pendelkörper in einem beliebigen Abstand von der Karussellachse. Unter welchen Bedingungen kann das Pendel unabhängig von allen Beschleunigungen des Karussells mit seiner Längsrichtung dauernd zur Drehachse des Karussells weisen?

Bei konstanter Winkelgeschwindigkeit ω des Karussells bleibt das Pendel in Ruhestellung. Denn die rein *radiale* Beschleunigung dieser Kreisbewegung erfolgt genau in der *Längsrichtung* des Pendelkörpers. Derartige Beschleunigungen aber können nie ein Drehmoment geben.

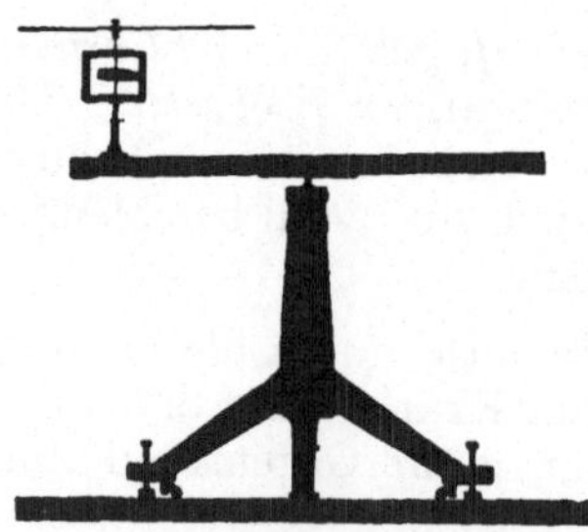

Abb. 176. Ein Drehpendel auf einem Karussell. Das Drehpendel besteht aus einem Holzstab auf der aus Abb. 115 bekannten kleinen Drillachse.

Zur Nachprüfung kann man die Pendelachse auf einer Schiene verschiebbar machen und seine Längsrichtung der Schiene parallel stellen. Das Pendel reagiert dann auf keinerlei Beschleunigungen in Richtung der Schiene.

Jede Änderung der Winkelgeschwindigkeit ω_1 hingegen, also jede Winkelbeschleunigung $\dot\omega_1$ des Karussells, wirft das Pendel aus seiner Ruhelage heraus. Die Ausschläge erreichen gleich erhebliche Größen. Denn jetzt liegen die Beschleunigungen b *quer* zur Pendellängsrichtung. Die oben gestellte Aufgabe erscheint zunächst hoffnungslos. Trotzdem ist sie ganz einfach zu lösen. Man kann das Pendel allein durch eine *passende Wahl seines Trägheitsmomentes* Θ_0 *gegen jede Winkelbeschleunigung* $\dot\omega$ *vollständig unempfindlich machen!* Es muß sein (Herleitung folgt gleich!)

$$\Theta_0 = m\,s\,R \tag{112}$$

oder nach dem STEINERschen Satz [Gl. (103)] von S. 65 für Rechnungen bequemer

$$\Theta_s = m\,(s\,R - s^2). \tag{113}$$

$\Theta_0 = $ Trägheitsmoment des Pendels, bezogen auf seine Drehachse, $\Theta_s = $ desgleichen, bezogen auf seinen Schwerpunkt, $m = $ Masse des Pendels, $s = $ Abstand Schwerpunkt—Drehachse, $R = $ Abstand Pendelachse—Drehachse.

Die Winkelrichtgröße D^* der Schneckenfeder dieses Pendels ist völlig belanglos. Sie geht überhaupt nicht in die Rechnung ein. Der Schattenriß zeigt einen derart berechneten Pendelkörper in Stabform (Maße siehe unten). Dies Pendel verharrt tatsächlich bei jeder noch so starken Winkelbeschleunigung des Karussells in Ruhe. Der Versuch wirkt sehr verblüffend. Kleine Änderungen von R oder s stellen die alte Empfindlichkeit gegen Winkelbeschleunigungen wieder her.

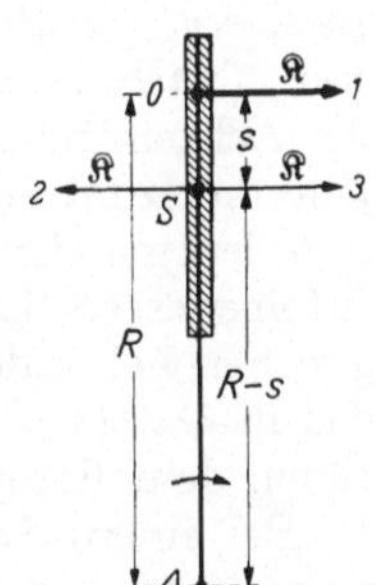

Abb. 177. Unempfindlichkeit eines Pendels gegen Winkelbeschleunigung seines Drehpunktes O.

Zur *Herleitung* der Gl. (112) betrachten wir den Vorgang von einem Standpunkt im ruhenden Bezugssystem, Abb. 177. Bei der Beschleunigung des Karussells greift an der *Drehachse O* des Pendels eine Kraft $\Re$ (Pfeil 1) an. Wir ergänzen sie durch zwei Kräfte von gleichem Betrage, die einander entgegengerichtet im *Schwerpunkt S* angreifen (Pfeile 2 und 3). Die Kraft in Richtung 3 beschleunigt den Schwerpunkt S. Dabei gilt

$$\Re = m\,b = m\,(R - s)\,\dot\omega_1 \tag{α}$$

($\dot\omega_1 = $ Winkelbeschleunigung des Karussells).

Gleichzeitig bilden die Kräfte in den Richtungen 1 und 2 ein *Drehmoment* $\Re \cdot s$. Es bewirkt eine Drehung um den *Schwerpunkt S*. Das tut jedes auf einen sonst freien Körper wirkende Drehmoment. Quantitativ gilt

$$\Re \cdot s = \Theta_s\,\dot\omega_2 \tag{β}$$

($\dot\omega_2 = $ Winkelbeschleunigung des Körpers).

Verlangt wird $\dot\omega_1 = \dot\omega_2$. Das läßt sich durch passende Wahl des Abstandes s zwischen Pendelschwerpunkt und -drehpunkt erreichen. Man faßt die Gl. (α) und (β) zusammen und erhält für s die Beziehung:

$$\frac{\Re}{m\,(R-s)} = \frac{\Re \cdot s}{\Theta_s} \quad \text{oder} \quad \Theta_s = m\,s\,(R-s). \tag{113}$$

Für den im Schauversuch gewählten Pendelstab der Masse m und der Länge l gilt

$$\Theta_s = \tfrac{1}{12}\,m\,l^2. \tag{102 v. S. 65}$$

Diese Größe in die Gl. (113) eingesetzt ergibt $l^2 = 12\,s\,(R-s)$. — *Zahlenbeispiel* zu Abb. 177: $R = 50$ cm, $s = 5$ cm, $l = 52$ cm.

Dieser seltsame Versuch spielt im Verkehrswesen eine Rolle (§ 63).

§ 63. Das Schwerependel als Lot in beschleunigten Fahrzeugen. Die Navigation des Flugzeuges ohne Bodensicht verlangt jederzeit eine sichere Kenntnis der Vertikalen oder der zu ihr senkrechten Horizontalebene. Ohne sie kann ein Pilot ohne Bodensicht nicht einmal die gerade Bahn von Kurven unterscheiden. Muskelgefühl und Körperstellung lassen ihn völlig im Stich. Sie geben ihm nur die Resultante von Gewicht und Zentrifugalkraft, nie aber die wahre, mit dem jeweiligen Erdkugelradius zusammenfallende Vertikale.

Auf dem ruhenden Erdboden ermittelt man die Vertikale mit dem Schwerependel als Lot. In beschleunigten Fahrzeugen erscheint diese Benutzung des Schwerependels zunächst als sinnlos. Denn jeder hat Schwerependel in technischen Fahrzeugen beobachtet. Man denke an einen im Eisenbahnwagen aus dem Gepäcknetz hängenden Riemen. Widerstandslos baumelt er im Spiel der Trägheitskräfte. Trotzdem kann man grundsätzlich ein Schwerependel auch in beliebig beschleunigten Fahrzeugen als Lot benutzen! Das hat folgenden Grund: Jede beliebige Fahrtbeschleunigung eines Fahrzeuges läßt sich in eine vertikale und eine horizontale Komponente zerlegen. Vertikale Beschleunigungen beschleunigen lediglich den Pendelaufhängungspunkt in der Pendellängsrichtung. Sie sind also für ein Schwerependel in seiner Ruhestellung gleichgültig. Es bleibt die *horizontale* Beschleunigungskomponente.

Jetzt kommt der entscheidende Punkt: *Jede von uns „gerade" genannte Bewegung parallel der Erdoberfläche ist in Wirklichkeit keine gerade Bahn, sondern eine Kreisbahn um den Erdmittelpunkt!* Diese Aussage ist ganz unabhängig von der Achsendrehung der Erde, sie würde auch für eine ruhende Erde gelten. Denn jede horizontale Bewegung erfolgt parallel einem größten Erdkugelkreis, ist also letzten Endes schon auf einer ruhenden Erde eine Karussellbewegung! Infolgedessen kann man ohne weiteres auf den seltsamen, im vorigen Paragraphen behandelten Versuch zurückgreifen. Man muß nur dem Schwerependel das in Gl. (112) von S. 91 verlangte *Trägheitsmoment* geben. Dabei muß man R gleich dem Erdradius von 6400 km $= 6,4 \cdot 10^6$ m setzen.

Bei einem Schwerependel ist im Gegensatz zum Federpendel das Trägheitsmoment Θ_0 fest mit der Winkelrichtgröße D^* verknüpft. Die Wahl einer Winkelrichtgröße ist nicht mehr frei. Die Winkelrichtgröße D^* eines Schwerependels wird durch die an ihm angreifende, Gewicht genannte Kraft mg bestimmt. Es ist nach S. 67

$$D^* = m\,g\,s \; (g = 9{,}81 \text{ m/sec}^2).\tag{95}$$

Folglich beträgt die Schwingungsdauer dieses Pendels nach Gl. (104), S. 66

$$T = 2\pi \sqrt{\frac{\Theta_0}{D^*}} = 2\pi \sqrt{\frac{m\,s\,R}{m\,g\,s}} = 2\pi \sqrt{\frac{R}{g}},\tag{114}$$

d. h. ausgerechnet $T = 84$ Minuten, entsprechend einem mathematischen Pendel (§ 50) von der Länge des Erdradius R!

Mit aufgehängten *Kreiseln* hat die Technik diese Schwingungsdauer (Präzessionsdauer) neuerdings erreicht und für Luftfahrzeuge und Raketen brauchbare „künstliche Horizonte" hergestellt.

§ 64. Die Erde als beschleunigtes Bezugssystem: Zentrifugalbeschleunigung ruhender Körper. Als letztes beschleunigtes Bezugssystem wollen wir das Erdkarussell behandeln. Wir wollen die tägliche Drehung der Erde gegenüber dem Fixsternsystem berücksichtigen. Eine volle Drehung um 360° erfolgt in 86 164 sec. Die Winkelgeschwindigkeit der Erdkugel ist also klein. Es ist

$$\omega = \frac{360 \cdot 0{,}0175}{86\,164 \text{ sec}} = 7{,}3 \cdot 10^{-5}/\text{sec}.$$

Diese Winkelgeschwindigkeit ω erzeugt für jeden auf der Erdoberfläche ruhenden Körper eine von der Erdachse NS fortgerichtete Zentrifugalkraft $\mathfrak{K} = m\,b_z$ oder Zentrifugalbeschleunigung b_z.

Der Körper befinde sich auf der geographischen Breite φ (Abb. 178). $r = R \cos \varphi$ sei der Radius des zugehörigen *Breiten*kreises. Dann beträgt die Zentrifugalbeschleunigung:

$$b_z = \omega^2 r = \omega^2 R \cos \varphi = 0{,}03 \cos \varphi \; \text{m/sec}^2 \tag{115}$$

$$\text{(abgerundet!)}.$$

Diese Zentrifugalbeschleunigung ist in Richtung des Breitenkreisradius r nach außen gerichtet. In die Vertikale, also die Richtung des Erdkugelradius R, fällt nur eine Komponente dieser Zentrifugalbeschleunigung, nämlich:

$$b_R = b_z \cos \varphi = 0{,}03 \cos^2 \varphi \; \text{m/sec}^2. \tag{116}$$

Sie ist vom Erdmittelpunkt fort nach außen gerichtet, sie ist entgegengesetzt der allein von der Anziehung herrührenden „Fallbeschleunigung g_0". Auf der *rotierenden* Erde muß daher die Erdbeschleunigung unter der geographischen Breite φ ein wenig kleiner sein als auf einer ruhenden Erde. Wir erhalten:

$$g_\varphi = g_0 - 0{,}03 \cos^2 \varphi \; \text{m/sec}^2. \tag{117}$$

Dabei gilt g_0, der Wert der Fallbeschleunigung, für die *ruhende* Erde. Jetzt kommt eine Verwicklung hinzu. Die Zentrifugalkraft greift keineswegs nur an Körpern *auf* der Erdoberfläche an. Tatsächlich erfährt auch jedes Teilchen der Erde selbst eine im Breitenkreis radial nach außen gerichtete Zentrifugalkraft. Die Gesamtheit all dieser Kräfte erzeugt eine elastische Verformung des Erdkörpers. Die Erde ist ein wenig abgeplattet, ihre NS-Achse um rund $^1/_{300}$ kürzer als der Äquatordurchmesser. Infolge dieser Abplattung der Erde ist die Änderung der Fallbeschleunigung g_φ mit der geographischen Breite φ noch größer, als man nach Gl. (117) berechnet. Die Beobachtungen führen auf die Gleichung

$$g_\varphi = (9{,}832 - 0{,}052 \cos^2 \varphi) \; \text{m/sec}^2. \tag{118}$$

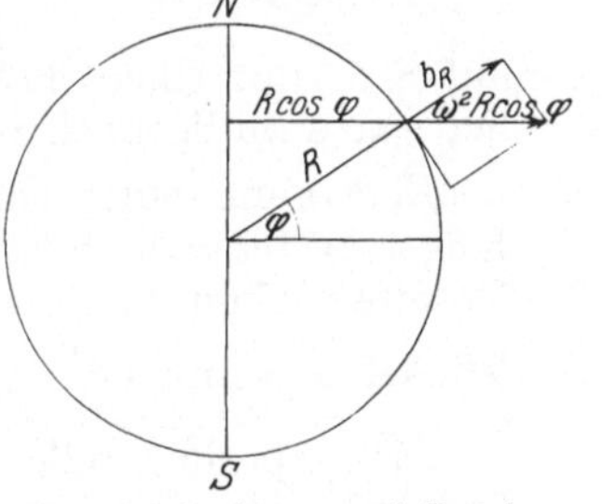

Abb. 178. Anziehung und Zentrifugalkraft auf der Erdoberfläche unter der geographischen Breite φ.

Für Meereshöhe und 45° geographische Breite findet man $g = 9{,}806$ m/sec². Das Korrektionsglied erreicht für $\varphi = 0°$, d. h. am Äquator, seinen Höchstwert. Die Korrektion beträgt dann 5 Promille, sie ist also bei vielen Messungen ohne Schaden zu vernachlässigen. Doch bleibt eine Pendeluhr am Äquator gegen eine gleichgebaute am Pol am Tage immerhin um rund 3,5 Minuten zurück.

Die obenerwähnte Abplattung von rund $^1/_{300}$ gilt für den festen Erdkörper. Viel stärker ist die Verformung seiner flüssigen Hülle, der Ozeane, durch die Zentrifugalkräfte. Doch tritt diese Verformung nie allein in Erscheinung. Ihr überlagert sich die periodisch während jedes Tages wechselnde Anziehung des Wassers durch Mond und Sonne. Die Wasserhülle wird auch durch die Kräfte dieser Anziehung (vgl. S. 40) viel stärker verformt als der feste Erdkörper. Die Überlagerung von Zentrifugalkräften und Anziehung ergibt die verwickelte Erscheinung von *Ebbe und Flut*. Es handelt sich um ein Problem „erzwungener Schwingungen" (§ 108). Hier kann es nur angedeutet werden.

Das Entsprechende gilt von unserer Atmosphäre, dem Luftozean. Ebbe und Flut des Luftozeans rufen zwar an seinem Boden, also der Erdoberfläche, nur kleine *Druck*änderungen hervor, genau wie Ebbe und Flut des Wasserozeans am Meeresboden. Aber etwa 100 km über dem Erdboden erzeugen Ebbe und Flut Vertikalbewegungen der Luft in der Größenordnung von Kilometern! Dort oben sind also die Flutwellen der Luft viel höher als die des Wassers an der Meeresoberfläche.

§ 65. Die Erde als beschleunigtes Bezugssystem: Coriolisbeschleunigung bewegter Körper. Die Erde dreht sich für einen auf den Nordpol blickenden Beobachter gegen den Uhrzeiger. Wir haben also den gleichen Drehsinn wie bei der Achse unseres Drehstuhls in § 61. Die Winkelgeschwindigkeit ω_0 der Erde ist uns aus § 64 bekannt. Es ist $\omega_0 = 7{,}3 \cdot 10^{-5}$/sec.

In Abb. 179 befindet sich ein Beobachter an einem Ort der geographischen Breite φ. *HH* soll seine Horizontebene bedeuten. An diesem Standort läßt sich die Winkelgeschwindigkeit der Erde in zwei Komponenten zerlegen, eine dem Erdradius oder Lot R parallele, *vertikale* Komponente

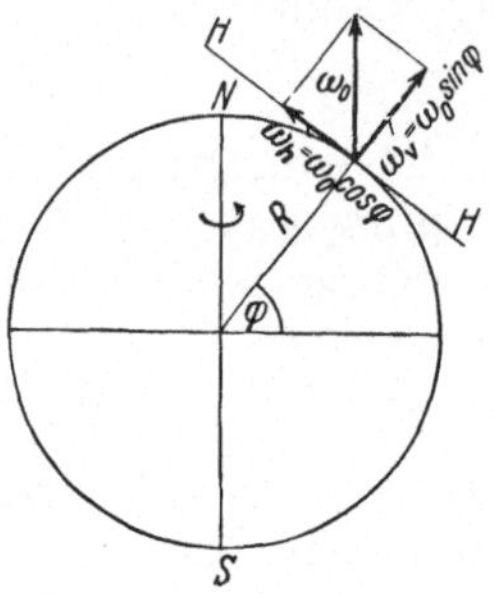

$$\omega_v = \omega_0 \sin \varphi \qquad (119)$$

und eine der Horizontalebene parallele, *horizontale* Komponente

$$\omega_h = \omega_0 \cos \varphi. \qquad (120)$$

Beide Komponenten der Winkelgeschwindigkeit erteilen *bewegten* Körpern Coriolisbeschleunigungen. Wir beginnen mit dem Einfluß der vertikalen Komponente ω_v. Sie führt auf der Nordhalbkugel stets zu einer *Rechts*abweichung der bewegten Körper. Das bekannteste Beispiel liefert das *Foucaultsche Pendel*. Sein Prinzip ist schon auf S. 87 mit einem Karussell (Drehstuhl) erläutert worden: Das Pendel durchlief eine ständig nach rechts gekrümmte Rosettenbahn (Abb. 172/73).

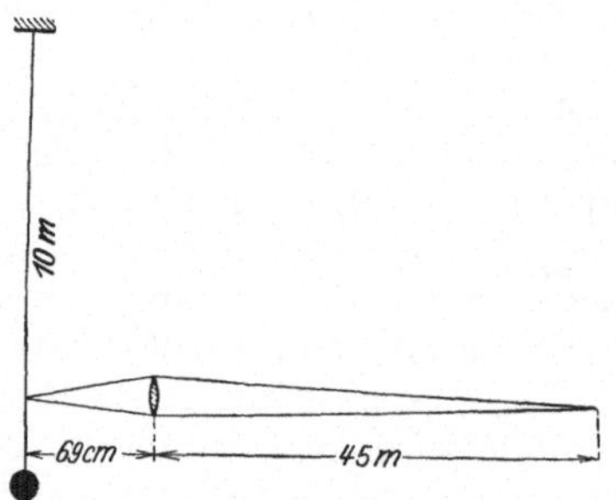

Abb. 179. Die beiden Komponenten der Corioliskraft auf der Erdoberfläche.

Eine ganz entsprechende Rosette beschreibt jedes lange aus Faden und Kugel bestehende Schwerependel an der Erdoberfläche. Die Endpunkte der Rosette rücken, von der Ruhelage des Pendels aus gesehen, je Stunde um einen Winkel $\alpha = \sin\varphi \dfrac{360°}{24}$ vor. In Göttingen $(\varphi = 51{,}5°)$ ist $\alpha \approx 12°$.

Die experimentelle Vorführung bietet in keinem Hörsaal Schwierigkeit. Die Abb. 180 zeigt eine bewährte Anordnung. Ihr wesentlicher Teil ist ein gutes

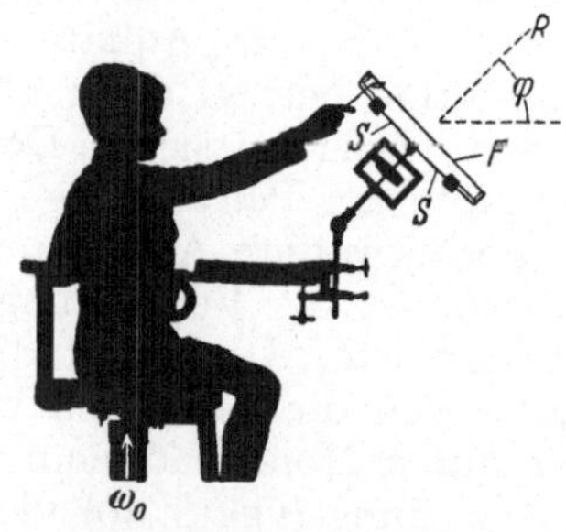

Abb. 180. Rosettenbahn eines langen Schwerependels auf der Erdoberfläche. Foucaultscher Pendelversuch.

Abb. 181. Modellversuch zum Nachweis der Erddrehung durch J. G. Hagen. Dieselbe Drillachse wie in den Abb. 115 und 116.

astronomisches Objektiv. Es entwirft von dem dünnen Pendelfaden in den Wendepunkten der Rosettenschleifen ein stark vergrößertes Bild. Die Figur enthält die nötigen Zahlenangaben. Man sieht mit den gewählten Abmessungen in dem vergrößerten Bild die einzelnen Rosettenschleifen mit ihren Umkehrpunkten in je etwa 2 cm Abstand aufeinanderfolgen. *So kann man mit einem einzigen Hin- und Hergang des Pendels die Achsendrehung der Erde nachweisen!*

Noch durchsichtiger, aber leider schwierig in der Ausführung, ist ein von J. G. Hagen S. J. zum Nachweis der Erddrehung angegebener Versuch. Wir erläutern ihn in Abb. 181 mit Hilfe unseres Karussells. Eine schräg gelagerte Achse R trägt einen hantelförmigen Körper vom Trägheitsmoment Θ_1. (Die Schneckenfeder denke man sich zunächst nicht vorhanden.) Der Körper befindet sich auf dem Karussell in Ruhe, hat also die Winkelgeschwindigkeit $\omega_0 \sin \varphi$. Beim Durchbrennen des Fadens F ziehen zwei Schraubenfedern S die beiden Hantelkörper dicht an die Achse R heran und verkleinern dadurch das Trägheitsmoment auf den Wert Θ_2. *Während* der Bewegung erfahren beide Körper eine Coriolisbeschleunigung und werden nach rechts abgelenkt. Dadurch gerät die Hantel in Bewegung, sie dreht sich gegenüber dem Karussell mit der Winkelgeschwindigkeit ω_2. Die Größe von ω_2 berechnen wir vom Standpunkt des Hörsaalbodens mit Hilfe des Erhaltungssatzes für den Drehimpuls. Es muß gelten

$$\Theta_1 \omega_0 \sin \varphi = \Theta_2 (\omega_0 \sin \varphi + \omega_2)$$

oder $\qquad\qquad\qquad\qquad\qquad\qquad\qquad\qquad\qquad\qquad\qquad$ (121)

$$\omega_2 = \omega_0 \frac{\Theta_1 - \Theta_2}{\Theta_2} \sin \varphi .$$

ω_2 erreicht seinen Höchstwert für $\varphi = 90°$, also „am Pol".

Zur Verbesserung der Ruhelage bringt man wie in Abb. 181 an der Achse R eine Schneckenfeder an. Dann führt die Winkelgeschwindigkeit ω_2 nur zu einem Ausschlag, nicht zu andauernder Drehung. Im Originalversuch wurden Achse und Schneckenfeder durch eine Bandaufhängung ersetzt.

Die beiden genannten Versuche lassen sich quantitativ sauber durchführen. Daneben seien noch einige qualitative Beobachtungen genannt. Auch bei ihnen ist die *vertikale* Komponente der Winkelgeschwindigkeit unserer Erde wirksam. Sie erzeugt also auf der Nordhalbkugel eine Rechtsabweichung bewegter Körper durch Corioliskräfte:

a) Die Luft der Atmosphäre strömt aus den subtropischen Hochdruckgebieten in die äquatoriale Tiefdruckrinne. Diese Strömung erfolgt auf der Nordhalbkugel aus nordöstlicher Richtung. So entsteht der für Segelschiffe und Flugzeuge wichtige Nordostpassat.

b) Geschosse weichen, auch abgesehen von der in Abb. 155 erläuterten Erscheinung, stets nach rechts ab.

c) Für die Abnutzung von Eisenbahnschienen und das Unterwaschen von Flußufern spielen die Corioliskräfte der Erddrehung keine Rolle. Diese früher oft genannten Beispiele sind zu streichen.

Coriolisbeschleunigungen durch die *horizontale* Komponente der Winkelgeschwindigkeit ω_0 unserer Erde, also $\omega_h = \omega_0 \cos \varphi$, lassen sich ebenfalls experimentell nachweisen. Doch fehlt ein Versuch von der Einfachheit des Foucaultschen Pendelversuches.

Von qualitativen Beispielen erwähnen wir die Ostabweichung eines fallenden Steines. Doch verlangt dieser Versuch erhebliche Fallhöhen, am besten im Schacht eines Bergwerkes.

§ 65 a. **Der Kreiselkompaß in Fahrzeugen und seine unvermeidliche Mißweisung.** Zu den wichtigsten Anwendungen der Coriolis-Kraft auf der rotierenden Erde gehört heute der Kreiselkompaß (Abb. 174). Für Schiffe und Flugzeuge ist er nur brauchbar, wenn man ihn gegen Schlingern und Stampfen sowie Beschleunigungen beim Anfahren, Bremsen und Kurvenfahren unempfindlich macht. Das erreicht man durch den Einbau von drei Kreiseln, deren horizontal gelagerte Achsen Winkel von je $120°$ miteinander bilden, und durch lange Perioden der richtig gedämpften Präcessionsschwingungen (Idealfall $T = 84$ min, § 63). Aber selbst einwandfrei gebaute Kreiselkompasse besitzen eine von der Fahrrichtung und -geschwindigkeit abhängige Mißweisung. Grund: Alle Fahrzeuge fahren auf einem Großkreis der Erdkugel (§ 63). Sie besitzen daher während der Fahrt eine Winkelgeschwindigkeit ω_2, die sich der Winkelgeschwindigkeit ω_1 der Erde vektoriell addiert. Die Kreiselachse stellt sich daher nicht in eine Meridianebene ein, sondern in eine Ebene, in der sich der aus ω_1 und ω_2 resultierende Vektor der Winkelgeschwindigkeit befindet. Diese Ebene fällt nur dann mit einer Meridianebene zusammen, wenn das Fahrzeug längs des Äquators fährt.

VIII. Einige Eigenschaften fester Körper.

§ 66. Vorbemerkung. Schon früh unterscheiden Kinder feste und flüssige Körper; der Sinn des Wortes gasförmig wird erst viel später erfaßt. In der Physik ist das Verständnis der Gase weit vorgeschritten. Hingegen stößt schon die Unterscheidung fester und flüssiger Körper auf Schwierigkeiten. Dabei handelt es sich nicht etwa um Grenzfälle wie in der Biologie bei der begrifflichen Trennung von Tier und Pflanze: Große Gruppen alltäglicher Stoffe, wie die pech-, und glasartigen, lassen sich zwar wie spröde feste Körper zerbrechen; gleichzeitig aber bemerkt schon der Laie ihre Ähnlichkeit mit sehr zähen, langsam fließenden Flüssigkeiten. Bei steigender Temperatur treten die Eigenschaften einer Flüssigkeit mehr und mehr hervor, ohne daß sich ein Schmelzpunkt feststellen ließe.

Die meisten festen Körper zeigen schon dem bloßen Auge ausgesprochene *Struktur* und einen *inhomogenen* Aufbau; wir nennen Holz, Gesteine, Sehnen und Faserstoffe aller Art. Inhomogen in ihrem Aufbau sind auch alle technisch benutzten Metalle und Metalllegierungen. Sie sind wie ein ganz unregelmäßiges Mauerwerk aus kleinen Kristallen mit sehr dünnen, dem Mörtel entsprechenden Nähten zusammengefügt. Das ist aus mikrophotographischen Bildern heute allgemein bekannt.

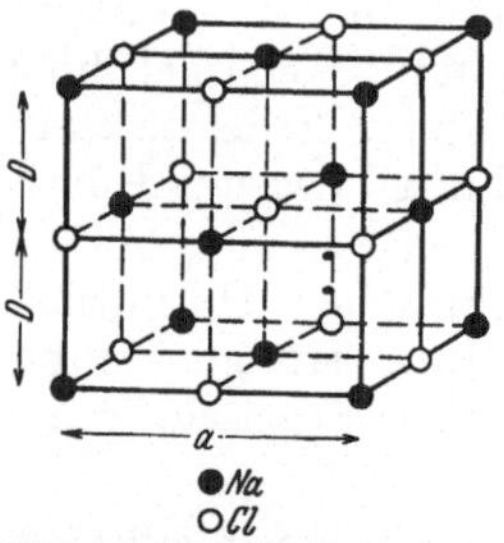

So bleiben als einzige feste Körper von scheinbar einfachem Aufbau die *Kristalle.* Der regelmäßige, planvolle Aufbau eines Kristalles tritt oft, wenn auch keineswegs immer, in seiner äußeren Gestalt, seiner „Tracht", zutage. Man denke an einen Würfel aus Steinsalz (NaCl), eine Quarzsäule mit sechseckiger Grundfläche oder ein Glimmerblatt. Mit Hilfe des Röntgenlichtes ist man bis zum Feinbau der Kristalle vorgedrungen (Optikband § 73). Das in Abb. 182 dargestellte Modell eines NaCl-Kristalles gibt den Grundplan ohne allen Zweifel richtig wieder, und ein ganz ähnlicher Bauplan findet sich bei vielen Metallen, z. B. bei Kupfer.

Abb. 182. Modell eines NaCl-Kristalles. Na- und Cl-Ionen im Steinsalzgitter. Der Übersichtlichkeit halber sind die Durchmesser zu klein gezeichnet worden. In Wirklichkeit berühren sich benachbarte Ionen nahezu. — „Kristallographische" Gitterkonstante $a = 5{,}6 \cdot 10^{-10}$ m; „optische" $D = 2{,}8 \cdot 10^{-10}$ m.

Ein Kristall ist ein Riesenmolekül. Die Abb. 183 zeigt schematisch, wie man sich den Übergang von einem einzelnen Atom zunächst zu einem zweiatomigen Molekül und dann zu einem Kristall denken kann. Eine *entspannte* Feder soll das Gleichgewicht zweier Kräfte andeuten: Einer schon in großem Abstande wirksamen anziehenden Kraft und einer erst in kleinen Abständen wirksamen abstoßenden Kraft. Die Abb. 183 zeigt rechts ein Beispiel, wie die von beiden Kräften herrührende potentielle Energie vom Abstande D benachbarter Atome abhängen kann.

Mit dem Feinbau allein hat man aber keineswegs den gesamten Aufbau eines Einkristalles erfaßt. Ein und derselbe Kristall kann noch sehr verschiedene Eigenschaften zeigen, ohne daß sein *Feinbau* geändert wird.

Ein Einkristall[1] aus Kupfer z. B., etwa 10 cm lang und 1 cm dick, läßt sich wie eine Stange aus Kuchenteig um den Finger biegen; aber zurück geht es nicht, der Kristall ist „*verfestigt*" worden! Erst nach seiner ersten Verformung tritt die allbekannte Festigkeit eines dicken Kupferstabes hervor.

---

[1] Gegensatz: Mehr oder minder feines Kristallmosaik.

Ein Einkristall, das Urbild des festen Körpers, ist kein starres Gebilde ohne inneres Geschehen. In seinem Inneren herrscht die lebhafte „ungeordnete Bewegung", die man kurz „Wärmebewegung" nennt. Man muß sie in festen Körpern als Schwingungen sehr hoher Frequenz beschreiben, man darf von unhörbaren Schallschwingungen sprechen. Bei Schallschwingungen in makroskopischen Abmessungen behalten die mitwirkenden Stoffteilchen ihre Ruhelage, bei der Wärmebewegung in festen Körpern ist das aber nur zum Teil der Fall. Im Inneren der Einkristalle wechseln einzelne Bausteine ständig ihre Plätze, sie „diffundieren" in dem äußerlich starren Kristall. Es gibt viele,

zum Teil recht eindrucksvolle Versuche über die Diffusion baueigener oder baufremder Atome und Moleküle im Inneren fester Körper (ein Beispiel findet sich in § 249 des Optikbandes, Anmerkung 1). Mit solchem Platzwechsel hängt neben manchen anderen Vorgängen (z. B. elektrolytische Leitung) auch die Plastizität (Bildsamkeit) der Einkristalle zusammen. Auf einige hundert Grad erwärmt, läßt sich eine

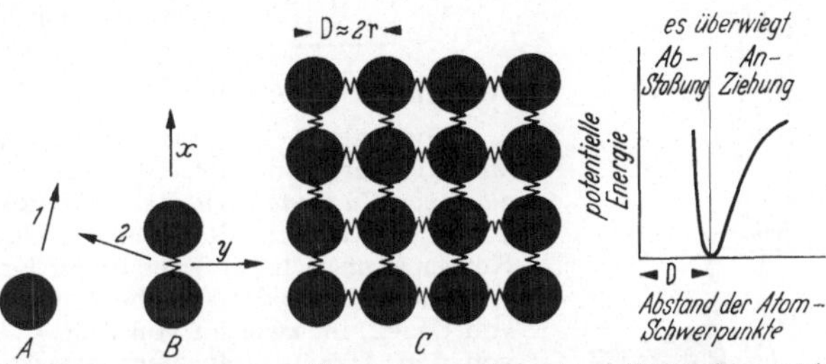

Abb. 183. Schema zum Übergang von einem Atom (A) zu einem zweiatomigen Molekül (B) und zu einem Kristall (C). In Gasen können sich die Schwerpunkte der Atome und Moleküle in beliebigen Richtungen, z. B. 1 und 2 geradlinig bewegen („Translation"). Zweiatomige Moleküle können zusätzlich um die Achsen x (ihres kleinsten) und y (ihres größten Trägheitsmomentes) rotieren. Schwingungen in der x-Richtung kommen nur bei sehr großen Temperaturen vor. In Kristallen hingegen sind im allgemeinen nur Schwingungen möglich.

dünne, bei Zimmertemperatur spröde Steinsalzplatte zu einem Rohr zusammenrollen. Das gleiche gelingt auch schon beim Bespülen mit Wasser. — Weiteres in § 72.

Nach diesen und mancherlei weiteren Erfahrungen kann auch ein Einkristall kein homogen zusammengesetzter Körper sein. Ein Kristallgitter muß zahllose winzige Baufehler enthalten, denn erst durch sie wird ein Platzwechsel der Bausteine möglich. Die Anzahldichte N_v der Baufehler (im einfachsten Fall unbesetzter Gitterplätze) steigt allgemein mit wachsender Temperatur. Ein Kristall enthält viele mehr oder minder fehlerhaft aneinandergepaßte, also gegeneinander „*versetzte*" Bereiche. Oft paßt auch für den Einkristall das Bild eines mehr oder minder gut gefügten Mauerwerkes. Diese Aufteilung eines Einkristalles in „Bereiche" wird schon durch die Entstehung eines Kristalles aus einer Lösung oder Schmelze bedingt. Überdies enthalten selbst chemisch besonders reine Stoffe selten weniger als ein baufremdes auf 10^6 baueigene Moleküle. Der Abstand zweier baufremder Moleküle ist im Mittel nur 100mal größer als der zweier baueigener. Diese baufremden Moleküle müssen ebenfalls den regelmäßigen Gitterbau irgendwie unterteilen. — Weiteres in § 185.

§ 67. Elastische Verformung, Fließen und Verfestigung. Hochpolymere Stoffe.

Wir wiederholen einiges aus dem Inhalt der früheren Kapitel: Jeder feste Körper läßt sich durch Kräfte verformen. In einfachen Fällen ist die Verformung keine dauernde. Sie verschwindet mit dem Aufhören der „Beanspruchung". Die Verformung heißt dann elastisch oder umkehrbar. — Nunmehr soll die Verformung fester Körper etwas eingehender besprochen und quantitativ behandelt werden.

Wir beginnen mit der einfachen, in Abb. 184 dargestellten Anordnung. Ein etliche Meter langer, 0,4 mm dicker, weicher Kupferdraht wird mit konstanten Kräften beansprucht und die zugehörige Dehnung gemessen.

Für die Darstellung dieser und ähnlicher Messungen definieren wir das Verhältnis

$$\frac{\text{Längenänderung } dl}{\text{ursprüngliche Länge } l} = \varepsilon = \text{Dehnung (für } \varepsilon > 0) \text{ oder Stauchung (für } \varepsilon < 0) \qquad (122)$$

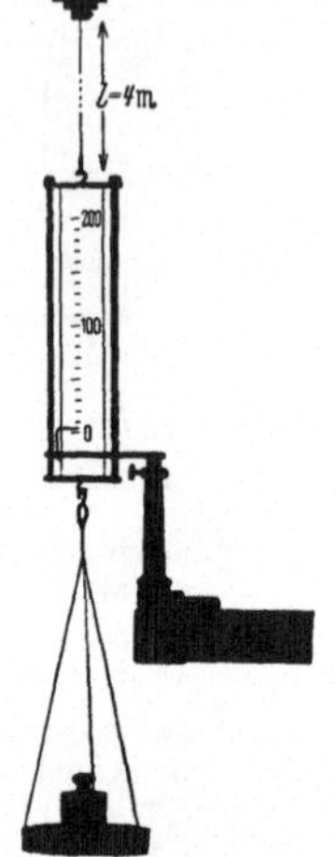

Ferner nennen wir den Quotienten

$$\sigma = \frac{\text{zum Querschnitt } F \text{ senkrechte Kraft } \mathfrak{K}}{\text{Draht- oder Stabquerschnitt } F} \qquad (123)$$

zunächst *Druck* oder *Zug*, später allgemeiner Normalspannung.

Physikalisch ist für jede Kraft nur die Lage ihres Angriffspunktes, ihre Richtung und ihre Größe bestimmt. Trotzdem ist die *Unterscheidung von Zug und Druck* zweckmäßig. Sie macht eine Angabe über die Lage des Körpers, den man als Ursache der Kraft betrachtet. Dieser Körper kann sich für einen in der Kraftrichtung blickenden Beobachter vor oder hinter der Fläche F befinden. Im ersten Fall spricht man von Druck, im zweiten von Zug. — Der Korken einer Weinflasche wird von den Armmuskeln heraus*gezogen*, der Pfropfen einer Sektflasche hingegen von der eingesperrten Kohlensäure heraus*gedrückt*.

Langsam und sorgfältig ausgeführte Beobachtungen sollen erst in § 71 folgen. Zunächst beobachten wir rasch und ohne besondere Genauigkeit. Dann bekommen wir ein noch leidlich einfaches, im Schaubild 185 dargestelltes Ergebnis. Anfänglich wächst die Dehnung ε *proportional* mit dem Zug σ, später, ungefähr bis β, *mehr* als proportional. Bis hier, d. h. bis zu einer Dehnung um etwa $^{1}/_{1000}$, bleibt die Verformung „*umkehrbar*", d. h. sie verschwindet mit dem Aufhören der Beanspruchung. Jenseits β wächst die Dehnung rasch mit weiter zunehmender Belastung. Diese Verformung ist nicht mehr umkehrbar, bei β wird die „*Streck- oder Fließgrenze*" überschritten. Durch die Streckung wird der zuvor weiche Draht „*verfestigt*" und hart. Erst durch Erwärmung läßt sich der harte Draht wieder in einen weichen zurückverwandeln.

Abb. 184. Zur Dehnung eines Metalldrahtes durch Zug. Die mit dem unteren Ende des einige Meter langen Drahtes verbundene Skala wird etwa 15fach vergrößert auf einem Wandschirm abgebildet.

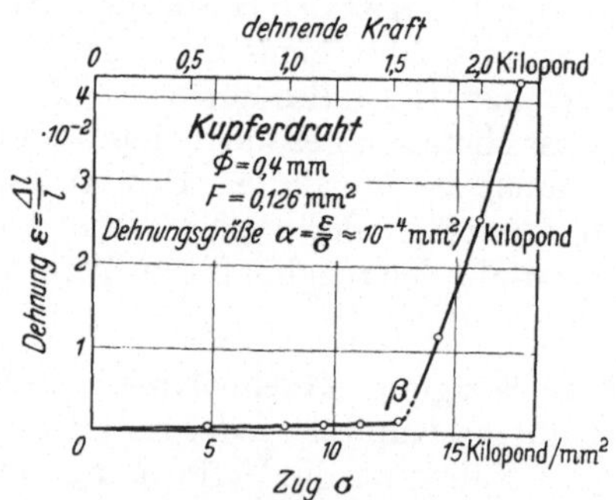

Abb. 185. Zusammenhang von Dehnung und Zug für einen Cu-Draht. Dehnungsgröße $\alpha = \varepsilon/\sigma = 10^{-4}$ mm²/Kilopond.

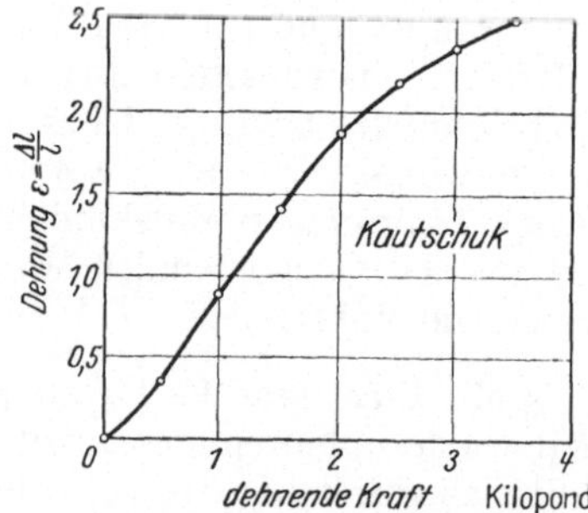

Abb. 186. Zusammenhang von Dehnung und Zug für einen Kautschukschlauch.

Neuerdings haben die elastischen Eigenschaften hochpolymerer Stoffe („Kunststoffe") mit sehr langen (wie Ketten aus gleichen Gliedern zusammengesetzten) *fadenförmigen* Molekülen eine große Bedeutung gewonnen. Man hat bei ihnen drei, für die einzelnen Stoffe verschieden gelegene Temperaturbereiche zu unterscheiden. Bei kleinen Temperaturen sind die Stoffe starr und spröde, bei Überbeanspruchung zersplittern sie wie Glas, z. B. Kautschuk mit flüssiger Luft gekühlt. Bei wachsender Temperatur folgt dann zunächst ein Bereich großer Dehnbarkeit; sie ist einige tausendmal größer als bei Metallen (z. B. Kautschuk bei Zimmertemperatur, Abb. 186, *Entropie-Elastizität* gemäß § 206, II). Bei noch größeren Temperaturen folgt ein Bereich plastischen Fließens.

Für alle drei Fälle ist das molekulare Bild in großen Zügen bekannt. Im festen und flüssigen Zustand bilden die fadenförmigen Moleküle miteinander filzartig verhakte Knäuel. Bei kleinen Temperaturen sind die Fäden dieser Knäuel starr und fähig, bis zum Bruch ihre Gestalt im Filz beizubehalten. Mit wachsender Temperatur werden die Fäden zunehmend beweglicher, sie können bei Beanspruchungen leicht ihre Gestalt ändern. Bei einer Dehnung z. B., die in diesem Zustand ein Vielfaches der ursprünglichen Länge betragen kann, werden die Fäden in eine mehr oder weniger gestreckte Form gebracht, aus der sie nach Schluß der Beanspruchung von selbst unter Kontraktion des gedehnten Körpers in ihre ursprünglich geknäuelte Gestalt zurückkehren.

Bei noch größeren Temperaturen tritt neben der durch Streckung der Fäden bedingten elastischen Verformung plastisches Fließen auf. Dabei gleiten teilweise gestreckte Fäden, deren Verhakungen sich gelöst haben, aneinander vorbei. Diese plastische Deformierbarkeit wird für die Herstellung von Gebrauchsgegenständen aller Art ausgenutzt.

§ 68. Hookesches Gesetz und Poissonsche Beziehung. Für kleine Beanspruchungen findet man Dehnung ε und Zug σ (allgemein Normalspannung) einander proportional. Es gilt das Hookesche Gesetz

$$\boxed{\varepsilon = \alpha\sigma} \tag{124}$$

Den Proportionalitätsfaktor α nennen wir *Dehnungsgröße* (Beispiele in Tabelle 3).

Tabelle 3. Elastische Konstanten.

Stoff	Al	Pb	Cu	Messing	Stahl	Glas	Granit	Eichen-holz	
Dehnungsgröße α	14	58	10	10	4,6	12—20	42	10	$10^{-5}\dfrac{mm^2}{Kilopond}$
Querzahl μ . . .	0,34	0,45	0,34	0,33	0,3	0,3	—	—	
Schubgröße β . .	37	167	21	29	12	37	—	—	$10^{-5}\dfrac{mm^2}{Kilopond}$

Im Schrifttum wird oft der Kehrwert α^{-1} benutzt und *Elastizitätsmodul E* genannt. Sehr dehnbare, also im täglichen Sprachgebrauch sehr elastische Stoffe haben einen kleinen Elastizitätsmodul. Diesen alten Zopf sollte man endlich abschneiden.

Bei dicken Drähten oder besser Stäben kann man zugleich mit der Dehnung die „*Querverkürzung*" bestimmen, definiert durch das Verhältnis

$$\varepsilon_q = \frac{\text{Abnahme } \Delta d \text{ des Durchmessers}}{\text{ursprünglicher Durchmesser } d}. \tag{125}$$

Für Schauversuche eignet sich ein Kautschukstab von einigen cm Dicke. Außerdem kann man bei genügender Dicke der Versuchsstücke die Messungen nicht nur mit Zug für Dehnungen und Querverkürzungen ausführen, sondern auch mit Druck für Stauchungen und gleichzeitige Querverlängerungen ($\varepsilon_q < 0$). In

7*

gewissen Grenzen findet man Querverkürzung ε_q und Längsdehnung einander proportional, es gilt

$$\varepsilon_q = \mu\,\varepsilon \tag{126}$$

(Beziehung von S. D. Poisson, 1781—1840).

Den Proportionalitätsfaktor μ nennen wir *Querzahl* (Beispiele in Tabelle 3).

Längsdehnung und Querverkürzung ergeben eine Änderung des Rauminhaltes, ebenso Stauchung und Querverlängerung. Ein Würfel wird in eine Kiste verwandelt. Seine Höhe wird um den Faktor $(1+\varepsilon)$ geändert, sein Querschnitt um den Faktor $(1-\mu\varepsilon)^2$. Folglich ergibt sich eine *Raumdehnung* („kubische Dilatation")

$$\Delta V/V = (1+\varepsilon)\,(1-\mu\,\varepsilon)^2 - 1 \tag{127}$$

oder bei Vernachlässigung kleiner quadratischer Glieder

$$\Delta V/V = (1 - 2\mu)\,\varepsilon. \tag{128}$$

2μ, das Doppelte der Querzahl, ist laut Tab. 3 immer kleiner als 1. Folglich wird der Rauminhalt durch Dehnung ($\varepsilon > 0$) stets vergrößert, durch Stauchung ($\varepsilon < 0$) stets verkleinert. Bei *allseitiger* Belastung ist die Raumdehnung dreimal so groß wie bei einer Belastung in nur *einer* Richtung, also ergibt Gl. (128) mit dem Hookeschen Gesetz (124) zusammengefaßt

$$\Delta V/V = 3\,(1 - 2\mu)\,\alpha\,\sigma = \varkappa\,\sigma. \tag{129}$$

Der konstante Faktor

$$\varkappa = 3\,(1 - 2\mu)\,\alpha \tag{130}$$

wird die „*Zusammendrückbarkeit*" („Kompressibilität") des Stoffes genannt.

Der Grenzfall $\mu = 0{,}5$ bedeutet Fehlen einer Volumenänderung bei Belastung. Dieser Grenzfall findet sich sehr weitgehend bei Flüssigkeiten verwirklicht. Vgl. § 76.

§ 68a. Schiebung und Schubgröße. Bisher haben wir die verformenden Kräfte $\mathfrak{K}$ *senkrecht* zum Querschnitt F des Körpers (Draht oder Stab) angreifen lassen. In diesem Fall nannte man den Quotienten $\mathfrak{K}/F$ Zug ($\sigma > 0$) oder Druck ($\sigma < 0$). — In Abb. 187 hingegen sollen die Kräfte $\mathfrak{K}$ *parallel* zum Querschnitt F eines Körders angreifen. (Man denke sich diesen Körper modellmäßig ähnlich einem Packen Spielkarten zusammengesetzt!) Dann wird der Körper durch die Kräfte $\mathfrak{K}$ *geschert*, seine zuvor senkrechten Kanten werden um den Winkel γ gekippt. In diesem Fall definiert man als „*Scherung*" oder „*Schiebung*" den Quotienten

$$\frac{x}{l} = \mathrm{tg}\,\gamma \approx \gamma. \tag{131}$$

Den Quotienten

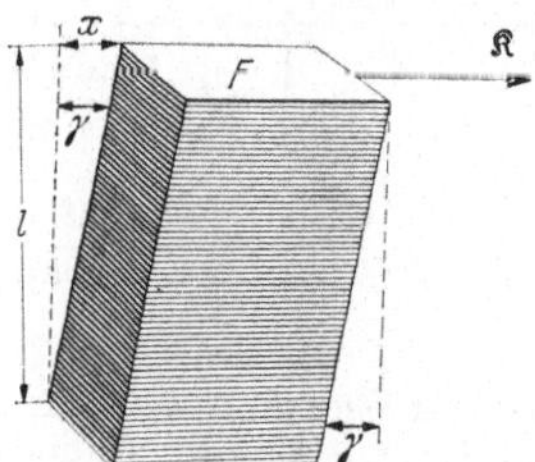

Abb. 187. Zur Definition des Schubes.

$$\tau = \frac{\text{zum Querschnitt } F \text{ parallele Kraft}}{\text{Querschnitt } F \text{ des Körpers}} \tag{132}$$

nennen wir zunächst *Schub* und später allgemeiner Schubspannung.

Für *kleine* Belastungen findet man experimentell die Schiebung γ dem Schub τ proportional, also:

$$\gamma = \tau\,\beta. \tag{133}$$

Dem Proportionalitätsfaktor β geben wir den Namen „*Schubgröße*". Auch sie ist eine den Stoff kennzeichnende Größe (Beispiele in Tab. 3). β^{-1} wird oft *Schubmodul* genannt.

Somit haben wir für isotrope Körper insgesamt drei elastische Konstanten gefunden, nämlich die Dehnungsgröße α durch Gl. (124), die Schubgröße β durch Gl. (133) und die Querzahl μ durch Gl. (126). Diese drei Konstanten sind jedoch durch die Beziehung

$$\beta = 2\alpha\,(1 + \mu) \qquad (134)$$

miteinander verknüpft. Also genügen für einen isotropen Körper *zwei* elastische Konstanten, die dritte ist dann durch die Gl. (134) bestimmt. Ihre Herleitung folgt am Ende von § 69.

§ 69. Normal-, Schub- und Hauptspannung. Durch jede Beanspruchung, z. B. durch Zug, wird der Zustand im Innern eines Körpers geändert. Man beschreibt den Zustand mit dem Begriff „*Spannung*". Dieser Begriff muß definiert werden. — Zu diesem Zweck denken wir uns den Körper durchsichtig. In seinem Innern seien vor der Beanspruchung etliche *kleine kugel-*

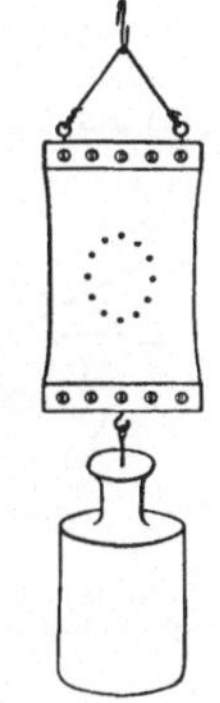

Abb. 188. Zur Definition des Begriffes Spannung.

förmige Bereiche durch einen Farbstoff sichtbar gemacht. Während der Beanspruchung wird jede dieser Kugeln in ein kleines dreiachsiges *Ellipsoid* verformt. Zur Veranschaulichung kann ein Schauversuch (Abb. 188) dienen. Er beschränkt sich auf den Sonderfall des „*ebenen*" Spannungszustandes: In der Papierebene liegt ein breites Kautschukband. Auf die Oberfläche des unbeanspruchten Bandes ist mit 12 Punkten ein Kreis gezeichnet. Beide Enden des Bandes sind in eine Fassung eingeklemmt. Zur Beanspruchung dient ein Zug in der Papierebene. Während der Beanspruchung wird der Kreis in eine Ellipse verformt. Beim Übergang des Kreises in die Ellipse haben sich die 12 gezeichneten Punkte längs der Pfeile bewegt (Abb. 189). Das Entsprechende gilt für den allgemeinen Fall, also beim Übergang von der Kugel zu einem dreiachsigen „Verformungsellipsoid". —

Abb. 189. Zur Entstehung der Ellipse in Abb. 188.

Zum Begriff „*Spannung*" gelangt man nun mit folgendem Gedankenexperiment: Man trennt das Ellipsoid aus seiner Umgebung heraus, bringt aber gleichzeitig an seiner Oberfläche Kräfte an, die die Gestalt des Ellipsoids aufrechterhalten, also den Einfluß der zuvor wirksamen Umgebung ersetzen. Oder anders ausgedrückt: Man verwandelt die „inneren", von der Umgebung herrührenden Kräfte in „äußere" und macht sie dadurch (wenigstens grundsätzlich) der Messung zugänglich. Die Richtungen dieser Kräfte fallen *nur* in den drei Hauptachsen des Ellipsoides mit den Richtungen der Übergangspfeile in Abb. 189 zusammen. Außerdem ist ihre Größe *nicht* den Längen dieser Übergangspfeile proportional. — Dann definiert man für jedes Oberflächenelement dF des Verformungsellipsoides als *Spannung* den Quotienten Kraft/Oberfläche dF. Der Kraftpfeil steht im allgemeinen *schräg* auf dem zugehörigen Flächenelement dF. Deswegen zerlegt man die Spannung in zwei Komponenten, eine senkrecht und eine parallel zur Oberfläche. Die zur Fläche senkrecht stehende Komponente, früher außerhalb des Körpers Zug oder Druck genannt, bekommt den Namen „*Normalspannung*". Die zur Oberfläche parallele Komponente der Spannung, früher außerhalb des Körpers Schub genannt, bekommt den Namen *Schubspannung*.

Die drei Achsen des Ellipsoides sind ausgezeichnete Richtungen: In ihnen stehen die Kraftpfeile senkrecht zur Ellipsoidoberfläche. Es sind also nur Normalspannungen vorhanden, und diese nennt man die drei *Hauptspannungen*. Die Richtungen der Hauptspannungen treten im Aufbau der Knochen oft besonders hervor. Sie sind zu durchlaufenden, einander senkrecht kreuzenden Kurven vereinigt.

Im Grenzübergang entarten die genannten Kugeln in Punkte. Für jeden dieser Punkte kann man einen „Spannungszustand" mit Hilfe eines anderen Ellipsoides, des „Spannungsellipsoides", beschreiben. Das soll an Hand der Abb. 191 erläutert werden: Das dreiachsige Ellipsoid sei für den Punkt P konstruiert worden. Die Abbildung zeigt einen zwei von seinen Achsen enthaltenden Schnitt. dF bedeutet ein beliebiges, durch P hindurchgelegtes Flächenelement, seine Flächennormale sei r. Im Schnittpunkt der Normale r mit der Oberfläche des Ellipsoides ist die Berührungsfläche EE gezeichnet und auf dieser das Lot N errichtet. Der senkrechte Abstand der Ebene EE von P heiße d. Dann gibt das Lot N die *Richtung* der auf dF wirkenden Spannung und der Kehrwert des Produktes rd ihre *Größe*. Wegen der Einzelheiten muß auf die Lehrbücher der theoretischen Physik verwiesen werden.

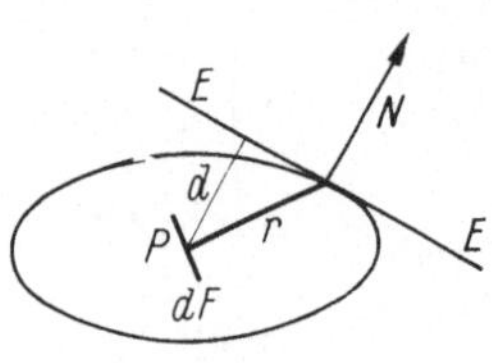

Abb. 191. Zur Definition des Spannungszustandes.

Man kann Schubspannungen nicht unabhängig von Normalspannungen herstellen. Das zeigt eine einfache Beobachtung:

In Abb. 192 versuchen wir, eine quadratische Platte der Dicke d allein durch Schub zu verformen. Dazu benutzen wir vier gleiche, parallel den Seiten a angreifende Kräfte $\mathfrak{K}$. Jede von ihnen erzeugt einen Schub $\tau = \mathfrak{K}/ad$. Der Erfolg ist aber der gleiche wie in Abb. 188 bei der Beanspruchung durch Zug: Ein Kreis wird in eine Ellipse verformt. Es entstehen also auch Normalspannungen. Ihr größter und kleinster Wert, die Hauptspannungen σ_1 und σ_2, fallen in die Richtung der Diagonale. In den Diagonalrichtungen setzen sich je zwei der Kräfte $\mathfrak{K}$ zu einer resultierenden $\mathfrak{K}\sqrt{2}$ zusammen. Diese Kräfte $\mathfrak{K}\sqrt{2}$ stehen senkrecht auf je einer diagonalen Schnittfläche $ad\sqrt{2}$. Folglich sind die Normalspannungen σ_1 und σ_2 ebenfalls $\mathfrak{K}/ad$, also ebenso groß wie die Schubspannungen τ. Folglich läßt sich die Verformung der Platte auf zwei Weisen beschreiben: entweder durch eine *Verschiebung* der Quadratseiten a um Beträge Δa oder durch eine *Verlängerung* der Quadrat*diagonale* D um Beträge ΔD.

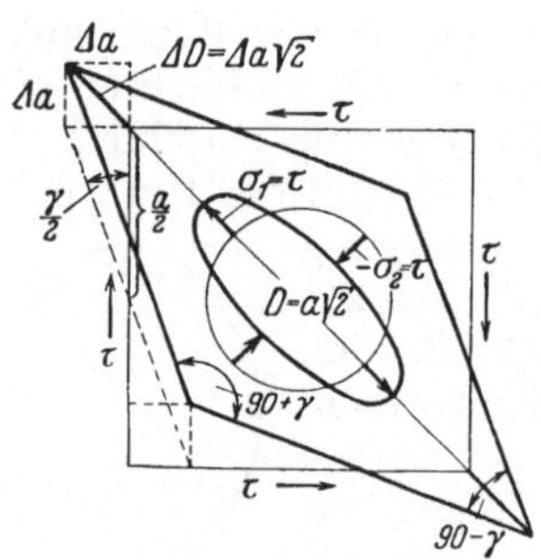

Abb. 192. Verformung einer Gummiplatte durch vier gleiche, je einen Schub τ erzeugende Kräfte. — Kantenlänge a, Hautdicke d, also $\tau = \mathfrak{K}/F = \mathfrak{K}/ad$. Die Abbildung zeigt die Verknüpfung von Schub- und Normalspannung und dient zur Herleitung der Gl. (134) von S. 101.

Zur Berechnung von Δa benutzt man die *Schub*spannung τ. Diese erzeugt eine Schiebung

$$\gamma = \tau \beta. \qquad (133) \text{ v. S. } 100$$

Das heißt anschaulich: Die 90°-Winkel werden in Winkel $(90° \pm \gamma)$ verwandelt, und die Quadratseiten werden um Winkel $\gamma/2$ gegen die Diagonale D gekippt. Dabei entnimmt man der Abb. 192 die geometrische Beziehung $\mathrm{tg}\,\gamma/2 = 2\Delta a/a \approx \gamma/2$ oder mit (133)

$$\frac{2\Delta a}{a} = \frac{1}{2}\,\tau \beta. \qquad (135)$$

Zur Berechnung von ΔD benutzt man *Normal*spannungen, nämlich die Zugspannungen $\sigma_1 = \tau$ und die Druckspannungen $-\sigma_2 = \tau$. Die Zugspannungen verlängern die Diagonale um den Betrag $2\Delta D_{\text{Zug}} = \varepsilon D = \sigma_1 \alpha D = \tau \alpha D$. Außerdem erzeugen aber nach der Poissonschen Beziehung [Gl. (126) von S. 100] auch die Druckspannungen zusätzlich eine Verlängerung der Diagonale um den Betrag $2\Delta D_{\text{Druck}} = \mu \varepsilon D = \mu \sigma_1 \alpha D = \mu \tau \alpha D$. Als beiderseitige Gesamtverlängerung der Diagonale erhalten wir also

$$2\Delta D = 2\Delta D_{\text{Zug}} + 2\Delta D_{\text{Druck}} = \tau \alpha (1 + \mu)\, D \qquad (136)$$

und nach Einführung der Quadratseite a

$$2\Delta a \sqrt{2} = \tau \alpha\,(1 + \mu)\, a \sqrt{2}$$

oder

$$\frac{2\Delta a}{a} = \tau\alpha(1+\mu).$$ (137)

Die Zusammenfassung von (135) und (137) ergibt

$$\beta = 2\alpha(1+\mu).$$

Das ist die auf S. 101 ohne Ableitung gegebene Gl. (134).

Zum Schluß entnehmen wir der Abb. 192 noch eine für Späteres wichtige Tatsache: Die Richtungen der Hauptspannungen (Diagonalen) und die Richtungen der größten Schubspannungen (Quadratseiten) sind um 45° gegeneinander geneigt.

§ 70. Biegung und Drillung. Bei der Anwendung der Begriffe Normalspannung σ und Schubspannung τ beschränken wir uns auf die allereinfachsten Beispiele. Als erstes bringen wir die Biegung eines Stabes durch ein äußeres Drehmoment $\mathfrak{M}$.

Man nehme ein kistenförmiges Radiergummi zwischen Daumen und Zeigefinger und biege es zusammen: Die Seitenflächen werden nicht nur gekrümmt, sondern auch gewölbt. Von diesen Wölbungen wollen wir absehen, also nur den Grenzfall eines „ebenen" Spannungszustandes betrachten. In Abb. 193 werde ein schlanker Stab mit konstantem Querschnitt F von einem konstanten Drehmoment gekrümmt. Man beobachtet einen Kreisbogen.

Wir wollen den Krümmungsradius r berechnen. Dazu benutzen wir die Abb. 194, sie zeigt den Längsschnitt des Stabes. Die Verformung erzeugt auf der Oberseite Zugspannungen, auf der Unterseite Druckspannungen. Beide stehen als Normalspannungen senkrecht auf dem Querschnitt F und dessen Spur GH. In ihr liegt der Schwerpunkt S des Stabquerschnitts.

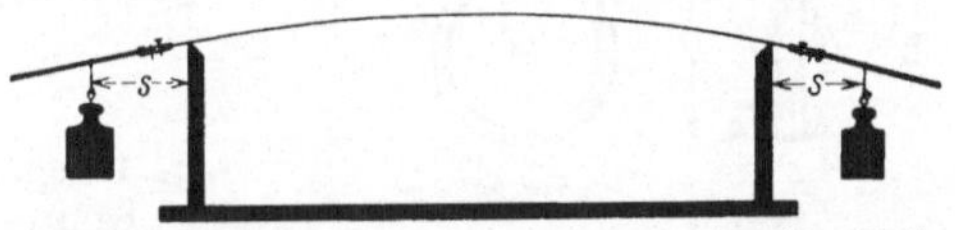

Abb. 193. Biegungsbeanspruchung eines schlanken flachen Stabes durch ein längs der ganzen Stablänge konstantes Drehmoment $\mathfrak{M}$. *Zahlenbeispiel:* Messing: $d = 12$ mm; $h = 4$ mm; $J = 64 \cdot 10^{-12}\ m^4$. $\mathfrak{M} = 2$ Kilopond $\cdot\ 0{,}15$ m $= 3 \cdot 10^{-1}$ Kilopondmeter. r gemessen $= 2{,}28$ m; daraus berechnet Dehnungsgröße $\alpha = 9{,}4 \cdot 10^{-5}$ mm²/Kilopond.

Nach der oben gemachten, bei dünnen Stäben gut erfüllten Voraussetzung sollen die Querschnitte GH, $G'H'$ usw. auch während der Biegung *eben* bleiben, d. h. sie sollen sich infolge der Beanspruchung um ihren Schwerpunkt *drehen*. Dann erfolgt der Übergang von der Zug- zur Druckspannung in einer nur gekrümmten, aber nicht gewölbten Schicht. Sie ist frei von Spannung, sie steht zur Papierfläche senkrecht und schneidet sie in der Spur NN. Man nennt diese Schicht die *neutrale Faser* (vgl. Optikband § 93).

Unter diesen Umständen gilt in Abb. 194 für die beiden Krümmungsradien r und $(r+y)$

$$\frac{r+y}{r} = \frac{l'}{l}.$$ (138)

Ferner ist

$$\frac{(l'-l)}{l} = \text{Dehnung } \varepsilon.$$ (139)

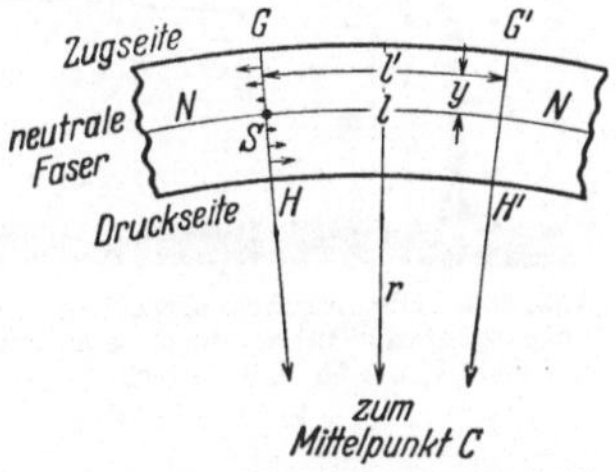

Abb. 194. Zur Herleitung der Gl. (143)

Zu dieser Dehnung gehört nach dem HOOKEschen Gesetz die Dehnungsgröße

$$\alpha = \frac{\varepsilon}{\sigma}.$$ (124) v. S. 99

Zusammenfassung von (124), (139) und (138) liefert

$$\sigma = \frac{1}{\alpha}\frac{y}{r}.$$ (140)

Die Summe $\int \sigma dF y$ muß gleich dem einwirkenden Drehmoment $\mathfrak{M}$ sein, also

$$\mathfrak{M} = \int \frac{1}{\alpha}\,\frac{y^2}{r}\,dF \qquad (141)$$

oder mit der Kürzung

$$\int dF\, y^2 = J \qquad (142)$$

$$r = \frac{1}{\alpha}\,\frac{J}{\mathfrak{M}}. \qquad (143)$$

Die Größe J ist formal ebenso gebildet wie das Trägheitsmoment, also

$$\Theta = \int dm\, y^2. \qquad (97)\ \text{v. S. }63$$

Dieser Wert von Θ würde für eine Schicht vom Querschnitt des Stabes gelten und auf den Schwerpunkt S der Schicht bezogen sein. Infolgedessen kann man die früher für Trägheitsmomente aufgestellten Formeln benutzen, um zu J-Werten zu gelangen: Man muß in den Formeln von S. 65 nur die Masse m durch den Querschnitt F ersetzen. Aus diesem Grunde hat sich für J der ziemlich unglückliche Name „*geometrisches*" oder „*Flächenträgheitsmoment*" eingebürgert.

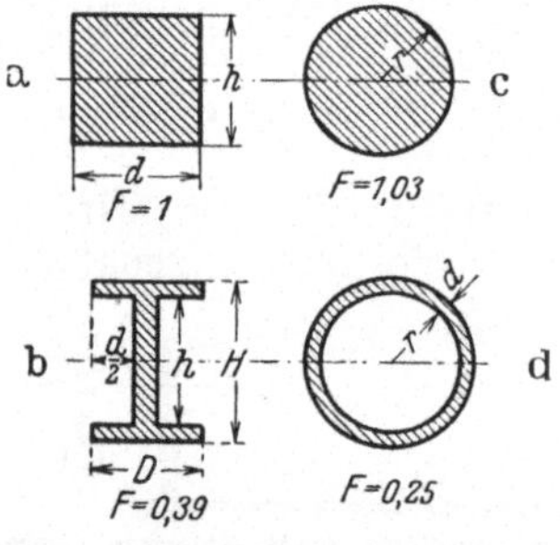

Beispiele, dazu Abb. 195.

1. Rechteckiger Querschnitt mit der Fläche $F = h d$

$$J = \tfrac{1}{12} d h^3. \qquad (144)$$

2. Doppel-T-Träger

$$J = \tfrac{1}{12}(D H^3 - d h^3). \qquad (145)$$

3. Kreisringförmiger Querschnitt

$$J = \frac{1}{4}\,F(R^2 + r^2) = \frac{\pi}{4}\,(R^4 - r^4). \qquad (146)$$

4. Desgleichen für eine Drillung um die Längsachse eines Rohres, dessen kleine Wandstärke $d = R - r$ ist (Abb. 198).

$$J = \frac{\pi}{2}\,(R^4 - r^4) \approx 2\pi\, d R^3. \qquad (147)$$

Abb. 195. Stabquerschnitte mit gleichem Flächenträgheitsmoment J können recht verschiedene Flächeninhalte F besitzen. Die in Abb. 194 senkrecht zur Papierebene durch S gehende Achse ist strichpunktiert.

Für den Stab in Abb. 193 waren α, J und $\mathfrak{M}$ längs der Stablänge konstant. Folglich ergibt sich nach Gl. (143) auch r konstant, d. h. der Stab nimmt die Form eines Kreisbogens an. Der nach (143) berechnete Radius r stimmt gut mit dem beobachteten überein. Ein Zahlenbeispiel findet sich unter Abb. 193.

Die große Bedeutung des Flächenträgheitsmomentes J wird durch Abb. 195 erläutert. Sie zeigt Profile mit gleichem Flächenträgheitsmoment J, also gleicher Kreiskrümmung bei gleicher Beanspruchung. Unter jedem Profil ist sein Flächeninhalt in einer willkürlichen Einheit angegeben. Kleiner Flächeninhalt bedeutet geringen Bedarf an Baustoff. In dieser Hinsicht ist ein Rohr einem Vollstab überlegen. Demgemäß sind die langen Knochen unserer Gliedmaßen als Röhrenknochen gebaut.

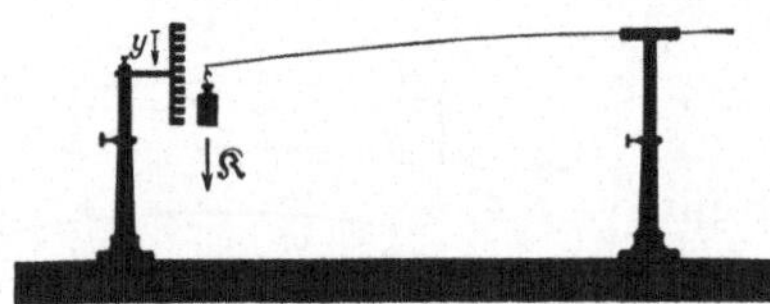

Abb. 196. Biegungsbeanspruchung eines einseitig eingespannten Stabes durch eine am Ende angreifende Kraft $\mathfrak{K}$. Die Strecke y wird Biegungspfeil genannt.

Das Flächenträgheitsmoment spielt auch für viele andere Verformungsfragen eine entscheidende Rolle. Wir geben ohne Ableitung zwei Beispiele. In Abb. 196 ist ein *Stab einseitig eingespannt*, an seinem freien Ende greift senkrecht die Kraft $\mathfrak{K}$ an. Dann gilt für eine mäßige Ablenkung y des Stabendes

$$y = \mathfrak{K}\,\frac{\alpha l^3}{3J}. \qquad (148)$$

Weiter soll kurz die „*Verdrillung eines zylindrischen Stabes*" behandelt werden. Auch sie wird durch ein Flächenträgheitsmoment bestimmt. Man findet den Quotienten

$$\frac{\text{Drehmoment } \mathfrak{M}}{\text{Drillwinkel } \alpha'} = D^* = \frac{J}{\beta l} \qquad (150)$$

($J =$ Flächenträgheitsmoment des Stabes, l seine Länge, β die Schubgröße seines Baustoffes, Tabelle 3).

D^* ist die früher (S. 62) von uns benutzte „Winkelrichtgröße". Sie ist leicht zu messen, entweder unmittelbar oder mit Hilfe von Drehschwingungen.

Die Gl. (150) gibt daher ein bequemes Verfahren zur Bestimmung der Schubzahl β, also einer für die Stoffkunde bedeutsamen Größe (Tab. 3).

Zur Herleitung der Gl. (150) benutzen wir in Abb. 198 einen *Sonderfall*, nämlich den eines dünnwandigen Rohres. Das Drehmoment wird mit zwei Schnurzügen hergestellt. Wir denken uns dies Rohr in flache Kreisringschichten aufgeteilt. Diese erfahren gegeneinander eine Schiebung γ. Die Bedeutung des Winkels γ ist aus der Abbildung ersichtlich. Man findet

$$\gamma \approx \text{tg}\,\gamma = \frac{x}{l} = \frac{\alpha' R}{l}. \qquad (151)$$

Die Schiebung entsteht durch die Schubspannung τ, es gilt

$$\gamma = \tau \beta. \qquad (133) \text{ v. S. } 100$$

Die Schubspannung ergibt sich aus dem einwirkenden Drehmoment $\mathfrak{M}$. Dies erzeugt tangential zu den Ringflächen eine Kraft $\mathfrak{K} = \mathfrak{M}/2R$ und mit ihr die Schubspannung

$$\tau = \frac{2\,\mathfrak{K}}{\text{Ringfläche}} = \frac{\mathfrak{M}}{R\,2\,R\pi d}. \qquad (152)$$

152), (133) und (151) ergeben zusammen mit (147) von S. 104

$$\frac{\alpha'}{l} = \frac{\beta\,\mathfrak{M}}{2\pi d R^3} = \frac{\beta\,\mathfrak{M}}{J}. \qquad (153)$$

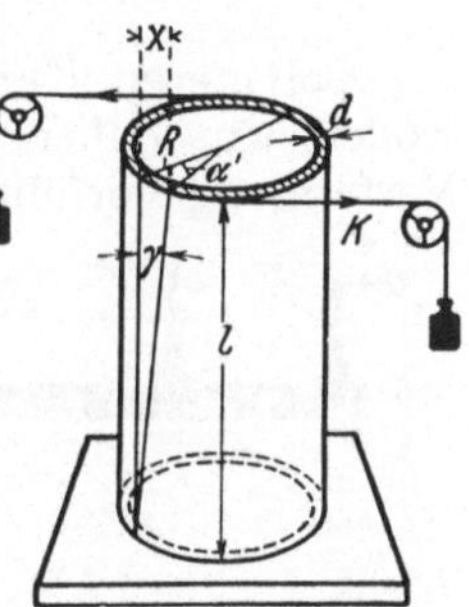

Abb. 198. Schematische Skizze zur Herleitung der Gl. (150) für die Verdrillung eines Rohres.

Zum Schluß noch eine technische Anwendung der Gl. (150). Zur Übertragung oder Fortleitung von Leistung („Kilowatt") auf mechanischem Wege bedient man sich sehr oft einer *Welle*. Das ist nichts weiter als ein auf Drillung beanspruchter zylindrischer Stab. Für die übertragene Leistung $\dot{W}$ gilt bei fortschreitender Bewegung

$$\dot{W} = \mathfrak{K}\,u \qquad (85) \text{ v. S. } 64$$

($u =$ Bahngeschwindigkeit),

also bei Drehbewegungen

$$\dot{W} = \mathfrak{M}\omega = \mathfrak{M}\,2\pi\nu \qquad (108) \text{ v. S. } 64$$

($\omega =$ Winkelgeschwindigkeit, $\nu =$ Drehfrequenz = (Anzahl der Drehungen)/Zeit).

Wir können also statt (153) schreiben:

$$\text{Drillwinkel } \alpha' = \frac{\dot{W}}{2\pi\nu}\,\frac{\beta l}{J}. \qquad (154)$$

In Worten: *Bei gegebener Drehfrequenz ν ist der Drillwinkel α' ein Maß für die durch die Welle fortgeleitete Leistung.*

Zahlenbeispiel. Hohle Schraubenwelle eines Dampfers. $l = 62$ Meter; Durchmesser außen $2R = 0{,}625$ Meter, innen $2r = 0{,}480$ Meter; Flächenträgheitsmoment J nach Gl. (147) von S. 104 $= 9{,}76 \cdot 10^{-3}$ Meter^4; Baustoff Stahl, also Schubgröße $\beta = 1{,}2 \cdot 10^{-4}$ mm^2/Kilopond $= 1{,}22 \cdot 10^{-11}$ m^2/Newton. Zum Propeller übertragene Leistung $\dot{W} = 2{,}4 \cdot 10^4$ Kilowatt $= 2,4 \cdot 10^7$ Watt; Drehfrequenz $\nu = 3,4/\mathrm{sec}$. — Einsetzen dieser Werte in Gl. (154) ergibt als Drillwinkel $\alpha' = 8,8 \cdot 10^{-2} = 5°$. Das heißt das vordere und das hintere Ende der 62 m langen Welle werden um 0,014 ihres Umfanges gegeneinander verdreht.

Bohrgestänge für lotrechte Tiefbohrungen können Längen von mehreren Kilometern haben. Sie brauchen dann Verdrillungen um viele Umläufe, um die Bohrleistung in die Tiefe zu übertragen!

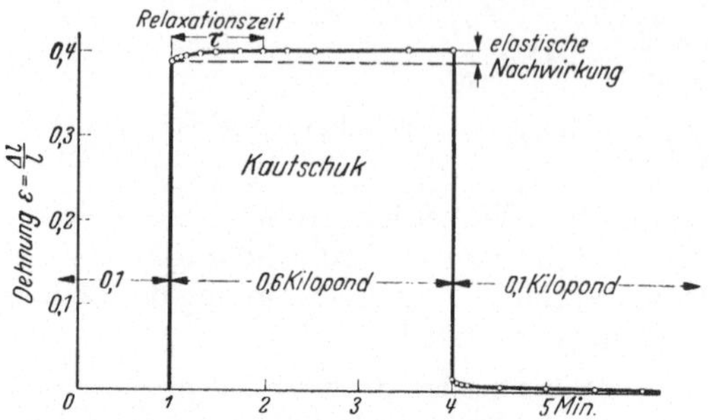

Abb. 199. Elastische Nachwirkung bei der Dehnung eines Kautschukschlauches. ⌀ außen ≈ 5, ⌀ innen ≈ 3 mm.

§ 71. Zeitabhängigkeit der Verformung. Elastische Nachwirkung und Hysteresis.

Für quantitative Beobachtungen der elastischen Verformung haben wir Metalle benutzt, so in den Abb. 184, 193 und 197. Auch Gläser sind recht geeignet. Für Schauversuche ist oft ein polymerer Kunststoff bequemer, vor allem Kautschuk. Mit Kautschuk wollen wir daher auch zwei wichtige Begleiterscheinungen der elastischen Verformung vorführen, nämlich die elastische Nachwirkung und die Hysteresis. Wir haben sie bei unsern ersten *flüchtigen* Schauversuchen außer acht gelassen.

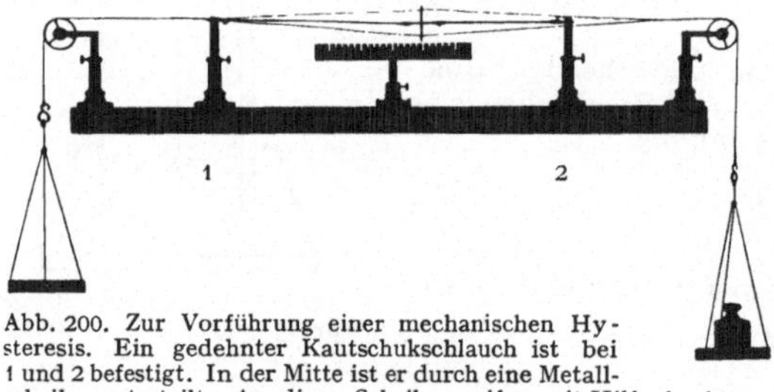

Wir wiederholen den S. 98 angestellten Dehnungsversuch. Wir beanspruchen einen etwa 0,3 m langen, etwa 5 mm dicken Kautschukschlauch abwechselnd mit 0,1 und 0,6 Kilopond und verfolgen seine Dehnung in Abhängigkeit von der Zeit. Das Ergebnis findet sich in Abb. 199: Die Verformung erfolgt zwar zum großen Teil gleichzeitig mit der Belastung oder Entlastung. Ein Rest aber, genannt *elastische Nachwirkung*, erfordert für seine Ausbildung und Rückbildung eine endliche Zeit. Die neuen Gleichgewichtswerte werden angenähert exponentiell mit der Zeit erreicht. Bei der Belastung fehlen nach der „*Relaxationszeit*" τ noch $1/e \approx 37\%$ vom vollen Wert der elastischen Nachwirkung. Bei der Entlastung sind nach der Zeit τ noch $1/e \approx 37\%$ der elastischen Nachwirkung vorhanden. Die Nachwirkung ist bei polykristallinen Metallen groß, sie beträgt rund 60% der anfänglichen elastischen Verformung. Hingegen ist die Relaxationszeit τ klein, im allgemeinen in der Größenordnung 1 sec.

Die elastische Nachwirkung verursacht bei Wechselbelastung im allgemeinen Energieverluste. Diese werden am größten, wenn die Periode der Wechselbelastung ungefähr ebenso groß ist wie die Relaxationszeit τ. Sie fehlen nur in zwei Grenzfällen, nämlich bei sehr schnellen und bei sehr langsamen Belastungsänderungen. Im ersten Fall $(t \ll \tau)$ erfolgen nur die spontanen elastischen Verformungen, im zweiten $(t \gg \tau)$ können sich die elastischen Nachwirkungen voll aus- und zurückbilden. Die bei der Verformung gespeicherte Energie kommt bei der Entformung wieder zutage, wenn auch verspätet.

Leider ist die Trennung von Verformung mit und ohne Nachwirkung selbst bei *kleinen* Verformungen eine zu weit gehende Idealisierung. Bei der Entlastung bleibt stets ein Bruchteil der vorangehenden Dehnung als *bleibende* Verformung bestehen. Sie kann erst durch eine Beanspruchung von *entgegengesetzter* Richtung beseitigt werden. Das ist die *Hysteresis*. Für ihre Vorführung dient der in Abb. 200 skizzierte Apparat. Ein beiderseits festgehaltener und schon rund auf

Abb. 200. Zur Vorführung einer mechanischen Hysteresis. Ein gedehnter Kautschukschlauch ist bei 1 und 2 befestigt. In der Mitte ist er durch eine Metallscheibe unterteilt. An dieser Scheibe greifen mit Hilfe je eines Fadenpaares die Kräfte an, die man durch Belastung der beiden Waagschalen herstellen kann.

die doppelte Länge gedehnter Gummischlauch kann mit einem in Schritten zu- und abnehmenden Zug nach rechts und nach links beansprucht werden. Zwischen zwei Messungen liegt eine Pause von mindestens einer Minute. Die Messungen sind in Abb. 201 dargestellt. Der Zusammenhang von Dehnung und Spannung wird beim Hin- und Rückweg durch zwei Kurven dargestellt, und diese umgrenzen in Abb. 201 eine schmale Fläche, die mechanische *Hysteresisschleife*. Eine solche findet sich bei fast allen festen Körpern, also auch bei Metallen, Gläsern usw.

Ein kleiner Teil *jeder* Verformung ist also nicht umkehrbar, ist nicht elastisch. Immer geht ein kleiner Teil der zur Dehnung aufgewandten Spannarbeit als Wärme „verloren". Die Fläche der Hysteresisschleife bedeutet den Quotienten

$$\frac{\text{Verlust je Beanspruchungszyklus}}{\text{Volumen des verformten Körpers}} = \frac{-\Delta A}{V}.$$

Herleitung. Dehnung $\varepsilon = \Delta l/l$; Spannung = Kraft/Fläche. Der Flächeninhalt der Hysteresisschleife wird gemessen durch ein Produkt $\varepsilon\sigma$, also $(\Delta l/l \cdot \text{Kraft/Fläche}) = \text{Arbeit/Volumen}$.

Die Entstehung der elastischen Nachwirkung und der Hysteresis hängt mit Fehlern im Kristallbau zusammen. Bei der elastischen Verformung können sich einzelne Kristallbereiche (§ 66) gegeneinander verschieben oder verdrehen und dann wie *Sperrklinken* wirken. Die Lösung der Sperrklinken erfolgt entweder durch die Wärmebewegung allein (Nachwirkung), oder erst dann, wenn eine Belastung in entgegengesetzter Richtung hinzukommt (Hysteresis).

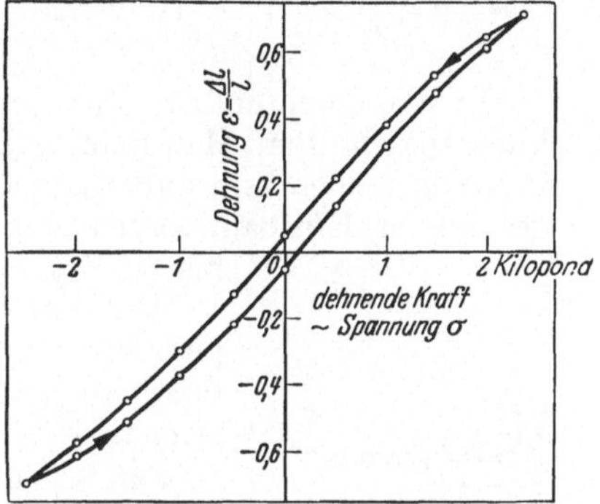

Abb. 201. Eine mit der Anordnung von Abb. 200 gemessene Hysteresis-Schleife. Nach rechts gerichtete Kräfte werden positiv gezählt. Die Messungen beginnen rechts in der oberen Ecke.

§ 72. Zerreißfestigkeit und spezifische Oberflächenarbeit fester Körper.

Bei hinreichend hoher Beanspruchung wird jeder feste Körper in Teile zerrissen. In idealisierten Grenzfällen können die Rißflächen („Sprünge") entweder auf einer Richtung größter Normalspannung senkrecht stehen oder einer Ebene größter Schubspannung parallel liegen. Deswegen unterscheidet man *Zugfestigkeit* und *Schubfestigkeit*, ihre Überschreitung führt zu *Trennungsbrüchen* und zu *Verschiebungsbrüchen*. Die Richtungen größter Zug- und Schubspannungen sind um $\pm 45°$ gegeneinander geneigt. Daher findet man beim Pressen spröder Körper ungefähr um $45°$ gegen die Druckrichtung geneigte Reißflächen.

Zwischen der elastischen Verformung und dem Zerreißen sind bei vielen Körpern noch weitere Vorgänge eingeschaltet, nämlich das *Fließen oder Gleiten* seiner einzelnen Teile und die damit verknüpfte „*Verfestigung*". Manche Metalle kann man schon bei Zimmertemperatur zu Blech auswalzen oder durch die Löcher eines Zieheisens in Draht verwandeln (Kaltverformung). Die allmählich mit der „plastischen Verformung" verknüpfte Gestaltsänderung macht den Zerreißvorgang noch verwickelter als bei spröden, d. h. ohne plastische Formänderung zerreißbaren Körpern (z. B. Glas und Gußeisen). — Plastizität und Sprödigkeit sind keine festen Eigenschaften eines Stoffes, durch Temperaturvergrößerung kann man jeden Stoff mehr oder minder plastisch machen (vgl. § 66).

Die Tab. 4 gibt einige für technische Zwecke bestimmte „*Zerreißfestigkeiten*". So nennt man die zum Zerreißen führenden Zugspannungen $Z_{\max}$. Sie werden an genormten Stäben gemessen. — Zur richtigen Einschätzung dieser Zahlen mache man einen einfachen Versuch. Man schneide aus gutem Schreibpapier einen etwa 20 cm langen und 3 cm breiten Streifen, fasse sein Ende und suche ihn zu zerreißen. Es wird nur selten gelingen. Dann mache man an einem Längsrande eine kleine, kaum 1 mm tiefe Kerbe. Nunmehr kann man den Papierstreifen ohne Anstrengung zerreißen: Im „Kerbgrund" wird durch eine Art Hebelwirkung lokal eine sehr große Zugspannung erzeugt, und durch sie reißt die Kerbe weiter ein. Selbst winzige Kerben spielen schon eine entscheidende Rolle.

Tabelle 4. *Technische Zerreißfestigkeit Z_{max}.*

(Zur Berechnung der Zugspannungen ist der ursprüngliche, nicht der während der Dehnung verminderte Querschnitt benutzt worden.)

Stoff	Al	Pb	Cu	Messing	Stahl	Glimmer	Quarzglas	Holzfaser
Z_{max} · · ·	30	2	40	60	bis 200	75	80	bis 12 Kilopond/mm²

In manchen Fällen kann man den störenden Nebeneinfluß einer Kerbwirkung ausschalten. Man kann z. B. bei Glimmer die Spaltebenen parallel zur Zugrichtung stellen und außerdem die durch Kerben gefährdeten Ränder mit einer geeigneten Einspannvorrichtung entlasten. So ist man bei Glimmerkristallen bis zu $Z_{max} = 324$ Kilopond/mm² gelangt.

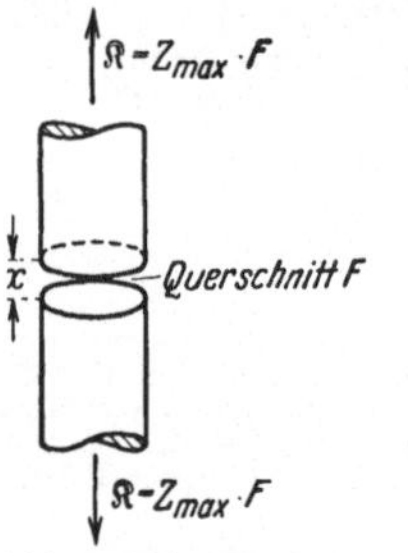

Mit sehr dünnen ($\varnothing$ wenige μ), frischen, bei hoher Temperatur hergestellten Fäden aus Glas oder Quarzglas hat man sogar Zerreißfestigkeiten $Z_{max} > 1000$ Kilopond/mm² erreicht.

Für Schauversuche beansprucht man derartige Fäden auf Biegung, man nimmt ein etliche Zentimeter langes Stück zwischen die Fingerspitzen. Es lassen sich überraschend kleine Krümmungsradien herstellen. Die kleinsten Verletzungen der Oberfläche führen jedoch zum Bruch. Es genügt, den gebogenen Glasfaden mit einem anderen Glasfaden zu berühren.

Abb. 202. Zur Herleitung der Gl. (156).

Eine plastische Verformung von Ionenkristallen, z. B. von NaCl oder LiF, läßt sich bei Zimmertemperatur überhaupt nur dann nachweisen, wenn man Kristalle mit „kerbfreien" Oberflächen verwendet. Man kann die Kerben durch Ablösen der obersten Schicht, z. B. mit warmem Wasser beseitigen. Doch ist es physikalisch übersichtlicher, die Kristalle im Vakuum oder in einer chemisch indifferenten Umgebung mit frischen Spaltflächen zu begrenzen. In Zimmerluft ist die „Lebensdauer" kerbfreier Oberflächen nur klein (ca. 1 Minute), vor allem bei Kristallen geringer chemischer Reinheit.

Im Inneren eines Körpers sind die Moleküle allseitig von ihren Nachbarn umgeben, an der Oberfläche hingegen fehlen die Nachbarn auf der einen Seite. Infolgedessen ist eine Arbeit erforderlich, um die Moleküle aus der Innen- in die Oberflächenlage zu überführen. Der Quotient

$$\zeta = \frac{\text{für einen Oberflächenzuwachs erforderliche Arbeit } \Delta A}{\text{Größe } \Delta F \text{ der neugebildeten Oberfläche}} \qquad (155)$$

wird spezifische Oberflächenarbeit genannt. Sie läßt sich aus der ohne Kerbwirkung gemessenen Zerreißfestigkeit eines Körpers abschätzen.

In der schematischen Abb. 202 werde ein Draht vom Querschnitt F mit einem Trennungsbruch (§ 72) zerrissen. Dabei werden zwei Flächen der Größe F gebildet, und das erfordert die Arbeit $A = 2F\zeta$. Diese Arbeit wird von der Kraft $\Re = Z_{max}F$ längs eines kleinen Weges x verrichtet. Also gilt

$$2\zeta F = Z_{max}Fx \quad \text{oder} \quad \zeta = \tfrac{1}{2}Z_{max}x. \qquad (156)$$

Der Weg x muß die gleiche Größenordnung haben wie die Reichweite der atomaren Anziehung oder der Abstand benachbarter Atome. Dieser liegt in der Größenordnung 10^{-10} Meter. So folgt aus Gl. (156) die spezifische Oberflächenarbeit von Glas

$$\zeta = 500 \,\frac{\text{Kilopond}}{\text{mm}^2}\, 10^{-10}\,\text{m} \approx 5 \cdot 10^9 \,\frac{\text{Newton}}{\text{m}^2}\, 10^{-10}\,\text{m}, \quad \approx 0.5 \;\text{Wattsec/m}^2.$$

Auf die gleiche Größenordnung führen auch andere von einer Kenntnis der Atomdimensionen x *unabhängige* Messungen der spezifischen Oberflächenarbeit. Ein Beispiel für Glimmer wird in und unter Abb. 203 beschrieben.

Die hohen, mit Gl. (156) verträglichen Zerreißfestigkeiten fester Körper nennt man die „*theoretischen*". Sie können die „*technische*" Zerreißfestigkeit um mehr als das Zehnfache übertreffen. Die technische Festigkeit wird im wesentlichen durch störende Nebeneinflüsse bedingt. „Kerbwirkung" ist ein zwar stark vereinfachender, aber recht treffender Sammelname.

Wir haben schon mehrfach die eigentümliche „*Verfestigung*" der Körper, vor allem der Metalle durch Kaltbearbeitung, erwähnt. Diese Verfestigung verändert irgendwie den Zustand der „Bereiche" in den kleinsten Kristallbausteinen (S. 97) und verhindert damit das Weiterreißen der Kerben. Die grundsätzliche Möglichkeit zeigt uns ein Beispiel aus dem täglichen Leben: Beschädigte Schaufensterscheiben werden dicht hinter dem Ende eines Sprunges durchbohrt; das Loch verhindert ein Weiterwachsen des Sprunges.

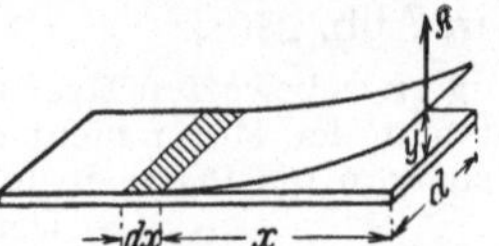

Abb. 203. Messung der spezifischen Oberflächenarbeit von Glimmer ($\zeta \approx 4,5$ Wattsec/m²). Zum Abspalten einer Glimmerfeder (Dicke h, Breite d) braucht man am Federende die Kraft

$$\mathfrak{K} = \frac{1}{4\alpha}\,\frac{h^3 d}{x^3}\, y = D y. \qquad \text{(148) und (144)}$$
$$\text{v. S. 104}$$

Dabei wird die Feder elastisch gespannt. Sie bekommt die potentielle Energie

$$W_1 = \frac{1}{2}\,D y^2 = \frac{1}{4\alpha}\,\frac{h^3 d}{x^3}\,\frac{y^2}{2}. \qquad \text{(54) v. S. 47}$$

Eine Verlängerung der Feder um dx vermindert die elastisch gespeicherte Energie um den Betrag

$$dW_1 = -\frac{3}{8\alpha}\,\frac{h^3 d}{x^4}\, y^2 dx, \qquad (157)$$

und statt ihrer erscheint die Energie der beiden im „Kerbgrund" neugebildeten schraffierten Oberflächen

$$dW_2 = 2 d \cdot dx \cdot \zeta. \qquad (156)$$

Gleichsetzen der Beträge von (156) und (157) ergibt die gesuchte spezifische Oberflächenarbeit

$$\zeta = \frac{3}{16}\,\frac{1}{\alpha}\,\frac{h^3}{x^4}\, y^2. \qquad (158)$$

§ 73. Haft- und Gleitreibung. Äußere Reibung (§ 17) entsteht in der Berührungsfläche zweier fester Körper. Sie spielt im täglichen Leben und in der Technik eine fundamentale Rolle; bei physikalischen Experimenten kennt man sie vor allem als

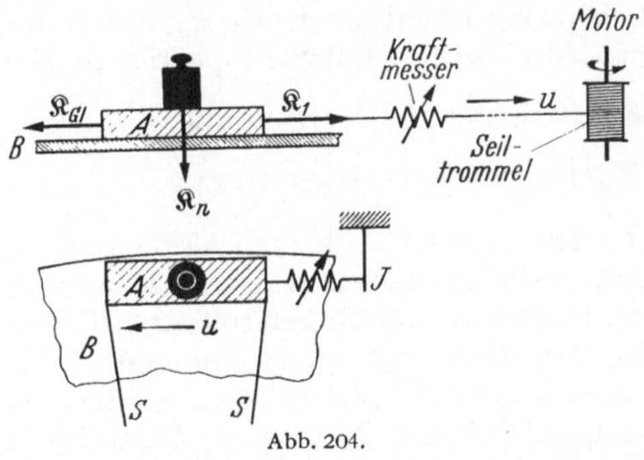

Abb. 204.

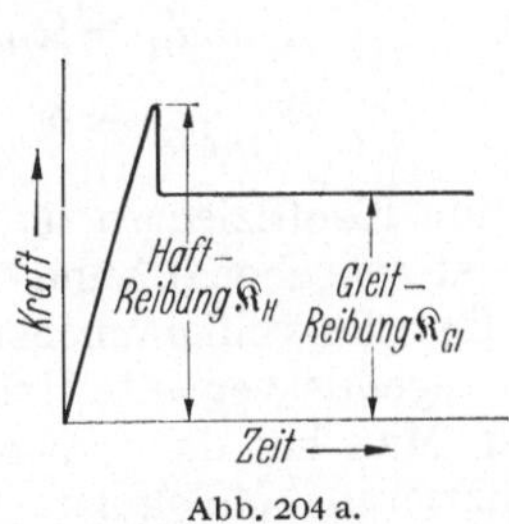

Abb. 204 a.

Abb. 204. Zur Definition von Haft- und Gleitreibung, oben Schema, unten praktische Ausführung. Als Körper B wird der Rand eines Karussells benutzt (z. B. polierte Stahlscheibe von 50 cm Durchmesser und 3 cm Dicke). A wird durch zwei leichte Speichen gehalten, deren Achse mit der von B zusammenfällt.

Abb. 204 a. Zur Unterscheidung von Haft- und Gleitreibung. Der in Abb. 204 benutzte Motor wird zur Zeit 0 in Gang gesetzt.

eine störende Fehlerquelle. Die quantitativen Befunde hängen stark davon ab, wie die Oberfläche der einander berührenden Körper beschaffen ist. Trotzdem lohnt es sich, sich mit der äußeren Reibung und ihrer Deutung zu beschäftigen. — Man hat drei verschiedene Formen äußerer Reibung zu unterscheiden, nämlich Haftreibung, Gleitreibung und Rollreibung.

Zunächst sollen Haft- und Gleitreibung experimentell definiert werden, dazu dient die Abb. 204. Sie zeigt einen belasteten Klotz A auf einer ebenen Platte B. Die am belasteten Klotz angreifende Kraft, die wir Gewicht $\mathfrak{K}_n$ nennen, preßt Klotz und Platte gegeneinander. Der Klotz A kann mit einem Seil und einer Seiltrommel von einem Elektromotor mit konstanter Geschwindigkeit u nach rechts gezogen werden, und zwar unter Einschaltung eines Kraftmessers, der sehr kleine Verformungen mit großen Anschlägen anzeigt (z.B. durch Vergrößerung mit einer Hebelübersetzung, einem Mikroskop oder einem piezoelektrischen Kristall, wie in Abb. 250).

Die Ablesung eines bewegten Kraftmessers ist unbequem. Um sie bei der Vorführung zu vermeiden, läßt man den Motor nicht den Klotz A mit konstanter Geschwindigkeit u nach rechts ziehen, sondern die Platte B mit der gleichen Geschwindigkeit nach links bewegen.

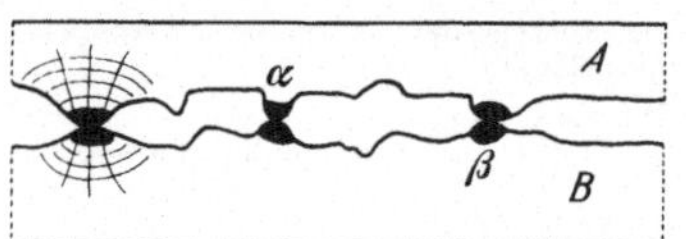

Abb. 204b. Eine Gleitreibung $\mathfrak{K}_{Gl}$ zeigt statistische Schwankungen (geschliffener Aluminium-Klotz A auf polierter Stahlplatte B; — $u = 25$ cm/sec; $\mathfrak{K}_n = 73$ pond). Als Kraftmesser diente ein piezoelektrischer Kristall, zur photographischen Registrierung ein BRAUNsches Rohr.

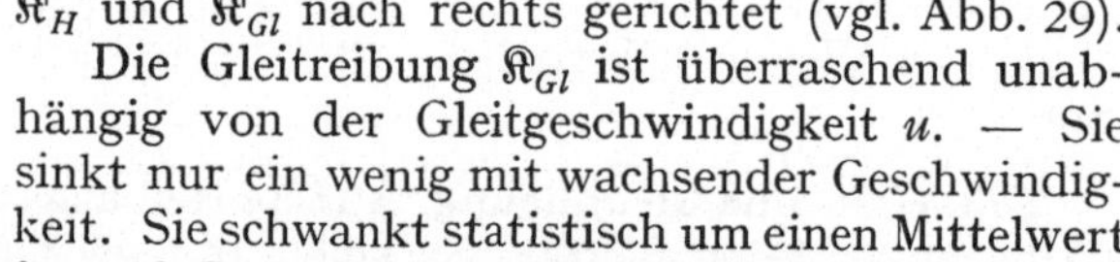

Abb. 204c. Zur lokal begrenzten molekularen Berührung zweier fester Körper.

Der Klotz wird durch einen auf Zug beanspruchten Kraftmesser J festgehalten. Eine solche Anordnung ist unten in Abb. 204 skizziert.

Nach Anschalten des Motors steigt die vom Kraftmesser angezeigte Kraft zunächst bis zu einem Haftreibung $\mathfrak{K}_H$ genannten Höchstwert (Abb. 204a). Dem Höchstwert folgt ein steiler Abfall, es verbleibt eine konstante, Gleitreibung genannte Kraft $\mathfrak{K}_{Gl}$. In Abb. 204 sind sowohl $\mathfrak{K}_H$ wie $\mathfrak{K}_{Gl}$ am Klotz angreifend nach links gerichtet, sie behindern (als Widerstand $\mathfrak{K}_2$ wie in § 43) die Beschleunigung des Klotzes durch eine nach rechts ziehende Kraft $\mathfrak{K}_1$. An der Platte B angreifend sind $\mathfrak{K}_H$ und $\mathfrak{K}_{Gl}$ nach rechts gerichtet (vgl. Abb. 29).

Die Gleitreibung $\mathfrak{K}_{Gl}$ ist überraschend unabhängig von der Gleitgeschwindigkeit u. — Sie sinkt nur ein wenig mit wachsender Geschwindigkeit. Sie schwankt statistisch um einen Mittelwert (Abb. 204b). — Man findet Haft- und Gleitreibung unabhängig davon, wie groß die *Grundfläche* des belasteten Klotzes ist! Bei gegebenen Stoffen von A und B sind Haft- und Gleitreibung lediglich proportional der Kraft $\mathfrak{K}_n$, durch die beide Körper aufeinander gepreßt werden. Man bezeichnet den Proportionalitätsfaktor

$$\mu_H = \mathfrak{K}_H/\mathfrak{K}_n \text{ als Koeffizienten der Haftreibung}$$

und

$$\mu_{Gl} = \mathfrak{K}_{Gl}/\mathfrak{K}_n \text{ als Koeffizienten der Gleitreibung.}$$

Beide Koeffizienten sind reine Zahlen, μ_H liegt meistens zwischen 0,2 und 0,7, μ_{Gl} meist zwischen 0,2 und 0,5. — Soweit die Tatsachen, wie sind sie zu deuten? Selbst die vollkommensten durch Politur technisch herstellbaren Flächen besitzen regellos verteilte Erhebungen, ihre Höhe beträgt etliche 100 Atomdurchmesser. Man hat daher zwei aufeinandergepreßte Flächen etwa wie in Abb. 204c zu skizzieren: Molekulare Berührung erfolgt nur in kleinen, lokal begrenzten Bereichen. Der gesamte Querschnitt aller Bereiche ist in Abb. 204c nur ein sehr kleiner Bruchteil der Grundfläche des Klotzes. In diesen Bereichen sind die durch die Kraft $\mathfrak{K}_n$ erzeugten Drucke sehr hoch, die Fließgrenze der Stoffe wird überschritten, und daher werden die Querschnitte der Bereiche durch plastische

Verformung vergrößert. Sie wachsen so lange, bis der gesamte Querschnitt aller Bereiche die Last zu tragen vermag. Dieser gesamte Querschnitt hängt also allein von der *Kraft* $\Re_n$ ab, die die Körper zusammenpreßt. Er ist unabhängig von der Größe der Grundfläche, auf die sich die Bereiche verteilen. Das gleiche muß dann für die Kräfte $\Re_H$ und $\Re_{Gl}$ gelten, mit denen man die *Schubfestigkeit* der Bereiche überwinden kann. So versteht man, warum Haft- und Gleitreibung bei gegebenem Material allein von der Kraft $\Re_n$ abhängen, nicht aber von der Grundfläche des Klotzes.

Unerklärt bleibt dabei, warum die Gleitreibung $\Re_{Gl}$ kleiner ist als die Haftreibung $\Re_H$. In erster Linie handelt es sich wohl um einen Einfluß der Berührungsdauer.

Der Berührungsvorgang in den Bereichen (Abb. 204c) ist recht verwickelt. Sicher führt die Verformung zur Verfestigung. Die *verfestigten* Gebiete sind in Abb. 204c schwarz skizziert. Erst unter ihnen sind die Körper *elastisch* verformt, angedeutet durch die gekreuzten Linien. Die verfestigten Bereiche beider Körper können dort, wo sie sich berühren, durch „*Adhäsion*"[1] fest aneinander kleben. Die Trennung erfolgt dann hinterher nicht immer an den Berührungsstellen, sondern über oder unter ihnen, etwa bei α oder β. Dann bleiben feine Teilchen von A an B oder von B an A kleben. Diese lassen sich auf mannigfache Weise nachweisen, besonders einfach bei der Berührung eines künstlich radioaktiv gemachten Körpers mit einem nicht radioaktiven.

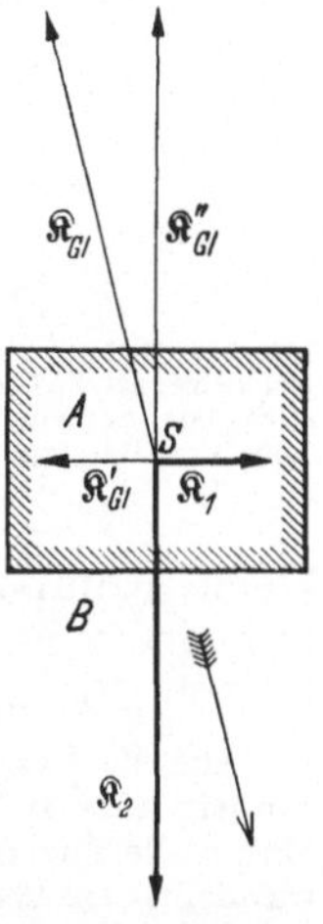

Oberflächlich adsorbierte Gas-, Oxyd- oder Flüssigkeitsschichten (Schmierung!) erschweren die Adhäsion, also das Verkleben, doch können die Schichten durch die Gleitbewegung zerstört werden.

§ 73a. Adhäsion, Klebstoffe, Schleifen und Polieren. Zur Vorführung der Ädhäsion presse man einen spröden Stahlstempel mit flach konvexer Grundfläche gegen eine oberflächlich gesäuberte kleine Platte aus einem bei Zimmertemperatur plastischen Metall, z. B. Blei oder Indium. Die Platte klebt, man kann sie mit dem Stempel hochheben. Dieser einfache Versuch erläutert zugleich ein Merkmal der Klebstoffe: Sie müssen plastisch leicht verformbar sein und frei von elastischen Spannungen bleiben.

Die Adhäsion tritt besonders sinnfällig auf, wenn flüssige oder dampfförmige Stoffe an feste Körper angrenzen. Man denke an benetzende Flüssigkeiten, an die Vereisung von Schiffen und Flugzeugen und an die Verbindung zweier Körper durch *Löten*, z.B. zweier Glasstücke mit Indium als Lot.

Eine Adhäsion, die winzige Teilchen eines geriebenen Körpers abreißen läßt, spielt beim Schleifen und Polieren eine wesentliche Rolle. Hinzu kommt, daß die Reibung zu großer lokaler Erhitzung und durch sie zu chemischen Vorgängen führen kann. Daher läßt sich z.B. Diamant allein mit weichem Eisen schleifen, wenn die Gleitgeschwindigkeit 250 m/sec nicht überschreitet. Bei größeren Geschwindigkeiten bringt die Reibungswärme das Eisen oberflächlich zum Schmelzen, wie den Schnee unter einem Ski. — Diese wenigen Hinweise müssen genügen.

§ 73b. Nutzen der Haftreibung und Verminderung der Gleitreibung. Die Haftreibung spielt technisch eine bedeutsame Rolle. Sie bestimmt bei den Antriebsrädern der Lokomotiven und der Automobile sowie bei den Sohlen der Fußgänger den Höchstwert der erzielbaren Antriebskraft. An der Berührungsstelle befindet sich auch ein laufendes Rad und die abrollende Fußsohle gegenüber dem Boden in *Ruhe*. Daher ist hier die *Haft*reibung wirksam.

Abb. 204d. Für eine Bewegung mit konstanter Geschwindigkeit schaltet eine Hilfskraft $\Re_2$ die Komponente $\Re''_{gl}$ der Gleitreibung $\Re_{gl}$ aus. Infolgedessen braucht die Zugkraft $\Re_1$ nur gleich der kleinen Komponente $\Re'_{gl}$ der Gleitreibung zu sein.

---

[1] oder durch Kohäsion bei der Berührung gleicher Stoffe, z. B. bei der Herstellung von Zahnplomben durch Zusammenpressen (Hämmern) von Blattgold.

Die Haftreibung $\mathfrak{R}_{H}$ ist der Kraft $\mathfrak{R}_{n}$ proportional, die z.B. bei einer Lokomotive die Antriebsräder gegen die Schienen preßt. Daher benutzt man Lokomotiven großer Masse, die z.B. ein Gewicht $\mathfrak{R}_{n} = 1,5 \cdot 10^{5}$ Kilopond besitzen. — Beiläufig bemerkt: Für die Leistung $\dot{W}$ einer Antriebskraft $\mathfrak{R}_{1}$ gilt $\dot{W} = \mathfrak{R}_{1} u = \mathfrak{M}\omega$, falls die Fahrgeschwindigkeit u gegen einen Widerstand $\mathfrak{R}_{2} = -\mathfrak{R}_{1}$ aufrecht erhalten werden soll (§ 43). Dabei ist $\mathfrak{M} = \mathfrak{R}_{1} r$ das Drehmoment, das den Antriebsrädern mit dem Radius r die Winkelgeschwindigkeit ω erteilt.

Im Gegensatz zur Haftreibung ist die Gleitreibung fast immer störend (Ausnahmen z.B. bei Reibungskuppelungen und Bremsen). In Maschinen und Apparaten sucht man die äußere Reibung zwischen Teilen, die aufeinander gleiten, nach Möglichkeit auszuschalten. Man ersetzt sie durch *innere* Reibung dünner Flüssigkeitsschichten zwischen den gegeneinander bewegten Teilen: Das nennt man *Schmierung*.

Außer der Schmierung gibt es noch ein anderes Verfahren, die Gleitreibung weitgehend auszuschalten, allerdings nur für eine bestimmte Bewegungsrichtung. Dies Verfahren bedient sich einer Arbeit-verrichtenden Hilfskraft $\mathfrak{R}_{2}$, die senkrecht zur erstrebten Bewegungsrichtung angreift. In Abb. 204d soll ein auf der Papierebene liegender Klotz der rechten Papierkante mit konstanter Geschwindigkeit genähert werden, doch ist dafür nur eine kleine, etwa durch Anblasen erzeugte Antriebskraft $\mathfrak{R}_{1}$ verfügbar. Dann fügt man eine große der Papierkante parallele Hilfskraft $\mathfrak{R}_{2}$ hinzu. Durch ihre Mitwirkung gleitet der Klotz, sich der rechten Papierkante nähernd, in Richtung des gefiederten Pfeiles. Die Hilfskraft $\mathfrak{R}_{2}$ schaltet die große Komponente $\mathfrak{R}_{Gl}''$ der Gleitreibung aus. Es verbleibt nur die

Abb. 204 e. Schauversuch zur Verminderung einer Gleitreibung durch eine *Arbeit verrichtende Hilfskraft*: Die Zugkraft $\mathfrak{R}_{1}$ ist viel kleiner als die Gleitreibung $\mathfrak{R}_{Gl} \approx 0{,}4$ Kilopond oder die noch größere Haftreibung $\mathfrak{R}_{H}$. Trotzdem gleitet der Klotz bei Dreh- oder Schwingbewegungen der Kurbel, also bei Herstellung einer zum Stab tangentialen Hilfskraft $\mathfrak{R}_{2}$. (Stablänge 1 m, Durchmesser 2 cm.) Für einen Freihandversuch genügt als drehbarer Zylinder ein etwas schräg gehaltener Bleistift und statt des verschiebbaren Klotzes ein Fingerring.

kleine Komponente $\mathfrak{R}_{Gl}'$. — Die Abb. 204e zeigt diese fundamentale Tatsache mit einem Schauversuch, bei dem die Hilfskraft nicht den Klotz, sondern (wie in Abb. 204 unten) seine Unterlage bewegt.

Auf die Frage, warum man beim *Schneiden*, z.B. von Brot, ein Messer nicht nur drückt, sondern auch in seiner Längsrichtung bewegt, geben selbst Physiker oft eine falsche Auskunft: Man wolle durch die Längsbewegung die große Haftreibung in die kleinere Gleitreibung verwandeln. In Wirklichkeit wird durch die Längsbewegung zweierlei erreicht: Erstens erhält man eine Sägewirkung und zweitens verkleinert man die Gleitreibung in der Schnittrichtung[1] durch eine zu ihr senkrechte Hilfskraft. Man benutzt also das Schema der Abb. 204 d. Beim Beginn des Schneidens, wenn sich die Messerschneide auf der Brotrinde befindet, ist die Sägewirkung allein vorhanden.

Ein anderes Beispiel bietet das Herausziehen eines Keiles aus einem Spalt: Man bewegt den Keil in der Längsrichtung des Spaltes hin und her. Ungewollte, bei Erschütterungen aber unvermeidliche, Relativbewegungen zwischen Keilbacken und Spaltbacken bewirken die oft so fatale *Lockerung von Schrauben*. Schrauben sind ja lediglich „aufgerollte Keile".

§ 73c. Rollreibung. Ein Rad (Radius r) werde gegen eine horizontale Bahn mit einer zur Bahn senkrechten Kraft $\mathfrak{R}_{n}$ gepreßt. Um dieses Rad mit konstanter Geschwindigkeit *rollen* zu lassen, muß man praktisch unabhängig von der Geschwindigkeit dauernd ein Drehmoment

$$\mathfrak{M} = \mu_{Ro}\,\mathfrak{R}_{n}$$

---

[1] Schnittrichtung ist die Richtung, in der das Messer wie ein Keil in den zu schneidenden Körper eindringt.

auf das Rad einwirken lassen. Diese Gleichung definiert den Koeffizienten μ_{Ro} der Rollreibung. Man findet ihn stets als kleine *Länge* zwischen etwa 10^{-3} cm und 10^{-1} cm.

Um das Drehmoment $\mathfrak{M}$ für die Rollbewegung[1] herzustellen, kann man z. B. eine an der Radachse angreifende Kraft benutzen; sie muß als eine Antriebskraft $\mathfrak{K}_1$ der Bahn (z. B. den Schienen) parallel gerichtet sein. Ihr entgegen gerichtet ist ein Widerstand $\mathfrak{K}_2$ (also $\mathfrak{K}_2 = -\mathfrak{K}_1$), der im folgenden Rollwiderstand genannt wird.

Der Rollwiderstand ist für alle Fahrzeuge auf Rädern wichtig. Bei diesen Fahrzeugen, gleichgültig ob Automobil, Lokomotive, Zugmaschine oder gezogener Wagen, verrichtet der Motor (Maschine, Zugtier) Arbeit gegen den Rollwiderstand $\mathfrak{K}_2$ aller Räder (auch der Antriebsräder). Wagen sind den viel älteren Schlitten (Schleifen) weit überlegen: Man braucht zum Ziehen eines Wagens eine wesentlich kleinere Kraft als zum Ziehen eines Schlittens von gleichem Gewicht $\mathfrak{K}_n$. Ein Wagen erfordert die Kraft $\mathfrak{K}_{Wa} = \mathfrak{M}/r = \mu_{Ro}\,\mathfrak{K}_n/r$, ein Schlitten die Kraft $\mathfrak{K}_{Schl} = \mu_{Gl}\,\mathfrak{K}_n$. Somit erhalten wir das Verhältnis

$$\frac{\mathfrak{K}_{Wa}}{\mathfrak{K}_{Schl}} = \frac{\mu_{Ro}}{\mu_{Gl}\cdot r}.$$

Beispiel: $\mu_{Ro} = 10^{-1}$ cm; $\mu_{Gl} = 0,5$; $r = 50$ cm; $\mathfrak{K}_{Wagen}/\mathfrak{K}_{Schlitten} = 1/250$.

Dies Verhältnis ist also bei Benutzung großer Räder ein sehr kleiner Bruch. Daher war der Ersatz des Schlittens durch einen Wagen mit *großen* Rädern eine ungeheuer wichtige Erfindung.

Die Rollreibung hat im Gegensatz zur Haft- und Gleitreibung nichts mit Adhäsion zu tun. Sie läßt sich nicht durch „Schmierung" verkleinern. Rollreibung entsteht allein durch eine elastische Verformung der Bahn und des Rades an der jeweiligen Berührungsstelle. Diese bewegt sich längs der Bahn und längs des Radumfanges mit der Fahrgeschwindigkeit. Da es keine ideal elastische Verformung gibt, führen Nachwirkung und Hysteresis stets zu Energieverlusten.

§ 73 d. Die Rolle der drei Reibungsarten beim Autofahren. Fährt ein Auto mit konstanter Geschwindigkeit auf gerader Bahn, so ist der Rollwiderstand der Fahrtrichtung entgegengerichtet. Gleichzeitig verhindert die *Haft*reibung, daß *seitlich* einwirkende Kräfte das Auto aus seiner Fahrtrichtung ablenken.

Beim Bremsen darf Gleitreibung nur zwischen den Bremsscheiben und den Bremsbacken auftreten. Zwischen den Pneumatiks und der Fahrbahn ist sie unbedingt zu vermeiden. Tritt dort Gleitreibung an die Stelle der Haftreibung, so verichtet sie Arbeit auf Kosten der kinetischen Energie des Fahrzeuges. Die Gleitreibung ist also der Fahrtrichtung entgegengerichtet; damit entfällt praktisch ein Reibungswiderstand *quer* zur Fahrtrichtung: Der Wagen wird praktisch frei beweglich seitlich einwirkenden Kräften ausgeliefert. Diese entstehen bei Seitenwind, auf gewölbter Fahrbahn oder in einer Kurve, die für die benutzte Fahrgeschwindigkeit nicht ausreichend überhöht ist. Besonders gefährlich ist Gleitreibung auf vereisten oder verölten Strecken, sie läßt nur allzu oft Wagen im Straßengraben landen.

---

[1] Um momentane Drehachsen (A_m in Abb. 114).

IX. Über ruhende Flüssigkeiten und Gase.

§ 74. Die freie Verschieblichkeit der Flüssigkeitsmoleküle. Die Unterscheidung fester und flüssiger Körper beruht auf ihrem Verhalten bei Änderungen der Gestalt. Für eine Verformung fester Körper muß man *immer* Kräfte anwenden; bei Flüssigkeiten hingegen werden die erforderlichen Kräfte bei konstantem Volumen um so kleiner, je *langsamer* der Vorgang abläuft. Im idealisierten Grenzfall braucht man zur Gestaltsänderung einer Flüssigkeit bei konstantem Volumen überhaupt keine Kräfte. — Daraus schließt man: In festen Körpern sind die kleinsten Bausteine, die Moleküle, ganz überwiegend an Ruhelagen gebunden; in Flüssigkeiten hingegen fehlen solche Ruhelagen, alle Moleküle sind frei gegeneinander verschieblich.

In festen Körpern bestehen die unsichtbaren „ungeordneten" Bewegungen, die meist kurz als „Wärmebewegung" bezeichnet werden (S. 97), ganz überwiegend aus Schwingungen der Moleküle um ihre *Ruhelage*. In Flüssigkeiten kommen jedoch nur fortschreitende und Drehbewegungen der Moleküle in Betracht. Wir besitzen ein stark vergröbertes, aber sicher getreues Abbild dieser Wärmebewegung in Flüssigkeiten. Es ist die Erscheinung der *Brownschen Bewegung*.

Das Grundsätzliche trifft man schon mit einem Bilde von geradezu kindlicher Einfachheit. Gegeben eine mit lebenden Ameisen gefüllte Schüssel. Unser Auge sei kurzsichtig oder zu weit entfernt. Es vermag die einzelnen wimmelnden Tierchen nicht zu erkennen. Es sieht lediglich eine strukturlose braunschwarze Fläche. Da hilft uns ein einfacher Kunstgriff weiter. Wir werfen auf die Schüssel einige größere, bequem sichtbare, leichte Körper, etwa Flaumfedern, Papierschnitzel oder dergleichen. Diese Teilchen bleiben nicht ruhig liegen. Von unsichtbaren Individuen gezogen und geschoben, vollführen sie regellose Bewegungen und Drehungen. Wir sehen die Bewegung der rastlos wimmelnden Tierchen in stark vergröbertem Bilde.

Ganz entsprechend verfährt man bei der Vorführung der BROWNschen Bewegung. Nur nimmt man ein Mikroskop nicht gar zu bescheidener Ausführung zu Hilfe. Man bringt zwischen Objektträger und Deckglas einen Tropfen einer beliebigen Flüssigkeit, am einfachsten Wasser. Dieser Flüssigkeit ist zuvor ein nicht lösliches, feines Pulver beigefügt worden. Bequem ist z. B. ein winziger Zusatz von chinesischer Tusche, d. h. von feinstem Kohlestaub ($\varnothing \approx 0{,}5\,\mu$).

Zur Vorführung in großem Kreise in Mikroprojektion soll man ein Pulver von hoher optischer Brechzahl nehmen, z. B. das Mineral Rutil (TiO_2). Die hohe Brechzahl gibt helle Bilder.

Nur wenige physikalische Erscheinungen vermögen den Beobachter so zu fesseln wie die BROWNsche Bewegung. Hier ist dem Beobachter einmal ein Blick hinter die Kulissen des Naturgeschehens vergönnt. Es erschließt sich ihm eine neue Welt, das rastlose, sinnverwirrende Getriebe einer völlig unübersehbaren Individuenzahl. Pfeilschnell schießen die kleinsten Teilchen durch das Gesichtsfeld, in wildem Zickzackkurs ihre Richtung verändernd. Behäbig und langsam rücken die größeren Teile vorwärts, auch sie in ständigem Wechsel der Richtung. Die größten Teile torkeln praktisch nur auf einem Fleck hin und her. Ihre Zacken und Ecken zeigen uns deutlich Drehbewegungen um ständig wechselnde Achsenrichtungen. Nirgends offenbart sich noch eine Spur von System und Ordnung. Herrschaft des regellosen, blinden Zufalls, das ist der zwingende und überwältigende Eindruck auf jeden unbefangenen Beobachter. — Die BROWNsche Bewegung gehört zu den bedeutsamsten Erscheinungen im Bereich der heutigen Naturwissenschaft. Keine Schilderung mit Worten vermag auch nur angenähert die Wirkung der eigenen Beobachtung zu ersetzen.

Eine wirkungsvolle Vorführung der BROWNschen Bewegung verlangt eine mehrhundertfache Vergrößerung durch das Mikroskop. Diese Vergrößerung verführt leicht zu einer Überschätzung der beobachteten Geschwindigkeiten. Vor diesem Irrtum bewahrt uns ein anderes Beobachtungsverfahren. Es zeigt die in der Flüssigkeit schwebenden Teilchen nur noch in ihrer Gesamtheit als *Schwarm* oder *Wolke*, läßt aber nicht mehr die einzelnen Teilchen erkennen. Wir sehen in Abb. 205 staubhaltiges Wasser, z. B. wieder stark verdünnte chinesische Tusche, von reinem Wasser überschichtet. Die Grenzfläche beider Flüssigkeiten ist anfänglich scharf, doch wird sie im Laufe der Zeit verwaschen. Ganz langsam, im Laufe von Wochen, „diffundiert" der Schwarm der Kohleteilchen in das zuvor klare Wasser hinein. Als *Diffusion* definiert man allgemein jeden durch die molekulare Wärmebewegung bedingten Ortswechsel von Molekülen. *Diffusion und Brownsche Bewegung sind zwei Namen für den gleichen Vorgang.* Das Wort *Brownsche Bewegung* setzt *mikro*skopische Beobachtung einzelner durch besondere Größe ausgezeichneter Individuen voraus. Bei *makro*skopischer Beobachtung sprechen wir von *Diffusion*, ganz unabhängig von der Größe der Individuen. Das heißt, die als Schwarm oder Wolke sichtbaren Gebilde können aus *Staubteilchen* oder winzigen, für jedes Mikroskop unerreichbaren „gelösten" *Molekülen* bestehen.

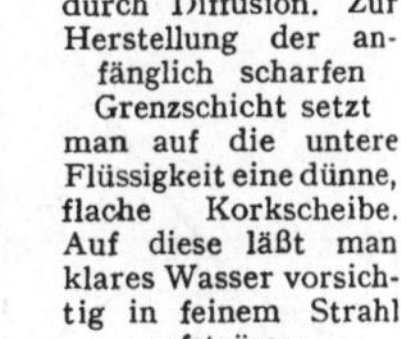

Abb. 205. Vorrücken einer Grenzschicht durch Diffusion. Zur Herstellung der anfänglich scharfen Grenzschicht setzt man auf die untere Flüssigkeit eine dünne, flache Korkscheibe. Auf diese läßt man klares Wasser vorsichtig in feinem Strahl aufströmen.

In unserem Zusammenhang ist die *Geschwindigkeit* der Diffusion der wesentliche Punkt. Verblüffend langsam rückt die Grenze des Schwarmes vor. Je nach Größe der Teilchen werden erst in Tagen oder Wochen meßbare Wege zurückgelegt (vgl. § 181, Tab. 12).

Der Grund für die Langsamkeit der Diffusion ist die enge Packung der wimmelnden Flüssigkeitsmoleküle. Der mittlere Abstand der Moleküle ist in der Flüssigkeit von der gleichen Größenordnung wie für den zugehörigen festen Körper. Das folgt aus zwei Tatsachen: Die *Dichte* jedes Stoffes ist im flüssigen und im festen Zustand angenähert gleich groß. Außerdem haben die Flüssigkeiten eine sehr *geringe Zusammendrückbarkeit*. Diese Erfahrung des täglichen Lebens wird auf S. 118 zahlenmäßig belegt werden. —

Nach diesen Darlegungen können wir eine wirkliche Flüssigkeit durch eine *Modell*flüssigkeit ersetzen und an ihr Eigenschaften der Flüssigkeiten studieren. Am besten wäre ein Gefäß voll lebender Ameisen oder rundlicher Käfer mit harten Flügeldecken. Aber es genügt schon ein Gefäß mit kleinen glatten Stahlkugeln. Nur muß man dann die ungeordnete Bewegung dieser Modellmoleküle („Wärmebewegung") ein wenig zu plump durch Schütteln des ganzen Gefäßes ersetzen. Dies Schütteln werden wir in Zukunft nicht jedesmal erwähnen.

Die freie Verschieblichkeit der Flüssigkeitsmoleküle macht etliche Eigenschaften ruhender oder im Gleichgewicht befindlicher Flüssigkeiten verständlich. Sie werden im Schulunterricht ausgiebig behandelt und hier sowie in den §§ 75 und 76 kurz wiederholt. Wir beginnen mit der Einstellung der Flüssigkeitsoberfläche.

Eine Flüssigkeitsoberfläche stellt sich stets senkrecht zur Richtung der an ihren Molekülen angreifenden Kraft ein. — In einer flachen, weiten Schale ist nur das *Gewicht* der einzelnen Flüssigkeitsmoleküle wirksam. Die Oberfläche stellt sich als horizontale Ebene ein. In den weiten Meeres- und Seebecken darf man die Richtung des Gewichtes an verschiedenen Stellen nicht mehr als parallel betrachten. Das Gewicht weist überall *radial* zum Erdmittelpunkt. Folglich bildet die Flüssigkeitsoberfläche ein Stück einer Kugeloberfläche.

Abb. 206. Parabelquerschnitt einer rotierenden Stahlkugelmodellflüssigkeit in einer flachen Glasküvette mit rechteckigem Querschnitt. (Momentphotographie.)

In einem um eine vertikale Achse rotierenden Gefäß nimmt die Flüssigkeitsoberfläche die Gestalt eines *Paraboloids* an (Abb. 206). Die Deutung geben wir vom Standpunkt des beschleunigten Bezugssystems. An jedem einzelnen Teilchen (Molekül) greifen zwei Kräfte an: senkrecht nach unten ziehend das Gewicht mg des Teilchens, radial nach außen ziehend die Zentrifugalkraft $m\omega^2 r$. Beide Kräfte vereinigen sich zu der Gesamtkraft $\Re$. Senkrecht zu dieser Gesamtkraft stellt sich die Oberfläche ein. Quantitativ gilt nach Abb. 207

$$z = \mathrm{const} \cdot r^2. \tag{160}$$

§ 75. Druck in Flüssigkeiten, Manometer. „Beanspruchungen" erzeugen nicht nur in festen Körpern, sondern auch in Flüssigkeiten Spannungen. Man benutzt aber in Flüssigkeiten nicht diesen Namen, sondern nennt die Spannung *Druck p*.

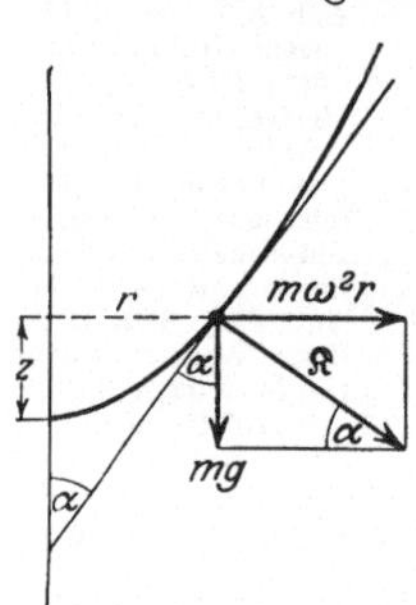

Abb. 207. Parabolische Oberfläche einer rotierenden Flüssigkeit.

$$\operatorname{tg}\alpha = \frac{mg}{m\omega^2 r} = \frac{dr}{dz},$$

$$\frac{g}{\omega^2}\,dz = r\,dr$$

und integriert

$$z = \mathrm{const.} \cdot r^2.$$

Beim Druck in Flüssigkeiten steht die Kraft immer senkrecht auf der zugehörigen Fläche[1]; sonst könnte es in Flüssigkeiten keine allseitig freie Verschieblichkeit geben. Oder anders ausgedrückt: Der Druck in einer ruhenden Flüssigkeit ist immer eine Normalspannung, es gibt in ruhenden Flüssigkeiten keine Schubspannung. Ein im Innern einer ruhenden Flüssigkeit kugelförmig abgegrenztes, z. B. angefärbtes Gebiet bleibt bei jeder Beanspruchung kugelförmig. Die Beanspruchung kann die Kugel nicht in ein Ellipsoid verzerren, sondern nur ihren Radius verändern.

An Einheiten des Druckes $p = \Re/F$ sind zunächst zu nennen:

1 Newton/m² = 10^{-5} bar; 1 bar = 10^6 dyn/cm²,

1 Kilopond/cm² = 1 technische Atmosphäre (gekürzt at) = $9{,}81 \cdot 10^4$ Newton/m²,

1,033 Kilopond/cm² = 1 physikalische Atmosphäre (gekürzt atm) = $1{,}013 \times 10^5$ Newton/m². — Weitere Einheiten auf S. 345.

Zur Messung des Druckes ersetzt man die drückenden Moleküle durch eine drückende Wand; d. h. man verwandelt wie beim festen Körper „innere" Kräfte in „äußere". Das geschieht in den Druckmessern oder Manometern. — Wir sehen in Abb. 208 links einen recht reibungsfrei verschiebbaren Kolben in einem an das Flüssigkeitsgefäß angeschlossenen Hohlzylinder. Der Kolben ist an eine Federwaage mit Zeiger und Skala angeschlossen. — Kolben und Feder lassen sich beim Bau zusammenfassen. So gelangen wir zu einer gewellten oder auch glatten

---

[1] Bei festen Körpern zählt man die aus einem geschlossenen Bereich heraus weisenden Richtungen positiv. Man gibt also dem Zug positives und dem Druck negatives Vorzeichen. In Flüssigkeiten ist meistens die entgegengesetzte Vereinbarung üblich: positives p verkleinert als Druck, negatives p vergrößert als Zug das Volumen einer Flüssigkeit.

Membran (Abb. 208, rechts). Ihre Durchwölbung durch den Druck betätigt den Zeiger. Die auswölbbare Membran läßt sich durch ein Rohr von elliptischem Querschnitt ersetzen (Abb. 210, links). Das Rohr streckt sich beim Einpressen der Flüssigkeit. (Man denke an den als Kinderspielzeug beliebten, im Ruhezustand aufgerollten Papierrüssel!) *Ohne Eichung lassen diese Instrumente zunächst nur räumlich oder zeitlich getrennte Drucke als gleich erkennen* („Manoskope"). Doch werden wir schon im nächsten Paragraphen ein Eichverfahren beschreiben.

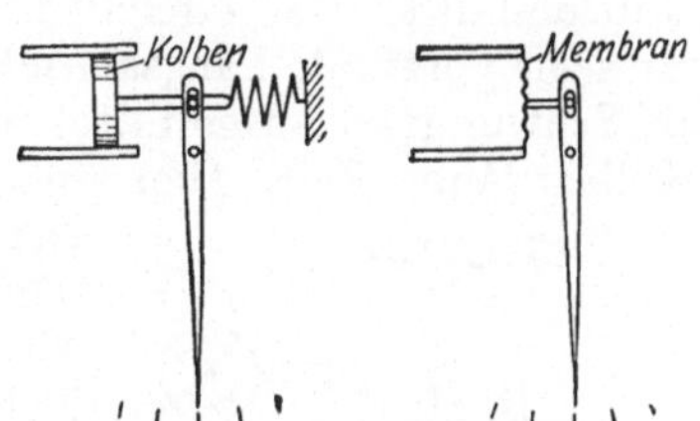

Abb. 208. Schema eines Kolben- und eines Membranmanometers.

Im Besitz dieser wenn auch noch ungeeichten Manometer wollen wir jetzt die Druckverteilung in Flüssigkeiten betrachten. Dabei halten wir der Einfachheit halber zwei Grenzfälle der Beanspruchung auseinander:

1. Der Druck rührt lediglich vom eigenen Gewicht der Flüssigkeit her. Kennwort: *Schweredruck*.

2. Die Flüssigkeit befindet sich in einem allseitig geschlossenen Gefäß. Ein angeschlossener Zylinder mit eingepaßtem Kolben erzeugt einen Druck, neben dessen Größe der Schweredruck als unerheblich vernachlässigt werden kann. Kennwort: *Stempeldruck*. Wir beginnen mit dem zweiten Grenzfall.

§ 76. Allseitigkeit des Druckes und Anwendungen.

Die Abb. 209 zeigt ein ganz mit Wasser gefülltes Eisengefäß von ziemlich verwickelter Gestalt mit vier gleichgebauten Manometern. Rechts pressen wir mittels einer Schraube einen

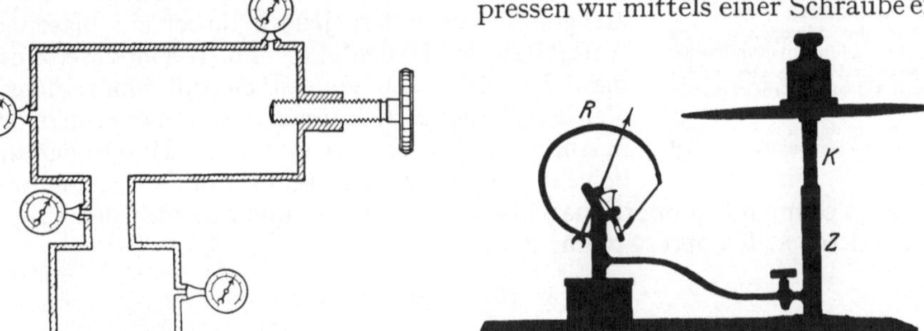

Abb. 209. Druckverteilung in einer Flüssigkeit bei überwiegendem Stempeldruck.

Abb. 210. Eichung eines technischen Manometers R mit rotierendem Kolben K.

Stempel in das Gefäß hinein. Alle Manometer zeigen uns gleich große Ausschläge und damit die allseitige Gleichheit des Druckes. — Zur Erläuterung denken wir uns die Modellflüssigkeit (Stahlkugeln) in einen Sack gefüllt und durch ein geeignetes Loch einen Kolben hineingepreßt. Der Sack bläht sich allseitig auf. Die freie Verschieblichkeit der Stahlkugeln läßt keine Bevorzugung einer Richtung zustande kommen.

Als nächstes bringen wir drei wichtige Anwendungen dieser Allseitigkeit des Stempeldruckes.

1. *Eichung eines technischen Manometers* (Abb. 210). Vom Manometer R führt irgendeine Rohrleitung zum Zylinder Z mit eingepaßtem Kolben K. Die gesamten Hohlräume sind mit einer beliebigen Flüssigkeit, z. B. einem Öl, gefüllt. Druck ist Kraft durch Fläche. Der Stempeldruck des Kolbens ist also gleich dem Gewicht des Kolbens und des aufgesetzten Klotzes dividiert durch

den Kolbenquerschnitt F. Nun kommt das Wesentliche: Die Reibung zwischen Kolben und Zylinderwand muß ausgeschaltet werden. Sonst wäre die Kraft kleiner als das eben genannte Gewicht. Die Ausschaltung der Reibung erfolgt durch einen Kunstgriff: Der Kolben wird dauernd von einer feinen Flüssigkeitshaut umhüllt. Das erreicht man durch eine gleichförmige Drehung des Kolbens um seine vertikale Längsachse[1]. Zu diesem Zweck ist das obere Ende des Kolbens als Schwungrad ausgestaltet worden. Einmal in Drehung versetzt, dreht sich der Kolben lange Zeit. Man stoße kräftig von oben auf das laufende Schwungrad:

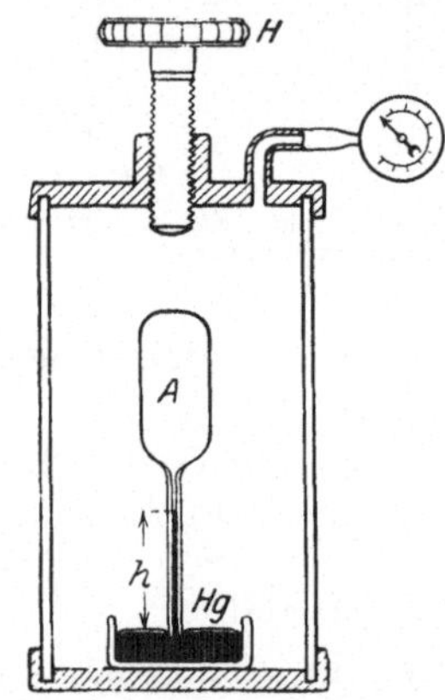

Abb. 212. Zusammendrückbarkeit des Wassers. Der dickwandige Glaszylinder ist ebenso wie das dünnwandige Meßgefäß A mit Wasser gefüllt. Das Handrad H dient zum Einpressen des Stempels. — Hg = Sperrflüssigkeit mit Kapillarrohr vom Querschnitt q. — Der Hg-Faden steigt bei einer Druckzunahme Δp um Δh. Das bedeutet eine Volumenabnahme des in A eingesperrten Wassers im Betrag $\Delta V = \Delta h \cdot q$.

Der Manometerzeiger kehrt jedesmal zum gleichen Ausschlag zurück. Die Einstellung des Manometerzeigers wird also in der Tat nur durch das Gewicht des Kolbens und seine Belastung bestimmt.

2. *Die hydraulische Presse.* Drückt Wasser mit kleinem Druck, z.B. dem der städtischen Wasserleitung (etwa 4 at) auf einen Kolben von großem Querschnitt (z.B. 1000 cm²), so erhält man große Kräfte (z.B. 4000 Kilopond). Das ist heute aus technischen Anwendungen allgemein bekannt; als Beispiel sei die Hebevorrichtung für Autos in Tankstellen genannt.

3. *Die Zusammendrückbarkeit des Wassers.* Die geringe Zusammendrückbarkeit der Flüssigkeiten kann dank der Allseitigkeit des Flüssigkeitsdruckes einwandfrei gemessen werden. Das Prinzip ist das folgende: Man preßt eine Flüssigkeit mit hohem Druck in ein Meßgefäß, verhindert jedoch dabei ein blasenartiges Aufblähen des Meßgefäßes. Zu diesem Zweck umgibt man das Meßgefäß von außen mit einer Flüssigkeit gleichen Druckes wie innen. So gelangt man zu der in Abb. 212 skizzierten Anordnung. Man findet anfänglich die Volumenabnahme ΔV der Druckzunahme Δp

und dem Volumen V proportional, also $\Delta V = \varkappa V \Delta p$, und mißt für den Proportionalitätsfaktor $\varkappa$, Kompressibilität genannt,

$$\varkappa \approx 5 \cdot 10^{-5}/\text{Atmosphäre.}$$

Also beträgt die Volumenabnahme $\Delta V/V$ gepreßten Wassers bei 1000 Atmosphären erst rund 5 Prozent. — Diese geringe Zusammendrückbarkeit des Wassers führt zu mancherlei überraschenden Schauversuchen. Sie zeigen stets das Auftreten großer Kräfte und Drucke bei geringfügiger Zusammendrückung. —

Beispiel. Gegeben eine passend abgedichtete, mit Wasser gefüllte rechteckige Holzkiste ohne Deckel. Oben liegt die Flüssigkeit frei zutage. Durch diese Kiste wird von der Seite eine Gewehrkugel geschossen. Dadurch wird das Wasser um den Betrag des Kugelvolumens zusammengepreßt. Denn zum Ausweichen des Wassers nach oben fehlt die Zeit. Es entstehen erhebliche Drucke. Die Kiste wird zu Kleinholz zerfetzt (Blasenschuß!).

Abb. 213. Zwei **Glastränen.**

Eine Abart dieses Versuches erfordert bescheideneren Aufwand. Es genügt ein mit Wasser gefülltes Becherglas und die Explosion einer *Glasträne* in diesem Glas. Glastränen werden in den Fabriken durch Eintropfen flüssigen Glases in Wasser hergestellt. Es sind rasch erstarrte feste Glastropfen mit großen inneren Spannungen (Abb. 213). Eine Glasträne ist gegen Schlag und Stoß sehr unempfindlich. Man kann getrost mit einem Hammer auf ihr herumklopfen. Hingegen verträgt sie keinerlei Beschädigungen ihres fadenförmigen Schwanzes.

____

[1] Dieser Versuch erläutert zugleich die Lagerschmierung als eine „schlichte" Flüssigkeitsströmung im Sinne des § 89.

Beim Abbrechen der Schwanzspitze zerfällt sie knallend in Splitter. Man lasse eine Glasträne in dieser Weise in der geschlossenen Faust explodieren. Man fühlt dann deutlich, aber ohne jeden Schmerz und Schaden, das Auseinanderfliegen der Bruchstücke (wie beim Sicherheitsglas der Autos!). Die Harmlosigkeit dieses Versuches in der Hand steht in überraschendem Gegensatz zu der völligen Zerstörung des mit Wasser gefüllten Becherglases.

§ 77. Druckverteilung im Schwerefeld und Auftrieb[1].

Gegeben ist ein zylindrisches, senkrecht stehendes Gefäß vom Querschnitt F (Abb. 214). Es ist bis zur Höhe h mit einer Flüssigkeit der Dichte ϱ gefüllt. Das Gewicht dieser Flüssigkeitssäule ist

$$\mathfrak{K}_2 = mg = Fh\varrho g = Fh\sigma, \qquad (161)$$

wenn der Quotient Gewicht/Volumen $= \sigma = \varrho g$ den Namen *spezifisches Gewicht* erhält.

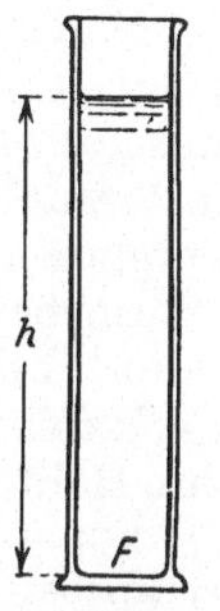

Abb. 214. Schweredruck einer Flüssigkeit.

Gewicht durch Fläche gibt den am Gefäßboden herrschenden, allseitig gleichen Druck p

$$p = \frac{\mathfrak{K}_2}{F} = h\varrho g = h\sigma. \qquad (162)$$

Zahlenbeispiel für Wasser. $h = 10^3$ m; $\varrho = 10^3$ kg/m³; $g = 9,81$ m/sec²; $p = 10^3$ m $\cdot 10^3$ kg/m³ $\cdot 9,81$ m/sec² $= 9,81 \cdot 10^6$ Newton/m² $= 100$ technische Atmosphären. — Dieser Druck preßt die unterste Wasserschicht erst um $1/2\%$ ihres Volumens zusammen (s. oben). Folglich darf man die Dichte ϱ in Gl. (162) mit sehr guter Näherung als von h unabhängig betrachten.

Gestalt und Querschnitt des Gefäßes gehen nicht in die Gl. (162) ein. Infolgedessen kann man sich die seltsamsten Gefäßformen durch vertikale Rohre mit konstantem Querschnitt ersetzt denken. *Maßgebend für den Schweredruck an einem Punkt einer gegebenen Flüssigkeit ist nur der senkrechte Abstand h des Punktes von der Flüssigkeitsoberfläche. Quantitativ gilt die* Gl. (162).

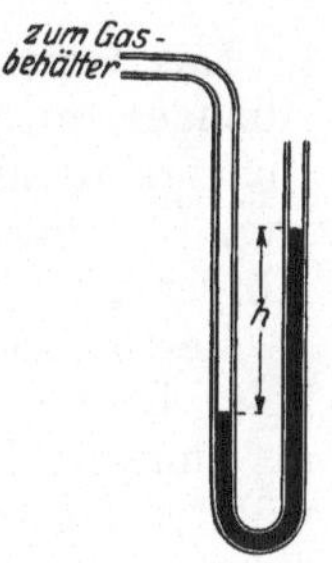

Von den mancherlei im Schulunterricht erläuterten Anwendungen dieses Satzes erinnern wir an die allbekannten Flüssigkeitsmanometer zur Messung von Gas- und Dampfdrucken. Die einfachste Ausführungsform besteht aus einem U-förmigen Glasrohr mit Wasser oder Quecksilber als Sperrflüssigkeit (Abb. 215). Selbstverständlich lassen sich diese Manometer mit Gl. (162) in den üblichen Druckeinheiten, wie bar, Kilopond/cm² usw., eichen (S. 116). Doch begnügt man sich in der Regel mit der Angabe der Niveaudifferenz der Flüssigkeit in den beiden Schenkeln. Man spricht beispielsweise von einem Druck $\triangleq$ 10 cm Wassersäule usf.

Abb. 215. Flüssigkeitsmanometer.

Die bekannteste Folgerung der Druckverteilung im Schwerefeld ist der *statische Auftrieb* von Körpern in einer Flüssigkeit. Wir betrachten den Auftrieb eines in die Flüssigkeit eingetauchten Körpers. Er habe der Einfachheit halber die Form eines flachen Zylinders (Abb. 216). Der Druck der Flüssigkeit hat keine Richtung. Das ist eine Folge der freien Verschieblichkeit aller Flüssigkeitsmoleküle. Folglich drückt gegen die untere Zylinderfläche F eine aufwärts gerichtete Kraft $\mathfrak{K}_1 = p_1 F = h_1 \varrho g F$, gegen die obere eine kleinere abwärts gerichtete Kraft $\mathfrak{K}_2 = p_2 F = h_2 \varrho g F$. Alle Kräfte gegen die Seitenfläche des Zylinders heben sich gegenseitig paarweise auf. Es verbleibt nur die Differenz der beiden Kräfte $\mathfrak{K}_1$ und $\mathfrak{K}_2$. Sie liefert eine aufwärts gerichtete, am Körper angreifende Kraft $\mathfrak{K}$. Man nennt sie den Auftrieb

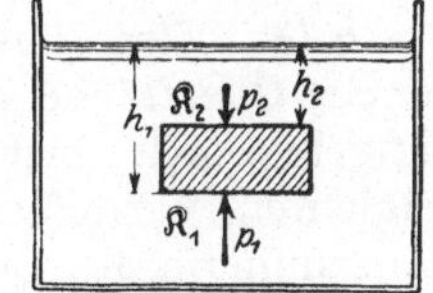

Abb. 216. Entstehung des statischen Auftriebes.

$$\mathfrak{K} = \varrho g F (h_1 - h_2). \qquad (163)$$

Das rechts stehende Produkt ist nichts anderes als das Gewicht einer Flüssigkeit vom Volumen des eingetauchten Körpers. In dieser Weise finden wir allgemein:

---

[1] Der allseitige Luftdruck (§ 82) wird in diesem Paragraphen außer acht gelassen.

Der Auftrieb eines eingetauchten festen Körpers ist gleich dem Gewicht des von ihm verdrängten Flüssigkeitsvolumens.

Man kann mancherlei quantitative Versuche über den Auftrieb bringen. Statt dessen veranschaulichen wir die Entstehung des Auftriebes mit Hilfe unserer *Modellflüssigkeit*. Die Abb. 217 zeigt uns im Schattenbild ein Glasgefäß mit Stahlkugeln. In diesen Stahlkugeln haben wir zuvor zwei große Kugeln vergraben, die eine aus Holz, die andere aus Stein. Wir ersetzen die fehlende Wärmebewegung unserer Modellflüssigkeit in bekannter Weise durch Schütteln. Sofort bringt der Auftrieb die beiden großen Kugeln an die Oberfläche. Sie „schwimmen", die Holzkugel hoch herausragend, die Steinkugel noch bis etwa zur Hälfte eintauchend.

Selbstverständlich kann man von diesem Versuch keine quantitative Nachprüfung des Auftriebes verlangen. Dazu ist der Ersatz der Wärmebewegung durch Schütteln zu primitiv.

Abb. 217. Auftrieb in einer Stahlkugelmodellflüssigkeit.

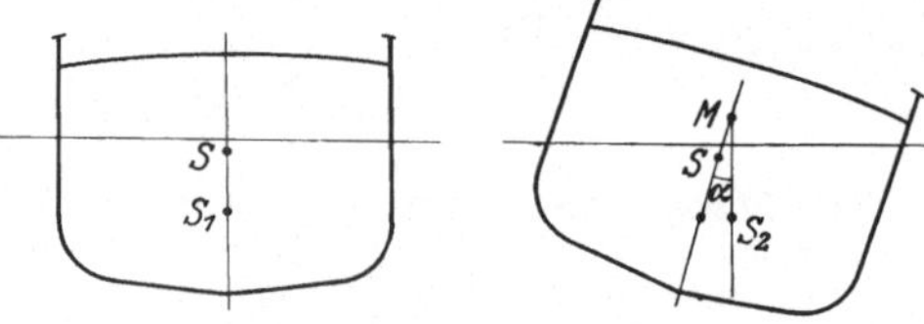

Abb. 218/219. Metazentrum.

Das Gewicht eines Körpers und sein Auftrieb in einer Flüssigkeit wirken einander entgegen. Beim Überwiegen des *Gewichtes* sinkt der Körper in der Flüssigkeit zu Boden. Beim Überwiegen des *Auftriebes* steigt er zur Oberfläche. Den Übergang zwischen beiden Möglichkeiten vermittelt ein Sonderfall: Der Körper und die von ihm verdrängte Flüssigkeit haben gleich großes Gewicht. In diesem Sonderfall schwebt der Körper in beliebiger Höhenlage in der Flüssigkeit. Dieser Sonderfall läßt sich auf viele Weisen verwirklichen. Wir nennen als einziges Beispiel eine Bernsteinkugel in einer Zinksulfatlösung passend gewählter Konzentration.

Bei überwiegendem Auftrieb tritt ein Teil des Körpers aus der Flüssigkeitsoberfläche heraus. Der Körper kommt zur Ruhe, sobald das von ihm noch verdrängte Wasser das gleiche Gewicht wie er selbst hat. Dann spricht man vom *Schwimmen* eines Körpers. Für praktische Zwecke (Schiffe) ist eine *Stabilität der Schwimmstellung* von größter Wichtigkeit. Sie wird durch die Lage des *Metazentrums* bestimmt. Man denke sich in Abb. 218/219 einen Dampfer um den Winkel α aus seiner Ruhelage herausgedreht. S_2 sei der Schwerpunkt des in *dieser Schräglage* von ihm verdrängten Wasservolumens, also der Angriffspunkt des *Auftriebes* in dieser *Schräglage*. Durch diesen Punkt S_2 ziehen wir eine Vertikale. Ihr Schnittpunkt mit der punktierten Mittellinie des Dampfers heißt das *Metazentrum*. Dies Metazentrum darf bei keiner Schräglage unter den Schwerpunkt S des Dampfers geraten. Nur so richtet das Drehmoment des Auftriebs den Dampfer wieder auf. *Nur mit einem Metazentrum oberhalb seines Schwerpunktes schwimmt ein Schiff stabil.*

§ 78. Der Zusammenhalt der Flüssigkeiten, ihre Zerreißfestigkeit, spezifische Oberflächenarbeit und Oberflächenspannung.

Die Modellflüssigkeit (Stahlkugeln) läßt bisher noch zwei allbekannte Eigenschaften wirklicher Flüssigkeiten vermissen. Die Moleküle einer wirklichen Flüssigkeit zeigen einen Zusammenhalt. Sie fahren beim Ausgießen nicht nach allen Richtungen auseinander, sondern sie ballen sich zu Tropfen von verschiedener Größe und Gestalt zusammen. Außerdem *haften* wirkliche Flüssigkeiten an festen Körpern. Dies Haften kann bis zu einer *Benetzung* führen: d. h. man kann die Flüssigkeit nicht vom festen Körper ablösen; ein Versuch führt nur zur Zerteilung der Flüssigkeit. Im Fall der Benetzung ist also der Zusammenhalt zwischen den Molekülen der *Flüssigkeit* und denen des *festen* Körpers größer als der Zusammenhalt zwischen den Molekülen der *Flüssigkeit*. — Diese Unzulänglichkeit der Modellflüssigkeit läßt sich beheben. Man braucht ihre Stahlkugelmoleküle nur in kleine Magnete zu verwandeln. Dann haften sie sowohl aneinander wie an den Wänden des eisernen Behälters.

Die so vervollkommnete Modellflüssigkeit führt uns auf eine wichtige, aber aus der alltäglichen Erfahrung nicht bekannte Tatsache: Flüssigkeiten besitzen eine erhebliche *Zerreißfestigkeit*.

Die Abb. 220 zeigt uns im Längsschnitt ein oben verschlossenes Eisenrohr, angefüllt mit der Modellflüssigkeit. Die magnetischen Moleküle haften an den Wänden. Sie bilden einen zusammenhängenden „*Faden*". Dieser trägt sich selbst, hat also eine Zerreißfestigkeit. Darunter zeigt uns die Abb. 221 den gleichen Versuch mit einer wirklichen Flüssigkeit ausgeführt, und

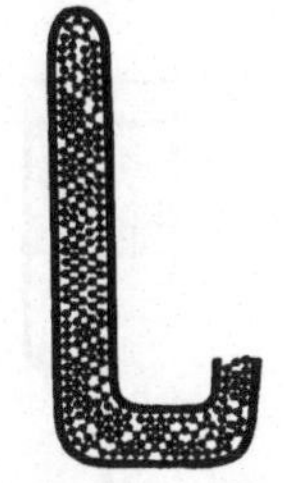

Abb. 220. Zerreißfestigkeit einer Modellflüssigkeit.

zwar einem Wasserfaden. Der zweite Schenkel B ist luftleer gepumpt. Man kann auf diese Weise Wasserfäden von vielen Metern Länge aufhängen. Sie haben eine den Anfänger oft überraschende Zerreißfestigkeit. Man befestigt das lange Glasrohr zweckmäßig auf einem Brett. Man kann das Brett hart auf den Boden aufstoßen und so den Wasserfaden starken, nach unten ziehenden *Trägheitskräften* aussetzen. Oft reißt der Faden erst nach mehreren vergeblichen Versuchen.

Für diesen Nachweis der Zerreißfestigkeit ist ein Punkt wesentlich: Die Flüssigkeitsmoleküle müssen fest an den Wänden des Rohres *haften*. Nur dadurch kann man eine *seitliche Einschnürung des Fadens verhindern*. Darum dürfen an der Rohrwand keine Gasblasen sitzen. Sie würden sofort den Ausgangspunkt einer Einschnürung bilden.

Bei Wasser hat man eine Zerreißfestigkeit $Z_{max} = 0,34$ Kilopond/mm² erreicht, bei Äthyläther $Z_{max} = 0,7$ Kilopond/mm². Nach Überlegungen, die in § 157 folgen werden, sollte man mindestens 10mal höhere Werte erwarten. Wahrscheinlich wird die Zerreißfestigkeit durch die in § 157 behandelten *Kerne*, d. h. kleine in der Flüssigkeit oder an den Gefäßwänden vorhandenen Fremdkörper, z.B. winzige Gasblasen, herabgesetzt.

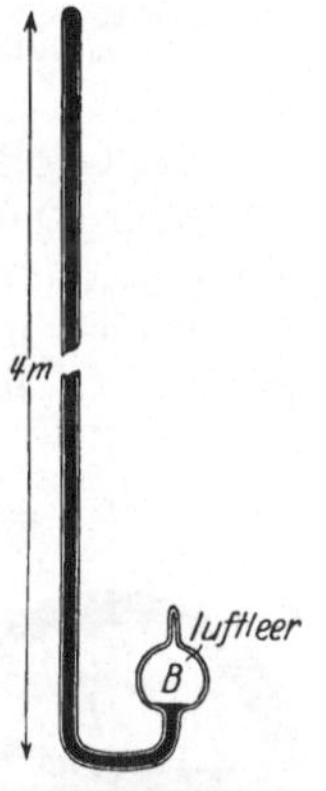

Abb. 221. Zerreißfestigkeit eines Wasserfadens. Das Wasser ist durch Auskochen im Vakuum luftfrei gemacht.

Bei den festen Körpern haben wir den grundsätzlichen Zusammenhang der Zerreißfestigkeit Z_{max} mit der spezifischen Oberflächenarbeit ζ behandelt, also mit dem Quotienten

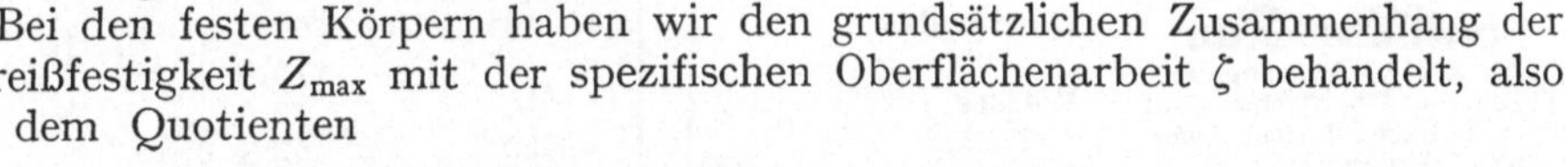

$$\zeta = \frac{\text{für einen Oberflächenzuwachs erforderliche Arbeit } \varDelta A}{\text{Größe } \varDelta F \text{ der neugebildeten Oberfläche}}. \qquad (155) \text{ von S. 108}$$

Leider ging dabei in Gl. (156) (S. 108) eine nur näherungsweise bekannte Größe ein, nämlich der Wirkungsbereich x der molekularen Anziehung. — Aus diesem Grunde haben wir schon bei den festen Körpern die spezifische Oberflächenarbeit auf einem von x unabhängigen Wege gemessen (Abb. 203). Das gleiche soll jetzt bei Flüssigkeiten geschehen.

In Gl. (155) können $\varDelta F$ und $\varDelta A$ entweder beide positives oder beide negatives Vorzeichen besitzen. Ein positives Vorzeichen bedeutet eine Vergrößerung der Oberfläche; dann muß eine Kraft $\Re$ eine Arbeit verrichten, und diese wird in der Oberfläche als potentielle Energie gespeichert. Negatives Vorzeichen bedeutet eine Verkleinerung der Oberfläche; dann läßt sich die zuvor gespeicherte Energie als Arbeit gewinnen und zur Erzeugung einer Kraft benutzen. Bei den festen Körpern haben wir nur den ersten Fall behandelt, zur Vorführung des zweiten braucht man hohe Temperaturen oder sehr lange Zeiten. Anders bei Flüssigkeiten: Die freie Verschieblichkeit ihrer Moleküle erlaubt es, beide Fälle bequem zu verwirklichen.

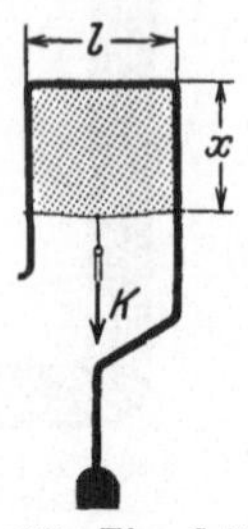

Abb. 223. Eine Seifen-lamelle im Gleichgewicht. Zugleich Beispiel für eine „umkehrbare" Oberflächenarbeit.

Ein altbekanntes Beispiel gibt die Abb. 223. Eine Flüssigkeitshaut (z. B. Seifenlösung) wird oben und an beiden Seiten von einem benetzten ∏-förmigen Bügel begrenzt, unten von einem an beiden Seiten mit Ösen geführten Draht. Dieser „Läufer" läßt sich bei richtiger Belastung (Kraft $\Re$) in jeder beliebigen Höhenlage einstellen. Durch eine Verschiebung um $\pm \Delta x$ wird die Oberfläche $dF = \pm 2l\,\Delta x$ (vorn und hinten!) geschaffen und von $\Re$ die Arbeit

$$\pm \Delta A = \pm \Re\,\Delta x = \pm 2\Delta x\, l\,\zeta$$

verrichtet. Der Weg $\pm \Delta x$ hebt sich heraus. Es verbleibt

$$\Re = 2l\,\zeta. \tag{164}$$

Die Größe der Kraft $\Re$ ist also von Δx, d. h. vom Betrage der schon erfolgten Dehnung, *unabhängig*. Dadurch unterscheidet sich eine Flüssigkeitsoberfläche sehr wesentlich von einer gespannten Gummihaut. Der beliebte Vergleich von Oberfläche und Gummihaut darf also nur mit Vorsicht angewandt werden. — Eine Umstellung der Gl. (164) ergibt

$$\zeta = \frac{\text{zum Dehnen der Oberfläche erforderliche, ihr parallele Kraft } \Re}{\text{Länge } 2l \text{ der beweglichen Oberflächenbegrenzung}}. \tag{165}$$

Aus diesem Grund wird ζ oft als *Oberflächenspannung* bezeichnet. Für Flüssigkeiten sind beide Namen gleichberechtigt.

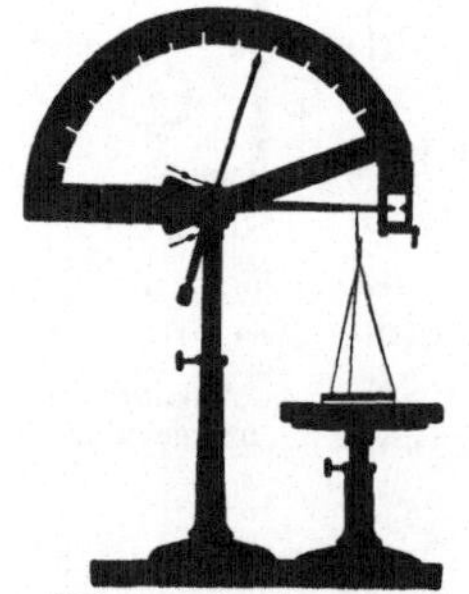

Abb. 224. Zur Messung der spezifischen Oberflächenarbeit mit Hilfe einer Schneckenfeder-waage. *Zahlenbeispiel* für Wasser; Ringdurchmesser 5 cm; Umfang $2l = 0{,}31$ m; $\Re = 2{,}3$ Pond $= 2{,}26 \cdot 10^{-2}$ Newton; $\zeta = 0{,}072$ Watt-sec/m².

Tabelle 5.

Stoff (in Luft)	Temperatur Grad C	Spezifische Oberflächenarbeit oder Oberflächenspannung in Wattsec/m² oder Newton/m (1 Newton = 0,102 Kilopond)
Quecksilber	18°	500
Wasser	0°	75,5
	20°	72,5
	80°	62,3
Benzol	18°	29,2
Flüssige Luft	−190°	12
Flüssiger Wasserstoff .	−254°	2,5

(Für Wasser, Benzol, Flüssige Luft und Flüssiger Wasserstoff gilt der Faktor 10^{-3}.)

Bei Messungen von ζ stört die Reibung des Läufers in seinen seitlichen Führungen. Man benutzt deswegen besser statt einer ebenen eine *zylindrische* Flüssigkeitshaut (Abb. 224). Man läßt einen Ring mit *scharfer* Schneide in die Oberfläche der Flüssigkeit eintauchen. Bei langsamem Senken des Flüssigkeitsspiegels entsteht die zylindrische Haut, vergleichbar einem kurzen, dünnwandigen Rohr. Man mißt $\Re$ mit einer Waage. l ist gleich dem Ringumfang $2r\pi$. Die Tab. 5 gibt einige Zahlenwerte. Sie beziehen sich auf Oberflächen in Luft. Bei einer Begrenzung der Stoffe durch andere Stoffe sind die Werte von ζ kleiner. Daher wäre die Bezeichnung spezifische *Grenz*flächenarbeit oder *Grenz*flächenspannung besser als *Ober*flächenarbeit und *Ober*flächenspannung.

Ohne äußere Eingriffe bilden Flüssigkeiten oft kugelförmige Oberflächen. Man denke an einen Hg-Tropfen oder an eine kleine Gasblase im Innern einer Flüssigkeit. In beiden Fällen, sowohl bei der vollen wie bei der hohlen Kugel, erzeugt die Oberflächenspannung im Innern der Kugel einen Druck

$$p = \frac{2\zeta}{r} \qquad (166)$$

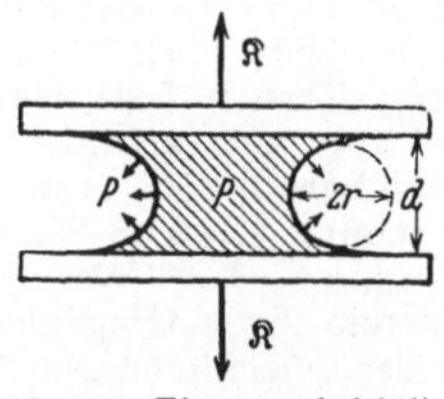

Abb. 225. Eine — absichtlich viel zu dick eingezeichnete — Wasserschicht zwischen zwei Glasplatten. [Zu Gl. (166)]. *Zahlenbeispiel:* Benetzte Fläche $F = 10$ cm²; $d = 0,2\,\mu$; $r = 10^{-7}$ m; $\zeta \approx 8 \cdot 10^{-2}$ Watt-sec/m²; $p = 16$ Atm.; $\Re = 160$ Kilopond. Ähnlich wie Wasserschichten wirken auch die nur selten auf der Oberfläche fester Körper fehlenden Schichten adsorbierter Gase und Dämpfe.

Herleitung. Der Radius r der Kugel vergrößere sich um den kleinen Betrag dr. Dann vergrößert sich die Kugeloberfläche um den Betrag $dF = 8\pi r\,dr$ und das Kugelvolumen um den Betrag $dV = 4\pi r^2 dr$. Bei dieser Raumdehnung verrichtet der Druck die Arbeit

$$dA = p\,dV = p\,4\pi r^2 dr. \qquad (167)$$

Die Schaffung der neuen Oberfläche dF erfordert die Arbeit

$$dA_2 = dF\zeta = 8\pi r\,dr\zeta. \qquad (168)$$

Gleichsetzen beider Arbeitsbeträge liefert die Gl. (166).

Die wichtige Gl. (166) wird oft streng und oft für Näherungen angewandt. Beispiele:

1. Ein Hg-Tropfen an der Grenze der mikroskopischen Sichtbarkeit hat einen Radius $r = 0,1\,\mu = 10^{-7}$ m. ζ ist für Hg = 0,5 Wattsec/m², also ist

$$p = \frac{2 \cdot 0,5 \ \text{Wattsec/m}^2}{10^{-7}\ \text{m}} = 10^7 \ \text{Newton/m}^2 = 100 \ \text{Atmosphären!}$$

2. Jedermann kennt den in Abb. 225 skizzierten Versuch. Zwischen zwei ebenen Glasplatten befindet sich eine benetzende Flüssigkeit. Diese bekommt eine *hohle* Oberfläche. Ihr kleinster Krümmungsradius r ist $\approx d/2$. Die Oberflächenspannung erzeugt einen Druck p, seine Größenordnung wird durch Gl. (166) bestimmt. Die Richtung von p ist durch Pfeile markiert[1]. Derart mit Wasser „verklebte" Platten kann man mit Kräften $\Re$ nicht trennen, ohne sie zu beschädigen. Man kann sie nur ganz langsam unter Wasser auseinanderschieben.

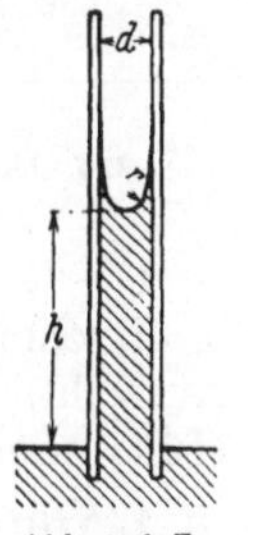

Abb. 226. Zur Anwendung der Gl. (169). „Kapillare Steighöhe" h. Rohrquerschnitt = F.

3. Eine vollkommen benetzende Flüssigkeit wird in ein Kapillarrohr (Radius r) bis zur Höhe h hineingesaugt (Abb. 226). — Deutung: Die Flüssigkeit hat oben eine *hohle* Oberfläche (Meniskus). Ihr kleinster Krümmungsradius ist $\approx r$. Also gibt der nach Gl. (166) berechnete Druck $p = 2\zeta/r$ eine aufwärts gerichtete Kraft $\Re = F\,2\zeta/r$. Ihr entgegengesetzt gleich muß das abwärts gerichtete Gewicht der Flüssigkeitssäule sein, also $\Re_2 = Fh\varrho g$. Das Gleichgewicht beider Kräfte ergibt als „*kapillare Steighöhe*"

$$h = \frac{2\zeta}{r\varrho g}. \qquad (169)$$

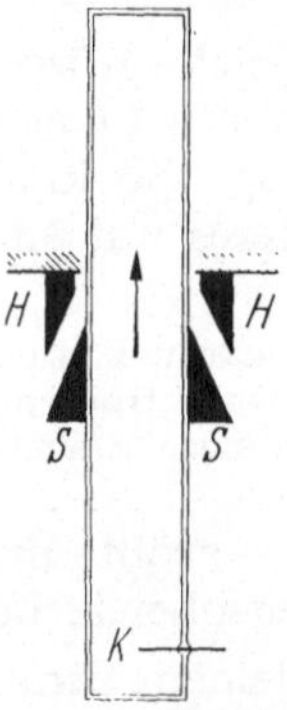

Abb. 227. Zur Herstellung einer Kavitationsblase durch Trägheitskräfte. S ist ein mit dem Rohr (Plexiglas) fest verbundener Stahlkonus, H ein den Stoß auffangender festsitzender Hohlkonus. An der Drahtspitze der Kern K.

Bei einer nicht benetzenden Flüssigkeit, z. B. Hg in Glas, ist der Meniskus nach oben heraus*gewölbt*. Folglich gibt der nach Gl. (169) entstehende Druck eine abwärts gerichtete Kraft. Ein in Hg getauchtes Rohr erzeugt in seinem Inneren eine „*Kapillardepression*" um die Höhe h. — Die Gl. (169) wird oft zur Messung von ζ benutzt, auch ist sie für das Saftsteigen in Pflanzen wichtig.

Der in Abb. 221 aufgehängte Wasserfaden wurde durch *Trägheitskräfte* zerrissen. Der Riß, d. h. die Bildung neuer Oberfläche, begann irgendwo an der Rohrwand. Das vom Riß verdrängte Wasser konnte in den Behälter B entweichen. Dabei erweiterte sich der Riß rasch zu einer langgestreckten Blase, und unter ihrer Oberfläche floß das Wasser in den Behälter B. — In Abb. 227 erläutert eine Variante dieses Versuches die *Kavitation* genannte Bildung blasenförmiger Hohlräume von kurzer Lebensdauer. Diesmal ist der Behälter ganz

---

[1] Das ist eine bequeme, aber laxe Ausdrucksweise. Nicht der Druck hat eine Richtung, sondern die dazugehörige Kraft.

mit Wasser gefüllt. Der blasenförmige Hohlraum, weiterhin kurz Blase genannt, soll im unteren Teil des Behälters entstehen. Folglich muß der Behälter in der Pfeilrichtung nach oben gegen ein Hindernis gestoßen werden. Dann ziehen die Trägheitskräfte die Flüssigkeit nach oben, und dort kann die Behälterwand elastisch ausweichen. Dabei entsteht unten im Inneren der Flüssigkeit ein *Zug*. An der Oberfläche der Blase greifen Kräfte an, die radial nach außen gerichtet sind und die Blase vergrößern. Der Ort der Blasenbildung wird durch einen Kern K festgelegt. Er besteht aus einer winzigen Gasblase, die am Ende eines Drahtes elektrolytisch gebildet worden ist[1]. Die Bilderfolge in Abb. 227a zeigt, wie um den kleinen Kern herum eine große Blase entsteht und wieder verschwindet. Wasser hat eine Oberflächenspannung $\zeta = 0,08$ Wattsec/m^2. Das heißt 1 cm^2 Blasenoberfläche speichert die potentielle Energie $8 \cdot 10^{-6}$ Wattsec. Nach Aufhören des Zuges wächst die Blase dank der kinetischen Energie ihrer Umgebung noch weiter. Dann aber fällt sie rasch zusammen. Dabei wird die in der Oberfläche der Blase gespeicherte Energie auf den Bereich des kleinen Kernes zusammengedrängt. Das führt zu großer lokaler Temperatursteigerung. Diese kann chemische Reaktionen einleiten, z.B. Löcher in die Oberfläche von Schiffspropellern fressen, kleine Lebewesen töten, Wasser zum Leuchten bringen usw. Das zeigt man experimentell meistens mit Trägheitskräften, die man mit hochfrequenten Schallwellen („Ultraschall") erzeugt.

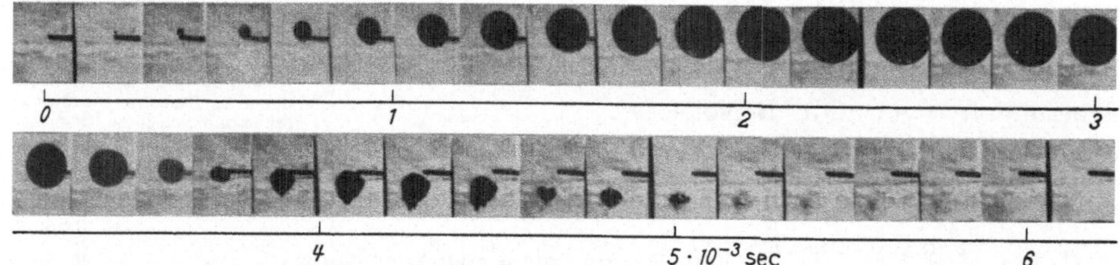

Abb. 227a. Momentaufnahmen einer Kavitationsblase. Größter Durchmesser $\approx$ 12 mm, Aufnahme von JÖRG SCHMID.

Die Oberflächenspannung der Flüssigkeiten tritt in sehr mannigfacher Weise in Erscheinung. Aus der Fülle der Beispiele bringen wir noch eine ganz kleine Auswahl. Im ersten erscheint uns die Flüssigkeitsoberfläche als leicht gespannte Hülle oder Haut.

1. Wasser vermag leicht eingefettete Körper nicht zu benetzen. Solche Körper können auf seiner Oberfläche wie auf einem lose gestopften Kissen, etwa einem Luftkissen, ruhen. Die Oberfläche zeigt eine deutliche Einbeulung. So kann man beispielsweise eine nicht ganz fettfreie Nähnadel ohne weiteres auf eine Wasserfläche legen und die Laufbeine des Wasserläufers nachahmen.

Unsere flüssigen Brennstoffe benetzen alle Körper. Infolgedessen findet man nie Staub auf ihrer Oberfläche. Außerdem entweichen sie sehr langsam, am äußeren Boden abtropfend, aus einem aufgehängten Behälter. Ungleich eindrucksvoller beobachtet man diese Erscheinung an superfluidem ^{3}He.

In den weiteren Beispielen bewirkt die Oberflächenspannung die größte mit den Versuchsbedingungen verträgliche *Verkleinerung* der Flüssigkeitsoberfläche.

2. In ein flaches, mit Flüssigkeit gefülltes Uhrglas wird Hg in feinem Strahl eingeleitet. Das Hg bildet am Boden des Glases zunächst zahllose feine (Abb. 228) Tropfen von etwa 1 mm Durchmesser[2]. Die gesamte Oberfläche des Hg ist also sehr groß. Doch tritt ruckweise eine Vereinigung der Tropfen ein. Bald hier, bald dort wird ein kleiner Tropfen von einem größeren aufgenommen und dadurch seine Lebensdauer begrenzt. Nach etwa 1 Minute ist nur noch ein einziger großer

---

[1] Ihr Volumen im Ruhezustand wird bestimmt durch eine Gleichgewicht zwischen dem Druck des eingesperrten Gases einerseits und der Summe zweier Drucke andererseits. Es ist erstens der Druck $p = 2\zeta/r$, der nach Gl. (166) durch die Oberflächenspannung ζ der Flüssigkeit entsteht und zweitens der Druck, mit dem die Flüssigkeit in den Behälter eingefüllt worden ist, also meistens rund 760 Torr. — Entsprechendes gilt für die Gashaut, die alle nichtbenetzten festen Kerne umgibt.

[2] Stellenweise werden durch Lichtreflexe Brücken zwischen benachbarten Tropfen vorgetäuscht.

Hg-Tropfen vorhanden. Die Oberfläche des Hg hat sich unter der Einwirkung der Oberflächenspannung auf das erreichbare Minimum zusammengezogen. Es ist ein besonders lehrreicher Versuch.

Die kleinen Tropfen sind „physikalische Individuen". Über das Schicksal eines einzelnen Individuums vermag man mit physikalischen Methoden keinerlei Voraussagen zu machen: Man kann nie sagen, welcher der Tropfen als nächster verschwinden wird. Trotzdem kann man für die Gesamtheit der Individuen eine klare Gesetzmäßigkeit angeben: Ihre Anzahl vermindert sich nach einem Exponentialgesetz mit einer bestimmten „*mittleren Lebensdauer* τ" (in Abb. 228 $\tau = 10$ sec). *Man vermag also über das Schicksal einer großen Gesamtheit von Individuen selbst dann ganz präzise Aussagen zu machen, wenn das für das einzelne Individuum völlig unmöglich ist.* Diese Tatsache spielt auch in der Atomphysik (z. B. bei den radioaktiven Zerfallsvorgängen) eine wichtige Rolle.

3. Man bestreut eine Wasseroberfläche mit einem nicht benetzbaren Pulver. Dann bringt man mit einer Nadel etwa in die Mitte der Fläche eine winzige Menge einer Fettsäure. Sofort reißt die Oberfläche des Wassers auseinander, und es entsteht ein klarer, von Pulver freier kreisrunder Fleck. — Deutung: Die Oberflächenspannung des Wassers ist größer als die der Fettsäure. Folglich wird diese bis auf eine Schicht von Moleküldicke ausgezogen. N aufgebrachte Fettsäuremoleküle vom Querschnitt f bedecken die Kreisfläche $F = Nf$. So kann man mit einer bekannten Molekülanzahl N den Molekülquerschnitt f bestimmen. Der unscheinbare Versuch ist also höchst wichtig. — Für Messungen benutzt man eine rechteckig begrenzte Wasserfläche und ersetzt den Staub durch eine als Floß bewegliche Rechteckseite. (AGNES POCKELS 1891.)

4. Das Eindringen fremder Moleküle verändert die Oberflächenspannung; das zeigt man mit einem Körnchen Kampfer und Wasser. Die einzelnen Teile seiner Oberfläche gehen verschieden rasch in Lösung. Infolgedessen schwankt die Oberflächenspannung in verschiedenen Richtungen. Das Körnchen fährt tanzend auf der Wasserfläche herum. Derartige Vorgänge spielen bei der Fortbewegung kleiner Lebewesen eine Rolle.

5. Das „Ölen der See". Es verwandelt die „Brecher" mit den sich überschlagenden Schaumköpfen in glatte Dünungswogen. Für die dazu erforderliche Änderung der Oberflächenspannung braucht ein Schiff nur winzige Ölmengen in Form einzelner Tropfen auf die Meeresoberfläche gelangen zu lassen.

Bei Anwesenheit von Fremdmolekülen verlieren die Erscheinungen der Oberflächenspannung an Einfachheit. Die Oberflächenspannung wird „*anomal*". Das heißt, ihre Größe wird ähnlich der Spannung einer Gummimembran von der bereits erfolgten Vergrößerung der Oberfläche abhängig. Außerdem geht die Oberflächenvergrößerung unter Erwärmung vor sich. Es wird kinetische Energie als „Wärme" vernichtet. Diese zum Teil sehr interessanten Dinge gehören in die Wärmelehre.

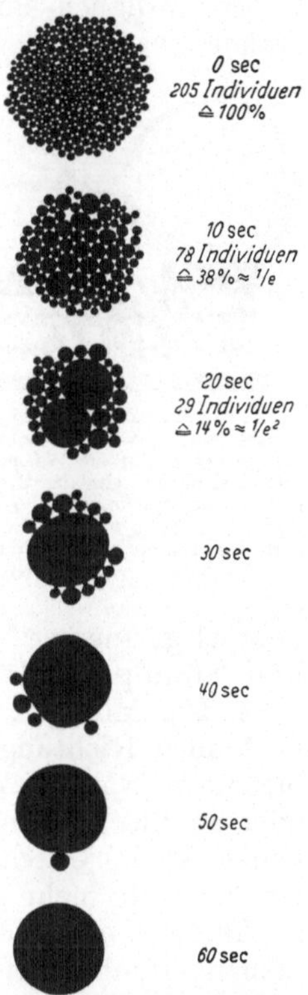

Abb. 228. Vereinigung von Hg-Tropfen in Alkohol mit einem sehr kleinen Zusatz von Glyzerin. Ein gutes Beispiel für einen statistisch ablaufenden Vorgang: Bei ausreichender Anzahl (wie in den drei oberen Teilbildern) kann man für die Tropfen eine mittlere Lebensdauer $\tau = 10$ sec angeben, d. h. nach je 10 sec vermindert sich der Bestand auf $1/e \approx 37\%$ des vorangegangenen Bestandes. — Photographische Aufnahmen mit je $4 \cdot 10^{-8}$ sec Belichtungszeit. Die großen Tropfen sind zum Teil verzerrt, weil sie durch die Aufnahme kleinerer Tropfen in Schwingungen geraten waren.

§ 79. Gase und Dämpfe als Flüssigkeiten geringer Dichte ohne Oberfläche. BOYLE-MARIOTTESCHES Gesetz. Die Massendichte ϱ von Gasen ist erheblich kleiner als die von Flüssigkeiten. Als Beispiel messen wir in Abb. 229 links für Zimmerluft die Massendichte $\varrho = 1,29$ kg/m³. Sie ist also rund $^1/_{800}$ von der des Wassers.

Die Moleküle sind in einem Gas und in der zugehörigen Flüssigkeit dieselben. Folglich kann die kleine Dichte eines Gases lediglich durch große Abstände zwischen den einzelnen Molekülen entstehen. Für große Abstände zwischen den Molekülen in Gasen und Dämpfen sprechen fernerhin folgende Tatsachen:

1. Gase haben im Gegensatz zu Flüssigkeiten eine sehr große Zusammendrückbarkeit (Fahrradpumpe!). Infolgedessen wächst die Dichte der Gase mit steigendem Druck. Bei $p = 160$ Atm. messen wir z. B. für Luft ≈ 200 kg/m³, also etwa $^1/_5$ von der des Wassers (Abb. 229, rechts).

2. Die BROWNsche Molekularbewegung ist in Gasen

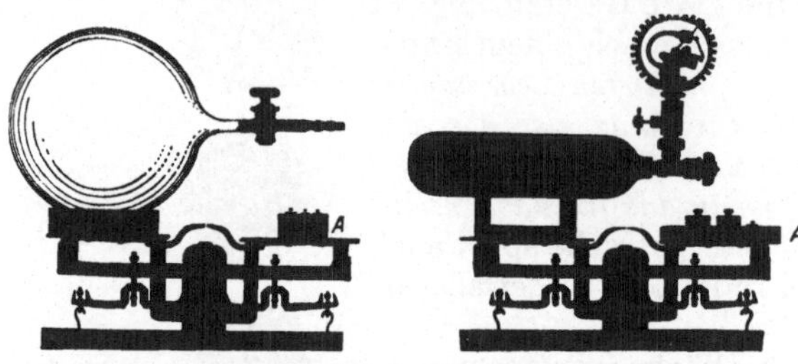

Abb. 229. Zur Abhängigkeit der Luftdichte ϱ vom Druck p. Linkes Bild: $p = 1$ Atm.; der Glasballon mit $V = 7$ Liter wird luftleer gepumpt und die Waage ausgeglichen. Dann läßt man Zimmerluft einströmen. Um das Gleichgewicht wiederherzustellen, muß man rechts 9 Gramm auflegen. Also $\varrho = M/V = 9$ g/7 Liter = 1,3 g/Liter. Rechtes Bild: $p = 160$ Atm.; Stahlflasche mit $V = 1$ Liter. Nach dem Ausströmen der Luft muß man rechts 205 Gramm abheben, also $\varrho = 205$ g/Liter = 205 kg/m³. — A = Ausgleichsklotz.

bei viel geringerer Vergrößerung zu beobachten als in Flüssigkeiten. Als sichtbare Staubpartikelchen nimmt man am einfachsten Tabaksqualm.

3. Die Moleküle eines Gases oder Dampfes fahren völlig zusammenhanglos nach allen Richtungen auseinander. Sie verteilen sich in jedem sich ihnen darbietenden Raum. Man denke an etwas im Zimmer ausströmendes Leuchtgas oder an die gasförmigen Duftstoffe eines Parfüms. Im Gegensatz zu Flüssigkeiten ist in Gasen ohne verfeinerte Beobachtungen keinerlei Zusammenhalt der Moleküle mehr erkennbar. Auf jeden Fall kommt es bei Gasen nicht mehr zur Bildung einer Oberfläche. Die Anziehung zwischen den einzelnen Molekülen kommt offenbar bei großen Abständen nicht mehr zur vollen Wirkung.

Soweit die erste Übersicht. — Der *Zusammenhang von Druck und Dichte*, also von Druck, Masse und Volumen, ist für Gase eingehend untersucht worden (Abb. 229), und zwar bei sorgfältig konstant gehaltener Temperatur. Die Meßergebnisse führen in weiten Bereichen auf eine einfache Beziehung, das *Boyle-Mariottesche Gesetz*.

$$p = \frac{M}{V}\,\text{const} \tag{170}$$

In Worten: *Der Druck p ist der Masse M der eingesperrten Gasmenge direkt und dem Volumen V des Behälters umgekehrt proportional.* Etwas kürzer sind zwei andere Schreibweisen:

$$p = \varrho\,\text{const} \tag{171} \qquad \text{und} \qquad p\,V_s = \text{const} \tag{172}$$

($\varrho = M/V$ = Massendichte und $V_s = V/M$ = spezifisches Volumen des Gases).

Das Boyle-Mariottesche Gesetz wird bei hinreichend großen Temperaturen und hinreichend kleinen Drucken von allen in Gas- oder Dampfform befindlichen Stoffen mit guter und oft sogar sehr guter Näherung erfüllt. Das zeigen die in Abb. 230 zusammengestellten Beispiele: Das Produkt $p\,V/M$ wird in weiten Bereichen von Druck und Temperatur durch horizontale, der Abszisse parallele

Geraden dargestellt, ist also in diesen Bereichen vom Druck unabhängig. In diesen Bereichen von Druck und Temperatur nennt man die Stoffe „*ideale Gase*". Treten merkliche Abweichungen vom BOYLE-MARIOTTEschen Gesetz auf, so spricht man von *realen* Gasen. Werden die Abwei-chungen groß, so spricht man von *Dämpfen*. Bei den alltäglichen Werten von Druck und Temperatur verhalten sich z. B. Luft, Wasserstoff, Edelgase usw. wie *ideale* Gase; Kohlensäure, Chlor, Stickoxyd wie *reale* Gase; Wasser, Benzol, Propan usw. wie *Dämpfe*. Diese Unterscheidungen verlieren bei hinreichend kleinen Drucken und hinreichend großen Tempera-turen ihren Sinn: Bei ihnen verhalten sich alle Stoffe wie *ideale* Gase.

Das BOYLE-MARIOTTEsche Gesetz ist also ein typisches *Grenzgesetz*. Seiner Wichtigkeit halber brin-gen wir seinen Inhalt noch einmal in Worten: Für ein ideales Gas sind Druck und *Massendichte* einander proportional oder das Produkt aus Druck und *spe-zifischem* Volumen konstant.

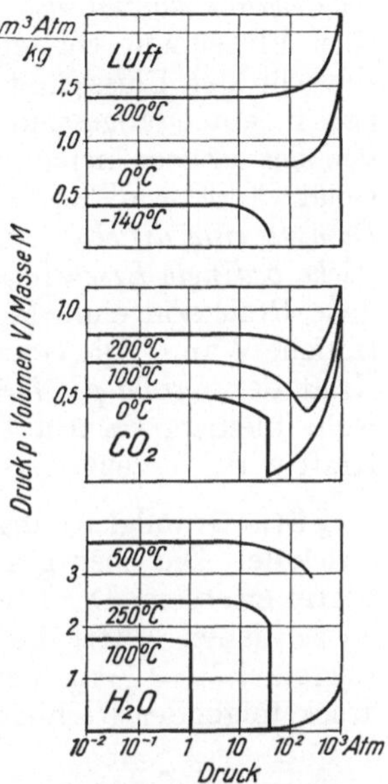

Abb. 230. Die horizontal verlaufen-den geradlinigen Kurvenstücke ge-ben Beispiele für den Gültigkeits-bereich des BOYLE-MARIOTTEschen Gesetzes idealer Gase. Die außer-halb dieser Bereiche auftretenden Abweichungen werden erst in § 149 behandelt. Die vertikalen Kurven-stücke treten auf, wenn ein Teil des Gases oder Dampfes flüssig wird.

§ 80. Modell eines Gases. Der Gasdruck als Folge der ungeordneten Bewegung („Wärmebewegung").

Die obigen Tatsachen lassen sich gut durch ein Modell-gas veranschaulichen. Das soll in diesem und den folgenden Paragraphen gezeigt werden. — Als Mole-küle nehmen wir wieder die schon beim Flüssigkeits-modell bewährten Stahlkugeln. Nur geben wir diesen Molekülen diesmal einen vielfach größeren Spielraum in einem weiten „Gasbehälter". Es ist ein flacher Kasten mit großen Glasfenstern (Abb. 231). Außerdem erzeugen wir diesmal die ungeordnete Bewegung der Modellmoleküle („Wärmebewegung") durch einen vibrierenden Stahlstempel A. Er bildet den einen Seitenabschluß des Gasbehäl-ters. Eine zweite Seitenwand B ist als leicht verschiebbarer Stempel ausgebildet. Er bildet zusammen mit einer Schubstange und einer Schraubenfeder den Druck-messer.

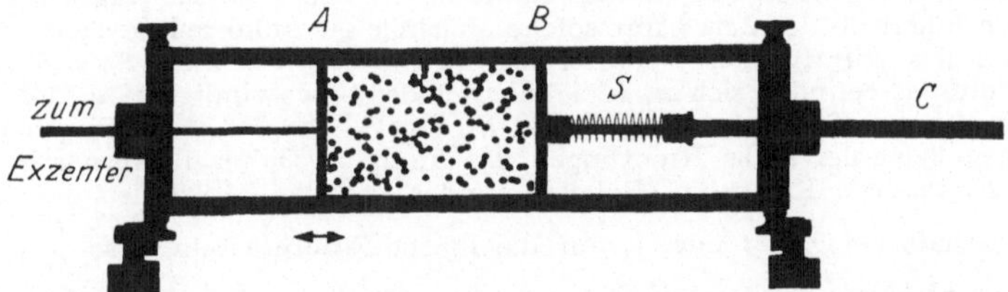

Abb. 231. Modellgas aus Stahlkugeln. Die Wand A vibriert als Kolben, die rechte Wand B kann wie ein Kolben mit Hilfe des Rohres C verschoben werden. Die Wand B und die Schraubenfeder S bilden zusammen einen Druckmesser. Die innerhalb der Feder S sichtbare Stange ist im Rohre C frei beweglich und dient zur Führung der Wand B.

Beim Betrieb des *Apparates* schwirren alle Stahlkugelmoleküle in lebhafter Bewegung hin und her. Die Moleküle stoßen fortgesetzt mit ihresgleichen oder mit einer der Wände zusammen. Diese Stöße erfolgen *elastisch*. Jedes „Molekül" wechselt fortgesetzt Größe und Richtung seiner Geschwindigkeit. Wir haben das Bild einer wahrhaft „ungeordneten" Wärmebewegung.

Diese ungeordnete Bewegung der Moleküle erzeugt einen Druck des Modellgases gegen die Behälterwände. Wir stellen diesen Druck zunächst einmal experimentell mit Hilfe des Druckmessers S fest. *Dieser Druck eines Gases gegen die Gefäßwände kommt also in anderer Weise zustande als der einer Flüssigkeit.* Bei einer Flüssigkeit entsteht der Druck durch „Beanspruchung", z. B. durch das Gewicht der Flüssigkeit (Schweredruck) oder durch das Eintreiben eines Stempels in einen abgeschlossenen Flüssigkeitsbehälter (Stempeldruck). Von einem von der ungeordneten Bewegung der Moleküle herrührenden Druck gegen die Gefäßwände war bei den Flüssigkeiten keine Rede. *Hier zeigen uns Gase und Dämpfe eine durchaus neue, durch den Fortfall des Zusammenhaltes und der Oberfläche bedingte Erscheinung.* Die Moleküle prasseln fortgesetzt gegen die Wände. Jede Reflexion eines Moleküles bedeutet einen Kraftstoß ($\int \Re\, dt$) gegen die getroffene Wand. Die Gesamtheit dieser Stöße wirkt wie eine dauernd angreifende Kraft der Größe pF ($F =$ Fläche der Wand) (vgl. § 86). Die Wand kann nur in Ruhe bleiben, wenn auf sie eine gleich große, ins Innere des Gases gerichtete Kraft wirkt, erzeugt z. B. durch die Feder S.

§ 81. Grundgleichung der kinetischen Gastheorie. Geschwindigkeit der Gasmoleküle. Die eben geschilderte Entstehung des Gasdruckes läßt sich quantitativ erfassen. Dazu bedarf es nur einer *Voraussetzung*: Alle n Moleküle sollen im zeitlichen Mittel die gleiche, vom Behältervolumen unabhängige kinetische Energie $W_{\text{kin}} = \frac{1}{2} m u^2$ besitzen. Dann gelangt man mit kurzer, gleich in Kleindruck folgender Rechnung zur Grundgleichung der kinetischen Gastheorie

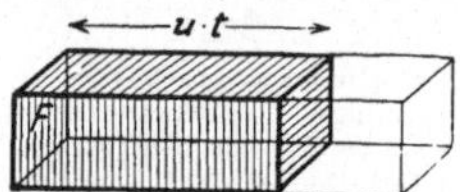

$$p = \frac{1}{3}\, \varrho\, \overline{u^2} \qquad \text{oder} \qquad p = \frac{1}{3}\, \frac{\overline{u^2}}{V_s} \tag{176}$$

Abb. 232. Zur Herleitung des Gasdruckes eines Modellgases.

($p =$ Druck, $\varrho =$ Dichte und $V_s =$ spezifisches Volumen des Gases, $\overline{u^2} =$ Mittelwert des Quadrates der Geschwindigkeit der Moleküle).

Herleitung. In Abb. 232 soll der Gasbehälter in seinem Volumen V insgesamt n Moleküle der Masse m enthalten. Also ist die Dichte des in ihm eingeschlossenen Modellgases

$$\varrho = \frac{n m}{V} = \frac{M}{V}. \tag{173}$$

Wir wollen den Druck gegen die linke Seitenwand des Behälters (Fläche F) berechnen. Ein Molekül der Geschwindigkeit u_1 durchläuft in der Zeit t einen Weg $s = u_1 t$. Infolgedessen können innerhalb der Zeit t nur solche Moleküle die linke Seitenwand erreichen, die sich innerhalb des schraffierten Behälterabschnittes vom Volumen $Fs = Fu_1 t$ befinden. Im ganzen Volumen befinden sich n_1 Moleküle mit der Geschwindigkeit u_1, folglich in dem kleineren schraffierten Teile nur eine Anzahl $Fu_1 t n_1/V$. Die Moleküle fliegen ungeordnet. Sie bevorzugen keine der sechs Richtungen des Raumes. Daher fliegt nur $^1/_6$ von ihnen in die nach F weisende Richtung. Folglich werden von den Molekülen des schraffierten Bereiches innerhalb der Zeit t nur $^1/_6$ auf die Fläche F aufprasseln, also $\dfrac{1}{6}\dfrac{n_1}{V} F u_1 t$ Moleküle. Zur Vereinfachung der Rechnung sollen diese Moleküle senkrecht auf die Wand auftreffen. Dann erteilt *jedes einzelne* dieser Moleküle der Wand einen Kraftstoß $\int \Re_1 dt = 2 m u_1$ (S. 52), denn der Anprall erfolgt *elastisch*. Die Summe aller dieser Kraftstöße innerhalb der Zeit t ist

$$2 m u_1 \frac{1}{6} \frac{n_1}{V} F u_1 t = \frac{1}{3} \frac{n_1 m}{V} F u_1^2 t. \tag{174}$$

Diese Summe können wir durch einen Kraftstoß $\Re_1' t$ ersetzen, der während der Zeit t mit der *konstanten* Kraft $\Re_1'$ wirkt. Daraus ergibt sich für den von den n_1-Molekülen mit der Geschwindigkeit u_1 herrührende Druck

$$p_1 = \frac{\Re_1'}{F} = \frac{1}{3} \frac{n_1 m}{V} u_1^2.$$

Entsprechende Werte finden wir für den Druck p_2 der n_2-Moleküle mit der Geschwindigkeit u_2 und so fort. Schließlich addieren wir die Teildrucke $p_1, p_2, p_3 \ldots$ der $n_1, n_2, n_3 \ldots$ Moleküle mit den Geschwindigkeiten $u_1, u_2, u_3 \ldots$ Wir setzen $p = p_1 + p_2 + p_3 \ldots$ und $n = n_1 + n_2 + n_3 \ldots$ und bezeichnen mit $\overline{u^2}$ das arithmetische Mittel der Geschwindigkeitsquadrate, also

$$\overline{u^2} = \frac{(n_1 u_1^2 + n_2 u_2^2 + n_3 u_3^2 + \cdots)}{n}.$$

Dann erhalten wir

$$p = \frac{1}{3}\, \frac{nm}{V}\, \overline{u^2}. \tag{175}$$

Laut Voraussetzung soll die kinetische Energie eines Moleküls im zeitlichen Mittel konstant sein und folglich auch $\overline{u^2}$, der Mittelwert des Geschwindigkeitsquadrates. Ferner ist $nm = M$, d. h. gleich der Masse der eingesperrten Gasmenge, und $nm/V = M/V = \varrho$, also gleich der Dichte des Gases. Somit ergibt sich aus (175)

$$\boxed{p = \varrho\,\text{const}} \tag{171}$$

Das heißt, das einfache Modell führt quantitativ auf das BOYLE-MARIOTTEsche Gesetz! Die Konstante folgt ebenfalls aus Gl. (175), man erhält die obenstehende Gl. (176) (A. K. KRÖNIG, 1856, Gymnasiallehrer in Berlin).

Die Gl. (176) ermöglicht es, die Geschwindigkeit u der Gasmoleküle, definiert als $u = \sqrt{\overline{u^2}}$, aus zusammengehörigen Werten von Druck p und Dichte ϱ zu berechnen. Für Zimmerluft gilt z. B.

$$p = 1 \text{ phys. Atm.} \approx 10^5 \text{ Newton/m}^2;\ \ \varrho = 1{,}3 \text{ kg/m}^3.$$

Einsetzen dieser Werte in Gl. (176) ergibt als Geschwindigkeit Mittelwerte der Luftmoleküle bei Zimmertemperatur $u = 480$ m/sec. Ebenso finden wir für Wasserstoff von Zimmertemperatur eine Molekülgeschwindigkeit $u \approx 2$ km/sec. Der Größenordnung nach ist diese Rechnung sicher einwandfrei. Wie betont ergibt sie Mittelwerte. Die wahren Geschwindigkeiten der Moleküle gruppieren sich in weitem Spielraum um sie herum (Näheres in § 171).

§ 82. Die Lufthülle der Erde. Der Luftdruck in Schauversuchen.

Die Luft verteilt sich ebenso wie unser Modellgas in jedem sich ihr darbietenden Raum. Ihr fehlt der durch eine Oberfläche gegebene Zusammenhang. Wie kann da unserer Erde die Lufthülle, die Atmosphäre, erhalten bleiben? Warum fahren die Luftmoleküle nicht in den Weltenraum hinaus? — Antwort: Wie alle Körper werden auch die Luftmoleküle durch ihr *Gewicht* zum Erdmittelpunkt hingezogen. Für jedes Luftmolekül gilt das gleiche wie für ein Geschoß (S. 43): Zum Verlassen der Erde ist eine Geschwindigkeit von mindestens 11,2 km/sec erforderlich. Die *mittlere* Geschwindigkeit der Luftmoleküle bleibt weit hinter diesem Grenzwert von 11,2 km/sec zurück. Infolgedessen wird die ganz überwiegende Mehrzahl aller Luftmoleküle durch ihr Gewicht an die Erde gefesselt.

Ohne ihre *Wärmebewegung* würden sämtliche Luftmoleküle wie Steine auf die Erde herunterfallen und — beiläufig erwähnt — auf dem Boden eine Schicht von rund 10 m Dicke bilden. Ohne ihr *Gewicht* würden sie die Erde sofort auf Nimmerwiedersehen verlassen. Der Wettstreit zwischen Wärmebewegung und Gewicht erhält jedoch die Luftmoleküle schwebend und führt zur Ausbildung der freien Lufthülle, der Atmosphäre. Die feste Erdoberfläche verhindert ihre Annäherung an den Erdmittelpunkt. Folglich hat die Erdoberfläche das volle *Gewicht* der in der Atmosphäre enthaltenen Luft zu tragen. Der Quotient Gewicht durch Bodenfläche gibt den normalen *Schweredruck der Luft, kurz Luftdruck* genannt. Er beträgt eine physikalische Atmosphäre $\stackrel{\wedge}{=} 76$ cm Hg-Säule. „Wir Menschen führen ein Tiefseeleben auf dem Boden des riesigen Luftozeans." Heutigentags weiß das jedes Schulkind. Die vor wenigen Jahrhunderten sensationellen Versuche zum Nachweis eines „Luftdrucks" (OTTO VON GUERICKE 1602—1686) gehören heute zur elementarsten Schulphysik. Dort führt man auch den bekannten „*Flüssigkeitsheber*" als eine Wirkung des Luftdruckes vor. Das ist jedoch nur sehr bedingt zutreffend. *Das Prinzip des Hebers hat nichts mit dem Luftdruck zu tun.* Es wird durch die Abb. 234 erläutert. Eine Kette hängt über einer reibungslosen Rolle. Beide Enden liegen zusammengerollt in je einem Glas. Beim Heben und Senken eines der Gläser läuft die Kette jedesmal in das tiefer gelegene herab. Sie wird durch das Gewicht des überhängenden Endes H gezogen.

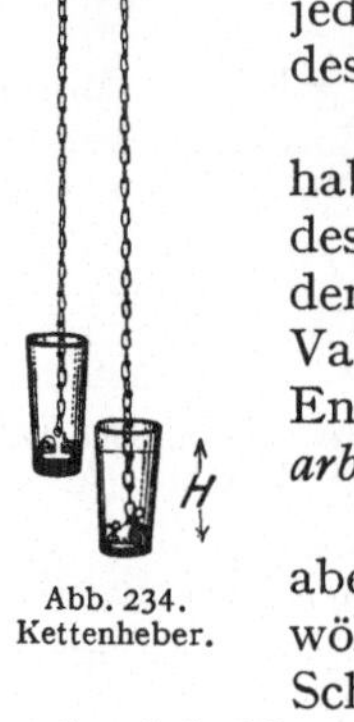

Abb. 234.
Kettenheber.

Genau das gleiche gilt für Flüssigkeiten. Denn auch Flüssigkeiten haben ebenso wie feste Körper eine Zerreißfestigkeit (§ 78). Infolgedessen läuft ein Wasserheber ganz einwandfrei im Vakuum, wenn an den Rohrwänden keine noch sichtbaren Gasblasen sitzen. Ein solcher Vakuumheber ist in Abb. 235 links dargestellt. Das überhängende Ende des Wasserfadens ist durch die Länge H markiert. *Grundsätzlich arbeitet also auch ein Flüssigkeitsheber vollständig ohne den Luftdruck.*

Die Flüssigkeiten im täglichen Leben, vor allem also Wasser, sind aber nie frei von kleinen Luftblasen. Infolgedessen reißen bei gewöhnlichem lufthaltigem Wasser die Wasserfäden auseinander. Diese Schwierigkeit läßt sich dadurch beheben, daß man die Flüssigkeitsspiegel beiderseits gleich belastet, z. B. im Prinzip mit Hilfe reibungslos beweglicher Kolben, Abb. 235 rechts. Praktisch erhält man die Belastungen am einfachsten mit dem Druck der Erdatmosphäre. Er vermag Wasserfäden der Länge

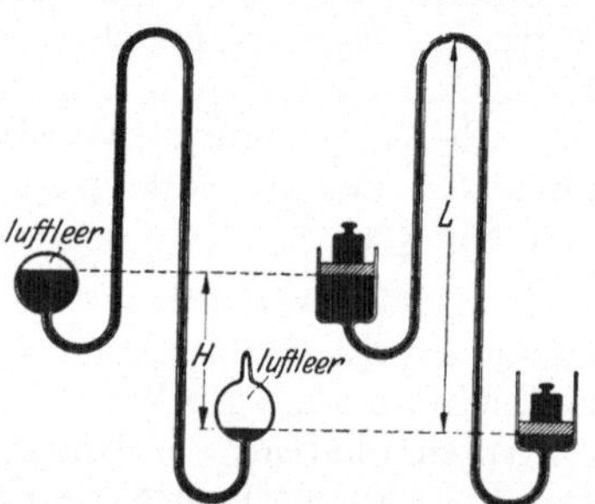

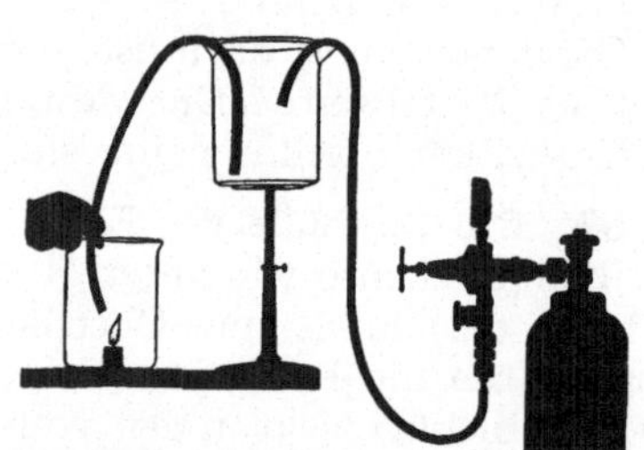

Abb. 235. Links: Ein Flüssigkeitsheber läuft im Vakuum. — Rechts: Eine Belastung der Flüssigkeitsspiegel hält auch Gasblasen enthaltende Flüssigkeitsfäden zusammen.

Abb. 236. Gasheber. Rechts Kohlensäurebombe mit Reduzierventil und Schlauchleitung zum Füllen des Becherglases.

$L \approx 10$ m selbst dann noch zusammenzuhalten, wenn einige Blasen den ganzen Rohrquerschnitt unterbrechen. 10 m sind allerdings nur wenige Prozent der Fadenlänge, die der Zerreißfestigkeit gasfreien Wassers ($Z_{max} = 34$ Kilopond/cm²) entspricht. Das zeigt recht deutlich, daß der Luftdruck beim Heber nur eine bescheidene, wenn auch für die Technik wichtige Nebenrolle zu spielen vermag.

Anders der *Gasheber*. Gase haben keine Zerreißfestigkeit. Im Gegensatz zu Flüssigkeiten können Gase für sich allein nie einen *Faden* bilden. Darum können Gasheber nicht im Vakuum arbeiten. Die Abb. 236 zeigt uns einen Gasheber im Betrieb. Er läßt das unsichtbare Gas Kohlensäure durch einen Schlauchheber aus dem oberen in das untere Becherglas überströmen. Die Ankunft des Gases im unteren Becherglas wird mittels einer Kerzenflamme sichtbar gemacht. Die Kohlensäure bringt die Flamme zum Verlöschen.

Mit dem Gasheber berühren wir eine bei vielen Schauversuchen nützliche Hilfsrolle unserer Atmosphäre: *Gase haben keine Oberfläche, aber die Anwesenheit der Atmosphäre schafft uns einen gewissen Ersatz!* An die Stelle der fehlenden

Oberfläche tritt die *Diffusionsgrenze* des Gases oder Dampfes gegen die umgebende Luft. Infolgedessen können wir beispielsweise Ätherdampf ebenso handhaben wie eine Flüssigkeit. Wir neigen eine etwas Schwefeläther enthaltende Flasche. An ein Auslaufen der Flüssigkeit ist noch nicht zu denken. Wohl aber sehen wir den Ätherdampf wie einen Flüssigkeitsstrahl aus der Flasche abfließen. Der Strahl ist besonders gut im Schattenwurf sichtbar.

Wir können diesen Ätherdampf mit einem Becherglas auf einer ausgeglichenen Waage auffangen (Abb. 237). Das Becherglas füllt sich, und die Waage schlägt im Sinne von „schwer" aus. Denn Ätherdampf hat ein größeres spezifisches Gewicht als die aus dem Becher verdrängte Luft. Nach Schluß des Versuches entleeren wir das Gefäß durch Umkippen. Wieder sehen wir den Ätherdampf wie einen breiten Flüssigkeitsstrahl auslaufen und zu Boden fallen.

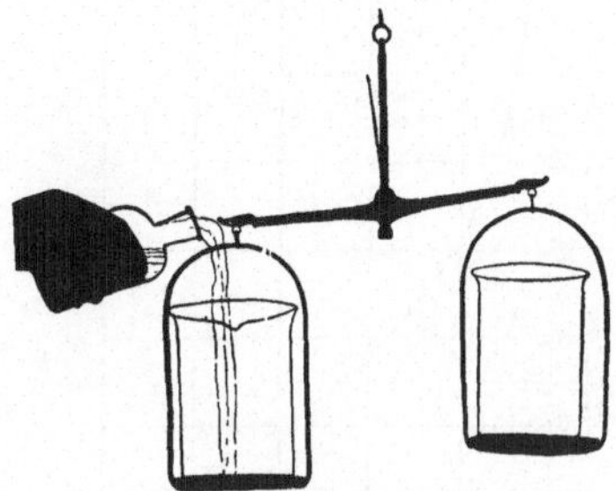

Abb. 237. Ein Strahl von Ätherdampf im Schattenbild.

§ 83. Druckverteilung der Gase im Schwerefeld. Barometerformel. Bisher haben wir nur den Schweredruck der Luft am Erdboden behandelt. Er ist in Meereshöhe, von geringen Änderungen mit der Wetterlage abgesehen, praktisch konstant gleich 1 physikalische Atmosphäre = 1,033 Kilopond/cm². Er ist ebenso groß wie der Wasserdruck am Boden eines Teiches von 10,33 m Wassertiefe.

In jeder Flüssigkeit nimmt der Druck beim Übergang vom Boden zu höheren Schichten ab. Bei Flüssigkeiten erfolgt diese Druckabnahme *linear*. In Wasser sinkt der Druck beispielsweise je Meter Anstieg um je $^1/_{10}$ Atmosphäre (vgl. Abb. 238). Grund: Die unteren Schichten werden nicht merklich durch das Gewicht der auf ihnen lastenden oberen Schichten zusammengedrückt. Daher liefert jede Wasserschicht der Dicke dh einen *gleichen* Beitrag $dp = dh\varrho g$ zum Gesamtdruck. Ganz anders in Gasen. Gase sind stark zusammendrückbar. Die unteren Schichten werden durch das Gewicht der oberen zusammengedrückt. Die Dichte ϱ jeder einzelnen Schicht ist dem in ihr herrschenden Druck p proportional. Wir haben

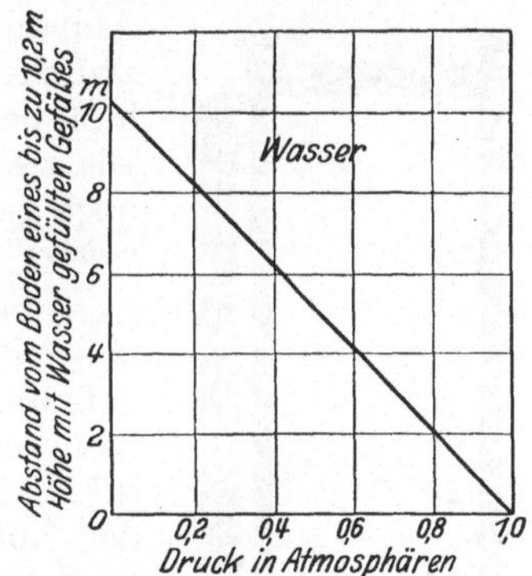

Abb. 238. Verteilung des Schweredrucks im Wasser.

$$\frac{\varrho}{\varrho_0} = \frac{p}{p_0} \qquad \text{oder} \qquad \varrho = \varrho_0 \frac{p}{p_0}. \tag{177}$$

Dabei ist ϱ_0 die Dichte des Gases für den normalen Luftdruck p_0. Demnach ist der Druckbeitrag jeder einzelnen Gasschicht der vertikal gemessenen Dicke dh

$$dp = -dh\varrho_0 \frac{p}{p_0} g. \tag{178}$$

$$g = 9{,}81 \text{ m/sec}^2.$$

Das gibt bis zur Höhe h summiert

$$\boxed{p_h = p_0 e^{-\frac{\varrho_0 g h}{p_0}} = p_0 e^{-\text{const } h}} \tag{179}$$

Durch Einsetzen der für eine Temperatur von $0°\,C$ geltenden Größen erhält man für den Luftdruck in der Höhe h

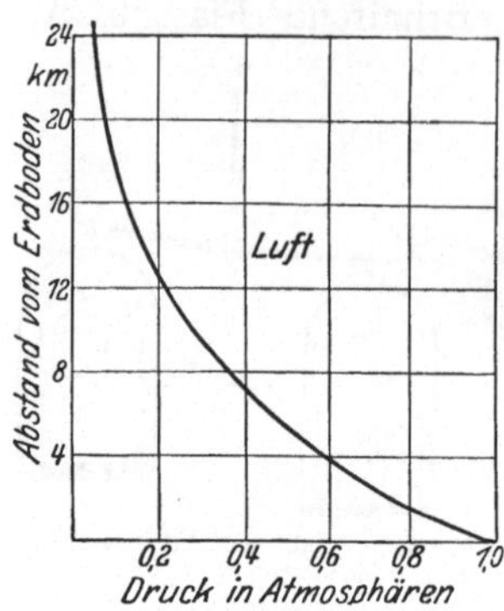

Abb. 239. Verteilung des Schweredrucks in Luft bei einer einheitlichen Temperatur von 0° C.

$$p_h = p_0\, e^{-\frac{0,127\,h}{km}}.$$

Zahlenbeispiel. $h = 5\ km$

$$\frac{p}{p_0} = e^{-\frac{0,127\cdot 5\,km}{km}} = e^{-0,635} = 0,53 \approx \tfrac{1}{2}. \qquad (180)$$

Diese „*Barometerformel*" ist graphisch in Abb. 239 dargestellt. Es ist ein Gegenstück zu der in Abb. 238 dargestellten Verteilung des Schweredrucks in Wasser.

Den Sinn dieser „Barometerformel" erlaubt unser Modellgas mit Stahlkugeln sehr anschaulich klarzumachen. Zu diesem Zweck stellen wir den aus Abb. 231 bekannten Apparat vertikal und betrachten ihn in intermittierendem Licht. Man erhält dann auf dem Projektionsschirm wechselnde Momentbilder der in Abb. 240 wiedergegebenen Art. Man sieht in den untersten Schichten eine Häufung der Moleküle und eine rasche Abnahme beim Anstieg nach oben. Man sieht den Wettstreit zwischen Gewicht und Wärmebewegung. Schon 2 m oberhalb des vibrierenden Stempels sind Moleküle recht selten. Bis zu 3 m Höhe (auf dem Wandschirm!) verirrt sich nur noch ganz vereinzelt ein Molekül. *Unsere „künstliche Atmosphäre" endet nach oben ohne angebbare Grenze.*

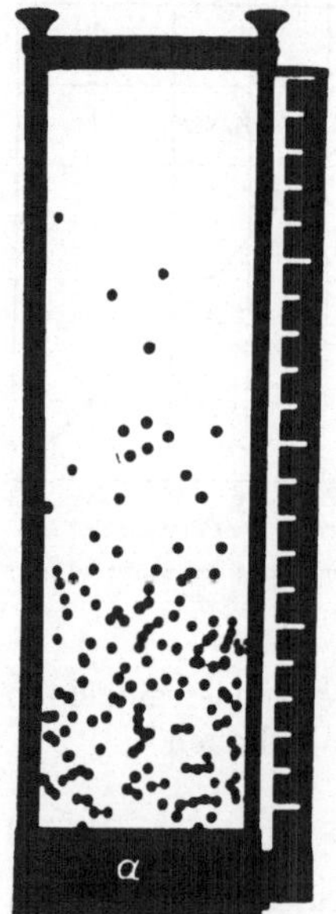

Abb. 240. Momentbild eines Stahlkugelmodellgases zur Veranschaulichung der Barometerformel. Belichtungszeit $\approx 10^{-5}$ Sekunden.

Ganz entsprechend haben wir uns die Verhältnisse in unserer Erdatmosphäre zu denken. Nur ist die Höhenausdehnung erheblich größer[1]. Eine obere Grenze der Atmosphäre kann man ebensowenig wie für unsere künstliche Atmosphäre angeben. 5,4 km über dem Erdboden ist die Dichte der Luft auf rund die Hälfte gesunken ($e^{-0,69} = 0,5$), in rund 11 km auf $^1/_4$ usw. (Abb. 239). Aber selbst in mehreren 100 km oberhalb des Erdbodens treiben sich noch immer Gasmoleküle unserer Atmosphäre herum. Denn noch in diesen Höhen beobachtet man das Aufleuchten von Meteoren. Diese geraten beim Eindringen in die Atmosphäre ins Glühen (§ 197). Auch Nordlichter werden schon in ähnlichen Höhen gefunden. Sie entstehen durch das Eindringen elektrischer Korpuskularstrahlen in unsere Atmosphäre.

Zum Schluß fügen wir unserer künstlichen Atmosphäre noch einige größere Körper, z. B. Holzsplitter, hinzu. Sie markieren uns Staub in der Luft. Wir sehen den Staub in lebhafter „BROWNscher Molekularbewegung" herumtanzen. Doch treibt er sich stets nahe dem „Erdboden" herum. Denn das Gewicht eines Holzteilchens ist viel größer als das eines Stahlkugelmoleküls. (Der Staub verhält sich wie ein Gas von hohem Molekulargewicht, § 174.)

---

[1] Außerdem hängt die Zusammensetzung der Atmosphäre und die Temperatur von der Höhe ab. Die tatsächliche Verteilung dieser Größen läßt sich nur experimentell ermitteln. Für große Höhen kann die Gl. (179) selbst als Näherung versagen.

§ 84. Der statische Auftrieb in Gasen. Nach den Ergebnissen des vorigen Paragraphen nimmt ebenso wie in Flüssigkeiten auch in Gasen der Schweredruck nach oben hin ab. Daher gibt es auch in Gasen einen „Auftrieb". Als Beispiel wollen wir uns die Wirkungsweise des Freiballons klarmachen. Ein solcher Ballon ist in Abb. 241 schematisch gezeichnet.

Formal kann man wiederum den S. 120 hergeleiteten Satz anwenden: Der Auftrieb des Ballons ist gleich dem Gewicht der von ihm verdrängten Luft. Doch macht man sich zweckmäßig die Druckverteilung im Innern der Ballonhülle klar. Dadurch gewinnt auch hier der Vorgang an Anschaulichkeit:

Ein Freiballon ist unten offen. An der Grenzschicht von Luft und Füllgas herrscht keine Druckdifferenz. Selbstverständlich ist diese Grenze nicht ganz scharf. Sie ist zwischen zwei Gasen ja lediglich eine Diffusionsgrenze. Die wirksame Druckdifferenz läßt sich in der oberen Ballonhälfte beobachten. Dort ist der Druck des Füllgases an der Innenfläche der Hülle größer als der Druck der Luft an deren Außenfläche. Dort bringt man auch das Entleerungsventil des Ballons an (a in Abb. 241).

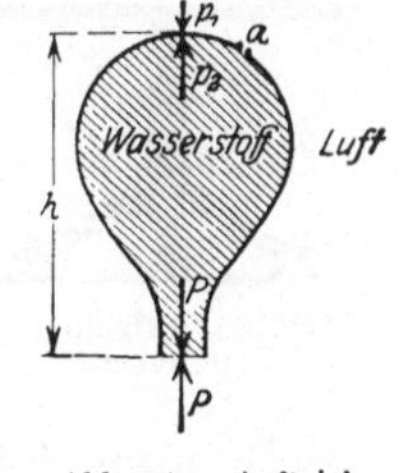

Abb. 241. Auftrieb eines Freiballons. Vgl. Abb. 216 und Anm. 1 auf S. 123.

Die aufwärts gerichtete, an der Ballonhülle angreifende Kraft ist der Dichtedifferenz zwischen Luft und Füllgas proportional. Mit steigender Höhe nehmen beide Dichten ab. Für das Füllgas erfolgt diese Abnahme beim unprallen Ballon unter allmählicher Aufblähung der unteren Teile. Beim Überschreiten der Prallgrenze entweicht das Füllgas aus der unteren Öffnung. Mit sinkendem Werte der Dichten nimmt auch der Betrag ihrer *Differenz* ab. Bei einem bestimmten Grenzwert der Dichte wird die aufwärts gerichtete Kraft gleich dem Gewicht, und in diesem Fall schwebt der Ballon in konstanter Höhenlage. Weiteres Steigen verlangt Verminderung des Gewichtes, also Ballastabgabe.

Die gleiche Druckverteilung wie im Freiballon haben wir in den Gasleitungen unserer Wohnhäuser. Diese sind, wie der Freiballon, von der Luft umgeben. Normalerweise soll das Leuchtgas in den Rohrleitungen unter einem gewissen Stempeldruck stehen. Gelegentlich ist aber dieser Druck zu gering. Dann „will" das Gas aus einem Hahn im Keller nicht ausströmen. Im vierten Stock des Hauses aber merkt man nichts von der Störung. Einem dort oben geöffneten Hahn entströmt das Gas noch als kräftiger Strahl. Diese Verhältnisse lassen sich mit einem hübschen Schauversuch vorführen: Die Abb. 242 zeigt uns das Rohrsystem als ein Glasrohr. Dieses Glasrohr trägt an beiden Enden eine kleine Brenneröffnung. Die rechte Brennstelle soll 10 cm tiefer liegen als die linke. Durch einen beliebigen Ansatzstutzen führt man diesem Rohr Leuchtgas des städtischen Werkes zu, drosselt aber den Zufluß mit einem Hahn. Dann kann man an der oben befindlichen Öffnung a leicht ein Flämmchen entzünden, nicht hingegen an der gleich großen unteren Öffnung b. Bei der unteren Öffnung b herrscht zwischen Luft und Leuchtgas keine Druckdifferenz. 10 cm höher ist jedoch schon eine merkliche Druckdifferenz vorhanden.

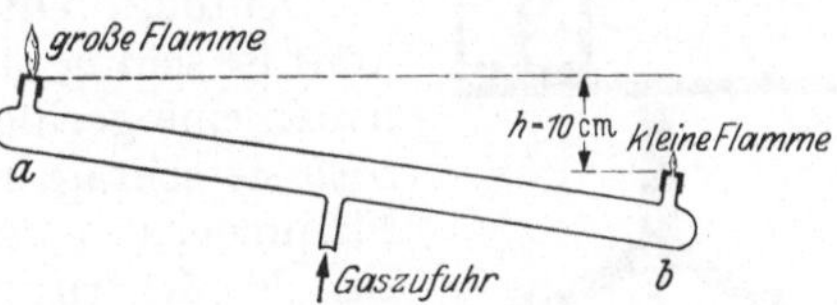

Abb. 242. Mit wachsender Höhe sinkt der Schweredruck von Leuchtgas langsamer als der von Luft. (BEHNsches Rohr.)

Man kann eine helleuchtende Flamme erhalten. Bei waagerechter Lage des Glasrohres lassen sich an beiden Öffnungen Flammen gleicher Brennhöhe entzünden. Bei umgekehrter Schräglage kann nur bei b eine Flamme brennen. Die Anordnung ist also erstaunlich empfindlich. Sie zeigt uns nicht etwa die Abnahme des Luftdruckes mit der Höhe. Sie zeigt uns nur die *Differenz* in der Abnahme des Schweredruckes in einer Luft- und einer Leuchtgasatmosphäre.

Endlich erwähnen wir in diesem Zusammenhang die Schornsteine unserer Wohnhäuser und Fabriken. Sie enthalten in ihrem Inneren warme Luft geringerer Dichte als die der umgebenden Atmosphäre. Je höher der Schornstein, desto größer die Druckdifferenz an seiner oberen Öffnung, desto besser der „Zug".

§ 85. Gase und Flüssigkeiten in beschleunigten Bezugssystemen. Nach den ausführlichen Darlegungen des 7. Kapitels können wir uns hier kurz fassen. Wir bringen zunächst etliche Beispiele für ein radial beschleunigtes Bezugssystem. Wir lassen also in diesem ganzen Paragraphen einen Beobachter auf einem Karussell oder Drehstuhl sprechen (Drehsinn wie S. 86).

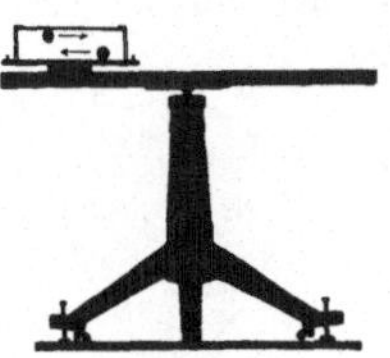

Abb. 243. Prinzip der Zentrifugen.

1. *Statischer Auftrieb durch Zentrifugalkraft. Prinzip der technischen Zentrifugen.* Auf dem Karussell liegt in radialer Richtung ein horizontaler, allseitig verschlossener, mit Wasser gefüllter Kasten (Abb. 243). Unter seinem Deckel schwimmt eine Kugel, ihre Dichte ist also kleiner als die des Wassers. Bei Drehung des Karussells läuft die Kugel auf die Drehachse zu. Umgekehrt läuft eine auf dem Boden des Kastens liegende Kugel größerer Dichte zur Peripherie.

Deutung: Das Gewicht der Kugeln und ihr Auftrieb durch das Gewicht des Wassers sind durch den Boden und den Deckel des Kastens, die Corioliskräfte durch seine *seitlichen* Wände ausgeschaltet. Es verbleiben nur die Zentrifugalkräfte. Diese wirken innerhalb des *horizontalen* Kastens genau so wie das Gewicht innerhalb eines *vertikalen* Kastens. Für die Zentrifugalkräfte ist die Drehachse „oben", der Rand des Karussells „unten". Ein Körper in der Flüssigkeit erfährt einen Auftrieb nach „oben", also zur Drehachse hin. Dieser Auftrieb kann größer oder kleiner sein als die am Körper angreifende Zentrifugalkraft. Beim Überwiegen der letzteren geht der Körper zum Rand, d. h. bildlich, „er sinkt zu Boden". Beim Überwiegen des Auftriebes gilt das Umgekehrte.

Dieser statische Auftrieb in radial beschleunigten Flüssigkeiten bildet die Grundlage unserer technischen Zentrifugen, z. B. zur Trennung von Butterfett und Milch. Das Butterfett geht wegen seiner geringen Dichte zur Drehachse.

2. *Ablenkung und Krümmung einer Kerzenflamme durch Zentrifugal- und Corioliskräfte.* Auf dem Karussell steht, sorgsam gegen alle Zugluft geschützt, eine Kerzenflamme in einem großen Glaskasten. Die Flamme neigt sich der Drehachse zu (Abb. 244). Außerdem bekommt sie, von oben betrachtet, eine Rechtskrümmung.

Deutung: Die Resultante von Gewicht und Zentrifugalkraft ist schräg nach *unten-außen* gerichtet. Die Flammengase haben eine geringere Dichte als Luft, folglich treibt der *Auftrieb* sie schräg nach *innen-oben*. Dieser Auftrieb erteilt den Flammengasen eine *Geschwindigkeit*, und folglich gesellen sich den Zentrifugalkräften Corioliskräfte hinzu. Sie krümmen den Flammenstrahl nach rechts.

Abb. 244. Eine Flamme unter dem Einfluß von Trägheitskräften.

3. *Radialer Umlauf in Flüssigkeiten bei verschiedenen Winkelgeschwindigkeiten ihrer einzelnen Schichten.* In die Mitte unseres Drehtisches stellen wir eine flache, mit Wasser gefüllte Schale (Abb. 245). Dann erteilen wir dem Drehtisch eine konstante Winkelgeschwindigkeit und beobachten die langsame Einstellung des stationären Zustandes. Das Wasser bekommt, durch Reibung mitgenommen, erst allmählich eine Winkelgeschwindigkeit, und zwar zunächst in der Nähe des Bodens und der Seitenwand. Infolgedessen können zunächst nur bodennahe Wasser-

teilchen u, durch die Zentrifugalkraft (dicke Pfeile) getrieben, zum Rande strömen. Diese Strömung setzt den gestrichelten Umlauf in Gang. Man kann ihn bequem mit einigen Papierschnitzeln auf dem Boden nachweisen.

Nach einiger Zeit erhalten auch die oberen Teilchen eine Winkelgeschwindigkeit, und dann strömen auch sie zur Außenwand. Dadurch wird der gestrichelte Umlauf verlangsamt, der Wasserspiegel sinkt in der Mitte und steigt am Rande, bis endlich die stationäre Parabelform erreicht ist.

Eine Umkehr des Versuches ist allbekannt. In einer Teetasse erteilt der umrührende Löffel anfänglich dem gesamten Tasseninhalte die gleiche Winkelgeschwindigkeit. Aber der ruhende Tassenboden vermindert sofort nach Schluß des Rührens die Winkelgeschwindigkeit der unteren Flüssigkeitsschichten. Es beginnt ein radialer Umlauf, jedoch diesmal entgegen dem Sinne der Abb. 245. Er führt die auf dem Boden liegenden Teeblätter zur Mitte.

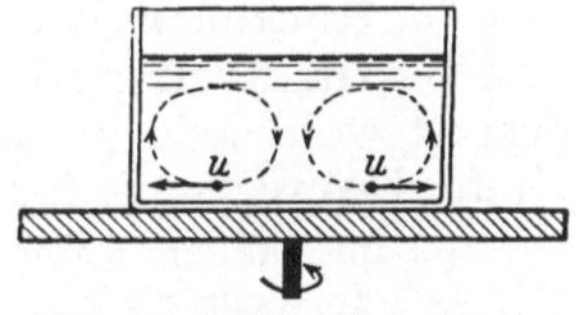

Abb. 245. Radialer Umlauf in einer Flüssigkeitsschale.

4. *Ausnutzung der Corioliskräfte bei radialem Umlauf. Hydrodynamische Kupplung.* Wir haben soeben nur von einem radialen Umlauf des Wassers gesprochen, in Wirklichkeit sind die Bahnen der Wasserteilchen in der Horizontalen nach rechts gekrümmt, weil auf die radial bewegten Wasserteilchen Corioliskräfte wirken.

Diese Corioliskräfte lassen sich zum Bau einer lehrreichen hydrodynamischen Kupplung ausnutzen. Zu diesem Zweck unterteilt man die untere Hälfte des Gefäßes in Abb. 247 durch radiale Trennwände. Sie sind in der Abb. 247 schraffiert und wie die Lamellen eines Blätterpilzes an dem Achsenstiel befestigt. Durch den Deckel D führt man eine „Kupplungsscheibe" K mit gleichgebauten radialen Trennwänden ein. Die Trennwände werden einander bis auf wenige Millimeter genähert. Die untere Achse A soll die Achse eines Motors darstellen, die Achse der oberen Scheibe führt zur „Arbeitsachse". Die Achse des Motors läuft im Betrieb mit einer etwas höheren Winkelgeschwindigkeit als die Achse der Arbeitsmaschine („Schlüpfung"). Infolgedessen haben wir dauernd einen Umlauf. Er ist oben auf die Achse hin und unten von der Achse weg gerichtet. Die Corioliskräfte dieser bewegten Wasserteile drücken gegen die radialen Trennwände und zwingen die Kupplungsscheibe, sich fast so rasch wie die Arbeitsmaschine zu drehen. Nach diesem Prinzip hat man hydrodynamische Kupplungen für Tausende von Kilowatt gebaut. Ihr Nutzeffekt erreicht 98,5%.

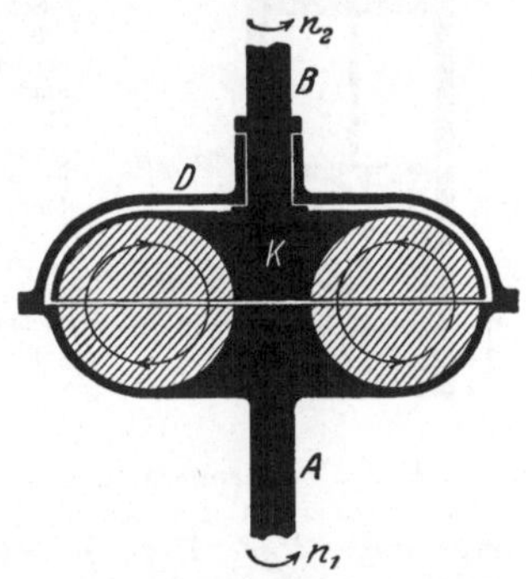

Abb. 247. Hydrodynamische Kupplung.

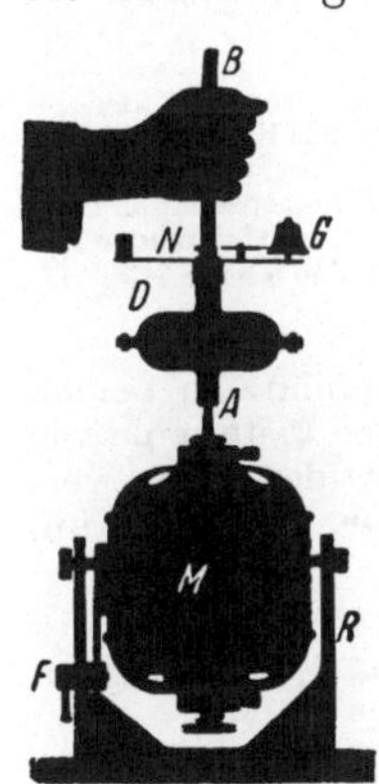

Abb. 248. Vorführungsmodell einer hydrodynamischen Kupplung auf einem Elektromotor M. Der Motor kann im Rahmen R um eine waagerechte Achse geschwenkt und bei F festgestellt werden.

Die Abb. 248 zeigt im Schattenriß eine hydrodynamische Kupplung auf der vertikalen Achse eines Elektromotors ($^1/_3$ Kilowatt). Zur Vorführung der Schlüpfung trägt das Gehäuse eine kleine Glocke G. Ihr Klöppel wird vom Nocken N der Arbeitsachse betätigt. Erfolgen n Glockenschläge in der Zeit t, so gibt die Frequenz $\nu = n/t$

die Differenz der Frequenzen von Motor- und Arbeitsachse, also die Schlüpfung. Diese wächst mit zunehmender Belastung (Handreibung!) (wie beim Drehfeldmotor, siehe Elektr. Lehre, § 66).

Endlich noch ein Beispiel für Gase in einem Bezugssystem mit *Bahn*beschleunigung. Wir lassen eine brennende Kerze in einem luftzugsicheren Gehäuse (Stallaterne) frei zu Boden fallen (mit Kissen abfangen). Die Lampe erstickt während des Falles. Grund: Es fehlt der die Flammengase beseitigende statische Auftrieb, weil die Trägheitskräfte den Gewichten der Gasmoleküle entgegengesetzt gleich sind (vgl. S. 84 unten rechts, und § 84).

Umlauf des Wassers bildet schon den Übergang zum folgenden Kapitel: Bewegungen in Flüssigkeiten und Gasen.

§ 86. Rückblick. Was heißt Kraft?

Wir haben jetzt lange Kapitel hindurch mit dem Begriff Kraft gearbeitet. Der Nutzen dieser Größe ist unbestreitbar. Trotzdem ist wohl kein physikalischer Begriff dunkler und rätselvoller als der der Kraft. Deswegen die folgenden Hinweise:

Zwei im Vakuum befindliche, frei bewegliche Körper (z. B. Erde und Mond, oder zwei elektrisch geladene Körper) können gegenseitig aufeinander mit Kräften einwirken. Das bedeutet: Durch irgendein noch ungeklärtes und bisher nicht lokalisiertes *Geschehen* (oder Zustand ?) werden beide Körper gegeneinander *beschleunigt*. — Beschleunigungen kann man aber auch durch eine Zwischenschaltung *greifbarer* Körper hervorrufen (z. B. Feder); dabei handelt es sich im *einzelnen* ebenfalls um ungeklärtes Geschehen, aber es äußert sich in den zwischengeschalteten Körpern wenigstens *sinnfällig*, nämlich bei toten Körpern

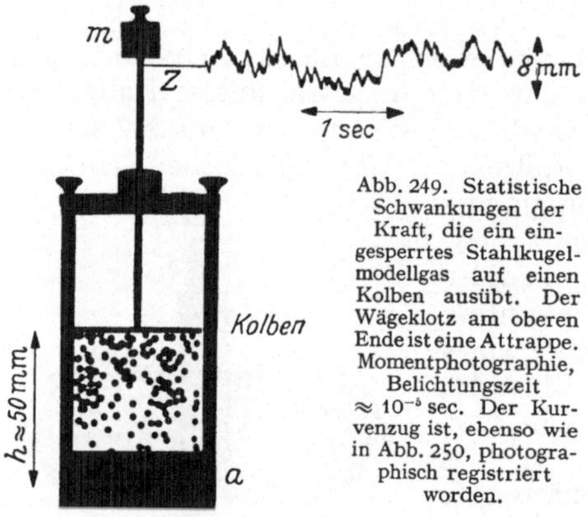

Abb. 249. Statistische Schwankungen der Kraft, die ein eingesperrtes Stahlkugelmodellgas auf einen Kolben ausübt. Der Wägeklotz am oberen Ende ist eine Attrappe. Momentphotographie, Belichtungszeit $\approx 10^{-5}$ sec. Der Kurvenzug ist, ebenso wie in Abb. 250, photographisch registriert worden.

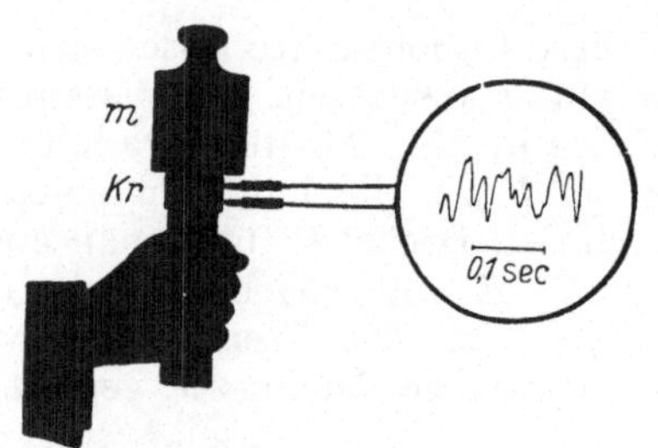

Abb. 250. Statistische Schwankungen bei der Haltebetätigung eines Muskels. Als Kraftmesser Kr dient ein piezoelektrischer Kristall. Seine beiden Metallbelege sind unter Zwischenschaltung eines Verstärkers mit einem registrierenden Braunschen Rohr verbunden $\Delta \Re / \Re \approx \pm 5\%$.

durch eine *Verformung*, bei lebenden außerdem durch ein *Gefühl* (Kraftgefühl). In beiden Fällen *nennt* man das rätselvolle Geschehen, das einen Körper beschleunigen kann, eine *am Körper angreifende Kraft* $\Re$. Zur *quantitativen* Definition, also zur Messung der Kraft, verwendet man die Beschleunigung b_1, die die Kraft einem Körper der Masse m_1 erteilen kann, wenn sie *allein* auf diesen Körper wirkt, also $\Re = m_1 b_1$.

Zwei Kraft genannte Geschehen (oder Zustände ?) können auf einen Körper einander entgegengerichtet wirken und sich teilweise oder ganz *aufheben* (vgl. Abb. 35). Im zweiten Fall wird die Beschleunigung des Körpers Null.

Alle mit Hilfe der Grundgleichung hergeleiteten Gleichungen laufen in ihren Anwendungen letzten Endes auf folgendes hinaus: Man mißt zunächst eine Kraft $\Re$ mittels einer bekannten Beschleunigung b_1 (am einfachsten vergleicht man eine Kraft mit einer *Gewicht* genannten Kraft, definiert durch das Produkt Masse m_1 mal *Fallbeschleunigung g*). Alsdann beschleunigt man mit dieser nunmehr *gemessenen* Kraft einen anderen Körper (Masse m_2) und mißt die Beschleunigung b_2. Letzten Endes führen alle mit Hilfe der Grundgleichung $b = \Re / m$ hergeleiteten Gleichungen lediglich auf den Vergleich eines Verhältnisses zweier Beschleunigungen (b_1/b_2) (deren eine meistens die Fallbeschleunigung ist) mit dem Verhältnis zweier Massen (m_2/m_1).

Von dem Vorgang oder dem Geschehen, das eine Kraft an einem Körper angreifen läßt, kann man sich nur in vereinzelten Fällen ein anschauliches Bild machen. Dahin gehört z. B. die Kraft, die an den Wänden eines Gasbehälters angreift. Die Abb. 249 zeigt im Modellversuch eine eingesperrte Gasmenge. Die „Wärmebewegung" wird durch einen hinter der Wand a auf und nieder schwingenden Stempel erzeugt. Die obere Wand ist als Kolben beweglich. Dieser Kolben wird, obwohl zusätzlich durch einen Klotz belastet, durch die ungeordneten Stöße der „Stahlkugelmoleküle" in nahezu konstanter Höhe h gehalten. Der statistische Charakter dieses Vorganges ist leicht zu zeigen. Man braucht nur die Bewegung einer Zeigermarke Z photographisch zu registrieren, Teilbild rechts oben.

Die Abb. 250 zeigt, leicht schematisiert, den entsprechenden Vorgang für die „Haltebetätigung" eines Muskels. Zwischen dem Klotz m und einem von der Hand gehaltenen Stab ist ein Kraftmesser Kr eingeschaltet. Seine Verformung, in diesem Falle die Änderung der Plattendicke d, wird nicht, wie in Abb. 41, mit dem Auge beobachtet, sondern elektrisch registriert[1]. Die rechte Hälfte von Abb. 250 zeigt das Ergebnis. Man beachte den gegenüber Abb. 249 geänderten Zeitmaßstab. Auch hier ist der statistische Charakter des krafterzeugenden Geschehens gut zu erkennen.

Für die Entstehung von Kräften im Vakuum ist mit solchen Versuchen noch nichts gewonnen. Hier muß man sich, wahrscheinlich noch für lange Zeit, mit Feldvorstellungen zufrieden geben.

§ 86a. Sortier-Apparate (Diskriminatoren oder Spektralapparate).

In diesem Kapitel haben wir zum ersten Male eine physikalische Gesetzmäßigkeit auf das Zusammenwirken großer Anzahlen von Individuen zurückgeführt: Wir konnten das Gasgesetz, d. h. den Zusammenhang von Massendichte und Druck eines Gases, mit einer statistischen Mittelwertsbildung quantitativ erfassen. — Analoge Betrachtungen spielen in vielen Kapiteln der modernen Physik eine große Rolle. Es kann sich dabei um Individuen mannigfacher Art handeln. Es können materielle Gebilde sein, wie Atome und Moleküle, die sich von ihresgleichen durch Masse, Impuls, kinetische Energie, elektrische Ladung, Richtung ihres magnetischen Moments usw. unterscheiden.

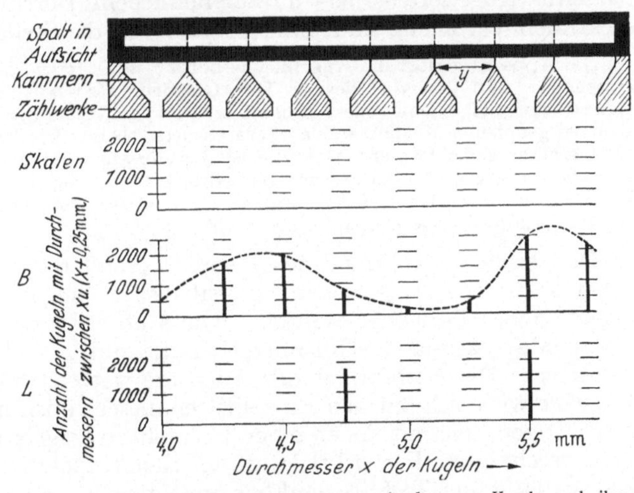

Abb. 250a. Schema einer Sortierapparatur mit der man Kugeln nach ihren Durchmessern x ordnen und die „spektrale Verteilung" der Durchmesser bestimmen kann. Der Übersichtlichkeit halber ist nur ein sehr kleines „Auflösungsvermögen" gewählt, nämlich $x/dx = 16$ für $x = 4\,\text{mm}$.

Als einzelne Individuen können aber auch Schwingungen und Wellen mit verschiedenen Frequenzen und Amplituden in Frage kommen; auch kann es sich um Kraftstöße, Stromstöße, Spannungsstöße oder Lichtblitze mit verschiedenen Höchstwerten oder Zeitdauern handeln usw.

Für alle Fälle gibt es oft die gleiche Aufgabe: Erstens hat man die Individuen in Gruppen zu zerlegen, innerhalb derer ein Merkmal x um Stufen dx zunimmt;

---

[1] § 7, Schluß.

zweitens hat man irgendwie zu messen und überschaubar darzustellen, welche Werte eine andere physikalische Größe für die Individuen dieser Gruppen besitzt. — Ein einfaches Beispiel besagt mehr als allgemeine Erörterungen: Erstens soll ein Gemisch von Kugeln nach ihrem Durchmesser x als Merkmal in Gruppen zerlegt werden; zweitens soll die Anzahl oder die Häufigkeit[1] der Kugeln in diesen Gruppen gemessen und überschaubar dargestellt werden. — Für eine „Vorzerlegung" genügt es, nacheinander Siebe oder Filter mit einer in Stufen zunehmenden Maschenweite anzuwenden. Für eine *„Feinzerlegung", d.h. für eine Zerlegung mit kleinen Stufen dx*, sind Öffnungen mit stetig zunehmender Weite vorzuziehen, z.B. ein keilförmiger Spalt. Die Abb. 250a zeigt als Beispiel, wie auch dann eine Zerlegung mit Stufen zustande kommt. — Die Kugeln laufen langsam von links nach rechts über einen Spalt, bis sie zwischen seinen Backen herunterfallen und in Kammern der Breite y gelangen. Diese Kammern leiten die Kugeln in Zählwerke. Die Ziffernfelder der Zählwerke sind im Beispiel nicht skizziert. Statt ihrer sieht man nur schwarz gezeichnete Zeiger. Sie werden von den Zählwerken in der Längsrichtung von Skalen verschoben, wie es uns von Thermometern vertraut ist.

Nun die Versuche: Im ersten wird ein Gemisch von Kugeln mit vielen verschiedenen Durchmessern benutzt. Trennung und Auszählung bringt das in Teilbild B skizzierte Ergebnis: Die punktierte „Umhüllende" gibt eine „spektrale Verteilung" (kürzer: „Spektrum"). Der Fachausdruck „spektral" bedeutet dasselbe, wie in der Umgangssprache „überschaubar". Die Verteilung zeigt in diesem Beispiel zwei *„Banden"* mit je einem Maximum. — Im zweiten Versuch werden nur zwei Kugelsorten, jede mit einheitlichem Durchmesser, benutzt: In der spektralen Verteilung sind zwei *„Linien"* an die Stelle der „Banden" getreten.

Der Apparat zerlegt die Kugeln, wie betont, in Gruppen, deren Durchmesser im Bereich zwischen x und $(x + dx)$ liegen. Der Quotient x/dx wird *Auflösungsvermögen* genannt. x/dx wächst mit abnehmendem Keilwinkel und der Anzahl der Kammern. Dieser Anzahl ist aber bei gegebener Keillänge eine obere Grenze gesetzt: Die Breite y einer Kammer darf ja nicht kleiner gemacht werden als die Spaltweite am rechten Ende dieser Kammer. — Die Technik sortiert nach dem Schema der Abb. 261 Stahlkugeln, z.B. Stahlkugeln von 10 mm Durchmesser in Stufen, die sich um $dx = 1\,\mu = 10^{-3}$ mm unterscheiden. Sie benutzt dabei also ein „Auflösungsvermögen" $x/dx = 10^4$.

Dies einfache, an Hand des Beispiels erläuterte Prinzip wird heute von der Technik für sehr verschiedene physikalische Aufgaben realisiert und dabei in mannigfacher Form abgewandelt. Ganz überwiegend werden dabei sehr rasch arbeitende elektronische Hilfsmittel benutzt und die spektrale Verteilung graphisch registriert. Die Ausführung der Apparate wechselt oft von Jahr zu Jahr. Ein Physiker wird sich mit den Einzelheiten dieser Hilfsmittel meistens ebensowenig beschäftigen, wie mit denen eines Fernsehempfängers oder eines automatischen Fernsprechamtes. Er wird sich mit der Kenntnis der Grundlagen zufrieden geben und die Hilfe der Technik dankbar annehmen.

---

[1] Treten n gleichartige Ereignisse innerhalb einer Zeit t nicht periodisch, sondern in statistisch ungeordneter Folge auf, so wird der Quotient n/t nicht Frequenz, sondern Häufigkeit oder Zählrate genannt.

X. Bewegungen in Flüssigkeiten und Gasen.

Erster Teil.

Flüssigkeitsströmung mit und ohne Reibung.

§ 87. Drei Vorbemerkungen. 1. Zwischen Flüssigkeiten und Gasen besteht ein sinnfälliger, durch die Ausbildung der Oberfläche bedingter Unterschied. Trotzdem ließen sich die Erscheinungen in ruhenden Flüssigkeiten und Gasen in vielem gleichartig behandeln. — Bei der Bewegung in Flüssigkeiten und Gasen kann man in der einheitlichen Behandlung von Flüssigkeiten und Gasen noch weiter gehen. Bis zu Geschwindigkeiten von etwa 70 m/sec kann man beispielsweise Luft getrost als eine nicht zusammendrückbare Flüssigkeit betrachten; denn diese Geschwindigkeit ist noch klein gegen die Schallgeschwindigkeit in Luft (340 m/sec, vgl. Abb. 578). *Wir werden in diesem Kapitel der Kürze halber das Wort Flüssigkeit als Sammelbegriff benutzen. Es soll Flüssigkeiten mit und ohne Oberfläche umfassen, also Flüssigkeiten wie Gase im üblichen Sprachgebrauch.*

2. Bei hohen Geschwindigkeiten werden die Gase zusammengedrückt, und dabei wird ihre *Temperatur* geändert. Vorgänge dieser Art lassen sich nicht ohne die Begriffe der Wärmelehre behandeln. Sie folgen daher erst in § 196.

3. In der Mechanik fester Körper werden die Bewegungen in den grundlegenden Experimenten zwar quantitativ durch Reibung mehr oder minder gestört, aber nicht qualitativ geändert. Daher haben wir die Reibung anfänglich als eine Nebenerscheinung beiseite gelassen und erst in den §§ 73—73 c quantitative Angaben über Reibung gebracht. — Bei der Bewegung von Flüssigkeiten und Gasen hingegen wird selbst der qualitative Ablauf der Erscheinungen ganz entscheidend durch die Reibung beeinflußt. Infolgedessen verfahren wir anders als bei den festen Körpern. Wir stellen eine quantitative Behandlung der Reibung an den Anfang und behandeln zunächst Bewegungen unter entscheidender Mitwirkung der Reibung. Dies Verfahren verschafft uns nebenher ein für die weitere Darstellung nützliches Hilfsmittel. Es wird uns viel Zeichenarbeit ersparen.

§ 88. Innere Reibung und Grenzschicht. Die Reibung zwischen festen Körpern, die „*äußere*" Reibung, ist physikalisch schlecht zu fassen. Die in Flüssigkeiten auftretende Reibung hingegen, die „*innere*" Reibung, ist ziemlich klar zu übersehen. Wir zeigen das Wesentliche mit zwei Versuchen.

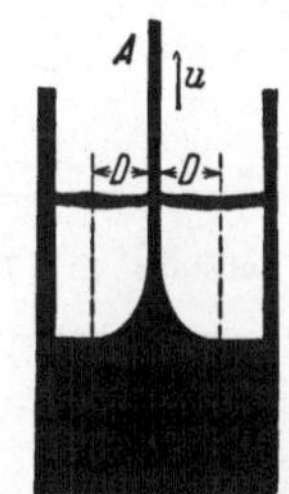

Abb. 251. Zwischen den beiden gestrichelten Linien ist zu beiden Seiten einer bewegten Platte je eine Grenzschicht der Dicke D entstanden.

In Abb. 251 wird ein flaches Blech A in einem mit Glyzerin gefüllten Glastrog langsam nach oben gezogen. Vor Beginn des Versuches war die untere Hälfte des Glyzerins bunt gefärbt und dadurch wenigstens *eine* horizontale Fläche sichtbar gemacht worden. Man denke sich durch passende Färbung noch etliche andere horizontale Flächen markiert. Während der Bewegung werden alle diese Flächen beiderseits der Platten innerhalb eines breiten Gebietes verzerrt. Dabei erfahren die Flüssigkeitsteilchen eine Drehung, rechts mit, links gegen den Uhrzeiger. Man nennt ein solches Gebiet eine *Grenzschicht*. Der innerste Teil einer Grenzschicht haftet am festen Körper, er bewegt sich mit dessen

Geschwindigkeit u. Die nächsten, nach außen folgenden Teile werden ebenfalls in Bewegung gesetzt, doch wird die erteilte Geschwindigkeit mit wachsendem Abstand kleiner. Es besteht also in einer Grenzschicht ein Geschwindigkeitsgefälle $\partial u/\partial x$.

Ist bei einer Bewegung Reibung beteiligt, so braucht man eine Kraft $\Re$ nicht nur zur Beschleunigung bis zur Endgeschwindigkeit u, sondern auch zur Aufrechterhaltung dieser konstanten Endgeschwindigkeit u (§ 43). In einfachen Fällen ist die erforderliche Kraft $\Re$ der Geschwindigkeit u proportional, also

$$\Re = k\,u. \tag{181}$$

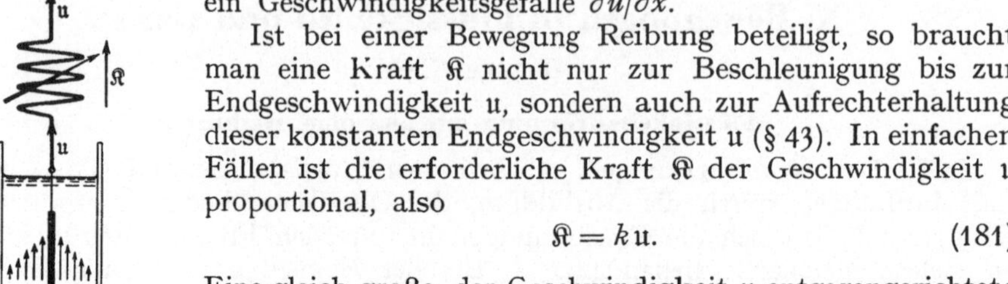

Abb. 252. Zur Definition der Zähigkeitskonstante η mittels einer ebenen Strömung. Das heißt, die Strömung soll in allen, der Papierebene parallelen, also zur z-Richtung senkrechten Ebenen den gleichen Verlauf haben.

Eine gleich große, der Geschwindigkeit u entgegengerichtete Kraft $\Re_2 = -\Re$ ist der Reibungswiderstand. Die Summe der beiden Kräfte $\Re + \Re_2$ ist gleich Null und die Endgeschwindigkeit u daher konstant. Der Proportionalitätsfaktor k wird Beiwert des Widerstandes genannt. Man kann ihn unter geometrisch einfachen Verhältnissen berechnen. Wir bringen einige Beispiele.

In Abb. 252 ist der Abstand x der Trogwände von der aufwärts bewegten Platte kleiner gewählt als die Dicke D der Grenzschicht. In diesem Fall wird das Gefälle der Geschwindigkeit praktisch linear, es wird beiderseits durch Pfeile gleichmäßig abnehmender Länge angedeutet. In diesem Fall hängt k ab von der Fläche F der Platte (beide Seiten!), ihrem Abstand x von den Trogwänden und einem für die Flüssigkeit charakteristischen Stoff-Faktor, der *Zähigkeitskonstanten* η (Tab. 6). Man findet $k = \eta F/x$ und daher

$$\boxed{\Re = k\,u = \eta\,\frac{F}{x}\,u} \tag{182}$$

Tabelle 6.

Substanz	Temperatur	Zähigkeitskonstante in Newtonsec/m² (1 Newtonsec/m² = 10 Poise)
Luft	20° C	$1{,}7 \cdot 10^{-5}$
CO$_2$, flüssig	20°	$7 \cdot 10^{-5}$
Benzol . . .	20°	$6{,}4 \cdot 10^{-4}$
Wasser . . {	0°	1,8
	20°	1,0
	98°	0,3
Quecksilber . {	− 21,4°	$1{,}9$ $\left.\right\}\,10^{-3}$
	0°	1,6
	100°	1,2
	300°	1,0
Glyzerin . . {	0°	4,6
	20°	$8{,}5 \cdot 10^{-1}$
Pech . . .	20°	10^{7}

Die Reibung in Flüssigkeiten läßt sich mit dem *Schub* oder der Scherung in festen Körpern vergleichen. Man kann $\Re/F$ als Schubspannung τ bezeichnen. Doch ist ein grundsätzlicher Unterschied vorhanden: Die Schubspannung wächst in festen Körpern mit zunehmender Verformung; die innere Reibung in Flüssigkeiten hingegen ist proportional zur Verformungs*geschwindigkeit*. Ruhende Flüssigkeiten zeigen nichts mit einer Schubspannung Vergleichbares. In ihnen können nur Normalspannungen auftreten (§ 75).

Die Dicke D der Grenzschicht läßt sich abschätzen. Man findet

$$D = \sqrt{\frac{\eta l}{\varrho u}} \tag{183}$$

(l ist der von der strömenden Flüssigkeit zurückgelegte Weg, ϱ ihre Dichte).

Herleitung. Die Flüssigkeit in der Grenzschicht habe den Querschnitt $f = DB$ und rücke in der Zeit t um den Weg $l = ut$ vor. Dabei strömt durch den Querschnitt f in der Zeit t eine Flüssigkeitsmenge mit der Masse $m = DB\varrho ut$ und transportiert den Impuls $\mathfrak{G} = mu = \varrho DB u^2 t$. Das Verhältnis $\mathfrak{G}/t$ muß gleich der Kraft $\mathfrak{K}$ sein, die die Geschwindigkeit u der Strömung aufrechterhält. Für sie ergibt sich mit $x = D$ aus Gl. (182) $\eta B l u / D$. Gleichsetzen von $\mathfrak{G}$ mit $\mathfrak{K} t$ ergibt

$$\varrho \, D \, B \, u^2 = \frac{\eta B l u}{D} \qquad (184)$$

und daraus Gl. (183). — Zahlenbeispiel für Wasser: $\eta \approx 10^{-3}$ Newton-sec/m²; $\varrho = 10^3$ kg/m³; $l = 0{,}1$ m; $u = 10^{-2}$ m/sec; $D = 3$ mm.

§ 89. Schlichte, unter entscheidender Mitwirkung der Reibung entstehende Bewegung.

Die in Abb. 251/252 beobachtete Bewegung nennt man die „schlichte" oder „laminare". Die Dicke der Flüssigkeitsschicht ist bei ihr kleiner als die Dicke D der durch Reibung geschaffenen Grenzschicht. Außerdem werden kleine Geschwindigkeiten u benutzt. Wir bringen drei weitere Beispiele für schlichte Bewegungen in Flüssigkeiten.

Zunächst soll die Flüssigkeit durch ein *enges Rohr* der Länge l strömen. Die Aufrechterhaltung dieser Strömung verlangt eine Kraft, und für sie gilt

$$\mathfrak{K} = k \, \mathfrak{u}_m = \eta \, 8\pi l \, \mathfrak{u}_m. \qquad (185)$$

Abb. 253. Geschwindigkeitsverteilung bei schlichter Strömung durch ein Rohr.

$\mathfrak{u}_m$ bedeutet einen Mittelwert der Strömungsgeschwindigkeit, definiert mit Hilfe der Gleichungen

$$\text{Strömungsgeschwindigkeit } \mathfrak{u}_m = \frac{\text{Stromstärke } i}{\text{Rohrquerschnitt } f}$$

und

$$\text{Stromstärke } i = \frac{\text{durch den Rohrquerschnitt } f \text{ fließendes Volumen}}{\text{Flußzeit } t}.$$

Die wirklich vorhandene Geschwindigkeit ist am Rande des Rohres gleich Null und in der Mitte am größten. Die Abb. 253 zeigt ein Beispiel.

Die Kraft $\mathfrak{K}$ erzeugt man oft durch zwei ungleiche Drucke p_1 und p_2 an den Enden des Rohres. Es gilt dann $\mathfrak{K} = f(p_1 - p_2)$, und man erhält für die *Stromstärke*

$$i = \frac{\pi}{8} \frac{r^4}{\eta} \frac{p_1 - p_2}{l} \qquad (186)$$

Diese HAGEN-POISEUILLEsche Gleichung spielt in der Physiologie unseres Kreislaufes eine bedeutsame Rolle.

Das Kapillarsystem eines Menschen hat eine Länge von 10^5 km ($= 2{,}5$ Erdumfang!) Steigerung der Muskelbetätigung verlangt eine Zunahme der Blutstromstärke i. Das wird höchst wirksam durch eine Erweiterung der Kapillaren (r^4!) erreicht. Das erweiterte Rohrnetz muß nachgefüllt werden. Die erforderliche Blutmenge wird den „*Blutspeichern*" (vor allem Milz und Leber) entnommen (vgl. H. REIN, Physiologie).

An zweiter Stelle ersetzen wir das Rohr durch einen sehr *flachen*, aus zwei ebenen Glasplatten gebildeten *Kanal*. In einem solchen läßt sich die Bahn einzelner Flüssigkeitsteilchen bequem sichtbar machen. Man färbt die Teilchen und bekommt das eindrucksvolle Bild der „*Stromfäden*" (Abb. 254 nebst Satzbeschriftung). Quantitativ gilt

$$\mathfrak{K} = k \, \mathfrak{u}_m = \eta \, \tfrac{8}{3} \pi l \, \mathfrak{u}_m. \qquad (187)$$

An dritter Stelle bringen wir in diese schlichte Flüssigkeitsströmung ein kreisförmiges Hindernis. Die Stromfäden ergeben das in Abb. 255 photographierte

Bild. Räumlich ergänzt, veranschaulicht es die *schlichte Umströmung einer Kugel* in einer Flüssigkeit (Abb. 108 auf S. 56). Quantitativ gilt die STOKESsche

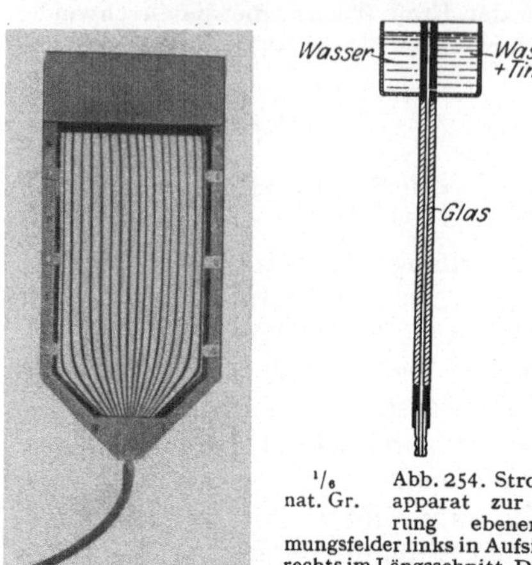
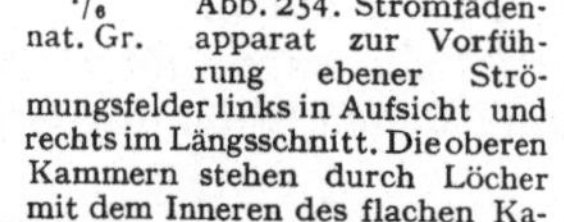

Abb. 255. Schlichte Umströmung einer Kugel oder eines Zylinders. (Photographisches Positiv in Hellfeldbeleuchtung.)

$^1/_6$ nat. Gr. Abb. 254. Stromfädenapparat zur Vorführung ebener Strömungsfelder links in Aufsicht und rechts im Längsschnitt. Die oberen Kammern stehen durch Löcher mit dem Inneren des flachen Kanals in Verbindung. Die Löcher beider Kammern sind um den halben Lochabstand gegeneinander versetzt. — Zunächst werden beide Kammern mit Wasser gefüllt, dann der rechten etwas Tinte zugesetzt — Links ein Beispiel für parallele Stromfäden. Bei Beobachtungen auf dem Wandschirm kann man die Strömung bequem horizontal verlaufen lassen. Zur Umlenkung des optischen Strahlenganges genügen zwei rechtwinklige Prismen.

Formel

$$\mathfrak{K} = k\,\mathfrak{u} = \eta\,6\pi r\,\mathfrak{u} \qquad (188)$$

Als Kraft dient meist das Gewicht der Kugel, vermindert um ihren statischen Auftrieb. Die Gl. (188) wird oft angewandt.

Beispiele. 1. Zur Messung der Zähigkeitskonstante η.

2. Zur Messung der Radien kleiner, in Luft schwebender Kugeln (Tröpfchen). Dies Verfahren ist manchmal bequemer als die mikroskopische Ausmessung.

3. Ohne den Reibungswiderstand ihrer winzigen Wassertropfen würden uns die Wolken auf den Kopf fallen. So aber sinken sie nur ganz langsam, unten verdunsten sie, und oben werden sie meistens wieder nachgebildet.

§ 90. Die REYNOLDSsche Zahl. Schlichte Bewegungen findet man in der durch Reibung entstehenden Grenzschicht. Man erhält die schlichte Bewegung aber nur bei hinreichend kleinen Geschwindigkeiten. Bei großen wird die Bewegung in der Grenzschicht turbulent. — Als *Turbulenz* bezeichnet man eine stark wirbelnde oder quirlende *Durchmischung der Grenzschicht.* Man beobachtet sie am einfachsten mit einem gefärbten Wasserfaden in einem durchsichtigen Rohr. Die Abb. 256 zeigt eine solche Flüssigkeitsströmung vor und

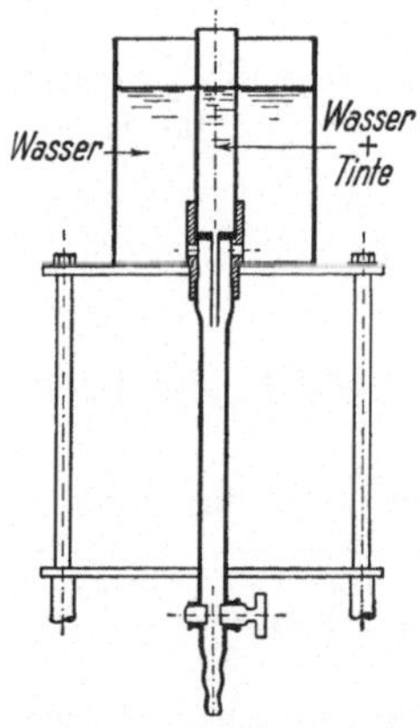
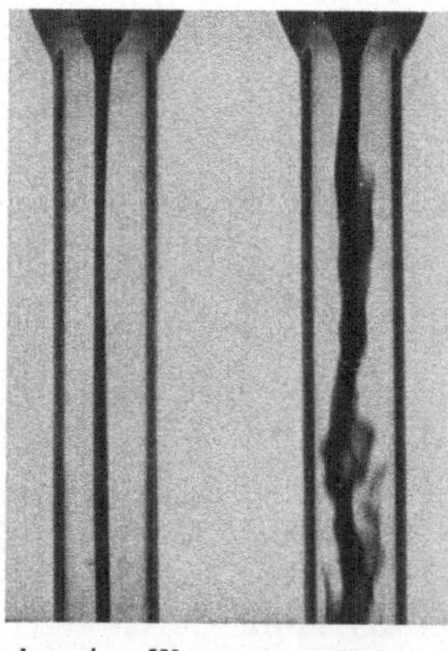

Abb. 256. Zur Entstehung der Turbulenz eines Wasserstromes in einem Rohr und zur Messung einer REYNOLDSschen Zahl im Schauversuch. Links der für Projektion geeignete Apparat ($^1/_3$ nat. Größe). In der Mitte eine schlichte, rechts eine turbulente Strömung (siehe Text!). Die Strömungsgeschwindigkeit wird aus der ausgeflossenen Wassermenge, der Flußzeit und dem Querschnitt berechnet.

nach der Entstehung einer (noch geringfügigen) Turbulenz. Bei stärkerer Turbulenz wird das ganze Rohr undurchsichtig. Die Turbulenz vergrößert die Zähigkeit der Flüssigkeit und den Reibungswiderstand $\mathfrak{K}$. Die Gl. (186)

ist nicht mehr anwendbar, $\Re$ steigt angenähert mit dem Quadrat der Geschwindigkeit.

Sehr eindrucksvoll ist die Turbulenz eines Gasstrahles, der als „empfindliche Flamme" brennt (Abb. 256*).

Allgemein bekannt ist die turbulente Bewegung in der Grenzschicht zwischen der Erde und der Atmosphäre. Man nennt sie dort *Wind*. Bei starker Turbulenz spricht man von *Böen*. Die Höhe der Grenzschicht kann etliche Kilometer betragen. Im *Schneetreiben* ist die Turbulenz besonders anschaulich. —
Bei der Turbulenz ballen sich nach Größe und Zusammensetzung statistisch wechselnde Flüssigkeitsgebiete zu „Individuen höherer Ordnung" zusammen. Diese vollführen während ihrer — stark von der Größe abhängigen — Lebensdauer gemeinsam fortschreitende Bewegungen und Drehungen. Bei Zerfall oder Abtrennung von Bruchstücken vereinigen sich die Bruchstücke wiederum zu neuen, unbeständigen Individuen. — Ebenso wie der Begriff der *Strömung* wird auch der Begriff der *Turbulenz* erfolgreich auf die Bewegungen im *Fixsternsystem* angewandt.

Der Übergang von schlichter zu turbulenter Strömung in der Grenzschicht wird durch einen „kritischen" Wert des Verhältnisses

$$Re = \frac{\text{Beschleunigungsarbeit}}{\text{Reibungsarbeit}} = \frac{l\,u\,\varrho}{\eta} \qquad (189)$$

l = eine die Körpergröße bestimmende Länge, z. B. Rohrradius usw. (m),

u = Geschwindigkeit der Flüssigkeit relativ zum festen Körper (m/sec), in einem Rohr z. B. der S. 141 definierte Mittelwert der Strömungsgeschwindigkeit,

ϱ = Massendichte der Flüssigkeit (kg/m³),

η = Zähigkeitskonstante der Flüssigkeit (Newtonsec/m²). Das Verhältnis η/ϱ wird häufig als kinematische Zähigkeit bezeichnet.

Abb. 256*. „Empfindliche Flamme" links laminar, rechts turbulent und rauschend. Zur Auslösung der Turbulenz genügt leises Zischen oder Schütteln eines Schlüsselbundes (im Abstand einiger Meter).

bestimmt. Das ist 1883 von O. Reynolds entdeckt, und deswegen heißt *Re* die *Reynoldssche Zahl*.

Zur Herleitung der Gl. (189) benutzt man eine „Dimensionalbetrachtung". Das heißt, man setzt alle vorkommenden Längen proportional zu einer die Größe des Körpers bestimmenden Länge l. Außerdem werden Zahlen als Faktoren fortgelassen. Für die Beschleunigungsarbeit gilt nach S. 47

$$A_b = \tfrac{1}{2} m u^2 = l^3 \varrho\, u^2. \qquad (190)$$

Als Reibungsarbeit finden wir mit Hilfe von Gl. (182)

$$A_r = \Re\, l = \eta\, F\, \frac{u}{l}\, l = \eta\, l^2\, u. \qquad (191)$$

Division von (190) und (191) ergibt dann (189).

Kleine Reynoldssche Zahlen bedeuten Überwiegen der Reibungsarbeit, große Überwiegen der Beschleunigungsarbeit. Der idealen reibungsfreien Flüssigkeit entspricht die Reynoldssche Zahl ∞. — Die Turbulenz erzeugenden, „kritischen" Werte der Reynoldsschen Zahl lassen sich nur experimentell bestimmen. In glatten Rohren muß *Re* größer als 1160 werden.

Für kleine Kugeln in Luft muß $Re < 1$ bleiben, wenn Turbulenz vermieden und die Stokessche Gl. (188) gültig bleiben soll. — Im Stromfädenapparat (Abb. 254) arbeiten wir mit Reynoldsschen Zahlen von etwa 10, damit wird Turbulenz sicher vermieden.

Die Atemluft durchströmt die Kanäle unserer Nase turbulenzfrei. In abnorm erweiterten Nasen kann jedoch die Reynoldssche Zahl die kritischen Werte überschreiten, und dann kommt es zu starken, den Reibungswiderstand erhöhenden Turbulenzen. Innen abnorm erweiterte Nasen erscheinen daher dauernd verstopft.

Die REYNOLDSsche Zahl spielt für alle quantitativen Behandlungen von Flüssigkeitsströmungen eine große Rolle. Man kann Versuche für bestimmte geometrische Formen zunächst in experimentell bequemen Abmessungen ausführen und die Ergebnisse dann hinterher auf größere Abmessungen übertragen. Man hat für diesen Zweck nur in beiden Fällen durch passende Wahl von Geschwindigkeit und Dichte für die gleiche REYNOLDSsche Zahl zu sorgen. Unsere technischen Flugzeuge benutzen REYNOLDSsche Zahlen in der Größe von einigen 10^6. Das hat meßtechnisch eine lästige Folge. Es verhindert das Studium technisch wichtiger Fragen an *kleinen* Modellen. Man kann zwar in „Überdruck-Windkanälen" die Luftdichte auf das Zehnfache steigern. Trotzdem würde man die hohen REYNOLDSschen Zahlen der Praxis nur mit Hilfe großer Strömungsgeschwindigkeiten u erzielen können. Dann sind die Geschwindigkeiten aber nicht mehr klein gegen die Schallgeschwindigkeit; infolgedessen darf man die Luft nicht mehr als eine *nicht* zusammendrückbare Flüssigkeit behandeln. Aus diesem Grunde muß man Modelle verhältnismäßig großer Abmessungen benutzen. Das bedingt den großen Aufwand der heute schon zahlreichen „aerodynamischen Versuchsanstalten".

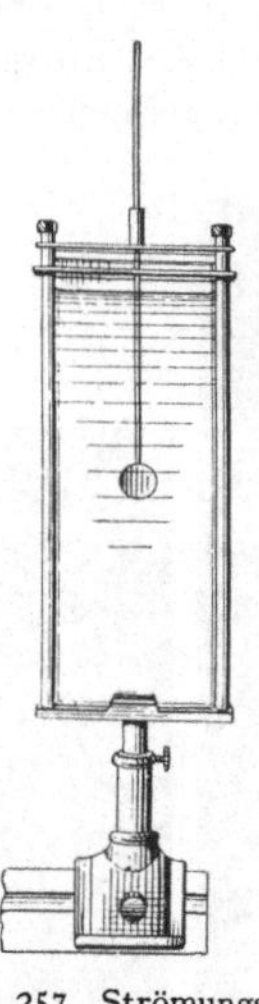

Abb. 257. Strömungsapparat. Auch bei ihm empfiehlt sich häufig in der Projektion eine Drehung des Bildes um 90°, z. B. in Abb. 258, 280, 289.

§ 91. Reibungsfreie Flüssigkeitsbewegung, BERNOULLIsche Gleichung.

Von nun an gehen wir den in der Mechanik fester Körper befolgten Weg: Wir versuchen, Bewegungen möglichst frei von Einflüssen der Reibung zur Beobachtung zu bringen, also Einflüsse der Grenzschicht auszuschalten. Zu diesem Zweck benutzen wir einen Flüssigkeitsbehälter, dessen Abmessungen groß gegen die Dicke der entstehenden Grenzschichten sind. Außerdem aber beschränken wir die Beobachtung auf den *Beginn* der Bewegung. —

Ein geeigneter „Strömungsapparat" ist in Abb. 257 dargestellt. Er besteht aus einem 1 cm weiten mit Wasser gefüllten Trog. Dem Wasser sind Al-Flitter als Schwebeteilchen zugefügt. In dem Trog können, die Glaswände lose berührend, Körper der verschiedensten Umrisse (Profile) bewegt werden. In Abb. 257 ist es ein Körper von kreisförmigem Umriß, in Abb. 258 hingegen sind es zwei Körper a und b. Sie

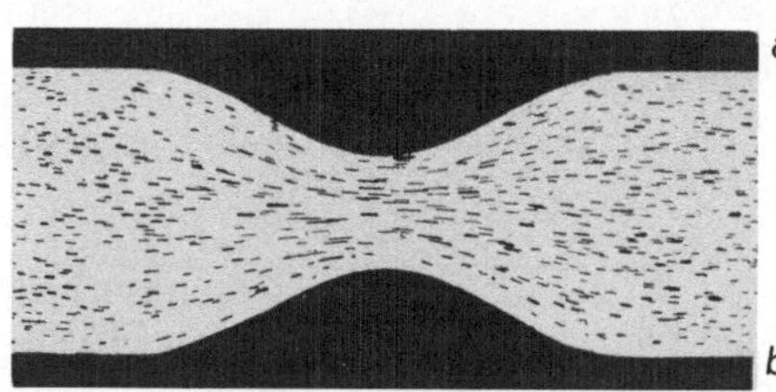

Abb. 258. Stromlinien in einem Engpaß, Beobachter (Kamera) und Taille in Ruhe, die Flüssigkeit strömt.

werden von unsichtbaren Stangen gehalten und bilden gemeinsam einen Engpaß. Für photographische Aufnahmen bewegt man den Trog in einer vertikalen Schienenführung mit konstanter Geschwindigkeit. Für Beobachtungen auf dem Wandschirm genügt die feste, in Abb. 257 skizzierte Aufstellung des Troges. Das Auge *folgt* dem Körper, und daher sieht es die Flüssigkeit am Körper vorbeiströmen. Die Flitter zeigen uns auf dem Wandschirm in jedem Augenblick Größe und Richtung der Geschwindigkeit der einzelnen Wasserteilchen innerhalb des ganzen Troges. In einer photographischen Zeitaufnahme von etwa 0,1 sec Belichtungsdauer erscheint die Bahn jedes Flitterteilchens als kurzer Strich. Jeder dieser

Striche ist praktisch noch gerade und bedeutet, kurz gesagt, den Geschwindigkeitsvektor eines einzelnen Wasserteilchens. Bei längerer Belichtung vereinigen sich die Striche zu *Stromlinien*. Diese zeigen uns die Gesamtheit der in einem bestimmten Zeitpunkt vorhandenen Geschwindigkeitsrichtungen, oder kurz ein *Strömungsfeld*. — Das Bild der Strömung kann ortsfest oder stationär werden. Dann zeigen die Stromlinien uns außerdem die ganze von einem einzelnen Flüssigkeitsteilchen *nacheinander* durchlaufene Bahn, einen *Stromfaden*.

Die photographische Zeitaufnahme gibt das Strömungsfeld in der klaren, aus Abb. 258 ersichtlichen Gestalt. Lebendiger ist das Bild auf dem Wandschirm. Oft aber wird man ein Bild ohne viel Einzelheiten, mit wenigen klaren Strichen erstreben. In diesem Falle kommt uns ein seltsamer Umstand zu Hilfe: Wir können das Feld einer von Reibung praktisch unbeeinflußten stationären Flüssigkeitsströmung vorzüglich mit einem *Modellversuch* nachahmen. Dazu dient uns der aus Abb. 254 bekannte Stromfädenapparat mit seiner „schlichten" Flüssigkeitsströmung. Trotz der so gänzlich anderen

Abb. 259. Stromlinien im Modellversuch. Photographisches Positiv in Hellfeldbeleuchtung. Ebenso Abb. 263, 265 bis 268, 290.

Entstehungsbedingungen stimmt der formale Verlauf der Stromfäden der schlichten Bewegung mit den Stromlinien der idealen reibungsfreien Flüssigkeitsbewegung überein. Die Abb. 259 zeigt uns ein so gewonnenes Bild. Es entspricht der Abb. 258. Es handelt sich jedoch im Gegensatz zu Abb. 258 nur um einen *Modell*versuch. Das soll noch einmal betont werden. Aber formal ist das Bild richtig, und in seiner Einfachheit ist es klar und einprägsam.

Die so veranschaulichte, von Reibung praktisch unbeeinflußte Flüssigkeitsströmung läßt sich, wie betont, nur für ganz kurze Zeit aufrechterhalten. Sie entspricht etwa dem Beispiel einer kräftefrei mit konstanter Geschwindigkeit laufenden Kugel in der Mechanik fester Körper. Sie ist ein ideali

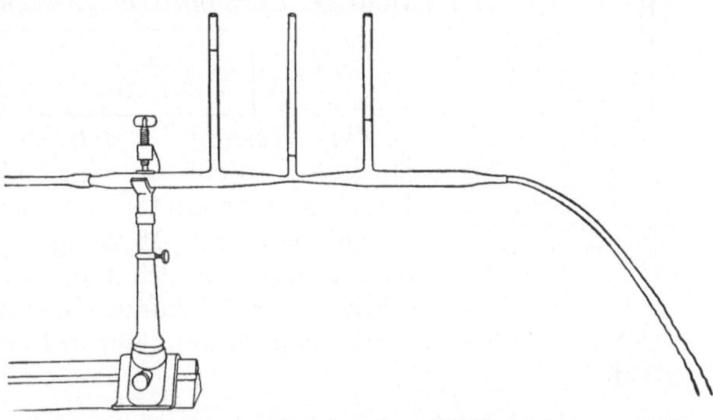

Abb. 260. Verteilung des statischen Druckes beim Durchströmen einer Taille. Die drei vertikal angesetzten Glasrohre dienen als Wassermanometer.

sierter Grenzfall. Aber es gilt für sie ein wichtiger, für alles Weitere grundlegender Satz. Er betrifft den „statischen" Druck, d. h. den Druck der Flüssigkeit gegen eine ihren Stromlinien parallele Fläche. Der Satz lautet in zunächst qualitativer Form:

In Gebieten zusammengedrängter Stromlinien oder erhöhter Strömungsgeschwindigkeit ist der statische Druck p der Flüssigkeit kleiner als in der Umgebung.

Zur Veranschaulichung dieses Satzes dienen die beiden in Abb. 260 und 261 dargestellten Versuche. Die Abb. 260 zeigt den statischen Druck der strömenden Flüssigkeit *vor, in* und *hinter* dem Engpaß. Die Figur ist nicht schematisiert. Die Rohrweite ist noch nicht groß gegenüber der Dicke der Grenzschicht (§ 88), der Einfluß der Reibung also erst teilweise ausgeschaltet. Infolgedessen erreicht der statische Druck hinter dem Engpaß nicht ganz denselben Wert wie vor ihm. — In Abb. 261 ist eine erheblich höhere Strömungsgeschwindigkeit gewählt. Bei ihr wird der statische Druck des Wassers im Engpaß kleiner als der Druck der umgebenden Luft. Das Wasser vermag Quecksilber in einem Manometer „anzusaugen" und eine „Hg-Säule" von etlichen Zentimetern Höhe zu heben.

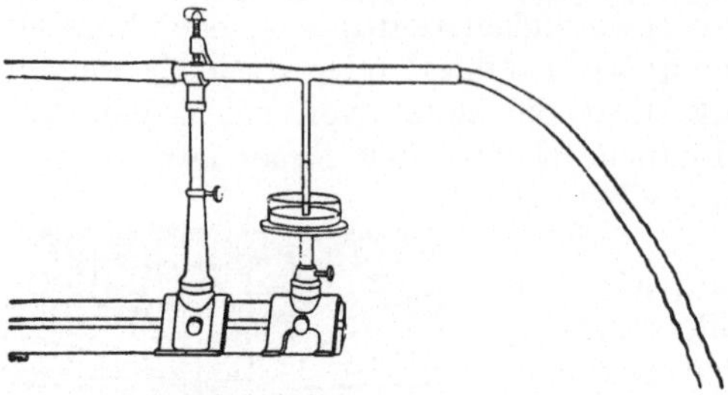

Der quantitative Zusammenhang von Druck und Geschwindigkeit ergibt sich aus dem Energieerhaltungssatz. Wir denken uns eine Flüssigkeitsmenge mit der Masse m, dem Volumen V und der Massendichte ϱ. Ihr statischer Druck und ihre Geschwindigkeit seien vor dem Engpaß p_0 und u_0, im Engpaß p und u. Die Flüssigkeit muß zum Eindringen in den Engpaß von u_0 auf u *beschleunigt* werden. Das erfordert die Arbeit

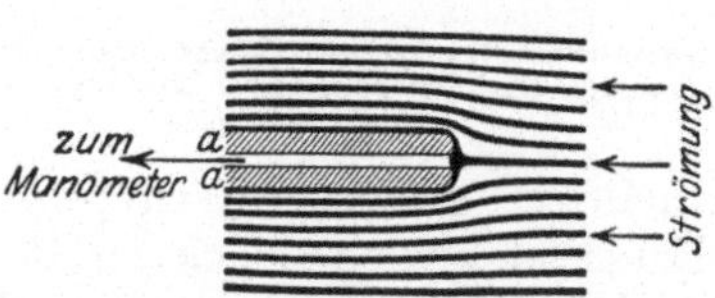

Abb. 261. Statischer Druck in einer Taille. Er ist kleiner als der Atmosphärendruck. Als Manometer dient eine Quecksilbersäule.

$$V(p_0 - p) = \tfrac{1}{2} m\,(u^2 - u_0^2) \tag{192}$$

oder nach Division durch das Volumen V

$$p + \tfrac{1}{2}\varrho\,u^2 = p_0 + \tfrac{1}{2}\varrho\,u_0^2 = \text{const.} \tag{193}$$

$\tfrac{1}{2}\varrho u^2$ wird einem Drucke p addiert, muß also selbst einen Druck darstellen. Man nennt ihn den dynamischen oder Staudruck. Die rechts stehende Summe ist konstant; sie muß ebenfalls einen Druck darstellen, und man nennt diesen Druck den Gesamtdruck p_1. So erhält man die wichtige *Bernoullische Gleichung*

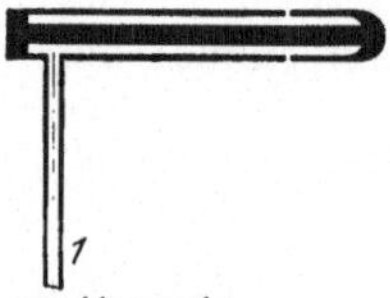

$$\underset{\text{statischer Druck}}{p} \;+\; \underset{\text{Staudruck}}{\tfrac{1}{2}\varrho\,u^2} \;=\; \underset{\text{Gesamtdruck}}{p_1} \tag{194}$$

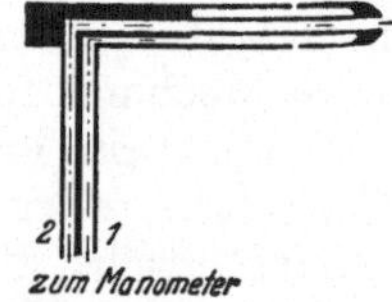

Abb. 262. Schnitt durch eine Drucksonde mit ringförmigem Schlitz zur Messung des statischen Druckes im Innern einer strömenden Flüssigkeit.

Zur Messung des statischen Druckes p in der strömenden Flüssigkeit dient die aus Abb. 261 ersichtliche Anordnung; die zum Manometer führende Öffnung liegt *parallel* den Stromlinien. Für Messungen im *Innern* weiter Strombahnen verlegt man die Öffnung, meist siebartig unterteilt oder als Schlitz, in die Flanke einer „*Drucksonde*". Sie steht durch eine Schlauchleitung mit einem Manometer in Verbindung. Das wird in Abb. 262 erläutert.

Abb. 263. Ein Pitotrohr zur Messung des Gesamtdruckes p_1 in einem Staugebiet. In natura eine rechtwinklig gebogene Kupferröhre von meist nur 2 bis 3 mm äußerem Durchmesser (Modellversuch mit dem Stromfädenapparat [Abb. 254], Konturen des Rohres nachträglich schraffiert).

Abb. 264. Schnitt durch ein Staurohr, eine Kombination von Pitotrohr und Drucksonde. Das mit seinen beiden Schenkeln an die Rohre *1* und *2* angeschlossene Flüssigkeitsmanometer gibt direkt den Staudruck als Differenz von Gesamtdruck p_1 und statischem Druck p.

Den Gesamtdruck p_1 ermittelt man in einem „*Staugebiet*". Ein solches wird im Modellversuch in Abb. 263 veranschaulicht: *Im Mittelpunkt des Staugebietes (Staupunkt) trifft eine Stromlinie senkrecht auf das Hindernis.* Dort bringt man die Zuleitung zum Manometer an (Pitotrohr). An dieser Stelle ist die Flüssigkeit in Ruhe, also $u = 0$. Der statische Druck wird nach Gl. (194) gleich dem Gesamtdruck p_1. Das Manometer zeigt den „Gesamtdruck" p_1.

Den Staudruck mißt man als Differenz des Gesamtdruckes p_1 und des statischen Druckes p. Der gesuchte Staudruck ist nach Gl. (194)

$$\tfrac{1}{2}\, \varrho\, u^2 = (p_1 - p)\,.$$

Man hat für den Gesamtdruck p_1 ein Pitotrohr, für den statischen Druck p eine Drucksonde zu verwenden. Für technische Messungen vereinigt man zweckmäßig beide Geräte zu einem „*Staurohr*" (Abb. 264). Staurohrmessungen sind ein beliebtes Mittel zur Geschwindigkeitsmessung in strömenden Flüssigkeiten.

Abb. 265.   Abb. 266.   Abb. 267.

Abb. 265 bis 267. Drei Modellversuche zur Umströmung einer Platte. Platte und Beobachter ruhen, Flüssigkeit strömt. In Abb. 266 beachte man die Lage der beiden Staupunkte. Sie veranschaulicht die Entstehung eines *Drehmomentes* um den Schwerpunkt der Platte.

Die Abb. 260 und 261 erläutern uns die Abnahme des statischen Druckes p mit wachsender Strömungsgeschwindigkeit u. Das gleiche leisten zahlreiche weitere Schauversuche. Wir bringen zwei Beispiele: Bei jedem wird das Strömungsfeld modellmäßig mit einer schlichten Bewegung nachgeahmt werden.

Die Abb. 265 bis 267 zeigen eine ebene Scheibe in dreierlei Stellungen umströmt. Die erste Stellung erweist sich als labil, die Scheibe stellt sich unter Pendelungen quer zur Strömung (Abb. 267). Das sehen wir an jedem steifen, zu Boden fallenden Papierblatt; Deutung: Bei jeder, also auch schon bei der geringsten Schrägstellung entsteht eine Unsymmetrie in der Verteilung des statischen Druckes, und diese erzeugt ein Drehmoment. Das ist bei stärkerer Kippung (Abb. 266) ohne weiteres zu übersehen: Die Gebiete erweiterter Stromlinien drücken einseitig gegen die Scheibe, die Gebiete zusammengedrängter Stromlinien ziehen einseitig an der Scheibe. Infolgedessen wird die Scheibe in Abb. 266 mit dem Uhrzeiger gedreht.

Abb. 268. Stromlinien zwischen Kugeln oder Zylindern. Modellversuch.

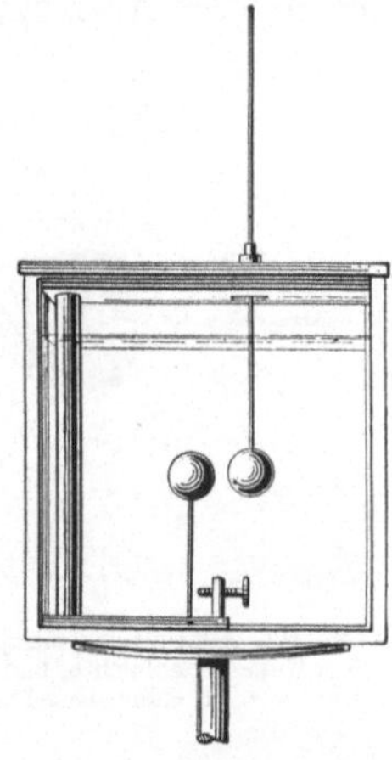

Abb. 269. Anziehung einer ruhenden und einer bewegten Kugel.

Zwei Körper, z. B. Kugeln, bewegen sich in einer Flüssigkeit, entweder beide gemeinsam (Abb. 268) oder die eine an der anderen vorbei (Abb. 269). In beiden Fällen ziehen die Körper einander an. (Gefährlich für Schiffe in engen Kanälen!)

§ 92. Ausweichströmung. Quellen und Senken, drehungsfreie oder Potentialströmung. In unseren bisherigen Strömungsfeldern überlagern sich offensichtlich zwei verschiedene Strömungen. Es ist erstens die *Parallelströmung* der Flüssig-

10*

keit ohne den eingeschalteten Körper (wie modellmäßig in Abb. 254); zweitens die nach Einschaltung des Körpers hinzukommende Strömung, mit der die Flüssigkeit dem Körper ausweicht. Diese zusätzliche „*Ausweichströmung*" kann man *allein* beobachten. Man muß nur die Beobachtungsart abändern: Bisher ruhten Körper und Beobachter (Kamera), die Flüssigkeit strömte. Jetzt nehmen wir die andere Möglichkeit: Flüssigkeit (Trog) und Beobachter ruhen, der Körper

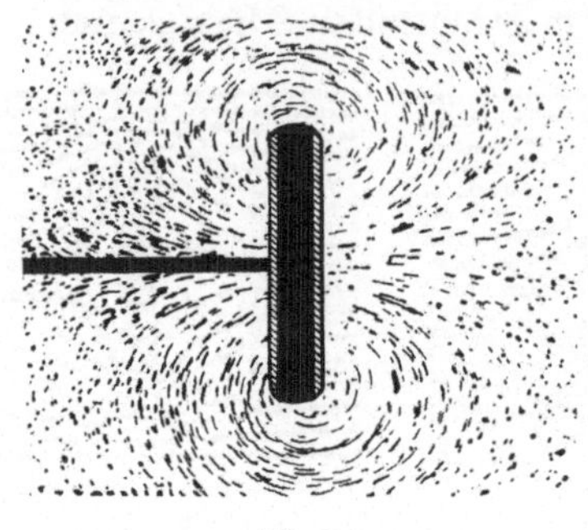

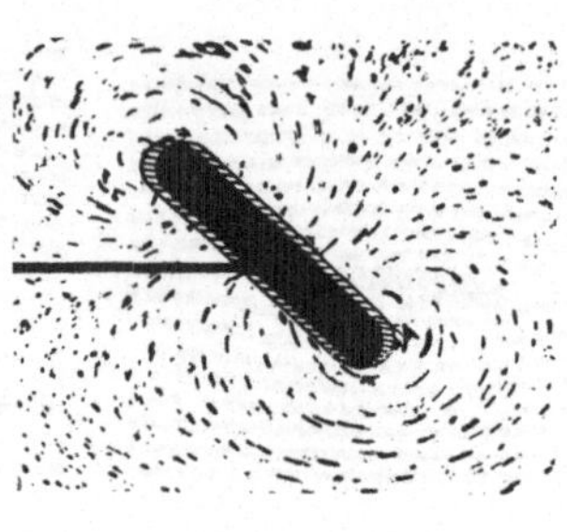

Abb. 270.   Abb. 271.

Abb. 270 u. 271. Ausweichströmung einer senkrecht und einer schräg zur Parallelströmung stehenden Platte
Beobachter und Flüssigkeit in Ruhe, Platte bewegt.

bewegt sich. (Für Beobachtungen auf dem Wandschirm benutzt man kleine Hinundherbewegungen.) — Bei dieser zweiten Beobachtungsart tritt beispielsweise Abb. 270 an die Stelle von Abb. 267, Abb. 271 an die Stelle von Abb. 266. Entsprechende Bilder für die Ausweichströmung von Kugel und Stab finden sich in den Abb. 272 und 273. In der Bewegungsrichtung werden die Grenzen

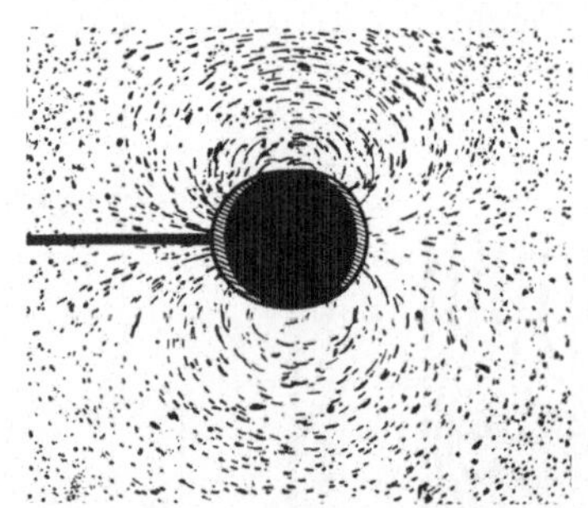
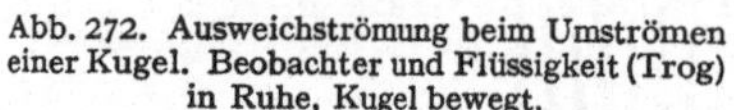

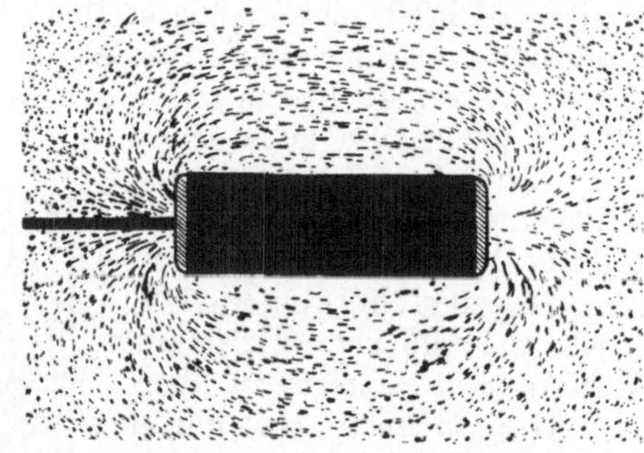

Abb. 272. Ausweichströmung beim Umströmen
einer Kugel. Beobachter und Flüssigkeit (Trog)
in Ruhe, Kugel bewegt.   Abb. 273. Ausweichströmung beim Umströmen eines der Parallelströmung parallelen Zylinders. Beobachter und Flüssigkeit (Trog) in Ruhe, Zylinder bewegt.

der Körper im Lichtbild verwaschen, sie erscheinen als Halbtöne. Für den Druck sind sie nachträglich durch eine Schraffierung ersetzt. Die Stromlinien entstammen dem *einen* schraffierten Gebiet, dort befinden sich „*Quellen*"; sie enden in dem anderen, dort befinden sich „*Senken*". Die Strömungsfelder bewegen sich zugleich mit dem Körper. Sie sind also nicht mehr ortsfest, d. h. nicht stationär.

Das Strömungsfeld einer einzelnen Quelle (+) oder Senke (−) ist kugelsymmetrisch, ein Schnitt ist in Abb. 274 skizziert. Die beiden schraffierten Flächen bedeuten das gleiche kleine Volumen in zwei zeitlich aufeinanderfolgenden Lagen. Die Flüssigkeit strömt also in radialer Richtung und *ohne sich dabei zu drehen*. — Die Quelle liefere während der Zeit t ein Flüssigkeitsvolumen V. Der Quotient $V/t = q$ wird ihre *Ergiebigkeit* genannt; sie bekommt für eine Quelle positives, für eine Senke negatives Vorzeichen. Dann gilt für die Geschwindigkeit der Flüssigkeit im Abstand r von der Quelle oder der Senke

$$u = \frac{\pm q}{4\pi r^2}. \tag{195}$$

Drehungsfreie Strömungsfelder lassen sich durch einfache Überlagerung zusammensetzen. Das erleichtert ihre mathematische Behandlung erheblich. So sind in Abb. 275 die beiden radialsymmetrischen Felder einer Quelle (+) und einer benachbarten Senke (—) zusammengesetzt worden. Das dadurch entstandene Strömungsfeld nennen wir kurz das eines „*Dipols*". Es wird oft ge-

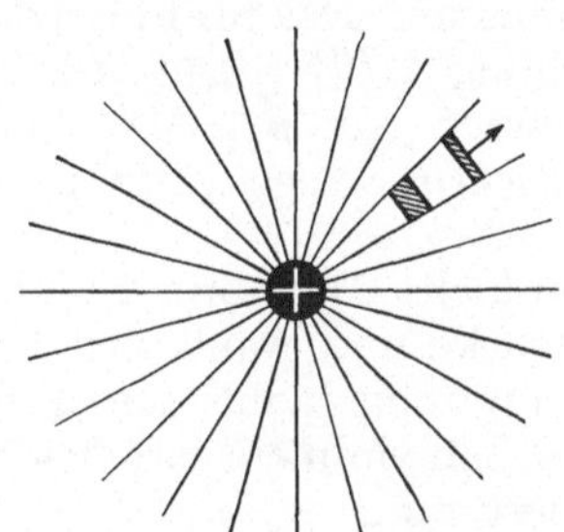

Abb. 274. Strömungsfeld einer Quelle (oder Senke bei umgekehrter Pfeilrichtung).

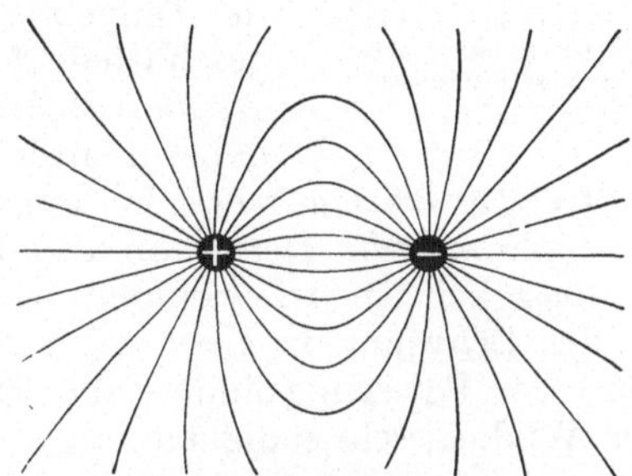

Abb. 275. Strömungsfeld zwischen einer Quelle und einer eng benachbarten Senke („Dipol").

braucht. In großem Abstand stimmen die Strömungsfelder der Abb. 270 bis 273 mit dem Strömungsfeld eines Dipols überein. Man kann sie dort alle durch das Feld eines Dipols ersetzen.

Die Gl. (195) wird uns später in der Elektrizitätslehre wieder begegnen. Dann wird sie nicht die Abhängigkeit einer Geschwindigkeit u, sondern eines elektrischen oder magnetischen Feldvektors vom Abstande r darstellen. An die Stelle der Ergiebigkeit $\pm q$ [m³/sec] wird die elektrische Ladung $\pm q$ [Amperesec] treten oder der magnetische Kraftfluß $\pm \Phi$ [Voltsec]. Demgemäß stimmen auch die Stromlinienbilder der Ausweichströmung formal genau mit den Feldlinienbildern der Elektrizitätslehre überein. So gleicht Abb. 273 den magnetischen Feldlinien einer gestreckten, vom elektrischen Strome durchflossenen Spule, die Abb. 270 dem elektrischen Streufeld eines Plattenkondensators (Elektrizitätslehre, Abb. 133 und 46). Ebenso gleicht die Abb. 272 dem Felde einer elektrisch oder magnetisch polarisierten Kugel.

Alle diese Felder, sowohl die mechanischen als auch die elektrischen und magnetischen, lassen sich mit dem Formalismus der *Potentialtheorie* behandeln. Deswegen nennt man die drehungsfreie Strömung *Potentialströmung*.

§ 93. Drehungen von Flüssigkeiten und ihre Messung. Das drehungsfreie Wirbelfeld.

Wir haben schon zweimal von der Drehung einer Flüssigkeit gesprochen; in einer *Grenzschicht* sollte sich die Flüssigkeit *drehen* (S. 139); in den Strömungsfeldern der §§ 91 und 92 sollte sie sich auf *gekrümmten* Bahnen *drehungsfrei* bewegen. Beides ist richtig, aber es fehlt ein sehr wesentlicher Punkt, nämlich die Definition des Begriffes „Drehung einer Flüssigkeit".

In einem festen Körper sind alle Teile starr miteinander verbunden. Das hat dreierlei Folgen: Erstens bleibt die Gestalt eines beliebig eingegrenzten Teilgebietes während der Bewegung *ungeändert*. Zweitens haben alle Punkte innerhalb des Teilgebietes die *gleiche* Winkelgeschwindigkeit ω. Drittens wird die Drehung jedes Teilgebietes durch die allen *gemeinsame* Winkelgeschwindigkeit ω eindeutig definiert.

In einer Flüssigkeit hingegen sind alle Teilchen frei gegeneinander verschieblich. Das führt zu ganz anderen Folgen als bei festen Körpern: Erstens *ändern* abgegrenzte (z. B. gefärbte) Teilgebiete einer Flüssigkeit während der Bewegung die Gestalt[1]; die Abb. 276 gibt ein später wichtiges Beispiel. Zweitens können Punkte innerhalb eines Teilgebietes *verschiedene* Winkelgeschwindigkeiten besitzen. Daher läßt sich drittens die Drehung eines Teilgebietes *nicht* wie beim festen Körper durch Angabe einer gemeinsamen Winkelgeschwindigkeit definieren. Man muß statt ihrer ein *neues* Maß für die Drehung des flüssigen Teilgebietes einführen; es muß durch eine sinnvolle Mittelbildung die verschiedenen Winkelgeschwindigkeiten innerhalb des Teilgebietes zusammenfassen. Das für Flüssigkeiten geschaffene Maß der Drehung heißt „*Rotor der Bahngeschwindigkeit u*" oder kürzer „rot u". Man kann es experimentell auf *dynamischem* Wege einführen und einwandfrei auf *kinematischem* herleiten.

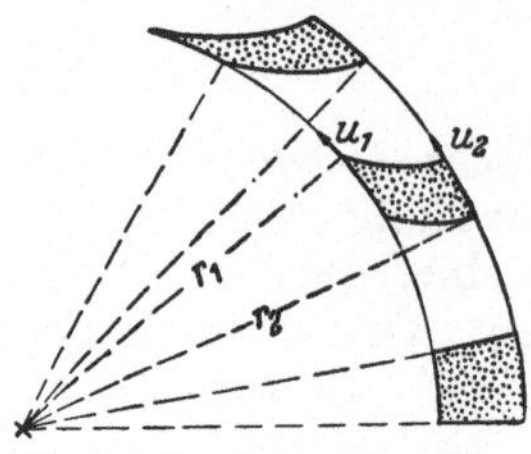
Abb. 276. Verzerrung eines Flüssigkeitsgebietes in einer ebenen Umlaufströmung im Sonderfall $u_1 r_1 = u_2 r_2$.

Die *experimentelle* Definition des Rotors ist einfach: Man bringt auf oder in die Flüssigkeit einen *Schwimmer* mit einer Pfeilmarke und wählt den Durchmesser des Schwimmers *klein* gegenüber dem Krümmungsradius seiner Bahn. Während der Bewegung ändert die Pfeilmarke des Schwimmers ihre Richtung mit der Winkelgeschwindigkeit ω_{schw}. Dann definiert man

$$\boxed{2\,\omega_{\text{schw}} = \text{rot } u} \qquad (196)$$

Kinematisch definiert man zunächst die *Zirkulation* Γ. So nennt man die längs eines beliebigen geschlossenen Weges gebildete Liniensumme der Bahngeschwindigkeit u, also

$$u_1\, ds_1 + u_2\, ds_2 + \cdots = \oint u_s\, ds = \Gamma. \qquad (197)$$

($u_1, u_2 \ldots$ sind die Komponenten der Bahngeschwindigkeit in Richtung des Wegabschnittes $ds_1, ds_2 \ldots$ Der Kreis im Integralzeichen soll eine geschlossene Bahn andeuten.)

Dann läßt man den Weg ein Flächenelement dF eingrenzen und bildet den Quotienten $d\Gamma/dF$ für den Grenzfall eines verschwindend kleinen Flächenelementes dF. Dies Verhältnis nennt man den Rotor der Bahngeschwindigkeit, also

$$\boxed{\text{rot } u = \frac{d}{dF}\oint u_s\, ds} \qquad (198)$$

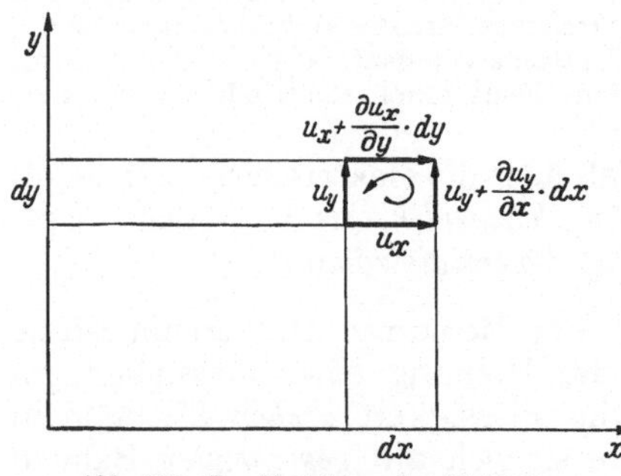

Abb. 277. Zur Herleitung der Gl. (199). z-Richtung von der Papierfläche zum Auge.

Der Rotor ist ein neuer, zum Flächenelement senkrecht stehender *Vektor*. Man sagt statt Rotor auch Wirbelvektor. Dieser Vektor definiert die Drehung der Flüssigkeit innerhalb dieses Flächenelementes. Für seine z-Komponente gilt z. B.

$$(\text{rot } u)_z = \left(\frac{\partial u_y}{\partial x} - \frac{\partial u_x}{\partial y}\right). \qquad (199)$$

---

[1] Abgesehen von dem in Gl. (202) behandelten Sonderfall.

Herleitung. An Hand der Abb. 277 berechnen wir die Zirkulation um die z-Achse längs der vier Seiten eines rechteckigen Flächenelementes $dF = dx\,dy$. Die Reihenfolge der Summierung stimmt für einen parallel zur z-Achse blickenden Beobachter mit der Uhrzeigerdrehung überein. Die Zirkulation setzt sich dann aus vier einzelnen Posten zusammen, nämlich

$$d\Gamma = u_x\,dx + \left(u_y + \frac{\partial u_y}{\partial x}dx\right)dy - \left(u_x + \frac{\partial u_x}{\partial y}dy\right)dx - u_y\,dy = dx\,dy\left(\frac{\partial u_y}{\partial x} - \frac{\partial u_x}{\partial y}\right) = (\operatorname{rot} u)_z\,dF.$$

Der Rotor der Bahngeschwindigkeit ist in seiner allgemeinen Form ein etwas schwieriger Begriff. Darum bringen wir einige Anwendungsbeispiele:

In Abb. 252 (S. 140) ist die *Grenzschicht* einer ebenen Strömung dargestellt, die Flüssigkeitsteilchen bewegen sich auf *geraden* Bahnen. u_y ist ihre aufwärts gerichtete im Bilde $\mathfrak{u}$ genannte Geschwindigkeit, ihre horizontale u_x ist $= 0$. Folglich liefert Gl. (199)

$$\operatorname{rot} u = \frac{\partial u}{\partial x}. \tag{200}$$

In diesem Fall ist also der Rotor nichts anderes als das *Gefälle* der Geschwindigkeit u, und zwar in einer zu u *senkrechten* Richtung.

Man bringe in das Strömungsfeld dieser Grenzschicht als Schwimmer zwei kleine Stäbe, den einen parallel zur y-Achse, den anderen parallel zur x-Achse. Unmittelbar danach beobachte man ihre Winkelgeschwindigkeiten. Man findet für den der y-Achse parallelen Stab $\omega_y = 0$, für den der x-Achse parallelen Stab $\omega_x = \partial u/\partial x$. Danach vereinige man die beiden Stäbe zu einem *starren* Kreuz und wiederhole den Versuch. Der kreuzförmige Schwimmer *mittelt* die Winkelgeschwindigkeiten. Er bekommt die Winkelgeschwindigkeit $\omega_{\text{schw}} = \frac{1}{2}(\omega_y + \omega_x)$ $= \frac{1}{2}\cdot(0 + \partial u/\partial x) = \frac{1}{2}\operatorname{rot} u$. Man erhält also

$$\operatorname{rot} u = 2\,\omega_{\text{schw}}. \tag{196}$$

Im allgemeinen bewegen sich die Flüssigkeitsteilchen auf *gekrümmten* Bahnen. Die Abb. 278 soll für eine ebene Kreisströmung gelten. Dann ist

$$\boxed{\operatorname{rot} u = \frac{u}{r} + \frac{\partial u}{\partial r}} \tag{201}$$

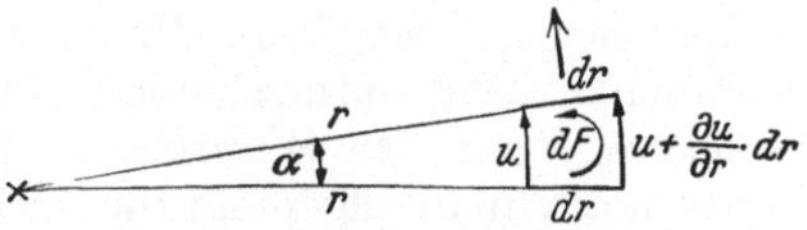

Herleitung. Wir berechnen die Zirkulation längs des dicken gezeichneten Weges. Sie setzt sich wieder aus vier Posten zusammen. Es ist

Abb. 278. Zur Herleitung der Gl. (201).

$$d\Gamma = -u\alpha r + 0\,dr + \left(u + \frac{\partial u}{\partial r}\,dr\right)\alpha(r + dr) + 0\,dr = \alpha\,dr\left(u + r\frac{\partial u}{\partial r}\right).$$

Ferner ist $dF = \alpha r\,dr$. Also ergibt der Quotient $\dfrac{d\Gamma}{dF} = \operatorname{rot} u = \dfrac{u}{r} + \dfrac{\partial u}{\partial r}$.

Die Gl. (201) wenden wir auf zwei Grenzfälle an. Im ersten soll die Flüssigkeit auf einer rotierenden festen Scheibe haften und ebenso wie diese in allen Teilgebieten die *gleiche* Winkelgeschwindigkeit ω besitzen. Dann ist

$$u = \omega r \quad \text{und} \quad \frac{\partial u}{\partial r} = \omega. \tag{202}$$

Somit erhalten wir aus Gl. (201) für die ganze Flüssigkeit einen *konstanten* Wert des Rotors, nämlich

$$\operatorname{rot} u = 2\omega. \tag{203}$$

Von größter praktischer Bedeutung ist ein anderer Grenzfall, gekennzeichnet durch die Bedingung

$$u\,r = \text{const}. \tag{204}$$

Dann ist $\dfrac{\partial u}{\partial r} = -\dfrac{\text{const}}{r^2} = -\dfrac{u}{r}$, und Gl. (201) ergibt

$$\operatorname{rot} u = 0. \tag{205}$$

Bei Innehaltung der Bedingung (204) läuft also eine Flüssigkeit auf *gekrümmter* Bahn *drehungsfrei*; die Pfeilmarke des kleinen Schwimmers behält dauernd ihre feste Richtung (vgl. Abb. 279). Dies eigenartige Strömungsfeld nennt man ein *drehungsfreies Wirbelfeld*.

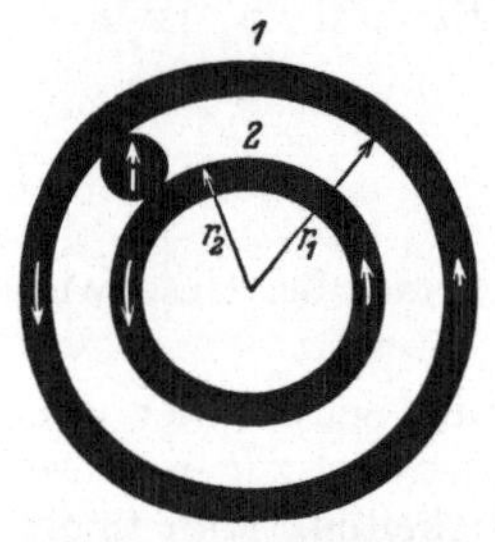

Abb. 279. Modellversuch zur Veranschaulichung eines drehungsfreien Umlaufes. Das Modell besteht aus zwei konzentrisch rotierenden Ringen und einer zwischen ihnen eingeklemmten, den Schwimmer darstellenden Scheibe. Für den drehungsfreien Umlauf der Scheibe muß $u_1 = u_2$ sein, und nicht, wie im drehungsfreien Wirbelfeld einer *Flüssigkeit*, $u_1 r_1 = u_2 r_2$!

Es läßt sich mit anderen drehungsfreien Feldern durch einfache Überlagerung zusammensetzen. Mathematisch geschieht auch das nach dem Formalismus der Potentialtheorie, und daher nennt man *drehungsfreie* Wirbelfelder oft *Potentialwirbel*.

Ein drehungsfreies Wirbelfeld läßt sich experimentell nur verwirklichen, wenn die Flüssigkeit einen „*Kern*" umkreist. Ein bekanntes Beispiel liefert der *Hohlwirbel* über der Abflußöffnung einer Badewanne. Der *Kern* besteht hier aus einer sich wie ein Rohr um seine Achse *drehenden* Flüssigkeits*oberfläche*. Diese umhüllt die am Umlauf unbeteiligte, sich nach unten verjüngende Luftsäule. — Als Kern geeignet ist auch ein zylindrischer, um seine Längsachse *rotierender Stab* (§ 96).

Man denke sich den Durchmesser des Kernes ständig abnehmend. Dann muß die Strömungsgeschwindigkeit in seiner unmittelbaren Nähe ständig zunehmen und im Grenzfall ∞ werden. Das tritt natürlich nicht ein. Statt dessen geraten die zentralen Teile der Flüssigkeit in *Drehung*. So bilden sie einen *flüssigen* Kern, einen *Wirbelfaden*, oder im idealisierten Grenzfall eine *Wirbellinie*. Beispiele dieser Art folgen in § 94.

Leider wird das Wort Wirbel im Schrifttum in verschiedenen Bedeutungen gebraucht. Wir unterscheiden das *drehungsfreie* Wirbelfeld und seinen sich *drehenden* Kern, den *Wirbelkern*. Beide zusammen nennen wir Wirbel. *Wirbelstärke* nennt man allgemein die Zirkulation längs eines beliebigen, geschlossenen und den Kern einmal *umfassenden* Weges. — Beispiel: Ein starrer, mit der Winkelgeschwindigkeit ω rotierender Kern mit dem Querschnitt F erzeuge um sich herum ein *drehungsfreies* Wirbelfeld. Dann hat das Feld die Wirbelstärke $\Gamma = \oint u_s\,ds = 2\omega F$. Man findet sie auf jedem geschlossenen Wege, sofern er den Kern einmal umfaßt. *Ohne* diese Umfassung ergibt sich $\Gamma = 0$, das Wirbelfeld ist ja drehungsfrei, es erfüllt die Gl. (204) und (205).

Bedenklich ist die Bezeichnung des Rotors als *Wirbel*, sie führt oft zu Verwechslungen.

§ 94. Wirbel und Trennungsflächen in praktisch reibungsfreien Flüssigkeiten.

Wir haben die Bewegungen in Flüssigkeiten bisher auf zwei Grenzfälle beschränkt. Im ersten Grenzfall handelte es sich um Bewegungen innerhalb der Grenzschicht; bei ihnen spielte die innere Reibung der Flüssigkeit die entscheidende Rolle (§§ 88 bis 90). Im zweiten Grenzfall haben wir von Reibung und Grenzschicht unbeeinflußte Bewegungen in Flüssigkeiten zu verwirklichen gesucht. Das erreichten wir mit einem Strömungsapparat hinreichender, d. h. gegen die Grenzschichtdicken großer Weite; vor allem aber mußten wir die Beobachtungen auf kurze Zeiten am Beginn der Bewegung beschränken.

Bei längerer Dauer kommt es in allen Flüssigkeiten, auch in denen mit winziger innerer Reibung (Gasen!), zu wichtigen neuartigen Erscheinungen; *es bilden sich Wirbel und Trennungsschichten*. Beide zeigen wir zunächst experimentell. — Wir benutzen wieder den weiten, aus Abb. 257 bekannten Strömungsapparat und wählen wieder, wie in Abb. 258, das Durchströmen eines Engpasses. Anfänglich ist das Strömungsfeld vor und hinter dem Engpaß symmetrisch, und zwar sowohl für die Ausweichströmung wie für die gesamte Strömung. Diese symmetrischen Strömungsfelder erhält man aber nur unmittelbar nach Beginn der Bewegung; gleich darauf geht die Symmetrie verloren. Hinter dem Engpaß entstehen zwei große, nach außen drehende Wirbel (Abb. 280). Diese *Anfahrwirbel* entfernen sich rasch in Richtung der Strömung, und es verbleibt ein Strahl (Abb. 281). Dieser ist beiderseits durch eine *Trennungsschicht* gegen die ruhende Umgebung abgegrenzt. In der Trennungsschicht finden sich mehrere

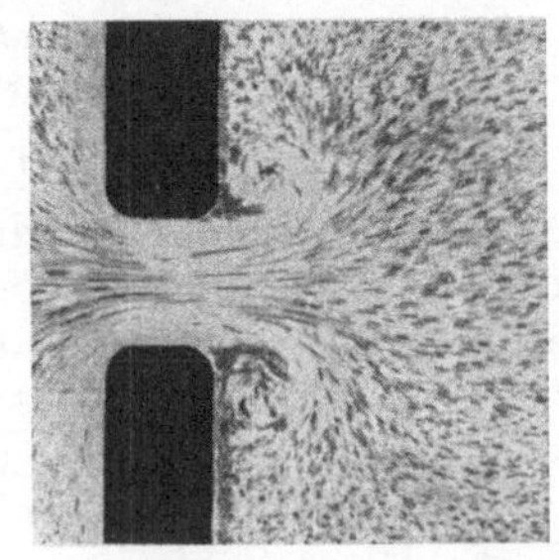
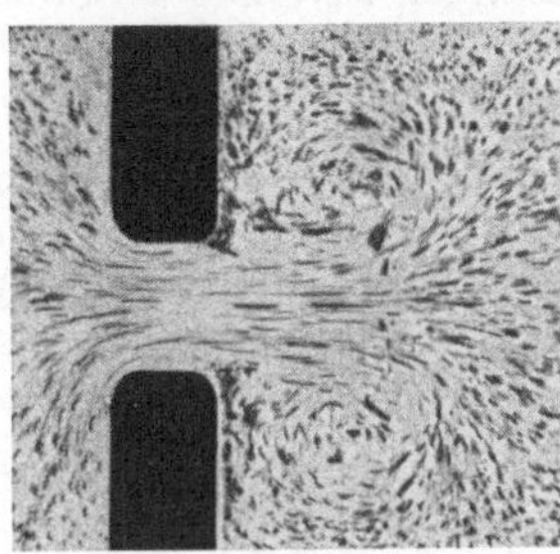

Abb. 280. Anfahrwirbel bei Beginn der Strahlbildung.

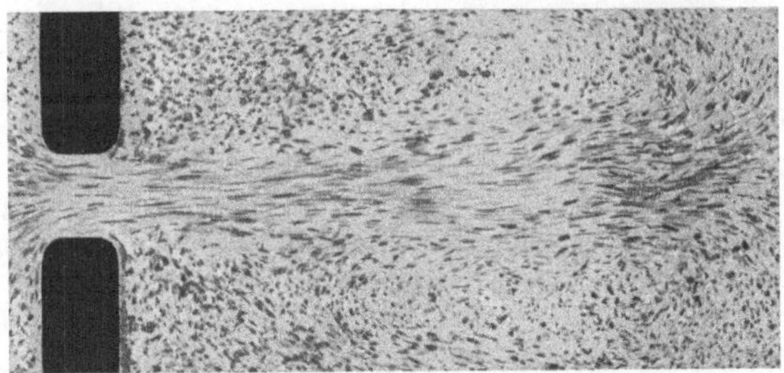

Abb. 281. Durch Trennungsflächen begrenzter Flüssigkeitsstrahl.

deutlich erkennbare kleine Wirbel. Eine solche Trennungsschicht kann man im Grenzfall als *Trennungsfläche* idealisieren. Alle in ihr enthaltenen Flüssigkeitsteilchen müssen sich drehen. Das ist schematisch in Abb. 282 skizziert.

In allen Wirbeln, sowohl in den Anfahrwirbeln wie in den kleinen Wirbeln der Trennungsfläche, stehen die Kerne zur Papierebene senkrecht. Alle Wirbel enden nicht in der Flüssigkeit, sondern an den Glaswänden des Strömungsapparates.

Bei der Fortführung dieser Versuche stellen wir ringförmig geschlossene Wirbel her, und zwar diesmal in Luft. Die Anordnung findet sich in Abb. 283. Der Boden einer trommelförmigen Dose besteht aus einer gespannten Membrane M. Die Luft im Inneren der Trommel wird mit irgendeinem Qualm gefärbt. Ein Schlag gegen die Membrane treibt für kurze Zeit einen Strahl gefärbter Luft aus der Öffnung heraus. Seine Randschicht wird sofort umgebördelt. Es entsteht, wie gelegentlich bei Rauchern, ein Wirbelring.

Abb. 282. Zur Definition der Trennungsfläche zwischen zwei mit verschiedenen Geschwindigkeiten nebeneinander strömenden Flüssigkeiten. Im Text ist die Geschwindigkeit in der einen Richtung gleich Null.

Abb. 283. Zur Vorführung ringförmig geschlossener Anfahrwirbel in Luft.

Ein solcher Wirbelring kann etliche Meter weit fliegen, ein Kartenblatt umwerfen, eine Kerze ausblasen usw. Leider sind immer nur die zentralen Teile des Wirbels gefärbt, und *dadurch wird ein begrenzter Querschnitt vorgetäuscht*. In Wirklichkeit erstreckt sich das drehungsfreie Wirbelfeld weit nach außen. Das ist leicht zu zeigen: Man braucht nur zwei Wirbel kurz hintereinander zu erzeugen. Der zweite holt den ersten ein, der erste erweitert sich und läßt den zweiten durch seine Ringfläche hindurchtreten; alsdann wiederholt sich das Spiel noch ein- oder zweimal mit vertauschten Rollen.

Technisch bedeutsam sind intermittierende Strahlen. Ihre Herstellung wird durch Abb. 284 erläutert. Man benutzt als Hinterwand eines flachen Kastens K eine mit Wechselstrom zu Schwingungen erregte Telephonmembran M. Dann wird die Luft in der Frequenz des Wechselstromes als *Strahl* ausgestoßen, aber *allseitig* eingesaugt. Ebenso können wir ein Licht aus weitem Abstand durch einen Strahl beim *Ausatmen* „auspusten". Wir können es aber nicht beim *Einatmen* „aussaugen". Beim Einatmen strömt die Luft von allen Seiten gleichmäßig in unsern Mund.

So weit die Tatsachen. — Trennungsfläche und Wirbel entstehen hier wie überall durch die gleiche Ursache, nämlich durch das *Haften* der Flüssigkeit an dem umströmten Körper und die dadurch bedingte Bildung der Grenz-

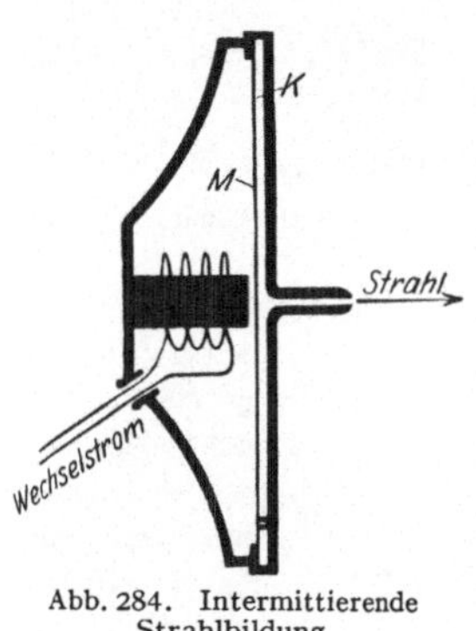

Abb. 284. Intermittierende Strahlbildung.

schicht. — Eine ideale Flüssigkeit ohne innere Reibung sollte die Ränder des Engpasses mit großer Geschwindigkeit umfahren. Jede wirkliche Flüssigkeit aber wird durch die entstehende Grenzschicht behindert. Diese Behinderung wirkt sich vor und hinter dem Engpaß verschieden aus. Auf dem Wege *zum* Engpaß werden alle Teile des Stromes beschleunigt, im Engpaß erreicht ja die Strömungsgeschwindigkeit ihren höchsten Wert. Die behinderte Randschicht wird von den unbehindert strömenden Nachbarn in der Vorwärtsbewegung unterstützt. Dadurch bleibt *vor* dem Engpaß das ursprüngliche Strömungsfeld, also das der Potentialströmung, erhalten. Hinter dem Engpaß hingegen werden alle Teile des Stromes verzögert. Dort können die behinderten randnahen Schichten von den Nachbarn keine Unterstützung mehr bekommen. Sie verlieren den Anschluß und bleiben zurück. Es bleibt ihnen nichts übrig, als umzukehren und sich zwischen Wand und Strömung zu schieben. Dadurch „löst sich die Strömung von den Wänden ab", und so entstehen Trennungsfläche und Wirbel.

§ 95. Widerstand und Stromlinienprofil. Die eben behandelten Vorgänge, also die Bildung von Wirbeln und Trennungsflächen, führen uns zum Verständnis der Kräfte, die auch in praktisch reibungsfreien Flüssigkeiten beim Umströmen fester Körper auftreten. Es handelt sich um den *Stirnwiderstand* (dieser §) und die *dynamische Querkraft* (§ 96). Beide wollen wir mit dem Strömungsapparat (Abb. 257) untersuchen. Die gegen die Flüssigkeit bewegten und daher umströmten Körper sollen wieder beiderseits die Glaswände berühren. Es soll also in beiden Fällen eine ebene Strömung behandelt werden. Die Ergebnisse lassen sich dann sinngemäß auf den Fall räumlicher Strömungen übertragen.

Wir beginnen mit einem Grenzfall: Die Richtung der ungestörten Strömung soll mit einer Symmetrierichtung des umströmten Körpers zusammenfallen, wie etwa in den Abb. 265 und 267. In diesen Beispielen ist die Strömung auf der Vorder- und auf der Rückseite des Körpers völlig symmetrisch. Das bedeutet nach Gl. (194) eine Symmetrie der Drucke und Kräfte auf der Vorder- und Rückseite. Die Summe der auf den Körper wirkenden Kräfte ist anfänglich Null, die Bewegung eines Körpers erfolgt also in einer Flüssigkeit anfänglich widerstandsfrei. Dieser Zustand kann sich aber nur ganz kurz halten; dann muß sich ein der Bewegung des Körpers entgegengerichteter Widerstand $\Re_w$ herausbilden, sonst geriete man ja in Widerspruch zu alltäglichen Erfahrungen. Man denke nur an das Rudern oder an das Umrühren einer Suppe. — Tatsächlich wird die Symmetrie des Strömungsfeldes vorn und hinten sehr bald nach Beginn der Bewegung zerstört. Zur Vorführung nehmen wir eine quer zur

Strömung stehende Platte. Ganz am Anfang gibt es die symmetrische Ausweichströmung (Abb. 270). Gleich darauf aber wird sie verzerrt. Es entstehen aus ihr zwei große, nach innen drehende Anfahrwirbel (Abb. 285). Diese entfernen sich rasch mit der Strömung, und im stationären Zustand findet sich hinter der Platte beiderseits eine deutliche *Trennungsfläche*. Diese trennt einen erst hinter dem rechten Bildrand geschlossenen Bereich von der übrigen Strömung (Abb. 286). Innerhalb dieses Bereiches befindet sich die Flüssigkeit in lebhafter Drehung. Es sind etliche (nur bei bestimmter Laufgeschwindigkeit der Kamera erkennbare) Wirbel vorhanden.

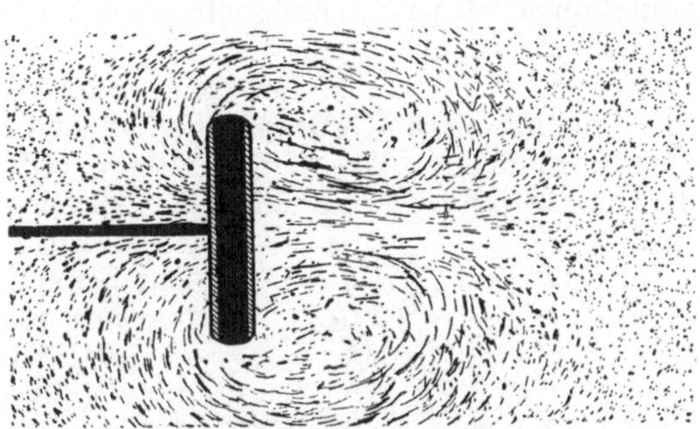

Abb. 285. Verzerrung der Ausweichströmung hinter einer quer zur Bewegungsrichtung stehenden Platte. Beobachter und Flüssigkeit in Ruhe, Platte nach links bewegt.

Jetzt übersehen wir die Entstehung des Widerstandes umströmter Körper in wirklichen Flüssigkeiten. Er wird durch *Drehbewegungen* der Flüssigkeit auf der Rückseite des umströmten Körpers erzeugt. Es werden ständig neue Teilgebiete der Flüssigkeit in Drehung versetzt. Das Andrehen dieser Wirbel, die Herstellung ihrer kinetischen Energie, verlangt Verrichtung von Arbeit. Die

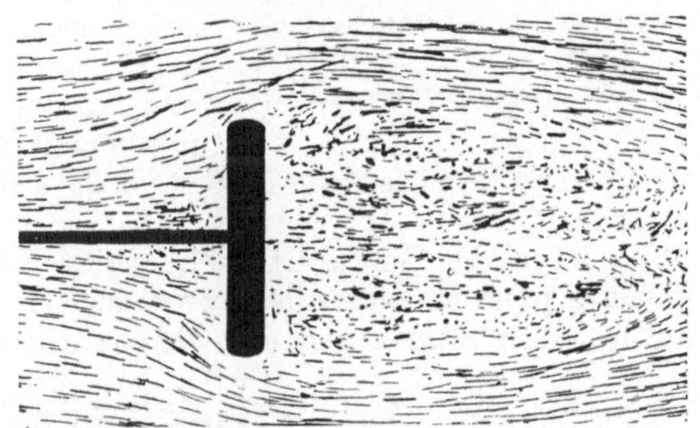

Abb. 286. Zur Entstehung des Widerstandes durch Wirbel innerhalb einer glockenförmigen Trennungsfläche. Beobachter und Platte in Ruhe, die Flüssigkeit strömt nach rechts. Der Widerstand ist für REYNOLDSsche Zahlen Re zwischen $4 \cdot 10^3$ und 10^6 etwas größer als das Produkt aus Staudruck und Scheibenfläche. Man findet experimentell $\Re = 1{,}1 \cdot \frac{1}{2} \varrho u^2 F$.

für diese Arbeit erforderliche Kraft ist dem Widerstand entgegengesetzt gleich. *„Der Widerstand eines von einer Flüssigkeit umströmten Körpers wird durch Dreh- oder Wirbelbewegungen auf seiner Rückseite bedingt."* Das ist der überraschende experimentelle Befund.

Der Widerstand umströmter Körper wird technisch häufig ausgenutzt. Wir nennen als Beispiel den Fallschirm (er vermindert die Sinkgeschwindigkeit eines Mannes von etwa 55 m/sec auf etwa 5,5 m/sec, vgl. Abb. 107), die Riemen der Ruderboote und die Schaufelräder der Raddampfer. Ferner die Windräder mit vertikaler Achse; diese haben meist ein S-förmiges Profil oder halb-

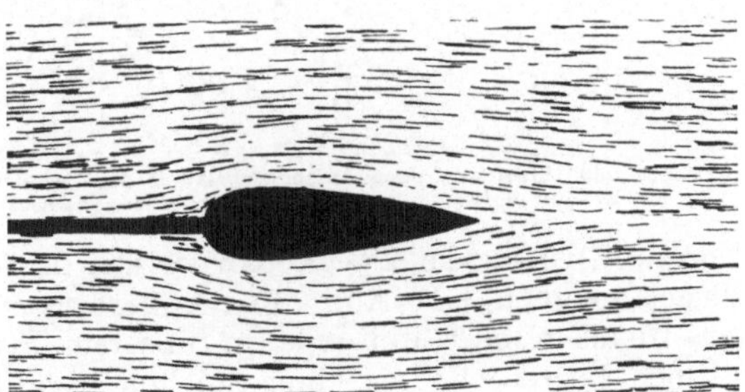

Abb. 287. Stromlinienprofil. Photographisches Negativ mit Dunkelfeldbeleuchtung (Strömungsapparat der Abb. 257). Beobachter und Körper in Ruhe, die Flüssigkeit strömt nach rechts.

kugelförmige Schalen an den Enden eines Kreuzes: „Schalenkreuz" der Windgeschwindigkeitsmesser oder „Anemometer". (Der Widerstand der konkaven Schalenseite ist viermal größer als der der konvexen.)

In anderen Fällen ist der Widerstand lästig. Dann wird er durch geschickte Formgebung des umströmten Körpers ausgeschaltet. Es verbleibt nur der geringfügige, in der Grenzschicht zwischen Körper und Flüssigkeit entstehende *Reibungswiderstand.* Dafür hat uns die Natur zahllose Vorbilder gegeben. Ihr gemeinsames Merkmal ist das „*Stromlinienprofil*", gemäß Abb. 287. Einen derart stromlinienförmigen Körper können wir mit großer Geschwindigkeit von Wasser umströmen lassen. Die Wirbelbildung bleibt aus. Eine Kugel von praktisch gleichem Durchmesser erzeugt bei gleicher Geschwindigkeit schon unmittelbar nach dem Anfahren eine starke Wirbelbildung. Das Stromlinienprofil spielt in Natur und Technik eine wichtige Rolle.

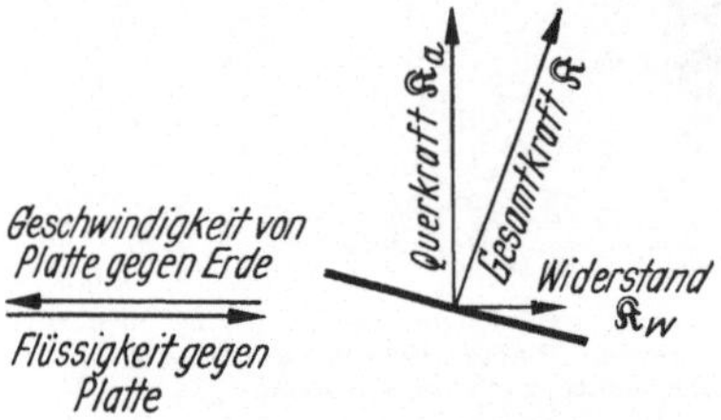

Abb. 288. Querkraft und Widerstand bei einer nach links bewegten und daher schräg angeströmten Platte. (Die Resultierende steht nur bei dünnen Platten praktisch senkrecht zur Plattenfläche.)

§ 96. Die dynamische Querkraft. Im allgemeinen fällt die Richtung der ungestörten Strömung nicht mit einer Symmetrierichtung des umströmten Körpers zusammen. Ein Beispiel findet sich in Abb. 266. Dann liefert die Erfahrung einen neuen Befund: es kommt, wie Abb. 288 zeigt, zum Widerstand $\Re_W$ *in* der Richtung der ungestörten Strömung eine zweite, *quer* zur Strömung gerichtete Kraft hinzu, genannt die Querkraft $\Re_a$. Die Resultierende beider ist die auf den umströmten Körper wirkende Gesamtkraft $\Re$ [1].

Man kann die Querkraft nicht völlig isolieren und, wie zuvor den Widerstand $\Re_W$, ganz für sich allein untersuchen. Wohl aber kann man den Widerstand $\Re_W$ sehr klein gegen die gleichzeitig vorhandene Querkraft $\Re_a$ machen.

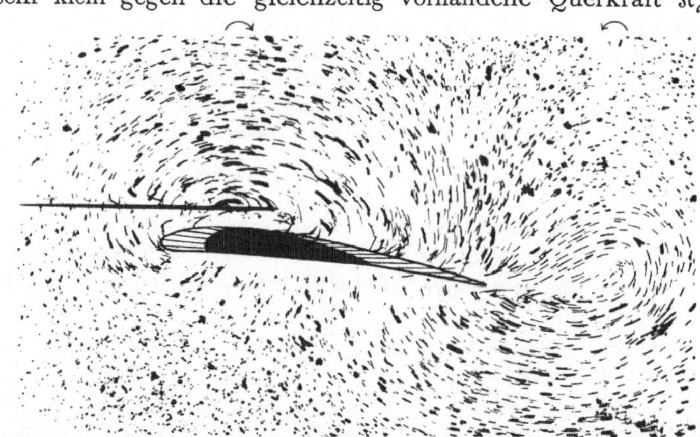

Abb. 289. Entstehung eines Anfahrwirbels aus der Ausweichströmung einer Tragfläche (man vergleiche Abb. 271 auf S. 148). Flüssigkeit und Beobachter (Kamera) ruhen, Tragfläche bewegt sich nach links.

Man muß zu diesem Zweck Körper mit dem Profil einer Tragfläche oder eines Flügels nehmen, z.B. Abb. 289. Außerdem muß man ihn entweder „unendlich" lang machen oder ihn (wie in unserem Strömungsapparat, Abb. 257) durch Ebenen begrenzen. An einer solchen Tragfläche ist die *Entstehung der Querkraft* gut zu übersehen: Beim Beginn der Bewegung entwickelt sich nur aus der

---

[1] Für Überschlagsrechnungen merke man sich als brauchbare Näherungen:
Querkraft $\Re_a = \frac{1}{3}\varrho u^2 F$ und Widerstand $\Re_w \approx 1$ bis 10% von $\Re_a$. ($F =$ Flügelfläche.) $\frac{1}{2}\varrho u^2$ ist der Staudruck p'. Daher schreiben die Techniker meist $\Re_a = c_a\,p'F$ und $\Re_w = c_w\,p'F$ und geben Zahlenwerte für c_a und c_w, die „Beiwerte" der Querkraft und des Widerstandes, meist in einem Polare genannten Diagramm für verschiedene Anstellwinkel, d. h. Winkel zwischen Flügelsehne und Fahrtrichtung.

hinten unten beginnenden Ausweichströmung ein zurückbleibender Anfahrwirbel. Sein Drehsinn ist rechts am oberen Bildrand mit dem Pfeil ⌒ vermerkt. Aus der vorne unten beginnenden Ausweichströmung entwickelt sich statt eines Anfahrwirbels ein drehungsfreies Wirbelfeld, das den Flügel als Kern im Uhrzeigersinne (⌒) umkreist. Er hat oberhalb des Flügels die gleiche Richtung wie eine gegen den ruhenden Flügel anströmende Flüssigkeit, auf der Unterseite hingegen sind beide Strömungen einander entgegengesetzt. Infolgedessen strömt die Flüssigkeit oben rasch, unten langsam. Oben entsteht ein Gebiet verminderten statischen Druckes, der Flügel wird nach oben gesaugt, er erfährt quer zur Richtung der ungestörten Strömung eine *dynamische Querkraft*. Bei der Beobachtung der Ausweichströmung stören zweifellos die verwaschenen Umrisse des Flügels. Darum zeichnet man meist die gesamte Strömung, also Ausweichströmung und Parallelströmung. — Im ersten Augenblick entsteht eine Potentialströmung gemäß Abb. 290. Unmittelbar danach treibt rechts hinten ein Anfahrwirbel mit der Strömung davon. Gleichzeitig entsteht das in Abb. 291 skizzierte drehungsfreie Wirbelfeld. Beide Potentialströmungen überlagern sich und ergeben das in Abb. 292 skizzierte Strömungsfeld.

Die Tragflächen lassen sich durch einen rotierenden Zylinder ersetzen. Die Ausbildung des Wirbelfeldes erfolgt zeitlich ebenso wie bei den Tragflächen. Zunächst sieht man auf der Rückseite einen Anfahrwirbel entstehen und mit der Strömung wegtreiben. Schließlich verbleibt das in Abb. 293 wiedergegebene Bild. Bei den gezeichneten Bewegungsrichtungen erfährt der Zylinder eine Querkraft in Richtung des gefiederten Pfeiles.

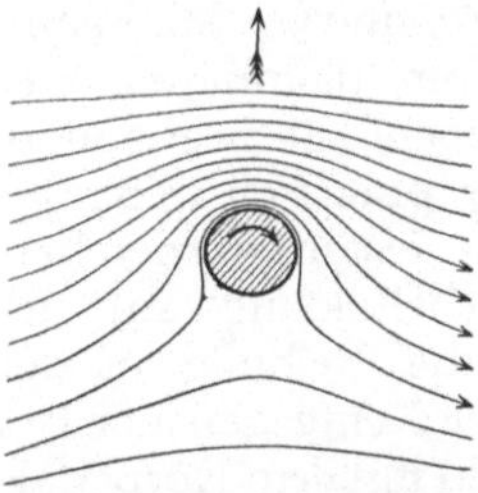

Abb. 290.

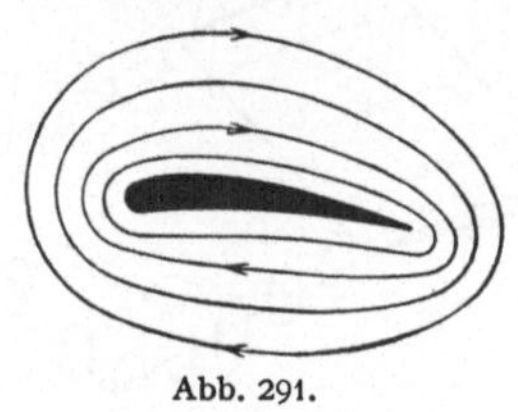

Abb. 291.

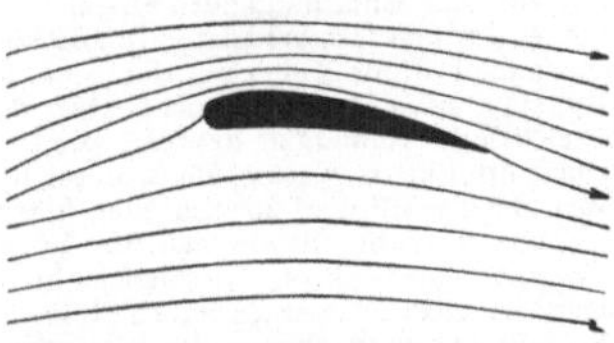

Abb. 292.

Abb. 290 bis 292. Zur Entstehung des Tragflächenauftriebes. 290 Potentialströmung ohne Wirbelfeld (Modellversuch), 291 drehungsfreies Wirbelfeld, schematisch, 292 Überlagerung beider. Das drehungsfreie Wirbelfeld läßt sich nicht allein beobachten.

Abb. 293. Stromlinienverlauf um einen rotierenden Zylinder. Auf der Oberseite hat der Zylindermantel die gleiche Bewegungsrichtung wie die Ausweichströmung; dadurch wird oben die Bildung eines Anfahrwirbels verhindert. Auf der Unterseite sind beide Bewegungen einander entgegengerichtet; dadurch wird die Bildung eines sich ablösenden Anfahrwirbels begünstigt.

Zur Vorführung dieser Erscheinung benutzt man eine leichte Papprolle von der Größe einer aufgerollten Serviette (Abb. 294). Ihre Enden sind mit etwas überragenden Kreisscheiben abgeschlossen. Auf diese Rolle wird ein flaches Leinenband aufgerollt. Das freie Ende des Bandes wird wie eine Schnur an einem Peitschenstiel befestigt. Man schlägt den Peitschenstiel in waagerechter Richtung zur Seite. Dadurch erhält der Zylinder eine Geschwindigkeit in der Waagerechten. Das abrollende Band erteilt ihm gleichzeitig eine Drehung. Der Zylinder fliegt statt in einer waagerecht einsetzenden Wurfparabel in hochaufbäumender Flugbahn davon und durchläuft eine Schleifenbahn.

In beiden Fällen, also sowohl bei den Tragflächen wie beim rotierenden Zylinder, gilt für die dynamische Querkraft $\Re$ die von M. W. Kutta und N. J. Joukowski unabhängig voneinander entdeckte Beziehung

$$\Re_a = \varrho\, u\, \Gamma\, l. \tag{206}$$

(ϱ = Dichte, u = Geschwindigkeit der Flüssigkeit; l = Länge der Tragfläche oder des rotierenden Zylinders; Γ = die Zirkulation des drehungsfreien Wirbelfeldes.)

In Natur und Technik hat man es nie mit einer *ebenen* Umströmung von Tragflächen oder rotierenden Zylindern zu tun. Die Enden der Tragflächen oder Zylinder werden nicht beiderseits von ausgedehnten Ebenen, wie den Flächen des Glastroges in Abb. 257, begrenzt. Auch kann man nicht unendlich lange Tragflächen oder Zylinder anwenden. — Die endlichen Längen bringen aber etwas grundsätzlich Neues: Das die Tragflächen umkreisende Wirbelfeld (Potentialwirbel) erzeugt nicht nur eine als Auftrieb verwertete Querkraft, sondern auch einen der Bewegung entgegengerichteten *Widerstand*. Man nennt ihn induzierten Widerstand. Seine Entstehung möge kurz angedeutet werden (Abb. 295):

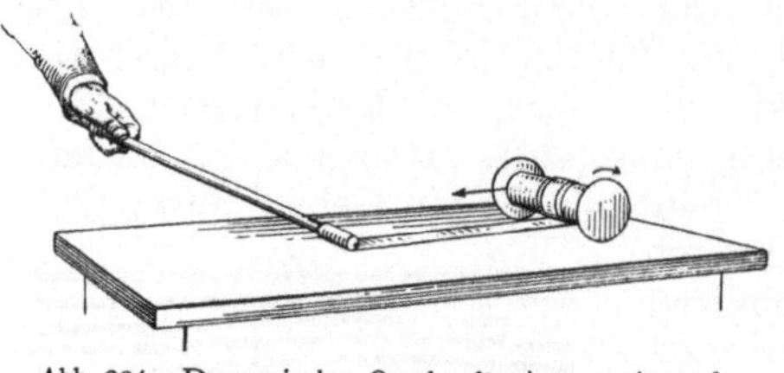

Abb. 294. Dynamische Querkraft eines rotierenden Zylinders (Magnus-Effekt).

An den beiden seitlichen Enden der Tragflächen grenzen die Hochdruckgebiete der Bauchseite an die Tiefdruckgebiete des Rückens. Es strömt Luft vom Bauch zum Rücken. Es entstehen an beiden Flügelenden Wirbel. Diese bilden zusammen mit dem Wirbelfeld um die Tragfläche als Kern und dem Anfahrwirbel einen einzigen geschlossenen Wirbel. Seine Länge nimmt dauernd zu, an den Flügelenden wird dauernd neue Luft in Drehung versetzt. Die dazu erforderliche Arbeit muß von einer Kraft verrichtet werden, und die zu ihr gehörige Gegenkraft ist der „induzierte Widerstand". — Ohne Widerstand brauchte ein Flugzeug in reibungsfreier Luft keinen Motor, um eine konstante Höhenlage zu halten.

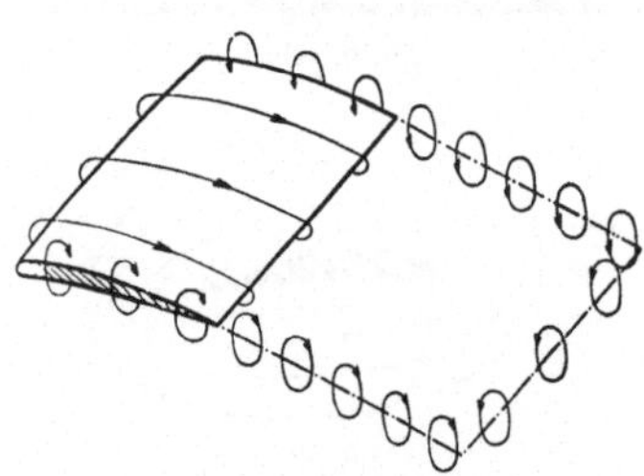

Abb. 295. Zur Entstehung des Flügelwiderstandes (induzierter Widerstand). Die kleinen runden Pfeile sollen nur den Sinn der Bewegung andeuten und nicht etwa den Bereich der Strömung abgrenzen. Die Luft strömt in einem weiten Bereich seitlich *neben* der vom Flügel überfahrenen Fläche aufwärts. Darum fliegen manche Vögel, z. B. Enten und Gänse, gern seitlich hintereinander, „Keile" oder „Schnüre" bildend. Dann fliegt, vom Spitzentier abgesehen, jeder Vogel in aufwärts strömender Luft, und daher erreicht er seinen Auftrieb mit kleinerer Leistung. Nur dem Spitzentier fehlt diese Hilfe, daher muß es von Zeit zu Zeit abgelöst werden.

Zusammenfassung der §§ 95 und 96: Man kann außer durch *Reibung* in einer (laminaren oder turbulenten) Grenzschicht noch auf zwei andere Arten Kräfte zwischen einer praktisch reibungsfreien Flüssigkeit und einem festen Körper herstellen. Erstens durch Wirbelbildung auf der Rückseite: Sie liefert (wie die Reibung in der Grenzschicht) einen *Widerstand* entgegen der Bewegungsrichtung. Zweitens durch ein drehungsfreies Wirbelfeld mit dem Körper als Kern: so entsteht die dynamische *Querkraft* (quer zur Richtung der ungestörten Strömung) und dabei, auch wenn der Körper gute Tragflächenform besitzt, infolge seiner endlichen Länge ein *induzierter Widerstand* (wie jeder Widerstand entgegen der Richtung, in der sich der Körper gegenüber der Flüssigkeit bewegt.) Die Querkraft wirkt als Gegenkraft an einem Körper, wenn er die Richtung einer strömenden Flüssigkeit umlenkt (Impuls-Erhaltungssatz).

Zweiter Teil.

Anwendungen der Querkraft.

§ 97. Flügel als Tragflächen und Segel. Die auf rotierende Körper wirkende Querkraft (z. B. in Abb. 294) wird zur Zeit nur im Sport ausgenutzt. Beispiel: Ein „geschnittener", d. h. streifend geschlagener, Tennisball fliegt weiter als ein nicht rotierender, weil die Querkraft dem Gewicht des Balles entgegenwirkt. —

Hingegen findet die auf Körper mit Flügelprofil wirkende Querkraft mannigfache Anwendungen: Als *Tragflächen* verwerten Flügel die zur Fahrtrichtung *senkrechte,* als *Segel* die *in* die Fahrtrichtung fallende Komponente der Querkraft. — Beispiel:

1. Ist für ein *Flugzeug* die Querkraft dem Gewicht des Flugzeuges entgegengesetzt gleich, so fliegt das Flugzeug horizontal, es genügt das in Abb. 288 gebrachte Schema. Die Geschwindigkeit wird normalerweise durch eine Maschine aufrechterhalten. Das Wesentliche ist schon in § 43 gesagt worden. — Nach Abstellen des Motors verzehren induzierter Widerstand (eine Folge der endlichen Flügellänge) und die Reibungsverluste in der Grenzschicht kinetische Energie. Diese Verluste müssen aus dem Vorrat an potentieller Energie ersetzt werden, d. h. das Flugzeug muß sich im Gleitflug langsam der Erde nähern. Der Neigungswinkel der Bahn wird durch das Verhältnis des Widerstandes zum Auftrieb bestimmt; daher nennt man dieses Verhältnis die *Gleitzahl.*

Der Gleitflug bildet die Grundlage des Segelfluges, wie er von Sportfliegern und manchen Vögeln meisterhaft ausgeübt wird. — Beim Segelflug kann auf zweierlei Weise an Höhe gewonnen werden:

a) Durch den Gleitflug in aufwärtsströmender Luft.

Beispiele. Eine Möwe, die in dem schräg aufwärts gerichteten Luftstrom hinter dem Heck eines Schiffes schwebt. — Der Raubvogel, der am Rande eines Schlotes aufsteigender warmer Luft seine Kreise zieht.

b) Durch Ausnutzung des vertikalen Gefälles der horizontalen Luftgeschwindigkeit. In der Grenzschicht der Luft über der Erdoberfläche (Boden oder Meer) wächst die horizontale Windgeschwindigkeit mit wachsender Höhe.

Beispiel. Der Albatros gleitet in der Windrichtung in flacher Bahn abwärts. Dabei sammelt er kinetische Energie. Dicht über der Meeresoberfläche macht er eine Schleife und richtet sich gegen den Wind. Dabei steigt er steil in die Höhe, weil er dank seinem Vorrat an kinetischer Energie in die Schichten zunehmender Windgeschwindigkeit eindringt und daher die auf seine Flügel wirkende Querkraft größer wird. Oben macht er abermals kehrt und gleitet mit dem Wind wieder abwärts, und so fort.

2. Ein *Kinderdrachen* wird im Winde vom Boden aus mit einem Bindfaden festgehalten. Dann kann die Luft diesen Drachen umströmen, ohne ihn in der Horizontalen fortzuführen. — Die Annäherung des Drachenprofils an eine gute Tragfläche ist zwar nur mäßig, aber völlig ausreichend.

3. Ein Schiff ist in seiner Längsrichtung leicht, in seiner Querrichtung schwer beweglich. Wie der Bindfaden einen Drachen, so vermag der Querwiderstand ein Schiff so im Winde zu halten, daß eine Umströmung des Segels zustande kommt. Das ermöglicht ein *Segeln* auch dann, wenn Wind- und Fahrtrichtung nicht zusammenfallen. In der Abb. 297 segelt ein Schiff „am Winde", d. h. der Wind fällt schräg von vorne ein. Von der Geschwindigkeit des Windes gegen die Erde ist die Fahrgeschwindigkeit des

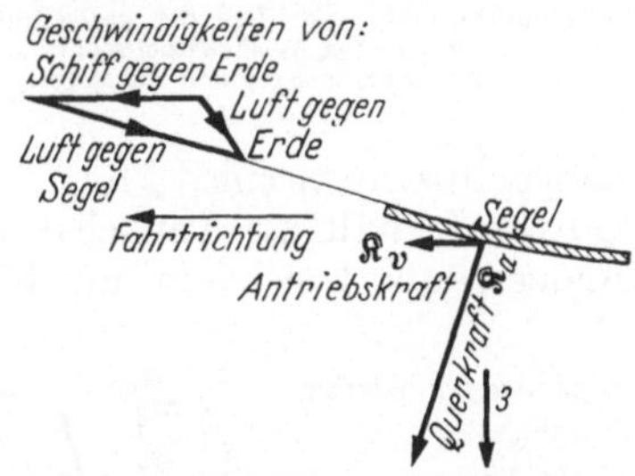

Abb. 297. Zum „Segeln am Winde". Der Pfeil 3 gibt die Richtung des seitlichen Abtriebes.

Schiffes vektoriell zu subtrahieren. Infolgedessen strömt der Wind flach, d. h. unter kleinem Anstellwinkel, auf das Segel. Die *in* die Fahrtrichtung fallende Komponente $\mathfrak{K}_v$ der Querkraft treibt das Schiff vorwärts; die zur Fahrtrichtung senkrechte Komponente der Querkraft führt zu einem geringfügigen seitlichen Abtrieb.

§ 98. Mechanische Strömungsmaschinen mit rotierenden Flügel- oder Schaufelrädern. Strömungsmaschinen verwandeln entweder die Energie strömender

Flüssigkeiten in mechanische *Arbeit,* oder sie erzeugen mit mechanischer Arbeit Flüssigkeits*strömungen.* Ihr Hauptteil ist in beiden Fällen ein rotierendes Flügel- oder Schaufelrad. Ihm kann die Flüssigkeit entweder *frei* zuströmen (z. B. Windmühle und Flugzeugpropeller) oder durch irgendwelche Leitwerke und Gehäuse *eingegrenzt* (z. B. Wasserturbinen und Gebläse). Daher läßt sich die Gesamtheit der äußerst mannigfach gestalteten Strömungsmaschinen mit Flügelrädern in nur vier Gruppen einordnen. — Wir bringen drei Beispiele für Strömungsmaschinen.

1. Flügelrad der *Windmühle als Motor.* Die Abb. 298 gilt für einen kurzen Längenabschnitt eines Flügels. Der Wind fällt zwar senkrecht auf die Ebene des Flügelkreises, aber nur mit kleinem Anstellwinkel auf den Flügel. Die dem Flügelkreis parallele Komponente der Querkraft hält die Drehung des Flügelrades aufrecht. Dabei kann die Geschwindigkeit der Flügel in größerem Abstand von der Nabe die Windgeschwindigkeit um ein Mehrfaches übertreffen.

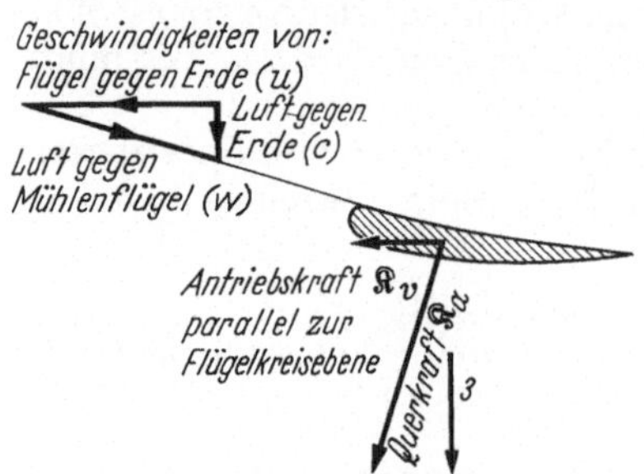

Abb. 298. Zur Wirkungsweise eines Windmühlenflügels. Die Komponente der Querkraft in Richtung des Pfeiles 3 beansprucht die vertikale Achse des Mühlengebäudes.

Um das ganz elementar verständlich zu machen, lege man einen glatten flachen Keil auf eine glatte horizontale Fläche und drücke den Keil in vertikaler Richtung mit einer Bleistiftspitze. Dann verschiebt sich der Keil horizontal um einen Weg, der länger ist als der von der Bleistiftspitze vertikal zurückgelegte.

Für ein Spielzeug kann man einem Windmühlenflügel einen symmetrischen, z. B. fast halbkreisförmigen Querschnitt geben (Abb. 299). Ein erster Anstoß gibt dem Flügel (an der Stelle des gezeichneten Querschnitts) eine Geschwindigkeit *u* gegen die Erde. Die Richtung von *u* bestimmt, ob der Anfahrwirbel an der linken oder an der rechten Kante des Flügels abgelöst wird. Davon hängt dann der Drehsinn der Zirkulation und des ganzen Flügels ab. Der Flügel wird von der Luft unter kleinem Anstellwinkel angeströmt. Alles übrige wie in Abb. 298.

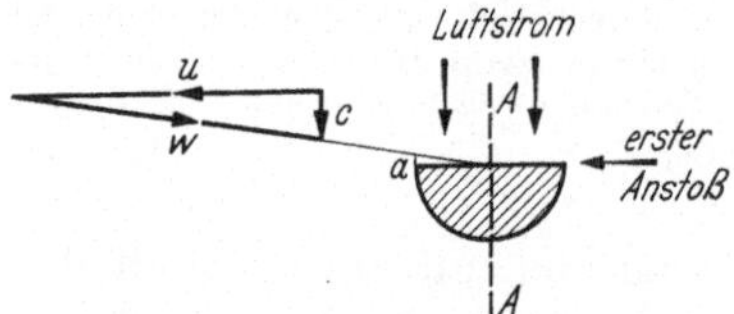

Abb. 299. Spielzeug-Windmühlen mit zwei Flügeln mit symmetrischem Querschnitt. Sie bestehen aus einem um die Achse *A A* drehbar gelagerten halbzylindrischen Stab. Bei der gezeichneten Stoßrichtung wird der Anfahrwirbel rechts abgelöst, er dreht sich gegen den Uhrzeiger.

2. *Flugzeugpropeller.* Die in Abb. 300 dargestellte Skizze gilt wieder für einen kurzen Längenabschnitt eines Flügels. Die zum Flügelkreis senkrechte Komponente der Querkraft hält als Antriebskraft die Geschwindigkeit des Flugzeuges aufrecht. Anders äußert sich ein im Flugzeug ruhender Beobachter; er sagt: Der Propeller ist ein Ventilator, er bläst einen *Luftstrahl* nach hinten. Bei der Erzeugung des Luftstrahls entsteht eine Gegenkraft. Sie wirkt als Antriebskraft des Flugzeuges.

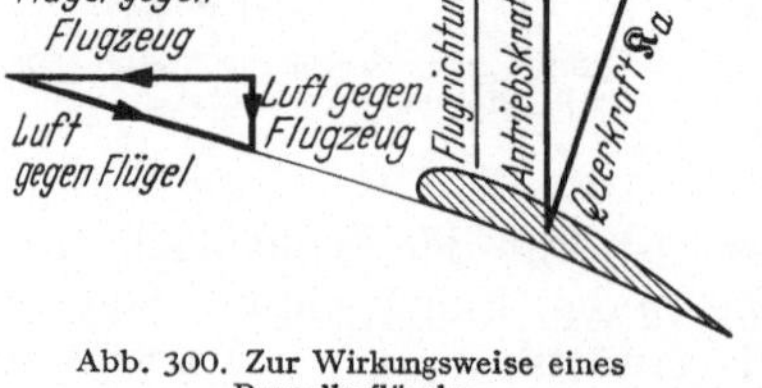

Natürlich läßt sich der Strahl statt mit einem freien Flügelrad auch mit einem eingekapselten Gebläse erzeugen. Moderne Gebläse benötigen zum Antrieb nicht mehr eine Maschine mit hin- und hergehenden Kolben. Darin liegt ein großer technischer Fortschritt.

Abb. 300. Zur Wirkungsweise eines Propellerflügels.

3. *Wasserturbinen.* Wasserturbinen sind heute als Antriebsmaschinen elektrischer Generatoren von großer Bedeutung. Deswegen erwähnen wir kurz eine Ausführungsform, eine Überdruckturbine mit eingekapseltem Flügelrad (Abb. 300). In ihr erfolgt die Umwandlung der potentiellen Energie des Wassers in kinetische

nur zum Teil vor dem Läufer. Die Relativgeschwindigkeit w gegenüber dem Läufer wird noch innerhalb des Läufers vergrößert. Diese Beschleunigung des Wassers gegenüber den Flügeln des Läufers kommt dadurch zustande, daß sowohl der Abstand benachbarter Flügel als auch der Druck auf der Eintrittsseite des Turbinengehäuses größer gemacht werden als auf der Austrittsseite. Infolge-

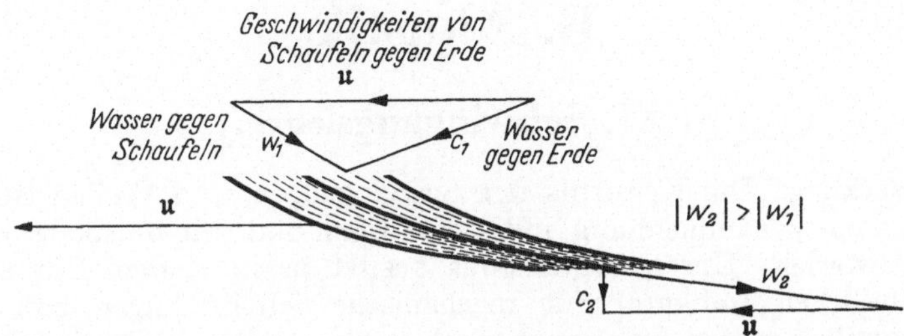

Abb. 301. Zur Wirkungsweise einer Überdruckturbine. Man denke sich die drei gezeichneten Flügel an der Peripherie eines großen Rades, auf das man in radialer Richtung blickt. Das Wasser kommt aus einem im Turbinengehäuse enthaltenen Leitwerk mit der Geschwindigkeit c_1 gegen Erde und erfüllt den ganzen Zwischenraum zwischen den Flügeln. Drehfrequenz und mit ihr die Umfangsgeschwindigkeit u werden so bemessen, daß das Wasser die Turbine nur noch mit einer kleinen Geschwindigkeit c_2 gegen die Erde verläßt, so daß praktisch die gesamte Energie des Wassers in Arbeit umgewandelt wird.

dessen kann die Umfangsgeschwindigkeit u des Läufers größer werden als die Geschwindigkeit w_1, mit der das Wasser der Erde gegenüber in die Turbine eintritt[1]. (Ein analoges Verhalten zeigte die Windmühle, S. 160.)

Wasserturbinen werden heute schon für Leistungen von einigen 10^5 Kilowatt gebaut; sie erreichen Wirkungsgrade über 90%.

---

[1] Eine ganz einfache Überdruckturbine ist der jedem Laien bekannte rotierende Rasensprenger. Er ist eine Kümmerform des SEGNERschen Wasserrades, der ersten praktisch benutzten Überdruckturbine. Es diente um 1750 jahrelang zum Antrieb einer Mühle in Nörten bei Göttingen.

B. Akustik.

XI. Schwingungslehre.

Vorbemerkung. Die Kenntnis der Schwingungen und Wellen ist ursprünglich in engstem Zusammenhang mit dem Hören und mit musikalischen Fragen entwickelt worden. Unser Organismus besitzt ja in seinem Ohr einen überaus empfindlichen Indikator für mechanische Schwingungen und Wellen in einem erstaunlich weiten Frequenzbereich (ν etwa 20/sec bis 22000/sec). Die Bedeutung der Tatsachen und Gesetzmäßigkeiten reicht jedoch weit über das Sondergebiet der „Akustik oder Hörlehre" heraus. Daher stellt man zweckmäßig allgemeine Fragen der Schwingungs- und Wellenlehre in den Vordergrund und bringt nur wenig aus der Akustik im engeren Sinne. Unter diesem Gesichtspunkt ist der Stoff der Kapitel XI und XII ausgewählt und gegliedert worden.

Erster Teil.

Allgemeines über Schwingungen.

§ 99. Schwingungen und Kippfolgen sind wichtige Formen periodisch wiederkehrender Vorgänge.

Schwingungsfähige Gebilde müssen eine zugeführte Energie in *zweierlei* Weise speichern können; z.B. als potentielle und als kinetische Energie, oder als elektrische und als magnetische Energie. In der Mechanik sind Federpendel (Abb. 55), Schwerependel (Abb. 57) und Drehpendel (Abb. 115 und 351) typische Beispiele. Im idealisierten Grenzfall genügt es, ihnen durch einen Kraftstoß *einmal* eine Energie zuzuführen, um andauernde Schwingungen konstant bleibender Amplitude zu erhalten. — Die periodisch wiederkehrenden Ausschläge hängen im allgemeinen nicht sinusförmig, sondern komplizierter von der Zeit ab, z.B. beim Kugeltanz (Abb. 93) und bei den Wackelschwingungen (Abb. 374). Ihre Frequenz ist bei kleiner Amplitude größer als bei großer. Doch kann man in vielen Fällen unter experimentell leicht erfüllbaren Bedingungen (lineares Kraftgesetz, § 25) sinusförmig verlaufende Schwingungen herstellen, deren Amplitude von der Frequenz unabhängig ist.

Kippfähige Gebilde vermögen Energie ganz überwiegend nur noch in *einer* Weise zu speichern. Sie erfordern eine *andauernde* Energiezufuhr. Die gespeicherte Energie wächst, bis sie zur *Auslösung eines Schaltvorganges*, z.B. durch Überwindung einer Haftreibung, ausreicht. Durch den Schaltvorgang wird eine *Weitergabe* der gespeicherten Energie ausgelöst. — Beispiele, erste Gruppe:

1. In Abb. 302 wird eine *potentielle* Energie gespeichert. Ein Wasserstrom füllt einen Behälter von keilförmigem Längsschnitt; der Behälter kann sich zwischen zwei Anschlägen a und b bewegen. Während der Füllung verschiebt sich der Schwerpunkt des Behälters nebst Inhalt nach links. Schließlich kippt der Behälter nach links, entleert sich und das Spiel beginnt von neuem.

2. In Abb. 303 wird eine *kinetische* Energie gespeichert. — Aus dem Ventil a tritt ein Wasserstrom aus. Seine Geschwindigkeit wächst, bis der Staudruck ausreicht, das Ventil *a* zu schließen. Dann öffnet der Stoß des Wassers das zweite Ventil *b*, das Wasser strömt in den Windkessel *W* und treibt, Arbeit verrichtend, Wasser in der dünnen Leitung *L* bis über das Ausgangsniveau *NN* in die Höhe. — Ist das Wasser im Rohr *R* zur Ruhe gekommen, so öffnet sich das Ventil *a* wieder, das Wasser im Rohr *R* bekommt abermals kinetische Energie und das Spiel wiederholt sich (Stoßheber oder hydraulischer Widder).

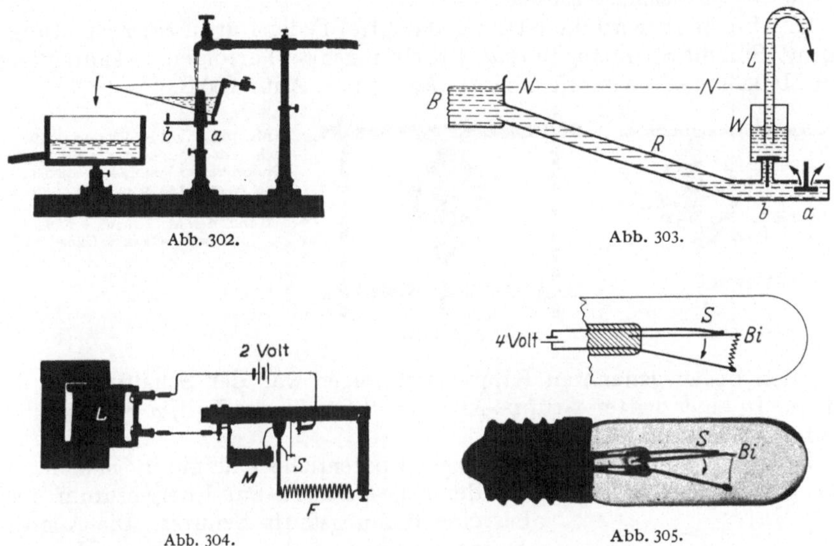

Abb. 302.   Abb. 303.

Abb. 304.   Abb. 305.

Abb. 302—305. Anordnungen zur Erzeugung von Kippfolgen durch eine *Zeit erfordernde* Speicherung von potentieller Energie in Abb. 302, von kinetischer in Abb. 303, von magnetischer in Abb. 304, von thermischer in Abb. 305. Aufnahme und Abgabe der thermisch gespeicherten Energie ist an der Verformung des Bimetallstreifens *Bi* gut zu sehen. *Am einfachsten zeigt man eine Kippfolge mit einer Tropf-Flasche oder mit einem tropfenden Wasserhahn.* Beim Wachsen des Tropfens wächst die in ihm gespeicherte potentielle Energie. Sie wird weitergegeben, sobald die von der Oberflächenspannung herrührende Kraft nicht mehr ausreicht, den Tropfen zu tragen.

3. In Abb. 304 wird *magnetische* Energie gespeichert: Ein elektrischer Strom durchfließt links eine große Spule mit geschlossenem Eisenkern und den Elektromagneten *M* vor dem Schaltkontakt *S*. Nach dem Anschalten der Stromquelle steigt der Strom langsam an (Abb. 360), weil der Selbstinduktionskoeffizient *L* des Kreises groß ist. Schließlich vermag der Elektromagnet den Schaltkontakt zu öffnen und den Strom zu unterbrechen. Die im Magnetfeld der Spule und des Elektromagneten gespeicherte Energie wird vom Unterbrechungs-Funken des Kontaktes thermisch abgegeben; der Schalter *S* wird von der Feder wieder geschlossen und damit beginnt das Spiel von neuem. Die Periode dieser Kippfolge wird durch die Relaxationszeit $\tau = L/R$ bestimmt ($R =$ Widerstand des Kreises).

4. In Abb. 305 wird Energie *thermisch* zugeführt und gespeichert. Der glühende Draht einer Glühlampe erwärmt einen Bimetallstreifen *Bi*. Dabei krümmt sich der Streifen (), vgl. Abb. 482) und unterbricht den Schaltkontakt *S*, die Lampe erlischt. Die Periode dieser Kippfolge beträgt etwa 1 sec.

In einer zweiten Gruppe von Kippvorrichtungen hat das Schaltwerk eine periodische Struktur. Auch dafür zwei Beispiele:

5. In Abb. 306A wird eine *potentielle* Energie periodisch mit Hilfe eines Zahnrades in einer mit Kautschuk gedämpften Schraubenfeder gespeichert. Die Energie wird über eine Gliederkette von einem Motor geliefert. Hat die gespeicherte Energie einen gewissen Wert erreicht, so rutscht der Zahn ab; die in der Feder gespeicherte potentielle Energie wird in innere Energie verwandelt, d.h. sie erwärmt den Kautschuk am Federende. Erreicht der nächste Zahn das obere Hebelende, so beginnt das Spiel von neuem.

Das Zahnrad in Abb. 306A wird oft durch eine rotierende Nockenwelle ersetzt. Nockenwellen der verschiedensten Profile spielen in der Technik eine große Rolle, z.B. bei der Aufgabe, die Ventile von Verbrennungsmotoren zu steuern.

6. In Abb. 306A wird die (stark gedämpfte) Feder nur in *einer* Richtung (→) gespannt. Soll die Spannung in *beiden* Richtungen (↔) erfolgen, so kann man dem oberen Hebelende die Gestalt eines *Ankers* geben, Abb. 306B.

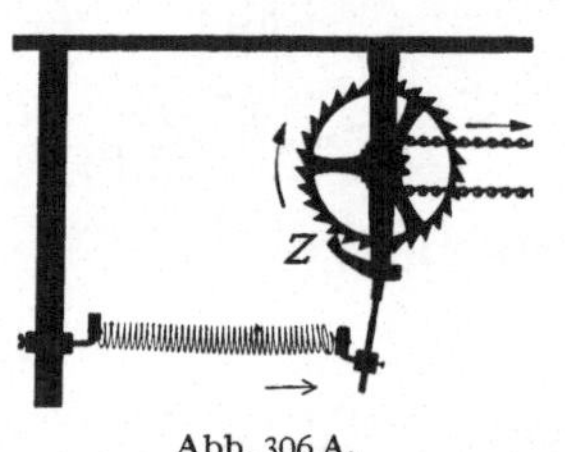
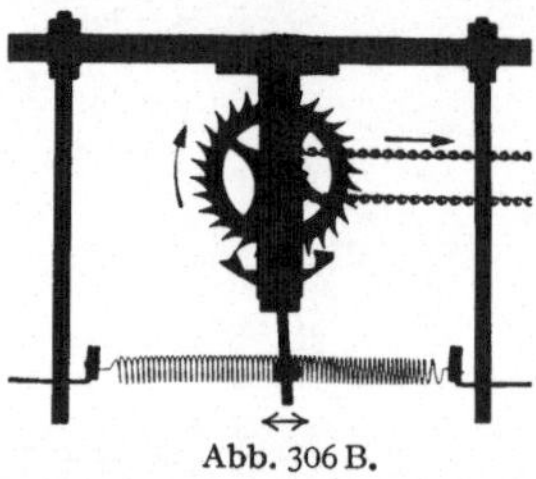

Abb. 306 A und B. Kippvorrichtungen, die sich zur Speicherung einer potentiellen Energie eines Zahnrades bedienen. Im Teilbild A erhält man nur einseitige, im Teilbild B hingegen zweiseitige Ausschläge. B ist der aus „*Anker + Steigrad*" bestehende GRAHAM-*Gang* (1676).

Abb. 306 A.   Abb. 306 B.

Bei den bisher genannten Kippvorrichtungen war der Schaltvorgang leicht zu sehen. In einer dritten Gruppe ist das nicht mehr der Fall, z.B. bei dem jetzt folgenden Verfahren:

7. In Abb. 307 wird ganz überwiegend potentielle Energie in einer mit Kautschuk gedämpften steifen Blattfeder F gespeichert, zur Energiezufuhr diesmal aber eine Reibungskraft benutzt. Die Anordnung ist eine Fortbildung der auf Abb. 204 bekannten. Der Körper A umfaßt den rotierenden Körper B. Beide werden durch Federn und Schrauben zusammengepreßt. Die Reibungskraft ist dem Umfang von B parallel gerichtet. Sie hängt ab von der Relativgeschwindigkeit zwischen den Körpern A und B. Sic ist für $u = 0$ als „*Haft*reibung" größer als die „*Gleit*reibung" bei $u > 0$ (§ 73).

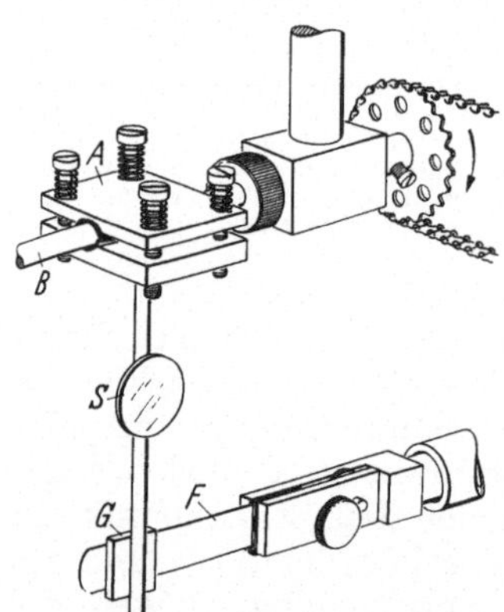

Abb. 307. Zur Erzeugung von Kippfolgen mit äußerer Reibung. Die Klemmbacken sind mit Leder gefüttert. G = Kautschuk zur Dämpfung der Blattfeder; S = Spiegel für Lichtzeiger. ($^1/_3$ nat. Gr.) Die starkgedämpfte Blattfeder F muß bei ihrer Rückkehr etwas über ihre Ruhelage hinaus schwingen. Sonst könnte die Relativgeschwindigkeit zwischen den Klemmbacken A und der Oberfläche der rotierenden Achse B nie Null werden; es könnte keine Haftreibung auftreten.

Im Anschluß an diese sieben Beispiele stellen wir die Merkmale zusammen, in denen sich Schwingungen und Kippfolgen unterscheiden:

1. Schwingungen verlangen — wenigstens im idealisierten Grenzfall — nur eine *einmalige* Energiezufuhr, Kippfolgen hingegen eine *andauernde*.

2. Schwingungen können praktisch sinusförmig verlaufen (Beispiele in den Abb. 52—54). Bei Kippfolgen zeigt der Verlauf der Ausschläge stets eine kompliziertere periodische Form.

3. Ohne konstruktive Änderungen kann man bei Schwingungen nur die *Amplituden*, bei Kippfolgen nur die *Frequenz* verändern. Dafür genügt es bei Kippfolgen, die Geschwindigkeit der andauernden Energiezufuhr zu ändern. Eine solche „Frequenzmodulation" kann man mit allen besprochenen Anordnungen vorführen.

4. Kippfolgen kann man besonders leicht eine fremde Frequenz aufzwingen, d. h. sie mit ihr synchronisieren. *Von der leichten Synchronisierbarkeit der Kippfolgen werden wir später in mannigfachen Anwendungen Gebrauch machen* (§ 109).

Angesichts dieser Unterschiede erscheint es kaum zweckmäßig, Kippfolgen als Kipp- oder Relaxations*schwingungen* zu bezeichnen.

In der Elektrik und in der Physiologie werden periodische Vorgänge nicht nur mit Schwingungen und Kippfolgen, sondern auch mit einem dritten Verfahren hergestellt. In ihm wird die Periode nicht wie bei Kippfolgen durch eine *Speicher*zeit bestimmt, sondern durch die *Lauf*zeit irgend eines Vorganges: Der Vorgang durchläuft einen Weg; am Zielort angekommen löst er mit einem (z. B. elektrischen) Signal am Startort den nächstfolgenden gleichartigen Vorgang aus, u. s. f.

§ 100. Darstellung nichtsinusförmiger periodischer Vorgänge und Strukturen mit Hilfe von Sinuskurven.

Ausschlag, Geschwindigkeit usw. der meisten periodischen Vorgänge verlaufen nicht sinusförmig. Ebenso zeigen die meisten periodischen Strukturen nicht das Profil einer einfachen Sinuskurve. Trotzdem spielen die Sinuskurven in der Physik eine große Rolle: Man kann nichtsinusförmige Kurven mit Hilfe einfacher Sinuskurven *darstellen, d. h. sowohl*

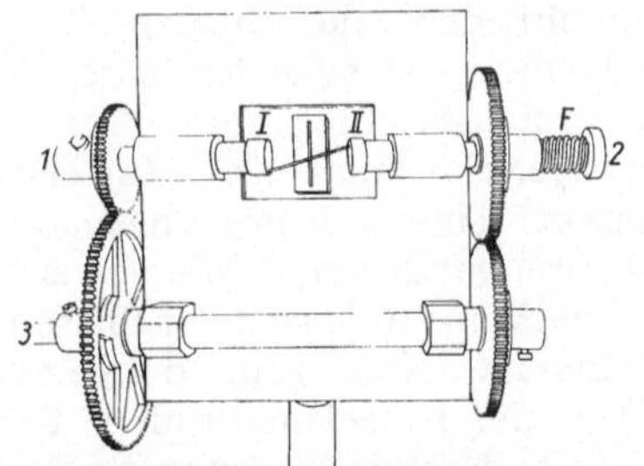

Abb. 308. Vorführungsapparat für die Überlagerung zweier Sinusschwingungen. Die beiden Achsen *1* und *2* werden über die Zahnräder von einem an der Achse *3* angesetzten Elektromotor gedreht.

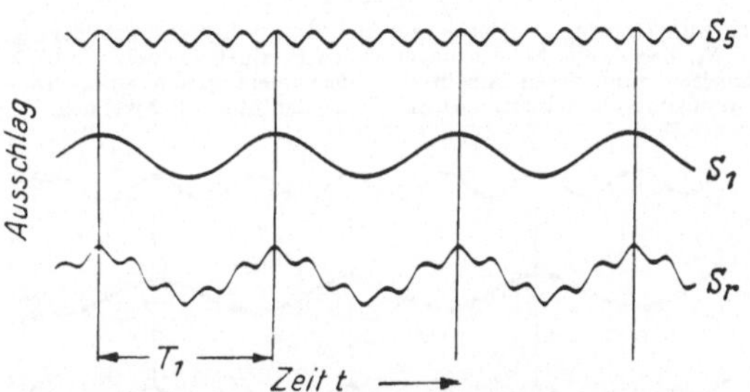

Abb. 309. Überlagerung zweier sinusförmiger Schwingungsbilder S_1 und S_5, also zweier Schwingungen, deren Frequenzen sich wie 1:5 verhalten. Amplituden-Verhältnis $A_1 : A_5 \approx 3:1$. Dieses Bild sowie die folgenden 310 bis 312 sind photographische Registrierungen, ausgeführt mit dem in Abb. 308 gezeigten Apparat.

herstellen als auch beschreiben. Das zeigen wir zunächst mit Schwingungsbildern, die wir *kinematisch* erzeugen, und zwar anknüpfend an den bekannten Zusammenhang von Kreisbahn und Sinuskurve (§ 7 und § 25). Wir beginnen mit der Überlagerung zweier sinusförmiger Schwingungsbilder verschiedener Frequenz.

Wir bewegen einen Stab vor einem Spalt in einer Kreisbahn und betrachten die zeitliche Reihenfolge der Spaltbilder räumlich nebeneinander (Polygonspiegel im Strahlengang). Wir sehen den Stab und den Spalt oben im Fenster in Abb. 308. Der Stab ist beiderseits mit seinen Enden am Umfang zweier Kreisscheiben *I* und *II* gefaßt. Diese werden durch einen Elektromotor gedreht. Die Zahnräder erlauben ein festes ganzzahliges *Frequenzverhältnis* herzustellen und außerdem jede gewünschte *Phasendifferenz* zwischen den beiden Schwingungen.

Dazu kann man das von der Schraubenfeder *F* gehaltene obere Zahnrad rechts zur Seite ziehen, gegen das untere um einen gewünschten Winkel verdrehen und dann wieder einklinken.

Der Spalt ist innerhalb des Fensters horizontal verschiebbar. Dadurch kann das *Verhältnis der Amplituden* beider Schwingungen auf einen gewünschten Wert eingestellt werden.

Schwingungen S, deren Frequenzen sich nach Herausheben gemeinsamer Teiler wie ganze Zahlen verhalten, unterscheiden wir fortan mit diesen Zahlen in Indexstellung, also $S_1, S_2, S_3 \ldots$ Die gleichen Indizes benutzen wir für die Amplituden A. — Jetzt einige Beispiele:

In Abb. 309 sehen wir die Schwingungsbilder zweier sinusförmiger Schwingungen S_1 und S_5, d. h. also Schwingungen, deren Frequenzen sich zueinander wie $1:5$ verhalten. Für das Verhältnis der Amplituden $A_1:A_5$ ist rund $3:1$ gewählt worden. Das untere Teilbild gibt die Überlagerung: Das Schwingungsbild S_r gleicht einer Sinuskurve, die von einer stark zitternden Hand gezeichnet ist.

In Abb. 310 zeigen wir oben zwei Sinusschwingungen S_9 und S_{10} mit nahezu gleich großen Amplituden, $A_9 \approx A_{10}$. Die Überlagerung beider Sinuskurven findet sich in dem unteren Teilbild S_r. Es gleicht äußerlich einer Sinuskurve mit periodisch veränderlicher Amplitude. Man nennt ein solches Schwingungsbild eine

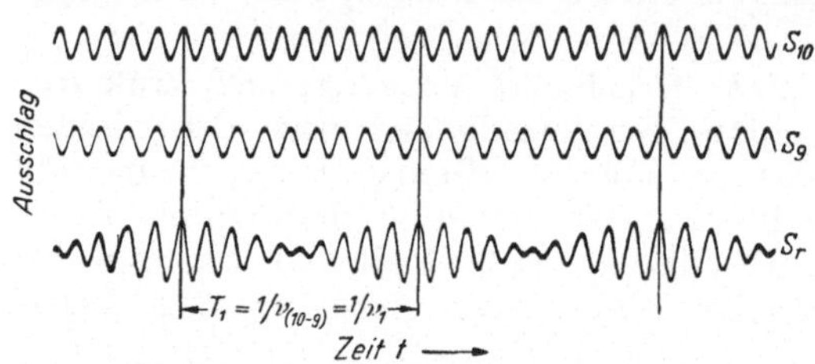

Abb. 310. Überlagerung zweier sinusförmiger Schwingungsbilder S_{10} und S_9, also zweier Schwingungen, deren Frequenzen sich wie 10:9 verhalten und deren Amplituden angenähert gleich sind. Das resultierende Schwingungsbild S_r ist das einer Schwebung.

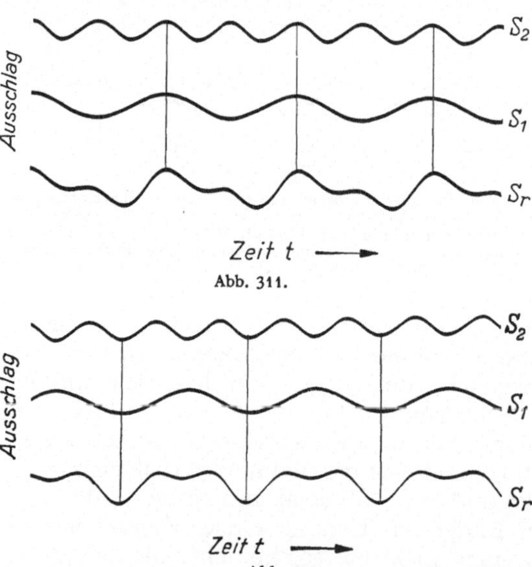

Abb. 311.

Abb. 312.

Abb. 311 und 312. Überlagerung zweier Schwingungen S_1 und S_2, also zweier Schwingungen, deren Frequenzen sich wie 1:2 verhalten. Der Vergleich der beiden resultierenden Kurven S_r zeigt den Einfluß der Phasen auf die Gestalt der Schwingungsbilder.

Schwebungskurve. Die oft ν_s genannte Schwebungsfrequenz ist gleich der Differenz $\Delta\nu$ der beiden Frequenzen. In dem gewählten Beispiel kommt die Schwingung in jedem Schwebungsminimum zur Ruhe. Im Zeitpunkt eines Minimums sind die gleich großen Amplituden der beiden Teilschwingungen einander entgegengesetzt gerichtet, ihre Phasendifferenz beträgt 180°. Im Zeitpunkt eines Schwebungsmaximums hingegen addieren sich beide Amplituden mit der Phasendifferenz Null zum doppelten Wert der Einzelamplituden. Für zwei Teilschwingungen ungleicher Amplituden werden die Schwebungsminima weniger vollkommen ausgebildet (vgl. § 101 a).

In der Abb. 311 sehen wir oben die Schwingungsbilder der beiden Schwingungen S_1 und S_2 mit dem Amplitudenverhältnis $A_1:A_2 \approx 3:2$. Die Überlagerung gibt eine zur Zeitachse symmetrisch verlaufende Kurve S_r.

In Abb. 312 benutzen wir die gleichen Schwingungen S_1 und S_2 wie in Abb. 311, jedoch beginnt die Schwingung S_2 zur Zeit $t=0$ mit der Phase 90° oder ihrem Höchstausschlag. Die resultierende Schwingung S_r zeigt trotz gleicher Amplituden und Frequenzen ein erheblich anderes Aussehen als in Abb. 311. Sie verläuft unsymmetrisch zur Zeitachse. In diesem Beispiel zeigt sich deutlich der Einfluß der Phase auf die Gestalt des resultierenden Schwingungsbildes.

Soweit die Überlagerung von nur zwei Sinusschwingungen: Wir konnten in den Abb. 309 bis 312 die Kurven nicht sinusförmiger Gestalt schon durch zwei Sinuskurven „darstellen", also sowohl herstellen als auch beschreiben.

In den verwickelten nichtsinusförmigen Schwingungsbildern der Abb. 309 bis 312 wiederholt sich nach je einer Periode T_1 ein bestimmtes Schwingungsbild in allen Einzelheiten. Den Kehrwert $1/T_1$ nennt man die Grundfrequenz v_1 des nichtsinusförmigen Schwingungsvorganges. Die beiden Teilschwingungen haben ganzzahlige Vielfache dieser Grundfrequenz. Ohne diese Ganzzahligkeit wäre eine periodische Wiederholung des Schwingungsbildes nicht möglich.

In entsprechender Weise lassen sich durch Hinzunahme weiterer Teilschwingungen beliebig verwickelte Schwingungskurven „darstellen". Amplituden und Phasen der Teilschwingungen sind passend zu wählen. Ihre Frequenzen müssen ausnahmslos ganzzahlige Vielfache der Grundfrequenz des verwickelten Kurvenzuges bilden. — Zwei Beispiele:

In Abb. 313 haben wir oben eine Schwebungskurve aus zwei Teilschwingungen S_9 und S_{10} dargestellt. Dieser Schwebungskurve wollen wir jetzt eine dritte Sinuskurve $S_1 = S_{(10-9)}$ überlagern. Ihre Frequenz soll also gleich der Differenz der beiden

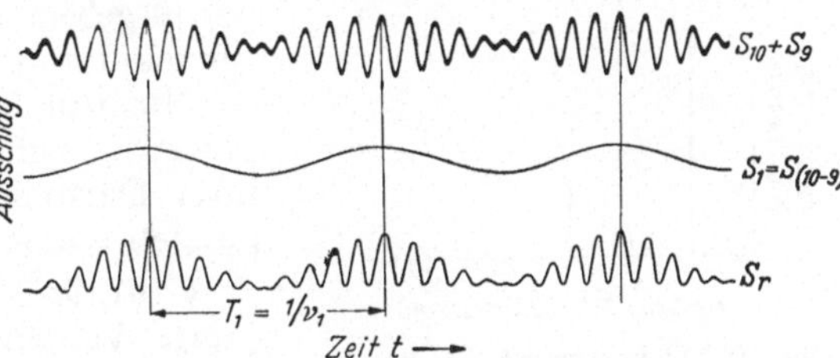

Abb. 313. Asymmetrisches Schwingungsbild S_r bei Überlagerung zweier Sinusschwingungen S_{10} und S_9 mit ihrer Differenzschwingung $S_1 = S_{(10-9)}$. Die Frequenz dieser Schwingung ist also gleich der Differenz der beiden anderen Frequenzen.

anderen Frequenzen sein. Außerdem sollen ihre positiven Maxima mit denen der Schwebungskurve zusammenfallen. — Durch die Addition einer solchen Differenzschwingung entsteht aus der ursprünglich zur Abszissenachse symmetrischen Schwebungskurve eine asymmetrische. Der Betrag der Asymmetrie hängt in ersichtlicher Weise von der Amplitude der benutzten Differenzschwingung ab. Dieses Schwingungsbild präge man sich fest ein.

Im zweiten Beispiel wollen wir das oben in Abb. 314 skizzierte Schwingungsbild I, eine periodische Folge von „Rechtecken" oder „Kästen", mit Hilfe von Sinusschwingungen darstellen. Das gelingt schon dann mit leidlicher Näherung, wenn man nur drei Sinuskurven S_1, S_3 und S_5 graphisch addiert. Man erhält die Kurve S_r in Abb. 314. Die Annäherung läßt sich beliebig verbessern, wenn man die Sinuskurven S_7, S_9... hinzunimmt.

Das in Abb. 314 skizzierte Schwingungsbild I können wir also näherungsweise mit Hilfe der drei unter ihm abgedruckten Sinusschwingungen beschreiben. In analytischer Form hat die Beschreibung folgendes Aussehen:

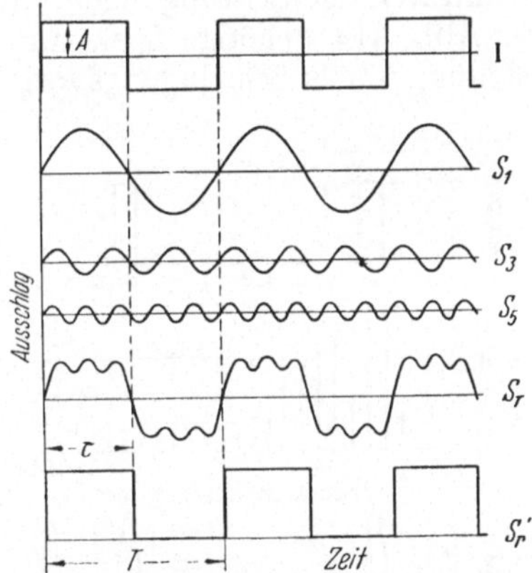

Abb. 314. Darstellung eines kastenförmigen Schwingungsbildes I mit Hilfe dreier Sinusschwingungen S_1, S_3 und S_5. Die Kurve S_r ist das resultierende Schwingungsbild. In der Kurve S_r' ist die Kurve I durch Anheben um die Höhe A ganz auf die Oberseite der Abszissenachse verschoben.

$$x = \frac{4A}{\pi}\left(\sin\omega t + \frac{1}{3}\sin 3\,\omega t + \frac{1}{5}\sin 5\,\omega t + \cdots\right) \qquad (207)$$

$$\left(x = \text{Ausschlag}, \ \omega = \frac{2\pi}{T}\right).$$

Dasselbe kastenförmige Schwingungsbild läßt sich aber auch experimentell herstellen, indem wir ein Lichtbündel nacheinander über Spiegel hinwegleiten, die sinusförmig mit passender Frequenz, Amplitude und Phase schwingen. Doch lohnt ein solches Verfahren nicht den Aufwand. Im Bedarfsfalle kann man das kastenförmige Schwingungsbild als Kippfolgen herstellen. Besonders bequem geht es mit elektrischen Hilfsmitteln. Man kann z. B. ein pendelndes oder rotierendes Schaltwerk in einen Stromkreis einbauen und mit ihm einen Gleichstrom zerhacken. In diesem Fall ist der Ausschlag ein Gleichstrom, und die Kurve verläuft immer oberhalb der Abszissenachse (S'_r). Man muß daher von der Kurve S'_r noch einen zeitlich konstanten Ausschlag subtrahieren, dargestellt durch eine der Abszisse parallele Gerade. Diese muß im Abstande A über der Abszissenachse liegen, also den zeitlichen Mittelwert des gehackten Gleichstromes wiedergeben. Man kann diese Gerade als eine Sinuskurve mit der Frequenz Null bezeichnen.

Nicht in der experimentellen *Herstellung* komplizierter Schwingungsvorgänge liegt der Wert ihrer Darstellung mittels einfacher Sinusschwingungen, sondern in ihrer *Beschreibung*.

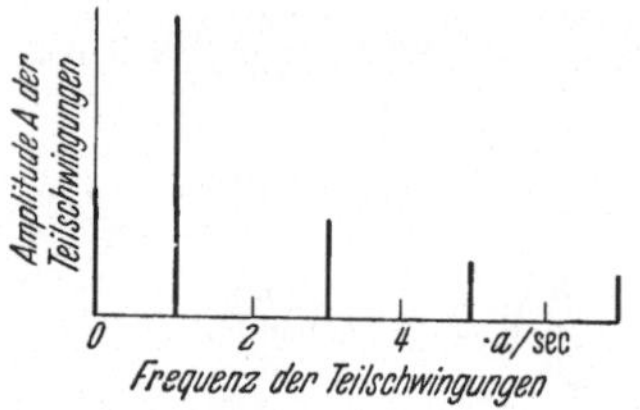

Abb. 315. Linienspektrum des unten in Abb. 314 dargestellten kastenförmigen Schwingungsbildes. a ist eine beliebige Zahl, z. B. 10^3, die aus den benutzten Frequenzen als gemeinsamer Teiler herausgenommen ist. — Für das zur Abszissenachse symmetrische Schwingungsbild I in der obersten Zeile von Abb. 314 würde die Spektrallinie der Frequenz Null wegfallen.

§ 101. Spektraldarstellung verwickelter Schwingungs-Vorgänge.

Bei verwickelten Schwingungsvorgängen verzichtet man oft auf eine Darstellung des Schwingungsbildes und begnügt sich mit einer Darstellung ihres Spektrums.

Ein Spektrum enthält in seiner Abszisse die *Frequenzen* der einzelnen Teilschwingungen. Die Ordinaten, Spektrallinien genannt, markieren durch ihre Länge die *Amplituden* der einzelnen benutzten Teilschwingungen. So zeigt Abb. 315 das zum Schwingungsbild S'_r in Abb. 314 gehörige Spektrum. Es ist ein *Linienspektrum*, die einfachste Darstellung eines Schwingungsvorganges. Ein Spektrum sagt weniger aus als ein Schwingungsbild: *Ein Spektrum enthält keine Angaben über die Phasen.* Zwar ist die Kenntnis der Phasen zum Zeichnen des Schwingungsbildes unerläßlich (Abb. 312). Doch braucht man diese Kenntnis nicht für eine Reihe physikalisch bedeutsamer, mit nichtsinusförmigen Schwingungen verknüpfter Aufgaben.

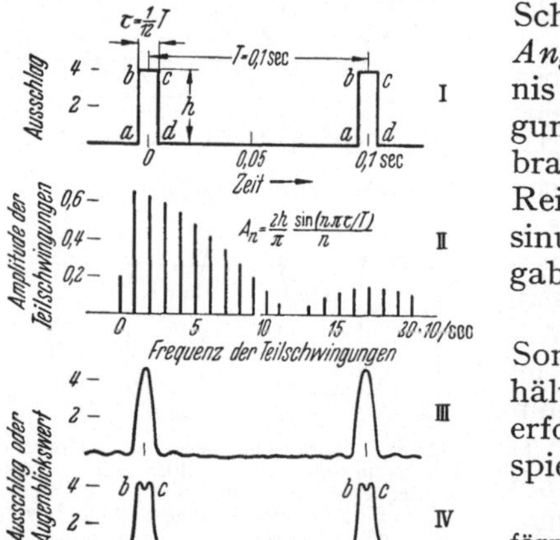

Abb. 316. Darstellung eines kastenförmigen Schwingungsbildes, bei dem die Zeitdauer τ der Ausschläge (z. B. Ströme) sehr viel kleiner ist als die Periode T. Die Kurve II gibt die ersten 20 Spektrallinien des zugehörenden Linienspektrums. Eine Spektrallinie bei der Frequenz Null bedeutet einen „konstanten" Ausschlag, (z. B. einen zeitlich konstanten Gleichstrom). Die Kurve III ist die Resultierende der ersten 10 Teilschwingungen, die Kurve IV die Resultierende der ersten 20 Teilschwingungen.

In Abb. 314 handelt es sich um einen Sonderfall. Es war $\tau/T = 1/2$. Wird das Verhältnis τ/T kleiner, so steigt die Anzahl der erforderlichen Sinusschwingungen. Als Beispiel wählen wir in Abb. 316 $\tau/T = 1/12$.

In Abb. 316 ist das Linienspektrum dieses kastenförmigen Schwingungsbildes mit den ersten 20 Spektrallinien dargestellt. Setzt man die ersten 10 dieser Teilschwingungen zusammen, so erhält man die periodische Kurve III; es fehlen also noch die scharfen oberen Ecken b und c. Im Teilbild IV sind die nächstfolgenden 10 Spektrallinien hinzugenommen worden. Dadurch hat wenigstens die Ausbildung der oberen Ecken b und c begonnen. Für die Ausbildung der unteren Ecken a und d muß man eine große Zahl weiterer Spektrallinien hinzunehmen. Gleiches gilt als ganz allgemein für Kurvenstücke mit geraden, steil zur Zeitachse stehenden Teilstücken, z. B. dem einseitig steilen Sägezahnprofil.

Wir bringen noch zwei weitere Spektra wichtiger Schwingungsvorgänge.

Fall I. Linienspektra gedämpfter Sinusschwingungen bei periodischer Stoß-erregung. Wir nehmen der Kürze halber ein numerisches Beispiel: Irgendein schwingungsfähiges Gebilde soll *ohne* Dämpfung Sinusschwingungen der Frequenz $\nu = 400/\mathrm{sec}$ ausführen. Einmal angestoßen, gibt es als Schwingungsbild

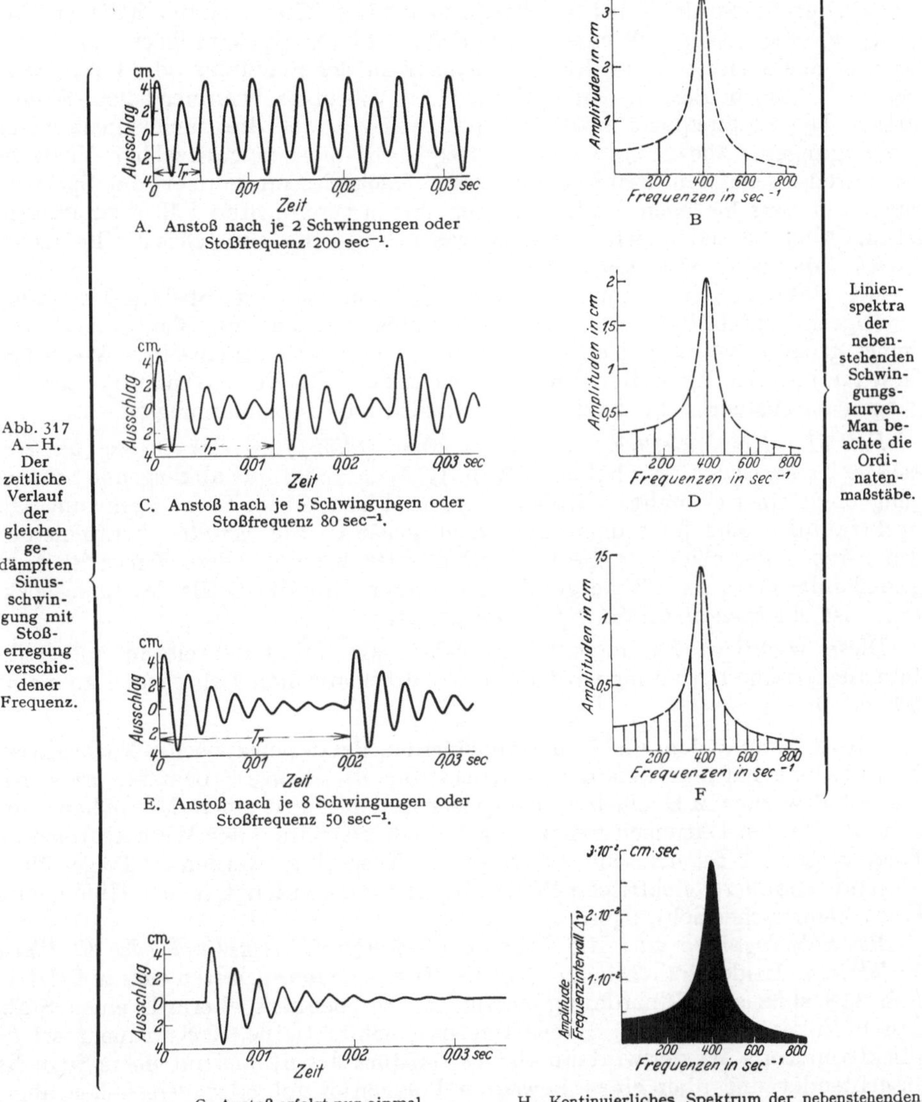

Abb. 317 A—H. Der zeitliche Verlauf der gleichen gedämpften Sinusschwingung mit Stoßerregung verschiedener Frequenz.

Linienspektra der nebenstehenden Schwingungskurven. Man beachte die Ordinatenmaßstäbe.

H. Kontinuierliches Spektrum der nebenstehenden, nur einmal angestoßenen gedämpften Schwingung. Die Ordinate A gibt mit dem Frequenzintervall $\Delta\nu$ multipliziert in Zentimetern die mittleren Amplituden der Schwingungen in diesem Frequenzintervall. An die Stelle einer FOURIERschen Reihe ist ein FOURIERsches Integral getreten.

eine Sinuskurve von konstanter Amplitude und unbegrenzter Länge. Sein Spektrum besteht aus nur einer einzigen Spektrallinie mit der Frequenz 400/sec.

Darauf werde dies schwingungsfähige Gebilde irgendwie gedämpft. Infolge-dessen zeigt es jetzt nach einer *einmaligen Stoßerregung* ein Schwingungsbild mit abklingender Amplitude und begrenzter Länge (Abb. 317 G). Darüber sehen wir die Schwingungen des gleichen Gebildes bei *periodisch wiederholter Stoß-erregung*. Im Teilbild E erfolgt ein neuer Anstoß nach jeweils 8, im Bild C nach jeweils 5, im Bild A schon nach jeweils 2 Schwingungen. Neben jedem dieser drei Schwingungsbilder finden wir das zugehörige Spektrum. Keines von ihnen zeigt noch das einfache Spektrum der ungedämpften Schwingung, also nur eine einzige Spektrallinie bei der Frequenz 400/sec. Zu der ursprünglichen Frequenz 400/sec gesellt sich eine ganze Reihe weiterer Spektrallinien. In jedem der drei Spektren ist die niedrigste Frequenz die der Stoßfolge oder kurz „*Stoß-frequenz*". Sie beträgt in den drei Spektren von oben beginnend 200, 80 und 50/sec. Die Stoßfrequenz ist die Grundfrequenz ν_1 der drei nichtsinusförmigen Schwingungen. Alle übrigen Spektralfrequenzen müssen ganzzahlige Vielfache der jeweils benutzten Stoßfrequenz sein. Infolgedessen können die Spektral-linien bei verschiedenen Stoßfrequenzen nur in vereinzelten Fällen zusammen-fallen. Aber sie finden sich — das ist wesentlich — stets im gleichen Frequenz-*bereich*. Man nennt ihn *Formantbereich*.

Mit sinkender Stoßfrequenz nimmt die Zahl der zur Spektraldarstellung benötigten Teilschwingungen oder Spektrallinien dauernd zu. Man braucht eine immer größere Zahl von Sinusschwingungen, um durch gegenseitiges Wegheben ihrer Amplituden die weiten Lückenbereiche zwischen den gedämpften Schwin-gungen darzustellen. So gelangen wir endlich im Grenzübergang zu

Fall II. Kontinuierliches Spektrum einer gedämpften Schwingung bei ein-maliger Stoßerregung. Wir haben in Abb. 317 G die gedämpft abklingende Schwin-gung nach einer einmaligen Stoßerregung und im Teilbild H ihr Spektrum. Die Spektrallinien sind jetzt unendlich dicht gehäuft. Sie erfüllen kontinuierlich den Bereich der oben punktierten umhüllenden Kurve. Diese Kurve ist dem-gemäß mit schwarzer Fläche gezeichnet worden. An die Stelle des Linienspek-trums ist ein *kontinuierliches Spektrum* getreten.

Diese wichtigen Zusammenhänge haben wir nur beschreibend mitgeteilt. Ihre analytische Herleitung wird in allen mathematischen Lehrgängen ausgiebig behandelt.

§ 101a. Amplituden- und Phasenmodulation. Bei der elektrischen Nachrichten-übermittlung hat man anfänglich Gleichstrom als „*Träger*" benutzt. Er wurde mit Schaltwerken, z. B. einen Telegraphentaster oder mit einem Mikrophon „mo-duliert". In den Leitungen liefen gehackte Gleichströme oder Wechselströme im Frequenzbereich der menschlichen Sprache. Neuerdings werden als Träger über-wiegend modulierte elektrische Wellen benutzt, man erzeugt sie mit Hilfe modu-lierter elektrischer Schwingungen.

Bei Schwingungen aller Art kann man entweder die Amplitude oder die Phase modulieren. Beide Modulationen und ihr Zusammenhang lassen sich mit der in Abb. 318 skizzierten Anordnung vorführen. Sie benutzt abermals einen Stab, dessen linkes Ende I eine Kreisbahn durchläuft. Seine Kreisfrequenz sei ω_0 (Elektromotor). Wieder wird ein kleines Teilstück des Stabes mit einem Spalt Sp ausgeblendet und über einen bewegten Polygonspiegel oder dergleichen abge-bildet. Der Stab durchsetzt rechts die enge Öffnung eines langen schwenkbaren Armes H. Eine kleine Bewegung des Armes in der Richtung des Doppelpfeiles ändert die Amplitude periodisch. Man erhält z. B. das in Abb. 319 photographierte Schwingungsbild: Es zeigt die *Amplituden-Modulation* einer Sinusschwingung, eine periodische Zu- und Abnahme der Amplituden. — Zur Vorführung der *Phasen-modulation* ist zwischen den Elektromotor und die Antriebs-Schnurscheibe der aus Abb. 66 bekannte „Phasenschieber" eingefügt: Bewegt man bei laufendem Motor und festgehaltenen Arm H den Arm A periodisch senkrecht zur Papierebene hin und her, so verändert man periodisch die Phase. Das ergibt das in Abb. 321 registrierte Schwingungsbild. Es läßt erkennen, warum die Namen Phasen- und Frequenz-Modulation gleichberechtigt sind.

Das abgebildete Stück des Stiftes umfährt bei beiden Modulationen eine Kreisbahn. Man kann den Bahnradius als Schwingungsvektor betrachten und sagen: Bei der Amplitudenmodulation addiert man dem Schwingungsvektor periodisch einen Zusatzvektor in *radialer* Richtung. Bei der Phasenmodulation hingegen ist der periodisch addierte Zusatzvektor in der Kreisbahnebene um 90° gedreht, er liegt *tangential* zur Kreisbahn.

Das in Abb. 319 photographierte Schwingungsbild läßt sich als Überlagerung zweier Schwingungsbilder auffassen: Im ersten ist $\omega_0 = 2\pi\nu_0$ die Kreisfrequenz; die Amplitude A *bleibt konstant*. Im zweiten ist die Kreisfrequenz ebenfalls ω_0, aber die Amplitude *ändert sich periodisch* mit der Kreisfrequenz ω_1, d.h. die Amplitude ist $x_0 \cos\omega_1 t$.

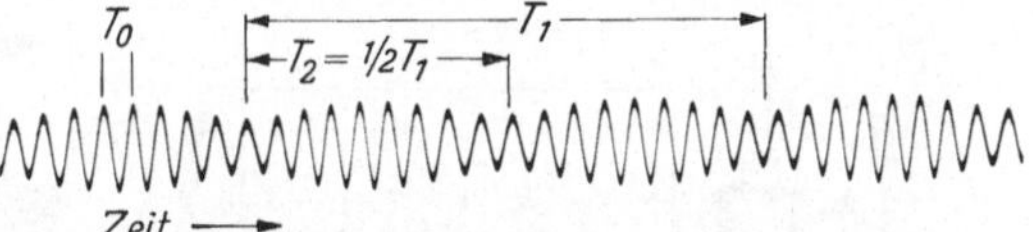

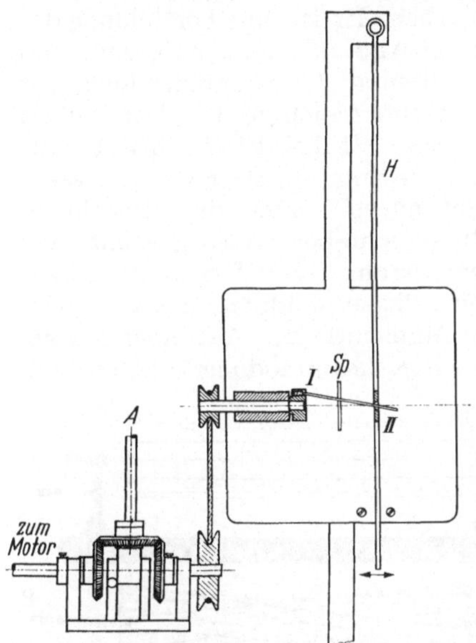

Abb. 318. Zur Vorführung von Amplituden- und Phasenmodulation.

Abb. 319. Registriertes Schwingungsbild bei Amplituden-Modulation. Es zeigt die drei Perioden T_0, T_1 und (als Abstand der engsten Einschnürungen) $T_2 = \frac{1}{2} T_1$. — Demgemäß hat man drei Kreisfrequenzen zu unterscheiden, nämlich ω_0 für die Schwingung, die moduliert wird, ω_1 für den Modulationsvorgang, $\omega_2 = 2\omega_1$ für das Ergebnis, also die modulierte Schwingung.

Die Überlagerung ergibt für das beobachtete, resultierende Schwingungsbild

$$x = A \cos\omega_0 t + x_0 \cos\omega_1 t \cdot \cos\omega_0 t \qquad (208\,\text{a})$$

oder nach trigonometrischer Umformung

$$x = A\cos\omega_0 t + \frac{x_0}{2}\cos(\omega_0+\omega_1)t + \frac{x_0}{2}\cos(\omega_0-\omega_1)\cdot t. \qquad (208\,\text{b})$$

Abb. 320. Das zu Abb. 319 gehörende Linienspektrum mit der Kreisfrequenz als Abszisse.

In Worten: Es werde die Amplitude einer Schwingung, deren Kreisfrequenz ω_0 ist, durch einen periodischen Vorgang mit der Kreisfrequenz ω_1 moduliert; dann entsteht ein Schwingungsbild, dessen Spektrum (Abb. 320) *drei* Spektrallinien enthält, und zwar mit den Kreisfrequenzen ω_0, $(\omega_0 + \omega_1)$, und $(\omega_0 - \omega_1)$.

Sind, wie z.B. bei einer Modulation durch die Sprache, gleichzeitig viele Sinusschwingungen beteiligt, so treten an die Stelle der beiden äußeren Spektrallinien in Abb. 320 breite Banden mit wechselndem Umriß. In diesen „*Seitenbändern*" ist der gesamte Inhalt der zu übermittelnden Nachricht enthalten.

Fehlt in den Gl. (208 a und b) das erste Glied (im Spektrum also die mittlere der drei Spektrallinien), so hat die Amplitude des resultierenden Schwingungsbildes keinen zeitlich konstanten Anteil. Es verbleibt eine „*Schwebungskurve*" (Abb. 310). Für die Schwebungsfrequenz, die wir ν_S nennen, gilt $\nu_S = \Delta\nu = (\nu_0 + \nu_1) - (\nu_0 - \nu_1) = 2\nu_1$.

Wichtig ist für Nachrichtentechnik und Optik[1] die Umwandlung einer phasenmodulierten Sinusschwingung in eine amplitudenmodulierte. Dazu braucht man nur der phasenmodulierten Schwingung eine sinusförmige Hilfsschwingung gleicher Frequenz und Amplitude mit einer Phasendifferenz $\varphi = 90°$ zu überlagern. Das läßt sich mit dem einfachen in Abb. 322 dargestellten Apparat verwirklichen. Er ist eine Fortbildung des in Abb. 308 gezeigten, nur sind diesmal die Zahnräder links und rechts gleich groß. — Der Umlauf des Stabendes I liefert die Schwingung, die mit dem Phasen

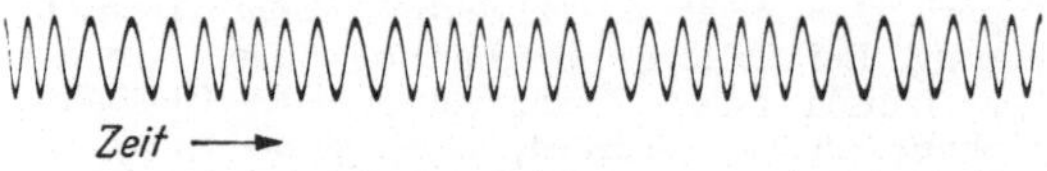

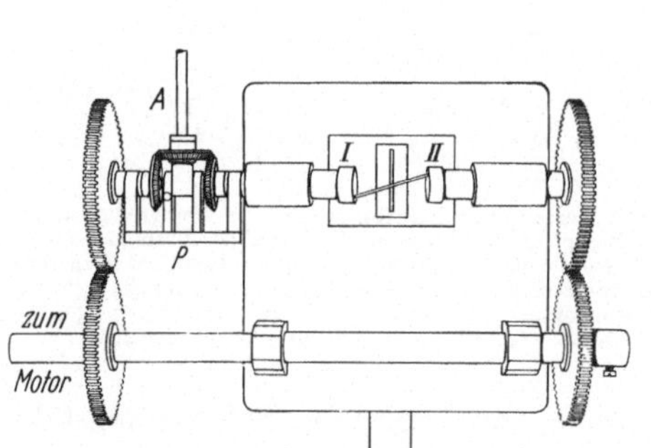

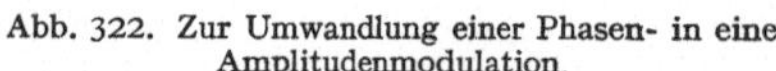

Abb. 321. Registriertes Schwingungsbild bei einer Phasenmodulation.

schieber P moduliert wird, der Umlauf des Stabendes II liefert die Hilfsschwingung. Die Ruhestellung des Armes A am Phasenschieber ist so gewählt, daß zwischen den Stabenden I und II eine Phasendifferenz $\varphi = 90°$ besteht. Kleine periodische Änderungen $\Delta\varphi$ der Phase, also eine Phasenmodulation der Schwingung I, ergibt Änderungen der *resultierenden* Amplitude A_r: Aus einer *phasen*modulierten Schwingung (Abb. 321) wird eine *amplituden*modulierte (Abb. 320).

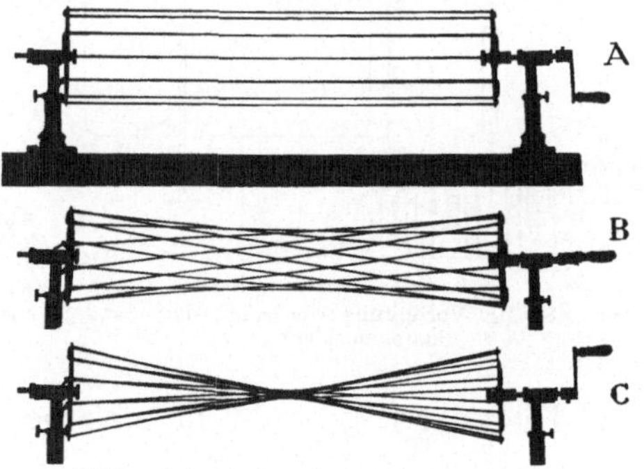

Abb. 322. Zur Umwandlung einer Phasen- in eine
Amplitudenmodulation.

Abb. 323 A—C. Ergänzung zu Abb. 322.
Dazu auch Anm. 1 in § 164a der Optik.

Sehr einfach versteht man diese Umwandlung an Hand eines zylindrischen Käfigs, der aus zwei um eine Achse drehbaren Kreisscheiben und einigen Gummifäden gebildet wird (Abb. 323, Teilbild A). Die Gummifäden sollen verschiedene Stellungen markieren, die der Stab in Abb. 322 nacheinander während eines Umlaufes seiner Enden I und II einnimmt. Im Teilbild B sind die Scheiben um $\varphi = 90°$, im Teilbild C um $\varphi = 180°$ gegeneinander verdreht worden. Dabei ist eine Taille entstanden: Ihr halber Durchmesser ist die resultierende Amplitude A_r. Er reagiert bei $\varphi = 0°$ (Bild A) und bei $\varphi = 180°$ (Bild C) praktisch gar nicht, bei $\varphi = 90°$ aber stark auf kleine Phasenänderungen $\Delta\varphi$.

§ 102. Allgemeines über elastische Eigenschwingungen von beliebig gestalteten festen Körpern. Schwingungsfähige Gebilde oder Pendel haben wir bisher stets auf ein einfaches *Schema* zurückgeführt, einen trägen Körper zur Aufnahme der kinetischen Energie und eine elastische Feder zur Aufnahme potentieller Energie. Die übersichtlichste Form dieses Schemas war die Kugel zwischen zwei gespannten Schraubenfedern (Abb. 55). Diese Anordnung heiße fortan ein *Elementarpendel*. Dies Schema war für die Mehrzahl der von uns bisher benutzten schwingungsfähigen Gebilde ausreichend, wenngleich manchmal

---

[1] z. B. im Phasenkontrast-Mikroskop.

etwas gewaltsam. Es reicht aber keineswegs für alle vorkommenden Fälle aus. Sehr häufig ist eine getrennte Lokalisierung von trägem Körper und Feder nicht möglich. Es können ja schließlich alle beliebig gestalteten Körper schwingen. Das sagt uns die Erfahrung des täglichen Lebens. Damit gelangen wir zu dem Problem der elastischen Eigenschwingungen beliebiger Körper.

Der Einfachheit halber beschränken wir uns zunächst auf Körper von geometrisch besonders einfacher Form. Wir behandeln die Schwingungen *linearer* Gebilde, d. h. von Körpern mit ganz überwiegender Längsausdehnung. Zunächst nehmen wir (an sich schlaffe) gespannte Bänder, Drähte, Schraubenfedern, Ketten usw. Hinterher folgen dann Schwingungen starrer linearer Gebilde, wie etwa von Stäben aus Metall oder Glas. Zur Herleitung der Eigenschwingungen dieser linearen Körper benutzen wir die Aneinanderkoppelung einer großen Reihe von Elementarpendeln. Ein anderes Verfahren wird dann später in § 119 folgen. Es benutzt die Überlagerung gegenläufiger, fortschreitender elastischer Wellen.

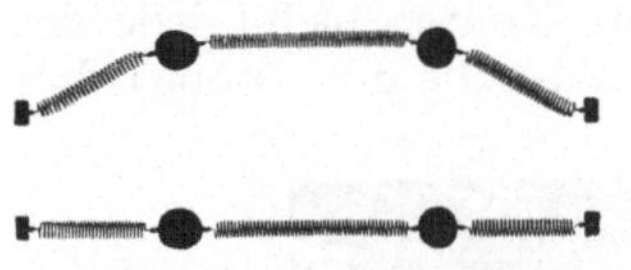

Abb. 325. Querschwingungen zweier gekoppelter Elementarpendel. Beide Körper in Phase. Momentbilder.

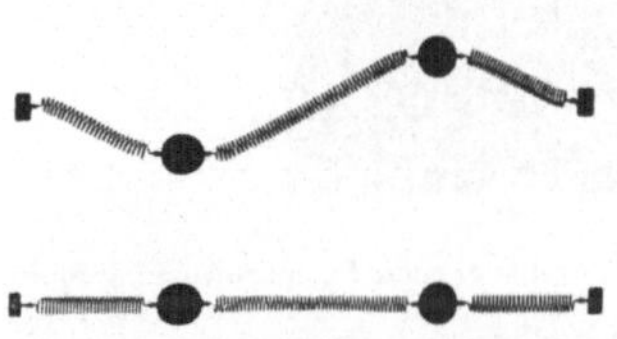

Abb. 326. Querschwingungen zweier gekoppelter Elementarpendel. Die Körper gegeneinander um 180° phasenverschoben. Momentbilder.

§ 103. **Elastische Transversalschwingungen gespannter linearer fester Körper.** Die Abb. 55 zeigte uns ein einfaches Elementarpendel. Eine Schwingung in der Längsrichtung seiner Feder soll fortan eine Longitudinal- oder *Längsschwingung* heißen, eine in Richtung quer zur Federlänge eine Transversal- oder *Querschwingung*. Zunächst wollen wir von den Querschwingungen Gebrauch machen.

In Abb. 325 und 326 sind zwei solcher Elementarpendel aneinandergefügt oder „*gekoppelt*". Dies Gebilde kann in zweifacher Weise schwingen: Im ersten Fall schwingen beide Kugeln *gleichsinnig oder „in Phase"*. In Abb. 325 sind zwei Momentbilder dieser Schwingungen eingezeichnet. Im zweiten Fall schwingen beide Kugeln *gegensinnig oder „um 180° phasenverschoben"*. Auch hier sind wieder in Abb. 326 zwei Momentbilder skizziert.

Die Frequenzen sind in beiden Fällen verschieden. In Abb. 326 beobachten wir mit der Stoppuhr eine höhere Frequenz als in Abb. 325. Bei zwei miteinander gekoppelten Elementarpendeln beobachten wir also zwei transversale Eigenschwingungen mit den Frequenzen ν_1 und ν_2.

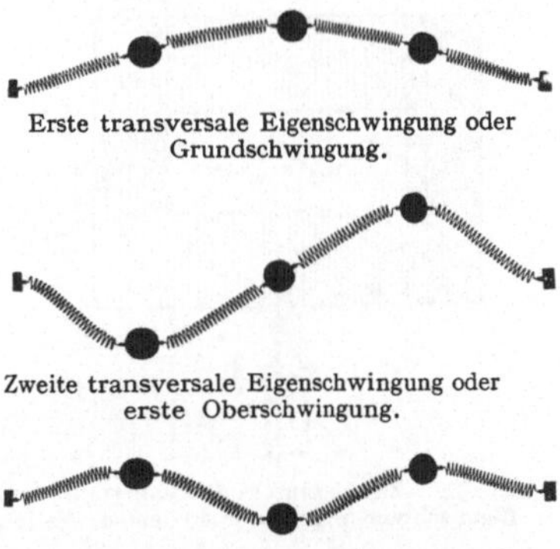

In ganz entsprechender Weise sind in Abb. 327 drei Elementarpendel miteinander gekoppelt. Diesmal sind drei verschiedene Querschwingungen möglich, alle drei sind durch

Erste transversale Eigenschwingung oder Grundschwingung.

Zweite transversale Eigenschwingung oder erste Oberschwingung.

Dritte transversale Eigenschwingung oder zweite Oberschwingung.

Abb. 327. Die drei möglichen Querschwingungen dreier gekoppelter Elementarpendel. Momentbilder.

geeignete Momentbilder belegt. Ihre experimentelle Vorführung bietet keine Schwierigkeit. Bei drei gekoppelten Elementarpendeln erhalten wir also drei Eigenfrequenzen.

In dieser Weise kann man nun beliebig fortfahren. Für eine Kette von n gekoppelten Elementarpendeln erhält man n Eigenschwingungen. Im Grenzübergang gelangt man zu kontinuierlichen linearen Gebilden. Für ein solches ist also eine praktisch unbegrenzte Anzahl von transversalen Eigenschwingungen zu erwarten. Als erstes Beispiel bringen wir ungedämpfte Transversalschwingungen eines horizontal ausgespannten Gummizugbandes. Die Abb. 328 gibt uns in Seitenansicht photographische Zeitaufnahmen seiner zweiten bis vierten transversalen Eigenschwingung. In jedem dieser Beispiele sehen wir *drei* Größen längs des Bandes *periodisch* verteilt, nämlich die transversalen *Ausschläge*, die transversale *Geschwindigkeit* und die *Neigung* des Bandes gegen seine Ruhelage. Alle drei Größen zeigen „*Knoten*" und „*Bäuche*". In ihren Knoten bleibt jede der drei Größen dauernd gleich Null. In ihren Bäuchen haben die drei Größen ihre

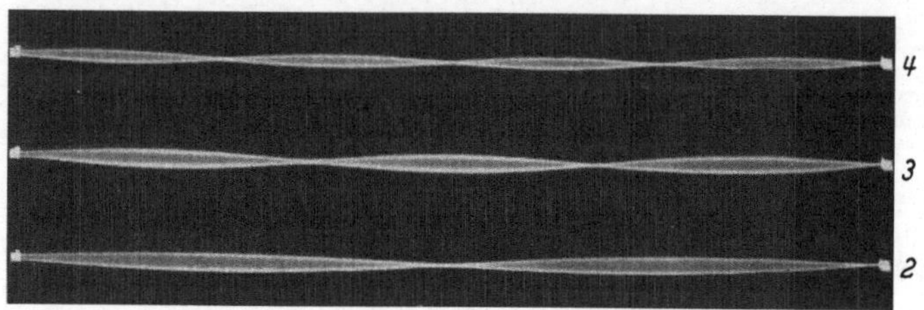

Abb. 328. Photographische Zeitaufnahme (Seitenansicht) der zweiten bis vierten transversalen Eigenschwingung eines gespannten Gummizugbandes. Helles Band vor dunklem Grunde. Wo das Band grau erscheint, erreicht seine Geschwindigkeit quer zur Längsrichtung große Werte. Zur Erregung einer Eigenschwingung der Frequenz *v* wird ein Ende des Bandes von einem Motor periodisch bewegt, und zwar entweder *quer* zur Bandrichtung mit der Frequenz *v* oder *in* der Bandrichtung mit der Frequenz 2*v*. Im zweiten Fall nennt die Technik die Erregung *parametrisch*, weil die Bandspannung als Parameter periodisch geändert wird. (Sie erreicht während *einer* Periode der Eigenschwingung *zweimal* einen Höchstwert.)

größten Amplituden. Die Bäuche der Ausschläge und die Bäuche der Geschwindigkeit liegen an den gleichen Stellen und ebenso die Knoten beider. Die Bäuche der Neigung hingegen liegen dort, wo Ausschlag und Geschwindigkeit Knoten haben, also z. B. an den beiden Enden des Bandes.

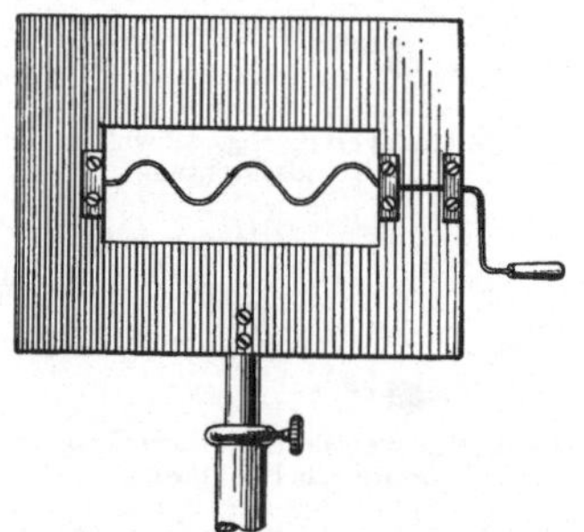

Abb. 329. Zur Veranschaulichung transversaler Eigenschwingungen oder stehender Wellen.

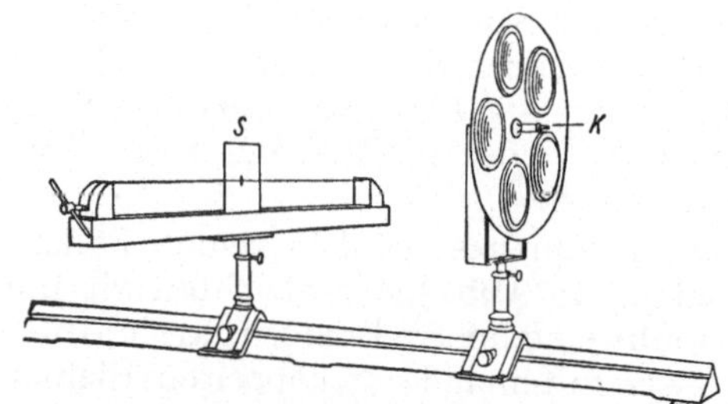

Abb. 330. Projektion von Schwingungskurven eines Punktes einer Saite mit Hilfe einer rotierenden Linsenscheibe.

Für eine rein kinematische Veranschaulichung transversaler Eigenschwingungen genügt ein sinusförmig gebogener Draht mit einer Kurbel an einem Ende (Abb. 329). Diesen Draht versetzt man vor der Projektionslampe in Drehungen um seine Längsachse. Das Bild läßt dann die einzelnen Momentbilder der Schwingungen (oft kurz „Schwingungsphasen" genannt) nacheinander beobachten. Bei raschen Kurbeldrehungen kann man bequem den Übergang zu den aus Abb. 328 ersichtlichen Zeitaufnahmen erreichen. Diese primitive Vorrichtung ist recht nützlich.

Wir greifen noch einmal auf die Abb. 328 zurück und denken uns gegen das in der vierten Teilschwingung schwingende Band in der Papierebene einen Schlag ausgeführt. Dann beginnt das Band als Ganzes in seiner ersten Eigen- oder Grundschwingung zu schwingen, und die beiden Eigenschwingungen treten *gleichzeitig* auf. Ein solch gleichzeitiges Auftreten von mehreren Eigenschwingungen benutzt man sehr viel bei den Saiten unserer Musikinstrumente. Wir sehen in Abb. 330 eine horizontale Saite ausgespannt. Sie wird durch einen Violinbogen zu Schwingungen erregt (Abb. 331).

Mit einem senkrecht zur Saite stehenden Spalt kann man einen „Punkt" der Saite ausblenden und seine Bewegungen photographisch registrieren. Die Abb. 331 gibt einige Beispiele: Ein einzelner Punkt der Saite, z. B. in Abb. 330 der Mittelpunkt, vollführt also auf seiner Bahn quer zur Längsrichtung der Saite keineswegs eine einfache Sinusschwingung. Man sieht vielmehr meistens schon recht verwickelte Schwingungsbilder. Sie rühren von der Überlagerung einer größeren Anzahl von Eigenschwingungen her. Das alleinige Auftreten *einer* Eigenschwingung läßt sich nur durch eine besondere Bogenführung und auch dann nur mit Annäherung erreichen. Im allgemeinen besitzen die Saiten der Musikinstrumente ein recht kompliziertes Schwingungsspektrum.

Für Schauversuche benutzt man statt der geradlinigen Linsenbewegung in der Horizontalen die in Abb. 330 gezeigte „*Linsenscheibe*". Bei der Rotation treten ihre einzelnen Linsen nacheinander in Tätigkeit. Der Antrieb erfolgt mit Daumen und Zeigefinger am Kordelknopf K. Die Zeitabszisse ist leicht gekrümmt. Das ist ein harmloser Schönheitsfehler.

§ 104. Elastische Longitudinal- und Torsionsschwingungen gespannter linearer fester Körper.

Als Longitudinal- oder Längsschwingungen eines Elementarpendels haben wir am Anfang vom § 103 eine Schwingung des Pendelkörpers in Richtung der Schraubenfedern definiert.

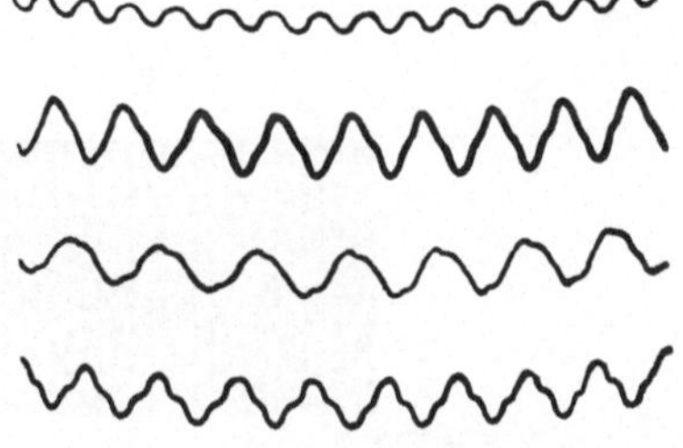

Abb. 331. Zeitlicher Verlauf des Ausschlages eines „Punktes" auf einer transversal schwingenden Violinsaite.

In den Abb. 332 und 333 sehen wir die beiden Longitudinalschwingungen zweier aneinander gekoppelter Elementarpendel dargestellt. In Abb. 332 schwingen beide Pendel gleichsinnig oder „in Phase". In Abb. 333 schwingen sie gegenläufig oder „um 180° phasenverschoben". Wir fahren mit der kettenartigen Ankopplung weiterer Elementarpendel fort und

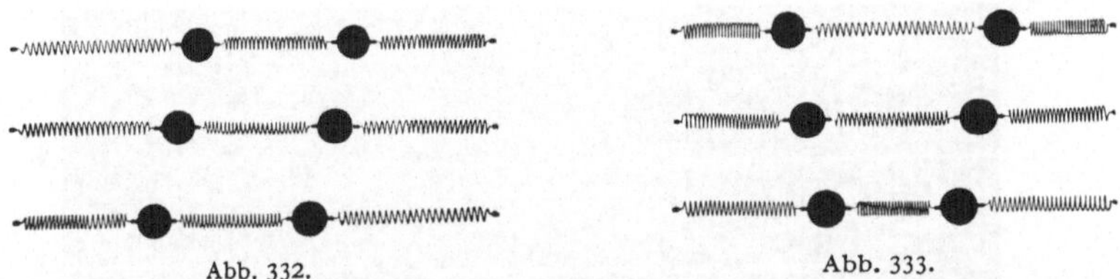

Abb. 332.   Abb. 333.

Abb. 332 u. 333. Je drei Momentbilder von Längsschwingungen zweier gekoppelter Federpendel. Oben und unten im Zeitpunkt großer Ausschläge, in der Mitte beim Passieren der Ruhelage. — In Abb. 332 schwingen beide Körper mit gleicher Phase, in Abb. 333 hingegen um 180° gegeneinander phasenverschoben.

finden für n Elementarpendel n Eigenschwingungen. So gelangen wir wiederum im Grenzübergang zu einem linearen Gebilde mit einer praktisch unbegrenzten Anzahl longitudinaler Eigenschwingungen. Als Beispiel bringen wir ungedämpfte Longitudinalschwingungen eines horizontal ausgespannten schwarzen Gummibandes mit weißen Querstreifen.

Die Abb. 334 gibt uns in Aufsicht photographische *Zeitaufnahmen* der ersten und der zweiten longitudinalen Eigenschwingung: In beiden Beispielen sehen wir sogleich zwei Größen längs des Bandes periodisch verteilt, nämlich die longitudinalen *Ausschläge* und die longitudinale *Geschwindigkeit*. Die Bäuche von Ausschlag und Geschwindigkeit fallen zusammen und ebenso ihre Knoten.

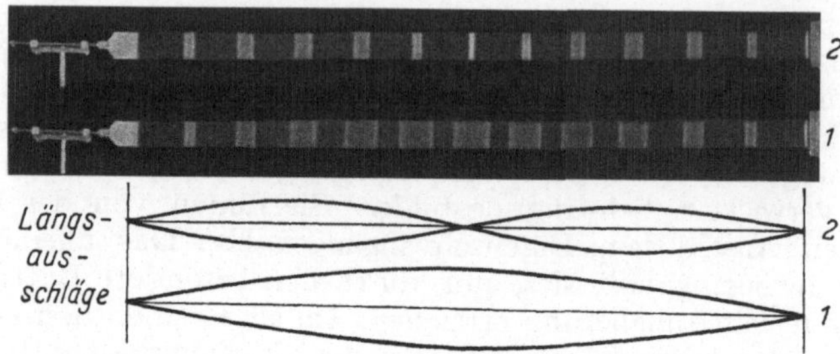

Abb. 334. Erste und zweite longitudinale Eigenschwingung eines Gummizugbandes mit weißen Querstreifen auf schwarzem Grund. Zeitaufnahmen in Aufsicht. Wo die weißen Querstreifen nur eine graue Spur ergeben, erreichen die Geschwindigkeiten in der Längsrichtung des Bandes große Werte. Unten graphische Darstellungen der Verteilung der Höchstausschläge (und der longitudinalen Geschwindigkeiten) längs des Bandes. Zur Erregung einer Eigenschwingung wird hier das linke Bandende *in* der Bandrichtung mit der Frequenz ν der Eigenschwingung von einem Motor periodisch hin und her bewegt.

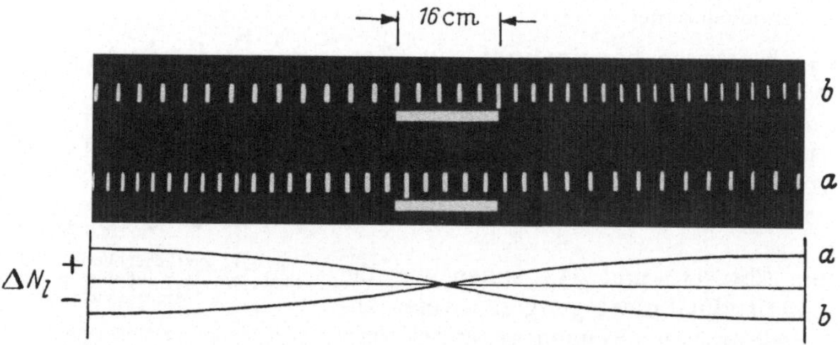

Abb. 335. Photographische Momentaufnahmen (etwa 10^{-5} sec) der ersten longitudinalen Eigenschwingung eines quergestreiften Gummibandes in Phasen fast maximaler Längsausschläge. (Stroboskopisch betrachten!) Der maximale Ausschlag beträgt in der Mitte $\pm$ 8 cm. Die kleine Marke, die einen der weißen Streifen verlängert, läßt die Schwingungsphasen erkennen. Die Bilder sind wegen Überdehnung des Bandes nur qualitativ korrekt.

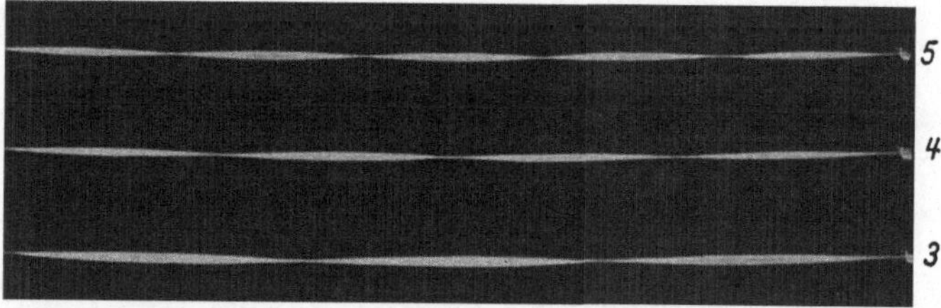

Abb. 336. Dritte bis fünfte Torsionsschwingung eines 1 m langen und 3 cm breiten gespannten Gummizugbandes. Der Halter des einen Endes wird irgendwie mit Hilfe eines Exzenters um eine der Bandlänge parallele Achse hin und her gedreht. Es genügen Winkel von einigen Graden.

Als dritte Größe ist die elastische Verformung (Dehnung und Stauchung) längs des Bandes periodisch verteilt. Die periodische Verteilung der elastischen Verformung bewirkt eine periodische Änderung ΔN_l der Verteilung der *Streifendichte* N_l längs des Bandes. Als Streifendichte N_l definieren wir den Quotienten

$$N_l = \frac{\text{Anzahl der Streifen im Abschnitt } \Delta l}{\text{Länge } \Delta l} = \frac{1}{\text{Streifenabstand}} \, . \tag{208}$$

Die beiden *Momentaufnahmen* in Abb. 335 zeigen längs der Bandlänge l die Änderungen ΔN_l der Streifendichte N_l für die erste longitudinale Eigenschwingung, und zwar nahezu in den Phasen der Höchstausschläge. Die Maxima dieser Änderung, d. h. ihre Bäuche, liegen an den Enden. Sie liegen also an den Stellen, an denen die Ausschläge und die Geschwindigkeiten ihre Knoten haben (Abb. 334).

Zu den Transversal- und Longitudinalschwingungen linearer fester Körper gesellen sich *Torsions-* oder Drillschwingungen hinzu. Man zeigt auch sie bequem mit einem gespannten, einige Zentimeter breiten gewebten Gummizugband. Die Abb. 336 gibt Zeitaufnahmen für drei Eigenschwingungen.

§ 105. Elastische Schwingungen in Säulen von Flüssigkeiten und Gasen.

Wie stets behandeln wir auch hier Flüssigkeiten und Gase gemeinsam. Unsere Experimente werden wir meistens mit Luft ausführen.

Im Inneren von Flüssigkeiten und Gasen (Gegensatz: Oberfläche) *sind* keine Transversal- und Torsionsschwingungen, sondern *nur Longitudinalschwingungen möglich.* Das folgt ohne weiteres aus der freien Verschieblichkeit aller Flüssigkeits- und Gasteilchen[1] gegeneinander.

Wie bei den festen Körpern wollen wir anfänglich auch bei den Flüssigkeiten und Gasen *lineare* Gebilde behandeln. Linear begrenzte Flüssigkeits- und Gassäulen stellen wir uns mit Hilfe von *Röhren* her.

Man kann Gassäulen sehr leicht zu Eigenschwingungen anregen. Man kann beispielsweise für einen Schauversuch ein Papprohr von rund 1 m Länge und etlichen Zentimetern Weite an einem Ende mit einer Gummimembran verschließen. Durch Zupfen oder Schlagen der Membran erregt man diese „Luftsäule" zu laut hörbaren, aber rasch abklingenden Eigenschwingungen. Oder man gibt dem einen Rohrende einen festen Boden und zieht vom andern Ende einen hülsenförmigen Deckel herunter. Bei diesen longitudinalen Schwingungen verläuft grundsätzlich alles ebenso wie bei den longitudinalen Schwingungen eines Gummizugbandes in § 104. Man denke sich die Luftsäule quer in dünne Schichten unterteilt und jede Schicht an die Stelle eines Querstreifens auf dem Gummiband tretend.

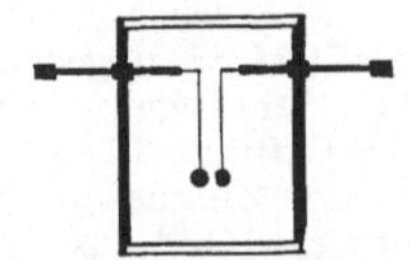

Abb. 337. Hydrodynamischer Nachweis der Luftströme wechselnder Richtung in der Längsrichtung einer Pfeife. (Man kann auch die beiden Kugeln hinter- statt nebeneinander stellen. Dann erzeugt der Luftstrom wechselnder Richtung eine gegenseitige Abstoßung der Kugeln.)

Diese Schichten strömen zwischen den Knoten des Ausschlages hin und her. Kleine in der Luft schwebende *Staubteilchen* machen die Bewegung der Luftschichten mit. Man kann sie mikroskopisch beobachten und so die beiderseitigen Maximalausschläge („Bewegungsamplituden") messen. — Für Schauversuche in großem Kreis zeigt man das Hinundherströmen der Luft mit hydrodynamischen, von der Bewegungsrichtung unabhängigen Kräften.

Beispiel. Man hängt im Innern eines Rohres von quadratischem Querschnitt zwei kleine Holunderkugeln an dünnen Fäden auf. Zwei Fenster aus Glas oder Cellon erlauben, die Kugeln im Projektionsbild zu beobachten. Die Verbindungslinie der beiden Kugeln wird zunächst senkrecht zur Rohrachse gestellt. Dann gilt für eine der Rohrachse parallele Strömung das aus Abb. 268 bekannte Stromlinienbild. Zwischen beiden Kugeln werden die Stromlinien zusammengedrängt. Beide Kugeln müssen sich beim Schwingen oder Tönen der Pfeife *einander nähern.* Das ist in der Tat der Fall.

---

[1] Im Sinne kleiner Volumenelemente, nicht einzelner Moleküle.

Die Knoten der Längsbewegung lassen sich mit feinem, auf der Unterseite des Rohres liegendem Pulver nachweisen. Die Pulverteilchen kommen in den Knoten der Längsbewegung zur Ruhe und bilden die KUNDTschen Staubfiguren.

Wir zeigen sie für Eigenschwingungen der Frequenz $\nu \approx 3 \cdot 10^4$/sec (Abb. 338). Als Erreger dient eine dicht vor der Rohröffnung stehende Pfeife (Abb. 344).

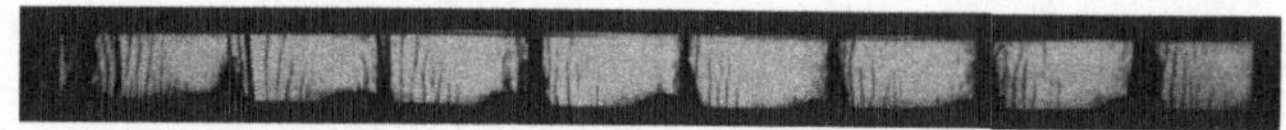

Abb. 338. KUNDTsche Staubfiguren. Während der Schwingungen bildet der Staub feine zur Rohrachse senkrecht stehende kulissenartige Schleier. Sie wandern langsam in Richtung der Rohrachse. Sie zeigen, daß die Strömungen innerhalb der longitudinal schwingenden Gassäule mit verwickelten Nebenerscheinungen („Effekten zweiter Ordnung") verbunden sind. Diese entstehen durch die Ausbildung einer Grenzschicht zwischen der Rohrwand und den strömenden Teilen der Gassäule.

Zwischen den Knoten der Ausschläge liegen nicht nur die Bäuche der Ausschläge, sondern auch die Bäuche der Gasgeschwindigkeit. Man zeigt die periodische Verteilung dieser *Geschwindigkeit* mit dem RUBENSschen Flammenrohr (Abb. 339).

Das Flammenrohr ist ein einige Meter langes mit Leuchtgas beschicktes Rohr. Es hat an seiner Oberfläche eine über die ganze Rohrlänge laufende Reihe von Brenneröffnungen. Das eine Rohrende ist starr, das andere mit einer Membran verschlossen. Diese wird

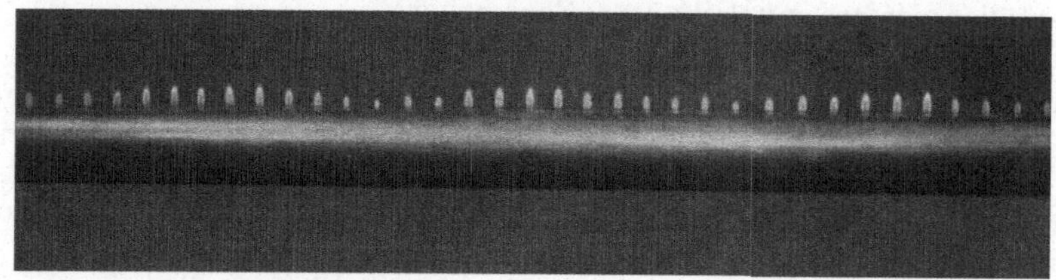

Abb. 339. Das RUBENSsche Flammenrohr zeigt die Verteilung der Strömungsgeschwindigkeit in einer longitudinal schwingenden Gassäule. Die Flammenhöhen sind zeitlich konstant und ihre Maxima liegen über den Bäuchen der Strömungsgeschwindigkeit.

irgendwie zu ungedämpften Schwingungen erregt. Ihre Frequenz muß mit der Frequenz einer der Eigenschwingungen der Gassäule übereinstimmen. — Die Flammenhöhe über einer Öffnung hängt ab von dem Betrag, um den der Druck des Gases unter der Öffnung den der Zimmerluft übertrifft. Diese Druckdifferenz wächst um einen zeitlich *konstanten* Betrag, sobald das Gas schwingend hin und her strömt und dabei die unvermeidliche Grenzschicht (§ 88) entsteht. Die Druckzunahme in der Grenzschicht ist umso größer, je rascher das Gas außerhalb der Grenzschicht, also näher der Rohrachse hin und her strömt. Über den Bäuchen der Strömungsgeschwindigkeit erreicht die konstante Druckzunahme Werte bis zu 0,1 mm Wassersäule, und das ergibt eine weithin sichtbare Vergrößerung der Flammenhöhe.

Bei den Longitudinalschwingungen eines Gummizugbandes war die *Streifendichte* periodisch längs des Bandes verteilt. Die Bäuche der Streifendichte lagen dort, wo die Längsbewegung einen Knoten besaß. Genau das entsprechende gilt für longitudinal schwingende Gas- oder Flüssigkeitssäulen. Nur tritt an die Stelle der Streifendichte die *Anzahldichte* N_v der Moleküle (§ 21). Man erhält also für eine longitudinal schwingende Gassäule die in Abb. 340 skizzierte Verteilung. Es sind drei Phasen für die vierte Teilschwingung dargestellt. Graue Tönung bedeutet die normale Anzahldichte, weiße Tönung Gebiete verminderter, schwarze Tönung Gebiete vermehrter Anzahldichte. Diese in Abb. 340 schematisch skizzierte Verteilung läßt sich auch experimentell vorführen, am besten mit einer Schlierenmethode. Wir bringen in Abb. 341 ein Beispiel. Es zeigt longitudinale Eigenschwingungen einer Luftsäule. Sie werden mit einer kleinen

Pfeife angeregt. Als Frequenz ist diesmal rund $4 \cdot 10^4$/sec gewählt (entsprechend einer Wellenlänge $\lambda \approx 8$ mm). Schallwellen mit Frequenzen über rund $2 \cdot 10^4$/sec werden oft *Ultraschall* genannt.

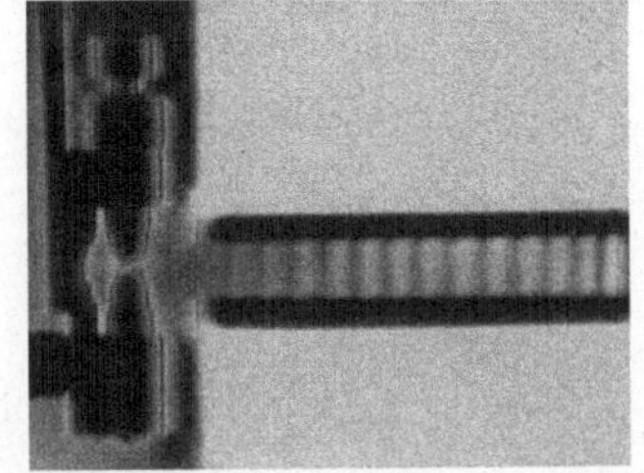

Abb. 340. Drei Momentbilder für die Verteilung der Anzahldichte N_v in einer Gassäule, die mit ihrer vierten Eigenfrequenz schwingt. Oben und unten in Zeitpunkten der größten Amplituden der Dichteänderung, in der Mitte gleichmäßige Dichteverteilung in dem zwischen beiden liegenden Zeitpunkt.

Abb. 341. Die periodische Verteilung der Anzahldichte N_v in einer longitudinal schwingenden Luftsäule in einem Dunkelfeld mit einer Schlierenmethode photographiert. Im Bilde sieht man oben und unten vertauscht. (Der Abstand zwischen dem Kondensor und der drahtförmigen Blende in der Austrittspupille betrug 4,8 m.)

Technisch spielen Eigenschwingungen von Gassäulen beim Bau von Pfeifen aller Art eine große Rolle. Die gebräuchlichsten Ausführungsformen können äußerlich als bekannt gelten. Ihre Wirkungsweise ist im einzel-

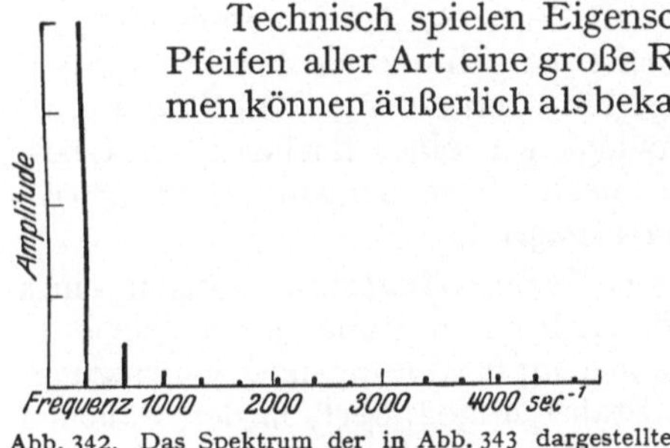

Abb. 342. Das Spektrum der in Abb. 343 dargestellten Pfeifenschwingung.

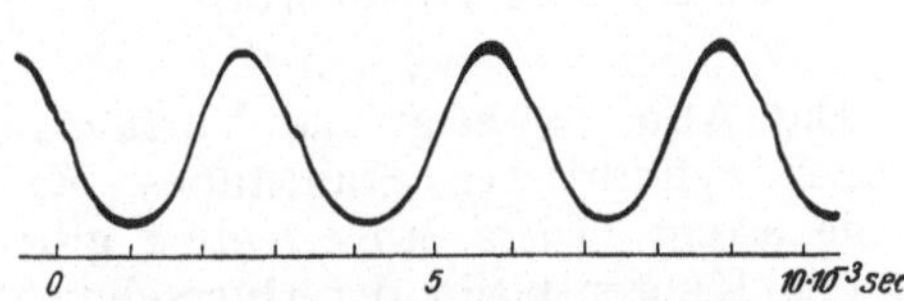

Abb. 343. Angenähert sinusförmiges Schwingungsbild einer Pfeife. Aufnahme von FERD. TRENDELENBURG.

nen ziemlich verwickelt und nur qualitativ aufgeklärt. Bei der Lippenpfeife handelt es sich um einen periodischen Zerfall des gegen die Schneide blasenden Luftstrahles in einzelne Wirbel. Der Luftstrahl wird von den Schwingungen der Luftsäule in der Pfeife gesteuert. Entsprechendes gilt bei der Zungenpfeife für die Zunge und die Luftsäule. Dieser Mechanismus[1] bedingt Abweichungen der Pfeifenschwingungen von der Sinusform. Die Abb. 342 und 343 geben eine noch recht einfache Pfeifenschwingung mit ihrem Linienspektrum.

Für die Physik sind Lippenpfeifen hoher Frequenz ein wichtiges Hilfs-

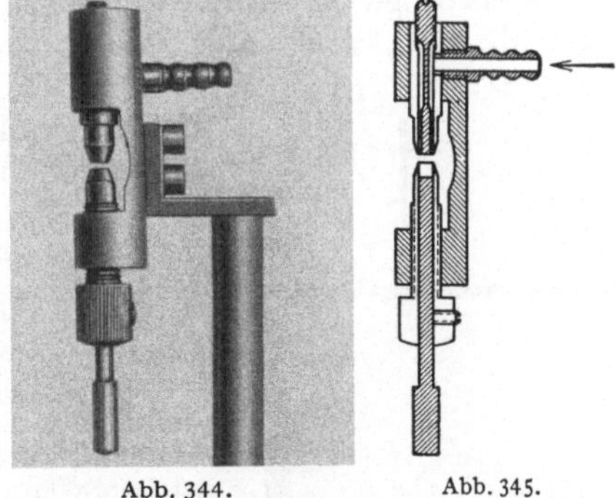

Abb. 344.   Abb. 345.

Abb. 344 und 345. Lippenpfeife für Frequenzen von etwa 10^4 bis $6 \cdot 10^4$/sec. Lippenspalt und Schneide sind als Rotationskörper ausgeführt. Der eigentliche Pfeifenhohlraum stellt nur noch eine sehr dürftige Annäherung an eine lineare Luftsäule dar.

mittel. Wir haben sie bereits zweimal für Vorführungsversuche benutzt (Abb. 338 und 341). Die Abb. 345 läßt Einzelheiten der Konstruktion erkennen.

§ 106. Eigenschwingungen starrer linearer Körper. Biegeschwingungen.

Für die Eigenschwingungen fester linearer Körper hatten wir bisher nur schlaffe

---

[1] Bei Kenntnis des § 109 würde man von einem Selbststeuer-Mechanismus sprechen.

Körper benutzt, die von außen gespannt werden mußten, wie z. B. ein Gummizugband. In diesem Fall sind die Eigenschwingungen leicht zu berechnen. Es gelten für die erste Eigenschwingung folgende Beziehungen:

$$\text{Für Transversalschwingungen} \quad \nu = \frac{1}{2l}\sqrt{\frac{\sigma}{\varrho}} \tag{209}$$

$$\text{für Longitudinalschwingungen} \quad \nu = \frac{1}{2l}\sqrt{\frac{1}{\alpha\varrho}} \tag{210}$$

$$\text{für Torsionsschwingungen} \quad \nu = \frac{1}{2l}\sqrt{\frac{1}{\beta\varrho}}. \tag{211}$$

(l = Länge, ϱ = Dichte, σ = Zugspannung, α = Dehnungsgröße, β = Schubgröße, Tab. 3.)

Schwieriger ist die Behandlung der Eigenschwingungen *starrer* linearer Körper, wie z. B. von Stäben aus Glas oder Metall. Solche Stäbe müssen auf Schneiden unter zwei Knoten gelagert oder an diesen Stellen mit dünnen Fadenschleifen aufgehängt werden. Die Abb. 346 zeigt für einen solchen Fall *Transversalschwingungen* eines flachen Stahlstabes. Man nennt diese Schwingungen „*Biegeschwingungen*".

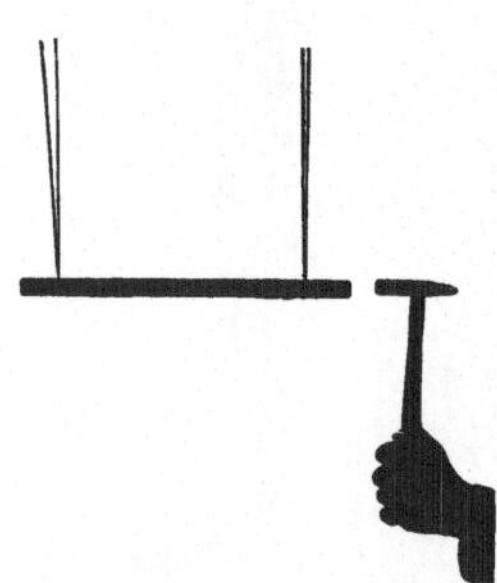

Abb. 346. Biegeschwingungen eines flachen Stahlstabes. Zur Erregung hat ein kleiner unter dem linken Ende befindlicher Elektromagnet gedient, der von Wechselstrom der Frequenz = 252/sec durchflossen war. Die Knoten der Ausschläge sind mit aufgestreutem Sand sichtbar gemacht. Stablänge 87 cm.

Die Abb. 347 zeigt die Vorführung von *Longitudinal*schwingungen eines kurzen zylindrischen Stahlstabes. Er wird durch einen Schlag gegen sein eines Ende erregt. Diese Stoßerregung gibt eine gedämpft abklingende Schwingung. In den Knoten bleibt der Querschnitt des Stabes ungeändert, in den Bäuchen wechselt Aufblähung und Einschnürung in periodischer Folge. Unser Ohr hört einen in etlichen Sekunden abklingenden Ton.

Neuerdings hat die Verwendung von Longitudinalschwingungen kurzer Kristallstäbe, z. B. aus Quarz, eine sehr große technische Bedeutung gewonnen. Vor allem auf dem weiten Gebiet der Fernmeldetechnik und bei dem Bau von Präzisionsuhren, den sogenannten Quarzuhren.

Auch eignen sich die Längsschwingungen von Kristallstäben, um in Flüssigkeitssäulen stehende Wellen zu erzeugen. Zur Aufrechterhaltung der Kristallschwingungen benutzt man elektrische Hilfsmittel. Die Versuche zeigen für eine Flüssigkeitssäule dasselbe, wie Abb. 341 für eine Gassäule, nämlich eine periodische Folge von Gebieten normaler Dichte und solchen, in denen die Dichte zwischen vergrößerten und verkleinerten Werten mit der Frequenz der Schwingungen hin und her schwankt. Man benutzt eine etwa 5mal größere Frequenz als in Abb. 341. Infolgedessen kann man größere Dichteschwankungen erreichen. Zum optischen Nachweis genügt bereits eine Schlierenbeobachtung mit Hellfeldbeleuchtung, d. h. man kann das gleiche primitive Verfahren anwenden wie z. B. in Abb. 237.

Abb. 347. Längsschwingungen eines an Fäden aufgehängten Stabes (Länge l = 25 cm). Grundfrequenz $\nu = c/2l$ (c = Schallgeschwindigkeit im Stab).

§ 107. Eigenschwingungen flächenhaft und räumlich ausgedehnter Gebilde. Wärmeschwingungen.

Wir fassen uns hier ganz kurz. Man kann auch hier das Zustandekommen der Eigenschwingungen auf die Aneinanderkoppelung vieler Elementarpendel zurückführen. Doch handelt es sich, von wenigen Ausnahmen abgesehen, um mathematisch recht verwickelte Aufgaben. In der Mehrzahl aller praktisch wichtigen Fälle bleibt man auf die experimentelle Beobachtung angewiesen. Zum Nachweis der Knotenlinien benutzt man meist die Ansammlung von aufgestreutem Staub oder Sand. Die Abb. 348 zeigt die Knotenlinien einer quadratischen und einer kreisförmigen Metallplatte in verschiedenen Schwingungszuständen.

Benutzt man nicht aufgestreuten Sand, sondern optische Hilfsmittel (polarisiertes Licht), so kann man auch wesentlich kompliz-iertere Eigenschwingungen beobachten. Die Abb. 349 gibt zwei Beispiele für kurze Glas-zylinder von kreisförmigem Querschnitt.

Eine Wölbung der Platten führt zur Glas- oder Glockenform. Die Schwin-gungen dieser geometrisch noch relativ einfachen Gebilde sind schon unange-nehm verwickelt. Im einfachsten Falle schwingt ein Glas von oben betrachtet nach dem Schema der Abb. 350. Bei K haben wir die Durchstoßpunkte von vier „als Meridiane" verlaufende Kno-tenlinien. So ungefähr haben wir uns auch die einfachsten Schwingungen unserer Schädelkapsel vorzustellen, die in ihren Wänden unsere Gehörorgane beherbergt.

Abb. 348. CHLADNISCHE Klangfiguren (photographisches Positiv).

Im Gebiet extrem hoher Frequenzen bis zur Größenordnung 10^{13}/sec be-sitzen alle festen Körper ganz unabhängig von ihrer Gestalt eine Unzahl elasti-scher Eigenfrequenzen. Schwingun-gen mit diesen Frequenzen bilden die ungeordnete „Wärmebewegung" in den festen Körpern oder Kristallen (vgl. § 66). Bei den höchsten der ge-nannten Frequenzen schwingen die einzelnen Atome oder Moleküle der Kristallgitter in einer grob durch die Abb. 333 veranschaulichten Weise.

Von den Eigenschwingungen gaserfüllter Hohlräume sind beson-ders zu nennen die Eigenschwin-

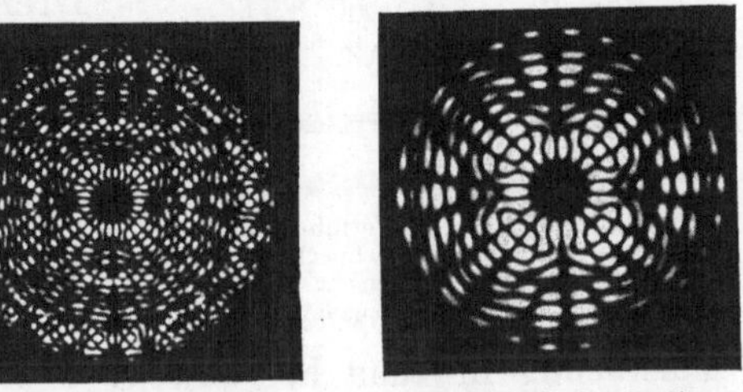

Abb. 349. Hochfrequent schwingende Glaszylinder im linear polarisierten Licht zwischen gekreuzten Nikols. Zylinderdurch-messer 30 und 44 mm, Anregungsfrequenzen $1{,}54 \cdot 10^6$/sec. Aufnahmen von L. BERGMANN.

gungen lufthaltiger kugel- oder flaschenförmiger Gefäße mit kurzem offenem Hals. Es sind die meßtechnisch wichtigen „HELMHOLTZschen Resonatoren". Sie stellen in handlichen Formen Pfeifen von wohldefi-nierter Grundfrequenz dar. Im Betriebe zeigen sie oft die in § 94 beschriebene, scheinbar kontinuierliche, in Wirklichkeit intermittierende Strahlbildung. Ein Fla-schenresonator kann im Betrieb ganz gehörig „blasen".

Für die Architekten sind die Eigenschwingungen großer Wohn- und Versammlungsräume von Wichtigkeit. Sie werden beim Sprechen und Musizieren angeregt. Die Einzelheiten bilden den Gegenstand einer technischen Sonderliteratur.

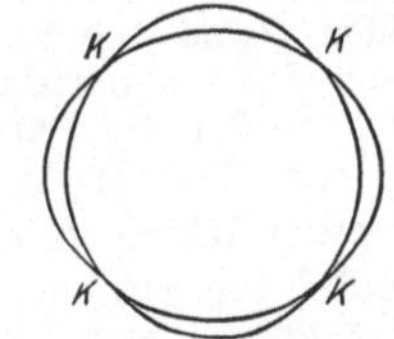

Abb. 350. Einfache Schwingun-gen eines Weinglases, von oben gesehen (schematisch).

§ 108. **Erzwungene Schwingungen**[1]. Nach einer Stoßerregung schwingt jedes schwingungsfähige Gebilde in einer oder mehreren seiner *Eigen*frequenzen. Doch kann man jedes schwingungsfähige Gebilde auch in beliebigen anderen, mit keiner

---

[1] Die in diesem Paragraphen fehlenden quantitativen Beziehungen findet man im Optikband, § 119.

seiner Eigenfrequenzen zusammenfallenden Frequenzen schwingen lassen. In diesem Fall vollführt das Gebilde „*erzwungene Schwingungen*". Diese erzwungenen Schwingungen spielen im Gesamtgebiet der Physik eine überaus wichtige Rolle.

Für ihre Darstellung müssen wir zunächst den Begriff der Dämpfung eines Pendels schärfer fassen als bisher. Infolge unvermeidlicher Energieverluste oder auch beabsichtigter Energieabgabe klingt die Amplitude jedes Pendels nach einer Stoßerregung ab. Der zeitliche Verlauf der Schwingungen wird durch Kurven nach Art der Abb. 352 dargestellt. In manchen Fällen zeigen diese Kurven bei sinusförmig schwingenden Pendeln eine einfache Gesetzmäßigkeit: Das Verhältnis zweier auf der gleichen Seite aufeinanderfolgender Höchstausschläge oder Amplituden bleibt längs des ganzen Kurvenzuges konstant. Man nennt es das „*Dämpfungsverhältnis*" K. Sein natürlicher Logarithmus heißt das „*logarithmische Dekrement*" Λ. Dämpfungsverhältnisse und logarithmische Dekremente finden wir den Kurvenstücken in Abb. 352 beigefügt.

Der Kehrwert des logarithmischen Dekrementes gibt die Anzahl der Schwingungen, innerhalb derer die *Amplitude* des Ausschlages auf $1/e = 37\%$ absinkt.

Nach diesen Definitionen wollen wir jetzt das Wesen der erzwungenen Schwingungen an einem möglichst klaren und in allen Einzelheiten übersichtlichen Schauversuch erläutern. Wir benutzen für diesen Zweck Drehschwingungen sehr kleiner Frequenz: Auch hier erleichtert ein langsamer Ablauf die Beobachtungen.

Die Abb. 351 zeigt uns ein geeignetes Drehpendel. Sein träger Körper besteht aus einem kupfernen Rade. An seiner Achse greift eine *Schneckenfeder* an. Das obere Federende A ist an einem um D drehbaren Hebel befestigt. Dieser Hebel kann mit der Schubstange S, einem Exzenter und einem langsam laufenden Motor (Zahnraduntersetzung) in jeder gewünschten Frequenz und Amplitude praktisch

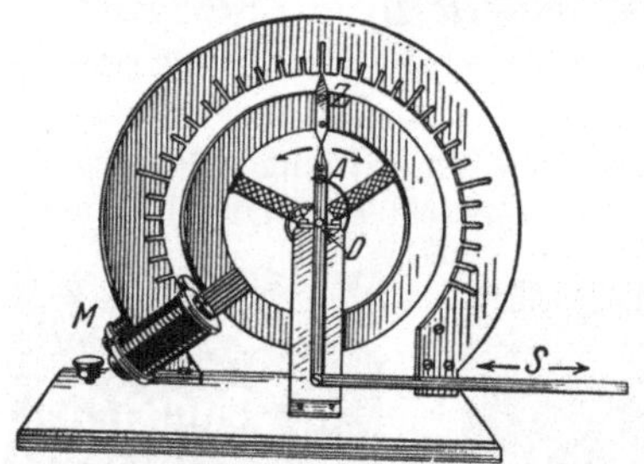

Abb. 351. Drehpendel zur Vorführung erzwungener Schwingungen. Die Schneckenfeder hat statt der einen gezeichneten in Wirklichkeit mehrere Windungen.

sinusförmig hin und her bewegt werden. Auf diese Weise kann man also an der Achse des Drehpendels sinusförmig verlaufende Drehmomente von konstantem Höchstwert, aber beliebig einstellbarer Frequenz angreifen lassen.

Die Ausschläge des Drehpendels werden an einer Winkelskala abgelesen. — Links unten befindet sich bei M eine Hilfseinrichtung, mit der man die Dämpfung des Drehpendels nach Belieben einstellen kann.

Es ist eine Wirbelstromdämpfung. Ein kleiner Elektromagnet umfaßt mit seinen beiden Polen den Radkranz. Das schwingende Rad kann sich ohne Berührung der Pole durch das Magnetfeld zwischen ihnen bewegen. Je größer der Strom im Elektromagneten, desto größer die Dämpfung.

Vor Beginn des eigentlichen Versuches werden *Eigenfrequenz* ν_e und *Dämpfungsverhältnis* K des Drehpendels ermittelt. Für beide Zwecke stößt man das Pendel bei ruhender Schubstange an und beobachtet seine Umkehrpunkte.

Zahlenbeispiel. Schwingungszeit oder Periode $T = 2{,}39$ sec, folglich Eigenfrequenz $\nu_e = 1/T = 0{,}42$/sec. Das Verhältnis zweier auf der gleichen Seite aufeinanderfolgender Amplituden ergibt sich angenähert konstant $= 1{,}285$. Das ist die gesuchte Dämpfungskonstante K. Zu ihrer Veranschaulichung sind die nacheinander links und rechts abgelesenen Amplituden in je 1,2 sec Abstand in Abb. 352 graphisch eingetragen und ihre Endpunkte freihändig verbunden worden.

Jetzt kommt der eigentliche Versuch. Man setzt den „Erreger", d. h. hier die Schubstange, in Gang, bestimmt ihre Frequenz, wartet den stationären Endzustand ab und beobachtet dann die dem Drehpendel aufgezwungene Amplitude. Zusammengehörige Wertepaare von Erregerfrequenz und Höchstausschlag α_0 (Bewegungsamplitude) sind in Abb. 353 eingetragen, und zwar für vier verschiedene Dämpfungsverhältnisse. Die Kurven A, B, C sind etwas unsymmetrische Glockenkurven. Man nennt sie die Ausschlagkurven der erzwungenen Schwingungen.

Im Falle kleiner Dämpfung, *aber nur dann*, ist der die Eigenfrequenz des Pendels umgebende Frequenzbereich durch besonders große Höchstausschläge (Amplituden) vor den erzwungenen Schwingungen anderer Frequenz ausgezeichnet. Das Verhältnis

$$V = \frac{\text{Amplitude bei der Eigenfrequenz } \nu_e}{\text{Amplitude bei der Erregerfrequenz Null}},$$

genannt Vergrößerung, erreicht bei Kurve A den Wert 12,5. Man nennt diesen ausgezeichneten Fall den der *Resonanz*. An dies Wort anknüpfend, benennt man häufig ein beliebiges, für erzwungene Schwingungen benutztes Pendel einen „*Resonator*", und die Kurven A, B, C die Ausschlagsresonanzkurven.

Bei extrem großer Dämpfung (Kurve D) treten Besonderheiten auf: Das Maximum ist kaum noch angedeutet und in Richtung kleiner Frequenzen verschoben.

Die so an einem Sonderfall experimentell für verschiedene Dämpfungsverhältnisse gefundenen Resonanzkurven gelten ganz allgemein. Infolgedessen ist der Abb. 353/354 eine zweite, von den Zahlenwerten des Vorführungsapparates unabhängige Abszisse beigefügt. Sie zählt die Frequenz des Erregers in Bruchteilen der Eigenfrequenz des ungedämpften Resonators. Dadurch werden die Kurven nicht nur für beliebige mechanische und akustische, sondern auch elektrische und optische erzwungene Schwingungen brauchbar.

Bei der universellen Bedeutung dieser Kurven erzwungener Schwingungen der verschiedenartigsten Amplituden (Längen, Winkel, Drucke, Ströme, Spannungen, Feldstärken usw.)

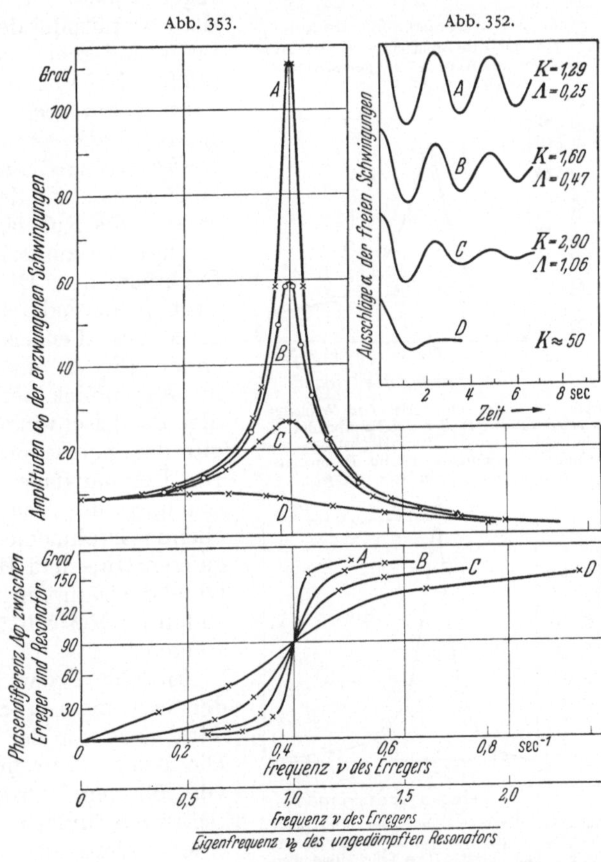

Abb. 354.

Abb. 352. Schwingungsbild, d. h. zeitlicher Verlauf der freien Schwingungen des Drehpendels von Abb. 351 bei verschiedenen Dämpfungen. Die Kurve D nach einer kinematographischen Aufnahme.

Abb. 353. Die Ausschlagsamplituden erzwungener Schwingungen des Drehpendels bei konstanter Erregeramplitude in ihrer Abhängigkeit von Erregerfrequenz und Resonatordämpfung. Die Erregerfrequenz Null bedeutet ein zeitlich konstantes Drehmoment bei einer der beiden Extremstellungen des Federendes A in Abb. 351.

Abb. 354. Einfluß der Erregerfrequenz und der Resonatordämpfung auf die Phasendifferenz zwischen Erreger und Resonator. Der Erreger eilt immer voraus. Die Meßpunkte sind photographischen Momentaufnahmen entnommen. Man beachte eine optische Täuschung am Schnittpunkt der Kurven.

soll man sich ihr Zustandekommen recht anschaulich klarmachen. Diesem Zweck dient eine weitere experimentelle Beobachtung. Es handelt sich um den Einfluß der Erregerfrequenz auf die Phasenverschiebung, mit der die Amplitude des Erregers (Federende A) der Amplitude des Resonators (Zeiger Z) vorauseilt. Wir haben dafür in Abb. 351 zugleich das Federende A und den Zeiger Z des Drehpendels zu beobachten. Die Abb. 354 enthält die Ergebnisse.

Für sehr kleine Frequenzen laufen der Zeiger Z und das Federende A gleichsinnig, und beide kehren im gleichen Augenblick um. Ihr Phasenunterschied ist Null. Bei wachsender Erregerfrequenz eilt die Amplitude des Erregers der Amplitude des Drehpendels (Resonators) mehr und mehr *voraus*. Im Resonanzfalle erreicht die Phasenverschiebung 90°. Sie bedeutet: Auf *dem ganzen Wege des Pendels verspannt der Erreger die Feder immer so, daß sie das Drehpendel zusätzlich beschleunigt.* Beim linken Höchstausschlag des Pendels verläßt das Federende A die Ruhelage nach rechts. Der Erreger erzeugt ein zusätzliches nach rechts drehendes Drehmoment. Dies erreicht seinen Höchstwert (Federende A ganz rechts) beim Durchgang des Pendels durch die Ruhelage. Es endet (Feder wieder in der Mittelstellung) im Augenblick der Pendelumkehr rechts. Für die Pendelschwingung von rechts nach links gilt das gleiche mit umgekehrtem Vorzeichen. Im Resonanzfalle führt also das dem Ausschlag α um den Phasenwinkel 90° vorauseilende Drehmoment dem Pendel auf seinem ganzen Hin- und Herweg dauernd Energie zu. Ohne die Dämpfungsverluste müßten die Amplituden im Resonanzfall über alle Grenzen ansteigen.

In Abb. 353 waren die Höchstausschläge α_0 der erzwungenen Schwingungen in ihrer Abhängigkeit von der Erregerfrequenz dargestellt. Die Kurve C ist in Abb. 355 noch einmal mit vergrößertem Ordinatenmaßstab wiederholt. Selbstverständlich kann man statt α_0 auch eine andere bei den erzwungenen Schwingungen auftretende Größe in ihrer Abhängigkeit von der Erregerfrequenz graphisch darstellen. So gibt die Kurve 356 die maximale

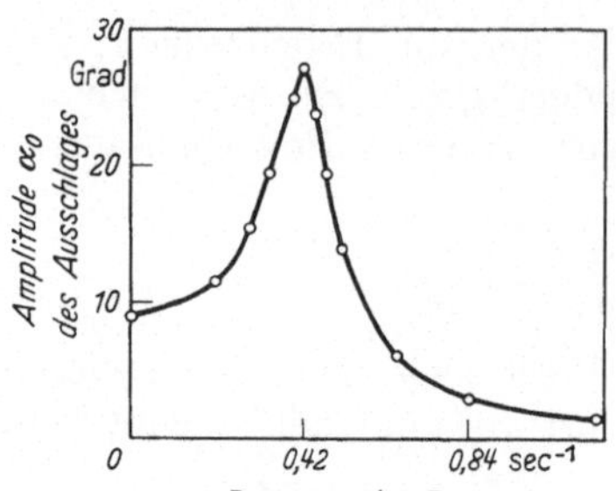

Abb. 355. Die Resonanzkurve C des Ausschlages aus Abb. 353 mit geändertem Ordinatenmaßstab.

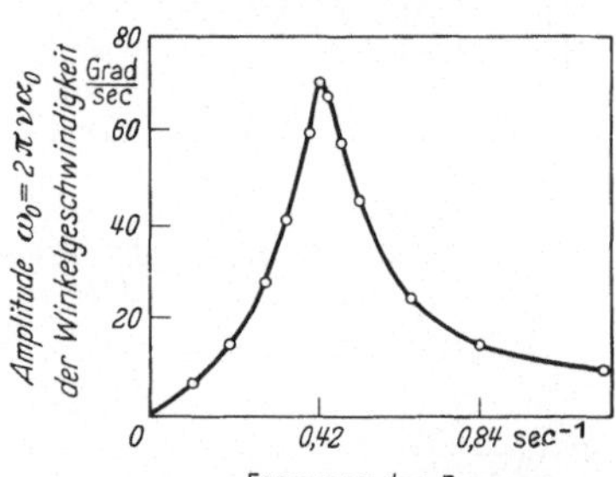

Abb. 356. Resonanzkurve der Winkelgeschwindigkeit, mit der das Drehpendel die Ruhelage passiert. Der Höchstwert der Winkelgeschwindigkeit ist im Resonanzfall $(\omega_0)_{max} = 71$ Grad/sec $= 1{,}23$/sec.

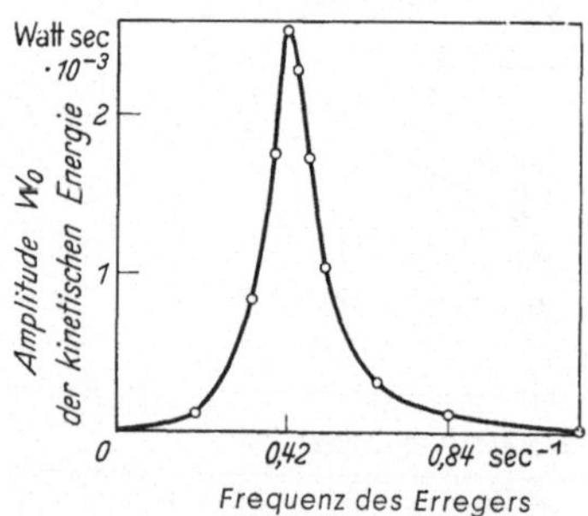

Abb. 357. Resonanzkurve der kinetischen Energie, die das Drehpendel beim Passieren der Ruhelage besitzt. Das Trägheitsmoment des Drehpendels ist $\Theta = 3{,}3 \cdot 10^{-3}$ kg m². Nach Schluß der Erregung wird sie gemäß Kurve C in Abb. 352 in etwa 8 sec verzehrt.

Winkelgeschwindigkeit ω_0, mit der das Pendel die Ruhelage passiert. Sie hängt mit dem maximalen Ausschlag α_0 durch die einfache Gleichung

$$\omega_0 = \alpha_0 \cdot 2\pi\nu \qquad (212)$$

$$(\nu = \text{Erregerfrequenz})$$

zusammen.

Das Pendel passiert die Ruhelage mit dem Höchstwert seiner kinetischen Energie W_0. Für diese gilt

$$W_0 = \tfrac{1}{2}\,\Theta\,\omega_0^2 \tag{98}$$

(Θ = Trägheitsmoment des Drehpendels).

Die Abhängigkeit der Größe W_0 von der Erregerfrequenz ist in Abb. 357 dargestellt. Man nennt eine solche Kurve die *Energieresonanzkurve*. Die kinetische Energie W_0 verschwindet bei der Erregerfrequenz Null, im Gegensatz zum Höchstausschlag α_0, d. h. ein ruhendes Pendel enthält keine kinetische Energie.

Bei den verschiedenen Anwendungen erzwungener Schwingungen muß man sich immer darüber klar sein, für welche Größe die Amplituden in der Resonanzkurve dargestellt werden.

§ 108a. Durch Resonanz stimulierte Energieabgabe. In § 108 wurden erzwungene Schwingungen vorgeführt. Als Erreger diente eine Schubstange; ihre periodischen Bewegungen wurden von einem Elektromotor mit Hilfe eines Exzenters erzeugt. — Jetzt setzen wir zwischen den Motor und den Exzenter einen mechanischen Phasenschieber (Abb. 66 v. S. 37). Dann machen wir die Frequenz ν des Erregers gleich der Eigenfrequenz des Resonators. Damit ist der Fall der Resonanz gegeben: Der Erreger eilt dem Resonator mit einer Phasenverschiebung $\varphi = 90°$ voraus; die Energie des Resonators wird vom Anfangswert Null auf den Höchstwert W_{max} gebracht.

Nun kommt das Neue: Die Phasenverschiebung wird bei laufendem Motor von 90° auf 270° erhöht. Infolgedessen wird der Resonator auf Hin- und Rückweg dauernd verzögert und die zuvor gespeicherte Energie abgegeben, bis das Drehpendel zur Ruhe kommt. Diesen Vorgang nennt man „*stimulierte Energieabgabe*". Sie spielt neuerdings in der Optik und Elektrik eine große Rolle. —

§ 109. Erzeugung ungedämpfter Schwingungen mit Fremd- und mit Selbststeuerung. Nach einer Stoßerregung klingen alle Schwingungen mehr oder minder rasch ab, sie sind *gedämpft*. Die Dämpfung ist eine Folge mannigfacher, teils unvermeidbarer, teils beabsichtigter Energieverluste. Nun braucht man aber für zahllose physikalische, technische und musikalische Zwecke Schwingungen mit konstant aufrechterhaltener Amplitude, oder kurz gesagt, *ungedämpfte* Schwingungen. Um sie herzustellen müssen die Energieverluste des schwingungsfähigen Systems periodisch aus einer Energiequelle ersetzt werden. Das muß mit richtiger Frequenz und mit richtiger Phase geschehen, der periodische Energieersatz muß *gesteuert* werden. Dazu kann entweder eine Fremdsteuerung oder eine Selbststeuerung dienen.

Eine *Fremdsteuerung* verlangt einen periodischen Hilfsvorgang gleicher Frequenz, sie benutzt, kurz gesagt, erzwungene Schwingungen. Erzwungene Schwingungen erfolgen mit der Frequenz des Erregers. Ihre Amplitude stellt sich auf den Wert ein, bei dem der Erreger die Energieverluste durch Reibung usw. gerade zu ergänzen vermag. — Im Resonanzfall bekommt die vom Erreger zugeführte Leistung ihren größten Wert. Dabei eilt die Amplitude des Erregers der des schwingungsfähigen Gebildes (Resonators) um 90° voraus. Infolgedessen kann der Erreger dem schwingungsfähigen Gebilde längs des ganzen Hin- und Rückweges Energie zuführen. Das alles ist in § 108 ausführlich dargestellt worden. Neu ist hier nur die Bezeichnung Fremdsteuerung.

Eine *Selbststeuerung* arbeitet ohne periodischen Hilfsvorgang gleicher Frequenz. Bei einer Selbststeuerung wird die periodische Energiezufuhr von dem schwingungsfähigen Gebilde selbst gesteuert. Für eine gute „*Selbststeuerung*" gilt dasselbe wie für erzwungene Schwingungen, die von einem Erreger mit der Eigenfrequenz des schwingungsfähigen Gebildes erzeugt werden: Der die Energiezufuhr liefernde Vorgang (z. B. die Verspannung einer Feder) muß dem Ausschlag um 90° vorauseilen, also proportional zur Geschwindigkeit des Ausschlages erfolgen (Abb. 52 bis 54). Diese Forderung wird für eine Selbststeuerung mechanischer Schwingungen meist nur mehr oder minder angenähert erfüllt.

Bei diesen Annäherungen vereinigt odei koppelt man das schwingungsfähige Gebilde mit einem *kipp*fähigen. Das kann in mannigfacher Weise geschehen. Ein paar Beispiele für das Schwerependel werden genügen, das Grundsätzliche einer Selbststeuerung klarzustellen.

Das klassische Vorbild einer Selbststeuerung ist 1656 von CHR. HUYGHENS geschaffen worden, als er als erster eine brauchbare Pendeluhr konstruierte. HUYGHENS koppelte ein Schwerependel mit einer zweiseitig wirkenden Kippvorrichtung, deren Frequenz vom Schwerependel mit dessen Eigenfrequenz synchronisiert wurde. Für eine Vorführung wählen wir die in Abb. 358 dargestellte besonders übersichtliche Anordnung[1].

Dabei ist es unerheblich, ob man in der Kippvorrichtung die Federn beibehält (Abb. 358A) oder nicht (Abb. 358B).

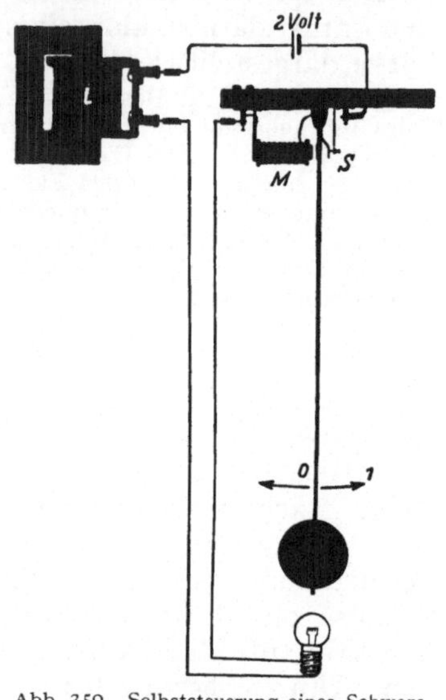

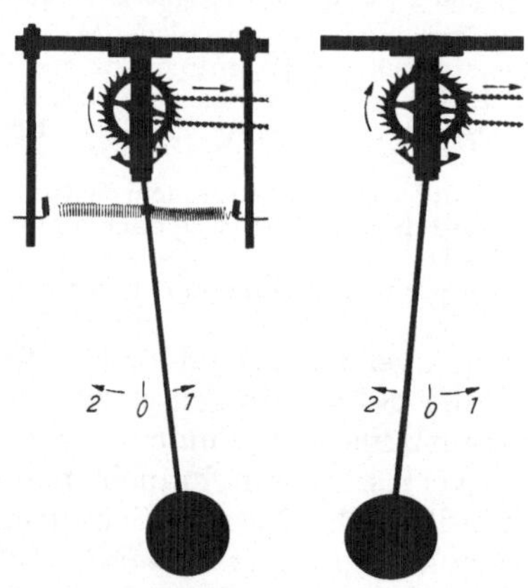

Abb. 358 A und B. Selbststeuerung eines Schwerependels durch Kopplung mit einer zweiseitig wirkenden „GRAHAM-Gang" genannten Kippvorrichtung (Abb. 306A). Eine einseitig wirkende (Abb. 306B) braucht zur Synchronisierung eine Sperrklinke (Gal. GALILEI 1641), die sich nicht an der Energieübertragung beteiligt.

Abb. 359. Selbststeuerung eines Schwerependels durch Kopplung mit einer Kippvorrichtung, die magnetische Energie speichert.

Vermag das Pendel potentielle und kinetische Energie in hinreichender Größe zu speichern, und ist seine Dämpfung nicht groß, so wird seine Eigenfrequenz durch eine Selbststeuerung nicht merklich verändert. Vermindert man aber allmählich die Masse des Pendelkörpers und somit die Speicherfähigkeit des Schwerependels, so hört es auf, die Kippfolge lediglich zu *synchronisieren*. Eigenfrequenz und Schwingungsform des Pendels werden in wachsendem Maße von der Kippvorrichtung mitbestimmt. Im Grenzfall endet man bei einer reinen Kippfolge, deren Frequenz von der Geschwindigkeit der Energiezufuhr abhängt. — *Gleiches gilt für alle Formen der Selbststeuerung mechanischer und elektrischer Schwingungen:* Immer führt ein stetiger Übergang von der selbstgesteuerten Schwingung zunächst zu wachsenden Abweichungen von der ursprünglichen Schwingungsform; schließlich endet der Übergang bei einer Kippfolge, deren Frequenz mit wachsender Energiezufuhr ansteigt.

Zweites Beispiel: In Abb. 359 ist ein Schwerependel von kleiner Eigenfrequenz ($v \approx 2$/sec) mit einer Kippvorrichtung gekoppelt, die *magnetische* Energie speichert. Die Energiezufuhr zum Schwerependel, die dessen Energieverluste ersetzen soll, erfolgt nur in *einer* der beiden Halbperioden. Die Annäherung an

---

[1] Bei HUYGHENS standen die Achsen von Anker und Steigrad senkrecht zueinander, weil die Zähne nicht radial-, sondern zylindersymmetrisch angeordnet waren.

eine Phasenverschiebung von 90° zwischen Energiezufuhr und Ausschlag ist also nur roh.

In der benutzten Kippvorrichtung (Abb. 304) wurde die der Stromquelle entnommene Energie bei der Abgabe in Wärme verwandelt. Hier aber kommt ein Teil dem Schwerependel zugute. Man macht sich zweckmäßig einmal klar, wie das zustande kommt:

Während des Stromschlusses wird der Pendelkörper vom Elektromagneten beschleunigt. Diese Beschleunigung erfolgt nicht nur während der Viertelschwingung 1 → 0, sondern ebenfalls während der Viertelschwingung 0 → 1. Aber auf dem Wege 0 → 1 hat die Beschleunigung ein falsches Vorzeichen, sie ist der Pendelbewegung entgegengerichtet. Sie verzögert das Pendel und vermindert seine Energie. Folglich muß der Energie*gewinn* auf dem Wege 1 → 0 größer werden, als der Energie*verlust* auf dem Wege 0 → 1. Nur dann kann die Differenz dem Pendel zugute kommen. Folglich muß der Strom im Elektromagneten während des Weges 0 → 1 im zeitlichen Mittel kleiner sein, als während des Weges 1 → 0. Er muß also nach dem Schluß des Schaltkontaktes S während der Pendelbewegung 0 → 1 zeitlich ansteigen (Abb. 360). Zur Vorführung dieses Anstieges dient ein Glühlämpchen unter der Ruhestellung des Pendels. Das Pendel beginnt während jeder Schwingung erst dann zu leuchten, wenn das Pendel beim Höchstausschlag 1 umkehrt.

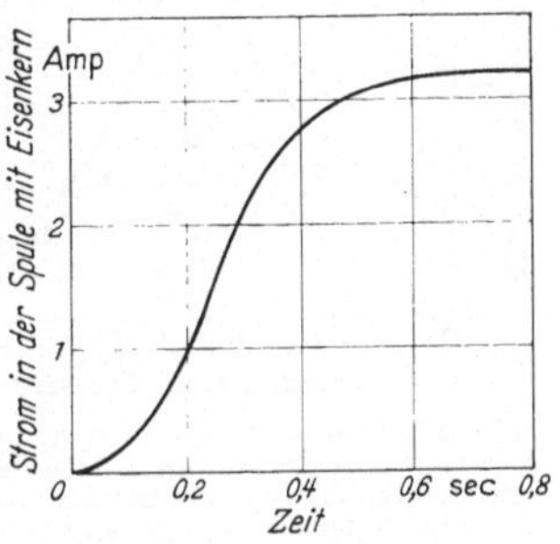

Abb. 360. Der Anstieg des Stromes in der Kippvorrichtung, die in Abb. 359 mit dem Schwerependel gekoppelt ist.

Als letztes Beispiel einer mechanischen Selbststeuerung bringen wir in Abb. 361 die Koppelung von zwei Schwerependeln mit je einer Kippvorrichtung, der Energie durch eine Reibungskraft zugeführt wird (Abb. 307). Bei der Vorführung wird die Drehfrequenz der Welle B in weiten Grenzen verändert. Stets synchronisieren die Pendel unabhängig voneinander die Kippfolgen mit ihrer eigenen Frequenz. Die Ausschläge erfolgen praktisch symmetrisch nach beiden Seiten.

Die tangential gerichtete Reibungskraft hat, an den Klemmbacken angreifend, die gleiche Richtung wie die Umfangsgeschwindigkeit der Welle. Sie sei $\Re_0$, wenn der Pendelkörper links oder rechts zur Ruhe kommt. Es ist $\Re > \Re_0$ in den Phasen, in denen die Klemmbacken den gleichen Drehsinn haben wie die Welle. In den Phasen mit ungleichem Drehsinn ist $\Re < \Re_0$. Im ersten Fall wird dem Pendel Energie zugeführt, im zweiten entzogen. Auch hier ist also wie im Falle der Abb. 359 nur die Differenz zweier Energien wirksam. (Das Analogon in der Elektrik ist die Erzeugung ungedämpfter Schwingungen mit Hilfe eines Leiterstückes, das einen negativen differentiellen Widerstand $\Delta U/\Delta I$ besitzt.)

Nach dem Schema der Abb. 361 werden die Saiten der Geigen usw. zu ungedämpften Schwingungen erregt. Das Schema erklärt auch das Quietschen eines Griffels auf der Schiefertafel und dergleichen. Nur mit einem Satz erwähnen wir die große Gruppe von Selbststeuerungen, die *hydrodynamische* Kräfte benutzen. Pfeifen und Kehlkopf sind allgemein bekannte Beispiele. Die Vorgänge sind im einzelnen oft nicht einfach zu übersehen, bringen aber nichts grundsätzlich Neues.

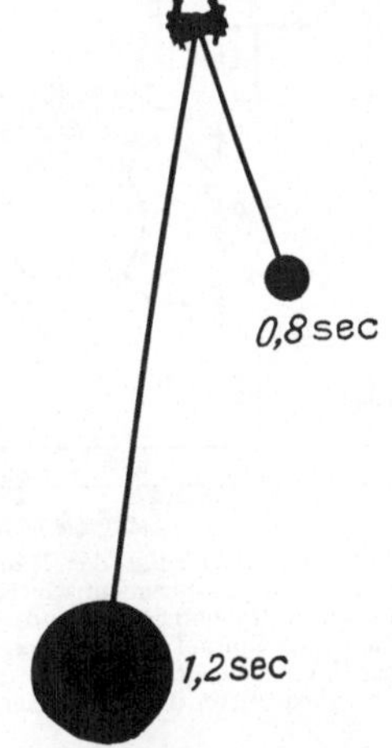

Abb. 361. Selbststeuerung von Schwerependeln durch Koppelung mit einer Kippvorrichtung, die eine Reibungskraft benutzt. Man denke sich in Abb. 307 die Feder F fortgelassen, zwei Klemmbackenpaare A auf die Welle B gesetzt und mit je einer Pendelstange verbunden.

§ **110. Mit- und Gegenkopplung.** Zum Zweck der Selbststeuerung wurde ein schwingungsfähiges Gebilde mit einem Energie-liefernden Vorgang gekoppelt. Das nennt man meist *Rückkopplung.* — Eine der Steuerung dienende Rückkopplung kann in zwei Formen ausgeführt werden, als Mitkopplung und als Gegenkopplung. Das soll in diesem und in § 111 gezeigt werden.

In Abb. 363 sei B die Resonanzkurve eines schwingungsfähigen Systems. Sie wird durch die Dämpfung des Systems bedingt und diese wiederum durch seine Konstruktion. *Ohne diese Konstruktion zu ändern,* kann man mit Hilfe einer *Energiequelle* die Dämpfung durch eine Rückkopplung verändern: Man kann die Dämpfung durch „*Mitkopplung*" verkleinern (spitze Resonanzkurve A), durch „*Gegenkopplung*" vergrößern (ganz flache Resonanzkurve C). — Beide Formen der Rückkopplung haben heute eine ganz große Bedeutung. Deswegen erläutern wir sie mit einer einfachen Versuchsanordnung (Abb. 364). Sie benutzt wieder leicht überschaubare Drehschwingungen mit kleiner Frequenz. Diesmal werden sie aber nicht von einem Drehpendel (Abb. 351) als Resonator ausgeführt, sondern von einem Drehspulgalvanometer (Elektrik, § 3).

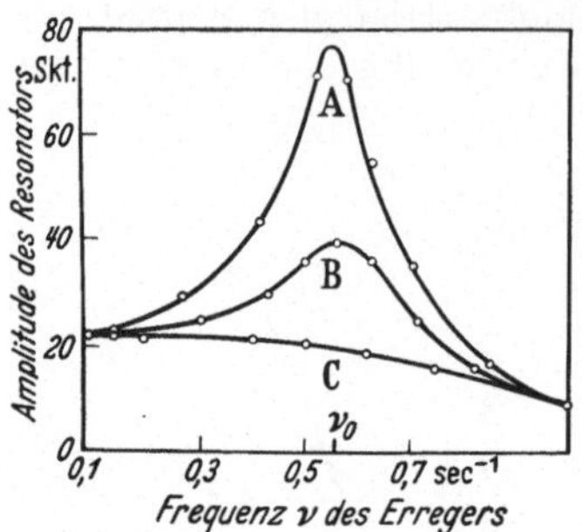

Abb. 363. Drei Resonanzkurven für erzwungene mechanische Schwingungen eines Galvanometers, die von elektrischen Wechselströmen kleiner Frequenz erregt werden, gemessen mit der in Abb. 364 skizzierten Anordnung.

Drehschwingungen werden mit periodisch wechselnden Drehmomenten erregt. Diese werden beim Drehpendel durch periodische Verformung einer Schneckenfeder hergestellt, beim Galvanometer aber mit Hilfe eines elektrischen Stromes periodisch wechselnder Größe und Richtung. Es wird also als Erreger der erzwungenen Schwingungen ein Wechselstromgenerator mit sehr kleiner, regelbarer Frequenz und konstanter Amplitude benutzt.

Als die oben genannte Energiequelle dienen zwei bestrahlte Lichtelemente (Elektrik, § 252). Der Spiegel des Galvanometers reflektiert außer dem nicht gezeichneten Lichtzeiger ein breites Lichtbündel. Es liegt in der Ruhestellung zwischen den beiden Lichtelementen. Beim Schwingen bedeckt es die Lichtelemente in wechselnder Breite und erzeugt dadurch einen Hilfswechselstrom J_2. Seine Amplitude ist der bestrahlten Fläche proportional. Er erhält durch den Kondensator C eine Phasenvoreilung von 90° gegenüber dem Ausschlag des Lichtbündels. Im Resonanzfall kann der Hilfswechselstrom J_2 dem erregenden Wechselstrom J_1 gleichgerichtet

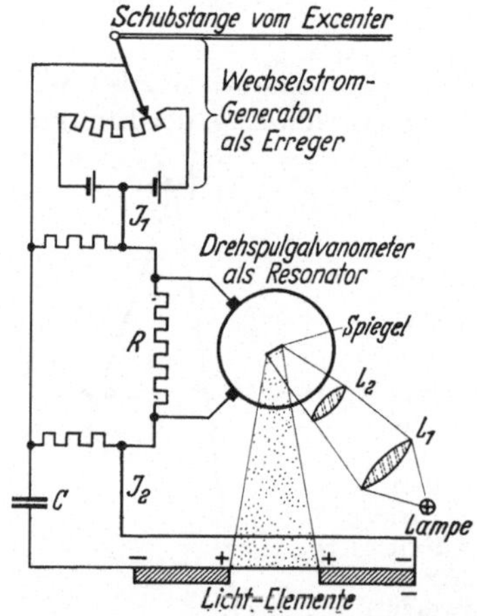

Abb. 364. Änderung der Dämpfung eines Galvanometers durch optische Rückkopplung (G. Heiland und E. Mollwo) (L_1 bildet die Lampe im Spiegel ab, L_2 erzeugt in der Ebene der Lichtelemente ein Bild der rechteckig begrenzten Fläche der Linse L_1).

fließen (Mitkopplung, Kurve A) oder nach Umpolen entgegengerichtet (Gegenkopplung, Kurve C). Die Größe der Rückkopplung läßt sich in diesem Beispiel besonders einfach verändern: Man braucht nur die Strahlungsstärke der Lampe größer oder kleiner zu machen. Bei zu großer Mitkopplung schwingt das Galvanometer schon ohne Erreger ungedämpft (Selbststeuerung).

§ 111. Regel- oder Steuertechnik (Kybernetik). Die Bedeutung von Mit- und Gegenkopplung geht weit über das Gebiet erzwungener Schwingungen hinaus, sie spielen eine wichtige Rolle in der *Regel- oder Steuertechnik*[1].

Das wesentliche zeigt man mit der in Abb. 365 skizzierten Anordnung. Sie entsteht aus Abb. 364 durch einige Abänderungen: Der Erreger, also der Wechsel-

---

[1] Regeln oder steuern engl. to control.

stromgenerator, und der Kondensator C sind fortgefallen; das Galvanometer ist durch Verkleinerung des Widerstandes R aperiodisch gedämpft worden; vor allem sind aber die als Energiequelle dienenden Lichtelemente gemeinsam in Richtung des dicken Doppelpfeiles *verschiebbar* gemacht.

Für eine *Gegenkopplung* (Teilbild β in Abb. 365) wird die Stromrichtung so gewählt, daß sich das Lichtbündel *in* Richtung einer Verschiebung Y bewegt. Daher wird die Breite $(Y—X)$ des bestrahlten Streifens *kleiner* als Y. Wird die Differenz $(Y—X)$ sehr klein, so *folgt* das Lichtbündel der Verschiebung Y, wir haben das *Schema eines „Folgereglers"* mit sehr kleiner „Regelabweichung" $(Y—X)$.

Eine typische *Folgeregelung* benutzen seit etwa 100 Jahren die Steuerapparate großer Seeschiffe (daher der Name *Kybernetik = Steuertechnik*): Die Einstellung eines kleinen Handrades auf der Kommandobrücke („Führungsgröße Y") regelt mit einer Hilfsmaschine (einem „*Servomotor*") die Einstellung des Ruders am Heck („Regelgröße X").

A. W. SPRUNG hat 1877 die Folgeregelung in die physikalische Meßtechnik eingeführt: Der Ausschlag eines empfindlichen Meßinstrumentes regelte mit einem Servomotor die Einstellung eines robusten Schreibgerätes, das den zeitlichen Gang der gemessenen Größe registrierte (Näheres in Abb. 366). Mannigfache Meßinstrumente dieser Art gehören heute zum normalen Bestand aller Laboratorien.

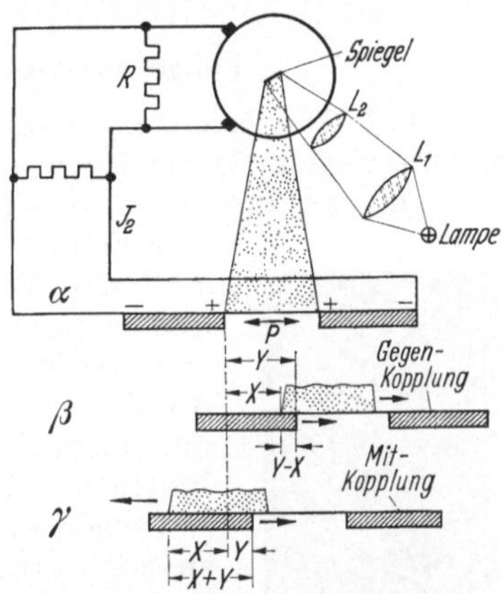

Abb. 365. Zur Rückkopplung bei Reglern und Verstärkern. Durch Änderung der Strahlungsstärke der Lampe kann man das Verhältnis
$$B = \frac{\text{Verschiebung des Lichtbündels}}{\text{Breite des bestrahlten Streifens}}$$
verändern. ($B = 4$ im Teilbild β, $B = {}^2/_3$ im Teilbild γ.)

Bei *Gegenkopplung* und *fester* Stellung der Lichtelemente (Abb. 365, Teilbild α) haben wir das *Schema eines „Haltereglers":* Er hält die Richtung des Lichtbündels konstant, wenn wir z. B. am Galvanometer den Torsionskopf der Spiegelaufhängung verdrehen. Analog wirken Halteregler für Temperatur, Drehfrequenz, Strom, Flugrichtung usw.

Für einen einfachen Schauversuch zur Halteregelung genügt ein Besenstiel. Man läßt ihn auf der Kuppe des Zeigefingers „balancieren", d.h. man hält den Stiel durch kleine horizontale Verschiebungen seines Stützpunktes beliebig lange in vertikaler Stellung.

Dabei ist die menschliche Aufmerksamkeit in die Halteregelung eingeschaltet. Das kann man leicht vermeiden. Man braucht nur zwei gekreuzte Lichtbündel, Lichtelemente und etwas Elektronik, um zu erreichen, daß der Besenstiel selbst die Bewegungen seines Stützpunktes steuert[1].

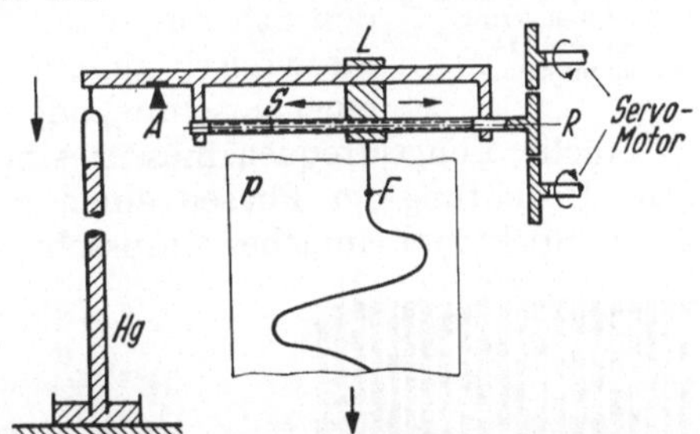

Abb. 366. SPRUNGS Waagebarograph, das *Vorbild aller mit einem Servomotor registrierenden Meßinstrumente*. Ein Hg-Barometer hängt am kurzen Hebelarm einer bei A gelagerten römischen Schnellwaage. Am rechten Waagebalken sitzt eine Leitspindel S, die den Läufer L verschieben kann. Wird der Luftdruck größer [kleiner] und daher die Hg-Säule länger [kürzer], so kippt der rechte Waagebalken nach oben [unten]. Das Rad R der Leitspindel wird mit dem oberen [unteren] Rand des Servomotors gekoppelt und der Läufer von der Spindel nach rechts [links] verschoben, bis wieder Gleichgewicht hergestellt ist. $F =$ Schreibfeder, P abwärts laufendes Registrierpapier. (Die am Glasrohr in der Pfeilrichtung ↓ angreifende Kraft ist entgegengesetzt gleich der Kraft, die das Hg nach oben drückt; actio = reactio.)

Die Stellungen unseres Körpers und seiner Glieder werden durch Folge- und Halteregelungen bestimmt; dabei dienen Muskeln als Servomotore. Versagen die Regelungen (etwa bei einem Ohnmachts-

---

[1] Analog kann man eine Stahlkugel in einem vertikalen Magnetfeld schweben lassen.

anfall), so sinkt unser Körper haltlos in sich zusammen. Daß ein Mensch aufrecht stehen kann, ist das Ergebnis verwickelter Regelvorgänge. Sie werden nur deswegen nicht gebührend als „Wunder" bestaunt, weil sie alltäglich sind.

Für eine *Mitkopplung* (Abb. 365, Teilbild γ) wird die Stromrichtung so gewählt, daß sich das Lichtbündel einer Verschiebung Y *entgegen* bewegt. Die Breite $(Y + X)$ ist größer als die Verschiebung Y. Mitkopplung benutzt man für *Verstärker* und zur Erzeugung *ungedämpfter Schwingungen*.

<h2 style="text-align:center">Zweiter Teil.</h2>

<h3 style="text-align:center">Einige Anwendungen erzwungener Schwingungen.</h3>

§ 112. Die Resonanz in ihrer Bedeutung für den Nachweis einzelner Sinusschwingungen. Spektralapparate. Nach den Darlegungen des § 108 können erzwungene Schwingungen eines Pendels oder Resonators auch bei kleinen periodisch einwirkenden Kräften sehr große Amplituden erreichen. Dazu muß das Pendel schwach gedämpft sein und seine Eigenfrequenz möglichst nahe mit der des Erregers übereinstimmen. Man hat für die auf diese Weise erzielbaren, verblüffend großen Amplituden viele Schauversuche ersonnen. Wir begnügen uns mit einem Beispiel, den erzwungenen Biegeschwingungen einer Blattfeder (Abb. 367). Wir haben ihre erzwungenen Schwingungen schon in § 8 benutzt, um die stroboskopische Zeitmessung zu erläutern. Als Erreger diente eine durch den Halter der Feder senkrecht hindurchgeführte Achse. Sie war durch einen seitlichen Ansatzstift zu leichtem *Schlagen* gebracht worden.

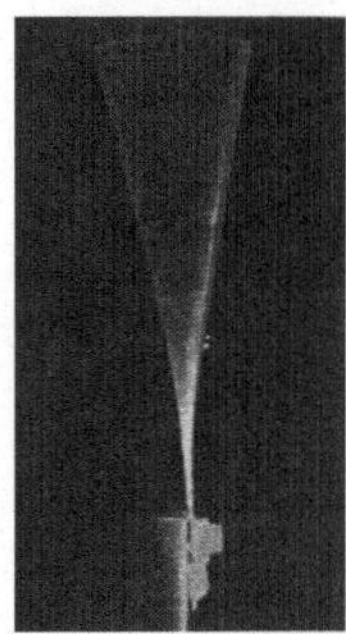

Abb. 367. Blattfeder oder Zunge, zu erzwungenen Biegeschwingungen angeregt (vgl. Abb. 14). Zeitaufnahme.

Aus einer Reihe derartiger Blattfedern oder Zungen auf einem gemeinsamen Träger entsteht ein wichtiges Meßinstrument, der *Zungenfrequenzmesser* (Abb. 368). Die zu untersuchenden Schwingungen werden dem Träger der Zungen entweder mechanisch zugeführt (z. B. durch Anbringung am Fundament einer Maschine) oder bequemer mit Hilfe eines Elektromagneten.

Solche Zungenfrequenzmesser sind typische *Spektralapparate*. Sie zerlegen ohne Beachtung der Phasen einen beliebig komplizierten Schwingungsvorgang in ein Spektrum einfacher Sinusschwingungen. In diesem Spektrum kann man die Frequenzen der einzelnen Sinusschwingungen und die Größe ihrer Amplituden ablesen. Das zeigt man am einfachsten mit Benutzung elektrischer Hilfsmittel. Wir geben zwei Beispiele:

Abb. 368. Skizze eines Zungenfrequenzmessers. Die Blattfedern haben passend abgestufte Frequenzen und tragen oben einen weißen quadratischen Kopf (siehe Abb. 369).

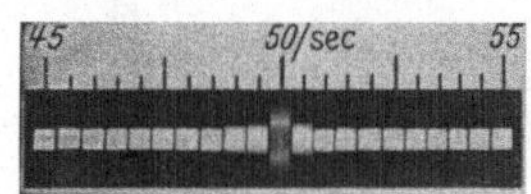

Abb. 369. Ausschnitt aus der Skala eines technischen Zungenfrequenzmessers, der die Frequenz eines technischen Wechselstromes (50/sec) anzeigt. Photographische Zeitaufnahme.

1. Wir greifen auf Abbildung 314 zurück und schicken durch den Elektromagneten des Zungenfrequenzmessers einen kastenförmigen oder abgehackten Gleichstrom. Die Abb. 370 A gibt die ohne Erläuterung verständliche Anordnung. Das rotierende Schaltwerk macht in der Zeit $T = 1/20$ sec einen Umlauf, und die Dauer τ des einzelnen Stromstoßes beträgt $1/40$ sec. Der Spektralapparat zeigt uns klar die Frequenzen $\nu_1 = 20$/sec und $\nu_3 = 60$/sec. Die nächste Frequenz $\nu_5 = 100$/sec ist gerade noch erkennbar.

2. Wir knüpfen an Abb. 313 an und ersetzen die Gleichstromquellen in Abb. 370A (Akkumulator) durch zwei in Reihe geschaltete Wechselstromgeneratoren mit den Frequenzen $v_7 = 70/\text{sec}$ und $v_4 = 40/\text{sec}$ (Abb. 370B). Der Spektralapparat zeigt die beiden Frequenzen an. — Alsdann wird ein Trockengleichrichter eingeschaltet und die Schwebungskurve einseitig so beschnitten, daß sie der Kurve S_r in Abb. 313 ähnlich wird. Sofort zeigt sich außer den beiden Frequenzen v_7 und v_4 die Differenzschwingung $v_7 - v_4 = 30/\text{sec}$.

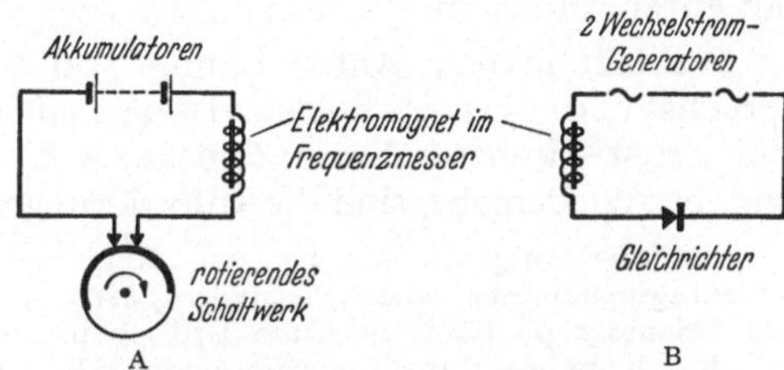

Abb. 370A. Herstellung eines kastenförmigen Gleichstromes mit einem rotierenden Schaltwerk.

Abb. 370B. Herstellung von Schwebungen zweier sinusförmiger Wechselströme und Verzerrung der Schwebungskurve durch einen Trockengleichrichter.

Differenzschwingungen treten allgemein auf, wenn an der Übertragung der Schwingungen irgendein „nichtlinearer Vorgang" beteiligt ist, d. h., wenn z. B. Kraft und Verformung oder (wie beim Gleichrichter) Strom und Spannung einander nicht proportional sind. Nur in seltenen Fällen tritt eine Differenzschwingung allein auf. Meist sind noch andere sogenannte „*Kombinationsschwingungen*" vorhanden. Ihre Frequenzen berechnen sich nach dem Schema $v_k = a v_1 \pm b v_2$ (a und b kleine ganze Zahlen).

Derartige Versuche sind sehr wichtig. Sie zeigen, daß sich ein nichtsinusförmiger Schwingungsvorgang wie ein physikalisches Gemisch seiner einzelnen Teilschwingungen verhält. Jede einzelne Teilschwingung vermag ungestört von den anderen die Blattfedern des Zungenfrequenzmessers zu erzwungenen Schwingungen anzuregen. Diese physikalische Selbständigkeit der einzelnen Teilschwingungen spielt bei allen Anwendungen erzwungener Schwingungen eine große Rolle. Ein wichtiges Beispiel bringt der nächste Paragraph.

§ 112a. Die Bedeutung erzwungener Schwingungen für die verzerrungsfreie Aufzeichnung nichtsinusförmiger Schwingungen. Registrierapparate. Für den bloßen *Nachweis* mechanischer Schwingungen reichen in der Mehrzahl der Fälle unsere Sinnesorgane aus. Unser Körper spürt beispielsweise Schwingungen seiner Unterlage (v etwa $10/\text{sec}$) schon bei Horizontalamplituden von nur $3 \cdot 10^{-3}$ mm. Unsere Fingerspitzen spüren bei zarter Berührung Schwingungsamplituden von etwa $5 \cdot 10^{-4}$ mm (bei $v = 50/\text{sec}$). Über die ungeheure Empfindlichkeit des Ohres folgen Zahlenangaben in § 141. Im allgemeinen ist es jedoch mit dem bloßen Nachweis von Schwingungen nicht getan. Man braucht vielmehr eine *formgetreue oder verzerrungsfreie Aufzeichnung ihres Verlaufs, eine Registrierung.*

Bei jeder Registrierung setzen die zu untersuchenden Schwingungen irgendwelche „*Tastorgane*" (Hebel, Membranen usw.) in Bewegung. Diese Bewegung wird, oft durch mechanische oder Lichthebelübersetzung erheblich vergrößert, auf ein fortlaufend bewegtes Papier mit Tinte oder photographisch aufgezeichnet. Bei diesem ganzen Vorgang handelt es sich physikalisch um *erzwungene* Schwingungen, denn alle Registrierapparate haben Eigenschwingungen. Um einwandfreie Registrierungen zu erhalten, müssen zwei Fehler vermieden werden: Erstens darf das Registriersystem nicht die Amplituden einzelner Teilschwingungen in bestimmten Frequenzbereichen bevorzugen. Zweitens darf es nicht die Phasen der einzelnen Teilschwingungen gegeneinander verschieben.

Die erste Forderung ist verhältnismäßig einfach zu erfüllen. Man hat nach Abb. 353 die Eigenfrequenz v_e des Registrierapparates ungefähr gleich der höchsten zu registrierenden Frequenz $v_{\max}$ zu machen und außerdem hat man die Eigenschwingung des Registrierapparates sehr stark zu dämpfen. Die Kurve seiner erzwungenen Schwingung muß etwa so verlaufen wie Kurve D in

Abb. 353. Dadurch erhält man für alle Frequenzen zwischen $\nu = 0$ und nahezu ν_e richtige Amplituden. Sollen auch Phasenverschiebungen zwischen den einzelnen Teilschwingungen nach Möglichkeit vermieden werden, so muß man die Phasenverschiebungen $\varDelta\varphi$ linear mit der Frequenz ν ansteigen lassen. Dann ist der Quotient $\varDelta\varphi/\nu = 2\pi t$ konstant, d. h. alle Frequenzen werden um die *gleiche* Zeit verzögert wiedergegeben. Diese Bedingung läßt sich zwischen $\nu = 0$ und $\nu = 0{,}7\nu_e$ mit guter Annäherung erreichen. Das zeigt die mit D markierte Kurve in Abb. 354.

Die formgetreue Aufzeichnung von Schwingungskurven ist eine recht anspruchsvolle, aber für viele wissenschaftliche Zwecke unentbehrliche Aufgabe. Für akustisch-musikalische Zwecke, z. B. für die Herstellung von Schallplatten und ihre Wiedergabe, sind die Anforderungen glücklicherweise geringer (vgl. § 140).

Ähnliche Aufgaben wie bei den Registrierapparaten finden sich beim Bau der Beschleunigungsmesser oder „*Seismographen*" zur Aufzeichnung von Bodenschwingungen. Ein Seismograph für horizontale Erdbebenschwingungen besteht beispielsweise aus einem auf den Kopf gestellten Schwerependel. Es wird durch geeignete Federn gehalten. Bei Schwingungen des Erdbodens befindet sich dies Pendel im beschleunigten Bezugssystem. Es wird durch Trägheitskräfte im Rhythmus der Bodenschwingungen den Federn entgegen bewegt und betätigt einen Schreibhebel mit großer Übersetzung (bis zu $5 \cdot 10^5$). Die unerläßliche Dämpfung dieses Pendels wird mit Luft- oder Flüssigkeitsbremsen erreicht.

Die Trägheitskräfte sind der Masse m des Pendels proportional. Deswegen benutzt man Massen bis zu etlichen 1000 kg. Außerdem macht man zur Erzielung großer Empfindlichkeit die Richtgröße der Federn sehr klein („Astasierung"). Damit wird jedoch nach Gl. (40) (S. 33) die Eigenfreuqenz ν_e des Seismographen außerordentlich klein. Sie liegt oft weit *unterhalb* der kleinsten zu registrierenden Frequenz ν. Damit scheint man sich zunächst mit der einen der beiden Grundforderungen der Registriertechnik in Widerspruch zu setzen: Nach dieser soll ja die Eigenfrequenz aller Registrierapparate *oberhalb* der höchsten zu registrierenden Frequenz liegen (siehe oben).

Bei diesem Widerspruch handelt es sich um eine Frage des „Bezugssystems". In Abb. 351, also beim Grundversuch der erzwungenen Schwingungen, stand die kreisförmige Skala fest, der Hebel A bewegte sich als Erreger hin und her. In diesem Fall erhält man die Messungen der Abb. 353: Bei sehr kleinen Erregerfrequenzen $(\nu \ll \nu_e)$ wurden die Amplituden des Resonators ebenso groß wie die des Erregers; bei sehr großen Erregerfrequenzen $(\nu \gg \nu_e)$ wurden die Amplituden des Resonators praktisch gleich Null. — In einem zweiten Fall aber denken wir uns die Skala fest mit dem *Erreger* verbunden (sie soll sich also ebenso wie der Erregerhebel A um die Achse D hin und her drehen). In diesem zweiten Fall liefern die Messungen ein ganz anderes Ergebnis: Die an der Skala abgelesenen Resonatoramplituden werden für sehr kleine Frequenzen $(\nu \ll \nu_e)$ gleich Null. Bei sehr großen Erregerfrequenzen aber werden die so abgelesenen Amplituden des Resonators ebenso groß wie die des Erregers, gemessen an einer ruhenden Skala. — Dieser zweite Fall ist bei den Seismographen oder Beschleunigungsmessern verwirklicht: Als Erreger dient der hin und her schwingende Boden; die Skala ist fest mit dem Boden verbunden und schwingt zugleich mit ihm hin und her.

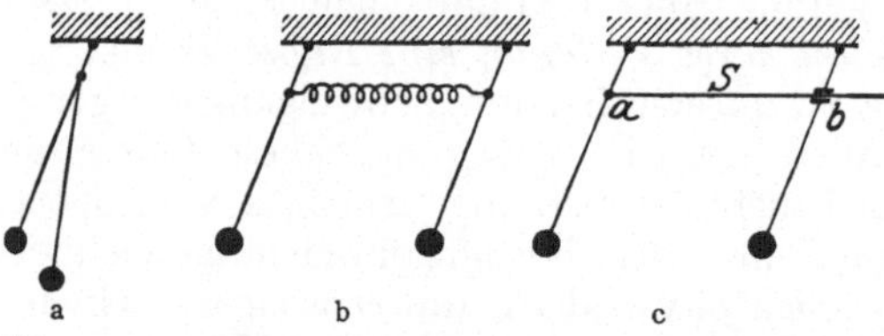

a   b   c

Abb. 371. a Beschleunigungskopplung, b Kraftkopplung, c Reibungskopplung. Bei der Reibungskopplung entstehen keine Schwebungen. Das erste Pendel schaukelt das zweite auf, und fortan schwingen beide Pendel mit gleicher Amplitude und Phase.

§ 113. Zwei gekoppelte Pendel und ihre erzwungenen Schwingungen.

Die Kopplung zweier Pendel, d. h. die Herstellung einer Energie-Übertragung zwischen beiden, haben wir bisher nur kurz erwähnt. Man hat drei verschiedene Arten der Pendelkopplung zu unterscheiden:

1. Beschleunigungskopplung (Abb. 371 a). Das eine Pendel hängt am andern. Es befindet sich in einem beschleunigten Bezugssystem und ist daher Trägheitskräften unterworfen.

2. Eine Kraftkopplung (Abb. 371 b). Beide Pendel sind durch eine elastische Feder miteinander verknüpft.

3. **Reibungskopplung** (Abb. 371c). Ein Teil des einen Pendels, z. B. die um a drehbare Schubstange S, reibt an einem Teil des anderen Pendels, etwa in der drehbaren Muffe b.

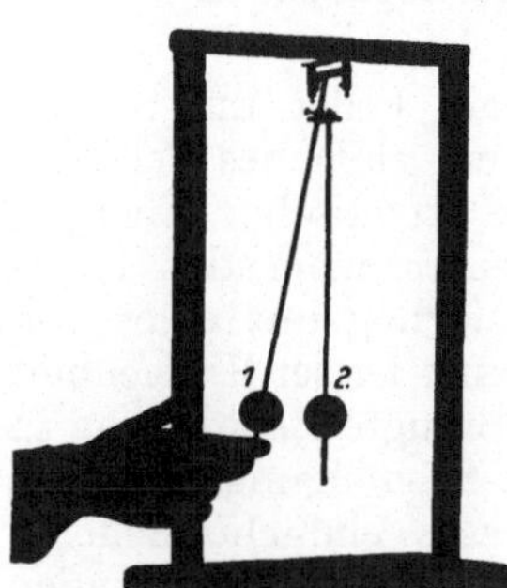

Abb. 372. Zwei gekoppelte Schwerependel.

Wir betrachten im folgenden nur die beiden ersten Fälle, also Beschleunigungskopplung und Kraftkopplung. Dabei soll jedes Pendel für sich allein wieder die gleiche Eigenfrequenz haben. Nach ihrer Kopplung sind in beiden Fällen die uns schon bekannten zwei Eigenfrequenzen vorhanden. Die niedrigere v_1 erhält man beim gleichsinnigen, die höhere v_2 beim gegensinnigen Schwingen beider Pendelkörper (S. 173).

Jetzt kommt eine neue Beobachtung: Wir entfernen anfänglich nur das *eine* der beiden Pendel (Nr. 1) aus seiner Ruhelage und lassen es dann los (Abb. 372). Dabei tritt etwas Überraschendes ein. Pendel Nr. 1 gibt allmählich seine ganze Energie an das zuvor ruhende Pendel Nr. 2 ab und schaukelt dieses zu großen Amplituden auf. Pendel 1 kommt dabei selbst zur Ruhe. Darauf beginnt dasselbe Spiel mit vertauschten Rollen.

Diesen Vorgang können wir in zweifacher Weise beschreiben: Erstens als *Schwebungen* der beiden überlagerten Frequenzen v_1 und v_2. Zweitens als *erzwungene Schwingungen im Resonanzfall*. Das anfänglich in einem Umkehrpunkt losgelassene Pendel Nr. 1 eilt als Erreger dem Pendel Nr. 2 als Resonator um 90° phasenverschoben voraus. Es beschleunigt Nr. 2 längs seines ganzen Weges mit richtigem Vorzeichen. Es selbst aber wird dabei durch die nach actio = reactio auftretende Gegenkraft gebremst. Wir haben erzwungene Schwingungen mit einer starken Rückwirkung des Resonators auf den Erreger.

Wir bringen noch zwei weitere Beispiele gekoppelter Schwingungen:

1. In Abb. 372a sind zwei bifilare Schwerependel gleicher Schwingungsdauer aneinander gehängt. Der obere Pendelkörper hat eine sehr viel größere Masse als der untere. Gibt man ihm einen kleinen, kaum sichtbaren Anstoß, so beginnt der kleinere untere Pendelkörper Schwebungen mit großer Amplitude. Die Schwebungen des großen Körpers sind kaum zu sehen.

2. Eine stark gedämpfte Blattfeder sitzt als kleiner Reiter auf einer Stimmgabel. Die Anordnung ist aus Abb. 373 ersichtlich. Die Dämpfung der Blattfeder erfolgt in üblicher Weise durch ihre Fassung in Gummi. Feder und Gabel haben jede für sich die gleiche Frequenz.

Zunächst werde die Blattfeder durch eine aufgesetzte Fingerspitze am Schwingen verhindert. Dann klingt die Stimmgabel nach einer Stoßerregung sehr langsam, etwa in einer Minute, ab. Man kann ihre Schwingungen mit Hilfe des Spiegels Sp weithin sichtbar machen. Dann wiederholt man den Versuch bei unbehinderter Blattfeder. Die Stimmgabel kommt nach einer Stoßerregung schon nach knapp einer Sekunde zur Ruhe. Die auf die angekoppelte Blattfeder übertragene

Abb. 372a.
Zwei bifilar aufgehängte, gekoppelte Schwerependel mit Pendelkörpern sehr ungleicher Masse. Die Schwingungen erfolgen senkrecht zur Papierebene.

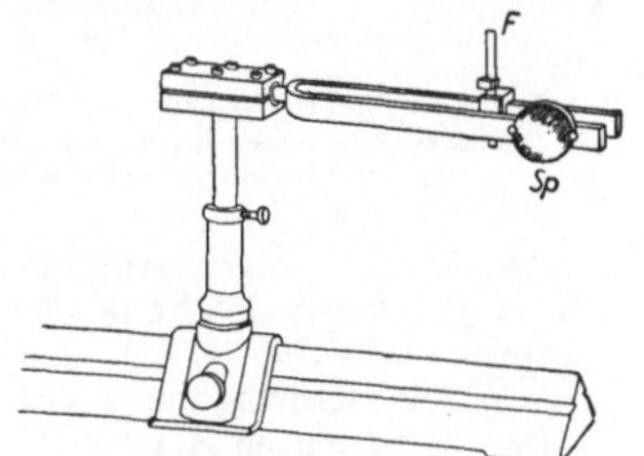

Abb. 373. Stimmgabel mit aufgesetzter stark gedämpfter Blattfeder (MAX WIENscher Versuch).

Schwingungsenergie wird als Wärme in der Gummifassung vernichtet. Statt der lang andauernden Schwebungen bei ungedämpftem Pendel sieht man deren hier nur wenige. Bei günstigsten Abmessungen kann die Energie sogar schon bis zum ersten Schwingungsminimum vernichtet sein.

§ 114. Gedämpfte und ungedämpfte Wackelschwingungen. Feder- und Schwerependel ergeben für die Entstehung von Schwingungen ein einfaches Schema: Es erfolgt ein periodischer Wechsel von potentieller und kinetischer Energie; dieser kann im idealisierten Grenzfall unabhängig von einer dauernden Energiezufuhr aufrechterhalten bleiben und erfolgt rein sinusförmig mit einer von der Amplitude unabhängigen Frequenz. Dieser Einfachheit verdanken diese Vorgänge ihre bevorzugte Behandlung in allen Physikbüchern. — Sehr viele Schwingungsvorgänge passen aber durchaus nicht in dieses einfache Schema z. B. die im täglichen Leben so häufig vorkommenden Wackelschwingungen. In Abb. 374 links steht eine Säule mit zwei schneidenförmigen Füßen auf einer ebenen Unterlage. Ein kleiner Kraftstoß in der Pfeilrichtung hebt die rechte Schneide und erregt damit die Wackelschwingungen, einen

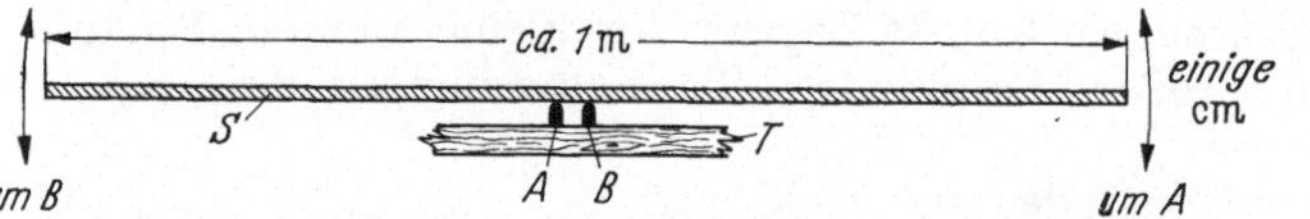

Abb. 374. Links: Herstellung von Wackelschwingungen mit einer Holzsäule von rechteckigem Querschnitt auf einer Stahlplatte. Länge der Säule rund 30 cm. Rechts: Nach einer Stoßerregung photographisch registriertes Schwingungsbild dieser Säule. — Zur Erregung erzwungener Wackelschwingungen eignen sich Trägheitskräfte: Man bewege in Abb. 374 die Unterlage mit Motor und Excenter periodisch in Richtung des Doppelpfeiles P.

periodischen Wechsel von kinetischer und potentieller Energie (letztere abwechselnd · in zwei Formen). Schon eine flüchtige Beobachtung läßt das charackteristische Merkmal der Wackelschwingungen erkennen, nämlich die Abhängigkeit ihrer Frequenz von der Amplitude. Je kleiner die Winkelamplitude α_0, desto größer die Frequenz (Abb. 374, rechts).

Auch Wackelschwingungen können mit konstanter Amplitude, also ungedämpft, aufrecht erhalten werden. Für eine *Fremd*steuerung, also *erzwungene* Schwingungen, ist ein erstes Beispiel unter Abb. 374 beschrieben. Ein zweites werde mit Abb. 374* kurz erläutert: A und B seien zunächst zwei auf eine Tischkante T gelegte Zeigefinger. Auf ihnen liegt ein Metallstab S. Alsdann werden A und B periodisch, aber mit entgegengesetzter Phase als „Erreger" auf und nieder bewegt.

*Fremd*gesteuerte, also *erzwungene* Wackelschwingungen zeigen eine bemerkenswerte Eigentümlichkeit: Jeder Erregerfrequenz

Abb. 374*. Zur Herstellung von Wackelschwingungen konstanter Amplitude entweder mit einer *Fremd-* oder mit einer thermischen *Selbst*steuerung (TREVELYAN-Wackler)

entspricht eine eigene Amplitude sowohl des Resonators als auch des Erregers. Daher besteht in Abb. 374 keine Gefahr des Umkippens, solange die Erregerfrequenz nicht eine untere Grenze unterschreitet[1].

Wackelschwingungen mit *Selbst*steuerung lassen sich ebenfalls mit Abb. 374* erläutern. Diesmal bedeuten A und B zwei an einem Metallklotz befestigte Bleche aus Blei (Abstand ca. 6 mm), S einen *heißen* Metallstab, z. B. aus Cu. Nach einem ersten Anstoß berührt der heiße Stab abwechselnd das linke und das rechte Bleiblech. Jeder Berührung folgt eine zeitlich zunehmende Ausbeulung des Bleis und durch sie wird der Stab in richtigem Sinne beschleunigt (TREVELYAN-Wackler).

---

[1] Praktisch bedeutsam z. B. für freistehende Glockentürme. Sie können beim Schwingen der Glocken ohne Gefahr zu erzwungenen Wackelschwingungen mit großen sichtbaren Amplituden erregt werden (E. MOLLWO).

XII. Fortschreitende Wellen und Strahlung.

Erster Teil.

Wellenlehre.

§ 115. Fortschreitende Wellen. In Abb. 375 sieht man, durch ein Fenster blickend, eine Sinuskurve als Schattenriß. Er bewege sich mit der Geschwindigkeit c in der Richtung z: Dann ist dieser Schattenriß eine fortschreitende sinusförmige Welle. Die Abb. 375 zeigt ein Momentbild der Welle. Man unterscheidet

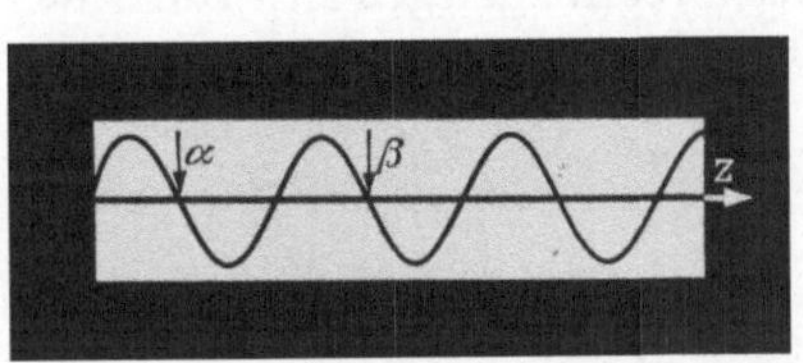

Abb. 375. Momentbild einer sinusförmigen fortschreitenden Welle.

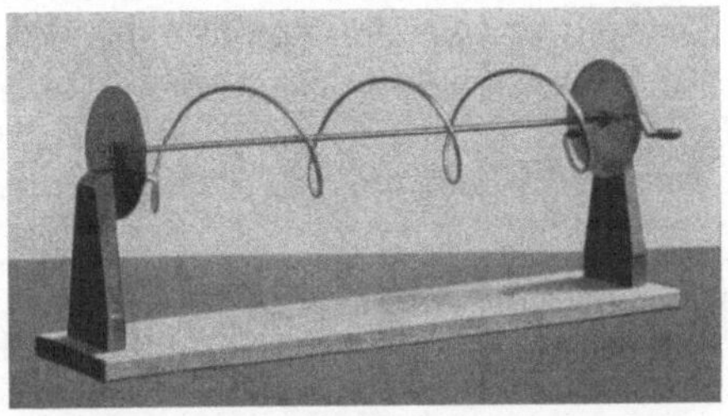

Abb. 376. Schraubenförmig gewundener und um die Längsachse der Schraube drehbarer Draht.

Wellenberge und Wellentäler. Der Abstand zweier einander entsprechender Punkte, z. B. der Schnittpunkte α und β mit der z-Achse, oder zweier aufeinanderfolgender Wellenberge, heißt die *Wellenlänge* λ. Die Geschwindigkeit, mit der sich ein solcher Schnittpunkt oder mit der sich ein Wellenberg in Richtung der z-Achse bewegt, wird *Phasengeschwindigkeit* c genannt.

Eine solche fortschreitende Welle kann man experimentell dadurch herstellen, daß man einen sinusförmig gebogenen Draht mit der Geschwindigkeit c hinter dem Fenster vorbeizieht. Besser ist jedoch eine andere Anordnung, weil sie den Zusammenhang der Sinusschwingung mit der Kreisbahn erkennen läßt: Man stellt hinter das Fenster einen schraubenförmig gewundenen Draht (Abb. 376); dort läßt man ihn um seine Längsachse rotieren (Kurbel), und zwar mit der Frequenz $v = n/t$, also n Umdrehungen in der Zeit t. Während n Umdrehungen legt ein ins Auge gefaßter Punkt, z. B. der Schnittpunkt α in Abb. 375, einen Weg $s = n\lambda$ zurück, und zwar mit der Phasengeschwindigkeit $c = s/t = n\lambda/t$ oder

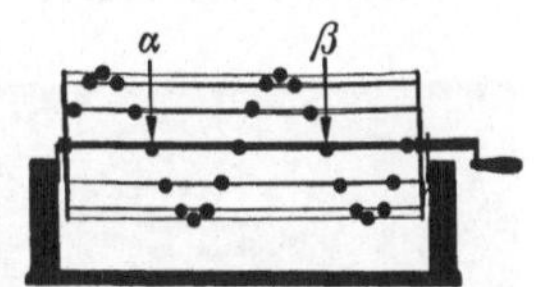

Abb. 376a. Schraubenförmig angeordnete Kugeln.

$$\boxed{c = v\lambda} \tag{213}$$

Das ist eine für jeden Wellenvorgang fundamentale Beziehung. — Während der Rotation des Schraubendrahtes sieht jeder Beobachter die Welle wie eine schlängelnde Natter in der z-Richtung laufen. Trotzdem aber bewegt sich kein Punkt der Schraube in der Laufrichtung z. Alle Punkte des Schraubendrahtes kreisen nur in Ebenen, die zur Laufrichtung senkrecht stehen. Das zeigt man am

besten, indem man den Schraubendraht in eine schraubenförmige Folge einzelner Punkte auflöst, wie in Abb. 376a (kleine Holzkugeln auf Fäden). Jeder
Punkt vollführt eine Sinusschwingung. Er hat zu einer bestimmten Zeit t die Phase
$\varphi = 2\pi t/T$. Sein nach rechts folgender Nachbar bekommt die gleiche Phase
erst später: Was beim Laufen der Welle nach rechts vorrückt, ist eine *Phase*,
und daher der Name Phasengeschwindigkeit.

Zur quantitativen Darstellung betrachten wir zunächst die *Schwingung*
eines einzelnen Punktes. Der Punkt α befinde sich zur Zeit $t = 0$ gerade auf
der z-Achse. Dann erreicht er nach Ablauf der Zeit t den Ausschlag

$$x = x_0 \sin \omega t \tag{214}$$

(x_0 Höchstwert des Ausschlages, $\omega = 2\pi\nu =$ Kreisfrequenz).

Bei den *Schwingungen* hängt der Ausschlag x und die Phase ωt nur von
der *Zeit* ab. Sie wiederholt sich am gleichen *Ort* nach je einer Periode T.

Um zur Darstellung der *Welle* zu gelangen, betrachten wir jetzt die Schwingung eines Punktes, der um den Weg z weiter nach rechts gelegen ist. Auf seiner
Bahn nach oben passiert er die Abszissenachse später als der Punkt α. Seine
Schwingung liegt um den Phasenwinkel

$$\varphi = 2\pi\,\frac{t}{T} = 2\pi\,\frac{ct}{cT} = 2\pi\,\frac{z}{\lambda}$$

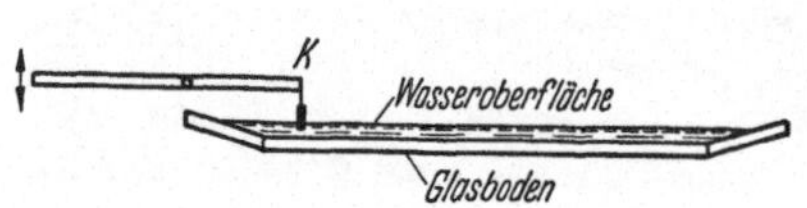

Abb. 377. Wanne zur Beobachtung flächenhafter
Wellenfelder. Der am Ende eines Hebels befindliche Tauchkörper K wird mit Hilfe eines Exzenters auf und nieder bewegt. THOMAS YOUNG. Für
Kreiswellen benutzt man als Tauchkörper einen
zylindrischen Stift, für geradlinige Wellen
eine Leiste.

gegenüber der des Punktes α zurück. Folglich gilt für ihn statt Gl. (214)

$$x = x_0 \sin\left(\omega t - 2\pi\,\frac{z}{\lambda}\right)$$

oder mit $\lambda = c/\nu$ und $2\pi\nu = \omega$

$$x = x_0 \sin \omega\left(t - \frac{z}{c}\right). \tag{215}$$

Das ist die Beschreibung einer fortschreitenden Welle durch eine Gleichung:
Bei der *Welle* hängt der Ausschlag x und die Phase $\omega\,(t - z/c)$ nicht allein von
der Zeit t, sondern auch vom Ort z ab. Sie wiederholen sich am gleichen *Ort* nach je einer Periode T
und zu gleicher *Zeit* an Orten, die in Abständen
$z = \lambda$ aufeinanderfolgen.

Alle Zustände, die mit endlicher Geschwindigkeit fortschreiten, können Wellen bilden. Für die
Beobachtung beginnt man zweckmäßig mit Zuständen, die mit kleiner Geschwindigkeit c fortschreiten. Dahin gehören an erster Stelle kleine
Verformungen von Flüssigkeitsoberflächen. Durch
sie entstehen flächenhafte Wellenfelder. Man beobachtet sie mit der Wellenwanne.

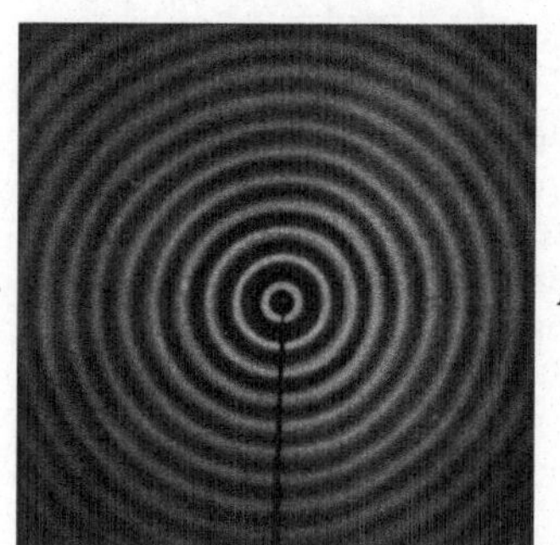

E   E

Abb. 378. Flächenhaftes Wellenfeld auf
einer Wasseroberfläche. Berge und Täler
sind konzentrische Kreise. Momentbild
(Belichtungszeit $^1/_{600}$ sec).

Eine solche ist in Abb. 377 im Schnitt skizziert.
Zur Herstellung der Wellen dient als „*Sender*" ein
sinusförmig auf und nieder schwingender Tauchkörper. Seine Frequenz wählt man zwischen 10 und
20/sec. Dann erhält man Wellenlängen zwischen 2,5 und 1,2 cm. Punktförmige
Tauchkörper geben Wellen in Form konzentrischer Kreise (Abb. 378). Mit linienförmigen Tauchkörpern erhält man Wellenberge und -täler als gerade Linien,
z. B. in Abb. 385.

Die Ufer der Wanne müssen flach gebőscht sein, damit sich die Wellen totlaufen und keine störenden Reflexionen auftreten. — Ein von unten durchfallender Lichtkegel entwirft ein Bild auf der Decke des Hörsaals oder, mit einem Spiegel umgelenkt, auf der Wand. Mit stroboskopischer Zeitdehnung kann man eine bestimmte Phase, z. B. die eines fixierten Wellenberges, bequem verfolgen.

§ 116. Dopplereffekt. In Abb. 378 denke man sich irgendwo einen Empfänger E, der auf die ankommenden Wellen reagiert und sie abzählen kann, wie z. B. das Auge des Beobachters. Sind Sender und Empfänger gegenüber dem Träger der Wellen, der Wasseroberfläche, in Ruhe, so ist die vom Empfänger gemessene Frequenz gleich der des Senders. Bewegt sich der Sender oder der Empfänger, so tritt der Dopplereffekt auf: Während der Wellenausbreitung erhöht eine Abstandsverkleinerung die vom Empfänger beobachtete Frequenz der Wellen; eine Abstandsvergrößerung erniedrigt sie. — Bei einer quantitativen Betrachtung muß man für *mechanische* Wellen den Fall des bewegten Senders (Abb. 379) und den des bewegten Empfängers auseinanderhalten.

Die Geschwindigkeit zwischen Sender und Empfänger sei u und die Phasengeschwindigkeit der Wellen sei c. Dann beobachtet

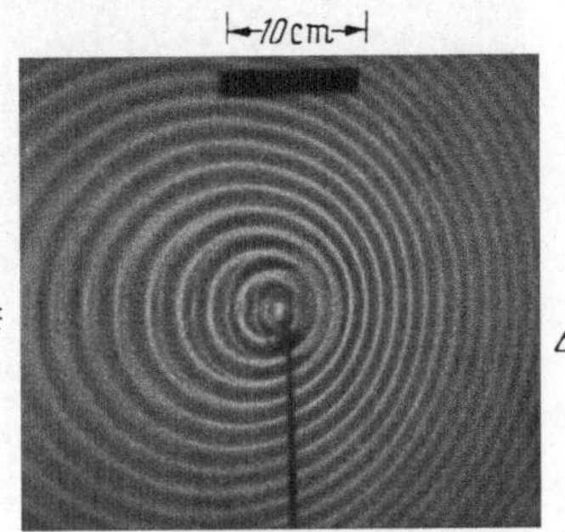

Abb. 379. Dasselbe wie in Abb. 378, jedoch bei einem nach rechts bewegten Sender. — Oben ein Maßstab von 10 cm Länge. E bedeutet ruhende „Empfänger".

ein ruhender Empfänger bei bewegtem Sender	ein bewegter Empfänger bei ruhendem Sender

als Frequenz der Wellen statt der Senderfrequenz v

$$v' = \frac{v}{1 \mp \dfrac{u}{c}} = v\left(1 \pm \frac{u}{c} + \cdots\right) \quad (216)$$	$$v'' = v\left(1 \pm \frac{u}{c}\right) \quad (217)$$
In der Zeit t gehen von einem bewegten Sender, der sich dem Empfänger nähert, $n' = vt$ Einzelwellen (d.h. Berg + Tal) aus. Sie werden auf dem Weg $(ct - ut)$ zusammengedrängt. Der Empfänger mißt daher die Wellenlänge $\lambda' = (c - u)t/n' = (c - u)/v$. Einsetzen von $\lambda' = c/v'$ ergibt die Gl. (216).	Treffen in der Zeit t auf einen ruhenden Empfänger vt Einzelwellen, so addieren sich für einen bewegten Empfänger, der sich in der Zeit t dem Empfänger um den Weg ut nähert, ut/λ Einzelwellen. Der bewegte Empfänger wird also in der Zeit t von $n'' = (vt + ut/\lambda)$ Einzelwellen getroffen. Er beobachtet die Frequenz $v'' = n''/t$ und erhält mit $\lambda = c/v$ die Gl. (217).

In den Gl. (216) und (217) gilt das Pluszeichen, wenn sich Sender und Empfänger einander nähern.

§ 117. Interferenz. Mit der Wellenwanne hat THOMAS YOUNG 1802 eine für das Verständnis aller Wellenvorgänge fundamentale Erscheinung entdeckt und benannt: Es ist die bei der Überlagerung von 2 Wellenzügen auftretende *Interferenz*. — Um sie vorzuführen, benutzen wir in der Wellenwanne 2 mechanisch miteinander starr verbundene punktförmige Tauchkörper. Das Ergebnis zeigt eine Momentaufnahme in Abb. 380: Die beiden Wellenzüge überlagern sich, und dabei wird das Wellenfeld durch Interferenz unterteilt.

In der Symmetrierichtung 00 sehen wir die Wellenbewegung erhalten, d. h. eine periodische Folge von Bergen und Tälern. Beiderseits der Symmetrielinie hingegen finden wir Kurven, die von Wellen frei sind. In ihnen fallen Maxima des einen Wellenzuges auf Minima des anderen. Für jeden Punkt einer solchen Kurve ist der Gangunterschied, d. h. die Differenz seiner Abstände von den beiden Zentren, konstant und ein ungeradzahliges Vielfaches von $\lambda/2$. Infolgedessen heben sich beide Wellenzüge gegenseitig auf. Dafür ist zwischen den wellenfreien Kurven der Wellenvorgang verstärkt. Dort addieren sich beide Wellen mit gleicher Phase. Die Interferenzkurven, also die Kurven gleichen Gangunterschiedes, sind Hyperbeln. Der Winkel zwischen ihren Asymptoten und der Symmetrierichtung 00 ergibt sich für einen genügend großen Abstand von den Zentren ohne weiteres aus der Abb. 381. Für die Maxima gilt, wenn m eine ganze Zahl („Ordnungszahl") bedeutet,

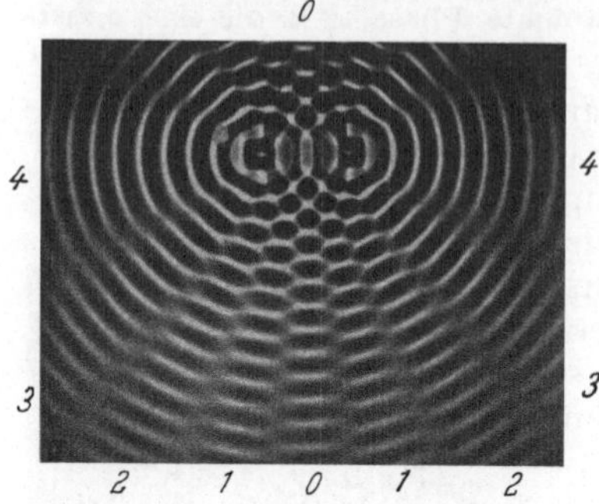

Abb. 380. Momentbild eines flächenhaften Wellenfeldes mit Interferenzen zweier Wellenzüge (Belichtungszeit $^1/_{500}$ sec). Dieses Lichtbild und alle bis Abb. 393 folgenden sind photographische Positive.

$$\sin \alpha = \frac{m\lambda}{D}$$

für die Minima

$$\sin \alpha = \frac{(2m+1)\,\lambda/2}{D}.$$

$$\left. \right\} \qquad (218)$$

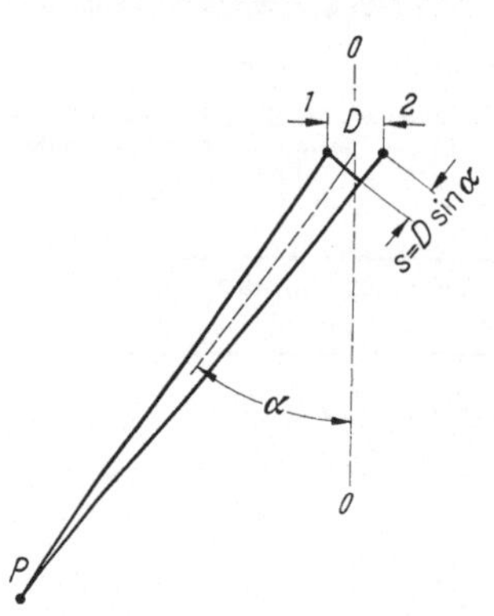

Abb. 381. Zur Herleitung der Gl. (218).

§ 118. Interferenz bei zwei etwas verschiedenen Senderfrequenzen. Man denke sich in Abb. 380 die beiden Tauchkörper nicht mehr starr miteinander verbunden, sondern durch zwei Motore unabhängig voneinander mit den Frequenzen v und $v + \Delta v$ angetrieben. Dann *wandern* die Interferenzstreifen. Sie erreichen dabei in periodischer Folge (n mal in der Zeit t oder mit der „Schwebungsfrequenz" $v_S = n/t = \Delta v$) die Lage, die zuvor ein benachbarter Streifen eingenommen hatte. Die Interferenzstreifen zeigen nur noch in Momentbildern ortsfeste Lagen.

In vielen Fällen ist es nicht möglich, einen strengen Synchronismus zweier Sender herzustellen und dadurch eine Frequenzdifferenz Δv zu vermeiden. Dann hilft man sich oft mit einem Kunstgriff: Man ersetzt den zweiten Sender durch ein „*Spiegelbild*" des ersten. Das heißt man läßt einen Wellenzug an einer glatten Wand reflektieren und beobachtet die Überlagerung des reflektierten mit dem einfallenden Wellenzug. Die Abb. 382 und 383 geben Beispiele.

§ 119. Stehende Wellen. In Abb. 382 ist die Interferenz zweier Wellenzüge gleicher Frequenz in einem *Momentbild* gezeigt. Jetzt bringen wir ein solches Interferenzbild in einer *Zeitaufnahme* (Abb. 383). Dabei war, wie in Abb. 382, das zweite Wellenzentrum durch ein Spiegelbild des ersten ersetzt. *In dieser Zeitaufnahme ist nichts mehr von den fortschreitenden Folgen von Berg und Tal zu sehen, man sieht nur noch die Hyperbeln gleicher Gangunterschiede.* Zwischen den dunklen Kurven der Minima laufen die Wellen in den Richtungen der kurzen Pfeile, oberhalb der Geraden ZZ nach oben, unterhalb der Geraden ZZ nach unten[1]. Auf der Geraden ZZ (und praktisch auch in ihrer Nachbarschaft) beobach-

---

[1] Man sieht die Bahnen der Wellen, also der Folgen von Berg und Tal, als helle Streifen. Diese entsprechen den leuchtenden Streifen auf einem See, dessen gekräuselte Oberfläche Strahlung einer fernen Lichtquelle reflektiert und in unser Auge gelangen läßt.

tet man ortsfeste oder *stehende* Wellen: Die Interferenzminima nennt man die *Knoten* der stehenden Wellen. Zwischen den Knoten liegen die *Bäuche:* in diesen wechseln Berge und Täler in zeitlich periodischer Folge. Auf der Verbindungslinie beider Wellenzentren laufen die beiden Wellenzüge einander genau entgegen. Im strengen Sinne darf man nur dann von stehenden Wellen sprechen; nur dann hat der Abstand zweier Interferenzminima seinen kleinsten Wert, nämlich $\lambda/2$; nur dann darf man die Interferenzminima *Knoten* nennen. Stehende Wellen verwirklicht man mit ebenen (also auf der Oberfläche von

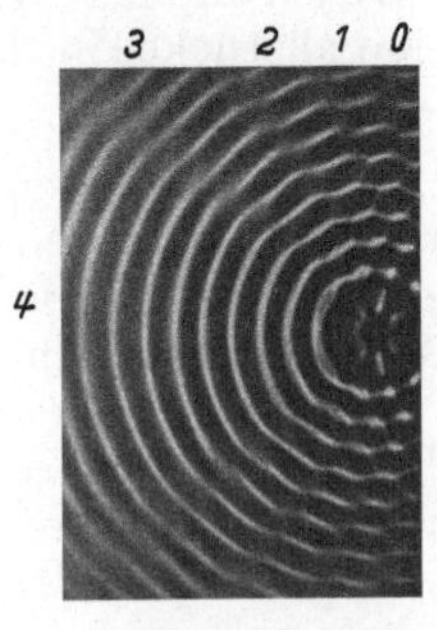

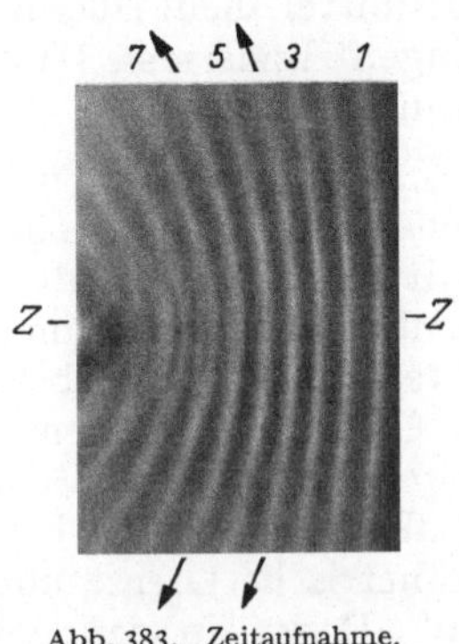

Abb. 382. Moment-,   Abb. 383. Zeitaufnahme.   Abb. 384.

Abb. 382 u. 383. Zwei flächenhafte Wellenfelder mit Interferenzen, bei denen der zweite Wellenzug durch Reflexion des ersten an einer Wand hergestellt wird. Die Abb. 382 entspricht der linken Hälfte von Abb. 380. Dabei fällt der rechte Bildrand von Abb. 382 mit der Oberfläche der reflektierenden Wand und der Geraden *0—0* in Abb. 380 zusammen. Pfeile = Laufrichtung der im Interferenzfeld fortschreitenden Wellen. In Abb. 383 fehlt rechts die Wand und der an sie angrenzende Wellenzug mit dem Gangunterschied 0.

Zeitaufnahme linearer stehender Wellen vor einer rechts stehenden Wand.

Wasser linearen) Wellen. Die Abb. 384 gibt eine Zeitaufnahme. In ihr ist der zweite Wellenzug durch Spiegelung des ersten an einer ebenen Wand hergestellt.

Die Gleichung für die stehenden Wellen ist folgendermaßen herzuleiten: Für die Amplitude der nach rechts in der positiven z-Richtung laufenden Welle gilt

$$x_r = x_0 \sin \omega \left(t - \frac{z}{c} \right). \qquad (215) \text{ v. S. } 196$$

Für die Amplitude der nach links laufenden Welle gilt

$$x_l = x_0 \sin \omega \left(t + \frac{z}{c} \right). \qquad (219)$$

Wir setzen abkürzend $\left(\omega t - \omega \frac{z}{c} \right) = \alpha$ und $\left(\omega t + \omega \frac{z}{c} \right) = \beta$ und erhalten für die resultierende Amplitude der beiden gegenläufigen Wellen

$$x = x_r + x_l = x_0 (\sin \alpha + \sin \beta). \qquad (220)$$

Dann benutzen wir die trigonometrische Beziehung

$$\sin \alpha + \sin \beta = 2 \sin \frac{\alpha + \beta}{2} \cos \frac{\alpha - \beta}{2} \qquad (221)$$

und bekommen

$$x = 2 x_0 \sin \omega t \cos \omega \frac{z}{c} \qquad (222)$$

oder

$$x = 2 x_0 \cos 2\pi \frac{z}{\lambda} \sin \omega t. \qquad (223)$$

Das ist die Gleichung einer Sinusschwingung, deren Amplitude $2x_0\cos 2\pi\,\dfrac{z}{\lambda}$ sich längs der z-Richtung periodisch ändert.

Stehende Wellen auf der Oberfläche von Flüssigkeiten lassen sich („parametrisch") dadurch erregen, daß man den Behälter in vertikaler Richtung schwingen läßt. Die Wellenfrequenz ist gleich der halben Erregerfrequenz (vgl. Satzbeschriftung von Abb. 328). So hat man auf Wasserflächen $\lambda < 0{,}1$ mm beobachten können.

§ 120. Ausbreitung fortschreitender Wellen.

Wie breiten sich *fortschreitende* Wellen aus? Warum spricht man von einer Ausstrahlung von Wellen? — Als Hilfsmittel dient abermals die Wellenwanne. Wir bringen Hindernisse (Holz- oder Metallstücke) in die Bahn der Wellen.

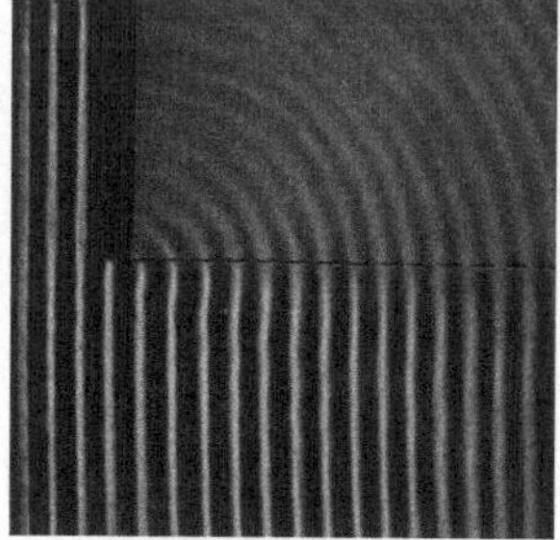

Abb. 385. Begrenzung linearer Wellen durch eine Halbebene. *Die Abb. 385—394 und 396—402 sind Momentbilder (etwa* $^1/_{500}$ *sec).*

Zunächst lassen wir in Abb. 385 geradlinige Wellen mit breiter Front auf eine lange Wand senkrecht auffallen, um die „Hälfte" des Wellenzuges abzublenden. Aus Symmetriegründen erwartet man hinter dieser „Halbebene" die gestrichelte Gerade als Grenze des Wellenzuges. Über dieser Geraden sollte der „Schatten" der Wand beginnen. Davon ist aber keine Rede. Die Wellen überschreiten diese geometrische Grenze und erstrecken sich mit „großen" Bogen in den Schattenbereich hinein. (Für Wellen ist die Wellenlänge λ die sinngemäße Bezugslänge. „Groß" bedeutet daher hier: Groß verglichen mit λ.) Diesen Lauf der Wellen beschreibt man sprachlich seltsamerweise in der Passivform, man sagt,

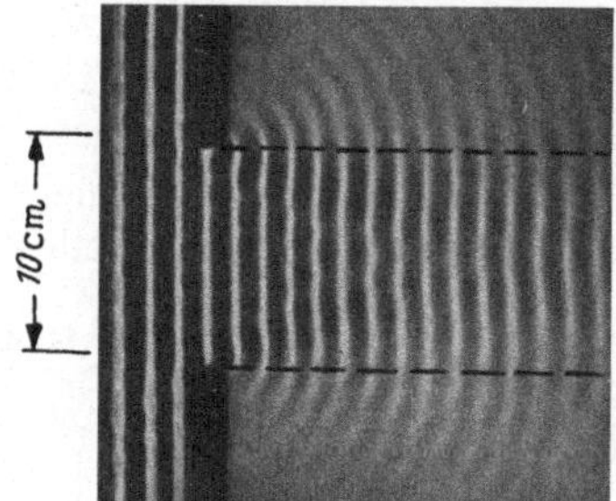

Abb. 386. Begrenzung linearer Wellen durch einen Spalt. Abb. 385/93 Momentbilder (0,002 sec).

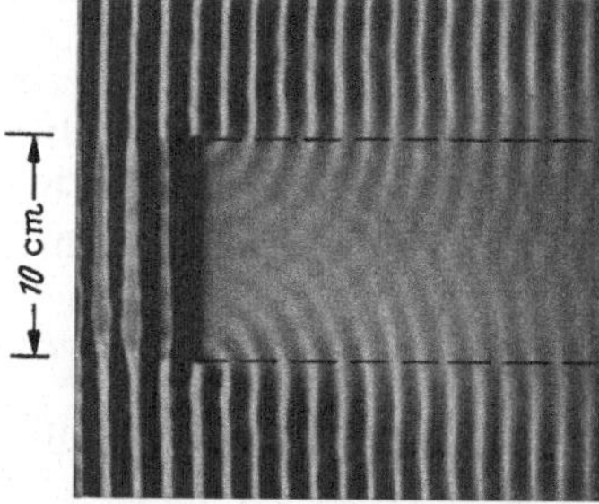

Abb. 387. Von linearen Wellen erzeugter Schatten eines Hindernisses.

die Wellen werden gebeugt. Die jenseits der Grenze erscheinenden Wellen nennt man gebeugte Wellen. —

In Abb. 386 ist aus zwei Halbebenen ein Spalt für die Wellenbegrenzung gebildet. Wieder werden die gestrichelten geometrischen Grenzen durch gebeugte Wellen erheblich überschritten. Der Zusammenhang mit Abb. 385 ist ohne weiteres ersichtlich. — In Abb. 387 ist der Spalt durch ein gleich breites Hindernis ersetzt. Hier treten die gebeugten Wellen noch sinnfälliger in Erscheinung: Die vom oberen und vom unteren Rand des Hindernisses kommenden gebeugten Wellen interferieren miteinander; der „Schatten" des Hindernisses wird mit wachsendem Abstand verwaschen. Längs der Achse des Schattens laufen stets Wellen!

Die Abb. 388 und 389 geben die entsprechenden Versuche für kleinere Abmessungen. Die Breite des Spaltes und des Hindernisses beträgt nur noch etwa $3\,\lambda$. Hier versagt die geometrische Strahlenkonstruktion selbst als Näherung. Hinter dem Spalt fächert der Wellenzug weit auseinander, und im Beugungsgebiet sind beiderseits deutliche Maxima und Minima zu erkennen. Hinter dem

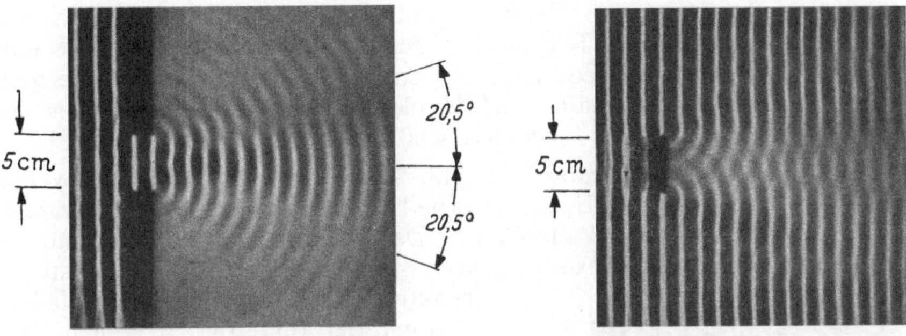

Abb. 388. Begrenzung linearer Wellen durch einen Spalt. Im Beugungsgebiet Nebenmaxima.

Abb. 389. Sehr unvollkommener Schattenwurf eines kleinen Hindernisses im Bereich linearer Wellen.

Hindernis ist der Schatten selbst in kleinem Abstand nur recht unvollkommen ausgebildet, die gebeugten Wellen sind kaum schwächer als zu beiden Seiten im freien Wellenfeld.

In Abb. 390 ist die Spaltöffnung kleiner als die Wellenlänge: Die hindurchkommenden Wellen breiten sich praktisch halbkreisförmig aus. — In Abb. 391

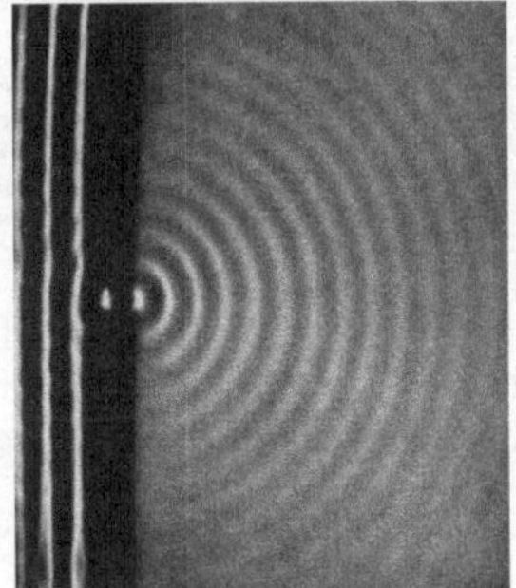
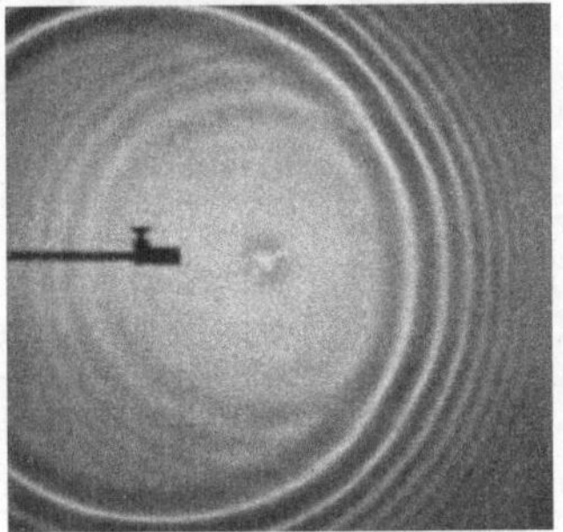

Abb. 390. Elementarwellen hinter einer kleinen Öffnung, die von linearen Wellen getroffen wird.

Abb. 391. Elementarwellen, die durch Streuung an einem kleinen Hindernis entstehen.

ist ein Hindernis ebenso kleiner Breite gewählt. Von ihm nehmen die einfallenden Wellen so wenig Notiz, daß man seine Wirkung auf dem Untergrund eines kontinuierlichen Wellenzuges kaum sehen kann. Darum fällt in Abb. 391 ein Wellenzug begrenzter Länge auf das Hindernis (erzeugt durch eine kurz dauernde Bewegung des Tauchkörpers). In dem festgehaltenen Momentbild hat dieser begrenzte Wellenzug das kleine Hindernis bereits passiert. Man sieht den Erfolg: Das Hindernis hat einen neuen, kreissymmetrischen Wellenzug entstehen lassen. — Die Beobachtungen in den Abb. 390 und 391 zusammenfassend, können wir sagen: Der Spalt in Abb. 390 und das Hindernis in Abb. 391 werden zum Ausgangspunkt neuer Wellenzüge. Vom Spalt aus breiten sie sich als Halbkreise, vom Hindernis aus als Vollkreise aus. Beide ergeben sich als Grenzfall der Beugung. Man nennt sie in diesem Grenzfall „durch Streuung entstanden" oder „gestreut". Auch der Name „*Elementarwellen*" ist gebräuchlich. Ihre Amplitude sinkt mit abnehmender Breite von Spalt und Hindernis. Vorhanden sind sie aber bei beliebig kleinen geometrischen Abmessungen. Bei hinreichender Amplitude der auffallenden Wellen sind sie unter allen Umständen nachweisbar. Durch eine Streuung der Wellen verraten selbst die kleinsten Gebilde ihre Existenz („ultramikroskopischer Nachweis").

Das Ergebnis der bisherigen Versuche lautet: Man kann die Ausbreitung der Wellen und ihre seitliche Begrenzung durch Hindernisse mit Hilfe einfacher *geometrischer Strahlen* wiedergeben. Doch geht das nur, sofern die geometrischen Dimensionen B (Spalt- und Hindernisbreite) groß gegenüber der verfügbaren Wellenlänge λ sind („geometrische Optik").

§ 121. Reflexion und Brechung. In Abb. 392 laufen divergierende Wellen schräg gegen ein glattes ebenes Hindernis. Die Fehler seiner Oberfläche (Kratzer, Buckel) sind klein gegen die Wellenlänge. Der Wellenzug wird spiegelnd reflektiert. Es sind die am Spiegel umgelenkten Strahlen eingezeichnet. Sie stehen senkrecht zu den Kreisen der einfallenden und der reflektierten Wellen. Für

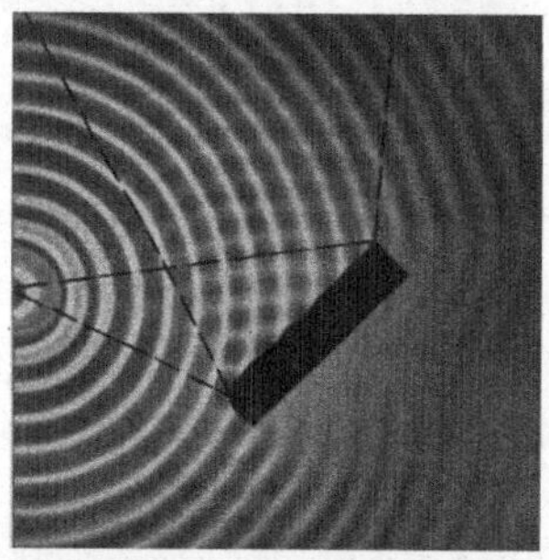

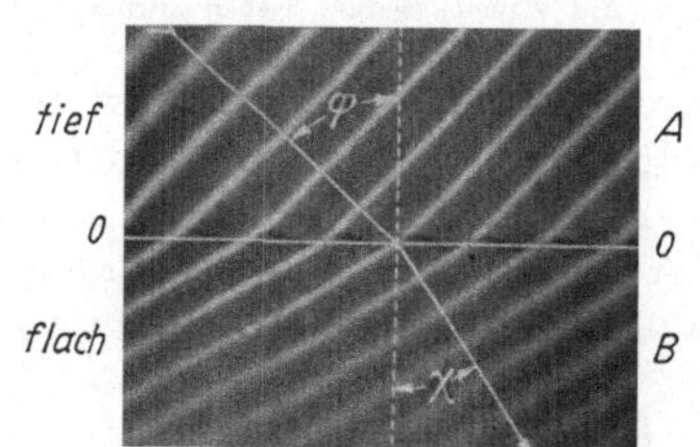

Abb. 392.   Reflexion divergierender Wellen an einem unter 45° getroffenen Spiegel. Die glatte Oberfläche des Spiegels ist durch die Kräuselung der Wasseroberfläche verzerrt.

Abb. 393.   Brechung geradliniger Wellen beim Übergang in ein Gebiet kleinerer Wellen-Geschwindigkeit. (Die an der Grenze 00 nach rechts oben reflektierten Wellen sind, weil zu schwach, nicht erkennbar.) Momentbild. Es wird nicht stören, daß später statt φ und χ auch andere griechische Buchstaben benutzt werden.

die eingezeichneten Strahlen gilt das Reflexionsgesetz: Einfallswinkel = Reflexionswinkel. Oberhalb des Spiegels sieht man die Überlagerung und Interferenz der auffallenden und der reflektierten Wellen. Rechts sieht man den Schatten des Spiegels mit seinen durch Beugung verwaschenen Rändern.

Im flachen Wasser laufen Wellen langsamer als im tiefen (siehe S. 225). Diese Tatsache benutzen wir zur Vorführung der *Brechung*. In Abb. 393 trennt die Linie 00 in einer Wellenwanne einen Flachwasserbereich B (unten) von einem Tiefwasserbereich A (oben). Schräg von links oben laufen geradlinige Wellen gegen die Grenze und über sie hinweg. Eingezeichnet sind ein einfallender und ein gebrochener Strahl und außerdem das „Einfallslot" NN. Für den Übergang der Wellen von A nach B findet man das Brechungsgesetz

$$\frac{\sin \varphi}{\sin \chi} = \text{const} = n_{A \to B}. \tag{224a}$$

Es definiert die Brechzahl $n_{A \to B}$ für den Übergang $A \to B$. Mit ihr erhält man für die Wellenlängen

$$\lambda_B = \lambda_A / n_{A \to B} \tag{224b}$$

und für die Geschwindigkeit der Wellen

$$u_B = u_A / n_{A \to B}. \tag{224c}$$

§ 122. Abbildung. Die Abb. 394 zeigt eine „Flachwasserlinse": Wir bringen einen flachen durchsichtigen linsenförmigen Körper in die Wanne. Zwischen seiner Oberfläche und der des Wassers verbleibt nur ein Zwischenraum von etwa 2 mm.

Die „Linse" ist beiderseits in einem Schirm „gefaßt" (Abb. 394). Die divergierenden Wellen werden beim Passieren der dicken Linsenmitte am meisten verzögert, zum Rande hin jedoch weniger, entsprechend der abnehmenden Linsendicke. Infolge dieser Verzögerung wechselt die Krümmung der Wellen ihr Vorzeichen. Die Wellen ziehen sich hinter der Linse konzentrisch auf den „Bildpunkt" zusammen und divergieren erst wieder hinter dem Bildpunkt. — Die Reflexion bewirkt das gleiche mit Hohlspiegeln. Das zeigen wir in Abb. 395.

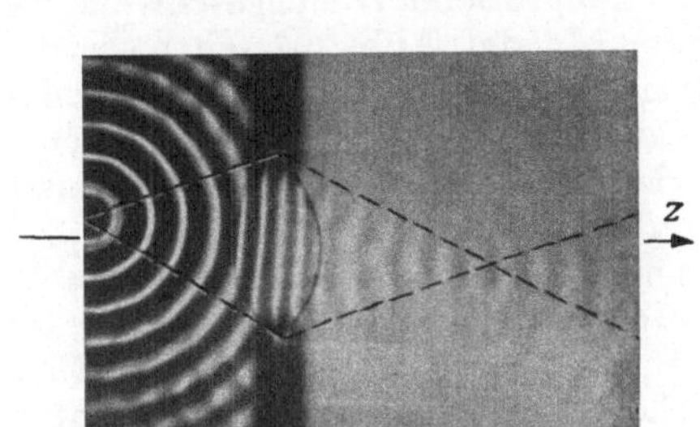

Abb. 394. Ein Wellenzentrum als Dingpunkt wird durch eine Flachwasserlinse in einem „Bildpunkt" abgebildet. Der Dingpunkt ist absichtlich nicht in die Symmetrieachse Z gelegt worden.

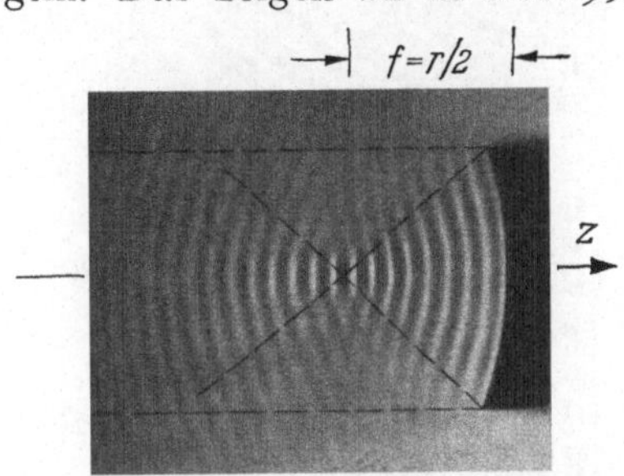

Abb. 395. Hervortreten des Brennpunktes im Interferenzfeld kurzer Oberflächenwellen auf Wasser vor einem zylindrischen Hohlspiegel. *Zeitaufnahme.* Spiegeldurchmesser 14 cm. Vgl. Abb. 430.

Diesmal liegt das Wellenzentrum (der „Dingpunkt") links in „unendlich" weiter Entfernung; d. h. wir benutzen geradlinige Wellen. In diesem Fall wird der Bildpunkt als „Brennpunkt" bezeichnet. Die Abb. 394 und 395 sind recht lehrreich: *„Bildpunkte" sind in Wirklichkeit keine Schnittpunkte gezeichneter Strahlen, sondern ausgedehnte Beugungsfiguren der Linsen- oder Spiegelfassungen.* Ihr Durchmesser hängt von der Wellenlänge der benutzten Strahlung ab und vom Durchmesser der Linse oder des Spiegels. Je größer der Durchmesser, desto kleiner die Beugungsfigur, der wirkliche Bildpunkt.

Zum Zeichnen eines Wellenbündels genügt oft ein einziger Strich, nämlich die *Achse* des Bündels, genannt der *Hauptstrahl.* An diese beliebte Zeichenart anknüpfend, nennt man oft ein parallel begrenztes Wellenbündel einen *Strahl.* So spricht man z. B. von *Schallstrahlen* und von *Lichtstrahlen.*

§ **123. Totalreflexion.** Die Abb. 396 zeigt die Brechung für den Fall, daß die Wellen von rechts unten kommend auf die Grenzfläche auftreffen. Diesmal ist der Einfallswinkel φ kleiner als der Brechungswinkel χ.
Man findet experimentell

$$\frac{\sin \varphi}{\sin \chi} = \text{const} = n_{B \to A} = 1/n_{A \to B}, \qquad (224\text{d})$$

φ kann einen Höchstwert φ_T, definiert durch die Gleichung

$$\sin \varphi_T = n_{B \to A} = 1/n_{A \to B} \qquad (224\text{e})$$

nicht überschreiten. Man nennt ihn *Grenzwinkel der Totalreflexion.* Bei Einfallswinkeln $\varphi > \varphi_T$ kann keine gebrochene Welle in das Gebiet A der größeren Wellengeschwindigkeit eintreten. Statt dessen werden die auffallenden Wellen total reflektiert.

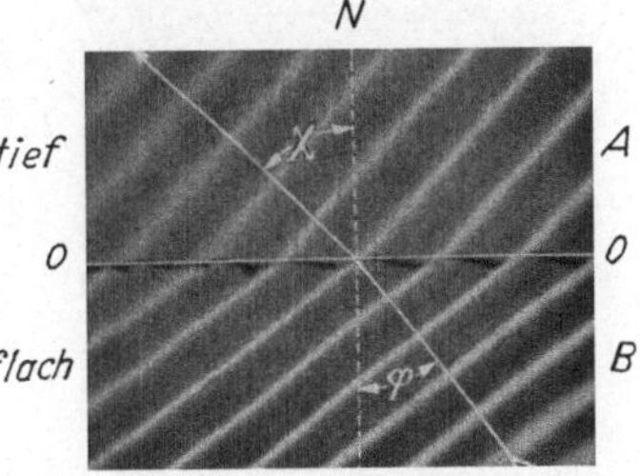

Abb. 396. Brechung geradliniger Wellen beim Übergang in ein Gebiet größerer Wellengeschwindigkeit.

Nach dieser geometrisch-formalen Überlegung sollten beim Überschreiten des Grenzwinkels φ_T der Totalreflexion [Gl. (224e)], überhaupt keine Wellen in das Gebiet A mit der größeren Wellengeschwindigkeit eindringen. Das kann jedoch nicht richtig sein, weil das Gebiet A an der Entstehung der Brechzahl $n_{A \to B}$ beteiligt ist. Daher muß jetzt gezeigt werden, was bei der Totalreflexion wirklich geschieht. Dazu benutzen wir die gleiche Anordnung wie für die Abb. 396, lassen also wieder eine Welle *unter dem Einfallswinkel φ von rechts unten* auf die Grenze einfallen, oberhalb derer ein Gebiet A mit größerer Wellengeschwindigkeit beginnt. In der Abb. 397 sehen wir Brechung und Reflexion. Die Amplituden der reflektierten Wellen sind viel kleiner als die der einfallenden. In diesem Beispiel gilt für die Brechzahl $n_{B \to A} = \lambda_f/\lambda_t = $ 14,4 mm/17,8 mm $= 0,81$. Bei $\sin \varphi = 0,81$ oder $\varphi = 54°$ beginnt die Totalreflexion. In Abb. 398 ist $\chi = 90°$ geworden. Die gebrochenen Wellen münden senkrecht auf der Grenze ein und gehen nach oben in gekrümmte „gebeugte" Wellen über. Die Amplituden der reflektierten Welle sind jetzt ebenso groß wie die der einfallenden.

In Abb. 399 ist der Einfallswinkel φ bis auf 63° vergrößert worden. Damit befinden wir uns mitten im Winkelbereich der Totalreflexion, und dort beobachten wir folgende Tatsachen:

Nach wie vor verlaufen Wellen auch oberhalb der Grenze. Im Bilde überschreiten die weißen Wellenberge die Grenze *00* um rund 1 mm. Ihre Richtung steht zur Grenze senkrecht. Die Amplitude dieser Wellen klingt nach oben, d.h. senkrecht zu ihrer Laufrichtung, sehr rasch ab. *Die Wellen sind quer zu ihrer Laufrichtung gedämpft.*

(Ihre Fortsetzung in gekrümmten gebeugten Wellen ist sehr deutlich. Sie kann sogar zunächst in störender Weise die Aufmerksamkeit vom Wesentlichen ablenken. Aber Beugung gehört nun einmal untrennbar zu einer jeden Bündelbegrenzung.)

Die „quergedämpften" Wellen im zweiten, nach geometrisch-formaler Überlegung wellenfreien Stoff, sind für das Zustandekommen der Totalreflexion unentbehrlich. Das zeigen die beiden nächsten Versuche. In Abb. 400 ist der Tiefwasserbereich oberhalb der Grenze *00* auf einen schmalen Streifen eingeengt worden. Oberhalb von *0'0'* folgt wieder ein Bereich flachen Wassers. Der

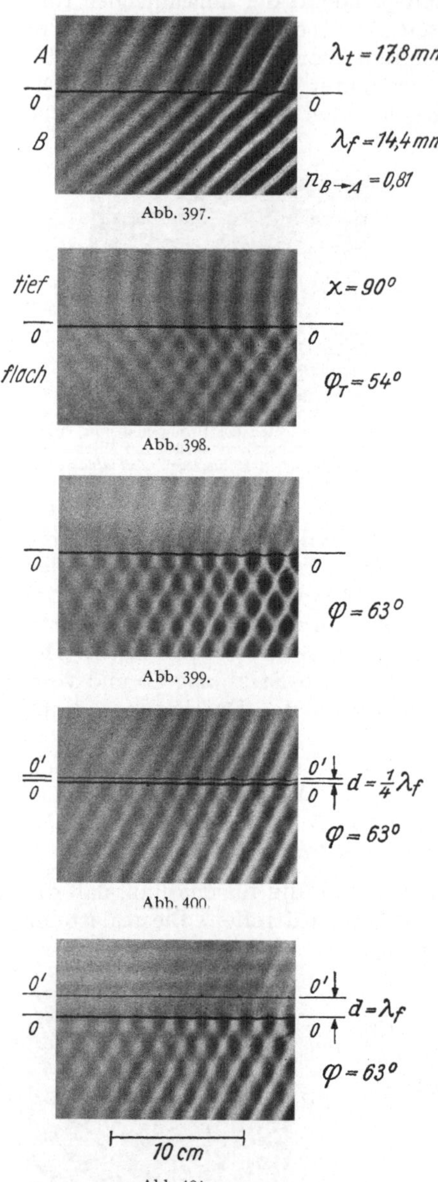

Abb. 397.

Abb. 398.

Abb. 399.

Abb. 400.

Abb. 401.

Abb. 397—401. Vorführung der Totalreflexion von Wasserwellen und ihrer Behinderung. Während der Totalreflexion (Abb. 398 und 399) laufen unterhalb von *00* sinusförmig modulierte Wellen von rechts nach links, d.h. die Wellen sind durch horizontale Interferenzminima unterteilt.

Abstand *00'* ist gleich einem Viertel der Wellenlänge. Der Tiefwasserbereich ist also schmaler als vorher die seitliche Ausdehnung der quergedämpften Wellen in Abb. 399. Erfolg: Die Reflexion ist nicht mehr total, es laufen deutlich Wellen nach oben über die Grenze *00* hinweg.

Und schließlich der Gegenversuch: In Abb. 401 ist der Abstand *00'* bis zur Größe einer Wellenlänge erweitert worden. Der Tiefwasserbereich bietet also genügend Raum zur Ausbildung der quergedämpften Wellen. Damit ist auch die Totalreflexion wiederhergestellt.

Ergebnis. Totalreflexion kann nur eintreten, wenn die Dicke des Gebietes mit kleinerer Brechzahl (im Beispiel *00'*) nicht klein gegen die Wellenlänge ist. Andernfalls bildet das Gebiet kleinerer Brechzahl für die Wellen kein unüberwindbares Hindernis. Die Wellen vermögen es, wenn auch geschwächt, zu durchdringen, als sei ihnen durch einen Tunnel ein Weg gebahnt: *„Tunneleffekt“*.

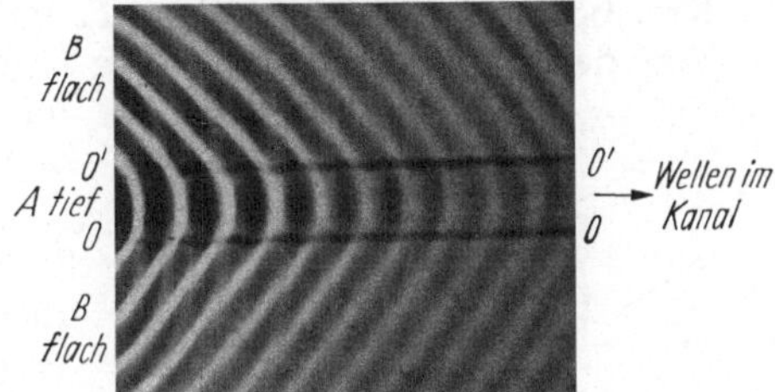

Abb. 402. Herstellung einer periodischen Folge von Keilwellen.

§ 123 a. Keilwellen beim Überschreiten der Wellengeschwindigkeit.

Ein Körper tauche in eine Wasseroberfläche ein und bewege sich horizontal mit einer konstanten Geschwindigkeit u. Diese sei größer als die Phasengeschwindigkeit c, mit der sich Wellen auf der Oberfläche des Wassers ausbreiten. Dann entsteht eine Keilwelle, wie sie jedermann als Bugwelle eines Schiffes kennt. Räumlich entspricht ihr eine Kegelwelle, wie sie z.B. in Abb. 472 von einem Geschoß erzeugt wird.

Man kann ohne Schwierigkeit derartige Keilwellen auch in periodischer Folge herstellen. Die Abb. 402 zeigt eine geeignete Anordnung. In ihr wird ein Kanal mit den Grenzen *00* und *0'0'* beiderseits von einem Flachwasserbereich umgeben. Außerhalb des linken Bildrandes werden im Kanal mit einem schwingenden Tauchkörper periodische Wellen erzeugt: Jeder im Kanal laufende Wellenberg wirkt wie ein bewegter Körper, der beiderseits im Flachwasserbereich eine Keilwelle erzeugt.

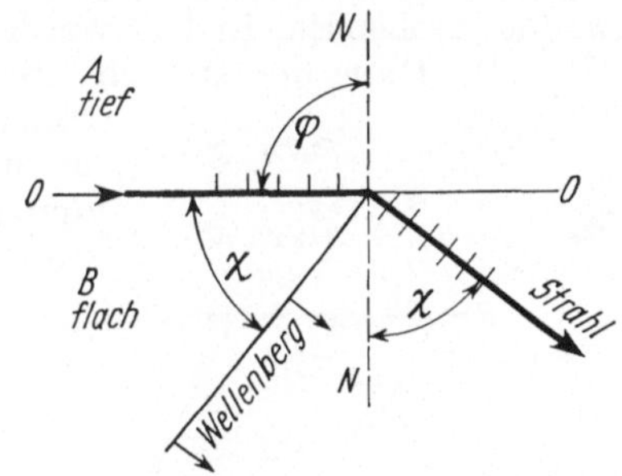

Abb. 403. Eine periodische Folge von Keilwellen läßt sich als Grenzfall der Brechung behandeln. (Eine in der Geophysik beliebte Darstellungsart.)

Der gleiche Vorgang läßt sich auch in ganz anderer Weise beschreiben, nämlich als ein Grenzfall der Brechung für den Einfallswinkel $\varphi = 90°$. Das soll die Abb. 403 erläutern, und zwar für die untere Grenze *00*, um den Vergleich mit Abb. 393 zu erleichtern[1]. Der Fußpunkt des Lotes *NN* ist willkürlich gewählt, da der einfallende Strahl der Grenze parallel läuft und sie nicht, wie in Abb. 393, schneidet. Aus Gl. (224a) folgt für $\varphi = 90°$ für den *Brechungswinkel* $\sin \chi = 1/n_{A \to B}$; χ ist

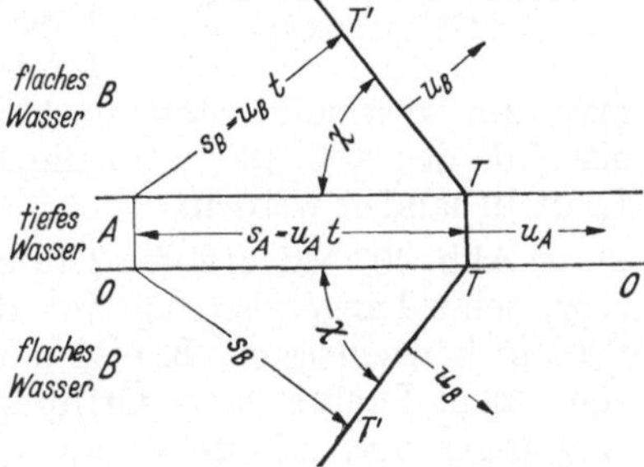

Abb. 404 soll in § 124 die Entstehung des „MACHschen Winkels“ χ erläutern.

also ebenso groß, wie bei umgekehrter Strahlrichtung (Abb. 396) der *Einfallswinkel* φ_T, den man Grenzwinkel der Totalreflexion nennt. Weiter im § 124.

---

[1] In Abb. 393 fiel die Welle unter dem Einfallswinkel φ von links oben ein.

§ 124. Das Huyghenssche Prinzip. Eine Deutung von Brechung und Reflexion liefert das Huyghenssche Prinzip. In Abb. 405 sei *00* eine spiegelnde Grenzfläche. *I* sei ein Berg einer von links oben einfallenden geradlinigen Welle. Er trifft *nacheinander* die auf der Oberfläche völlig willkürlich markierten Punkte. Jeden einzelnen denke man sich als Ausgangspunkt einer Elementarwelle, wie wir sie auf S. 201 kennengelernt haben. Diese Elementarwellen sind durch kurze Kreisbögen angedeutet. Ihre Tangente ist ein Berg *II* der reflektierten Welle. Von den Wegen, die vom Berg *I* zum Berg *II* führen, ist einer gestrichelt gezeichnet; alle diese Wege werden in gleichen Zeiten durchlaufen.

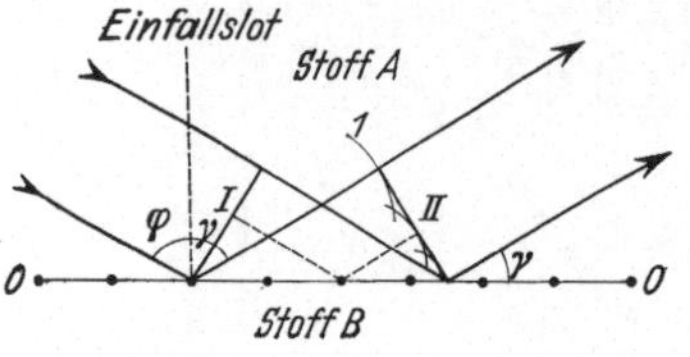

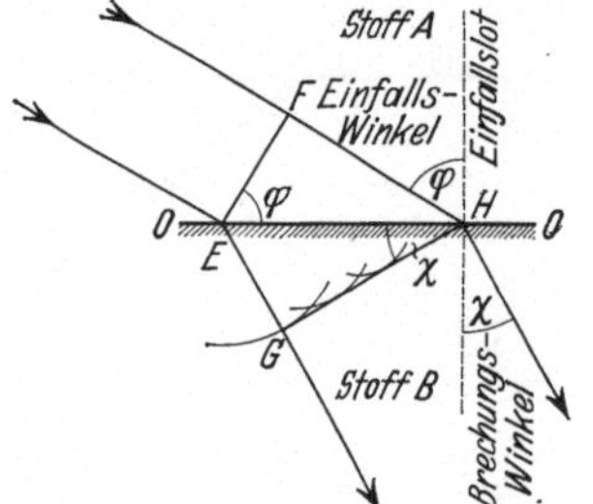

Abb. 405. Entstehung der Spiegelung an einer Ebene nach dem Huyghensschen Prinzip. Die seitlichen Grenzen des Wellenzuges sind durch zwei Strahlen dargestellt.

Die Abb. 406 und ihre Satzbeschriftung erläutern in entsprechender Weise die *Brechung* an einer Grenze, die zwei Gebiete verschiedener Wellengeschwindigkeit u trennt.

Schließlich betrachten wir den in Abb. 403 behandelten Grenzfall der Brechung. Dabei benutzen wir die Abb. 404. In ihr ist der Weg eines einzelnen Wellenberges *TT* skizziert. Dieser Wellenberg läuft mit der Geschwindigkeit u_A nach rechts. Seine an die Kanalwände stoßenden Enden werden zum Ausgangspunkt von Elementarwellen (S. 201). Diese breiten sich kreisförmig aus, jedoch nur mit der kleinen, zum Flachwasser gehörenden Geschwindigkeit u_B. Die gemeinsame Tangente aller Elementarwellen liefert den neuen geradlinigen Wellenberg *TT'*. Man entnimmt der Skizze die Beziehung

$$\sin \chi = u_B/u_A \qquad (224\,\mathrm{f})$$

und nennt χ den „*Machschen Winkel*".

§ 125. Modellversuche zur Wellenausbreitung. In den Abb. 405 und 406 wurde weder die seitliche Begrenzung der einfallenden Welle noch eine Struktur der getroffenen Grenze *00* berücksichtigt. Ist das nicht zulässig, so genügt nicht mehr die gemeinsame Tangente der Elementarwellen; man muß die bei der Überlagerung der Elementarwellen auftretende Interferenz berücksichtigen. Diese Interferenz behandelt

Abb. 406. Entstehung der Brechung nach dem Huyghensschen Prinzip. Die Wege *FH* und *EG* werden in der gleichen Zeit durchlaufen. Sie verhalten sich wie die Geschwindigkeiten der Wellen in beiden Medien, also
$FH/EG = u_A/u_B = \sin \varphi/\sin \chi$
$= \mathrm{const} = n_{A \to B}.$

man am anschaulichsten in Modellversuchen. Zunächst soll auf diese Weise der Fall der Abb. 386, also die Begrenzung linearer Wellen durch einen *breiten* Spalt behandelt werden.

In Abb. 407 bedeutet der Doppelpfeil einen in der Öffnung angelangten Wellenberg, seine Länge also zugleich die Breite *B* der Öffnung. Ferner bedeutet das System konzentrischer Kreise einen einzigen elementaren Wellenzug, ausgehend von einem Punkte dieser Öffnung. — Dies Wellenbild denken wir uns auf Glas übertragen und auf einen Schirm projiziert, den Doppelpfeil auf den Schirm gezeichnet. Alsdann denken wir uns mit Hilfe weiterer Projektionsapparate eine stetige Folge derartiger Glasbilder nebeneinander auf den Schirm geworfen. Praktisch wird geschickter verfahren: Wir benutzen nur das *eine* Glasbild der Abb. 407 und bewegen sein Wellenzentrum mit irgendeiner mechanischen Vorrichtung rasch in der Richtung des Doppelpfeiles hin und her, etwa 20mal je Sekunde. Auge und photographische Platte vermögen die räumlich und zeitlich aufeinanderfolgenden Bilder nicht mehr zu trennen; sie verzeichnen nur die Überlagerung sämtlicher Elementarwellenzüge. So entsteht das in Abb. 408 abgedruckte Wellenbild.

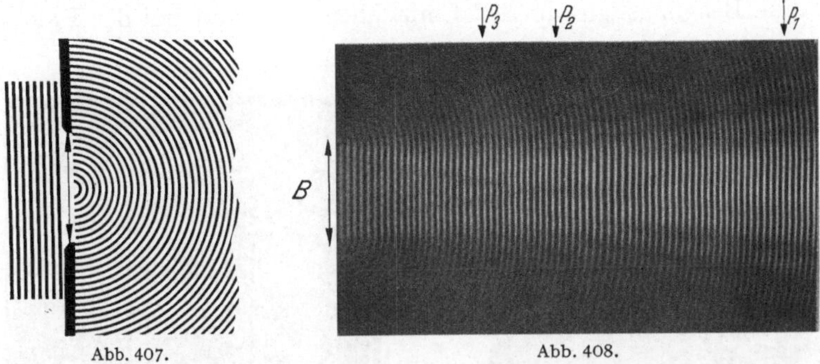

Abb. 407.

Abb. 408.

Abb. 407 und 408 zur Wellenbegrenzung durch einen weiten Spalt (FRESNELsche Beobachtungsart). In Abb. 407 ist das Wellenbild auf eine Glasplatte übertragen. Das Wellenprofil ist nicht sinus-, sondern kastenförmig gewählt, weil die Feinheiten doch im Druck verloren gehen. Man besehe die Abb. 408 und später Abb. 410 auch in ihrer Längsrichtung blickend. Die Pfeile zeigen auf Punkte $P_1 P_2 P_3$, die man sich auf der Symmetrieachse des Wellenfeldes denke. Die Punkte $P_1 P_2 P_3$ sollen in § 127 als Aufpunkte der „*Zonenkonstruktion*" gebraucht werden.

Es zeigt die Struktur des Wellenfeldes noch deutlicher, als früher die Abb. 386. Längs der Bündelachse werden die Wellen anfänglich durch praktisch wellenfreie Strecken unterbrochen, auf die die Pfeile P hinweisen. Das Wellenfeld wird erst dann einfach, wenn der Abstand groß gegen die Spaltweite ist, z. B. rechts vom Pfeil P_1.

Läßt man im Modellversuch der Abb. 407 die obere Spaltkante an ihrem Ort und entfernt die andere beliebig weit nach unten, so gelangt man zur Beugung an einer Halbebene (Abb. 409). Sie entspricht der Abb. 385.

In Abb. 408 divergieren die ausgeblendeten Wellen, diesen Fall bezeichnet man kurz als *Fresnelsche Beugung*. Durch Einschaltung einer Sammellinse kann man die bei der Beugung divergierenden Wellen in konvergierende umwandeln. Dann spricht man kurz von „*Fraunhoferscher Beugung*".

Die Wellen sollen in der Linse langsamer laufen als in ihrer Umgebung. Infolgedessen bleibt ihre Mitte gegenüber dem Rande zurück. Die Wellenfläche wird hohl gewölbt, der in Abb. 407 und 408 *gerade* Doppelpfeil ist durch einen *kreisförmig gekrümmtem* zu ersetzen. Alles übrige verläuft dann genau wie oben. Wir bewegen (mit irgend-

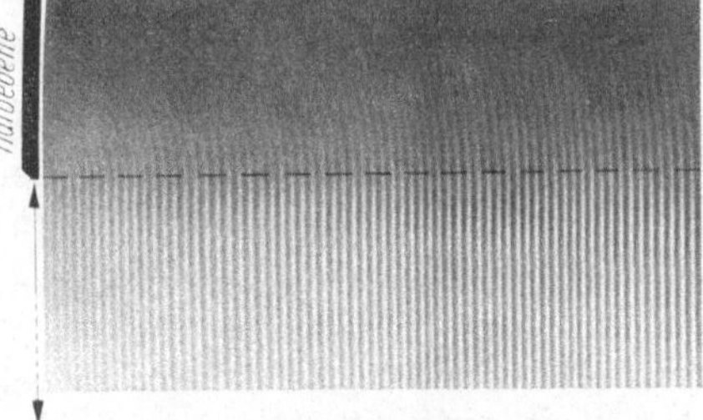

Abb. 409. Modellversuch zur Beugung an einer Halbebene.

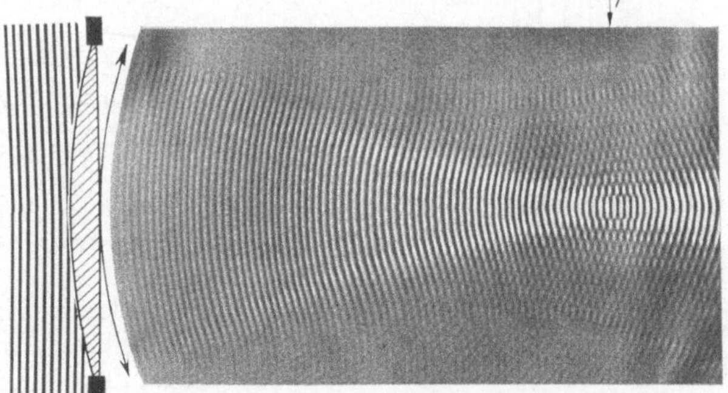

Abb. 410. Modellversuch zur FRAUNHOFERschen Beugung an einer weiten Öffnung und zur Entstehung eines „Bildpunktes", hier „Brennpunktes" F. In seiner Nähe sind die Wellen eben. Man vergleiche die Umgebung des Brennpunktes in den Abb. 395 und 430.

einer mechanischen Vorrichtung) das Wellenzentrum längs des gekrümmten Doppelpfeiles. Das Ergebnis zeigt eine Photographie in Abb. 410.

Die FRAUNHOFERsche Beobachtungsart liefert in der Brennebene einer Sammellinse eine Beugungsfigur in der Einfachheit, die man bei der FRESNELschen

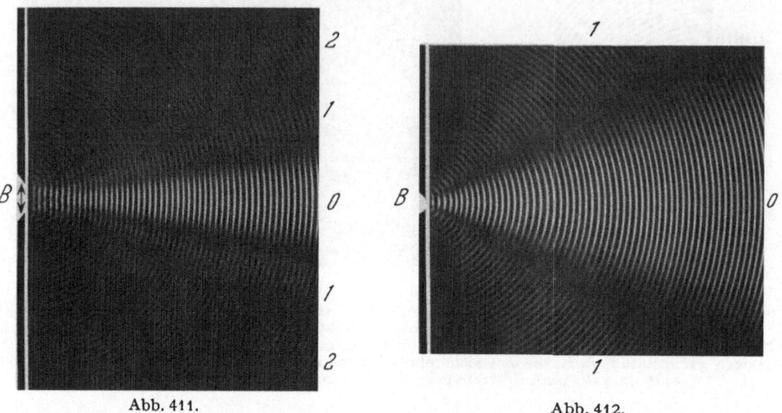

Abb. 411.   Abb. 412.

Abb. 411 und 412. Zwei Modellversuche zur Wellenbegrenzung durch schmale Spalte. Im Schauversuch befestigt man die Glasplatte mit den Halbwellen (Abb. 407) am Ende einer Blattfeder, die man mit elektromagnetischem Antrieb wie den Klöppel einer Hausglocke hin und her schwingen läßt.

Beobachtungsart erst in großem Abstand von der begrenzenden Öffnung erhalten kann. Aus diesem Grunde wird die FRAUNHOFERsche Beobachtungsart mit Vorliebe angewandt.

Zum Schluß zwei Modellversuche über die FRESNELsche Beugung an schmalen Spalten. Beide Beugungsfiguren zeigen schon dicht hinter dem Spalt die Einfachheit, die man bei weiten Spalten erst in großem Abstand findet.

§ 126. Quantitatives zur Beugung an einem Spalt.
Zunächst wollen wir uns mit Abb. 413 klarmachen, wie die Minima beiderseits des zentralen Wellenzuges zustande kommen. Zu diesem Zweck denken wir uns den Beobachtungspunkt P sehr weit entfernt, also die beiden von den Spalträndern zu P führenden

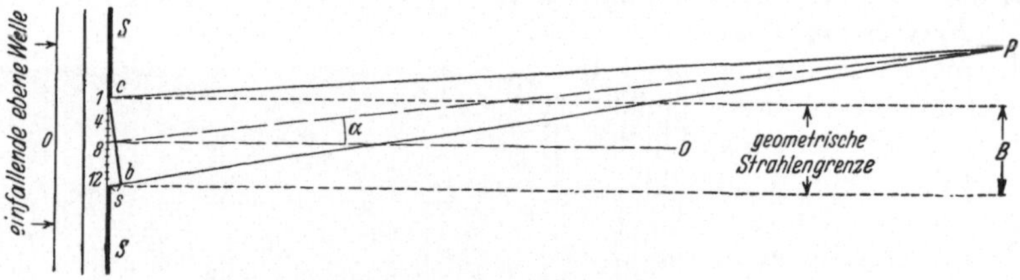

Abb. 413. Zur Berechnung der Beugungsfigur eines Spaltes.

Geraden als praktisch parallel. Ferner zerlegen wir den Spalt in eine größere Anzahl N, beispielsweise 12, gleichartige Teilabschnitte 1, 2, 3 usw. Jeden dieser Teilabschnitte betrachten wir als Ausgangspunkt einer Elementarwelle mit gleicher Nummer. Alle diese N Elementarwellen durchschneiden oder überlagern sich im Beobachtungspunkt P. Dabei addieren sich die Amplituden der Elementarwellen zu der im Punkte P auftretenden Gesamtamplitude. Bei dieser Addition ist das Wesentliche der Gangunterschied zwischen den einzelnen Elementarwellen.

Es sei der maximale Gangunterschied s zwischen der ersten und der zwölften Elementarwelle gleich λ. Dann ist der Gangunterschied zwischen der ersten und der sechsten, zwischen der zweiten und der siebenten usw. Elementarwelle je gleich $\lambda/2$. Das heißt, die Amplituden jedes dieser Paare heben sich auf. Folglich kommt in der betrachteten Richtung α keine Welle zustande, wir haben ein Minimum, und für seine Richtung α gilt nach Abb. 413

$$\boxed{\sin \alpha = \frac{\lambda}{B}} \tag{225}$$

Diese Gleichung gibt die Beobachtungen richtig wieder. Sie ermöglicht die Berechnung von λ, wenn man die Spaltweite B und die Richtung des ersten Minimums mißt. — Für andere Richtungen führen wir die Addition der einzelnen Elementarwellen graphisch aus. Dadurch erhalten wir das für Wellen aller Art

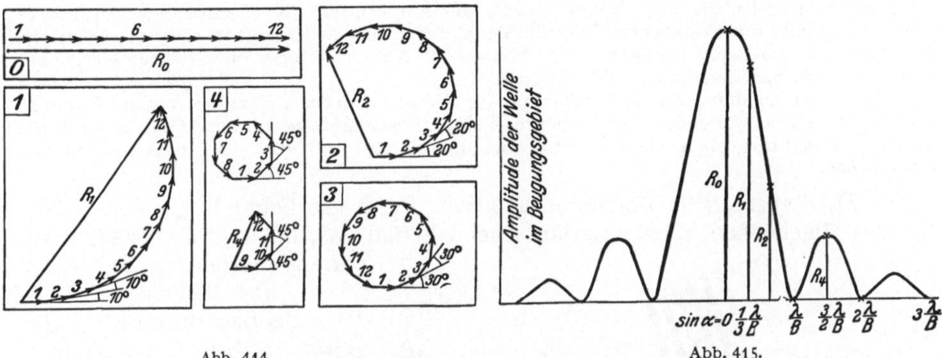

Abb. 414.   Abb. 415.

Abb. 414. Zur graphischen Konstruktion der Abb. 415.

Abb. 415. Das Amplitudengebirge bei Begrenzung eines ebenen Wellenzuges durch einen Spalt. In Abb. 414 die zur Konstruktion benötigten Hilfsfiguren. Die Strahlungsstärke der Welle ist dem Quadrat der Amplituden proportional. Man hat daher für einen Vergleich mit den Messungen (z. B. Abb. 444) die Ordinaten dieses Amplitudengebirges zu quadrieren.

gleich wichtige „Amplitudengebirge". Es gibt die Verteilung der Wellenamplitude für die verschiedenen Beobachtungsrichtungen hinter einem Spalt der Breite B.

Der Gangunterschied zwischen je zwei benachbarten der N Elementarwellen ist

$$\Delta \lambda = \frac{s}{N} = B \frac{\sin \alpha}{N}. \tag{226}$$

Für den Punkt P_0 auf der Symmetrielinie 0–0 des Spaltes sind

$$s = 0, \quad \alpha = 0, \quad \sin \alpha = 0, \quad d\lambda = 0.$$

Also addieren sich alle 12 Amplitudenvektoren in Abb. 414 *ohne* Phasendifferenz nach dem Schema der Hilfsfigur 0. Ihre Summe oder Resultante ist als dicker Pfeil R_0 darunter gezeichnet und als Ergebnis in die Abb. 415 über dem Abszissenpunkt $\sin \alpha = 0$ eingetragen.

Für den nächsten Punkt P_1 wählen wir $s = \dfrac{\lambda}{3}$, dann ist $\sin \alpha = \dfrac{\lambda}{3B}$ und der Gangunterschied je zweier benachbarter Elementarwellen $d\lambda = \dfrac{1}{12}\dfrac{\lambda}{3}$ oder im Winkelmaß $d\varphi = \dfrac{1}{12} 120° = 10°$.

Die Amplituden der 12 Elementarwellen addieren sich gemäß der Hilfsfigur 1. Als Resultante erhalten wir den Pfeil R_1. Er ist als Ergebnis der graphischen Addition in Abb. 415 über dem Abszissenpunkt $\sin \alpha = \dfrac{\lambda}{3B}$ eingetragen.

In dieser Weise fahren wir fort. Für den Punkt P_2 wählen wir

$$s = \frac{2}{3}\lambda, \quad \text{also} \quad \sin \alpha = \frac{2}{3}\frac{\lambda}{B}, \quad d\lambda = \frac{1}{12}\frac{2}{3}\lambda, \quad d\varphi = 20°.$$

Die Hilfsfigur 2 gibt uns als Resultante den Pfeil R_2.

Für den nächsten Punkt wählen wir

$$s = \lambda, \quad \text{also} \quad \sin\alpha = \frac{\lambda}{B}, \quad d\lambda = \frac{\lambda}{12}, \quad d\varphi = 30°.$$

Die Amplituden der 12 Elementarwellen addieren sich in der Hilfsfigur 3 zu einem geschlossenen Polygon. Ihre Resultante ist Null. Demgemäß haben wir in Abb. 415 beim Abszissenwert $\sin\alpha = \lambda/B$ einen Punkt auf der Abszissenachse einzutragen.

Endlich setzen wir

$$s = \frac{3}{2}\lambda, \quad \text{also} \quad \sin\alpha = \frac{3}{2}\frac{\lambda}{B}, \quad d\lambda = \frac{1}{12}\frac{3}{2}\lambda, \quad d\varphi = 45°.$$

Die graphische Addition erfolgt in der Hilfsfigur 4. Die Amplituden der ersten 8 Elementarwellen schließen sich zu einem Achteck, ihre Resultante ist Null. Die 9. bis 12. Amplitude ergeben ein halbes Achteck und somit die Resultante R_4.

Für $s = 2\lambda$ oder $d\varphi = 60°$ geben sowohl die Amplituden der Elementarwellen 1 bis 6 wie auch 7 bis 12 die Resultante Null, der Punkt bei $\sin\alpha = 2\lambda/B$ liegt in Abb. 415 wieder auf der Abszisse. Das mag genügen. Wir können die Abb. 415 jetzt ohne weiteres ergänzen, und zwar symmetrisch nach beiden Seiten.

Wir haben in den Abb. 388 und 413 den Grenzfall einer *„Fraunhoferschen Beugung"* behandelt. Die einfallenden Wellenberge sind praktisch gerade Linien. Die Aufpunkte P in der Beobachtungsebene liegen rechts „unendlich" weit entfernt oder in der Brennebene einer Linse.

§ 127. Fresnelsche Zonenkonstruktion.

§ 127. **Fresnelsche Zonenkonstruktion.** Der § 126 behandelte einen Sonderfall des allgemeinen, jetzt zu erläuternden Verfahrens, bekannt als Fresnelsche Zonenkonstruktion. In Abb. 416 sei S das Wellenzentrum, P der Beobachtungsort *(„Aufpunkt")*. Um P als Zentrum zeichnen wir ein System von Kugelwellen mit der Wellenlänge der benutzten Strahlung (Wellenberge schwarz, -täler weiß). Außerdem schlagen wir um das Wellenzentrum S eine Kugelfläche mit dem Radius a. Sie schneidet aus den gezeichneten Wellen ringförmige, abwechselnd weiße und schwarze *Zonen*. Man sieht von P aus eine Kugelfläche mit einem System konzentrischer Ringe, ähnlich wie später in Abb. 419. Für den Halbmesser r_m der m-ten Zone auf der Kugelfläche gilt die einfache geometrische Beziehung

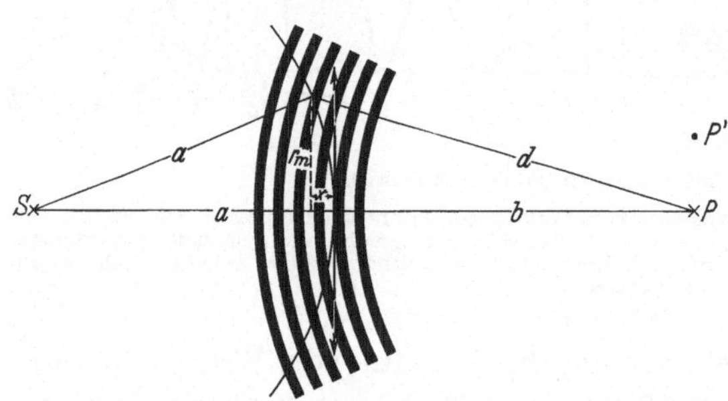

Abb. 416. Zur Fresnelschen Zonenkonstruktion. m ist die Nummer der gemeinsam fortlaufend numerierten schwarz und weiß gezeichneten Zonen. Es ist $r_m^2 = a^2 - (a - x)^2$, $r_m^2 = d^2 - (b + x)^2$, $d = b + \dfrac{m\lambda}{2}$, aus diesen drei Gleichungen rechnet man r_m^2 aus, indem man Glieder mit $\lambda^2/4$ als klein vernachlässigt.

$$r_m^2 = m\,\lambda\,\frac{a\,b}{a+b}. \tag{226a}$$

(Herleitung unter Abb. 416.) Der Weg der Wellen über die m-te Zone ist um $\varDelta = m\lambda$ länger, als auf der Verbindungslinie zwischen Wellenzentrum S und Aufpunkt P.

Alle Zonen haben angenähert gleich große Flächen, nämlich

$$F = \pi\lambda\,\frac{a\,b}{a+b}. \tag{226b}$$

Jetzt fügen wir in die Zeichnung 416 den Gegenstand ein, entweder eine Lochblende oder eine Scheibe, beide kreisförmig begrenzt: Der Doppelpfeil soll ihren Durchmesser bedeuten. Dann bleibt nur noch ein Teil der Zonen vom Aufpunkt P aus sichtbar. Man sieht von P aus die (kugelförmig gewölbten) Zonenflächen der

Abb. 417 oder 418. Die Zahl der „verbleibenden" Zonen ändert sich bei Änderungen der Abstände a und b. Weiter betrachtet man jede der verbleibenden Zonen als Ausgangsgebiet neuer Elementarwellen. Diese interferieren miteinander. Die Resultierende aller ankommenden Elementarwellen gibt die Amplitude im Aufpunkt P. — Beispiele:

1. Die Zahl der von einer *Öffnung* durchgelassenen Zonen ist *gerade*. Je eine schwarze und eine weiße Zone heben sich in ihrer Wirkung weitgehend (aber nicht gänzlich!) auf. Der Aufpunkt liegt in einem praktisch wellenfreien Abschnitt der Bündelachse. Das sieht man z. B. in Abb. 408 für den Aufpunkt P_2. Für ihn läßt die Öffnung B nur die zwei innersten Zonen frei (mit $m = 1$ und $m = 2$), also eine *gerade* Anzahl.

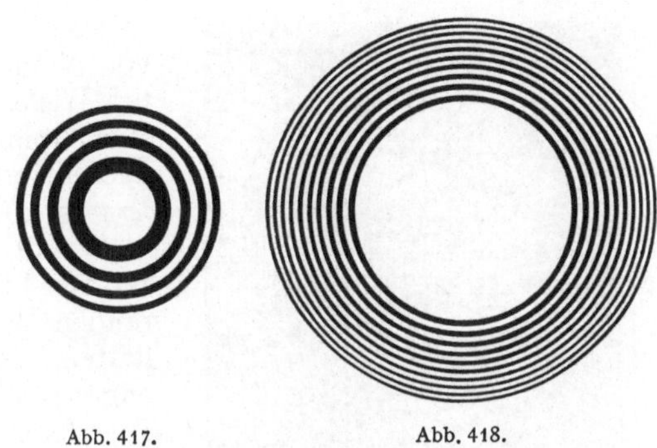

Abb. 417.　　　　　Abb. 418.

Abb. 417 und 418. Die von einer Kreisöffnung und von einer gleich großen Kreisscheibe nicht abgeblendeten Zonen, gegenüber Abb. 416 auf zwei Drittel verkleinert. Abb. 418 muß man sich außen durch weitere Ringe mit abnehmender Strichdicke ergänzt denken.

2. Die Zahl der von einer *Öffnung* durchgelassenen Zonen ist *ungerade*. Die Wirkung der bei der Paarbildung *überzähligen* Zone bleibt ungeschwächt. Der Aufpunkt liegt in einem Wellen enthaltenden Abschnitt der Bündelachse. — Das sieht man z. B. in Abb. 408 auf S. 207 für den Aufpunkt P_3. Für ihn läßt die Öffnung die *drei* innersten Zonen frei (mit $m = 1$, 2 und 3), also eine *ungerade* Anzahl.

3. Ersetzt man das kreisförmige Loch durch ein kreisförmig begrenztes *Hindernis*, so vereinigen sich im Aufpunkt alle Zonen mit höherer Ordnungszahl m. Auf eine mehr oder weniger kommt es nicht an. Die resultierende aller Elementarwellen hat im Aufpunkt praktisch stets denselben Wert, im Aufpunkt sind immer Wellen vorhanden, z. B. auf der Mittellinie der „Schatten" in Abb. 387 und 389 und im Optikband in Abb. 193—195.

4. Man kann die Zonenkonstruktion auch für Aufpunkte außerhalb der Symmetrielinie ausführen. Man denkt sich zu diesem Zweck die Zonenfläche auf einem schwenkbaren Arm ($a + b$ in Abb. 416) befestigt. Sein Drehpunkt liegt im Wellenzentrum, sein freies Ende im Aufpunkt. So verschiebt man mit einer Seitenbewegung des Aufpunktes von P' nach P zugleich die ganze Zonenfläche: Dadurch werden nun *durch* die Öffnung der *neben* der Scheibe (feststehender Doppelpfeil in Abb. 416!) andere Zonen als zuvor freigelassen. Die Resultierende ihrer Elementarwellen gibt die Maxima und Minima außerhalb der Bildmitte.

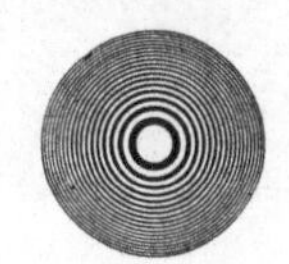

Abb. 419. Zonenplatte für Lichtwellen (Rotfilterlicht) und einen Aufpunkt in 2,8 m Abstand. Sie wirkt wie eine Linse mit mehreren Brennweiten. Die größte ist $f = 2,8$ m, von den kürzeren sind etwa 10 bequem zu beobachten. Natürliche Größe.

5. Für große Werte von a werden die Zonenflächen praktisch eben. Dann kann man das Zonenbild einer Kreisöffnung ohne nennenswerten Fehler auf eine Glasplatte übertragen. Die schwarzen Ringe macht man undurchsichtig, die weißen klar durchsichtig. Eine solche „*Zonenplatte*" ist für Lichtwellen ($\lambda = 0,6\,\mu$) und einen Aufpunkt in 2,8 m Abstand in natürlicher Größe wiedergegeben.

§ 128. Verschärfung der Interferenzstreifen durch gitterförmige Anordnung der Wellenzentren. Die Abb. 380 hat den Versuch gezeigt, den THOMAS YOUNG für die Interferenz angegeben hat. In Abb. 420 A wiederholen wir ihn als Modellversuch durch Überlagerung zweier durchsichtiger Wellenbilder. Dabei stellen wir diesmal die beiden Wellenzentren nicht neben-, sondern übereinander. Eine Fortbildung dieses Modellversuches führt zur gitterförmigen Anordnung von N auf einer Geraden gelegenen äquidistanten Wellenzentren. In Abb. 420 B sind es drei Wellenzentren, in Abb. 420 C vier und so fort. — Dieser Modellversuch zeigt klar *zwei für alle Interferenzerscheinungen fundamentale Tatsachen*[1]:

1. Mit wachsender Anzahl N der Wellenzentren bleiben die schon bei zwei interferierenden Wellenzügen vorhandenen Maxima erhalten, doch wird jedes einzelne auf einen engeren Winkelbereich zusammengedrängt: Die Interferenzstreifen werden *verschärft*.

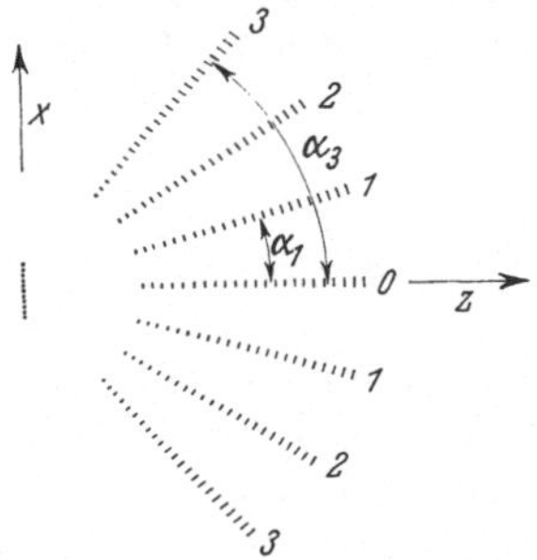

Abb. 420 D. Die Interferenzmaxima eines linearen Gitters in schematischer Darstellung. Die Ziffern bedeuten die Ordnungszahlen m. Näheres im Optikband unter Abb. 223.

2. Zwischen je zwei benachbarten Maximis erscheinen $(N-2)$ *Nebenmaxima*, also eins in Abb. 420 B, zwei in Abb. 420 C usw. Bei großem N bilden die Nebenmaxima schließlich einen praktisch kontinuierlichen Grund; es gilt das in Abb. 420 D skizzierte Schema.

Die hier mit Modellversuchen gefundenen Tatsachen spielen eine große Rolle für die genaue Messung von Wellenlängen, insbesondere in allen Spektralbereichen der Optik. Deswegen werden wir sie in § 133 experimentell ausführlich behandeln.

Zunächst werden wir dort als Wellenzentren äquidistante enge **Spalte** benutzen und die Wellen wie in Abb. 420 D in der z-Richtung einfallen lassen. Die aus den Spalten austretenden Wellen fächern infolge der Beugung über so große Winkel (vgl. Abb. 412), daß sie sich fast so gut wie Elementarwellen überschneiden und

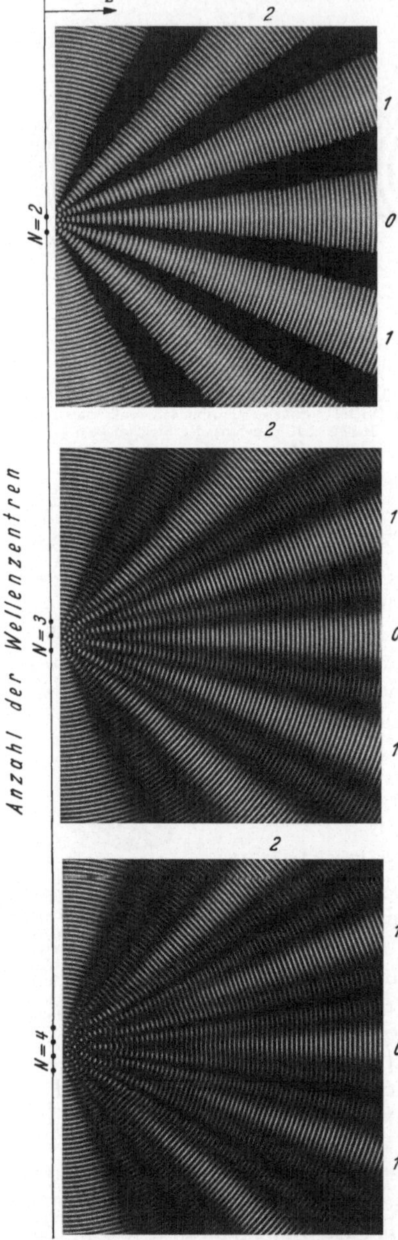

Abb. 420 A—C. Modellversuch zur Interferenz von **zwei**, drei und vier Wellenzügen mit äquidistanten, durch Punkte markierten Zentren. Es werden zwei, drei oder vier Glasbilder (vgl. Abb. 407) aufeinander projiziert. Die Ziffern bedeuten die Ordnungszahlen m.

---

[1] Beide lassen sich nach dem gleichen Schema wie in § 119 auch graphisch unschwer herleiten.

miteinander interferieren. Dieser experimentelle Kunstgriff, also im Grunde etwas Nebensächliches, hat zum Namen „*Beugungsgitter*" geführt.

Für die Winkelabhängigkeit der Maxima m-ter Ordnung, also Interferenzmaxima mit dem Gangunterschied $\Delta = m\lambda$, gilt, wenn die Wellen senkrecht auf die Gitterebene einfallen,

$$\sin\alpha_m = m\lambda/D. \qquad (218) \text{ v. S. } 198$$

(m = Ordnungszahl, D = Abstand benachbarter Wellenzentren, auch Gitterkonstante genannt.)

An zweiter Stelle werden wir dann in § 133 **Spiegelbilder** des Senders als Wellenzentren benutzen. — Man denke sich in den Abb. 420 A—C den Wellensender als einen Punkt der x-Achse und die zwei, drei, vier ... Wellenzentren als seine Spiegelbilder. So wird in Abb. 421 ein Wellensender S mit Hilfe von zwei ebenen reflektierenden Flächen durch zwei Spiegelbilder S' und S'' ersetzt. Die Wellen erreichen den Empfänger auf zwei, den kleinen Winkel $2u$ einschließenden Wegen. Ihr Gangunterschied Δ ist in Abb. 421 angegeben.

In Abb. 422 ist der Empfänger in sehr großen Abstand verlegt und daher der Winkel $2u = 0$ geworden. Die Wellen erreichen die beiden reflektierenden Flächen auf dem gleichen Wege. Maxima der reflektierten oder Minima der durchgelassenen Wellen treten auf, wenn der Gangunterschied

$$\Delta = 2d\cos\beta = 2d\sin\gamma = m\lambda \qquad (227)$$

(m = ganze Zahl, γ wird oft Glanzwinkel genannt)

wird.

In Abb. 423 sind vier durchlässige reflektierende Flächen in gleichen Abständen d hintereinander gestellt. In Abb. 423a erfolgen zwischen zwei stark reflektierenden, aber noch etwas durchlässigen Flächen mehrfache Reflexionen. In beiden Fällen wird die Anzahl N der Wellenzentren vergrößert (S', S'', S''',...) und somit die Bedingung erfüllt, die zur Verschärfung der Interferenzmaxima führt. Dreht man z. B. in der Abb. 423 die übereinandergeschichteten durchlässigen Platten um eine im Punkte A zur Papierfläche senkrechte Achse, so erscheinen in der Richtung der Pfeile nacheinander *scharfe* hohe Maxima, getrennt durch *breite* flache Minima.

§ 129. Interferenz von Wellenzügen begrenzter Länge.

Bisher haben wir bei der Behandlung der Wellenausbreitung stillschweigend zwei Voraussetzungen gemacht: 1. Die Wellenzüge werden mit konstanter Amplitude erregt und haben unbegrenzte Länge; 2. Die Wellenzentren sind punktförmig, d. h. der Durchmesser der Wellensender sollte klein gegenüber der Wellenlänge sein. — Sind diese beiden Voraussetzungen nicht erfüllt, so treten Besonderheiten auf. Sie spielen vor allem bei Lichtwellen eine Rolle, und zwar eine sehr wichtige. Es ist daher zweckmäßig, diese Dinge erst im Optikband zu bringen.

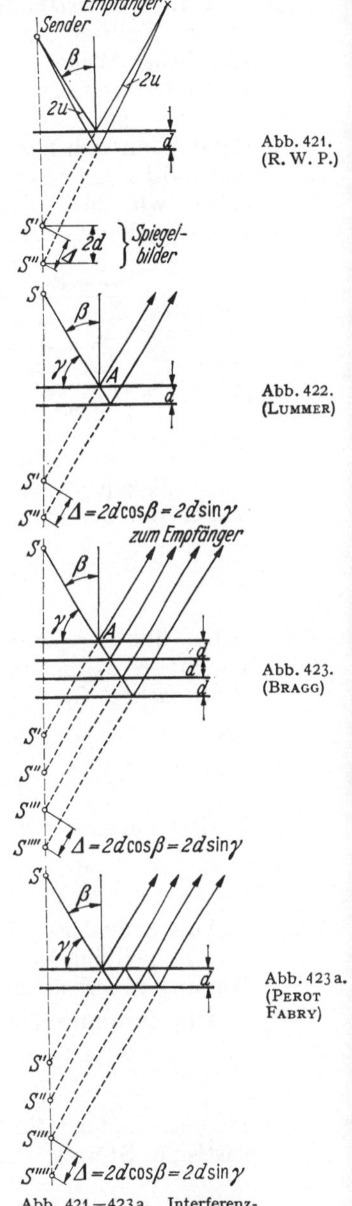

Abb. 421.
(R. W. P.)

Abb. 422.
(LUMMER)

Abb. 423.
(BRAGG)

Abb. 423a.
(PEROT FABRY)

Abb. 421—423a. Interferenz-Anordnungen, in denen Spiegelbilder S', S'', S''',... eines Senders als Wellenzentren dienen. Eine Vorführung folgt in § 133, VIII. In der 11. Auflage des Optikbandes werden diese Anordnungen in der Reihenfolge 421, 422, 423 a und 423 benutzt.

§ 130. Entstehung von Longitudinalwellen. Ihre Geschwindigkeit. Die in diesem Kapitel gewonnenen Erkenntnisse sollen nunmehr auf die Ausbreitung *räumlicher* Wellen angewandt werden. Für diesen Zweck eignen sich sehr gut *hochfrequente Longitudinalwellen in Luft,* also kurze Schallwellen.

Zunächst etwas über die Entstehung von Longitudinalwellen. — Ein Zustand kann sich nur dann in Wellenform ausbreiten, wenn er mit endlicher Geschwindigkeit fortschreitet. Für die transversalen Oberflächenwellen auf Wasser haben wir diese Tatsache einstweilen als experimentell gegeben betrachtet. Ihre eingehende Behandlung wird erst in § 134 folgen. — Longitudinale Wellen entstehen dadurch, daß elastische Störungen sich mit endlicher Geschwindigkeit ausbreiten. In diesem Fall soll gleich mit einer quantitativen Behandlung begonnen werden.

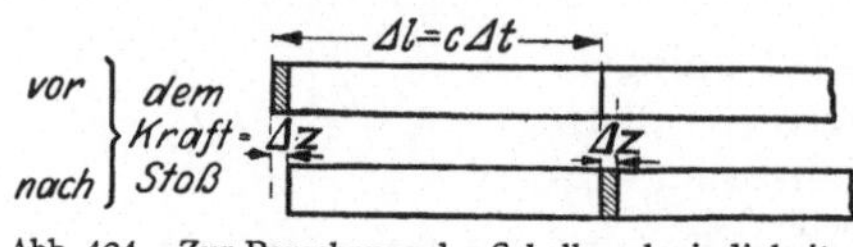
Abb. 424. Zur Berechnung der Schallgeschwindigkeit in einem Stab.

Auf den Stab in Abb. 424 wirke ein Kraftstoß $\Re \Delta t$ während der Zeit Δt mit der Kraft $\Re$. Er erzeugt eine elastische Störung. Diese rückt mit der Geschwindigkeit c nach rechts vor und erfaßt innerhalb der Zeit Δt ein Stück des Stabes mit der Länge $\Delta l = c \Delta t$. Es hat die Masse

$$\Delta m = c \Delta t \cdot F \varrho \tag{228}$$

(ϱ = Dichte, F = Querschnitt des Stabes).

Dabei übt der Kraftstoß $\Re \Delta t$ auf das Stück zwei Wirkungen aus: Erstens staucht er es um die kleine Länge Δz zusammen, oberes Teilbild. Nach dem HOOKEschen Gesetz ist dabei

$$\Delta z = \alpha \Delta l \frac{\Re}{F} \tag{229}$$

(α = Dehnungsgröße des Stabmateriales, § 68).

Zweitens erteilt er dem Stück einen nach rechts gerichteten Impuls

$$\Delta m \frac{\Delta z}{\Delta t} = \Re \Delta t. \tag{230}$$

Das Stück der Länge Δl rückt also in der Zeit Δt um Δz nach rechts vor, unteres Teilbild. In der dort skizzierten Stellung beginnt dann der entsprechende Vorgang innerhalb des nächsten Zeit- und Längenabschnittes.

Die Zusammenfassung der Gl. (228) bis (230) ergibt

$$c \Delta t F \varrho \frac{\Delta z}{\Delta t} = \frac{\Delta z}{\Delta l} \frac{F}{\alpha} \Delta t \tag{231}$$

und daraus folgt für die Geschwindigkeit $c = \Delta l / \Delta t$, mit der die longitudinale elastische Störung vorrückt, meist Schallgeschwindigkeit genannt,

$$\boxed{c = \frac{1}{\sqrt{\alpha \varrho}}} \tag{232}$$

Diese Gleichung ist ein Sonderfall einer allgemeinen Beziehung

$$c^2 = \frac{\Delta p}{\Delta \varrho}. \tag{233}$$

Diese gilt auch dann, wenn das HOOKEsche Gesetz nicht mehr erfüllt ist. Ein Anwendungsbeispiel dieser Beziehung ist die Berechnung der Schallgeschwindigkeit in Gasen (§ 158).

Zahlenbeispiel. Für Stahl ist $\alpha = 4,6 \cdot 10^{-5} \dfrac{\text{mm}^2}{\text{Kilopond}} = 4,7 \cdot 10^{-12} \dfrac{\text{m}^2}{\text{Newton}}$, $\varrho = 7700 \dfrac{\text{kg}}{\text{m}^3}$.

1 Newton = 1 kg m sec^{-2}. Also Geschwindigkeit

$$c = \frac{1}{\sqrt{4,7 \cdot 10^{-12} \dfrac{\text{m}^2}{\text{kg m sec}^{-2}} \, 7,7 \cdot 10^3 \dfrac{\text{kg}}{\text{m}^3}}} = 5,3 \frac{\text{km}}{\text{sec}}.$$

§ 131. Hochfrequente Longitudinalwellen in Luft. Schallabdruckverfahren.

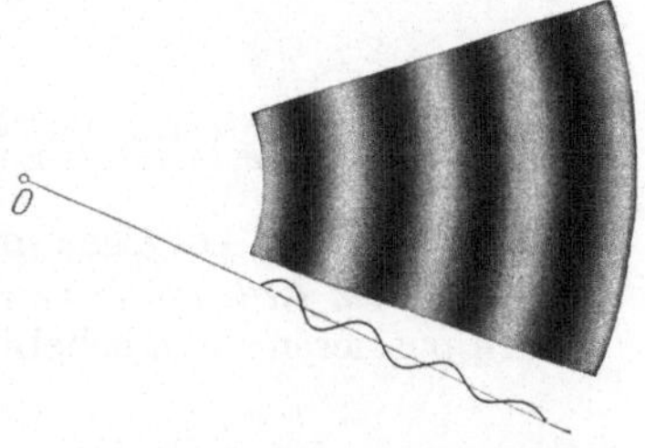

Abb. 425. Zur kugelsymmetrischen Ausbreitung fortschreitender Schallwellen in Luft. Ein mittleres Grau bedeutet die normale Luftdichte.

Als Sender für hochfrequente Schallwellen benutzen wir die aus Abb. 344 bekannte Pfeife. Von ihr werden Longitudinalwellen kugelsymmetrisch ausgestrahlt. Zur Veranschaulichung dient die Abb. 425. Sie zeigt einen Ausschnitt aus einer Meridianebene als Momentbild. Man sieht eine periodische Verteilung von Luftdruck und -dichte. In den dunkel skizzierten Wellenbergen sind Luftdruck und -dichte größer, in den heller skizzierten Wellentälern kleiner als in der ruhenden Luft. Die unten schräg angefügte Sinuslinie stellt das gleiche dar. Die Gerade bedeutet den normalen Luftdruck p, also eine Atmosphäre, die Sinuslinie gibt die Abweichungen Δp nach oben und unten. Absolutwerte der Amplituden Δp_0 folgen später in Abb. 457. Die ganze durch das Momentbild in Abb. 425 veranschaulichte Verteilung rückt kugelsymmetrisch nach außen mit einer Geschwindigkeit von rund 340 m/sec.

Die Dichteänderung der Luft kann man direkt sichtbar machen, wenn man die fortschreitenden Schallwellen in stehende verwandelt. Das geschieht in

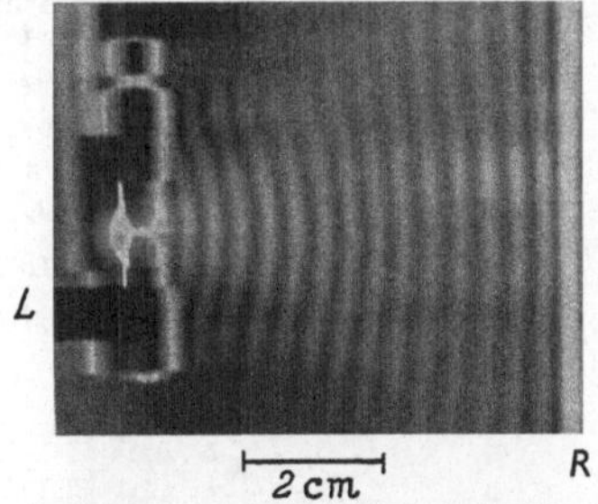

Abb. 426. Stehende Schallwellen in Luft im Interferenzfeld vor einer bei R befindlichen Wand. $\lambda = 8$ mm. Zeitaufnahme nach dem Schlierenverfahren mit Dunkelfeldbeleuchtung. Im Bilde sieht man oben und unten vertauscht. L Zuleitungsschlauch für die Druckluft.

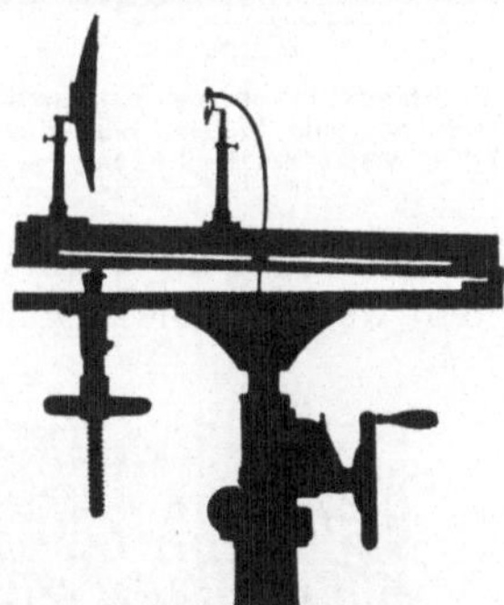

Abb. 427. Schallsender in der Stellung, in der er in Abb. 428 benutzt wird. Pfeife wie in Abb. 344 u. 426.

Abb. 426 (nach dem Vorbild der Abb. 383). Die Gebiete der konstant bleibenden Dichte und der sich periodisch ändernden Dichte, also die Knoten und die Bäuche, werden mit einem Schlierenbild im Dunkelfeld beobachtet.

Eine Abbildung im Dunkelfeld setzt elementare Kenntnisse aus der geometrischen Optik voraus. Man muß die Rolle der Pupillen kennen. Für das *Schallabdruckverfahren* ist das nicht erforderlich.

Beim Schallabdruckverfahren läuft ein parallel begrenztes Wellenbündel streifend über eine Flüssigkeitsoberfläche (Wasser oder Petroleum) hinweg (Abb. 428). Am rechten Ende wird es an einer Platte R, d.h. einem „Spiegel", reflektiert. Die reflektierten Wellen überlagern sich den einfallenden, und dadurch entstehen vor dem Spiegel in der Luft stehende Wellen. Unter ihren Bäuchen wird die Flüssigkeitsoberfläche etwas verformt[1], es entsteht eine Riefelung wie in Abb. 429. Sie ist bei schräger Aufsicht ohne weiteres zu sehen. Einem großen Kreis zeigt man sie mit Schlieren im Hellfeld: Man nimmt eine Schüssel mit durchsichtigem Boden und unter ihr eine kleine Lichtquelle.

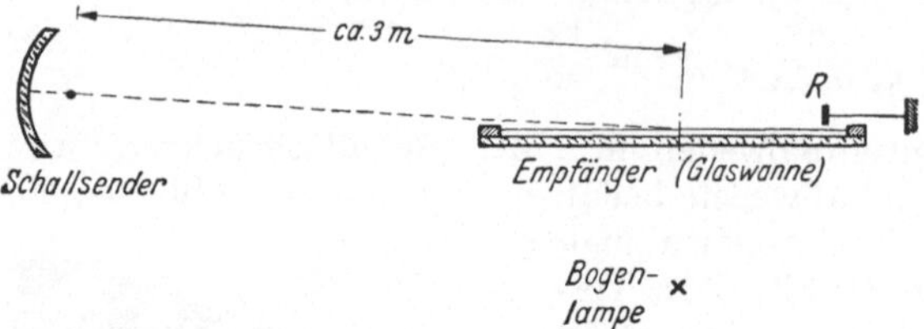

Abb. 428. Schallabdruckverfahren zum Nachweis stehender Wellen in Luft im freien Schallfeld.

Bewegt man den Reflektor in Richtung der einfallenden Wellen, oder ihr entgegen mit der Geschwindigkeit u ($\ll c$), so *folgt das Interferenzfeld dem Reflektor wie eine angeheftete Schleppe*. Die Knoten seiner stehenden Wellen passieren einen beliebigen, z. B. mit dem Pfeil a markierten Beobachtungsort mit der „Schwebungsfrequenz" $v_S = 2u/\lambda$. Das ist eine Folge des zweimal wirkenden Dopplereffektes.

Trifft eine Welle mit der Frequenz v auf den bewegten Reflektor, so *empfängt* der Reflektor die Welle mit der Frequenz $v'' = v(1 \pm u/c)$. Die von ihm reflektierte, also ausgesandte Welle hat die Frequenz $v' = v''(1 \pm u/c) = v(1 \pm u/c)^2$, und für $u \ll c$ $v' = v(1 \pm 2u/c)$. Es interferieren also miteinander zwei einander entgegenlaufende Wellen mit der Frequenzdifferenz $v' - v = \Delta v = 2u/\lambda$. Diese Frequenzdifferenz läßt die Interferenzstreifen *wandern* (§ 118), also hier die Knoten der stehenden Welle. Sie passieren einen Beobachtungsort, z. B. a mit der Schwebungsfrequenz $v_S = \Delta v = 2u/\lambda$. — Man vergleiche § 129a der Elektrik.

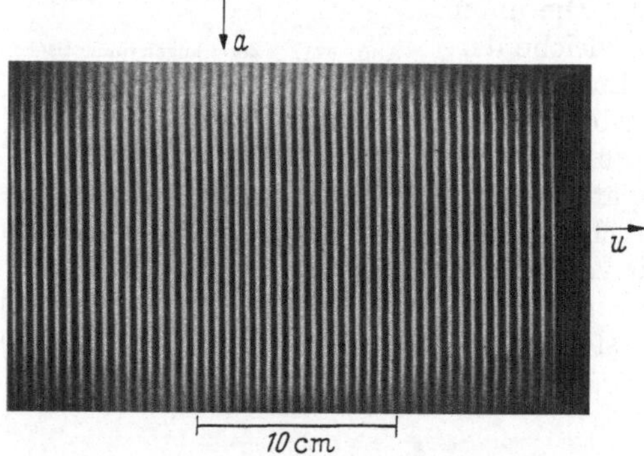

Abb. 429. Interferenzfeld ebener Schallwellen vor einem ebenen Spiegel. Stehende Wellen. Zeitaufnahme mit dem Schallabdruckverfahren; $\lambda = 1,15$ cm, $v = 3 \cdot 10^4$/sec.

Beim Schallabdruckverfahren kann die Gestalt des Reflektors R mannigfach abgewandelt werden. Die Abb. 430 und 431 geben Beispiele (Zeitaufnahmen!).

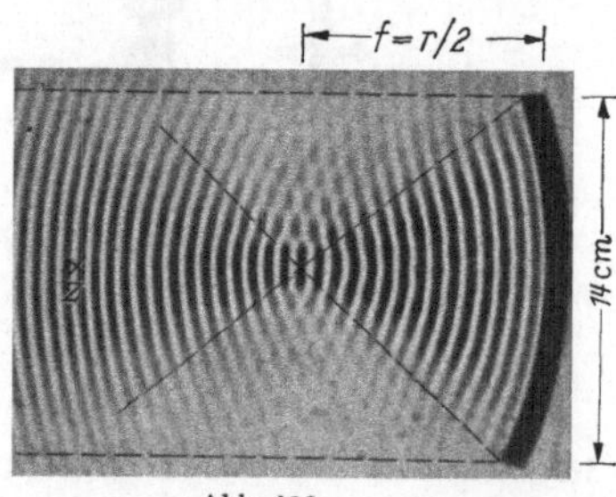

Abb. 430.

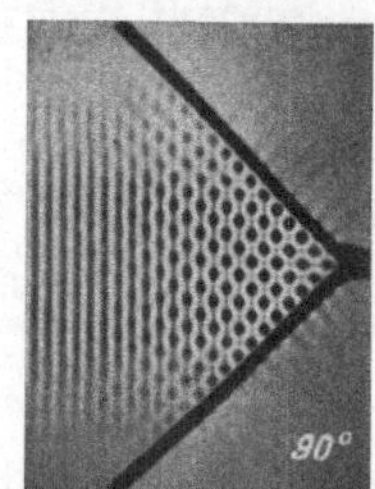

Abb. 431.

Abb. 430 und 431. Die Interferenzfelder kurzer Schallwellen vor einem zylindrischen Hohlspiegel und vor einem 90°-Winkelspiegel. — In Abb. 430 tritt der Brennpunkt deutlich hervor (vgl. Abb. 395). — In Abb. 431 liefert das Schallabdruckverfahren ein besonders ausgeprägtes Interferenzfeld. Es eignet sich für einen ebenso bequemen wie billigen Nachweis hochfrequenter Schallwellen.

Recht lehrreich ist auch die Abb. 432. In ihr wird als Reflektor für das Schallabdruckverfahren eine Hand benutzt. Bei der Vorführung wird ihre Gestalt verändert.

---

[1] Infolge einer Druckverteilung in der Grenzschicht, wie sie bei RUBENSschen Flammenrohr (Abb. 339) beobachtet wird.

Im Sprachgebrauch der Optik heißt es: Die Hand ist ein „Nichtselbstleuchter",
man sieht die von ihm ausgehende „Sekundärstrahlung". Akustisch heißt es:
Wir sehen die hochfrequente Schall-
strahlung, mit der die Fledermäuse
im Stockdunkeln oder der Augen be-
raubt Hindernisse erkennen und
Beute finden. Es ist das uralte
akustische Vorbild der Radartechnik
zur Lokalisierung von Flugzeugen.

§ 132. Strahlungsdruck des Schalles. Schallradiometer.

Zur quanti-
tativen Untersuchung der Schallfelder
eignet sich vor allem das Schallradiometer. Dieses Instrument beruht auf
einer wenig bekannten, aber bedeut-

Abb. 432. Das Schallabdruckverfahren macht das Interferenzfeld hochfrequenter Schallwellen vor einer ihre Gestalt ändernden Hand sichtbar. (Momentaufnahme.)

samen Tatsache: Jede von Schallwellen getroffene Fläche erfährt in Richtung der
Schallwellen einen einseitigen Druck. Man nennt ihn den *Strahlungsdruck* der
Schallwellen, und zwar in Analogie zum Strahlungsdruck des Lichtes (Optikband,
§ 228). Dieser konstante einseitige Strah-
lungsdruck darf nicht mit dem sinusförmig
schwankenden Druck der Schallwellen
verwechselt werden. (Eine dünne, von
Schallwellen getroffene Membran schwingt
also nicht nur mit der Frequenz der Schallwellen, sondern sie wird außerdem in
Richtung der Schallwellen einseitig aus-
gebeult!)

Zur qualitativen Vorführung des Strahlungsdruckes eignet sich das kleine in
Abb. 433 skizzierte Flügelrad. Man stellt
es so vor einen Hohlspiegel, daß der Brennpunkt einen Flügel trifft. Je höher die

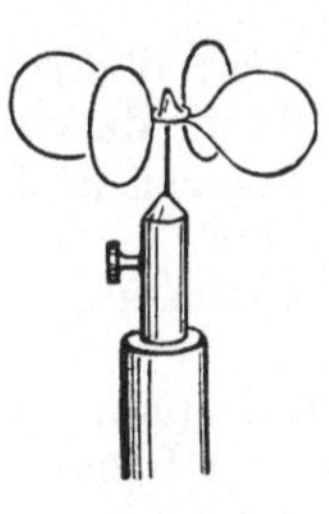

Abb. 433.
Ein Flügelrad als
Indikator für kurze
Schallwellen.

Strahlungsleistung, desto höher die Drehfrequenz des
Flügelrades. Das ist schon ein recht brauchbarer Empfänger für hochfrequente Schallwellen.

Nimmt man nur *einen* Flügel und ersetzt man das
aus einem Glashütchen und einer Nadel gebildete Lager
durch ein feines, beiderseits gespanntes Metallband, so
entsteht das *Schallradio-
meter* genannte Meßinstrument. Man hat heute
kleine handliche Ausfüh-
rungsformen mit magneti-
scher Dämpfung und kur-
zer, aperiodischer Einstellzeit (etwa 2 sec). Die
Abb. 434 zeigt ein solches Instrument; seine Ausschläge werden mit Spiegel und Lichtzeiger abgelesen.

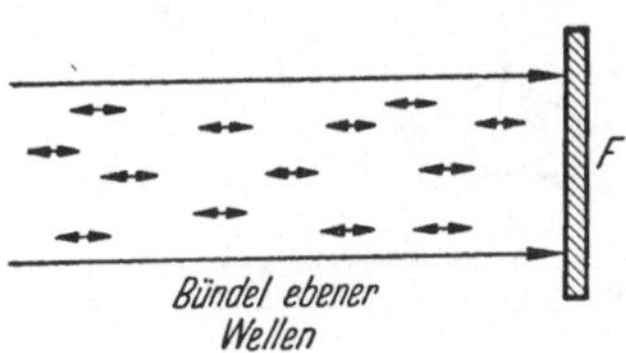

Abb. 434 a. Zur Entstehung des Strahlungsdruckes.

Abb. 434. Ein Schallradiometer.
Rechts sieht man hinter einem
schrägen Glasfenster die kreisförmige Flügelscheibe und hinter ihr am Gehäuse den Rand
der Eintrittsöffnung. Zum Emp-
fang parallel gebündelter Wellen
stellt man diese Öffnung in den
Brennpunkt eines die Schallwellen auffangenden Hohl-
spiegels.

Die Entstehung des Strahlungsdruckes der Schallwellen und seine Größe erläutern wir an
Hand der Abb. 434a. Die beiden geraden Linien bedeuten die Umrisse eines parallel begrenzten
Bündels fortschreitender Wellen. In ihm strömen die Luftteilchen in Richtung der Doppel-
pfeile mit der Maximalgeschwindigkeit u_0 sinusförmig hin und her. Dadurch vermindert sich

der statische Druck p im Inneren des Bündels nach der BERNOULLIschen Gleichung um den Betrag $\frac{1}{2}\varrho u_0^2$ (ϱ = Luftdichte). Infolgedessen strömt von außen Luft in das Wellenbündel ein. Fällt nun dies Bündel rechts senkrecht auf eine Wand, so entstehen *stehende* Wellen. In ihnen wird vor der Wand die Geschwindigkeit der Luftteilchen Null, und daher steigt der Druck um den Betrag $p_{\text{St}}=\frac{1}{2}\varrho u_0^2$. Das ist der Strahlungsdruck. — Die Größe $\frac{1}{2}\varrho u_0^2$ ist aber gleichzeitig der Quotient

$$\frac{\text{Kinetische Energie im Volumen } V \text{ des Schallfeldes}}{\text{Volumen } V \text{ des Schallfeldes}},$$

d. h. die räumliche Dichte δ der Schallenergie. Somit ist der Schalldruck p_{St} gleich der räumlichen Dichte δ der Strahlungsenergie, also

$$\boxed{p_{\text{St}} = \delta} \tag{234}$$

Statt des feststehenden Schallradiometers kann man auch ein leicht bewegliches *Mikrophon* benutzen, das man über einen Gleichrichter mit einem Galvanometer verbindet.

§ 133. Typische Versuche mit räumlichen Wellen. Räumliche Wellen, deren Wellenlänge die Größenordnung 1 cm hat, eignen sich vortrefflich, um die wichtigsten Tatsachen der Wellenlehre experimentell vorzuführen. Wir benutzen *hochfrequente Schallwellen in Luft*, meist mit paralleler Bündelung (Abb. 427). Als Empfänger dient ein Schallradiometer (Abb. 434).

Die Mehrzahl der Experimente läßt sich ebenso bequem mit elektrischen Wellen vorführen. Oft genügen sogar dieselben Hilfsmittel. Man hat nur die Pfeife durch einen der kleinen handelsüblichen Sender für elektrische Wellen zu ersetzen und das Schallradiometer durch eine kleine Empfangsantenne nebst Zubehör.

Aus der großen Anzahl eindrucksvoller Versuche bringen wir im folgenden nur eine kleine Auswahl.

I. Schattenwurf. Man richtet den Schallsender (Abb. 427) auf den Empfänger und bringt ein Hindernis, z. B. den eigenen Körper, in den Lauf des Schallwellenbündels.

Der Schattenwurf der Schallwellen läßt sich übrigens sehr hübsch ohne alle instrumentellen Hilfsmittel vorführen. Man reibe Daumen und Zeigefinger der rechten Hand gegeneinander in etwa 20 cm Abstand vor dem rechten Ohr. Man hört einen hohen, dem unserer Pfeife ähnlichen Ton. Dann halte man mit der linken Hand das rechte Ohr zu. Man hört nicht mehr das geringste, denn das linke Ohr liegt vollständig im Schallschatten.

II. Reflexion, Netzebenen als Spiegel. Die Reflexion von Schallwellen war schon in einigen der früheren Versuche vorgeführt worden (z. B. Abb. 426—432). Es genügen ein paar Ergänzungen: Die reflektierenden Flächen brauchen nicht

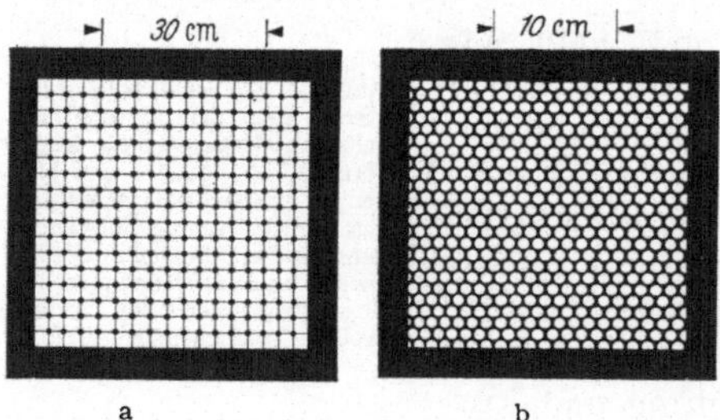

Abb. 435a u. b. Netzebenen zur Spiegelung von Schallwellen.

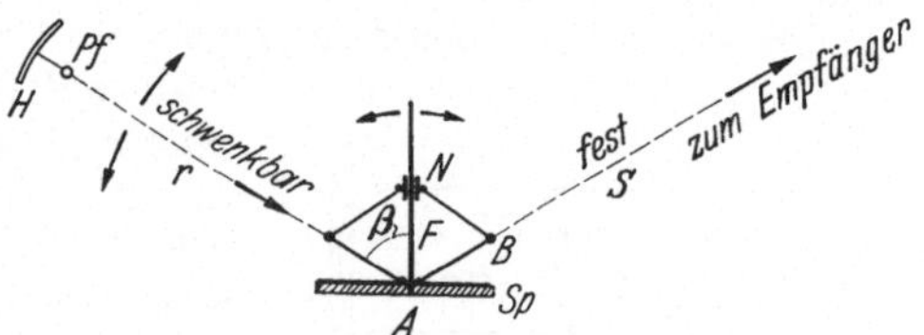

Abb. 436. Zur Vorführung des Reflexionsgesetzes bei konstanter Richtung des gespiegelten Bündels. Empfänger ist ein Hohlspiegel, in dessen Brennpunkt sich das Fenster des Schallradiometers befindet.

glatt zu sein, man kann sie durch *Netzebenen* ersetzen. Zwei Beispiele sind in Abb. 435 dargestellt. In ihnen muß der Abstand der Kugeln oder der Öffnungen von ihren Nachbarn von der Größenordnung der Wellenlänge sein. Dann zeigt man die spiegelnde Reflexion dieser Netzebenen bequem mit der in Abb. 436 skizzierten Anordnung.

In ihr kann der Einfallswinkel β dadurch verändert werden, daß der ganze Sender mit einem schwenkbaren Arm bewegt wird. Eine kleine Hilfseinrichtung (eine Parallelogrammführung) dreht gleichzeitig die reflektierende Fläche Sp um den Winkel $\beta/2$. Dann behält das reflektierte Bündel eine feste Richtung.

Abb. 437. Der zur Herstellung einer vertikalen Heißluft-schicht in Abb. 438 gebrauchte Gasbrenner.

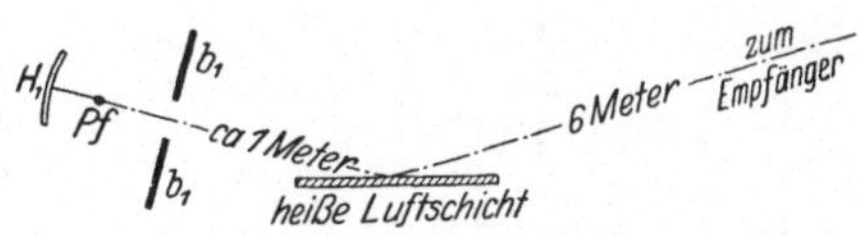

Abb. 438. Spiegelung eines ebenen Schallwellenbündels an einer heißen Luftschicht.

Infolgedessen kann man einen feststehenden Empfänger benutzen. — Man findet mit den Netzebenen (Abb. 435) bei jedem beliebigen Einfallswinkel eine starke Spiegelung.

Recht eindrucksvoll ist auch die Reflexion der Schallwellen an der Grenze warmer und kalter Luft. Die Abb. 438 zeigt eine geeignete Anordnung. In ihr wird mit Hilfe eines kammförmigen Gasbrenners (Abb. 437) eine leidlich ebene vertikale Wand heißer Luft geringer Dichte dargestellt. Sie reflektiert das Parallelwellenbündel des Senders sehr deutlich, wenn auch nicht so präzise wie ein Holz- oder Metallspiegel.

III. Brechung. Zur Vorführung der Brechung der Schallwellen benutzt man ein mit Kohlendioxyd gefülltes Prisma (Abb. 439). Seine durchlässigen Wände bestehen am besten aus Seidenstoff (Papier, Cellophan, Guttapercha sind praktisch undurchlässig). Nach Einfüllen des Kohlen-dioxyds findet man einen Ablenkungs-winkel $\delta = 9,8°$.

Für die zweite Grenzfläche sind der Ein-fallswinkel α und der Brechungswinkel β skizziert. α beträgt bei der üblichen Prismenform 30°. Man entnimmt der Skizze $\beta = \alpha + \delta$, also $\beta = 39,8°$. Daraus folgt für die Brechzahl

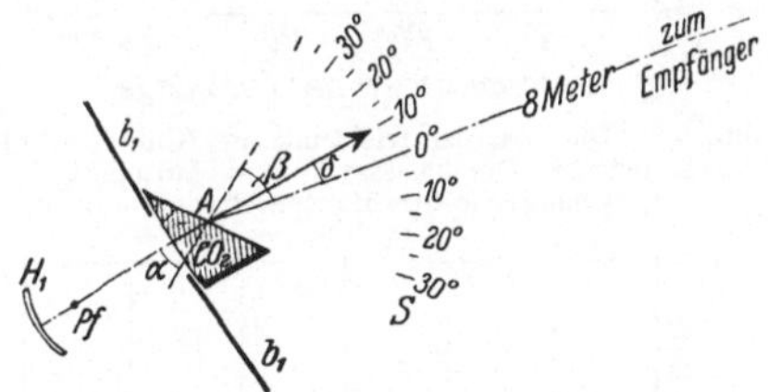

Abb. 439. Brechung eines Bündels ebener Schallwellen in einem mit CO_2 gefüllten Prisma. Der spitze Winkel des Prismas ist $= \alpha$.

$$n_{CO_2 \to Luft} = \frac{\sin 30°}{\sin 39,8°} = \frac{0,5}{0,64} = 0,78.$$

IV. Streuung. Wir richten das Schallwellenbündel des Senders direkt auf den Empfänger und bringen dann die heißen Flammengase eines unregelmäßig hin und her geschwenkten Gasbrenners in den Strahlengang. Oder wir lassen im Strahlengang gasförmiges Kohlendioxyd aus einer Gießkannenbrause aus-strömen. In beiden Fällen werden die Wellen durch Reflexion und Brechung regellos nach allen Seiten gestreut (,,Streureflexion"), sie gelangen nicht mehr zum Empfänger. Von dem ursprünglich scharf begrenzten Parallel-Wellenbündel ist nichts mehr zu erkennen. Es ist durch ,,*Luftschlieren*" oder das ,,*trübe Medium*" völlig zerstört.

V. Fresnelsche Zonen. Wir knüpfen an § 127 an. — In Abb. 440 sei S die kleine Pfeife als Wellenzentrum, der Aufpunkt P das Eintrittsfenster des Emp-fängers (Schallradiometers). In der Mitte zwischen beiden steht eine große Iris-blende, eingerahmt von einem Blendschirm. Die Abstände a und b werden $= 50$ cm gemacht, als Wellenlänge des Senders $\lambda \approx 1$ cm gewählt. Dann ergibt die Gl. (226a) von S. 210

	für die	erste	zweite	dritte Zone usw.
den Durchmesser $2r_m =$		10 cm	14,1 cm	17,3 cm usw.

Die Ausschläge des Radiometers sind der von der Iris zum Aufpunkt P gelangenden Strahlungsleistung proportional. Macht man z. B. $2r_1 = 10$ cm, so beobachtet man $\alpha = 16$ Skalenteile. *Erweitert* man die Iris von 10 cm auf 14 cm, so wird die zu P gelangende Leistung *kleiner*; man findet z. B. nur $\alpha_2 = 3$ Skalenteile. Eine Erweiterung auf 17 cm vergrößert sie wieder, etwa 15 Skalenteile, und so fort. Die Abb. 441 gibt eine vollständige Meßreihe.

VI. Beugung an einem Spalt. Es soll die aus den Abb. 388 und 411 bekannte

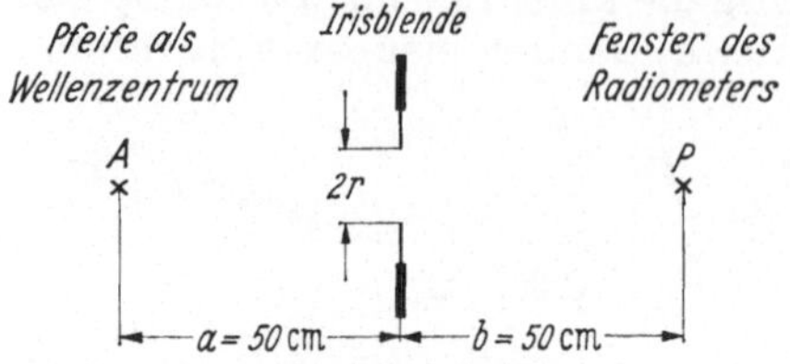

Abb. 440. Zur Ausblendung FRESNELscher Zonen für kurze Schallwellen.

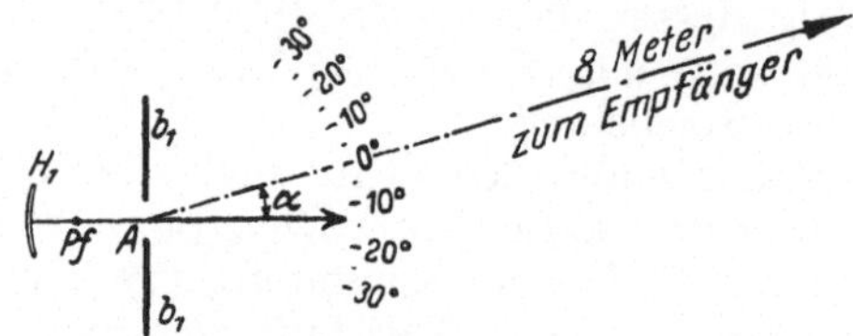

Abb. 442. Begrenzung ebener Schallwellen durch einen Spalt.

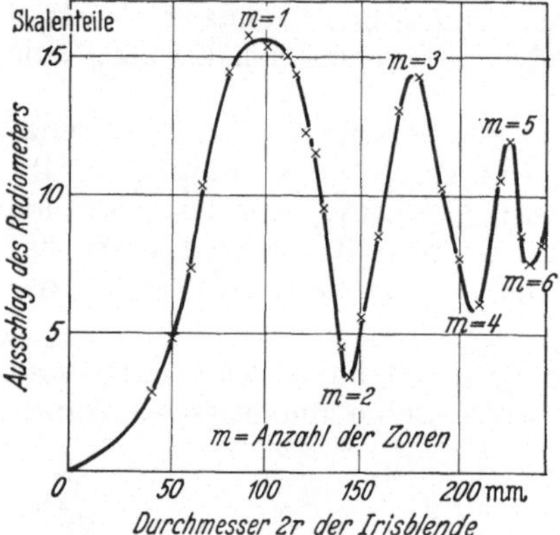

Abb. 441. Die von der Irisblende in Abb. 440 bei verschiedenem Durchmesser $2r$ zum Aufpunkt P gelangende Strahlungsleistung.

Erscheinung gebracht werden. Die Anordnung ist in Abb. 442 skizziert, die Abb. 443 gibt ein Bild des Spaltes und die Abb. 444 das Meßergebnis.

Man vergleiche es mit der Abb. 415: Die Ausschläge des Schallradiometers sind dem Quadrat der Amplituden proportional, und daher sind die seitlichen Maxima neben dem Hauptmaximum in Abb. 444 erheblich niedriger als in Abbildung 415.

Die Abb. 445 gibt die gleichen Messungen wie die Abb. 444, jedoch in Polarkoordinaten. Hier gibt die Fahrstrahllänge r für die verschiedenen Richtungen die Größe der Radiometerausschläge oder die ihnen proportionalen Strahlungsstärken, also das Verhältnis Strahlungsleistung/Raumwinkel. — Polarkoordinaten werden in technischen Darstellungen bevorzugt (,,Richtcharakteristik'').

Abb. 443. Der in Abb. 442 benutzte Beugungsspalt b der Breite $B = 11,5$ cm.

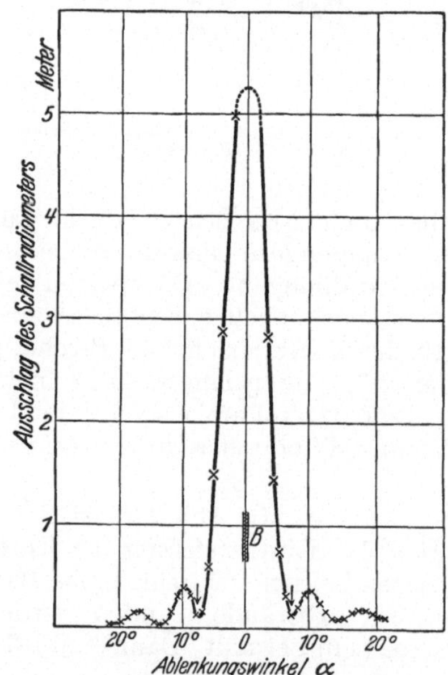

Abb. 444. Das Beugungsbild (Schallgebirge) des in Abb. 443 dargestellten Spaltes für eine Wellenlänge von 1,45 cm. Der schraffierte Bereich B markiert die geometrischen Strahlgrenzen.

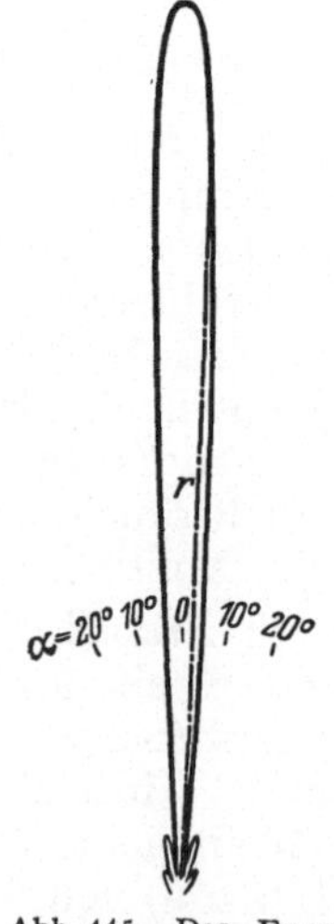

Abb. 445. Das FRAUNHOFERsche Beugungsbild der Abb. 444, dargestellt in Polarkoordinaten.

VII. Verschärfung von Interferenzstreifen mit gitterförmig angeordneten **Spalten** *als Wellenzentren.* Interferenzstreifen werden schärfer, wenn man Wellenzentren gitterförmig anordnet. Das wurde in § 128 mit Modellversuchen hergeleitet. Experimentell lassen sich gitterförmig angeordnete Wellenzentren entweder als Öffnungen (meist Spalte) oder als Spiegelbilder verwirklichen. Wir beginnen mit der ersten Möglichkeit, die zweite folgt in Abschnitt VIII. Wir bringen also zunächst den Übergang vom YOUNGschen Interferenzversuch zum Gitter. Zu diesem Zweck wird in der Abb. 442 der breite Spalt (Abb. 443) erst durch zwei und dann durch fünf äquidistante *schmale* Spalte als Wellenzentren ersetzt (Abb. 446 und 447). Die Hauptmaxima der Interferenz behalten in beiden Fällen die gleiche Lage (Abb. 448

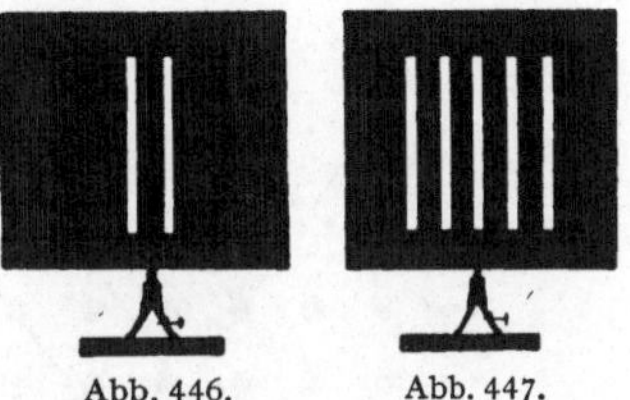

Abb. 446.   Abb. 447.

Abb. 446 und 447 zur Interferenz von zwei und von fünf Wellenzügen mit äquidistanten Zentren. Abstand benachbarter Öffnungen = Gitterkonstante *d*.

und 449), doch sind sie bei fünf interferierenden Wellenzügen erheblich höher und schärfer, als bei zweien. Die kleinen zwischen ihnen liegenden Nebenmaxima bilden einen fast kontinuierlichen Grund. Fünf Spalte zeigen schon die Eigen-

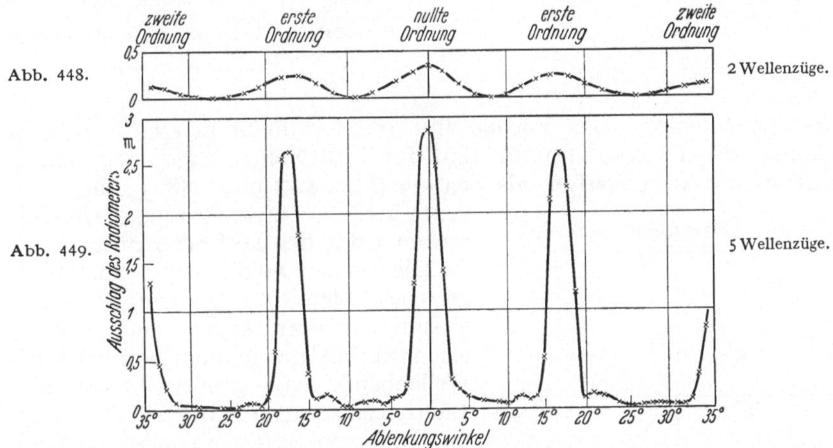

Abb. 448 und 449. Zum Übergang vom YOUNGschen Doppelspalt (Abb. 446) zum Gitter (Abb. 447), d.h. gitterförmig angeordnete Spalten als Wellenzentren: Verschärfung der Interferenzstreifen durch Überlagerung von mehr als zwei Wellenzügen.

schaften eines typischen *Gitters*[1], wie man es in der Optik für die Herstellung von Spektren verwendet. Im Optikband werden die Eigenschaften der Gitter näher behandelt werden (dort § 70—72).

VIII. Verschärfung von Interferenzstreifen mit gitterförmig angeordneten **Spiegelbildern** *als Wellenzentren.* Wir knüpfen an die Abb. 423 an und benutzen die aus Abb. 436 bekannte Versuchsanordnung. Als Spiegel *Sp* dienen vier Netzebenen mit den aus Abb. 450 ersichtlichen Maßen. Es werden also nur vier Spiegelbilder als Wellenzentren benutzt. Trotzdem liefert der Schauversuch zwei schon recht scharfe Interferenzmaxima („Spektrallinien" mit den Ordnungszahlen $m = 3$ und $m = 4$) (Abb. 451). Im Modellversuch (Abb. 420c) waren zwischen den

---

[1] Auch Beugungsgitter genannt. Wegen dieses Namens sei auf § 128 verwiesen.

Hauptmaximis noch deutlich $(N-2)=2$ Nebenmaxima erkennbar. Im Schau versuch machen sie sich nicht bemerkbar.

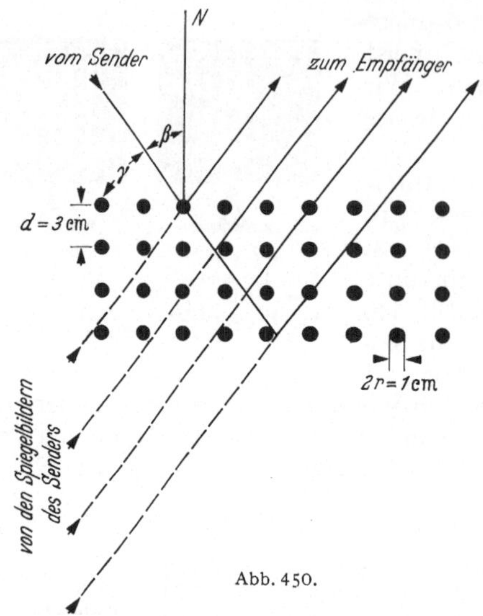

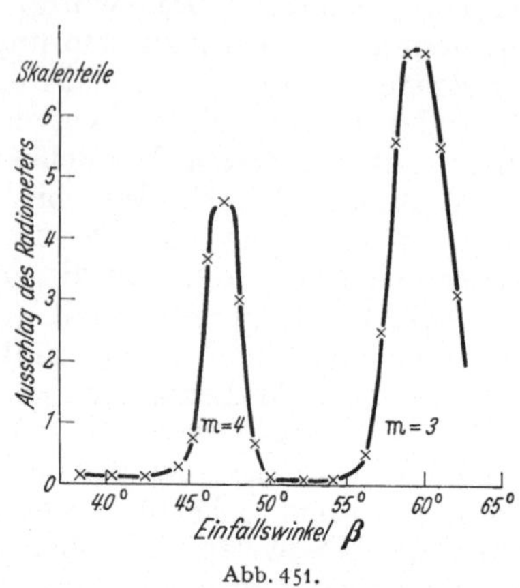

Abb. 451.

Abb. 450 und 451. Zur Reflexion von Schallwellen ($\lambda = $ 1,03 cm) an vier äquidistanten Netzebenen. Diese erzeugen gemäß Abb. 423 vier gitterförmig angeordnete Spiegelbilder als Wellenzentren. Für die Winkel β, unter denen die reflektierte Strahlung Maxima, die durchgelassene Minima aufweist, gilt Gl. (227) von S. 213. γ wird oft Glanzwinkel genannt.

IX. Interferometer. Das Vorbild aller Interferometer liefert die Interferenzanordnung, die THOMAS YOUNG 1807 für Lichtwellen angegeben hat. [Zwei Wellenzüge mit zwei Spalten als Zentren (Abb. 420 und 448).] Sie wird auch heute noch für viele Messungen im Laboratorium und in der Technik benutzt.

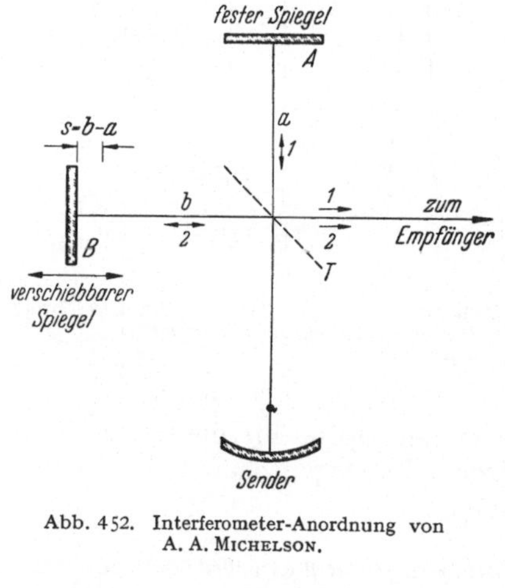

Die von den beiden engen Spalten durchgelassene Strahlungsleistung ist nur klein. Darum hat man später andere Verfahren ersonnen, mit denen man parallel begrenzte Wellenbündel von großem Querschnitt zur Interferenz bringen kann. Sie alle zerspalten mit Hilfe von Spiegelung oder Brechung ein Wellenbündel in zwei. Wir bringen aus der Fülle der Ausführungen nur eine physikalisch besonders wichtige, die Interferometer-Anordnung von MICHELSON (Abb. 452). In ihr stehen die beiden reflektierenden Flächen senkrecht zueinander, T ist eine „Teilerplatte", eine reflektierende, aber wellendurchlässige Fläche, der Gangunterschied beider Wellenzüge wird durch die Wegdifferenz s bestimmt.

Abb. 452. Interferometer-Anordnung von A. A. MICHELSON.

§ 134. **Die Entstehung von Wellen auf der Oberfläche von Flüssigkeiten.** Die wichtigsten Tatsachen der Wellenausbreitung oder Strahlung haben wir mit longitudinalen Wellen in Luft und mit transversalen Oberflächenwellen auf Wasser erläutert. Wie longitudinale Wellen entstehen, wurde in § 130 gezeigt. Die Entstehung der Oberflächenwellen wird in diesem Paragraphen behandelt. Die Ergebnisse werden zu Einsichten führen, die für Wellen aller Art von großer Bedeutung sind.

Die Wellen auf Flüssigkeitsoberflächen kann man nur im Grenzfall sehr kleiner Amplituden mit dem Bilde der einfachen Sinuswellen darstellen. Im allgemeinen sind die Wellentäler breit und flach, die Wellenberge schmal und hoch. Die Abb. 454 zeigt ein Momentbild einer nach rechts fortschreitenden Wasserwelle. — Die Entstehung einer solchen Welle beobachtet man mit einer Wellenrinne. Sie ist ein langer, schmaler Blechkasten mit seitlichen Glasfenstern (etwa 150 × 30 × 5 cm). Er wird etwa zur Hälfte mit Wasser gefüllt. Dem Wasser werden in bekannter Weise Aluminiumflitter als Schwebeteilchen beigemengt. Zur Einleitung der Wellenbewegung dient ein von einem Motor auf und nieder bewegter

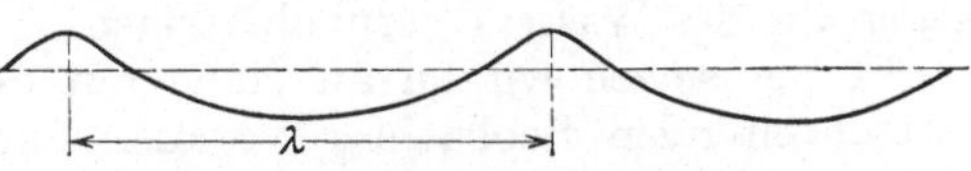

Abb. 454. Profil einer **Wasserwelle** mit kleiner Amplitude. Die Wellenberge überschlagen sich nicht, es entstehen keine schaumbildenden Brecher.

Klotz. Beim Fortschreiten der Welle sehen wir ein Stromlinienbild gemäß Abb. 455. Es ist eine Zeitaufnahme von etwa $^1/_{25}$ Sekunden Dauer. Dies

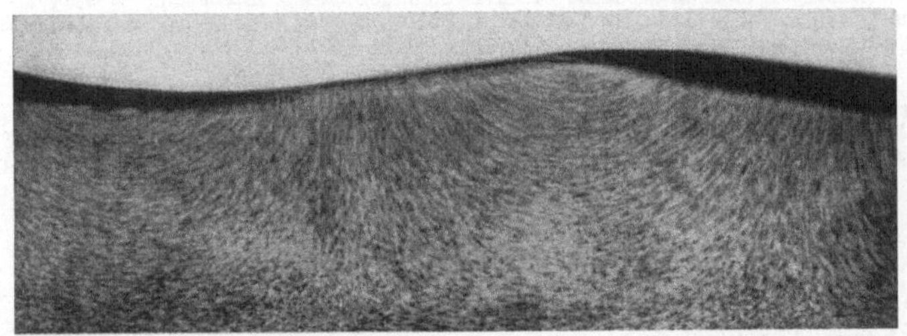

Abb. 455. Stromlinien in einer fortschreitenden Wasserwelle. Photographisches Positiv mit Hellfeldbeleuchtung.

Stromlinienbild gilt für einen im Hörsaal ruhenden Beobachter. Es zeigt uns die Verteilung der Geschwindigkeitsrichtungen.

In einer Welle ist die Bewegung der Flüssigkeit nicht stationär. Infolgedessen fallen die im Laufe der Zeit von den einzelnen Flüssigkeitsteilchen zurückgelegten Bahnen keineswegs mit den Stromlinien zusammen (vgl. § 91). Diese Bahnen sehen ganz anders aus. Sie sind bei mäßigen Wellenamplituden mit guter Näherung Kreise. Man findet diese Kreisbahnen sowohl an der Oberfläche wie in größeren Tiefen. Doch ist der Kreisbahndurchmesser für die Wasserteilchen in den obersten Schichten am größten.

Zur Vorführung dieser Kreisbahnen einzelner Wasserteilchen („Orbitalbewegung") setzen wir dem Wasser nur einige wenige Aluminiumflitter als Schwebekörper zu. Außerdem machen wir die Dauer der photographischen Zeitaufnahme gleich einer Wellenperiode. So gelangen wir zu dem in Abb. 456 abgedruckten Bilde.

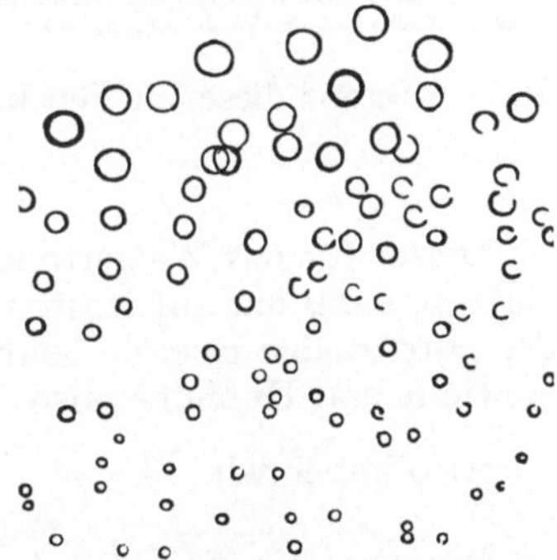

Abb. 456. Kreisbahnbewegung einzelner Flüssigkeitsteilchen (Orbitalbewegung) in einer fortschreitenden Wasserwelle. Photographisches Negativ mit Dunkelfeldbeleuchtung. Die obere Bildgrenze ist nicht etwa durch den Umriß einer Welle, sondern durch die zufällige Verteilung der Al-Flitter bedingt.

Auf Grund unserer experimentellen Befunde gelangen wir zu dem in Abb. 457 skizzierten Schema. Es enthält die Kreisbahnen einiger an der Oberfläche befindlicher Flüssigkeitsteilchen. Ihr Durchmesser $2r$ ist gleich dem Höhenunterschied zwischen Wellenberg und Wellental.

Die Kreisbahngeschwindigkeit nennen wir w, also

$$w = (2r\,\pi)/T.$$

Die Zeit T eines vollen Umlaufes entspricht dem Vorrücken der Welle um eine volle Wellenlänge λ.

Zur Vereinfachung der Rechnung nehmen wir eine Oberfläche von Wasser gegen Luft an. Wir wollen zunächst Dichte und kinetische Energie der Luft gegen die des Wassers vernachlässigen.

Ferner setzen wir fortan einen mit der Wellengeschwindigkeit nach rechts fortschreitenden Beobachter voraus. Für diesen ist die Welle als Ganzes in

Abb. 457. Zusammenhang von Stromlinien und Kreisbahnbewegung in fortschreitenden Wasserwellen. Die horizontale Punktreihe zeigt Teilchen der Wasseroberfläche in ihrer Ruhelage, die anschließenden Kreisbögen die von ihnen im Uhrzeigersinne durchlaufenen Wege. Bei einer Verbindung der kleinen *Pfeilspitzen* erhält man das Profil der nach rechts fortschreitenden Welle am Schluß des nächsten Zeitintervalles. Es sind lediglich für jeden zweiten Geschwindigkeits-pfeil die Kreisbahnbewegungen eingezeichnet.

Ruhe, ihr Umriß erscheint ihm erstarrt. Aber dafür huschen nun die einzelnen Flüssigkeitsteilchen mit großer Geschwindigkeit nach links an ihm vorüber (Abb. 458). Er erhält für ein Wasserteilchen im Wellental eine Geschwindigkeit

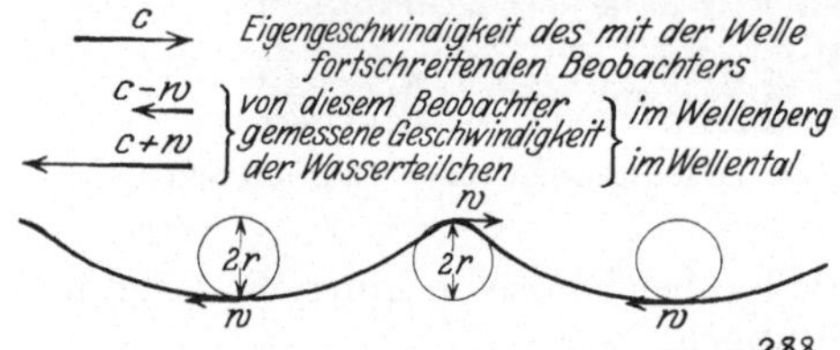

Abb. 458. Die Bahnbewegung der Wasserteilchen betrachtet von einem mit der Welle fortschreitenden Beobachter.

$$u_1 = c + \frac{2r\pi}{T}$$

oder eine kinetische Energie

$$\frac{m}{2}\,u_1^2 = \frac{m}{2}\left(c + \frac{2r\pi}{T}\right)^2.$$

Für ein Wasserteilchen im Wellenberg erhält er die kinetische Energie

$$\frac{m}{2}\,u_2^2 = \frac{m}{2}\left(c - \frac{2r\pi}{T}\right)^2.$$

Die Differenz dieser beiden kinetischen Energien ist

$$\frac{m}{2}\,(u_1^2 - u_2^2) = \frac{4r\pi c m}{T}. \tag{237}$$

Dieser für das Wasserteilchen im Wellental gefundene Gewinn an kinetischer Energie kann nur auf Kosten der potentiellen Energie erzielt sein. Die Abnahme der potentiellen Energie beim Übergang vom Wellenberg zum Wellental beträgt Gewicht mal Hubhöhe, also

$$m\,g\,2r.$$

Also haben wir

$$m\,g\,2r = \frac{4r\pi c m}{T}; \quad c = \frac{gT}{2\pi}. \tag{238}$$

Ferner dürfen wir für den Grenzfall kleiner Amplituden den Kreisbahndurchmesser gegenüber dem Abstand zweier benachbarter Wellenberge vernachlässigen und den Umriß der Welle als Sinuswelle betrachten. Für diese Sinuswelle setzen wir in bekannter Weise

$$c\,T = \lambda \tag{239}$$

und erhalten

$$\boxed{c = \sqrt{\frac{g\lambda}{2\pi}}} \tag{240}$$

(z. B. Dünungswellen, $\lambda = 1$ km, $T = 25{,}4$ sec und $c = 142$ km/Stunde. Oder $\lambda = 50$ m, $T = 5{,}7$ sec und $c = 32$ km/Stunde).

Bei der Herleitung dieser Gleichung ist bei der Berechnung der potentiellen Energie die der Oberflächenspannung neben der des Gewichtes vernachlässigt worden. Das ist bis zu Wellenlängen von etwa 5 cm herab zulässig. Für noch kleinere Wellen ist in der Gl. (240) unter der Wurzel der Posten $2\pi\,\zeta/\lambda\,\varrho$ als Summand hinzuzufügen, und dann ergibt sich

$$c^2 = \frac{g\,\lambda}{2\pi} + \frac{2\pi\,\zeta}{\lambda\varrho} \tag{241}$$

(ζ = Oberflächenspannung gemäß S. 122, ϱ = Dichte der Flüssigkeit).

Beim Überwiegen des ersten Summanden spricht man von Schwerewellen. Beim Überwiegen des zweiten von Kapillarwellen. Will man Schwerewellen frei von Kapillarwellen erhalten, so muß man eine sehr dünne Schicht von Fettsäuremolekülen auf die Oberfläche der Flüssigkeit bringen. Meist genügt schon das Eintauchen einer Hand.

Diese Gleichung bleibt noch bis herab zu einer Wassertiefe von nur 0,5 λ anwendbar. — Im entgegengesetzten Grenzfall verschwindend kleiner Wassertiefe h wird die Fortpflanzungsgeschwindigkeit der Flachwasserwellen unabhängig von λ, also für alle Wellenlängen

$$c = \sqrt{g\,h}. \tag{242}$$

Bisher hatten wir außer acht gelassen, daß sich über der Flüssigkeitsoberfläche ein zweites Medium befindet. Es war Luft, wir hatten ihre Mitwirkung ausdrücklich vernachlässigt. Diese Beschränkung lassen wir jetzt fallen. Über der Flüssigkeit mit der Massendichte ϱ soll sich eine zweite mit der Massendichte ϱ' befinden. Dann tritt an die Stelle der Gl. (241)

$$c^2 = \frac{\varrho - \varrho'}{\varrho + \varrho'}\,\frac{g\,\lambda}{2\pi} + \frac{2\pi}{\lambda}\,\frac{\zeta}{\varrho + \varrho'}. \tag{243}$$

Wir geben zwei Beispiele:

1. In zwei aufeinanderliegenden Schichten der Atmosphäre kann infolge von Temperaturdifferenzen die Massendichte ϱ und ϱ' verschieden sein. Dann gibt es an der Grenze der Schichten Wellen. Sie machen sich durch periodische Kondensation von Wasser in Form weißer Wogenwolken bemerkbar.

2. *Das Totwasser.* Unweit von Flußmündungen beobachtet man, insbesondere in skandinavischen Fjorden, nicht selten das überraschende Phänomen des „Totwassers". Langsam, d. h. mit 4 bis 5 Knoten fahrende Schiffe werden plötzlich von einer unsichtbaren Macht gebremst, Segelschiffe gehorchen dem Steuer nicht mehr. —

Erklärung. Es ist Süßwasser mit kleiner Dichte dem Salzwasser mit großer Dichte überlagert. Das Fahrzeug reicht bis in die Grenze beider. Durch seine Bewegung setzt es hochaufbäumende Wogen in dieser dem Auge verborgenen Grenzschicht in Gang. Die sichtbare Wasseroberfläche gegen Luft bleibt praktisch in Ruhe. Das Fahrzeug muß die ganze Energie dieser Wellenbewegung liefern. Daher rührt seine starke Bremsung. Der Fall liegt also ähnlich wie bei der Entstehung des Stirnwiderstandes umströmter Körper durch das Andrehen der Wirbel auf der Rückseite.

3. Für Schauversuche braucht man zuweilen Wellen mit sehr kleiner Fortpflanzungsgeschwindigkeit. Dann schichtet man Petroleum auf Wasser, markiert die Grenzfläche durch Aluminiumstaub und bringt flache Tauchkörper in die Grenzfläche. In ihr kann man Wellen großer Amplitude erzeugen. Dabei bleibt die Oberfläche des Petroleums gegen Luft praktisch in Ruhe.

§ 135. Dispersion und Gruppengeschwindigkeit.

Der Inhalt der Gl. (240) und (242) ist in Abb. 459 graphisch dargestellt: Für Oberflächenwellen hängt die Phasengeschwindigkeit c von der Wellenlänge ab (oberes Teilbild), die Wellen zeigen ein *Dispersion:* Die Dispersion, definiert als Quotient $dc/d\lambda$, ist eine Funktion der Wellenlänge (unteres Teilbild). — Liegt Dispersion vor, so läßt sich die Phasengeschwindigkeit $c = \nu \cdot \lambda$ stets experimentell bestimmen, wenn die

Wellen mit einer Frequenz ν erregt werden und die Wellenlänge λ gemessen werden kann[1]. Zwei Beispiele finden sich in Abb. 460.

Bei der Erregung mit nur einer Frequenz ist das *Momentbild* der fortschreitenden *Welle* (Abb. 375) gleich dem *Schwingungsbild* einer sinusförmigen *Schwingung*

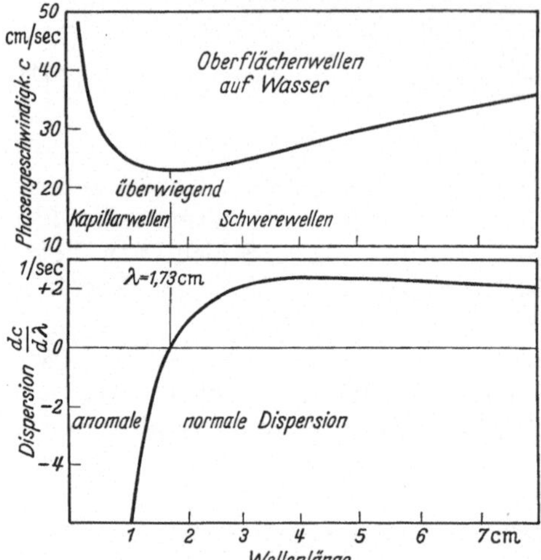

Abb. 459. Phasengeschwindigkeit (oben) und Dispersion (unten) flacher, praktisch noch sinusförmiger Oberflächenwellen auf Wasser für verschiedene, bei Schauversuchen benutzte Wellenlängen.

(Abb. 52). — Werden die Wellen mit zwei oder mehr Frequenzen erregt, so sind die *Momentbilder* der fortschreitenden Wellen gleich den *Schwingungsbildern*, die sich aus der Überlagerung der sinusförmigen Schwingungen verschiedener Frequenz und Amplitude ergeben. — Ist Dispersion vorhanden, so verändert sie beim Fortschreiten der resultierenden Wellen die Gestalt der Momentbilder. Bei zwei Erregerfrequenzen z.B., die sich wie 1 : 2 verhalten, gehen die beiden Bilder S_r in den Abb. 311 und 312 längs des Weges in periodischer Folge ineinander über.

Diese Gestaltänderungen sind in Grenzfällen bedeutsam. Im ersten, in diesem Paragraphen behandelten, liegen die beteiligten Frequenzen in einem engen Bereich zwischen ν und $\nu \pm d\nu$. Sie erzeugen Wellenlängen zwischen λ und $\lambda \mp d\lambda$. Dann bewegt sich infolge der Dispersion $dc/d\lambda$ irgendeine Marke des resultierenden Wellenbildes, z.B. der höchste Wellenberg, nicht mit der zu λ gehörenden Phasengeschwindigkei t c, sondern mit der *Gruppengeschwindigkeit*[2],

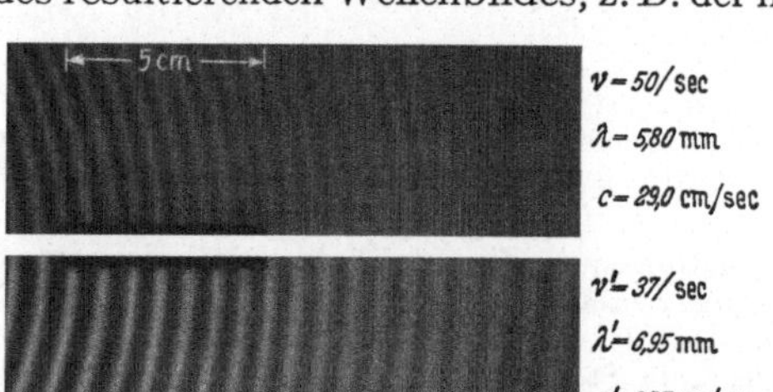

Abb. 460. Messung der Phasengeschwindigkeit sinusförmiger Kapillarwellen auf einer Wasseroberfläche. Man sieht den Schatten eines 5 cm langen Maßstabes.

$$\boxed{c^* = c - \lambda\, dc/d\lambda}\,. \qquad (244)$$

Zur Herleitung der Gl. (244) denke man sich in Abb. 461 eine nach rechts laufende Welle, die durch Überlagerung zweier sinusförmiger Wellen entsteht. Ihr Momentbild A ist eine „Schwebungskurve" (etwa nach Art der Abb. 310). Die längere der beiden sinusförmigen Wellen (B) soll die Wellenlänge λ und die Phasengeschwindigkeit c besitzen, die kürzere habe die Wellenlänge $\lambda' = \lambda - d\lambda$

und die Phasengeschwindigkeit $c' = (c - dc)$[3]. Innerhalb der resultierenden Welle (A) sind die beiden sinusförmigen Wellen in keiner Weise zu erkennen.

Um die Geschwindigkeit anzugeben, mit der die resultierende Welle (Wellenbild A) nach rechts läuft, bedarf es einer *Marke*. Als solche wählt man bequemerweise ein Maximum der Welle A. Es ist im Momentbild A mit dem Doppelpfeil 1 markiert. Dies Maximum liegt über den Wellenbergen γ und d (Wellenbilder B und C). Nach einer Laufzeit Δt sind beide Maxima nach rechts vorgerückt. Das Maximum γ hat den Weg $s = c\Delta t$ zurückgelegt, das Maximum d den etwas kleineren Weg $s' = (c - dc)\Delta t$. Der Vorsprung $(s - s') = ds = dc\Delta t$ erreicht allmählich den Wert $d\lambda$. Dieser Fall ist in den drei unteren Wellenbildern skizziert: Die Phasengleichheit

---

[1] Dies Verfahren ist oft erheblich genauer, als die Messung einer Phasengeschwindigkeit aus Laufweg und Laufzeit. Wie schon früher in der Akustik (KUNDTsche Staubfiguren!) wird es heute im Gebiet kurzer elektrischer Wellen mit Vorliebe angewandt.

[2] Dies Wort kann zu Mißverständnissen führen, man beachte den letzten Absatz dieses Paragraphen.

[3] Entsprechend der normalen Dispersion in der Optik.

liegt jetzt bei den Wellenbergen δ und e. Das heißt, das Maximum, die Marke der Wellengruppe, ist nicht um den Weg $c\Delta t$ vorgerückt, sondern nur um den kleineren Weg $\Delta s = (c\Delta t - \lambda)$ Demnach ist die Geschwindigkeit der Marke, die Gruppengeschwindigkeit,

$$c^* = \frac{c\Delta t - \lambda}{\Delta t}$$

und daraus folgt Gl. (244), da $ds = dc\,\Delta t = d\lambda$ gewählt worden war.

Der Inhalt der Gl. (244) läßt sich — und zwar quantitativ! — gut mit einem Schauversuch erläutern. Der erforderliche Apparat soll an Hand der Abb. 462 beschrieben werden:

Zwei Wellen verschiedener Länge werden durch die Schatten zweier Zahnkränze B und C dargestellt. Schwarze Zähne bedeuten Wellenberge, weiße Lücken Wellentäler. Diese „Wellen" laufen nicht wie in Abb. 461 auf gerader Bahn, sondern auf einer Kreisbahn. — Beide Zahnkränze werden hintereinander auf der gleichen Achse, unabhängig voneinander drehbar, angebracht. Dann sieht man im Schattenbild A die durch Überlagerung entstehende Schwebungskurve, sie zeigt uns im Beispiel vier Wellengruppen. Zum Antrieb der Zahnkränze dient ein langsam laufender Synchron-Elektromotor M. Die Geschwindigkeiten c und $(c + dc)$ beider Wellenkränze können mit Schnurscheiben verschiedener Größen und elastischen Schnüren bequem eingestellt werden. Eine Marke Ph erlaubt, die Phasengeschwindigkeit einer einzelnen Welle mit einer Stoppuhr zu messen.

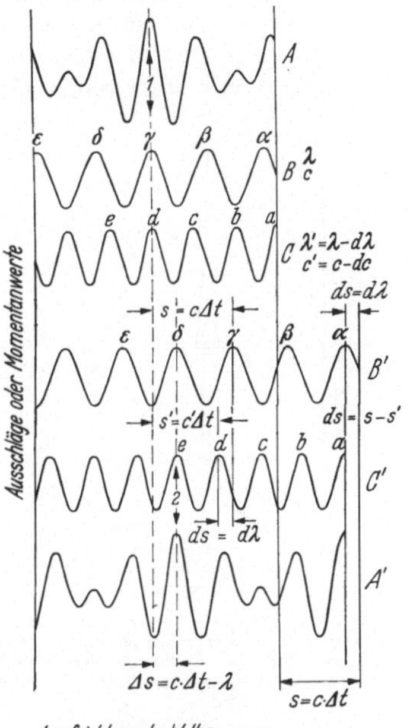

Abb. 461. Wellenbilder („Momentaufnahmen") zur Definition der Gruppengeschwindigkeit. Es ist $d\lambda = \Delta t\,dc$ gewählt worden.

Man kann nach Belieben der größeren Welle λ oder der kleineren $(\lambda - d\lambda)$ die größere Phasengeschwindigkeit geben. Im ersten Fall ist die Gruppengeschwindigkeit c^* kleiner als die Phasengeschwindigkeit c; die Phasenmarke Ph überholt die Gruppen. Im zweiten Falle überholen die Gruppen die Phasenmarke. Im Grenzfall

$$dc/d\lambda = 0$$

laufen die Gruppen ebenso schnell wie die Phase. Im Grenzfall $c\,d\lambda = \lambda\,dc$ wird die Gruppengeschwindigkeit $c^* = 0$. Die Gruppen rühren sich nicht vom Fleck.

Eine im mathematischen Sinne streng sinusförmige Welle hat weder zeitlich noch räumlich Anfang noch Ende. In einem Spektrum wird sie durch eine *Spektrallinie* dargestellt (Abb. 463A). Jede in der Natur vorkommende sinusförmige Welle hat aber Anfang und Ende. Deswegen erscheint sie in einem Spektrum als eine *sehr schmale Bande* (Abb. 463 B). Sie umfaßt beiderseits nur einen Bereich $d\lambda$, der sehr klein ist gegenüber der mittleren Wellenlänge λ. Dieser schmale Bereich

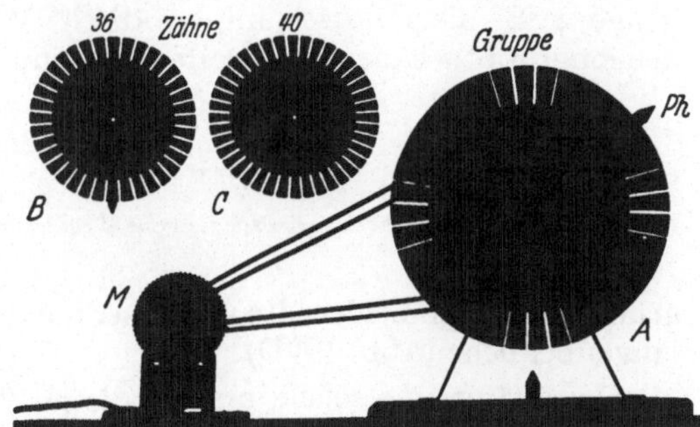

Abb. 462. Zur quantitativen Vorführung der Gruppengeschwindigkeit. Näheres im Text. Das „kastenförmige" Profil der Wellen stört hier ebensowenig wie bei anderen geometrischen Modellversuchen zur Wellenlehre, z. B. in den §§ 125 und 128. — M ist ein Elektromotor.

ist von einer dichten Folge von Spektrallinien im mathematischen Sinne erfüllt. Für Rechnungen kann man als Näherung diese dichte Folge durch zwei in ihren schmalen Bereich fallende Spektrallinien ersetzen (Abb. 463 C). Davon haben wir oben Gebrauch gemacht, um die Gl. (244) für die Gruppengeschwindigkeit c^* herzuleiten und c^* experimentell vorzuführen. Infolge der genannten Näherung erhielten wir statt einer einzelnen Gruppe eine Folge gleichgestalteter Gruppen

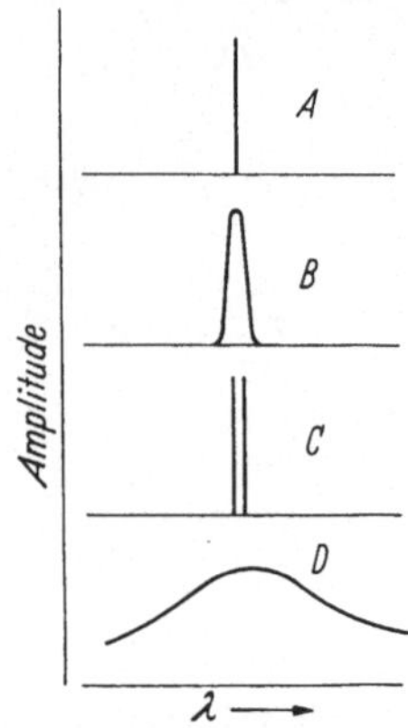

Abb. 463. Spektra von Wellenzügen verschiedener Länge. Man denke sich den Nullpunkt der Abszisse links außerhalb des Bildes.

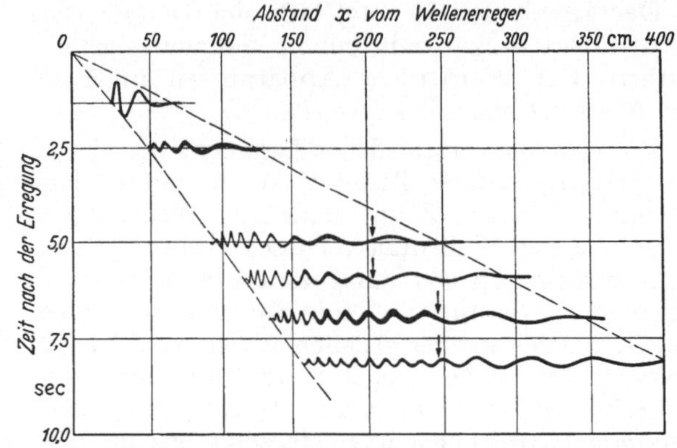

Abb. 464. Zeitliche Entstehung von Schwerewellen aus einer unperiodischen Störung der Wasseroberfläche zur Zeit Null. Momentphotographien, rechts von den Pfeilen rechnerisch ergänzt, weil die Wellenrinne zu kurz war. Oberstes Teilbild 1,3 sec nach einer einmaligen, also unperiodischen Störung durch einen Tauchkörper.

(Abb. 462). — *Nach Gl. (244) ist eine Gruppengeschwindigkeit nur für solche Wellengruppen definiert, für die das Produkt $c \cdot dc/d\lambda$ konstant ist. Allgemein gilt das nur für Wellengruppen, deren Spektrum einen schmalen Wellenlängenbereich zwischen λ und $(\lambda \pm d\lambda)$ umfaßt.* Man darf also nicht allgemein unter Gruppengeschwindigkeit die Geschwindigkeit jeder beliebigen Wellengruppe verstehen.

§ 136. Die Umwandlung unperiodischer Vorgänge in Wellen. Den größten Gegensatz zur mathematischen Sinuswelle bilden unperiodische Ausbreitungsvorgänge, z. B. die praktisch unperiodische Wellengruppe oben in Abb. 464. Solche Wellengruppen haben ein breites kontinuierliches Spektrum, es umfaßt, streng

Abb. 465. Längs eines Seiles läuft eine aperiodische Wellengruppe ohne Gestaltänderung. (10 m lange Schraubenfeder.)

genommen, sogar beiderseits von einer mittleren Wellenlänge λ unbegrenzte Wellenlängenbereiche (Abb. 463 D).

Durchläuft eine solche unperiodische Wellengruppe einen Stoff *ohne Dispersion*, also einen Stoff, in den die Phasengeschwindigkeit für alle Wellenlängen die gleiche ist, so bleibt die Gestalt der Gruppe längs des Weges unverändert erhalten. Man kann daher ohne weiteres die allen Wellen gemeinsame Phasengeschwindigkeit c experimentell bestimmen. Transversale Seilwellen liefern ein gutes Beispiel, Abb. 465.

Durchläuft hingegen eine unperiodische Wellengruppe einen Stoff *mit Dispersion*, so wird die Gestalt der Wellengruppe längs des Weges ständig verändert. Das zeigen z. B. Schwerewellen auf einer Wasserfläche, Abb. 464. (Ihre Dispersion ist normal, d.h. ihre Phasengeschwindigkeit c wächst mit zunehmender Wellenlänge.) — Zu Beginn des Versuches (links oben) wird ein Tauchkörper in die Wasserfläche hineingestoßen. Nach 1,3 sec beobachtet man noch eine fast unperiodische Wellengruppe. Im weiteren Verlauf wird die Gruppe immer länger: vorn entstehen lange und hinten kurze Wellen.

Man benutzt eine Wellenrinne von etwa 3 m Länge und 60 cm Tiefe und als Erreger einen linearen Tauchkörper. Er wird einmal aperiodisch in die Wasserfläche hineingestoßen. Die Ausbildung störender Kapillarwellen wird mit dem auf S. 225 genannten Kunstgriff unterdrückt. Die Gestalt der Wellen kann durch lange seitliche Fenster beobachtet werden. Sind keine solchen Fenster verfügbar, so beobachtet man die Spiegelbilder einer langen Röhrenlampe. Sie wurden auch in Abb. 464 benutzt und photographiert..

Das gleiche Experiment in größeren Dimensionen: In Abb. 464 denke man sich im Nullpunkt links oben ein begrenztes Sturmgebiet bei Kap Horn. Dann gelangen bei sturmfreiem Atlantik Wellengruppen als Dünung von wenigen Zentimetern Amplitude bis zur englischen Südküste. Zuerst, nach einigen Tagen, erscheinen Wellen mit Längen von einigen 100 m und Perioden um 20 sec. Bei den später folgenden Wellen nehmen Wellenlängen λ und Perioden T allmählich ab.

Diese Beobachtungen sind sehr lehrreich, die zeigen, daß die Dispersion allein genügt, um aus einem unperiodischen Vorgang (in der Optik z. B. „Glühlicht") periodische Wellen (in der Optik „monochromatisches Licht") *herzustellen*. Es ist durchaus nicht notwendig, dem dispergierenden Medium (z. B. Glas) eine bestimmte geometrische Gestalt (z. B. Prisma) zu geben (vgl. Optikband). Die Dispersion vermag aber nie streng sinusförmige („monochromatische") Wellen herzustellen. Selbst kurze Teilstücke langer durch Dispersion erzeugter Wellengruppen enthalten immer Wellen

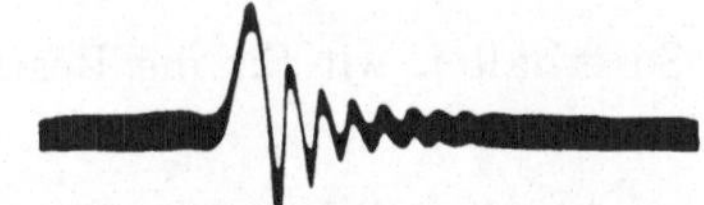

Abb. 466. „Gealterte" Kapillarwellen auf Wasser: Links Wellenlänge der Gruppe angenähert 1,7 cm.

aus einem Bereich zwischen λ und $(\lambda + d\lambda)$. Im Spektrum sind sie durch eine schmale Bande darzustellen, wie in Abb. 463 B. Daher haben auch die auf Dispersion beruhenden Spektralapparate, z.B. Prismenspektrographen, nur ein begrenztes Auflösungsvermögen $\lambda/d\lambda$ (§ 86a).

Für jedes Teilstück einer durch Dispersion erzeugten langen Wellengruppe kann man eine Gruppengeschwindigkeit c^* angeben. c^* ist bei Schwerewellen für jede Wellenlänge zwar kleiner als deren Phasengeschwindigkeit c, doch wächst c^* in der Laufrichtung der Gruppe. Aus diesem Grunde wird der Wellenzug in Abb. 464 um so länger, je mehr er sich von seinem Ursprungsort entfernt.

Die Dispersion der Kapillarwellen ist in gleicher Weise zu behandeln, jedoch ist $dc/d\lambda$ negativ, die Dispersion „anomal": Die kurzen Wellen eilen den langen voraus. An der Spitze werden dauernd neue Berge gebildet. Anfänglich kann man etwa 15 Wellenberge erkennen. Aber die kurzen Wellen werden beim Fortschreiten um eine Wellenlänge durch Reibungsvorgänge in der Oberflächenschicht (vgl. S. 125) erheblich mehr geschwächt als die langen. Daher sterben die kurzen Wellen an der Spitze der Gruppe rasch wieder ab. Nach einer Laufzeit von etwa 2,5 sec zeigt eine *gealterte* Gruppe das in Abb. 466 photographierte Bild. Links verbleiben Wellen von etwa 1,7 cm Wellenlänge. Deutung: Bei der Wellenlänge $\lambda = 1,73$ cm hat die Kurve der Phasengeschwindigkeit c ihr Minimum (Abb. 459 oben). Im Bereich dieses Minimums ist $dc/d\lambda \approx 0$, folglich sind Gruppengeschwindigkeit c^* und Phasengeschwindigkeit c praktisch identisch: Die gealterte Gruppe in Abb. 466 kann ihren Weg ohne merkliche Gestaltänderung fortsetzen.

Alle in diesem Paragraphen beschriebenen Beobachtungen lassen sich sehr bequem auf der glatten Wasseroberfläche eines Teiches beobachten. Dort sieht man auch häufig eine recht auffällige Erscheinung: Bewegt sich ein kleines Hindernis (Stock, Angelschnur) relativ zur Wasseroberfläche in deren Ebene, so sieht man vor dem Hindernis *feststehende* Wellen. Sie treten erst dann auf, wenn die Relativgeschwindigkeit $u > 23$ cm/sec wird, also den Minimalwert der Phasengeschwindigkeit in Abb. 459 überschreitet. Dann können die langsamsten Wellen vor dem Hindernis nicht mehr weglaufen.

Zweiter Teil.

Etwas Akustik im engeren Sinne.

§ 137. Energie des Schallfeldes. Schallwellenwiderstand. Als Energiedichte δ eines Schallfeldes definiert man den Quotienten

$$\delta = \frac{\text{Schwingungsenergie im Volumen } V}{\text{Volumen } V}; \tag{246}$$

Die Wellen sollen schwach divergierend, also mit kleinem Öffnungswinkel[1] aber praktisch noch als ebene Wellen, senkrecht auf eine Fläche F auffallen. Dann führen sie dieser Fläche in der Zeit t die Energie

$$W = \delta F c t \tag{247}$$

zu; d. h. die ganze zuvor im Volumen $F c t$ enthaltene Energie. Die Fläche F wird „bestrahlt". Als ihre „*Bestrahlungsstärke*"[1] definiert man den Quotienten

$$b = \frac{\text{einfallende Strahlungsleistung}}{\text{bestrahlte Fläche}}, \tag{248}$$

also

$$b = \frac{W}{tF} = \frac{\delta F c t}{tF} = \delta c.$$

So erhalten wir für die Bestrahlungsstärke b die wichtige Gleichung

$$b = \delta c. \tag{249}$$

Als Einheit benutzt man z. B. Watt/m².

Die Schwingungsenergie im Schallfeld setzt sich additiv aus der Schwingungsenergie aller einzelnen, in Richtung der Schallfortpflanzungsrichtung schwingenden Luftteilchen zusammen. Die Energie jeder Sinusschwingung kann man entweder als Höchstwert ihrer potentiellen Energie oder als Höchstwert ihrer kinetischen Energie berechnen. Man denke an ein einfaches Pendel. Beim Höchstausschlag ist die gesamte Energie nur in potentieller Form vorhanden, beim Passieren der Ruhelage nur in kinetischer Form. In allen Zwischenstellungen verteilt sich die Gesamtenergie auf potentielle *und* kinetische Energie. Das gleiche gilt auch für sinusförmige Schallwellen.

Den Höchstwert der Geschwindigkeit der einzelnen Luftteilchen, d. h. die Geschwindigkeitsamplitude (technisch: „Schnelle"), nennen wir u_0. Die größte Abweichung des Luftdruckes von seinem Wert in ruhender Luft, d. h. die *Druckamplitude* der Schallwellen, nennen wir Δp_0. Dann enthält eine Luftmenge vom Volumen V und der Dichte ϱ die kinetische Energie

$$W_{\text{kin}} = \tfrac{1}{2} \varrho V u_0^2$$

und die Schallenergiedichte

$$\delta = \tfrac{1}{2} \varrho u_0^2. \tag{250}$$

Von der potentiellen Energie ausgehend, erhalten wir nach kurzer Rechnung für die Schallenergiedichte

$$\delta = \frac{1}{2} \frac{(\Delta p_0)^2}{c^2 \varrho}. \tag{251}$$

Herleitung. Anknüpfend an Gl. (54) von S. 47 bekommt man $W_{\text{pot}} = \tfrac{1}{2} \Delta V \Delta p_0$ und die Energiedichte

$$\delta = \frac{1}{2} \frac{\Delta V}{V} \Delta p_0. \tag{252}$$

---

[1] Näheres über Öffnungswinkel, Bestrahlungsstärke und verwandte Begriffe findet man in § 36 des Optikbandes.

Ferner ist die Dehnungsgröße eines Gases

$$\alpha = \frac{\Delta V}{V \Delta p_0} \qquad (253)$$

und die Schallgeschwindigkeit

$$c = \frac{1}{\sqrt{\alpha \varrho}}. \qquad (231) \text{ von S. 214}$$

Die Zusammenfassung von (253) und (231) mit (252) liefert (251).

Bei jeder Sinusschwingung sind die Höchstgeschwindigkeit u_0 und der Höchstausschlag x_0 durch die Gleichung

$$u_0 = \omega\, x_0 \qquad (36) \text{ v. S. } 32$$

$(\omega = 2\pi\nu = \text{Kreisfrequenz})$

verknüpft. Dadurch erhalten wir für die Schallenergiedichte noch einen dritten, diesmal die *Frequenz* enthaltenden Ausdruck

$$\delta = \tfrac{1}{2} \varrho\, \omega^2\, x_0^2. \qquad (254)$$

Die obigen Gleichungen gelten keineswegs nur für Luft, sondern für jedes von Schallwellen durchsetzte Medium. Die Energiedichte steigt mit dem Quadrat der Frequenz. Infolgedessen erzeugen hochfrequente Schallwellen recht auffällige Erscheinungen, z.B. Kavitation in Flüssigkeiten. In Abb. 467a werden

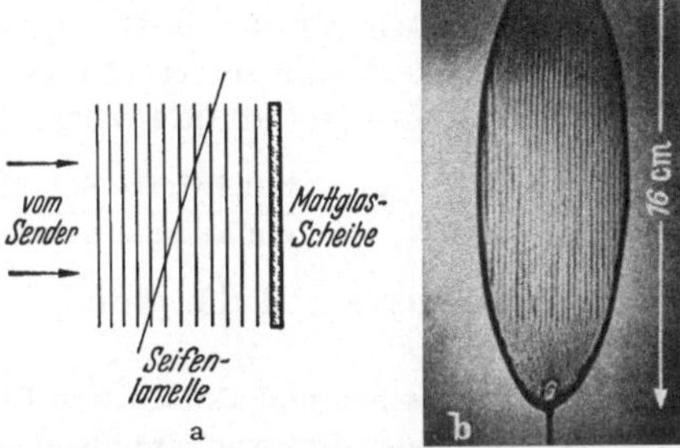

Abb. 467a u. b. Schallwellen großer Energiedichte erzeugen Kavitation in einer Seifenlamelle, die ein Feld hochfrequenter stehender Schallwellen schräg durchschneidet ($\lambda = 1$ cm, Sender in Abb. 427).

stehende Schallwellen ($\lambda \approx 1$ cm) vor einem Mattglas als Spiegel erzeugt. In ihr Gebiet bringt man eine Seifenlamelle. Sie schneidet die Bäuche und Knoten in Streifen, die zur Papierebene senkrecht stehen. In den Bäuchen wird die Lamelle durch Kavitation, also Abscheidung von Gasbläschen, getrübt. Man projiziert ihr Schattenbild auf die Mattglasscheibe (Abb. 467b).

Alle drei Bestimmungsstücke der Luftschwingungen, nämlich die Höchstwerte u_0 der Geschwindigkeit, Δp_0 der Druckänderung, x_0 des Ausschlages, sind der direkten Messung zugänglich.

1. *Die Messung der Geschwindigkeitsamplitude u_0* erfolgt mit Hilfe hydrodynamischer Kräfte.

Beispiel. Die RAYLEIGHsche Scheibe. Im Schallfeld wird eine dünne Scheibe in Münzengröße drehbar aufgehängt. Sie trägt einen Spiegel für einen Lichtzeiger und wird durch einen kleinen Gazekäfig vor Zugluft geschützt. Die Flächennormale der Scheibe sei gegen die Laufrichtung der Wellen um einen Winkel ϑ von ungefähr 45° geneigt. Der Luftwechselstrom umströmt die Scheibe mit dem aus Abb. 266 bekannten Stromlinienbild. Die Scheibe erfährt ein Drehmoment

$$\mathfrak{M} = \tfrac{4}{3}\,\delta\,r^3 \sin 2\vartheta \qquad (255)$$

(r = Radius der Scheibe, δ = Schallenergiedichte).

2. Zur Messung der *Druckamplitude Δp_0* benutzt man meistens Kondensator-Mikrophone. Der vom Mikrophon gesteuerte Strom wird mit Elektronenröhren verstärkt, irgendwie gleichgerichtet und mit einem Drehspulgalvanometer gemessen. Meist wird dessen Skala gleich in einer Druckeinheit geeicht. Zu ihrer Eichung benutzt man elektrische Wechselströme mit bekannter Leistung.

3. Zur Messung des *Höchstausschlages x_0* hat man winzige kugelförmige Staubteilchen in das Schallfeld zu bringen und ihre Pendelbahnen unter dem

Mikroskop zu messen. Die kleinen Kugeln werden durch die innere Reibung des Gases mitgenommen (§ 89). Sie haben eine nahezu ebenso große Amplitude (Höchstausschlag) wie die umgebenden Luftteilchen. Doch ist diese Methode nur bei großen Energiedichten δ anwendbar.

Mit diesen Methoden gemessene Zahlenwerte folgen in § 141.

Wir fassen (231) mit (250) und (251) zusammen und bekommen

$$\frac{\Delta p_0}{u_0} = c\varrho = \sqrt{\frac{\varrho}{\alpha}}\,. \tag{256}$$

Diesen Quotienten aus Druckamplitude zur Geschwindigkeitsamplitude nennt man *Schallwellenwiderstand*. Vgl. § 100 der Elektrizitätslehre.

Der Wellenwiderstand bestimmt die Reflexion an der Grenze zweier Stoffe. Fällt eine ebene Welle senkrecht auf die Oberfläche eines Körpers mit anderem Wellenwiderstand, so ist das Verhältnis

$$R = \frac{\text{reflektierte Strahlungsleistung}}{\text{einfallende Strahlungsleistung}} = \left(\frac{c_1\varrho_1 - c_2\varrho_2}{c_1\varrho_1 + c_2\varrho_2}\right)^2. \tag{257}$$

Die reflektierte und die einfallende Welle setzen sich zu einer resultierenden zusammen.

In der technischen und akustischen Literatur mißt man für eine sinusförmige Schallwelle die Leistung $\dot{W}_1$ oder die Druckamplitude Δp_1 häufig nicht absolut, also z. B. $\dot{W}_1$ in Watt oder Δp_1 in Atmosphären, sondern nur relativ. Man *vergleicht* sie mit einer, *in jedem Einzelfall genau anzugebenden Bezugsleistung* $\dot{W}_2$ oder Bezugsamplitude Δp_2. Man bildet entweder die Größe

$$x = 10 \log \frac{\dot{W}_1}{\dot{W}_2} = 20 \log \frac{\Delta p_1}{\Delta p_2} \tag{259}$$

oder

$$y = \frac{1}{2}\ln \frac{\dot{W}_1}{\dot{W}_2} = \ln \frac{\Delta p_1}{\Delta p_2} \tag{260}$$

Beide Größen sind reine Zahlen. Man fügt ihnen als Multiplikator die Zahl 1 hinzu und gibt der Zahl 1 zwei neue Namen, nämlich im ersten Fall *Dezibel*, im zweiten *Neper*. — Benutzt man z. B. einen Bezugsdruck $\Delta p_2 = 1$ Newton/m² $= 10$ Mikrobar, so bedeutet die Angabe „— 60 Dezibel" eine Druckamplitude $\Delta p_1 = 10^{-3}$ Newton/m² $\left(-60 = 20 \log \dfrac{a\,\text{Newton/m}^2}{1\,\text{Newton/m}^2}\,;\right.$ also $-3 = \log a$ und $a = 10^{-3}\Big)$.

Die Sondernamen der Zahl 1 haben einen Vorteil: Sie lassen erkennen, welche Gleichung für den Leistungs- oder Druckvergleich benutzt worden ist. Dem steht der große Nachteil gegenüber, daß man Dezibel und Neper (sowie später Phon) irrtümlicherweise für Einheiten nach Art von Ampere, Kilogramm, Candela usw. hält.

Die Technik verwendet häufig als (effektiven) Vergleichsdruck $\Delta p_2 = 2 \cdot 10^{-5}$ Newton/m². Dann bezeichnet sie die Größen x und y, also Logarithmen *relativ* gemessener Drucke, als *absolute* Schalldruckpegel! Oft benutzt sie auch dezibel (gekürzt db), *um Zehnerpotenzen* abweichend von der üblichen Form zu schreiben. Dann ist z. B. 80 db $\equiv 10^8$, 20 db $\equiv 10^2$, -30 db $\equiv 10^{-3}$ usw.

§ 138. **Schallsender.** In der Wellenwanne konnte man den Mechanismus der Wellenausstrahlung gut übersehen. Der Tauchkörper verdrängte das Wasser rhythmisch in der Frequenz seiner Vertikalschwingungen. Dieser Versuch läßt sich sinngemäß auf die räumliche Ausstrahlung elastischer Längswellen in Luft, Wasser usw. übertragen. Man soll eine Kugel ihr Volumen im Rhythmus von Sinusschwingungen verändern lassen. Dann erhält man einen „*idealen*" *Schallstrahler, die „atmende Kugel"*. Alle Punkte ihrer Oberfläche schwingen phasengleich, man erhält eine völlig symmetrische Aussendung von Kugelwellen. Dieser ideale Schallstrahler ist bis heute von der Technik noch nicht verwirklicht worden. Doch bringen manche Lösungen der Aufgabe schon praktisch sehr gute Näherungen. An erster Stelle sind da die dickwandigen Behälter mit einer schwingenden Membranwand zu nennen. Die Membran wird am besten vom Kasteninnern aus *elektromagnetisch* angetrieben. Nach diesem Prinzip hat man für Wasserschallsignale mit Membranen von rund 50 cm Durchmesser eine Leistung der ausgestrahlten Wasserschallwellen bis zu $^1/_2$ Kilowatt erzielen können. Als Membran[1] dient in diesem Beispiel eine Stahlplatte von etwa 2 cm Dicke.

In der *einfachsten* Schwingungsform schwingt die Membran eines Schallstrahlers längs ihrer ganzen Fläche phasengleich, sie zeigt außer am Rande keine Knotenlinie. Überdies wollen wir in roher Annäherung ihre Amplituden auf dem ganzen Flächenquerschnitt als konstant betrachten. Dann haben wir physikalisch sehr ähnliche Bedingungen wie bei dem phasengleichen Austritt der Wellen aus der Spaltöffnung in Abb. 386. Wir können also unter Umständen die Ausbreitung der Wellen auf einen räumlichen Kegel beschränken, ähnlich dem in Abb. 388 gezeigten. Dazu muß der Durchmesser der Membran ein Mehrfaches der ausgestrahlten Wellenlänge betragen.

Abb. 468. Zur Strahlung einer Saite.

Leidliche Schallstrahler sind auch noch die offenen Enden schwingender kurzer dicker Luftsäulen. *Ganz schlechte Strahler* hingegen sind die in der Musik vielfältig verwandten *Saiten*.

In Abb. 468 soll die schwarze Scheibe den Querschnitt einer zur Papierebene senkrecht stehenden Saite bedeuten. Die Saite beginnt gerade mit einer Schwingung in der Pfeilrichtung nach unten. Dadurch „verdrängt" sie, grob gesagt, die Luft auf der Unterseite, und dort beginnt ein Wellenzug mit einem Wellenberg. Gleichzeitig hinterläßt die Saite, wieder grob gesagt, auf der Oberseite einen leeren Raum, und dort beginnt ein Wellenzug mit einem Wellental. Beide Wellen haben in jeder Richtung gegeneinander praktisch 180° Phasendifferenz und heben sich fast ganz durch Interferenz auf. Daher ist die Saite ein ganz schlechter Strahler. Fast die gleiche Überlegung gilt für eine *Stimmgabel*.

Für den praktischen Gebrauch muß man daher die Schwingungen der Saiten und Stimmgabeln zunächst auf gute Strahler übertragen. Man stellt zu diesem Zweck zwischen den Saiten oder Gabeln und irgendwelchen guten Strahlern eine geeignete mechanische Verbindung her. Mit ihrer Hilfe werden die guten Strahler zu erzwungenen Schwingungen erregt. Unter Umständen kann man dabei zur Erzielung großer Amplituden den Sonderfall der Resonanz benutzen. Man gibt dann dem Strahler eine geringe Dämpfung und gleicht seine Eigenfrequenz der der Gabel oder Saite an. Zur Erläuterung des Gesagten bringen wir zwei Beispiele:

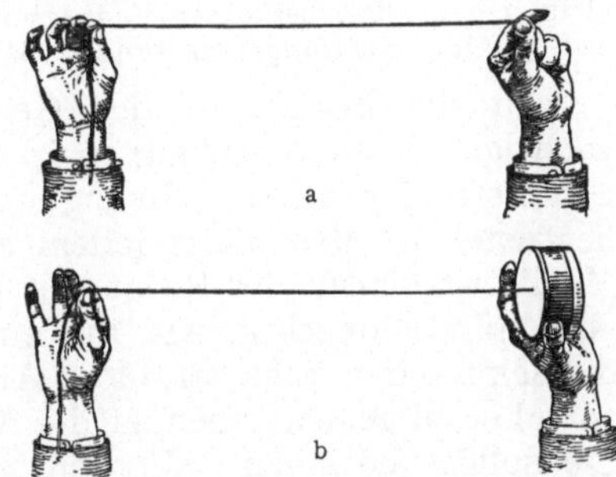

Abb. 469 a und b. Ankopplung einer schlecht strahlenden Saite an eine gut strahlende Membran.

1. In Abb. 469a wird ein Bindfaden rechts von der Hand gehalten. Über sein linkes Ende reiben zwei Finger hinweg. Dadurch gerät der Bindfaden als Saite ins Schwingen, aber er strahlt praktisch gar nicht. Dann knüpfen wir das rechte Fadenende an einen guten Strahler, etwa eine kurze Blech- oder Pappdose (Abb. 469b). Jetzt werden die Schwingungen weithin hörbar ausgestrahlt.

---

[1] Als Membran bezeichnet man eigentlich eine an sich schlaffe Haut, die mit einer Fassung gespannt wird (z. B. Trommel). Daneben wird aber das Wort Membran auch auf starre Platten angewandt. Man spricht z. B. von der Membran eines Mikrophons oder Telephons.

2. Man setzt eine Stimmgabel auf einen kurzen, einseitig offenen Holzkasten, meist Resonanzkasten genannt. Oft hört man, „die Schwingungen würden durch Resonanz verstärkt". Das ist eine ganz schiefe Ausdrucksweise. Wesentlich ist nur das verhältnismäßig gute Strahlungsvermögen des Kastens. Die Resonanz ist nur noch ein zur Übertragung der Schwingungen benutztes Hilfsmittel. Das kann man noch mit einem recht eindrucksvollen Versuch belegen. Man bringt eine Zinke einer Stimmgabel gemäß Abb. 470 in den Spalt zwischen zwei im Vergleich zur Wellenlänge nicht gar zu kleinen Wänden. Die Gabel ist weithin zu hören. Denn nunmehr wird die Interferenz der Wellen von Innen- und Außenseite der Gabelzinke erheblich vermindert und die Gabel dadurch zu einem leidlichen Strahler gemacht.

Bei den Musikinstrumenten, z. B. den Geigen, sind die Verhältnisse überaus verwickelt. Saiten und Geigenkörper bilden ein kompliziert gekoppeltes System (§ 113). Der Körper selbst hat eine ganze Reihe von Eigenfrequenzen. Bei der Erzeugung seiner erzwungenen Schwingungen werden daher bestimmte Frequenzen der Saitenschwingungen bevorzugt. Die

Abb. 470. Verbesserung der Strahlung einer Stimmgabel durch zwei seitliche Wände. (W. BURSTYN.)

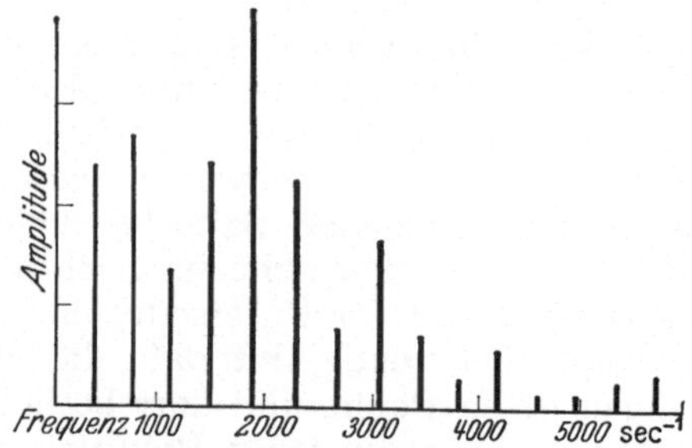

Abb. 471. Linienspektrum eines Geigenklanges. (H. BACKHAUS.)

Abb. 471 zeigt das Spektrum eines Geigenklanges[1]. Ein Geigenkörper ist im Innern einseitig durch den Stimmstock versteift. Die Geigendecken sind, als Membran betrachtet, keineswegs klein gegen alle musikalisch benutzten Wellenlängen. Dadurch kommen stark bevorzugte Ausstrahlungsrichtungen zustande. Sehr viele Einzelheiten bleiben noch aufzuklären.

Mit der Erwähnung des Geigenproblems kommen wir zu der technisch wichtigen Unterscheidung *primärer* und *sekundärer Schallstrahler*. Primäre Schallstrahler haben Schwingungen bestimmter spektraler Zusammensetzung herzustellen. Man billigt jedem einzelnen primären Schallstrahler, etwa jedem Musikinstrument, das Recht auf eine individuelle Gestalt seines Spektrums zu oder, physiologisch gesagt, auf einen bestimmten Klangcharakter. Ganz anders die sekundären Schallstrahler. Als ihr typischer Vertreter hat heute der Lautsprecher zu gelten. Ihnen ist die Auswahl der Frequenzspektra nicht freigestellt. Sie sollen die ihnen elektrisch zugeführten Schwingungen ohne Bevorzugung einzelner Teilschwingungen ausstrahlen.

§ 138a. Unperiodische Schallsender und Überschallgeschwindigkeit. Aus § 123a kennen wir Keil- und Kegelwellen. Sie entstehen, wenn sich ein Körper unperiodisch bewegt und dabei seine Geschwindigkeit die der Wellen übertrifft. Der Fall tritt häufig in Luft ein. Als Beispiele nennen wir das Ende einer Peitschenschnur, ein Geschoß oder neuerdings auch Flugzeuge. Von diesen schnell bewegten Körpern gehen Kegelwellen[2] aus. Die Abb. 472 zeigt eine derartige

---

[1] Für die in der Akustik benutzten Spektralapparate gilt das in § 86a gesagte.
[2] Presseleute berichten dann vom „Durchbrechen der Schallmauer".

Kegelwelle für ein Infanteriegeschoß, gerade in dem Augenblick, in dem es den Mündungsknall des Gewehres überholt hat. Der Öffnungswinkel der Kegelwellen ist der MACHsche Winkel (Abb. 402 und 404). Eine einzelne Kegelwelle wird vom Ohr als *Knall* empfunden, eine periodische Folge als Posaunenklang.

Bei der akustischen Untersuchung von Geschützen und Geschossen ist zu beachten, daß Schallwellen sehr großer Amplitude mit höheren Geschwindigkeiten laufen können als mit der normalen Schallgeschwindigkeit. In der Nähe elektrischer Funken kann man leicht Schallwellen beobachten, deren Geschwindigkeit etwa 500 m/sec beträgt. (Abb. 473).

§ 139. Schallempfänger.

Bei den Schallempfängern hat man zwei Gruppen im Sinne von *Grenzfällen* zu unterscheiden, Druckempfänger und Geschwindigkeitsempfänger.

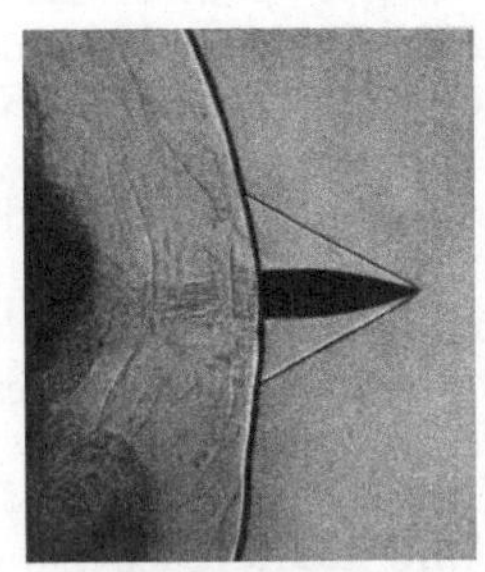

Abb. 472. Mündungsknall eines Gewehres und Kegelwelle eines Geschosses (schwarze Wolke = Pulvergase).

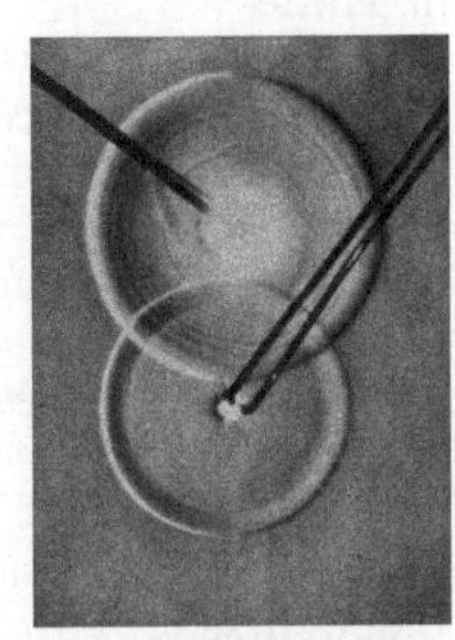

Abb. 473. Knallwellen, die von zwei *gleichzeitig* übergeschlagenen Funken mit ungleicher Stromstärke (oben groß) ausgegangen sind.

I. *Druckempfänger.* Die Mehrzahl der Druckempfänger besteht aus seitlich begrenzten Membranen. Zur seitlichen Begrenzung können Kapseln, Wände, Trichter usw. dienen. Beispiele: Mikrophone aller Art und das Trommelfell des Ohres.

Alle Druckempfänger vollführen im Schallfeld *erzwungene Schwingungen*. Ihre Amplituden sind von der Orientierung im Schallfeld unabhängig, der Luftdruck ist eine von der Richtung unabhängige Größe. Das zeigt uns jedes Barometer in unsern Wohnräumen. Ein solches Barometer ist letzten Endes auch nur ein Druckempfänger für Längswellen der Luft. Nur handelt es sich bei den Schwankungen des Luftdruckes meist um Schwingungsvorgänge sehr kleiner Frequenz.

Technisch übertreffen heutigentags die Mikrophone alle andern Druckempfänger an Bedeutung. Auch hier hat der Rundfunk die Anforderungen außerordentlich erhöht. Man verlangt in dem weiten Frequenzbereich von etwa 100 bis etwa 10000/sec eine Erhaltung der ursprünglichen Amplitudenverhältnisse. Wie bei allen erzwungenen Schwingungen, kann diese Forderung auch hier nur unter weitgehendem Verzicht auf Empfindlichkeit erkauft werden.

II. *Geschwindigkeitsempfänger.* Bei Geschwindigkeitsempfängern wird die Geschwindigkeitsamplitude des Luftwechselstromes zur Erzeugung erzwungener Schwingungen benutzt. Am besten macht das ein experimentelles Beispiel klar.

In Abb. 474 ist ein dünnes Glashaar von etwa 8 mm Länge als kleine Blattfeder senkrecht zur Richtung der fortschreitenden Schallwellen gestellt (Mikroprojektion!). Periodische Änderungen des Luftdruckes sind ohne jede Einwirkung auf dies Haar. Hingegen nimmt der Luftwechselstrom das Haar in Richtung der schwingenden Luftteilchen durch innere Reibung mit und erregt es so zu erzwungenen Schwingungen (Zungenpfeife als Schallquelle, kleiner Abstand). Dies Haar ist ein typischer Geschwindigkeitsempfänger. Es zeigt uns

Abb. 474. Ein feines Glashaar als Bewegungsempfänger. In Wirklichkeit nur 0,028 mm dick.

zugleich eine wichtige und für den *Geschwindigkeitsempfänger* charakteristische Eigenschaft: Wir finden *seine Amplituden von seiner Orientierung im Schallfeld abhängig*. Der Wellenfortpflanzungsrichtung parallel gestellt bleibt das Haar in Ruhe.

Geschwindigkeitsempfänger können als „*Richtempfänger*" benutzt werden. Man denke sich zwei Haare beiderseits symmetrisch zur Längsachse eines bewegten Körpers orientiert. Bei geradem Kurs auf die Schallquelle sprechen beide Empfänger mit gleicher Amplitude an. Seitliche Abweichungen vom richtigen Kurs machen sich durch Ungleichheit der erzwungenen Amplituden bemerkbar.

Druck- und Geschwindigkeitsempfänger sind, wie erwähnt, Grenzfälle. Jede Impulsübertragung durch Druck verlangt eine Wand, die bei der Ausbildung des Druckes nicht merklich zurückweicht. Die erzwungenen Amplituden der Wand müssen klein gegen die Ausschläge x_0 der schwingenden Luft- oder Wasserteilchen sein. Luft hat eine kleine Dichte ϱ und gibt daher große Ausschläge x_0 [vgl. Gl. (254) v. S. 231]. Daher lassen sich Druckempfänger zwar mit guter Annäherung für Luft, aber nur schlecht für Schallwellen in Wasser ausführen. Auch können Druckempfänger in Luft zu Geschwindigkeitsempfängern im Wasser werden.

§ 140. Vom Hören. Das Hören und unser Gehörorgan sind ganz überwiegend Gegenstände physiologischer und psychologischer Forschung. Trotzdem wollen wir die für physikalische Zwecke wichtigsten Tatsachen kurz zusammenstellen. Man muß ja auch in der Optik wenigstens in großen Zügen die Eigenschaften des Auges kennen.

1. Unser Ohr reagiert auf mechanische Schwingungen in dem weiten Frequenzbereich von etwa 20/sec bis etwa 20000/sec. Das Ohr umfaßt also einen Spektralbereich von mindestens 10 Oktaven ($2^{10} = 1024$). Die obere Grenze sinkt mit steigendem Lebensalter.

2. Auf Sinusschwingungen reagiert das Ohr mit der Empfindung „*Ton*". Jeder Ton hat eine bestimmte Höhe. Die Tonhöhe ist eine Empfindungsqualität und als solche der physikalischen Messung unzugänglich. Die Tonhöhe hängt

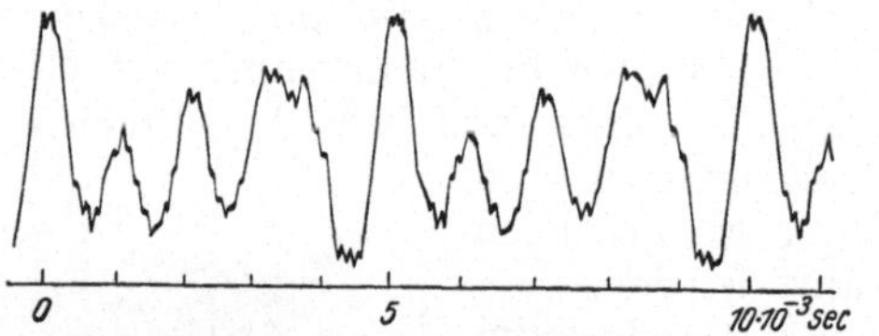

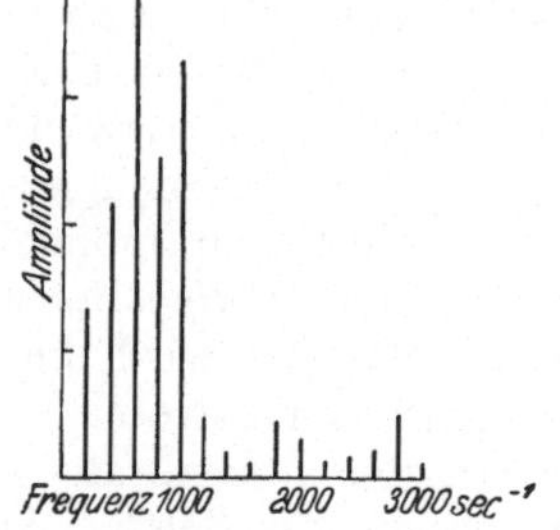

Abb. 475. Links Schwingungsbild des gesungenen Vokales a einer Männerstimme. Die Stoßfrequenz des Kehlkopfes betrug 200 sec⁻¹. Rechts Darstellung dieses Schwingungsbildes mit einem Linienspektrum. Der Haupt-Formantbereich tritt deutlich hervor. — Aufnahmen von Ferd. Trendelenburg. — Das Schwingungsbild würde auf einer Schallplatte mit einer Bahngeschwindigkeit von etwa 0,6 m/sec eine Länge von etwa 6 mm haben. Das entsprechende Wellenbild in Luft würde etwa 3,5 m lang sein.

überwiegend von der Frequenz der Wellen ab, daneben aber auch etwas von der Bestrahlungsstärke des Ohres. Leider spricht man allgemein von der Frequenz des Tones. Das ist eine zwar bequeme, aber laxe Ausdrucksweise. Gemeint ist stets die Tonhöhe, die das Ohr dann empfindet, wenn es von einer Sinuswelle der angegebenen Frequenz bei einer mittleren Bestrahlungsstärke gereizt wird.

3. Im günstigsten Frequenzbereich unterscheidet unser Ohr noch zwei um nur 0,3 % verschiedene Frequenzen. Das Ohr hat also dort ein „spektrales Auf-

lösungsvermögen" $v/dv = $ rund 300. Das entspricht in der Optik dem, was man mit einem Glasprisma von rund 1 cm Basisdicke erreichen kann.

4. Auf nichtsinusförmige Schwingungen reagiert das Ohr mit der Empfindung „*Klang*". *Ein Klang ist von Phasenunterschieden zwischen den einzelnen sinusförmigen Teilschwingungen unabhängig.* Das ist eine fundamentale an Beobachtungen von GEORG SIMON OHM anknüpfende Erkenntnis (vgl. § 142).

Einem musikalischen Akkord entspricht ein Linienspektrum von bestimmtem Bau, gekennzeichnet durch das Verhältnis der Frequenzen und Amplituden seiner Spektrallinien. Der Absolutwert der Grundfrequenz ist unerheblich. Zwei Sinusschwingungen angenähert gleicher Energiedichte geben bei einem Frequenzverhältnis von 1:2 immer den „Oktave" genannten Akkord usf.

5. Die wichtigsten Klänge sind die *Silben* der Sprache. — Beim normalen Lesen wird das Auge durch eine zeitliche Folge flächenhafter Schriftbilder gereizt. Diese unterscheiden sich durch die räumliche Folge einzelner Elemente, nämlich Buchstaben oder Silbenzeichen. Oft hört man beim Lesen einen persönlich bekannten Schreiber sprechen. Beim normalen Hören aber wird das Ohr durch eine zeitliche Folge von Luftdruckänderungen gereizt. Diese besitzen Spektra verschiedener Gestalt. Stimmlose Konsonanten sind durch breite kontinuierliche Spektra mannigfacher Gestalt gekennzeichnet. Stimmhafte Konsonanten und Vokale lassen sich durch Linienspektra darstellen. Man findet die Spektrallinien unabhängig von der Stimmlage (Baß, Tenor usw.) in Bereichen, die für die einzelnen Vokale charakteristisch sind. Sie werden „*Formantbereiche*" genannt. Es handelt sich letzten Endes um gedämpfte Eigenschwingungen der Mundhöhle usw., die nach dem Schema der Abb. 317 durch Luftstöße aus dem Kehlkopf periodisch angeregt werden. Im allgemeinen ändert sich die Frequenz und Stärke dieser Anregung dauernd. Diese Änderungen bestimmen die „*Satzmelodie*". Erfolgt hingegen die Anregung fortdauernd mit konstanter Frequenz und Stärke, so erhält man die feierliche Satzmelodie des betenden Priesters.

Man kann die zeitliche Folge der Sprachelemente, d. h. ihre Spektra, fortlaufend auf einem Band registrieren (Abb. 476). Man erhält dann eine Schrift, deren räumlich aufeinanderfolgende Elemente aus Spektren bestehen. Man vermag sie, ebenso wie etwa Morseschrift, nach hinreichender Übung glatt zu lesen.

Die Sprache läßt sich mit mechanischen Hilfsmitteln nachmachen. Kleine Mädchen spielen mit Puppen, die im Rumpf einen Blasebalg enthalten und Mama und Papa sagen können. — Eine sprechende Maschine ist 1791 von WOLFGANG V. KEMPELEN[1] beschrieben worden. Sie enthielt Klang- und Zischvorrichtungen, die über Öffnungen und Tasten mit

Abb. 476. Zeitliche Folge einer großen Anzahl von Spektren (etwa 200) beim Zählen von 1 bis 3 in englischer Sprache. Die von unten nach oben dicht aufeinanderfolgenden Spektren haben nur eine Höhe von einigen Zehnteln Millimeter. Sie bringen die Amplituden nicht, wie etwa die Abb. 475 rechts, als Ordinaten verschiedener Höhe, sondern als Schwärzung einer photographischen Platte.

---

[1] Sein Buch über „den Mechanismus der menschlichen Sprache nebst der Beschreibung einer sprechenden Maschine" ist 1791 in Wien im Verlage von J. V. Degen erschienen.

Hand und Fingern betätigt wurden. Neuere amerikanische Ausführungsformen solcher sprechender Maschinen benutzen elektrische Hilfsmittel.

6. Bei großer Energiedichte können im Ohr „*Differenztöne*" auftreten. Es hört dann neben zwei Tönen der Frequenz ν_2 und ν_1 einen dritten Ton der Frequenz $\nu_2-\nu_1$. Man kann Differenztöne gut mit Orgelpfeifen vorführen. Gelegentlich werden auch noch weitere „Kombinationstöne" gehört, z. B. der „Summationston" $(\nu_1+\nu_2)$ oder der Ton $(2\nu_1-\nu_2)$ (vgl. § 112, 2).

7. Die An- und Abklingzeit des Ohres ist nur schlecht bekannt: Sie scheint in der Größenordnung einiger 10^{-2} sec zu liegen.

8. Mit beiden Ohren kann man die *Richtung* der ankommenden Schallwellen erkennen. Am besten gelingt das bei Klängen und Geräuschen mit scharfem Einsatz oder mit Wiederholung charakteristischer Einzelheiten. Maßgebend dabei ist die Zeitdifferenz zwischen der Reizung des linken und des rechten Ohres durch das gleiche Stück der Schallwellenkurve (vgl. Abb. 476a). Bei Frequenzen von einigen 1000/sec kommen auch Unterschiede der Bestrahlungsstärke durch den Schattenwurf des Kopfes hinzu.

Abb. 476 a. *Zum Richtungshören.* Man hält sich die beiden Enden eines etwa 2 m langen Gasschlauches in die Ohren und läßt einen Helfer auf den Schlauch klopfen. Die Schallrichtung weicht von der Medianebene des Kopfes ab, wenn die Klopfstelle um mehr als 0,5 cm von der Schlauchmitte entfernt liegt. Der Hörsinn reagiert also schon auf Lautdifferenzen $\Delta t = 3 \cdot 10^{-5}$ sec. Bei $\Delta t = 60 \cdot 10^{-5}$ sec (entsprechend 20 cm Wegdifferenz, Kopfdurchmesser!) lokalisiert man die Schallquelle quer zur Medianebene.

§ 141. Phonometrie. Die Phonometrie in der Akustik entspricht der Photometrie in der Optik. Beide bewerten eine physikalische Strahlung nicht nach ihrer Leistung (Energie/Zeit = Energiestrom, meßbar in Watt), sondern nach ihrer Wirkung auf unsere *Sinnesorgane*, also auf Auge und Ohr. *Wie die Photometrie nur für Beobachter mit normalem Gesichtssinn gilt* (vgl. Optik-Band, Schluß von § 261), *so gilt die Phonometrie nur für Beobachter mit normalem Gehörsinn.*

Alle Schallempfindungen, also Töne, Klänge, Geräusche usw., besitzen neben der Qualität Tonhöhe (hoch, tief, dumpf, hell usw.) als weitere Qualität eine Lautheit. Bei den Empfindungen des Auges entspricht ihr die Helligkeit. Die Lautheit kann man ebensowenig messen, d. h. als Vielfaches einer ihr wesensgleichen Einheit bestimmen, wie die Helligkeit oder irgendeine andere Empfindungsqualität unserer Sinnesorgane. Wohl aber kann man mit Hilfe des Ohres zwei, auch von ganz verschiedenartigen *Schall*quellen hergestellte *Be*strahlungsstärken (d. h. einfallende Strahlungsleistung $\dot W$/Empfängerfläche F) als gleich groß *empfinden*. Die so vom *Ohr* selektiv[1] bewerteten Bestrahlungsstärken müssen einen eigenen Namen erhalten, wir wählen *Beschallungs*stärke.

Das Auge vermag bekanntlich das Entsprechende. Es kann zwei, auch von ganz verschiedenartigen *Licht*quellen hergestellte Bestrahlungsstärken als gleich groß *empfinden*. Die so vom *Auge* selektiv[1] bewerteten Bestrahlungsstärken werden *Beleuchtungs*stärke genannt.

Auf dieser Fähigkeit unserer Sinnesorgane beruht die Möglichkeit, für *technisch-praktische* Zwecke eine Phonometrie (Schallmessung) und eine Photometrie (Lichtmessung) zu schaffen. Beide ermöglichen es, zwei räumlich oder zeitlich getrennte Beschallungsstärken und Beleuchtungsstärken so zu bestimmen, daß man sie an beliebigem Ort zu beliebiger Zeit reproduzieren kann.

In der Photometrie macht man zu diesem Zweck eine von *Normallampen* erzeugte Beleuchtungsstärke ohne Rücksicht auf den Farbton ebenso groß wie

---

[1] Das heißt das Sinnesorgan reagiert nur auf Strahlungen, die einem begrenzten Frequenzbereich angehören, und zwar auf die einzelnen Teilbereiche in sehr verschiedenem Maße.

die zu bestimmende Beleuchtungsstärke. — In der Phonometrie verfährt man entsprechend: Man ersetzt die Normallampe durch eine (leider recht ungeschickt gewählte!) *Normaltonquelle* der Frequenz $v = 10^3$/sec und macht die von der Normaltonquelle erzeugte Beschallungsstärke ohne Rücksicht auf die Klangfarbe ebenso groß wie die zu bestimmende Beschallungsstärke. Dabei gibt es (ebenso wie in der Optik bei der *Beleuchtungs*stärke) mehrere Möglichkeiten, die Gleichheit zweier Beschallungsstärken an Hand bestimmter Merkmale zu *definieren*. — Wie gelangt man alsdann in der Optik und in der Akustik zu quantitativen Angaben?

Antwort: In der *Photometrie* kennzeichnet man die von den *Normallampen* erzeugte *Beleuchtungsstärke* durch die *Herstellungsbedingungen*, nämlich durch das Verhältnis $\dfrac{\text{Anzahl der Normallampen}}{(\text{Abstand des Empfängers})^2}$, mit Einheiten wie etwa $\dfrac{\text{Candela}}{\text{m}^2} = \text{Lux}$. Ebenso wäre es möglich, den von den eingestellten *Normallampen* erzeugten physikalischen *Reiz* zu messen, nämlich die *Bestrahlungs*stärke b, definiert durch die Gleichung

$$b = \frac{\text{einfallende Strahlungsleistung } \dot{W}}{\text{Empfängerfläche } F}, \quad \text{mit Einheiten wie etwa } \frac{\text{Watt}}{\text{m}^2}. \tag{264}$$

In der *Phonometrie* stehen die beiden entsprechenden Möglichkeiten zur Verfügung, man benutzt aber, von der Photometrie abweichend, die zweite: Man mißt den von der eingestellten *Normaltonquelle* erzeugten physikalischen *Reiz*, nämlich die von der Normaltonquelle erzeugte Bestrahlungsstärke b des Ohres. (Diese ist, weil vom Ohr selektiv bewertet, keineswegs mit derjenigen identisch, die von der zu messenden Schallquelle erzeugt wird!)

Die von der *Normaltonquelle* erzeugte Bestrahlungsstärke b des Ohres, die das Ohr ebenso reizt, wie die zu *messende* Schallwelle, gibt man nicht in absolutem Maße an, etwa in Watt/m², sondern relativ in Vielfachen einer vereinbarten, winzigen Bestrahlungsstärke $b_{\min} = 2 \cdot 10^{-12}$ Watt/m². (Sie entspricht ungefähr der Reizschwelle des Ohres für $v = 10^3$/sec.) Das Verhältnis $b/b_{\min}$ würde in der Praxis Zahlen zwischen 1 und 10^{12} ergeben. Das vermeidet man durch Benutzung dekadischer Logarithmen. Man definiert eine Größe

$$L = 10 \log \frac{b}{b_{\min}}, \tag{265}$$

für die wir den Namen „*Lautklasse*"[1] vorschlagen. Die Lautklasse ist also eine reine Zahl. Man fügt ihr als Multiplikator die Zahl 1 an und gibt der Zahl 1 diesmal den Namen *Phon* (vgl. auf jeden Fall den Schluß von § 137). Man sagt also z. B. die Lautklasse der Umgangssprache sei 50 Phon. Das besagt dann: Die Umgangssprache ist ebenso laut wie der Ton einer Normaltonquelle ($v = 10^3$/sec), der die Lautklasse 50 besitzt. Dieser ist dadurch gekennzeichnet, daß er als Reiz für das Ohr eine Bestrahlungsstärke $b = 10^5 \cdot b_{\min} = 2 \cdot 10^{-7}$ Watt/m² erzeugt ($10 \cdot \log 10^5 = 50$). — Der Bereich der Lautklassen reicht von 0 (Hörschwelle) bis 120 (Lärm in einer Kesselschmiede oder dicht neben einem Flugzeug).

---

[1] Entsprechend der Größenklasse m in der Astronomie, die durch die Gleichung

$$m_2 - m_1 = 2{,}500 \log \frac{B_1}{B_2} \tag{266}$$

definiert wird (in dieser Gleichung sind B_2 und B_1 die von den Sternen *2* und *1* auf der Erde hervorgerufenen Beleuchtungsstärken. m_1 wird für einen vereinbarten Wert von $B_1 = $ Null gesetzt). — *Der von technischer Seite für die Zahl* L *gebrauchte Name „Lautstärke" ist abzulehnen.* Der *Laut-* oder besser *Schall*stärke entspricht in der Phonometrie (wie der *Licht*stärke in der Photometrie) eine *vom Sinnesorgan selektiv bewertete Strahlungsstärke*, also Strahlungsleistung/Raumwinkel. Vgl. Optik § 260.

Aus der Definitionsgleichung (265) folgt: Wird die Bestrahlungsstärke unseres Ohres verzehnfacht, so wächst die Lautklasse um 10, denn $10 \cdot \log 10 = 10 \cdot 1 = 10$. — Beispiele: *Eine* sehr leise tickende Uhr hat die Lautklasse 10 Phon, zehn solcher Uhren zusammen die Lautklasse $10 + 10 = 20$ Phon. — *Ein* knatterndes Motorrad hat die Lautklasse 90 Phon, zehn solcher Motorräder zusammen die Lautklasse $90 + 10 = 100$ Phon.

Lautklassenmesser werden in handlicher Form in den Handel gebracht. Sie bestehen im wesentlichen aus einem Telephon in Verbindung mit einem kleinen Wechselstromgenerator (Summer) der Frequenz 1000/sec. Der Strom im Telephon wird so eingestellt, daß das Ohr am Telephon die gleiche Lautstärke empfindet wie das freie Ohr in dem zu messenden Schallfeld. Die Skala des Regelwiderstandes ist in Lautklassen geeicht.

Die spektrale Empfindlichkeitsverteilung des Ohres wird durch Abb. 477 veranschaulicht. Die Ordinaten geben sowohl die Druckamplituden Δp_0 wie die Bestrahlungsstärke b. Die Werte der Bestrahlungsstärke gelten für einen Querschnitt des freien, durch den Kopf nicht gestörten Schallfeldes, und zwar für eine Welle, die senkrecht auf das Gesicht des Hörers auffällt. — Mit wachsender Lautklasse ändert sich die spektrale Empfindlichkeitsverteilung, die Kurven werden flacher[1]. Bei weiterer Steigerung der Bestrahlungsstärke tritt an die Stelle des Hörens eine Schmerzempfindung. Im Bereiche seiner Höchstempfindlichkeit reagiert unser Ohr noch auf Änderungen des Luftdruckes $\Delta p = 10^{-5}$ Newton/m² $= 10^{-10}$ Atmosphären!

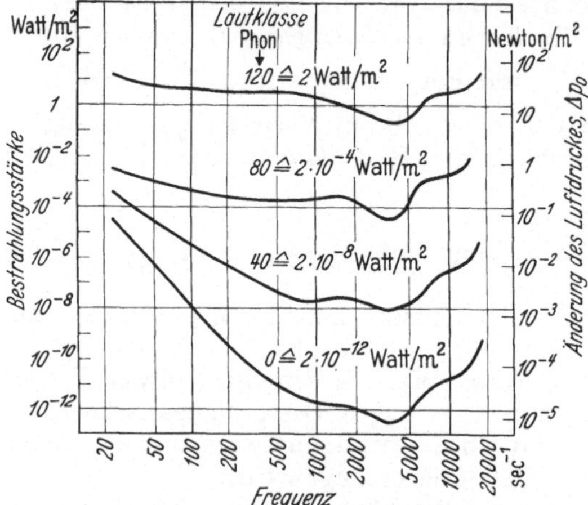

Abb. 477. Kurven der spektralen Empfindlichkeit des Ohres bei verschiedenen Lautklassen. Längs jeder Kurve wird die Lautstärke als ebenso groß empfunden wie die eines Vergleichstones ($\nu = 1000$/sec), der mit einer bestimmten Bestrahlungsstärke (also einem physikalischen Reiz!) der angegebenen Lautklasse erzeugt wird. Die unterste Kurve beruht auf Druckmessungen unmittelbar vor dem Trommelfell. 1 Newton/m² $= 10^{-5}$ bar $= 10^{-5}$ Atmosphären.

Die Abb. 477 zeigt eindringlich die erstaunliche Anpassungsfähigkeit unseres Ohres: Im Frequenzbereich seiner Höchstempfindlichkeit bewältigt das Ohr — ebenso wie unser Auge — Änderungen der Bestrahlungsstärke b von etwa $1 : 10^{12}$. Beide Sinnesorgane verhalten sich, kurz gesagt, wie Meßinstrumente mit logarithmisch geteilter Skala. Beide sind ihrer Bestimmung in bewundernswerter Weise angepaßt: Das Ohr z. B. vermag im Bereiche schwacher, gebeugter, reflektierter oder gestreuter Schallwellen kaum minder gut zu hören als bei ungehinderter Wellenausbreitung.

§ 142. Das Ohr.

Der wesentlichste Teil unseres Gehörganges ist das „innere Ohr", das im Felsenbein eingebaute, schneckenförmige Labyrinth. Ihm werden die mechanischen Wellen auf zwei Wegen zugeteilt: 1. über das Trommelfell und die anschließenden Gehörknöchelchen des Mittelohres, 2. durch die Weichteile und die Knochen des Kopfes. Der erste Weg ist nicht unentbehrlich. Man kann auch ohne Trommelfell und ohne Knöchelchen hören.

---

[1] Daß die vier Kurven in Abb. 477 nicht äquidistant einander parallel verlaufen, liegt wohl nur daran, daß die vereinbarte Normaltonquelle kein *kontinuierliches* Spektrum besitzt. Besäße sie ein solches, so würde wahrscheinlich *eine* Kurve genügen, um (der Abb. 554* in der Optik entsprechend) die spektrale Empfindlichkeitsverteilung des Ohres darzustellen. Sie enthielte als Ordinate den Zahlenfaktor, durch den sich eine von der Normaltonquelle hergestellte Bestrahlungsstärke von derjenigen unterscheidet, mit der eine Strahlung der Frequenz ν eine gleichlaute Schallempfindung erzeugt.

Diese Teile haben lediglich folgenden Zweck: Das innere Ohr ist mit einer wäßrigen Flüssigkeit gefüllt, ihre Dichte ϱ ist rund 800mal größer als die der Luft. Infolgedessen sind die Höchstausschläge der Luftteilchen in einer Schallwelle $\sqrt{800} \approx$ 30mal größer als die in der Körperflüssigkeit [Gl. (254) v. S. 231]. Nun soll die Schallwelle mit einer gegebenen Energiedichte δ ungehindert und ohne Reflexionsverluste in die Flüssigkeit des inneren Ohres eindringen. Zu diesem Zweck muß der Höchstausschlag x_0 auf rund $1/_{30}$ herabgesetzt werden. Das geschieht durch das Trommelfell und das Hebelsystem der Gehörknöchelchen[1]. Nach dieser Auffassung würden Trommelfell und Gehörknöchelchen für die ausschließlich im Wasser lebenden Säugetiere (Delphine und Wale) sinnlos sein. In der Tat hat keines dieser Tiere ein äußeres Ohr. Gehörgang, Trommelfell und Knöchelchen sind bis auf dürftige Reste zurückgebildet.

Die Nervenreizung im *Auge* erfolgt in der mosaikartig unterteilten Netzhaut. Diese reagiert praktisch nur auf *eine* Oktave des elektromagnetischen Spektrums. Trotzdem vermögen wir eine Unzahl bunter und unbunter Farben zu unterscheiden. Außerdem ist die große Zeichnungsschärfe des Gesehenen nicht mit der

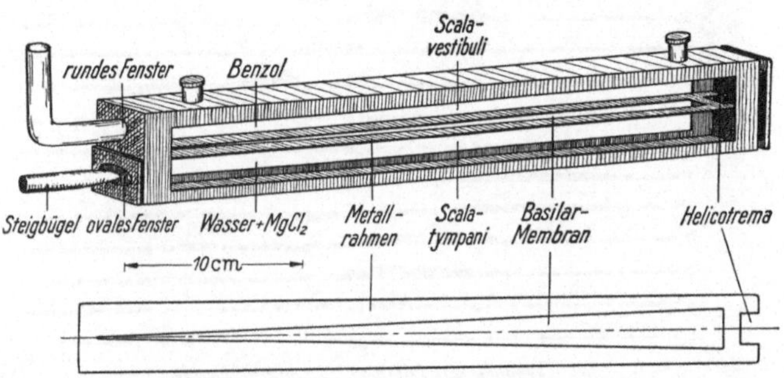

Abb. 478. Geradliniges Modell der Gehörschnecke. Die Messingplatte am rechten Ende ist abnehmbar und mit einer Korkdichtung versehen. Statt des runden Fensters wird ein nach oben gebogenes Glasrohr benutzt. Die künstliche Basilarmembran ist 31 cm lang, und ihre Breite steigt von 1 bis 18 mm. Der „Steigbügel" wird mit einem Exzenter von einem Elektromotor in Schwingungen versetzt. Im menschlichen Ohr ist der Steigbügel das letzte der drei Gehörknöchelchen, die als eine Hebelübersetzung Trommelfell und ovales Fenster miteinander verbinden.

Qualität der Augenlinse vereinbar. Beides ist physikalisch nicht zu verstehen. Es kann nur unter Mitwirkung zentraler Vorgänge im Gehirn zustande kommen.

Die Nervenreizung des inneren *Ohres* erfolgt im Cortischen Organ. Zu ihm gehört die Basilarmembran. Man kann sie in erster Näherung als eine zarte Trennwand zwischen zwei starren Rohren beschreiben (der Scala tympani und der Scala vestibuli). Sie ist bei Menschen 34 mm lang, und ihre Breite wächst vom Anfang der Rohre bis zum Ende von 0,04 bis 0,5 mm. HELMHOLTZ deutete diese Membran als einen winzigen Zungenfrequenzmesser, diesen durch besondere Einfachheit ausgezeichneten *Spektralapparat* (§ 112). Er betrachtete dabei die Membran nicht als ein homogenes Band, sondern als eine dichte Folge seitlich zusammengewachsener gespannter Saiten (an Stelle der Zungen), ihre Eigenfrequenz sollte mit wachsender Länge, also wachsender Membranbreite, abnehmen. In Wirklichkeit fehlt der Basilarmembran diese Struktur, aber trotzdem behält sie die Eigenschaft eines Spektralapparates. Ihre Wirkungsweise läßt sich an einem für Schauversuche entwickelten Modell vorführen. Es erfüllt die für Vorführungen notwendige Bedingung: Die Vorgänge in ihm verlaufen hinreichend langsam.

Das Modell ist in Abb. 478 skizziert. Zwei Metallrohre von rechteckigem Querschnitt haben seitlich Glaswände und in der Mitte eine gemeinsame hoch-

---

[1] Bei der Hörschwelle und der günstigsten Frequenz $\nu \approx 3000 \text{ sec}^{-1}$ beträgt die Amplitude des Trommelfelles nur etwa $6 \cdot 10^{-10}$ m; sie beträgt also nur einige Atomdurchmesser. Im inneren Ohr sind die Amplituden noch mindestens 30mal kleiner.

elastische Wand, die künstliche Basilarmembran. Ihre Breite wird durch einen keilförmigen Metallrahmen bestimmt. Sie wächst von links nach rechts. Aus Gründen „mechanischer Ähnlichkeit" muß diese Membran elastische Eigen-

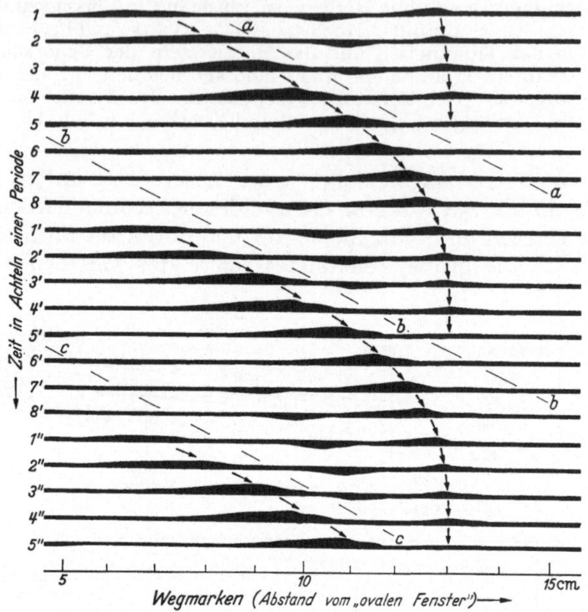

Abb. 479. Wellengruppen, die bei sinusförmiger Erregung (ν = 4/sec) längs der „Basilarmembran" des Ohrmodelles verlaufen. Der leichteren Übersicht halber sind auch die Wellen ganz geschwärzt worden, von denen in der Originalphotographie nur die scharfen Umrisse erscheinen. Wellenzüge ohne diese nachträgliche Schwärzung findet man in Abb. 480.

schaften haben, die sich nicht mehr mit festen Körpern verwirklichen lassen. Man muß statt ihrer eine Grenzfläche zweier Flüssigkeiten verschiedener Dichte und Oberflächenspannung benutzen, z. B. oben Benzol, unten Wasser (mit

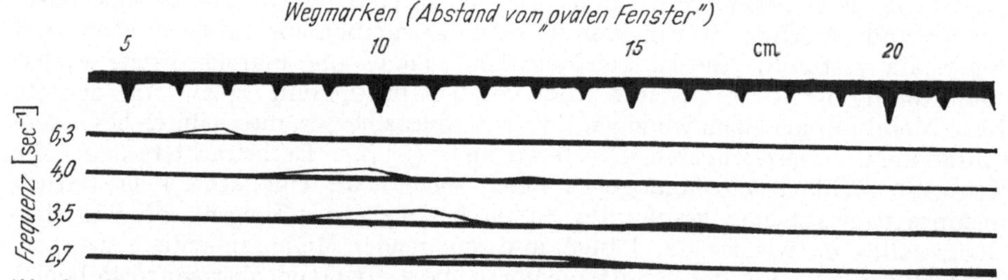

Abb. 480. Momentaufnahmen von Wellenzügen auf der Modell-Basilarmembran im Augenblick ihrer maximalen Amplitude für vier verschiedene Frequenzen der sinusförmigen Erregung. Die Wellengruppen bleiben einander ähnlich. Sie werden lediglich mit wachsender Frequenz in die Länge gezogen. Die Gruppe der zweiten Zeile entspricht der Gruppe in der vierten Zeile von Abb. 479. Nur ist der Wellenberg nicht nachträglich geschwärzt worden.

einem seine Zähigkeit vergrößernden Zusatz). — Der „Steigbügel" am linken unteren Ende kann mit einem Exzenter das ovale Fenster sinusförmig hin und her bewegen, und zwar mit Frequenzen zwischen 1/sec und 8/sec. Das schwingende ovale Fenster wird zum Ausgangsort einer Wellengruppe, die nach rechts der „Basilarmembran" entlangläuft. Die Abb. 479 zeigt mit ihren acht oberen Teilbildern zeitlich äquidistante Momentbilder während einer Periode. Rechts oberhalb der gestrichelten Geraden $a\,a$ sieht man die Reste der Wellengruppe der vorausgegangenen Periode. Von der Zeile $1'$ an erscheint links von der gestrichelten Gerade $b\,b$ die nachfolgende Gruppe mit gleichem Ablauf; unter der Geraden $c\,c$ folgt dann der Beginn einer neuen. — Somit läuft trotz sinusförmiger Erregung des ovalen Fensters längs der Basilarmembran keine Sinuswelle, sondern eine eigenartig gestaltete Wellengruppe. Sie erreicht in diesem Beispiel ($\nu = 4/\text{sec}$) ihre maximale Amplitude bei der Wegmarke 10 cm. Rechts von dieser klingt sie rasch ab. Dabei vermindert sich die Geschwindigkeit, mit der das Maximum der Gruppe vorrückt; bei der Wegmarke 13 cm ist sie praktisch gleich Null geworden. Weiter rechts bleibt die „Basilarmembran" völlig in Ruhe.

Jetzt kommt eine zweite, und zwar die entscheidende experimentelle Feststellung: Der Ort oder die Wegmarke, an der die Wellengruppe ihre maximale Amplitude erreicht, hängt eindeutig von der Frequenz des Erregers ab. Das zeigen die Originalphotographien in Abb. 480: Die keilförmige Membran wirkt also als ein dem Zungenfrequenzmesser zwar nicht gleicher, aber ähnlicher *Spektralapparat*. Was er leistet, ist physikalisch nur als eine „*Vorzerlegung*"[1] zu bezeichnen. Das tatsächlich vorhandene große Auflösungsvermögen ist physikalisch nicht zu verstehen. Wie beim Auge stoßen wir auch beim Ohr auf eine entscheidende Mitwirkung zentraler, also im Gehirn ablaufender Vorgänge. Sie entziehen sich einstweilen noch unserem Verständnis. Die Lösung der großen biologischen Probleme ist wahrscheinlich noch einer sehr fernen Zukunft vorbehalten.

---

[1] Eine Vorzerlegung soll aus einem Gemisch von Wellen verschiedener Länge die einem breiteren Bereich angehörenden auswählen. Dafür benutzt man oft „Siebe" oder „Filter", z. B. in der Optik ein nur selektiv, etwa für Rot, durchlässiges Glas; vgl. § 86a.

C. Wärmelehre.

XIII. Grundbegriffe.

§ 143. Vorbemerkungen. Definition des Wortes Stoffmenge. 1. In der Geometrie mißt man *eine* Größe als Grundgröße, nämlich die *Länge*. In der Kinematik kommt als zweite die *Zeit* hinzu; in der Dynamik als dritte die *Masse*. In der Wärmelehre wird eine vierte Grundgröße hinzugenommen, die *Temperatur*. Ihre Definition durch ein Meßverfahren wird in § 145 gegeben.

2. Als Sammelnamen für Festkörper und abgegrenzte Mengen von Flüssigkeiten und Gasen benutzen wir das Wort „*Stoffmenge*". Ist die Stoffmenge nur fest, nur flüssig oder nur gasförmig, so besitzt sie nur *eine* „Phase". Besteht die Stoffmenge, z.B. von Wasser, sowohl aus Flüssigkeit wie auch aus Dampf, so hat sie zwei Phasen, usw.

3. Alle Stoffmengen haben außer ihrer Masse M ein Volumen V, eine Temperatur T und stehen unter einem Druck p, z.B. dem Druck der Atmosphäre. Die drei Größen V, p und T werden „*einfache Zustandsgrößen*" genannt.

4. Alle Stoffmengen sind atomistisch unterteilt. Deswegen brauchen wir die in § 144 zusammengestellten Begriffe.

5. Es handelt sich bei allen Stoffmengen um außerordentlich große Anzahlen von Individuen. So ist z.B. die Anzahldichte der Zimmerluft $N_v = 2{,}5 \cdot 10^{25}/\mathrm{m}^3$. Es sind also in einem Kubikmillimeter Zimmerluft nicht weniger als $2{,}5 \cdot 10^{16}$ Moleküle enthalten. *Die Wärmelehre befaßt sich letzten Endes mit einer Verhaltensweise ungeheuer großer Anzahlen von Individuen.* Über das Verhalten und das Schicksal einzelner Individuen besagt sie gar nichts. Für kein einziges von ihnen können wir in irgendeinem Zeitpunkt den Ort, oder Größe und Richtung der Geschwindigkeit angeben. Druck und Temperatur lassen sich für ein einzelnes Molekül nicht einmal definieren. Meßbar sind nur die der Gesamtheit der Moleküle eigentümlichen Zustandsgrößen.

6. Die Wärmelehre ist für alle Zweige der Naturwissenschaften und Technik von grundlegender Bedeutung. Ihre wichtigsten Sätze beanspruchen eine alles Naturgeschehen umfassende Geltung. Leider kann sich ihr Aufbau nicht, wie der aller übrigen physikalischen Gebiete auf einfache, qualitativ sofort übersehbare Experimente stützen, sondern meist nur auf langwierige Meßreihen. Es gibt in der Wärmelehre nicht wie in der Elektrik gute Isolatoren. Das macht die experimentellen Anordnungen oft unübersichtlich und die quantitative Auswertung der Ergebnisse mühsam und zeitraubend.

7. Das Verständnis der Wärmelehre wird erleichtert, wenn man das früher so oft angewandte Wort „Wärmemenge" ganz vermeidet und vom Worte Wärme nur sparsam Gebrauch macht. Die Begründung wird man in § 146 finden.

§ 144. Einige Begriffe aus den Grundlagen der Chemie. 1. Moleküle sind aus Atomen der Elemente zusammengesetzt. Zum Beispiel sind in einem Wasserstoffmolekül zwei H-Atome miteinander verbunden. Bei Zimmertemperatur besteht Wasserstoff aus H-*Molekülen*, Quecksilberdampf hingegen aus Hg-*Atomen*. Das Quecksilbermolekül ist einatomig. Molekül ist also der übergeordnete Begriff. Er umfaßt sowohl mehratomige wie auch einatomige Moleküle.

2. Molekular*gewichte* (M) und Atom*gewichte* (A) sind — abweichend vom übrigen wissenschaftlichen Sprachgebrauch — nicht etwa *Kräfte*, sondern reine *Zahlen*. Als Definitionsgleichung benutzt man

$$\text{Molekulargewicht } (M) = \frac{\text{Masse } m \text{ eines Moleküls}}{^1/_{12} \text{ Masse des } {}^{12}\text{C-Isotops}} \qquad (267)$$

In entsprechender Weise definiert man das Atomgewicht (A) mit der Masse m eines *Atoms*.

3. Für chemische Zwecke hat man individuelle, d.h. nur für einzelne Stoffe bestimmte Masseneinheiten geschaffen. Diese *individuellen* Masseneinheiten sind gleich dem (M)-fachen irgendeiner *allgemeinen* Masseneinheit. Wir benutzen als allgemeine Masseneinheit die gesetzliche, nämlich das Kilogramm, für uns ist also die *individuelle* Masseneinheit (M) kg, gesprochen Kilogramm-Molekül oder kürzer Kilomol. Man merke sich also die Definitionsgleichung

$$\begin{aligned} 1 \text{ Kilomol} &= (M) \text{ Kilogramm} \\ 1 \text{ Kilogrammatom} &= (A) \text{ Kilogramm} \end{aligned} \qquad (268)$$

O$_2$ hat das Molekulargewicht (M) = 32, also ist für O$_2$ ein Kilomol = 32 kg. — Na hat das Atomgewicht (A) = 23, also ist für Na 1 Kilogrammatom = 23 kg. Wie der Begriff Molekül dem Begriff Atom, so ist auch die Masseneinheit Kilomol der Masseneinheit Kilogrammatom begrifflich übergeordnet. Man spricht von Kilomol nicht nur bei mehratomigen, sondern auch bei einatomigen Molekülen. Man nennt daher 23 kg Natrium oft nicht 1 Kilogrammatom, sondern 1 Kilomol Natrium.

4. Wir greifen auf § 21 zurück. Wir nehmen von einem beliebigen gasförmigen, flüssigen oder festen Stoff eine beliebige Menge oder ein beliebiges Stück mit der Masse M und dem Volumen V. Dieses enthalte n Moleküle. Dann ist

$$\frac{\text{Masse } M}{\text{Anzahl } n \text{ der Moleküle}} = \text{Masse } m \text{ eines Moleküls} \qquad (269)$$

$$\frac{\text{Anzahl } n \text{ der Moleküle}}{\text{Masse } M} = \text{spezifische Molekülzahl } N \qquad (270) = (24\,\text{a})$$

und

$$m = 1/N \qquad (271)$$

Die Masse eines Moleküls ist gleich dem Kehrwert der spezifischen Molekülzahl.

Der Zahlenwert von N wird entscheidend von der Wahl der Masseneinheit bestimmt. Eine *allgemeine* Masseneinheit, z.B. das Kilogramm, gibt für alle Stoffe *verschiedene Zahlenwerte*, man findet z.B.

$$\begin{aligned} \text{für H}_2 \quad &\text{mit } (M) = 2{,}016 \qquad N = 2{,}98 \cdot 10^{26}/\text{kg}, \\ \text{für NaCl} \quad &\text{mit } (M) = 58{,}03 \qquad N = 1{,}03 \cdot 10^{25}/\text{kg}, \\ \text{für Ag} \quad &\text{mit } (M) = 108 \qquad N = 5{,}58 \cdot 10^{24}/\text{kg usw.} \end{aligned}$$

Hingegen geben *individuelle* Masseneinheiten, z.B. Kilomole, für alle Stoffe den *gleichen Zahlenwert*; man erhält experimentell für alle Stoffe

$$\text{spezifische Molekülzahl } N = \frac{6{,}02 \cdot 10^{26}}{\text{Kilomol}} \qquad (272)$$

Die übersichtlichsten Meßverfahren findet man in den §§ 140 und 169 des Elektrizitätsbandes und in § 174 dieses Bandes.

Die Gleichung (272) besagt in Worten: *Jeder Körper oder jede Menge mit der Masse 1 Kilomol besteht unabhängig von der chemischen Beschaffenheit aus $6{,}02 \cdot 10^{26}$ Molekülen. Darin liegt der große Vorteil der individuellen, von den Chemikern eingeführten Masseneinheiten. Sie verwenden heißt: Meßergebnisse auf Körper oder Mengen beziehen, die die gleiche Anzahl von Molekülen enthalten*[1].

5. In Mischungen zweier Stoffmengen A und B läßt sich der A-Gehalt durch verschiedene Gleichungen definieren. Die wichtigsten sind

$$\text{Gewichtsprozente} = 100 \, \frac{\text{Masse der Stoffmenge A}}{\text{Masse der Stoffmenge A und B}} \tag{273}$$

(beliebige, aber in Zähler und Nenner gleiche Masseneinheiten, wie Gramm, Kilogramm usw.).

$$\text{Molprozente} = \text{Kürzung für Molekülprozente}$$
$$= 100 \, \frac{\text{Molekülanzahl der Stoffmenge A}}{\text{Molekülanzahl der Stoffmenge A und B}} \cdot \tag{274}$$

[Eine Molekülanzahl kann man nur in Einzelfällen durch Abzählen bestimmen, z.B. bei radioaktiven Molekülen. Daher bestimmt man im allgemeinen die Molprozente mit der rechten Seite der Gl. (273), indem man für die Masse der Stoffe A und B deren *individuelle* Masseneinheiten, also Kilomole oder Mole, anwendet.]

6. Zum Schluß noch ein *sprachlicher Hinweis:* Masse, Volumen, Anzahl der Moleküle, Energie lassen sich stets nur für Stoffmengen, also abgegrenzte feste, flüssige oder gasförmige Gebilde angeben. — Für Stoffe allein, z.B. für Eisen, Wasser, Luft lassen sich nur „spezifische", meist auf die Masse reduzierte Größen angeben, z.B. Massendichte ϱ, spezifisches Volumen V_s, Anzahldichte N_v usw. Trotzdem werden der Kürze halber die Worte Stoff, Gas, Flüssigkeit usw. häufig auch statt Stoffmenge, Gasmenge, Flüssigkeitsmenge usw. benutzt, wenn diese Bedeutung aus dem Zusammenhang ersichtlich ist. So spricht man z.B. vom Volumen eines Dampfes, statt von dem Volumen einer Dampfmenge und von der Masse einer Flüssigkeit, statt von der Masse einer Flüssigkeitsmenge. Das wird selten mißverstanden. Dennoch erspart man erfahrungsgemäß dem Leser oft viel Zeit, wenn man sich der strengeren Ausdrucksweise bedient. — Vor den falschen — und meist sogar nebeneinander gebrauchten — Gleichsetzungen Menge = Masse und Menge = Anzahl ist schon im § 20 gewarnt worden.

§ 145. Definition und Messung der Temperatur. In der Haut unserer *Körperoberfläche* und in einigen unserer Schleimhäute befinden sich außer den Druck- und Schmerzempfängern noch zwei weitere Sorten von Empfangsorganen. Die eine Sorte reagiert auf äußere Reize nur mit der Empfindung „*warm*", die andere nur mit der Empfindung „*kalt*". Von diesen beiden Sinnesorganen geleitet, kann man Körper nach ihrer Fähigkeit, Wärme- oder Kältereize zu erzeugen, in Reihen ordnen. Die „Ursache" dieser Reizfähigkeit nennt man „*Temperatur*". Die so qualitativ definierte Temperatur bewährt sich als „Ursache" auch bei der Deutung zahlloser anderer, von unseren Empfindungen unabhängigen Erscheinungen. Änderungen der Temperatur ändern

1. die Abmessungen der Körper. Bei steigender Temperatur werden Metalldrähte länger, gespannte Kautschukfäden kürzer (Abb. 481), Bimetallstreifen krümmen sich (Abb. 482), und Gase dehnen sich aus;

2. die Lichtabsorption. Infolgedessen erscheint z.B. ein mit HgJ_2 getünchtes Blech bei kleinen Temperaturen gelblich, bei großen rot;

3. den elektrischen Widerstand der Metalle (Elektr.-Band § 204);

4. die elektrische Spannung zwischen zwei einander berührenden Metallen (Abb. 483, Thermoelement).

---

[1] Beispiele: Spezifisches Volumen eines KJ-Kristalles $V_s = 0{,}32$ cm³/g $= 53$ cm³/mol; eines LiF-Kristalles $V_s = 0{,}44$ cm³/g $= 13{,}2$ cm³/mol.

Diese Liste ließe sich beliebig fortsetzen: Die Mehrzahl aller physikalischen und chemischen Erscheinungen zeigt eine Abhängigkeit von der Temperatur. Mit jeder kann man grundsätzlich ein *Meßverfahren* für die Temperatur definieren und ein Meßinstrument, Thermometer genannt, konstruieren.

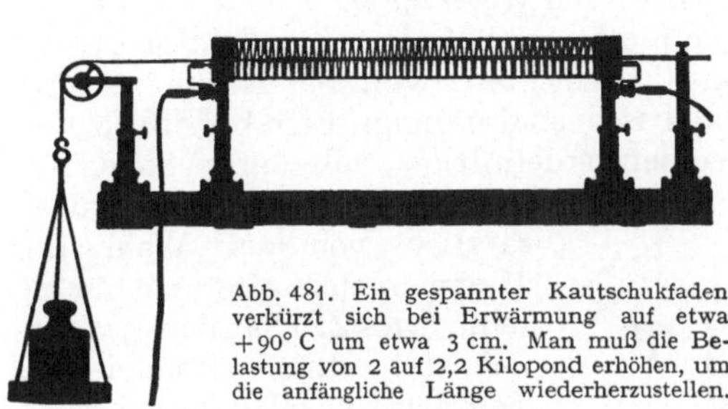

Abb. 481. Ein gespannter Kautschukfaden verkürzt sich bei Erwärmung auf etwa +90° C um etwa 3 cm. Man muß die Belastung von 2 auf 2,2 Kilopond erhöhen, um die anfängliche Länge wiederherzustellen.

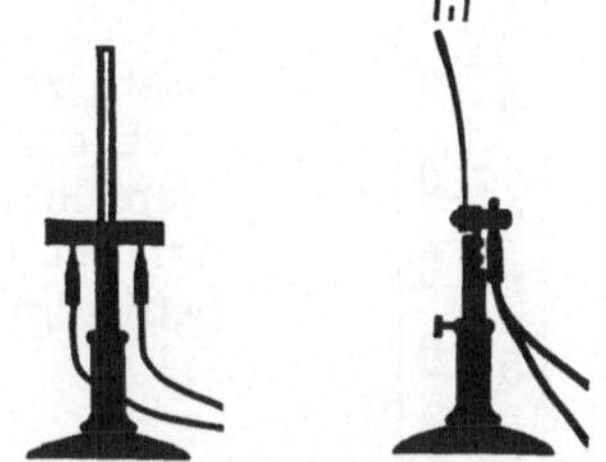

Abb. 482. Krümmung eines elektrisch geheizten Bimetallstreifens. Er besteht aus zwei aufeinandergeschweißten Blechen aus Nickel—Eisen, von denen das eine einen Zusatz von 6 Gewichtsprozent Mangan enthält. Links Aufsicht, rechts Seitenansicht.

Im täglichen Leben, in Wissenschaft und Technik benutzt man die Volumenänderung von *Flüssigkeits*mengen. Hg-Thermometer und ihre hundertteilige Gradskala zwischen der Temperatur des schmelzenden Eises und des siedenden Wassers sind heute jedem Schüler bekannt. Hg-Thermometer sind brauchbar zwischen +800 und −39° C. Für kleinere Temperaturen bis herab zu −200° C benutzt man Thermometer mit *Pentan*füllung[1].

Hg-Thermometer bis 300° sind evakuiert, für größere Temperaturen verhindert man das Verdampfen des Hg durch eine Stickstofffüllung mit Drucken bis etwa 100 Atmosphären. — Durch einen Zusatz von Thallium bleibt Hg bis −59° C flüssig und zur Temperaturmessung brauchbar.

Neben den Flüssigkeitsthermometern und außerhalb ihrer Grenzen benutzt man vorzugsweise elektrische Thermometer, also Thermoelemente gemäß Abb. 483, oder Widerstandsthermometer (Elektr.-Lehre § 214). Für große Temperaturen spielt die optische Temperaturmessung mit „Strahlungsthermometern" die wichtigste Rolle. Demgemäß werden ihre Grundlagen im Optikband (§ 223) eingehend behandelt.

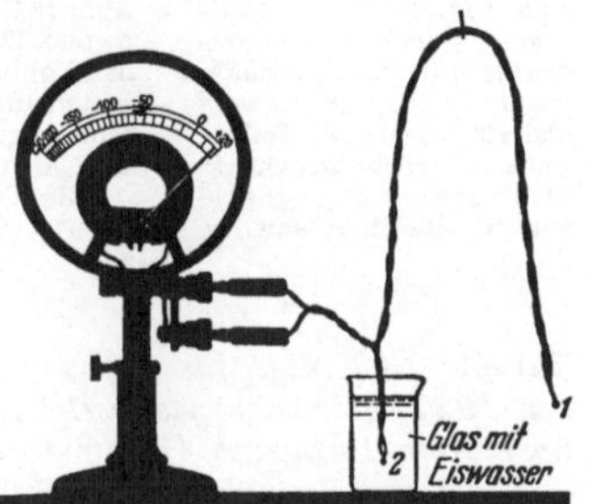

Abb. 483. Ein elektrisches Thermometer für Schauversuche. Es besteht aus zwei bei 1 und 2 zusammengelöteten Silber- und Konstantandrähten und einem elektrischen Spannungsmesser. Die Lötstelle 1 wird mit dem zu messenden Körper in Berührung gebracht, die Lötstelle 2 mit Eiswasser auf 0° C gehalten.

Alle Thermometer werden heute mit Hilfe gesetzlich festgelegter und als „Fixpunkte" sicher reproduzierbarer Temperaturen geeicht. Die Fixpunkte (Tab. 7) hat man mit überaus langwieriger, mühseliger Entwicklungsarbeit gewonnen. Dabei hat man sich von folgenden Gesichtspunkten leiten lassen:

Eine quantitative Definition der Temperatur mit einem Hg- oder allgemein Flüssigkeitsthermometer ist trotz ihrer großen praktischen Brauchbarkeit nicht voll befriedigend. Das zeigt man am einfachsten an Hand der Abb. 484. Diese enthält rechts die Skala eines Hg-Thermometers in technischer Normalausführung und links daneben ein mit seiner Hilfe geeichtes Alkoholthermometer: In dem dargestellten Bereich ist nur die Teilung des Hg-Thermometers gleichförmig, die des Alkoholthermometers ungleichförmig.

---

[1] Das Zeichen ° ist eine Abkürzung für Grad. In Einheiten abgeleiteter Größen soll man es vermeiden.

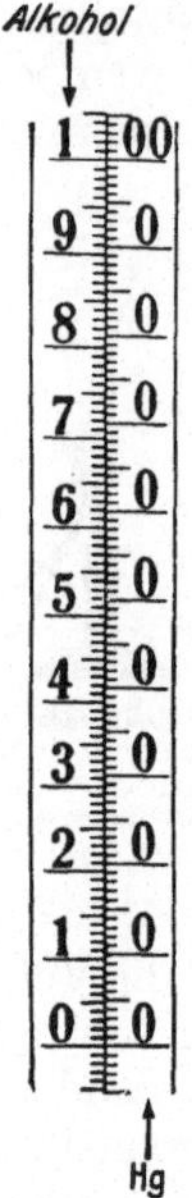

Die mit der Volumenänderung von Flüssigkeiten definierte Temperatur hängt also von der willkürlichen Wahl der thermischen *Normalstoffe* ab (also z. B. Hg und Glasart). Aus diesem Grunde hat man beim Fortschreiten der Meßtechnik das flüssige Hg durch verdünnte *Gase* ersetzt und Gasthermometer entwickelt (Abb. 485).

Die mit Gasthermometern definierte Temperatur ist, bei hinreichend kleinen Gasdichten, von der Natur des benutzten Gases praktisch unabhängig. Eine begrifflich voll befriedigende Temperaturdefinition sollte aber nicht nur praktisch, sondern auch grundsätzlich von der Wahl der Thermometerstoffe unabhängig sein. Dies Ziel hat man *gedanklich* mit „thermodynamischen Temperaturskalen" erreicht.

Die heute gebräuchliche wird in § 190 behandelt werden. Mit den in der Tabelle 7 zusammengestellten Fixpunkten kann man Thermometer so eichen, daß ein Grad in allen Temperaturgebieten dasselbe bedeutet, wie bei der heute gebräuchlichen thermodynamischen Skala.

Wissenschaft und Technik haben uns mit dem Bau handlicher und zuverlässiger Thermometer verwöhnt, nicht minder wie etwa mit dem Bau der Taschenuhren und Amperemeter. Trotzdem darf die grundsätzliche Frage des Meßverfahrens und der Eichung der Instrumente nicht unerwähnt bleiben. Sonst übersieht man leicht die große, in der Entwicklung der Meßtechnik enthaltene Leistung.

§ 146. Definition des Wortes Wärme. Das Wort Wärme wird leider noch immer nebeneinander in zwei verschiedenen Bedeutungen benutzt. Meist kennzeichnet es nicht eine besondere Form der Energie, wie es die Worte potentielle, kinetische, elektrische und magnetische Energie tun. Meist kennzeichnet das Wort Wärme lediglich eine besondere Art,

Abb. 484. Rechts die Skala eines Quecksilberthermometers mit einer gleichförmigen Teilung zwischen 0° und 100°, links die Teilung eines mit Hilfe des Quecksilberthermometers geeichten Alkoholthermometers.

Abb. 485. Schema eines Gasthermometers. Durch Nachfüllen von Hg wird das Volumen des Gases konstant gehalten und die Höhe der Quecksilbersäule abgelesen. Sie liefert den Druck des Gases, und aus ihm berechnet man die Temperatur gemäß § 153. Vgl. § 157, III.

Tabelle 7. *Einige für Eichungen wichtige Fixpunkte der 1927 gesetzlich festgesetzten Temperaturskala bei normalem Luftdruck (= 760 mm Hg-Säule). E = Erstarrungspunkt, Sb = Sublimationspunkt, Sm = Schmelzpunkt, Sd = Siedepunkt.*

Wasserstoff	Sd	$-252,8°$ C
Stickstoff	Sd	$-195,8°$
Sauerstoff	Sd	$-183°$
Schwefelkohlenstoff	E	$-112°$
Kohlensäure	Sb	$-78,5°$
Quecksilber	E	$-38,9°$
Eis	Sm	$0,00$
Wasser	Sd	$+100°$
Naphthalin	Sd	$218°$
Kadmium	E	$321°$
Schwefel	Sd	$444,6°$
Antimon	E	$631°$
Silber	E	$961°$
Gold	E	$1063°$
Platin	Sm	$1770°$
Wolfram	Sm	$3400°$

Als Meßgenauigkeit erreicht man

bis	$+500°$ C	$0,05°$
bis	$+1000°$ C	$0,5°$
bis	$+2000°$ C	$4°$
bis	$+3000°$ C	$20°$

in der Energie aus einer Stoffmenge in eine andere *übergeht*: Es ist der Übergang, der *unter Ausschluß aller sonstigen Hilfsmittel* allein durch eine *Temperaturdifferenz* verursacht wird. Wir nennen einen derartigen Übergang kurz „*thermisch*", vermeiden also zur Kennzeichnung dieses Übergangs das Wort Wärme. — Im Sonderfall bezeichnet Wärme den kinetischen Anteil einer inneren Energie (§ 169). Wir werden es allein in dieser Bedeutung benutzen.

Ein thermischer Übergang kann in zweierlei Weise erfolgen: Entweder durch „*Leitung*", wenn sich die beiden Stoffmengen oder ihre Behälter berühren, oder durch „*Strahlung*", wenn sie durch ein Vakuum (praktisch oft Luft) voneinander getrennt sind.

Die kursiv gedruckten Worte „unter Ausschluß aller sonstigen Hilfsmittel" sollen durch die Gegenüberstellung zweier Beispiele erläutert werden. — In Abb. 486 wird ein heißer Gasbehälter *I* mit einem kalten *II* in direkte Berührung gebracht. Statt der direkten Berührung der Behälterwände kann auch ein Metallstab *M* („ein guter Leiter") die Behälter verbinden (Abb. 487). In beiden Fällen wird die Temperatur T_1 kleiner, die Temperatur T_2 größer. Dem Behälter *I* nebst Inhalt wird Energie *thermisch* entzogen, dem Behälter *II* *thermisch* zugeführt.

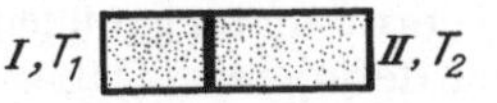

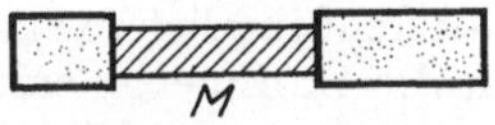

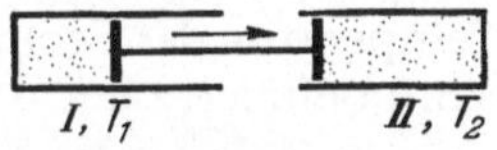

Abb. 486. Thermischer Übergang von Energie aus einem heißen in einen kalten Gasbehälter bei direkter Berührung. — Abb. 487. Desgleichen bei Verbindung durch einen Metallstab *M*. — Abb. 488. Verrichtung mechanischer Arbeit bewirkt einen Übergang von Energie aus einer Gasmenge mit großem Druck zu einer mit kleinem Druck. War anfänglich $T_1 = T_2$, so wird $T_2 > T_1$.

In Abb. 488 haben beide Gasbehälter je eine als Kolben verschiebbare Wand; beide Kolben sind durch eine Glasstange („einen Isolator") starr miteinander verbunden. Der Druck des Gases im Behälter *I* ist größer als im Behälter *II*. Nach Auslösung irgendeiner (nicht gezeichneten) Sperrklinke bewegen sich beide Kolben nach rechts. Dabei wird T_1 kleiner, T_2 größer. Dem linken Behälter wird Energie entzogen, weil das *Gas* Arbeit verrichtet; dem rechten Behälter wird Energie zugeführt, weil sein nach rechts bewegter *Kolben* Arbeit verrichtet. Hier erfolgt also ein Übergang von Energie aus dem linken in den rechten Behälter nicht thermisch, sondern durch Verrichtung von Arbeit. — Auch wenn Reibung eine Stoffmenge erwärmt, wird die Energie nicht thermisch übertragen, sondern durch Verrichtung mechanischer Arbeit[1].

Praktisch spielt in der Küche sowohl wie auch im Laboratorium der Energieübergang durch Leitung eine ganz große Rolle; man denke z. B. an einen elektrischen Tauchsieder in einer Wassermenge. Der Behälter soll „*thermisch isolieren*", *d. h. er soll keine durch Temperaturdifferenzen verursachten Energieübergänge zwischen seinem Inhalt und der Umgebung zulassen.* Thermisch gut isolierte Gefäße benutzen doppelte Wände. Ein luftleerer Zwischenraum verhindert einen Energieübergang durch *Leitung*; spiegelnde Überzüge der Wände (meist Silber oder Kupfer) verhindern weitgehend einen Energieübergang durch *Strahlung*. Solche heute in keinem Haushalt fehlenden doppelwandigen Behälter („Thermosflaschen") werden wir häufig benutzen. (Ihre Vorläufer wurden in der Wärmelehre Kalorimetergefäße genannt; s. auch Abb. 555.)

Für eine elektrisch verrichtete Arbeit gilt (s. Elektrikband § 12)

$$W = \text{Spannung} \cdot \text{Strom} \cdot \text{Zeit} \tag{275}$$

---

[1] Oder durch Verrichtung elektrischer Arbeit, wenn ein elektrischer Strom durch einen Leiter fließt und diesen erwärmt.

meist mit der Einheit Voltamperesekunde = Wattsekunde. Ein früher viel benutztes Vielfaches der Wattsekunde, nämlich

$$1 \text{ Kilokalorie} = 4186 \text{ Wattsekunden} = 1{,}16 \cdot 10^{-3} \text{ Kilowattstunden}$$

verschwindet in der neueren Literatur, insbesondere auch aus den Tabellenwerken.

§ 147. Spezifische Wärme c_p, einige Enthalpien und innere Energie U. Die in § 146 genannten Hilfsmittel seien gegeben. Eine Stoffmenge befinde sich in einem thermisch gut isolierten Behälter; eine elektrische Heizvorrichtung führe der Stoffmenge durch Wärmeleitung Energie zu. Diese Hilfsmittel und ein Thermometer genügen, um einige wichtige abgeleitete Größen durch Meßverfahren zu definieren. Dabei sollen meßtechnische Einzelheiten außer acht bleiben:

1. c_p, die spezifische Wärme bei konstantem Druck. Eine elektrische Heizvorrichtung liefere eine Energie W gemäß Gl. (275). Der Übergang dieser Energie in die Stoffmenge erfolge *thermisch*. Um diese Art des Überganges zu kennzeichnen, werde die Energie nicht mehr W, sondern Q genannt. $\varDelta Q$ vergrößere die Temperatur der Stoffmenge um $\varDelta T$, und M sei die Masse der Stoffmenge. Alsdann definiert man

$$c_p = \frac{\varDelta Q}{\varDelta T \cdot M}. \tag{276}$$

Schreibt man $\varDelta W$ statt $\varDelta Q$, so beschränkt man diese Definitionsgleichung nicht auf den (für Messungen allerdings besonders wichtigen) Fall der thermischen Energiezufuhr. Die Gl. (276) gilt dann auch für eine Energiezufuhr durch mechanische Arbeit (Reibung), oder eine elektrische Energiezufuhr, bei der ein elektrischer Strom durch die Stoffmenge hindurchfließt.

Diese Größe c_p hat den Namen *„spezifische Wärme bei konstantem Druck"* erhalten[1]. (Hier normaler Luftdruck.) Die Tabelle 8 gibt einige Werte. Sie gelten jeweils nur für einen engen Temperaturbereich.

Tabelle 8.

Stoff	Molekular-gewicht (M)	Spezifische Wärme c_p um 20° C in		$\dfrac{c_p}{R}$	Spezifische Schmelz-Enthalpie in	
		$10^3 \dfrac{\text{Wattsek}}{\text{kg} \cdot \text{Grad}}$	$10^3 \dfrac{\text{Wattsek}}{\text{Kilomol} \cdot \text{Grad}}$		$10^5 \dfrac{\text{Wattsek}}{\text{kg}}$	$10^6 \dfrac{\text{Wattsek}}{\text{Kilomol}}$
Aluminium .	26,98	0,897	24,2	2,91	4,036	0,89
Kupfer . . .	63,54	0,385	24,5	2,95	2,047	3,00
Blei	207,2	0,128	26,5	3,18	0,247	5,12
NaCl	58,45	0,850	49,7	5,96	5,17	30,2
Benzol . . .	78,11	1,700	132	15,9	1,26	9,84
Wasser . . .	18,02	4,160	75	9,0	3,35	6,03

Die Größe $R = 8{,}31 \cdot 10^3 \dfrac{\text{Wattsek}}{\text{Kilomol} \cdot \text{Grad}}$ wird erst in § 153 eingeführt, von da an aber viel gebraucht werden. — 1 Kilomol = (M) kg.

2. Spezifische Verdampfungs- und Kondensations-Enthalpie. In Abb. 489 ist ein Behälter teilweise mit Wasser gefüllt und dann luftleer gepumpt worden. An den Behälter ist ein Druckmesser M angeschlossen und ein einstellbares Federventil. Außerdem ist der Behälter mit einer elektrischen Heizvorrichtung versehen.

Nach Einschalten des Stromes erwärmt sich das Wasser, und mit steigender Temperatur wächst der Druck des Dampfes. Der Dampf steht dauernd mit dem Wasser in Berührung und im „Gleichgewicht". Man nennt den Druck dieses Dampfes den *Sättigungsdruck*. Zahlenwerte findet man in der Abb. 497. Bei einem

---

[1] „Spezifische Wärme" ist kein guter Name. Es hätte „spezifische Wärmekapazität" heißen müssen.

bestimmten Dampfdruck p öffnet sich das Ventil, der Dampf entweicht in
stetigem Strome. Von diesem Augenblick an bleibt die Temperatur sowohl
des Wassers wie auch des Dampfes konstant, beide Temperaturen sind nach wie
vor gleich. — Folgerung: Der entweichende Dampf muß
dauernd ersetzt werden, es muß dauernd Wasser in
Dampf umgewandelt werden. Die thermisch zugeführte
Energie Q wird für den Vorgang der Verdampfung gebraucht. Die verdampfte Wassermenge, gemessen durch
ihre Masse M, ergibt sich proportional der zugeführten
Energie Q. Daher bildet man den Quotienten

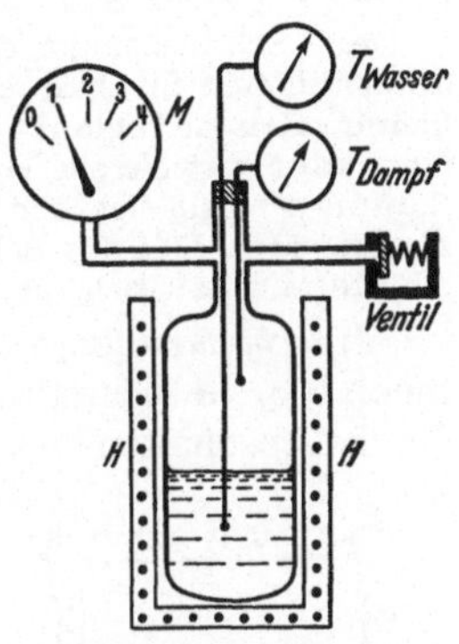

$$r = \frac{\text{thermisch zugeführte Energie } Q}{\text{Masse } M \text{ der verdampften Flüssigkeitsmenge}} \qquad (277)$$

und nennt ihn „spezifische *Verdampfungs*-Enthalpie". —
In § 150 wird die Abb. 497 Messungen für die Verdampfung von Wasser bei Temperaturen zwischen 0° C und
374° C bringen; in § 151 wird der Name „*Verdampfungs*-
Enthalpie" eine einfache Begründung finden.

Abb. 489. Zur Messung der
Verdampfungsenthalpie. Das
Manometer zeigt 1 Atm., falls
seine Zuleitung frei mit der
Zimmerluft in Verbindung steht.
Es mißt also den ganzen Druck
des Dampfes, nicht nur seinen
Überschuß über den normalen
Luftdruck. H = elektrischer
Ofen. Als Federventil eignet
sich die für O_2-Bomben ge-
bräuchliche Form.

    Jede verdampfende Flüssigkeit entzieht ihrer Umgebung
thermisch Energie. Darauf beruhen mannigfache Kältemaschinen.
Im Laboratorium benutzt man oft die in Abb. 490 skizzierte
Kühlflasche. Sie besteht aus Glas und enthält flüssiges Chloräthyl
(Siedetemperatur $= 13{,}1°$ C, Dampfdruck bei 18° C $= 1{,}26$ Kilo-
pond/cm²). Die Flüssigkeit wird durch den Druck ihres Dampfes
aus einem kleinen Hebelventil ausgespritzt. Die vom Strahl ge-
troffene Fläche muß die Verdampfungs-Enthalpie liefern, und dadurch kühlt sie sich ab.
So kann man im Laboratorium bequem Temperaturen unter 0° C erzeugen. In der Medizin
benutzt man dieses Hilfsmittel, um durch Einfrieren eine örtliche Unempfindlichkeit gegen
Schmerz zu erzeugen. (*Schauversuch:* Man bespritze schwarzes
Papier, behauche es und beobachte die Reifbildung.)

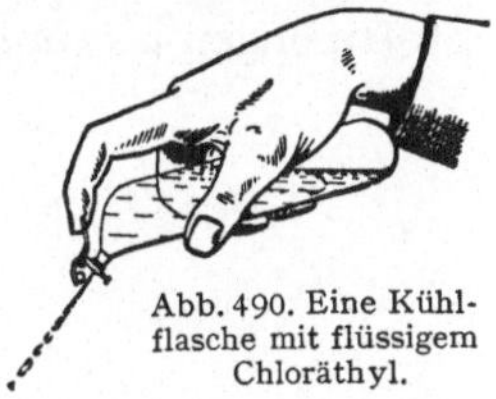

    Die für die Verdampfung gebrauchte Energie läßt sich
bei der Rückbildung des Dampfes in die Flüssigkeit zurückgewinnen. Bis auf das Vorzeichen ist also die „spezifische *Kondensations-Enthalpie*" gleich der spezifischen
Verdampfungs-Enthalpie. Für Schauversuche leitet man
Wasserdampf in ein mit kaltem Wasser gefülltes Kalori-

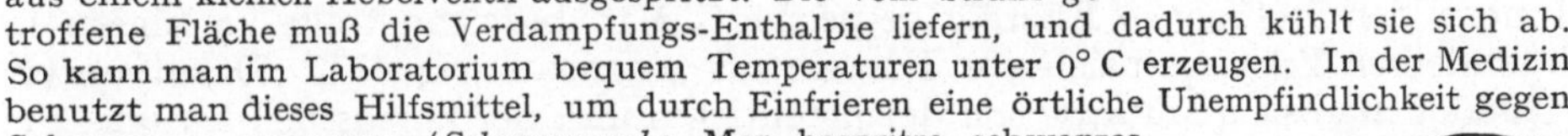

Abb. 490. Eine Kühl-
flasche mit flüssigem
Chloräthyl.

metergefäß (Thermosflasche). Dort kondensiert er sich, und dabei wird das
Wasser erwärmt. Aus der Masse der kondensierten Wassermenge und der Steigerung ihrer Temperatur läßt sich die Kondensations-Enthalpie berechnen.

    3. *Spezifische Schmelz- und Kristallisations-Enthalpie.* Die spezifische
Schmelz-Enthalpie wird grundsätzlich ebenso bestimmt, wie die spezifische *Ver-
dampfungs*-Enthalpie. Gemessen wird die Masse M der von thermisch zugeführter
Energie Q geschmolzenen Stoffmenge. Alsdann definiert man als spezifische
Schmelz-Enthalpie die Größe

$$\chi = \frac{\text{thermisch zugeführte Energie}}{\text{Masse der geschmolzenen Stoffmenge}} \qquad (283)$$

Die Tab. 8 gibt Beispiele, und zwar wieder für normalen Luftdruck.

    Die *Kristallisations*-Enthalpie ist bis auf das Vorzeichen mit der *Schmelz*-
Enthalpie identisch.

Die in der Flüssigkeit beim Schmelzen gespeicherte Energie läßt sich bei der Erstarrung der Flüssigkeit zurückgewinnen. Zur Vorführung im Schauversuch eignet sich besonders das für die Photographie als Fixiersalz benutzte Natriumthiosulfat ($Na_2S_2O_3 \cdot 5\,H_2O$).

Der Schmelzpunkt dieses Salzes liegt bei $+48{,}2°$ C. Man kann die Schmelze stark unterkühlen. Sie hält sich bei Zimmertemperatur tagelang. Beim „Impfen" mit einem kleinen Kristall beginnt die Kristallisation unter beträchtlicher Vergrößerung der Temperatur. Man kann mit diesem Vorgang Äther verdampfen und diese Verdampfung mit einer Ätherflamme weithin sichtbar machen. — Technisch benutzt man ihn zur Herstellung von Heizkissen. Man füllt das Salz in eine Gummiblase und schmilzt es in heißem Wasser. Bei der Abkühlung hält sich die Temperatur lange auf $+48°$ C („Haltepunkt").

4. Umwandlungs-Enthalpie. In Abb. 491 wird ein kohlenstoffhaltiges Eisenblech (0,9 Gewichtsprozent C) durch einen elektrischen Strom auf Gelbglut erhitzt. Nach Abschalten des Stromes kühlt es sich rasch ab und wird dabei dunkel.

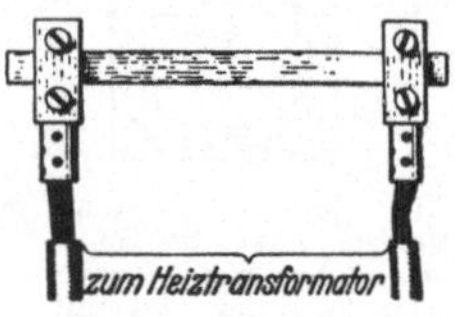

Abb. 491. Zur Vorführung einer Umwandlungsenthalpie.

Beim Unterschreiten von $T \approx 720°$ C flammt es noch einmal hell auf: es verwandelt sich — und zwar durch Unterkühlung verzögert — eine γ-Eisen benannte Form des Eisens in ein energieärmeres Gemenge von kohlenstofffreiem γ-Eisen und von Fe_3C (Zementit). Dabei wird eine gespeicherte Energie frei.

Ohne die Unterkühlung würde sie den Temperaturabfall nur eine Zeitlang zum Stillstand bringen: „Haltepunkt" als Kennzeichen eines „Phasenwechsels".

Zusammenfassung. Eine Zufuhr von Energie kann nicht nur die Temperatur einer Stoffmenge erhöhen, sondern auch bei konstant bleibender Temperatur im Inneren irgendwelche Umwandlungen hervorrufen. In beiden Fällen wird im Innern der Stoffmenge Energie gespeichert. Man bezeichnet alle im Innern in irgendeiner Form gespeicherte Energie als *„innere Energie"* U. Damit unterscheidet man sie qualitativ von der potentiellen und der kinetischen Energie, die Stoffmengen *als Ganzes* besitzen können. Näheres in § 150.

XIV. I. Hauptsatz und Zustandsgleichung idealer Gase.

§ 148. Ausdehnungsarbeit und technische Arbeit. Unser nächstes Ziel ist die quantitative Fassung des Satzes von der Erhaltung der Energie, also des ersten Hauptsatzes. Dieser und der folgende Parapraph dienen der Vorbereitung.

In der Mechanik fester Körper definiert man die Arbeit A als Produkt „Kraft in der Richtung des Weges mal Weg", also $A = \int \mathfrak{K}\,ds$ (§ 34). Die Kraft $\mathfrak{K}$ läßt sich in Flüssigkeiten und Gasen durch das Produkt „Druck p mal Fläche F" ersetzen. Dann erhält man als Arbeit $A = \int p F\,ds$ oder, da $F\,ds =$ Volumenelement dV,

$$A = \int p\,dV. \tag{284}$$

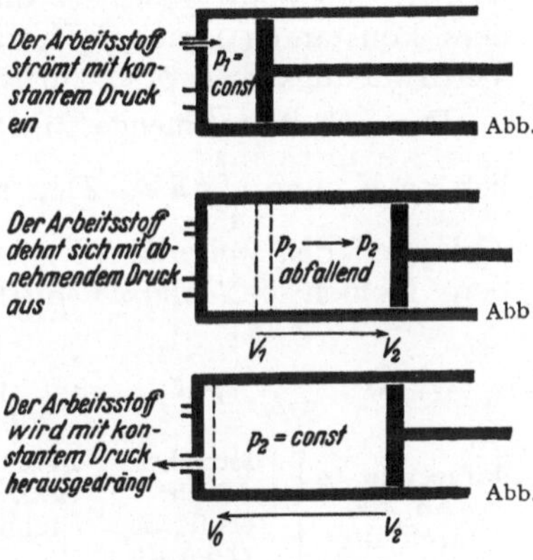

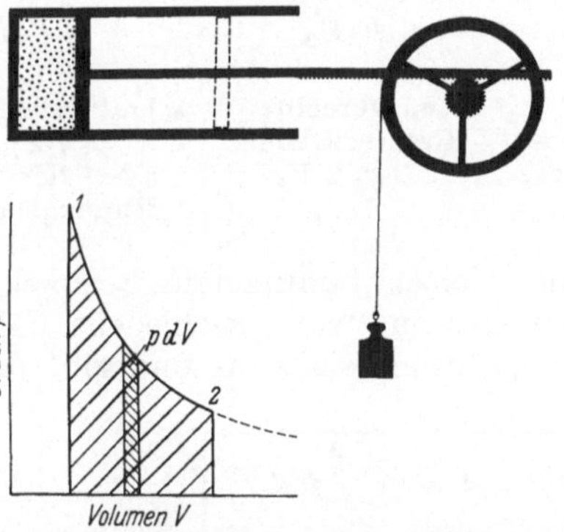

Abb. 492. pV-Diagramm zur Definition einer Ausdehnungsarbeit $\int p\,dV$. Schraffierte Fläche *unter* der Ausdehnungskurve. Der Arbeitsstoff verrichtet in diesem Beispiel außer Hubarbeit auch Beschleunigungsarbeit. Vgl. Abb. 568.

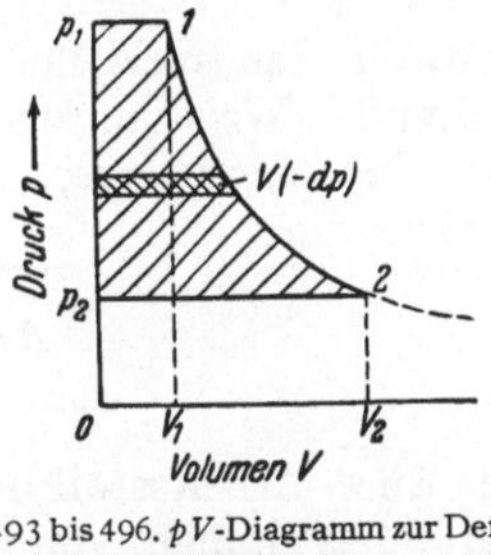

Abb. 493 bis 496. pV-Diagramm zur Definition der technischen Arbeit $A_{techn} = -\int V\,dp$. Schraffierte Fläche *neben* der Ausdehnungskurve. Der Arbeitsstoff fließt, die Maschine M durchströmend, aus einem Behälter mit großem konstantem Druck p_1, z. B. einem Dampfkessel, in einen Behälter mit kleinem konstantem Druck p_2, z. B. in einen Kondensator oder in die freie Atmosphäre.

Genau wie früher wollen wir auch diese Entstehung einer Arbeit durch eine Zeichnung veranschaulichen. Das geschieht in Abb. 492. Eine in einem Zylinder eingesperrte Arbeitsstoffmenge soll gegen einen Kolben drücken; sie soll ihn nach rechts vorschieben, dabei das Volumen vergrößern und Arbeit verrichten. Die Bewegung soll so langsam erfolgen, daß innerhalb der Arbeitsstoffmenge keine örtlichen Differenzen von Druck, Dichte und Temperatur auftreten. Der Druck bleibt während der Kolbenbewegung nicht konstant, das ist durch die Kurve $1 \cdots 2$ dargestellt. Die Ausdehnungsarbeit $\int_1^2 p\,dV$ ist gleich der schraffierten Fläche *unter* der Ausdehnungskurve.

In der Technik arbeiten alle Maschinen in periodischer Folge. Sie können ihre Arbeit nur mit Hilfe eines *strömenden* Arbeitsstoffes erzeugen. Für diesen Fall hat man den Begriff der *technischen Arbeit* A_{techn} geschaffen. Er soll an

Hand der Abb. 493 bis 496 erläutert werden. Diese Bilder zeigen oben den Zylinder einer Maschine mit einem Zu- und einem Abflußventil und einem Kolben.

Im ersten Zeitabschnitt einer Periode strömt eine Arbeitsstoffmenge mit konstantem Druck in den Zylinder ein. Sie muß sich durch Vordrängen des Kolbens bis zur Stellung 1 Platz machen. Dabei gibt sie die Verdrängungsarbeit $p_1 V_1$ an den Kolben ab. Im zweiten Zeitabschnitt ist das Zuflußventil geschlossen, die Arbeitsstoffmenge dehnt sich aus und verschiebt den Kolben bis zur Stellung 2; ihr Druck sinkt von p_1 auf p_2. Dabei gibt sie die Ausdehnungsarbeit $A = + \int_1^2 p \, dV$ an den Kolben ab. Im dritten Zeitabschnitt ist das Ausflußventil geöffnet, die Arbeitsstoffmenge wird von dem Kolben mit dem konstanten Druck p_2 herausgeschoben. Dabei wird ihr vom Kolben die Verdrängungsarbeit $p_2 V_2$ zurückgegeben.

Die Arbeitsstoffmenge führt also dem Kolben zwei Arbeitsbeträge zu, nämlich $p_1 V_1$ und $\int_1^2 p \, dV$. Der abfließenden Arbeitsstoffmenge wird der Betrag $p_2 V_2$ auf den weiteren Weg mitgegeben. Somit liefert die Arbeitsstoffmenge dem Kolben die *technisch nutzbare* oder kurz die *technische* Arbeit

$$A_{\text{techn}} = p_1 V_1 + \int_1^2 p \, dV - p_2 V_2 = - \int_1^2 V \, dp \qquad (285)$$

dargestellt in Abb. 496 durch die	lotrechte Rechteckfläche $O p_1 1 V_1$	Fläche $V_1 1 2 V_2$ *unter* der Ausdehnungskurve	waagerechte Rechteckfläche $O p_2 2 V_2$	schraffierte Fläche $p_1 1 2 p_2$ *neben* der Ausdehnungskurve.

Soweit das spezielle, Zylinder und Kolben benutzende Beispiel. In entsprechender Weise unterscheidet man allgemein zwei verschiedene Fälle:

1. Eine eingesperrte Arbeitsstoffmenge dehnt sich aus und gibt dabei nach außen ab die

$$\boxed{Ausdehnungsarbeit \; A = + \int_1^2 p \, dV} \qquad (286)$$

2. Eine Arbeitsstoffmenge *durchströmt* eine beliebige Maschine, vergrößert dabei ihr Volumen von V_1 auf V_2 und vermindert dabei ihren Druck von p_1 auf p_2. Dabei führt sie nach außen ab die

$$\boxed{technische \; Arbeit \; A_{\text{techn}} = - \int_1^2 V \, dp} \qquad (287)$$

Der Zusammenhang beider Arbeiten ergibt sich aus Gl. (285) und lautet

$$A_{\text{techn}} = A + p_1 V_1 - p_2 V_2. \qquad (288)$$

§ 149. Thermische Zustandsgrößen. Am Anfang von § 143 war die Bedeutung des Wortes Stoffmenge festgelegt. — Für jede Stoffmenge kann man das Volumen V, den Druck p und die Temperatur T angeben. Diese leicht meßbaren Größen werden, wie schon in § 143 erwähnt, als *einfache Zustandsgrößen* bezeichnet.

Das Kennzeichen einer Zustandsgröße ist ihre Unabhängigkeit vom Verlauf oder vom „Wege" vorangegangener Zustandsänderungen. Diese Unabhängigkeit fehlt anderen wichtigen Größen, z.B. der verrichteten Arbeit $A = \int p \, dV$. Das zeigt ein Beispiel: In Abb. 492 wird die verrichtete Arbeit durch die schraffierte Fläche dargestellt. Diese Fläche hängt vom „Wege" ab, d.h. im Beispiel von der Gestalt des Kurvenzuges, der vom Zustand 1 zum Zustand 2 führt. — Zwischen den Zustandsgrößen besteht, wenn nur eine Phase vorliegt, eine eindeutige Beziehung, genannt die *thermische Zustandsgleichung*. Besonders einfach ist die der idealen Gase. — Eine thermische Zustandsgleichung bestimmt durch je zwei der Zustandsgrößen die dritte, und zwar unabhängig von allen in der Zwischenzeit erfolgten Zustandsänderungen. Voraussetzung ist nur: Keine der Zustandsänderungen darf die chemische oder sonstige, z.B. mikrokristalline, Beschaffenheit des Stoffes umgewandelt haben.

Außer den genannten thermischen Zustandsgrößen gibt es noch eine Anzahl anderer. Von diesen werden wir außer der inneren Energie U die Enthalpie J, die Entropie S und die freie Energie F kennenlernen. Stets genügen wenige Zustandsgrößen, um alles in der Wärmelehre Meß- und Beobachtbare in seinen quantitativen Zusammenhängen zu erfassen.

§ 150. Innere Energie U und erster Hauptsatz. Eine abgegrenzte Stoffmenge ist nur der Sonderfall eines beliebig komplizierten „Systems", das gegen einen Energieaustausch mit seiner Umgebung isoliert werden kann[1]. Allgemeinem Brauche folgend bezeichnen wir die einem System *thermisch* zugeführte Energie mit $+Q$. Ein Teil dieser Energie kann eine äußere Arbeit $+A$ verrichten, d.h. nach außen abgeführt werden. Man denke an eine Dampfmaschine, an die Vergrößerung einer Oberfläche (vgl. Oberflächenarbeit § 78) oder die Abgabe elektrischer Energie, z.B. beim Thermoelement. Der Rest der thermisch zugeführten Energie kann im Innern des Systems als *innere Energie U* (S. 252) gespeichert werden und diese um den Betrag ΔU vergrößern. In Gleichungsform:

$$\text{Allgemein} \qquad \boxed{Q \quad = \quad A \quad + \quad \Delta U} \qquad (289)$$

Für den Sonderfall der Ausdehnungsarbeit:

$$Q = \int p\, dV + \Delta U \qquad (290)$$

$$\underbrace{\begin{array}{c}\text{thermisch}\\ \textit{zugeführte Energie}\\ (\textit{keine Zustands-}\\ \text{größe})\end{array}}_{} = \underbrace{\begin{array}{c}\text{als äußere Arbeit}\\ \textit{abgeführte}\\ \text{Energie (}\textit{keine}\\ \text{Zustandsgröße).}\end{array}}_{} + \underbrace{\begin{array}{c}\text{Zunahme der}\\ \text{inneren Energie}\\ \text{(Zustands-}\\ \text{größe)}\end{array}}_{}$$

Nach altem Herkommen bedeuten negative Vorzeichen thermisch *abgeführte* Energie, *Abnahme* der inneren Energie, aber *Zuführung* äußerer Arbeit (z.B. durch Kompression des Körpers). — Die Gl. (289) wird als *„Erster Hauptsatz"* bezeichnet.

Solange Vorgänge ohne jede Temperaturänderung der beteiligten Stoffmengen verlaufen, bleibt in der Mechanik die Summe von potentieller und kinetischer Energie konstant. Gleiches gilt in der Elektrik für die elektrische und magnetische Energie und für die Kombinationen der vier genannten Energieformen. Für diese Energien ist ein „Erhaltungssatz" empirisch aufs beste gesichert.

Der erste Hauptsatz bezieht nun in die Bildung dieser Summen auch die Energie ein, die von einer Stoffmenge *thermisch* aus ihrer Umgebung aufgenommen oder an sie abgegeben wird und dabei ganz oder teilweise die innere Energie U der Stoffmenge um ΔU verändern kann. Die innere Energie war bisher in § 147 nur qualitativ eingeführt. Der erste Hauptsatz erlaubt es, ihre

---

[1] Als „System" bezeichnet man in physikalischen Darstellungen die Stoffmengen und Gegenstände, die man in die Überlegungen einbezieht.

Änderung quantitativ zu definieren. (Entsprechend der Änderung einer potentiellen Energie in der Mechanik.) Auch enthält der erste Hauptsatz die Aussage, daß die innere Energie eine *Zustandsgröße* ist. Er besagt: Gegeben ein System in einem Zustand 1, gekennzeichnet durch p_1, T_1 .... Durch thermische Zu- und

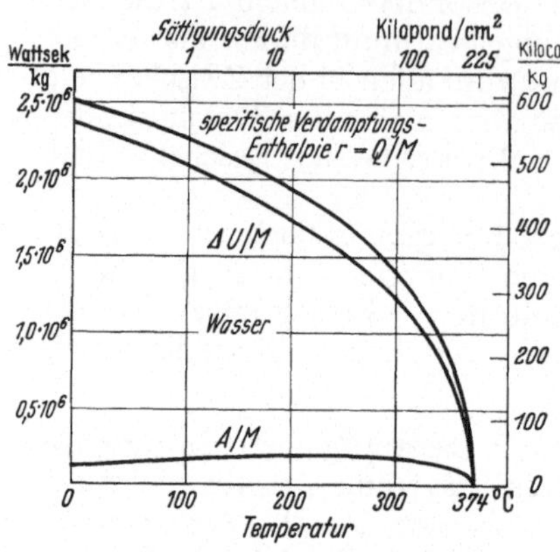

Abb. 497. Die Verdampfungs-Enthalpie des Wassers bei verschiedenen Temperaturen und ihre Zerlegung in ihre beiden Anteile, die Zunahme ΔU der inneren Energie und die Verdrängungsarbeit A. Alle drei Größen sind auf die Masse M des erzeugten Dampfes reduziert. Es sind also statt der Verdampfungs-Enthalpie r und statt ΔU und A die spezifischen, durch Division mit der Masse M gebildeten Größen eingetragen (vgl. § 21).

Abfuhr von Energie Q und durch Verrichtung äußerer Arbeit A (beliebiger Art) passiere das System nacheinander Zustände 2, 3, ... Schließlich gelange es in den Ausgangszustand 1 zurück. Dann findet man experimentell ohne Ausnahme die Summe aller thermisch zu- und abgeführten Energien gleich der Summe aller ab- und zugeführten Arbeiten. Bei allen Zustandsänderungen des Systems wird keine Energie verloren oder gewonnen. Die innere Energie ist am Schluß im Zustand 1 genauso groß wie am Anfang. Sie wird nur von Zustandsgrößen (p, T ...) bestimmt.

Wir wenden die Gl. (290) zunächst auf ein System an, das nur aus einer chemisch einheitlichen Stoffmenge besteht. Für sie kennen wir die als *Verdampfungs*-Enthalpie definierte Größe. Die Flüssigkeitsmenge soll bei konstantem Druck, und zwar ihrem Sättigungsdruck, verdampfen (Abb. 489). Die gemessene Verdampfungs-Enthalpie läßt sich an Hand der Gl. (290) in folgender Weise in zwei Summanden zerlegen.

$$\left.\begin{array}{c}\text{thermisch}\\\text{zugeführte Energie } Q\end{array}\right\} = \left\{\begin{array}{c}\text{Zunahme } \Delta U \text{ der inneren}\\\text{Energie bei der Umwand-}\\\text{lung Flüssigkeit} \to \text{Dampf}\end{array}\right\} + \left\{\begin{array}{c}\text{Verdrängungsarbeit}\\A = p \, (V_{\text{Dampf}} - V_{\text{Flüssigkeit}})\end{array}\right.$$

Die Zunahme der inneren Energie ist $\Delta U = U_{\text{Dampf}} - U_{\text{Flüssigkeit}}$. Sie entsteht vor allem durch eine Zunahme der potentiellen Energie der sich gegenseitig anziehenden Moleküle. Die Verdrängungsarbeit A muß gegen den Sättigungsdruck des Dampfes verrichtet werden, um Platz für den neu entstehenden Dampf zu schaffen. — Die Abb. 497 zeigt diese Zerlegung für die Verdampfung von Wasser im Temperaturbereich von 0 bis 374,2° C. In diesem Bereich wächst der Druck des gesättigten Dampfes bis zu 225 at (d.h. technischen Atmosphären). 374,2° C ist die kritische Temperatur des Wassers, bei der Dampf und Flüssigkeit identisch werden.

§ 151. Die Zustandsgröße Enthalpie J.

Bei vielen Anwendungen der Wärmelehre benutzt man, wie schon erwähnt, die Arbeit eines *strömenden* Arbeitsstoffes. Alle Fälle dieser Art lassen sich auf das in Abb. 498 skizzierte Schema zurückführen: Eine Arbeitsstoffmenge *strömt* aus einem Behälter I durch eine Maschine oder einen Apparat M in einen Behälter II. Die beiden belasteten Kolben sollen die Aufrechterhaltung *konstanter* Drucke versinnbildlichen.

M kann z. B. eine Dampfmaschine ganz beliebiger Bauart sein oder ein Preßluftwerkzeug. Beide führen die technische Arbeit A_{techn} nach außen ab. — M kann ein Kompressor sein und der Arbeitsstoffmenge die technische Arbeit $-A_{\text{techn}}$ zuführen. — M kann ein Rührwerk sein und die Temperatur erhöhen: dabei wird Energie als Arbeit zugeführt. M kann aber auch eine Heiz- oder Kühlvorrichtung sein und Energie thermisch zuführen oder abführen. Schließlich können verschiedene Möglichkeiten miteinander vereinigt werden, man kann z. B. einen Verdichter mit einer Kühlung versehen.

Für die Behandlung strömender Arbeitsstoffe ist der Begriff der *technischen* Arbeit eingeführt worden. Aus seiner Definitionsgleichung (287) von S. 254 folgte

$$A = A_{\text{techn}} - p_1 V_1 + p_2 V_2. \qquad (288)$$

Diesen Wert setzen wir in Gl. (289), also $Q = U_2 - U_1 + A$, ein und bekommen

$$Q = U_2 - U_1 + A_{\text{techn}} - p_1 V_1 + p_2 V_2 \qquad (293)$$

oder

$$Q = (U_2 + p_2 V_2) - (U_1 + p_1 V_1) + A_{\text{techn}}. \qquad (294)$$

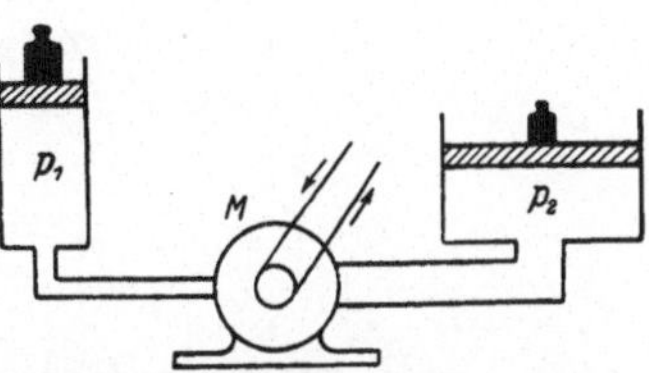

Abb. 498. Zur Verrichtung von Arbeit mit einem strömenden Arbeitsstoff. Die Bedeutung von M wird im Kleindruck des Textes erläutert. Eine hindurchströmende Arbeitsstoffmenge hat vor dem Eintritt in M das Volumen V_1 und den Druck p_1, nach dem Austritt aus M das Volumen V_2 und den Druck p_2.

U, p und V sind *Zustandsgrößen*. Folglich sind es auch die in den Klammern stehenden Summen. Diesen Summen hat man den Namen *Enthalpie J* gegeben, also

$$\boxed{\begin{array}{ccccc} J & = & U & + & p\,V \\ \text{Enthalpie} & = & \text{innere Energie} & + & \text{Verdrängungsarbeit.} \end{array}} \qquad (295)$$

Die Enthalpie ist eine neue, viel benutzte, energetische *Zustandsgröße*. Man braucht sie bei *strömenden* Arbeitsstoffen da, wo man bei *eingesperrten* die innere Energie U anwendet. Mit der Enthalpie J und der technischen Arbeit $A_{\text{techn}} = - \int\limits_1^2 V\,dp$ bekommt Gl. (294) die Form

$$\boxed{\begin{array}{ccccc} Q & = & \Delta J & - & \int V\,dp \\ \left.\begin{array}{c}\text{thermisch}\\\text{zugeführte}\\\text{Energie}\end{array}\right\} & = & \left\{\begin{array}{c}\text{Zunahme}\\\text{der}\\\text{Enthalpie}\end{array}\right\} & + & \left\{\begin{array}{c}\text{nach außen ab-}\\\text{geführte (!) tech-}\\\text{nische Arbeit.}\end{array}\right. \end{array}} \qquad (296)$$

Anwendungsbeispiel: Wird ein Dampf bei seinem Sättigungsdruck hergestellt so ist p konstant (Abb. 489). Bei konstantem p ist $\int V\,dp = 0$. Folglich liefert Gleichung (296) $Q = \Delta J$, in Worten: die für die Verdampfung thermisch zugeführte Energie ist gleich der von der *Verdampfung* bewirkten Zunahme der Enthalpie der Stoffmenge. Deswegen wird dieser durch die Verdampfung hinzugekommene Anteil der Enthalpie als *Verdampfungs*-Enthalpie bezeichnet.

§ 152. Die beiden spezifischen Wärmen c_p und c_v. Im Besitz der inneren Energie U und Enthalpie J können wir jetzt den Begriff der spezifischen Wärme in eine physikalisch einwandfreie Form bringen. — Bisher haben wir die spezifische Wärme eines Stoffes definiert durch die Gleichung

$$c = \frac{\text{thermisch zugeführte Energie } Q}{\text{Masse } M \cdot \text{Temperaturzunahme } \Delta T}. \qquad (277)$$

Die thermisch, z.B. mit elektrischer Heizung, zugeführte Energie findet bei konstantem Volumen oder bei konstantem Druck eine ganz verschiedenartige Verwendung. Bei konstantem Volumen, erzwungen durch hinreichend starre Gefäßwände, wird die Temperatur erhöht und dadurch nur die innere Energie U der Stoffmenge vergrößert. Bei konstantem Druck aber kann sich die Stoffmenge während der Temperaturerhöhung ausdehnen. Zur Vergrößerung der inneren Energie kommt also eine Verdrängungsarbeit hinzu. Mit anderen Worten: Bei konstantem Druck tritt an die Stelle der inneren Energie U die Enthalpie $J = U + pV$.

Demgemäß muß man zwei Arten von spezifischen Wärmen definieren. Erstens eine spezifische Wärme c_v bei konstant gehaltenem Volumen, also

$$c_v = \left(\frac{\text{Zunahme } \Delta U \text{ der inneren Energie}}{\text{Masse } M \text{ der Stoffmenge} \cdot \text{Temperaturzunahme } \Delta T} \right)_{v = \text{const}} \tag{297}$$

oder

$$c_v = \frac{1}{M} \left(\frac{\partial U}{\partial T} \right)_{v = \text{const}}.$$

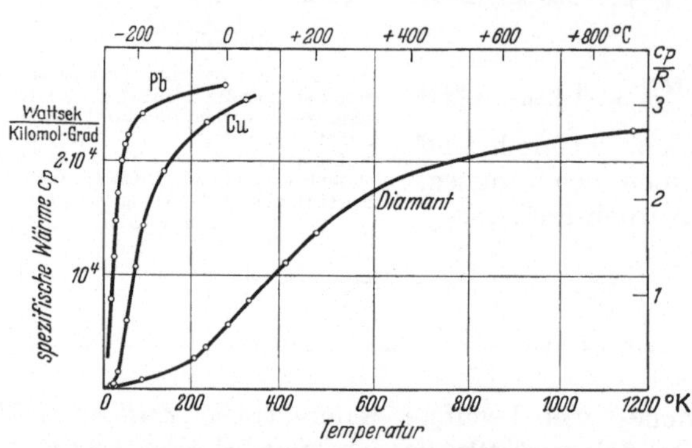
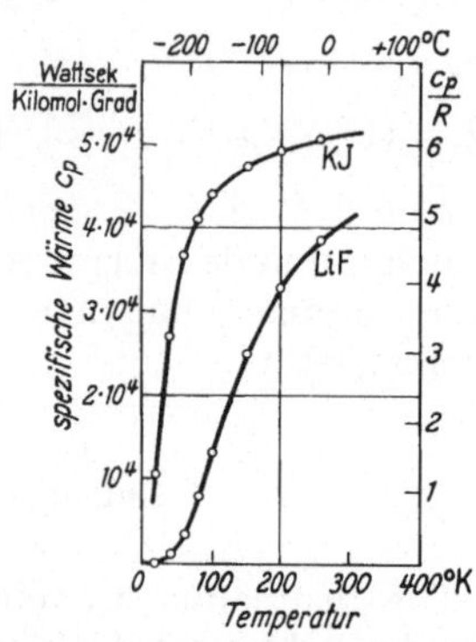

Abb. 499. Die spezifische Wärme c_p in ihrer Abhängigkeit von der Temperatur, links für Kristalle aus nur einer Atomart, rechts für Kristalle aus zwei (ionisierten) Atomarten. In § 153 wird eine von negativen Werten freie, absolut genannte Temperatur T_{abs} mit der Kelvinschen Skala eingeführt werden. Alsdann kann man bei „einfachen" Stoffen wie Al, Cu, Pb, Diamant die spezifische Wärme durch die gleiche Funktion des Verhältnisses T_{abs}/Θ darstellen. Dabei nennt man den Divisor Θ die charakteristische oder Debyesche Temperatur des Stoffes. Bei anderen Stoffen z. B. Graphit und $PbCl_2$, braucht man die gleiche Funktion von $(T_{\text{abs}}/\Theta)^n$.

Zweitens eine spezifische Wärme c_p bei konstant gehaltenem Druck, also

$$c_p = \left(\frac{\text{Zunahme } \Delta J \text{ der Enthalpie}}{\text{Masse } M \text{ der Stoffmenge} \cdot \text{Temperaturzunahme } \Delta T} \right)_{p = \text{const}} \tag{298}$$

oder

$$c_p = \frac{1}{M} \left(\frac{\partial J}{\partial T} \right)_{p = \text{const}}.$$

Als Differenz der beiden spezifischen Wärmen ergibt sich

$$c_p - c_v = \frac{1}{M} \left[p + \left(\frac{\partial U}{\partial V} \right)_{T = \text{const}} \right] \left(\frac{\partial V}{\partial T} \right)_{p = \text{const}}. \tag{299}$$

Herleitung: Es ist laut Definition die Enthalpie $J = U + pV$. Folglich kann man statt Gl. (298) schreiben:

$$c_p = \frac{1}{M} \left[\frac{\partial U}{\partial T} + p \left(\frac{\partial V}{\partial T} \right) \right]_{p = \text{const}}. \tag{300}$$

Im allgemeinen hängt die innere Energie U eines Körpers oder einer Stoffmenge sowohl von T wie auch von V ab. Daher erhält man

$$dU = \left(\frac{\partial U}{\partial T} \right)_{V = \text{const}} dT + \left(\frac{\partial U}{\partial V} \right)_{T = \text{const}} dV \tag{301}$$

und daraus

$$\left(\frac{\partial U}{\partial T} \right)_{p = \text{const}} = \left(\frac{\partial U}{\partial T} \right)_{V = \text{const}} + \left(\frac{\partial U}{\partial V} \right)_{T = \text{const}} \left(\frac{\partial V}{\partial T} \right)_{p = \text{const}}. \tag{302}$$

Die Zusammenfassung von (297), (300) und (302) liefert (299).

Soweit die nunmehr einwandfreien Definitionen. Für einen sinnvollen *Vergleich* der spezifischen Wärmen verschiedener Stoffe muß man *individuelle*

Masseneinheiten benutzen, z. B. Kilomole. Dann handelt es sich bei den verschiedenen Stoffen um Mengen mit der gleichen Anzahl von Molekülen, bei Benutzung von Kilomolen also um Mengen mit je $6{,}02 \cdot 10^{26}$ Molekülen. Zur Umrechnung bedient man sich der Beziehung

$$1 \text{ kg} = \frac{1}{(M)} \text{ Kilomol}. \qquad\qquad (268) \text{ v. S. } 245$$

Der Grundversuch zur Definition der spezifischen Wärme (§ 147) wurde mit einer thermischen Energiezufuhr aus einer elektrischen Heizvorrichtung im Bereich der Zimmertemperatur ausgeführt. In anderen Temperaturbereichen findet man die spezifischen Wärmen auch nicht mehr näherungsweise konstant. Die Abb. 499 u. 500 zeigen typische Beispiele. Die spezifische Wärme c_p sinkt anfänglich langsam, später jäh mit sinkender Temperatur. In den Bildern beachte man zunächst für die Ordinatenachse nur die linke, für die Abszissenachse nur die obere Teilung. Die beiden anderen Teilungen sollen erst in späterem Zusammenhang benutzt werden.

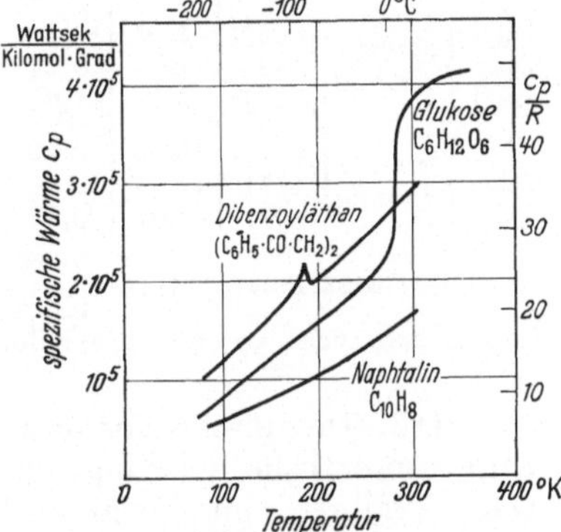

Abb. 500. Einfluß der Temperatur auf die spezifische Wärme c_p einiger aus atomreichen Molekülen aufgebauter Stoffe.

Eine große Rolle spielen die beiden spezifischen Wärmen c_p und c_v der Gase. Leider ist nur die eine von ihnen, nämlich c_p, die spezifische Wärme bei konstantem Druck, sicher zu messen. — Das Grundsätzliche des Meßverfahrens wird durch die Abb. 501 erläutert. Ein stetiger Gasstrom fließt durch eine Rohrschlange S in einem Kalorimetergefäß. Die Temperatur des Gases wird vor und hinter dem Kalorimeter K gemessen, desgleichen die Masse M der hindurchgeströmten Gasmenge. Die im Kalorimeter thermisch abgegebene und durch Temperaturerhöhung gemessene Energie ist dann $= c_p M (T_1 - T_2)$. Messungen dieser Art eignen sich als Praktikumsaufgaben, im Schauversuch wirken sie langweilig. Die Tab. 9 gibt einige so gemessene spezifische Wärmen.

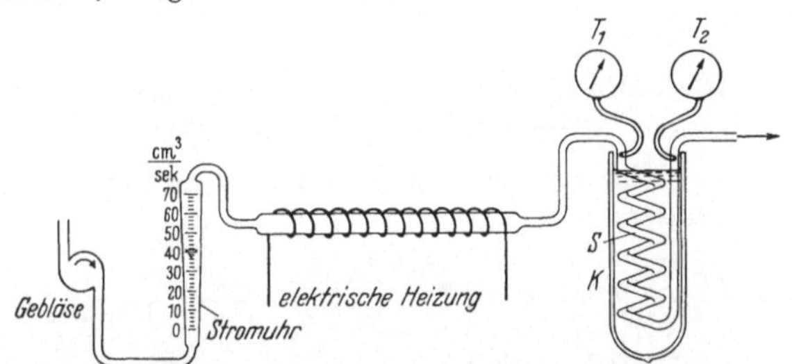

Abb. 501. Schema zur Messung der spezifischen Wärme von Gasen bei konstantem Druck. Die Stromuhr (Gasmesser) arbeitet nach dem „Rotax"-Prinzip: In einem schwach kegelförmig erweiterten Glasrohr befindet sich ein Schwimmer mit kurzen propellerartigen Flügeln. Der Schwimmer steigt um so höher, je größer das in der Zeiteinheit vorbeiströmende Gasvolumen ist.

Messungen von c_v, der spezifischen Wärme bei konstantem Volumen, sind eine mißliche Sache.

Die von den Wänden des Gasbehälters thermisch aufgenommenen Energien werden größer als die von den eingesperrten Gasen thermisch aufgenommenen. Die Korrektionsgrößen werden im allgemeinen größer als die zu messenden Größen. Das läßt sich nur vermeiden, wenn man die Meßdauer auf sehr kleine Zeiten (unter 10^{-2} Sekunden) beschränkt. Infolgedessen benutzt man zur Bestimmung von c_v meistens einen mittelbaren Weg. Man mißt das Verhältnis $\varkappa = c_p/c_v$ und berechnet mit seiner Hilfe c_v aus c_p. So sind die ebenfalls in Tab. 9 aufgeführten Werte erhalten.

Für die Messung von $\varkappa = c_p/c_v$ gibt es etliche gute Verfahren. Es ist zweckmäßig, sie erst später zu bringen.

Tabelle 9.

Gas	Massendichte ϱ bei 0° C und 1 Atm in $\frac{kg}{m^3}$	Molekulargewicht (M)	Spezifische Wärme bei 20° C				bei 20° C		
			c_p in $\frac{10^3\,Wattsek}{kg \cdot Grad}$	c_v	c_p in $\frac{10^3\,Wattsek}{Kilomol \cdot Grad}$	c_v	$\frac{c_p}{R}$	$\frac{c_v}{R}$	$\varkappa = \frac{c_p}{c_v}$
He ⎱ ein-	0,179	4,003	5,23	3,21	20,94	12,85	2,51 $\approx$ $^5/_2$	1,54 $\approx$ $^3/_2$	1,63 $\approx$ $^5/_3$
Ar ⎰ atomig	1,784	39,94	0,523	0,317	20,94	12,69	2,52 $\approx$ $^5/_2$	1,53 $\approx$ $^3/_2$	1,65 $\approx$ $^5/_3$
H_2 ⎱ zwei-	0,089$_9$	2,016	14,3	10,1	28,83	20,45	3,47 $\approx$ $^7/_2$	2,46 $\approx$ $^5/_2$	1,41 $\approx$ $^7/_5$
O_2 ⎰ atomig	1,429	32,0	0,918	0,655	29,37	20,98	3,53 $\approx$ $^7/_2$	2,52 $\approx$ $^5/_2$	1,40 $\approx$ $^7/_5$
Luft ⎰	1,293	29	1,005	0,717	29,14	20,78	3,50 $\approx$ $^7/_2$	2,50 $\approx$ $^5/_2$	1,40 $\approx$ $^7/_5$
CH_4 ⎱ mehr-	0,7168	16,04	2,22	1,697	35,59	27,21	4,28 $\approx$ $^9/_2$	3,27 $\approx$ $^7/_2$	1,308 $\approx$ $^9/_7$
NH_3 ⎰ atomig	0,771	17,03	2,16	1,655	36,78	28,18	4,42 $\approx$ $^9/_2$	3,42 $\approx$ $^7/_2$	1,305 $\approx$ $^9/_7$
CO_2 ⎰	1,977	44,01	0,837	0,647	36,83	28,48	4,42 $\approx$ $^9/_2$	3,42 $\approx$ $^7/_2$	1,293 $\approx$ $^9/_7$

Die Größe $R = 8{,}315 \cdot 10^3 \dfrac{Wattsek}{Kilomol \cdot Grad}$ wird erst in § 153 eingeführt, von da an aber häufig gebraucht werden. — 1 Kilomol $= (M)$ kg.

§ 153. Thermische Zustandsgleichung idealer Gase. Eine absolute Temperatur.

Eine wesentliche Klärung hat die Wärmelehre durch die Untersuchung der Gase erfahren, und zwar anknüpfend an die thermische Zustandsgleichung idealer Gase. — Wir haben bisher nur das „ideale Gasgesetz" für den Sonderfall konstanter Temperatur kennengelernt. Es lautete: Für ein ideales Gas ist bei konstanter Temperatur der Quotient Druck/Massendichte oder das Produkt Druck mal *spezifisches* Volumen konstant. Oder in Gleichungsform

$$\frac{p}{\varrho} = p V_s = \frac{p V}{M} = \text{const} \qquad (170 \text{ bis } 172)$$

(p = Druck, M = Masse der im Volumen V eingesperrten Gasmenge, $\varrho = M/V$ = Massendichte des Gases und $V_s = 1/\varrho = V/M$ = spezifisches Volumen des Gases).

Für Luft von 0° C findet man experimentell den Quotienten Druck/Massendichte

$$\left(\frac{p V}{M}\right)_{0°C} = 7{,}74 \cdot 10^{-1} \frac{m^3 \cdot Atm}{kg} = 22{,}4 \frac{m^3 \cdot Atm}{Kilomol} = 2{,}27 \cdot 10^6 \frac{Wattsek}{Kilomol} = 22{,}4 \frac{Liter \cdot Atm}{Mol}.$$

Diesen Quotienten Druck/Massendichte hat man in weiten Temperaturbereichen gemessen, und zwar nicht nur für Luft, sondern auch für viele andere ideale Gase. Einige Ergebnisse sind in Abb. 502 dargestellt. Im oberen Teilbild wird das Kilogramm als Masseneinheit benutzt: Man findet für alle idealen Gase gerade Linien; die *Neigung* dieser Geraden ist von Gas zu Gas verschieden, aber die Verlängerung aller Geraden schneidet die Abszissenachse im gleichen Punkt, nämlich bei $-273{,}2°$ C.

Im unteren Teilbild werden individuelle Masseneinheiten, und zwar Kilomole, benutzt. Das bringt eine wesentliche Vereinfachung: Nunmehr wird die *Neigung* der Geraden für alle idealen Gase die gleiche; man kann durch die Meßpunkte für die verschiedenen Gase nur noch eine einzige gerade Linie hindurchlegen. Ihr Schnittpunkt mit der Abszisse bei $-273{,}2°$ C bleibt derselbe. Damit ist $-273{,}2°$ C als eine ausgezeichnete Temperatur festgelegt. Der in der

Abb. 502 enthaltene experimentelle Befund gibt die Möglichkeit, Temperaturskalen „*absolut*", das soll heißen: *ohne negative Werte und praktisch unabhängig von Stoffeigenschaften* zu definieren. Dafür gibt es beliebig viele Möglichkeiten. Die physikalisch am meisten gebrauchte ist von Lord KELVIN gewählt worden: Er ordnet in Abb. 502 dem Punkt der Geraden, für den der Quotient Druck/Massendichte in einer Umgebung von schmelzendem Eis gemessen ist, auf der Abszissenachse den Wert 273,2° K zu. Jeder andere Wert wäre genauso zulässig gewesen. Aber der von KELVIN gewählte hat einen großen Vorteil: Die Grade der KELVIN-Skala sind ebenso groß wie die Centigradskala[1]. Zwischen den mit beiden Skalen gemessenen Temperaturen besteht die einfache Beziehung

$$T_{\text{Kelvin}} = T_{\text{C}} + 273{,}2°.$$

Die KELVINsche Skala ist ebenfalls in Abb. 502 eingetragen. Nach ihr gemessene Temperaturen geben der Zustandsgleichung idealer Gase die Form

$$p\,V/M = R\,T_{\text{abs}}$$

oder

$$\boxed{p\,V = M\,R\,T_{\text{abs}}} \qquad (303)$$

(M = Masse der im Volumen V eingesperrten Gasmenge).

Gebräuchlich und oft zweckmäßig sind auch die Fassungen

$$\boxed{p\,V_s = R\,T_{\text{abs}}} \qquad (304)$$

und

$$\boxed{p = \varrho\,R\,T_{\text{abs}}} \qquad (305)$$

($V_s = V/M$ = spezifisches Volumen und $\varrho = M/V$ = Massendichte des Gases).

Der Proportionalitätsfaktor R wird *Gaskonstante* genannt. Er ergibt sich experimentell aus der Neigung der Geraden in Abb. 502.

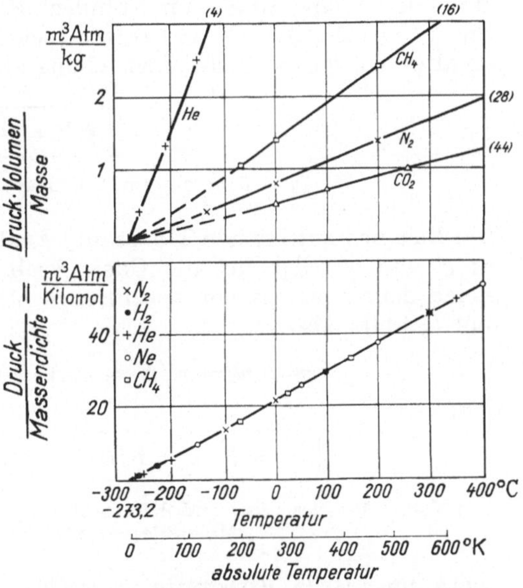

Der Zahlenwert von R hängt entscheidend davon ab, welche Masseneinheit man für die Messung der Masse M, der Massendichte ϱ oder des spezifischen Volumens V_s benutzt.

Abb. 502. Zur Zustandsgleichung idealer Gase und zur Definition einer absoluten Temperatur. Die kleinen eingeklammerten Zahlen am Rande des oberen Teilbildes sind die Molekulargewichte der Gase. Folglich ist z. B. für N_2 1 Kilomol = 28 kg. (Atm = phys. Atmosphäre.)

Eine *allgemeine* Masseneinheit, in den Beispielen das Kilogramm, gibt für alle Gase verschiedene *Zahlenwerte*. Hingegen geben *individuelle* Masseneinheiten, in den Beispielen die Kilomole, für alle idealen Gase gleiche *Zahlenwerte*; man findet experimentell

$$R = 0{,}0821\,\frac{\text{m}^3 \cdot \text{Atm}}{\text{Kilomol} \cdot \text{Grad}} = 8{,}31 \cdot 10^3\,\frac{\text{Wattsek.}}{\text{Kilomol} \cdot \text{Grad}} \qquad (306)$$

Atm = physikalische Atmosphäre. — *Zahlenbeispiel* für Gl. (303): Sauerstoff hat das Molekulargewicht $(M) = 32$; daher ist für O_2 1 Kilomol = 32 Kilogramm. Eine O_2-Menge mit der Masse $M = 64$ Kilogramm = 2 Kilomol befindet sich bei

---

[1] Die Schreibweise Grad$_{\text{K}}$ und Grad$_{\text{C}}$ statt °K und °C läßt besser erkennen, daß es sich um gleiche Einheiten handelt und C und K nur als Index auf den benutzten Nullpunkt hinweisen.

$27°$ C, also $T_{abs} = 300°$, in einem Volumen $V = 300$ Liter $= 0{,}3$ m³. Wie groß ist der Druck des O_2? Antwort: Man erhält

entweder mit *Kilomol* als Masseneinheit und $R = 0{,}0821 \dfrac{\text{m}^3 \cdot \text{Atm}}{\textit{Kilomol} \cdot \text{Grad}}$

$$p = \frac{M R T_{abs}}{V} = \frac{2 \text{ Kilomol} \cdot 0{,}0821 \text{ m}^3 \cdot \text{Atm} \cdot 300 \text{ Grad}}{\text{Kilomol} \cdot \text{Grad} \cdot 0{,}3 \text{ m}^3} = 164 \text{ Atm}$$

oder mit *Kilogramm* als Masseneinheit und $R = \dfrac{0{,}0821 \text{ m}^3 \cdot \text{Atm}}{32 \textit{ Kilogramm} \cdot \text{Grad}}$

$$p = \frac{M R T_{abs}}{V} = \frac{64 \text{ Kilogramm} \cdot 0{,}0821 \text{ m}^3 \cdot \text{Atm} \cdot 300 \text{ Grad}}{32 \text{ Kilogramm} \cdot \text{Grad} \cdot 0{,}3 \text{ m}^3} = 164 \text{ Atm.}$$

In der Gl. (303), der Zustandsgleichung idealer Gase, ist die *Masse M* der im Volumen V eingesperrten Moleküle enthalten. Ist m die Masse eines einzelnen Moleküls, n ihre Anzahl im Volumen V, so ist $M = n\,m$. Diesen Wert setzen wir in die Gl. (303) ein und setzen gleichzeitig zur Abkürzung $m\,R = k$. Dann erhalten wir für die Zustandsgleichung idealer Gase eine vierte Fassung, nämlich

$$\boxed{p\,V = n\,k\,T_{abs}} \tag{307}$$

(n = Zahl der im Volumen V eingesperrten Moleküle).

Die hier neu auftretende Konstante k, also das Produkt $R\,m$, ist im Gegensatz zu R und m selbst für alle Gase gleich groß: Die Molekülmasse $m = M/n$ ist gleich dem Kehrwert der spezifischen Molekülzahl $N = n/M = 6{,}02 \cdot 10^{26}/$Kilomol (§ 144). Also

$$k = R\,m = R/N = 8{,}31 \cdot 10^3 \frac{\text{Wattsek.}}{\text{Kilomol} \cdot \text{Grad}} \cdot \frac{1 \text{ Kilomol}}{6{,}02 \cdot 10^{26}}$$

oder

$$\boxed{k = R\,m = R/N = 1{,}38 \cdot 10^{-23} \text{ Wattsek./Grad}} \tag{308}$$

($N = n/M =$ spezifische Molekülzahl $= 6{,}02 \cdot 10^{26}/$Kilomol; $m = M/n =$ Masse *eines* Moleküles $= N^{-1} = 1$ Kilomol$/6{,}02 \cdot 10^{26}$).

Diese universelle Konstante k wird meistens BOLTZMANN-*Konstante* genannt (Begründung in § 194).

§ 154. Addition der Partialdrucke. Nach Gl. (307) wird der Druck p im Volumen V bei gegebener Temperatur unabhängig von der Art der Moleküle allein von ihrer Anzahl n bestimmt. Damit gelangt man zu DALTONS Gesetz der Addition der Teildrucke. Wir erläutern es an Hand der Abb. 503:

Zwei verschiedene (chemisch nicht miteinander reagierende) Gasmengen sind in zwei gleich großen Kammern mit den Drucken p_1 und p_2 eingesperrt. Mit einem Kolben wird das Gas der einen Kammer durch ein Ventil O in die zweite Kammer hineingeschoben und die Temperatur dabei konstant gehalten. — Erfolg: In der zweiten Kammer herrscht jetzt der Druck $p = p_1 + p_2$. Die beiden Drucke p_1 und p_2 *addieren* sich als „Teildrucke" zu einem Gesamtdruck p.

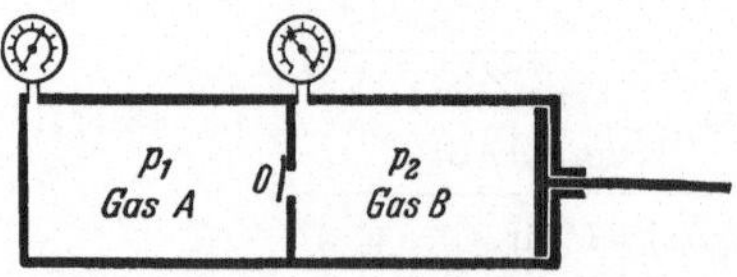

Abb. 503. Schema zur Addition der Teildrucke.

Beispiel zu DALTONs Gesetz: Bei der Temperatur des menschlichen Körpers, also $+ 37°$ C, setzt sich der Luftdruck p in der *Lunge* eines Menschen am Erdboden aus folgenden Teildrucken zusammen[1]:

Gas	Stickstoff	Sauerstoff	Kohlensäure	Wasserdampf
Teildruck $\triangleq$ . . .	56,8	10,5	4,0	4,7 cm Hg-Säule

In einer Höhe von 22 km entspricht der Luftdruck nur noch 4,7 cm Hg-Säule. Ebenso groß aber ist schon bei der Körpertemperatur für sich allein der Dampfdruck des Wassers. Infolgedessen wird der Teildruck der übrigen Gase in der Lunge gleich Null. Die Lunge eines Menschen ist dann nur noch mit Wasserdampf gefüllt und daher ist Atmung nicht mehr möglich. Bei noch kleineren Drucken gerät der menschliche Körper ins Sieden, d. h. der Wasserdampfdruck wird größer als der Luftdruck.

Sieden bedeutet die Bildung von Dampfblasen im Innern einer Flüssigkeit. Es tritt ein, sobald der Dampfdruck den von außen auf der Flüssigkeit lastenden Druck erreicht, also z. B. den Atmosphärendruck. Das führt zusammen mit dem DALTONschen Gesetz zu zwei überraschenden Schauversuchen:

1. Bei normalem Luftdruck siedet Wasser bei 100° C, Tetrachlorkohlenstoff (CCl_4) bei 76,7° C. — Man schichte diese beiden sich praktisch nicht in einander lösenden Flüssigkeiten übereinander und erhitze sie in einem Wasserbad: dann beginnt das Sieden an der Grenzschicht schon bei 65,5° C! — Grund: Bei dieser Temperatur hat Wasser einen Dampfdruck $\triangleq$ 192 mm Hg-Säule, CCl_4 einen Dampfdruck von 568 mm Hg-Säule. Diese beiden addieren sich nach DALTON als Teildrucke zum Gesamtdruck $\triangleq$ 760 mm Hg-Säule, und daher können Blasenbildung und Sieden beginnen.

2. Man taucht ein mit Luft gefülltes Reagenzglas mit der Öffnung nach unten in eine flache Schale mit Äther. Sogleich blubbert Luft aus der Öffnung heraus, sie wird durch den Teildruck des Ätherdampfes verdrängt.

§ 155. Bestimmung des Molekulargewichts (M) aus der Dampfdichte ϱ. Von den zahllosen Anwendungen der Zustandsgleichung idealer Gase bringen wir eine für Chemie und Physik besonders wichtige, nämlich die Bestimmung der Molekulargewicht genannten Zahl aus der Dampfdichte. — Bei hinreichend hoher Temperatur gilt für jeden dampfförmigen Stoff die Zustandsgleichung idealer Gase

$$p\,V = M\,R\,T_{\text{abs}} \quad \text{oder} \quad p = \varrho\,R\,T_{\text{abs}} \qquad \text{(305) v. S. 261}$$

(M = Masse der im Volumen V enthaltenen Dampfmenge, $\varrho = M/V$ = Dichte des Dampfes beim Druck p und der Temperatur T_{abs}).

Wir setzen für die Gaskonstante z. B. den gemessenen Wert

$$R = 0{,}082\,\frac{\text{Liter} \cdot \text{Atm}}{\text{Mol} \cdot \text{Grad}}, \qquad \text{(306) v. S. 261}$$

benutzen für die individuelle Masseneinheit die Definitionsgleichung

$$1\,\text{Mol} = (M)\,\text{Gramm} \qquad \text{(268) v. S. 245}$$

und erhalten so für das Molekulargewicht (§ 144)

$$(M) = 0{,}082\,\frac{\text{Liter} \cdot \text{Atm}}{\text{Gramm} \cdot \text{Grad}} \cdot \frac{\varrho\,T_{\text{abs}}}{p}. \qquad \text{(309)}$$

---

[1] Die Lungenluft ist also erheblich reicher an CO_2 als die Außenluft. Das Verhältnis von CO_2 zu O_2 beträgt fast 0,4. In großen Höhen atmet der Mensch tiefer und schneller. Trotzdem nimmt dies Verhältnis mit wachsender Höhe noch weiter zu, weil der Körper je Zeiteinheit auch in großen Höhen ebensoviel Kohlensäure produziert wie am Erdboden. Man kann daher die Zusammensetzung der Lungenluft in verschiedenen Höhen nicht allein nach physikalischen Gesichtspunkten berechnen.

Um das Molekulargewicht (M) eines Stoffes in Dampfform zu bestimmen, braucht man also nur seine Dichte ϱ nach irgendeinem beliebigen Verfahren (z.B. Abb. 229) bei bekanntem Druck p und bekannter Temperatur T_{abs} zu messen.

Zahlenbeispiel für CCl_4. Bei $p \triangleq 70$ cm Hg-Säule und $T_{abs} = 350°$ mißt man $\varrho = 4{,}95$ Gramm/Liter. Ferner ist 1 Atm. $\triangleq 76$ cm Hg-Säule. Einsetzen dieser Werte in Gl. (309) ergibt

$$(M) = 0{,}082 \, \frac{\text{Liter} \cdot 76 \text{ cm Hg-Säule}}{\text{Gramm} \cdot \text{Grad}} \cdot \frac{4{,}95 \text{ Gramm} \cdot 350 \text{ Grad}}{\text{Liter} \cdot 70 \text{ cm Hg-Säule}} = 155.$$

§ 156. Kalorische Zustandsgleichungen der idealen Gase. Gay-Lussacscher Drosselversuch. Die neben den einfachen thermischen Zustandsgrößen p, V und T benutzten anderen Zustandsgrößen, z.B. innere Energie U und Enthalpie J, hängen von p, V und T ab. Diese Abhängigkeit wird durch „*kalorische*" Zustandsgleichungen dargestellt. In diesen läßt sich stets eine der drei einfachen Zustandsgrößen durch die beiden anderen ersetzen. Im allgemeinen enthalten also kalorische Zustandsgleichungen *zwei* einfache Zustandsgrößen.

Um z.B. die Abhängigkeit der inneren Energie von der Temperatur darzustellen, braucht man die Gl. (302) von S. 258. Sie enthält die Abhängigkeit der inneren Energie einer Stoffmenge von ihrem Volumen bei einer Temperatur, die vor Beginn und nach Schluß des Vorganges dieselbe ist (unbeschadet irgendwelcher Änderungen während des Vorganges). Man braucht also die Größe

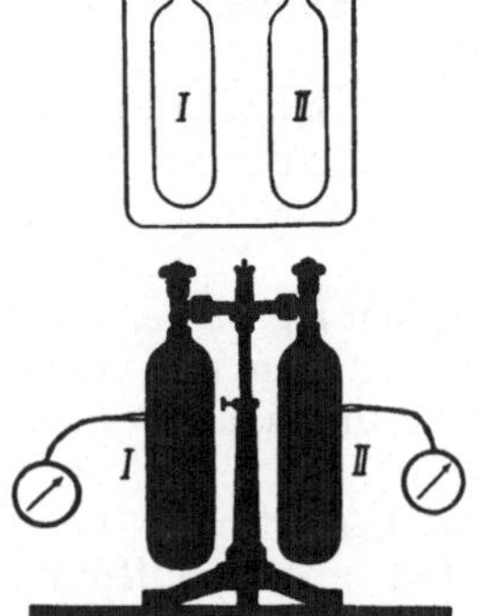

Abb. 504. Drosselversuch von L. J. Gay-Lussac (1807): Bei konstanter Temperatur ist die innere Energie der Menge eines idealen Gases von Druck und Dichte unabhängig. — Oben Schema, unten Schauversuch. Je Flasche $V = 2$ Liter; $M = 4{,}52$ kg; Wärmekapazität 2093 Wattsek/Grad.

$$\left(\frac{\partial U}{\partial V}\right)_{T=\text{const}}, \text{ den Grenzfall von } \left(\frac{\Delta U}{\Delta V}\right)_{T=\text{const}}.$$

Diese muß für jeden Stoff experimentell ermittelt werden. Zur Messung von ΔU dient die Gleichung

$$\Delta U = Q - A. \qquad (289) \text{ v. S. } 255$$

Dabei kann man für Gase die in Abb. 504 skizzierte Anordnung benutzen: Zwei Stahlflaschen *I* und *II* befinden sich in einem Wasserkalorimeter (Thermometer, Wärmeisolation und Rührwerk sind nicht mitgezeichnet). *I* enthält eine Luftmenge von hohem Druck (z.B. 150 Atm), *II* ist leer. Beim Öffnen des Verbindungshahnes verkleinert die Luftmenge Druck und Dichte, ohne nach außen Arbeit A (kurz: äußere Arbeit) abzugeben. Eine solche Entspannung nennt man *Drosselung*. — Mit $A = 0$ vereinfacht sich die Gl. (289) zu $\Delta U = Q$. In Worten: Bei der Drosselung zeigt die zur Aufrechterhaltung konstanter Temperatur thermisch aufgenommene oder abgegebene Energie Q die bei der Entspannung auftretende Änderung der inneren Energie U.

Im Experiment bleibt die Temperatur des Kalorimeters nach der Entspannung erhalten. Als Ganzes betrachtet, hat also die Luftmenge bei der Entspannung dem Kalorimeter thermisch weder Energie entnommen noch zugeführt. Man findet somit $Q = 0$ und damit $\Delta U = 0$. Das heißt die innere Energie der Luftmenge hat sich bei der Entspannung nicht geändert. *Die innere Energie U einer Menge eines idealen Gases ist bei konstanter Temperatur von Volumen, Druck und Dichte unabhängig.* Oder in Formelsprache

$$\left(\frac{\partial U}{\partial V}\right)_{T=\text{const}} = 0. \qquad (310)$$

Im Schauversuch verfolgt man den Vorgang besser etwas mehr ins einzelne. Man benutzt die Flaschen selbst als Kalorimeter, indem man sie mit je einem elektrischen Thermometer verbindet. Beim Öffnen des Verbindungsweges dehnt sich die Luftmenge in I aus: Sie erzeugt einen Strahl und verrichtet dabei eine Beschleunigungsarbeit A. Die äquivalente Energie Q entzieht sie thermisch den Wänden der Flasche I, die Temperatur von I sinkt um ΔT_I. Die kinetische Energie des Strahles wird in der Flasche II durch Verwirbelung und innere Reibung thermisch in innere Energie verwandelt; die Temperatur von II steigt daher um ΔT_{II}. Praktisch findet man $\Delta T_I = \Delta T_{II}$, im Beispiel ≈ 7 Grad. Folglich ist die von der Luft in I thermisch aufgenommene Energie ebenso groß wie die in II wieder abgegebene. Die Luftmenge hat also auch in diesem Schauversuch insgesamt keine Energie Q thermisch aufgenommen.

Aus dem Drosselversuch von Gay-Lussac folgern wir zweierlei:

1. In idealen Gasen enthält die innere Energie U keine vom Abstand zwischen den Molekülen abhängige *potentielle* Energie. Daher darf man in *idealen* Gasen die *Kräfte* zwischen den Molekülen als verschwindend klein vernachlässigen.

2. In *idealen* Gasen hängt die innere Energie U nur von der *Temperatur* ab, also nicht mehr von zwei, sondern nur noch von *einer* einfachen Zustandsgröße. Folglich können wir auf S. 258 in Gl. (297) die Bedingung $V = $ const streichen und ebenso $p = $ const in Gl. (298), weil auch pV nur von T abhängt. Dann bekommen wir

$$M c_v = \frac{\partial U}{\partial T} \quad \text{oder} \quad U = M c_v T + U_0 \tag{311}$$

und

$$M c_p = \frac{\partial J}{\partial T} \quad \text{oder} \quad J = M c_p T + J_0. \tag{312}$$

Jede Energie kann von einem willkürlich vereinbarten Nullwert aus gezählt werden; man denke an die potentielle Energie eines gehobenen Steines. So können wir U_0 und J_0, die innere Energie der Menge eines idealen Gases und ihre Enthalpie beim absoluten Nullpunkt, als Nullwert vereinbaren[1]. Dann bekommen wir für ein ideales Gas die beiden einfachen kalorischen Zustandsgleichungen

$$\text{innere Energie} \quad U = M c_v T_{\text{abs}}, \tag{313}$$

$$\text{Enthalpie} \quad J = M c_p T_{\text{abs}}. \tag{314}$$

Man übersehe nicht die wesentliche Voraussetzung: Bei der Integration der Ausgangsgleichungen (311) und (312) sind c_p und c_v als konstant angenommen worden.

Enthalpie J und innere Energie U unterscheiden sich um die Größe pV. Für ein ideales Gas, dessen Menge die Masse M hat, ist $pV = MRT_{\text{abs}}$. Also bekommen wir

$$M (c_p - c_v) T_{\text{abs}} = M R T_{\text{abs}}$$

oder

$$\boxed{c_p - c_v = R} \tag{315}$$

In Worten: *Für jedes ideale Gas ist die Differenz seiner beiden spezifischen Wärmen gleich seiner Gaskonstanten.*

---

[1] Die Größe der Konstanten U_0, also die innere Energie eines Stoffes beim absoluten Nullpunkt, ist heute gut bekannt. Sie ist gleich der Masse multipliziert mit dem Quadrat der Lichtgeschwindigkeit (vgl. Elektr.-Band § 173). U_0 ist also sehr groß. Sie beträgt für 1 Kilomol = 2 kg Wasserstoff $1{,}8 \cdot 10^{17}$ Wattsekunden = $5 \cdot 10^{10}$ Kilowattstunden.

Zahlenbeispiel für Stickstoff: Molekulargewicht $(M) = 28$, daher $28\ \text{kg} = 1$ Kilomol. Entweder mit *Kilogramm* als Masseneinheit

$$c_p - c_v = 1{,}04 \cdot 10^3\,\frac{\text{Wattsek}}{\text{kg} \cdot \text{Grad}} - 0{,}704 \cdot 10^3\,\frac{\text{Wattsek}}{\text{kg} \cdot \text{Grad}} = 0{,}298 \cdot 10^3\,\frac{\text{Wattsek}}{\text{kg} \cdot \text{Grad}}$$

$$= 8{,}35 \cdot 10^3\,\frac{\text{Wattsek}}{\text{Kilomol} \cdot \text{Grad}} = R$$

oder mit *Kilomol* als Masseneinheit

$$c_p - c_v = 29{,}14 \cdot 10^3\,\frac{\text{Wattsek}}{\text{Kilomol} \cdot \text{Grad}} - 20{,}79 \cdot 10^3\,\frac{\text{Wattsek}}{\text{Kilomol} \cdot \text{Grad}}$$

$$= 8{,}35 \cdot 10^3\,\frac{\text{Wattsek}}{\text{Kilomol} \cdot \text{Grad}} = R.$$

§ 157. Zustandsänderungen idealer Gase. Neben den thermischen und kalorischen Zustandsgleichungen für ideale Gase müssen an dritter Stelle Gleichungen für die Zustands*änderungen* gebracht werden. Diese Änderungen stellt man allgemein im pV/M-Diagramm dar, und die Gleichungen der Zustandsänderungen ergeben den Zusammenhang zwischen zwei der einfachen Zustandsgrößen. Diese sollen sich innerhalb der jeweils betrachteten Gasmenge gleichförmig ändern; es sollen also nicht, wie bei sehr großen Geschwindigkeiten, lokale Differenzen von Temperatur, Druck und Dichte auftreten. Leider haben diese Gleichungen nur für den Grenzfall idealer Gase hinreichende Einfachheit. Für diese unterscheidet man allgemein fünf Zustandsänderungen.

I. *Die isotherme Zustandsänderung.* Sie erfolgt bei *konstant gehaltener Temperatur.* Ihre Gleichung kennen wir bereits unter dem Namen ideales Gasgesetz

$$pV/M = \text{const} \quad (170)\ \text{v. S. } 126$$

Aus ihr folgt

$$\frac{dp}{dV} = -\frac{p}{V} \tag{316}$$

und die isotherme Kompressibilität

$$\frac{dV}{V} \cdot \frac{1}{dp} = -\frac{1}{p}. \tag{316a}$$

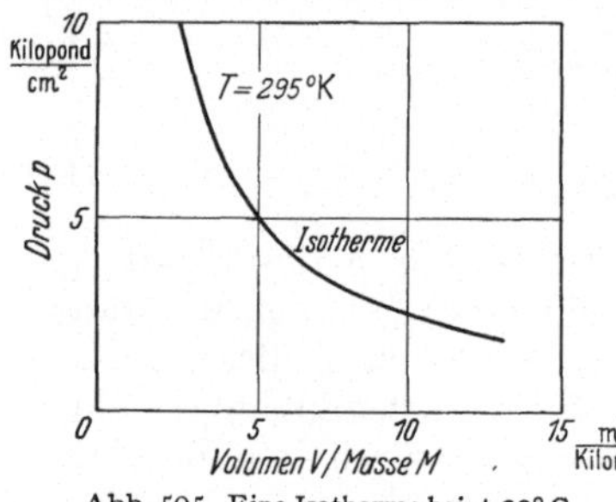

Abb. 505. Eine Isotherme bei $+22°$ C.

Auch die Entstehung des Druckes durch die ungeordnete Wärmebewegung ist uns geläufig. Die graphische Darstellung der Gl. (170) liefert *Hyperbeln.* Eine solche „*Isotherme*" genannte Kurve ist in Abb. 505 gezeichnet. Ein Übergang von einem Zustand 1 in einen Zustand 2, also eine *isotherme* Ausdehnung, liefert die *äußere Arbeit A. Dabei bleibt die innere Energie U der Gasmenge ungeändert.* Daher muß die nach außen abgeführte Arbeit A durch eine thermische Zufuhr von Energie *ersetzt* werden. Quantitativ gilt sowohl für die Ausdehnungsarbeit wie auch für die technische Arbeit

$$A = A_{\text{techn}} = Q = M\,R\,T_{\text{abs}} \ln\frac{V_2}{V_1} = M\,R\,T_{\text{abs}} \ln\frac{p_1}{p_2} \tag{317}$$

Herleitung:

$$A = \int_1^2 p\,dV; \quad p = M\,\frac{R\,T_{\text{abs}}}{V}; \quad A = M\,R\,T_{\text{abs}} \int_1^2 \frac{dV}{V} = M\,R\,T_{\text{abs}} \ln\frac{V_2}{V_1}.$$

Es wird also die ganze einer Gasmenge mit der Masse M thermisch zugeführte Energie Q in äußere Arbeit verwandelt.

II. Die isobare Zustandsänderung. Sie erfolgt bei *konstant gehaltenem Druck.* Ihre Gleichung lautet

$$\frac{T_{\text{abs}}}{V_s} = \text{const,} \qquad (319)$$

d. h. das spezifische Volumen V_s wächst proportional mit der Temperatur (Abb. 506). Der Übergang vom Zustand 1 zum Zustand 2 wird durch eine den *Abszissen* parallele Gerade dargestellt. Bei der isobaren Ausdehnung verrichtet eine Gasmenge mit der Masse M die Arbeit

$$A = p(V_2 - V_1) = M R(T_2 - T_1). \qquad (320)$$

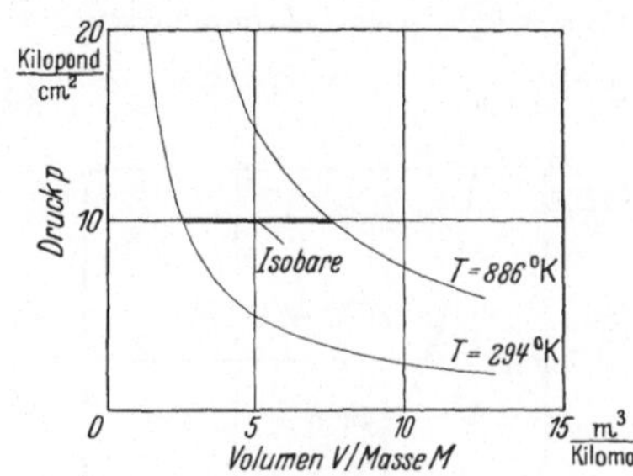

Abb. 506. Eine Isobare zwischen zwei dünn gezeichneten Isothermen.

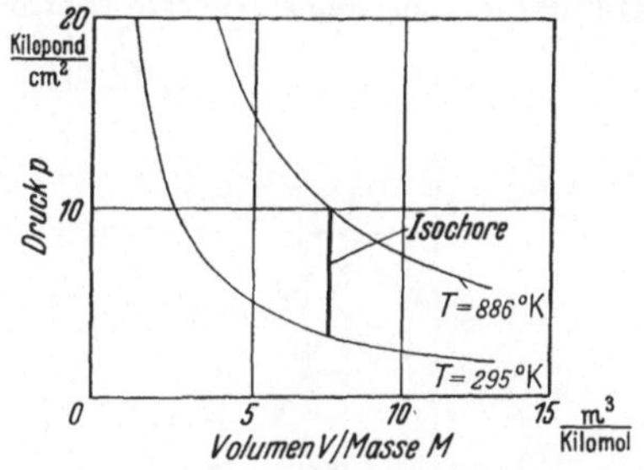

Abb. 507. Eine Isochore zwischen zwei dünn gezeichneten Isothermen.

Bei der Ausdehnung wächst die Enthalpie der Gasmenge um den Betrag $\Delta J = M c_p$ $(T_2 - T_1)$, und dieser muß der Gasmenge thermisch zugeführt werden. Das Verhältnis von *ab*geführter Arbeit zu *zu*geführter Wärme ist

$$\frac{A}{Q} = \frac{M R(T_2 - T_1)}{M c_p (T_2 - T_1)} = \frac{R}{c_p} = \frac{c_p - c_v}{c_p} \qquad (321)$$

oder mit $\varkappa = c_p/c_v$

$$\frac{A}{Q} = \frac{\varkappa - 1}{\varkappa}. \qquad (322)$$

Bei isobarer Volumen*verkleinerung* muß die entsprechende Energie thermisch durch eine Kühlung *ab*geführt werden.

III. Die isochore Zustandsänderung. Sie erfolgt bei *konstant gehaltenem Volumen.* Ihre Gleichung lautet

$$\frac{T_{\text{abs}}}{p} = \text{const.} \qquad (323)$$

Druck und Temperatur sind bei isochorer Zustandsänderung einander proportional. Der Übergang vom Zustand 1 zum Zustand 2 wird durch eine den *Or-dinaten* parallele Gerade dargestellt (Abb. 507). Es muß Energie thermisch zugeführt werden. Sie dient restlos zur Erhöhung der inneren Energie um den Betrag

$$\Delta U = M c_v (T_2 - T_1). \qquad (324)$$

Arbeit wird *nicht* abgeführt, das Volumen bleibt ja konstant.

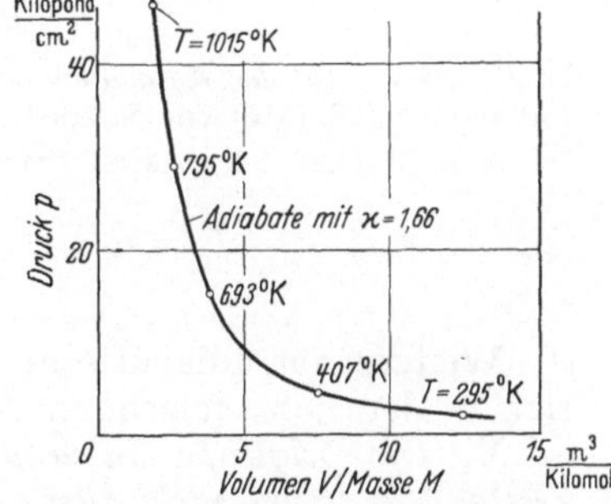

Abb. 508. Adiabate eines einatomigen Gases mit ϰ = 1,66.

IV. Die adiabatische Zustandsänderung. Sie erfolgt *ohne thermischen Energie-Austausch mit der Umgebung,* also $Q =$ Null. Sie spielt in Physik und Technik eine bedeutsame Rolle. Bei der Ausdehnung sinkt der Druck nicht nur wegen der *Volumenzunahme,* sondern gleichzeitig wegen der mit ihr verknüpften *Abküh-lung.* Die „*Adiabate*" genannte Kurve (Abb. 508) fällt also *steiler* ab als eine

Hyperbel. Ihre Gleichung lautet[1]

$$\boxed{p\,V^{\varkappa} = \text{const}} \qquad (325)$$

(POISSONsches Gesetz).

Zur Herleitung dient die Abb. 509. Die adiabatische Ausdehnung kann ersetzt werden durch eine Ausdehnung $1-3$ bei konstantem Druck (isobar) und eine Drucksenkung $3-2$ bei konstantem Volumen (isochor). Auf dem Wege $1-3$, bei der isobaren Volumenzunahme, muß dem Gase die Energie $Q_{1-3} = M\,c_p\,d\,T_{p=\text{const}}$ zugeführt werden. Auf dem Wege $3-2$, bei der isochoren Druckabnahme, muß dem Gase die Energie $Q_{3-2} = M\,c_v\,d\,T_{v=\text{const}}$ entzogen werden. Die Summe beider Energien muß Null sein, insgesamt soll ja bei der adiabatischen Zustandsänderung keine Energie thermisch zugeführt werden. Also bekommen wir

$$c_p\,(d\,T)_{p=\text{const}} = -\,c_v\,(d\,T)_{v=\text{const}}. \qquad (326)$$

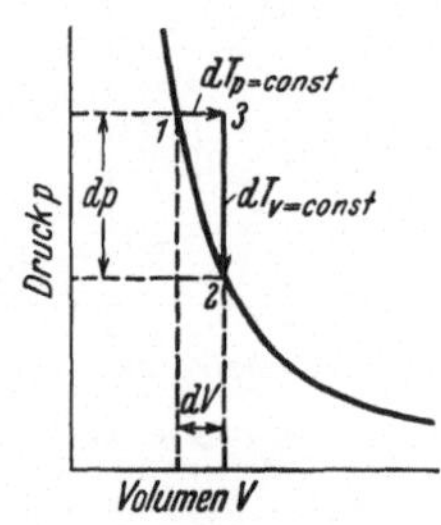

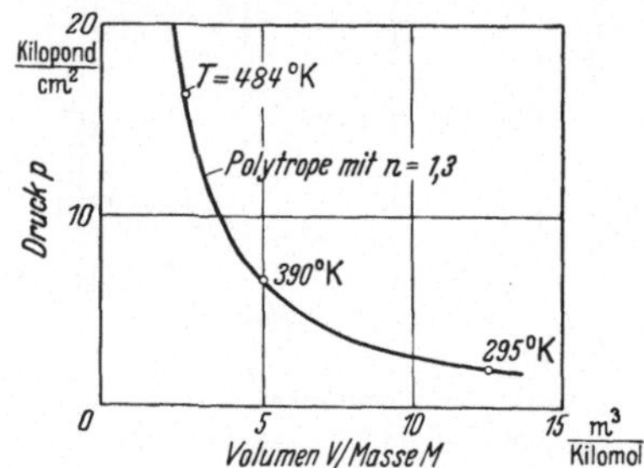

Abb. 509. Zur Herleitung des Adiabatenexponenten.   Abb. 510. Eine Polytrope eines mehratomigen Gases.

Die beiden Temperaturänderungen ergeben sich aus der thermischen Zustandsgleichung der idealen Gase, also aus $p\,V = M\,R\,T_{\text{abs}}$. Man bekommt

$$(d\,T)_{p=\text{const}} = \frac{p\,d\,V}{M\,R} \quad \text{und} \quad (d\,T)_{v=\text{const}} = \frac{V\,d\,p}{M\,R} \qquad (327)$$

oder

$$\frac{(d\,T)_{v=\text{const}}}{(d\,T)_{p=\text{const}}} = \frac{V\,d\,p}{p\,d\,V}. \qquad (328)$$

Weiter bekommt man mit der Gl. (326)

$$\frac{d\,p}{d\,V} = -\frac{c_p}{c_v}\,\frac{p}{V} = -\varkappa\,\frac{p}{V}. \qquad (329)$$

In Worten: *Auf der Adiabaten ist die differentielle Druckänderung $\varkappa$-mal so groß wie auf der Isothermen* [Gl. (316) von S. 266].

Aus Gl. (329) folgt durch Integration

$$\ln p + \varkappa \ln V = \ln \text{const}$$

oder

$$p\,V^{\varkappa} = \text{const}. \qquad (325)$$

Weitere, für adiabatische Zustandsänderungen wichtige Gleichungen finden sich in dem jetzt folgenden Abschnitt V.

V. *Die polytrope Zustandsänderung.* Sie erfolgt bei *einer für adiabatische Zustandsänderung nicht ausreichenden Wärmeisolation.* Bei der Ausdehnung sinkt der Druck wegen der Volumenzunahme und der mit ihr verknüpften Abkühlung. Wegen der unzureichenden thermischen Isolation ist diese Abkühlung aber geringer als bei adiabatischer Ausdehnung. Infolgedessen fällt die *Polytrope* genannte Kurve (Abb. 510) weniger steil ab als eine Adiabate. Ihre Gleichung ist

$$p\,V^{n} = \text{const}. \qquad (330)$$

---

[1] Statt des Volumens V kann man auch das spezifische Volumen $V_s = V/M$ benutzen, wenn man die Masse M des eingesperrten Gases aus der Konstanten herausnimmt.

Bei unvollkommener thermischer Isolation darf man also den Exponenten n nicht $= \varkappa$ setzen, sondern man muß einen *kleineren* Wert benutzen. So heißt es z. B. statt Gl. (329): Auf einer Polytrope ist die differentielle Druckänderung n-mal so groß wie auf einer Isotherme.

Mit Hilfe der Gleichungen

und
$$\left.\begin{array}{l} p_1 V_1 = M R\, T_{\mathrm{abs}\,(1)} \\[4pt] p_2 V_2 = M R\, T_{\mathrm{abs}\,(2)} \end{array}\right\} \qquad (303)\ \text{v. S. 261}$$

erhält man aus der Gl. (330) die für Anwendungen nützlichen Beziehungen

$$\left(\frac{T_2}{T_1}\right)_{\mathrm{abs}} = \left(\frac{V_1}{V_2}\right)^{n-1} = \left(\frac{p_2}{p_1}\right)^{\frac{n-1}{n}} \tag{331}$$

und für die bei der Ausdehnung *abgegebene* äußere Arbeit

$$\left.\begin{array}{l} A = \dfrac{p_1 V_1}{n-1}\left[1 - \left(\dfrac{p_2}{p_1}\right)^{\frac{n-1}{n}}\right] = M\,\dfrac{R}{n-1}\,(T_1 - T_2), \\[14pt] A = \dfrac{p_1 V_1 - p_2 V_2}{n-1}. \end{array}\right\} \tag{332}$$

Die technische Arbeit A_{techn} ist in diesem Falle n-mal so groß, also z. B.

$$A_{\mathrm{techn}} = \frac{n}{n-1}\, p_1 V_1 \left[1 - \left(\frac{p_2}{p_1}\right)^{\frac{n-1}{n}}\right]. \tag{333}$$

Für adiabatische Zustandsänderungen ist in all diesen Gleichungen $n = \varkappa = c_p/c_v$ zu setzen. So wird z. B. die bei der adiabatischen Ausdehnung nach außen abgegebene Arbeit

$$\boxed{A = M\,c_v\,(T_1 - T_2)} \tag{334}$$

Herleitung von (332) und (333):

$$A = \int_1^2 p\,dV = \int_1^2 \mathrm{const}\,V^{-n}\,dV = \mathrm{const}\,\frac{V_2^{1-n} - V_1^{1-n}}{1-n}. \tag{335}$$

Weiter hat man nach Gl. (330) $\mathrm{const} = p_1 V_1^n = p_2 V_2^n$ und nach Gl. (303) $pV = M R\,T_{\mathrm{abs}}$ zu setzen und umzuformen.

Von (332) gelangt man zu (333) mit Hilfe der Definitionsgleichung (288) von S. 254.

§ 158. Anwendungsbeispiele für polytrope und adiabatische Zustandsänderungen. Messungen von $\varkappa = c_p/c_v$. Die in § 157 beschriebenen Zustandsänderungen spielen bei zahllosen Anwendungen eine Rolle.

Wir müssen uns auf wenige Beispiele beschränken.

I. *Messung eines Polytropenexponenten n.* In Abb. 511 ist eine Luftmenge in einem Glasbehälter ($V =$ einige Liter) mit geringem Überdruck p_1 ($\triangleq 100\,\mathrm{mm}$ Wassersäule) eingesperrt. Der Hahn wird geöffnet und sofort geschlossen, wenn der Überdruck verschwunden ist. Die Ausdehnung ist *polytrop* erfolgt (Kurve *1* bis *2* in Abb. 512), die thermische Isolation eines Glasbehälters ist nicht vollkommen. Die Luft hat sich nicht so stark abgekühlt wie bei adiabatischer Ausdehnung, also bei vollkommenem Wärmeschutz. Trotzdem ist ein kleinerer Teil der Luftmenge entwichen als bei *isothermer* Ausdehnung. Infolgedessen *steigt* der Druck (auf der Isochore *1* bis *3*), wenn die Luft allmählich wieder Zimmertemperatur annimmt. Es stellt sich wieder ein Über-

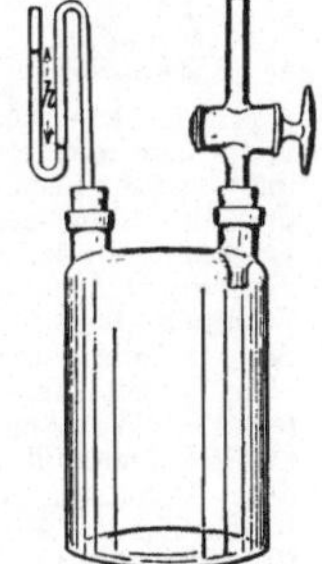

Abb. 511. Zur Messung eines Polytropenexponenten n.

druck p_3 ein, im Beispiel $p_3 \triangleq 23$ mm Wassersäule. Den Punkt *3* würden wir bei langsamer *isothermer* Ausdehnung sogleich erhalten können. Wir müßten dann nur genau die gleiche Luftmenge abströmen lassen wie bei der raschen polytropen Ausdehnung.

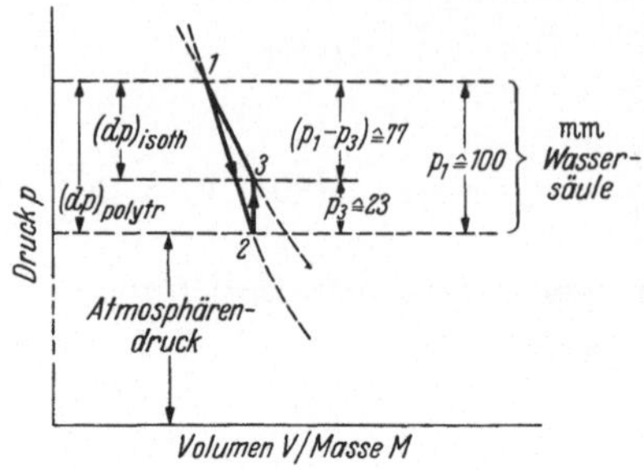

Die Druckänderungen sind klein gegen den ganzen Luftdruck. Sowohl die Polytrope wie die Isotherme in Abb. 512 dürfen wir infolgedessen als kurze *gerade* Linien zeichnen. Diesem Bilde entnehmen wir

polytrope Druckabnahme $(dp)_{\text{polytr}} = p_1$,
isotherme Druckabnahme $(dp)_{\text{isoth}} = p_1 - p_3$.

Nach S. 269 oben ist das Verhältnis beider der gesuchte Polytropenexponent n, also

$$\frac{dp_{\text{polytr}}}{dp_{\text{isoth}}} = n.$$

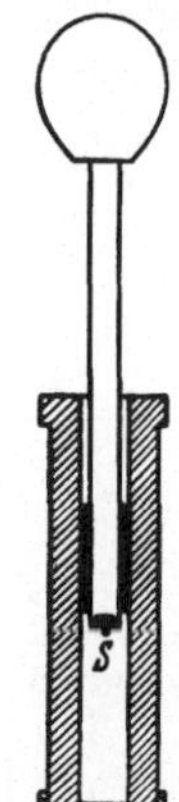

Abb. 512. Zur Messung eines Polytropenexponenten in Abb. 511.

Im Beispiel ist $n = \dfrac{100}{100 - 23} = 1{,}3$. Die Luft hat sich also in Abb. 512 mit dem Polytropenexponenten $n = 1{,}3$ ausgedehnt.

II. *Messung des Adiabatenexponenten* $\varkappa = c_p/c_v$ *aus der Schallgeschwindigkeit.* Bei einwandfreier thermischer Isolation kann die Ausdehnung in Abb. 512 *adiabatisch* erfolgen. Der gemessene Exponent n muß dann also gleich dem *Adiabaten*exponenten $\varkappa_{\text{Luft}} = 1{,}40$ werden. Tatsächlich versucht man oft, $\varkappa$ auf diese Weise zu messen. Es ist aber nicht einfach, jede störende thermische Energiezufuhr auszuschalten. — Das erreicht man leichter bei sehr *rasch* verlaufenden Ausdehnungsvorgängen. Diese finden sich in den *Schallwellen*, fortschreitenden sowohl wie stehenden. Man kann $\varkappa$ mit großer Sicherheit aus der Schallgeschwindigkeit ermitteln. Für diese gilt allgemein

$$c_{\text{Schall}} = \frac{1}{\sqrt{\varrho\alpha}}. \qquad (232) \text{ v. S. 214}$$

Dabei ist ϱ die Dichte des Stoffes, α seine Dehnungsgröße, definiert durch die Gl. (124) von S. 99

$$\alpha = \frac{dl}{l}\frac{1}{dp}, \text{ für Gase entsprechend } \alpha = -\frac{dV}{V}\frac{1}{dp}. \qquad (336)$$

Für adiabatische Ausdehnungen $(n = \varkappa)$ gilt nach S. 268

Abb. 513. Eine aus Glas nachgebildete malayische Feuerpumpe. Statt des Schwammes *S* kann man am Boden des Stempels etwas mit Schwefelkohlenstoff oder Dieselöl angefeuchtete Watte anbringen. Dann führt die Verdichtungswärme zum Aufflammen des Luft-Dampf-Gemisches.

also

$$\frac{dV}{dp} = -\frac{1}{\varkappa}\frac{V}{p}, \qquad (329)$$

$$\alpha = \frac{1}{\varkappa p}. \qquad (337)$$

Einsetzen von (337) in (231) ergibt

$$c = \sqrt{\varkappa\frac{p}{\varrho}} = \sqrt{\varkappa R T_{\text{abs}}}. \qquad (338)$$

Zahlenbeispiel. Bei $18°$ C und $p = 1$ physikal. Atm. $= 1{,}013 \cdot 10^5$ Newton/m² hat Luft die Dichte $= 1{,}215$ kg/m³. Als Schallgeschwindigkeit mißt man $c = 342$ m/sec; daraus folgt $\varkappa = 1{,}40$. Die Schallgeschwindigkeit mißt man gern bei bekannter Frequenz mit Hilfe stehender Wellen („KUNDTsche Staubfiguren" § 105).

Die Schallgeschwindigkeit c sinkt mit abnehmender Temperatur [Gl. (338)].

Deswegen hat man für militärische Zwecke einen Schießkanal mit flüssigem Stickstoff so weit abgekühlt, daß $c = 170$ m/sec wurde. In diesem Kanal hat man Geschosse mit Geschwindigkeiten $u = 1260$ m/sec, also dem Siebenfachen der Schallgeschwindigkeit, untersucht.

III. *Erzeugung großer Temperaturen durch polytrope Zusammendrückung.* Vor Einführung der europäischen Zündhölzer benutzte man im Malayischen Archipel, insbesondere in Borneo, die *Feuerpumpe*, oft auch pneumatisches Feuerzeug genannt (Abb. 513): Ein Kolben wurde in einen Holzzylinder hineingestoßen; dabei wurde die Luft erhitzt und ein am Boden des Kolbens angeheftetes Stückchen Feuerschwamm entzündet. Heute benutzt man den gleichen Vorgang in den Dieselmotoren zur Zündung des eingespritzten Brennstoffes.

Auf welchen Bruchteil seines Anfangsvolumens muß man ein solches Gemisch zusammendrücken, um eine Temperatur von 500° C zu erreichen? Der schlechten thermischen Isolation halber soll mit dem Polytropenexponenten $n = 1{,}36$ gerechnet werden.

Man benutzt Gl. (331) von S. 269.

($V_1 =$ Anfangsvolumen, $V_2 =$ Endvolumen, $T_1 =$ Zimmertemperatur $= 291°$ K,
$T_2 = 773°$ K.)

$$\left(\frac{T_2}{T_1}\right)_{\text{abs}} = \left(\frac{V_1}{V_2}\right)^{0,36}; \quad \frac{773}{291} = 2{,}66; \quad \log 2{,}66 = 0{,}36 \log \frac{V_1}{V_2};$$

$$\frac{0,425}{0,36} = 1{,}18 = \log \frac{V_1}{V_2}; \quad \frac{V_1}{V_2} = 15{,}1 .$$

Das Volumen muß also auf rund $^1/_{15}$ verkleinert werden.

§ 159. Druckluftmotor und Gaskompressor sind nicht nur technisch wichtige Maschinen (z.B. Drucklufthammer und Pneumatik-Pumpen), sondern auch physikalisch sehr lehrreich. Der Laie hält einen Behälter mit Druckluft für einen Energie-Speicher, wie etwa die gespannte Feder einer Taschenuhr. Diese Auffassung ist aus folgendem Grunde falsch: Ein Druckluftmotor vermag isotherm, d.h. bei konstanter Temperatur zu arbeiten. Luft ist praktisch ein ideales Gas, und daher ist die innere Energie einer Luftmenge bei konstanter Temperatur von Druck und Dichte unabhängig. Folglich kann Druckluft, wenn sie bei isothermer Entspannung Arbeit verrichtet, keine innere Energie aus eigenem Bestande abgeben, sie muß statt dessen Energie aus

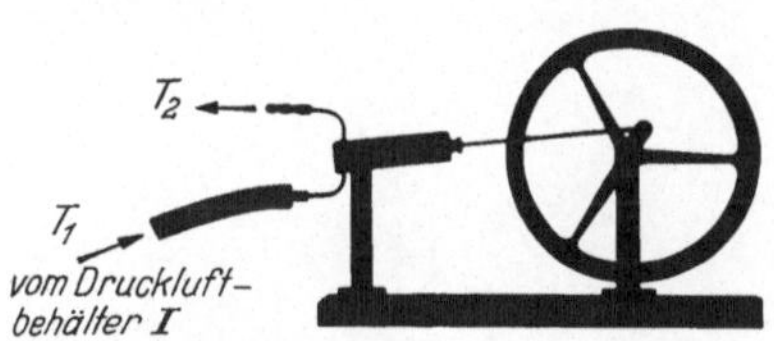

Abb. 514. Druckluftmotor. Für isothermen Betrieb wird der Zylinder mit einer elektrischen Heizvorrichtung umgeben.

einer anderen Quelle beziehen: Der Druckluftmotor ist, wie sich gleich zeigen wird, eine Maschine, die *thermisch* zugeführte Energie („Wärme") in Arbeit verwandelt.

Für einen isothermen Betrieb denke man sich den Zylinder einer kleinen Maschine (Abb. 514) mit einer elektrischen Heizvorrichtung umgeben und den Strom in ihr so bemessen, daß aus- und einströmende Luft gleiche Temperaturen haben, also $T_2 = T_1$. Dann erfolgt die Ausdehnung der Luft isotherm, es gilt für die technische Arbeit die Gl. (317).

$$A_{\text{techn}} = Q$$

[folgt ohne Rechnung aus der Gl. (296) v. S. 257, weil nach Gl. (314)
für $\Delta T = 0$ auch $\Delta J = 0$ wird].

In Worten: Beim isothermen Betrieb wird die thermisch zugeführte Energie Q restlos in Arbeit verwandelt, die Maschine arbeitet im idealisierten Grenzfall mit einem Nutzeffekt von 100%!

Wird in Abb. 514 die Heizvorrichtung fortgelassen, so arbeitet die Maschine polytrop, im Grenzfall guter thermischer Isolation sogar adiabatisch, also ohne thermische Zufuhr von Energie. In diesem Grenzfall gilt für die technische Arbeit

$$A_{\text{techn}} = - \Delta J$$

[folgt ohne Rechnung aus Gl. (296) für $Q = 0$].

In Worten: Bei einem adiabatisch arbeitenden Druckluftmotor ist die verrichtete technische Arbeit gleich der Abnahme der Enthalpie der Druckluft. Die Luft verläßt die Maschine abgekühlt, also $T_2 < T_1$; doch wird ihr dieser Enthalpieverlust nachträglich in der Atmosphäre ganz durch *thermische* Energiezufuhr ersetzt, also T_1 wieder hergestellt. Bei adiabatischem Betrieb hat die Druckluft lediglich vorübergehend Energie *vorzustrecken*.

Die Enthalpieverkleinerung in einem thermisch isolierten Motor benutzt man zur Abkühlung von Gasen, z. B. bei der Verflüssigung des Heliums. Man spricht dann von einer Verflüssigung durch äußere Arbeit (G. Claude, vgl. § 165).

Für den Gasverdichter (Kompressor) gilt das Umgekehrte wie für den Motor. Bei ungenügender Kühlung muß die Arbeitsmaschine die Enthalpie der Druckluft erhöhen, und der dadurch bedingte Mehraufwand geht hinterher bei der Abkühlung der Druckluft im Aufbewahrungsbehälter nutzlos verloren.

XV. Reale Gase und Dämpfe.

§ 160. Zustandsänderungen realer Gase und Dämpfe. Für ideale Gase kennt man die Zustandsgleichung und diese genügt, um die Gleichungen der verschiedenartigen Zustandsänderungen (Isotherme, Adiabate usw.) ohne neue Experimente herzuleiten. Für reale Gase und Dämpfe gibt es keine allgemeine Zustandsgleichung, und daher muß man für die genannten Zustandsänderungen neue Beobachtungen zu Hilfe nehmen. Am wichtigsten ist die experimentelle Ermittlung der *Isothermen* für reale Gase und Dämpfe. Die Isothermen zeigen in allen Fällen qualitativ den gleichen Verlauf. Für CO_2 läßt er sich auch im Schauversuch mit geringem Aufwand vorführen. Die Abb. 515 zeigt die Versuchsanordnung, die Abb. 516 die Ergebnisse in einem maßstäblichen pV/M-Diagramm.

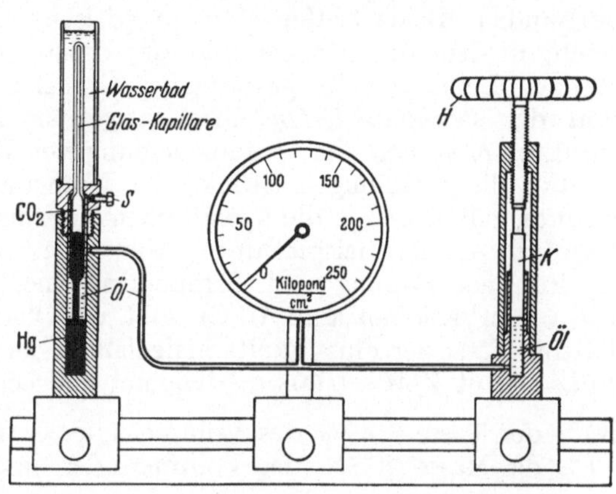

Abb. 515. Zur Untersuchung von Zustandsänderungen. Halbschematisch. S wird beim Füllen des Apparates gebraucht.

Bei Temperaturen über 80° C sind die Isothermen noch *Hyperbeln*. Sie lassen sich noch mit der Gleichung $pV/M = \text{const}$ darstellen. Bei $+40°$ C ist bereits eine erhebliche *Verzerrung* der Kurve erfolgt. Bei $+31°$ C hat die Isotherme einen *Wendepunkt* mit horizontaler Tangente: In der Umgebung dieses „*kritischen Punktes*" ist der Druck vom Volumen des eingesperrten Gases unabhängig. Die Zustandsgrößen heißen an diesem Punkt die *kritischen*. Es ist für CO_2 die kritische Temperatur

$$T_{kr} = 31° \text{ C},$$

der kritische Druck

$$p_{kr} = 75 \text{ Kilopond/cm}^2,$$

das kritische spezifische Volumen

$$(V/M)_{kr} = 0,096 \text{ m}^3/\text{Kilomol}.$$

Beispiele für weitere Stoffe finden sich in Tab. 10, S. 277.

Unterhalb der kritischen Temperatur ändern sich die Erscheinungen von Grund auf. Verfolgen wir die Isotherme bei $+20°$ C, und zwar bei großem spezifischem Volumen beginnend, also unten rechts: anfänglich steigt

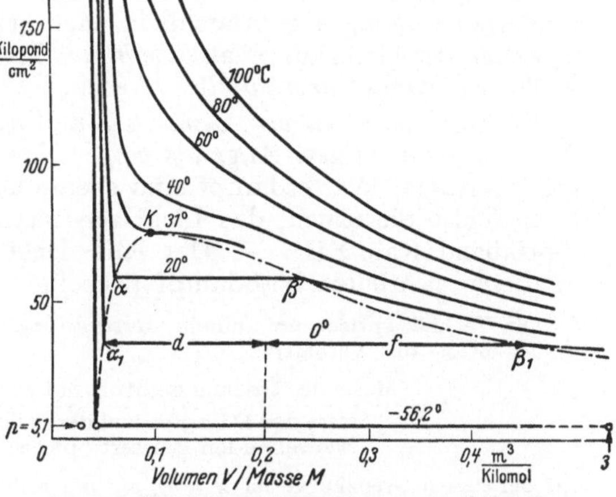

Abb. 516. Maßstäbliches pV/M-Diagramm der Kohlensäure (Thomas Andrews, Chemiker in Belfast, 1813—1885). Bei Null° C hat die Flüssigkeit das spezifische Volumen $(V/M)_f = 0,048$ m³/Kilomol (Abszisse von α_1) und der Dampf das spezifische Volumen $(V/M)_d = 0,46$ m³/Kilomol (Abszisse von β_1).

der Druck bis zum Werte 59,2 Kilopond/cm² beim Punkte β. Bei weiterer Volumenverkleinerung bleibt der Druck konstant, Kurvenstück $\beta\alpha$. Längs dieses Kurvenstückes ändert sich die Beschaffenheit der Kohlensäure: ein wachsender Bruchteil wird durch eine *Oberfläche* von dem übrigen Teil abgetrennt, d.h. *„verflüssigt“*. Beim Punkte α ist alles flüssig und keine Oberfläche mehr vorhanden. Eine weitere Volumenabnahme führt zu einem jähen Druckanstieg: die flüssige Kohlensäure ist erheblich weniger komprimierbar als die gasförmige.

Den gleichen Verlauf zeigen alle übrigen Isothermen unterhalb des kritischen Punktes K. Die Endpunkte ihrer geradlinigen horizontalen Stücke sind links durch eine gestrichelte, rechts durch eine strichpunktierte *„Grenzkurve“* verbunden. Beide treffen sich im kritischen Punkt K. Sie begrenzen den Bereich, in dem der flüssige und der dampfförmige Zustand nebeneinander bestehen. Links von der *gestrichelten* Grenzkurve gibt es nur Flüssigkeit, rechts von der *strichpunktierten* Grenzkurve nur Dampf. Oberhalb des kritischen Punktes K verliert die Unterscheidung von Dampf und Flüssigkeit ihren Sinn.

Für die geradlinigen Stücke der Isothermen liefern die Abszissen der Endpunkte, z.B. α und β, die spezifischen Volumina V_s des flüssigen und des dampfförmigen Anteils (Beispiel unter Abb. 516).

Für jede Füllung und Temperatur eines Behälters (im skizzierten Beispiel für 0,2 m³/Kilomol und 0° C) gibt das Verhältnis Länge f/Länge d das Verhältnis Masse der Flüssigkeitsmenge/Masse der Dampfmenge. — Bei der *kritischen Füllung* mit $V/M = 0,095$ m³/Kilomol und bei 0° C sind

$$89\% \text{ der Masse} \triangleq 45\% \text{ des Volumens der Gasmenge verflüssigt} \atop 11\% \text{ der Masse} \triangleq 55\% \text{ des Volumens der Gasmenge dampfförmig} \Big\} \text{ vgl. Abb. 518}$$

Die linke Grenzkurve endet bei einem Druck von 5,1 Kilopond/cm² mit einem als Kreis markierten Punkt. Unterhalb dieses Druckes ist die Kohlensäure fest. Für den gleichen Druck ist links noch ein weiterer Kreis eingetragen, ein dritter ist weit rechts außerhalb des Bereiches auf der Isotherme von $-56,2°$ C zu suchen. Auf diese Kreispunkte werden wir bei der Behandlung des Tripelpunktes zurückkommen.

Für Wasser, den heute noch immer wichtigsten Arbeitsstoff, sind einige Sonderbezeichnungen gebräuchlich. Man bezeichnet Wasserdampf im Zustand *außerhalb* der Grenzkurve als *überhitzten* Dampf, *auf* der Grenzkurve als *trocken gesättigten* Dampf, *innerhalb* der Grenzkurve als *Naßdampf*.

Der Naßdampf ist ein Gemisch von Wasserdampf und feinsten Wassertröpfchen. Er erscheint dem Auge als weißer Nebel oder als weiße Wolke. Überhitzter und gesättigter Wasserdampf sind ebenso unsichtbar wie etwa Zimmerluft. In ihnen fehlen die feinen, das Licht zerstreuenden schwebenden Wassertröpfchen (Optikband Kap. XII). — Der Laie denkt bei Wasserdampf fast immer nur an diesen sichtbaren Naßdampf (Nebel).

Die Technik spricht von einem *spezifischen Dampfgehalt* des nassen Dampfes. Damit bezeichnet sie das Verhältnis

$$x = \frac{\text{Masse des trocken gesättigten Dampfes}}{\text{Masse des Dampfes und der in ihm schwebenden Wassertröpfchen}} = \left(\frac{d}{d+f}\right) \text{ in Abb. 516.} \tag{339}$$

Auf der linken Grenzkurve ist $x = 0$, auf der rechten ist $x = 1$.

§ 161. Unterscheidung von Gas und Flüssigkeit. Die Isothermen der Kohlensäure (Abb. 516) führen zu einigen wichtigen Folgerungen. In Abb. 517 sind nur zwei der Isothermen dargestellt, nämlich für $T = 20°$ C und für $40°$ C. Außerdem sind die beiden Grenzkurven eingezeichnet, und der von ihnen umfaßte Bereich ist schraffiert. In ihm bestehen Flüssigkeit und Gas *nebeneinander*. Wir beginnen beim Zustand α und vergrößern das Volumen der eingesperrten Kohlensäuremenge. Dabei wird bei konstantem Druck ein wachsender Bruchteil von dem übrigen Teil durch eine Oberfläche abgegrenzt, d.h. „verdampft". Beim Zustandspunkt β ist alle Kohlensäure verdampft und keine Oberfläche mehr vorhanden. Dann steigern wir bei konstantem Volumen ($V_s = 0{,}227$ m³/Kilomol) die Temperatur bis $+40°$C und drücken darauf das Gas bis zum Ausgangsvolumen ($V_s = 0{,}057$ m³/Kilomol) isotherm zusammen. Dabei steigt der Druck bis auf etwa 150 Kilopond/cm². Von nun an halten wir das Volumen konstant, kühlen bis auf $+20°$ C herunter und gelangen wieder zum Ausgangspunkt α. Erfolg: Wir haben keinerlei *Bildung* einer Oberfläche gesehen, auch keine Nebelbildung, d.h. keine Ausscheidung flüssiger Kohlensäure in Form kleiner schwebender Tröpfchen. Trotzdem ist die gesamte Kohlensäuremenge jetzt wieder eine Flüssigkeit geworden. Sie zeigt eine charakteristische Eigenschaft jeder Flüssigkeit: Sie läßt sich auch bei einer Drucksteigerung auf einige hundert Kilopond/cm² nicht merklich zusammenpressen.

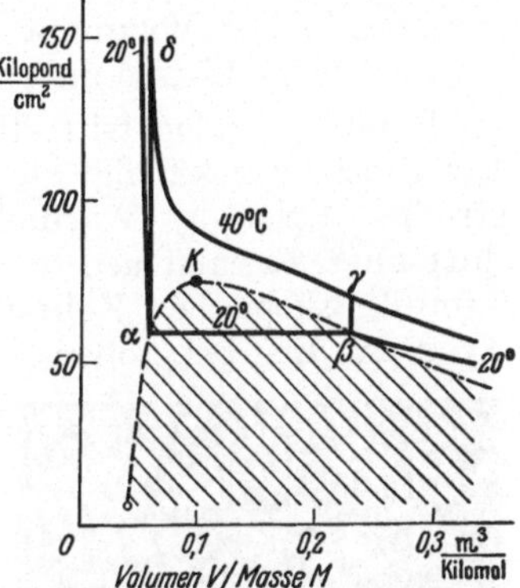

Abb. 517. Zur Unterscheidung von Gasen und Flüssigkeiten. Ein den kritischen Punkt K umfassender Kreisprozeß zwischen zwei Isothermen der Kohlensäure. Grenzkurve links gestrichelt, rechts strichpunktiert.

Man kann den ganzen geschlossenen Weg auch in umgekehrter Richtung durchlaufen, also in der Reihenfolge α, δ, γ, β, α. Dann sieht man keine Oberfläche *verschwinden* und trotzdem, beim Punkte β beginnend, eine neue Oberfläche entstehen.

Ergebnis: Im allgemeinen erfolgen Phasenwechsel mit *unstetigen* Änderungen der physikalischen Eigenschaften, z.B. der Übergang fest $\longleftrightarrow$ flüssig: Die beiden Phasen sind in ihrem ganzen Existenzbereich durch eine Grenzkurve getrennt (Abb. 525/526). Der Phasenwechsel flüssig $\leftrightarrow$ gasförmig hingegen erfolgt *stetig* beim Überschreiten der kritischen Temperatur: In Abb. 525/526 *endet* die gestrichelte Grenzkurve im kritischen Punkt K.

Eine Flüssigkeit kann nicht für sich allein, d.h. in einem sonst leeren Raum, bestehen[1]. *Die Oberfläche ist für sie keine den Zusammenhalt sichernde Hülle.* Eine Oberfläche entsteht nur als Abgrenzung zwischen zwei Phasen des gleichen Stoffes. Auf ihrer Außenseite muß sich der *gleiche* Stoff als *gesättigter Dampf* befinden, rein oder vermischt mit einem anderen Gas, etwa Zimmerluft. Nur dann gibt es ein Gleichgewicht. Nur dann wechseln je Zeiteinheit gleich viel Moleküle in beiden Richtungen aus der einen in die andere Phase hinüber. Bei Wasser von Zimmertemperatur sind es rund 10^{22} Moleküle je Sekunde und je cm²! Durch dieses statistische Gleichgewicht wird das Anwachsen der einen Phase auf Kosten der anderen verhindert.

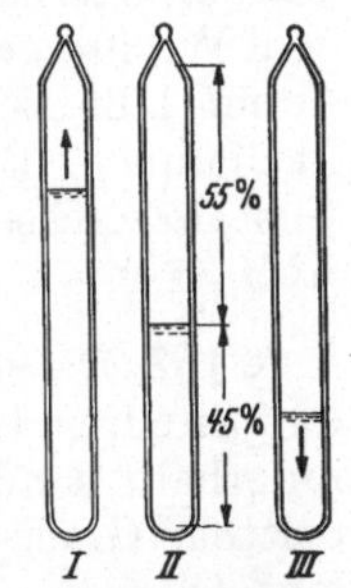

Abb. 518. Zum Phasenwechsel von CO_2 bei steigender Temperatur. In I wird alles flüssig (alsdann Explosionsgefahr!), in III verdampft alles. In II aber läßt sich der stetige Übergang bei der kritischen Temperatur verfolgen. II veranschaulicht die kritische Füllung bei 0° C, vgl. § 160.

In § 82 hatten wir die Diffusionsgrenze zwischen zwei chemisch verschiedenen Gasen als eine Art Oberfläche kennengelernt. Mit gleichem Recht darf man jetzt die Oberfläche einer Flüssigkeit als *Diffusionsgrenze* bezeichnen. Sie trennt zwei chemisch gleiche Stoffe mit physikalisch verschiedenen Phasen.

---

[1] Im Weltenraum können Flüssigkeiten mit sehr großer Masse durch ihre gegenseitige Anziehung (Gravitation) zusammengehalten werden. Sie sind dann aber stets von einer Dampfatmosphäre umgeben.

18*

Sehr nett zeigt man diese Dinge mit drei gleich großen, aber mit verschiedenen Mengen von CO_2 gefüllten Glasrohren (Abb. 518). Bei einer Temperatursteigerung steigt die Oberfläche im Rohre *I*, im Rohre *III* sinkt sie, im Rohre *II* erreicht die Oberfläche bei der kritischen Temperatur die Mitte des Rohres, und dort verschwindet sie; d.h. bei der kritischen Temperatur sind die spezifischen Volumina der gasförmigen und der flüssigen Phase gleich geworden, beide Phasen unterscheiden sich nicht mehr.

Beim Abkühlen tritt die Oberfläche in der Mitte des Rohres wieder auf[1]. Ihr Erscheinen kündigt sich durch eine *flimmernde* Nebenschicht an: Im statistischen Spiel der Wärmebewegung tritt der Phasenwechsel bald hier, bald dort auf[2]; es entstehen durch lokale Häufung oder Vereinigung von Molekülen submikroskopische „Keime" und aus ihnen kleine und zunächst unbeständige Tropfen. Erst bei großen Anzahldichte N_v der Tropfen schließen sie sich zu einer Oberfläche, d. h. einer Grenzfläche zwischen zwei Phasen, zusammen. Man vergleiche § 168a.

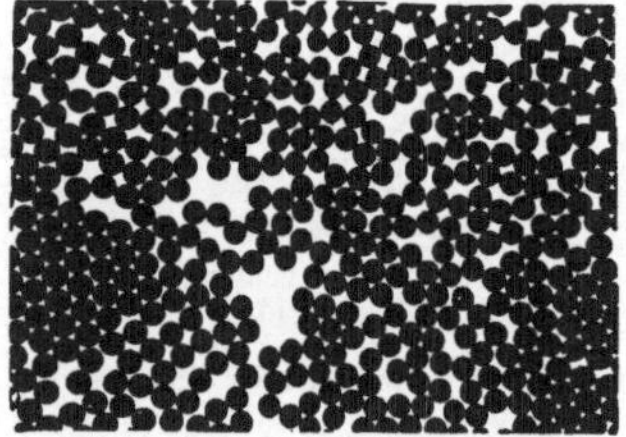

Abb. 519. Zweidimensionales Modell einer Flüssigkeitsstruktur.

Bei der Annäherung an die kritische Temperatur gibt es zweifellos einen stetigen Übergang von der Flüssigkeit zum *Gas*. Bei kleinen Temperaturen stehen aber die Flüssigkeiten den *festen* Körpern, also den Kristallen, sehr viel näher als den Gasen. Man kann eine Flüssigkeit fast als sehr feines, mikrokristallines Pulver betrachten: seine Mikrokristalle besitzen eine sehr kleine Lebensdauer; die Bruchstücke der zerfallenden Mikrokristalle vereinigen sich in ständigem statistischem Wechsel zu neuen Mikrokristallen. — Das gleiche besagt die folgende Formulierung: *Eine Flüssigkeit ist ein Kristall im Zustand der Turbulenz mit sehr kleinen, aber noch kristallinen Turbulenzelementen.* Als „Individuen höherer Ordnung" vollführen diese in ständigem Wechsel gemeinsam fortschreitende Bewegungen und Drehungen. Zweidimensional läßt sich das gut mit Stahlkugelmolekülen auf einer flachen Schüssel nachahmen. Beim Schütteln und Rühren findet man ständig nach Größe und Gestalt wechselnde „kristalline" Gebiete mit hexagonaler Kugelpackung (vgl. Abb. 519).

§ 162. Die VAN DER WAALSsche Zustandsgleichung realer Gase. Alle in Abb. 516 dargestellten Isothermen lassen sich, abgesehen von den geradlinigen Stücken innerhalb der beiden Grenzkurven, mit guter Näherung durch eine Gleichung dritten Grades, die VAN DER WAALSsche Zustandsgleichung, darstellen. Sie lautet:

$$\left(p + \frac{a}{V_s^2}\right)(V_s - b) = R\,T_{\text{abs}} \tag{340}$$

$(V_s = V/M = \text{spezifisches Volumen des Gases}).$

a und b sind zwei für die betreffende Molekülsorte charakteristische Konstanten. Für jedes *ideale* Gas genügt *eine individuelle* Konstante, nämlich R, für jedes *reale* Gas hingegen braucht man mindestens *drei* Konstanten. Einige *Werte* für a und b sind in der Tab. 10 zusammengestellt.

---

[1] Nur dort hat das spezifische Volumen im Schwerefeld der Erde gerade den kritischen Wert, über der Mitte ist er größer, unter der Mitte kleiner.

[2] Beim kritischen Punkt ist $dp/dV_s = 0$ oder $dV/dp = \infty$. Das heißt es genügen schon minimale lokale Änderungen des Druckes, um merkliche Änderungen des spezifischen Volumens oder seines Kehrwertes, der Dichte, hervorzurufen.

Beim kritischen Punkt verläuft die Isotherme im $p\,V_s$-Diagramm der Abszisse parallel, und außerdem hat sie dort einen Wendepunkt. Daher gelten die Beziehungen

$$\left[\frac{\partial p}{\partial V_s}\right]_{kr} = 0 \quad (341) \qquad \text{und} \qquad \left[\frac{\partial^2 p}{\partial V_s^2}\right]_{kr} = 0. \quad (342)$$

Aus diesen beiden Gleichungen erhält man

$$a = 3\,[V_s^2\,p]_{kr} \quad (343) \qquad \text{und} \qquad b = \tfrac{1}{3}\,[V_s]_{kr}. \quad (344)$$

Die in der Tab. 10 zusammengestellten Werte der Konstanten a und b sind so gewählt, daß sie die VAN DER WAALSsche Zustandsgleichung (340) den gemessenen Isothermen in einem möglichst weiten Bereich anpassen. Mit den so bestimmten Werten von a und b wird die Beziehung (343) gut, die Beziehung (344) aber nur mit recht mäßiger Näherung erfüllt. Für CO_2 mißt man z. B. $[V_s]_{kr} = 0{,}096\,\text{m}^3/\text{Kilomol}$, hingegen findet man laut Tab. 10 $3\,b = 0{,}129\,\text{m}^3/\text{Kilomol}$. Die VAN DER WAALSsche Zustandsgleichung stellt eben nur eine Näherung dar. Strenggenommen verlangt jedes Gas infolge der individuellen Eigenschaft seiner Moleküle eine eigene Zustandsgleichung. Man darf von einer viele individuelle Eigenschaften vernachlässigenden Zustandsgleichung ja nicht zuviel verlangen!

Tabelle 10.

Stoff	Molekular-gewicht (M)	Kritische Daten			VAN DER WAALSsche	
		Temperatur T_{kr} in °C	Druck p_{kr} in $\dfrac{\text{Kilopond}}{\text{cm}^2}$	Spezifisches Volumen $[V_s]_{kr}$ in $\dfrac{\text{m}^3}{\text{Kilomol}}$	Konstante a in $\dfrac{\text{Kilopond} \cdot \text{m}^6}{\text{cm}^2 \cdot \text{Kilomol}^2}$	Konstante b in $\dfrac{\text{m}^3}{\text{Kilomol}}$
H_2	2,02	− 240	13,2	0,065	0,194	0,022
He	4	− 268	2,34	0,058	0,035	0,024
H_2O	18	+ 374,2	225	0,055	5,65	0,031
N_2	28	− 147	34,8	0,090	1,39	0,039
O_2	32	− 119	51,4	0,075	1,40	0,032
CO_2	44	+ 31	75	0,096	3,72	0,043
SO_2	64	+ 157	80	0,096	6,97	0,056
Hg	200	≈ + 1450	≈ 1100	≈ 0,040	0,84	0,017

Die VAN DER WAALSsche Zustandsgleichung unterscheidet sich von der einfachen der idealen Gase durch die Zusatzglieder a/V_s^2 und b. Ihre physikalische Bedeutung ist leicht zu übersehen. Beginnen wir mit dem *Binnendruck* genannten Glied a/V_s^2. Unter sonst gleichen Umständen wird ein kleinerer Druck gemessen, sobald die Moleküle sich gegenseitig anziehen. Daher muß man in der Zustandsgleichung realer Gase dem gemessenen Druck p ein Korrektionsglied addieren, wenn das spezifische Volumen V_s klein wird und die Moleküle sich im Mittel nicht mehr weit voneinander entfernen können. Die zum Binnendruck a/V_s^2 gehörende Kraft hat die gleiche Richtung wie die von außen auf einen Kolben (B in Abb. 231) wirkende.

Dann das Glied b. Die Gleichung $p\,V_s = \text{const}$ wurde für ein Modellgas hergeleitet. Als Volumen für das thermische Getümmel der Moleküle wurde dabei das Volumen V des ganzen Behälters angenommen. Bei kleinem spezifischen Volumen des *Gases* darf man das spezifische Volumen $V_{s,m}$ der *Moleküle selbst*[1] nicht mehr vernachlässigen, wie man das bei idealen Gasen tut. Man muß das spezifische Volumen des *Gases* um eine Größe verkleinern, die dem spezifischen Volumen seiner einzelnen Moleküle[1] proportional ist. Man muß also statt V_s schreiben $V_s - \text{const} \cdot V_{s,m}$ mit der Kürzung $\text{const} \cdot V_{s,m} = b$. (Die Konstante ist ≈ 4.)

---

[1] Es ist definiert als Quotient

$$V_{s,m} = \frac{\text{Volumen eines einzelnen Moleküls}}{\text{Masse eines einzelnen Moleküls}}.$$

§ 163. Der Joule-Thomsonsche Drosselversuch. Im Besitz der van der Waalsschen Zustandsgleichung greifen wir auf den Drosselversuch von Gay-Lussac (§ 156) zurück.

Aus diesem Fundamentalversuch folgt: Man kann eine Gasmenge entspannen, ohne daß sich ihre innere Energie U ändert. In diesem Fall muß gemäß Gl. (289) von S. 255

$$\Delta U = Q - A = 0$$

sein. Das kann eintreten, wenn kein thermischer Energie-Austausch mit der Umgebung erfolgt (adiabatischer Vorgang, $Q = 0$) und außerdem keine äußere Arbeit verrichtet wird (Entspannung als Drosselung, $A = 0$)[1]. Bei dieser Art von Entspannung bleibt die Temperatur einer Gasmenge ungcändert, wenn es sich um ein *ideales* Gas handelt.

Bei *realen* Gasen hingegen treten unter gleichen Bedingungen Temperaturänderungen ΔT auf. Im Prinzip kann man das ebenfalls mit der in Abb. 504 skizzierten Anordnung zeigen, doch hat sie zwei Nachteile: Erstens ist sie wenig empfindlich und zweitens ist es überflüssig, erst einen Gasstrahl mit kinetischer Energie entstehen zu lassen, die dann nachträglich durch Reibung in innere Energie umgewandelt wird. Zur Vermeidung beider Nachteile haben J. P. Joule und William Thomson (der spätere Lord Kelvin) die Drosselung einer eingesperrten Gasmenge mit konstant gehaltener *innerer Energie* ersetzt durch die Drosselung eines *Gasstromes* mit konstant gehaltener *Enthalpie J*.

Ihre Versuchsanordnung Abb. 520 fällt unter das allgemeine Schema von Abb. 498 v. S. 257. M bedeutet bei Joule und Thomson eine Drosselstelle, die es nicht zu einer Strahlbildung kommen läßt, etwa eine enge Öffnung oder die engen Kanäle eines porösen Körpers. Sie ist thermisch gut isoliert. Infolgedessen kann das

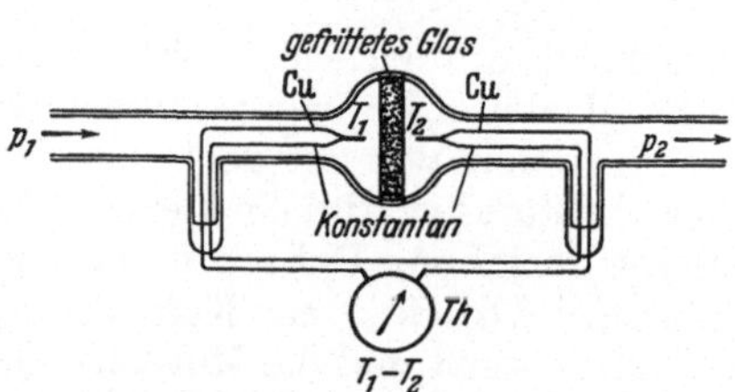

Abb. 520. Zum Drosselversuch von Joule-Thomson (1853). Die poröse Trennwand besteht aus gefrittetem Glaspulver. Sie ist fest mit den Glaswänden verschmolzen. Die beiden Thermoelemente sind gegeneinander geschaltet, das Temperaturmeßinstrument Th gibt daher die *Differenz* der beiden Temperaturen.

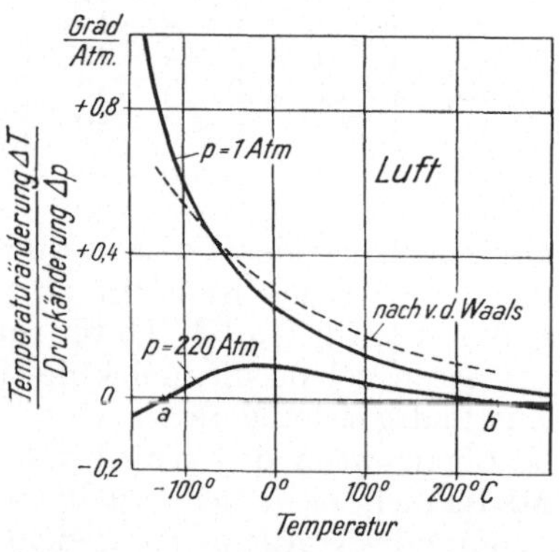

Abb. 521.
Messungen des Joule-Thomson-Effektes bei verschiedenen Temperaturen und Anfangsdrucken p_1.

Gas keine Energie thermisch aus der Umgebung aufnehmen; in der Gl. (296) von S. 257, also $Q = \Delta J + A_{\text{techn}}$, ist $Q = 0$. Bei der Drosselung ist auch $A_{\text{techn}} = 0$, folglich $\Delta J = 0$ und

$$J = U + pV = \text{const.} \tag{345}$$

Infolge dieser Konstanz der Enthalpie kann die Drosselung die innere Energie U und mit ihr die Temperatur nur durch Änderungen der Größe pV kleiner oder größer machen. Einige Meßergebnisse sind in der Abb. 521 graphisch

---

[1] Die andere Möglichkeit, nämlich $Q = A$, ist in § 159 behandelt worden (isotherm betriebener Druckluftmotor).

dargestellt. Meist bewirkt die Entspannung ($\Delta p < 0$, also negativ) eine Abkühlung ($\Delta T < 0$). Doch kommen in bestimmten Temperaturbereichen auch Erwärmungen vor, z.B. in Luft von 220 Atm oberhalb einer „Inversionstemperatur" von etwa 230° C (Punkt b in Abb. 521). Der im Einzelfall beobachtete JOULE-THOMSON-Effekt $\Delta T/\Delta p$ muß sich demnach additiv aus zwei Anteilen zusammensetzen, einer Abkühlung und einer Erwärmung. Meist überwiegt die Abkühlung, zuweilen aber auch die Erwärmung.

Um beide Anteile zu deuten, beginnen wir mit dem Strom eines *idealen* Gases. Eine Gasmenge der Masse M (im folgenden kurz Gas genannt) möge die Drosselstelle passieren. Beim Druck p_1 sei ihr Volumen V_1. Bei ihrer Entspannung wird keine innere Arbeit verrichtet. Es fehlt die Voraussetzung, nämlich eine Anziehung zwischen den Molekülen. Die dem Gase links vom Kompressor *zugeführte* Verdrängungsarbeit $p_1 V_1$ ist ebenso groß wie die rechts vom Gase abgeführte Verdrängungsarbeit $p_2 V_2$. Folglich ist nach Gl. (345) $U_1 = U_2$ und daher $T_2 = T_1$: Die Zustandsgleichung *idealer* Gase liefert keine Temperaturänderung bei der Drosselung. Abkühlung und Erwärmung *realer* Gase bei der Drosselung müssen also mit den für diese in der VAN DER WAALSschen Gleichung hinzukommenden *Korrektionsgliedern* in Zusammenhang stehen.

Der von der gegenseitigen Anziehung der Moleküle herrührende Binnendruck a/V_s^2 erklärt die *Abkühlung* bei der Drosselung. Infolge des Binnendruckes a/V_s^2 ist bei gleicher Anzahldichte N_v der Moleküle der Druck eines *realen* Gases *kleiner* als der eines idealen Gases. Je größer die Verdichtung, desto mehr bleibt der Druck hinter dem des idealen Gases zurück. Daher ist die dem *verdichteten* realen Gase vom Kompressor zugeführte Verdrängungsarbeit $p_1 V_1$ kleiner als die vom *entspannten* Gase fortgeführte Verdrängungsarbeit $p_2 V_2$. Folglich ist nach Gl. (345) $U_1 > U_2$ und $T_2 < T_1$; das Gas verläßt die Drosselstelle abgekühlt.

Diese Abkühlung bei der Drosselung kann durch eine Erwärmung überkompensiert werden, die von dem Korrektionsglied b herrührt. *Infolge des Gliedes b* ist bei gleicher Anzahldichte N_v der Moleküle der Druck eines *realen* Gases *größer* als der eines idealen. Beim idealen Gas ist $p = \frac{1}{3} u^2/V_s$, (vgl. § 81), beim realen $p = \frac{1}{3} u^2/(V_s - b)$. Daher ist die dem *verdichteten* realen Gase vom Kompressor zugeführte Verdrängungsarbeit $p_1 V_1$ größer als die vom *entspannten* Gase fortgeführte Verdrängungsarbeit $p_2 V_2$. Folglich ist nach Gl. (345) $U_1 < U_2$ und $T_2 > T_1$. Das Gas verläßt die Drosselstelle erwärmt. Die Erwärmung kann die im vorausgehenden Absatz behandelte Abkühlung übertreffen.

Die quantitative Durchrechnung dieser Gedankengänge führt nicht zu befriedigenden Ergebnissen. Vor allem aber liefert sie keine Abhängigkeit des Effektes vom Druck — in krassem Widerspruch zur Erfahrung (Abb. 521). Die VAN DER WAALSsche Zustandsgleichung ist, wie schon einmal betont, nur eine Näherung; man darf von ihren Anwendungen nicht zuviel verlangen.

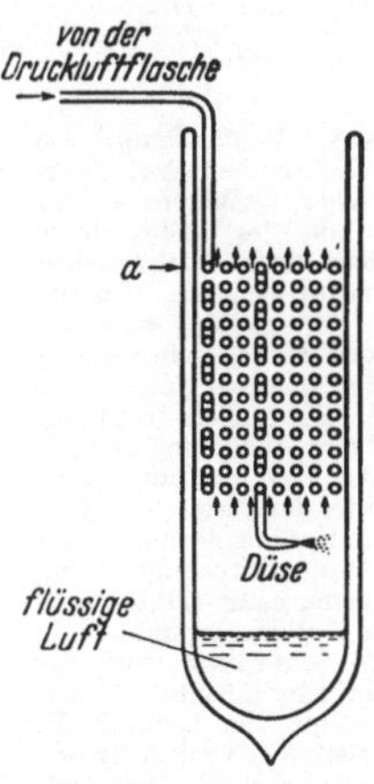

Abb. 522. Schauversuch zur Verflüssigung der Luft nach LINDE. Der abgekühlte, aber nicht verflüssigte Teil der Luft strömt *zwischen* den Windungen der Kupferrohrschnecken nach oben ins Freie. Dabei wird die eintretende Luft vorgekühlt („Gegenströmer"). Das Kupferrohr ist außen 2 mm, innen 1 mm weit. Die Düse besteht aus dem breitgeklopften Ende.

§ 164. Herstellung kleiner Temperaturen und Gasverflüssigung im Laboratorium.

Auf der Abkühlung durch den „JOULE-THOMSON-Effekt" beruhen wichtige *Verfahren zur Verflüssigung von Gasen*, insbesondere von Luft, Wasserstoff und Helium. Die Abb. 522 zeigt im Schauversuch die Verflüssigung von Luft. Gut getrocknete Luft von etwa 150 Atm Druck durchströmt eine eng gewickelte, mehrlagige Kupferspirale in einer durchsichtigen Thermosflasche. Am unteren Ende befindet sich eine feine Öffnung, die Drosselstelle. Das entspannte und gekühlte Gas kann die Thermosflasche oben verlassen. Auf dem Wege dahin strömt es außen zwischen den Windungen der Kupferspirale hindurch und kühlt dabei, selbst wärmer werdend, das nachfolgende Gas (SIEMENSsches Gegenstromverfahren). Nach wenigen Minuten hat das gedrosselte entspannte Gas seine Siedetemperatur erreicht. Nunmehr beginnt seine Verflüssigung bei konstant bleibender Temperatur; man sieht einen erst nebelförmigen, dann zusammenhängenden Flüssigkeitsstrahl; er füllt rasch den unteren Teil der Thermosflasche. — Dabei wird aber nur ein kleiner Bruchteil x der einströmenden Gasmenge verflüssigt ($x \approx 0,1$). Der überwiegende Bruchteil $(1 - x) \approx 0,9$ muß wieder herausströmen, um die Kondensations-Enthalpie der gebildeten Flüssigkeit herauszuschaffen.

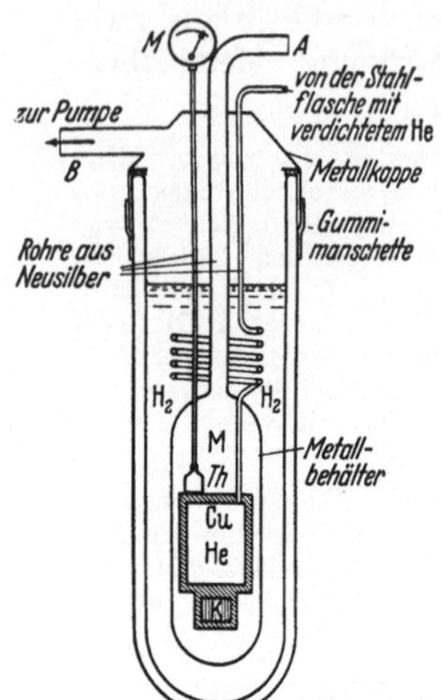

Abb. 523. Verflüssigung von Helium nach dem CAILLETET-SIMONSCHEN Verfahren. — Zur Vorkühlung des He im Hochdruckbehälter Cu wird flüssiger Wasserstoff benutzt. Um die nötige Wärmeleitung zu erzielen, wird in den umgebenden Behälter M etwas Helium eingefüllt. So erreicht man zunächst eine Abkühlung des gasförmigen Heliums auf 20° K. Dann wird der Wasserstoff durch die Öffnung B abgepumpt. Dadurch verdampft er lebhaft, und seine Temperatur sinkt bis zu seinem Erstarrungspunkt, d. h. 10° K. Schließlich wird das He aus dem Behälter M herausgepumpt und dadurch die Wärmeleitung zwischen Cu und M unterbunden. Nun kann mit der langsamen adiabatischen Entspannung begonnen und das Helium verflüssigt werden.

Man kann den ganzen LINDESCHEN Apparat, also Drosselstelle und Gegenströmer, als eine *isotherm* arbeitende Drosselvorrichtung betrachten: Das zuströmende und das abströmende Gas haben die *gleiche* Temperatur T. Die mit dem Druck p_1 zuströmende Gasmenge M bringt die Enthalpie J_{T, p_1} herein, die mit dem Druck p_2 abströmende Gasmenge $(1 - x) M$ nimmt die Enthalpie $(1 - x) J_{T, p_2}$ heraus. Der verflüssigten Gasmenge mit der Masse $x M$ verbleibt die Enthalpie $x J_{\text{flüssig}}$. Somit lautet die Enthalpiebilanz:

$$J_{T, p_1} = (1 - x) J_{T, p_2} + x J_{\text{flüssig}},$$

und aus ihr folgt der verflüssigte Bruchteil

$$x = \frac{J_{T, p_2} - J_{T, p_1}}{J_{T, p_2} - J_{\text{flüssig}}}.$$

Zahlenbeispiel für die Verflüssigung der Luft:

$$\left(\frac{J}{M}\right)_{\substack{20°\,\text{C} \\ 200\,\text{Atm}}} = 4,634 \cdot 10^5 \frac{\text{Wattsek}}{\text{kg}}; \quad \left(\frac{J}{M}\right)_{\substack{20°\,\text{C} \\ 1\,\text{Atm}}} = 5,028 \cdot 10^5 \frac{\text{Wattsek}}{\text{kg}}$$

$$\left(\frac{J_{\text{flüssig}}}{M}\right)_{\substack{-193°\,\text{C} \\ 1\,\text{Atm}}} = 0,922 \cdot 10^5 \frac{\text{Wattsek}}{\text{kg}}; \quad \text{daraus } x = 0,096 \approx 0,1.$$

Außer für Luft gibt es heute auch für Wasserstoff und Helium technisch gut durchentwickelte Verflüssiger. Die in modernen Laboratorien benutzten liefern stündlich meist etliche Liter.

Sind nur einige Kubikzentimeter flüssigen Heliums erforderlich, so bewährt sich der in Abb. 523 skizzierte Apparat. Das Gas wird in einem Kupferbehälter Cu auf etwa 100 Atm komprimiert. Dann wird es mit Hilfe erst von flüssigem, dann von festem Wasserstoff auf etwa 10° K abgekühlt. (Einzelheiten in der Satzbeschriftung.) Schließlich wird das Helium adiabatisch auf 1 Atm entspannt. Dabei werden etwa zwei Drittel des Heliums verflüssigt, weil die spezifische Wärme des Kupfers unter 10° K sehr klein ist und die Behälterwände daher thermisch nur wenig Energie aufnehmen. Man erreicht so eine Temperatur von 4,3° K. Durch Abpumpen des Heliums kommt man bis zu etwa 1,3° K herunter. Zur Temperaturmessung dient ein kleines mit Helium gefülltes Gasthermometer. Sein Gefäß Th ist an den Kupferbehälter angeschweißt. Es steht durch ein Kapillarrohr mit einem Federmanometer M in Verbindung, und die Skala des Manometers wird mit der Dampfdruckkurve des He in Graden geeicht. Der Versuchskörper, z.B. ein Kristall K, befindet sich, mit Kupferbacken gehalten, am Boden des Heliumbehälters. Einzelheiten, wie z.B. die Beobachtungsfenster, sind nicht gezeichnet.

§ 165. Technische Verflüssigung und Entmischung von Gasen. Die Verflüssigung von Gasen, speziell von Luft, hat eine große wirtschaftliche Bedeutung. Die verschiedenen Verfahren unterscheiden sich hauptsächlich durch die Art der Vorkühlung. Oft benutzt man eine Abkühlung durch adiabatische Entspannung in einer Kolbenmaschine oder Turbine: Dann kann man die vom Gas abgegebene Arbeit nutzbringend verwerten. — Die letzte Abkühlung bis zur Verflüssigung wird oft mit dem JOULE-THOMSON-Effekt bewirkt, also nach dem Schema der Abb. 522. Die Ausbeute an flüssiger Luft ist bei allen Verfahren angenähert die gleiche; sie beträgt etwa 1,33 Liter/Kilowattstunde (statt der im Idealfall möglichen Ausbeute von 5,3 Liter/Kilowattstunde).

Man braucht die technische Gasverflüssigung ganz überwiegend als Hilfsmittel für die *Entmischung* von Gasen, speziell für die Zerlegung der Luft in Sauerstoff und Stickstoff. Stickstoff wird hauptsächlich für die Ammoniaksynthese gebraucht (Kunstdünger, Sprengstoffe!), Sauerstoff vor allem zum Schweißen, neuerdings vereinzelt auch schon für Hochöfen. — Der für die Zerlegung der *Luft* notwendige Arbeitsbedarf ist im Idealfall sehr gering, nämlich 0,014 Kilowattstunde/m³. Er ist nur erforderlich, um die beiden Gase von ihren Partialdrucken bis zum Druck einer Atmosphäre zu verdichten.

Jede Gastrennung wird durch die Wärmebewegung der Moleküle erschwert. Deswegen kühlt man die Luft vorübergehend bis zur Verflüssigung und trennt das Gemisch bei kleiner Temperatur. Eine *vorübergehende* Kühlung kann prinzipiell ohne Energieaufwand erfolgen, wenn man *Gegenströmer* zur Auswechslung der Temperatur benutzt (§ 184).

Das eigentliche Trennverfahren ist unter dem Namen „*Rektifikation*" bekannt. Seine Grundlage bildet der in Abb. 524 dargestellte Tatbestand: Bei gleicher Temperatur hat Luft (wie viele andere Gemische zweier verschiedener Stoffe) in flüssiger und gasförmiger Phase eine verschiedene Zusammensetzung. In Molprozenten besteht z.B. Luft bei 83° K

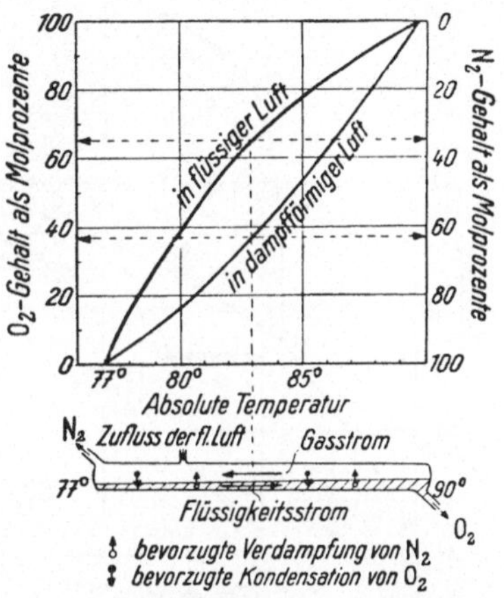

Abb. 524. Zur Entmischung von Luft durch Rektifikation. Die Definition der Molprozente findet sich in § 144. Die schwache Neigung des Rohres in obigem Schema soll andeuten, daß der Flüssigkeitsstrom durch sein Gewicht aufrechterhalten wird. Die technischen Rektifikationssäulen stehen vertikal, und der reine Sauerstoff wird unten flüssig abgezapft.

in der flüssigen Phase aus   65% O₂ und 35% N₂,

in der gasförmigen Phase aus 37% O₂ und 63% N₂.

Das Wesentliche einer Rektifikation ist in Abb. 524 dargestellt: Ein Strom der flüssigen und der gasförmigen Phase laufen, einander innig berührend, in *entgegengesetzter* Richtung durch ein Rohr, *in dessen Längsrichtung ein Temperaturgefälle aufrechterhalten wird*. Die Flüssigkeit strömt in Richtung zunehmender Temperatur. Aus dem Flüssigkeitsstrom entweicht bevorzugt der schon bei 77° K siedende Stickstoff, aus dem Gasstrom kondensiert sich bevorzugt der schon bei 90° K flüssige Sauerstoff. Bei hinreichend langsamer Strömung stellen sich an jeder Stelle des Rohres die beiden ihrer Temperatur entsprechenden Gleichgewichte ein. Zum Beispiel haben im Rohrabschnitt mit der Temperatur 83° K die flüssige und die gasförmige Phase die schon oben genannte, in der Abbildung durch gestrichelte Pfeile markierte Zusammensetzung.

In den technischen Ausführungen der Rektifikationsanlagen sorgt man vor allem für eine innige Berührung und wechselseitige Durchdringung der beiden gegenläufigen Ströme. Die Ausbeute an reinem *Sauerstoff* beträgt bei guten Anlagen rund 2 m³/Kilowattstunde (statt der im Idealfalle möglichen Ausbeute von 14 m³/Kilowattstunde).

§ 166. Dampfdruck und Temperatur. Tripelpunkt. Das pV/M-Diagramm eines Stoffes (z.B. von CO_2 in Abb. 516) läßt einen wichtigen Zusammenhang schlecht erkennen, nämlich die Abhängigkeit des Dampfdruckes von der Tempe-

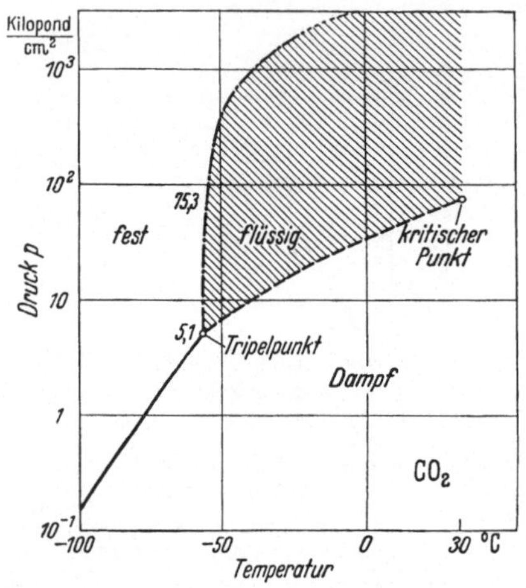

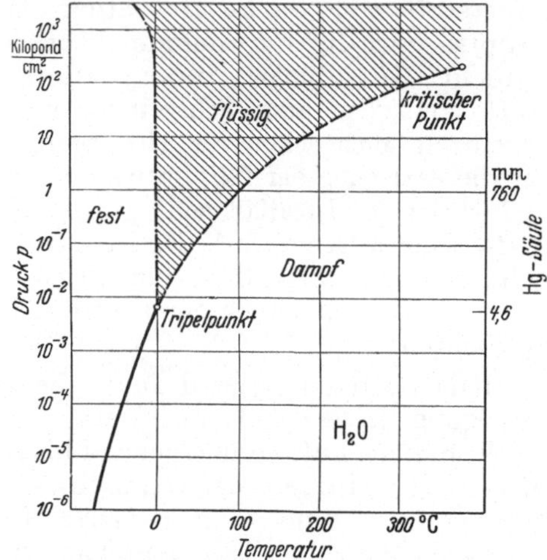

Abb. 525. Dampfdruckkurven von CO_2. Bei einer linearen statt der hier benutzten logarithmischen Teilung der Ordinatenachse würden die Kurven steil nach oben ansteigen.

Abb. 526. Dampfdruckkurven von Wasser. Im Tripelpunkt schneiden sich auch hier alle drei Kurven mit *verschiedener* Neigung. Man vergleiche Abb. 527.

ratur. Dieser Zusammenhang wird besser in einem pT-Diagramm dargestellt. Es findet sich für CO_2 in Abb. 525 und für Wasser in Abb. 526. In beiden Bildern sind die Ordinaten nach Zehnerpotenzen fortschreitend geteilt.

Diese Schaubilder enthalten je drei Kurven. Jeder Punkt einer **Kurve** bestimmt ein zusammengehöriges Wertepaar von Druck und Temperatur. *Allein* bei diesen Wertepaaren sind zwei Phasen des Stoffes *nebeneinander* beständig, also miteinander im Gleichgewicht.

Die gestrichelte Kurve gibt den zur Verflüssigung des Dampfes erforderlichen Druck; es ist der Sättigungsdruck der Flüssigkeit. Die ausgezogene Kurve gibt den zur Verfestigung des Dampfes, also zur Reifbildung erforderlichen Druck; es ist der Sättigungsdruck des Eises. Die dritte Kurve endlich, die strichpunktierte, gibt den zum Schmelzen des Eises erforderlichen Druck.

Man kann die beiden Abbildungen auch nach einer Drehung um 90° betrachten und so den Druck in die Abszissenachse verlegen. Dann bekommt man für jeden Druck mit der gestrichelten Kurve die *Siedetemperatur* der Flüssigkeit, mit der ausgezogenen die *Sublimation*stemperatur des Eises und mit der strichpunktierten die *Schmelz*temperatur des Eises. Diese ist unter 500 Atm nur wenig vom Druck abhängig. Bei CO_2 steigt, bei Wasser sinkt die Schmelztemperatur etwas mit wachsendem Druck.

Alle drei Kurven haben je einen Punkt gemeinsam, den sogenannten *Tripelpunkt*. Die Daten für den Tripelpunkt

$$\text{bei } CO_2 \quad T = -56,2°C; \quad p = 5,1 \text{ Kilopond/cm}^2,$$
$$\text{bei } H_2O \quad T = 0,0074°C; \quad p \triangleq 4,6 \text{ mm Hg-Säule.}$$

Am Tripelpunkt — aber nur am Tripelpunkt — können alle drei Phasen fest, flüssig und dampfförmig nebeneinander bestehen. Sie sind im Gleichgewicht, keine der drei Phasen wächst auf Kosten der beiden anderen. In Abb. 516 auf S. 273 blieben die drei mit Kreisen markierten Punkte unerklärt. Ihre Bedeutung ist jetzt klar. Sie entsprechen dem Tripelpunkt. Sie geben bei der Temperatur von - 56,2° C und dem Druck $p = 5,1$ Kilopond/cm^2 das spezifische Volumen

$$\text{der festen } CO_2 \qquad\quad = 0,034 \text{ m}^3/\text{Kilomol,}$$
$$\text{der flüssigen } CO_2 \qquad = 0,041 \text{ m}^3/\text{Kilomol,}$$
$$\text{der dampfförmigen } CO_2 = 3,22 \;\; \text{m}^3/\text{Kilomol.}$$

Außerhalb des Tripelpunktes können, wie schon erwähnt, *höchstens zwei* Phasen nebeneinander bestehen; längs der ausgezogenen Kurve also nur ein fester Stoff und sein gesättigter Dampf. Bei Drucken unter 4,6 mm Hg-Säule kann Eis nicht mehr schmelzen, sondern nur noch sublimieren (verdunsten). Ebenso kann man bei normalem Luftdruck keine flüssige Kohlensäure erzeugen, sondern nur CO_2-Schnee, das bekannte Trockeneis von $-79,2°$ C.

Die Herstellung des Trockeneises ist sehr einfach: Die CO_2-Flaschen des Handels werden in den Fabriken bei Zimmertemperatur mit einem Druck von etwa 50 Atmosphären gefüllt, enthalten also dann nach Abb. 525 ein Gemisch von flüssiger und dampfförmiger Kohlensäure. Man läßt den Inhalt einer solchen Flasche in einen dickwandigen Tuchbeutel einströmen und zum Teil durch dessen Poren entweichen. Beim Ausströmen aus der Öffnung des Hahnes bildet das CO_2-Gas einen Strahl, und dabei leistet es eine Beschleunigungsarbeit als eine *äußere* Arbeit. Außerdem wird durch den JOULE-THOMSON-Effekt eine *innere* Arbeit geleistet, d. h. eine Arbeit gegen die Anziehung zwischen den Molekülen. Aus beiden Gründen kühlt sich das Kohlendioxyd ab, bis die zum Dampfdruck von 1 Atmosphäre gehörende Temperatur von $-79°$ C erreicht ist.

Der Inhalt der Abb. 525/526 bildet die Grundlage der GIBBSschen Phasenregel für ein „Einstoffsystem": Die Zahl der frei verfügbaren Zustandsgrößen ist gleich 3, vermindert um die Zahl der im Gleichgewicht befindlichen Phasen. Beim Gleichgewicht aller *drei* Phasen eines Stoffes ist *keine* seiner Zustandsgrößen mehr frei verfügbar, man ist an die Werte seines Tripelpunktes gebunden. — Beim Gleichgewicht von *zwei* Phasen eines Stoffes kann man noch *über eine* der beiden Zustandsgrößen p oder T frei verfügen; die andere muß man dann den Kurven des pT-Diagrammes entnehmen. — Um nur *eine* Phase eines Stoffes zu erhalten, kann man die *beiden* Zustandsgrößen p und T nach Belieben auswählen, es ist jedes Paar p und T zulässig, man ist nicht mehr an die auf den *Kurven* liegenden Punkte gebunden.

§ 167. Behinderung des Phasenwechsels flüssig→fest. Unterkühlte Flüssigkeiten. Die Schmelztemperatur jedes nicht glasartigen Stoffes (§ 67) ist bei gegebenem Druck eine für den Stoff durchaus charakteristische und scharf bestimmbare Größe. Man kann die Schmelztemperatur nicht *über*schreiten, ohne daß der Körper schmilzt, d. h. seine jeweils oberflächlichen Schichten flüssig werden. Anders in umgekehrter Richtung: Man kann den Schmelzpunkt erheblich *unter*schreiten, ohne daß die Phasenumwandlung flüssig → fest erfolgt: Flüssigkeiten lassen sich stark „*unterkühlen*".

Man tauche eine Kochflasche mit staubfreiem Wasser in ein Flüssigkeitsbad von $-20°$ C, schüttele oder rühre, vermeide jedoch Spritzer. So kann man leicht Wasser von etwa $-10°$ C herstellen. Kleinere Wassermengen, einige Zehntelgramm, kann man bis $-33°$ unterkühlen. Die verschiedenen Erstarrungstemperaturen werden durch die Anwesenheit verschiedener als „*Kerne*" wirkender *submikroskopischer Fremdkörper* bestimmt. Die an diesen Kernen eingeleitete Kristallisation führt stets zur Bildung von hexagonalem Eis.

Winzige Wassertropfen lassen sich sogar bis $-72°$ C unterkühlen; man muß zuvor die als Kristallisationskerne wirkenden Fremdkörperchen durch mehrfaches Kristallisieren und Schmelzen erschöpfen. Es entsteht dann ein kubisch kristallisiertes Eis mit einem Erstarrungspunkt von $-70°$. — Die Natur der Kristallisationskerne bleibt noch zu erforschen.

Die Dampfdruckkurve einer unterkühlten Flüssigkeit setzt die der normalen Flüssigkeit ohne Knick fort (vgl. Abb. 527, einen vergrößerten Ausschnitt aus Abb. 526).

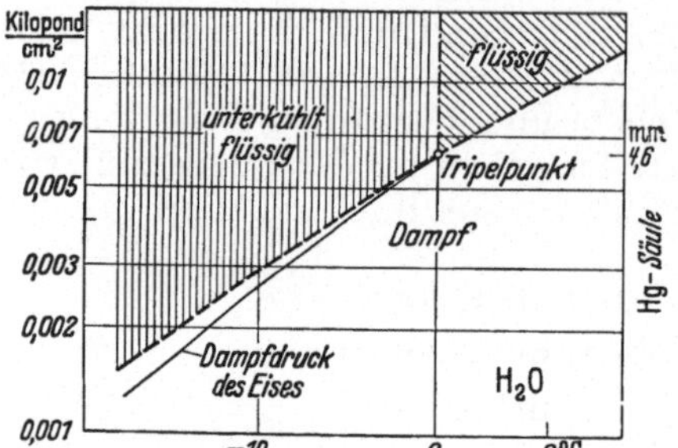

Abb. 527. Dampfdruckkurve von unterkühltem Wasser (gestrichelt). Zum Vergleich ist die Dampfdruckkurve des Eises als dünne, ausgezogene Linie beigefügt.

§ 168. Behinderung des Phasenwechsels flüssig ↔ dampfförmig. Zerreißfestigkeit der Flüssigkeiten. Der Phasenwechsel *dampfförmig → flüssig* läßt sich ebenfalls durch Ausschaltung von „*Kernen*" behindern. Man kann gesättigte Dämpfe stark unterkühlen, am einfachsten durch adiabatische Entspannung. Auch hier kann man, wie beim Kristallisieren, den Phasenwechsel nachträglich durch Einbringen von *Kernen* einleiten. Als solche eignen sich, neben vielem anderen, *Ionen* beliebiger Herkunft. An diesen Kernen entwickeln sich aus den „*übersättigten*" Dämpfen *Oberflächen*, es entstehen Nebeltropfen (vgl. Elektr.-Band, § 168, Nebelkammer zum Nachweis ionisierender Strahlen).

Ferner läßt sich auch der Phasenwechsel *flüssig > dampfförmig*, durch Ausschaltung von Kernen stark behindern. Für einen Schauversuch füllt man doppelt destilliertes Wasser in ein mit heißer Chromschwefelsäure gut gereinigtes Reagenzglas und erhitzt es langsam in einem Ölbad. So kann das Wasser Temperaturen von etwa $140°$ C erreichen, ohne zu sieden. Es bleibt bei einer ruhigen, oberflächlichen Verdampfung. Dann aber setzt plötzlich im Innern des Wassers eine stürmische Umwandlung in Dampf ein. Der Inhalt des Glases wird explosionsartig herausgeschleudert. Das Sieden von Wasser kann so eine recht gefährliche Angelegenheit werden. Deswegen muß man in der Praxis den „*Siedeverzug*" nach Möglichkeit verhindern. Der einfachste Schutz ist geringe Sauberkeit des Gefäßes. Einwandfreier ist der Zusatz einiger kleiner scharfkantiger Körper,

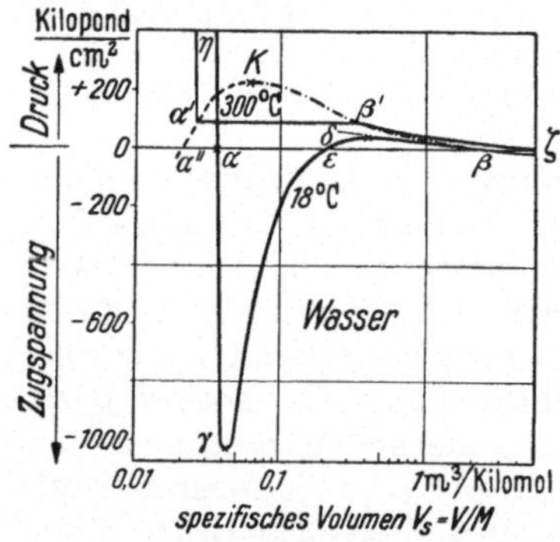

Abb. 528. Zur Berechnung der Zerreißfestigkeit „kernfreien" Wassers mit Hilfe der VAN DER WAALSschen Gleichung. — Zur Ergänzung des Textes noch folgende Angaben: In kernhaltigem Wasser würde das geradlinige Stück $\alpha\beta$ der 18°-Isotherme praktisch mit der Abszissenachse zusammenfallen; der Sättigungsdruck des Wassers entspricht ja bei 18° nur 16 mm Hg-Säule. Die Abszisse mußte zur Platzersparnis logarithmisch geteilt werden. Daher sind die Flächen unter dem Kurvenstück $\varepsilon\,\delta\beta$ und über dem Kurvenstück $\alpha\,\gamma\varepsilon$ nicht, wie bei linearer Abszissenteilung, gleich groß. — Dem Kurvenstück $\gamma\,\delta$ können keine stabilen Zustände entsprechen; in ihnen führt eine Vergrößerung des spezifischen Volumens zu einer Verkleinerung des Zuges.

z. B. Porzellansplitter. Mit den Vertiefungen ihrer Oberfläche als Basis können winzige Gasblasen stabil bleiben (sich also nicht auflösen) und als Kerne dienen.

Zur Bildung solcher Oberflächen in Flüssigkeiten ist keineswegs immer eine *Temperatur*vergrößerung erforderlich. Man kann die Flüssigkeit auch *zerreißen*. Dazu braucht man Zugspannungen bis zur Größenordnung 100 Kilopond/cm² (§ 78). Besteht Aussicht, diese Werte durch weitere Ausschaltung störender Kerne noch zu erhöhen? Die VAN DER WAALSsche Gleichung bejaht diese Frage:

Die Abb. 528 zeigt uns im pV/M-Diagramm zunächst die Isotherme des Wassers für 300° C. Sie ist, ebenso wie die beiden Grenzkurven $\alpha''K$ und $K\beta$, experimentell bestimmt worden. Die Isotherme $\eta\alpha'\beta'\zeta$ zeigt den normalen Verlauf, also ist es längs des geradlinigen Kurvenstückes $\alpha'\beta'$ zur Ausbildung einer *Oberfläche* gekommen. Dort sind also *zwei* Phasen vorhanden, und infolgedessen ist die VAN DER WAALSsche Gleichung *nicht* anwendbar.

Wahrscheinlich wird es möglich sein, die Kerne weitgehend zu beseitigen und dadurch das gradlinige Stück der Isotherme zu unterdrücken. Gelingt es, so liegt nur *eine* Phase vor, und dann darf man die VAN DER WAALSsche Gleichung auch *zwischen* den Grenzkurven anwenden. Das ist im Kurvenzug $\alpha\gamma\varepsilon\delta\beta$ geschehen. Es ist die für 18° C berechnete vollständige Isotherme. Sie stellt, wie jede Anwendung der VAN DER WAALSschen Gleichung, eine Näherung dar. Der Punkt α z.B. müßte bei α'' auf der linken Grenzkurve liegen. — Trotzdem bleibt ein Ergebnis gesichert: die Isotherme führt bei gewissen Werten des spezifischen Volumens auf *negative* Drucke, auf *Zugspannungen* über 10^3 Kilopond/cm² = 10 Kilopond/mm². Also muß kernfreies Wasser von 18° C eine Zug- oder Zerreißfestigkeit dieser Größenordnung besitzen.

Die Zerreißfestigkeit aller Flüssigkeiten sinkt mit steigender Temperatur; sie verschwindet bei einem oberen Grenzwert. Auch dieser experimentellen Tatsache wird die VAN DER WAALSsche Gleichung gerecht: bei $T = \dfrac{27}{32} T_{\mathrm{kr}}$ liegt der Punkt γ der Isotherme auf der V_s-Achse, also bei der Zugspannung Null.

§ 168 a. Keime beim Phasenwechsel. Ohne Mitwirkung von Kernen (§ 167) beginnt ein Phasenwechsel mit der Bildung von „*Keimen*", d. h. lokaler, statistisch wechselnder Häufung oder Vereinigung von Molekülen. Wir bringen ein instruktives Beispiel. — In Abb. 528* sind in ein Rohr CS_2 und CH_3OH (Methylalkohol) im Massenverhältnis 80,5 : 19,5 eingefüllt und durchgeschüttelt worden. Die dabei entstehenden beiden Lösungen (Phasen) sind homogen, optisch klar und durch eine Grenzfläche F getrennt. — Erwärmt man dann schüttelnd und durchmischend über 40° C, so kommt es hinterher nicht mehr zur Ausbildung einer trennenden Grenzfläche F: Die beiden Flüssigkeiten bilden jetzt (bei dem gewählten Massenverhältnis) nur noch *eine* homogene, optisch klare Phase. Schließlich läßt man langsam abkühlen. Dabei zeigt schon oberhalb von 40° C die ganze Flüssigkeit blaues, von ultramikroskopischen Keimen herrührendes *Streulicht* (Optik § 112 und 120 Schluß). Allmählich entstehen graue flimmernde Wolken, Tröpfchen aus Schwefelkohlenstoff sinken als „Regen" abwärts, Tröpfchen aus Alkohol steigen aufwärts. So bildet sich wieder die Grenzfläche F zwischen *zwei* homogenen, optisch klaren Phasen. In der oberen Flüssigkeit ist CS_2 in CH_3OH gelöst, in der unteren umgekehrt.

Abb. 528*. Zum Übergang einer homogenen Phase in zwei durch eine Grenzfläche F getrennte homogene Phasen.

XVI. Die Temperatur und der kinetische Anteil der inneren Energie.

§ 169. Temperatur und ungeordnete Bewegung („Wärmebewegung") in idealen Gasen. Der Begriff der ungeordneten Bewegung, kürzer „Wärmebewegung" ließ sich gut mit Modellversuchen erläutern. Diese ersetzen im einfachsten Falle Moleküle durch kleine elastische Stahlkugeln (§ 80). Im Anschluß an derartige Modellversuche wurde für den Druck idealer Gase die Gleichung

$$p = \tfrac{1}{3}\varrho\, u^2 \qquad\qquad (176)\ \text{v. S. 128}$$

hergeleitet.
$$(\varrho = \text{Dichte des Gases})$$

Für die experimentell gefundene Zustandsgleichung idealer Gase kennen wir die Form

$$p = \varrho\, R\, T_{\mathrm{abs}}. \qquad\qquad (305)\ \text{v. S. 261}$$

Ferner ist

$$R\, m = k \qquad\qquad (308)\ \text{v. S. 262}$$
$$(m = \text{Masse eines Moleküls};\ k = \text{Boltzmann-Konstante}).$$

Die Zusammenfassung der Gl. (176), (305) und (308) liefert

$$m\, u^2 = 3\, k\, T_{\mathrm{abs}}. \qquad\qquad (346)$$

u^2 ist der Mittelwert eines Geschwindigkeitsquadrates, also steht links das Doppelte der kinetischen Energie W_{kin} *eines* Moleküls. Es gilt somit für dieses

$$W_{\mathrm{kin}} = \tfrac{3}{2}\, k\, T_{\mathrm{abs}}. \qquad\qquad (347)$$

Diese Gleichung sagt aus: *Die mittlere kinetische Energie W_{kin} jedes Moleküls eines idealen Gases ist proportional seiner absoluten Temperatur und unabhängig von seiner chemischen Beschaffenheit, seiner Masse m oder seinem Molekulargewicht (M). Oder umgekehrt: Die Temperatur eines Gases wird bestimmt durch die kinetische Energie W_{kin} seiner Moleküle.* — Aus den beiden Gl. (346) und (308) folgt für die Geschwindigkeit der Gasmoleküle ein Mittelwert[1]

$$u = \sqrt{\frac{3\, k\, T_{\mathrm{abs}}}{m}} = \sqrt{3\, R\, T_{\mathrm{abs}}}. \qquad\qquad (348)$$

Wir bringen einige Anwendungen dieser Gleichungen:

I. Die Wärmebewegung von Molekülen beim Verdampfen und beim Ausströmen aus einer engen Öffnung. Wir knüpfen an § 81 an. — In einem Dampfvolumen V_1 seien n_1 Moleküle, jedes mit der Masse m, enthalten. Dann fliegen durch eine Fläche F in der Zeit t näherungsweise $n = \dfrac{1}{6}\dfrac{n_1}{V_1}F\, u\, t$ Moleküle mit der Geschwindigkeit u hindurch. Die gesamte Masse nm dieser n Moleküle ist $M = \tfrac{1}{6}\varrho F\, u\, t$, falls $\varrho = n_1 m / V_1$ die Dichte des Dampfes oder des Gases bezeichnet. Für sie gibt das Gasgesetz (305) beim Druck p den Wert $\varrho = p/R\, T_{\mathrm{abs}}$. Einsetzen dieser Werte in Gl. (348) liefert das Verhältnis $M/Ft = 0{,}29\, p/\sqrt{R\, T_{\mathrm{abs}}}$. Eine strengere Rechnung ändert nur den Zahlenfaktor, man bekommt als *Entweichungsgeschwindigkeit*

$$\frac{M}{Ft} = \frac{0{,}4\, p}{\sqrt{R\, T_{\mathrm{abs}}}} \qquad\qquad (349)$$

(M = Masse der Moleküle, die in der Zeit t aus der Fläche F entweichen).

---

[1] Für die Schallgeschwindigkeit c galt

$$c = \sqrt{\varkappa\, R\, T_{\mathrm{abs}}}. \qquad\qquad (338)\ \text{v. S. 270}$$

Folglich ist die Geschwindigkeit der Gasmoleküle

$$u = c\, \sqrt{3/\varkappa} \approx c\, \sqrt{2}.$$

Statt der *Masse M* der entweichenden Dampf- oder Gasmenge kann man auch die *Anzahl n* ihrer Moleküle benutzen, oder ihr *Volumen V*. Dann erhält man

$$\frac{n}{Ft} = \frac{0{,}4\,p\,N}{\sqrt{R\,T_{abs}}} \quad (350) \qquad \text{und} \qquad \frac{V}{Ft} = 0{,}4\sqrt{R\,T_{abs}} \quad (351)$$

($N = n/M$ = spezifische Molekülzahl = $6{,}02 \cdot 10^{26}$/Kilomol).

Für die Berechnung von Verdampfungsgeschwindigkeiten nimmt man meistens die Gl. (350).

Beispiel. Wasser bei $20°$ C $= 293°$ K unter seinem Sättigungsdruck $p \triangleq 17{,}5$ mm Hg-Säule $= 2{,}32 \cdot 10^3$ kg/m sec². — Für Wasser 1 Kilomol $= 18$ kg
also
$R = 8{,}31 \cdot 10^3$ Watt sec/18 kg Grad $= 4{,}62 \cdot 10^2$ m²/sec² Grad und $N = 6{,}02 \cdot 10^{26}$/18 kg $= 3{,}34 \cdot 10^{25}$/kg. Einsetzen dieser Werte in Gl. (350) liefert eine Verdampfungsgeschwindigkeit

$$\frac{n}{Ft} = \frac{0{,}4 \cdot 2{,}32 \cdot 10^3 \,\text{kg/m sec}^2\; 3{,}34 \cdot 10^{25}/\text{kg}}{\sqrt{4{,}62 \cdot 10^2\; \dfrac{\text{m}^2\; 293\;\text{Grad}}{\text{sec}^2\;\text{Grad}}}} \approx \frac{10^{26}}{\text{m}^2\;\text{sec}}.$$

Bei Zimmertemperatur entweichen also in jeder Sekunde aus 1 m² Wasseroberfläche rund 10^{26} Moleküle; aus dem gesättigten Dampf kehrt die gleiche Anzahl wieder zurück. — In 1 m² Oberfläche finden nur rund 10^{19} Wassermoleküle nebeneinander Platz (vgl. Abb. 519). Folglich kann sich ein einzelnes Molekül im Mittel nur rund 10^{-7} sec in der Oberfläche aufhalten (vgl. Optikband, § 109).

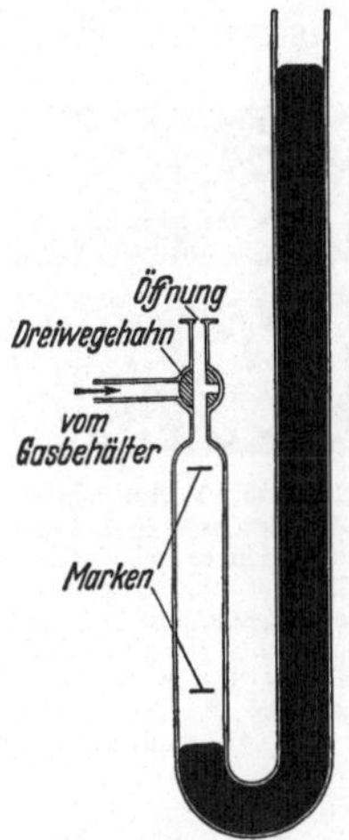

Abb. 529. Vergleich von Molekulargewichten nach R. Bunsen. Man mißt die Zeit, innerhalb derer das Hg links von der unteren zur oberen Marke ansteigt.

Die Gaskonstante $R = 8{,}31 \cdot 10^3$ Wattsec/(M) kg Grad ist dem Molekulargewicht (M) umgekehrt proportional. Daher liefert Gl. (351) für die beiden Zeiten t_1 und t_2, in denen von zwei verschiedenen Gasen bei gleichem Druck Mengen mit gleichem Volumen entweichen, das Verhältnis

$$\frac{t_1}{t_2} = \sqrt{\frac{(M_1)}{(M_2)}}. \qquad (352)$$

Mit dieser Beziehung lassen sich Molekulargewichte (M) von Gasen vergleichen (R. Bunsen). Die Abb. 529 zeigt eine bewährte Anordnung. Das Gas ist unter dem Druck p einer Hg-Säule eingesperrt. Am oberen Ende des Behälters befindet sich eine feine Öffnung in einem dünnen Metallblech.

Für Schauversuche ersetzt man die eine kleine Öffnung des vorigen Versuches durch die poröse Wand eines Tonzylinders (Abb. 530). Unten ist ein Wassermanometer angeschlossen. Über den porösen Zylinder wird ein weites Becherglas gestülpt. In dieses wird Wasserstoff (Leuchtgas) eingeleitet. Sofort steigt der Druck im Tonzylinder jäh in die Höhe. Grund: H_2-Moleküle diffundieren in größerer Anzahl in den Tonzylinder hinein, als die rund viermal langsameren Luftmoleküle heraus. Nach einigen Sekunden wird der Wasserstoff abgestellt und das Becherglas entfernt. Gleich darauf hat sich der Überdruck im Tonzylinder in einen Unterdruck verwandelt. Die eingesperrten H_2-Moleküle diffundieren in größerer Anzahl heraus, als die zum Ersatz einrückenden Luftmoleküle hinein.

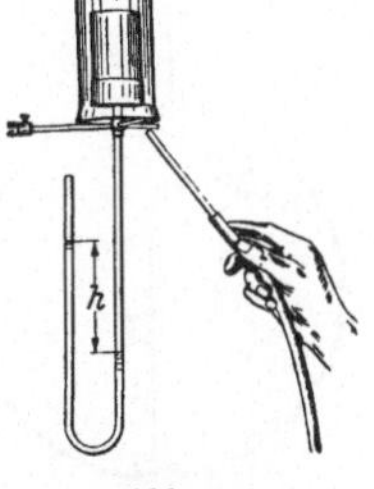

Abb. 530. Zur Diffusion durch einen Tonzylinder.

Bei der großen Wichtigkeit der Diffusionsvorgänge ist ein Modellversuch mit dem Stahlkugelglas nicht überflüssig. Die Abb. 531 zeigt die aus Abb. 231 bekannte Anordnung, jedoch in der Mitte durch einen engen Kanal unterteilt. Außerdem sind auf beiden Seiten schwingende Stempel zur Aufrechterhaltung der künstlichen Wärmebewegung vorhanden. Im Druck kann leider nur ein

Momentbild festgehalten werden. Es gibt nur eine ganz schwache Vorstellung von der lebendigen Wirkung dieses Schauversuches.

II. Temperaturänderung bei Volumenänderung. Jedes Gas erwärmt sich beim Zusammendrücken, beim Ausdehnen kühlt es sich ab. Grund: Bei der Ausdehnung werden die Moleküle an einer zurückweichenden Wand reflektiert, und dadurch wird ihre Geschwindigkeit herabgesetzt. Beim Zusammendrücken rückt die Wand vor. Die an ihr reflektierten Moleküle erfahren eine Vergrößerung ihrer Geschwindigkeit. Das kann man gut mit einem einzelnen Stahlkugelmolekül vorführen. Man läßt es in Abb. 532 aus der Höhe h auf eine Glasplatte aufprallen. Es fliegt, elastisch reflektiert, wieder nach oben. Währenddessen bewegt eine Hand eine zweite, kleinere Glasplatte abwärts. Nunmehr wird die aufsteigende Kugel an einer ihr entgegenkommenden Wand reflektiert, sie fliegt mit vergrößerter Geschwindigkeit abwärts. Das Spiel wiederholt sich noch einige Male, dann fliegt die Kugel an der Glasplatte vorbei und weit über ihre Anfangshöhe h hinaus.

Abb. 531. Vorführung der Diffusion mit zwei Stahlkugelmodellgasen. Lichtbilder, oben Trennwand geschlossen, links nur kleine, rechts nur große Moleküle. — Unten Trennwand geöffnet, die Diffusion hat begonnen.

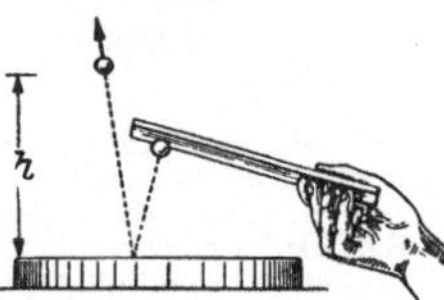

Abb. 532. Modellversuch zur Erwärmung eines Gases beim Zusammendrücken (HARALD SCHULZE).

§ 170. Rückstoß der Gasmoleküle bei der Reflexion. Radiometerkraft. Die schematische Abbildung 533 zeigt ein evakuierbares Glasgefäß. Es enthält eine Platte P aus beliebigem Stoff, z.B. Aluminiumfolie oder Glimmer. Die Platte sitzt an einer Blattfeder F und diese dient als Kraftmesser. — Erzeugt man bei kleinem Gasdruck zwischen den beiden Oberflächen der Platte eine Temperaturdifferenz, so wirkt auf die Platte eine Kraft $\Re$ in Richtung abnehmender Temperatur. Diese Erscheinung heißt Radiometereffekt. Der etwas irreführende Name rührt daher, daß man die Temperaturdifferenz meist durch eine Bestrahlung mit Licht erzeugt.

Für Schauversuche eignet sich besonders die Lichtmühle, Abb. 534. In ihr sind vier einseitig berußte Glimmerblättchen an einem Kreuz vereinigt. Das Kreuz ist, wie in Abb. 433, mit Spitze und Pfanne gelagert. Es setzt sich bei Bestrahlung stets in der Pfeilrichtung in Bewegung. Seine Drehfrequenz wächst mit der Bestrahlungsstärke.

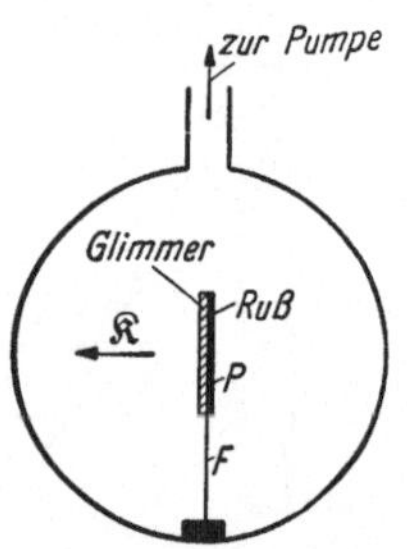

Abb. 533. Schematische Anordnung zum Nachweis des Radiometereffektes, der durch den Rückstoß der Gasmoleküle auftritt. Für Messungen muß man als Kraftmesser statt der Blattfeder ein feines tordierbares Band benutzen.

Der Radiometereffekt hat trotz seines Namens nichts mit der Strahlung zu tun, am allerwenigsten mit dem winzigen Strahlungsdruck des Lichtes. Das zeigt man am einfachsten mit einem Glimmerblatt, das an der von der Lichtquelle abgewandten Seite berußt ist. Die Radiometerkraft ist dann auf die Lichtquelle hin gerichtet. Radiometer drehen sich auch bei allseitiger Einstrahlung. Wesentlich ist nur eine verschieden starke Absorption auf den beiden Oberflächen der Platte. Sie erzeugt zwischen den beiden Oberflächen der Platte eine Temperaturdifferenz und damit die Radiometerkraft.

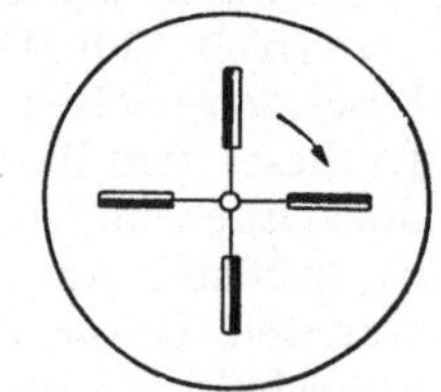

Abb. 534. Horizontaler Schnitt durch eine Lichtmühle (W. CROOKES 1874).

Die Radiometerkraft $\Re$ hängt in charakteristischer Weise vom Gasdruck p ab (Abb. 535). Im Bereich kleiner Drucke wächst die Kraft proportional mit dem Druck. In diesem Bereich sind die freien Weglängen der Gasmoleküle groß gegenüber den Dimensionen des Radiometers. Die Moleküle erleiden keine Zusammenstöße untereinander, sondern werden nur an den Radiometerplättchen und an den Gefäßwandungen reflektiert. Hat die berußte Fläche eine größere Temperatur als die unberußte, so werden die Moleküle an der berußten Platte im Mittel mit größerer Geschwindigkeit reflektiert als an der kälteren unberußten. Auf beiden Seiten erzeugen die reflektierten Moleküle einen Rückstoß. Er ist an der warmen Fläche größer als an der kalten. Daher liegt die resultierende Kraft $\Re$ in Richtung der abnehmenden Temperatur. Die Kraft ist der Häufigkeit der Stöße auf das Plättchen proportional und daher auch dem Gasdruck.

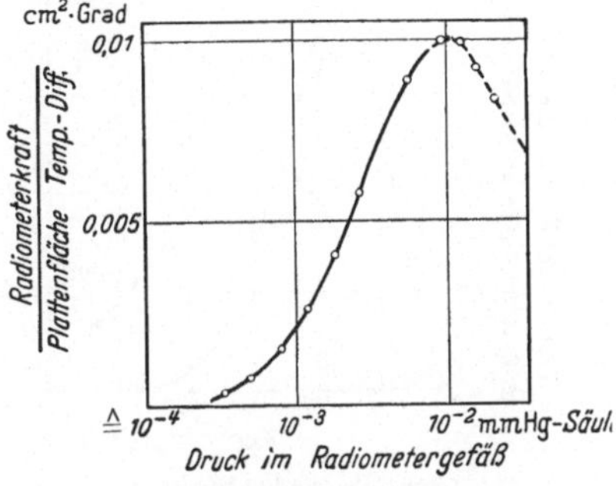

Abb. 535. Abhängigkeit der Radiometerkraft vom Gasdruck im Bereich kleiner Drucke. Die Temperaturdifferenz besteht zwischen den beiden Oberflächen der Platte (Messung von W. Westphal).

Im Bereich größerer Drucke ist die freie Weglänge der Gasmoleküle nicht mehr groß gegenüber den Abmessungen des Radiometers. Dann treten andere Erscheinungen ein, die Kraft $\Re$ sinkt mit wachsendem Druck (gestricheltes Kurvenstück in Abb. 535). Die Einzelheiten führen zu weit. — Höchst seltsam sind zum Teil die Radiometereffekte an kleinen Schwebeteilchen oder dünnen Fäden. Zum Beispiel durchlaufen kleine Schwebeteilchen aus Kohle im Brennpunkt des Kondensors einer Projektionslampe stundenlang enge Schrauben-Spiralbahnen, die ihrerseits ringförmig geschlossen sind (Photophorese).

§ 171. Geschwindigkeitsverteilung und mittlere freie Weglänge der Gasmoleküle.

Wir kennen nunmehr zwei Methoden, mit denen man die Geschwindigkeit der Gasmoleküle experimentell bestimmen kann (§ 81 und § 171). Beide Methoden beruhen auf Anwendungen des Impulssatzes und liefern nur Mittelwerte. Man kann jedoch auch die Verteilung der Geschwindigkeit um diese Mittelwerte experimentell erfassen. Dazu benutzt man „*Molekülstrahlen*". In Abb. 536 wird ein kleiner Silberklotz Ag in einer elektrisch geheizten Wanne aus Molybdänblech verdampft. Der hochevakuierte Glasbehälter enthält zwei Spalte A und B. Sie blenden aus den in allen Richtungen fliegenden Dampfmolekülen ein scharf begrenztes Bündel aus. Dies Bündel wird auf der kühlen Wand W aufgefangen. Dort bilden die Moleküle einen recht scharf begrenzten spiegelnden Fleck. Seine Gestalt entspricht dem gestrichelten Strahlenverlauf. Im übrigen bleiben die Gefäßwände

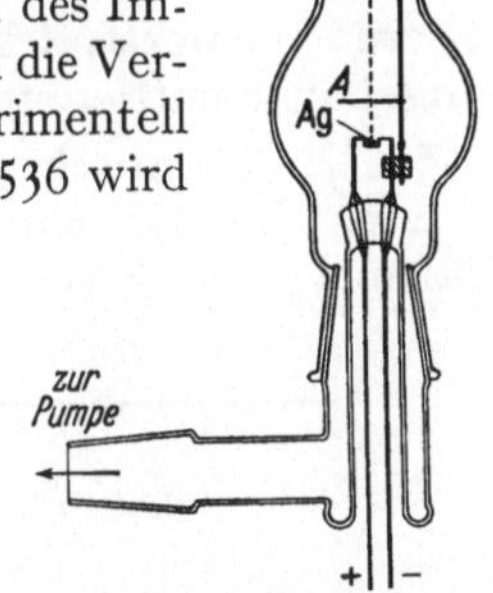

Abb. 536. Herstellung von Molekülstrahlen.

oberhalb der Blende B niederschlagsfrei. Zur Messung der Geschwindigkeit setzt man die ganze Anordnung auf ein rasch umlaufendes Karussell. Dann hat man die gleichen Verhältnisse wie früher bei der Messung der Geschwindigkeit einer Pistolenkugel. Die Moleküle werden durch *Corioliskräfte* seitlich abgelenkt, und aus der Größe der Ablenkung ergibt sich ihre Geschwindigkeit (S. 87).

Die Durchführung dieser Messung liefert Ergebnisse, wie sie in Abb. 537 für zwei Beispiele dargestellt sind: Eine Verteilung der Geschwindigkeit über weite Bereiche.

Die Verteilung der Geschwindigkeit auf die einzelnen Werte läßt sich durch ein von Maxwell hergeleitetes „Verteilungsgesetz" darstellen. Es liefert den Bruchteil dn/n der Moleküle, deren Geschwindigkeit zwischen u und $(u + du)$ gelegen ist. Das Maxwellsche *Verteilungsgesetz* lautet:

$$\frac{dn}{n} = \frac{4\,u^2}{\sqrt{\pi}} \left(\frac{m}{2\,k\,T_{\text{abs}}}\right)^{\frac{3}{2}} e^{-\frac{\frac{1}{2}\,m\,u^2}{k\,T_{\text{abs}}}} \, du. \tag{355}$$

19

Eine nähere Erörterung der Gleichung ergibt: Dem Maximum der Kurve in Abb. 537 entspricht eine am *häufigsten* vorkommende oder *wahrscheinlichste* Geschwindigkeit

$$u_h = \sqrt{2k\,T_{abs}/m} = \sqrt{2R\,T_{abs}}. \qquad (356)$$

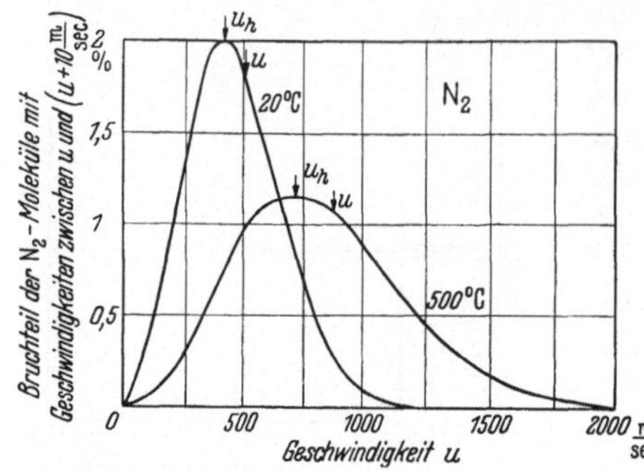

Abb. 537. Zur Geschwindigkeitsverteilung von Gasmolekülen. Stickstoff. Molekulargewicht $(M) = 28$;

$$m = \frac{1}{N} = \frac{28\ \text{kg}}{6,02 \cdot 10^{26}} = 4,65 \cdot 10^{-26}\ \text{kg};$$

$k = 1,38 \cdot 10^{-23}$ Wattsec/Grad; 1 Wattsec = 1 Newtonmeter = 1 kg m²/sec²; also für $T_{abs} = 293°$ $u_h = 417$ m/sec und die „mittlere" Geschwindigkeit $1,22\,u_h = 509$ m/sec. Diese ist durch einen Pfeil u markiert.

Als arithmetisches Mittel aller Geschwindigkeiten erhält man die *durchschnittliche* Geschwindigkeit

$$u_d = \frac{2}{\sqrt{\pi}}\,u_h = 1,13\,u_h. \qquad (357)$$

Sie ist also etwas größer als die häufigste Geschwindigkeit.

Anfänglich hatten wir einen Mittelwert u der Geschwindigkeit eingeführt, definiert durch die Gleichung

$$u = \sqrt{3k\,T_{abs}/m} = \sqrt{3R\,T_{abs}}. \qquad (348)\ \text{v. S. 286}$$

Dieser Mittelwert der Geschwindigkeit u ist also um den Faktor $\sqrt{\tfrac{3}{2}} = 1,22$ größer als die häufigste Geschwindigkeit u_h und $\dfrac{1,22}{1,13} = 1,08$mal größer als die Durchschnittsgeschwindigkeit u_d. — Die Unterschiede zwischen häufigster, durchschnittlicher und mittlerer Geschwindigkeit sind also praktisch belanglos.

Jetzt ist das molekulare Bild eines Gases nahezu vollständig. Es fehlt nur noch der Begriff der freien Weglänge. So nennt man die geradlinige Flugstrecke eines Moleküls zwischen zwei aufeinanderfolgenden Zusammenstößen mit anderen Gasmolekülen. Methoden für ihre Bestimmung werden wir in § 188 kennenlernen. — Stickstoff hat, um nur ein Beispiel zu nennen, unter Normalbedingungen eine mittlere freie Weglänge $\lambda \approx 6 \cdot 10^{-8}$ m.

§ 172. Spezifische Wärmen im molekularen Bilde. Das Gleichverteilungsprinzip. Die für ein- und zweiatomige ideale Gase gemessenen spezifischen Wärmen (Tab. 9 von S. 260) lassen sich in folgender Weise zusammenfassen:

Tabelle 11.

Molekülart	Beispiele	Spezifische Wärme		$\varkappa = c_p/c_v$
		c_p	c_v	
		bei konstantem		
		Druck	Volumen	
einatomig	$\left\{\begin{array}{l}\text{Hg-Dampf}\\\text{Edelgase}\end{array}\right\}$	$\tfrac{5}{2}R$	$\tfrac{3}{2}R$	1,67
zweiatomig . . .	$\left\{\begin{array}{l}\text{H}_2,\ \text{O}_2,\ \text{N}_2\\\text{CO, HCL}\end{array}\right\}$	$\tfrac{7}{2}R$	$\tfrac{5}{2}R$	1,40

Bei der Benutzung der Masseneinheit Kilomol ist dabei

$$R = 8,31 \cdot 10^3\ \frac{\text{Wattsec}}{\text{Kilomol} \cdot \text{Grad}} = 1,98\ \frac{\text{Kilokalorien}}{\text{Kilomol} \cdot \text{Grad}}. \qquad (306)\ \text{v. S. 261}$$

Dieser Zusammenhang zwischen den spezifischen Wärmen und der Gaskonstante R ist im molekularen Bilde folgendermaßen zu deuten (A. NAUMANN 1867): Wir erinnern an die Definitionsgleichung der beiden spezifischen Wärmen idealer Gase, nämlich

$$c_v = \frac{1}{M}\left(\frac{\partial U}{\partial T}\right), \qquad (311)\ \text{v. S. 265}$$

$$c_p = \frac{1}{M}\left(\frac{\partial J}{\partial T}\right) = c_v + R. \qquad (312)\ \text{v. S. 265}$$

Für ein ideales *einatomiges Gas* besteht der auf ungeordneter Bewegung beruhende Anteil der inneren Energie U ganz überwiegend aus der *kinetischen* Energie W_{kin} der *geradlinigen* Bewegung der Moleküle, also kurz aus ihrer kinetischen Translationsenergie. Ein einzelnes Molekül liefert den Beitrag

$$W_{kin} = \tfrac{3}{2} k\, T_{abs} = m\, \tfrac{3}{2} R\, T_{abs}. \qquad (347)\ \text{v. S. 286}$$

Eine Gasmenge mit der Masse $M = nm$ liefert den Beitrag

$$U = nW_{kin} = M\, \tfrac{3}{2} R\, T_{abs}. \qquad (358)$$

Folglich ist nach den Gl. (311) und (312)

$$c_v = \frac{3}{2}\, R; \qquad c_p = \frac{5}{2}\, R; \qquad \frac{c_p}{c_v} = 1{,}67.$$

Ein einatomiges Molekül hat drei „*Freiheitsgrade*" zur Verfügung. Das heißt die Geschwindigkeit seiner geradlinigen Bahn (Translation) besteht allgemein aus drei Komponenten in je einer Richtung des Raumes. *Auf jeden einzelnen dieser drei Freiheitsgrade* entfällt also als Beitrag eines einzelnen Moleküls die kinetische Energie

$$W_{kin} = \tfrac{1}{2} k\, T_{abs} \qquad (359)$$

$$(k = Rm = \text{BOLTZMANN-Konstante} = 1{,}38 \cdot 10^{-23}\ \text{Wattsec/Grad};$$
$$m = N^{-1} = 1\ \text{Kilomol}/6 \cdot 10^{26}).$$

und als Beitrag einer Gasmenge der Masse $M = nm$ die kinetische Energie

$$W_{kin\,M} = nW_{kin} = M\, \tfrac{1}{2} R\, T_{abs} \qquad (360)$$

$$(R = k/m = 8{,}31 \cdot 10^3\ \text{Wattsec/Kilomol} \cdot \text{Grad}).$$

Ein zweiatomiges Molekül ist ein hantelförmiges Gebilde. Dieses kann um zwei zueinander und zur Hantelachse senkrechte Richtungen rotieren (vgl. Optikband, § 203)[1]. Dadurch kommen zwei weitere Freiheitsgrade hinzu. Diese neuen Freiheitsgrade betrachtet man den alten als gleichwertig. Das nennt man das *Prinzip der statistischen Gleichverteilung*. Somit hat ein zweiatomiges Gas insgesamt fünf Freiheitsgrade. Durch sie erhält die innere Energie einer Gasmenge mit der Masse M bei der Temperatur T_{abs} den kinetischen Anteil

$$U = M\, \tfrac{5}{2} R\, T_{abs}. \qquad (361)$$

Folglich ist nach den Gl. (311) und (312)

$$c_v = \frac{5}{2}\, R; \qquad c_p = \frac{7}{2}\, R; \qquad \frac{c_p}{c_v} = 1{,}40.$$

Drei- und mehratomige Moleküle haben für ihre Rotation drei Freiheitsgrade. Zusammen mit den drei Freiheitsgraden der Translation erhält man demgemäß

$$c_v = \frac{3+3}{2} \cdot R = 3R; \qquad c_p = 4R; \qquad \frac{c_p}{c_v} = 1{,}33.$$

In festen Körpern haben die molekularen Bausteine feste Ruhelagen. Oft bestehen die Bausteine, wie z. B. in Metallen, nur aus Atomen. Diese sind ähnlich gepackt, wie es etwa in Abb. 183 mit Stahlkugeln gezeigt wird. Bei derartigen

---

[1] Die Rotation um die Längsachse kommt nicht in Betracht, das Trägheitsmoment ist zu klein.

Packungen fallen fortschreitende Bewegungen fort. An ihre Stelle treten Schwingungen der Atome um ihre Ruhelage. Für die kinetische Energie dieser Schwingungen gibt es drei Freiheitsgrade. Sie allein würden $c_p = \frac{3}{2}R$ ergeben. Um thermisches Gleichgewicht zu erhalten, muß aber dem Kristall eine ebenso große potentielle Schwingungsenergie zugeführt werden (solange die Schwingungen kleine Amplituden haben, also nach einem angenähert linearen Kraftgesetz erfolgen, § 25 Kleindruck). Durch diesen zweiten Posten gelangt man zu $c_p = \frac{3}{2}R + \frac{3}{2}R = 3R$. So erklärt man den Grenzwert $c_p \approx 3R$, den man bei vielen aus einzelnen Atomen aufgebauten Kristallen findet. (Gesetz von DULONG und PETIT, vgl. Abb. 499.) In analoger Weise versteht man $c_p \approx 6R$ für die Ionenkristalle im rechten Teilbild der Abb. 499, usf.

Durch diese Erfolge hat das Gleichverteilungsprinzip eine wesentliche experimentelle Stütze erhalten. Aber man darf es unter allen Umständen nur als die Idealisierung eines *Grenzfalles* betrachten, erlaubt im Bereich großer Temperaturen. Das zeigen die in Abb. 538 dargestellten Messungen. Sie betreffen die spezifische Wärme eines zweiatomigen Gases (H_2) bei verschiedenen Temperaturen. Die spezifische Wärme c_v hat bei großen Temperaturen den Wert von $\approx \frac{5}{2}R$, bei kleinen Temperaturen aber fällt sie ab und erreicht schließlich den Wert $\frac{3}{2}R$, also den Wert für einatomige Moleküle. — Deutung: Bei sinkender Temperatur kommen die Rotationen allmählich zur Ruhe; es verbleibt nur wie bei den einatomigen Molekülen die Translation. — An dieser Stelle kommt man mit den Methoden der „klassischen Physik"

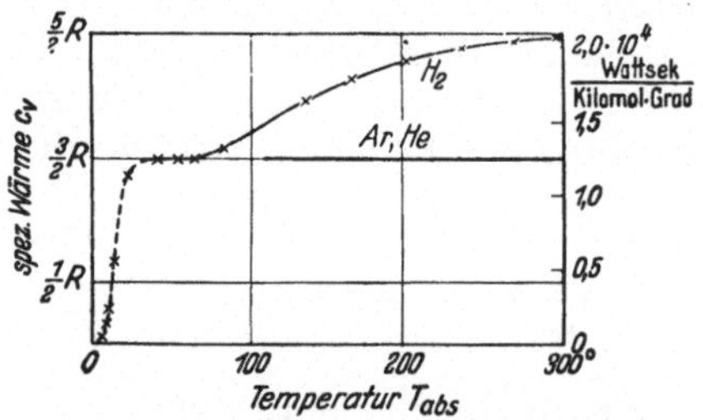

Abb. 538. Die spezifische Wärme des Wasserstoffs in ihrer Abhängigkeit von der Temperatur. R = Gaskonstante, Gl. (306) v. S. 261. Zum Vergleich sind Messungen an zwei einatomigen Gasen beigefügt. Im gestrichelten Bereich ist H_2 flüssig und fest (vgl. Abb. 499).

nicht mehr weiter. Man muß die fundamentale, von PLANCK entdeckte Naturkonstante $h = 6,62 \cdot 10^{-34}$ Watt · sec² zu Hilfe nehmen. Die Bedeutung dieser Konstante für die Rotation mehratomiger Moleküle wird im Optikband, § 202 eingehend behandelt.

Wir fassen den wesentlichen Inhalt der §§ 169 bis 172 zusammen: Die idealen Gase haben die Möglichkeit gegeben, die Zustandsgröße Temperatur und einen wesentlichen Anteil der inneren Energie in anschaulicher Weise zu deuten. Die unmittelbar meßbaren Zustandsgrößen Temperatur und Druck entstehen durch die ungeordnete Bewegung der Moleküle (§ 169). Sie ergeben sich als statistische Mittelwerte einer ungeheuren Anzahl von Individuen (Molekülen). Über ein einzelnes Molekül lassen sich nur *statistische* Aussagen machen. Nach dem Gleichverteilungssatz darf man sagen: *Im statistischen Mittel liefert jedes Molekül für jeden seiner Freiheitsgrade bei der Temperatur T_{abs} zur inneren Energie U den Beitrag*

$$\boxed{W_{kin} = \tfrac{1}{2} k \, T_{abs}.}$$
(362)

Die *Boltzmannsche Konstante* k haben wir bisher mit Hilfe der spezifischen Molekülzahl N berechnet, also aus dem Quotienten Molekülzahl/Masse. N mußte also als bekannt vorausgesetzt werden, und zwar auf Grund *elektrischer* Beobachtungen (Elektr.-Band, §§ 140 und 169). Das ist unbefriedigend. Darum soll k in § 174 mit den uns schon jetzt verfügbaren Hilfsmitteln experimentell bestimmt werden. Der nächste Paragraph dient zur Vorbereitung für diese Aufgabe.

§ 173. Osmose und osmotischer Druck. Osmose bedeutet ursprünglich Diffusion durch poröse Trennwände. Trennt eine Wand zwei Stoffe, die verschieden rasch durch die Wand hindurchdiffundieren, so entsteht *vorübergehend* eine Druckdifferenz. Am bekanntesten ist dieser Versuch für zwei Gase (Abb. 530). Der entsprechende Versuch gelingt auch mit zwei Flüssigkeiten. Beispiel: Man taucht ein mit Alkohol gefülltes, mit einer Schweinsblase verschlossenes Glasgefäß in reines Wasser: Die Membran wölbt sich außen (I. A. NOLLET 1748). Auch in diesem Fall hält sich die Druckdifferenz nur *vorübergehend*. Osmotische Erscheinungen finden sich auch bei einer Diffusion zwischen Lösung und Lösungsmittel. In diesem Fall läßt sich ein Grenzfall realisieren; man kann die Wand *semipermeabel* machen, d. h. durchlässig für das Lösungsmittel und undurchlässig für den gelösten Stoff. In diesem Fall führt die Diffusion zu einer *dauernden* Druckdifferenz zwischen Lösung und Lösungsmittel. *Diese Erscheinung ist es, auf die man heute das Wort Osmose beschränkt.*

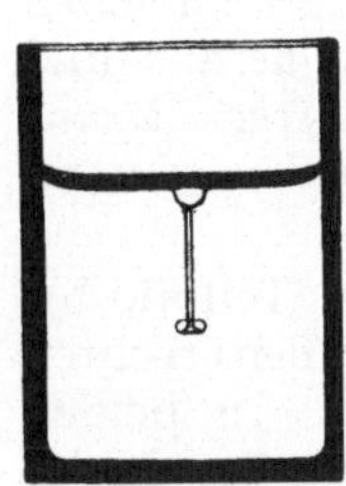

Abb. 539. Zur Aufblähung einer Lösung durch osmotischen Druck. Die unter der Oberfläche hängende Blase erscheint im Bilde zu hell. Am unteren Ende der abwärts sinkenden Schliere sieht man einen Wirbelring.

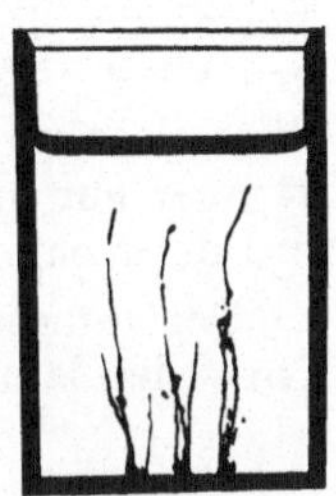

Abb. 540. Der osmotische Druck erzeugt pflanzenähnliche Gebilde.

Semipermeable Wände werden in vollkommenster und mannigfachster Form von *lebenden* Zellwänden verwirklicht. Die beste *künstliche* Herstellung bleibt die von MORITZ TRAUBE 1867 angegebene Membran aus *Ferrozyankupfer*. Ihre Herstellung ist einfach: Man bringt z. B. einen Tropfen konzentrierter Kupfersulfatlösung auf die Oberfläche einer schwach konzentrierten Lösung von gelbem Blutlaugensalz. Dann bildet sich eine an der Oberfläche hängende häutige Blase aus Ferrozyankupfer. *Sie bläht sich rasch durch Wasseraufnahme auf*, die Lösung in ihrer Umgebung wird wasserärmer und sinkt infolge ihres größeren spezifischen Gewichts als sichtbare Schliere (Schattenbild) zu Boden (Abb. 539).

Bei geeigneten Anordnungen erfolgt die Aufblähung mit einer Vorzugsrichtung. Man werfe z. B. einige kleine Kristalle aus Ferrochlorid ($FeCl_2$) auf den Boden einer mit Ferrozyankalilösung [30 g $K_4Fe(CN)_6 \cdot 3 H_2O$ in 1 Liter Wasser] gefüllten Küvette: Im Laufe einer halben Stunde wachsen pflanzenähnliche Gebilde bis zur Oberfläche (Abb. 540).

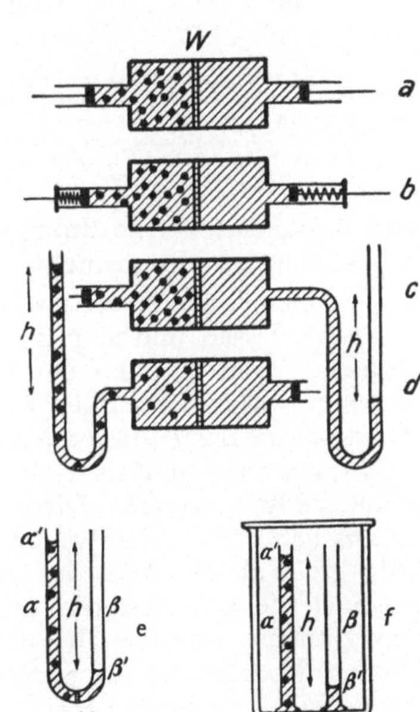

Abb. 541. Zur Aufblähung einer Lösung durch den osmotischen Druck.

Derartige Versuche und ihre quantitativen Fortbildungen lassen sich zusammenfassend an Hand der Abb. 541 beschreiben. Wir sehen zwei durch eine semipermeable Wand W getrennte Kammern. Beide sind mit einem Kolben vom Querschnitt F abgeschlossen. Beide Kammern enthalten ein Lösungsmittel (schraffiert), z. B. Wasser, und die linke Kammer außerdem noch gelöste Moleküle (schwarze Punkte). Eine derartige Anordnung befindet sich *nicht* im Gleichgewicht: Beide Kolben bewegen sich nach links, der linke wird herausgedrängt, der rechte hereingezogen.

Deutung: *Die gelösten Moleküle benehmen sich qualitativ wie ein Gas,* ihre thermische Bewegung erzeugt einen Druck; man nennt ihn „osmotischen Druck" p_{os}. Dieser osmotische Druck schiebt den linken Kolben heraus und bläht dadurch die Lösung auf. *Diese Aufblähung durch den osmotischen Druck* ist aber nur möglich, wenn aus der rechten Kammer Wasser *nachströmen* kann und der rechte Kolben hereingezogen wird.

Den osmotischen Druck p_{os} kann man auf zwei Weisen messen (Teilbild b): Entweder läßt man den linken Kolben eine Feder *pressen* oder den rechten Kolben eine Feder *dehnen.* In beiden Fällen entsteht eine die Bewegung des linken Kolbens behindernde Kraft[1] $\Re$. Nach hinreichender Verformung einer der Federn findet die Aufblähung der Lösung ihr Ende; es ist $\Re/F = p_{os}$ geworden und Gleichgewicht eingetreten.

Durch Anfügen einer Feder ist jeder der beiden Kolben in einen *Druckmesser* (Manometer) verwandelt worden. — Die einfachste Form eines Druckmessers ist und bleibt ein *Flüssigkeitsmanometer.* In ihm wird der Kolben durch eine freie Oberfläche, die Federkraft durch das Gewicht der Flüssigkeitssäule ersetzt. Man kann daher nach Belieben eine der in den Teilbildern c und d skizzierten Anordnungen benutzen. In beiden gibt der Endausschlag h des Manometers den gesuchten osmotischen Druck.

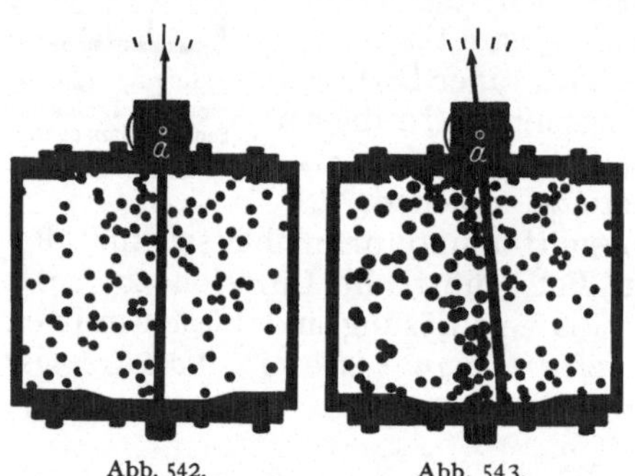

Abb. 542.   Abb. 543.

Abb. 542 und 543. Modellversuch zur Entstehung des osmotischen Druckes. Lichtbild. Beiderseits der Achse *a* sieht man den äußersten Gang der Schneckenfeder. Die Bewegung der halbdurchlässigen Trennwand wird durch eine nicht sichtbare Ölbremse gedämpft.

Man kann die in den beiden Teilbildern c und d skizzierten Anordnungen zusammenfassen und den Behältern den gleichen Querschnitt geben wie den Manometerrohren; dann entsteht ein einfaches U-Rohr, das am tiefsten Punkt durch eine semipermeable Wand W abgeteilt ist. Die links befindliche Lösung steigt von α nach α', das rechts befindliche Wasser sinkt von β nach β' (Teilbild e).

In manchen praktisch besonders wichtigen Fällen ist die semipermeable Wand selbst *beweglich.* Diese Fälle lassen sich leicht mit einem Modellversuch veranschaulichen (Abb. 542 und 543). Kleine Stahlkugeln bedeuten Wassermoleküle, große die Moleküle des gelösten Stoffes. Die Außenwände sind schwingende Stempel, sie erzeugen die ungeordnete Wärmebewegung der Modellmoleküle. Die Trennung zwischen beiden Kammern ist siebartig durchbohrt und für die kleinen Modellmoleküle passierbar. Eine Schneckenfeder gibt dieser „semipermeablen" Trennwand eine *Ruhelage* in der Mittelstellung. Sind nur kleine Moleküle vorhanden, so verharrt die Trennwand in der Mittelstellung Abb. 542. Werden der linken Kammer große Moleküle hinzugefügt, so drängt ihr „osmotischer" Druck die Trennwand nach rechts. Abb. 543: Die linke Kammer wird durch den Druck der großen Moleküle aufgebläht. In beiden Bildern kann man mit einer beliebigen Verteilung der kleinen Moleküle anfangen, z.B. alle in der linken oder alle in der rechten Kammer: Stets stellen sich dieselben Gleichgewichtslagen (Abb. 542 und 543) wieder her.

---

[1] *Wasser hat eine erhebliche Zerreißfestigkeit* (§ 78), darf also einfach wie eine starre Verbindung zwischen beiden Kolben betrachtet werden. Vgl. auch § 168.

Dieser Modellversuch erklärt z. B. das Verhalten roter Blutkörperchen in Wasser. Ihre Aufblähung erfolgt durch eine Ausdehnung ihrer semipermeablen elastischen Hülle. Schließlich platzt die Hülle. Um dieses zu verhindern, darf man nach schweren Blutverlusten nie reines Wasser in die Adern einfüllen, sondern nur eine Lösung mit einem osmotischen Druck, wie er im Innern der roten Blutkörperchen herrscht ($p_{os} = 7$ Atm entsprechend einer Kochsalzlösung mit der Ionenkonzentration $c = 2 \cdot 0,16$ Kilomol/m³).

Der wesentliche Punkt bei allen osmotischen Erscheinungen ist die Aufblähung der Lösung. Sie tritt immer ein, wenn die gelösten Moleküle nicht aus der Lösung austreten, das Lösungsmittel aber in die Lösung eintreten kann. Diese Bedingung läßt sich auch *ohne* sichtbare semipermeable Wand erfüllen; man kann einen luftleeren Raum als „semipermeabel" benutzen. Das geschieht z.B. bei der *isothermen Destillation.*

Wir sehen in Abb. 541 f einen luftleeren Behälter und in ihm zwei zylindrische Gefäße. Das linke enthält die Lösung, z. B. LiCl in Wasser, das rechte das Lösungsmittel, z.B. Wasser. Anfänglich waren beide Zylinder gleich hoch gefüllt, die Oberflächen lagen bei α und β. Im Laufe einiger Tage bläht sich die Lösung auf, es entsteht eine Niveaudifferenz (sicherer Schauversuch!); ihr stationärer Endwert sei h. Dann ist der vom Gewicht der Flüssigkeitssäule h erzeugte Druck gleich dem osmotischen Druck p_{os}, also

$$p_{os} = h\, \varrho_L\, g \qquad (363)$$

($\varrho_L =$ Dichte der Lösung, $g =$ Fallbeschleunigung).

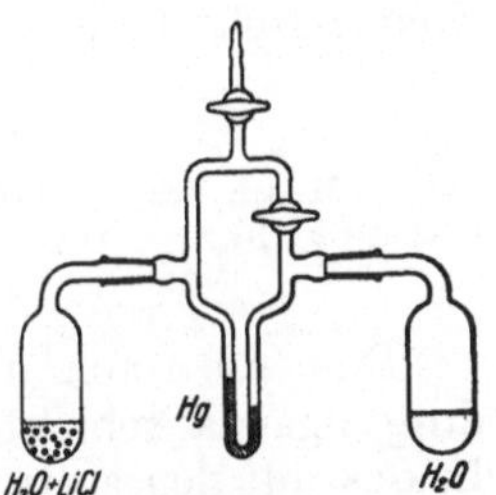

Abb. 544.
Der Dampfdruck einer Lösung ist kleiner als der des reinen Lösungsmittels. Der obere Hahn dient zum Auspumpen der Luft, der untere zur Herstellung des anfänglichen Druckausgleiches.

Deutung: Über beiden Oberflächen befindet sich gesättigter Dampf. Er besteht in beiden Fällen nur aus Molekülen des Lösungsmittels, aber der Sättigungsdruck p_L über der Lösung ist *kleiner* als der Sättigungsdruck p_0 über dem reinen Lösungsmittel (Schauversuch in Abb. 544). Infolgedessen prasseln in Abb. 541 f je Zeiteinheit mehr Wassermoleküle auf die Oberfläche α auf als aus ihr entweichen, d.h. es destilliert Wasser von β nach α herüber.

Wann findet dieser Vorgang ein Ende? Antwort: Der zur Beobachtungstemperatur gehörende Sättigungsdruck p_0 des Wasserdampfes gilt für den Dampf *unmittelbar* über der *Wasseroberfläche.* Mit wachsender Höhe sinkt er gemäß der barometrischen Höhenformel. In der Höhe h über der Wasseroberfläche beträgt er nur noch

$$p_h = p_0\, e^{-\dfrac{\varrho_0 g h}{p_0}} \qquad (179)\ \text{v. S. 131}$$

($\varrho_0 =$ Dichte des Wasserdampfes über der Wasseroberfläche).

Ist mit wachsender Höhe h der Dampfdruck p_h gleich dem über der Oberfläche α' herrschenden Dampfdruck p_L der Lösung geworden, so prasseln je Zeiteinheit auf α' nicht mehr Moleküle auf, als entweichen; die Aufblähung findet ihr Ende.

An Hand dieses Grenzfalles wollen wir den Zusammenhang zwischen osmotischem Druck und Dampfdruck herleiten. Zu diesem Zweck setzen wir $p_h = p_L$ und setzen ferner gemäß Gl. (363) $h = p_{os}/\varrho_L\, g$. Dann ergibt sich

$$\frac{p_L}{p_0} = e^{-\dfrac{\varrho_0 p_{os}}{p_0 \varrho_L}}. \qquad (364)$$

Ferner betrachten wir den Wasserdampf näherungsweise als ideales Gas (§ 79), setzen

$$p_0 = \varrho_0\, R\, T_{abs} \qquad (305)\ \text{v. S. 261}$$

und erhalten

$$\ln \frac{p_L}{p_0} = -\frac{\varrho_0\, p_{os}}{\varrho_0\, R\, T_{abs}\, \varrho_L}$$

oder

$$p_{os} = R\, T_{abs}\, \varrho_L \ln \frac{p_0}{p_L} \approx R\, T_{abs}\, \varrho_L\, \frac{p_0 - p_L}{p_L}. \qquad (365)$$

Direkte Messungen des osmotischen Druckes sind umständlich und zeitraubend. Die eben hergeleitete Gl. (365) gibt ein bequemes indirektes Verfahren. Man vergleicht den Sättigungsdruck p_L der Lösung mit dem Sättigungsdruck p_0 des reinen Lösungsmittels und berechnet den osmotischen Druck mit Hilfe der Gl. (365). Dabei mißt man meistens nicht die Sättigungsdrucke p_L und p_0 von Lösung und Lösungsmittel, sondern die zugehörigen *Siedetemperaturen* T_L und T_0. Dann gilt für den osmotischen Druck die einfache Beziehung

$$p_{\text{os}} = \varrho_L \, r \, \frac{T_L - T_0}{T_{0,\text{abs}}} . \tag{366}$$

[ϱ_L = Dichte der Lösung, für sehr verdünnte Lösungen $\approx$ Dichte des Lösungsmittels; $T_0 =$ Siedetemperatur und $r =$ spezifische Verdampfungsenthalpie des Lösungsmittels. — Benutzt man für ϱ_L die Einheit Kilogramm/m³ (= Gramm/Liter) und für die Einheit von r Wattsekunden/Kilogramm, so erhält man p_{os} in der Einheit Newton/m².]

Alle direkten und indirekten Messungen des osmotischen Druckes ergeben bei *verdünnten* Lösungen (Größenordnung zehntel mol/Liter) ein überraschend einfaches Ergebnis: Für die Moleküle des gelösten Stoffes gilt die thermische Zustandsgleichung idealer Gase[1]:

$$p_{\text{os}} V = M R T_{\text{abs}} \qquad \text{oder} \qquad p_{\text{os}} = c R T_{\text{abs}} . \tag{367}$$

(M = Masse des im Volumen V enthaltenen gelösten Stoffes, also M/V = Massenkonzentration c. Für $c = 0{,}1$ Kilomol/m³ $= 0{,}1$ mol/Liter und $T = 0°$ C $= 273°$ K ist der osmotische Druck $p_{\text{os}} = 2{,}24$ physikalische Atmosphären.)

Das Auftreten derselben Zustandsgleichung unter verschiedenartigen Bedingungen ist sehr lehrreich. Man erkennt: Die Zustandsgleichung beruht letzten Endes auf den statistischen Gesetzmäßigkeiten der thermischen Massenerscheinungen, insbesondere auf der grundlegenden Beziehung

$$W_{\text{kin}} = \tfrac{1}{2} k \, T_{\text{abs}} . \tag{362} \quad \text{v. S. 292}$$

§ 174. Physikalische Moleküle. Experimentelle Bestimmung der Boltzmannschen Konstanten k und der spezifischen Molekülzahl N.

Beim osmotischen Druck in Zuckerlösungen u. dgl. sind alle an der Wärmebewegung beteiligten Individuen noch Moleküle im Sinne des Chemikers. Zuckermoleküle sind zwar schon sehr viel größer als Gasmoleküle, aber es sind noch chemisch einheitliche Gebilde. — Jetzt kommt eine neue experimentelle Erfahrung: Die statistischen Gesetzmäßigkeiten der ungeordneten Bewegung gelten nicht nur für chemische Moleküle; sie gelten auch für erheblich gröbere und chemisch nicht mehr einheitliche Gebilde, wie etwa staubförmige Schwebeteilchen in Flüssigkeiten und Gasen. Daher wird der Begriff Molekül in der Physik sehr viel weiter gefaßt als in der Chemie. *Der Physiker nennt jedes an der ungeordneten Bewegung (Wärmebewegung) beteiligte Individuum ein Molekül. Ein physikalisches Molekül* braucht also keineswegs unsichtbar zu sein, man denke an das eindrucksvolle Bild der *Brownschen Molekularbewegung* (§ 74). Auch auf physikalische Moleküle darf man die thermische Zustandsgleichung idealer Gase anwenden, oder ihre Grundlage, die Gleichung $W_{\text{kin}} = \tfrac{1}{2} k T_{\text{abs}}$. Das soll in folgendem gezeigt werden.

---

[1] Daher benutzt man den osmotischen Druck oft, um das Molekulargewicht (M) eines gelösten Stoffes zu bestimmen. Man setzt in Gl. (367) für R den Wert

$$R = 8{,}31 \cdot 10^3 \, \frac{\text{Newton} \cdot \text{Meter}}{(M) \, \text{Kilogramm} \cdot \text{Grad}}$$

und erhält für das Molekulargewicht

$$(M) = 8{,}31 \cdot 10^3 \, \frac{\text{Newton} \cdot \text{Meter}}{\text{Kilogramm} \cdot \text{Grad}} \, \frac{M}{V} \, \frac{T_{\text{abs}}}{p_{\text{os}}}$$

[M/V = Massenkonzentration c der Lösung, meist gemessen in Gramm/Liter und p_{os}, meist gemessen in Atm., vgl. Gl. (366)].

Jedermann kennt das Verhalten einer durch Schwebeteilchen getrübten Flüssigkeit: Im Laufe der Zeit *klärt* sich die Flüssigkeit, die Schwebeteilchen „setzen sich am Boden ab". Dabei bilden gröbere Teilchen eine scharf begrenzte Schicht, feinere jedoch eine verwaschene, nach oben allmählich dünner werdende Wolke. — Deutung: Die Teilchen werden durch ihr Gewicht (vermindert um den statischen Auftrieb!) nach unten gezogen; aber die ungeordnete Wärmebewegung der Teilchen wirkt der Abwärtsbewegung entgegen[1]. Infolge dieses Wettstreites verteilen sich die Teilchen längs der Höhe ebenso wie die Moleküle der Luft in der Atmosphäre. Die Abb. 545 zeigt das für Gummigutt-Schwebeteilchen von $0,6\,\mu$ Durchmesser in Wasser. Die Momentbilder geben die Verteilung der Teilchen in vier mit je $10\,\mu$ Höhenabstand aufeinanderfolgenden waagerechten Schichten. Die Folge dieser Bilder stimmt weitgehend mit einem Längsschnitt durch unsere Modellgasatmosphäre überein, also mit der Abb. 240 von S. 132.

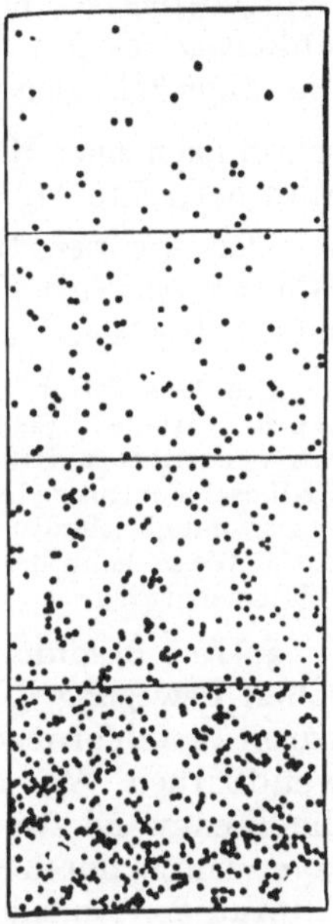

Schon diese qualitative Übereinstimmung ist sehr überzeugend. Entscheidend aber wird die quantitative Auswertung.

Wir haben früher die Verteilung der Moleküle im Schwerefeld mit Hilfe der barometrischen Höhenformel dargestellt. Sie lautete

$$\frac{p_h}{p_0} = e^{-\frac{\varrho_0\,g\,h}{p_0}} \qquad (179)\ \text{v. S. 131}$$

(p_h = Druck in der Höhe h, p_0 = Druck und ϱ_0 = Dichte des Gases in der Höhe Null).

Jetzt ersetzen wir das Verhältnis der beiden Drucke durch das Verhältnis der Anzahldichten der Moleküle. Wir schreiben

$$\frac{p_h}{p_0} = \frac{N_{v,h}}{N_v} = \frac{\text{Teilchenzahl/Volumen in der Höhe } h}{\text{Teilchenzahl/Volumen in der Höhe Null}}, \qquad (368)$$

außerdem verknüpfen wir Druck und Dichte durch die thermische Zustandsgleichung idealer Gase. Wir schreiben diese in der Form

$$p_0 = \varrho_0\,R\,T_{\text{abs}} = \varrho_0\,\frac{k}{m}\,T_{\text{abs}} \qquad (305)\ \text{und}\ (308)\ \text{v. S. 261/2}$$

(R = Gaskonstante, k = BOLTZMANN-Konstante, m = Masse eines Moleküls)

und erhalten die barometrische Höhenformel in der Gestalt

$$\frac{N_{v,h}}{N_v} = e^{-\frac{m\,g\,h}{k\,T_{\text{abs}}}}. \qquad (369)$$

Abb. 545. Dichteverteilung von Schwebeteilchen in Wasser. Zeichnung nach Photogramm von J. PERRIN. Dargestellt sind vier waagerechte Schnitte mit einem Höhenabstand h von je $10\,\mu$. Die Teilchen sind Gummiguttkörner von $0,6\,\mu$ Durchmesser und der Dichte $\varrho = 1210\,\text{kg/m}^3$. Die Masse eines Teilchens ist gleich $1,25 \cdot 10^{-16}$ kg oder seine wirksame Masse nach Berücksichtigung des Auftriebes $m = 2,17 \cdot 10^{-17}$ kg.

---

[1] Jedes Schwebeteilchen stößt in rascher, ungeordneter Folge mit den unsichtbaren Molekülen der Flüssigkeit zusammen. In jeder Zeitspanne Δt zwischen zwei solchen Zusammenstößen hat jedes Schwebeteilchen im Mittel die kinetische Energie

$$\tfrac{1}{2}\,m\,u^2 = \tfrac{3}{2}\,k\,T_{\text{abs}} \qquad (347)\ \text{v. S. 286}$$

(m = Masse des Schwebeteilchens).

Leider reicht die Zeitspanne Δt auch nicht im entferntesten aus, um eine Geschwindigkeitsmessung auszuführen. Sonst könnte man u direkt messen, in Gl. (347) einsetzen und so k bestimmen. Vgl. später § 183, Schluß.

Diese Gleichung enthält, auf *chemische* Moleküle angewandt, *zwei* Unbekannte, nämlich m und k. Bei *physikalischen* Molekülen aber ist die Masse m bekannt. (Aus Durchmesser und Dichte.) Infolgedessen kann man k bestimmen, indem man die Teilchenzahlen n in Höhenabständen h auszählt. Das ist zuerst von J. PERRIN (1909) durchgeführt worden. Die Masse der einzelnen Schwebeteilchen war $m = 2{,}17 \cdot 10^{-17}$ kg (vgl. Satzbeschriftung zu Abb. 545); die Masse eines H-Atoms beträgt nur $1{,}65 \cdot 10^{-27}$ kg. Folglich hatten diese winzigen Schwebeteilchen ein „Molekulargewicht" $(M) = 1{,}3 \cdot 10^{10}$. In Luft $[(M) = 29]$ sinken Druck p und Dichte ϱ für je 5,4 km Höhenzunahme auf die Hälfte. Für die physikalischen Moleküle, die Schwebeteilchen, erfolgte der gleiche Abfall schon nach einer Höhenzunahme von $\dfrac{29}{1{,}3 \cdot 10^{10}} \cdot 5{,}4 \cdot 10^{6}$ mm $\approx 0{,}01$ mm $= 10\,\mu$. Man betrachte Abb. 545.

Der aus der Höhenverteilung von Schwebeteilchen gefundene Wert der BOLTZMANNschen Konstante k und der spezifischen Molekülzahl $N = R/k$ stimmt sehr befriedigend mit den auf elektrischem Wege gemessenen Werten überein.

Ein Konzentrationsgefälle von Schwebeteilchen läßt sich noch auf mancherlei andere Weise herstellen. Sehr häufig ersetzt man das Gewicht durch die Zentrifugalkraft (§ 85, 1). Mit neuzeitlichen Baustoffen kann man Zentrifugalbeschleunigungen bis zum 10^{6}fachen der Erdbeschleunigung herstellen (Drehfrequenz ≈ 1800 sec^{-1} bei rund 900 m/sec Umfangsgeschwindigkeit und 8 cm Radius). Dann ist also g in Gl. (369) durch $10^{6}\,g$ zu ersetzen. Auf diese Weise kann man schon große *chemische* Moleküle wie Schwebeteilchen anreichern („Ultrazentrifuge").

§ 175. Bestimmung der BOLTZMANNschen Konstanten k aus der BROWNschen Bewegung.

Der Begriff der physikalischen Moleküle findet bei den sichtbaren, staubförmigen Schwebeteilchen noch keineswegs die Grenze seiner Anwendbarkeit. Wir greifen auf den Schauversuch in Abb. 542 zurück. Dort war die Trennwand zweier Gasbehälter um die Achse a drehbar gelagert. Ihre Ruhelage wurde durch eine *Schneckenfeder* bestimmt. Die Einstellung unter dem Anprall der Modellmoleküle gab keinen festen Endwert, sondern zeigte dauernd lebhafte, völlig regellose Schwankungen. Deutung: In diesem Modellversuch ist die bewegliche Wand als physikalisches Molekül zu betrachten, die regellosen Schwankungen ihrer Einstellung entsprechen der BROWNschen Bewegung eines Schwebeteilchens. Sie entstehen durch die statistischen Unregelmäßigkeiten in den Stößen der Modellmoleküle.

Jetzt verkleinern wir die Masse und das Trägheitsmoment Θ des drehbaren Systems erheblich und ersetzen die Stahlkugelmodellmoleküle durch Luftmoleküle. So gelangen wir etwa zu einem kleinen drehbar aufgehängten Spiegel (Abb. 546). Seine Drehungen werden mit einem Lichtzeiger auf einer Skala beobachtet. Das System kommt nie zur Ruhe, in Abb. 546 ist seine Bewegung während 20 Minuten photographisch registriert worden. Die Daten sind angegeben. Man beachte vor allem die Schwingungsdauer T des Systems. Sie ist viel größer als der zeitliche Abstand zweier einander folgender Umkehrpunkte.

Das drehbare System hat für die potentielle Energie nur einen einzigen Freiheitsgrad. Einem Ausschlag β entspricht die potentielle Energie

$$W_{\mathrm{pot}} = \tfrac{1}{2} D^{*} \beta^{2} \tag{370}$$

$[D^{*} =$ Winkelrichtgröße, meßbar nach Gl. (104) v. S. 66].

Im zeitlichen Mittel muß diese potentielle Energie gleich der kinetischen Energie der stoßenden Moleküle sein, also $= W_{\mathrm{therm}} = \tfrac{1}{2} k\,T_{\mathrm{abs}}$. So ergibt sich

$$D^{*}\,\overline{\beta^{2}} = k\,T_{\mathrm{abs}}. \tag{371}$$

Diese Gleichung enthält außer k nur meßbare Größen, somit gibt die BROWN-sche Bewegung des Systems die Möglichkeit, k nach Gl. (371) auf experimentellem Wege zu bestimmen.

Aus den in Abb. 546 registrierten Bewegungen erhält man mit längeren Beobachtungsreihen $\overline{\beta^2} = 1{,}47 \cdot 10^{-5}$ und daraus $k = 1{,}38 \cdot 10^{-23}$ Wattsec/Grad.

§ 176. Wärmebewegung und Empfindlichkeitsgrenze von Meßinstrumenten.

Wir wiederholen: Ein drehbar aufgehängtes System mit kleinem Trägheitsmoment Θ und kleiner Winkelrichtgröße D^* besitzt keine feste Ruhelage. Sein Nullpunkt wandert rastlos in ungeordneter Bewegung hin und her (Abb. 546). Das System beteiligt sich als „physikalisches Molekül" an der Massenerscheinung der ungeordneten Bewegung der Moleküle. — Diese Tatsache begrenzt bei der Konstruktion wichtiger Instrumente die erzielbare Höchstempfindlichkeit. Das soll ein hier folgendes Beispiel zeigen. Es setzt einige elementare Kenntnisse aus der Elektrizitätslehre voraus.

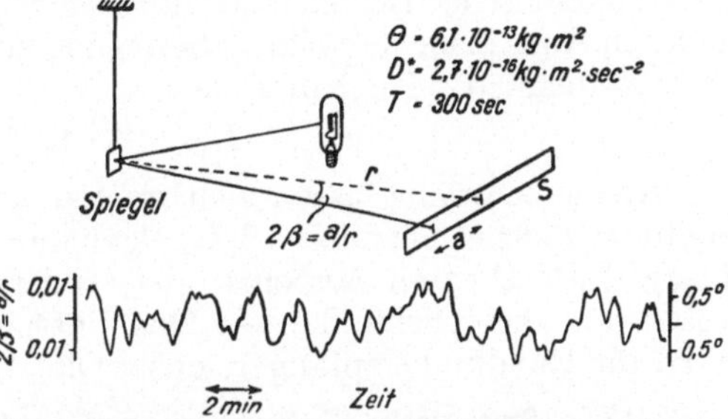

Abb. 546. Nullpunktschwankungen eines drehbar aufgehängten Systems mit sehr kleinem Trägheitsmoment Θ und sehr kleiner Winkelrichtgröße D^* (Registrierkurve von E. KAPPLER. Das kontinuierliche Spektrum derartiger Schwankungskurven wird in einem weiten Frequenzbereich durch eine der Abszissenachse parallele Gerade dargestellt, vgl. Abb. 449 der Optik).

Ein Drehspulstrommesser (Galvanometer) möge sich innerhalb der Zeit t gerade aperiodisch einstellen, d. h. ohne Hinundherschwingen und ohne Kriechen. Hat die drehbare Spule ihren Endausschlag erreicht, so ist ihr während der Einstellzeit t die Energie

$$W = I^2 R_s t \qquad (372)$$

(z. B. W in Wattsekunden, Strom I in Ampere, Widerstand R_s der Drehspule in Ohm)

zugeführt worden. Diese Energie wird größtenteils dazu verwandt, die Temperatur der Spule zu vergrößern. Außerdem aber wird die potentielle Energie des drehbaren Systems vergrößert, seine Bandfeder wird gespannt. Die dazu erforderliche Spannarbeit A ist von gleicher Größenordnung wie W. Je nach Bau- und Benutzungsart liegt A zwischen etwa $0{,}1\,W$ und $0{,}2\,W$. Die Herleitung führt hier zu weit. Wir wollen im folgenden mit $A \approx 0{,}13\,W$ rechnen. Durch die thermische Bewegung erhält das System die Energie

$$W_{\mathrm{kin}} = \tfrac{1}{2}\,k T_{\mathrm{abs}}. \qquad (362) \text{ v. S. 292}$$

Die auf elektrischem Wege zugeführte Spannarbeit A muß mindestens ebenso groß sein wie diese kinetische Energie W_{kin}. Sonst gibt es keinen erkennbaren Ausschlag. Somit liefert Gleichsetzen von W_{therm} und $0{,}13\,W$ die kleinste zur Anzeige eines Stromes erforderliche Energie

$$I^2_{\min} R_s\, t \approx 4 k T_{\mathrm{abs}}$$
$$(k = 1{,}38 \cdot 10^{-23} \text{ Wattsec/Grad})$$

oder die Leistung

$$I^2_{\min} R_s \approx 4 k T_{\mathrm{abs}}/t. \qquad (373)$$

An sich kann man diese zur Anzeige erforderliche Minimalleistung mit einem beliebig kleinen Strom zuführen. Man muß die Temperatur T_{abs} des Laboratoriums sehr klein, den Widerstand R_s des Strommessers und seine Einstellzeit t sehr groß machen. — Die Laboratoriumstemperatur ist innerhalb enger Grenzen gegeben; sie ist praktisch die Zimmertemperatur, z. B. $T_{\mathrm{abs}} = 291°$.

So bleiben nur der Widerstand R_s des Strommessers und die Einstellzeit t frei wählbar. Ein Widerstand $R_s = 2000$ Ohm und eine Einstellzeit $t = 20$ sec sind schon für viele Zwecke unbequem groß. (Sie gelten für das im Elektrizitätsband in Abb. 75 dargestellte Spiegelgalvanometer.) Diese Werte liefern in Gl. (373) eingesetzt

$$I_{\min} = 6 \cdot 10^{-13}\ \text{Ampere.}$$

Der von diesem Strom hervorgerufene Ausschlag würde also nicht größer sein als der von der Wärmebewegung erzeugte. Dann kann von Messen keine Rede mehr sein. Der kleinste noch meßbare Strom muß die statistisch schwankenden Ausschläge der Wärmebewegung erheblich, um mindestens das Fünffache, übertreffen. So gelangt man zu

$$I_{\min} = 3 \cdot 10^{-12}\ \text{Ampere.}$$

Kleinere Ströme lassen sich im Laboratorium von Zimmertemperatur nicht mehr mit dem genannten Spiegelgalvanometer messen. Die thermische Bewegung des drehbaren Systems oder, anders gesagt, seine BROWNsche Bewegung setzt ihm diese Schranke. — Das Entsprechende gilt für andere Instrumente, z. B. für Rundfunkempfänger, unser Ohr usw.

§ 177. Statistische Schwankungen und Individuenzahl. Die Abb. 547 zeigt oben ein Momentbild unseres Stahlkugelmodellgases (§ 80, Belichtungszeit $\approx 10^{-5}$ sec). Das ganze Volumen ist durch Tuschestriche in 16 Volumina aufgeteilt. Die gleichen Volumina sind unten noch einmal gezeichnet, und in jedem ist die Anzahl der gerade anwesenden Moleküle vermerkt. Als Mittel findet man $n \approx 8$, die Einzelwerte zeigen jedoch erhebliche Schwankungen, definiert durch die Gleichung

$$\varepsilon = \frac{\text{Abweichung } \varDelta n \text{ des Einzelwertes vom Mittelwert}}{\text{Mittelwert } n}. \tag{374}$$

Die Werte von $\varDelta n$ sind in Abb. 547 ebenfalls eingezeichnet und schließlich auch die Werte von $(\varDelta n)^2$. Wir bilden den Mittelwert des Schwankungsquadrates, also $\overline{\varepsilon^2}$, und finden aus einer genügenden Anzahl derartiger Versuche

$$\boxed{\overline{\varepsilon^2} = \frac{1}{n}} \tag{375}$$

In Worten: *Der Mittelwert des Schwankungsquadrats ist gleich dem Kehrwert der Zahl der beteiligten Individuen.*

Dieser hier empirisch gefundene Zusammenhang gilt ganz allgemein, z. B. für das von n Gasmolekülen beanspruchte Volumen, für die Dichte eines Gases, für die zeitlichen Schwankungen beim Zerfall radioaktiver Atome (Elektr.-Lehre § 168, Abb. 435) usw.

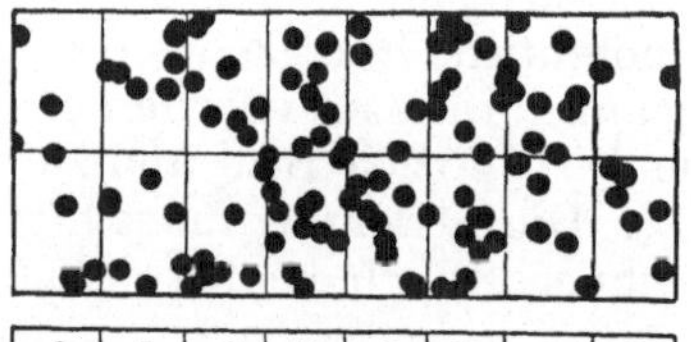

n	3	7	9	10	5	13	9	3
$\varDelta n$	-5	-1	+1	+2	-3	+5	+1	-5
$(\varDelta n)^2$	25	1	1	4	9	25	1	25
n	5	7	8	11	12	9	5	6
$\varDelta n$	-3	-1	0	+3	+4	+1	-3	-2
$(\varDelta n)^2$	9	1	0	9	16	1	9	4

Mittel: $\bar{n} \approx 8$; $\overline{(\varDelta n)^2} \approx 8{,}8$

$$\overline{\varepsilon^2} = \frac{\overline{(\varDelta n)^2}}{(\bar{n})^2} = \frac{8{,}8}{8^2} \approx 14\%; \quad \frac{1}{\bar{n}} = \frac{1}{8} \approx 12\%$$

Abb. 547. Zur experimentellen Herleitung der Gl. (375).

Wir geben den Beweis für die Dichteschwankungen eines idealen Gases. In einem großen Volumen eines solchen denken wir uns ein Teilvolumen V in einem Zylinder eingesperrt und an der einen Seite mit einem frei beweglichen Kolben abgeschlossen. Diesen Kolben betrachten wir als physikalisches Molekül. Als solches nimmt der Kolben am statistischen Spiel der Wärmebewegung teil.

Komprimiert der regellos hin und her schwankende Kolben das Volumen V um $\varDelta V$, so bekommt er dadurch die potentielle Energie

$$W_{\text{pot}} = -\tfrac{1}{2}\varDelta p\,\varDelta V.$$

Diese muß im zeitlichen Mittel $= \frac{1}{2}\,k\,T_{\text{abs}}$ sein, also

$$\tfrac{1}{2}\,k\,T_{\text{abs}} = -\,\tfrac{1}{2}\,\Delta p\,\Delta V. \tag{377}$$

Nun gilt

$$\Delta p = \frac{dp}{dV}\,\Delta V$$

oder nach Einsetzen in (377)

$$(\Delta V)^2 = -\,\frac{k\,T_{\text{abs}}}{dp/dV}. \tag{378}$$

Das Gasgesetz [(307) v. S. 261] liefert für den Nenner

$$\frac{dp}{dV} = -\,\frac{n\,k\,T_{\text{abs}}}{V^2},$$

also

$$\left(\frac{\Delta V}{V}\right)^2 = \frac{1}{n}. \tag{379}$$

Links steht die Schwankung des von den n eingesperrten Molekülen erfüllten Raumes. Statt dessen kann man auch die Anzahldichte der Moleküle, also $N_v = n/V$, einführen. Es gilt $N_v\,V = n = \text{const}$, also

$$\Delta N_v V + N_v \Delta V = 0 \tag{380}$$

oder

$$\frac{\Delta N_v}{N_v} = -\,\frac{\Delta V}{V} \tag{381}$$

und schließlich

$$\left(\frac{\Delta N_v}{N_v}\right)^2 = \left(\frac{\Delta \varrho}{\varrho}\right)^2 = \frac{1}{n} \tag{382}$$

$$(\varrho = \text{Dichte} = \text{Masse/Volumen, vgl. § 21}).$$

§ 178. Das BOLTZMANNsche Theorem.

Wir greifen auf die barometrische Höhenformel

$$\frac{N_{v,h}}{N_v} = e^{-\frac{mgh}{k\,T_{\text{abs}}}} \tag{369} \text{ v. S. 297}$$

zurück. Das Produkt mgh hat eine einfache physikalische Bedeutung: es ist die Differenz ΔW der potentiellen Energien eines Moleküls im Schwerefeld in zwei um die Höhe h getrennten Niveaus. So erhalten wir

$$\boxed{\frac{N_{v,h}}{N_v} = e^{-\frac{\Delta W}{k\,T_{\text{abs}}}}} \tag{383}$$

($N_{v,h}$ = Molekülanzahl/Volumen in der Höhe h; N_v = Anzahldichte der Moleküle in der Ausgangshöhe. Die mit dem Index h versehenen Moleküle übertreffen die übrigen um den Energiebetrag ΔW.)

Dies hier in einem Sonderfall hergeleitete *Boltzmannsche Theorem* gilt ganz allgemein. *Es gibt für alle im thermischen Gleichgewicht befindlichen Vorgänge das Zahlenverhältnis der Moleküle, deren Energien sich in einem beliebigen Kraftfelde um die Energie ΔW unterscheiden.*

Im Rahmen dieser Einführung müssen einige Hinweise auf die Anwendungsmöglichkeiten der sehr allgemeinen Gl. (383) genügen. Mit ihrer Hilfe lassen sich z. B. beschreiben:

Die Abhängigkeit des Dampfdrucks eines Stoffes von der Temperatur. Dann bedeutet ΔW die spezifische Verdampfungsenthalpie pro Molekül.

Die statistischen Schwankungen. Dann bedeutet z. B. beim drehbar aufgehängten Spiegel (§ 175) ΔW die Spannarbeit $\frac{1}{2}D^{*}\beta^2$.

Die MAXWELLsche Geschwindigkeitsverteilung (§ 171). Dann bedeutet ΔW die kinetische Energie des Moleküls.

Die Abhängigkeit des Gleichgewichts einer chemischen Reaktion von den Konzentrationen der Reaktionspartner (Massenwirkungsgesetz). Dann bedeutet ΔW die Wärmetönung der Reaktion pro Molekül.

Die Abhängigkeit der elektrischen Leitfähigkeit eines nichtmetallischen Elektronenleiters von der Temperatur. Dann bedeutet ΔW die Abtrennarbeit eines Elektrons von seinem Partner.

Die Elektronenemission eines glühenden Körpers. Dann bedeutet ΔW die Austrittsarbeit eines Elektrons.

Die spektrale Energieverteilung der Strahlung des schwarzen Körpers. Dann bedeutet ΔW die Energie $h\nu$ eines Lichtquants der Frequenz ν.

Bei der besonderen Wichtigkeit der Gl. (383) geben wir noch eine allgemeine anschauliche Herleitung:

Es sollen zwei Moleküle mit den Energien W_1 und W_2 im statistischen Spiel der Wärmebewegung elastisch zusammenstoßen und nach dem Stoß die Energien W_1' und W_2' besitzen. Dann ist

$$W_1 + W_2 = W_1' + W_2' . \tag{384}$$

Im statistischen Gleichgewicht muß in dieser Gleichung die Anzahl der Übergänge $\overrightarrow{N}$ von links nach rechts gleich der Anzahl der Übergänge $\overleftarrow{N}$ von rechts nach links sein. Wir bezeichnen mit $N(W)$ die Anzahl der Moleküle mit der Energie W. Dann ist

$$\overrightarrow{N} = \text{const } N(W_1)\, N(W_2) ,$$
$$\overleftarrow{N} = \text{const } N(W_1')\, N(W_2') . \tag{385}$$

Beide Konstanten betrachten wir als gleich; das ist eine plausible und später durch den Erfolg gerechtfertigte Annahme. Mit ihr folgt aus Gl. (385)

$$N(W_1)\, N(W_2) = N(W_1')\, N(W_2') . \tag{386}$$

Jetzt muß eine Funktion $N(W)$ gesucht werden, die die Gl. (384) und (385) *gleichzeitig* erfüllt. Das ist der Fall für den Ansatz

$$N(W) = N_0\, e^{\alpha W} . \tag{387}$$

Er macht aus Gl. (386)

$$N_0^2\, e^{\alpha\,(W_1 + W_2)} = N_0^2\, e^{\alpha\,(W_1' + W_2')} ,$$

also bei Gültigkeit von Gl. (384) eine Identität. Ferner folgt aus Gl. (387)

$$\frac{N(W_1)}{N(W_2)} = e^{\alpha\,(W_1 - W_2)} . \tag{388}$$

Endlich liefert der Vergleich mit Gl. (369), dem Sonderfall der Barometerformel, $\alpha = -\,1/k\,T_{\text{abs}}$. Damit ergibt sich allgemein

$$\frac{N(W_2)}{N(W_1)} = e^{-\frac{W_1 - W_2}{k\,T_{\text{abs}}}} \tag{389}$$

XVII. Transportvorgänge, insbesondere Diffusion.

§ 179. Vorbemerkung. Wir haben schon zweimal Diffusionsvorgänge behandelt, und zwar beide Male im Zusammenhang mit dem molekularen Bilde der Wärmebewegung (§ 169). In diesem Kapitel soll einiges über die quantitative Behandlung der Diffusion gebracht werden, und im Anschluß daran etwas über die verwandten Probleme der Wärmeleitung und des Wärmetransportes. — Anfänger werden manches überschlagen. Es handelt sich zwar um praktisch bedeutsame Probleme, aber ihre quantitative Erfassung ist noch wenig befriedigend.

§ 180. Diffusion und Durchmischung. Am Anfang muß der Begriff Diffusion sauber gegenüber anderen Durchmischungsvorgängen abgegrenzt werden. — Zunächst denken wir uns zwei verschiedene, aber mischbare Flüssigkeiten übereinandergeschichtet (vgl. Abb. 205 auf S. 115), die untere hat die größere Dichte. Die anfänglich scharfe Grenze wird allmählich verwaschen, erst im Laufe vieler Wochen tritt eine vollständige Durchmischung beider Flüssigkeiten ein. In diesem Fall handelt es sich um eine echte Diffusion, die gegenseitige Durchmischung beider Molekülsorten ist lediglich eine Folge der molekularen *Wärmebewegung*.

Im zweiten Falle sollen im Innern der Flüssigkeiten lokale Dichteunterschiede vorhanden sein, entstanden z. B. durch lokale Vergrößerung der Temperatur; dann entstehen auf- und absteigende, noch ziemlich übersichtlich verlaufende *Strömungen*. Eine solche ,,*freie Konvektion*'' fördert die Durchmischung außerordentlich, neben ihr kann die echte Diffusion praktisch bedeutungslos werden.

Das letztere gilt in gesteigertem Maße in einem dritten Fall. In ihm wird eine Konvektion ,,*erzwungen*'': mit Hilfe bewegter fester Körper werden *turbulente Strömungen* erzeugt, am einfachsten mit irgendeinem *Rührwerk*.

Um die echte Diffusion allein beobachten zu können, muß man also die Konvektion in ihren beiden Formen, die freie und die erzwungene, durch geeignete Versuchsanordnungen ausschalten. Man läßt z. B. Flüssigkeiten und Gase von kleiner Dichte auf solchen von größerer Dichte ,,schwimmen'' und vermeidet peinlich die Entstehung lokaler Temperaturdifferenzen. Am einfachsten ist es, die eine Molekülsorte in fester Phase zu verwenden.

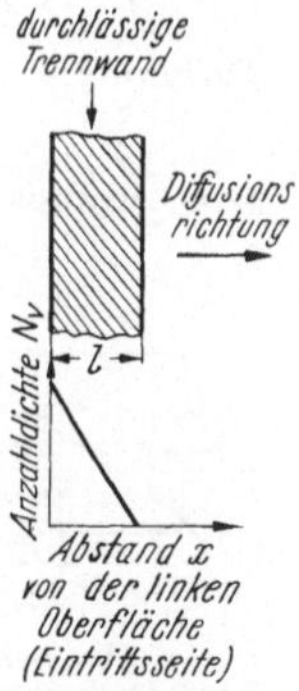

§ 181. I. Ficksches Gesetz und Diffusionskonstante. Wir greifen auf Abb. 530 zurück und schematisieren sie in Abb. 548: Ein Gas, z. B. H_2, soll durch eine poröse Trennwand der Dicke l hindurchdiffundieren. Zu beiden Seiten der Trennwand und in ihren Kanälen soll sich als ,,Lösungsmittel'' Luft befinden. *Die Trennwand soll nur die Ausbildung störender Konvektionen verhindern.*

Wir definieren, wie immer, als Anzahldichte der Moleküle den Quotienten

$$N_v = \frac{\text{Anzahl } n \text{ der gelösten Moleküle}}{\text{Volumen } V \text{ der Lösung}} \cdot \qquad (24) \text{ v. S. } 24$$

Vor der Wand werde die Anzahldichte $N_{v,a}$ aufrechterhalten, hinter der Wand werden alle hindurchdiffundierten Moleküle sogleich auf eine beliebige Weise

Abb. 548.
Zur Herleitung
der Gl. (390).

beseitigt, z.B. von einem Luftstrom fortgeblasen. Dann entsteht im Innern der Wand das Gefälle der Anzahldichte

$$\frac{\Delta N_v}{\Delta x} = - \frac{N_{v,\,a}}{l}\,.$$

Man mißt die Anzahl Δn der in der Zeit Δt durch die Fläche F hindurchdiffundierenden Moleküle und findet experimentell den „Molekülstrom"

$$\boxed{\frac{\Delta n}{\Delta t} = - DF\,\frac{\Delta N_v}{\Delta x}} \tag{390}$$

In Worten: Der Strom der diffundierenden Moleküle ist dem Gefälle der Anzahldichte proportional (Erstes Ficksches Gesetz). Der Proportionalitätsfaktor D wird *Diffusionskonstante* genannt.

Soweit der empirische Tatbestand. Das molekulare Bild führt zu einer Deutung und erlaubt es, die Diffusionskonstante D in einfachen Fällen zu berechnen.

Die diffundierenden (chemischen oder physikalischen) Moleküle werden von den Molekülen ihrer Umgebung („des Lösungsmittels") ständig gestoßen. Auf jedes einzelne wirkt im zeitlichen Mittel in der Diffusionsrichtung eine Kraft $\Re$ und bewegt es gegen den Reibungswiderstand der Umgebung mit einer Geschwindigkeit u. Diese Reibungsarbeit wird mit der Leistung

$$\dot{W} = u\,\Re \tag{85 v. S. 57}$$

verrichtet und als kinetische Energie an die Umgebung zurückgegeben. — Für das Weitere definieren wir den Quotienten

$$v = u/\Re \tag{391}$$

als „mechanische *Beweglichkeit*".

Ist die freie Weglänge klein gegen den Kugeldurchmesser, so gilt z.B. für kugelförmige Moleküle

$$v = (6\pi\,r\,\eta)^{-1} \tag{188 v. S. 142}$$

(r = Radius des Moleküls; η = Zähigkeitskonstante der Umgebung, also des Lösungsmittels).

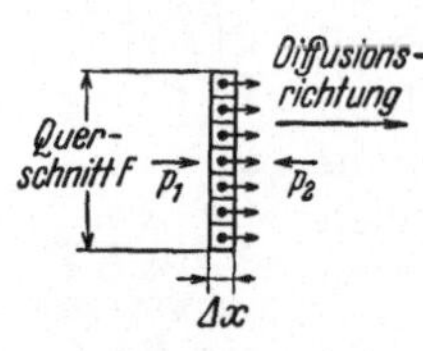

Abb. 549.
Zum Mechanismus des
Fickschen Gesetzes.

Die Abb. 549 soll eine dünne Schicht des Lösungsmittels senkrecht zur Diffusionsrichtung darstellen. Der Querschnitt der Schicht sei F, ihre Dicke Δx. Sie enthalte $n = N_v\,F\,\Delta x$ gelöste Moleküle (schwarze Punkte). An jedem einzelnen greift die Kraft $\Re$ an. Diese Kraft läßt sich durch einen osmotischen Druck $\Delta p = (p_1 - p_2)$ ersetzen, der gegen den Flächenabschnitt F/n drückt. Es gilt die Beziehung

$$\Re = \Delta p\,\frac{F}{n} = - \frac{1}{N_v}\,\frac{\Delta p}{\Delta x}\,. \tag{392}$$

Für den osmotischen Druck gilt das Gasgesetz

$$p = \frac{n}{V}\,k\,T_{\mathrm{abs}} = N_v\,k\,T_{\mathrm{abs}}\,. \tag{307 v. S. 262}$$

Es liefert

$$\Delta p = \Delta N_v\,k\,T_{\mathrm{abs}}\,. \tag{393}$$

Einsetzen von (392) und (393) in (391) liefert

$$\Re = \frac{u}{v} = - \frac{k\,T_{\mathrm{abs}}}{N_v}\,\frac{\Delta N_v}{\Delta x}$$

oder mit der Kürzung

$$\boxed{\text{Diffusionskonstante } D = v\,k\,T_{\text{abs}}} \qquad (394)$$

$$u = -\frac{D}{N_v}\frac{\Delta N_v}{\Delta x}. \qquad (395)$$

Mit dieser „Diffusionsgeschwindigkeit" u sollen in der Zeit Δt durch die Fläche F Δn Moleküle hindurchdiffundieren. Dann gilt

$$\Delta n = \Delta t\,F\,u\,N_v \qquad (396)$$

oder für die Diffusionsgeschwindigkeit

$$u = \frac{1}{F}\frac{\Delta n}{\Delta t}\frac{1}{N_v}. \qquad (397)$$

Endlich fassen wir (395) und (397) zusammen und erhalten das oben empirisch gefundene I. FICKsche Gesetz

$$\frac{\Delta n}{\Delta t} = -DF\frac{\Delta N_v}{\Delta x}. \qquad (390) \text{ v. S. } 304$$

Die Diffusionskonstante D hat die Dimension [Weg²/Zeit], die Tab. 12 gibt einige Zahlenwerte.

Tabelle 12.

	diffundiert	bei der Temperatur °C	mit der Diffusionskonstanten D $\dfrac{\text{m}^2}{\text{sec}}$	und ein einzelnes Molekül entfernt sich in einem Tag von seinem Ausgangsort um
H_2	in Luft bei	0	$6{,}4 \cdot 10^{-5}$	3,3 m
O_2	$p \triangleq 76$ cm Hg	0	$1{,}8 \cdot 10^{-5}$	1,8 m
Harnstoff		15	10^{-9}	13 mm
Kochsalz	in Wasser	10	$9{,}3 \cdot 10^{-10}$	13 mm
Rohrzucker		18,5	$3{,}7 \cdot 10^{-10}$	8 mm
Gold	in geschmolzenem Blei	490	$3{,}5 \cdot 10^{-9}$	25 mm
Gold	in festem Blei	165	$4{,}6 \cdot 10^{-12}$	0,9 mm
H_2	in einem KBr-Kristall	680	$2{,}3 \cdot 10^{-8}$	6 cm
Kalium als Farbzentren		650	$5{,}2 \cdot 10^{-8}$	9,5 cm

Oft handelt es sich um die Diffusion elektrisch geladener (chemischer oder physikalischer) Moleküle. Diese „Elektrizitätsträger" bekommen in einem elektrischen Felde während ihrer Diffusion eine Vorzugsrichtung, und dadurch bilden sie einen elektrischen Leitungsstrom. So entstehen z. B. Ionenströme und Elektronenströme in Flüssigkeiten, in Gasen und in festen Körpern. In günstigen Fällen kann man diesen gerichteten Diffusionsvorgang unmittelbar mit dem Auge verfolgen. Das wird in der „Elektrizitätslehre" in § 143 für Ionen und in § 228 für Elektronen und Elektronen-Fehlstellen (positive Ladungen) vorgeführt.

Man bezieht die Beweglichkeit v_e der Elektrizitätsträger nicht auf die Einheit der Kraft, sondern auf die Einheit der elektrischen Feldstärke, also $\mathfrak{E} = \text{Kraft } \mathfrak{K}/\text{Ladung } e$, gemessen in Volt/m. So erhalten wir als elektrische Beweglichkeit

$$v_e = \frac{u}{\mathfrak{E}} = \frac{u\,e}{\mathfrak{K}} = e\,v_{\text{mech}} \qquad (398)$$

($e =$ Ladung des Elektrizitätsträgers z. B. in Amperesec).

§ 182. Quasistationäre Diffusion. Die Anwendung des FICKschen Gesetzes setzt die Kenntnis des Gefälles der Anzahldichte, also $\Delta N_v/\Delta x$ voraus. Dieses läßt sich für einen stationären Zustand (Abb. 548) leicht bestimmen; es gelingt aber auch mit guter Näherung bei vielen nur angenähert stationären (quasistationären) Vorgängen. Ein Beispiel dieser Art ist in Abb. 550 skizziert. Ein fester Körper Y enthält n Moleküle einer Sorte A im Volumen V, ihre Anzahldichte ist also $N_v = n/V$. Man denke an eine feste Lösung, z. B. von Thalliumatomen in einem KBr-Kristall. In diesen festen Körper sollen von links n^* Moleküle eines Gases hineindiffundieren, z. B. von Br_2; sie sollen sich dabei an der Diffusionsfront mit n Molekülen A vereinigen und dadurch für den weiteren Diffusionsverlauf ausscheiden. *Um welchen Weg x rückt die Diffusionsfront mit der Zeit t vor?*

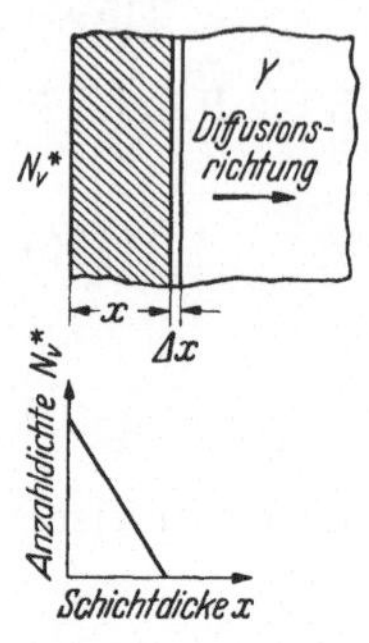

Abb. 550. Lineares Konzentrationsgefälle bei der Diffusion mit chemischem Umsatz.

Im Volumen $F\,dx$ befinden sich $dn = N_v F\,dx$ Moleküle der Sorte A, also gilt

$$\frac{dn^*}{dt} = N_v F \frac{dx}{dt}. \tag{399}$$

Man kann diesen Vorgang mit sehr guter Näherung noch als stationär behandeln. Das heißt man darf dx neben x vernachlässigen und den Vorgang noch als praktisch ortsfest behandeln. Infolgedessen tritt die bereits chemisch umgewandelte Schicht der Dicke x an die Stelle der Trennwand in Abb. 548. Die Konzentration der diffundierenden Moleküle ist links vor dieser Schicht N_v^*, rechts hinter ihr, also an der Diffusions- oder Reaktionsfront, gleich Null. So gilt für das Diffusionsgefälle näherungsweise wiederum

$$\frac{\Delta N_v^*}{\Delta x} = -\frac{N_v^*}{x}. \tag{400}$$

Wir wenden die Gl. (390) auf die n^* Moleküle an und erhalten mit (399) und (400)

$$N_v \frac{dx}{dt} = D \frac{N_v^*}{x}. \tag{401}$$

Die Integration liefert

$$x^2 = 2 \frac{N_v^*}{N_v} D t \tag{402}$$

und damit als Antwort auf die oben kursiv gedruckte Frage:

$$\boxed{\frac{x^2}{t} = D \cdot \text{const}} \tag{403}$$

(const = reine Zahl).

Ihr Inhalt läßt sich in dem obengenannten Beispiel, also beim Eindiffundieren von Br_2 in einen Tl-haltigen KBr-Kristall, vorführen. Die vorher braune Schicht x wird klar, weil die gebildeten TlBr-Moleküle farblos sind (vgl. Optikband, § 249, Anm. 1). — Die Gl. (403) spielt bei oberflächlichen Reaktionen mit Metallen, d. h. bei ihrem „Anlaufen", eine wichtige Rolle.

§ 183. Nichtstationäre Diffusion. Bei den beiden Anwendungsbeispielen für das FICKsche Gesetz wurde die Anzahldichte der diffundierenden Moleküle am vorderen Ende des Diffusionsweges konstant gleich Null gehalten. Im allgemeinen ist die Anzahldichte N_v der Moleküle auf beiden Seiten des betrachteten Diffusionsgebietes zeitlich veränderlich. Der Vorgang ist dann nicht mehr stationär, die räumliche Verteilung der diffundierenden Moleküle *ändert* sich im Laufe der Zeit. Die Zunahme der Anzahldichte N_v in einem Raumgebiet zwischen x_1 und x_2 erhält man aus der Differenz der bei x_1 hinein- und bei x_2 herausströmenden Moleküle.

Gibt man wieder dem Teilchenstrom in positiver x-Richtung positives Vorzeichen, so erhält man für die Änderungsgeschwindigkeit der Anzahldichte N_v im Volumen V zwischen x_1 und x_2

$$\frac{\partial N_v}{\partial t} = \frac{1}{V}\left\{\frac{\partial n}{\partial t}\Big|_{x_1} - \frac{\partial n}{\partial t}\Big|_{x_2}\right\}.$$

Setzt man $V = F \cdot (x_2 - x_1)$, so erhält man daraus mit Hilfe von Gl. (390)

$$\frac{\partial N_v}{\partial t} = D\,\frac{\partial^2 N_v}{\partial x^2}. \tag{404}$$

Diese Differentialgleichung nennt man das II. Ficksche Gesetz.

Auch für einen nichtstationären Diffusionsvorgang bringen wir, allerdings ohne Ableitung, ein Beispiel. In ihm ist zur Zeit $t = 0$ die Anzahldichte im ganzen Gebiet gleich Null. Vor diesem Gebiet hat sie den Wert $N_{v,a}$, und dieser wird während des ganzen Diffusionsverlaufes *konstant* erhalten. Wie wächst der Abstand x zwischen dem Ort einer bestimmten Konzentration $N_{v,x}$ und der Eintrittsstelle $x = 0$? Antwort: Wiederum gilt

$$\boxed{\frac{x^2}{t} = D \cdot \text{const}} \tag{403}$$

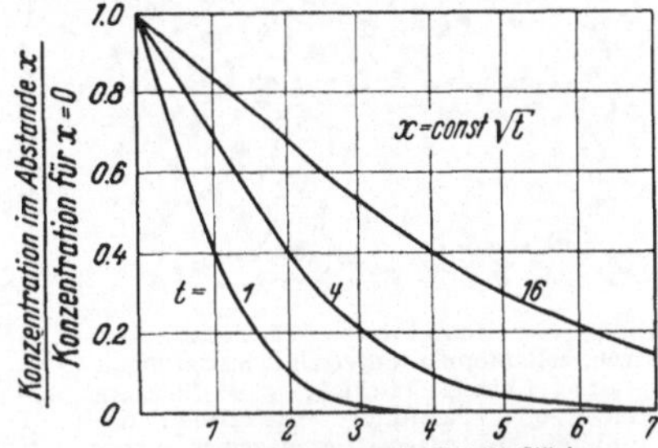

Abb. 551. Von der Zeit abhängiges Diffusionsgefälle. Die von einer bestimmten Anzahldichte, z. B. 40% des Anfangswertes $N_{v,a}$ zurückgelegten Wege x verhalten sich wie die Wurzeln aus den Diffusionszeiten, z. B. wie 1:2:4.

Die Aussage dieser Gleichung wird in Abb. 551 graphisch dargestellt: Die zu verschiedenen Zeiten gehörenden Verteilungen der Anzahldichten bleiben einander ähnlich. Sie lassen sich durch eine passende Wahl des Zeitmaßstabes zur Deckung bringen.

Im Falle der Brownschen Bewegung beobachtet man die Diffusion nicht als Massenerscheinung, sondern als Einzelvorgang. Man verfolgt nicht das Vorrücken einer bestimmten Konzentration, sondern das Vorrücken eines Einzelteilchens. Man mißt, wie sich der Abstand x dieses „physikalischen Moleküls" von einem beliebigen Anfangsort mit wachsender Zeit t allmählich vergrößert. In diesem Fall findet man als Konstante der Gl. (403) die Zahl 2. Es gilt also

$$\boxed{\frac{x^2}{t} = 2D} \tag{405}$$

Im Falle kugelförmiger Teilchen darf man D mit Hilfe der Gl. (188) und (394) von S. 142 und 305 berechnen. Man erhält

$$\frac{x^2}{t} = \frac{k\,T_{abs}}{3\pi\eta r} \tag{406}$$

(r = Radius der Teilchen, η = Zähigkeitskonstante der Flüssigkeit).

Auch diese Gleichung kann man benutzen, um die Boltzmannsche Konstante $k = 1{,}38 \cdot 10^{-23}$ Wattsec/Grad experimentell zu bestimmen.

§ 184. Allgemeines über Wärmeleitung und Wärmetransport.

Für die Wärmeleitung gilt weitgehend das gleiche wie für die Diffusion. Auch hier muß man die echte Wärmeleitung durch molekulare Vorgänge von dem meist überwiegenden Wärmetransport durch freie und erzwungene *Konvektion* unterscheiden.

Die Abb. 552 zeigt ein Beispiel für den Wärmetransport durch Wärmekonvektion. Auf einer heißen Metallplatte befindet sich eine Flüssigkeitsschicht von etwa 3 mm Dicke und über ihr die kühle Zimmerluft. Der Flüssigkeit sind Aluminiumflitter als Schwebeteilchen beigefügt, um die freie Konvektion der Flüssigkeit sichtbar zu machen. Sie zeigt eine verwickelte, wabenförmige

Unterteilung. Ein Wärmetransport mit erzwungener Konvektion findet sich am Kühler eines jeden Automobils.

Eine wichtige und lehrreiche Anwendung des Wärmetransportes durch Leitung und Konvektion zeigt der „*Gegenströmer*".

Im Laboratorium muß man gelegentlich die Temperatur eines strömenden Stoffes *vorübergehend* ändern, z.B. um in einer Flüssigkeit eine chemische Reaktion zu beschleunigen oder eine Flüssigkeit durch Destillation zu reinigen. Dann benutzt man das in Abb. 553 skizzierte Schema: links wird dem strömenden Stoff durch eine Heizvorrichtung Wärme zugeführt, rechts wird ihm diese Wärme durch eine Kühlvorrichtung wieder entzogen. Eine solche Einrichtung ist bequem, aber unwirtschaftlich. Die ganze bei *a* zugeführte Wärmeleistung geht bei *b* an das Kühlwasser verloren.

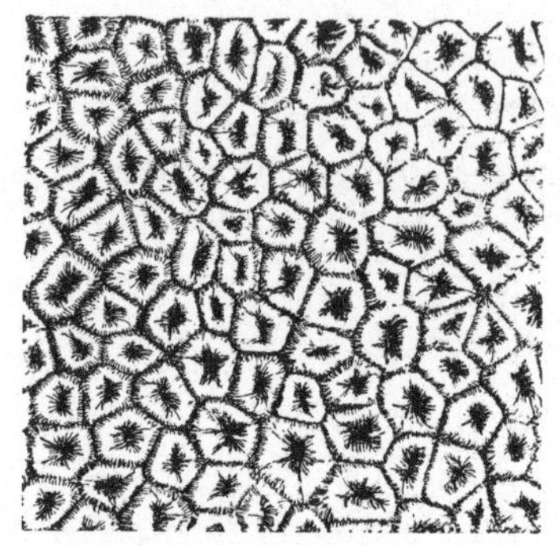

Abb. 552. Konvektiver Wärmetransport durch zellenförmig unterteilte Strömungen in einer Flüssigkeitsschicht (z. B. flüssiges Walrat oder Paraffinöl). Die Zellen deformieren sich gegenseitig zu meist sechseckiger Form, gelegentlich mit einer den Bienenwaben kaum nachstehenden Gleichförmigkeit. In jeder Zelle steigt die Flüssigkeit an der Innenseite aufwärts, an der Außenseite abwärts. Die Strömung ist völlig stationär. Zerstört man sie durch Umrühren, so entsteht im Bruchteil einer Minute eine neue. Nat. Gr.

Diese für technische Aufgaben untragbare Energievergeudung läßt sich vermeiden, im idealisierten Grenzfall sogar vollständig. Dazu dient der 1857 von WILHELM SIEMENS ersonnene Gegenströmer. Sein Prinzip ist in Abb. 554 skizziert. Links oben strömt die Flüssigkeit, z.B. Wasser von Zimmertemperatur T_1, ein, unten in dem kugelförmigen Behälter hat es eine Temperatur T_2, sagen wir 80° C; oben rechts strömt das Wasser mit Zimmertemperatur T_1 wieder ab.

Im Prinzip muß man der strömenden Flüssigkeit nur bei der Inbetriebnahme des Apparates Wärme zuführen, im Beispiel das Wasser in der Kugel auf 80° erwärmen. Von da an ist eine weitere Wärmezufuhr im Prinzip entbehrlich. Das in dem äußeren Rohr aufwärts strömende Wasser gibt dem im Innenrohr abwärts strömenden Wasser Wärme ab. Bei hinreichender Länge der Leitungen erfolgt die „Auswechslung der Temperatur" bei winzigen Temperaturdifferenzen. In jeder Höhe ist das aufwärtsströmende Wasser nur unmerklich wärmer als das neben ihm abwärts strömende.

In Wirklichkeit funktioniert

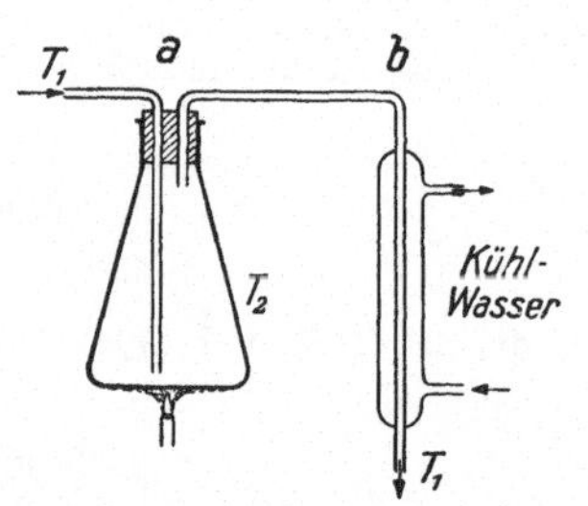

Abb. 553. Temperaturänderungen eines strömenden Stoffes mit Vergeudung von Energie.

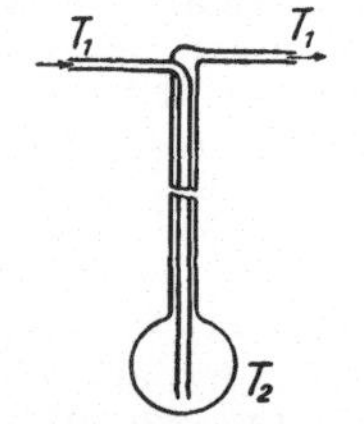

Abb. 554. Schematische Skizze eines Gegenströmers. Temperaturänderung eines strömenden Stoffes ohne Vergeudung von Energie.

kein Gegenströmer ohne Leistungszufuhr. Erstens sind Verluste durch Wärmeleitung in der Längsrichtung der Rohrleitungen nicht zu vermeiden[1]. Infolgedessen muß man stets eine Leistung durch Heizung zuführen, aber viel weniger als in Abb. 553. Zweitens muß die Strömung in den Rohrleitungen turbulent erfolgen, um einen guten Wärmeaustausch zu ergeben. Die Aufrechterhaltung einer turbulenten Strömung ist aber nur durch die Leistung einer Pumpe od. dgl. möglich.

Kurz zusammengefaßt: Im idealisierten Grenzfall löst der Gegenströmer eine wichtige technische Aufgabe: er ermöglicht es, ohne eine dauernde Energiezufuhr die Temperatur eines strömenden Stoffes vorübergehend zu ändern.

---

[1] Man kann sie durch sehr lange, spiralig aufgewickelte Leitungen vermindern.

§ 185. Stationäre Wärmeleitung. Die echte Wärmeleitung läßt sich mit geringem Aufwand in *festen* Körpern beobachten. Ihre formale Behandlung gleicht der der Diffusion. Es möge in der Zeit Δt durch die Fläche F die Energie ΔQ thermisch hindurchtreten, und zwar bei einem Temperaturgefälle $\Delta T/\Delta x$. Dann gilt für den „*Wärmestrom*"

$$\frac{\Delta Q}{\Delta t} = -\lambda^* F \frac{\Delta T}{\Delta x} \qquad (407)$$

Der Proportionalitätsfaktor λ^* wird *spezifische Wärmeleitfähigkeit* genannt. Sie hängt stark von der Temperatur ab. Das zeigt die Abb. 555 mit 3 Beispielen. — In Cu, einem typischen Metall, erfolgt der Energietransport fast ausschließlich durch Elektronen (vgl. Elektrik § 217), in Quarz, einem typischen Isolator, nur durch hochfrequente elastische Wellen (gequantelte Schallwellen, Phononen). Sowohl die Elektronen wie die elastischen Wellen werden durch die lokalen Dichteänderungen gestreut, die durch die elastischen Wellen erzeugt werden (vgl. § 133, IV). Diese Störung durch lokale Dichteänderungen sinkt mit Abnehmen der Temperatur. Bei den kleinen Temperaturen überwiegt eine andere Störung des Energietransportes, nämlich eine Streuung an *ortsfesten* lokalen Fehlern im Gitterbau und an der Oberfläche. Bei der völligen Unordnung im Quarzglas wird die Wärmeleitung sehr klein.

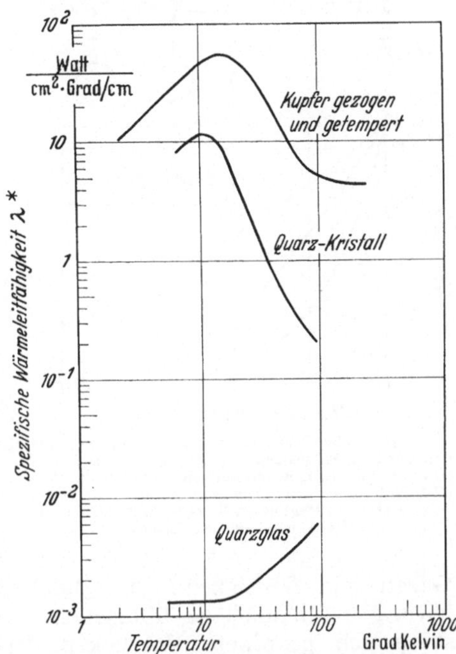

Abb. 555. Zur Abhängigkeit der spezifischen Wärmeleitfähigkeit λ^* von der Temperatur. Die Technik verwendet Isolierstoffe, die bei $-186°$ C nur eine spezifische Leitfähigkeit $\lambda^* = 1{,}26 \cdot 10^{-4} \dfrac{\text{Watt}}{\text{cm}^2\,\text{grad/cm}}$ besitzen. Sie bestehen aus dünnen Aluminium-Folien, die voneinander durch Glasfaserpapier oder dgl. getrennt sind und sich in Luft von einem Druck $\triangleq 10^{-4}$ mm Hg-Säule befinden. Diese schichtförmig aufgebauten Stoffe dienen zur Isolation großer, viele Kubikmeter fassender Transportgefäße für verflüssigte Gase (z.B. H_2, He, N_2).

Alle diese Dinge gehören zu den aktuellen Problemen der Festkörperphysik im Bereich sehr kleiner Temperaturen. In diesem Bereich ist noch sehr viel experimentelle Arbeit zu verrichten, und zwar in engem Anschluß an elektrische, magnetische und optische Untersuchungen. Die einfachsten von ihnen sind schon am Schluß der beiden anderen Bände behandelt worden. Die Deutung der schon bekannten und noch zu entdeckenden Tatsachen kann nur mit den Quanten-Phänomenen der Wellenmechanik gegeben werden.

§ 186. Nichtstationäre Wärmeleitung läßt sich wieder nur mit Hilfe einer Differentialgleichung behandeln. Sie ist analog gestaltet wie für die Diffusion, sie lautet für eine auf eine Richtung beschränkte Wärmeleitung

$$\frac{\partial T}{\partial t} = -\frac{\lambda^*}{\varrho c}\frac{\partial^2 T}{\partial x^2}. \qquad (408)$$

Dabei ist λ^* die durch Gl. (407) definierte spezifische Wärmeleitfähigkeit, ϱ die Dichte des Stoffes und c seine spezifische Wärme. Das Verhältnis $\lambda^*/\varrho c$ wird spezifische *Temperaturleitfähigkeit* genannt.

Wir bringen nur ein Beispiel für einen nichtstationären Fall der Wärmeleitung. Es entspricht dem in Abb. 551 behandelten Diffusionsvorgang.

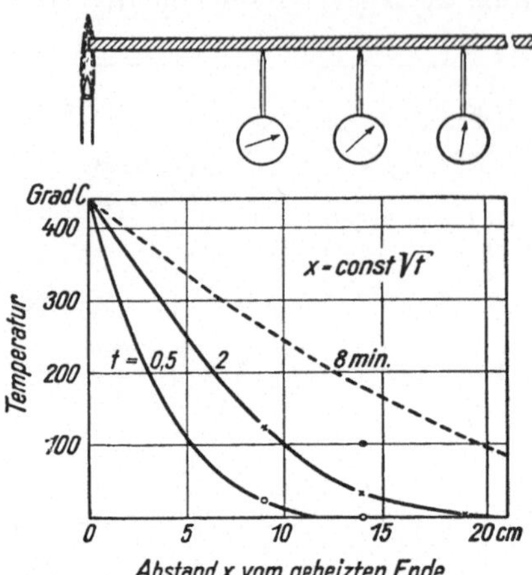

Abb. 556. Roher Schauversuch zur Vorführung eines von der Zeit abhängigen Temperaturgefälles. Eisenstab von 8 mm Durchmesser und 1 m Länge ohne alle Wärmeisolation. Die von einer bestimmten Temperatur zurückgelegten Wege verhalten sich wie die Wurzeln aus den Zeiten.

In Abb. 556 soll zur Zeit $t = 0$ die Temperatur T in einem Metallstab überall die gleiche sein. Dann wird sie möglichst momentan am linken Ende auf den Wert T_1 erhöht und die dadurch längs des Stabes nacheinander auftretende Temperaturverteilung beobachtet. Die Abb. 556 zeigt das Ergebnis; es stimmt formal mit dem der Konzentrationsverteilung bei der nichtstationären Diffusion überein: Der Abstand x zwischen dem Ort einer bestimmten Temperatur T_x und der Eintrittsstelle $x = 0$ wächst wieder proportional mit der Wurzel aus der Zeit. Die zu verschiedenen Zeiten gehörenden Temperaturverteilungen bleiben einander ähnlich. Sie lassen sich durch eine passende Wahl des Zeitmaßes zur Deckung bringen.

§ 187. Die Transportvorgänge in Gasen und ihre Unabhängigkeit vom Druck. In

Gasen und Flüssigkeiten ist die Verwandtschaft von Diffusion und Wärmeleitung anschaulich zu übersehen. Bei der Diffusion handelt es sich um das statistisch geordnete Vorrücken der Moleküle; *die Wärmeleitung läßt sich kurz als Diffusion einer zusätzlichen kinetischen Energie der Moleküle beschreiben.* In Abb. 557 habe die links befindliche Wand eine höhere Temperatur als das angrenzende Gas. Dann wird die angrenzende Gasschicht als erste erwärmt, d.h. ihre Moleküle vermehren ihren Besitz an kinetischer Energie. Durch diesen Erwerb sind sie vor den Molekülen der übrigen Schichten ausgezeichnet. Eine Auszeichnung irgendwelcher Art kann bei einem statistischen Geschehen in einer großen Anzahl von Individuen nicht aufrechterhalten bleiben. Die ausgezeich

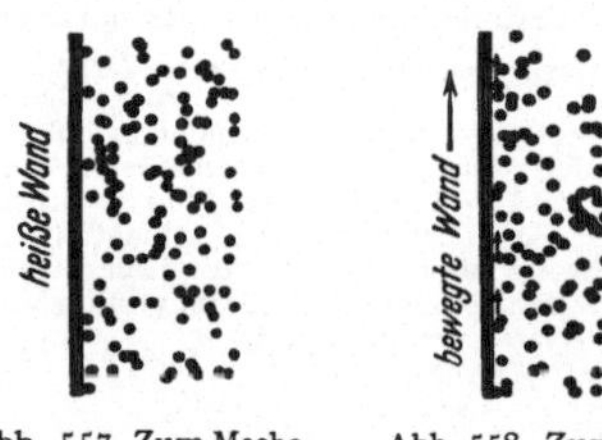

Abb. 557. Zum Mechanismus der Wärmeleitung in Gasen.

Abb. 558. Zum Mechanismus der inneren Reibung in Gasen.

neten Moleküle müssen daher bei den thermischen Zusammenstößen mit den übrigen einen Teil ihrer kinetischen Energie opfern. So diffundiert allmählich kinetische Energie in die rechts gelegenen Gasschichten herein.

In ganz entsprechender Weise können wir eine dritte, von uns bisher nicht molekular gedeutete Erscheinung verständlich machen, die *innere Reibung*: In Abb. 558 werde die linke Wand mit einer Geschwindigkeit u nach oben bewegt. Die Moleküle der angrenzenden Schicht bekommen beim Anprall eine Vorzugsrichtung nach oben und daher einen zusätzlichen Impuls mu nach oben. Das ist durch kleine Pfeile angedeutet. Durch diesen einseitigen Zusatzimpuls werden die Moleküle der Grenzschicht vor denen der übrigen Schichten ausgezeichnet. Diese Auszeichnung kann im statistischen Geschehen nicht erhalten bleiben; so diffundiert allmählich ein nach oben gerichteter Zusatzimpuls in die rechts gelegenen Gasschichten und bewegt diese, wenn auch langsamer, in Richtung der linken Wand. *Die innere Reibung läßt sich daher kurz als Diffusion eines zusätzlichen Impulses der Moleküle beschreiben.*

Genau wie Diffusion und Wärmeleitung wird auch die innere Reibung durch Konvektion, insbesondere eine turbulente, stark vergrößert. Das ist schon aus § 90 bekannt.

Die Verwandtschaft von Diffusion, Wärmeleitung und innerer Reibung tritt durch ein gemeinsames Merkmal klar hervor: Alle diese Erscheinungen sind in weiten Bereichen vom Druck unabhängig. Diese überraschende Tatsache zeigt man am einfachsten für die innere Reibung.

In Abb. 559 dreht sich ein innerer Zylinder in einem äußeren. Ihr Abstand beträgt etwa 1 mm,

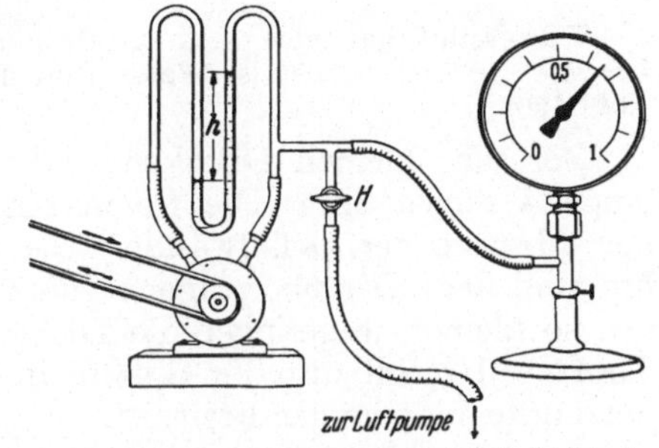

Abb. 559. Innere Reibung unabhängig vom Druck. Im Schnitt ist der Zwischenraum zwischen der umlaufenden Trommel L und dem Gehäuse der Übersichtlichkeit halber zu groß gezeichnet.

abgesehen von dem Segment *a*. Dort ist der Abstand etwa 0,2 mm. Während der Drehung wird die Luft durch innere Reibung im Drehsinn mitgenommen. So entsteht zwischen den Gebieten α und β ein Druckunterschied, z. B. $\triangleq$ 20 cm Wassersäule. Darauf pumpt man einen großen Teil der Luft, vier Fünftel oder noch mehr, heraus. Trotzdem zeigt das Manometer nach wie vor den gleichen Druckunterschied $\triangleq$ 20 cm Wassersäule.

Noch durchsichtiger ist der folgende Versuch: Man bringt eine Stahlkugel in ein vertikal stehendes Präzisions-Glasrohr ($\varnothing \approx 15$ mm). Die Differenz der Durchmesser beträgt etwa

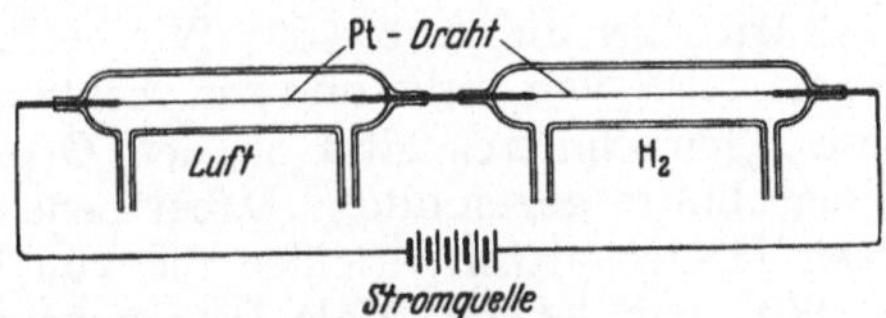

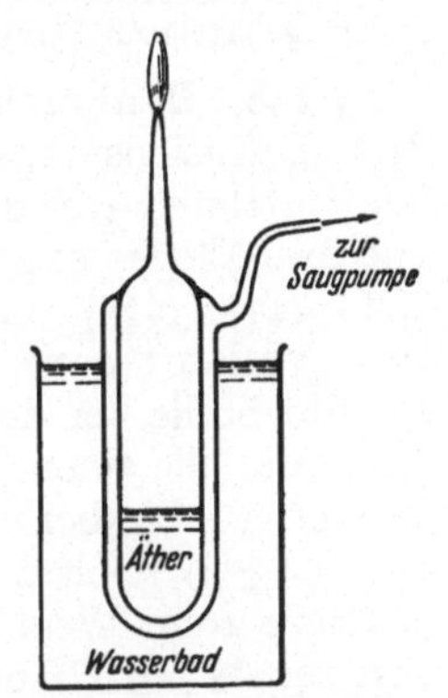

Abb. 560. Zum Vergleich der Wärmeleitung von H_2 und Luft. Roher Schauversuch, außer Wärmeleitung ist auch freie Konvektion beteiligt. Zwei gleiche Platindrähte werden von demselben elektrischen Strom geheizt. Der Draht in Luft leuchtet hellgelb, ist also heiß, der Draht im H_2 bleibt dunkel, er wird durch die große Wärmeleitung des H_2 gekühlt. In Gasgemischen ändert sich die Wärmeleitung mit der Zusammensetzung. Daher wird die Wärmeleitung in der Technik oft benutzt, um die Zusammensetzung eines Gasgemisches zu überwachen. — Das Grundsätzliche der verschiedenen Verfahren läßt sich leicht mit der obigen Anordnung vorführen.

Abb. 561. Roher Schauversuch zur Unabhängigkeit der Wärmeleitung eines Gases vom Druck. Der Wärmestrom fließt aus dem heißen Wasserbad durch den Gasmantel zum Äther und erzeugt einen Strom von Ätherdampf. Als Maß seiner Stärke dient die Höhe eines oben brennenden Flämmchens. Man findet sie in weiten Grenzen vom Druck im Gasmantel unabhängig.

0,01 mm. Bei der Abwärtsbewegung der Kugel muß das Gas die Kugel in einem sehr engen kreisförmigen Spalt umströmen. Dabei erzeugt die innere Reibung einen großen Widerstand: Die Kugel „fällt" nicht mehr *beschleunigt*, sie „sinkt" (nach kurzer Anlaufzeit) mit *konstanter* Geschwindigkeit (§ 43). Mit dieser legt sie einen Weg *s* (z. B. 60 cm) in der Zeit *t* (z. B. 30 sec) zurück. Verkleinert man den Gasdruck *p*, so bleibt die Sinkzeit zunächst konstant. Erst bei $p \triangleq 12$ cm Hg-Säule wird sie merklich kleiner; bei $p \triangleq 0{,}01$ mm Hg-Säule nähert man sich schon weitgehend dem freien Fall.

Die Unabhängigkeit der Wärmeleitung vom Druck des Gases ist ebenfalls unschwer vorzuführen. Näheres unter Abb. 561.

Soweit die Tatsachen. Ihre molekulare Deutung lautet folgendermaßen: Die durch die Flächeneinheit diffundierende Menge der Moleküle, des zusätzlichen Impulses oder der zusätzlichen kinetischen Energie ist proportional der Anzahldichte N_v der Moleküle. Sie ist ferner proportional der mittleren *freien Weglänge* λ der Moleküle, d.h. ihrem zwischen zwei Zusammenstößen durchlaufenen Weg (§ 171). N_v steigt, λ sinkt proportional mit dem Gasdruck. Daher bleibt die Diffusion jeder Art in Gasen vom Druck unabhängig.

Wasserstoff hat eine sehr große freie Weglänge, nämlich unter Normalbedingungen $\lambda = 1{,}4 \cdot 10^{-7}$ m. Daher ist Wasserstoff durch sehr hohe Wärmeleitung ausgezeichnet (vgl. Abb. 560).

Bei sehr kleinen Drucken verliert der Begriff der mittleren freien Weglänge λ seinen Sinn: Die freien Flugstrecken der Moleküle werden größer als der Abstand der Gefäßwände. Die Moleküle schwirren zwischen den Wänden hin und her. Der übertragene Impuls oder die übertragene Energie wird dann um so kleiner, je geringer die Dichte des Gases ist. Das ist die Grundlage der Thermosflaschen, also der Gefäße, die zwei durch einen luftleeren Zwischenraum getrennte Wandungen besitzen.

Die Diffusion von Materie setzt im Gegensatz zur inneren Reibung und zur Wärmeleitung stets zwei verschiedene Molekülsorten voraus. Infolgedessen zeigt die Diffusion der Materie einige Besonderheiten: Bei der inneren Reibung und der Wärmeleitung sind nicht nur die diffundierenden Beträge an Impuls und Energie, sondern auch die Koeffizienten vom Druck unabhängig. Bei der Diffusion von Materie hingegen ist die Diffusionskonstante D dem Druck umgekehrt proportional, und die diffundierende Menge bleibt nur dann vom Druck unabhängig, wenn die Anzahldichte der diffundierenden Moleküle proportional dem Druck ansteigt. Das ist nicht der Fall, wenn die diffundierenden Moleküle einem gesättigten Dampf angehören.

§ 188. Bestimmung der mittleren freien Weglänge. Der Zusammenhang der drei Diffusionsvorgänge (von Molekülen, von Energie und von Impuls) mit der mittleren freien Weglänge λ gibt die Möglichkeit, diese wichtigen Größen auf drei Wegen experimentell zu ermitteln. Die dafür notwendigen Beziehungen [Gl. (411), (414) und (417)] erhält man mit recht primitiven Überlegungen. Man verfährt ganz ähnlich wie in § 81 bei der Behandlung des Gasdruckes. An die Stelle der dortigen Abb. 232 tritt hier die Abb. 562. Wir betrachten die Moleküle, die einen Querschnitt F am Orte x, von links und von rechts kommend, passieren. Zu beiden Seiten dieses Querschnittes sind an den Orten $(x - \lambda)$ und $(x + \lambda)$ noch zwei andere Querschnitte gezeichnet. Dabei bedeutet λ die mittlere freie Weglänge. In diesen Querschnitten erleiden die von links und von rechts auf F aufliegenden Moleküle zum letzten Male Zusammenstöße. Dabei werden die Anzahldichten N_v der Moleküle und die Geschwindigkeiten u in den beiden schraffierten Volumen festgelegt. Von links kommen innerhalb der Zeit dt eine Anzahl Moleküle

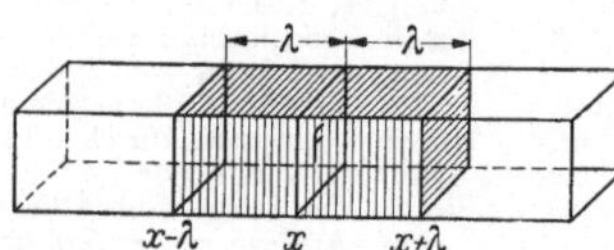

Abb. 562. Zur Herleitung der Gl. (409).

von rechts

$$dn_1 = F\,dt\,\tfrac{1}{6}\,(N_v u)_{(x-\lambda)},$$

$$dn_2 = F\,dt\,\tfrac{1}{6}\,(N_v u)_{(x+\lambda)}.$$

Der Faktor $\tfrac{1}{6}$ ist aus § 81 bekannt. — Der resultierende Molekülstrom in der x-Richtung ist also

oder

$$\frac{dn}{dt} = \frac{F}{6}\left[(N_v u)_{(x-\lambda)}) - (N_v u)_{(x+\lambda)}\right] = -\frac{F}{6}\frac{d(N_v u)}{dx}2\lambda$$

$$\boxed{\frac{dn}{dt} = -F\frac{\lambda}{3}\frac{d(N_v u)}{dx}} \tag{409}$$

Diese allgemeine Gleichung wenden wir auf Sonderfälle an.

1. *Diffusion von Molekülen,* wie z. B. in Abb. 549. Es herrscht überall die gleiche Temperatur, und daher ist u, die mittlere Geschwindigkeit, konstant. Man erhält für den diffundierenden Molekülstrom

$$\frac{dn}{dt} = - F \frac{\lambda u}{3} \frac{dN_v}{dx} = - DF \frac{dN_v}{dx} \qquad (410) = (390)$$

also das erste Ficksche Gesetz mit der Diffusionskonstanten

$$\boxed{D = \frac{\lambda u}{3}} \qquad (411)$$

2. *Diffusion von zusätzlichem Impuls, innere Reibung,* wie in der Abb. 558. Quer zur Diffusionsrichtung besitzen die Moleküle zusätzliche Geschwindigkeiten $u\perp$ (in der Abb. 558 durch kleine Pfeile markiert) und daher zusätzliche Impulse $\mathfrak{G}\perp$. Für den Impulsstrom gilt:

$$\frac{d\mathfrak{G}\perp}{dt} = - \frac{\lambda}{3} F \frac{d(N_v u m u\perp)}{dx} = - \frac{\lambda u}{3} F N_v \frac{du\perp}{dx} m$$

oder nach Gl. (91) v. S. 59

$$\frac{\mathfrak{K}}{F} = \eta \frac{du\perp}{dx} \qquad (412)$$

und bei homogenem Geschwindigkeitsgefälle

$$\mathfrak{K} = \eta F \frac{u}{x} \qquad (413) = (182)$$

mit der Zähigkeitskonstanten

$$\boxed{\eta = \frac{\lambda u}{3} N_v m} \qquad (414)$$

3. *Diffusion von Energie, Wärmeleitung,* wie in Abb. 557. Jedes Molekül überträgt die zusätzliche Energie, $\frac{1}{2} f k T$, und alle Moleküle zusammen auf diese Weise die Energie Q (f = Anzahl der Freiheitsgrade, k = Boltzmann-Konstante). Für den Energiestrom gilt:

$$\frac{dQ}{dt} = - \frac{\lambda u}{3} F \frac{1}{2} N_v f k \frac{dT}{dx} \qquad (415)$$

oder

$$\frac{dQ}{dt} = - \lambda^* F \frac{dT}{dx} \qquad (416) = (407)$$

mit der spezifischen „Wärmeleitfähigkeit"

$$\boxed{\lambda^* = \frac{\lambda u}{6} N_v f k} \qquad (417)$$

Abb. 563. Erzeugung einer Temperaturdifferenz bei der Diffusion. Die Nebenskizze zeigt das die beiden Kammern *I* und *II* trennende Schlitzventil aus Messing. Die Thermoelemente bestehen aus Silberfolien mit angeschweißten Drähten aus Stahl und Konstantan.

§ 189. Wechselseitige Verknüpfung der Transportvorgänge in Gasen.

Bisher haben wir die Transportvorgänge einzeln als unabhängig voneinander betrachtet. Das ist als erste Näherung durchaus zulässig. Erst in zweiter Näherung findet man experimentell eine Abhängigkeit der verschiedenen Transportvorgänge voneinander. Wir bringen dafür vier Beispiele:

I. *Diffusion in Gasen erzeugt Temperaturdifferenzen* und durch diese entsteht eine Wärmeleitung.

In Abb. 563 enthält die Kammer *I* Wasserstoff, also ein Gas mit dem kleinen Molekulargewicht $(M) = 2$. Die Kammer *II* enthält Kohlendioxyd mit $(M) = 44$. Beide Gase haben gleichen Druck und gleiche Temperatur. *1* und *2* sind

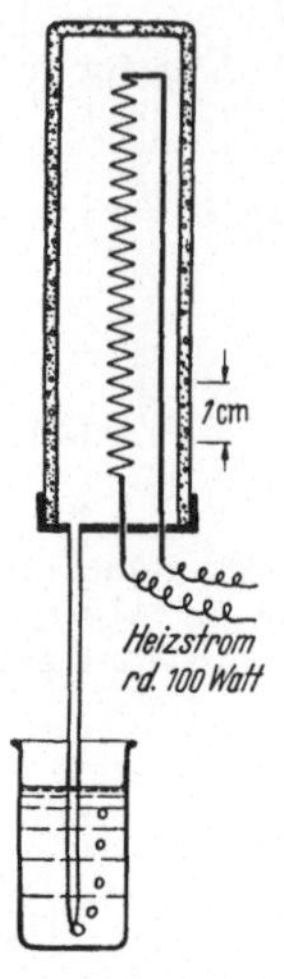

Abb. 564. Poröser
Tonzylinder zur
Vorführung des
KNUDSEN-Effektes.

gegeneinandergeschaltete Thermoelemente. — Mit einer kleinen Drehung um die Längsachse öffnet man ein die beiden Kammern trennendes Schlitzventil (Nebenskizze!). Alsdann können die beiden Gase ineinander diffundieren. Dabei entsteht etwa eine halbe Minute lang eine Temperaturdifferenz von etwa 0,6°; die Kammer *II* hat die kleinere Temperatur.

Deutung: Die kleinen H_2-Moleküle dringen mit isothermer Diffusion rasch in das CO_2 ein [Gl. (348) von S. 286], und dabei sinken in der Kammer *I* vorübergehend die Anzahldichte N_v und der Druck p. Um die alten Werte wiederherzustellen, muß sich das Gas in der Kammer *II* adiabatisch ausdehnen und den Inhalt der Kammer *I* unter Verrichtung äußerer Arbeit komprimieren. Infolge dieser Arbeit kühlt sich das Gas in der Kammer *II* ab. Es steigt also die Temperatur in der Richtung *II* → *I*, in der die schweren Moleküle (CO_2) diffundieren.

II. *Temperaturdifferenzen erzeugen in Gasen Druckdifferenzen (Knudsen-Effekt).* In Abb. 564 ist ein Teil der Zimmerluft in eine poröse Tonzelle eingeschlossen. Im Innern der Tonzelle befindet sich eine elektrische Heizvorrichtung. Infolgedessen ist die Temperatur in den engen Kanälen der Tonzelle auf der Innenseite der Zelle größer als auf der Außenseite. Ein unten in Wasser tauchendes Glasrohr gibt der Luft in der Tonzelle Gelegenheit, nach außen zu entweichen. Man beobachtet einen kontinuierlich anhaltenden Luftstrom: Es wird dauernd Zimmerluft in die geheizte Kammer hineingezogen und infolgedessen ist der Druck im Innern der Kammer größer als außen.

Die Deutung schließt an Gl. (409) an. Im stationären Zustand ist $dn/dt = 0$ und daher

$$(N_v u)_1 = (N_v u)_2, \qquad (418)$$

wenn die Indizes 1 und 2 diese Größen auf der heißen und auf der kalten Seite der porösen Trennwand bezeichnen.

Diese Gl. (418) fassen wir mit

$$p = N_v k T_{abs} \qquad (307) \text{ v. S. } 262$$

und

$$\tfrac{1}{2} m u^2 = \tfrac{3}{2} k T_{abs} \qquad (346) \text{ v. S. } 286$$

zusammen und erhalten

$$\frac{p_1}{\sqrt{(T_{abs})_1}} = \frac{p_2}{\sqrt{(T_{abs})_2}}, \qquad (419)$$

d. h. bei verschiedenen Temperaturen an beiden Seiten der porösen Wand entstehen verschiedene Drucke.

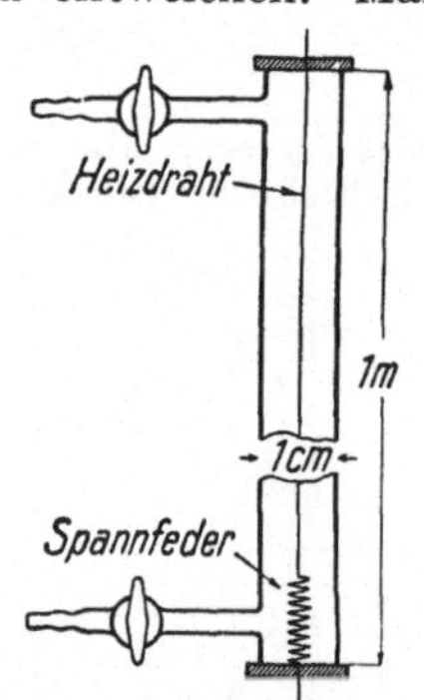

Abb. 565. Trennung eines Gasgemisches durch Thermodiffusion im „Trennrohr". Ein straff gespannter Draht glüht, elektrisch geheizt, in einem Gemisch von CO_2 und H_2 (Partialdrucke ≈ 0,37 at und 0,13 at; zuerst CO_2 einfüllen!). In etwa 5 Minuten reichert sich der Wasserstoff im oberen Teil so an, daß seine gute Wärmeleitfähigkeit dort das Glühen verhindert. (Rohrlänge im Schauversuch 1 m, lichte Weite 1 cm; Draht gut zentriert und Rohrachse genau vertikal.) Man kann auch ein Gemisch von Argon und Bromdampf benutzen. Dann führt die Anhäufung des Bromdampfes am unteren Ende zur Verflüssigung von Brom.

III. *In Gasgemischen erzeugen Temperaturdifferenzen Konzentrationsgefälle (Thermodiffusion).* Der unter II. gezeigte KNUDSEN-Effekt erfordert nur eine Sorte von Gasmolekülen. Allein aus Bequemlichkeit haben wir ein Gasgemisch, nämlich Zimmerluft, benutzt.

Man kann die poröse Trennwand weglassen, statt eines einheitlichen Gases ein Gasgemisch benutzen und in ihm eine Temperaturdifferenz aufrechterhalten. Dann reichern sich die Moleküle mit größerer Masse im kälteren Gebiet an. Die Moleküle größerer Masse wandern also in Richtung des Temperaturgefälles. Diese Erscheinung nennt man Thermodiffusion. Sie ist von K. Clusius mit großem Erfolg zur Trennung von Molekülgemischen, insbesondere von Isotopen, benutzt. Sein „*Trennrohr*" besteht aus einem langen, senkrechten Glasrohr mit einem elektrisch geheizten Draht in der Rohrachse. Das warme Gasgemisch steigt in der Nachbarschaft der Rohrachse nach oben, das kalte sinkt vor der Rohrwand nach unten. Die Moleküle mit dem großen Molekulargewicht diffundieren bevorzugt radial nach außen und werden von dem absteigenden Gasstrom im unteren Teil des Rohres angereichert. Schauversuch in Abb. 565. Thermodiffusion tritt auch auf, wenn die eine Molekülsorte aus großen, „physikalischen" Molekülen besteht. Beispiel: Von einem Heizkörper steigt warme Luft nach oben, zwischen ihr und der kalten Zimmerwand herrscht ein Temperaturgefälle. Der Staub reichert sich vor der Wand an, die Wand wird durch einen Staubstreifen beschmutzt. — Beim Kochen wandern kleine Kohleteilchen aus den heißen Flammengasen an den Boden des Topfes und überziehen ihn mit einer Rußschicht.

Auch die Deutung der Thermodiffusion folgt aus der Gl. (409). Man muß nur in zweiter Näherung berücksichtigen, daß N_v und u in Abb. 562 auf beiden Seiten der Fläche F etwas verschieden sind, wenn in der x-Richtung ein Temperaturgefälle vorhanden ist. — Man ersetzt in Gl. (409) die Anzahldichte N_v durch $3p/mu^2$ (diese Bezeichnung folgt aus den Gl. (176) von S. 128 und Dichte $\varrho = N_v m$). Dann erhält man:

$$\frac{dn}{dt} = -F\,\frac{p\,\lambda}{m}\,\frac{d(1/u)}{dx}. \tag{420}$$

Mit

$$\tfrac{1}{2}m\,u^2 = \tfrac{3}{2}k\,T_{abs} \tag{346} \quad \text{v. S. 286}$$

ergibt sich nach einfacher Umrechnung

$$\frac{dn}{dt} = +F\,\frac{\lambda\,p}{2\,T\sqrt{3\,m\,k\,T}}\,\frac{dT}{dx}. \tag{421}$$

Es resultiert also ein Molekülstrom in Richtung zunehmender Temperatur. Dieser ist in einem Gasgemisch für die leichteren Moleküle stärker als für die schwereren. Im stationären Zustand müssen sich also die leichten Moleküle auf der heißen, die schweren auf der kalten Seite anreichern.

IV. *Druckdifferenzen in Gasen erzeugen Temperaturdifferenzen.* Die Abb. 566 zeigt das „Wirbelrohr", oben im

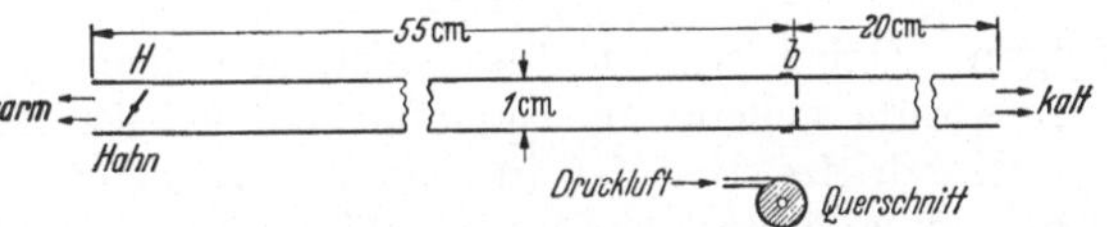

Abb. 566. Wirbelrohr nach Ranque und Hilsch.

Längsschnitt, unten in einem Querschnitt an der Stelle b. An dieser Stelle tritt Luft tangential mit großem Druck p in das Rohr ein. Zentrifugalkräfte bewirken, daß der Druck an den Wänden größer ist als in der Rohrachse. Rechts von der Stelle b befindet sich eine Blende von etwa 2 mm Durchmesser. Ein Hahn H gibt die Möglichkeit, das Verhältnis zwischen den links und rechts austretenden Luftströmen zu verändern. Der rechts austretende Luftstrom ist kalt, der links austretende warm. Mit $p = 6$ Atmosphären kann man leicht eine Temperaturdifferenz von 40° erhalten. In kurzer Zeit ist das rechte Rohr mit einer dicken Reifschicht überzogen.

XVIII. Die Zustandsgröße Entropie.

§ 190. Reversible Vorgänge. Alle mechanischen, elektrischen und magnetischen Vorgänge, bei denen im idealisierten Grenzfall keine Temperaturdifferenzen auftreten, sind *reversibel*. Das bedeutet: Diese Vorgänge können durch Umkehr des Weges rückgängig gemacht werden; ihr Ausgangszustand kann wiederhergestellt werden, *ohne* daß dabei einer der beteiligten Körper eine *bleibende* Zustandsänderung erfährt. Beispiele:

Eine mechanische oder elektrische *Schwingung* verläuft reversibel, sie stellt in periodischer Folge den Ausgangszustand wieder her.

Der *freie Fall* einer Stahlkugel ist ebenfalls reversibel, doch verlangt die Wiederherstellung des Ausgangszustandes eine *Hilfsvorrichtung*, z.B. die harte Stahlplatte in Abb. 93 auf S. 49. Mit ihr kann die beschleunigte Bewegung ebensogut aufwärts wie abwärts er-

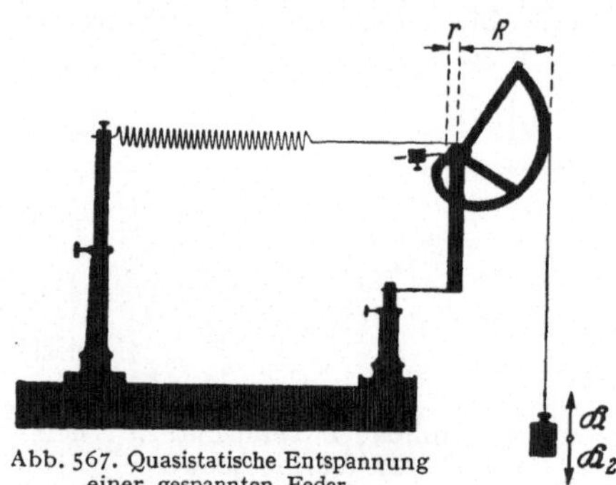

Abb. 567. Quasistatische Entspannung einer gespannten Feder.

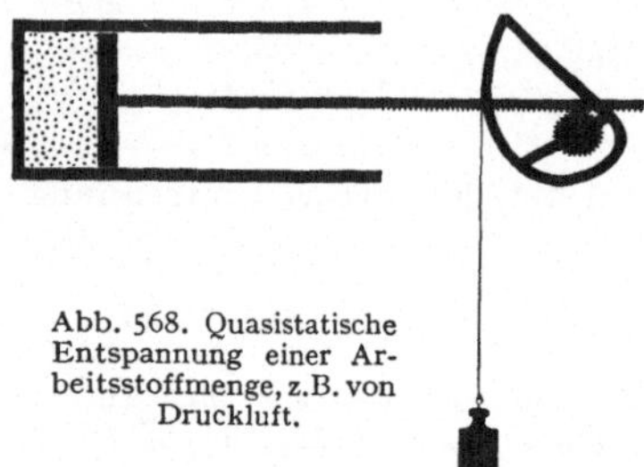

Abb. 568. Quasistatische Entspannung einer Arbeitsstoffmenge, z.B. von Druckluft.

folgen. Dabei erfährt die Stahlplatte keine bleibende Veränderung, sie dient nur vorübergehend als Speicher potentieller Energie.

Ein drittes Beispiel für einen reversiblen Vorgang soll den Begriff „quasistatisch" erläutern. Es ist in Abb. 567 dargestellt. Die Kraft $\mathfrak{K}$ einer gespannten Feder und das an einem Wägeklotz angreifende Gewicht $\mathfrak{K}_2$ sind dauernd nahezu im Gleichgewicht; das wird mit einer stetig veränderlichen Hebelübersetzung erreicht. Dann vermag ein beliebig kleiner Unterschied zwischen $\mathfrak{K}$ und $\mathfrak{K}_2$ die Bewegung in dem einen oder anderen Sinne einzuleiten. Der Ausgangszustand kann so jederzeit wiederhergestellt werden. Dieser Vorgang muß beliebig langsam verlaufen, also praktisch ohne Beschleunigung. Ein solcher Vorgang heißt „*quasistatisch*". *Wir definieren also einen quasistatischen Vorgang kurz als eine Folge von Gleichgewichtszuständen.*

Auch Vorgänge, bei denen Temperaturdifferenzen auftreten, *können* quasistatisch ablaufen. Sie *müssen* quasistatisch ablaufen, wenn sie reversibel sein sollen. — Beispiele:

Die Abb. 568 zeigt die reversible quasistatische Ausdehnung einer Gas- oder Dampfmenge. Die veränderliche Übersetzung muß dem Gase oder Dampfe angepaßt werden.

Als zweites Beispiel nennen wir die reversible quasistatische Umwandlung einer Flüssigkeit in ihren gesättigten Dampf. Wir sehen in Abb. 569 B einen Zylinder mit einem Kolben. Unterhalb des Kolbens befindet sich eine Flüssigkeit und zwischen der Oberfläche und dem Kolben ihr gesättigter Dampf. Der Kolben wird durch einen Wägeklotz belastet, oberhalb des Kolbens ist der Zylinder luftleer gepumpt. Der Druck läßt sich durch Wahl des Gewichtes praktisch gleich dem Sättigungsdruck machen. Dann steigt der Kolben entweder ganz langsam und verwandelt die ganze Flüssigkeit in Dampf, Fall A; dabei muß aus der Umgebung Energie thermisch zugeführt werden. Oder er sinkt ganz langsam und verwandelt den ganzen Dampf in Flüssigkeit, Fall C; in diesem Fall muß Energie thermisch an die Umgebung abgeführt werden. Beide Vorgänge verlaufen hier ganz langsam, also *quasistatisch* und daher *reversibel*. Es genügen *beliebig kleine* Temperaturdifferenzen, um den Vorgang in der einen oder in der anderen Richtung ablaufen zu lassen.

Zusammenfassung. Alle reversiblen Vorgänge sind durch drei Merkmale gekennzeichnet: Reversible Vorgänge lassen sich (nötigenfalls mit geeigneten Hilfsvorrichtungen) durch bloße Umkehr des Weges rückgängig machen. Die Wiederherstellung ihres Ausgangszustandes erfordert *keine* Energiezufuhr, und sie hinterläßt in *keinem* der beteiligten Körper eine *bleibende* Zustandsänderung.

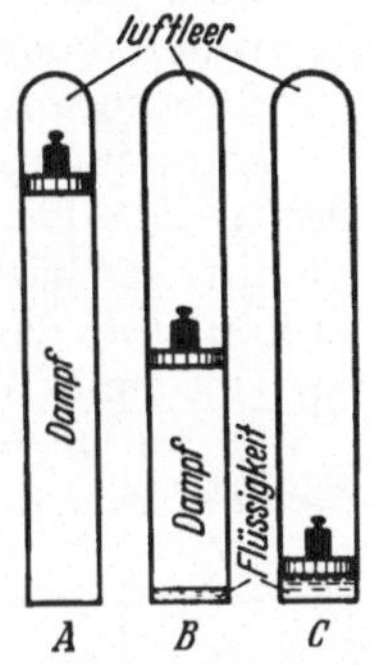

Abb. 569. Zur reversiblen Verdampfung. Schematisch.

§ 191. Irreversible Vorgänge. Den Gegensatz zu den reversiblen Vorgängen bilden die irreversiblen. Zu ihnen gehören vor allem die Diffusion, die Drosselung, die äußere und die innere Reibung, die plastische Verformung von Körpern, die Wärmeleitung bei nicht verschwindend kleinen Temperaturdifferenzen, die Energiezufuhr durch Strahlung und schließlich sämtliche nicht unendlich langsam verlaufenden chemischen Reaktionen.

Irreversible Vorgänge sind durch *drei Merkmale* gekennzeichnet:

1. *Alle irreversiblen Vorgänge verlaufen von selbst nur in einer Richtung.* Das zeigen alltägliche Erfahrungen. Nie kehren die in die Zimmerluft hineindiffundierten Moleküle eines Duftstoffes freiwillig in die offenstehende Parfümflasche zurück. Nie wird ein durch Luftreibung gebremster Körper durch die Luftmoleküle wieder beschleunigt, so daß er seine anfängliche Geschwindigkeit zurückerhält. Nie opfert die Luft einen Teil ihrer inneren Energie, um unsere Wohnung oder gar den Dampfkessel einer Lokomotive zu heizen. Ein Stein fällt von oben herunter, prallt in unelastischem Stoß auf den Boden und bleibt dort liegen. Nie erleben wir die Umkehr dieses Vorganges: Kein Mensch hat einen solchen Stein eines Tages wieder aufwärts steigen sehen. Mit dem ersten Hauptsatz sind die aufgezählten Möglichkeiten durchaus vereinbar, aber die Moleküle nutzen diese Möglichkeit nicht aus. Sie sind zwar stets für die Teilung eines großes Besitzes zu haben, nie aber entschließen sie sich freiwillig zur Anhäufung eines großen Besitzes zugunsten eines einzelnen, ausgezeichneten Individuums (Parfümflasche, Stein usw.).

2. *Bei allen irreversiblen Vorgängen wird eine Arbeit vergeudet,* d.h. die an sich bestehende Gelegenheit, eine nutzbare Arbeit zu gewinnen, wird versäumt; statt nutzbarer Arbeit erhält man nur eine Erwärmung von Körpern. Beispiele: In einem mit einem Kolben versehenen Zylinder sei Zimmerluft eingesperrt. Diese Luftmenge werde bei festgehaltenem Kolben erhitzt; hinterher gebe sie durch Leitung wieder Energie ab, bis sie auf Zimmertemperatur abgekühlt ist. Bei dieser Abkühlung wird Arbeit vergeudet, eine Gelegenheit, nutzbare Arbeit zu gewinnen, verpaßt: Man hätte ja der erhitzten Luft Gelegenheit geben können, den Kolben vorwärts zu schieben und solange Arbeit zu verrichten, bis die Ausdehnung sie auf die Zimmertemperatur abgekühlt hat. — Im ersten Fall (Abküh-

lung durch Leitung) wird die vom Brennstoff gelieferte zusätzliche Energie auf die ungeheure Individuenzahl der Luftmoleküle im Zimmer verteilt und verzettelt, im zweiten (Abkühlung durch Ausdehnung) kommt sie einem einzigen Individuum, nämlich dem Kolben, zur Verrichtung von Arbeit zugute.

In Abb. 504, S. 264, wird ein Gas durch Drosselung entspannt. Dabei wird Arbeit vergeudet: Man hätte in die Verbindungsleitung der beiden Stahlflaschen eine Turbine einschalten und während des Druckausgleiches Arbeit gewinnen können. Stattdessen aber wird die Luft in der rechten Flasche nur durch innere Reibung erwärmt.

Ein gehobener Stein fällt zu Boden und vergeudet beim Aufprall seine kinetische Energie indem er den Boden durch Reibungs- und Verformungsarbeit erwärmt. Er hätte, mit einer geeigneten Vorrichtung verbunden, langsam zu Boden sinken und dabei eine nutzbare Arbeit verrichten können. Man denke an den Antrieb einer Wanduhr und ihres Schlagwerkes.

3. *In abgeschlossenen Systemen führen irreversible Vorgänge zu bleibenden Zustandsänderungen.* Wohl kann man auch nach dem Ablauf eines irreversiblen Vorganges den Ausgangszustand wiederherstellen[1], und zwar durch Zuführung der zuvor vergeudeten Arbeit — *jedoch nur unter einer ganz wesentlichen Einschränkung:* Es darf kein „abgeschlossenes System" vorliegen, d.h. die Arbeit muß den beteiligten Körpern von *außen* zugeführt und überschüssige Energie muß thermisch nach außen abgegeben werden. Man muß z. B. die obengenannte Turbine unter Arbeitsaufwand rückwärts als Pumpe antreiben oder den Stein durch

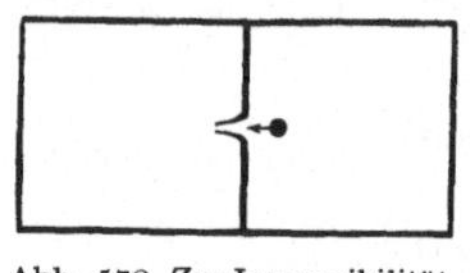

Abb. 570. Zur Irreversibilität des Temperaturausgleiches.

Muskelarbeit wieder anheben. Dabei werden *außerhalb* des Systems Treibstoffe verbrannt oder Nahrungsmittel verbraucht, es wird also der Zustand irgendwelcher Körper *außerhalb* des Systems *bleibend* geändert.

Die Existenz irreversibler Vorgänge ist eine *Erfahrungstatsache.* Sie ist durch viele Bemühungen unglücklicher Erfinder völlig gesichert. Ein solcher Erfinder kann z. B. versuchen, die Moleküle zu überlisten. Denkbar ist die in Abb. 570 skizzierte Anordnung: Sie soll die Gleichverteilung der Temperatur in einer Gasmenge ohne Aufwand von Arbeit rückgängig machen. Das Gas in der linken Hälfte des Behälters soll heiß werden, das rechts befindliche kalt. Das linke soll dann den Kessel einer Dampfmaschine heizen, das rechte soll den Abdampf im Kondensator kühlen. Wie geht unser Erfinder vor? Er bohrt in die Trennwand zwischen beiden Behältern ein Loch und verschließt es einseitig mit einer aus feinen Haaren gebildeten Reuse. Sein Plan ist jetzt folgender: Die Geschwindigkeit der Moleküle ist statistisch verteilt. Nur die schnellsten Moleküle sollen sich, von rechts kommend, durch die Reuse hindurchzwängen, die langsamen sollen zurückprallen. So können die schnellen Moleküle mit ihrem Besitz an kinetischer Energie über die Grenze hinübergelangen. Jenseits der Grenze heißt es zwar, mit den übrigen teilen. Aber so wächst doch wenigstens der mittlere Besitz in der linken Kammer. Ihre Temperatur steigt und die der rechten sinkt. — Woran scheitert diese „Erfindung"? Antwort: An der Brownschen Bewegung der Reusenhaare. Die Haare müssen so fein sein, daß sie von schnellen Molekülen bewegt werden können. Bei dieser Feinheit aber nehmen sie selbst als „physikalische Moleküle" (§ 174) am statistischen Spiel der Wärmebewegung teil. Die Reuse öffnet und schließt sich im statistischen Wechsel. Oft ist sie gerade dann offen, wenn ein unerwünschtes an kinetischer Energie armes Molekül die Grenze passieren will. So wird im Mittel nichts erreicht, beide Behälter behalten die gleiche Temperatur.

§ 192. Die Zustandsgröße Entropie *S*. Zweiter Hauptsatz. Völlig irreversible Vorgänge sind häufig[2]. Völlig reversible hingegen stellen idealisierte Grenzfälle dar; alle wirklichen Vorgänge sind nur *teilweise* reversibel, sie enthalten immer irreversible Anteile.

---

[1] Deswegen ist das Fremdwort „irreversibel" seiner wörtlichen Übersetzung „nicht umkehrbar" vorzuziehen.

[2] Zum Beispiel alle in § 43 behandelten Bewegungen. Bei ihnen allen entstehen durch äußere und innere Reibung Temperaturdifferenzen.

Dadurch entstand die Notwendigkeit, reversible Vorgänge durch eine meßbare Größe zu kennzeichnen. Das ist durch die Auffindung einer neuen Zustandsgröße, genannt *Entropie*, ermöglicht worden. Man kann zu ihr auf folgende Weise gelangen:

In Abb. 571 kann sich eine eingesperrte Gasmenge (mit der Masse M) bei konstanter Temperatur $T_{\text{abs}(1)}$ quasistatisch reversibel entspannen. (Die Abb. 572

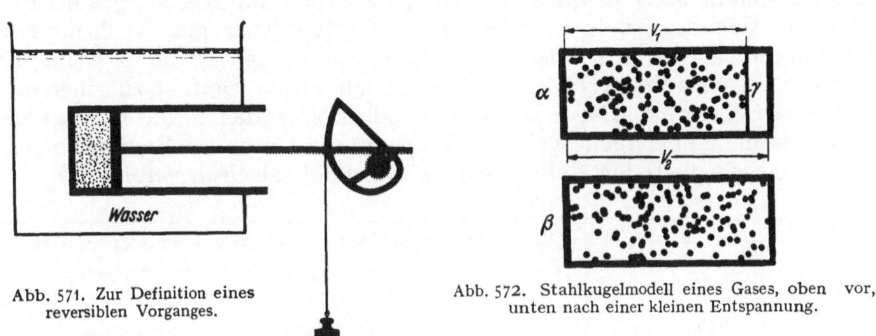

Abb. 571. Zur Definition eines reversiblen Vorganges.

Abb. 572. Stahlkugelmodell eines Gases, oben vor, unten nach einer kleinen Entspannung.

zeigt ein Modell eines Gases, oben vor, unten nach einer kleinen Entspannung.) Zugenommen habe das Volumen von V_1 auf V_2, abgenommen habe der Druck von p_1 auf p_2. Außerdem ist verrichtet worden die Arbeit

$$A_1 = T_{\text{abs}(1)}\, M\, R \ln \frac{V_2}{V_1} = T_{\text{abs}(1)}\, M\, R \ln \frac{p_1}{p_2}. \qquad (317)\ \text{v. S. 266}$$

Gleichzeitig hat das Gas aus dem großen Wasserbad thermisch die Energie $Q_{\text{rev}(1)}$ reversibel aufgenommen.

Diese thermisch aufgenommene Energie ist aber *nicht* eindeutig mit der Entspannung verknüpft, sie ist *nicht* allein vom Anfangs- und Endzustand bestimmt, sie ist also keine Zustandsgröße.

Das zeigen wir, indem wir die Entspannung der Gasmenge bei *gleichem Anfangs- und Endzustand* auf einem anderen „*Wege*" vornehmen: Zu diesem Zweck entziehen wir dem ganzen System (Abb. 571) vor Beginn der Entspannung mit einer Hilfsvorrichtung reversibel thermisch eine Energie Q_{rev} und verkleinern dadurch seine Temperatur auf $T_{\text{abs}(2)}$. Dann folgt die langsame isotherme Entspannung bei dieser Temperatur, und wir erhalten dabei für die thermisch aufgenommene Energie diesmal nur

$$Q_{\text{rev}(2)} = T_{\text{abs}(2)}\, M\, R \ln \frac{V_2}{V_1}.$$

Am Schluß führen wir dem ganzen System reversibel die zuvor thermisch entnommene Energie Q_{rev} wieder zu und stellen die Ausgangstemperatur $T_{\text{abs}(1)}$ wieder her.

Also gleicher Anfangszustand, nämlich V_1 und $T_{\text{abs}(1)}$, und gleicher Endzustand, nämlich V_2 und $T_{\text{abs}(1)}$, trotzdem sind $Q_{\text{rev}(1)}$ und $Q_{\text{rev}(2)}$ verschieden, weil der „Weg" verschieden war! — Hingegen ist der Quotient

$$\frac{\text{thermisch reversibel aufgenommene Energie } Q_{\text{rev}}}{\text{Temperatur } T_{\text{abs}} \text{ bei der Aufnahme}}$$

in beiden Fällen das gleiche, nämlich

$$\frac{Q_{\text{rev}(1)}}{T_{\text{abs}(1)}} = \frac{Q_{\text{rev}(2)}}{T_{\text{abs}(2)}} = M\, R \ln \frac{V_2}{V_1}. \qquad (422)$$

Dieser Quotient ist vom Wege unabhängig, also eine *Zustandsgröße.* Sie hat den Namen *Entropie* erhalten.

Unabhängig vom Wege, auf dem sie hergestellt wurden, sind auch die potentielle Energie, die eine Stoffmenge als Ganzes besitzt (z.B. ein gehobener Stein) und die im Inneren der Stoffmengen gespeicherte innere Energie. Bei beiden bleibt der Nullpunkt stets willkürlich, man kann stets nur *Änderungen* dieser Größen messen. Genauso ist es bei der Zustandsgröße Entropie. Auch ihr Nullpunkt ist willkürlich. Der von uns untersuchte Sondervorgang, die reversible Entspannung bei konstanter Temperatur, liefert nur einen Beitrag zu einer schon vorhandenen Entropie. Denn selbstverständlich hat das ideale Gas schon vorher mehr als einmal bei irgendwelchen Temperaturen thermisch Energie aufgenommen oder abgegeben. Daher definiert man schließlich als *Entropiezunahme*

$$\Delta S = S_2 - S_1 = \frac{Q_{\text{rev}}}{T_{\text{abs}}} = \frac{\text{thermisch reversibel aufgenommene Energie}}{\text{absolute Temperatur bei der Aufnahme}} \qquad (423)$$

In Abb. 571 erfolgte die Entspannung reversibel. Das „System" bestand aus dem großen Wasserbad und dem Zylinder mit dem eingesperrten Gas. Die Gasmenge hat also am Schluß des Versuches eine Energie thermisch quasistatisch aufgenommen ($+ Q_{\text{rev}(1)}$), das Wasserbad hat eine Energie thermisch quasistatisch abgegeben ($- Q)_{\text{rev}(1)}$. Nach der Definitionsgleichung (423) hat also bei diesem reversiblen Vorgang sich die Entropie der Gasmenge um $+ \dfrac{Q_{\text{rev}(1)}}{T_{\text{abs}(1)}}$ geändert, die des Wasserbades um $- \dfrac{Q_{\text{rev}(1)}}{T_{\text{abs}(1)}}$. Für den reversiblen Vorgang ist also

$$\sum \frac{Q_{\text{rev}}}{T_{\text{abs}}} = 0. \qquad (424)$$

Somit ergibt ein reversibler Vorgang in einem abgeschlossenen System keine Änderung der Entropie. Wir dürfen für ein solches System fortan Gl. (424) als Kennzeichen eines reversiblen Vorganges benutzen.

Ein völlig reversibler Vorgang ist ein als Ideal unerreichbarer Grenzfall. Alle wirklichen Vorgänge sind mehr oder minder irreversibel. Bei ihm wird in einem abgeschlossenen System

$$\boxed{\sum \frac{Q_{\text{rev}}}{T_{\text{abs}}} > 0} \ . \qquad (424a)$$

Das wird sich am sinnfälligsten bei den Wärmekraftmaschinen zeigen. Ihr Nutzeffekt wird nur so groß, wie es bei *zunehmender* Entropie erwartet werden kann.

Im allgemeinen werden physikalische Erfahrungstatsachen mit Gleichungen dargestellt. Eine Ungleichung mit einem Größer-Zeichen ($>$) verleiht der Aussage (424a) eine Sonderstellung.

Die Gl. (289) v. S. 255 wird „*erster Hauptsatz*" genannt. — Mit dieser Gl. (289) definiert man die Zustandsgröße „*innere Energie*", um für abgeschlossene Systeme (auf Grund umfangreicher Erfahrungen) eine Konstanz der Energie formulieren zu können (Erhaltungssatz).

Mit gleichem Recht darf die Gl. (423) „*zweiter Hauptsatz*" genannt werden. Die Gl. (423) definiert die Zustandsgröße „*Entropie*", um für ein abgeschlossenes System (auf Grund umfangreicher Erfahrungen) reversible Vorgänge durch eine Konstanz der Entropie kennzeichnen zu können. — Definitionsgleichungen, die auf umfangreichen Erfahrungen beruhen, wie z.B. die Grundgleichung $\Re = mb$, sind mehr als nur Axiome oder Postulate!

§ 193. Vergeudete Arbeit und Arbeitsfähigkeit. Aus dem in § 192 benutzten Versuch (Entspannung einer idealen Gasmenge mit der Masse M) können noch zwei später gebrauchte Ergebnisse hergeleitet werden:

1. Die reversible Entspannung war in § 192 das erste Mal bei der Temperatur $T_{\text{abs}(1)}$, das zweite Mal bei der kleineren Temperatur $T_{\text{abs}(2)} = T_{\text{abs}(1)} - dT$ ausgeführt worden. Dabei waren die von dem vorrückenden Kolben quasistatisch verrichteten Arbeiten

$$A_{\text{isoth},\,T_{\text{abs}(1)}} = T_{\text{abs}(1)} \cdot M R \ln \frac{V_2}{V_1} \quad \text{und} \quad A_{T_{\text{abs}(1)} - dT} = (T_{\text{abs}} - dT)\, M R \ln \frac{V_2}{V_1},$$

also

$$d A_{\text{isoth}} = d T \, M R \ln \frac{V_2}{V_1}, \tag{424b}$$

oder mit den Gl. (422) und (423)

$$d A_{\text{isoth}} = \Delta S \cdot d T. \tag{424c}$$

Die Gl. (424c) besagt: Vergrößert man die Temperatur, bei der die isotherme reversible Entspannung eines idealen Gases erfolgt, um dT, so kann man eine $\Delta S\, dT$ größere Arbeit erhalten. Man kann daher $d A_{\text{isoth}}/dT = \Delta S$ als Temperaturkoeffizienten einer isothermen Arbeitsfähigkeit bezeichnen.

2. Man denke sich die Entspannung *ir*reversibel ausgeführt, also ohne Kolben und ohne die Hilfsvorrichtung für quasistatische Entspannung (Abb. 571, rechts). Man benutze in Gedanken die in Abb. 572 skizzierte Anordnung: In ihr wird das Gas zunächst mit einer festen Wand (γ) im kleinen Volumen V_1 eingesperrt, dann die Wand entfernt und das Volumen auf V_2 vergrößert. Bei dieser *ir*reversiblen Entspannung wird die Arbeit

$$A_1 = M R \, T_{\text{abs}} \ln \frac{V_2}{V_1} = M R \, T_{\text{abs}} \ln \frac{p_1}{p_2}$$

vergeudet, die man bei reversibler Entspannung hätte gewinnen können. Zusammen mit den Gl. (422) und (423) ergibt diese

$$\text{vergeudete Arbeit} = \Delta S \cdot T_{\text{abs}}. \tag{424d}$$

§ 194. Die Entropie im molekularen Bild. Wir haben die Entropie zunächst für einen Sonderfall hergeleitet. Trotzdem werden wir die Definitionsgleichung

$$\Delta S = \frac{Q_{\text{rev}}}{T_{\text{abs}}} \tag{423} \text{ v. S. 320}$$

ganz allgemein anwenden. Um das zu rechfertigen, soll die Bedeutung des Verhältnisses $Q_{\text{rev}}/T_{\text{abs}}$ im molekularen Bilde klargestellt werden. Dabei wird sich die Zustandsgröße Entropie ebensogut „veranschaulichen" lassen wie andere Zustandsgrößen, nämlich Temperatur, Druck, innere Energie und Enthalpie. Eine solche Veranschaulichung gelingt immer nur unter den einfachen Verhältnissen idealer Gase.

Wir knüpfen abermals an die Abb. 572 an und denken an ihre Verwirklichung im Modellversuch. Das kleine Volumen V_1 ist der x-te Teil des großen Volumens V_2. Im Volumen V_2 soll sich zunächst nur ein einziges Molekül befinden. Dieses kann man mit Sicherheit, also der Wahrscheinlichkeit $w_2 = \frac{1}{1}$, *irgendwo* im Volumen V_2 antreffen, aber nur mit der Wahrscheinlichkeit $w_1 = 1/x$ im x-ten Teil, also im Volumen V_1; d. h. bei x Beobachtungen trifft man es im statistischen Mittel *einmal* im Volumen V_1. Für zwei Moleküle sind die Wahrscheinlichkeiten, beide Moleküle gleichzeitig in V_2 oder in V_1 anzutreffen,

$$w_2 = \frac{1}{1}; \qquad w_1 = \left(\frac{1}{x}\right)^2;$$

für drei Moleküle

$$w_2 = \frac{1}{1}; \qquad w_1 = \left(\frac{1}{x}\right)^3;$$

für die NM Moleküle eines Körpers oder einer Menge mit der Masse M

$$w_2 = \frac{1}{1}; \qquad w_1 = \left(\frac{1}{x}\right)^{NM} \tag{425}$$

$(N = n/M = $ spezifische Molekülzahl$)$.

Das *Verhältnis* $W = w_2 : w_1$ gibt an, wievielmal wahrscheinlicher alle Moleküle gleichzeitig in V_2 statt in V_1 angetroffen werden. Wir bekommen

$$W = x^{NM}$$

oder

$$\ln W = NM \cdot \ln x. \tag{426}$$

Dann setzen wir die spezifische Molekülzahl $N = R/k$ [Gl. (308) von S. 262] und $x = V_2/V_1$ und erhalten

$$k \ln W = MR \ln \frac{V_2}{V_1}$$

oder zusammen mit Gl. (422) und (423)

$$\boxed{\Delta S = \frac{Q_{rev}}{T_{abs}} = k \cdot \ln W} \tag{427}$$

oder mit Gl. (308) v. S. 262

$$\boxed{\ln W = n \cdot \frac{\Delta S}{M} / R} \tag{427a}$$

$(n = $ Anzahl der beteiligten Moleküle$)$.

Die bei der irreversiblen Entspannung eines idealen Gases eintretende Zunahme der Entropie läßt sich also auf das Verhältnis zweier Wahrscheinlichkeiten zurückführen. Dazu braucht man die universelle Konstante $k = 1{,}38 \cdot 10^{-23}$ Watt-sec/Grad. *Eine Zunahme der Entropie bedeutet einen Übergang in einen Zustand von größerer Wahrscheinlichkeit.* In Abb. 572 ist die Ansammlung aller Gasmoleküle im Teilvolumen V_1 nicht unmöglich, sondern nur äußerst unwahrscheinlich. Das gilt schon für die wenigen Moleküle unseres Modellgases (Abb. 572) und a fortiori für die ungeheuer großen Molekülzahlen eines wirklichen Gases. Der Zusammenhang von Entropie und Wahrscheinlichkeit ist von LUDWIG BOLTZMANN (1844—1906) erkannt worden. Daher trägt die Konstante k seinen Namen.

Man denke sich Eis und Wasser von 0° C. Im Eis sind die Moleküle mit großer Regelmäßigkeit in Form eines Kristallgitters angeordnet, also in einem sehr unwahrscheinlichen Zustand; im Wasser bilden die Moleküle einen regellosen Haufen, dabei befinden sie sich in einem recht wahrscheinlichen Zustand. Infolgedessen ist die Entropie des Wassers erheblich größer als die einer gleich großen Menge Eis. Trotzdem verwandelt sich ein thermisch isolierter Eisklotz nicht einmal zu einem Teil in Wasser. Das würde das ganze System in einen äußerst unwahrscheinlichen Zustand führen. Es müßte sich ein Teil des Eises unter 0° C abkühlen, um für den Rest die erforderliche *Schmelzenthalpie* zu liefern. Dadurch würde sich die Entropie des ganzen abgeschlossenen Systems *verkleinern*: die Entropie des Eises müßte durch Wärmeabgabe *unterhalb* von 0° C mehr abnehmen, als die Entropie des Wassers durch Wärmeaufnahme bei 0° C zunehmen.

Noch anschaulicher ist vielleicht ein anderes Beispiel. In Form dieses Textes zusammengestellt, befinden sich die Lettern in einem sehr unwahrscheinlichen Zustand; sie haben daher eine viel kleinere Entropie als irgendwie regellos in einen Kasten hineingeschüttet.

Trotzdem gehen die für diesen Text zusammengestellten Lettern keineswegs spontan in den viel wahrscheinlicheren Zustand eines ungeordneten Haufens über; denn dieser Übergang müßte über einen äußerst unwahrscheinlichen Zwischenzustand erfolgen: Etliche Lettern müßten als „physikalische Moleküle" auf Kosten der übrigen extrem hohe Werte ihrer thermischen Energie erhalten und mit ihrer Hilfe die Nachbarn überspringen.

§ 195. Beispiele für die Berechnung von Entropien. Durch Beispiele und Anwendungen wird man stets am schnellsten mit einem neuen physikalischen Begriff vertraut. Deswegen berechnen wir zunächst die Zustandsgröße Entropie für einige wichtige Fälle und bringen dann in § 196 die ersten Anwendungen der so gewonnenen Werte. — Zur Messung der Zustandsgröße Entropie muß man stets *quasistatische*, reversible Vorgänge benutzen; das geht aus der Definition dieser Zustandsgröße in § 191 klar hervor.

I. *Entropiezunahme beim Schmelzen.* Ein Körper habe die Masse M und die spezifische Schmelzenthalpie χ. Sein Schmelzpunkt sei T_{abs}. Der Schmelzvorgang erfolge in einer Umgebung von nur unmerklich höherer Temperatur. Die Schmelz-Enthalpie $M\chi$ soll also praktisch bei der Temperatur des Schmelzpunktes, d. h. reversibel, aufgenommen werden. In diesem Fall wächst die Entropie des schmelzenden Körpers um den Betrag

$$\Delta S = \frac{M\chi}{T_{\text{abs}}}. \tag{428}$$

Zahlenbeispiel für Wasser bei normalem Luftdruck:

$$T_{\text{abs}} = 273^\circ \text{ K}; \quad \chi = 3{,}35 \cdot 10^5 \text{ Wattsec/kg}.$$

Somit spezifische Entropiezunahme

$$\frac{\Delta S}{M} = 1{,}22 \cdot 10^3 \frac{\text{Wattsec}}{\text{kg} \cdot \text{Grad}} = 2{,}2 \cdot 10^4 \frac{\text{Wattsec}}{\text{Kilomol} \cdot \text{Grad}} = 2{,}64\, R.$$

Für Quecksilber lauten die entsprechenden Zahlen

$$T_{\text{abs}} = 234{,}1^\circ \text{K}; \quad \chi = 11{,}8 \cdot 10^3 \frac{\text{Wattsec}}{\text{kg}}; \quad \frac{\Delta S}{M} = 10^4 \frac{\text{Wattsec}}{\text{Kilomol} \cdot \text{Grad}} = 1{,}20\, R.$$

Beim reversiblen Schmelzen sinkt die Entropie der Umgebung um ebensoviel, wie die des schmelzenden Körpers zunimmt; also bleibt, wie bei jedem reversiblen Vorgang in einem abgeschlossenen System, der Gesamtbetrag der Entropie ungeändert. — Das Entsprechende gilt für die jetzt folgenden Beispiele.

II. *Entropiezunahme beim Erwärmen.* Eine Stoffmenge mit der Masse M werde von der absoluten Temperatur $T_{\text{abs}(1)}$ auf die absolute Temperatur $T_{\text{abs}(2)}$ erwärmt. Dabei wird die Energie nacheinander thermisch in kleinen Teilbeträgen bei wachsenden Temperaturen, also reversibel zugeführt. Man erhält daher als Entropiezunahme der erwärmten Stoffmenge

$$\Delta S = \frac{\Delta Q_{\text{rev}(1)}}{T_{\text{abs}(1)}} + \frac{\Delta Q_{\text{rev}(2)}}{T_{\text{abs}(2)}} + \cdots = \sum \frac{\Delta Q_{\text{rev}(n)}}{T_{\text{abs}(n)}}, \tag{429}$$

$$\Delta S = M\left(\frac{c_{p_1}\Delta T}{T_{\text{abs}(1)}} + \frac{c_{p_2}\Delta T}{T_{\text{abs}(2)}} + \cdots\right) = M \sum \frac{c_{p_n}\Delta T}{T_{\text{abs}(n)}}, \tag{430}$$

oder im Grenzübergang und bei praktisch noch konstanter spezifischer Wärme

$$\Delta S = M\, c_p \int_1^2 \frac{dT}{T_{\text{abs}}} = M\, c_p \ln\left(\frac{T_2}{T_1}\right)_{\text{abs}}. \tag{431}$$

Tabelle 14. *Spezifische Zustandsgrößen für Wasser.*

Als Bezugspunkt für Enthalpie und Entropie sind $0°$ C gewählt. Es sind also angegeben $\Delta J/M = (J_T - J_{0°C})/M$ und $\Delta S/M = (S_T - S_{0°C})/M$.

Temperatur	Dampfdruck	Flüssig			Gesättigter Dampf		
		Volumen V	Enthalpie J	Entropie S	Volumen V	Enthalpie J	Entropie S
		Masse	Masse	Masse	Masse	Masse	Masse
°C	$\dfrac{\text{Kilopond}}{\text{cm}^2}$	$\dfrac{\text{m}^3}{\text{kg}}$	$10^5\,\dfrac{\text{Wattsek}}{\text{kg}}$	$10^3\,\dfrac{\text{Wattsek}}{\text{kg Grad}}$	$\dfrac{\text{m}^3}{\text{kg}}$	$10^5\,\dfrac{\text{Wattsek}}{\text{kg}}$	$10^3\,\dfrac{\text{Wattsek}}{\text{kg Grad}}$
17,2	0,02	0,001	0,724	0,255	68,3	25,33	8,71
59,7	0,2	0,001	2,495	0,829	7,79	26,09	7,91
99,1	1	0,001	4,149	1,298	1,73	26,71	7,37
151	5	0,0011	6,364	1,851	0,382	27,47	6,83
211	20	0,0012	9,043	2,437	0,101	27,97	6,36
310	100	0,0014	13,984	3,345	0,0185	27,26	5,61
374	225	0,0037	20,625	4,313	0,0037	22,07	4,61

Zahlenbeispiel für Wasser bei der Erwärmung vom Schmelzpunkt bis zum Siedepunkt bei normalem Luftdruck:

$$T_{\text{abs}(1)} = 273°\,\text{K}; \qquad T_{\text{abs}(2)} = 373°\,\text{K}.$$

$$\ln\frac{373}{273} = 2,30 \cdot \log 1,368 = 0,312,$$

$$c_p = 4,19 \cdot 10^3\,\frac{\text{Wattsec}}{\text{kg} \cdot \text{Grad}},$$

$$\frac{\Delta S}{M} = 1,31 \cdot 10^3\,\frac{\text{Wattsec}}{\text{kg} \cdot \text{Grad}} = 2,36 \cdot 10^4\,\frac{\text{Wattsec}}{\text{Kilomol} \cdot \text{Grad}} = 2,84\,R.$$

Entsprechende Werte für andere Temperaturen findet man in der Tab. 14. Diese Werte spielen in der Technik eine große Rolle. Zur Vereinfachung der Darstellung setzt man die spezifische Entropie des flüssigen Wassers bei $0°$ C und normalem Luftdruck willkürlich gleich Null. Wir werden bei Angabe gemessener Werte diesem Brauch folgen und die so angegebene Entropie mit S bezeichnen.

III. *Entropiezunahme beim Verdampfen. Troutonsche Regel.* Eine Flüssigkeitsmenge habe die Masse M und die spezifische Verdampfungs-Enthalpie r. Die Verdampfung erfolgte bei konstantem Druck, nämlich dem Sättigungsdruck, und bei der zugehörigen Sättigungstemperatur T_{abs}. Dann gilt für die Entropiezunahme

$$\Delta S = \frac{M\,r}{T_{\text{abs}}}. \tag{432}$$

Zahlenbeispiel. Für Wasser bei normalem Luftdruck ist $T_{\text{abs}} = 373°$ K und $r = 2,26 \cdot 10^6$ Wattsec/kg, also ist die spezifische Entropiezunahme

$$\frac{\Delta S}{M} = \frac{2,26 \cdot 10^6\,\text{Wattsec}}{\text{kg}\,373°} = 6,06 \cdot 10^3\,\frac{\text{Wattsec}}{\text{kg} \cdot \text{Grad}} = 1,09 \cdot 10^5\,\frac{\text{Wattsec}}{\text{Kilomol} \cdot \text{Grad}} = 13,1\,R.$$

Werte von sehr ähnlicher Größe findet man beim Verdampfen vieler anderer Stoffe. Das ist der Inhalt der „*Pictet-Troutonschen Regel*" (R. PICTET 1876).

Bei der Umwandlung von Eis in Wasser war die spezifische Entropiezunahme fast fünfmal kleiner als bei der Umwandlung von Wasser in Dampf. Bei der Umwandlung von flüssigem *Wasser* von $0°$ C in gesättigten *Dampf* von $100°$ C steigt die spezifische Entropie des Wassers um

$$\frac{\Delta S}{M} = \underset{\substack{\text{beim Er-}\\ \text{wärmen}\\ \text{nach (II)}}}{(2,36 \cdot 10^4} + \underset{\substack{\text{beim Ver-}\\ \text{dampfen}\\ \text{nach (III)}}}{10,9 \cdot 10^4)}\,\frac{\text{Wattsec}}{\text{kg} \cdot \text{Grad}} = 1,33 \cdot 10^5\,\frac{\text{Wattsec}}{\text{kg} \cdot \text{Grad}} = 16\,R.$$

Derartige Zahlenwerte findet man für verschiedene Temperaturen in der Tabelle 14. Man nennt sie die spezifische Entropie des Dampfes.

IV. *Entropieänderungen bei Zustandsänderungen idealer Gase.* Wir gehen im pV-Diagramm Abb. 574 in zwei Schritten vom Zustand 1 zum Zustand 2. Zunächst führen wir einer Gasmenge mit der Masse M auf dem Wege $1 \rightarrow 3$ thermische Energie bei konstantem Druck zu und dann auf dem Wege $3 \rightarrow 2$ Arbeit bei konstanter Temperatur. Diese Konstanz der Temperatur T_1 ist nur dann möglich, wenn eine der Arbeit gleiche Energie vom Gase thermisch nach außen abgegeben wird. So erhalten wir mit Gl. (431) von S. 323 und (317) von S. 266

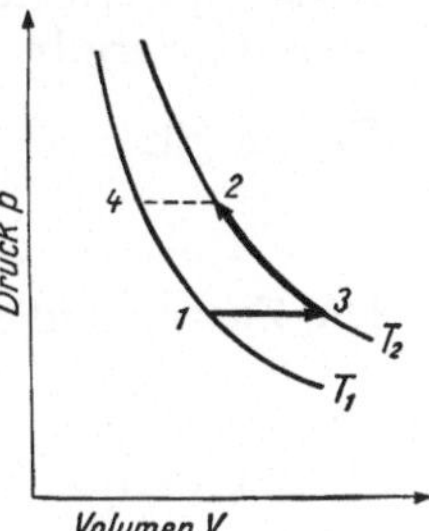

$$\Delta S = M \int_1^3 \frac{c_p\,dT}{T_{abs}} - \frac{MR\,T_{abs(2)} \ln p_2/p_3}{T_{abs(2}}. \tag{433}$$

Nun ist $T_3 = T_2$, $p_3 = p_1$.

Somit ergibt sich

$$\frac{\Delta S}{M} = c_p \ln \left(\frac{T_2}{T_1}\right)_{abs} - R \ln \frac{p_2}{p_1}. \tag{434}$$

Abb. 574.
Zur Berechnung der Entropie idealer Gase.

Die spezifische Entropie eines idealen Gases wächst also mit steigender Temperatur und sinkt mit steigendem Druck. Die Entropie eines idealen Gases besteht demnach aus zwei Anteilen: Der erste hängt von der Temperatur ab, der zweite von einer geometrischen Bedingung, nämlich dem verfügbaren Volumen, das Druck und Anzahldichte bestimmt. Bei isothermer Kompression wird die Entropie eines idealen Gases kleiner. — Bei der Herleitung dieser Gleichung hätte man den Übergang vom Zustand 1 in den Zustand 2 auch auf einem beliebigen anderen Wege vollziehen können, z. B. in den zwei Schritten $1 \rightarrow 4$ und $4 \rightarrow 2$. Die Entropie ist eine Zustandsgröße, sie ist also von der Art des Überganges unabhängig.

§ 196. Anwendung der Entropie auf reversible Zustandsänderungen in abgeschlossenen Systemen.

Verlaufen reversible Vorgänge adiabatisch, d. h. ohne Wärmeaustausch mit der Umgebung, so bleibt die Summe der Entropien aller beteiligten Körper ungeändert. *Von dieser Konstanz der Entropie bei reversiblen adiabatischen Vorgängen wird oft Gebrauch gemacht.*

Zunächst zeigt uns die Abb. 575 im pV/M-Diagramm eines idealen Gases einige Adiabaten für eine reversible, d. h. ohne *Drosselung* erfolgende Entspannung: Neben jeder Adiabate ist der konstante Wert der zugehörigen spezifischen Entropie S vermerkt (vgl. den Kopf von Tabelle 14).

Nebelbildung bei adiabatischer Entspannung. Wasserdampf mit dem Sättigungsdruck p_1 dehne sich adiabatisch aus, und

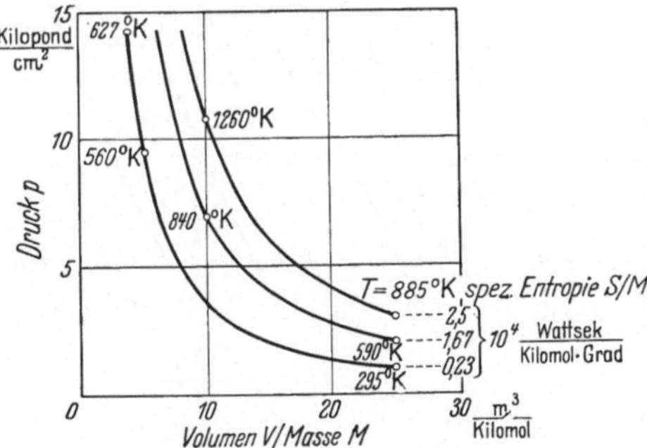

Abb. 575. Adiabaten als Kurven konstanter Entropie. Als Bezugspunkt der Entropie ist 0° C und normaler Luftdruck gewählt.

dabei sinke sein Druck auf p_2. Welcher Bruchteil y des Wassers wird als Nebel abgeschieden? Dieser Fall spielt in der Wetterkunde eine große Rolle. Man denke an aufwärts gerichtete Ströme von warmer Luft.

Vor der Ausdehnung und der Abkühlung gehört zum Sättigungsdruck p_1 eine Temperatur T_1. Bei dieser Temperatur besitze eine Wasser*dampf*menge mit der Masse M die Entropie S_1. Während der Ausdehnung und Abkühlung wird der Bruchteil y der ganzen Menge in flüssiges Wasser (Nebeltropfen) verwandelt. Dabei vermindert sich die Masse der Dampfmenge auf $M\,(1-y)$, und sie behält bei der Temperatur T_2 die Entropie $(1-y)\,S_2$. Außerdem ist eine Wassermenge mit der Masse $M\,y$ gebildet worden. Sie hat bei der Temperatur T_2 die Entropie $y\,S_2'$. Gleichsetzen der Entropien vor und nach der Kondensation ergibt

$$S_1 = (1-y)\,S_2 + y\,S_2'.$$

Ferner gilt

$$\underset{\text{Dampf \quad Wasser}}{S_2 - S_2'} = \frac{r}{T_{\text{abs}\,(2)}}\,M. \qquad\qquad (432)\ \text{v. S. } 324$$

Die Zusammenfassung beider Gleichungen ergibt

$$y = \frac{S_2 - S_1}{M}\,\frac{T_{\text{abs}\,(2)}}{r}. \qquad\qquad (437)$$

Zahlenbeispiel für Wasserdampf:

$$p_1 = 0,2\ \frac{\text{Kilopond}}{\text{cm}^2};\qquad T_1 = \frac{59,8^\circ\ \text{C}}{333\ \ ^\circ\ \text{K}};\qquad \frac{S_1}{M} = 7,91\cdot10^3\ \frac{\text{Wattsec}}{\text{kg}\cdot\text{Grad}}.$$

$$p_2 = 0,02\ \frac{\text{Kilopond}}{\text{cm}^2};\qquad T_2 = \frac{17,1^\circ\ \text{C}}{290,3^\circ\ \text{K}};\qquad \frac{S_2}{M} = 8,71\cdot10^3\ \frac{\text{Wattsec}}{\text{kg}\cdot\text{Grad}}.$$

Die spezifische Verdampfungswärme des Wassers ist bei $T_2 = 17,1^\circ$ C

$$r = 2,45\cdot10^6\ \frac{\text{Wattsec}}{\text{kg}}.$$

Ergebnis:

$$y = 0,095;$$

d.h. $9,5\%$ der gesättigten Dampfmenge haben sich als Nebel abgeschieden.

§ 197. Das *JS*- oder MOLLIER-Diagramm nebst Anwendungen. Gasströmung mit Überschallgeschwindigkeit.

Bisher haben wir die Zustände von Stoffen nur im pV/M-Diagramm dargestellt. Als Ordinate wurde der Druck, als Abszisse das spezifische Volumen, also V/M, benutzt. Mit gleichem Recht kann man aber auch andere Zustandsgrößen paarweise anwenden.

Als eine aus den vielen Möglichkeiten bringen wir in Abb. 576 ein JS-Diagramm, und zwar für Luft. Die Ordinate gibt die spezifische Enthalpie, also J/M, die Abszisse die spezifische Entropie, also S/M. Die Werte der Ordinaten sind nach Gl. (312) von S. 265, die der Abszisse nach Gl. (434) von S. 325 berechnet. In beiden Fällen ist die Temperaturabhängigkeit der spezifischen Wärmen berücksichtigt worden.

In einem JS-Diagramm sind die Adiabaten *gerade* Linien und der Ordinatenachse parallel. Die Isothermen sind nur bei kleinen Drucken *gerade* Linien, und dann der Abszissenachse parallel. — Im pV/M-Diagramm waren Isobaren und Isochoren *gerade* Linien; im JS-Diagramm sind diese Linien gleichen Druckes und gleichen Volumens *gekrümmt*. Eingezeichnet sind in Abb. 576 nur einige Isobaren für Drucke zwischen 0,01 und 200 Kilopond/cm².

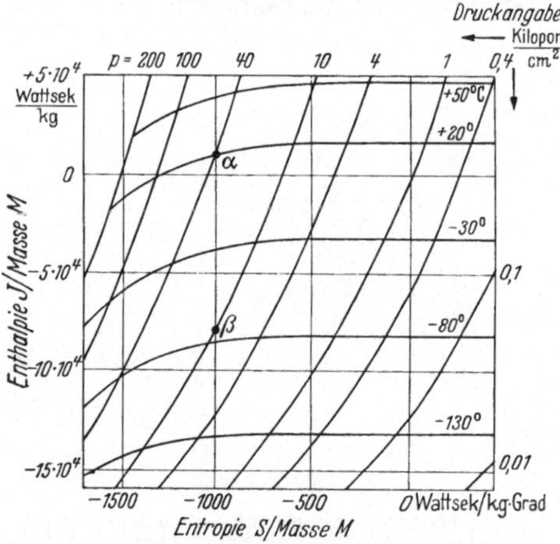

Abb. 576. Ausschnitt aus dem *JS*- oder MOLLIER-Diagramm der Luft. R. MOLLIER hat 1904 die Enthalpie als Ordinate von Zustandsdiagrammen eingeführt. Die Werte der Enthalpie und der Entropie sind auf technische Normalbedingungen bezogen, also auf 0° C und einen Luftdruck von 1 Kilopond/cm².

Das JS-Diagramm spielt bei adiabatischen Zustandsänderungen strömender Stoffe eine große Rolle. Es gibt die Möglichkeit, die mit der Zustandsänderung erreichbare technische Arbeit ohne Rechnung zu bestimmen. Man braucht nur eine Ordinatenziffer abzulesen. Wir bringen im folgenden ein physikalisch und technisch gleich bedeutsames Anwendungsbeispiel. Es betrifft die adiabatische Ausströmung eines Gases aus einem Behälter.

Als Beispiel wählen wir Luft. Die Luft soll in einem Kessel einen hohen, konstant gehaltenen Druck p_1 besitzen. Sie soll durch eine Öffnung, Düse genannt, ausströmen und in einen Raum von kleinerem Druck p_2 eindringen. Bei der Entspannung soll die Luft Beschleunigungsarbeit verrichten und sich selbst eine kinetische Energie erteilen. Wie hängt die dabei erzielte Geschwindigkeit u mit Anfangs- und Enddruck zusammen?

Bei einem adiabatischen Vorgang wird keine Energie thermisch mit der Umgebung ausgetauscht. Infolgedessen ist Q in der Gleichung des ersten Hauptsatzes gleich Null zu setzen. Es verbleibt für die Arbeit der strömenden Luft

$$J_1 - J_2 = A = \tfrac{1}{2} M u^2. \qquad (296) \text{ v. S. } 257$$

Die Enthalpiedifferenz $J_1 - J_2$ ist unmittelbar im JS-Diagramm der Luft (Abb. 576) abzulesen. Die Luft habe im Kessel den Druck $p_1 = 40$ at und die Temperatur $T = 20°$ C. Ihr Zustand wird in Abb. 576 durch den Punkt α dargestellt. Die adiabatische Entspannung möge bis zum Enddruck $p_2 = 10$ at führen. Dann ist der Endzustand der Luft in Abb. 576 durch den Punkt β dargestellt. Die Höhendifferenz zwischen α und β gibt die von der Entspannung erzeugte Abnahme der spezifischen Enthalpie. Es ist

$$\frac{J_1 - J_2}{M} = 9,6 \cdot 10^4 \, \frac{\text{Wattsec}}{\text{kg}}.$$

Einsetzen dieses Wertes in Gl. (296) liefert als End- oder Mündungsgeschwindigkeit $u = 438$ m/sec.

In entsprechender Weise sind Strömungsgeschwindigkeiten für andere Enddrucke p_2 in Abb. 577 dargestellt. Als konstanter Anfangsdruck wird in allen Fällen $p_1 = 40$ Kilopond/cm² benutzt. — Ergebnis: *Die Strömungsgeschwindigkeit kann erheblich größer werden als die Schallgeschwindigkeit c ($= 340$ m/sec bei Zimmertemperatur). Doch kommt man nicht über einen oberen Grenzwert u_{max} hinaus.* Im Beispiel, also für einen Anfangsdruck $p_1 = 40$ Kilopond/cm², ist die größte Mündungsgeschwindigkeit $u_{max} \approx 760$ m/sec. Dieser Höchstwert wird erreicht, wenn die Luft in ein *Vakuum* ausströmt.

Bei der Entspannung sinkt die Massendichte der Luft, also der Quotient $\varrho = M/V$. Das wird für unser Beispiel in Abb. 578 dargestellt. Die Werte sind nach Gl. (325) von S. 268 berechnet worden.

Die Masse M der ausströmenden Luftmenge ist der Flußzeit t, der Dichte ϱ, dem Stromquerschnitt F und der Geschwindigkeit u proportional. Sie wird durch das Produkt der vier Größen bestimmt, also

$$M = t \varrho F u. \qquad (439)$$

Den Quotienten

$$I = \frac{\text{Masse } M \text{ der ausströmenden Gasmenge}}{\text{Zeit } t} \qquad (440)$$

definieren wir hier als *Stromstärke* und erhalten

$$\frac{F}{I} = \frac{\text{Stromquerschnitt}}{\text{Stromstärke}} = \frac{1}{\varrho u}. \qquad (441)$$

Dieser Quotient ist für unser Beispiel in der Abb. 579 dargestellt. Wir wollen ihren Inhalt ausführlich erörtern und dabei die beiden anderen Schaubilder zu Hilfe nehmen. Dann finden wir folgendes:

In Abb. 577 entfernt sich die Kurve der Geschwindigkeit bis zu etwa 70 m/sec kaum von der Ordinatenachse. Daher entspricht den kleinen Geschwindigkeiten auf der Dichtekurve in Abb. 578 ein fester Punkt, nämlich der auf der Ordinatenachse: Die Dichte ϱ ist also bis zu etwa $^1/_5$ Schallgeschwindigkeit konstant (§ 87). Gase verhalten sich bei „kleinen" Geschwindigkeiten wie nichtzusammendrückbare Flüssigkeiten: Der Quotient $\dfrac{\text{Querschnitt } F}{\text{Stromstärke } I}$ sinkt in Abb. 579 mit wachsenden Werten von u. — Ganz anders aber bei großen Geschwindigkeiten: Jetzt sinkt die Dichte ϱ rasch mit wachsender Geschwindigkeit. Infolgedessen wird in Gl. (441) die Zunahme von u durch eine Abnahme von ϱ ausgeglichen, der Quotient F/I wird vorübergehend konstant (in Abb. 579). Später übertrifft sogar die Abnahme von ϱ die Zunahme von u, der Quotient F/I steigt wieder an. Im Minimum ist die Strömungsgeschwindigkeit gleich der *Schallgeschwindigkeit*

$$c = \sqrt{\varkappa R T_{\text{abs}}} . \qquad (338) \text{ v. S. } 270$$

(Das Minimum von F/I wird erreicht, wenn

$$p_2/p_1 = [2/(\varkappa + 1)]^{\varkappa/(\varkappa - 1)}$$

geworden ist; für Luft also beim Außendruck $p_2 = 0{,}53 p_1$. T_{abs} = Temperatur des adiabatisch entspannten Gases im engsten Querschnitt.)

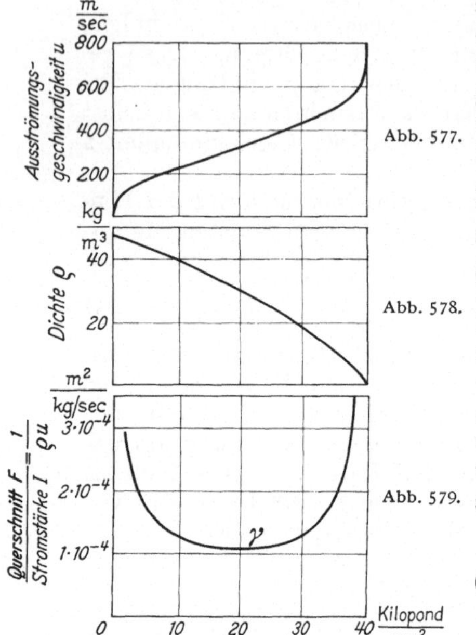

Abb. 577 bis 579. Zum Ausströmen eines Gases aus einer Düse. Alle drei Kurven gelten für einen Anfangsdruck $p_1 = 40$ Kilopond/cm².

Das läßt sich allgemein herleiten, ist aber auch qualitativ zu übersehen: ist durch eine hinreichende Verminderung des äußeren Druckes p_2 im engsten Stromquerschnitt die Schallgeschwindigkeit erreicht, so kann eine weitere, „stromabwärts" erfolgende Drucksenkung sich nicht mehr auswirken. Sie kann ja nur mit Schallgeschwindigkeit fortschreiten, vermag also nicht dem Strome entgegen in den engsten Querschnitt einzudringen.

Bei Anwendung einer einfachen Düse (Abb. 580) fällt der kleinste Stromquerschnitt mit der Mündung zusammen. *Folglich kann in der Mündung einer einfachen Düse die Geschwindigkeit höchstens gleich der Schallgeschwindigkeit* werden. Soll die Mündungsgeschwindigkeit die Schallgeschwindigkeit übersteigen, so muß man die Düse hinter ihrer engsten Stelle kegelförmig *erweitern* (Abb. 581). Man muß den Düsenquerschnitt an jeder Stelle dem von der Stromstärke I beanspruchten Querschnitt F anpassen. Dann kann das Gas aus der Mündung der Düse mit der vollen, nach dem JS-Diagramm möglichen Geschwindigkeit austreten. *Im engsten Teil der Düse bleibt die Geschwindigkeit*

Abb. 580. Beispiel einer einfachen, für die Herstellung von Überschallgeschwindigkeit unbrauchbaren Düse.

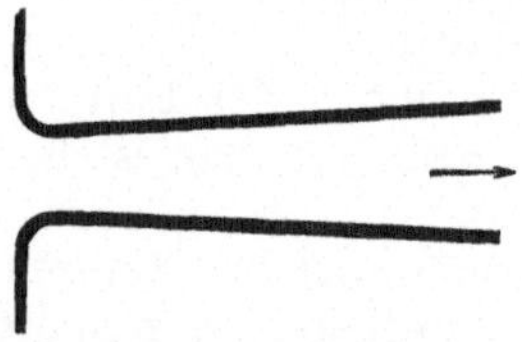

Abb. 581. LAVAL-Düse zur Erzeugung von Überschallgeschwindigkeit in ausströmenden Gasen und Dämpfen (C. G. P. DE LAVAL, 1845—1913, Schweden).

nach wie vor die Schallgeschwindigkeit; daher bleibt auch die Stromstärke I dieselbe wie zuvor ohne die kegelförmige Erweiterung.

§ 197 a. Verdichtungsstöße. Bei den Oberflächenwellen auf Wasser wurden Keilwellen, in freier Luft Kegelwellen behandelt, wie sie z.B. vom Bug eines Geschosses ausgehen (Abb. 472). Keil- und Kegelwellen entstehen, wenn sich Körper unperiodisch mit einer Geschwindigkeit bewegen, die die der Wellen übertrifft.

Auf der Wasseroberfläche entsteht vor dem bewegten Körper ein „Schwall"; er setzt sich nach hinten als Keilwelle mit abnehmender Höhe fort. — In Luft erzeugt ein mit Überschallgeschwindigkeit bewegter Körper vor sich einen „*Verdichtungsstoß*"; er setzt sich nach hinten als Kegelwelle mit abnehmendem Druck fort. — In der Abb. 582 habe Luft von Zimmertemperatur ($\approx 300°$ K) gegen eine Kugel eine Relativgeschwindigkeit von rund 1000 m/sec, also rund dem dreifachen der Schallgeschwindigkeit und rund dem doppelten der mittleren Geschwindigkeit der Moleküle. Dieser Geschwindigkeit entspricht nach Gl. (348) eine Temperatur von $2^2 \cdot 300°\,\mathrm{K} \approx 1200°\,\mathrm{K}$. Diese Vergrößerung der Temperatur und daher auch des Druckes ist auf eine ganz dünne Schicht begrenzt; ihre Dicke hat die Größenordnung der freien Weglänge der Luftmoleküle. Dieser Bereich wird *Verdichtungsstoß* genannt.

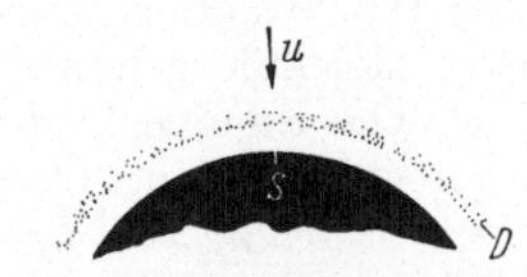

Abb. 582. Rohes Schema zur Entstehung eines Verdichtungsstoßes (punktierter Bereich, Dicke D nur in der Größenordnung der freien Weglänge der Moleküle). Die der Kugeloberfläche unmittelbar anliegende Luftschicht ruht (S = Staupunkt). An dieser ruhenden, an der Kugel wie eine Haut haftenden Luftschicht erfolgt die Reflexion der anprallenden Moleküle, die deren Geschwindigkeit und Temperatur auf ein Mehrfaches erhöht.

Für Meteore ist $u \approx 10$ km/sec. Dem entspricht eine Vergrößerung der Temperatur auf über 10^5 °K. Sie führt zum oberflächlichen Schmelzen und Aufglühen der Meteore.

Sowohl „Schwalle" wie „Verdichtungsstöße" lassen sich bequem ortsfest beobachten, z.B. an einem Hindernis in einem Wasser-Rinnsal oder an Rauhigkeiten in einer Lavaldüse. In Schlierenbildern sieht man die geradlinigen, von den Rauhigkeiten ausgehenden, ortsfesten Keilwellen, meist mit mehrfachen Reflexionen zwischen den Wänden der Düse.

XIX. Umwandlung von innerer Energie in Arbeit.

§ 198. Fragestellung und Disposition. Stoffmengen sind Riesenverbände zahlloser, Moleküle genannter, Individuen. Sie können *als Ganzes* potentielle und kinetische Energie besitzen und als „Arbeitsstoffe" diese Energien in nutzbare Arbeit verwandeln. Das zeigen die mannigfachen als Motore benutzten *mechanischen Strömungsmaschinen* (§ 98). Ihr Nutzeffekt kann im idealen Grenzfall 100% betragen, ohne daß die Beschaffenheit des Arbeitsstoffes eine bleibende Änderung erfährt[1].

Diese Verbände enthalten aber auch eine *innere Energie*. Sie befindet sich in winzigen, ungeordnet oder statistisch wechselnden Anteilen verzettelt im Besitz der einzelnen Moleküle; ihr kinetischer Anteil bestimmt die Temperatur der Stoffmenge.

Auch innere Energie kann in nutzbare Arbeit umgewandelt werden. Man kann die Individuen dahin bringen, Beiträge zu einer gemeinsam zu verrichtenden Arbeit zu leisten. Welche Verfahren dafür geeignet sind und welche Faktoren ihren Nutzeffekt bestimmen, konnte nur der experimentellen Erfahrung entnommen werden. Dabei sind zwei verschiedene Verfahren gefunden worden:

Das erste setzt die Existenz einer *Temperaturdifferenz* zwischen zwei Körpern (Behältern) voraus. Der Stoff, der die Arbeit verrichtet, kurz *Arbeitsstoff* genannt, kann dabei einen *Kreisprozeß* durchlaufen: Der Arbeitsstoff kann jeden neuen Umlauf in gleichem Zustand oder gleicher Beschaffenheit beginnen[2]. Dies auf Temperaturdifferenzen beruhende Verfahren wird von allen „*Wärmekraftmaschinen*" genannten Motoren angewandt. Eine Wärmekraftmaschine kommt zum Stillstand, wenn der *Betriebs*stoff erschöpft ist, von dem die Temperaturdifferenz aufrechterhalten wird.

Das zweite Verfahren erlaubt es, Arbeit ohne Temperaturdifferenzen, also auf *isothermem* Wege zu erzeugen. Dies Verfahren muß stets mit einer *bleibenden* Veränderung des Arbeitsstoffes verbunden sein. Eine isotherm arbeitende Maschine kommt zum Stillstand, wenn die Änderung des *Arbeits*stoffes ganz durchgeführt ist.

Erster Teil.

Wärmekraftmaschinen und Wärmepumpen.

§ 199. Die ideale Wärmekraftmaschine. Alle Wärmekraftmaschinen besitzen periodisch bewegte Teile und vermitteln mit einem strömenden Arbeitsstoff den Übergang thermisch aufgenommener Energie von einem heißen zu einem kalten Körper.

Ohne die Zwischenschaltung einer Maschine gleichen sich Temperaturdifferenzen nur *thermisch* aus, d. h. durch Leitung und durch Strahlung. Diese beiden Vorgänge sind irreversibel, bei beiden Vorgängen wird also Arbeit vergeudet, d. h. eine Gelegenheit, nutzbare Arbeit zu gewinnen, verpaßt (§ 191).

---

[1] Beispiel: Das Wasser verläßt eine Turbine in der gleichen Beschaffenheit, die es im hochgelegenen Stausee hatte.

[2] Beispiel: Wasser wird dem Dampfkessel (dem heißen Behälter) durch die Speisepumpe zugeführt. In Dampf verwandelt strömt es durch die Maschine zum Kondensator. In diesem kalten Behälter wird es in Wasser zurückverwandelt und dann wieder der Speisepumpe zugeführt. Und so fort in ständiger Wiederholung.

Hingegen erhält man den idealen Höchstwert der gewinnbaren Arbeit, wenn man alle irreversiblen Vorgänge wie z. B. Reibung, Wärmeleitung und -strahlung ausscheidet und statt dessen den Temperaturausgleich mit Hilfe einer „Wärmekraftmaschine" *reversibel* leitet, d. h. alle Vorgänge quasistatisch ablaufen läßt.

Ein Arbeitsstoff entnimmt einem heißen Behälter mit der großen Temperatur $T_{abs(1)}$ in isothermer und reversibler Weise thermisch die Energie $Q_{rev(1)}$. Nachdem er den kalten Behälter mit der kleinen Temperatur $T_{abs(2)}$ erreicht hat, gibt er an diese, wieder in isothermer und reversibler Weise, thermisch die kleinere Energie $Q_{rev(2)}$ ab. Dann kann die Differenz $Q = Q_{rev(1)} - Q_{rev(2)}$ restlos in Arbeit A verwandelt werden, wenn auch alle übrigen Teilvorgänge in der Maschine reversibel verlaufen. In diesem Fall ist nach S. 320 die Summe aller Entropieänderungen Null, d. h.

$$\frac{Q_{rev(1)}}{T_{abs(1)}} = \frac{Q_{rev(2)}}{T_{abs(2)}} \, . \tag{424}$$

Das Verhältnis

$$\frac{A}{Q_{rev(1)}} = \frac{Q_{rev(1)} - Q_{rev(2)}}{Q_{rev(1)}} = \eta_{ideal} \tag{442}$$

definiert den *thermischen Nutzeffekt* einer idealen Wärmekraftmaschine. Die Zusammenfassung der Gl. (424) und (442) ergibt die CARNOTsche Gleichung

$$\boxed{\eta_{ideal} = \frac{A}{Q_{rev(1)}} = \frac{T_1 - T_2}{T_{abs(1)}}} \tag{443}$$

Der größte theoretisch mögliche Nutzeffekt η einer *Wärmekraftmaschine* ist demnach von allen Einzelheiten ihrer Bauart und ihrer Wirkungsweise unabhängig. Wesentlich ist nur die Ausschaltung aller irreversiblen Vorgänge und maßgebend allein die Größe der großen Temperatur, bei der die Energie $Q_{rev(1)}$ thermisch quasistatisch aufgenommen wird und der kleinen Temperatur, bei der die Energie $Q_{rev(2)} = (Q_{rev(1)} = A)$ thermisch quasistatisch abgegeben wird.

Die CARNOTsche Gl. (443) *begrenzt* also für Wärmekraftmaschinen den Nutzeffekt η, den man bei der Umwandlung innerer Energie in Arbeit erhalten kann; sie begrenzt ihn selbst dann, wenn alle Vorgänge reversibel ablaufen. Sie macht selbstverständlich den Nutzeffekt $\eta = 0$, wenn mit $T_1 = T_2$ die Voraussetzung des ganzen Verfahrens, nämlich die Existenz einer Temperaturdifferenz zwischen zwei Körpern (z. B. zwischen Kessel und Kondensator) nicht mehr gegeben ist.

§ 200. CARNOTscher Kreisprozeß und Heißluftmotor. Die Überlegungen des § 199 stehen und fallen mit der Möglichkeit, daß ein Arbeitsstoff bei großer Temperatur thermisch eine Energie $Q_{rev(1)}$ reversibel aufnehmen und bei der kleinen Temperatur thermisch eine kleinere Energie $Q_{rev(2)}$ reversibel abgeben kann.

Die grundsätzliche Möglichkeit eines solchen reversiblen Ablaufes aller Teilvorgänge zeigt man mit dem „Carnotschen Kreisprozeß". Dieser benutzt als Arbeitsstoff ein in einen Zylinder eingesperrtes Gas, wie es in Abb. 568 dargestellt ist. Dieser Zylinder wird zunächst mit einem heißen Behälter ($T_{abs(1)}$) in thermischen Kontakt gebracht; das Gas dehnt sich isotherm und quasistatisch aus, indem es dem heißen Behälter die Energie $Q_{rev(1)}$ thermisch reversibel entzieht und damit Hubarbeit verrichtet. Es folgt eine thermische Isolierung des Zylinders und eine adiabatische Ausdehnung, bis die Temperatur $T_{abs(2)}$ eines kalten Behälters erreicht ist. Bei diesen beiden Ausdehnungsvorgängen verrichtet das Gas insgesamt die Arbeit A_1.

Im dritten Schritt wird der Wärmekontakt mit dem kalten Behälter hergestellt; das Gas wird isotherm und quasistatisch komprimiert, und die Energie $Q_{rev(2)}$ thermisch reversibel an den kalten Behälter abgegeben. Im vierten Schritt wird der Zylinder wieder thermisch isoliert und das Gas adiabatisch komprimiert, bis es wieder die Temperatur T_1 erreicht hat. Dann ist der Ausgangszustand wiederhergestellt. Bei diesen beiden Kompressionen muß dem Gas insgesamt die Arbeit A_2 zugeführt werden. Die Differenz $Q_{rev(1)} - Q_{rev(2)} = A_1 - A_2$ ist

die gewonnene Arbeit. Bei jedem Wechsel zwischen isothermer und adiabatischer Volumenänderung muß die in Abb. 568 dargestellte variable Hebelübersetzung ausgewechselt werden.

*Der entscheidende Punkt im Carnotschen Kreisprozeß ist, daß die Temperatur
des Arbeitsstoffes jeweils gleich der des Behälters gemacht wird, mit dem er in Berührung gebracht werden soll.* Diese Forderung läßt sich mit einem anderen im Heißluftmotor verwirklichten Kreisprozeß erfüllen; er beruht, wie wir gleich erläutern
werden, auf der Anwendung eines „*Regenerators*". — Mit dem Heißluftmotor
kann man auch eine wichtige Aussage der Gl. (443) experimentell vorführen.

§ 201. **Der Heißluftmotor** wurde früher im Kleingewerbe und als Spielzeug
benutzt. Neuerdings ist er auch für technische Zwecke einwandfrei durchkon-
struiert worden. Wie im CARNOTschen Kreisprozeß wird auch im Heißluftmotor
ein periodisch hin- und herbewegter Arbeitsstoff benutzt, um den Übergang
innerer Energie aus einer heißen in eine kalte Stoffmenge zu vermitteln, die sich
in getrennten Behältern befinden. In der halbschematischen Abb. 584 umfassen
diese Behälter mit den Temperaturen $T_{abs(1)}$ und $T_{abs(2)}$ die linke und die rechte
Hälfte eines Zylinders. Im Zylinder befindet sich außer dem Kolben eine Trommel V; sie ist in der Längsrichtung mit Kanälen versehen. Diese Trommel wird
von der Kurbelwelle mit Hilfe eines nicht gezeichneten Gestänges im Zylinder
hin und her geschoben, und zwar mit einer Phasenverschiebung von etwa 90°
gegen den Kolben. Dabei erfüllt die Trommel eine doppelte Aufgabe. Erstens
wirkt sie als *Verdränger*: Sie schafft eine Menge des Arbeitsstoffes (meist Luft)
abwechselnd zum heißen und zum kalten Wärmebehälter. Zweitens wirkt sie als
„*Regenerator*". Das soll heißen: Während der Verdrängung muß die Luft durch
ihre Kanäle hindurchströmen; dabei entzieht die Trommel der nach rechts strö-

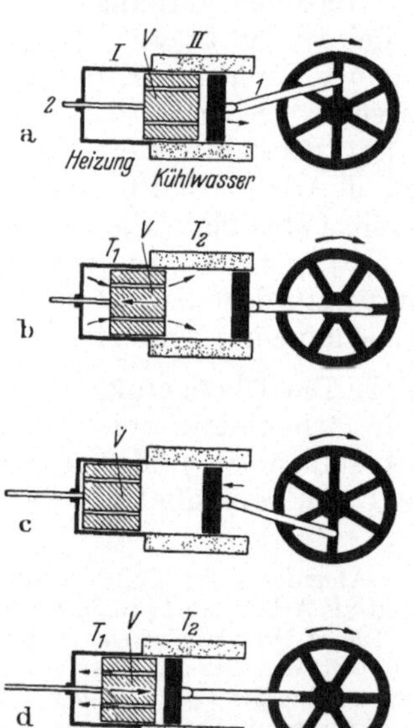

Abb. 584. Zur Wirkungsweise eines
Heißluftmotors. Bei a und c befindet
sich der Verdränger, bei b und d der
Kolben in einer Umkehr-Ruhestellung.

menden Luft thermisch Energie (Teilbild b) und
gibt der nach links strömenden thermisch Energie
zurück (Teilbild d). Die Wirkungsweise dieser
Wärmekraftmaschine wird in den vier Teilbildern
erläutert. Bei a hat sich die Luft unter thermischer
Energieaufnahme bei großer Temperatur T_1 isotherm ausgedehnt und dabei den Kolben nach rechts
bewegt. Bei b schafft der Verdränger die Luft zum
kalten Behälter hinüber. Unterwegs wird sie in den
Kanälen auf T_2 abgekühlt. Bei c wird der Kolben
vom Schwungrad nach links geschoben und die
Luft unter thermischer Abgabe bei der kleinen
Temperatur T_2 isotherm zusammengedrückt. Bei
d schafft der Verdränger die verdichtete Luft in
den heißen Behälter zurück. Unterwegs wird sie in
den Kanälen auf T_1 angewärmt. Hinterher kann
ein neuer Zyklus beginnen: Die verdichtete Luft
nimmt wieder bei großer Temperatur Wärme auf;
dabei dehnt sie sich isotherm aus und drückt den
Kolben nach rechts. Nach einer Vierteldrehung ist
wieder der Zustand a erreicht.

Im idealisierten Grenzfall muß die von der
Maschine mit diesem Kreisprozeß verrichtete Arbeit

$$A = Q_{rev(1)} \frac{T_1 - T_2}{T_{abs(1)}} \qquad (443) \text{ v. S. 331}$$

sein. Dabei bedeutet Q_1 die bei der großen Temperatur unter Ausdehnung aufgenommene Wärme. Die Aufnahme erfolgt im idealisierten Grenzfall isotherm.

Dann ist

$$Q_{\mathrm{rev\,(1)}} = M\,R\,T_{\mathrm{abs\,(1)}} \ln \frac{V_2}{V_1} \left.\right\} \quad (317)\ \mathrm{v.\,S.}\,266$$
$$= M\,R\,T_{\mathrm{abs\,(1)}} \ln \frac{p_1}{p_2}$$

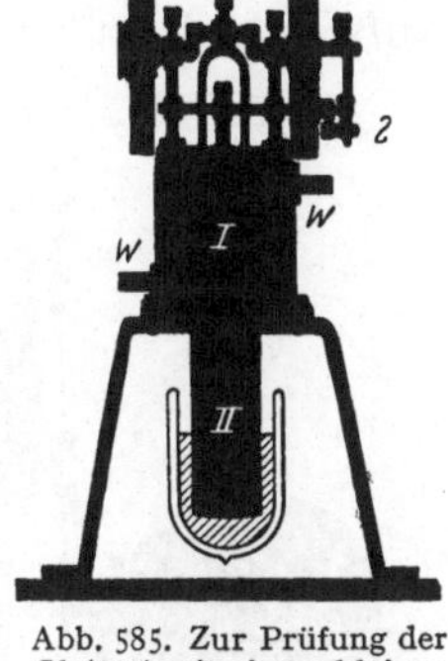

($M =$ Masse der Luftmenge, p_1 und $p_2 =$ Druck vor und nach der isothermen Ausdehnung).

Die Zusammenfassung von (317) und (443) ergibt

$$A = M\,R \ln \frac{p_1}{p_2}\,(T_1 - T_2)$$

oder

$$A = \mathrm{const}\,(T_1 - T_2). \tag{444}$$

Abb. 585. Zur Prüfung der Gl. (444) mit einem kleinen Heißluftmotor. Die Kurbel *2* bewegt den in Abb. 584 skizzierten Verdränger *V*. Die Rohrstutzen *W* dienen zur Zu- und Ableitung des Wassers von Zimmertemperatur. Die untere Zylinderhälfte wird in diesem Fall mit flüssiger Luft gekühlt, sie ist daher als die kältere mit *II* bezeichnet.

In Worten: Die vom Heißluftmotor verrichtete Arbeit wird nur von der Temperaturdifferenz $T_1 - T_2$ bestimmt. Diese Behauptung läßt sich leicht in einem Schauversuch bestätigen. Die Abb. 585 zeigt einen kleinen Heißluftmotor im Schattenriß. Die obere Zylinderhälfte wird mit Wasser von $+20°$ C umspült, die untere wird abwechselnd in ein Glyzerinbad von $+220°$ C und in flüssige Luft von $-180°$ C getaucht. In beiden Fällen ist die Temperaturdifferenz die gleiche, nämlich 200 Grad: Tatsächlich läuft die Maschine in beiden Fällen mit der gleichen Drehfrequenz, sie verrichtet also je Zeiteinheit die gleiche (hier nur zur Überwindung der Lagerreibung verbrauchte) Arbeit.

Eine moderne, vorzüglich durchkonstruierte Maschine benutzt einen feststehenden Regenerator. Er verbindet zwei Zylinder, in denen sich Kolben mit einer passenden Phasenverschiebung bewegen.

§ 202. Wärmepumpe (Kältemaschine).

In Abb. 585 benutzten wir einen Heißluftmotor als übersichtliche Wärmekraftmaschine. Oben befand sich der warme, unten der kalte Behälter. An Hand dieses speziellen Versuches können wir ein allgemeines, für jede Wärmekraftmaschine gültiges Schema aufstellen (Abb. 586). Es idealisiert den Grenzfall völliger Reversibilität. — Ein Arbeitsstoff bewegt sich in periodischer Folge zwischen zwei Behältern *I* und *II* von verschiedener Temperatur. Dabei vermittelt er den Übergang von Energie vom wärmeren Behälter *I* zum kälteren Behälter *II*. Der Arbeitsstoff nimmt bei der großen Temperatur T_1 thermisch eine Energie $Q_{\mathrm{rev\,(1)}}$ auf[1]. Bei der kleineren Temperatur T_2 liefert er eine kleinere Energie $Q_{\mathrm{rev\,(2)}}$ thermisch ab. Die Differenz $Q_{\mathrm{rev\,(1)}} - Q_{\mathrm{rev\,(2)}}$ wird als nutzbare Arbeit A abgegeben; im Schema wird sie als potentielle Energie einer gehobenen Last gespeichert. Der Vorgang findet sein Ende, wenn der Energietransport die Temperaturdifferenz ausgeglichen, also $T_1 = T_2$ gemacht hat.

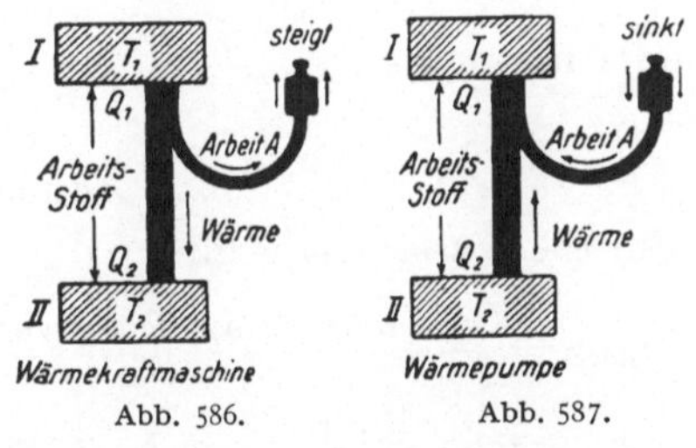

Abb. 586 und 587. Die Wärmepumpe (Kältemaschine) als Umkehr der Wärmekraftmaschine.

Läßt sich der Temperaturausgleich zwischen den Körpern *I* und *II* wieder rückgängig machen, kann man *I* auf Kosten von *II* erwärmen? Selbstverständ-

---

[1] Für die Praxis ist die genannte Arbeit A natürlich als der theoretisch denkbare Mindestwert zu betrachten, weil die praktisch ausführbaren Maschinen im Gegensatz zum idealisierten Schema nur unvollkommen reversibel arbeiten.

lich! Man muß lediglich die von der Maschine zuvor gelieferte Arbeit A wieder aufwenden[1] und die Maschine rückwärts laufen lassen. Dabei wirkt sie nicht mehr als *Wärmekraftmaschine,* sondern als *Wärmepumpe.*

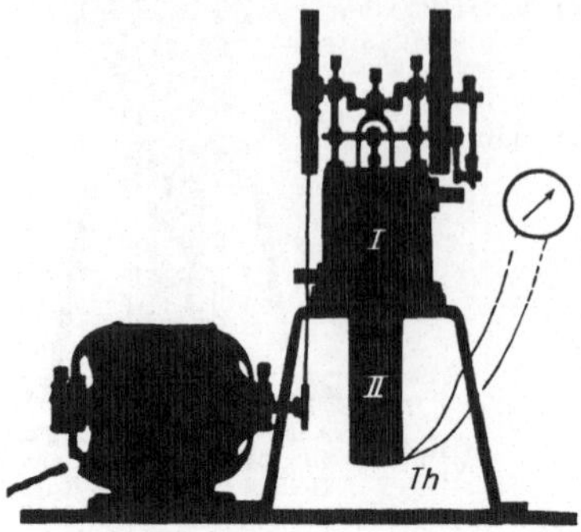

Das zeigen wir zunächst experimentell. In Abb. 588 wird unsere kleine Heißluftmaschine durch einen Elektromotor angetrieben: Dabei wird die untere Zylinderhälfte II abgekühlt, die obere entsprechend erwärmt. Nach kurzer Zeit ist bereits eine Temperaturdifferenz $T_1 - T_2 = 10°$ hergestellt; es ist unter Arbeitsaufwand Wärme aus II nach I ,,heraufgepumpt" worden.

Dieser Versuch führt zugleich zum idealisierten Schema aller Wärme*pumpen* (Abb. 587). Man vergleiche es mit dem danebenstehenden Schema aller *Wärmekraftmaschinen,* es bedarf dann keiner weiteren Erläuterung.

Abb. 588. Ein kleiner Heißluftmotor als Wärmepumpe (Kältemaschine) benutzt.

Meist werden Wärmepumpen unter dem Namen ,,*Kältemaschinen*" angewandt. Als Kältemaschinen sollen sie einen abgegrenzten Raum II, z. B. einen Kühlschrank im Haushalt, gegenüber seiner Umgebung I, z. B. Zimmerluft, abkühlen. Als Wärmepumpen im engeren Sinne sollen sie einen abgegrenzten Raum I, z. B. ein Wohnzimmer, gegenüber seiner Umgebung II, z. B. der freien Atmosphäre, erwärmen. Je nach der Verwendungsart ist der Wirkungsgrad zu definieren. Wir tun es wieder für *den idealisierten Grenzfall* völliger Reversibilität. Dann erreicht die erforderliche Arbeit ihren kleinsten Wert. Es gilt für die *Kältemaschine*

$$\eta_{\text{ideal}} = \frac{\text{bei kleiner Temp. } T_{\text{abs}(2)} \text{ von der Maschine thermisch aufgenomm. Energie } Q_{\text{rev}(2)}}{\text{erforderliche Arbeit } A}$$

$$= \frac{Q_{\text{rev}(2)}}{Q_{\text{rev}(1)} - Q_{\text{rev}(2)}}$$

oder mit
$$\frac{Q_{\text{rev}(1)}}{Q_{\text{rev}(2)}} = \left(\frac{T_1}{T_2}\right)_{\text{abs}}, \qquad (424) \text{ v. S. } 331$$

$$\eta_{\text{ideal}} = \frac{Q_{\text{rev}(2)}}{A} = \frac{T_{\text{abs}(2)}}{T_1 - T_2} \qquad (446)$$

Für die *Wärmepumpe* gilt

$$\eta_{\text{ideal}} = \frac{\text{bei großer Temp. } T_{\text{abs}(1)} \text{ von der Maschine thermisch abgegebene Energie } Q_{\text{rev}(1)}}{\text{erforderliche Arbeit } A}$$

$$= \frac{Q_{\text{rev}(1)}}{Q_{\text{rev}(1)} - Q_{\text{rev}(2)}}$$

oder mit (424)
$$\eta_{\text{ideal}} = \frac{Q_{\text{rev}(1)}}{A} = \frac{T_{\text{abs}(1)}}{T_1 - T_2} \qquad (447)$$

Technische Einzelheiten führen zu weit. Wir müssen uns mit ein paar Hinweisen begnügen:

1. Aus Gl. (446) folgt die *Grundregel* jeder Kältetechnik: Um einen Körper auf die kleine Temperatur T_2 abzukühlen, soll der Arbeitsstoff Energie thermisch nie bei einer *unter* T_2 gelegenen Temperatur aufnehmen. Je kleiner T_2, desto kleiner der Wirkungsgrad nach Gl. (446). Kurz: Man soll Sekt nicht mit flüssiger Luft kühlen.

---

[1] Vgl. Fußnote S. 333.

2. Gase sind als Arbeitsstoffe für Kältemaschine und Wärmepumpe wenig geeignet. Man kann in Gl. (317) das Volumen von Gasen praktisch nicht ohne Temperaturänderungen, also nicht isotherm ändern; der thermische Energieaustausch mit der Umgebung erfolgt zu *langsam*. Deswegen benutzt man Dämpfe (NH_3 oder CO_2) an Stelle von Gasen. Ihr Volumen läßt sich beim Verdampfen und Verflüssigen leicht isotherm verändern.

3. Ein Zahlenbeispiel zu Gl. (447). Es soll ein Wohnhaus mit einer Wärmepumpe geheizt werden. Die von der Maschine aufgenommene Wärme soll der Außenluft entnommen werden. Bei der Außentemperatur von 0° C soll eine Innentemperatur von 20° C aufrechterhalten werden. Also $T_{abs\,(1)} = 293°$, $T_{abs\,(2)} = 273°$. Dann ergibt Gl. (447) *für den idealisierten Grenzfall* völliger Reversibilität

$$\eta_{ideal} = \frac{Q_{rev\,(1)}}{A} = \frac{293}{293-273} = \frac{293}{20} = 14{,}7!$$

Heute erwärmen wir unsere Wohnräume mit elektrischen Heizkörpern. Das ist äußerst bequem, aber unrentabel. Physikalisch einwandfreier wäre ein anderes Verfahren: Man sollte die elektrische Energie benutzen, um innere Energie von draußen in sein Haus „*hereinzupumpen*". Dazu würde in unserem Beispiel rund 7% der sonst erforderlichen elektrischen Leistung genügen! Das heißt, wir würden mit dem Aufwand einer Kilowattstunde rund 14 Kilowattstunden in unser Wohnzimmer hereinschaffen können! Leider sind Wärmepumpen umfangreich und kostspielig. Darum werden sie heute erst selten ausgeführt, aber ihre weitere Einbürgerung ist zur Schonung unserer Energievorräte dringend zu wünschen.

§ 203. Die thermodynamische Definition der Temperatur. Die CARNOTsche Gleichung (443) v. S. 331 enthält keinerlei Stoffkonstanten. Also kann man mit ihrer Hilfe ein Meßverfahren der Temperatur definieren, das von allen stofflichen Eigenschaften unabhängig ist. Man hat nur die eine der beiden Temperaturen T_1 oder T_2 mit einem willkürlichen Zahlwert festzulegen, z. B. T_2. Dann ist die andere durch den thermischen Wirkungsgrad einer völlig reversibel arbeitenden Maschine eindeutig bestimmt. Man braucht im Prinzip nur den Wirkungsgrad einer solchen Maschine zu messen, um die unbekannte Temperatur T_1 zu erhalten[1]. Das hat als erster WILLIAM THOMSON, der spätere LORD KELVIN (1824—1907), erkannt. Deswegen wird die gebräuchlichste der absoluten, also von negativen Werten freien, Temperaturskalen nach KELVIN benannt (§ 153). Praktisch ist sie mit der durch gute Gasthermometer definierten Temperatur identisch, weil man von der Zustandsgleichung idealer Gase zum CARNOTschen Kreisprozeß gelangt.

Zweiter Teil.

Isotherme Umwandlung von innerer Energie in Arbeit.

§ 204. Druckluftmotor. Freie und gebundene Energie. Bisher haben wir die Umwandlung von innerer Energie in Arbeit behandelt, die an die Ausnutzung einer *Temperaturdifferenz* gebunden ist und in den Wärmekraftmaschinen erfolgt. Man kann jedoch, wie schon in dem einleitenden § 198 betont, innere Energie auch ohne Temperaturdifferenz, also auf *isothermem* Wege, in Arbeit verwandeln. Als übersichtliches Beispiel ist der isotherm arbeitende Druckluftmotor zu nennen.

---

[1] Statt für *einen* der beiden Temperaturpunkte kann man auch für die *Differenz* zweier Temperaturpunkte, also $(T_1 - T_2)$, einen willkürlichen Wert vereinbaren (vgl. § 153).

Wir wiederholen aus § 159:

Der isotherm arbeitende Druckluftmotor ist eine Maschine, die ihr aus der Umgebung *thermisch* zugeführte Energie in Arbeit verwandelt; der Nutzeffekt ist im idealen Grenzfall = 100%. Die Umwandlung erfolgt unter Entspannung der Druckluft.

Jetzt fügen wir als neu hinzu: Die Entspannung vergrößert die Entropie der Druckluft (vgl. § 194, IV). Der Entropiezuwachs ist

$$\Delta S = Q_{rev}/T_{abs} \quad \text{und somit} \quad Q_{rev} = \Delta S \cdot T_{abs}. \qquad (423) \text{ v. S. } 320$$

In dieser Zunahme der Entropie besteht die bleibende und folgenschwere Veränderung, die der Arbeitsstoff (Druckluft) bei der isothermen Verrichtung von Arbeit erfahren hat. Wie sich diese bleibende Veränderung auswirkt, zeigen wir jetzt allgemein, also nicht nur für die Entspannung von Druckluft.

Der erste Hauptsatz

$$Q \quad = \quad A \quad + \quad \Delta U$$

thermisch zugeführte Energie	nach außen als Arbeit abgeführte Energie	Zunahme der inneren Energie

$$\left. \right\} \qquad (289) \text{ v. S. } 255$$

läßt ganz offen, wie sich die thermisch zugeführte Energie auf die beiden rechts stehenden Posten verteilt. Das wird erst durch den II. Hauptsatz bestimmt. — Setzt man gemäß Gl. (423) in Gl. (289)

$$Q = Q_{rev} = \Delta S \cdot T_{abs},$$

so erhält man

$$A = \Delta S \cdot T_{abs} - \Delta U \qquad (448)$$

oder für isotherme, bei konstanter Temperatur ablaufende Vorgänge

$$A_{isoth} = - \Delta (U - S \cdot T_{abs}). \qquad (449)$$

Die Klammer enthält nur Zustandsgrößen. Folglich ist auch ihr Inhalt eine Zustandsgröße. Sie wird *freie Energie F* genannt[1], also

$$F = U - S \cdot T_{abs}. \qquad (450)$$

Die freie Energie ist kleiner als die innere, die Differenz

$$U - F = S \cdot T_{abs} \qquad (451)$$

heißt *gebundene Energie.*

$$A_{isoth} = - \Delta F \qquad (452)$$

ist die maximale Arbeit, die bei einem isotherm reversibel ablaufenden Vorgang abgeführt werden kann[2].

Die gebundene Energie $S \cdot T_{abs}$ wird nicht etwa vergeudet, sondern nur so festgelegt, daß sie nicht mehr für die Verrichtung weiterer Arbeit verfügbar ist[3].

§ 205. Helmholtzsche Gleichung. Meistens hängt die maximale Arbeit A_{isoth}, die man mit einem isothermen Vorgang erhalten kann, von der Temperatur

---

[1] Meßbar sind nur ΔU, ΔS, ΔF usw. Findet man numerische Werte für U, S, F usw., so gelten sie stets nur für eine Bezugstemperatur, die, wie z. B. in Tabelle 14 auf S. 324 angegeben werden muß.

[2] Maximal, weil in Gl. (423) nur reversible Vorgänge vorausgesetzt waren.

[3] Man kann die innere Energie einer Stoffmenge mit dem Vermögen eines Unternehmens vergleichen; die freie Energie mit seinem „liquiden", die gebundene mit seinem „illiquiden" (z. B. in den Anlagen steckenden) Anteil.

ab, bei der der Vorgang abläuft. Der „Temperaturkoeffizient der Arbeitsfähigkeit" $dA_{\text{isoth}}/dT = \Delta S$ ist schon aus § 193 bekannt. Setzt man ihn in die Gl. (448), so erhält man die nach Helmholtz benannte Gleichung für die maximale isotherm erzielbare Arbeit

$$\boxed{A_{\text{isoth}} = T_{\text{abs}} \frac{dA_{\text{isoth}}}{dT} - \Delta U} \tag{453}$$

Anwendungs-Beispiel:

Es soll die Erzeugung von Arbeit durch eine chemische Stromquelle, ein sogenanntes Element, behandelt werden. Diese Arbeit erscheint als Produkt der Spannung P (Volt) und der Ladung q (Amperesekunden) der am chemischen Umsatz beteiligten Atome. Es gilt

$$A_{\text{isoth}} = Pq. \tag{456}$$

Jetzt sind drei Fälle zu unterscheiden.

Fall 1:
$$\frac{dA_{\text{isoth}}}{dT} = q\frac{dP}{dT} = 0, \tag{457}$$

d. h. die Spannung P ist von der Temperatur unabhängig. — Dann gilt

$$\underbrace{A_{\text{isoth}} = Pq = -\Delta F = F_1 - F_2}_{\substack{\text{abgegebene} \\ \text{Arbeit}}} = \underbrace{-\Delta U = U_1 - U_2}_{\substack{\text{Abnahme der} \\ \text{inneren Energie}}} \tag{458}$$

Ein gutes Beispiel liefert das Daniell-Element (Elektrizitätslehre § 246). Die Reaktion, Bildung von Kupfer aus $CuSO_4$ und Verwandlung von Zink in $ZnSO_4$, liefert als Wärmetönung[1]

$$\frac{-\Delta U}{M} = 2{,}06 \cdot 10^8 \frac{\text{Wattsec}}{\text{Kilomol}}.$$

Die zweiwertigen Atome des Kupfers und des Zinks tragen je eine Ladung von $2 \cdot 9{,}65 \times 10^7 \frac{\text{Amperesec}}{\text{Kilomol}}$. Also ergibt sich für den Quotienten Arbeit/Masse

$$\frac{A_{\text{isoth}}}{M} = 2 \cdot 9{,}65 \cdot 10^7 \frac{\text{Amperesec}}{\text{Kilomol}} \cdot (\text{Spannung } P) = 2{,}06 \cdot 10^8 \frac{\text{Wattsec}}{\text{Kilomol}}.$$

Daraus folgt $P = 1{,}07$ Volt gegenüber 1,09 Volt der Beobachtung. Die ganze Wärmetönung wird in elektrische Arbeit verwandelt. Es wird weder Energie thermisch abgegeben noch aufgenommen. Thermisch isoliert behält das Element während des Betriebes seine Temperatur.

Fall 2:
$$\frac{dA_{\text{isoth}}}{dT} = q\frac{dP}{dT} < 0, \tag{459}$$

---

[1] Um die Wärmetönung einer chemischen Reaktion zu messen, läßt man die Reaktion in einem Kalorimeter ablaufen, ohne dem Kalorimeter Arbeit zu entnehmen. Man mißt die von den reagierenden Körpern insgesamt thermisch abgegebene oder aufgenommene Energie Q und definiert

$$\frac{\text{Energie } Q}{\text{Masse } M \text{ der reagierenden Stoffe}} = \text{Wärmetönung}.$$

Verläuft die Reaktion bei konstantem Volumen, so gibt Q/M die Änderung der spezifischen inneren Energie, also $\Delta U/M$. Verläuft die Reaktion bei konstantem Druck, z. B. dem Atmosphärendruck, so gibt Q/M die Änderung der spezifischen Enthalpie, also $\Delta J/M$. — *Beispiel* für die Reaktion: $Zn + H_2SO_4 = ZnSO_4 + H_2$

$$\text{Wärmetönung}_{v=\text{const}} = \left(\frac{Q}{M}\right)_{v=\text{const}} = -1{,}461 \cdot 10^8 \frac{\text{Wattsec}}{\text{Kilomol}}$$

$$\text{Wärmetönung}_{p=\text{const}} = \left(\frac{Q}{M}\right)_{p=\text{const}} = -1{,}487 \cdot 10^8 \frac{\text{Wattsec}}{\text{Kilomol}}.$$

d. h. die Spannung P sinkt mit wachsender Temperatur. Dann wird

$$P q = T_{\text{abs}} \, q \, \frac{d P}{d T} + U_1 - U_2. \tag{460}$$

Die Spannung wird kleiner als die aus der Wärmetönung allein berechnete. Ein Teil der Wärmetönung der Reaktion wird thermisch an die Umgebung abgegeben. Thermisch isoliert, erwärmt sich das Element im Betriebe.

Fall 3:
$$\frac{d A_{\text{isoth}}}{d T} = q \, \frac{d P}{d T} > 0, \tag{461}$$

d. h. die Spannung steigt mit wachsender Temperatur. In diesem Fall wird die Spannung P größer als die aus der Wärmetönung allein berechnete. Ein solches Element entnimmt einen Teil der abgegebenen Arbeit einer thermischen Zufuhr aus seiner Umgebung. Thermisch isoliert, kühlt sich das Element im Betriebe ab.

§ 206. Beispiele für die Anwendung der freien Energie. *I. Druckluft-Flasche als Akkumulator.* Im Sonderfall der Druckluft liegen die Verhältnisse besonders einfach, weil die innere Energie U bei isothermer Entspannung konstant bleibt und daher $\Delta U = 0$ ist. Man erhält also aus Gl. (452)

$$A_{\text{isoth}} = -\Delta F = \Delta S \cdot T_{\text{abs}}. \tag{462}$$

Darin ist

$$\Delta S = M \cdot R \ln \frac{p_1}{p_2}. \tag{434} \text{ v. S. } 325$$

Beispiel. Eine Stahlflasche mit der Masse 64 kg und dem Volumen 42 Liter enthält bei $p_1 = 190$ Atmosphären 9,6 kg $= 0,33$ Kilomol Druckluft von Zimmertemperatur. Bei der isothermen Entspannung vermindert sich ihre freie Energie um

$$\Delta F = 0,33 \text{ Kilomol} \cdot 8,31 \cdot 10^3 \, \frac{\text{Wattsec}}{\text{Kilomol} \cdot \text{Grad}} \, 293 \text{ Grad} \ln \frac{190}{1}. \tag{452}$$

Es ist $\ln 190 = 2,302 \log 190 = 5,25$. Also

$$\Delta F = 4,2 \cdot 10^6 \text{ Wattsec} \approx 1,2 \text{ Kilowattstunden.}$$

Ein elektrischer Akkumulator mit etwa gleicher Masse vermindert bei seiner isothermen Entladung seine freie Energie um etwa 2 Kilowattstunden.

II. Entropie- oder Kautschuk-Elastizität. Bei der Mehrzahl der festen Körper, z. B. den Metallen, entstehen die bei Verformung auftretenden elastischen Kräfte durch Änderung der inneren Energie. — Ganz anders bei idealen Gasen. Die in Abb. 589 schematisch skizzierte Anordnung erlaubt es, die von einer eingesperrten Luftsäule erzeugte elastische Kraft $\mathfrak{K}$ zu messen. Verschiebt man den Schlitten isotherm nach links, so wird die Luftsäule um dl verkürzt. Dabei bleibt die Kraft $\mathfrak{K}$ noch praktisch konstant; die Luft wird komprimiert und ihr dabei nach Gl. (462) die Arbeit

$$-\mathfrak{K} d l = \Delta F = -\Delta S \cdot T_{\text{abs}}$$

zugeführt. Für die elastische Kraft gilt also

$$\mathfrak{K} = -\frac{\Delta S}{d l} \cdot T_{\text{abs}}. \tag{463}$$

Die elastische Kraft $\mathfrak{K}$ ist also der absoluten Temperatur proportional; sie entsteht lediglich dadurch, daß die Entropie der Luft bei isothermer *Kompression* kleiner wird. Daher spricht man von *Entropie-Elastizität.*

Für die Entropie der Luft gilt nach § 125, IV

$$\frac{\Delta S}{M} = c_p \ln \left(\frac{T_2}{T_1} \right)_{\text{abs}} + R \ln \frac{p_1}{p_2} \tag{434}$$

Wird die Luftsäule in Abb. 589 *adiabatisch* um dl verkürzt, so bleibt die Entropie des eingesperrten Gases konstant, doch ändern sich in Gl. (434) ihre beiden

Anteile: Bei der adiabatischen Drucksteigerung von p_1 auf p_2 wächst der erste Summand auf Kosten des zweiten. Die Temperatur des Gases wird durch adiabatische Kompression vergrößert.

Unter den *festen* Körpern findet man Entropie-Elastizität bei Kautschuk und den kautschukartigen Kunststoffen. Die Abb. 590 entspricht der Abb. 589. Es gilt wieder die Gl. (463). Man findet $\Re$ bei konstanter Bandlänge l meist mit guter Näherung proportional zu T_{abs}. — Wird ferner das Kautschukband in Abb. 590 um dl adiabatisch gedehnt, so wird seine Temperatur größer. Aus beiden Tatsachen folgt, daß die innere Energie der kautschukartigen Stoffe von Dehnung und Volumen weitgehend unabhängig ist. Daher wird auch hier die elastische Kraft nur von der *Entropie* des Bandes bestimmt. Doch muß die Entropie diesmal mit wachsender isothermer *Dehnung* kleiner werden. Das ist unschwer zu deuten:

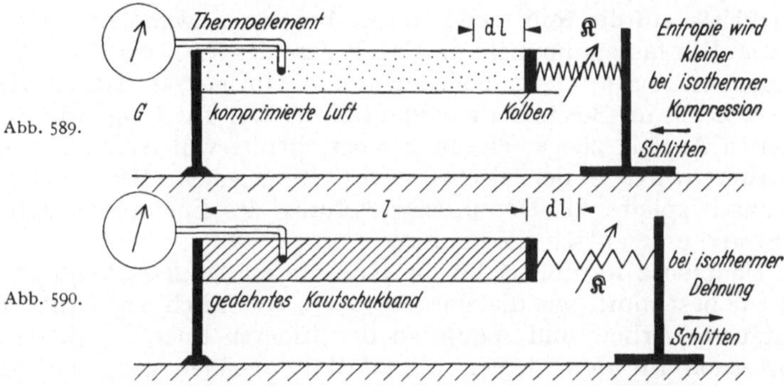

Abb. 589 und 590. Zur Vorführung der Entropie-Elastizität mit einer komprimierten Luftsäule und einem gedehnten Kautschukband. $G =$ Galvanometer für die thermoelektrische Temperaturmessung. Kraftmesser nur als Schema gezeichnet.

Die kautschukartigen Stoffe gehören zu den hochpolymeren Stoffen. In diesen sind gleichartige, verhältnismäßig einfach gebaute Moleküle wie die Glieder einer Kette zu langen Fadenmolekülen vereinigt. In großen Haufen bilden diese Fadenmoleküle mehr oder minder verfilzte Knäuel als wahrscheinlichste Form (große Entropie). Bei einer Dehnung werden die Fäden einander teilweise parallel gerichtet, also wird ihre Anordnung weniger wahrscheinlich (kleine Entropie). Modellmäßig kann man Fadenmoleküle durch etwa 10 cm lange Ketten ersetzen, die einzelne magnetische Glieder enthalten. Man legt sie auf eine Glasplatte. Die Knäuel-bildende oder Entropie vermehrende Wärmebewegung erreicht man dadurch, daß man die Glasplatte vibrieren läßt.

Wird ein Kautschukband adiabatisch, also bei konstanter Entropie entspannt, so wird es kälter. Das gibt die Überleitung zum nächsten Beispiel.

III. Herstellung sehr kleiner Temperaturen durch adiabatische Entmagnetisierung. Läßt man flüssigen $^3_2$He unter vermindertem Druck sieden, so erreicht man eine Temperatur von etwa $0{,}3°$ K, also rund einem Tausendstel der Zimmertemperatur. Noch kleinere Temperaturen erzeugt man mit Hilfe einer adiabatischen Entmagnetisierung paramagnetischer Salze. — Man kühlt ein solches Salz, z. B. Eisen-Ammonium-Alaun, mit siedendem $^3_2$He bis auf etwa $0{,}3°$ K. Dann entfernt man erst das Helium und dann das Magnetfeld. Dabei kann man Temperaturen von wenigen Tausendstel Grad K erreichen, also die Temperatur gegenüber Zimmertemperatur auf etwa ein Millionstel verkleinern. — Eine qualitative Erklärung lautet:

Die Ionen des dreiwertigen Eisens besitzen magnetische Momente. Ihre Richtung ist infolge der ungeordneten Molekularbewegung statistisch verteilt. Durch ein starkes äußeres Magnetfeld bekommen diese magnetischen Momente eine „unwahrscheinliche" Vorzugsrichtung (Elektrik § 123). Dadurch wird ihre Entropie vermindert. Wird das Magnetfeld entfernt, so verschwindet die Vorzugsrichtung und damit steigt die Entropie der magnetischen Momente. Die gesamte Entropie bleibt bei einem adiabatischen Vorgang konstant; folglich muß der mit der Temperatur verknüpfte Anteil der Entropie abnehmen. Das gilt zunächst nur für die magnetischen Momente, doch entsteht im Laufe von etwa einer Minute ein thermisches Gleichgewicht zwischen den magnetischen Momenten und den Molekülen. Dabei wird die Temperatur des Salzes kleiner. — Eine quantitative Behandlung verlangt, wie alle Vorgänge bei kleinen Temperaturen, ein Eingehen auf die Quantelung von Impuls und Energie.

§ 207. Rückblick auf die Rolle der Entropie bei der Umwandlung von innerer Energie in Arbeit. Wir fassen nunmehr die Ergebnisse der §§ 199 bis 204 zusammen: Die innere Energie einer Stoffmenge befindet sich in winzigen, statistisch wechselnden Anteilen verzettelt im Besitz der einzelnen Moleküle. Die Frage war, wie man diese verzettelten Anteile zu gemeinsamer Verrichtung von Arbeit heranziehen kann. Die Antwort wurde in der Gl. (443) und (449) gegeben. Bei der Herleitung beider Gleichungen spielte die Definitionsgleichung des Entropiezuwachses ΔS (zweiter Hauptsatz) eine entscheidende Rolle.

Der erste Hauptsatz formuliert für die Energie einen *„Erhaltungssatz"*. Der zweite Hauptsatz bestimmt, wie die einem System thermisch zugeführte Energie zugunsten nutzbarer Arbeit und zugunsten der inneren Energie aufzuteilen ist. Das geschieht schon für den idealen Grenzfall reversibler Vorgänge, also von Vorgängen, die als Folgen von Gleichgewichten ablaufen und bei denen die Entropie konstant bleibt. — In Wirklichkeit enthalten die meisten Vorgänge irreversible Anteile und durch sie *wächst* die Entropie, sie bringen das System in einen Zustand größerer Wahrscheinlichkeit (§ 194).

§ 208. Die inneren Uhren. Wie alle Lebewesen, ob Tier, ob Pflanze und selbst schon Einzeller, besitzen auch wir Menschen innere Uhren, die mit Kippfolgen arbeiten. Daneben aber gibt es eine innere Hauptuhr, für sie hat die Zeit eine Richtung, und zwar die des „Alterns". Diese unser Leben beherrschende *Richtung* kommt bei der heute üblichen physikalischen Zeitmessung nicht voll zur Geltung. Für die innere Hauptuhr gibt die leerlaufende Sanduhr, das antike Symbol des Todes, das treffende Bild. — Was steckt, so lautet eine bekannte Frage, hinter dem Altern der Organismen? Die Versuchung ist groß, an einen Zusammenhang des Alterns mit der Existenz irreversibler Vorgänge und einem unerbittlichen Anwachsen der Entropie zu denken.

Dritter Teil.

Technische Wärmekraftmaschinen und Muskel als Motor.

§ 209. Technische Wärmekraftmaschinen arbeiten nicht reversibel. Die wichtigsten Dampfmaschinen sind heute die Dampfturbinen. Bei ihrem Bau muß man auf die Abhängigkeit der Gasdichte vom Druck Rücksicht nehmen. Es sind die in § 196 behandelten Dinge zu beachten. Der *Fallhöhe* des Wassers bei Wasserturbinen entspricht bei Dampfturbinen eine Abnahme der *spezifischen Enthalpie* des Dampfes. Diese kann bei modernen Turbinen $^1/_3$ Kilowattstunde/kg betragen. Ihr entspricht eine Fallhöhe von 122 km (!). Daher würde bei einer adiabatischen Entspannung in *einer* Stufe eine Geschwindigkeit von rund 1,5 km/sec entstehen. Aus diesem Grunde müssen Dampfturbinen in mehrere hintereinandergeschaltete Stufen unterteilt werden.

Als Arbeitsstoff der Turbinen benutzt man bis heute ganz überwiegend Wasserdampf, in Ausnahmefällen mit einem vorgeschalteten Kreislauf von Hg-Dampf. Der Wasserdampf wird im Anschluß an die Verdampfung „überhitzt", d. h. in ungesättigten Dampf, also in ein Gas, verwandelt. Man geht bis zu Temperaturen von rund 500° C. Bei vielen neuzeitlichen Kesseln fehlt die herkömmliche Trommel.

Die Leistung einzelner großer Dampfturbinen wird in absehbarer Zeit die Größenordnung 10^6 Kilowatt erreichen. Solche Turbinen liefern als nutzbare Arbeit rund 43% der dem Kessel durch Verbrennung der Brennstoffe zugeführten Energie („praktischer Nutzeffekt" = 43%). Der größte Anteil vergeudeter Energie entfällt auf die Irreversibilität der Verbrennung und des thermischen Überganges vom Kesselfeuer zum Kesselwasser. Die Dampfturbinen selbst vergeuden irreversibel nur etwa 20% der in sie eintretenden Energie (statt etwa 10% bei großen Wasserturbinen). Mit Kolbenmaschinen erreicht man nur selten 10% als praktischen Nutzeffekt.

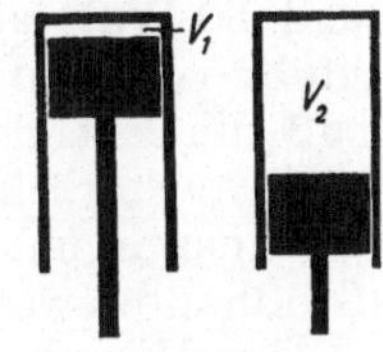

Abb. 591.
Zum Wirkungsgrad
einer Verbrennungs-
kraftmaschine.

Neben den Dampfmaschinen haben sich in den letzten Jahren die Verbrennungsmotore in großem Umfange durchgesetzt. Bei ihnen erfolgt die thermische Energiezufuhr *innerhalb* des Zylinders, und zwar in dessen Kopf. Als Arbeitsstoff dient *Luft* mit einem kleinen Zusatz (unter 21 Molprozent) von gasförmigen Verbrennungsprodukten gasförmiger oder flüssiger Brennstoffe (Leuchtgas, Benzin, Rohöle usw.). — Das Volumen der Verbrennungskammer sei V_1 (Abb. 591). Bei der Verbrennung steige die Temperatur bis $T_{\mathrm{abs}(1)}$. Beim Herausdrücken des Kolbens dehnt sich der Arbeitsstoff adiabatisch auf das Zylindervolumen V_2 aus. Dabei kühlt er sich ab auf die Temperatur

$$T_{\mathrm{abs}(2)} = T_{\mathrm{abs}(1)}\left(\frac{V_1}{V_2}\right)^{\varkappa-1} \qquad (331) \ \text{v. S. 269}$$

$(\varkappa = \text{Adiabatenexponent, für Luft } [\varkappa - 1] \approx 0,4).$

Der nicht in Arbeit verwandelte Rest der thermisch aufgenommenen Energie wird mit den Auspuffgasen an die Außenluft abgegeben. Dabei sinkt die Temperatur von $T_{\mathrm{abs}(2)}$ bis zur Außentemperatur. Wir setzen, um Mittelbildungen für die Temperaturen zu vermeiden, $T_{\mathrm{abs}(1)}$ und $T_{\mathrm{abs}(2)}$ in die Gl. (443) von S. 331 ein und erhalten als größten theoretisch möglichen Nutzeffekt

$$\eta_{\text{ideal}} = \frac{T_1 - T_2}{T_{\mathrm{abs}(1)}} = 1 - \left(\frac{V_1}{V_2}\right)^{\varkappa-1}. \qquad (445)$$

Je kleiner V_1/V_2, desto kälter die Auspuffgase und desto besser der Nutzeffekt.

In einer kleinen Verbrennungskammer kann die erforderliche Luft- und Brennstoffmenge nur mit starker Kompression untergebracht werden. Komprimiert der Kolben ein Luft-Brennstoff-*Gemisch* (NIKOLAUS OTTO 1876), so kann man, weil sonst vorzeitige Entflammung eintritt, $V_2/V_1 \approx 8$ nicht überschreiten. Ihm entspricht ein Nutzeffekt $\eta_{\text{ideal}} = 57\%$. Komprimiert der Kolben die Luft allein und wird der Brennstoff nachträglich eingespritzt (RUDOLF DIESEL, ab 1893), so kann man heute bis $V_2/V_1 \approx 16$ gehen. Dem entspricht $\eta_{\text{ideal}} = 67\%$.

Otto- und Dieselmotoren benutzen in den Brennkammern angenähert die gleichen Temperaturen $T_{\mathrm{abs}(1)} \approx 1900°$ K. Aber der Dieselmotor kann mit $V_2/V_1 \approx 16$ die Temperatur $T_{\mathrm{abs}(2)}$ der Auspuffgase kleiner machen als der Ottomotor mit $V_2/V_1 \approx 8$. Die praktischen Wirkungsgrade sind beim Ottomotor $\approx 30\%$, beim Dieselmotor $\approx 35\%$.

§ 210. Der Mensch als isotherme Kraftmaschine. Die Wirkungsweise unserer Muskeln ist im einzelnen noch nicht aufgeklärt. Die Energiezufuhr erfolgt durch die Oxydation unserer Nahrungsmittel. Dabei findet man für

$$
\left.
\begin{array}{ll}
\text{Butter} & 9{,}1 \\
\text{Haferflocken} & 4{,}2 \\
\text{Reis} & 3{,}9 \\
\text{Brot} & 2{,}3 \\
\text{Kartoffeln} & 0{,}9
\end{array}
\right\}
\frac{\text{Kilowattstunden}}{\text{Kilogramm}}
$$

Im Ruhezustand wird das Leben eines Erwachsenen durch eine Leistung von rund 80 Watt aufrechterhalten. Das heißt sein Körper braucht eine Energiezufuhr von rund 2 Kilowattstunden je Tag. Beim Verrichten mechanischer Arbeit muß die Energiezufuhr auf 3 bis 4 Kilowattstunden je Tag gesteigert werden, bei Schwerarbeitern sogar bis zu 6 Kilowattstunden je Tag. Im Mittel braucht ein Mensch im Jahr eine Energiezufuhr von nur etwa 1300 Kilowattstunden (Großhandelswert etwa 13 DM!).

Der Wirkungsgrad der Muskeln ist im allgemeinen etwa 20%, durch Training können 37% erreicht werden. Infolgedessen können die Muskeln unmöglich als Wärmekraftmaschine arbeiten. Bei einer Außentemperatur von $T_2 = 20°$ C $= 293°$ K müßte dann nach Gl. (443) von S. 331 im Körperinneren eine Temperatur $T_1 = +192°$C verfügbar sein. Somit kommt nur eine *isotherme* Erzeugung der Muskelarbeit in Frage. Dabei werden rund 60 bis 80% der auf chemischem Wege zugeführten Energie in innere Energie verwandelt! Arbeit, z.B. Bergsteigen, macht warm. (Bei diesen Zahlen ist nicht etwa der Ruhebedarf des Körpers, sein „Grundumsatz" von 2 Kilowattstunden je Tag, mitgerechnet.)

Bei verfeinerter Beobachtung muß man bei der Arbeit der Muskeln zwei Vorgänge unterscheiden. Während des einen entsteht die Kraft; dieser Vorgang ist der Entladung eines Akkumulators vergleichbar: Es wird ein Vorrat an chemischer Energie in mechanische Arbeit verwandelt. Dabei kann der Wirkungsgrad 90% erreichen. Hinterher folgt dann, bildlich gesprochen, ein Wiederaufladen des Akkumulators. Dieser zweite Vorgang kann im Gegensatz zum ersten nur bei Anwesenheit von O_2 erfolgen. Er benutzt eine Oxydation, hat einen kleinen Wirkungsgrad und liefert viel Wärme.

Athletische Dauerbetätigungen in Ruhe oder Bewegung erfordern eine Zufuhr chemischer Leistung von etwa 1,4 Kilowatt (entsprechend einem Sauerstoffverbrauch von 4 Liter je Minute). Rund $^1/_5$ davon, also etwa 300 Watt, stehen zur Verrichtung mechanischer Arbeit (Gegensatz: Haltebetätigung) zur Verfügung. Für kurzdauernde Rekordbetätigungen besitzt der Muskelakkumulator eine Energiereserve in der Größenordnung 100 Kilowatt-*sekunden*. Sie kann nach völliger Erschöpfung durch eine O_2-Aufnahme von 15 Litern in etwa $^1/_2$ Stunde ersetzt werden. Ein kleiner, mit wachsender Beanspruchung stark sinkender Bruchteil kann in mechanische Arbeit umgewandelt werden. Auf Kosten dieser Energiereserve vermag der Mensch etliche Sekunden einige Kilowatt zu leisten (§ 34).

Unsere Muskeln verrichten ihre Arbeit keinesfalls auf reversiblem Wege. Sie tun das ebensowenig wie die Wärmekraftmaschinen der Technik. Eine reversibel verrichtete Arbeit verläuft zu schwerfällig und zu langsam. Eine reversibel verrichtete Arbeit ist ein Ideal, aber auch dieses Ideal ist, wie manches andere, nicht erstrebenswert.

Anhang.

Dimensionen physikalischer Größen.

Die Darstellung dieses Buches benutzt als Grundgrößen die Länge l, die Zeit t, die Masse m, die Temperatur T und in den beiden anderen Bänden eine elektrische Grundgröße, z.B. die Ladung q. Sie definiert ferner alle abgeleiteten Größen durch Gleichungen, die ein Meßverfahren festlegen. Sie lauten *unter Weglassung des zugehörigen Textes* z. B.

$$\text{Geschwindigkeit} = \frac{\text{Weg}}{\text{Zeit}} = \frac{l}{t}$$

$$\text{Arbeit } A = \text{Kraft} \cdot \text{Weg} = K \cdot l$$

$$\text{Gaskonstante } R = \frac{\text{Arbeit}}{\text{Masse Temperatur}} = \frac{A}{m\,T}$$

$$\text{elektrische Spannung } U = \frac{\text{Arbeit}}{\text{Ladung}} = \frac{A}{q} \text{ usw.}$$

Viele der Definitionsgleichungen abgeleiteter Größen enthalten andere abgeleitete Größen. So braucht man z. B. für die Definition der Arbeit die abgeleitete Größe Kraft. Ersetzt man diese abgeleiteten Größen ihrerseits durch die eigenen Definitionsgleichungen, so erhält man z. B.

$$\text{Arbeit } A = (m\,l/t^2) \cdot l = m\,l^2\,t^{-2}$$

$$\text{Gaskonstante } R = \frac{m\,l^2/t^2}{m\,T} = l^2\,t^{-2} \cdot T^{-1}$$

$$\text{elektrische Spannung } U = \frac{m\,l^2/t^2}{q} = m\,l^2\,t^{-2}\,q^{-1} \quad \text{usw.}$$

Die rechts stehenden Potenzprodukte sind nichts anderes als die Definitionsgleichungen der abgeleiteten Größen in einer weniger übersichtlichen Form. Es sind die Definitionsgleichungen, die durch Vereinbarung von Meßverfahren aus den Begriffen meßbare Größen machen.

In allen obigen Gleichungen bedeutet jeder *kursiv* gedruckte Buchstabe, wie stets, eine physikalische *Größe*, also ein Produkt aus einem Zahlenwert und einer (normal zu druckenden) Einheit dieser Größe. Beliebige Einheiten einer Größe bezeichnet man mit dem gleichen Buchstaben wie die Größe, jedoch in eckigen Klammern. So bedeutet $[t]$ eine beliebige Zeiteinheit, wie etwa sec, min, Stunde Jahr u.s.f. Ebenso bedeutet $[K \cdot l]$ oder $[m l^2 t^{-2}]$ eine beliebige Arbeitseinheit, wie etwa Kilopondzentimeter, Newtonmeter, Wattsekunde u.s.f. Solche beliebigen, nicht näher angegebenen Einheiten physikalischer Größen werden *Dimensionen* genannt. *Die Dimension einer Größe ist also ein Sammelname für die Gesamtheit ihrer Einheiten.* Alle Einheiten einer Größe müssen von gleicher Art sein, wie die Größe selbst. Infolgedessen kann man eine Dimension auch als die Art der Größe (kürzer: *Größenart*) bezeichnen.

In allen fehlerfreien Gleichungen müssen auf beiden Seiten des Gleichheitszeichens gleichartige Größen stehen, es müssen sowohl die Zahlenwerte als auch die Dimensionen übereinstimmen. Oft will man aber physikalische Gleichungen allein unter dem Gesichtspunkt der Dimensionen prüfen, also ohne Interesse für die Zahlenwerte. Dann läßt man alle Zahlenwerte weg und schreibt auf beiden Seiten des Gleichheitszeichens nur Dimensionen. — Um beispielsweise die für den Druck eines Gases geltende Gleichung

$$p = \tfrac{1}{3}\varrho\,u^2 \qquad\qquad (176)\ \text{v. S. 128}$$

zu prüfen, läßt man die Zahlenfaktoren außer acht und schreibt

$$\left[\frac{K}{F}\right] = \left[\frac{m}{V}\,u^2\right]$$

$$[K\,l] = [m\,u^2],$$

d. h. links eine Arbeit, rechts eine kinetische Energie, also richtig. — Oder man geht auf die Potenzprodukte zurück und schreibt

$$\left[\frac{m\,l\,t^{-2}}{l^2}\right] = \left[\frac{m}{l^3}\,\frac{l^2}{t^2}\right]$$

$$[m\,l^{-1}\,t^{-2}] = [m\,l^{-1}\,t^{-2}].$$

Das eine Verfahren ist so gut wie das andere. — Oft wird man allerdings zur „Dimensionskontrolle" einer Gleichung an Stelle von Dimensionen irgendwelche speziellen Einheiten verwenden, z. B. für den Druck Kilopond/cm². Auch das ist korrekt, nur darf man dann nicht für eine einzelne Einheit den Sammelnamen Dimension verwenden.

Bei den Dimensionen handelt es sich um ganz einfache Dinge. Trotzdem liefern sie in der Literatur ein anscheinend unerschöpfliches, wenn auch unfruchtbares, Thema für Diskussionen.

Wichtige Konstanten.

Gravitationskonstante	γ	$= 6{,}66_7 \cdot 10^{-11}$ Newton m²/kg²
Influenzkonstante	ε_0	$= 8{,}854 \cdot 10^{-12}$ Amperesec/Voltmeter
Induktionskonstante	μ_0	$= 1{,}2566 \cdot 10^{-6}$ Voltsec/Amperemeter
Lichtgeschwindigkeit im Vakuum	c	$= (\varepsilon_0\,\mu_0)^{-\frac12} = 2{,}9979 \cdot 10^8$ m/sec
Wellenwiderstand des Vakuums	Γ	$= (\mu_0/\varepsilon_0)^{\frac12} = 376{,}7$ Ohm
Atomgewicht des Protons	$(A)_P$	$= 1{,}007\,593$
Atomgewicht des Neutrons	$(A)_n$	$= 1{,}008982$
Masse des Protons	m_P	$= 1{,}67_2 \cdot 10^{-27}$ kg
Ruhenergie des Protons	$(W_P)_0$	$= 9{,}38 \cdot 10^8$ Elektronenvolt
Ruhmasse des Elektrons	m_0	$= 9{,}11 \cdot 10^{-31}$ kg
Ruhenergie des Elektrons	$(W_e)_0$	$= 5{,}11 \cdot 10^5$ Elektronenvolt
Protonenmasse/Elektronenmasse	m_P/m_0	$= 1836$
Elektrische Elementarladung	e	$= 1{,}602\ 10^{-19}$ Amperesekunden
Spezifische Elektronenladung	e/m_0	$= 1{,}75_9\ 10^{11}$ Amperesec/kg
Boltzmannsche Konstante	k	$= 1{,}38 \cdot 10^{-23}$ Wattsekunden/Grad
		$= 8{,}62 \cdot 10^{-5}$ Elektronenvolt/Grad
Plancksches Wirkungsquantum	h	$= 6{,}625 \cdot 10^{-34}$ Watt $\cdot$ sec²
		$= 4{,}136 \cdot 10^{-15}$ eVolt $\cdot$ sec
Kleinster Bahnradius des H-Atoms	a_H	$= \varepsilon_0\,h^2/\pi\,m_0\,e^2 = 5{,}292 \cdot 10^{-11}$ m
Bohrsches Magneton	$\mathfrak{m}_B$	$= \mu_0\,h\,e/4\,\pi\,m_0$
		$= 1{,}165 \cdot 10^{-29}$ Voltsec $\cdot$ Meter
Klassischer Elektronenradius	r_{el}	$= \mu_0\,e^2/4\,\pi\,m_0 = 2{,}81_8 \cdot 10^{-15}$ m
Rydbergfrequenz	R_y	$= e^4\,m_0/8\,\varepsilon_0^2\,h^3 = 3{,}288 \cdot 10^{15}$ sec⁻¹
Rydbergkonstante	R_y^{*}	$= e^4\,m_0/8\,\varepsilon_0^2\,h^3\,c = 10973\ 730{,}4$ m⁻¹
Compton-Wellenlänge	λ_C	$= h/m_0\,c = 2{,}426 \cdot 10^{-12}$ m
Sommerfeldsche Feinstrukturkonstante	α	$= e^2/2\,\varepsilon_0\,h\,c = 1/137$

$$= \frac{\text{Geschwindigkeit } u \text{ des Elektrons in der kleinsten } H\text{-Bahn}}{\text{Lichtgeschwindigkeit } c}$$

Längen-Einheiten.

1 Mikron $= 1\mu = 10^{-3}$ mm $= 10^{-6}$ m, neuerdings oft
1 μm geschrieben und Mikrometer genannt; 1 Millimikron $= 1$ m$\mu = 10^{-9}$ m;
1 Ångströmeinheit $= 1$ ÅE $= 10^{-10}$ m;
1 X-Einheit $= 1$ XE $= 1{,}002 \cdot 10^{-13}$ m; 1 Parsec $= 3{,}08 \cdot 10^{16}$ m $= 3{,}26$ Lichtjahre

Kraft-Einheiten.

1 Newton $= 1$ kg $\cdot$ m/sec$^2 = 10^5$ dyn $= 0{,}102$ Kilopond
1 Kilopond $= 9{,}81$ Newton; 1 Millipond $= 0{,}98$ dyn

Druck-Einheiten.

	$\dfrac{\text{Newton}}{\text{m}^2}$ $(= 10^{-5}$ bar$)$	Techn. Atmosphäre $= \dfrac{1\ \text{Kilopond}}{\text{cm}^2}$	Physikalische Atmosphäre	1 Torr $\triangleq 1$ mm Hg-Säule	$p \triangleq 1$ mm Wassersäule
1 Newton/m^2 10^{-5} bar $\Big\} =$	1	$1{,}02_0\ 10^{-5}$	$9{,}867 \cdot 10^{-6}$	$7{,}50_1 \cdot 10^{-3}$	$0{,}102_0$
1 techn. Atmosphäre 1 Kilopond/cm^2; (at) $\Big\} =$	$9{,}80_7 \cdot 10^4$	1	$0{,}967_8$	$7{,}35_6 \cdot 10^2$	10^4
1 physikalische Atmosphäre; (atm) $\Big\} =$	$1{,}01_3 \cdot 10^5$	$1{,}03_3$	1	760	$1{,}03 \cdot 10^4$
1 Torr $\triangleq 1$ mm Hg-Säule $\Big\} =$	$1{,}33_3 \cdot 10^2$	$1{,}36_0\ 10^{-3}$	$1{,}31_6 \cdot 10^{-3}$	1	$13{,}6_0$
$p \triangleq 1$ mm Wassersäule	$9{,}80_7$	10^{-4}	$9{,}67_8 \cdot 10^{-5}$	$7{,}35_6 \cdot 10^{-2}$	1

Energie-Einheiten.

	Wattsekunde $=$ Newtonmeter $=$ Joule	Kilowattstunden	Kilokalorien	Kilopondmeter	Liter-Atmosphäre[2])
1 Wattsekunde 1 Newtonmeter 1 Joule $\Big\} =$	1	$2{,}77_8 \cdot 10^{-7}$	$2{,}38_9 \cdot 10^{-4}$	$0{,}102_0$	$1{,}02_0 \cdot 10^{-2}$
1 Kilowattstunde $=$	$3{,}600 \cdot 10^6$	1	860[1])	$3{,}67_2 \cdot 10^5$	$3{,}67_2 \cdot 10^4$
1 Kilokalorie[1]) $=$	$4{,}18_6 \cdot 10^3$	$1{,}16_3 \cdot 10^{-3}$	1	$426{,}9$	$42{,}7_0$
1 Kilopondmeter $=$	$9{,}8067$	$2{,}72_3 \cdot 10^{-6}$	$2{,}34_2 \cdot 10^{-3}$	1	$0{,}100$
1 Liter-Atmosphäre[2]) $=$	$98{,}069$	$2{,}72_3 \cdot 10^{-5}$	$2{,}34_2 \cdot 10^{-2}$	$10{,}0$	1

[1]) Nach internationaler Definition für Dampfdrucktabellen. [2]) Technische Atmosphäre.

1 Elektronenvolt $= 1$ eVolt $= 1{,}60_2\ 10^{-19}$ Wattsekunde $= 1{,}074 \cdot 10^{-6}$ TME
1 TME $= 1$ Tausendstelmassen-Einheit $=$ Ruhenergie eines (gedachten) Teilchens vom
Atomgewicht 10^{-3}, also der Masse $1{,}66 \cdot 10^{-30}$ kg. $- 1$ TME $= 1{,}492 \cdot 10^{-13}$ Wattsekunde
$= 9{,}30_8 \cdot 10^5$ eVolt; 1 Kilokalorie $= 2{,}614 \cdot 10^{22}$ eVolt; 1 Wattsekunde $= 6{,}24 \cdot 10^{18}$ eVolt

Sachverzeichnis.